BKI Baukosten 2021 Neubau
Teil 3

Statistische Kostenkennwerte
für Positionen

BKI Baukosten 2021 Neubau
Statistische Kostenkennwerte für Positionen

BKI Baukosteninformationszentrum (Hrsg.)
Stuttgart: BKI, 2021

Mitarbeit:
Hannes Spielbauer (Geschäftsführer)
Klaus-Peter Ruland (Prokurist)
Brigitte Kleinmann (Prokuristin)
Heike Elsäßer
Wolfgang Mandl
Thomas Schmid
Jeannette Sturm

Fachautoren:
Robert Fetzer
Jörn Luther
Andreas Wagner
Hans-Jürgen Schneider

Fachautor Artikel:
Univ.-Prof. Dr.-Ing. Wolfdietrich Kalusche

Layout, Satz:
Hans-Peter Freund
Thomas Fütterer

Fachliche Begleitung:
Beirat Baukosteninformationszentrum
Stephan Weber (Vorsitzender)
Markus Lehrmann (stellv. Vorsitzender)
Prof. Dr. Bert Bielefeld
Markus Fehrs
Andrea Geister-Herbolzheimer
Oliver Heiss
Prof. Dr. Wolfdietrich Kalusche
Martin Müller

Alle Rechte vorbehalten.
© Baukosteninformationszentrum Deutscher Architektenkammern GmbH

Anschrift:
Seelbergstraße 4, 70372 Stuttgart
Kundenbetreuung: (0711) 954 854-0
Baukosten-Hotline: (0711) 954 854-41
Telefax: (0711) 954 854-54
info@bki.de
www.bki.de

Für etwaige Fehler, Irrtümer usw. kann der Herausgeber keine Verantwortung übernehmen.

Vorwort

Die Planung der Baukosten bildet einen wesentlichen Bestandteil der Architektenleistung. Eine der wichtigsten Elemente der Baukostenplanung ist die Ermittlung der Baukosten. Kompetente Kostenermittlungen beruhen auf qualifizierten Vergleichsdaten und Methoden. Daher gehört die Bereitstellung aktueller Daten zur Baukostenermittlung zu den wichtigsten Aufgaben des BKI seit seiner Gründung im Jahr 1996.

Im Dezember 2018 erschien mit der DIN 276:2018-12 die wichtigste Norm für Kostenplanung im Bauwesen in einer umfangreich überarbeiteten Fassung. BKI hat alle Objektdaten aus der BKI Objektdatenbanken Neubau für die vorliegenden statistischen Auswertungen den Kostengruppen dieser DIN neu zugeordnet.

Durch Änderungen in über 300 Kostengruppen resultieren auch zahlreiche Neuerungen bei den Kostengruppennummern der BKI-Positionen. Über 800 Positionen aus dem Bereich Neubau haben dadurch neue Kostengruppen-Zuordnungen erhalten. Der Band Positionen ist auch sehr gut geeignet für die nach HOAI 2013 geforderten „bepreisten Leistungsverzeichnisse", die nicht in den Kostenermittlungsstufen nach DIN 276:2018-12 enthalten sind.

Die Fachbuchreihe erscheint jährlich. Dabei werden alle Kostenkennwerte auf Basis neu dokumentierter Objekte und neuer statistischer Auswertungen aktualisiert. Die Kosten, Kostenkennwerte und Positionen dieser neuen Objekte tragen in allen drei Bänden zur Aktualisierung bei. Mit den integrierten „BKI Regionalfaktoren 2021" kann der Nutzer eine Anpassung der Bundesdurchschnittswerte an den jeweiligen Stadt- bzw. Landkreis seines Bauorts vornehmen.

Die Fachbuchreihe BAUKOSTEN Neubau 2021 (Statistische Kostenkennwerte) besteht aus den drei Teilen:
Baukosten Gebäude 2021 (Teil 1)
Baukosten Bauelemente 2021 (Teil 2)
Baukosten Positionen 2021 (Teil 3)

Die Bände sind aufeinander abgestimmt und unterstützen die Anwender*innen in allen Planungsphasen. Die Nutzer*innen erhalten je Band eine ausführliche Erläuterung zur fachgerechten Anwendung.

Weitere Praxistipps und Hinweise werden in den BKI-Workshops und im "Handbuch Kostenplanung im Bauwesen" vermittelt. Tipps zur Termin- und Bauzeitenplanung finden Sie im "Handbuch Terminplanung für Architekten".

Der Dank des BKI gilt allen Architektinnen und Architekten, die Daten und Unterlagen zur Verfügung stellen. Sie profitieren von der Dokumentationsarbeit des BKI und unterstützen nebenbei den eigenen Berufsstand. Die in Buchform veröffentlichten Architekt*innen-Projekte bilden eine fundierte und anschauliche Dokumentation gebauter Architektur, die sich zur Kostenermittlung von Folgeobjekten und zu Akquisitionszwecken hervorragend eignet.

Zur Pflege der Baukostendatenbanken sucht BKI weitere Objekte aus allen Bundesländern. Bewerbungsbögen zur Objekt-Veröffentlichung von Hochbauten und Freianlagen werden im Internet unter www.bki.de/projekt-veroeffentlichung zur Verfügung gestellt. Auch die Bereitstellung von Leistungsverzeichnissen mit Positionen und Vergabepreisen ist jetzt möglich, mehr Info dazu finden Sie unter www.bki.de/lv-daten.

Besonderer Dank gilt abschließend auch dem BKI-Beirat, der mit seinem Expertenwissen aus der Architektenpraxis, den Architekten- und Ingenieurkammern, Normausschüssen und Universitäten zum Gelingen der BKI-Fachinformationen beiträgt.

Wir wünschen allen Anwender*innen der neuen Fachbuchreihe 2021 viel Erfolg in allen Phasen der Kostenplanung und vor allem eine große Über-einstimmung zwischen geplanten und realisierten Baukosten im Sinne zufriedener Bauherr*innen. Anregungen und Kritik zur Verbesserung der BKI-Fachbücher sind uns jederzeit willkommen.

*Hannes Spielbauer - Geschäftsführer
Klaus-Peter Ruland - Prokurist
Brigitte Kleinmann - Prokuristin*

*Baukosteninformationszentrum
Deutscher Architektenkammern GmbH
Stuttgart, im Mai 2021*

Inhalt

Vorbemerkungen und Erläuterungen

	Seite
Einführung	10
Benutzerhinweise	10
Neue BKI Neubau-Dokumentationen 2020-2021	14
Erläuterungen zur Fachbuchreihe BKI BAUKOSTEN	32
Erläuterungen der Seitentypen (Musterseiten)	
Statistische Kostenkennwerte Positionen, Mustertexte	44
Auswahl kostenrelevanter Baukonstruktionen und Technischer Anlagen	46
Fachartikel von Univ.-Prof. Dr.-Ing. Wolfdietrich Kalusche	
„Baukosten nach planungsorientierten und ausführungsorientierten Strukturen ermitteln"	50
Abkürzungsverzeichnis	74
Gliederung in Leistungsbereiche nach STLB-Bau	76

Kostenkennwerte für die Positionen der Leistungsbereiche (LB)

A Rohbau

		Seite
000	Sicherheitseinrichtungen, Baustelleneinrichtungen	78
001	Gerüstarbeiten	96
002	Erdarbeiten	106
006	Spezialtiefbauarbeiten	122
008	Wasserhaltungsarbeiten	128
009	Entwässerungskanalarbeiten	132
010	Drän- und Versickerarbeiten	156
012	Mauerarbeiten	164
013	Betonarbeiten	198
014	Naturwerksteinarbeiten, Betonwerksteinarbeiten	234
016	Zimmer- und Holzbauarbeiten	254
017	Stahlbauarbeiten	282
018	Abdichtungsarbeiten	288
020	Dachdeckungsarbeiten	304
021	Dachabdichtungsarbeiten	326
022	Klempnerarbeiten	346

B Ausbau

		Seite
023	Putz- und Stuckarbeiten, Wärmedämmsysteme	376
024	Fliesen- und Plattenarbeiten	396
025	Estricharbeiten	416
026	Fenster, Außentüren	428
027	Tischlerarbeiten	456
028	Parkett-, Holzpflasterarbeiten	482
029	Beschlagarbeiten	496
030	Rollladenarbeiten	510
031	Metallbauarbeiten	520
032	Verglasungsarbeiten	554
033	Baureinigungsarbeiten	564
034	Maler- und Lackierarbeiten - Beschichtungen	572
036	Bodenbelagarbeiten	588
037	Tapezierarbeiten	610
038	Vorgehängte hinterlüftete Fassaden	616
039	Trockenbauarbeiten	628

C	**Gebäudetechnik**	
040	Wärmeversorgungsanlagen - Betriebseinrichtungen	658
041	Wärmeversorgungsanlagen - Leitungen, Armaturen, Heizflächen	682
042	Gas- und Wasseranlagen - Leitungen, Armaturen	710
044	Abwasseranlagen - Leitungen, Abläufe, Armaturen	720
045	Gas-, Wasser- und Entwässerungsanlagen - Ausstattung, Elemente, Fertigbäder	734
047	Dämm- und Brandschutzarbeiten an technischen Anlagen	748
053	Niederspannungsanlagen - Kabel/Leitungen, Verlegesysteme, Installationsgeräte	756
054	Niederspannungsanlagen - Verteilersysteme und Einbaugeräte	772
058	Leuchten und Lampen	776
061	Kommunikations- und Übertragungsnetze	780
069	Aufzüge	784
075	Raumlufttechnische Anlagen	792

D	**Freianlagen**	
003	Landschaftsbauarbeiten	810
004	Landschaftsbauarbeiten - Pflanzen	856
080	Straßen, Wege, Plätze	882

E	**Barrierefreies Bauen**	
	Positionsverweise Barrierefreies Bauen	922

F	**Brandschutz**	
	Positionsverweise Brandschutz	930

Anhang

	Regionalfaktoren 2021	934
	Stichwortverzeichnis der Positionen	940

Bei der Prüfung der von BKI erstellten Mustertexte haben folgende Fachverbände mitgewirkt:

Bauwirtschaft Baden-Württemberg e.V.

Bauwirtschaft Baden-Württemberg e.V.
70178 Stuttgart; Hohenzollernstraße 25;
www.bauwirtschaft-bw.de

Die Bauwirtschaft Baden-Württemberg e.V. ist ein gemeinsamer Verband von Baugewerbe und Bauindustrie in Baden-Württemberg mit über 1.500 Mitgliedsbetrieben und etwa 40.000 Beschäftigten, die hauptsächlich in den Sparten Hochbau, Tief- und Straßenbau sowie Ausbau tätig sind. Der Verband vertritt die Interessen seiner Mitglieder gegenüber Politik, Verwaltung und Öffentlichkeit. Er setzt sich auf Landes- und Gemeindeebene für die notwendigen Rahmenbedingungen des Bauens ein und engagiert sich für eine bedarfsgerechte Investitionspolitik. Außerdem ist die Bauwirtschaft Baden-Württemberg Mitglied bei den Spitzenverbänden der Bauwirtschaft in Berlin. Dadurch hat unser Verband auch bundesweit Einfluss auf wichtige Entscheidungen in der Wirtschafts- und Tarifpolitik. Enge Vernetzungen gibt es zudem mit zahlreichen Partnerverbänden im In- und Ausland, etwa in der Schweiz und Frankreich.

Bundesverband Metall
Vereinigung Deutscher Metallhandwerke
45143 Essen; Altendorfer Str. 97-101
www.metallhandwerk.de

Rund 40.000 kleine und mittlere Unternehmen, 28.000 Lehrlinge, 500.000 Mitarbeiter und fast 60 Milliarden € Umsatz: Das ist Metallhandwerk in Deutschland. Nicht nur zahlenmäßig und als Arbeitgeber ist das Metallhandwerk unverzichtbar. Metallhandwerk steht für die ganze Vielfalt metallverarbeitender Unternehmen, die unser Industrieland braucht: Maschinenbau, Werkzeugbau, Metall- und Stahlkonstruktionen im Hoch- und Tiefbau, Klimaschutz und Mobilität, öffentliche Infrastruktur und modernes Wohnen. Metallbetriebe - vom Bronzegießer über den Metalldesigner bis zum Hightech-Unternehmen - finden wir überall, wo produziert, gebaut und gewohnt wird. Als Künstler und Konstrukteur, von der Planung bis zur Ausführung oder vernetzt mit Partnerbetrieben lösen Metallhandwerker die kleinen und großen Probleme ihrer Kunden. Exportweltmeister Deutschland? Nicht ohne das Metallhandwerk. Der Bundesverband Metall vertritt die berufsständischen Interessen seiner Landesverbände sowie deren Innungen mit den darin freiwillig organisierten Mitgliedsbetrieben.

Zentralverband des Deutschen Dachdeckerhandwerks
50968 Köln; Fritz-Reuter-Straße 1
www.dachdecker.de

Der Zentralverband des Deutschen Dachdeckerhandwerks e.V. ist der Arbeitgeberverband des Dachdeckerhandwerks in Deutschland. Er repräsentiert 16 Landesverbände mit 200 Innungen und ca. 7.055 Innungsbetrieben. Der Verband vertritt die Interessen des Dachdeckerhandwerks gegenüber Politik, Verwaltung und Öffentlichkeit und steht seinen Mitgliedern mit zahlreichen Beratungsleistungen zur Seite. Der Zentralverband ist Verfasser der Fachregeln des Deutschen Dachdeckerhandwerks, den anerkannten Regeln der Technik. Über die Spitzenverbände des Handwerks hat der ZVDH außerdem Einfluss auf wichtige Entscheidungen in der Wirtschafts- und Tarifpolitik.

Bundesverband Farbe Gestaltung Bautenschutz
Bundesinnungsverband des deutschen Maler- und Lackiererhandwerks
60486 Frankfurt a.M.; Gräfstraße 79
www.farbe.de

Der Bundesverband Farbe Gestaltung Bautenschutz vertritt als Arbeitgeber -, Wirtschafts- und Technischer Verband die Interessen des Maler-Lackiererhandwerks. Er stützt sich auf ein beachtliches Fundament: Rund 41.881 kleinere und mittlere Betriebe mit 196.500 Beschäftigten, davon 22.287 Lehrlinge arbeiten in der Branche. Zur Wahrnehmung der berufsständischen Interessen sind dem Verband 17 Landesverbände sowie deren 360 Innungen mit den darin freiwillig organisierten Mitgliedsbetrieben angeschlossen. Das Leistungsangebot des modernen Handwerksberufes Maler und Lackierer umfasst u. a. Tätigkeiten wie: Oberflächenbehandlung von mineralischen Untergründen, Metall, Holz und Kunststoffen mit Beschichtungsstoffen, WDVS-Arbeiten, Betonflächeninstandsetzung, Trockenbau, Innenraumgestaltung, Korrosionsschutz- und Brandschutzbeschichtungen. Der Bundes-verband betreut u. a. den Bundesausschuss Farbe und Sachwertschutz, dem Herausgeber der Technischen Richtlinien für Maler- und Lackiererarbeiten.

Bundesinnung für das Gerüstbauer-Handwerk
51107 Köln; Rösrather Straße 645
www.geruestbauhandwerk.de

Bundesinnung und Bundesverband Gerüstbau sind die Fachorganisationen des Gerüstbauerhandwerks mit drei Schwerpunktbereichen:
– Als Standesorganisation verbessern sie die Rahmenbedingungen für das Gerüstbauerhandwerk. Ergebnisse: 1978 Verordnung zum Geprüften Gerüstbau-Kolonnenführer, 1988 Aufnahme der DIN 18451 in Teil C der VOB, 1991 Ausbildungsberuf Gerüstbauer/Gerüstbauerin, 1998 Meisterberuf (Vollhandwerk), ab 2006 eigenes Fachregelwerk.
– Als Arbeitgebervertretung schließen sie Tarifverträge ab.
– Als Serviceorganisationen unterstützen Bundesverband und Bundesinnung jeden einzelnen Mitgliedsbetrieb in all seinen betrieblichen Belangen. Für Betriebsinhaber und Mitarbeiter werden Seminare vom Vertragsrecht bis zur Technik angeboten. Regelmäßige Verbandsmitteilungen informieren über rechtliche; fachliche und sonstige Neuerungen. Rahmenvereinbarungen verhelfen zu Preisvorteilen z. B. beim Kraftfahrzeugkauf und bieten exklusiv Berufskleidung.

Fachverband der Stuckateure für Ausbau und Fassade Baden-Württemberg
71277 Rutesheim; Siemensstr. 6-8
www.stuck-verband.de

Der Fachverband der Stuckateure für Ausbau und Fassade (SAF) ist Wirtschafts- und Arbeitgeberverband der Stuckateure in Baden-Württemberg und vertritt auf Landes- und Kreisebene die Interessen der Mitgliedsinnungen und deren insgesamt über 1000 Mitglieder gegenüber Öffentlichkeit, Verwaltung und Politik. Der SAF leitet als Bildungsdienstleister das Kompetenzzentrum für Ausbau und Fassade in Verbindung mit dem Bundesverband. Der SAF verfasst die Branchenregeln für die Arbeitsfelder Wärmedämmung, Innen- und Außenputz, Trocken-bau, Schimmelsanierung, Restaurierung und Stuck z. B. mit den Richtlinien zu den Themen Sockel-, Fensteranschlüsse oder auch Luftdichtheit und berät seine Mitglieder in vielfältiger Weise. Architekten und Ausschreibende erhalten telefonische Auskünfte z. B. über die Branchenregelungen, Standards sowie Aufmaß und Abrechnungsbestimmungen.

Holzbau Deutschland - Bund Deutscher Zimmermeister
im Zentralverbans des Deutschen Baugewerbes
Kronenstraße 55-58
10117 Berlin
www.holzbau-deutschland.de

Als Berufsorganisation des Zimmererhandwerks setzt sich Holzbau Deutschland - Bund Deutscher Zimmermeister im Zentralverband des Deutschen Baugewerbes für einen leistungsstarken und wettbewerbsfähigen Holzbau in Deutschland ein. Holzbau Deutschland vertritt den Berufsstand zusammen mit seinen 17 Landesverbänden nach außen. Er fördert und unterstützt die Mitgliedsbetriebe in der Verbandsorganisation in ihrer fachlichen Praxis. Das erfolgt mit verschiedenen Aktivitäten in den vier Haupthandlungsfeldern „Marketing und Öffentlichkeitsarbeit", „Technik und Umwelt", „Betriebswirtschaft und Unternehmensführung" sowie „Aus- und Weiterbildung".

Landesinnung des Gebäudereiniger-Handwerks Baden-Württemberg
Fachverband Gebäudedienste Baden-Württemberg e.V.
Zettachring 8A
70567 Stuttgart
www.die-gebaeudedienstleister-bw.de; info@die-gebaeudedienstleister-bw.de

Die Landesinnung des Gebäudereiniger-Handwerks ist Ansprechpartner für Tarif- und Vergabefragen (Mustertexte etc.) und vermittelt ö.b.u.v. Sachverständige. Auf der Homepage filtert der Service "Suche Betrieb für..." spezialisierte Betriebe für die gewünschte/n Leistung/en.

Der Qualitätsverbund Gebäudedienste bescheinigt innungsgeprüfte Fachkompetenz: Seit das Gebäudereiniger-Handwerk zulassungsfrei ist, erleichtert das „QV-Zertifikat" das Auffinden qualifizierter Meisterbetriebe und garantiert die Meistereigenschaft, eine Eingangsschulung zum nachhaltigen Wirtschaften und die kontinuierliche Weiterbildung! Bundesweit sind ca. 890 qv-zertifizierte Betriebe registriert: www.qv-gebaeudedienste.de

Im Fachforum bei www.qv-gebaeudedienste.de sind die Teilnehmer der Wissensplattform für Fachfragen zu Gebäudereinigung/-diensten/-management vernetzt. Durch das automatische Informationssystem sind sie stets auf neustem fachlichen Stand.

Die Fachakademie für Gebäudemanagement und Dienstleistungen organisiert neutrale Vergabeseminare und Weiterbildungen. Die innungsakkreditierten FA-Zertifikate sind weithin anerkannt: Zertifiziert werden: Gepr. Vorarbeiter (FA), Gepr. Objektleiter (FA), Gepr. Service-Manager (FA), Fachwirt Gebäudemanagement (FA). www.fachakademie.de

Zentralverband Sanitär Heizung Klima (ZVSHK)
Rathausallee 6
53757 St. Augustin

Der Zentralverband Sanitär Heizung Klima vertritt als Arbeitsgeber- und Wirtschaftsverband nach dem Gesetz zur Ordnung des Handwerks (HwO) 50.000 Unternehmen des Bauhandwerks mit rund 271.000 Beschäftigten und 37.000 Lehrverhältnissen. Dabei stützt er sich auf 17 Landesorganisationen mit 389 Innungen, in denen rund 3.000 Unternehmer ehrenamtlich tätig sind. Er ist damit der größte nationale Verband in der EU für die Planung, den Bau und die Unterhaltung gebäudetechnischer Anlagen. Als Rationalisierungsverband schließt er die Förderung, Prüfung und Durchführung von Normungs-, Typisierungs- und Spezialvorhaben ein. Insoweit ist er anhörungspflichtig und beim Deutschen Bundestag akkreditiert.

Deutsche Gesellschaft für Gartenkunst und Landschaftskultur
Landesverband Hamburg / Schleswig-Holstein e.V.
DGGL
Brüderstr. 22
20355 Hamburg
www.DGGL.org

Die Deutsche Gesellschaft für Gartenkunst und Landschaftskultur e.V. (DGGL) ist ein gemeinnütziger Verein der in allen Bundesländern aktiv ist, die Bundesgeschäftsstelle ist in Berlin.
Die DGGL wurde 1887 in Dresden gegründet, um die Belange der Freiraum- und Landschaftsgestaltung gegenüber Politik und Öffentlichkeit zu vertreten, die fachliche Weiterentwicklung von Ausbildung und Beruf zu fördern sowie die Planungs- und Ausführungstechniken und Methoden zu verbessern.
Die DGGL steht allen an der Freiraumentwicklung und an der Erhaltung von (historischen) Freiräumen interessierten Menschen offen, namentlich sind dieses Garten- und Landschaftsarchitekten, Ingenieure und Gutachter, öffentliche Grünverwaltungen, Garten- und Landschaftsbaubetriebe, Baumschulen und Gärtnereien, Produzenten von Baustoffen und Ausstattungen sowie Laien. Gemeinsam mit Partnerorganisationen in an grenzenden Ländern ist die DGGL auch auf europäischer Ebene tätig.

Die Mitwirkung der Fachverbände beinhaltet ausschließlich die fachliche Prüfung der Mustertexte. Die veröffentlichten Positionspreise werden nicht von den Fachverbänden geprüft. Grundlage der Positionspreise ist die BKI-Positionsdatenbanken.

BKI bedankt sich bei den Fachverbanden für die erfolgreiche Zusammenarbeit. Das Prüfen der Mustertexte stellt einen wertvollen Beitrag zur Verbesserung der fachlichen Kommunikation beim Bauablauf zwischen planenden und ausführenden Berufen dar.

Einführung

Dieses Fachbuch wendet sich an Architekt*innen, Ingenieure*innen, Sachverständige und sonstige Fachleute, die mit Kostenermittlungen von Hochbaumaßnahmen befasst sind. Es enthält statistische Kostenkennwerte für „Positionen", geordnet nach den Leistungsbereichen nach STLB. Neben den Mittelwerten sind auch Von-Bis-Werte und Minimal-Maximal-Werte angegeben. Bei den Von-Bis-Werten handelt es sich um mit der Standardabweichung berechnete Bandbreiten, wobei Werte über dem Mittelwerte und Werte unter dem Mittelwert getrennt betrachtet werden. Der Mittelwert muss deshalb nicht zwingend in der Mitte der Bandbreite liegen.

Durch Übernahme der BKI Regionalfaktoren in die Datenbanken wurde es möglich, die Objekte und damit auch deren Positionspreise auch hinsichtlich des Bauorts zu bewerten. Für statistische Auswertungen rechnet BKI so, als ob das Objekt nicht am Bauort, sondern in einer mit dem Bundesdurchschnitt identischen Region gebaut worden wäre.

Die regional bedingten Kosteneinflussfaktoren sind somit aus den hier veröffentlichten Positionspreisen herausgerechnet. Das soll aber nicht darüber hinwegtäuschen, dass Positionspreise vielfältigen Einflussfaktoren unterliegen, von denen die regionalen meist nicht die bestimmenden sind.

Die Kennwerte sind objektorientiert ermittelt worden und basieren auf der Analyse realer, abgerechneter Vergleichsobjekte, die derzeit in den BKI-Baukostendatenbanken verfügbar sind.

Dieses Fachbuch erscheint jährlich neu, so dass der Benutzer*innen stets aktuelle Kostenkennwerte zur Hand hat.

Benutzerhinweise

1. Definitionen
Als Positionen werden in dieser Veröffentlichung Leistungsbeschreibungen für Bauleistungen mit den zugehörigen Texten, Mengen, Preisen und sonstigen Angaben bezeichnet. Positionstexte sind ausführliche Leistungsbeschreibungen von Bauleistungen (Langtexte) oder Kurzfassungen davon (Kurztexte). Einheitspreise sind die Preise für Bauleistungen pro definierter Einheit, Gesamtpreise sind die Preise für die Gesamtmenge einer einzelnen Bauleistung. BKI dokumentiert und veröffentlicht ausschließlich Preise abgerechneter Bauleistungen, die insofern endgültig und keinen weiteren Veränderungen durch Verhandlungen, Preisanpassungen etc. unterworfen sind.

2. Kostenstand und Mehrwertsteuer
Kostenstand aller Kennwerte ist das 1.Quartal 2021. Alle Kostenkennwerte in diesem Fachbuch werden in brutto + netto angegeben. Die Angabe aller Kostenkennwerte dieser Veröffentlichung erfolgt in Euro. Die vorliegenden Kostenkennwerte sind Orientierungswerte. Sie können nicht als Richtwerte im Sinne einer verpflichtenden Obergrenze angewendet werden.

3. Datengrundlage - Haftung
Grundlage der Tabellen sind statistische Analysen abgerechneter Bauvorhaben. Die Daten wurden mit größtmöglicher Sorgfalt vom BKI bzw. seinen Dokumentationsstellen erhoben und zusammengestellt. Für die Richtigkeit, Aktualität und Vollständigkeit dieser Daten, Analysen und Tabellen übernehmen jedoch weder die Herausgeber*in noch BKI eine Haftung, ebenso nicht für Druckfehler und fehlerhafte Angaben. Die Benutzung dieses Fachbuchs und die Umsetzung der darin erhaltenen Informationen erfolgen auf eigenes Risiko.

Angesichts der vielfältigen Kosteneinflussfaktoren müssen Anwender*innen die genannten Orientierungswerte eigenverantwortlich prüfen und entsprechend dem jeweiligen Verwendungszweck anpassen.

4. Anwendungsbereiche

Die Kostenkennwerte sind als Orientierungswerte konzipiert; sie können zum Bepreisen von Leistungsverzeichnissen sowie bei Kostenberechnungen und Kostenanschlägen angewendet werden. Die formalen Mindestanforderungen hinsichtlich der Darstellung der Ergebnisse einer Kostenermittlung sind in DIN 276:2018-12 unter Ziffer 3 Grundsätze der Kostenplanung festgelegt. Die Anwendung des Positions-Verfahrens bei Kostenermittlungen setzt voraus, dass genügend Planungsinformationen vorhanden sind, um Qualitäten und Mengen von Positionen ermitteln zu können.

5. Geltungsbereiche

Die genannten Kostenkennwerte spiegeln in etwa das durchschnittliche Baukostenniveau in Deutschland wider. Die Geltungsbereiche der Tabellenwerte sind fließend. Die „von-/ bis-Werte" markieren weder nach oben noch nach unten absolute Grenzwerte. Auch die Minimal-Maximal-Werte sind nur als Minimum und Maximum der in der Stichprobe enthaltenen Werte zu verstehen. Das schließt nicht aus, dass diese Werte in der Praxis unter- oder überschritten werden können.

6. Preise

Die dokumentierten Preise wurden aus abgerechneten Projekten, und in diesem Jahr erstmalig, spezifisch für den Neubau erhoben. Für den Altbau gibt es seit letztem Jahr ein eigenes Fachbuch. Die „von-bis Preise" wurden mit der Standardabweichung ermittelt, ein statistisches Verfahren, das aus dem kompletten Spektrum der Preisbeispiele einen wahrscheinlichen Mittelbereich errechnet. Um dem Umstand Rechnung zu tragen, dass Abweichungen vom Mittelwert nach oben bei Baupreisen wahrscheinlicher sind als nach unten, wurde die Standardabweichung für Preise oberhalb des Mittelwertes getrennt von denen unterhalb des Mittelwertes ermittelt. Das Verfahren findet auch in anderen BKI Publikationen Anwendung und ist im Fachbuch „BKI Baukosten Gebäude, Statistische Kostenkennwerte (Teil 1)" näher beschrieben.

7. Kosteneinflüsse

In den Streubereichen (von-/bis-Werte) der Kostenkennwerte spiegeln sich die vielfältigen Kosteneinflüsse aus Nutzung, Markt, Gebäudegeometrie, Ausführungsstandard, Projektgröße etc. wider. Die Orientierungswerte können daher nicht schematisch übernommen werden, sondern müssen entsprechend den spezifischen Planungsbedingungen überprüft und ggf. angepasst werden. Mögliche Einflüsse, die eine Anpassung der Orientierungswerte erforderlich machen, können sein:

- besondere Nutzungsanforderungen,
- Standortbedingungen (Erschließung, Immission, Topographie, Bodenbeschaffenheit),
- Bauwerksgeometrie (Grundrissform, Geschosszahlen, Geschosshöhen, Dachform, Dachaufbauten),
- Bauwerksqualität (gestalterische, funktionale und konstruktive Besonderheiten),
- Quantität (Positionsmengen),
- Baumarkt (Zeit, regionaler Baumarkt, Vergabeart).

8. Mustertexte

BKI hat für die maßgeblichen Leistungsbereiche produktneutrale Positionsmustertexte verfasst. Die Mustertexte wurden entsprechend der Grundlage der zahlreichen Positionstexte der Datenlieferungen von Architekten neu verfasst. Die Fachautoren haben einen einheitlichen, VOB-gerechten Ausschreibungstext daraus gebildet.

Viele Mustertexte wurden von Fachverbänden der Bauberufe geprüft. Die prüfenden Fachverbände werden in den Fußzeilen der entsprechenden Seiten und zusammenfassend auf Seite 6-9 genannt. Den kooperierenden Fachverbänden gilt unser Dank. Sie unterstützen durch diese Zusammenarbeit die Kommunikation im Baubereich zwischen planenden und ausführenden Berufen.

Den kooperierenden Fachverbänden gilt unser Dank. Sie unterstützen durch diese Zusammenarbeit die Kommunikation im Baubereich zwischen planenden und ausführenden Berufen.

Parallel zu unseren Positionstexten führen wir auch vergleichbare STLB-Bau Ausschreibungstexte und prüfen damit unsere Mustertexte. Nicht immer kann in dieser Veröffentlichung eine Leistung mit gleichen Leistungsumfang angeboten werden, da z. B. wie in der Ausschreibungspraxis üblich auch Sammelpositionen in diesem Fachbuch enthalten sind.

Ungeachtet dessen kann aber das Fachbuch zur regelkonformen Erstellung von eindeutigen Ausschreiungstexten genutzt werden.

Einheitliche und praxistaugliche Positionsmustertexte in Verbindung mit Kostenangaben aus fertig gestellten Projekten sind für alle am Bau Beteiligten eine sinnvolle Unterstützung bei der täglichen Arbeit.

9. Ausführungsdauer

Seit der Ausgabe 2015 ist die Ausführungsdauer pro Leistungsposition enthalten. Diese wurde aus Literatur recherchiert und dann über unsere Baupreisdokumentation fachkundig angepasst. Die Ausführungsdauer ist somit kein Wert welcher sich aus konkreter Dokumentation ergibt, sondern einer der über Plausibilität ermittelt wurde. Er soll eine Orientierung für die Dauer der Arbeitsleistung und in Verrechnung mit Ausführungsmengen die Grundlage für die Terminplanung schaffen.

10. Regionalisierung der Daten

Grundlage der BKI Regionalfaktoren sind Daten aus der amtlichen Bautätigkeitsstatistik der statistischen Landesämter, eigene Berechnungen auch unter Verwendung von Schwerpunktpositionen und regionale Umfragen. Zusätzlich wurden von BKI Verfahren entwickelt, um die Eingangsdaten auf Plausibilität prüfen und ggf. anpassen zu können. Auf der Grundlage dieser Berechnungen hat BKI einen bundesdeutschen Mittelwert gebildet. Anhand des Mittelwertes lassen sich die einzelnen Land- und Stadtkreise prozentual einordnen. Diese Prozentwerte wurden die Grundlage der BKI Deutschlandkarte mit „Regionalfaktoren für Deutschland und Europa".

Für die größeren Inseln Deutschlands wurden separate Regionalfaktoren ermittelt. Dazu wurde der zugehörige Landkreis in Festland und Inseln unterteilt. Alle Inseln eines Land-kreises erhalten durch dieses Verfahren den gleichen Regionalfaktor. Der Regionalfaktor des Festlandes enthält keine Inseln mehr und ist daher gegenüber früheren Ausgaben verringert.

Die Kosten der Objekte der BKI Datenbanken wurden auf den Bundesdurchschnitt umgerechnet. Für den Anwender bedeutet die Umrechnung der Daten auf den Bundesdurchschnitt, dass einzelne Kostenkennwerte oder das Ergebnis einer Kostenermittlung mit dem Regionalfaktor des Standorts des geplanten Objekts multipliziert werden können. Die BKI Landkreisfaktoren befinden sich im Anhang des Buchs.

11. Urheberrechte

Alle Objektinformationen und die daraus abgeleiteten Auswertungen (Statistiken) sind urheberrechtlich geschützt. Die Urheberrechte liegen bei den jeweiligen Büros, Personen bzw. beim BKI.

Es ist ausschließlich eine Anwendung der Daten im Rahmen der praktischen Kostenplanung im Hochbau zugelassen. Für eine anderweitige Nutzung oder weiterführende Auswertungen behält sich das BKI alle Rechte vor.

Neue BKI Neubau-Dokumentationen
2020-2021

Fotopräsentation der Objekte

1300-0231 Bürogebäude (95 AP)
Büro- und Verwaltungsgebäude, mittlerer Standard
⌂ kbg architekten, bagge grothoff partner
Oldenburg

1300-0253 Bürogebäude (40 AP)
Büro- und Verwaltungsgebäude, hoher Standard
⌂ htm.a Hartmann Architektur GmbH
Hannover

1300-0256 Verwaltungszentrum (121 AP), TG (8 STP)
Büro- und Verwaltungsgebäude, hoher Standard
⌂ Bez + Kock Architekten
Stuttgart

1300-0257 Bürogebäude (50 AP), TG (8 STP)
Büro- und Verwaltungsgebäude, hoher Standard
⌂ Hüffer.Ramin Architekten
Berlin

1300-0258 Bürogebäude (14 AP) - Effizienzhaus ~41%
Büro- und Verwaltungsgebäude, mittlerer Standard
⌂ ott architekten Partnerschaft mbB
Laichingen

1300-0259 Bürogebäude (30 AP) - Effizienzhaus ~53%
Büro- und Verwaltungsgebäude, hoher Standard
⌂ RAINER GRAF architekten GmbH
Ofterdingen

Fotopräsentation der Objekte

1300-0260 Bürogebäude (25 AP)
Büro- und Verwaltungsgebäude, mittlerer Standard
⌂ Architekten Höhlich & Schmotz
Burgdorf

1300-0261 Rathaus (12 AP)
Büro- und Verwaltungsgebäude, mittlerer Standard
⌂ Stefan Schretzenmayr Architekt BDA,
Brigitte Schretzenmayr Architektin, Regensburg

1300-0263 Büro-/Entwicklungsgebäude (320 AP)
Büro- und Verwaltungsgebäude, mittlerer Standard
⌂ Planungsgruppe Prof. Focht + Partner GmbH
Saarbrücken

1300-0264 Verwaltungsgebäude - Effizienzhaus ~80%
Büro- und Verwaltungsgebäude, hoher Standard
⌂ Riemann Gesellschaft von Architekten mbH
Lübeck

1300-0265 Bürogebäude (70 AP), Augenarztpraxis (18 AP)
Büro- und Verwaltungsgebäude, hoher Standard
⌂ Gruppe GME Architekten BDA, Müller, Keil, Buck
Part GmbB, Achim

1300-0266 Bürocontainer (3 AP)
Büro- und Verwaltungsgebäude, einfacher Standard
⌂ freiraum4plus
Wiesbaden

Fotopräsentation der Objekte

1300-0268 Bürogebäude (226 AP), TG (32 STP)
Büro- und Verwaltungsgebäude, mittlerer Standard
⌂ Angelis & Partner Architekten mbB
  Oldenburg

2200-0054 Institutsgebäude (25 AP)
Instituts- und Laborgebäude
⌂ Kaiser Schweitzer Architekten
  Aachen

2200-0055 Labor- und Bürogebäude
Instituts- und Laborgebäude
⌂ Staab Architekten GmbH
  Berlin

3300-0015 Psychiatrische Tagesklinik (106 Plätze)
Medizinische Einrichtungen
⌂ Hartmaier + Partner, Freie Architekten BDA
  Reutlingen

4100-0189 Grundschule (12 Klassen) - Effizienzhaus ~72%
Allgemeinbildende Schulen
⌂ ABT Architekturbüro Tabery
  Bremervörde

4100-0205 Grundschule (8 Kl, 224 Sch) - Effizienzhaus ~67%
Allgemeinbildende Schulen
⌂ ARGE R.B.Z., AB Raum und Bau GmbH +
  AGZ Zimmermann GmbH, Dresden

Fotopräsentation der Objekte

4100-0207 Grundschule (5 Klassen, 125 Schüler)
Allgemeinbildende Schulen
⌂ IPROconsult GmbH
Dresden

4200-0035 Bildungszentrum (400 Schüler)
Weiterbildungseinrichtungen
⌂ Kersten Kopp Architekten GmbH
Berlin

4200-0036 Ausbildungszentrum Pflegeberufe (150 Sch)
Berufliche Schulen
⌂ Planungsring, Mumm+Partner GbR
Treia

4400-0330 Kindertagesstätte (90 Ki) - Effizienzhaus ~50%
Kindergärten, nicht unterkellert, mittlerer Standard
⌂ Gutheil Kuhn, Architekten
Potsdam

4400-0339 Kindertagesstätte (99 Ki) - Effizienzhaus ~26%
Kindergärten, Holzbauweise, nicht unterkellert
⌂ Angele Architekten GmbH
Oberhausen

4400-0340 Kindertagesstätte - Effizienzhaus ~70%
Kindergärten, nicht unterkellert, mittlerer Standard
⌂ Lechner · Lechner Architekten GmbH
Traunstein

Fotopräsentation der Objekte

5100-0130 Sporthalle (Doppel-Dreifeldhalle)
Sporthallen (Dreifeldhallen)
⌂ blfp planungs gmbh
  Friedberg

5300-0018 Pfahlbauten Mehrzweckgebäude
Sonstige Gebäude
⌂ limbrecht jensen rudolph ARCHITEKTEN PartGmbB
  Niebüll

6100-1252 Mehrfamilienhaus (7 WE), TG (32 STP)
Mehrfamilienhäuser, mit 6 bis 19 WE, hoher Standard
⌂ Holst Becker Architekten PartGmbB
  Hamburg

6100-1282 Modulhäuser (34 WE)
Wohnheime und Internate
⌂ Plan-R Architekten
  Hamburg

6100-1316 Einfamilienhaus, Carport
Ein- und Zweifamilienhäuser unterkellert, hoher Standard
⌂ Dritte Haut° Architekten
  Berlin

6100-1322 Doppelhaus (2 WE)
Doppel- und Reihenendhäuser, hoher Standard
⌂ T-O-M architekten PartGmbB
  Hamburg

Fotopräsentation der Objekte

6100-1336 Mehrfamilienhäuser - Effizienzhaus ~38%
Mehrfamilienhäuser, mit 20 oder mehr WE, mittl. Standard
Deppisch Architekten GmbH
Freising

6100-1373 Einfamilienhaus mit Carport
Ein- u. Zweifamilienhäuser, nicht unterkell., mittl. Standard
seyfarth stahlhut architekten dba PartGmbB
Hannover

6100-1377 Mehrfamilienhaus (3 WE)
Mehrfamilienhäuser, mit bis zu 6 WE, mittlerer Standard
+studio moeve architekten bda
Darmstadt

6100-1383 Einfamilienhaus mit Büro
Wohnhäuser mit mehr als 15% Mischnutzung
Walter Gebhardt Architekt
Hamburg

6100-1400 Mehrfamilienhaus (13 WE), TG - Effizienzhaus 55
Mehrfamilienhäuser, mit 6 bis 19 WE, mittlerer Standard
Werkgruppe Freiburg, Miller & Glos PartmbB
Freiburg

6100-1401 Mehrfamilienhaus (13 WE), TG - Effizienzhaus 55
Mehrfamilienhäuser, mit 6 bis 19 WE, mittlerer Standard
Werkgruppe Freiburg, Miller & Glos PartmbB
Freiburg

Fotopräsentation der Objekte

6100-1433 Mehrfamilienhaus (5 WE) - Passivhaus
Mehrfamilienhäuser, Passivhäuser
Rongen Architekten, PartG mbB
Wassenberg

6100-1442 Einfamilienhaus - Effizienzhaus 55
Ein- u. Zweifamilienhäuser unterkellert, mittlerer Standard
hartmann I s architekten BDA
Telgte

6100-1445 Einfamilienhaus, Carport - Effizienzhaus ~71%
Ein- und Zweifamilienhäuser unterkellert, hoher Standard
Beham Architekten
Dietramszell

6100-1447 Mehrfamilienhaus (4 WE) - Effizienzhaus 55
Mehrfamilienhäuser, mit bis zu 6 WE, hoher Standard
2N 2L Architektur
Schwäbisch Gmünd

6100-1452 Einfamilienhaus - Effizienzhaus ~13%
Ein- u. Zweifamilienhäuser, nicht unterkell., hoh. Standard
DWA David Wolfertstetter Architektur
Dorfen

6100-1453 Mehrfamilienhaus (3 WE) - Effizienzhaus ~56%
Mehrfamilienhäuser, mit bis zu 6 WE, mittlerer Standard
Jo Güth Architekt
München

Fotopräsentation der Objekte

6100-1454 Mehrfamilienhaus (17 WE) - Effizienzhaus ~63%
Mehrfamilienhäuser, mit 6 bis 19 WE, mittlerer Standard
⌂ buero eins punkt null
Berlin

6100-1455 Wohn- u. Geschäftshaus - Effizienzhaus 40
Wohnhäuser, mit bis zu 15% Mischnutzung, mittl. Standard
⌂ SCHÄFERWENNINGER PROJEKT GmbH, General-
planung, Berlin

6100-1466 Mehrfamilienhaus (3 WE) - Effizienzhaus ~17%
Mehrfamilienhäuser, mit bis zu 6 WE, hoher Standard
⌂ BUCHER | HÜTTINGER - ARCHITEKTUR INNEN
ARCHITEKTUR, Betzenstein

6100-1467 Einfamilienhaus - Effizienzhaus ~38%
Ein- u. Zweifamilienhäuser, nicht unterkell., hoh. Standard
⌂ architekturbüro plandesign
Deggendorf

6100-1469 Mehrfamilienhaus (14 WE) - Effizienzhaus ~50%
Mehrfamilienhäuser, mit 6 bis 19 WE, mittlerer Standard
⌂ Druschke und Grosser, Architektur, Architekten BDA
Duisburg

6100-1470 Wohnhaus (13 WE, 2 GE) - Effizienzhaus ~59%
Mehrfamilienhäuser, mit 6 bis 19 WE, mittlerer Standard
⌂ orange architekten
Berlin

Fotopräsentation der Objekte

6100-1471 Mehrfamilienhaus - Effizienzhaus ~60%
Mehrfamilienhäuser, mit 6 bis 19 WE, hoher Standard
⌂ pfeifer architekten
Berlin

6100-1472 Mehrfamilienhaus (65 WE) - Effizienzhaus ~27%
Mehrfamilienhäuser, mit 20 oder mehr WE, mittl. Standard
⌂ Arnold und Gladisch, Gesellschaft von
Architekten mbH, Berlin

6100-1473 Einfamilienhaus - Effizienzhaus ~48%
Ein- und Zweifamilienhäuser unterkellert, hoher Standard
⌂ rundzwei Architekten BDA
Berlin

6100-1474 Einfamilienhaus - Passivhaus
Ein- und Zweifamilienhäuser, Passivhausstandard, Holzbau
⌂ bau grün ! gmbh, Architekt Daniel Finocchiaro
Mönchengladbach

6100-1475 Doppelhaus (2WE)
Doppel- und Reihenendhäuser, mittlerer Standard
⌂ jb | architektur, Josef Basic
Würselen

6100-1476 Reihenhäuser (4 WE) - Effizienzhaus ~58%
Reihenhäuser, mittlerer Standard
⌂ Hüllmann - Architekten & Ingenieure
Delbrück

Fotopräsentation der Objekte

6100-1477 Mehrfamilienhaus, seniorengerecht (8 WE)
Mehrfamilienhäuser, mit 6 bis 19 WE, mittlerer Standard
huellmann., Architekten & Ingenieure
Delbrück

6100-1478 Mehrfamilienhaus (78 WE), 2 TG (59 STP)
Mehrfamilienhäuser, mit 20 oder mehr WE, mittl. Standard
Kramm+Strigl Architekten und Stadtplanergesellschaft mbH, Darmstadt

6100-1479 Mehrfamilienhaus (25 WE), TG (35 STP)
Mehrfamilienhäuser, mit 20 oder mehr WE, mittl. Standard
Kramm+Strigl Architekten und Stadtplanergesellschaft mbH, Darmstadt

6100-1480 Mehrfamilienhaus - Effizienzhaus ~67%
Mehrfamilienhäuser, mit 20 oder mehr WE, mittl. Standard
CKRS ARCHITEKTEN
Berlin

6100-1481 Einfamilienhaus - Effizienzhaus ~13%
Ein- u. Zweifamilienhäuser, nicht unterkell., hoh. Standard
Architekturbüro G. Hauptvogel-Flatau
Potsdam

6100-1482 Einfamilienhaus, Garage
Ein- u. Zweifamilienhäuser, nicht unterkell., hoh. Standard
M.A. Architekt Torsten Wolff, Erfurt (LPH 1-4, 8)
Funken Architekten, Erfurt (LPH 5-7)

Fotopräsentation der Objekte

6100-1484 Mehrfamilienhaus (3 WE)
Mehrfamilienhäuser, mit bis zu 6 WE, mittlerer Standard
⌂ Inke von Dobro-Wolski, Dipl. Ing. Architektin
Stedesand

6100-1486 Mehrfamilienhaus - Effizienzhaus ~67%
Mehrfamilienhäuser, mit 6 bis 19 WE, mittlerer Standard
⌂ rundzwei Architekten
Berlin

6100-1487 Mehrfamilienhaus (9 WE) - Effizienzhaus 55
Mehrfamilienhäuser, mit 6 bis 19 WE, mittlerer Standard
⌂ Scharabi Architekten PartG mbB
Berlin

6100-1488 Mehrgenerationenhaus - Effizienzhaus ~65%
Mehrfamilienhäuser, mit 6 bis 19 WE, mittlerer Standard
⌂ von Ey Architektur PartG mbB
Berlin

6100-1489 Einfamilienhaus
Ein- und Zweifamilienhäuser unterkellert, mittl. Standard
⌂ Kleszczewski + Partner Architekten
Grevenbroich

6100-1490 Einfamilienhaus - Effizienzhaus ~72%
Ein- und Zweifamilienhäuser unterkellert, hoher Standard
⌂ wening.architekten
Potsdam

Fotopräsentation der Objekte

6100-1491 Einfamilienhaus
Ein- u. Zweifamilienhäuser, nicht unterkell., hoh. Standard
MÖHRING ARCHITEKTEN
Berlin

6100-1492 Mehrfamilienhaus - Effizienzhaus ~72%
Mehrfamilienhäuser, mit 20 oder mehr WE, mittl. Standard
P4 Architekten BDA
Frankenthal

6100-1496 Ferienwohnanlage (8 WE)
Mehrfamilienhäuser, mit 6 bis 19 WE, hoher Standard
Architekturbüro Griebel
Lensahn

6100-1497 Einfamilienhaus, Nebengebäude
Ein- u. Zweifamilienhäuser, nicht unterkell., mittl. Standard
Hatzius Sarramona Architekten
Hamburg

6100-1498 Mehrfamilienhäuser mit 2 Gebäuden (18 WE)
Mehrfamilienhäuser, mit 6 bis 19 WE, mittlerer Standard
Architekturbüro Steffen, Architekt R. Steffen, X. Alve
Überherrn

6100-1499 Reihenhausanlage (9 WE)
Mehrfamilienhäuser, mit 6 bis 19 WE, hoher Standard
saboArchitekten BDA
Hannover

Fotopräsentation der Objekte

6100-1503 2 Wohngebäude (15 WE) - Effizienzhaus ~71%
Wohnhäuser, mit bis zu 15% Mischnutzung, mittl. Standard
⌂ Schenk Perfler Architekten GbR
  Berlin

6100-1504 Mehrfamilienhaus (8 WE, 1 GE)
Wohnhäuser, mit bis zu 15% Mischnutzung, mittl. Standard
⌂ Dietzsch & Weber, Architekten BDA
  Halle

6100-1506 Einfamilienhaus, Garage - Effizienzhaus ~18%
Ein- u. Zweifamilienhäuser, nicht unterkell., hoh. Standard
⌂ Zymara Loitzenbauer Giesecke Architekten BDA
  Hannover

6100-1508 Mehrfamilienhäuser - Effizienzhaus ~28%
Mehrfamilienhäuser, mit 20 oder mehr WE, hoh. Standard
⌂ ENKE WULF architekten
  Berlin

6100-1510 Mehrfamilienhäuser - Effizienzhaus ~28%
Mehrfamilienhäuser, mit 20 oder mehr WE, mittl. Standard
⌂ GSAI GALANDI SCHIRMER ARCHITEKTEN + INGENIEURE GMBH, Berlin

6100-1513 Einfamilienhaus - Effizienzhaus ~64%
Ein- u. Zweifamilienhäuser, Holzbauweise, nicht unterkellert
⌂ Maximilian Hartinger
  München

Fotopräsentation der Objekte

6100-1516 Mehrfamilienhaus - Effizienzhaus ~31%
Mehrfamilienhäuser, mit 6 bis 19 WE, mittlerer Standard
⌂ Schettler & Partner PartGmbB
Weimar

6200-0077 Jugendwohngruppe (10 Betten)
Wohnheime und Internate
⌂ BRATHUHN + KÖNIG, Architektur- und Ingenieur-
PartGmbB, Braunschweig

6200-0093 Wohnheim (34 Betten)
Wohnheime und Internate
⌂ ZappeArchitekten
Berlin

6200-0100 Tagespflege für Senioren - Effizienzhaus ~58%
Pflegeheime
⌂ Hüllmann Architekten & Ingenieure
Delbrück

6200-0101 Seniorenwohnanlage - Effizienzhaus ~63%
Seniorenwohnungen, mittlerer Standard
⌂ Thüs Farnschläder Architekten
Hamburg

6400-0110 Jugendhaus
Gemeindezentren, mittlerer Standard
⌂ MATTES//EPPMANN ARCHITEKTEN GbR
Abstatt

Fotopräsentation der Objekte

6400-0113 Bildungscampus
Gemeindezentren, mittlerer Standard
⌂ heinobrodersen architekt
 Flensburg

6500-0052 Café, Restaurant (72 Sitzplätze)
Gaststätten, Kantinen und Mensen
⌂ HARTUNG Architekten
 Möhnesee

7100-0058 Büro- und Produktionsgebäude (8 AP)
Betriebs- u. Werkstätten, mehrgeschossig, hoh. Hallenanteil
⌂ medienundwerk
 Karlsruhe

7100-0059 Laborgebäude (285 AP)
Instituts- und Laborgebäude
⌂ Staab Architekten GmbH
 Berlin

7200-0095 Nahversorgungsmarkt -Effizienzhaus ~70%
Verbrauchermärkte
⌂ Bits & Beits GmbH, Büro für Architektur
 Bad Salzuflen

7300-0099 Werkstatthalle - Effizienzhaus ~79%
Betriebs- und Werkstätten, eingeschossig
⌂ Brenncke Architekten Partnerschaft mbB
 Schwerin

Fotopräsentation der Objekte

7600-0082 Feuerwache (3 Fahrzeuge) - Effizienzhaus ~41%
Feuerwehrhäuser
⌂ Steiner Weißenberger Architekten BDA
Berlin

7600-0083 Feuerwache - Effizienzhaus ~57%
Feuerwehrhäuser
⌂ hiw architekten gmbh
Straubing

7600-0084 Feuerwehrhaus (5 Fahrzeuge)
Feuerwehrhäuser
⌂ Atelier für Architektur & Denkmalpflege,
Stuve & Jürgens Architekten BDA, Köthen / Anhalt

7700-0084 Logistikhalle (60 AP)
Industrielle Produktionsgebäude, überwiegend Skelettbau
⌂ F64 Architekten, Architekten und Stadtplaner,
PartGmbB, Kempten / Allgäu

7700-0086 Zentraldepot für Kunstgut - Effizienzhaus ~63%
Lagergebäude, ohne Mischnutzung
⌂ Staab Architekten GmbH
Berlin

9100-0178 Aussichtsturm
Sonstige Gebäude
⌂ fehlig moshfeghi architekten BDA
Hamburg

Fotopräsentation der Objekte

9100-0179 Gemeindehaus
Gemeindezentren, mittlerer Standard
⌂ VON M GmbH
 Stuttgart

9100-0180 Veranstaltungsgebäude (300 Sitzplätze)
Bibliotheken, Museen und Ausstellungen
⌂ Hepp + Zenner, Ingenieurgesellschaft, für Objekt- und
 Stadtplanung mbH, Saarbrücken

9200-0003 ZOB-Überdachung (6 Haltepunkte)
Sonstige Gebäude
⌂ HJPplaner
 Aachen

Erläuterungen zur Fachbuchreihe
BKI Baukosten Neubau

Erläuterungen zur Fachbuchreihe BKI Baukosten Neubau

Die Fachbuchreihe BKI Baukosten besteht aus drei Bänden:
- Baukosten Gebäude Neubau 2021, Statistische Kostenkennwerte (Teil 1)
- Baukosten Bauelemente Neubau 2021, Statistische Kostenkennwerte (Teil 2)
- Baukosten Positionen Neubau 2021, Statistische Kostenkennwerte (Teil 3)

Die drei Fachbücher für den Neubau sind für verschiedene Stufen der Kostenermittlungen vorgesehen. Daneben gibt es noch eine vergleichbare Buchreihe für den Altbau (Bauen im Bestand) gegliedert in zwei Fachbücher. Nähere Informationen dazu erscheinen in den entsprechenden Büchern. Die nachfolgende Schnellübersicht erläutert Inhalt und Verwendungszweck:

BKI FACHBUCHREIHE Baukosten Neubau 2021

BKI Baukosten Gebäude	BKI Baukosten Bauelemente	BKI Baukosten Positionen
Inhalt: Kosten des Bauwerks, 1. und 2. Ebene nach DIN 276 von über 70 Gebäudearten	Inhalt: 3. Ebene DIN 276 und Ausführungsarten nach BKI, außerdem Lebensdauern von Bauteilen, Grobelementarten und Kosten im Stahlbau	Inhalt: Positionen nach Leistungsbereichsgliederung für Rohbau, Ausbau, Gebäudetechnik und Freianlagen
Geeignet[1] für Kostenrahmen, Kostenschätzung	Geeignet für Kostenberechnung und Kostenvoranschlag	Geeignet für bepreiste Leistungsverzeichnisse und Kostenanschlag
HOAI Phasen 1 und 2	HOAI Phasen 3 bis 6	HOAI Phasen 6 und 8

[1] BKI empfiehlt, bereits ab Vorlage erster Skizzen oder Vorentwürfe Kosten in der 2. Ebene nach DIN 276 zu ermitteln (Grobelementmethode).

Die Buchreihe BKI Baukosten enthält für die verschiedenen Stufen der Kostenermittlung unterschiedliche Tabellen und Grafiken. Ihre Anwendung soll nachfolgend kurz dargestellt werden.

Kostenrahmen

Für die Ermittlung der „ersten Zahl" werden auf der ersten Seite jeder Gebäudeart die Kosten des Bauwerks insgesamt angegeben. Je nach Informationsstand kann der Kostenkennwert (KKW) pro m³ BRI (Brutto-Rauminhalt), m² BGF (Brutto-Grundfläche) oder m² NUF (Nutzungsfläche) verwendet werden.

Diese Kennwerte sind geeignet, um bereits ohne Vorentwurf erste Kostenaussagen auf der Grundlage von Bedarfsberechnungen treffen zu können.

Für viele Gebäudearten existieren zusätzlich Kostenkennwerte pro Nutzeinheit. In allen Büchern der Reihe BKI Baukosten werden die statistischen Kostenkennwerte mit Mittelwert (Fettdruck) und Streubereich (von- und bis-Wert) angegeben (Abb. 1; BKI Baukosten Gebäude).

In der unteren Grafik der ersten Seite zu einer Gebäudeart sind die Kostenkennwerte der an der Stichprobe beteiligten Objekte zur Erläuterung der Bandbreite der Kostenkennwerte abgebildet. In allen Büchern wird in der Fußzeile der Kostenstand und die Mehrwertsteuer angegeben. (Abb. 2; BKI Baukosten Gebäude)

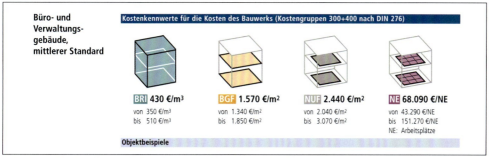

Abb. 1 aus BKI Baukosten Gebäude: Kostenkennwerte des Bauwerks

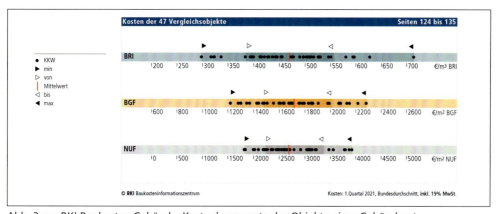

Abb. 2 aus BKI Baukosten Gebäude: Kostenkennwerte der Objekte einer Gebäudeart

Kostenschätzung

Die obere Tabelle der zweiten Seite zu einer Gebäudeart differenziert die Kosten des Bauwerks in die Kostengruppen der 1. Ebene. Es werden nicht nur die Kostenkennwerte für das Bauwerk – getrennt nach Baukonstruktionen und Technische Anlagen – sondern ebenfalls für „Vorbereitende Maßnahmen" des Grundstücks, „Außenanlagen und Freiflächen", „Ausstattung und Kunstwerke", „Baunebenkosten" genannt. Für Plausibilitätsprüfungen sind zusätzlich die Prozentanteile der einzelnen Kostengruppen ausgewiesen. (Abb. 3; BKI Baukosten Gebäude)

Für die Kostenschätzung müssen nach neuer DIN 276 die Gesamtkosten nach Kostengruppen in der zweiten Ebene der Kostengliederung ermittelt werden. Dazu müssen die Mengen der Kostengruppen 310 Baugrube/Erdbau bis 360 Dächer und die BGF ermittelt werden. Eine Kostenermittlung auf der 2. Ebene ist somit bereits durch Ermittlung von lediglich sieben Mengen möglich. (Abb. 4; BKI Baukosten Gebäude)

In den Benutzerhinweisen am Anfang des Fachbuchs „BKI Baukosten Gebäude, Statistische Kostenkennwerte Teil 1" ist eine „Auswahl kostenrelevanter Baukonstruktionen und Technischer Anlagen" aufgelistet. Sie unterstützen bei der Standardeinordnung einzelner Projekte. Weiterhin gibt die Auflistung Hinweise, welche Ausführungen in den Kostengruppen der 2. Ebene kostenmindernd bzw. kostensteigernd wirken. Dementsprechend sind Kostenkennwerte über oder unter dem Durchschnittswert auszuwählen. Eine rein systematische Verwendung des Mittelwerts reicht für eine qualifizierte Kostenermittlung nicht aus. (Abb. 5; BKI Baukosten Gebäude)

Kostenkennwerte für die Kostengruppen der 1. und 2. Ebene DIN 276

KG	Kostengruppen der 1. Ebene	Einheit	▷	€/Einheit	◁	▷	% an 300+400	◁
100	Grundstück	m² GF	–	–	–			
200	Vorbereitende Maßnahmen	m² GF	5	39	258	0,4	1,6	5,3
300	Bauwerk - Baukonstruktionen	m² BGF	1.133	**1.299**	1.522	70,0	**76,1**	81,5
400	Bauwerk - Technische Anlagen	m² BGF	293	**415**	562	18,5	**23,9**	30,0
	Bauwerk (300+400)	m² BGF	1.477	**1.713**	2.009		**100,0**	
500	Außenanlagen und Freiflächen	m² AF	43	**138**	469	2,1	**5,4**	8,7
600	Ausstattung und Kunstwerke	m² BGF	8	**44**	190	0,5	**2,4**	10,3
700	Baunebenkosten*	m² BGF	328	**365**	403	19,2	**21,4**	23,6
800	Finanzierung	m² BGF	–	–	–		–	

*Auf Grundlage der HOAI 2021 berechnete Werte nach §§ 35, 52, 56. Weitere Informationen siehe Seite 48

Abb. 3 aus BKI

KG	Kostengruppen der 2. Ebene	Einheit	▷	€/Einheit	◁	▷	% an 1. Ebene	◁
310	Baugrube / Erdbau	m³ BGI	25	**55**	301	0,8	**1,9**	3,7
320	Gründung, Unterbau	m² GRF	289	**380**	571	6,9	**11,1**	16,8
330	Außenwände / vertikal außen	m² AWF	402	**534**	770	28,0	**34,0**	41,5
340	Innenwände / vertikal innen	m² IWF	194	**234**	307	12,8	**18,2**	22,3
350	Decken / horizontal	m² DEF	308	**357**	491	10,8	**17,0**	20,9
360	Dächer	m² DAF	314	**392**	566	7,7	**11,8**	15,8
370	Infrastrukturanlagen	m² BGF	–	–	–		–	
380	Baukonstruktive Einbauten	m² BGF	17	**35**	70	0,2	**1,5**	4,1
390	Sonst. Maßnahmen für Baukonst.	m² BGF	35	**56**	92	2,9	**4,6**	7,5
300	**Bauwerk Baukonstruktionen**	**m² BGF**					**100,0**	
410	Abwasser-, Wasser-, Gasanlagen	m² BGF	42	**51**	65	10,3	**13,7**	18,4
420	Wärmeversorgungsanlagen	m² BGF	65	**93**	156	16,7	**24,0**	35,3
430	Raumlufttechnische Anlagen	m² BGF	9	**45**	92	2,0	**8,5**	18,3
440	Elektrische Anlagen	m² BGF	93	**126**	167	25,6	**32,9**	41,6
450	Kommunikationstechnische Anlagen	m² BGF	36	**56**	119	9,2	**14,0**	22,7
460	Förderanlagen	m² BGF	26	**39**	63	0,0	**2,4**	8,9
470	Nutzungsspez. u. verfahrenstech. Anl.	m² BGF	4	**18**	48	0,1	**1,9**	7,7
480	Gebäude- und Anlagenautomation	m² BGF	31	**44**	55	0,0	**2,6**	8,8
490	Sonst. Maßnahmen f. techn. Anlagen	m² BGF	1	**1**	2	0,0	**0,0**	0,2
400	**Bauwerk Technische Anlagen**	**m² BGF**					**100,0**	

Abb. 4 aus BKI Baukosten Gebäude: Kostenkennwerte der 2. Ebene

> **Auswahl kostenrelevanter Baukonstruktionen**
>
> **310 Baugrube/Erdbau**
> - kostenmindernd:
>   Nur Oberboden abtragen, Wiederverwertung des Aushubs auf dem Grundstück, keine Deponiegebühr, kurze Transportwege, wiederverwertbares Aushubmaterial für Verfüllung
> + kostensteigernd:
>   Wasserhaltung, Grundwasserabsenkung, Baugrubenverbau, Spundwände, Baugrubensicherung mit Großbohrpfählen, Felsbohrungen, schwer lösbare Bodenarten oder Fels
>
> **320 Gründung, Unterbau**
> - kostenmindernd:
>   Kein Fußbodenaufbau auf der Gründungsfläche, keine Dämmmaßnahmen auf oder unter der Gründungsfläche
> + kostensteigernd:
>   Teurer Fußbodenaufbau auf der Gründungsfläche, Bodenverbesserung, Bodenkanäle, Perimeterdämmung oder sonstige, teure Dämmmaßnahmen, versetzte Ebenen
>
> mauerwerk, Ganzglastüren, Vollholztüren Brandschutztüren, sonstige hochwertige Türen, hohe Anforderungen an Statik, Brandschutz, Schallschutz, Raumakustik und Optik, Edelstahlgeländer, raumhohe Verfliesung
>
> **350 Decke/Horizontale Baukonstruktionen**
> - kostenmindernd:
>   Einfache Bodenbeläge, wenige und einfache Treppen, geringe Spannweiten
> + kostensteigernd:
>   Doppelboden, Natursteinböden, Metall- und Holzbekleidungen, Edelstahltreppen, hohe Anforderungen an Brandschutz, Schallschutz, Raumakustik und Optik, hohe Spannweiten
>
> **360 Dächer**
> - kostenmindernd:
>   Einfache Geometrie, wenig Durchdringungen
> + kostensteigernd:
>   Aufwändige Geometrie wie Mansarddach mit Gauben, Metalldeckung, Glasdächer oder Glasoberlichter, begeh-/befahrbare Flachdächer, Begrünung, Schutzelemente wie Edelstahl-Geländer

Abb. 5 aus BKI Baukosten Gebäude: Kostenrelevante Baukonstruktionen

Die Mengen der 2. Ebene können alternativ statistisch mit den Planungskennwerten auf der vierten Seite jeder Gebäudeart näherungsweise ermittelt werden. (Abb. 6; aus BKI Baukosten Gebäude: Planungskennwerte)
Eine Tabelle zur Anwendung dieser Planungskennwerte ist unter *www.bki.de/kostensimulationsmodell* für Neubau als Excel-Tabelle erhältlich. Die Anwendung dieser Tabelle ist dort ebenfalls beschrieben.

Die Werte, die über dieses statistische Verfahren ermittelt werden, sind für die weitere Verwendung auf Plausibilität zu prüfen und anzupassen.

In BKI Baukosten Gebäude befindet sich auf der dritten Seite zu jeder Gebäudeart eine Aufschlüsselung nach Leistungsbereichen für eine überschlägige Aufteilung der Bauwerkskosten. (Abb. 7; BKI Baukosten Gebäude)

Für die Kostenaufstellung nach Leistungsbereichen existiert folgender Ansatz:
Bereits nach Kostengruppen ermittelte Kosten können prozentual, mit Hilfe der Angaben in den Prozentspalten, in die voraussichtlich anfallenden Leistungsbereiche aufgeteilt werden.

Die Ergebnisse dieser „Budgetierung" können die positionsorientierte Aufstellung der Leistungsbereichskosten nicht ersetzen. Für Plausibilitätsprüfungen bzw. grobe Kostenaussagen z. B. für Finanzierungsanfragen sind sie jedoch gut geeignet.

Planungskennwerte für Flächen und Rauminhalte nach DIN 277								
Grundflächen			▷	**Fläche/NUF (%)**	◁	▷	**Fläche/BGF (%)**	◁
NUF	Nutzungsfläche			**100,0**		60,7	**65,5**	71,0
TF	Technikfläche		4,0	**5,3**	7,3	2,5	**3,4**	4,8
VF	Verkehrsfläche		20,2	**27,2**	39,9	12,9	**16,7**	22,0
NRF	Netto-Raumfläche		124,5	**132,4**	145,0	83,2	**85,5**	87,6
KGF	Konstruktions-Grundfläche		18,9	**22,8**	27,8	12,4	**14,5**	16,8
BGF	Brutto-Grundfläche		145,2	**155,2**	169,6		**100,0**	
Brutto-Rauminhalte			▷	**BRI/NUF (m)**	◁	▷	**BRI/BGF (m)**	◁
BRI	Brutto-Rauminhalt		5,36	**5,75**	6,23	3,54	**3,72**	4,13
Flächen von Nutzeinheiten			▷	**NUF/Einheit (m²)**	◁	▷	**BGF/Einheit (m²)**	◁
Nutzeinheit: Arbeitsplätze			24,38	**28,39**	57,41	36,40	**43,24**	83,64
Lufttechnisch behandelte Flächen			▷	**Fläche/NUF (%)**	◁	▷	**Fläche/BGF (%)**	◁
Entlüftete Fläche			48,0	**48,0**	48,0	24,7	**24,7**	24,7
Be- und entlüftete Fläche			89,1	**89,1**	95,6	57,4	**57,4**	60,6
Teilklimatisierte Fläche			7,5	**7,5**	7,5	3,9	**3,9**	3,9
Klimatisierte Fläche			–	**2,6**		–	**1,6**	
KG	**Kostengruppen (2. Ebene)**	**Einheit**	▷	**Menge/NUF**	◁	▷	**Menge/BGF**	◁
310	Baugrube / Erdbau	m³ BGI	0,91	**1,17**	2,01	0,61	**0,76**	1,23
320	Gründung, Unterbau	m² GRF	0,47	**0,58**	0,83	0,31	**0,38**	0,51
330	Außenwände / vertikal außen	m² AWF	1,05	**1,32**	1,47	0,72	**0,86**	1,04
340	Innenwände / vertikal innen	m² IWF	1,07	**1,39**	1,60	0,72	**0,90**	0,98
350	Decken / horizontal	m² DEF	0,83	**0,94**	1,11	0,55	**0,61**	0,67
360	Dächer	m² DAF	0,51	**0,62**	0,88	0,34	**0,40**	0,54
370	Infrastrukturanlagen	m² BGF	1,45	**1,55**	1,70		**1,00**	
380	Baukonstruktive Einbauten	m² BGF	1,45	**1,55**	1,70		**1,00**	
390	Sonst. Maßnahmen für Baukonst.	m² BGF	1,45	**1,55**	1,70		**1,00**	
300	**Bauwerk-Baukonstruktionen**	**m² BGF**	1,45	**1,55**	1,70		**1,00**	

Abb. 6 aus BKI Baukosten Gebäude: Planungskennwerte

Büro- und Verwaltungsgebäude, mittlerer Standard

Kostenkennwerte für Leistungsbereiche nach StLB (Kosten des Bauwerks nach DIN 276)								
LB	**Leistungsbereiche**	7,50%	15%	22,50%	30%	▷	**% an 300+400**	◁
000	Sicherheits-, Baustelleneinrichtungen inkl. 001					1,9	**3,1**	4,2
002	Erdarbeiten					0,7	**1,6**	3,2
006	Spezialtiefbauarbeiten inkl. 005					0,0	**0,7**	5,2
009	Entwässerungskanalarbeiten inkl. 011					0,2	**0,6**	1,0
010	Drän- und Versickerungsarbeiten					0,0	**0,1**	0,4
012	Mauerarbeiten					1,2	**4,1**	10,9
013	Betonarbeiten					13,8	**19,2**	23,9
014	Natur-, Betonwerksteinarbeiten					0,0	**0,5**	1,3
016	Zimmer- und Holzbauarbeiten					0,0	**1,7**	10,6
017	Stahlbauarbeiten					0,1	**1,2**	9,2
018	Abdichtungsarbeiten					0,2	**0,5**	1,0
020	Dachdeckungsarbeiten					0,0	**0,2**	3,1
021	Dachabdichtungsarbeiten					1,9	**3,4**	5,3
022	Klempnerarbeiten					0,3	**1,1**	2,6
	Rohbau					32,9	**38,1**	48,1
023	Putz- und Stuckarbeiten, Wärmedämmsysteme					0,9	**4,2**	7,7

Abb. 7 aus BKI Baukosten Gebäude: Kostenkennwerte für Leistungsbereiche

Kostenberechnung

In der DIN 276:2018-12 wird für Kostenberechnungen festgelegt, dass die Kosten bis zur 3. Ebene der Kostengliederung ermittelt werden müssen. (Abb. 8; BKI Baukosten Bauelemente)

Für die Kostengruppen 380, 390 und 410 bis 490 ist lediglich die BGF zu ermitteln, da hier sämtliche Kostenkennwerte auf die BGF bezogen sind. Da in der Regel nicht in allen Kostengruppen Kosten anfallen und viele Mengenermittlungen mehrfach verwendet werden können, ist die Mengenermittlung der 3. Ebene ebenfalls mit relativ wenigen Mengen (ca. 15 bis 25) möglich. (Abb. 9; BKI Baukosten Bauelemente)

Eine besondere Bedeutung kann der 3. Ebene der DIN 276 beim Bauen im Bestand im Rahmen der Bewertung der mitzuverarbeitenden Bausubstanz zukommen, die auch in der aktualisierten HOAI 2021 enthalten ist. Denn erst in der 3. Ebene DIN 276 ist eine Differenzierung der Bauteile in die tragende Konstruktion und die Oberflächen (innen und außen) gegeben. Beim Bauen im Bestand sind häufig die Oberflächen zu erneuern. Wesentliche Teile der Gründung und der Tragkonstruktion bleiben faktisch unverändert, werden planerisch aber erfasst und mitverarbeitet. Deren Kostenanteile werden erst durch die Differenzierung der Kosten ab der 3. Ebene ablesbar. Daher können die Neubaukosten der 3. Ebene oft wichtige Kennwerte für die Bewertung der mitzuverarbeitenden Bausubstanz darstellen.

334 Außenwandöffnungen	Gebäudeart	▷	€/Einheit	◁	KG an 300
	1 Büro- und Verwaltungsgebäude				
	Büro- und Verwaltungsgebäude, einfacher Standard	270,00	**344,00**	392,00	9,1%
	Büro- und Verwaltungsgebäude, mittlerer Standard	390,00	**616,00**	950,00	9,7%
	Büro- und Verwaltungsgebäude, hoher Standard	742,00	**972,00**	2.194,00	8,5%
	2 Gebäude für Forschung und Lehre				
	Instituts- und Laborgebäude	765,00	**1.052,00**	1.871,00	5,3%
	3 Gebäude des Gesundheitswesens				
	Medizinische Einrichtungen	308,00	**467,00**	547,00	7,1%
	Pflegeheime	400,00	**546,00**	786,00	7,7%
	4 Schulen und Kindergärten				
	Allgemeinbildende Schulen	506,00	**868,00**	1.274,00	7,2%
	Berufliche Schulen	662,00	**1.057,00**	1.400,00	4,2%
	Förder- und Sonderschulen	572,00	**840,00**	1.119,00	4,0%
	Weiterbildungseinrichtungen	1.080,00	**1.714,00**	2.348,00	0,8%
	Kindergärten, nicht unterkellert, einfacher Standard	669,00	**709,00**	780,00	6,8%
	Kindergärten, nicht unterkellert, mittlerer Standard	538,00	**725,00**	1.051,00	8,1%
	Kindergärten, nicht unterkellert, hoher Standard	485,00	**674,00**	768,00	3,3%
	Kindergärten, Holzbauweise, nicht unterkellert	489,00	**716,00**	941,00	6,5%
	Kindergärten, unterkellert	692,00	**810,00**	993,00	9,4%

Abb. 8 aus BKI Baukosten Bauelemente: Kostenkennwerte der 3. Ebene

444 Niederspannungs-installations-anlagen	Gebäudeart	€/Einheit			KG an 400
	1 Büro- und Verwaltungsgebäude				
	Büro- und Verwaltungsgebäude, einfacher Standard	23,00	**39,00**	51,00	20,2%
	Büro- und Verwaltungsgebäude, mittlerer Standard	48,00	**69,00**	101,00	19,0%
	Büro- und Verwaltungsgebäude, hoher Standard	63,00	**83,00**	134,00	12,2%
	2 Gebäude für Forschung und Lehre				
	Instituts- und Laborgebäude	31,00	**69,00**	101,00	8,2%
	3 Gebäude des Gesundheitswesens				
	Medizinische Einrichtungen	62,00	**90,00**	143,00	17,8%
	Pflegeheime	35,00	**58,00**	70,00	9,3%
	4 Schulen und Kindergärten				
	Allgemeinbildende Schulen	35,00	**53,00**	73,00	15,4%
	Berufliche Schulen	64,00	**84,00**	123,00	15,3%
	Förder- und Sonderschulen	59,00	**86,00**	196,00	20,3%
	Weiterbildungseinrichtungen	58,00	**115,00**	228,00	19,9%
	Kindergärten, nicht unterkellert, einfacher Standard	16,00	**27,00**	33,00	11,0%
	Kindergärten, nicht unterkellert, mittlerer Standard	39,00	**54,00**	109,00	19,5%
	Kindergärten, nicht unterkellert, hoher Standard	24,00	**29,00**	33,00	9,6%
	Kindergärten, Holzbauweise, nicht unterkellert	18,00	**31,00**	45,00	10,0%
	Kindergärten, unterkellert	31,00	**61,00**	118,00	17,0%

Abb. 9 aus BKI Baukosten Bauelemente: Kostenkennwerte der 3. Ebene für Kostengruppe 400

Kostenvoranschlag

Mit dem Begriff „Kostenvoranschlag" wird in der neuen DIN 276 gegenüber der Vorgängernorm ein neuer Begriff eingeführt. Der Kostenvoranschlag wird als die Ermittlung der Kosten auf der Grundlage der Ausführungsplanung und der Vorbereitung der Vergabe definiert. Die neue Kostenermittlungsstufe entspricht dem bisherigen „Kostenanschlag". Die DIN 276 fordert, dass die Gesamtkosten nach Kostengruppen in der dritten Ebene der Kostengliederung ermittelt und darüber hinaus nach technischen Merkmalen oder herstellungsmäßigen Gesichtspunkten weiter untergliedert werden. Anschließend sollen die Kosten in Vergabeeinheiten nach der für das jeweilige Bauprojekt vorgesehenen Vergabe- und Ausführungsstruktur geordnet werden. Diese Ordnung erleichtert es in den nachfolgenden Kostenermittlungen, dass die Angebote, Aufträge und Abrechnungen zusammengestellt, kontrolliert und verglichen werden können.

Für die geforderte Untergliederung der 3. Ebene sind die im Band „Bauelemente" enthaltenen BKI Ausführungsarten besonders geeignet. Die darin enthaltene Aufteilung in Leistungsbereiche ermöglicht eine ausführungsorientierte Gliederung. Diese Leistungsbereiche können dann zu den geforderten projektspezifischen Vergabeeinheiten zusammengestellt werden.

361.34.00	Metallträger, Blechkonstruktion			
02	**Fachwerkträger aus Profilstahl als tragende Konstruktion für Trapezblechdächer, mit aussteifender Trapezblechschale (3 Objekte)** Einheit: m² Dachfläche	280,00	**300,00**	340,00
	017 Stahlbauarbeiten			71,0%
	020 Dachdeckungsarbeiten			8,0%
	022 Klempnerarbeiten			14,0%
	034 Maler- und Lackierarbeiten - Beschichtungen			7,0%

Abb. 10 aus BKI Baukosten Bauelemente: Kostenkennwerte für Ausführungsarten

Kostenanschlag

Der Kostenanschlag ist nach Kostenrahmen, Kostenschätzung, Kostenberechnung und Kostenvoranschlag die fünfte Stufe der Kostenermittlungen nach DIN 276. Er dient den Entscheidungen über die Vergaben und die Ausführung. Die HOAI-Novelle 2013 beinhaltet in der Leistungsphase 6 „Vorbereitung der Vergabe" eine wesentliche Änderung: Als Grundleistung wird hier das „Ermitteln der Kosten auf Grundlage vom Planer bepreister Leistungsverzeichnisse" aufgeführt. Auch in der HOAI 2021 ist die Grundleistung unverändert enthalten. Nach der Begründung zur 7. HOAI-Novelle wird durch diese präzisierte Kostenermittlung und -kontrolle der Kostenanschlag entbehrlich. Dies heißt jedoch nicht, dass auf die 3. Ebene der DIN 276 verzichtet werden kann. Die 3. Ebene der DIN 276 und die BKI Ausführungsarten sind wichtige Zwischenschritte auf dem Weg zu bepreisten Leistungsverzeichnissen.

Abb. 11 aus BKI Baukosten Bauelemente: Kostenkennwerte für Ausführungsarten

Positionspreise

Zum Bepreisen von Leistungsverzeichnissen, Vorbereitung der Vergabe sowie Prüfen von Preisen eignet sich der Band BKI Baukosten Positionen, Statistische Kostenkennwerte (Teil 3). In diesem Band werden Positionen aus der BKI-Positionsdatenbanken ausgewertet und tabellarisch mit Minimal-, Von-, Mittel-, Bis- sowie Maximalpreisen aufgelistet. Aufgeführt sind jeweils Brutto- und Nettopreise. (Abb. 12; BKI Baukosten Positionen)

Die Von-, Mittel-, Bis-Preise stellen dabei die übliche Bandbreite der Positionspreise dar. Minimal- und Maximalpreise bezeichnen die kleinsten und größten aufgetretenen Preise einer in der BKI-Positionsdatenbanken dokumentierten Position. Sie stellen jedoch keine absolute Unter- oder Obergrenze dar. Die Positionen sind gegliedert nach den Leistungsbereichen des Standardleistungsbuchs. Es werden Positionen für Rohbau, Ausbau, Gebäudetechnik und Freianlagen dokumentiert.
Ergänzt werden die statistisch ausgewerteten Baupreise durch Mustertexte für die Ausschreibung von Bauleistungen. Diese werden von Fachautoren verfasst und i.d.R. von Fachverbänden geprüft. Die Verbände sind in der Fußzeile für den jeweiligen Leistungsbereich benannt. (Abb. 13; BKI Baukosten Positionen)

LB 012
Mauerarbeiten

Nr.	Positionen	Einheit	▶	▷ ø brutto € ø netto €	◁	◀
1	Querschnittsabdichtung, Mauerwerk bis 17,5cm	m	1,5 1,3	3,3 2,8	**4,0** **3,4**	5,1 4,3	6,7 5,7
2	Querschnittsabdichtung, Mauerwerk bis 36,5cm	m	3,5 2,9	5,3 4,5	**6,2** **5,2**	7,6 6,4	11 9,1
3	Dämmstein, Mauerwerk, 11,5cm	m	19 16	31 26	**36** **31**	43 36	56 47
4	Dämmstein, Mauerwerk, 17,5cm	m	23 19	38 32	**44** **37**	55 46	83 69
5	Dämmstein, Mauerwerk, 24cm	m	34 29	53 45	**60** **50**	78 65	110 93
6	Dämmstein, KS-Mauerwerk, 11,5cm	m	23 19	25 21	**27** **22**	29 24	32 27
7	Dämmstein, KS-Mauerwerk 17,5cm	m	29 24	36 30	**40** **34**	46 39	58 49
8	Dämmstein, KS-Mauerwerk, 24cm	m	37 31	50 42	**50** **42**	56 47	68 57

Abb. 12 aus BKI Baukosten Positionen: Positionspreise

Abb. 13 aus BKI Baukosten Positionen: Mustertexte

Detaillierte Kostenangaben zu einzelnen Objekten

In BKI Baukosten Gebäude existiert zu jeder Gebäudeart eine Objektübersicht mit den ausgewerteten Objekten, die zu den Stichproben beigetragen haben. (Abb. 14; BKI Baukosten Gebäude)

Diese Übersicht erlaubt den Übergang von der Kostenkennwertmethode auf der Grundlage einer statistischen Auswertung, wie sie in der Buchreihe "BKI Baukosten" gebildet wird, zur Objektvergleichsmethode auf der Grundlage einer objektorientierten Darstellung, wie sie in den "BKI Objektdaten" enthalten ist. Alle Objekte sind mit einer Objektnummer versehen, unter der eine Einzeldokumentation bei BKI geführt wird. Weiterhin ist angegeben, in welchem Fachbuch der Reihe BKI OBJEKTDATEN das betreffende Objekt veröffentlicht wurde.

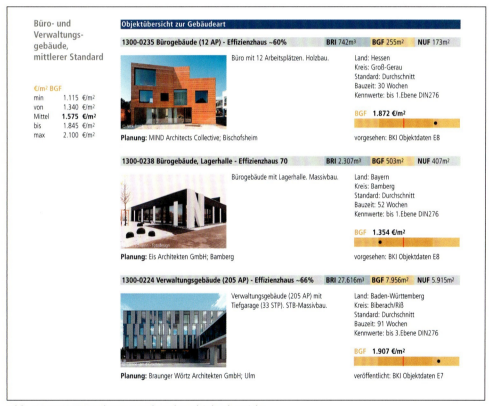

Abb. 14 aus BKI Baukosten Gebäude: Objektübersicht

Erläuterungen

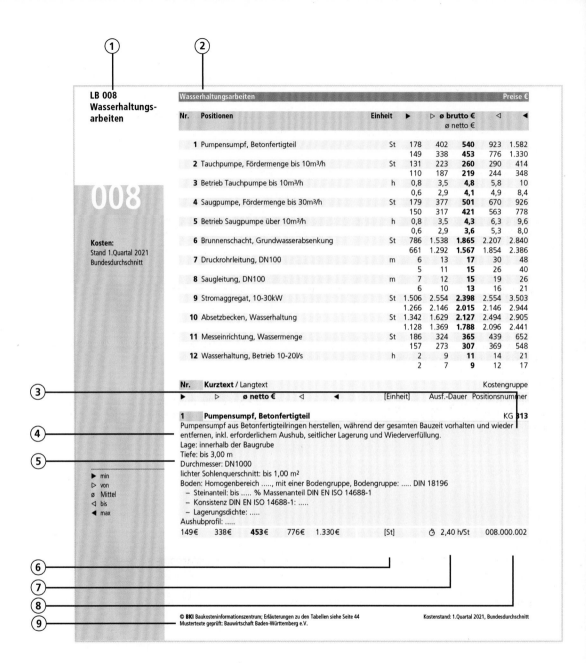

Erläuterung nebenstehender Tabelle

Alle Kostenkennwerte werden mit und ohne Mehrwertsteuer dargestellt. Kostenstand: 1. Quartal 2021. Kosten und Kostenkennwerte umgerechnet auf den Bundesdurchschnitt.

①
Leistungsbereichs-Titel

②
Datentabelle mit Angabe der Bauleistungen, der Einheit, des Minimal-Wertes, des von-Wertes, des Mittelwertes, des bis-Wertes und des Maximalwertes. Angaben jeweils mit MwSt. (1. Zeile) und ohne MwSt. (2.Zeile). Gerundete Werte. Die Ordnungsziffer verweist auf den zugehörigen Langtext.

③
Kostengruppen nach DIN 276. Die Angaben sind bei der Anwendung zu prüfen, da diese teilweise auf Positionsebene nicht zweifelsfrei zugeordnet werden können.

④
Ordnungsziffer für den Bezug zur Datentabelle. Mit A bezifferte Positionen sind Beschreibungen für die entsprechenden Folgepositionen.

⑤
Mustertexte als produktneutraler Positionstext für die Ausschreibung. Die durch Fettdruck hervorgehobenen bzw. mit Punktierung gekennzeichneten Textpassagen müssen in der Ausschreibung ausgewählt bzw. eingetragen werden um eindeutig kalkulierbar zu sein.

⑥
Abrechnungseinheit der Leistungspositionen

⑦
Ausführungsdauer der Leistung pro Stunde für die Terminplanung

⑧
Positionsnummer als ID-Kennung für das Auffinden des Datensatzes in elektronischen Medien

⑨
Name des prüfenden Fachverbandes, Anschriften siehe Seite 6-9.

Auswahl kostenrelevanter Baukonstruktionen

310 Baugrube/Erdbau
- kostenmindernd:
  Nur Oberboden abtragen, Wiederverwertung des Aushubs auf dem Grundstück, keine Deponiegebühr, kurze Transportwege, wiederverwertbares Aushubmaterial für Verfüllung
+ kostensteigernd:
  Wasserhaltung, Grundwasserabsenkung, Baugrubenverbau, Spundwände, Baugrubensicherung mit Großbohrpfählen, Felsbohrungen, schwer lösbare Bodenarten oder Fels

320 Gründung, Unterbau
- kostenmindernd:
  Kein Fußbodenaufbau auf der Gründungsfläche, keine Dämmmaßnahmen auf oder unter der Gründungsfläche
+ kostensteigernd:
  Teurer Fußbodenaufbau auf der Gründungsfläche, Bodenverbesserung, Bodenkanäle, Perimeterdämmung oder sonstige, teure Dämmmaßnahmen, versetzte Ebenen

330 Außenwände/Vertikale Baukonstruktionen, außen
- kostenmindernd:
  (monolithisches) Mauerwerk, Putzfassade, geringe Anforderungen an Statik, Brandschutz, Schallschutz und Optik
+ kostensteigernd:
  Natursteinfassade, Pfosten-Riegel-Konstruktionen, Sichtmauerwerk, Passivhausfenster, Dreifachverglasungen, sonstige hochwertige Fenster oder Sonderverglasungen, Lärmschutzmaßnahmen, Sonnenschutzanlagen

340 Innenwände/Vertikale Baukonstruktionen, innen
- kostenmindernd:
  Großer Anteil an Kellertrennwänden, Sanitärtrennwänden, einfachen Montagewänden, sparsame Verfliesung
+ kostensteigernd:
  Hoher Anteil an mobilen Trennwänden, Schrankwänden, verglasten Wänden, Sichtmauerwerk, Ganzglastüren, Vollholztüren Brandschutztüren, sonstige hochwertige Türen, hohe Anforderungen an Statik, Brandschutz, Schallschutz, Raumakustik und Optik, Edelstahlgeländer, raumhohe Verfliesung

350 Decke/Horizontale Baukonstruktionen
- kostenmindernd:
  Einfache Bodenbeläge, wenige und einfache Treppen, geringe Spannweiten
+ kostensteigernd:
  Doppelboden, Natursteinböden, Metall- und Holzbekleidungen, Edelstahltreppen, hohe Anforderungen an Brandschutz, Schallschutz, Raumakustik und Optik, hohe Spannweiten

360 Dächer
- kostenmindernd:
  Einfache Geometrie, wenig Durchdringungen
+ kostensteigernd:
  Aufwändige Geometrie wie Mansarddach mit Gauben, Metalldeckung, Glasdächer oder Glasoberlichter, begeh-/befahrbare Flachdächer, Begrünung, Schutzelemente wie Edelstahl-Geländer

380 Baukonstruktive Einbauten
+ kostensteigernd:
  Hoher Anteil Einbauschränke, -regale und andere fest eingebaute Bauteile

390 Sonstige Maßnahmen für Baukonstruktionen
+ kostensteigernd:
  Baustraße, Baustellenbüro, Schlechtwetterbau, Notverglasungen, provisorische Beheizung, aufwändige Gerüstarbeiten, lange Vorhaltezeiten

Auswahl kostenrelevanter Technischer Anlagen

410 Abwasser-, Wasser-, Gasanlagen
- kostenmindernd:
  wenige, günstige Sanitärobjekte, zentrale Anordnung von Ent- und Versorgungsleitungen
+ kostensteigernd:
  Regenwassernutzungsanlage, Schmutzwasserhebeanlage, Benzinabscheider, Fett- und Stärkeabscheider, Druckerhöhungsanlagen, Enthärtungsanlagen

420 Wärmeversorgungsanlagen
+ kostensteigernd:
  Solarkollektoren, Blockheizkraftwerk, Fußbodenheizung

430 Raumlufttechnische Anlagen
- kostenmindernd:
  Einzelraumlüftung
+ kostensteigernd:
  Klimaanlage, Wärmerückgewinnung

440 Elektrische Anlagen
- kostenmindernd:
  Wenig Steckdosen, Schalter und Brennstellen
+ kostensteigernd:
  Blitzschutzanlagen, Sicherheits- und Notbeleuchtungsanlage, Elektroleitungen in Leerrohren, Photovoltaikanlagen, Unterbrechungsfreie Ersatzstromanlagen, Zentralbatterieanlagen

450 Kommunikations-, sicherheits- und informationstechnische Anlagen
+ kostensteigernd:
  Brandmeldeanlagen, Einbruchsmeldeanlagen, Video-Überwachungsanlage, Lautsprecheranlage, EDV-Verkabelung, Konferenzanlage, Personensuchanlage, Zeiterfassungsanlage

460 Förderanlagen
+ kostensteigernd:
  Personenaufzüge (mit Glaskabinen), Lastenaufzug, Doppelparkanlagen, Fahrtreppen, Hydraulikanlagen

470 Nutzungsspezifische und verfahrenstechnische Anlagen
+ kostensteigernd:
  Feuerlösch- und Meldeanlagen, Sprinkleranlagen, Feuerlöschgeräte, Küchentechnische Anlagen, Wasseraufbereitungsanlagen, Desinfektions- und Sterilisationseinrichtungen

480 Gebäude- und Anlagenautomation
+ kostensteigernd:
  Überwachungs-, Steuer-, Regel- und Optimierungseinrichtungen zur automatischen Durchführung von technischen Funktionsabläufen

Baukosten nach planungsorientierten und ausführungsorientierten Strukturen ermitteln

von Univ.-Prof. Dr.-Ing. Wolfdietrich Kalusche

Baukosten nach planungsorientierten und ausführungsorientierten Strukturen ermitteln

Ein Beitrag von Wolfdietrich Kalusche

Vorbemerkung

Unter Kostenplanung im Bauwesen wird gemäß DIN 276:2018-12 die „Gesamtheit aller Maßnahmen der Kostenermittlung, der Kostenkontrolle und der Kostensteuerung" verstanden. Kostensicherheit wird zu Recht vom Bauherrn gefordert. Eine wesentliche Voraussetzung hierfür ist die Kostentransparenz. Hierbei geht es darum, „die Kosten und deren Entwicklung durch geeignete Darstellung erkennbar und nachvollziehbar zu machen."
[DIN 276:2018-12; S.4-5]

1. Strukturen im Projekt und bei der Kostenplanung

Vom Kostenrahmen als der ersten Kostenermittlung vor Beginn der Objekt- und Fachplanungen bis zum Abschluss des Projekts und der Kostenfeststellung nehmen das Wissen über das Projekt und die Menge der Kosteninformationen ständig zu. Die entsprechenden Kostenwerte und Bezugseinheiten ändern sich mehrfach.

Für die Kostenplanung werden unterschiedliche Gliederungen (nachfolgend: Strukturen) angewendet. Als bewährte Regelwerke stehen die planungsorientierte DIN 276:2018-12, Kosten im Bauwesen, und das ausführungsorientierte Standardleistungsbuch für das Bauwesen (STLB-Bau) zur Verfügung.

Bauvorhaben sind Projekte und die Kosten im Bauwesen können auch als Projektkosten bezeichnet werden. Die im Projektmanagement entwickelten Definitionen und Strukturen können zum großen Teil im Bauwesen angewendet werden.

Bauherrenaufgaben, Planungs- und Beratungsleistungen sowie Bauleistungen und Lieferungen benötigen Vorgaben. Sie erfolgen unter Bedingungen, die sich hinsichtlich der Funktion, der Zeit, des Ortes und in wirtschaftlicher oder rechtlicher Hinsicht unterscheiden. Die daraus entstehende Komplexität erfordert eine Strukturierung, die sich auf das Gesamtprojekt, dessen Vorbereitung, Planung, Durchführung und Abschluss bezieht. Inwieweit die Ausstattung des Objekts berücksichtigt werden soll, ist festzulegen.

Die notwendigen Strukturen sollen nach folgenden Gesichtspunkten angewendet werden:

- **Funktionsorientierte Strukturen:**
  Angesprochen sind die am Projekt Beteiligten. In Bezug auf die Ausführung kommen die Beauftragung an ausführende Unternehmen, dabei Fachlosvergabe, Vergabe an Generalunternehmer oder eine andere Form der Aufteilung (sogenannte Paketvergabe) in Betracht. Leistungen können – in gewissem Umfang – in Eigenerledigung durch den Auftraggeber (auch als Selbsthilfe bezeichnet) erbracht werden. Gegebenenfalls kommen mehrere Auftraggeber oder Eigentümer vor, z.B. eine Bauherrengemeinschaft oder mehrere Erwerber von Teilen des Objekts.
- **Objektorientierte Strukturen:**
  Oft bestehen Baukomplexe aus mehreren Objekten, z.B. Gebäude, Innenräume, Freianlagen, Verkehrsanlagen, Tragwerke und Anlagen der Technischen Ausrüstung. Sie können weiter in Neubau (Erstellung) und Altbau (Instandsetzung, Verbesserung, Abbruch und Beseitigung) unterschieden werden. Gebäude lassen sich zudem nach Funktionen, in Ebenen oder Geschosse, Nutzungseinheiten, Räume sowie Bauelemente und Anlagen und weiterhin nach Standards unterteilen.
- **Phasen- und ablauforientierte Strukturen:**
  Der gesamte Prozess des Planens und Bauens besteht aus Vorgängen, Abhängigkeiten und Dauern. Zu berücksichtigen sind Gesichtspunkte der Objekt- und Fachplanungen, der Baugenehmigung und der Finanzierung. In Bezug auf die Ausführung sind Bauabschnitte festzulegen sowie Vergabeverfahren, Kapazitäten der ausführenden Unternehmen, Jahreszeiten und die Witterung zu beachten.

Welche der beschriebenen Strukturen bei einem Bauvorhaben anzuwenden sind, hängt von der Komplexität, der Größe und der Dauer der Maßnahme ab. Der Bauherr soll die für sein Projekt erforderlichen Strukturen frühzeitig festlegen. Vorzugsweise lässt er sich dabei vom Architekten beraten. Viele der Regelwerke im Bauwesen, z.B. Gesetze, Normen, Verordnungen, enthalten geeignete Strukturen. Schaut man sich die vorhandenen Strukturen genauer an, sind vereinzelt Widersprüche oder Wahlmöglichkeiten zu erkennen. Sowohl in der HOAI als auch in der DIN 276 kommen Formulierungen wie „zum Beispiel" oder „beziehungsweise" vor. Dies betrifft unter anderem die planungsorientierten und die ausführungsorientierten Strukturen der Kostenplanung. Hierzu sind Entscheidungen zu treffen und vertraglich festzulegen.

2. Koordination, Mitwirkung und Integration bei der Kostenplanung

Alle Aufgaben der Kostenplanung werden arbeitsteilig erbracht. Den größten Teil davon übernimmt regelmäßig der Objektplaner, z.B. für Gebäude und Innenräume. Entsprechende Grundleistungen und normative Verweisungen sind in den Leistungsbildern der Honorarordnung für Architekten und Ingenieure (HOAI) enthalten. Sie werden in der Regel in die Verträge der an der Planung Beteiligten übernommen.

Der Bauherr hat grundsätzlich Mitwirkungspflichten auf Grund seiner Eigenschaft als Auftraggeber – auch für die Kostenplanung. Dazu gehören das Aufstellen des Kostenrahmens, die oberste Kontrolle der Projektkosten und erforderlichenfalls die Kostensteuerung. Die an der Planung fachlich Beteiligten wirken an der Kostenplanung ebenfalls mit. Die Fachingenieure für die Planung der technischen Ausrüstung übernehmen gleiche Aufgaben in Bezug auf die zu planende(n) Anlagengruppe(n), z.B. für die elektrischen Anlagen (KG 440 nach DIN 276). Auch der Fachingenieur für Tragwerksplanung hat bei der Kostenplanung mitzuwirken, jedoch selbst keine Kostenermittlung aufzustellen.

Dem Objektplaner obliegt die Koordination der an der Planung fachlich Beteiligten und die Integration von deren Beiträgen in die Gesamtplanung, auch bei der Kostenplanung. Zur Koordination gehört unter anderem die Vorgabe von Strukturen. Er hat zudem darauf zu achten, dass die genannten Beiträge vollständig und frei von Überschneidungen sind und rechtzeitig vorliegen. Der Einsatz einer einheitlichen Software sollte selbstverständlich sein. „Die Integration der Beiträge der weiteren Planungsbeteiligten schließt jeweils die Koordination in gewissem Sinne ab, um so als

Basis für weitere Arbeitsschritte dienen zu können. Integration bedeutet dabei jedoch nicht generell, dass die Beiträge der weiteren an der Planung Beteiligten in die eigene Planung übernommen werden müssen – aber natürlich sind sie zu berücksichtigen. Dabei obliegt dem Objektplaner jedoch nicht die fachtechnische Prüfung ihrer Beiträge. Solche fachtechnischen Kontrollpflichten können nicht in die Grundleistungen der Koordination und Integration „hineingelesen" werden. Eine Prüfung auf Plausibilität ist aber vorzunehmen."

[Siemon, K; Meier, F.: Koordinieren und Integrieren, in DAB 09/2015. Koordinieren und integrieren – DAB online | Deutsches Architektenblatt, aufgerufen am 09.02.2021]

3. Stufen der Kostenermittlung und deren Strukturen

Die Kostengliederung der DIN 276 umfasst die Gesamtkosten eines Bauprojekts einschließlich Grundstück, vorbereitender Maßnahmen, Ausstattung, Baunebenkosten und Finanzierung. Das gilt für alle Stufen der Kostenermittlung.

Projektvorbereitung (Bedarfsplanung und LPH 1)

Der Kostenrahmen – zum Klären der Aufgabenstellung – in der Grundlagenermittlung (LPH 1) soll vorzugsweise das Ergebnis einer vom Bauherrn oder Nutzer erstellten Bedarfsplanung sein. Entsprechend DIN 276:2018-12 werden die Gesamtkosten in der ersten Ebene der Kostengliederung (planungsorientiert) unterteilt.

Planung (LHP 2-4)

In der Vorplanung (LPH 2) werden die Kosten – so auch die des Bauwerks und der Außenanlagen oder Freiflächen entsprechend der Geometrie und nach den Bauelementen (Gründung, Wände, Decken, Dach, Technische Anlagen, Pflanzen etc.) – in der zweiten Ebene der Kostengliederung unterteilt. Ob zum Beispiel das Tragwerk eines Gebäudes aus Mauerwerk, Beton, Holz oder Stahl bestehen wird oder wie Deckenbeläge ausgeführt werden sollen, kann in der Vorplanung mit der Kostenschätzung weitgehend offenbleiben. Bei der Entwurfsplanung (LPH 3) sind bereits erste Festlegungen oder wenigstens Annahmen zu Baustoffen, Produkten und Bauverfahren zu treffen. Für die Kostenberechnung sind diesbezügliche Erläuterungen unverzichtbar. Grundsätzlich wird in dieser Leistungsphase die planungsorientierte Kostengliederung nach DIN 276, hier in der dritten Ebene der Kostengliederung, beibehalten.

Ausführungsvorbereitung (LHP 5-7) und Ausführung (LPH 8)

Für die Gliederung der Kosten im Bauwesen werden in der DIN 276 über die Kostengruppen hinaus ausführungsorientierte weitere Strukturen vorgegeben: technische Merkmale oder herstellungsgemäße Gesichtspunkte, Vergabeeinheiten und für das Bauprojekt festgelegte Strukturen. Weiter sind die Bauleistungen bei der Leistungsbeschreibung mit Leistungsverzeichnis mindestens nach Leistungsbereichen und Leistungspositionen zu unterteilen. Spätestens zur Ausführungsvorbereitung – LPH 5 (Ausführungsplanung) bis LPH 7 (Mitwirken der Vergabe) – sind die Bauleistungen ausführungsorientiert zu gliedern. Das Standardleistungsbuch für das Bauwesen STLB-Bau enthält mit den Leistungsbereichen (LB) eine geeignete ausführungsorientierte Struktur.

Die DIN 276:2018-12 gibt je nach Stufe der Kostenermittlung planungsorientierte und ausführungsorientierte Strukturen vor. Bis einschließlich der Kostenberechnung sind die Kosten grundsätzlich nach Kostengruppen (planungsorientiert) zu unterteilen. Die Gliederung nach Kostengruppen ist jedoch nicht zwingend, hierzu der Hinweis in der Norm:

„In geeigneten Fällen und bei den dafür geeigneten Kostengruppen (z.B. KG 300 Bauwerk – Baukonstruktionen), können die Kosten vorrangig ausführungsorientiert gegliedert werden. Dabei können bereits die Kostengruppen der ersten Ebene der Kostengliederung nach ausführungs- oder gewerkeorientierten Strukturen unterteilt werden. Diese Unterteilung entspricht der zweiten Ebene der Kostengliederung. Hierfür können die Gliederungen z.B. in Leistungsbereiche entsprechend dem Standardleistungsbuch (STLB-Bau) oder in Gewerke (ATV) nach VOB Teil C verwendet werden."
[DIN 276:2018-12, S. 13]

(→Tab. 1)

Für die weiteren Stufen der Kostenermittlungen nach der Kostenberechnung heißt es unter anderem in der Norm:

– „Im Kostenvoranschlag müssen die Gesamtkosten nach Kostengruppen in der dritten Ebene der Kostengliederung ermittelt und darüber hinaus nach technischen Merkmalen oder herstellungsmäßigen Gesichtspunkten weiter untergliedert werden. Unabhängig von der Art der Ermittlung bzw. dem jeweils gewählten Kostenermittlungsverfahren müssen die ermittelten Kosten auch nach den für das Bauprojekt vorgesehenen Vergabeeinheiten geordnet werden, damit die Angebote, Aufträge und Abrechnungen (einschließlich der Nachträge) aktuell zusammengestellt, kontrolliert und verglichen werden können."
[DIN 276:2018-12, S. 10]

– „Im Kostenanschlag müssen die Kosten nach den für das Bauprojekt im Kostenvoranschlag festgelegten Vergabeeinheiten zusammengestellt und geordnet werden."
[DIN 276:2018-12, S. 11]

– „In der Kostenfeststellung müssen die Gesamtkosten nach Kostengruppen bis zur dritten Ebene der Kostengliederung bzw. nach der für das Bauprojekt festgelegten Struktur des Kostenanschlags unterteilt werden."
[DIN 276:2018-12, S. 11]

Die Strukturen folgen den Zielsetzungen und dem jeweiligen Umfang der Kostenwerte und sind nicht durchgängig gleich. Was bedeutet „technische Merkmale", was ist unter „herstellungsmäßigen Gesichtspunkten" oder unter „Vergabeeinheiten" zu verstehen? Antworten auf diese Fragen finden sich auf den folgenden Seiten.

LPH	Stufen der Kostenermittlung (Kostenvoranschlag und Kostenanschlag in mehreren Schritten)					
	Bauherr	Objektplaner, Mitwirken der an der Planung fachlich Beteiligten				
1	**Kostenrahmen** Kostengruppen in der ersten Ebene der Kostengliederung					
2		**Kostenschätzung** Kostengruppen in der zweiten Ebene der Kostengliederung				
3			**Kostenberechnung** Kostengruppen in der dritten Ebene der Kostengliederung			
4						
5				**Kostenvoranschlag**		
6				Kostengruppen in der dritten Ebene der Kostengliederung, technische Merkmale oder herstellungsmäßige Gesichtspunkte, vorgesehene Vergabeeinheiten		
7					**Kostenanschlag** festgelegte Vergabeeinheiten	
8						**Kostenkontrolle** Kostengruppen in der dritten Ebene der Kostengliederung bzw. für das Bauprojekt festgelegten Struktur des Kostenanschlags
9						

Tab. 1: Planungsorientierte und ausführungsorientierte Strukturen der Kostenplanung nach DIN 276:2018-12, zugeordnet den Leistungsphasen (LPH) nach HOAI 2021.

3.1 Vertiefte Kostenberechnung mit Leistungsbereichen – Besondere Leistung

Über die Kostengliederung der DIN 276 hinaus können die Kosten in weitere Ebenen untergliedert werden [(vgl. DIN 276:2018-12, S. 13)]. Als weiterführende Struktur bieten sich die Leistungsbereiche entsprechend dem Standardleistungsbuch (STLB-Bau) oder die Gewerke (ATV) nach VOB Teil C an.

Alternativ zur Kostengliederung ist zum Beispiel für die Bauwerkskosten (KG 300+KG 400 nach DIN 276) ab der ersten oder der zweiten Ebene der Kostengliederung die weitergehende Unterscheidung der Kosten nach Leistungsbereichen möglich. Unabhängig davon kann die Erweiterung der vollständigen planungsorientierten Kostengliederung (dritte Ebene) um eine ausführungsorientierte vierte Ebene der Kostengliederung erfolgen. Das kann neben den hier behandelten Leistungsbereichen (LB) ebenso die Gliederung nach Vergabeeinheiten sein (vgl. Definition von Vergabeeinheiten in 3.4).

Die Erweiterung der Kostengliederung erhöht die Kostengenauigkeit und damit die Kostensicherheit wesentlich. Sie ist jedoch mit einem hohen Aufwand verbunden. Insofern kann es zweckmäßig sein, wenn nur ausgewählte Kosten betrachtet werden. Für die Kostenplanung des Ausbaus ist dieser Mehraufwand oft gerechtfertigt.

Bei z.B. Deckenbelägen, Innenwandbekleidungen und Deckenbekleidungen von exklusiven Wohnanlagen, Shoppingmalls oder Krankenhausbauten kommt das in Betracht. Denn die Anforderungen an die Baukonstruktionen solcher Gebäude können hinsichtlich Funktion, Gestaltung und anderen Merkmalen sowie entsprechende Kostenvorgaben sehr unterschiedlich sein. Ab der Entwurfsplanung sind solche Überlegungen anzuraten.

(→Tab. 2)

Kostengruppen und Leistungsbereiche der Leistungspositionen – Deckenbeläge
KG 353 Deckenbeläge
LB 012 Mauerarbeiten
LB 014 Naturstein-, Betonwerksteinarbeiten
LB 016 Zimmer- und Holzbauarbeiten
LB 024 Fliesen- und Plattenarbeiten
LB 025 Estricharbeiten
LB 028 Parkett-, Holzpflasterarbeiten
LB 031 Metallbauarbeiten
LB 034 Maler- und Lackierarbeiten - Beschichtungen
LB 036 Bodenbelagarbeiten
LB 039 Trockenbauarbeiten
[…]

Tab. 2: KG 353 Deckenbeläge erweitert um ausgewählte Leistungsbereiche. Anmerkung: Die Gründungsbeläge (KG 324) von Kellerräumen können einbezogen werden.

Soll das Objekt vorerst nicht vollständig ausgebaut werden, kann anstelle eines Leistungsbereichs der Vermerk „(vorerst) nicht ausgebaut" eingetragen werden. Die Gesamtfläche der Deckenbeläge (und Gründungsbeläge) wird daneben häufig als Bezugseinheit für die Baureinigungsarbeiten (LB 033) herangezogen. Die hier beschriebene Erweiterung –, unabhängig davon, ob eine Kostenberechnung oder eine Kostenschätzung zugrunde liegt, soll als Besondere Leistung vergütet werden.

Die **Tabellen 3** und **4** zeigen beispielhaft, wie Bauelemente in der dritten Ebene der Kostengliederung mit Leistungsbereichen kombiniert werden können und umgekehrt.

Kostengruppen und Leistungsbereiche der Leistungspositionen – Beispiel Innenwände
KG 341 Tragende Innenwände
LB 012 Mauerarbeiten
LB 013 Betonarbeiten
LB 016 Zimmer- und Holzbauarbeiten
LB 017 Stahlbauarbeiten
KG 342 Nichttragende Innenwände
LB 012 Mauerarbeiten
LB 039 Trockenbauarbeiten
KG 343 Innenstützen
LB 012 Mauerarbeiten
LB 013 Betonarbeiten
LB 016 Zimmer- und Holzbauarbeiten
KG 344 Innenwandöffnungen
LB 031 Metallbauarbeiten
LB 032 Verglasungsarbeiten
LB 034 Maler- und Lackierarbeiten – Beschichtungen
LB 039 Trockenbauarbeiten
KG 345 Innenwandbekleidungen
LB 034 Maler- und Lackierarbeiten – Beschichtungen
LB 037 Tapezierarbeiten
LB 039 Trockenbauarbeiten
KG 346 Elementierte Innenwände
LB 031 Metallbauarbeiten
LB 039 Trockenbauarbeiten

Tab. 3: Gegenüberstellung von Kostengruppen (KG) und Leistungsbereichen (LB) der Leistungspositionen – Beispiel Innenwände.

Leistungsbereiche der Leistungspositionen und Kostengruppen – Beispiel Innenwände
LB 012 Mauerarbeiten
KG 341 Tragende Innenwände
KG 342 Nichttragende Innenwände
KG 343 Innenstützen
LB 013 Betonarbeiten
KG 341 Tragende Innenwände
KG 343 Innenstützen
LB 016 Zimmer- und Holzbauarbeiten
KG 341 Tragende Innenwände
KG 342 nichttragende Innenwände
KG 343 Innenstützen
LB 017 Stahlbauarbeiten
KG 341 Tragende Innenwände
LB 031 Metallbauarbeiten
KG 344 Innenwandöffnungen
KG 346 Elementierte Innenwände
LB 032 Verglasungsarbeiten
KG 344 Innenwandöffnungen
LB 034 Maler- und Lackierarbeiten – Beschichtungen
KG 344 Innenwandöffnungen
KG 345 Innenwandbekleidungen
LB 037 Tapezierarbeiten
KG 345 Innenwandbekleidungen
LB 039 Trockenbauarbeiten
KG 342 Nichttragende Innenwände
KG 344 Innenwandöffnungen
KG 345 Innenwandbekleidungen
KG 346 Elementierte Innenwände

Tab. 4: Gegenüberstellung von Leistungsbereichen (LB) der Leistungspositionen und Kostengruppen (KG) – Beispiel Innenwände.

3.2 Technische Merkmale (Ausführungsarten der Bauelemente nach BKI)

Mit der „Untergliederung der Kosten nach „technischen Merkmalen" sind die Ausführungsarten gemeint, ohne dass die DIN 276 diesen Begriff regelrecht einführt oder verwendet. Die Ausführungsarten stellen für die Kostengruppe „300 Bauwerk-Baukonstruktionen" gewissermaßen eine „optimale" vierte Ebene der Kostengliederung dar, die jedoch nicht normativ festgelegt ist."
[Ruf, H.-U.: Bildkommentar DIN 276/DIN 277, BKI Stuttgart, 5. Auflage 2019, S. 81]

Anmerkung: Die Kostenermittlung nach Ausführungsarten wird als erster Schritt des Kostenanschlags der LPH 5 (Ausführungsplanung) zugeordnet.

Kostenkennwerte nach Ausführungsarten (AA) – Gründungsbeläge (KG 324)

KG.AK.AA	▷ €/Einheit ◁	LB an AA
324.12.00 Beschichtung, Estrich		
01 **Zementestrich, d=40-50mm, Beschichtung (8 Objekte)**	28,00 **35,00** 47,00	
Einheit: m² Belegte Fläche		
025 Estricharbeiten		55,0%
034 Maler- und Lackierarbeiten - Beschichtungen		45,0%

Tab. 5a: Technische Merkmale bei Kostenkennwerten nach Ausführungsarten (AA).
(BKI (Hrsg.): Baukosten Bauelemente T2 Neubau 2020. Statistische Kostenkennwerte, S. 504)

Kostenkennwerte nach Ausführungsarten (AA) – Deckenbeläge (KG 353)

KG.AK.AA	▷ €/Einheit ◁	LB an AA
353.41.00 Naturstein		
01 **Natursteinbelag im Mörtelbett, Natursteinsockel, Oberfläche poliert (5 Objekte)**	130,00 **140,00** 150,00	
Einheit: m² Belegte Fläche		
014 Natur-, Betonwerksteinarbeiten		100,0%
02 **Natursteinbelag auf Treppen im Mörtelbett, Stufensockel (6 Objekte)**	400,00 **540,00** 700,00	
Einheit: m² Belegte Fläche		
014 Natur-, Betonwerksteinarbeiten		100,0%

Tab. 5b: Technische Merkmale bei Kostenkennwerten nach Ausführungsarten (AA).
(BKI (Hrsg.): Baukosten Bauelemente Neubau 2020. Statistische Kostenkennwerte, S. 543)

KG.AK.AA	▷ €/Einheit ◁	LB an AA
353.61.00 Textil		
01 **Teppichbelag, Sockelleisten, Untergrundvorbereitung (3 Objekte)**	32,00 **49,00** 82,00	
Einheit: m² Belegte Fläche		
036 Bodenbelagarbeiten		100,0%

Tab. 5c: Technische Merkmale bei Kostenkennwerten nach Ausführungsarten (AA).
(BKI (Hrsg.): Baukosten Bauelemente Neubau 2020. Statistische Kostenkennwerte, S. 544)

3.3 Kostenplanung mit Leistungsbereichen (LB)

Das Baukosteninformationszentrum Deutscher Architektenkammern (BKI) bereitet nicht nur Kostenkennwerte auf, bei denen die Kosten nach Kostengruppen unterteilt werden, um daraus Kostenkennwerte mit Bezugseinheiten wie Nutzeinheiten, Grundflächen und Rauminhalte zu bilden. Für jede Gebäudeart werden zusätzlich Kostenkennwerte aufgestellt, welche die anteiligen Bauwerkskosten der Leistungsbereiche nach STLB-Bau abbilden. Als Bezugseinheit dient hierbei die Brutto-Grundfläche (BGF).

Auf dieser Grundlage können bereits bei der Vorplanung oder der Entwurfsplanung ausführungsorientierte Kostenermittlungen erstellt werden. Diese können hinsichtlich der Systematik und der Genauigkeit ebenso den Anforderungen der DIN 276:2018-12 entsprechen. Es ist bekannt, dass z.B. Bauträger, die wiederholt gleichartige Gebäude realisieren, damit eine für sie ausreichende Kostensicherheit erhalten.

Empfohlen wird die Kostenplanung mit Leistungsbereichen für die folgenden Fälle:

– Überprüfung von Kostenermittlungen, die nach anderen Kostenermittlungsverfahren aufgestellt wurden, auch wenn dies mit so bezeichneten Mehrwertverfahren erfolgt ist, z.B. als Kostenschätzung (Gliederung der Kosten in die zweite Ebene der Kostengliederung) oder Kostenberechnung (Gliederung der Kosten in der dritten Ebene der Kostengliederung) nach DIN 276:2018-12.
– Erweiterung der Gliederung von Kostenwerten oder Kostenermittlungen nach vorzugsweise der dritten Ebene der Kostengliederung. Damit entsteht eine Struktur, die sowohl der Geometrie des Objekts und den Bauelementen genügt als auch ausführungsorientiert ist (vgl. nachfolgend die Erweiterung der KG 353 Deckenbeläge durch Untergliederung in Leistungsbereiche).
– Bewertung frühzeitig definierter Vergabeeinheiten durch Zuordnung und Zusammenfassung von Leistungsbereichen und entsprechenden Kostenkennwerten (€ LB/m² BGF) als eine Grundlage für die Einschätzung einer Vergabeeinheit.
– Vertiefte Untersuchung kostenrelevanter Konstruktionen – im Sinne einer ABC-Analyse – zur Erhöhung der Kostentransparenz. Je nach Gebäudeart können das zum Beispiel sein: Kosten der Betonarbeiten (LB 013) bei Tiefgaragen oder Kosten der Raumlufttechnischen Anlagen (LB 075) bei Instituts- und Laborgebäuden

Die Kostenkennwerte zu den Leistungsbereichen werden unter anderem im jährlich erscheinenden Band Baukosten Gebäude Neubau veröffentlicht. Dargestellt werden die Leistungsbereiche zu den Baukonstruktionen (KG 300 nach DIN 276) und den technischen Anlagen (KG 400 nach DIN 276), also den Bauwerkskosten (KG 300+400 nach DIN 276).

Die für Gebäude und Innenräume in Betracht kommenden Leistungsbereiche werden in den BKI-Produkten wie folgt aufgeteilt:

– Rohbau: Sicherheitseinrichtungen, Baustelleneinrichtungen (LB 000) bis Klempnerarbeiten (LB 022)
– Ausbau: Putz- und Stuckarbeiten, Wärmedämmsysteme (LB 023) bis Trockenbauarbeiten (LB 039)
– Technische Anlagen (Gebäudetechnik): Wärmeversorgungsanlagen – Betriebseinrichtungen (LB 040) bis Raumlufttechnische Anlagen (LB 075)

Die Unterscheidung der Bauwerkskosten in den Rohbau, den Ausbau und die Technischen Anlagen – gleichbedeutend als Gebäudetechnik bezeichnet – ist im Vergleich mit den anderen Strukturen einfach und praktisch. Für den Begriff Rohbau gibt es unterschiedliche Definitionen und Auslegungen. In einzelnen Landesbauordnungen, z.B. der Bauordnung des Landes Nordrhein-Westfalen (BauO NRW), wird der Rohbau in § 84 – Bauzustandsbesichtigung, Aufnahme der Nutzung – definiert: „Der Rohbau ist fertiggestellt, wenn die tragenden Teile, Schornsteine, Brandwände und die Dachkonstruktion vollendet sind."
[BauO NRW 2018 § 84 Absatz 3]

In der Terminplanung werden abweichend zum Rohbau gemäß Bauordnung mehrere Rohbaustufen beschrieben, um die Bedingungen für das Bauen in Abhängigkeit von den jahreszeitlichen Witterungsverhältnissen einzubeziehen:

– regenfester Rohbau (Dach und Entwässerung, keine Nässe im Gebäude)
– wetterfester Rohbau (geschlossene Gebäudehülle, kein Wind und keine Nässe)
– winterfester Rohbau (Mindesttemperaturen im Gebäude für den nassen Ausbau)

[Kalusche, W. (Hrsg.): BKI Handbuch Terminplanung für Architekten, Stuttgart 2020, S. 436]

Bei der Verwendung des Begriffs Rohbau in den BKI-Produkten handelt es sich um einen „regenfesten Rohbau". Darin sind die Baustelleneinrichtung und notwendige Gerüstarbeiten eingeschlossen. Für grundsätzliche Überlegungen zur Planung und Ausführung von Bauvorhaben ist diese Unterscheidung ausreichend. Die Aufteilung der Bauwerkskosten nach Leistungsbereichen in die Bereiche Rohbau, Ausbau und Technische Anlagen ist einfach und übersichtlich (vgl. **Tabelle 7**).

Die Anteile der Kosten von Rohbau, Ausbau und Technischen Anlagen an den Bauwerkskosten fallen je nach Gebäudeart unterschiedlich aus. Sie werden als Kostenwerte und in Prozent der Bauwerkskosten pro Brutto-Grundfläche (BGF) angegeben. Die Summe der Werte ergibt nicht immer hundert Prozent, denn weitere Bauleistungen von geringem Umfang sind nicht enthalten, z.B. manchmal die Wasserhaltungsarbeiten (LB 008).

Die Unterschiede der Kostenanteile werden anhand von Beispielen veranschaulicht (siehe vor allem **Tabelle 6**). Es handelt sich bei den Prozentangaben um Mittelwerte. Auf die Angabe der Von-bis-Werte wurde an dieser Stelle verzichtet. Für die Einschätzung von Kostenanteilen eines Kostenrahmens, für die Überprüfung auf Plausibilität einer Kostenschätzung, einer Kostenberechnung sollen diese Werte eine erste Orientierung bieten.

Wie groß können die Unterschiede insgesamt sein? Das zeigen die folgenden Angaben:

(regenfester) Rohbau, jeweils kleinster und größter Mittelwert von zwei Gebäudearten
– Instituts- und Laborgebäude mit 25,7 %
– Tiefgaragen mit 85,0 %

Ausbau, jeweils kleinster und größter Mittelwert von zwei Gebäudearten
– Tiefgaragen mit 6,5 %
– Büro- und Verwaltungsgebäude, hoher Standard mit 40,9 %

Technische Anlagen, jeweils kleinster und größter Mittelwert von zwei Gebäudearten
– Einzel-, Mehrfach- und Hochgaragen mit 3,0 %
– Instituts- und Laborgebäude mit 38,2 %

Forschungsgebäude mit Werten für die Technischen Anlagen von deutlich über 50 % sind dem Verfasser bekannt, aber nicht in der vorliegenden Datensammlung enthalten.

(→Tab. 6)

3.4 Unterteilung der Kosten nach Vergabeeinheiten

Ab dem Kostenanschlag „müssen die Kosten nach den für das Bauprojekt im Kostenvoranschlag festgelegten Vergabeeinheiten zusammengestellt und geordnet werden."
[DIN 276:2018-12, S. 11]

Eine Vergabeeinheit ist der Teil einer umfassenden (Bau-)Leistung, welche Gegenstand eines (Bau-)Vertrages werden soll oder gegebenenfalls zusammenhängend in Selbsthilfe erbracht werden kann. Die Kriterien der Unterteilung der Bauleistungen folgen den Gesichtspunkten der Fachlosvergabe. Grundlage der Bildung von Vergabeeinheiten soll eine Vergabestrategie oder zumindest eine Entscheidung für die Fachlosvergabe sein. Die entsprechenden Festlegungen sollen bereits beim „Klären der Aufgabenstellung" erörtert werden. Es bietet sich an, die Inhalte der einzelnen Vergabeeinheiten über die Leistungsbereiche gemäß Standardleistungsbuch für das Bauwesen STLB-Bau herzuleiten. Dies kann nach der ersten Ebene der Kostengliederung gemäß DIN 276:2018-12 (siehe beispielhaft **Tabelle 7**) oder – mit höherer Genauigkeit – nach der dritten Ebene der Kostengliederung erfolgen.

Mittelwerte der Kosten von (regenfestem) Rohbau, Ausbau und Technischen Anlagen (TA) an den Bauwerkskosten bei ausgewählten Gebäudearten	Anteile an BWK in Prozent [%]		
	Rohbau	Ausbau	TA
Einzel-, Mehrfach- und Hochgaragen, 8 Objekte, S. 788	77,8	17,4	3,0
Tiefgaragen, 4 Objekte, S. 796	85,0	6,5	5,8
Autohäuser, 5 Objekte, S. 758	56,8	31,8	11,2
Friedhofsgebäude, 12 Objekte, S. 880	51,8	35,1	13,1
Sakralbauten, 11 Objekte, S. 872	43,2	39,0	13,3
Mehrfamilienhäuser, mit bis zu 6 WE, einfacher Standard, 9 Objekte, S. 516	45,8	38,5	15,2
Kindergärten, unterkellert, 12 Objekte, S. 274	46,1	36,1	17,4
Ein- und Zweifamilienhäuser, unterkellert, mittlerer Standard, 40 Objekte, S. 330	47,7	34,6	17,5
Büro- und Verwaltungsgebäude, einfacher Standard, 10 Objekte, S. 114	41,0	39,9	18,7
Sport- und Mehrzweckhallen, 12 Objekte, S. 282	44,2	36,7	19,1
Reihenhäuser, mittlerer Standard, 12 Objekte, S. 498	44,5	35,7	19,7
Theater, 5 Objekte, S. 832	42,2	30,7	20,1
Bibliotheken, Museen und Ausstellungen, 24 Objekte, S. 820	42,6	35,7	20,2
Industrielle Produktionsgebäude, Massivbau, 7 Objekte, S. 698	44,6	27,2	20,8
Berufliche Schulen, 9 Objekte, S. 200	38,2	33,5	24,4
Feuerwehrhäuser, 18 Objekte, S. 802	39,0	34,7	24,6
Büro- und Verwaltungsgebäude, hoher Standard, 19 Objekte, S. 138	33,0	40,9	25,4
Seniorenwohnen, hoher Standard, 7 Objekte, S. 668	40,2	33,7	26,1
Verbrauchermärkte, 9 Objekte, S. 750	49,2	22,7	28,2
Gaststätten, Kantinen und Mensen, 27 Objekte, S. 686	33,7	34,2	28,9
Medizinische Einrichtungen, 25 Objekte, S. 160	35,5	32,1	30,9
Pflegeheime, 19 Objekte, S. 172	28,9	34,3	33,4
Schwimmhallen, 7 Objekte, S. 311 (KG 400)	–	–	37,0
Instituts- und Laborgebäude, 26 Objekte, S. 148	25,7	33,1	38,2

Tab. 6: Mittelwerte der Kosten von (regenfestem) Rohbau, Ausbau und Technischen Anlagen (TA) an den Bauwerkskosten bei ausgewählten Gebäudearten – geordnet nach Kosten TA. (BKI (Hrsg.): Baukosten Gebäude Neubau 2020. Statistische Kostenkennwerte, S. 112–879)

Diese Vorgehensweise hat folgende Vorteile: Der gesamte Umfang der (Bau-)Leistungen wird frühzeitig auf eine bestimmte Anzahl von Vergabeeinheiten aufgeteilt. Dabei wird darauf geachtet, dass alle Kosten der Baukonstruktionen (KG 300), der Technischen Anlagen (KG 400), der Außenanlagen und Freiflächen (KG 500) und soweit erforderlich der Ausstattung (KG 600) vollständig erfasst werden. Eventuelle Überschneidungen werden frühzeitig erkannt. Die Vergabeeinheiten stellen nicht nur ausführungsorientierte Kostenermittlungen dar, sie sind darüber hinaus als wesentliche Vorgänge bei der Terminplanung geeignet. Das betrifft vorzugsweise schon die Terminplanung in der Entwurfsplanung und der Ausführungsplanung bis zum Vergabeterminplan in der Leistungsphase 6 (Vorbereitung der Vergabe).

Entscheidet sich der Bauherr für die Fachlosvergabe, wird der Umfang der Bauleistungen in Vergabeeinheiten (VE) unterteilt. Für kleine und mittlere Projekte sollten i.d.R. 20 bis 25 Vergabeeinheiten genügen. Für die Aufteilung der Vergabeeinheiten gelten die Grundsätze der Fachlosvergabe. Die Struktur der Vergabeeinheiten ist ausführungsorientiert. Gesichtspunkte für die Zusammenfassung oder Aufteilung von Bauleistungen in einer Vergabeeinheit sind der jeweilige Fachbereich der Planung, die Fachkunde und Leistungsfähigkeit in Frage kommender ausführender Unternehmen, der Umfang der Bauleistungen, das Ineinandergreifen von Bauleistungen in technischer, terminlicher oder wirtschaftlicher Hinsicht, die Einheitlichkeit der Gewährleistung sowie gegebenenfalls unterschiedliche Anforderungen an die Qualität der Bauleistungen. Die Anzahl der Vergabeeinheiten soll so gering wie möglich, gleichzeitig so groß wie nötig sein. Grundlage der Ermittlung können die prozentualen Verhältniswerte der Leistungsbereiche sein. Diese werden für alle Gebäudearten im Band BKI Baukosten Gebäude Neubau – Statistische Kostenkennwerte jährlich herausgegeben.

Beispiel: Wohngebäude, Holzbau, nicht unterkellert, mittlerer Standard

Grundflächen und Rauminhalte:
ca. 1.000,00 m³ BRI, ca. 330,00 m² BGF,
ca. 200 m² WFL

Kostenkennwerte:
500,00 €/m³ BRI; 1.500 €/m² BGF,
ca. 2.500,00 €/m² WFL

Bauwerkskosten:
500.000 €, Kosten: 1. Quartal 2021, Bundesdurchschnitt, inkl. 19 % MwSt.

Art der Kostenermittlung:
ausführungsorientiert nach Leistungsbereichen (STLB-Bau)

Die Vergabeeinheiten (VE) für das Wohngebäude, Holzbau, nicht unterkellert, mittlerer Standard, können wie folgt bezeichnet und mit Kostenwerten angegeben werden:

VE 001 Baustelleneinrichtung	10.000 €
[Angabe Objekt und Auftraggeber]	
VE 002 Mauer- und Betonarbeiten [...]	55.000 €
VE 003 Zimmererarbeiten [...]	150.000 €
VE 004 Dachdeckungs- u. -abdichtungsarb. [...]	26.000 €
VE 005 Klempnerarbeiten [...]	9.000 €
VE 006 Putz-, Estrich u. Trockenbauarb. [...]	41.000 €
VE 007 Fliesen- und Plattenarbeiten [...]	9.000 €
VE 008 Fenster-, Türen- und Rollladenarb. [...]	49.000 €
VE 009 Tischler- und Parkettarbeiten [...]	26.000 €
VE 010 Metallbauarbeiten [...]	10.000 €
VE 011 Maler- und Lackiererarbeiten [...]	10.000 €
VE 012 Bodenbelagsarbeiten [...]	5.000 €
VE 013 Heizungs- und Sanitärarbeiten [...]	69.000 €
VE 014 Elektroarbeiten [...]	23.500 €
VE 015 Lüftungstechnische Arbeiten [...]	7.500 €
Bauwerkskosten (VE 001 bis VE 015)	500.000 €

Zusätzlich zum Beispiel: VE 016 Baureinigungsarbeiten [...]

3.5 Kostenermittlungsverfahren mit Teilleistungen der Leistungsbereiche

Zur ausführungsorientierten Kostenermittlung nach herstellungsmäßigen Gesichtspunkten gehört das Bepreisen der Leistungsverzeichnisse. Die Gliederung der Leistungsverzeichnisse ist durch die Aufteilung der (Bau-)Leistungen (Bauwerkskosten, Kosten der Außenanlage und ggf. Teile der Ausstattung) vorzubereiten. Die Einheitspreise für die Leistungspositionen stellen die höchste Differenzierung der Kostenplanung dar. Im Unterschied dazu werden bei der Baupreiskalkulation auf der Seite der ausführenden Unternehmen weitere Unterscheidungen getroffen. Das betrifft die Kosten der Teilleistungen, vereinfacht: Lohnkosten, Materialkosten, Fertigungskosten, Baustellen- und Unternehmensgemeinkosten sowie Gewinn und Wagnis.

Für das Bepreisen von Leistungsverzeichnissen mit Kostenkennwerten auf der Ebene der Positionen stehen Datensammlungen zur Verfügung, zum Beispiel BKI Baukosten Positionen Neubau, erscheint jährlich aktualisiert und erweitert.

LB	Leistungsbereiche	Kosten [€]	Anteil an BWK [%]	VE
000	Sicherungs-, Baustelleneinrichtungen inkl. 001	10.000	2,0	001
002	Erdarbeiten	15.000	3,0	002
006	Spezialtiefbauarbeiten inkl. 005	–	–	–
009	Entwässerungskanalarbeiten inkl. 011	5.000	1,0	002
010	Drän- und Versickerungsarbeiten	-	-	002
012	Mauerarbeiten	5.000	1,0	002
013	Betonarbeiten	25.000	5,0	002
014	Natur-, Betonwerksteinarbeiten	2.500	0,5	002
016	Zimmer- und Holzbauarbeiten	150.000	30,0	003
017	Stahlbauarbeiten	–	–	–
018	Abdichtungsarbeiten	2.500	0,5	002
020	Dachdeckungsarbeiten	10.000	2,0	004
021	Dachabdichtungsarbeiten	16.000	3,2	004
022	Klempnerarbeiten	9.000	1,8	005
	Rohbau (besser: regenfester Rohbau)	**250.000**	**50,0**	-
023	Putz- und Stuckarbeiten, Wärmedämmsysteme	10.000	2,0	006
024	Fliesen- und Plattenarbeiten	9.000	1,8	007
025	Estricharbeiten	10.000	2,0	006
026	Fenster, Außentüren inkl. 029, 032	40.000	8,0	008
027	Tischlerarbeiten	16.000	3,2	009
028	Parkettarbeiten, Holzpflasterarbeiten	10.000	2,0	009
030	Rollladenarbeiten	9.000	1,8	008
031	Metallbauarbeiten inkl. 035	10.000	2,0	010
034	Maler- und Lackiererarbeiten inkl. 037	10.000	2,0	011
036	Bodenbelagsarbeiten	5.000	1,0	012
038	Vorgehängte hinterlüftete Fassaden	–	–	–
039	Trockenbauarbeiten	21.000	4,2	006
	Ausbau	**150.000**	**30,0**	–
040	Wärmeversorgungsanlagen – […] inkl. 041	37.500	7,5	013
042	Gas- und Wasserinstallationsarbeiten […] inkl. 043	15.000	3,0	013
044	Abwasserinstallationsarbeiten - Leitungen	5.000	1,0	013
045	GWA-Einrichtungsgegenstände inkl. 046	10.000	2,0	013
047	Dämmarbeiten an betriebstechnischen Anlagen	1.500	0,3	013
049	Feuerlöschanlagen, Feuerlöschgeräte	–	–	–
050	Blitzschutz- und Erdungsanlagen	1.000	0,2	014
052	Mittelspannungsanlagen	–	–	–
053	Niederspannungsanlagen inkl. 054	17.500	3,5	014
055	Ersatzstromversorgungsanlagen	–	–	–
057	Gebäudesystemtechnik	1.000	0,2	014
058	Leuchten und Lampen inkl. 059	1.500	0,3	014
060	Elektroakustische Anlagen, Sprechanlagen	1.000	0,2	014
061	Kommunikationsnetze inkl. 062	1.500	0,3	014
063	Gefahrenmeldeanlagen	–	–	–
069	Aufzüge	–	–	–
070	Gebäudeautomation	–	–	–
075	Raumlufttechnische Anlagen	7.500	1,5	015
	Technische Anlagen	**100.000**	**20,0**	–
	Bauwerkskosten (KG 300+400 nach DIN 276)	**500.000**	**100,0**	–

Tab. 7: Leistungsbereiche und Vergabeeinheiten – Beispiel Wohngebäude, Holzbau
(vgl. BKI (Hrsg.): BKI Baukosten Gebäude Neubau – Statistische Kostenkennwerte 2020, S. 448)

3.6 Kostenfeststellung und Dokumentation von Kostenkennwerten

Gemäß der früheren DIN 276-1:2008-12 sollten bei der Kostenfeststellung die „Gesamtkosten nach Kostengruppen bis zur 3. Ebene der Kostengliederung unterteilt" werden. In den HOAI-Fassungen 1977 bis 2009 war in der Leistungsphase 8 (Objektüberwachung und Dokumentation) die normative Verweisung auf die DIN 276 enthalten. Sie wurde in der Regel als Leistungspflicht in die Architekten- und Ingenieurverträge übernommen. Die Zuordnung der Leistungspositionen abgerechneter Einheitspreisverträge zu Kostengruppen der DIN 276 erfolgte in der Vergangenheit nicht selten ohne unterstützende Programme. Der damit verbundene Aufwand wurde von Objekt- und Fachplanern als zu hoch empfunden. Andererseits können auf dieser Grundlage Kostenkennwerte gebildet werden, die wertvoll für das eigene Planungsbüro sind.

Mit Inkrafttreten der HOAI 2013 wurde diese Anforderung an die Kostenfeststellung gelockert. So heißt es im Verordnungstext seitdem: „Kostenfeststellung, zum Beispiel nach DIN 276". Es kann also ausdrücklich von den Parteien festgelegt werden, wie die Kosten bei der Kostenfeststellung untergliedert werden. Schließlich folgte die neue Fassung der DIN 276 dieser Überlegung. Es kam zur Formulierung: „In der Kostenfeststellung müssen die Gesamtkosten nach Kostengruppen bis zur dritten Ebene der Kostengliederung bzw. nach der für das Bauprojekt festgelegten Struktur des Kostenanschlags unterteilt werden."
[DIN 276:2018-12]

Hierzu ist anzumerken: „beziehungsweise (bzw.)" bedeutet „oder". Das ist im Hinblick auf den Bedarf umfangreicher und aktueller Kostenkennwerte bedauerlich.

Exkurs: Der häufige Umgang mit dem Kostenanschlag in früheren Jahren

Unter einem Kostenanschlag wurde bereits vor über hundert Jahren eine Kostenermittlung verstanden, auf deren Grundlage die Entscheidung über das Bauen getroffen wurde. In der ersten Fassung der DIN 276 im Jahr 1934 wurden schließlich zwei Stufen der Kostenermittlung definiert.

„A. Kostenvoranschlag

1. Der Kostenvoranschlag dient zur angenäherten Ermittlung der Kosten auf Grund eines Vorentwurfs.
2. Im Kostenvoranschlag sind die Kosten der Bauten zu berechnen durch Vervielfältigung ihres nach Normblatt DIN 277 unter I A und B ermittelten umbauten Raumes mit einem einer statistischen Zusammenstellung entnommenen oder ortsüblichen Preise für 1 m³.
3. Zu dem Ergebnisse dieser Berechnungen treten etwaige Kosten besonders zu berechnender Bauausführungen und Bauteile 2).

2) Siehe DIN 277, I C

B. Kostenanschlag

1. Der Kostenanschlag dient zur genauen Ermittlung der Kosten auf Grund eines Bauentwurfs.
2. Im Kostenanschlage sind die Kosten nach den einzelnen Leistungen zu berechnen."
[DIN 276:1934-08, Kosten von Hochbauten und damit zusammenhängenden Leistungen]

In den Leistungsbildern der Honorarordnung für Architekten und Ingenieure (HOAI) werden in den Fassungen von 1977 bis einschließlich 2009 sowie in den Fassungen der DIN 276 im gleichen Zeitraum jeweils vier Stufen der Kostenermittlung genannt (Kostenschätzung, Kostenberechnung, Kostenanschlag, Kostenfeststellung). So hieß es in allen älteren Fassungen:

LPH 7 Kostenanschlag nach DIN 276 aus Einheits- oder Pauschalpreisen der Angebote
[§ 15, LPH 7, HOAI 1977 – 2009]

Dem jeweiligen normativen Verweis zur Fassung der DIN 276 folgend findet man die Definition der Kostenermittlung.

„Kostenanschlag

Der Kostenanschlag dient als eine Grundlage für die Entscheidung über die Ausführungsplanung und die Vorbereitung der Vergabe.

Grundlagen für den Kostenanschlag sind:

– Planungsunterlagen, z.B. endgültige, vollständige Ausführungs-, Detail- und Konstruktionszeichnungen,
– Berechnungen, z.B. für Standsicherheit, Wärmeschutz, technische Anlagen,

- Berechnung der Mengen von Bezugseinheiten der Kostengruppen,
- Erläuterungen zur Bauausführung, z.B. Leistungsbeschreibungen,
- Zusammenstellen von Angeboten, Aufträgen und entstandenen Kosten

Im Kostenanschlag sollen die Gesamtkosten nach Kostengruppen mindestens bis zur 3. Ebene der Kostengliederung ermittelt werden."
[DIN 276:1993-06, Kosten im Hochbau]

In der Baupraxis konnte beobachtet werden, dass „der Kostenanschlag" häufig als Teilleistung der LPH 7 verstanden und erstmalig in diesem Zusammenhang aufgestellt wurde als „Zusammenstellen von Angeboten, Aufträgen und entstandenen Kosten". Wenn lediglich dieser Gesichtspunkt verfolgt wurde, dann blieb die Kostenentwicklung ab der Kostenberechnung in einer Grauzone. Wenn zudem die Angebote und Aufträge nicht nach Kostengruppen aufgeteilt wurden, fehlte zudem lange Zeit die Grundlage für die Kostenkontrolle und Kostentransparenz.

4. Verknüpfung von Kostengruppen und Leistungsbereichen als Matrix

Die Anzahl möglicher Verknüpfungen von Kostengruppen (KG) und Leistungsbereichen (LB) ist groß. Mit Hilfe der folgenden Tabellen 8 bis 13 wird dies deutlich. Grundlage der Tabellen sind die Daten aus dem Band Baukosten Positionen Neubau 2020, Statistische Kostenkennwerte. Damit können sehr viele Verknüpfungen gezeigt werden, die häufig vorkommen. Ein Anspruch auf Vollständigkeit kann nicht erhoben werden, weitere Verknüpfungen kommen vor. Bei den ausgewerteten Gebäuden handelt es sich ausschließlich um Neubauten. Es werden die Bauwerkskosten (KG 300+400 nach DIN 276) in der dritten Ebene der Kostengliederung und die entsprechenden Leistungsbereiche (LB 000 Sicherheitseinrichtungen, Baustelleneinrichtungen bis LB 075 Raumlufttechnische Anlagen) erfasst.

In den BKI-Dokumentationen werden einzelne Leistungsbereiche zusammengefasst. Es handelt sich dabei um Leistungen, die in einem Zusammenhang stehen, z.B. Fertigung durch ein Unternehmen, oder deren Unterscheidung bei der Bildung von eher einfachen Kennwerten (€ LB/m² BGF) nicht unbedingt erforderlich ist. Dazu zählen beispielsweise: Sicherheitseinrichtungen, Baustelleneinrichtungen (LB 000) inkl. Gerüstarbeiten (LB 001), Kosten der vorbereitenden Maßnahmen (KG 200), Außenanlagen und Freiflächen (KG 500). Ausstattung und Kunstwerke (KG 600) gehören nicht dazu. Soweit ein Zusammenhang mit den Bauwerkskosten besteht, wird dieser erwähnt. Das betrifft z.B. die Erdarbeiten (LB 002), die sowohl bei der Baugrube des Gebäudes als auch bei den Außenanlagen (KG 510) anfallen. Ein anderes Beispiel sind Ausstattungen für Bäder (KG 610) im Zusammenhang mit den Wasser- und Abwasserinstallationen (LB 045). Die Kosten der KG 100, KG 700 und KG 800 sind ebenfalls nicht enthalten.

Die Verknüpfung der Kostengruppen und der Leistungsbereiche lässt sich als Matrix darstellen. Beide Strukturen sind umfangreich. Obwohl nur die Bauwerkskosten berücksichtigt werden, wäre die Matrix so groß, dass sie auf einer Seite dieser Veröffentlichung nicht mehr lesbar wäre.

Deshalb werden die oben genannten Bereiche (regenfester) Rohbau), Ausbau und Technische Anlagen in sechs Tabellen geteilt.

– (regenfester) Rohbau: Baustelleneinrichtung und Baugrube (Tabelle 8),
– Tragwerk mit Gründung und Abdichtung (Tabelle 9),
– Dachdeckung, -abdichtung, -entwässerung (Tabelle 10)
– Ausbau: Teil 1 (Tabelle 11) und Teil 2 (Tabelle 12)
– Technische Anlagen (Gebäudetechnik): Tabelle 13

Der Umfang der dokumentierten Daten ist in den letzten Jahren deutlich angewachsen. Die auf dieser Grundlage erstellten Verknüpfungen von Kostengruppen und Leistungsbereichen als Matrix bilden noch nicht die Vielfalt der Möglichkeiten in der Architektur ab. Das betrifft zum einen die Gebäudearten und zum anderen die Konstruktionen. So werden Hotelgebäude oder Stahlbauten vermisst. Insofern ist die Verknüpfung Außenstützen (KG 333) – Betonbau (LB 013) eine technisch mögliche und häufig vorkommende Kombination. Im Unterschied dazu ist die Kombination Deckenkonstruktionen (KG 351), z.B. Treppen –Verglasungsarbeiten (LB 032) zwar möglich und schon hergestellt worden, aber vielleicht auch nicht unbedingt notwendig.

Es werden Kombinationen gezeigt, die im BKI Band Positionen Neubau 2020 vorzugsweise mehrfach dokumentiert wurden. Einige werden zusätzlich angegeben. Beide Fälle werden in der Matrix mit einem Kreuzchen (x) angegeben.

4.1 Baustelleneinrichtung und Baugrube

„Unter der Baustelleneinrichtung (BE) werden alle im Bereich einer Baustelle erforderlichen Produktions-, Lager-, Transport- und Arbeitsstätten verstanden, die für die Umsetzung einer Baumaßnahme notwendig sind."
[Die Baustelleneinrichtung sicher und wirtschaftlich planen (baua.de), S. 3, aufgerufen am 16.02.2021)]

Die Baustelleneinrichtung (LB 000) kann eine eigene Vergabeeinheit bilden oder sie kann ein Teil der Rohbauarbeiten sein. Das betrifft auch die erforderlichen Arbeits- und Schutzgerüste (LB 001), welche im Übrigen für Arbeiten am Tragwerk, an Fassaden und Balkonen und am Dach benötigt werden. Gleiches trifft auch für den Aushub der Baugrube und der Leitungsgräben sowie den Transport und das Verfüllen von Arbeitsräumen und Gräben (LB 002) zu. Je nachdem, ob das Gebäude unterkellert wird, je nach Beschaffenheit des Baugrunds und je nach Grundwasserstand können Dränagen (LB 010) oder eine Wasserhaltung (LB 008) während der Bauzeit erforderlich sein.

Im Zusammenhang mit der Baustelleneinrichtung und der Baugrube fallen häufig zusätzlich Arbeiten zu folgenden Kostengruppen (KG) oder Leistungsbereichen (LB) an:

– Vorbereitende Maßnahmen (KG 200): Baumschutz mit Brettermantel; Aushub von Schlitzgräben und Suchgräben; Sichern von Leitungen und Kabeln; Abtrag und Entsorgen von Oberboden; Beseitigung von Hindernissen bei den Erdarbeiten; Aufbringen von Schutzlagen und Dachabdichtungen an Gerüsten
– Baukonstruktionen/Gründung (KG 320): Herstellen von Fundamenten oder Bodenplatten aus Beton (LB 013) für den Einsatz von Baugeräten, z.B. Baukran, oder Fundamente für Baucontainer, z.B. als Büro- und Besprechungsräume oder zur Unterbringung von Werkzeugen
– Außenanlagen und Freianlagen (KG 500): Ausheben von Kabelgräben; Ummantelung von Rohrleitungen mit Beton; Verlegung von Kabelschutzrohren in Gräben; Verlegen von Warnbändern an Leitungsgräben, Herstellen eines Feinplanums (→Tab. 8)

Matrix LB und KG – Gebäude: Baustelleneinrichtung und Baugrube								
Kostengruppen (KG) nach DIN 276:2018-12	Leistungsbereiche (LB) nach STLB-Bau							
	LB 000 Sicherheitseinrichtungen, Baustelleneinrichtungen	LB 001 Gerüstarbeiten	LB 002 Erdarbeiten	LB 006 Spezialtiefbauarbeiten	LB 008 Wasserhaltungsarbeiten	[...]	LB 010 Drän- und Versickerungsarbeiten	[...]
KG 310 Baugrube [...]								
KG 311 Herstellung			x				x	
KG 312 Umschließung			x	x				
KG 313 Wasserhaltung					x			
KG 320 Gründung [...]								
KG 321 Baugrundverbesserung			x					
KG 322 Flachgründungen und Bodenplatten			x					
KG 325 Abdichtungen und Bekleidungen			x				x	
KG 326 Dränagen							x	
KG 330 Außenwände [...]								
KG 335 Außenwandbekleidungen außen							x	
KG 390 Sonstige Maßnahmen [für KG 300]								
KG 391 Baustelleneinrichtung	x							
KG 392 Gerüste		x						
KG 397 Zusätzliche Maßnahmen	x							

Tab. 8: Matrix LB und KG – Gebäude: Baustelleneinrichtung und Baugrube (x).
(BKI (Hrsg.): Baukosten Positionen Neubau 2020. Statistische Kostenkennwerte, S. 60-144)

4.2 Tragwerk mit Gründung und Abdichtung

„Das Tragwerk bezeichnet das statische Gesamtsystem der miteinander verbundenen, lastabtragenden Konstruktionen, die für die Standsicherheit von Gebäuden, Ingenieurbauwerken und Traggerüsten bei Ingenieurbauwerken maßgeblich sind." [HOAI 2021, Anlage 14]

Im Zusammenhang mit insbesondere Flachgründungen und Bodenplatten (KG 322) fallen häufig auch Erdarbeiten (LB 002) an. Die wichtigsten Leistungsbereiche für diese Bauarbeiten sind Mauerarbeiten (LB 012), Betonarbeiten (LB 013), Zimmer- und Holzbauarbeiten (LB 016) sowie Stahlbauarbeiten (LB 017). Unter anderem an erdberührten Außenwänden von Kellergeschossen kommen Abdichtungsarbeiten (LB 018) hinzu. Vollständige Tragwerke aus Holz (LB 016) oder Stahl (LB 017) wurden in der vorliegenden Datensammlung noch nicht dokumentiert.

Bei Fundamenten, tragenden Wänden und Decken sind häufig folgende Kostengruppen (KG) oder Leistungsbereiche (LB) zu beachten:

– Kellerfenster in Schalungen (KG 334)
– Kellerlichtschächte und Balkonplatten als Fertigteile (KG 339)
– Schlosserarbeiten (LB 031) an Treppen, Rampen und Balkonen
– (Balkon-)Brüstungen als Fertigteile an Außenwänden (KG 359)
– Fundamenterdungen, Rohrdurchführungen, Elektrogerätedosen, Elektroleerrohre, Leuchten-Einbaugehäuse und Eingießtöpfe sowie Ankerschienen für Aufzugsanlagen (alle KG 400) in Fundamenten, Wänden und Schächten (KG 300)

(→Tab. 9)

Matrix LB und KG – Gebäude: Tragwerk mit Gründung und Abdichtung								
Kostengruppen (KG) nach DIN 276:2018-12	Leistungsbereiche (LB) nach STLB-Bau							
	[...]	LB 012 Mauerarbeiten	LB 013 Betonarbeiten	[...]	LB 016 Zimmer- und Holzbauarbeiten	LB 017 Stahlbauarbeiten	LB 018 Abdichtungsarbeiten (auch bei KG 324, KG 335, KG 342)	[...]	LB 031 Schlosserarbeiten	[...]
KG 320 Gründung [...]										
KG 322 Flachgründungen und Bodenplatten			x							
KG 323 Tiefgründungen			x							
KG 325 Abdichtungen und Bekleidungen			x				x			
KG 330 Außenwände [...]										
KG 331 Tragende Außenwände		x	x		x	x				
KG 333 Außenstützen		x	x		x	x				
KG 337 Element. Außenwandkonstruktionen					x					
KG 340 Innenwände										
KG 341 Tragende Innenwände		x	x		x					
KG 343 Innenstützen		x	x		x					
KG 350 Decken [...]										
KG 351 Deckenkonstruktionen			x		x	x			x	
KG 360 Dächer										
KG 361 Dachkonstruktionen			x		x	x				

Tab. 9: Matrix LB und KG – Gebäude: Tragwerk mit Gründung und Abdichtung (x).
(BKI (Hrsg.): Baukosten Positionen Neubau 2020. Statistische Kostenkennwerte, S. 146-284)

4.3 Dachdeckung, -abdichtung, -entwässerung

Die wesentlichen Leistungsbereiche (LB) für diese Bauarbeiten sind Abdichtungsarbeiten (LB 018), Dachdeckungsarbeiten (LB 020), Dachabdichtungsarbeiten (LB 021), Klempnerarbeiten (LB 022) sowie Putz- und Stuckarbeiten einschließlich der Wärmedämmsysteme (LB 023). Das Tragwerk und das Dach bilden den regenfesten Rohbau.

In Verbindung damit stehen Baukonstruktionen (KG 300 nach DIN 276) anderer Bauelemente:

– Zwischensparrendämmungen (KG 361)
– Eckausbildung, Wandanschluss an Außenwandbekleidungen, auch bei Dachgauben (KG 335)
– Abdichtungen an Wandanschlüssen, Abdichtungen an Balkonen (KG 353)
– Zwischensparrendämmungen an Dachkonstruktionen (KG 361)
– Schneefanggitter und -rohre, Sicherheitsdachhaken, Sicherheitstritte, Standziegel sowie Dachleitern (KG 369)
– Dachplanen für den Witterungsschutz als Zusätzliche Maßnahmen (KG 397)

(→Tab. 10)

Matrix LB und KG – Gebäude: Dachdeckung, -abdichtung, -entwässerung											
Kostengruppen (KG) nach DIN 276:2018-12	Leistungsbereiche (LB) nach STLB-Bau										
	[...]	LB 014 Natur-, Betonwerksteinarbeiten	[...]	LB 016 Zimmer- und Holzbauarbeiten	[...]	LB 018 Abdichtungsarbeiten	[...]	LB 020 Dachdeckungsarbeiten	LB 021 Dachabdichtungsarbeiten	LB 022 Klempnerarbeiten	LB 023 Putz- und Stuckarbeiten	[...]
KG 330 Außenwände [...]											
KG 335 Außenwandbekleidungen, außen						x		x			x
KG 350 Decken [...]											
KG 353 Deckenbeläge		x							x		
KG 360 Dächer											
KG 361 Dachkonstruktionen				x				x			
KG 362 Dachöffnungen								x	x	x	
KG 363 Dachbeläge				x				x	x		
KG 369 Sonstiges zu KG 360										x	
KG 390 Sonstige Maßnahmen [für KG 300]											
KG 397 Zusätzliche Maßnahmen								x			

Tab. 10: Matrix LB und KG – Gebäude: Dachdeckung, -abdichtung, -entwässerung (x).
(BKI (Hrsg.): Baukosten Positionen Neubau 2020. Statistische Kostenkennwerte, S. 288-356)

4.4 Ausbau

Für den baulichen Ausbau (KG 300 nach DIN 276) können besonders viele und unterschiedliche Arbeiten anfallen. Das spiegelt sich in der Anzahl der Leistungsbereiche und schließlich der Vergabeeinheiten bzw. Bauverträge wider. Die vorliegenden Daten sind nach Leistungsbereichen gemäß Standardleistungsbuch für das Bauwesen STLB-Bau unterteilt.

Der Ausbau umfasst hierbei vor allem die Leistungsbereiche Putz- und Stuckarbeiten, Wärmedämmverbundsysteme (LB 023) bis Trockenbauarbeiten (LB 039). Weitere wichtige Leistungsbereiche (LB) sind in **Tabelle 11**: Putz- und Stuckarbeiten, Wärmedämmsysteme (LB 023), Fliesen- und Plattenarbeiten (LB 024), Estricharbeiten (LB 025), Fenster, Außentüren (LB 026), Tischlerarbeiten (LB 027), Parkett-, Holzpflasterarbeiten (LB 028) sowie Beschlagarbeiten (LB 029).

Matrix LB und KG – Gebäude und Innenräume – Ausbau, Teil 1												
Kostengruppen (KG) nach DIN 276:2018-12	Leistungsbereiche (LB) nach STLB-Bau											
	[...]	LB 012 Mauerarbeiten	LB 014 Natur-, Betonwerksteinarbeiten	LB 016 Zimmer- und Holzbauarbeiten	LB 023 Putz- und Stuckarbeiten, Wärmedämmverbundsysteme	LB 024 Fliesen- und Plattenarbeiten	LB 025 Estricharbeiten	LB 026 Fenster, Außentüren	LB 027 Tischlerarbeiten	LB 028 Parkett-, Holzpflasterarbeiten	LB 029 Beschlagarbeiten	[...]
KG 320 Gründung [...]												
KG 324 Gründungsbeläge			x			x	x			x		
KG 330 Außenwände [...]												
KG 332 Nichttragende Außenwände												
KG 334 Außenwandöffnungen					x			x		x		
KG 335 Außenwandbekleidungen, außen		x	x	x	x	x						
KG 336 Außenwandbekleidungen, innen				x	x	x						
KG 337 Element. Außenwandkonstruktionen				x								
KG 340 Innenwände												
KG 342 Nichttragende Innenwände		x										
KG 344 Innenwandöffnungen					x				x	x		
KG 345 Innenwandbekleidungen					x	x			x			
KG 346 Element. Innenwandkonstruktionen				x					x			
KG 350 Decken [...]												
KG 352 Deckenöffnungen				x								
KG 353 Deckenbeläge			x	x		x	x		x	x		
KG 354 Deckenbekleidungen					x				x			
KG 359 Sonstiges zu KG 350									x	x		
KG 360 Dächer												
KG 362 Dachöffnungen				x								
KG 364 Dachbekleidungen				x								
KG 380 Baukonstruktive Einbauten												
KG 381 Allgemeine Einbauten									x			

Tab. 11: Matrix LB und KG – Gebäude und Innenräume – Ausbau, Teil 1 (x).
(BKI (Hrsg.): Baukosten Positionen Neubau 2020. Statistische Kostenkennwerte, S. 146-502)

Weiterhin zählen zu den Ausbauarbeiten, enthalten in **Tabelle 12**: Rollladenarbeiten (LB 030), Metallbauarbeiten (LB 031), Verglasungsarbeiten (LB 032), Baureinigungsarbeiten (LB 033), Maler- und Lackierarbeiten – Beschichtungen (LB 034), Bodenbelagarbeiten (LB 036), Tapezierarbeiten (LB 037), Vorgehängte hinterlüftete Fassaden (LB 038) sowie Trockenbauarbeiten (LB 039).

In eher geringem Umfang fallen beim Ausbau weitere Arbeiten an, die den Leistungsbereichen Mauerarbeiten (LB 012), Naturstein-, Betonwerksteinarbeiten (LB 014) sowie Zimmer- und Holzbauarbeiten (LB 016) zugeordnet werden.

Die Zahl der unterschiedlichen Konstruktionen und Materialien ist grundsätzlich bei allen Ausbaukonstruktionen groß. Das betrifft die Außenwandbekleidungen, innen (KG 336) und die Innenwandbekleidungen (KG 345) einschließlich Arbeiten an deren Öffnungen (KG 334, KG 344) und die Deckenbekleidungen (KG 353) sowie die Gründungsbeläge (KG 324).

Die Menge der Grundflächen von (Gründungsbelägen und) Deckenbelägen werden häufig auch als Bezugseinheit für die Baureinigungsarbeiten (LB 033) benutzt.

Matrix LB und KG – Gebäude und Innenräume – Ausbau, Teil 2										
Kostengruppen (KG) nach DIN 276:2018-12	Leistungsbereiche (LB) nach STLB-Bau									
	LB 030 Rollladenarbeiten	LB 031 Metallbauarbeiten	LB 032 Verglasungsarbeiten	LB 033 Baureinigungsarbeiten	LB 034 Maler- Lackierarbeiten	LB 036 Bodenbelagarbeiten	LB 037 Tapezierarbeiten	LB 038 Vorgehängte [...] Fassaden	LB 039 Trockenbauarbeiten	[...]
KG 320 Gründung [...]										
KG 324 Gründungsbeläge				x	x					
KG 330 Außenwände [...]										
KG 332 Nichttragende Außenwände			x							
KG 334 Außenwandöffnungen	x	x	x		x					
KG 335 Außenwandbekleidungen, außen		x			x			x	x	
KG 336 Außenwandbekleidungen, innen					x		x		x	
KG 337 Element. Außenwandkonstruktionen			x							
KG 338 Lichtschutz zur KG 330	x									
KG 339 Sonstiges zu KG 330		x								
KG 340 Innenwände [...]										
KG 342 Nichttragende Innenwände									x	
KG 344 Innenwandöffnungen		x	x		x				x	
KG 345 Innenwandbekleidungen					x		x		x	
KG 346 Element. Innenwandkonstruktionen			x						x	
KG 350 Decken [...]										
KG 353 Deckenbeläge		x			x	x			x	
KG 354 Deckenbekleidungen					x				x	
KG 359 Sonstiges zu KG 350		x			x					
KG 360 Dächer										
KG 362 Dachöffnungen			x							
KG 364 Dachbekleidungen					x			x		
KG 390 Sonstige Maßnahmen [für KG 300]										
KG 397 Zusätzliche Maßnahmen				x	x	x	x			

Tab. 12: Matrix LB und KG – Gebäude und Innenräume – Ausbau, Teil 2 (x).
(BKI (Hrsg.): Baukosten Positionen Neubau 2020. Statistische Kostenkennwerte, S. 504-650)

Im Zusammenhang mit dem Tragwerk sind zu beachten:

- Überdecken von Öffnungen, Beimauern und Glattstrich von Laibung und Brüstungen (KG 330)
- Schließen von Öffnungen und Aussparungen
- Anstrich und Beschichtung (LB 034) kommen auch am Tragwerk, z.B. Stahlkonstruktion, vor (LB 034) Maler- und Lackierarbeiten.
- Metallbauarbeiten (LB 031) können auch Teil des Tragwerks sein
- Schutzabdeckungen können als zusätzliche Maßnahmen (KG 397) benötigt werden

4.5 Technische Anlagen (Gebäudetechnik)

Was zählt dazu? „Die einzelnen technischen Anlagen enthalten die zugehörigen Gestelle, Befestigungen, Armaturen, Wärme- und Kältedämmung, Schall- und Brandschutzvorkehrungen, Abdeckungen, Verkleidungen, Anstriche, Kennzeichnungen sowie die werkseitig integrierten Mess-, Steuer- und Regelanlagen. Dazu gehören auch die Betriebskosten bis zur Abnahme. Die Kosten für das Erstellen und Schließen von Schlitzen und Durchführungen sowie von Rohr- und Kabelgräben werden in der Regel in der KG 300 erfasst."
[DIN 276:2018-12, S. 23]

Die vorliegenden Daten beziehen sich auf die folgenden Leistungsbereiche:

- Wärmeversorgungsanlagen – Betriebseinrichtungen (LB 040)
- Wärmeversorgungsanlagen – Leitungen, Armaturen, Heizflächen (LB 041)
- Gas- und Wasseranlagen – Leitungen, Armaturen (LB 042), inkl. Druckrohrleitungen für Gas, Wasser und Abwasser (LB 043)
- Abwasseranlagen – Leitungen, Abläufe, Armaturen (LB 044)
- Gas-, Wasser- und Entwässerungsanlagen – Ausstattung, Elemente, Fertigbäder (LB 045), inkl. Gas-, Wasser- und Entwässerungsanlagen – Betriebseinrichtungen (LB 046)
- Dämm- und Brandschutzarbeiten an technischen Anlagen (LB 047)
- Niederspannungsanlagen- Kabel/Leitungen, Verlegesysteme, Installationsgeräte (LB 053)
- Niederspannungsanlagen- Verteilersysteme und Einbaugeräte (LB 054)
- Leuchten und Lampen (LB 058), inkl. Sicherheitsbeleuchtungsanlagen (LB 059)
- Aufzüge (LB 069)
- Raumlufttechnische Anlagen (LB 075)

Zu den weiteren Leistungsbereichen nach STLB-Bau sind bei den dokumentierten Neubauten entweder (noch) keine Leistungen angefallen oder deren anteilige Kosten sind sehr gering gewesen und wurden vernachlässigt. Dazu gehören Feuerlöschanlagen (LB 049), Feuerlöschgeräte, Blitzschutz- / Erdungsanlagen, Überspannungsschutz (LB 050), Mittelspannungsanlagen (LB 052), Sicherheits- und Ersatzstromversorgungsanlagen (LB 055), Gebäudesystemtechnik (LB 057), Elektroakustische Anlagen, Sprechanlagen, Personenrufanlagen (LB 060), Kommunikationsnetze (LB 061), Kommunikationsanlagen (LB 062), Gefahrenmeldeanlagen (LB 063) sowie Gebäudeautomation (LB 070).

Was gehört sonst noch dazu und soll erwähnt werden? Zu den Abwasser- und Wasseranlagen gehören auch die Sanitärobjekte und Ausstattungselemente insbesondere für Bäder und Toiletten: WC, Hygiene-Spül-WC, (höhenverstellbare) Waschtische, Urinale, Stützgriffe, Installationselemente der Bad- und WC-Ausstattung (KG 419).

Spiegel, WC-Bürsten, WC-Toilettenpapierhalter; Duschabtrennungen, Seifenspender und Papiertuchspendenhalter mit Wandmontage bei der Bad- und WC-Ausstattung (KG 610 zu KG 410) können ebenfalls im Zusammenhang mit den Abwasser- und Wasseranlagen beauftragt und ausgeführt werden.

Für die Wärmeversorgung sind bei der Beauftragung und Bauausführung die Schornsteinarbeiten zu berücksichtigen. Bei der Bemessung von Aufzugsschächten, z.B. in Beton, sind die genauen Maße der Aufzugsanlagen und die Befestigungstechnik, z.B. Ankerschienen, rechtzeitig zu klären.

(→Tab. 13)

Matrix LB und KG – Gebäude und Innenräume: Technische Anlagen (Gebäudetechnik)												
Kostengruppen (KG) nach DIN 276:2018-12	Leistungsbereiche (LB) nach STLB-Bau											
	[...]	LB 040 Wärmeversorgungsanlagen – Betriebseinrichtungen	LB 041 Wärmeversorgungsanlagen – Leitungen, Armaturen, [...]	LB 042 Gas- und Wasseranlagen – Leitungen, Armaturen	LB 044 Abwasseranlagen – Leitungen, Abläufe, Armaturen	LB 045 Gas-, Wasser- und Entwässerungsanlagen – Ausstattung [...]	LB 047 Dämm- und Brandschutzarbeiten an technischen Anlagen	LB 053 Niederspannungsanlagen – Kabel/Leitungen, Verlegesysteme [...]	LB 054 Niederspannungsanlagen – Verteilersysteme und [...]	LB 058 Leuchten und Lampen	LB 069 Aufzüge	LB 075 Raumlufttechnische Anlagen
KG 400 Bauwerk – Technische Anlagen												
KG 411 Abwasseranlagen					x							
KG 412 Wasseranlagen				x		x						
KG 419 Sonstiges zu KG 410 (s.o.)						x						
KG 421 Wärmeerzeugungsanlagen		x	x									
KG 422 Wärmeverteilnetze		x	x				x					
KG 423 Raumheizflächen			x									
KG 431 Lüftungsanlagen							x					x
KG 442 Eigenstromversorgungsanlagen								x				
KG 444 Niederspannungsinstallationsanlagen								x	x			
KG 445 Beleuchtungsanlagen										x		
KG 461 Aufzugsanlagen											x	
KG 474 Feuerlöschanlagen				x								

Tab. 13: Matrix LB und KG – Gebäude und Innenräume – Technische Anlagen (GT) (x).
(BKI (Hrsg.): Baukosten Positionen Neubau 2020. Statistische Kostenkennwerte, S. 652-797)

Zusammenfassung

Die planungsorientierte Kostengliederung nach DIN 276:2018-12, Kosten im Bauwesen, unterscheidet die Kosten von Gebäuden und Innenräumen nach Bauelementen. Bei der Ermittlung der Mengen von Bezugseinheiten ab der zweiten Ebene der Kostengliederung werden die Geometrie des Objekts und die Funktion wesentlicher Bauelemente erfasst. Von der Kostenschätzung bis zum Kostenanschlag soll diese Systematik beibehalten werden. Alternativ können die Kosten ausführungsorientiert gegliedert werden, dies kann nach unterschiedlichen Merkmalen und Gesichtspunkten erfolgen. Ab der Vorbereitung der Vergabe prägen die Unterscheidung von Vergabeeinheiten und die Bepreisung sowie die Angebotsprüfung und die Abrechnung auf der Ebene von Leistungspositionen die Kostenermittlung und Kostenkontrolle. Das gilt uneingeschränkt bei der Fachlosvergabe in Verbindung mit Einheitspreisverträgen.

Die von der DIN 276:2018-12 vorgegebenen Strukturen je Stufe der Kostenermittlung (Kostengruppen, technische Merkmale oder herstellungsmäßige Gesichtspunkte, Vergabeeinheiten, zusammengefasst als für das Bauprojekt festgelegte Strukturen) bieten bei konsequenter Anwendung eine Durchgängigkeit der Kosteninformationen von Leistungsphase zu Leistungsphase und damit von einer Stufe der Kostenermittlung bis zur nächsten. Das ist wichtig für die nachvollziehbare Kostenentwicklung im Bauprojekt und den Vergleich der Kostenermittlungen bzw. bei der Kostenkontrolle.

Bei pauschalierten Bauverträgen gehen diese für die Kostentransparenz so wichtigen Strukturen weitgehend verloren.

Wichtig ist am Ende einer Baumaßnahme die Bereitschaft der am Projekt Beteiligten, bei der Kostenfeststellung die Kosten der abgerechneten Einheitspreise in die dritte Ebene der Kostengliederung nach DIN 276 zurückzuführen. Die in diesem Beitrag gezeigten Tabellen sollen die Zusammenhänge der wesentlichen Strukturen (Kostengruppen (KG), Leistungsbereiche (LB) und Vergabeeinheiten (VE)) veranschaulichen. Beim Umgang mit Kostenermittlungen, Kostenkontrollen, Leistungsbeschreibungen und Abrechnungen sowie der Anwendung entsprechender Programme darf die Verknüpfung der genannten Strukturen niemals fehlen.

Literatur

Ausschuss der Verbände und Kammern der Ingenieure und Architekten für die Honorarordnung e.V. (Hrsg.): Besondere Leistungen bei der Objektplanung Gebäude und Innenräume, AHO Heft 34, Berlin: Bundesanzeiger, Januar 2016

Baukosteninformationszentrum Deutscher Architektenkammern (Hrsg.): BKI Baukosten Gebäude Neubau 2020. Statistische Kostenkennwerte, Baukosteninformationszentrum Deutscher Architektenkammern, Stuttgart 2020

Baukosteninformationszentrum Deutscher Architektenkammern (Hrsg.): BKI Baukosten Bauelemente Neubau 2020. Statistische Kostenkennwerte, Baukosteninformationszentrum Deutscher Architektenkammern, Stuttgart 2020

Baukosteninformationszentrum Deutscher Architektenkammern (Hrsg.): BKI Baukosten Positionen Neubau 2020. Statistische Kostenkennwerte, Baukosteninformationszentrum Deutscher Architektenkammern, Stuttgart 2020

DIN 276:1934-08, Kosten von Hochbauten und damit zusammenhängenden Leistungen

DIN 276:1993-06, Kosten im Hochbau

DIN 276:2018-12, Kosten im Bauwesen

Die Baustelleneinrichtung sicher und wirtschaftlich planen (baua.de), aufgerufen am 16.02.2021

Honorarordnung für Architekten und Ingenieure (HOAI 1977)

Honorarordnung für Architekten und Ingenieure (HOAI 2021)

Kalusche, Wolfdietrich (Hrsg.): BKI Handbuch Terminplanung für Architekten, Baukosteninformationszentrum Deutscher Architektenkammern, Stuttgart 2020

Standardleistungsbuch für das Bauwesen (STLB-Bau)

Bauordnung für das Land Nordrhein-Westfalen (Landesbauordnung 2018 - BauO NRW 2018) Vom 21. Juli 2018 (GV. NRW. S. 421) geändert am 26. März 2019 (GV. NRW. S. 193

Ruf, Hans-Ulrich: Bildkommentar DIN 276/DIN 277, Baukosteninformationszentrum Deutscher Architektenkammern, Stuttgart, 5. Auflage 2019

Siemon, K; Meier, F.: Koordinieren und Integrieren, in DAB 09/2015. Koordinieren und integrieren – DAB online | Deutsches Architektenblatt, aufgerufen am 09.02.2021

Antworten auf häufig gestellte Fraben finden Sie im Internet unter:
www.bki.de/faq-kostenplanung.html

Abkürzungsverzeichnis

Einheiten

µm	Mikrometer
m	Meter
m²	Quadratmeter
m³	Kubikmeter
cm	Zentimeter
cm²	Quadratzentimeter
cm³	Kubikzentimeter
dm	Dezimeter
dm²	Quadratdezimeter
dm³	Kubikdezimeter
mm	Millimeter
mm²	Quadratmillimeter
mm³	Kubikmillimeter
kg	Kilogramm
N	Newton
kN	Kilonewton
MN	Meganewton
mbar	Millibar
kW	Kilowatt
W	Watt
kWel	elektrische Leistung in Kilowatt
kWth	thermische Leistung in Kilowatt
kWp	Kilowatt peak
t	Tonnen
l	Liter
lx	Lux
St	Stück
h	Stunde
min	Minute
s	Sekunde
psch	Pauschal
d	Tage
DPr	Proctordichte

Kombinierte Einheiten

h/[Einheit]	Stunde pro [Einheit] = Ausführungsdauer
mh	Meter pro Stunde
md	Meter pro Tag
mWo	Meter pro Woche
mMt	Meter pro Monat
ma	Meter pro Jahr
m²d	Quadratmeter pro Tag
m²Wo	Quadratmeter pro Woche
m²Mt	Quadratmeter pro Monat
m³d	Kubikmeter pro Tag
m³Wo	Kubikmeter pro Woche
m³Mt	Kubikmeter pro Monat
Sth	Stück pro Stunde
Std	Stück pro Tag
StWo	Stück pro Woche
StMt	Stück pro Monat

Kombinierte Einheiten (Fortsetzung)

td	Tonne pro Tag
tWo	Tonne pro Woche
tMt	Tonne pro Monat

Mengenangaben

A	Fläche
V	Volumen
D	Durchmesser
d	Dicke
h	Höhe
b	Breite
l	Länge
t	Tiefe
lw	lichte Weite
k	k-Wert
U	u-Wert

Rechenzeichen

<	kleiner
>	größer
<=	kleiner gleich
>=	größer gleich
-	bis

Abkürzungen

AN	Auftragnehmer
AG	Auftraggeber
AP	Arbeitsplätze
APP	Appartement
BB	BB-Schloss=Buntbartschloss
BK	Bodenklasse
BSH	Brettschichtholz
DD	DD-Lack=Polyurethan-Lack
DN	Durchmesser, Nennmaß (DN80)
DF	Dünnformat
DG	Dachgeschoss
DK	Dreh-/Kipp(-flügel)
DHH	Doppelhaushälfte
EG	Erdgeschoss
ELW	Einliegerwohnung
einschl.	einschließlich
ETW	Etagenwohnung
EPS	expandierter Polystyrolschaum
ESG	Einscheiben-Sicherheitsglas
FFB	Fertigfußboden
F90-A	Feuerwiderstandsklasse 90min
gem.	gemäß
GK	Gipskarton
GKB	Gipskarton-Bauplatten
GKF	Gipskarton-Feuerschutz

Abkürzungsverzeichnis

Abkürzungen

GKI	Gipskarton - imprägniert
GKL	Güteklasse
Gl	Glieder (Heizkörper)
Hlz	Hochlochziegel
HDF	hochdichte Faserplatte
HT	Hochtemperatur-Abflussrohr
i.L.	im Lichten
i.M.	im Mittel
KG	Kellergeschoss
KG	Kunststoff Grundleitung
KFZ	Kraftfahrzeug
KITA	Kindertagesstätte
KS	Kalksandstein
KSL	Kalksandstein-Lochstein
KSV	Kalksandstein-Vollstein
KSVm	Kalksandstein-Vormauerwerk
KVH	Konstruktionsvollholz
LM	Leichtmetall
LZR	Luftzwischenraum (Isolierglas)
MF	Mineralfaser
MG	Mörtelgruppe
MW	Mauerwerk
MW	Mineralwolle
MW	Maulweite (Zargen)
NF	Normalformat
NUF	Nutzungsfläche
NF	Nut und Feder
NH	Nadelholz
OG	Obergeschoss
OK	Oberkante
OSB	Oriented Strand Board, Spanplatte
PE	Polyethylen
PE-HD	Polyethylen, hohe Dichte
PES	Polyester
PP	Polypropylen
PS	Polystyrol
PU	Polyurethan
PVC	Polyvinylchlorid
PZ	Profilzylinder
RD	rauchdicht
RH	Reihenhaus

Abkürzungen

RRM	Rohbaurichtmaß
RS	Rauchschutz (Türen)
RW	Regenwasser
RWA	Rauch-Wärme-Abzug
SML	Gusseisen-Abwasserrohr
Stb	Stahlbeton
STP	Stellplatz
Stg	Steigung
TG	Tiefgarage
T30	Tür mit Feuerwiderstand 30min
UK	Unterkante
UK	Unterkonstruktion
VK	Vorderkante
VSG	Verbund-Sicherheitsglas
V2A / V2A	Edelstahl
WDVS	Wärmedämmverbundsystem
WE	Wohneinheit
WK	Einbruch-Widerstandsklasse
WLG	Wärmeleitgruppe
WU	wasserundurchlässig (Beton)
ZTV	zusätzl. techn. Vorbemerkungen

Abkürzungen Pflanzqualitäten

Str	Strauch
Sol	Solitär
He	Heckenpflanze
Bu	Busch
H	Hochstamm
vStr	verpflanzter Strauch
v	verpflanzt
xv	x-mal verpflanzt (1, 2 usw.)
oB	ohne Ballen
mB	mit Ballen
mDb	mit Drahtballen
P (0,5-1,0)	mit Topf (Topfgröße)
C	mit Container
Tr	Triebe
StU	Stammumfang
Sth	Stammhöhe

Gliederung in Leistungsbereiche nach STLB-Bau

Als Beispiel für eine ausführungsorientierte Ergänzung der Kostengliederung werden im Folgenden die Leistungsbereiche des Standardleistungsbuches für das Bauwesen in einer Übersicht dargestellt.

000	Sicherheitseinrichtungen, Baustelleneinrichtung	040	Wärmeversorgungsanlagen - Betriebseinrichtungen
001	Gerüstarbeiten	041	Wärmeversorgungsanlagen - Leitungen, Armaturen, Heizflächen
002	Erdarbeiten		
003	Landschaftsbauarbeiten	042	Gas- und Wasseranlagen - Leitungen und Armaturen
004	Landschaftsbauarbeiten, Pflanzen	043	Druckrohrleitungen für Gas, Wasser und Abwasser
005	Brunnenbauarbeiten und Aufschlussbohrungen	044	Abwasseranlagen - Leitung, Abläufe, Armaturen
006	Spezialtiefbauarbeiten	045	Gas-, Wasser- und Entwässerungsanlagen - Ausstattung, Elemente, Fertigbäder
007	Untertagebauarbeiten		
008	Wasserhaltungsarbeiten	046	Gas-, Wasser- und Entwässerungsanlagen - Betriebseinrichtungen
009	Entwässerungskanalarbeiten		
010	Drän- und Versickerungsarbeiten	047	Dämm- und Brandschutzarbeiten an technischen Anlagen
011	Abscheider- und Kleinkläranlagen		
012	Mauerarbeiten	049	Feuerlöschanlagen, Feuerlöschgeräte
013	Betonarbeiten	050	Blitzschutz- und Erdungsanlagen, Überspannungsschutz
014	Natur-, Betonwerksteinarbeiten	051	Kabelleitungstiefbauarbeiten
016	Zimmer- und Holzbauarbeiten	052	Mittelspannungsanlagen
017	Stahlbauarbeiten	053	Niederspannungsanlagen - Kabel/Leitungen, Verlegesysteme, Installationsgeräte
018	Abdichtungsarbeiten		
019	Kampfmittelräumarbeiten	054	Niederspannungsanlagen - Verteilersysteme und Einbaugeräte
020	Dachdeckungsarbeiten		
021	Dachabdichtungsarbeiten	055	Sicherheits- und Ersatzstromversorgungsanlagen
022	Klempnerarbeiten	057	Gebäudesystemtechnik
023	Putz- und Stuckarbeiten, Wärmedämmsysteme	058	Leuchten und Lampen
024	Fliesen- und Plattenarbeiten	059	Sicherheitsbeleuchtungsanlagen
025	Estricharbeiten	060	Sprech-, Ruf-, Antennenempfangs-, Uhren- und elektroakustische Anlagen
026	Fenster, Außentüren		
027	Tischlerarbeiten	061	Kommunikations- und Übertragungsnetze
028	Parkettarbeiten, Holzpflasterarbeiten	062	Kommunikationsanlagen
029	Beschlagarbeiten	063	Gefahrenmeldeanlagen
030	Rollladenarbeiten	064	Zutrittskontroll-, Zeiterfassungssysteme
031	Metallbauarbeiten	069	Aufzüge
032	Verglasungsarbeiten	070	Gebäudeautomation
033	Baureinigungsarbeiten	075	Raumlufttechnische Anlagen
034	Maler- und Lackierarbeiten, Beschichtungen	078	Kälteanlagen für raumlufttechnische Anlagen
035	Korrosionsschutzarbeiten an Stahlbauten	080	Straßen, Wege, Plätze
036	Bodenbelagsarbeiten	081	Betonerhaltungsarbeiten
037	Tapezierarbeiten	082	Bekämpfender Holzschutz
038	Vorgehängte hinterlüftete Fassaden	084	Abbruch-, Rückbau- und Schadstoffsanierungsarbeiten
039	Trockenbauarbeiten	085	Rohrvortriebsarbeiten
		087	Abfallentsorgung, Verwertung und Beseitigung
		090	Baulogistik
		091	Stundenlohnarbeiten
		096	Bauarbeiten an Bahnübergängen
		097	Bauarbeiten an Gleisen und Weichen
		098	Witterungsschutzmaßnahmen

A Rohbau

Titel des Leistungsbereichs	LB-Nr.
Sicherheitseinrichtungen, Baustelleneinrichtungen	000
Gerüstarbeiten	001
Erdarbeiten	002
Spezialtiefbauarbeiten	006
Wasserhaltungsarbeiten	008
Entwässerungskanalarbeiten	009
Drän- und Versickerarbeiten	010
Mauerarbeiten	012
Betonarbeiten	013
Naturwerkstein-, Betonwerksteinarbeiten	014
Zimmer- und Holzbauarbeiten	016
Stahlbauarbeiten	017
Abdichtungsarbeiten	018
Dachdeckungsarbeiten	020
Dachabdichtungsarbeiten	021
Klempnerarbeiten	022

LB 000 Sicherheitseinrichtungen, Baustelleneinrichtungen

Kosten: Stand 1.Quartal 2021, Bundesdurchschnitt

Legend:
- ▶ min
- ▷ von
- ø Mittel
- ◁ bis
- ◀ max

Nr.	Positionen	Einheit	▶ min	▷ von	ø brutto € / ø netto €	◁ bis	◀ max
1	Baumschutz, Brettermantel, bis 30cm	St	39 / 33	54 / 45	**59** / **50**	65 / 54	94 / 79
2	Fußgängerschutz, Gehwege	m	43 / 36	52 / 43	**54** / **45**	60 / 51	71 / 60
3	Übergangs-/Fußgängerbrücke	St	56 / 47	98 / 82	**110** / **93**	155 / 130	210 / 176
4	Laufsteg - Zugang Gebäude	m	54 / 46	86 / 72	**90** / **76**	96 / 80	119 / 100
5	Bauzaun, Bretter 2,00m	m	12 / 10	17 / 15	**18** / **15**	22 / 18	29 / 24
6	Bauzaun, Stahlrohrrahmen 2,00m	m	5 / 4	10 / 8	**11** / **10**	14 / 12	23 / 19
7	Bauzaun umsetzen, Bretter	m	2 / 1	4 / 3	**5** / **4**	7 / 6	10 / 8
8	Bauzaun umsetzen, Stahlrohrrahmen	m	1 / 1	3 / 3	**4** / **3**	6 / 5	9 / 7
9	Bauzaun vorhalten	mWo	0,1 / 0,1	0,2 / 0,2	**0,2** / **0,2**	0,3 / 0,2	0,4 / 0,3
10	Bauzaunbeleuchtung, öffentlicher Raum	St	13 / 11	24 / 20	**29** / **24**	30 / 25	53 / 45
11	Absturzsicherung, Seitenschutz	m	9 / 8	16 / 14	**19** / **16**	24 / 20	34 / 29
12	Tor, Bauzaun, Breite 3,50m	St	81 / 68	103 / 86	**108** / **91**	117 / 98	146 / 122
13	Tor, Bauzaun, Breite 5,00m	St	69 / 58	131 / 110	**161** / **135**	173 / 146	205 / 173
14	Tür, Bauzaun, Breite 1,00m	St	72 / 60	90 / 76	**96** / **81**	110 / 92	134 / 112
15	Tür, Bauzaun, Breite 1,50m	St	65 / 55	98 / 82	**104** / **88**	128 / 107	173 / 145
16	Baustraße, Breite bis 2,50m	m²	7 / 6	15 / 13	**18** / **16**	24 / 20	36 / 30
17	Hilfsüberfahrt, Baustellenverkehr	m²	19 / 16	29 / 24	**33** / **28**	35 / 30	56 / 47
18	Hilfsüberfahrt, Stahlplatte	St	82 / 69	129 / 108	**161** / **135**	180 / 151	208 / 174
19	Kabelbrücke, Strom-/Wasserleitung	St	944 / 794	1.457 / 1.224	**1.865** / **1.568**	2.160 / 1.815	2.786 / 2.342
20	Verkehrseinrichtung, Verkehrszeichen	St	14 / 12	36 / 31	**46** / **39**	68 / 57	121 / 102
21	Verkehrssicherung, Baustelle	m	8 / 7	29 / 25	**37** / **31**	51 / 43	74 / 62
22	Verkehrsregelung, Lichtsignalanlage	psch	520 / 437	862 / 724	**963** / **809**	1.369 / 1.151	2.287 / 1.922
23	Grenzstein sichern	St	27 / 23	40 / 33	**40** / **34**	47 / 39	59 / 50
24	Lagerplatz einrichten und räumen	m²	6 / 5	13 / 11	**14** / **12**	19 / 16	24 / 20

© BKI Baukosteninformationszentrum; Erläuterungen zu den Tabellen siehe Seite 44
Mustertexte geprüft: Bauwirtschaft Baden-Württemberg e.V.

Kostenstand: 1.Quartal 2021, Bundesdurchschnitt

Sicherheitseinrichtungen, Baustelleneinrichtungen — Preise €

Nr.	Positionen	Einheit	▶	▷	ø brutto € / ø netto €	◁	◀
25	Bauwasseranschluss, 3 Zapfstellen	St	210 / 176	464 / 390	**582** / **489**	888 / 746	1.645 / 1.383
26	Bauwasseranschluss heranführen	m	2 / 1	18 / 15	**26** / **22**	46 / 38	74 / 62
27	Schmutzwasseranschluss herstellen	St	266 / 224	347 / 291	**386** / **325**	420 / 353	493 / 414
28	Baustromanschluss	St	206 / 173	540 / 453	**652** / **548**	1.011 / 850	2.088 / 1.755
29	Baustrom, Zuleitung	m	6 / 5	15 / 12	**18** / **15**	21 / 18	29 / 25
30	Baustromverteiler	St	149 / 125	327 / 275	**414** / **348**	558 / 469	955 / 803
31	Baustellenbeleuchtung, außen	psch	728 / 611	1.035 / 870	**1.171** / **984**	1.467 / 1.233	2.188 / 1.838
32	Baustellenbeleuchtung, innen	psch	1.220 / 1.025	2.501 / 2.101	**3.112** / **2.615**	4.975 / 4.181	7.286 / 6.123
33	Container, Bauleitung, 15m²	St	1.164 / 978	1.692 / 1.422	**1.831** / **1.538**	2.225 / 1.870	2.825 / 2.374
34	Container, Bauleitung, 37,5m²	St	1.478 / 1.242	2.246 / 1.887	**2.581** / **2.169**	3.005 / 2.526	3.850 / 3.235
35	WC-Kabine	St	24 / 20	60 / 51	**78** / **65**	96 / 81	143 / 120
36	Sanitärcontainer	St	570 / 479	1.203 / 1.011	**1.432** / **1.203**	1.787 / 1.502	2.522 / 2.119
37	Sanitärcontainer vorhalten	StWo	58 / 48	81 / 68	**86** / **72**	93 / 78	112 / 94
38	Kranaufstandsfläche herstellen	m²	8 / 6	12 / 10	**14** / **12**	17 / 14	22 / 18
39	Krannutzung	h	53 / 44	104 / 87	**132** / **111**	154 / 129	208 / 175
40	Autokran	h	107 / 90	157 / 132	**180** / **151**	187 / 157	265 / 223
41	Bauaufzug, 200kg, Material und Personen	St	489 / 411	764 / 642	**851** / **715**	1.047 / 880	1.468 / 1.234
42	Bauaufzug, 500kg, Material und Personen	St	968 / 813	1.487 / 1.249	**1.818** / **1.528**	1.968 / 1.654	2.648 / 2.225
43	Bauaufzug, 1.000kg, Material und Personen	St	1.757 / 1.477	2.568 / 2.158	**2.931** / **2.463**	3.327 / 2.796	4.499 / 3.780
44	Bauaufzug, 1.500kg Material	St	3.387 / 2.846	5.314 / 4.466	**7.909** / **6.646**	9.188 / 7.721	13.782 / 11.581
45	Bauaufzug, Gebrauchsüberlassung	Wo	– / –	339 / 285	**547** / **460**	741 / 623	– / –
46	Schutzabdeckung, Boden, Holzplatten	m²	9 / 7	18 / 15	**23** / **19**	39 / 33	60 / 50
47	Bautrocknung, Kondensationstrockner	St	127 / 107	193 / 162	**220** / **185**	261 / 220	382 / 321
48	Reinigen grobe Verschmutzung	m²	24 / 20	33 / 28	**37** / **31**	40 / 33	47 / 40

LB 000 Sicherheitseinrichtungen, Baustelleneinrichtungen

Sicherheitseinrichtungen, Baustelleneinrichtungen — Preise €

Kosten: Stand 1.Quartal 2021 Bundesdurchschnitt

▶ min
▷ von
ø Mittel
◁ bis
◀ max

Nr.	Positionen	Einheit	▶	▷	ø brutto € ø netto €	◁	◀
49	Bautreppe, zweiläufig	St	156 131	400 336	**519** **436**	682 573	1.132 952
50	Laufbrücke, Holz	m	54 46	79 66	**83** **69**	85 71	109 92
51	Schutzwand, Folienbespannung	m²	7 6	17 14	**19** **16**	24 20	34 28
52	Schutzwand, Holz beplankt	m²	14 12	40 33	**53** **44**	95 80	159 134
53	Bautür, Stahlblech	St	60 50	166 140	**214** **180**	300 252	512 430
54	Bautür, Holz	St	65 55	152 127	**184** **155**	259 218	411 345
55	Witterungsschutz, Fensteröffnung	m²	7 6	18 15	**21** **18**	31 26	47 39
56	Meterriss	St	4 4	17 14	**23** **19**	32 27	52 44
57	Höhenfestpunkt, Einschlagbolzen	St	14 12	36 30	**46** **39**	68 57	117 99
58	Deponiegebühr, gemischter Bauschutt	m³	24 20	46 39	**58** **49**	83 70	131 110
59	Bauschild, Grundplatte	St	918 771	1.839 1.545	**2.172** **1.826**	2.838 2.385	4.383 3.683
60	Bauschild, Firmenleiste	St	29 24	65 55	**84** **70**	120 101	193 163
61	Schuttabwurfschacht, ca. 60cm	m	11 9	39 32	**50** **42**	107 90	170 143
62	Schuttabwurfschacht, bis 8,00m	St	97 81	230 193	**265** **222**	284 239	561 471
63	Stundensatz, Facharbeiter/-in	h	39 33	55 47	**63** **53**	66 55	74 62
64	Stundensatz, Helfer/-in	h	35 29	48 40	**55** **46**	58 49	66 55

Nr.	Kurztext / Langtext				[Einheit]	Ausf.-Dauer	Kostengruppe Positionsnummer
	▶	▷	ø netto €	◁	◀		
1	**Baumschutz, Brettermantel, bis 30cm**						KG **211**
	Gefährdete Bäume über Gelände gegen mechanische Schäden schützen, während der gesamten Bauzeit. Stammdurchmesser: bis 30 cm Material: Brettermantel inkl. Polsterung Höhe: 2,00 m						
	33€ 45€ **50€** 54€ 79€				[St]	⏱ 0,90 h/St	000.000.078

© BKI Baukosteninformationszentrum; Erläuterungen zu den Tabellen siehe Seite 44
Mustertexte geprüft: Bauwirtschaft Baden-Württemberg e.V.
Kostenstand: 1.Quartal 2021, Bundesdurchschnitt

Nr.	Kurztext / Langtext							Kostengruppe
▶	▷	ø netto €	◁	◀	[Einheit]	Ausf.-Dauer	Positionsnummer

2 Fußgängerschutz, Gehwege KG **391**

Schutzdach zur Sicherung von Gehwegen, aus Holz-Konstruktion, mit trittsicherem Belag, 1-seitig offen und mit Brett auf Handlaufhöhe, einschl. wetterfester Abdeckung des Schutzdachs mit glasvliesarmierter Bitumenbahn, überlappend verlegt und auf Holzgrund genagelt.
Breite: 0,90 m
Höhe: mind. 2,10 m
Gebrauchsüberlassung: 4 Wochen

36€	43€	**45**€	51€	60€	[m]	⏱ 1,40 h/m	000.000.063

3 Übergangs-/Fußgängerbrücke KG **391**

Fußgängerhilfsbrücke für öffentlichen Verkehr herstellen, vorhalten und beseitigen. Hilfsbrücke mit Schutzgeländer, Schutzdach, Fundamenten und Widerlagern.
Neigung Rampen: max. .....°
Dauer: Bauzeit, gem. Anlage .....
Nutzlast: 5,0 kN/m²
Nutzbreite: 1,50 m
Länge: 2,50 m
Lichte Durchfahrtshöhe: 3,50 m
Ausführung gem. anliegender Zeichnung Nr. .....
Vorhaltedauer: ..... Wochen

47€	82€	**93**€	130€	176€	[St]	⏱ 1,00 h/St	000.000.075

4 Laufsteg - Zugang Gebäude KG **391**

Laufsteg für Baustellenzugang zum Gebäude herstellen, vorhalten und nach Abruf durch Bauüberwachung wieder beseitigen. Konstruktion unverrückbar gegründet, Ausführung gem. Vorschlag des AN und Freigabe durch die Bauüberwachung.
Laufsteg mit leichtem Gefälle: .....°
Oberfläche: rutschsicher profiliert
Spannweiten: ca. .... m
Schutzgeländer: beidseitig
Nutzlast: ..... kN/m²
Nutzbreite ..... m
Länge: ..... m
Vorhaltedauer: ..... Wochen

46€	72€	**76**€	80€	100€	[m]	⏱ 0,50 h/m	000.000.103

5 Bauzaun, Bretter 2,00m KG **391**

Bauzaun als Schutzzaun auf unbefestigten waagrechten Untergrund aufstellen, vorhalten und beseitigen, Ausführung als Umwehrung. Türen und Tore werden gesondert vergütet.
Bauart: Bretter
Zaunhöhe: 2,00 m
Vorhaltedauer: 4 Wochen

10€	15€	**15**€	18€	24€	[m]	⏱ 0,20 h/m	000.000.080

LB 000 Sicherheitseinrichtungen, Baustelleneinrichtungen

Kosten:
Stand 1.Quartal 2021
Bundesdurchschnitt

▶ min
▷ von
ø Mittel
◁ bis
◀ max

Nr.	Kurztext / Langtext							Kostengruppe
▶	▷	ø netto €	◁	◀		[Einheit]	Ausf.-Dauer	Positionsnummer

6 Bauzaun, Stahlrohrrahmen 2,00m KG **391**
Bauzaun als Schutzzaun auf unbefestigten waagrechten Untergrund aufstellen, vorhalten und beseitigen, Ausführung als Umwehrung. Türen und Tore werden gesondert vergütet.
Bauart: Stahlrohrrahmen, versetzbar
Zaunhöhe: 2,00 m
Vorhaltedauer: 4 Wochen

| 4€ | 8€ | **10€** | 12€ | 19€ | [m] | ⏱ 0,11 h/m | 000.000.081 |

7 Bauzaun umsetzen, Bretter KG **391**
Bauzaun umsetzen, Ausführung als Absperrung auf unbefestigtem waagrechtem Untergrund, inkl. Tore und Türen.
Zaunhöhe: 2,00 m
Bauart: Bretter
Tore/Türen: .....
Umsetzweg: bis ..... m

| 1€ | 3€ | **4€** | 6€ | 8€ | [m] | ⏱ 0,14 h/m | 000.000.099 |

8 Bauzaun umsetzen, Stahlrohrrahmen KG **391**
Bauzaun umsetzen, Ausführung als Absperrung auf unbefestigtem waagrechtem Untergrund, inkl. Tore und Türen.
Zaunhöhe: 2,00 m
Bauart: Stahlrohrrahmen
Tore/Türen: .....
Umsetzweg: bis ..... m

| 1€ | 3€ | **3€** | 5€ | 7€ | [m] | ⏱ 0,10 h/m | 000.000.082 |

9 Bauzaun vorhalten KG **391**
Bauzaun, als Schutzzaun mit **Stahlrohrrahmen / Brettern**, über die Grundvorhaltedauer hinaus vorhalten. Ausführung als Umwehrung, inkl. Tore und Türen.
Zaunhöhe: 2,00 m
Bauart: .....
Tore/Türen: .....
Abrechnung je weitere Woche

| 0,1€ | 0,2€ | **0,2€** | 0,2€ | 0,3€ | [mWo] | ⏱ 0,01 h/mWo | 000.000.112 |

10 Bauzaunbeleuchtung, öffentlicher Raum KG **391**
Sicherungsleuchten für Bauzaun, in öffentlichem Raum, montieren und nach Aufforderung komplett entfernen.
Ausführung: **versorgungsnetzabhängig / versorgungsnetzunabhängig**
Vorhaltedauer: ..... Wochen

| 11€ | 20€ | **24€** | 25€ | 45€ | [St] | ⏱ 0,12 h/St | 000.000.065 |

11 Absturzsicherung, Seitenschutz KG **391**
Behelfsmäßiger Seitenschutz entsprechend BGI 807, einschl. Vorhaltung und Rückbau, montiert an freiliegenden Treppenläufen und -podesten zur Absturzsicherung. Die Konstruktion ist so auszuführen, dass die im Bereich der Schutzeinrichtung tätigen Gewerke nicht behindert werden.
Vorhaltedauer: ..... Wochen

| 8€ | 14€ | **16€** | 20€ | 29€ | [m] | ⏱ 0,10 h/m | 000.000.107 |

Nr.	Kurztext / Langtext						Kostengruppe	
▶	▷	ø netto €	◁	◀	[Einheit]	Ausf.-Dauer	Positionsnummer	

A 1 — Tor, Bauzaun *Beschreibung für Pos. 12-13*
Behelfsmäßiges Tor im Bauzaun, abschließbar. Einbauen, Vorhalten und Beseitigen.
Ausführung: zum Bauzaun passend

12 Tor, Bauzaun, Breite 3,50m KG **391**
Wie Ausführungsbeschreibung A 1
Bodenabstand: 20 cm
Torhöhe: 2,00 m
Öffnungsbreite: 3,50 m
Vorhaltedauer: ..... Wochen
68 €   86 €   **91 €**   98 €   122 €   [St]   ⏱ 2,00 h/St   000.000.083

13 Tor, Bauzaun, Breite 5,00m KG **391**
Wie Ausführungsbeschreibung A 1
Bodenabstand: 20 cm
Torhöhe: 2,00 m
Öffnungsbreite: 5,00 m
Vorhaltedauer: ..... Wochen
58 €   110 €   **135 €**   146 €   173 €   [St]   ⏱ 2,00 h/St   000.000.084

A 2 — Tür, Bauzaun *Beschreibung für Pos. 14-15*
Behelfsmäßige Tür im Bauzaun, abschließbar. Einbauen, Vorhalten und Beseitigen.
Ausführung: zum Bauzaun passend

14 Tür, Bauzaun, Breite 1,00m KG **391**
Wie Ausführungsbeschreibung A 2
Bodenabstand: 20 cm
Türhöhe: 2,00 m
Öffnungsbreite: 1,00 m
Vorhaltedauer: ..... Wochen
60 €   76 €   **81 €**   92 €   112 €   [St]   ⏱ 1,00 h/St   000.000.100

15 Tür, Bauzaun, Breite 1,50m KG **391**
Wie Ausführungsbeschreibung A 2
Bodenabstand: 20 cm
Türhöhe: 2,00 m
Öffnungsbreite: 1,50 m
Vorhaltedauer: ..... Wochen
55 €   82 €   **88 €**   107 €   145 €   [St]   ⏱ 1,05 h/St   000.000.086

© BKI Baukosteninformationszentrum; Erläuterungen zu den Tabellen siehe Seite 44
Mustertexte geprüft: Bauwirtschaft Baden-Württemberg e.V.

Kostenstand: 1.Quartal 2021, Bundesdurchschnitt

LB 000 Sicherheitseinrichtungen, Baustelleneinrichtungen

Kosten:
Stand 1.Quartal 2021
Bundesdurchschnitt

▶ min
▷ von
ø Mittel
◁ bis
◀ max

Nr.	Kurztext / Langtext					[Einheit]	Ausf.-Dauer	Kostengruppe Positionsnummer
▶	▷	ø netto €	◁	◀				

16 Baustraße, Breite bis 2,50 m — KG 391

Verkehrsfläche, temporär, in Geländehöhe für nichtöffentlichen Baustellenverkehr herstellen und nach Aufforderung durch die Bauleitung wieder beseitigen.
Ausführung: hydraulisch gebunden, frostsicher
Bindemittel: nach Wahl des Auftragnehmers
Gesteinskörnung: aus RC-Baustoff
Verkehrslast: ..... kN/m²
Dicke: frostsichere Ausführung
Wegbreite: bis 2,50 m
Herstellung als: Baustraße

| 6€ | 13€ | **16€** | 20€ | 30€ | [m²] | ⏱ 0,18 h/m² | 000.000.003 |

17 Hilfsüberfahrt, Baustellenverkehr — KG 391

Überfahrt zur Baustelle für Baustellenverkehr mit niveaugleichem Schutz der Randsteinkante. Überfahrt herstellen, vorhalten und restlos entfernen.
Ausführung: über **Gehweg / Gräben**
Verkehrslast: ..... kN/m²
Randsteinkante: .....
Abmessungen: .....
Breite: ..... m
Gehwegbreite: ..... m
Vorhaltedauer: ..... Wochen

| 16€ | 24€ | **28€** | 30€ | 47€ | [m²] | ⏱ 0,20 h/m² | 000.000.066 |

18 Hilfsüberfahrt, Stahlplatte — KG 391

Überfahrt zur Baustelle über Aushubbereiche mit Stahlplatten für Baustellenverkehr. Überfahrt herstellen, vorhalten und restlos entfernen.
Ausführung: über Gräben
Verkehrslast: ..... kN/m²
Grabenbreite: 2,50 m
Spannweite: bis ..... m
Vorhaltedauer: ..... Wochen

| 69€ | 108€ | **135€** | 151€ | 174€ | [St] | ⏱ 0,20 h/St | 000.000.056 |

19 Kabelbrücke, Strom-/Wasserleitung — KG 391

Kabelbrücke über Straße herstellen, vorhalten und wieder entfernen, Brücke aus zwei Pfosten, unverrückbar und sturmsicher verankert, sowie Fachwerkträger zur Überspannung, Konstruktion mit weiß-rotem Band umwickelt, einschl. notwendiger Beschilderung.
Nutzbreite: 0,50 m
Straßenbreite: .....
Durchfahrtshöhe: mind. 4,20 m
Vorhaltedauer: ..... Wochen
Einbauort: öffentliche Straße
Querung für: **Stromleitung / Wasserleitung**

| 794€ | 1.224€ | **1.568€** | 1.815€ | 2.342€ | [St] | ⏱ 10,00 h/St | 000.000.033 |

Nr.	Kurztext / Langtext							Kostengruppe
▶	▷	ø netto €	◁	◀		[Einheit]	Ausf.-Dauer	Positionsnummer

20 Verkehrseinrichtung, Verkehrszeichen — KG **391**

Verkehrseinrichtung mit Verkehrsschildern herstellen, vorhalten, betreiben (evtl. umsetzen) und wieder demontieren, Markierungen rot-weiß und reflektierend, gem. Verkehrszeichenplan oder nach Absprache mit Tiefbauamt, sämtliche Schilder verkehrssicher fixiert.
Eignung: **Straßenverkehr / Fußgängerverkehr**
Anzahl der Schilder: .....
weitere Anforderungen: .....
Vorhaltedauer: ..... Wochen

| 12€ | 31€ | **39€** | 57€ | 102€ | | [St] | ⏱ 0,22 h/St | 000.000.022 |

21 Verkehrssicherung, Baustelle — KG **391**

Gesamte Baustelle und Baustellenteile, lt. Baustelleneinrichtungsplan, gem. Vorschriften der Straßenverkehrsordnung kennzeichnen und sichern, über die gesamte Bauzeit Tag und Nacht vorhalten und nach Fertigstellung restlos entfernen, Leistung einschl. Absprache mit den Trägern der öffentlichen Interessen, Sicherstellung der Funktionstüchtigkeit der Verkehrssicherung auch bei Nacht. Für die Ausführung werden vom AG Übersichtszeichnungen zur Verfügung gestellt. Abrechnungseinheit ist die angrenzende Länge zum öffentlichen Raum.
Vorhaltedauer/Bauzeit: ..... Wochen

| 7€ | 25€ | **31€** | 43€ | 62€ | | [m] | ⏱ 0,20 h/m | 000.000.037 |

22 Verkehrsregelung, Lichtsignalanlage — KG **391**

Verkehrsregelung gem. STVO mit funkgesteuerter, automatischer Signallichtanlage, einschl. aller für den Betrieb notwendigen Komponenten, der Vorhalte- und Betriebskosten, sowie dem Versetzen der Anlage.
Anzahl funkgesteuerter Signallichtanlagen im 24/7-Betrieb: 2
Abstand der Anlagen: ..... m
Stromversorgung: netzunabhängig - Batterie
Vorhaltedauer: ..... Wochen

| 437€ | 724€ | **809€** | 1.151€ | 1.922€ | | [psch] | ⏱ 2,20 h/psch | 000.000.032 |

23 Grenzstein sichern — KG **391**

Grenzstein sichern, über gesamte Bauzeit.
Art/Größe des Grenzsteins: .....

| 23€ | 33€ | **34€** | 39€ | 50€ | | [St] | ⏱ 1,00 h/St | 000.000.076 |

24 Lagerplatz einrichten und räumen — KG **391**

Lagerplatz auf dem Baugrundstück einrichten und räumen. Lage siehe anliegenden Baustelleneinrichtungsplan.
Nutzung geeignet für: Sortierung und Lagerung von Baustellenabfällen.

| 5€ | 11€ | **12€** | 16€ | 20€ | | [m²] | ⏱ 0,08 h/m² | 000.000.101 |

25 Bauwasseranschluss, 3 Zapfstellen — KG **391**

Bauwasseranschluss herstellen und für die gesamte Bauzeit vorhalten, für die Verwendung von Dritten, inkl. Beantragung beim zuständigen Versorgungsunternehmen. Abbau auf Anweisung durch die Bauleitung. Die Abrechnung an die beteiligten Firmen erfolgt über Zwischenzähler.
Zapfstellen: 3 St
Vorhaltedauer: ..... Wochen

| 176€ | 390€ | **489€** | 746€ | 1.383€ | | [St] | ⏱ 12,50 h/St | 000.000.007 |

LB 000 Sicherheitseinrichtungen, Baustelleneinrichtungen

Kosten:
Stand 1.Quartal 2021
Bundesdurchschnitt

Nr.	Kurztext / Langtext						Kostengruppe
▶	▷	ø netto €	◁	◀	[Einheit]	Ausf.-Dauer	Positionsnummer

26 Bauwasseranschluss heranführen — KG **391**

Provisorische Anschlussleitung für Bauwasser, vom öffentlichen Anschlusspunkt lt. Baustelleneinrichtungsplan bis zum bauseitigen Bauwasserverteiler heranführen, inkl. notwendiger Erdarbeiten und Abdeckung der Leitung im öffentlichen Bereich. Leistung bestehend aus Herstellung der Leitung, Vorhalten und Beseitigung, Vergütung einer evtl. erforderlichen Begleitheizung nach gesonderter Position.
Öffentlicher Bereich: .....
Leitungsgröße: DN32
Boden: Homogenbereich 1, mit einer Bodengruppe, Bodengruppe: ..... DIN 18196
– Steinanteil: bis ..... % Massenanteil DIN EN ISO 14688-1
– Konsistenz DIN EN ISO 14688-1: .....
– Lagerungsdichte: .....
Vorhaltedauer: ..... Wochen

| 1€ | 15€ | **22**€ | 38€ | 62€ | [m] | ⏱ 0,14 h/m | 000.000.046 |

27 Schmutzwasseranschluss herstellen — KG **391**

Schmutzwasseranschluss an Kanal herstellen und für die gesamte Bauzeit vorhalten, inkl. Beantragung beim zuständigen Versorgungsunternehmen, Abbau/Rückbau auf Anweisung durch die Bauleitung.
Nenngröße: **DN100 / DN150**
Material: .....
Tiefenlage: .....
Vorhaltedauer: ..... Wochen

| 224€ | 291€ | **325**€ | 353€ | 414€ | [St] | ⏱ 2,20 h/St | 000.000.067 |

28 Baustromanschluss — KG **391**

Baustrom-Hauptanschluss herstellen, vor- und unterhalten, Anfangszählerstand mit der Bauleitung feststellen und schriftlich protokollieren, vor Abbau den Zähler-Endstand wie vor beschrieben festhalten.
Ausstattung: Zwischenzähler, Schuko- und Drehstromsteckdosen in ausreichender Anzahl, FI-Schutzschalter und Sicherungen
Zuleitung: bis 50 m
Vorhaltedauer: ..... Wochen

| 173€ | 453€ | **548**€ | 850€ | 1.755€ | [St] | ⏱ 15,00 h/St | 000.000.004 |

29 Baustrom, Zuleitung — KG **391**

Zuleitung zum Baustrom-Hauptanschluss, mit gummigeschützter Anschlussleitung, herstellen, vor- und unterhalten, auf Anordnung der Bauleitung abbauen.
Leistung: .... A (Ampere)
Zuleitung: bis 50 m
Vorhaltedauer: ..... Wochen

| 5€ | 12€ | **15**€ | 18€ | 25€ | [m] | ⏱ 0,10 h/m | 000.000.068 |

30 Baustromverteiler — KG **391**

Baustromverteiler für Baubetrieb, Bedienung durch Fremdhandwerker, liefern, aufstellen und über die gesamte Bauzeit vorhalten.
Ausstattung: .....
Vorhaltedauer: ..... Wochen

| 125€ | 275€ | **348**€ | 469€ | 803€ | [St] | ⏱ 7,00 h/St | 000.000.005 |

▶ min
▷ von
ø Mittel
◁ bis
◀ max

Nr.	**Kurztext** / Langtext						Kostengruppe
▶	▷	**ø netto €**	◁	◀	[Einheit]	Ausf.-Dauer	Positionsnummer

31   Baustellenbeleuchtung, außen   KG **391**

Baustellenbeleuchtung im Außenbereich herstellen, vorhalten und betreiben, sowie wieder demontieren, inkl. aller Kabel, Schalter und dem Anschluss an den Baustromverstärker, witterungsgeschützte Montage.
Beleuchtung von: Wege, Straßen, Lagerplätze
Anzahl der Leuchten: .....
Beleuchtungsstärke: mind. 20 lx
Stromzwischenzähler: ja
Vorhaltedauer: ..... Wochen

| 611€ | 870€ | **984**€ | 1.233€ | 1.838€ | [psch] | ⏱ 20,00 h/psch | 000.000.089 |

32   Baustellenbeleuchtung, innen   KG **391**

Baustellenbeleuchtung im Gebäude herstellen, vorhalten und betreiben, sowie wieder demontieren, inkl. aller Kabel, Schalter und dem Anschluss an den Baustromverstärker, witterungsgeschützte Montage.
Beleuchtung: Hauptverkehrswege innen
Beleuchtungsstärke: gem. Vorgaben der BG Bau und der Arbeitsstättenrichtlinie mind. 20 lx
Anzahl der Leuchten: .....
Stromzwischenzähler: ja
Montage an: Wänden, Decken
Vorhaltedauer: ..... Wochen

| 1.025€ | 2.101€ | **2.615**€ | 4.181€ | 6.123€ | [psch] | ⏱ 20,00 h/psch | 000.000.090 |

A 3   Container Bauleitung   Beschreibung für Pos. **33-34**

Bauleitungscontainer aufstellen, betreiben, vorhalten und abfahren.
Ausführung:
Bauleitungscontainer, beheizbar, wärmegedämmt, mit Innenausstattung, als komplett funktionierendes Büro, Container dient als Arbeits- und Besprechungsraum.
Ausstattung:
 – Telefon- und Faxanschluss, sowie DSL-Internetanschluss (mind. ..... MBit/s)
 – .... St Steckdosen und Büro-Beleuchtung
 – Schreibtisch mit abschließbarer Schublade
 – Besprechungstisch mit mind. ..... Stühlen
 – abschließbarer Aktenschrank
 – Pinnwand, mind. 2,0 m²
 – Mülleimer
 – Stiefelknecht und Garderobe
Nutzung / Reinigung:
 – Reinigung wird gesondert vergütet
 – Aufgrund üblicher Abnutzung nicht funktionstüchtige Einrichtungsgegenstände müssen innerhalb eines Tages repariert bzw. gegen funktionstüchtige Geräte ausgetauscht werden.
 – Abrechnung der Telefon- und Telefaxgebühren erfolgt mit dem AG auf Nachweis
 – Internet- und Telefonanschlussgebühr, sowie Stromkosten sind in den EP einzukalkulieren
 – abschließbar, 3 gleichschließende Schlüssel
Aufstellort: gem. Baustelleneinrichtungsplan bzw. Absprache mit Bauüberwachung
Vorhaltedauer: ..... Wochen

LB 000 Sicherheitseinrichtungen, Baustelleneinrichtungen

Kosten:
Stand 1.Quartal 2021
Bundesdurchschnitt

▶ min
▷ von
ø Mittel
◁ bis
◀ max

Nr.	Kurztext / Langtext					[Einheit]	Ausf.-Dauer	Kostengruppe Positionsnummer
▶	▷	ø netto €	◁	◀				

33 Container, Bauleitung, 15m² — KG 391
Wie Ausführungsbeschreibung A 3
Containergröße: ca.15 m²
Ausstattung:
WC-Kabine: ohne

| 978€ | 1.422€ | **1.538€** | 1.870€ | 2.374€ | [St] | ⏱ 20,00 h/St | 000.000.091 |

34 Container, Bauleitung, 37,5m² — KG 391
Wie Ausführungsbeschreibung A 3
Containergröße: über 15 m² bis 37,5 m² (aus 2 Container zusammengesetzt)
Ausstattung:
WC-Kabine: 1 Stück

| 1.242€ | 1.887€ | **2.169€** | 2.526€ | 3.235€ | [St] | ⏱ 20,00 h/St | 000.000.092 |

35 WC-Kabine — KG 391
WC-Kabine aufstellen und nach Abruf wieder entfernen. Toiletteneinheit für alle Gewerke mit je 1 WC-Sitz, inkl. aller Verbrauchsmaterialien etc.
Vorhaltedauer: ca. ..... Wochen
Reinigung wird gesondert vergütet.

| 20€ | 51€ | **65€** | 81€ | 120€ | [St] | ⏱ 2,00 h/St | 000.000.006 |

36 Sanitärcontainer — KG 391
Sanitärcontainer aufstellen, vorhalten und abfahren, beheizbar und wärmegedämmt, geeignet für die Nutzung der am Bau beteiligten Fremdfirmen, inkl. Reinigung, Dokumentation der Reinigung und 9 gleichschließender Schlüssel, übergeben an die Bauüberwachung; Verbrauchsmaterialien, Strom- und Heizkosten sind in den EP einzukalkulieren.
Ausstattung:
- Toilettenraum, Waschplatz und Vorraum
- 2 WC-Kabinen, 2 Waschrinnen mit je 3 Waschplätzen
- Garderobe
- Beleuchtung, Strom- und Wasseranschluss
- Abwasseranschluss an bauseitig zur Verfügung gestellte Abwasserleitung
- Warmwasserbereiter für mind. 150 l
- Heizung
- Mülleimer

Reinigung: wird gesondert vergütet
Vorhaltedauer: ..... Wochen
Aufstellort: siehe Baustelleneinrichtungsplan bzw. nach Absprache mit der Bauüberwachung
Anmerkung: Aufgrund üblicher Abnutzung nicht mehr funktionstüchtige Einrichtungsgegenstände müssen innerhalb eines Tages repariert bzw. gegen funktionstüchtige Geräte ausgetauscht werden.

| 479€ | 1.011€ | **1.203€** | 1.502€ | 2.119€ | [St] | ⏱ 20,00 h/St | 000.000.044 |

Nr.	Kurztext / Langtext						Kostengruppe	
▶	▷	ø netto €	◁	◀		[Einheit]	Ausf.-Dauer	Positionsnummer

37 Sanitärcontainer vorhalten — KG 391
Vor beschriebenen Sanitärcontainer wöchentlich vorhalten, komplett reinigen, Verbrauchsmaterialien auffüllen und Betriebsfähigkeit überprüfen, sowie ggf. Mängel beseitigen nach Abstimmung mit der Bauüberwachung des Architekten.
Einheitspreis für Vorhaltedauer von 1 Woche
Anzahl der Sanitäreinheiten: .....

| 48€ | 68€ | **72€** | 78€ | 94€ | [StWo] | ⏱ 1,50 h/StWo | 000.000.102 |

38 Kranaufstandsfläche herstellen — KG 391
Kranaufstandsfläche inkl. Kranfundamente, geeignet für Baustellenkran, inkl. Erdarbeiten. Nach dem Kranabbau sind die Flächen und Fundamente zurückzubauen und zu entsorgen.
Max. Tragfähigkeit Kran: .....
Ausladung: .....
Boden / Homogenbereich: .....
Gelände: eben, ohne Gefälle

| 6€ | 10€ | **12€** | 14€ | 18€ | [m²] | ⏱ 0,20 h/m² | 000.000.069 |

39 Krannutzung — KG 391
Baukran mit Bedienung, als Leistung für Dritte, Leistung auf Anweisung der Bauüberwachung.

| 44€ | 87€ | **111€** | 129€ | 175€ | [h] | ⏱ 1,00 h/h | 000.000.041 |

40 Autokran — KG 391
Autokran bereitstellen, betreiben und abbauen. Abrechnung nach festgestellten Betriebsstunden. Leistung inkl. An- und Abfahrt, sowie Betriebspersonal.
Hakenhöhe / Hubhöhe: .....
Max. Traglast: 50-70 t
Max. Ausladung: .....

| 90€ | 132€ | **151€** | 157€ | 223€ | [h] | ⏱ 1,00 h/h | 000.000.045 |

41 Bauaufzug, 200kg, Material und Personen — KG 391
Baustellenaufzug für Personen und Material, liefern, aufstellen und wieder räumen.
Förderhöhe: 15,00 m
Nutzlast: bis 200 kg
Befestigung: .....
Haltestellen: ..... St
Fahrkorbfläche: 2,00 m²
Vorhaltedauer: ..... Wochen

| 411€ | 642€ | **715€** | 880€ | 1.234€ | [St] | ⏱ 12,00 h/St | 000.000.093 |

42 Bauaufzug, 500kg, Material und Personen — KG 391
Baustellenaufzug für Material, liefern, aufstellen und wieder räumen.
Förderhöhe: 15,00 m
Nutzlast: bis 500 kg
Befestigung: .....
Haltestellen: ..... St
Fahrkorbfläche: 2,00 m²
Vorhaltedauer: ..... Wochen

| 813€ | 1.249€ | **1.528€** | 1.654€ | 2.225€ | [St] | ⏱ 13,00 h/St | 000.000.094 |

© **BKI** Baukosteninformationszentrum; Erläuterungen zu den Tabellen siehe Seite 44
Mustertexte geprüft: Bauwirtschaft Baden-Württemberg e.V.

LB 000 Sicherheitseinrichtungen, Baustelleneinrichtungen

Kosten:
Stand 1.Quartal 2021
Bundesdurchschnitt

Nr.	Kurztext / Langtext					[Einheit]	Ausf.-Dauer	Kostengruppe Positionsnummer
▶	▷	ø netto €	◁	◀				

43 — Bauaufzug, 1.000kg, Material und Personen — KG 391

Baustellenaufzug für Personen und Material, liefern, aufstellen und wieder räumen.
Förderhöhe: 15,00 m
Nutzlast: bis 1.000 kg
Befestigung: .....
Haltestellen: ..... St
Fahrkorbfläche: ..... m²
Vorhaltedauer: ..... Wochen

| 1.477€ | 2.158€ | **2.463€** | 2.796€ | 3.780€ | [St] | 14,00 h/St | 000.000.027 |

44 — Bauaufzug, 1.500kg Material — KG 391

Baustellenaufzug für Material, liefern, aufstellen und wieder räumen.
Förderhöhe: 15,00 m
Nutzlast: bis 1.500 kg
Befestigung: .....
Haltestellen: ..... St
Fahrkorbfläche: 2,00 m²
Vorhaltedauer: ..... Wochen

| 2.846€ | 4.466€ | **6.646€** | 7.721€ | 11.581€ | [St] | 15,00 h/St | 000.000.095 |

45 — Bauaufzug, Gebrauchsüberlassung — KG 391

Baustellenaufzug betreiben und bedienen, nach besonderer Anordnung des AG, an Werktagen, in der Zeit von 5 bis 20 Uhr.
Gebrauchsüberlassung: 1 Woche

| –€ | 285€ | **460€** | 623€ | –€ | [Wo] | – | 000.000.028 |

46 — Schutzabdeckung, Boden, Holzplatten — KG 397

Böden vollflächig mit Holzplatten, mehrlagig, nicht verrutschend abdecken und nach Aufforderung durch die Bauleitung wieder entfernen.
Unterseitige Lage: nicht kondenswasserbildend
Oberseitige Lage: Holzplatten mit Nut-Feder-Verbindung
Vorhaltedauer: ..... Wochen

| 7€ | 15€ | **19€** | 33€ | 50€ | [m²] | 0,16 h/m² | 000.000.009 |

▶ min
▷ von
ø Mittel
◁ bis
◀ max

Nr.	Kurztext / Langtext					Kostengruppe		
▶	▷	ø netto €	◁	◀	[Einheit]	Ausf.-Dauer	Positionsnummer	

47 Bautrocknung, Kondensationstrockner — KG **397**

Bautrockengerät mit mobilem Kondensationstrockner und eingebauter Heizung aufstellen, betreiben und wieder entfernen. Leistung einschl. aller Komponenten für die Funktionstüchtigkeit der Anlage; Betriebsenergie nach gesonderter Abrechnung.
Anlage bestehend aus:
– integriertem Auffangbehälter, überlaufgesichert, vollautomatisch
– Bedien- und Kontrollfeld mit Betriebsstundenzähler auf der Oberseite
– vorbereitet für Anschluss von zwei Schläuchen (max. 5 m)
– zuschaltbare elektrische Heizung (1 kW)
Betriebsart: **elektrisch / Brennstoff**
Entfeuchtungsleistung bei +15°C / 60% rF: 10 Liter/Tag
Kondensatbehälter Größe: 15,0 Liter
Arbeitsbereich: von +3°C bis +30°C / von 40% rF bis 100% rF
Heizleistung: 1.000 W
Schalldruckpegel in 1m Abstand: 60 dB(A)
IP-Schutzart: X4 (für elektrischen Betrieb)
Gebrauchsüberlassung: ..... Tage
Angeb. Produkt: .....

| 107 € | 162 € | **185 €** | 220 € | 321 € | [St] | ⏱ 0,60 h/St | 000.000.038 |

48 Reinigen grobe Verschmutzung — KG **391**

Reinigen der Baustelle von grober Verschmutzung, Abfällen und Rückständen, die nicht durch den AN zu verantworten sind. Abrechnung nach Aufwand.
Bauteil: Stahlbeton-Böden

| 20 € | 28 € | **31 €** | 33 € | 40 € | [m²] | ⏱ 1,00 h/m² | 000.000.105 |

49 Bautreppe, zweiläufig — KG **391**

Bautreppe DGUV Regel 101-002 herstellen, vorhalten und wieder demontieren, zweiläufig, über mehrere Geschosse, mit Podesten.
Konstruktion: .....
Nutzung: **für den Bauverkehr / für öffentliche Nutzung**
Geschosshöhe: bis 3,00 m
Treppenbreite: mind. 0,90 m
Steigungen: .....
Geländer: zweiseitig an Treppe und dreiseitig an Podesten
Vorhaltedauer: ..... Wochen

| 131 € | 336 € | **436 €** | 573 € | 952 € | [St] | ⏱ 6,20 h/St | 000.000.023 |

© **BKI** Baukosteninformationszentrum; Erläuterungen zu den Tabellen siehe Seite 44
Mustertexte geprüft: Bauwirtschaft Baden-Württemberg e.V.
Kostenstand: 1. Quartal 2021, Bundesdurchschnitt

LB 000 Sicherheitseinrichtungen, Baustelleneinrichtungen

Kosten:
Stand 1.Quartal 2021
Bundesdurchschnitt

▶ min
▷ von
ø Mittel
◁ bis
◀ max

Nr.	Kurztext / Langtext					Kostengruppe		
▶	▷	ø netto €	◁	◀	[Einheit]	Ausf.-Dauer	Positionsnummer

50 Laufbrücke, Holz — KG 391

Laufbrücke herstellen, vorhalten und wieder demontieren.
Konstruktion aus: Holz
Nutzung: **für den Bauverkehr / für öffentliche Nutzung**
Nutzlast: ..... kN/m²
Einbau: **eben / geneigt mit Trittleisten**
Differenzhöhe: ..... m
Spannweite: ..... m
Abmessung (B x L): mind. ..... m x ..... m
Handläufe und Seitenschutz: zweiseitig
Absturzhöhe: .....
Vorhaltedauer: ..... Wochen

| 46 € | 66 € | **69 €** | 71 € | 92 € | [m] | ⏱ 0,75 h/m | 000.000.108 |

51 Schutzwand, Folienbespannung — KG 397

Staubschutzwand als Folienschutzwand im Gebäude, einschl. Vorhalten und wieder Beseitigen, diverse Raumhöhen, bestehend aus Trag- und Unterkonstruktion aus Holz, Bespannung mit verstärkter Gitterfolie, Anschlüsse an umfassende Massivbauteile zusätzlich abgeklebt.
Geschosshöhe: ..... (max. 3,50 m)
Einzelgröße: mind. 5 m²
Foliendicke: mind. 0,5 mm
Vorhaltedauer: ..... Wochen

| 6 € | 14 € | **16 €** | 20 € | 28 € | [m²] | ⏱ 0,30 h/m² | 000.000.010 |

52 Schutzwand, Holz beplankt — KG 391

Bauschutzwand im Gebäude, als Einbruch-, Staub- und Sichtschutz, einschl. Vorhalten und wieder Beseitigen, für diverse Raumhöhen, bestehend aus beidseitig mit Holzwerkstoffplatten beplankter Holzkonstruktion, Anschlüsse an umfassende Bauteile zusätzlich abgeklebt.
Geschosshöhe: ..... (max. 3,00 m)
Plattendicke: mind. 15 mm
Vorhaltedauer: ..... Wochen

| 12 € | 33 € | **44 €** | 80 € | 134 € | [m²] | ⏱ 0,80 h/m² | 000.000.011 |

53 Bautür, Stahlblech — KG 391

Bautür an bauseitigen Öffnungen, montieren und wieder demontieren, bestehend aus Stahlblechkonstruktion, abschließbar mit Schloss und Drückergarnitur und vorgerüstet für bauseitige Profilzylinder.
Abmessung: 1,26 x 2,26 m
Vorhaltedauer: ..... Wochen

| 50 € | 140 € | **180 €** | 252 € | 430 € | [St] | ⏱ 0,50 h/St | 000.000.025 |

54 Bautür, Holz — KG 391

Bautür an bauseitigen Öffnungen, montieren und wieder demontieren, bestehend aus Holz, abschließbar mit Schloss und Drückergarnitur und vorgerüstet für bauseitige Profilzylinder.
Abmessung: 1,00 x 2,00 m
Vorhaltedauer: ..... Wochen

| 55 € | 127 € | **155 €** | 218 € | 345 € | [St] | ⏱ 0,45 h/St | 000.000.096 |

Nr.	Kurztext / Langtext						Kostengruppe	
▶	▷	ø netto €	◁	◀	[Einheit]	Ausf.-Dauer	Positionsnummer	

55 Witterungsschutz, Fensteröffnung — KG **397**

Öffnungen in Fassade behelfsmäßig schließen, als Witterungsschutz, mittels Holzunterkonstruktion mit PE-Folienbespannung. Die Konstruktion ist auf Anweisung der Bauleitung kurz vor Einbau der Fassaden- / Fensterelemente wieder zu demontieren und zu entsorgen.
Foliendicke: 0,5 mm
Vorhaltedauer: ..... Wochen

| 6€ | 15€ | **18€** | 26€ | 39€ | [m²] | ⏱ 0,35 h/m² | 000.000.012 |

56 Meterriss — KG **391**

Meterriss, für die Leistungen Dritter, innerhalb der Baustelle unverschiebbar herstellen. Lage und Festlegung gemeinsam mit Bauüberwachung des Architekten vor Baubeginn.

| 4€ | 14€ | **19€** | 27€ | 44€ | [St] | ⏱ 0,22 h/St | 000.000.026 |

57 Höhenfestpunkt, Einschlagbolzen — KG **391**

Höhenfestpunkt mittels Einschlagbolzen außerhalb der Baustelle unverrückbar herstellen. Lage und Festlegung gemeinsam mit Bauüberwachung des Architekten vor Baubeginn.

| 12€ | 30€ | **39€** | 57€ | 99€ | [St] | ⏱ 1,20 h/St | 000.000.034 |

58 Deponiegebühr, gemischter Bauschutt — KG **391**

Deponiegebühren für Entsorgung durch AN, Abrechnung nach Wiegekarte. Entsorgung des Materials auf einer Deponie nach Wahl des Auftragnehmers.
Bau- und Abbruchabfälle aus: AVV .....
Material nicht schadstoffbelastet, Zuordnung Z 0 (uneingeschränkte Deponierung).

| 20€ | 39€ | **49€** | 70€ | 110€ | [m³] | – | 000.000.071 |

59 Bauschild, Grundplatte — KG **391**

Bauschild, vom Auftraggeber bereitgestellt, aufstellen, vorhalten und wieder abbauen.
Unterkonstruktion bestehend aus:
– stabilem Fundament aus Stahlbeton, inkl. notwendiger Erdarbeiten.
– Unterkonstruktion geeignet für Bauschild aus Mehrschichtplatte, (B x H): 5,00 x 2,50 m
– Montage: ca. 2,00 m über OK Gelände, sturmsicher befestigt
Vorhaltedauer: ..... Wochen

| 771€ | 1.545€ | **1.826€** | 2.385€ | 3.683€ | [St] | ⏱ 15,00 h/St | 000.000.018 |

60 Bauschild, Firmenleiste — KG **391**

Firmenschild für Ausbaugewerke, vom AG bereitgestellt, montieren und demontieren.
Einzelgröße: ca. 2,50 x 0,15 m

| 24€ | 55€ | **70€** | 101€ | 163€ | [St] | ⏱ 0,40 h/St | 000.000.019 |

61 Schuttabwurfschacht, ca. 60cm — KG **391**

Schuttrutsche, staubdicht über Schuttcontainer montieren und wieder demontieren. Abrechnung je Höhenmeter erstellter Schuttrohr-Anlage.
Durchmesser: 60 cm
Höhe: über 8 m bis 12 m
Einbauort: außerhalb des Gebäudes
Grundvorhaltedauer: ..... Wochen

| 9€ | 32€ | **42€** | 90€ | 143€ | [m] | ⏱ 0,40 h/m | 000.000.020 |

LB 000 Sicherheitseinrichtungen, Baustelleneinrichtungen

Kosten:
Stand 1.Quartal 2021
Bundesdurchschnitt

Nr.	Kurztext / Langtext				[Einheit]	Ausf.-Dauer	Kostengruppe Positionsnummer
	▶ ▷ ø netto € ◁ ◀						
62	**Schuttabwurfschacht, bis 8,00m**						KG **391**
	Schuttrutsche, staubdicht über Schuttcontainer montieren und wieder demontieren. Abrechnung je Stück Schuttrohr-Anlage. Durchmesser: 60 cm Einbauort: außerhalb des Gebäudes Höhe: 4,00 bis 8,00 m Grundvorhaltedauer: ..... Wochen						
	81€ 193€ **222**€ 239€ 471€				[St]	⏱ 4,00 h/St	000.000.021
63	**Stundensatz, Facharbeiter/-in**						
	Stundenlohnarbeiten für Facharbeiterin, Facharbeiter, Spezialfacharbeiterin, Spezialfacharbeiter, Vorarbeiterin, Vorarbeiter und jeweils Gleichgestellte. Der Verrechnungssatz für die jeweilige Arbeitskraft umfasst sämtliche Aufwendungen wie Lohn- und Gehaltskosten, lohn- und gehaltsgebundene Kosten, Lohn- und Gehaltsnebenkosten, Gemeinkosten, Wagnis und Gewinn.Leistung nach besonderer Anordnung der Bauüberwachung. Nachweis und Anmeldung gem. VOB/B.						
	33€ 47€ **53**€ 55€ 62€				[h]	⏱ 1,00 h/h	000.000.072
64	**Stundensatz, Helfer/-in**						
	Stundenlohnarbeiten für Werkerin, Werker, Fachwerkerin, Fachwerker und jeweils Gleichgestellte. Der Verrechnungssatz für die jeweilige Arbeitskraft umfasst sämtliche Aufwendungen wie Lohn- und Gehaltskosten, lohn- und gehaltsgebundene Kosten, Lohn- und Gehaltsnebenkosten, Gemeinkosten, Wagnis und Gewinn. Leistung nach besonderer Anordnung der Bauüberwachung. Nachweis und Anmeldung gem. VOB/B.						
	29€ 40€ **46**€ 49€ 55€				[h]	⏱ 1,00 h/h	000.000.073

▶ min
▷ von
ø Mittel
◁ bis
◀ max

000
001
002
006
008
009
010
012
013
014
016
017
018
020
021
022

LB 001 Gerüstarbeiten

Gerüstarbeiten — Preise €

Kosten: Stand 1.Quartal 2021, Bundesdurchschnitt

▶ min
▷ von
ø Mittel
◁ bis
◀ max

Nr.	Positionen	Einheit	▶	▷ ø brutto € / ø netto €	ø	◁	◀
1	Fassadengerüst, LK 3, SW06	m²	5,8 / 4,9	7,3 / 6,1	**7,9** / **6,7**	9,2 / 7,7	14 / 12
2	Fassadengerüst, LK 4, SW09	m²	6,8 / 5,7	9,7 / 8,2	**11** / **9,1**	13 / 11	17 / 14
3	Fassadengerüst, LK 5, SW09	m²	7,9 / 6,6	11 / 9,6	**13** / **11**	14 / 12	16 / 14
4	Fassadengerüst, Gebrauchsüberlassung	m²Wo	0,1 / 0,1	0,2 / 0,2	**0,2** / **0,2**	0,3 / 0,3	0,4 / 0,4
5	Fassadengerüst umsetzen	m²	4 / 3	5 / 5	**6** / **5**	7 / 6	11 / 9
6	Fassadengerüst, Auf-/Abbau, abschnittsweise	m²	0,9 / 0,7	0,7 / 0,6	**0,9** / **0,8**	1,2 / 1,0	1,8 / 1,5
7	Abstützung, freistehendes Gerüst	m²	1,0 / 0,8	2,7 / 2,3	**3,7** / **3,1**	6,1 / 5,1	8,8 / 7,4
8	Standfläche herstellen, Hilfsgründung	m	0,5 / 0,4	2,8 / 2,4	**3,3** / **2,8**	6,6 / 5,6	11 / 9,4
9	Schutzlage, Dachabdichtung	m²	5 / 4	8 / 7	**9** / **7**	12 / 10	19 / 16
10	Standgerüst, innen LK 3	m²	6 / 5	8 / 7	**9** / **8**	12 / 10	19 / 16
11	Raumgerüst, LK 3	m³	4 / 3	6 / 5	**8** / **6**	10 / 9	16 / 14
12	Raumgerüst, Gebrauchsüberlassung	m³Wo	0,1 / 0,1	0,2 / 0,1	**0,2** / **0,2**	0,3 / 0,3	0,5 / 0,4
13	Fahrgerüst, LK 3	St	174 / 146	324 / 272	**359** / **302**	429 / 360	616 / 518
14	Gerüstverbreiterung, bis 30cm	m	3,1 / 2,6	5,7 / 4,8	**6,8** / **5,7**	8,9 / 7,5	16 / 14
15	Gerüstverbreiterung, bis 70cm	m	5,4 / 4,5	9,0 / 7,5	**11** / **9,0**	14 / 12	21 / 18
16	Gerüstverbreiterung, Gebrauchsüberlassung	mWo	0,1 / 0,1	0,2 / 0,2	**0,2** / **0,2**	0,5 / 0,4	1,2 / 1,1
17	Dachfanggerüst Erweiterung, Arbeitsgerüst	m	5 / 4	11 / 9	**13** / **11**	16 / 14	24 / 20
18	Dachfanggerüst, Gebrauchsüberlassung	mWo	<0,1 / <0,1	0,3 / 0,2	**0,3** / **0,3**	0,5 / 0,4	1,0 / 0,8
19	Kamineinrüstung, Dachgerüst, LK 4	St	531 / 446	651 / 547	**721** / **606**	783 / 658	1.001 / 841
20	Gerüsttreppe, Treppenturm, zweiläufig	St	1.089 / 915	1.408 / 1.183	**1.429** / **1.200**	1.644 / 1.381	1.944 / 1.634
21	Leitergang, Gerüst	St	18 / 15	27 / 23	**31** / **26**	35 / 29	44 / 37
22	Leitergang, Gebrauchsüberlassung	StWo	4 / 3	8 / 7	**11** / **9**	13 / 11	16 / 14
23	Überbrückung, Gerüst	m	13 / 11	28 / 24	**35** / **29**	51 / 43	103 / 87
24	Überbrückung, Gebrauchsüberlassung	mWo	0,1 / 0,1	0,7 / 0,6	**1,0** / **0,8**	1,7 / 1,4	3,2 / 2,7

© BKI Baukosteninformationszentrum; Erläuterungen zu den Tabellen siehe Seite 44
Mustertexte geprüft: Bundesinnung für das Gerüstbauer-Handwerk
Kostenstand: 1.Quartal 2021, Bundesdurchschnitt

Gerüstarbeiten — Preise €

Nr.	Positionen	Einheit	▶	▷ ø brutto € / ø netto €		◁	◀
25	Seitenschutz, Arbeitsgerüst	m	2	5	**7**	13	24
			2	5	**6**	11	20
26	Fußgängertunnel, Gerüst	m	18	28	**33**	47	71
			15	24	**28**	40	60
27	Fußgängertunnel, Gebrauchsüberlassung	mWo	0,3	0,5	**0,6**	0,8	1,0
			0,3	0,4	**0,5**	0,7	0,9
28	Schutzdach, Gerüst	m	25	29	**29**	32	42
			21	24	**24**	27	36
29	Schutzdach, Gebrauchsüberlassung	mWo	0,2	1,0	**1,1**	3,0	5,0
			0,2	0,8	**0,9**	2,5	4,2
30	Wetterschutzdach	m²	–	56	**78**	96	–
			–	47	**65**	81	–
31	Gerüstbekleidung, PE-Folie	m²	2	4	**5**	8	14
			2	3	**4**	6	12
32	Gerüstbekleidung, Staubschutznetz/Schutzgewebe	m²	1	2	**3**	4	9
			0,9	2,0	**2,5**	3,8	7,5
33	Gerüstbekleidung, Gebrauchsüberlassung	m²Wo	<0,1	0,1	**0,1**	0,1	0,3
			<0,1	0,1	**0,1**	0,1	0,2
34	Kabelbrücke, Strom-/Wasserleitung	St	1.037	1.621	**1.893**	2.149	2.802
			872	1.362	**1.591**	1.806	2.355
35	Statische Berechnung, Fassadengerüst	St	478	1.045	**1.452**	1.852	2.712
			402	878	**1.220**	1.557	2.279
36	Stundensatz, Facharbeiter/-in	h	41	55	**60**	64	73
			34	46	**50**	53	61
37	Stundensatz, Helfer/-in	h	31	44	**50**	54	65
			26	37	**42**	45	54

Nr.	Kurztext / Langtext						Kostengruppe
▶	▷	ø netto €	◁	◀	[Einheit]	Ausf.-Dauer	Positionsnummer

A 1 — Fassadengerüst
Beschreibung für Pos. **1-3**

Arbeitsgerüst DIN EN 12811-1 als längenorientiertes Standgerüst aus vorgefertigten Bauteilen, Fassadengerüst DIN EN 12810, mit durchlaufenden Gerüstlagen und Verankerung am Gebäude, auf tragfähiger Standfläche, Nutzung aller Gerüstlagen. Grundeinsatzzeit 4 Wochen.

1 — Fassadengerüst, LK 3, SW06
KG **392**

Wie Ausführungsbeschreibung A 1
Einsatz für: .....
Lastklasse: 3 (2,0 kN/m²)
Breitenklasse: SW06 (Mindestbelagsbreite 0,60 m)
Höhenklasse: H1
Verankerungsgrund: .....
Standfläche: **eben / geneigt .....°**
Abstand Belag zum Bauwerk: .....
Gebäudeabmessung / Aufbauhöhe: .....

| ▶ 5 € | ▷ 6 € | **7 €** | ◁ 8 € | ◀ 12 € | [m²] | ⏱ 0,10 h/m² | 001.000.061 |

LB 001
Gerüstarbeiten

Kosten:
Stand 1.Quartal 2021
Bundesdurchschnitt

Nr.	Kurztext / Langtext					[Einheit]	Ausf.-Dauer	Kostengruppe Positionsnummer
▶	▷	ø netto €	◁	◀				

2 Fassadengerüst, LK 4, SW09 KG **392**
Wie Ausführungsbeschreibung A 1
Einsatz für: .....
Lastklasse: 4 (3,0 kN/m²)
Breitenklasse: SW09 (Mindestbelagsbreite 0,90 m)
Verankerungsgrund: .....
Höhenklasse: H1
Standfläche: **eben / geneigt .....°**
Abstand Belag zum Bauwerk: .....
Gebäudeabmessung / Aufbauhöhe: .....

| 6€ | 8€ | 9€ | 11€ | 14€ | [m²] | ⏱ 0,12 h/m² | 001.000.003 |

3 Fassadengerüst, LK 5, SW09 KG **392**
Wie Ausführungsbeschreibung A 1
Einsatz für: .....
Lastklasse: 5 (4,5 kN/m²)
Breitenklasse: SW09 (Mindestbelagsbreite 0,90 m)
Höhenklasse: H1
Verankerungsgrund: .....
Standfläche: **eben / geneigt .....°**
Abstand Belag zum Bauwerk: .....
Gebäudeabmessung / Aufbauhöhe: .....

| 7€ | 10€ | **11**€ | 12€ | 14€ | [m²] | ⏱ 0,14 h/m² | 001.000.004 |

4 Fassadengerüst, Gebrauchsüberlassung KG **392**
Gebrauchsüberlassung des Fassadengerüsts, längenorientiert, LK 3, SW06, H1, Nutzung alle Gerüstlagen, über die Grundeinsatzzeit hinaus, für weitere ..... Woche(n).

| 0,1€ | 0,2€ | **0,2**€ | 0,3€ | 0,4€ | [m²Wo] | – | 001.000.008 |

5 Fassadengerüst umsetzen KG **392**
Arbeitsgerüst umsetzen, längenorientiertes Standgerüst aus vorgefertigten Bauteilen.
Umsetzarbeit: **im Ganzen / in ..... Abschnitten**
Transportweg: i. M. ..... m
Beschreibung Gerüst: **abgetreppt / durchlaufend**
Lastklasse: .....
Breitenklasse: .....
Höhenklasse: H1
Verankerung: am Gebäude
Verankerungsgrund: .....
Abstand Belag zum Bauwerk: .....
Standfläche: **eben / geneigt .....°**
Gebäudeabmessung / Aufbauhöhe: .....

| 3€ | 5€ | **5**€ | 6€ | 9€ | [m²] | ⏱ 0,16 h/m² | 001.000.032 |

▶ min
▷ von
ø Mittel
◁ bis
◀ max

Nr.	Kurztext / Langtext					Kostengruppe	
▶	▷ **ø netto €** ◁ ◀				[Einheit]	Ausf.-Dauer	Positionsnummer

6 Fassadengerüst, Auf-/Abbau, abschnittsweise — KG 392
Mehrpreis für abschnittsweisen Aufbau oder Abbau des Arbeits- / Schutzgerüsts.
Arbeiten gem. beiliegender Sonderbeschreibung: .....
Ausführung: **Aufbau / Abbau**
Gerüstart: .....
Last- und Breitenklasse: .....

| 0,7€ | 0,6€ | **0,8€** | 1,0€ | 1,5€ | [m²] | ⏱ 0,02 h/m² | 001.000.045 |

7 Abstützung, freistehendes Gerüst — KG 392
Freistehendes Gerüst ohne Verankerung am Bauwerk, Ausführung mit Abstützung oder Stützgerüst, gem. statischer Berechnung, Freiraum für Abstützung oder Stützgerüste umlaufend vorhanden, Standfläche waagrecht auf Gelände über Lastverteiler belastbar. Der Tragfähigkeits- und Standsicherheitsnachweis wird gesondert vergütet.
Gerüstart: .....
Last- und Breitenklasse: .....
Grundeinsatzzeit: 4 Wochen
Stütze: **Abstützung / Stützgerüst**

| 0,8€ | 2,3€ | **3,1€** | 5,1€ | 7,4€ | [m²] | ⏱ 0,04 h/m² | 001.000.031 |

8 Standfläche herstellen, Hilfsgründung — KG 392
Unterbau für beschriebenes Gerüst, zur Herstellung einer belastbaren Standfläche.
Standfläche: .....
Neigung: eben
Gerüstbreite: .....

| 0,4€ | 2,4€ | **2,8€** | 5,6€ | 9,4€ | [m] | ⏱ 0,05 h/m | 001.000.042 |

9 Schutzlage, Dachabdichtung — KG 363
Schutzlage über bauseitiger Dachabdichtung, lose verlegt, nach Rückbau des Gerüstes komplett entfernen.
Schutzlage aus: Gummischrotmatte 6 mm

| 4€ | 7€ | **7€** | 10€ | 16€ | [m²] | ⏱ 0,03 h/m² | 001.000.056 |

10 Standgerüst, innen LK 3 — KG 392
Arbeitsgerüst als längenorientiertes Standgerüst aus vorgefertigten Bauteilen, im Innenraum, einschl. Demontage, auf tragfähiger, ebener Standfläche, Arbeitsfläche durchlaufend, mit Seitenschutz.
Grundeinsatzzeit: 4 Wochen
Einsatz für: .....
Lastklasse: 3 (2,0 kN/m²)
Breitenklasse: .....
Höhenklasse: H1
Anzahl der Gerüstlagen: .....
Verankerung: am Gebäude
Verankerungsgrund: .....
Abstand Belag zum Bauwerk: .....
Standfläche: **eben / geneigt .....°**
Gebäudeabmessung / Aufbauhöhe: .....
Angeb. System: .....

| 5€ | 7€ | **8€** | 10€ | 16€ | [m²] | ⏱ 0,12 h/m² | 001.000.005 |

LB 001
Gerüstarbeiten

Nr.	**Kurztext** / Langtext						**Kostengruppe**
▶ ▷	ø netto €	◁	◀		[Einheit]	Ausf.-Dauer	Positionsnummer

11 Raumgerüst, LK 3 — KG **392**

Arbeitsgerüst als flächenorientiertes Standgerüst, aus vorgefertigten Bauteilen, auf tragfähiger Standfläche, mit einer Arbeitslage durchlaufend, mit Seitenschutz.
Grundeinsatzzeit: 4 Wochen
Einsatzort: **innerhalb / außerhalb** des Gebäudes
Lastklasse: 3 (2,0 kN/m²)
Höhenklasse: H1
Anzahl der Gerüstlagen: .....
Seitenschutz: **einseitig / zweiseitig / umlaufend**
Verankerung: am Gebäude
Verankerungsgrund: .....
Abstand Belag zum Bauwerk: .....
Standfläche: **eben / geneigt** .....°
Grundfläche / Aufbauhöhe: .....
Angeb. System: .....

| 3€ | 5€ | **6€** | 9€ | 14€ | [m³] | ⏱ 0,13 h/m³ | 001.000.022 |

12 Raumgerüst, Gebrauchsüberlassung — KG **392**

Gebrauchsüberlassung Raumgerüst, LK3, H1, wie beschrieben, über die Grundeinsatzzeit hinaus, für jede weitere Woche.
Anzahl Gerüstlagen .....

| 0,1€ | 0,1€ | **0,2€** | 0,3€ | 0,4€ | [m³Wo] | – | 001.000.048 |

13 Fahrgerüst, LK 3 — KG **392**

Fahrbares Gerüst nach DIN 4420-3 als Arbeitsgerüst mit einer Arbeitslage, Seitenschutz und Zugang, Standflächen eben, einschl. Abbau. Grundeinsatzzeit 4 Wochen.
Lastklasse: 3 (2,0 kN/m²)
Abmessung: .....
Aufbauhöhe: ..... (geeignet für Arbeitshöhe bis ..... m)
Aufstellort: .....

| 146€ | 272€ | **302€** | 360€ | 518€ | [St] | ⏱ 2,20 h/St | 001.000.006 |

A 2 Gerüstverbreiterung — Beschreibung für Pos. **14-15**

Gerüstverbreiterung des Arbeitsgerüsts, mit Systemteilen, einschl. der notwendigen Beläge, Seitenschutz, notwendigen Absteifungen, Zugänge und Sicherungen sowie Verstärkung der Anker.

14 Gerüstverbreiterung, bis 30cm — KG **392**

Wie Ausführungsbeschreibung A 2
Grundeinsatzzeit: 4 Wochen
Gerüstart / Lastklasse: .....
Verbreiterung: bis 0,30 m
Einbauhöhe: .....

| 3€ | 5€ | **6€** | 7€ | 14€ | [m] | ⏱ 0,12 h/m | 001.000.046 |

Kosten:
Stand 1.Quartal 2021
Bundesdurchschnitt

▶ min
▷ von
ø Mittel
◁ bis
◀ max

Nr.	Kurztext / Langtext						Kostengruppe
▶	▷ ø netto € ◁ ◀				[Einheit]	Ausf.-Dauer	Positionsnummer

15 Gerüstverbreiterung, bis 70cm KG 392
Wie Ausführungsbeschreibung A 2
Grundeinsatzzeit: 4 Wochen
Gerüstart / Lastklasse: .....
Verbreiterung: über 0,30 bis 0,70 m
Einbauhöhe: .....

| 5€ | 8€ | **9€** | 12€ | 18€ | [m] | ⏱ 0,14 h/m | 001.000.009 |

16 Gerüstverbreiterung, Gebrauchsüberlassung KG 392
Gebrauchsüberlassung der Gerüstverbreiterung, über die Grundeinsatzzeit hinaus, für weitere ..... Woche(n).
Auskragung: .....
Gerüstart / Lastklasse: .....

| 0,1€ | 0,2€ | **0,2€** | 0,4€ | 1,1€ | [mWo] | – | 001.000.010 |

17 Dachfanggerüst Erweiterung, Arbeitsgerüst KG 392
Erweiterung des Fassadengerüsts zum Dachfanggerüst DIN 4420-1, Ausbau der obersten Gerüstlage mit Systemteilen.
Dachüberstand Breite: .....
Schutzwand mit Fanglage aus: **Geflecht / Schutznetz**
Grundeinsatzzeit: 4 Wochen
Gerüstart / Lastklasse: .....

| 4€ | 9€ | **11€** | 14€ | 20€ | [m] | ⏱ 0,16 h/m | 001.000.011 |

18 Dachfanggerüst, Gebrauchsüberlassung KG 392
Gebrauchsüberlassung des Dachfanggerüsts, über die Grundeinsatzzeit hinaus, für weitere ..... Woche(n).
Ausführung: .....
Gerüstart / Lastklasse: .....

| <0,1€ | 0,2€ | **0,3€** | 0,4€ | 0,8€ | [mWo] | – | 001.000.021 |

19 Kamineinrüstung, Dachgerüst, LK 4 KG 392
Kamingerüst, über schrägen Dachflächen, mittels geeigneter Dachgerüstkonsolen, mit dreiteiligem Seitenschutz, geeignet für Abbruch und Neubau des Kamins.
Grundeinsatzzeit: 4 Wochen
Lastklasse: 4 (3,0 kN/m^2)
Breitenklasse: W09 (Mindestbelagsbreite 0,90 m)
Höhe: 2,0 m

| 446€ | 547€ | **606€** | 658€ | 841€ | [St] | ⏱ 8,00 h/St | 001.000.012 |

20 Gerüsttreppe, Treppenturm, zweiläufig KG 392
Treppenturm für Gerüst, am Gerüst anbauen und verankern, mit Zwischenpodesten im vertikalen Raster von 2,00m, einschl. Innen- und Außengeländern.
Gerüstart / Lastklasse: Klasse **A / B**
Steigmass: .....
Grundeinsatzzeit: 4 Wochen
Aufbauhöhe: ......
Treppe: **einläufig / zweiläufig**
Laufbreite: über 500 bis 750 mm

| 915€ | 1.183€ | **1.200€** | 1.381€ | 1.634€ | [St] | ⏱ 12,00 h/St | 001.000.025 |

© BKI Baukosteninformationszentrum; Erläuterungen zu den Tabellen siehe Seite 44
Mustertexte geprüft: Bundesinnung für das Gerüstbauer-Handwerk

Kostenstand: 1.Quartal 2021, Bundesdurchschnitt

LB 001 Gerüstarbeiten

Kosten:
Stand 1.Quartal 2021
Bundesdurchschnitt

▶ min
▷ von
ø Mittel
◁ bis
◀ max

Nr.	Kurztext / Langtext							Kostengruppe
▶	▷	ø netto €	◁	◀		[Einheit]	Ausf.-Dauer	Positionsnummer

21 Leitergang, Gerüst KG **392**
Zusätzlichen Leitergang (je Gerüstlage h=2,00 m) in die Gerüstkonstruktion einbauen, gebrauchsüberlassen und wieder abbauen.
Einbauort: .....
Gerüstart / Lastklasse: .....
Grundeinsatzzeit: 4 Wochen

| 15€ | 23€ | **26€** | 29€ | 37€ | [St] | ⏱ 0,22 h/St | 001.000.013 |

22 Leitergang, Gebrauchsüberlassung KG **392**
Gebrauchsüberlassung des Leitergangs (je Gerüstlage h=2,0m), über die Grundeinsatzzeit hinaus, für weitere ..... Woche(n).

| 3€ | 7€ | **9€** | 11€ | 14€ | [StWo] | – | 001.000.014 |

23 Überbrückung, Gerüst KG **392**
Überbrückung in Gerüst aus Gitterträger, im Gerüstsystem, einschl. Gerüstbelag und Seitenschutz.
Grundeinsatzzeit: 4 Wochen
Gerüstart / Lastklasse: .....
Spannweite: .....
Höhe über Standfläche: .....
Einbauort: über **Eingang / Durchfahrt**

| 11€ | 24€ | **29€** | 43€ | 87€ | [m] | ⏱ 0,50 h/m | 001.000.015 |

24 Überbrückung, Gebrauchsüberlassung KG **392**
Gebrauchsüberlassung der Gerüstüberbrückung, über die Grundeinsatzzeit hinaus, für weitere ..... Woche(n).

| 0,1€ | 0,6€ | **0,8€** | 1,4€ | 2,7€ | [mWo] | – | 001.000.016 |

25 Seitenschutz, Arbeitsgerüst KG **392**
Zusätzlicher Seitenschutz im Arbeitsgerüst, aus Systemteilen, Einbau bei einem Abstand von mehr als 0,30m zwischen Belag und Bauwerk.
Einbau: **wandseitig / .....**
Grundeinsatzzeit: 4 Wochen
Ausführung: **mit Geländer, Zwischenholm und Bordbrett / ohne Bordbrett**
Lagenanzahl: .....

| 2€ | 5€ | **6€** | 11€ | 20€ | [m] | ⏱ 0,05 h/m | 001.000.023 |

26 Fußgängertunnel, Gerüst KG **392**
Fußgängertunnel, als Erweiterung des vorbeschriebenen Fassadengerüsts, Abdeckung aus Gerüstbelägen und Folien, seitliche Bekleidung aus Brettern und Folien.
Grundeinsatzzeit: 4 Wochen
Bekleidung: **einseitig / zweiseitig**
lichte Breite: .....
lichte Höhe: .....

| 15€ | 24€ | **28€** | 40€ | 60€ | [m] | ⏱ 0,80 h/m | 001.000.024 |

27 Fußgängertunnel, Gebrauchsüberlassung KG **392**
Gebrauchsüberlassung Fußgängertunnel für die Dauer von … Wochen über die Grundeinsatzzeit von 4 Wochen hinaus.

| 0,3€ | 0,4€ | **0,5€** | 0,7€ | 0,9€ | [mWo] | – | 001.000.059 |

© BKI Baukosteninformationszentrum; Erläuterungen zu den Tabellen siehe Seite 44
Mustertexte geprüft: Bundesinnung für das Gerüstbauer-Handwerk

Nr.	Kurztext / Langtext					Kostengruppe		
▶	▷	ø netto €	◁	◀	[Einheit]	Ausf.-Dauer	Positionsnummer	

28 Schutzdach, Gerüst — KG 392

Schutzdach nach DIN 4420-1 an Arbeitsgerüst, mit seitlicher Bordwand, einschl. Abdeckung der Schutzdachbeplankung mit Rieselschutzfolie, überlappend verlegt.
Grundeinsatzzeit: 4 Wochen
Schutzdachbreite ist Gerüstbreite plus zusätzlich mind. 0,60 m
Nutzung: Sicherung von **Arbeitsbereichen / Fahrwegen**
Einbauort: ..... Gerüstebene
Höhe Bordwand: mind. 0,60 m
Material Bordwand: .....

| 21 € | 24 € | **24 €** | 27 € | 36 € | [m] | ⏱ 0,40 h/m | 001.000.029 |

29 Schutzdach, Gebrauchsüberlassung — KG 392

Gebrauchsüberlassung Schutzdach für die Dauer von … Wochen über die Grundeinsatzzeit von 4 Wochen hinaus.

| 0,2 € | 0,8 € | **0,9 €** | 2,5 € | 4,2 € | [mWo] | – | 001.000.062 |

30 Wetterschutzdach — KG 392

Dachkonstruktion als Wetterschutz, aus Stahl- / Leichtmetall-Systemteilen, mind. 2,0m freier Arbeitsbereich, aufbauen, gebrauchsüberlassen und abbauen. Tragfähigkeits- und Standsicherheitsnachweis wird gesondert vergütet
Abdeckung aus: .....
Dachneigung: .....°
Schneelast: ..... kN/m²
Auflagerung auf: .....
OK Auflager: .... m
Spannweite: .....
begehbar: **ja / nein**
Grundeinsatzzeit: 4 Wochen

| –€ | 47 € | **65 €** | 81 € | –€ | [m²] | ⏱ 0,25 h/m² | 001.000.064 |

31 Gerüstbekleidung, PE-Folie — KG 392

Bekleidung von Gerüsten mit Plane aus wetterfester, UV-stabilisierter, gitterverstärkter PE-Folie, als vollflächige Gerüstbekleidung, montieren, gebrauchsüberlassen, sowie wieder demontieren.
Grundeinsatzzeit: 4 Wochen
Nutzung: Schutz vor **Staubentwicklung / herabfallenden Teilen / Niederschlägen**
Reißkraft: **500 N / 750 N** je 5 cm
Anmerkung: Für das Einplanen des Gerüst ist eine statische Berechnung als besondere Leistung notwendig.

| 2 € | 3 € | **4 €** | 6 € | 12 € | [m²] | ⏱ 0,08 h/m² | 001.000.050 |

32 Gerüstbekleidung, Staubschutznetz/Schutzgewebe — KG 392

Bekleidung von Gerüsten als vollflächige Gerüstbekleidung montieren, gebrauchsüberlassen, sowie wieder demontieren.
Grundeinsatzzeit: 4 Wochen
Bekleidung: randverstärktes **Staubschutznetz / Schutzgewebe**
Funktion: .....

| 0,9 € | 2,0 € | **2,5 €** | 3,8 € | 7,5 € | [m²] | ⏱ 0,04 h/m² | 001.000.017 |

LB 001
Gerüstarbeiten

Nr.	Kurztext / Langtext					Kostengruppe		
▶	▷	ø netto €	◁	◀	[Einheit]	Ausf.-Dauer	Positionsnummer	

Kosten:
Stand 1.Quartal 2021
Bundesdurchschnitt

33 Gerüstbekleidung, Gebrauchsüberlassung KG **392**
Gebrauchsüberlassung der vor beschriebenen Gerüstbekleidung, für die Dauer von … Wochen über die Grundeinsatzzeit von 4 Wochen hinaus.
<0,1€   0,1€   **0,1€**   0,1€   0,2€   [m²Wo]   –   001.000.060

34 Kabelbrücke, Strom-/Wasserleitung KG **392**
Kabelbrücke, montieren, gebrauchsüberlassen, sowie wieder demontieren, mit Fachwerkträger zur Überspannung, Brücke aus zwei Feldern, unverrückbar und sturmsicher, Konstruktion einschl. notwendige Beschilderungen und Leitmale nach RSA.
Grundeinsatzzeit: 4 Wochen
Nutzung: **Strom- / Wasserleitung**
Nutzbreite: .....
Überbrückungsbreite: .....
Durchfahrtshöhe: mind. 4,20 m
Stabilisierung: **verankert / ballastiert**
Einbauort: Querung einer öffentlichen Straße
Tragfähigkeits- und Standsicherheitsnachweis für die Brückenkonstruktion werden gesondert vergütet.
872€   1.362€   **1.591€**   1.806€   2.355€   [St]   ⏱ 10,00 h/St   001.000.026

35 Statische Berechnung, Fassadengerüst KG **392**
Statische Berechnung, für vor beschriebenes Fassadengerüst, Ausführung gem. Sonderbeschreibung, inkl. Ausführungszeichnung, aufstellen und 3-fach liefern.
402€   878€   **1.220€**   1.557€   2.279€   [St]   –   001.000.058

36 Stundensatz, Facharbeiter/-in
Stundenlohnarbeiten für Vorarbeiterin, Vorarbeiter, Gesellin, Geselle, Facharbeiterin, Facharbeiter und Gleichgestellte, sowie ähnliche Fachkräfte. Der Verrechnungssatz für die jeweilige Arbeitskraft umfasst sämtliche Aufwendungen wie Lohn- und Gehaltskosten, Lohn- und Gehaltsnebenkosten, lohngebundene und lohnabhängige Kosten, sonstige Sozialkosten, Gemeinkosten, Wagnis und Gewinn. Leistung nach besonderer Anordnung der Bauüberwachung. Anmeldung und Nachweis gem. VOB/B.
34€   46€   **50€**   53€   61€   [h]   ⏱ 1,00 h/h   001.000.052

37 Stundensatz, Helfer/-in
Stundenlohnarbeiten für Werkerin, Werker, Helferin, Helfer und Gleichgestellte. Der Verrechnungssatz für die jeweilige Arbeitskraft umfasst sämtliche Aufwendungen wie Lohn- und Gehaltskosten, Lohn- und Gehaltsnebenkosten, lohngebundene und lohnabhängige Kosten, sonstige Sozialkosten, Gemeinkosten, Wagnis und Gewinn. Leistung nach besonderer Anordnung der Bauüberwachung. Anmeldung und Nachweis gem. VOB/B.
26€   37€   **42€**   45€   54€   [h]   ⏱ 1,00 h/h   001.000.053

▶ min
▷ von
ø Mittel
◁ bis
◀ max

000
001
002
006
008
009
010
012
013
014
016
017
018
020
021
022

LB 002 Erdarbeiten

Erdarbeiten — Preise €

Kosten: Stand 1.Quartal 2021, Bundesdurchschnitt

- ▶ min
- ▷ von
- ø Mittel
- ◁ bis
- ◀ max

Nr.	Positionen	Einheit	▶	▷	ø brutto € / ø netto €	◁	◀
1	Aushub, Schlitzgraben/Suchgraben	m³	37	54	**67**	70	87
			31	46	**56**	58	74
2	Aushub, Schlitzgraben/Suchgraben	m	29	33	**34**	36	40
			24	28	**29**	30	34
3	Sichern von Leitungen/Kabeln	m	7	14	**17**	23	37
			6	12	**15**	19	31
4	Oberboden abtragen, entsorgen, 30cm	m³	12	17	**20**	22	25
			10	15	**17**	18	21
5	Baugrubenaushub, bis 1,75m, lagern, GK1	m³	6,9	9,4	**9,6**	11	13
			5,8	7,9	**8,1**	9,3	11
6	Baugrubenaushub, bis 2,50m, lagern, GK1	m³	8,6	9,8	**12**	15	16
			7,2	8,2	**10**	12	13
7	Baugrubenaushub, bis 3,50m, lagern, GK1	m³	10	14	**15**	15	17
			8,5	11	**12**	13	15
8	Baugrubenaushub, bis 2,50m, abfahren, GK1	m³	15	19	**20**	23	26
			13	16	**17**	19	22
9	Baugrubenaushub, bis 3,50m, abfahren, GK1	m³	18	23	**27**	29	34
			16	19	**23**	25	29
10	Baugrubenaushub, Fels, bis 1,75m, lagern, GK1	m³	28	35	**35**	39	46
			23	29	**30**	33	39
11	Baugrubenaushub, Fels, bis 3,50m, lagern, GK1	m³	29	36	**38**	45	54
			24	30	**32**	38	46
12	Baugrubenaushub, Fels, entsorgen, GK1	m³	49	58	**65**	72	87
			41	48	**54**	61	73
13	Baugrubenaushub, Handschachtung, bis 1,75m, lagern, GK1	m³	73	83	**87**	97	115
			62	70	**73**	82	96
14	Baugrube sichern, Folienabdeckung	m²	2	3	**3**	4	5
			1	2	**2**	3	4
15	Fundamentaushub, bis 1,25m, lagern, GK1	m³	22	28	**32**	35	40
			18	24	**27**	29	34
16	Fundamentaushub, bis 1,75m, lagern, GK1	m³	29	36	**40**	41	48
			25	30	**34**	35	40
17	Fundamentaushub, bis 1,25m, entsorgen, GK1	m³	31	36	**38**	41	53
			26	30	**32**	35	44
18	Fundamentaushub, bis 1,75m, entsorgen, GK1	m³	34	40	**43**	50	59
			29	34	**36**	42	49
19	Einzelfundamentaushub, bis 1,75m, lagern, GK1	m³	26	36	**39**	43	51
			22	30	**33**	36	43
20	Einzelfundamentaushub, bis 1,75m, entsorgen, GK1	m³	42	49	**54**	56	62
			35	41	**45**	47	52
21	Streifenfundamentaushub, bis 1,75m, lagern, GK1	m³	23	33	**37**	39	48
			20	28	**31**	32	40
22	Streifenfundamentaushub, bis 1,75m, entsorgen, GK1	m³	27	42	**45**	49	55
			23	35	**38**	41	46
23	Fundament, Hinterfüllung, Lagermaterial, bis 1,00m	m³	15	22	**22**	27	34
			13	18	**18**	23	29

© BKI Baukosteninformationszentrum; Erläuterungen zu den Tabellen siehe Seite 44
Mustertexte geprüft: Bauwirtschaft Baden-Württemberg e.V.
Kostenstand: 1.Quartal 2021, Bundesdurchschnitt

Erdarbeiten

Preise €

Nr.	Positionen	Einheit	▶	▷	ø brutto € ø netto €	◁	◀
24	Fundament, Hinterfüllung, Liefermaterial, bis 1,00m	m³	17	22	**25**	29	34
			14	18	**21**	25	28
25	Kabelgraben ausheben, bis 1,00m, lagern, GK1	m³	16	20	**23**	26	32
			13	16	**20**	22	26
26	Kabelgraben ausheben, bis 1,25m, lagern, GK1	m³	18	23	**25**	29	34
			15	19	**21**	24	28
27	Kabelgraben ausheben, bis 1,00m, entsorgen, GK1	m³	16	23	**26**	29	35
			14	19	**22**	24	29
28	Hindernisse beseitigen, Gräben	m³	61	91	**104**	119	152
			51	76	**88**	100	128
29	Aushub lagernd, entsorgen	m³	16	22	**24**	25	29
			14	18	**20**	21	25
30	Bodenaustausch, Liefermaterial	m³	27	33	**36**	50	75
			23	28	**30**	42	63
31	Bodenverbesserung, Liefermaterial	m²	20	26	**28**	32	39
			17	22	**23**	27	33
32	Planum, Baugrube	m²	1,0	1,8	**2,1**	2,4	3,4
			0,8	1,5	**1,8**	2,0	2,8
33	Planum, Wege/Fahrstraßen, verdichten	m²	0,5	1,2	**1,5**	2,2	3,3
			0,4	1,0	**1,2**	1,9	2,8
34	Gründungssohle verdichten, Baugrube	m²	0,8	1,6	**2,1**	2,6	3,7
			0,7	1,4	**1,8**	2,2	3,1
35	Lastplattendruckversuch, Baugrube	St	125	162	**176**	187	254
			105	136	**148**	157	214
36	Trennlage, Filtervlies	m²	1	2	**3**	3	4
			1	2	**2**	3	3
37	Kies 16/32, frei Baustelle, liefern	m³	44	51	**54**	57	63
			37	43	**45**	48	53
38	Rohrgraben/Arbeitsraum verfüllen, Kies 0/32mm	m³	26	34	**37**	44	56
			22	29	**31**	37	47
39	Rohrgraben/Arbeitsraum verfüllen, Liefermaterial	m³	27	36	**43**	46	55
			22	30	**36**	39	47
40	Arbeitsräume verfüllen, verdichten, Lagermaterial	m³	7	13	**15**	21	33
			6	11	**13**	18	28
41	Arbeitsräume verfüllen, verdichten, Liefermaterial	m³	12	27	**32**	36	43
			10	23	**27**	30	36
42	Leitungen/Fundamente verfüllen, Lagermaterial	m³	14	20	**21**	24	33
			11	17	**18**	21	28
43	Rohrgraben/Fundamente verfüllen, Liefermaterial	m³	21	32	**36**	45	65
			18	27	**30**	38	55
44	Kabelgraben verfüllen, Liefermaterial Sand 0/2	m	8	12	**14**	16	20
			7	10	**12**	14	17
45	Ummantelung, Rohrleitung, Beton	m	29	34	**36**	44	54
			24	29	**31**	37	45
46	Kabelschutzrohr, Kunststoff	m	6	8	**9**	10	12
			5	7	**7**	8	10
47	Zugdraht für Kabelschutzrohr	m	0,8	1,1	**1,3**	1,3	1,6
			0,7	0,9	**1,1**	1,1	1,3

LB 002 Erdarbeiten

Kosten:
Stand 1.Quartal 2021
Bundesdurchschnitt

Nr.	Positionen	Einheit	▶	▷ ø brutto € / ø netto €		◁	◀
48	Warnband, Leitungsgraben	m	0,5	0,9	**1,2**	1,4	2,0
			0,4	0,8	**1,0**	1,2	1,7
49	Tragschicht, Kies, 20cm	m²	7,5	9,4	**11**	12	13
			6,3	7,9	**9,5**	10	11
50	Tragschicht, Kies, 25cm	m²	8,2	12	**14**	14	17
			6,9	9,9	**12**	12	14
51	Tragschicht, Kies, 30cm	m²	8,9	13	**14**	16	20
			7,5	11	**12**	13	16
52	Feinplanum herstellen	m²	1	1	**2**	2	3
			1,0	1,3	**1,4**	2,1	2,8
53	Stundensatz, Facharbeiter/-in	h	47	56	**60**	63	70
			39	47	**50**	53	59
54	Stundensatz, Helfer/-in	h	25	45	**54**	55	63
			21	37	**46**	46	53

Nr.	Kurztext / Langtext						Kostengruppe
▶	▷	ø netto €	◁	◀	[Einheit]	Ausf.-Dauer	Positionsnummer

1 Aushub, Schlitzgraben/Suchgraben — KG **211**

Boden für Suchgraben ausheben, zur Freilegung von Kabeln und Rohrleitungen, einschl. Verbau, Handaushub ist einzukalkulieren; Aushub seitlich lagern, wieder verfüllen und verdichten. Laden und Abfuhr von überschüssigem Boden nach getrennter Position.
Abmessung: ....
Bodeneigenschaften und Kennwerte: .....

| 31€ | 46€ | **56**€ | 58€ | 74€ | [m³] | ⏱ 1,20 h/m³ | 002.000.007 |

2 Aushub, Schlitzgraben/Suchgraben — KG **211**

Boden für Suchgraben ausheben zur Freilegung von Kabeln und Rohrleitungen, nach Abtrag der Oberflächenbefestigung, Handaushub ist einzukalkulieren. Aushub seitlich lagern, wieder verfüllen und verdichten. Leistung einschl. Verbau. Laden und Abfuhr von überschüssigem Boden nach getrennter Position.
Aushubtiefe: bis 1,75 m
Sohlenbreite: bis 0,80 m
Sohlenlänge: bis 4,00 m
Bodeneigenschaften und Kennwerte: .....

| 24€ | 28€ | **29**€ | 30€ | 34€ | [m] | ⏱ 0,80 h/m | 009.000.001 |

3 Sichern von Leitungen/Kabeln — KG **211**

Kabelbündel aus Elektrokabel / Entwässerungsleitung aus Steinzeugrohr / ....., sichern und spannungsfrei unterstützen.
Kabel- / Leitungsdurchmesser: ..... mm
Einzellängen: über 5 bis 10 m
Höhenlage der Kabel- / Leitungsachse unter Gelände: bis 1,25 m

| 6€ | 12€ | **15**€ | 19€ | 31€ | [m] | ⏱ 0,25 h/m | 002.001.096 |

▶ min
▷ von
ø Mittel
◁ bis
◀ max

Nr.	**Kurztext** / Langtext							Kostengruppe
▶	▷	**ø netto €**	◁	◀		[Einheit]	Ausf.-Dauer	Positionsnummer

4   Oberboden abtragen, entsorgen, 30cm   KG **214**

Oberboden, profilgerecht lösen, fördern und laden, mit LKW des AN zur zugelassenen Lagerstelle abfahren, dort lagenweise einarbeiten.
Bodenzuordnung lt.: **Aufstellung / Bericht / gemeinsamer Feststellung**
Bodengruppen: ..... DIN 18196
Gesamtabtragstiefe i.M.: 30 cm
Aushub: nicht schadstoffbelastet
Zuordnung: Z 0
Lagerstätte (Bezeichnung/Ort) .....
Förderweg: bis ..... km
Mengenermittlung nach Aufmaß an der Entnahmestelle.

| 10€ | 15€ | **17€** | 18€ | 21€ | [m³] | ⏱ 0,20 h/m³ | 002.000.049 |

A 1   Baugrubenaushub, GK1   Beschreibung für Pos. **5-9**

Boden der Baugrube profilgerecht ausheben.
Gesamtbreite: ..... m
Gesamtlänge: ..... m
Baumaßnahmen der Geotechnischen Kategorie 1 DIN 4020
Homogenbereich: 1
Homogenbereich 1 oben: ..... m
Homogenbereich 1 unten: ..... m
Anzahl der Bodengruppen: ..... St
Bodengruppen DIN 18196: .....
Massenanteile der Steine DIN EN ISO 14688-1: über ..... % bis ..... %
Massenanteile der Blöcke DIN EN ISO 14688-1: über ..... % bis ..... %
Konsistenz DIN EN ISO 14688-1: .....
Lagerungsdichte: .....
Homogenbereiche lt.: .....

5   Baugrubenaushub, bis 1,75m, lagern, GK1   KG **311**

Wie Ausführungsbeschreibung A 1
Leistungsumfang: lösen, fördern, auf der Baustelle lagern
Gesamtabtragstiefe: bis 1,75 m
Förderweg: ..... m
Mengenermittlung nach Aufmaß an der Entnahmestelle.

| 6€ | 8€ | **8€** | 9€ | 11€ | [m³] | ⏱ 0,10 h/m³ | 002.001.106 |

6   Baugrubenaushub, bis 2,50m, lagern, GK1   KG **311**

Wie Ausführungsbeschreibung A 1
Leistungsumfang: lösen, fördern, auf der Baustelle lagern
Gesamtabtragstiefe: bis 2,50 m
Förderweg: ..... m
Mengenermittlung nach Aufmaß an der Entnahmestelle.

| 7€ | 8€ | **10€** | 12€ | 13€ | [m³] | ⏱ 0,12 h/m³ | 002.001.177 |

LB 002
Erdarbeiten

Kosten:
Stand 1.Quartal 2021
Bundesdurchschnitt

Nr.	Kurztext / Langtext						Kostengruppe
▶	▷	ø netto €	◁	◀	[Einheit]	Ausf.-Dauer	Positionsnummer
7	**Baugrubenaushub, bis 3,50m, lagern, GK1**						KG **311**
	Wie Ausführungsbeschreibung A 1						
	Leistungsumfang: lösen, fördern, auf der Baustelle lagern						
	Gesamtabtragstiefe: bis 3,50 m						
	Förderweg: ..... m						
	Mengenermittlung nach Aufmaß an der Entnahmestelle.						
8€	11€	**12**€	13€	15€	[m³]	⏱ 0,12 h/m³	002.001.107
8	**Baugrubenaushub, bis 2,50m, abfahren, GK1**						KG **311**
	Wie Ausführungsbeschreibung A 1						
	Leistungsumfang: lösen, fördern, mit LKW des AN zur zugelassenen Lagerstelle abfahren, dort lagenweise einarbeiten						
	Gesamtabtragstiefe: bis 2,50 m						
	Aushub: nicht schadstoffbelastet						
	Zuordnung: Z 0						
	Lagerstätte (Bezeichnung/Ort):						
	Förderweg: bis ..... km						
	Mengenermittlung nach Aufmaß an der Entnahmestelle.						
13€	16€	**17**€	19€	22€	[m³]	⏱ 0,26 h/m³	002.001.112
9	**Baugrubenaushub, bis 3,50m, abfahren, GK1**						KG **311**
	Wie Ausführungsbeschreibung A 1						
	Leistungsumfang: lösen, fördern, mit LKW des AN zur zugelassenen Lagerstelle abfahren, dort lagenweise einarbeiten						
	Gesamtabtragstiefe: bis 3,50 m						
	Aushub: nicht schadstoffbelastet						
	Zuordnung: Z 0						
	Lagerstätte (Bezeichnung/Ort):						
	Förderweg: bis ..... km						
	Mengenermittlung nach Aufmaß an der Entnahmestelle.						
16€	19€	**23**€	25€	29€	[m³]	⏱ 0,14 h/m³	002.001.176

▶ min
▷ von
ø Mittel
◁ bis
◀ max

Nr.	Kurztext / Langtext					Kostengruppe
▶	▷	ø netto €	◁	◀	[Einheit]	Ausf.-Dauer Positionsnummer

A 2   Baugrubenaushub, Fels, GK1   Beschreibung für Pos. **10-12**

Felsigen Boden der Baugrube ausheben.
Aushubtiefe: bis ..... m
Gesamtbreite: ..... m
Gesamtlänge: ..... m
Baumaßnahmen der Geotechnischen Kategorie 1 DIN 4020
Homogenbereich: 1
Homogenbereich 1 oben: ..... m
Homogenbereich 1 unten: ..... m
Anzahl Gesteinsarten: .....
Gesteinsarten: .....
Veränderlichkeit DIN EN ISO 14689-1: .....
Geologische Struktur DIN EN ISO 14689-1: .....
Abstand Trennflächen DIN EN ISO 14689-1: .....
Trennflächen, Gesteinskörperform: ....
Fallrichtung Trennflächen: .....°
Fallwinkel Trennflächen: .....°
Homogenbereiche lt.: .....

10   Baugrubenaushub, Fels, bis 1,75m, lagern, GK1   KG **311**

Wie Ausführungsbeschreibung A 2
Leistungsumfang: lösen, fördern, auf der Baustelle lagern
Abrechnung: nach dem gelösten Boden, auch außerhalb des Profils
Aushubtiefe: bis 1,75 m
Mengenermittlung nach Aufmaß an der Entnahmestelle.

| 23€ | 29€ | **30€** | 33€ | 39€ | [m³] | ⏱ 0,30 h/m³ | 002.000.041 |

11   Baugrubenaushub, Fels, bis 3,50m, lagern, GK1   KG **311**

Wie Ausführungsbeschreibung A 2
Leistungsumfang: lösen, fördern, auf der Baustelle lagern
Förderweg: bis 50 m
Abrechnung: nach dem gelösten Boden, auch außerhalb des Profils
Aushubtiefe: über 1,75 bis 3,50 m
Mengenermittlung nach Aufmaß an der Entnahmestelle.

| 24€ | 30€ | **32€** | 38€ | 46€ | [m³] | ⏱ 0,45 h/m³ | 002.000.043 |

12   Baugrubenaushub, Fels, entsorgen, GK1   KG **311**

Wie Ausführungsbeschreibung A 2
Leistungsumfang: lösen, laden, fördern, entsorgen, inkl. Deponiegebühren und Entsorgungsnachweis
Gesamtabtragstiefe: ..... m
Abrechnung: Wiegescheine der Deponie

| 41€ | 48€ | **54€** | 61€ | 73€ | [m³] | ⏱ 0,60 h/m³ | 002.000.013 |

LB 002
Erdarbeiten

Kosten:
Stand 1.Quartal 2021
Bundesdurchschnitt

▶ min
▷ von
ø Mittel
◁ bis
◀ max

Nr.	Kurztext / Langtext					Kostengruppe
▶	▷	ø netto €	◁	◀	[Einheit]	Ausf.-Dauer Positionsnummer

13 Baugrubenaushub, Handschachtung, bis 1,75m, lagern, GK1 KG **311**

Baugrubenaushub in Handschachtung, Aushub seitlich lagern.
Gesamtbreite: ..... m
Gesamtlänge: ..... m
Gesamtabtragstiefe: bis 1,75 m
Förderweg: ..... m
Baumaßnahmen der Geotechnischen Kategorie 1 DIN 4020.
Homogenbereich: 1
Homogenbereich 1 oben: ..... m
Homogenbereich 1 unten: ..... m
Anzahl der Bodengruppen: ..... St
Bodengruppen DIN 18196: .....
Massenanteile der Steine DIN EN ISO 14688-1: über ..... % bis ..... %
Massenanteile der Blöcke DIN EN ISO 14688-1: über ..... % bis ..... %
Konsistenz DIN EN ISO 14688-1: .....
Lagerungsdichte: .....
Homogenbereiche lt.: .....
Mengenermittlung nach Aufmaß an der Entnahmestelle.

62€   70€   **73**€   82€   96€   [m³]   ⏱ 1,90 h/m³   002.001.115

14 Baugrube sichern, Folienabdeckung KG **312**

Baugrubenwände (Böschungen) während der Bauzeit mit Planen abdecken, Planen gegen Witterung sichern und bis zum Auffüllen des Arbeitsraums bzw. Abschluss der Verbauarbeiten unterhalten und nach Aufforderung Folie aufnehmen und entsorgen, inkl. Entsorgungsgebühr.

1€   2€   **2**€   3€   4€   [m²]   ⏱ 0,05 h/m²   002.000.042

A 3 Fundamentaushub, GK1 Beschreibung für Pos. **15-22**

Boden für Fundamente ausheben und Fundamentsohle planieren.
Gesamtbreite: ..... m
Gesamtlänge: ..... m
Gesamtabtragstiefe: bis 1,25 m
Förderweg: ..... m
Baumaßnahmen der Geotechnischen Kategorie 1 DIN 4020
Homogenbereich: 1
Homogenbereich 1 oben: ..... m
Homogenbereich 1 unten: ..... m
Anzahl der Bodengruppen: ..... St
Bodengruppen DIN 18196: .....
Massenanteile der Steine DIN EN ISO 14688-1: über ..... % bis ..... %
Massenanteile der Blöcke DIN EN ISO 14688-1: über ..... % bis ..... %
Konsistenz DIN EN ISO 14688-1: .....
Lagerungsdichte: .....
Homogenbereiche lt.: .....

Nr.	Kurztext / Langtext				[Einheit]	Ausf.-Dauer	Kostengruppe Positionsnummer
▶	▷ ø netto € ◁ ◀						

15 Fundamentaushub, bis 1,25m, lagern, GK1 KG **322**
Wie Ausführungsbeschreibung A 3
Leistungsumfang: lösen, fördern, auf der Baustelle lagern
Gesamtabtragstiefe: bis 1,25 m
Förderweg: ..... m
Mengenermittlung nach Aufmaß an der Entnahmestelle.

| 18€ | 24€ | **27**€ | 29€ | 34€ | [m³] | ⏱ 0,42 h/m³ | 002.001.179 |

16 Fundamentaushub, bis 1,75m, lagern, GK1 KG **322**
Wie Ausführungsbeschreibung A 3
Leistungsumfang: lösen, fördern, auf der Baustelle lagern
Gesamtabtragstiefe: bis 1,75 m
Förderweg: ..... m
Mengenermittlung nach Aufmaß an der Entnahmestelle.

| 25€ | 30€ | **34**€ | 35€ | 40€ | [m³] | ⏱ 0,44 h/m³ | 002.001.183 |

17 Fundamentaushub, bis 1,25m, entsorgen, GK1 KG **322**
Wie Ausführungsbeschreibung A 3
Leistungsumfang: lösen, fördern, zur Verwertungsanlage abfahren
Gesamtabtragstiefe: bis 1,25 m
Abrechnung: **nach Verdrängung / auf Nachweisrapport / Wiegescheine der Deponie**

| 26€ | 30€ | **32**€ | 35€ | 44€ | [m³] | ⏱ 0,40 h/m³ | 002.001.180 |

18 Fundamentaushub, bis 1,75m, entsorgen, GK1 KG **322**
Wie Ausführungsbeschreibung A 3
Leistungsumfang: lösen, fördern, zur Verwertungsanlage abfahren
Gesamtabtragstiefe: bis 1,75 m
Abrechnung: **nach Verdrängung / auf Nachweisrapport / Wiegescheine der Deponie**

| 29€ | 34€ | **36**€ | 42€ | 49€ | [m³] | ⏱ 0,42 h/m³ | 002.001.184 |

19 Einzelfundamentaushub, bis 1,75m, lagern, GK1 KG **322**
Wie Ausführungsbeschreibung A 3
Fundamentart: Einzelfundament
Leistungsumfang: lösen, fördern, auf der Baustelle lagern
Gesamtabtragstiefe: bis 1,75 m
Förderweg: ..... m
Mengenermittlung nach Aufmaß an der Entnahmestelle.

| 22€ | 30€ | **33**€ | 36€ | 43€ | [m³] | ⏱ 0,37 h/m³ | 002.001.125 |

20 Einzelfundamentaushub, bis 1,75m, entsorgen, GK1 KG **322**
Wie Ausführungsbeschreibung A 3
Fundamentart: Einzelfundament
Leistungsumfang: lösen, fördern, zur Verwertungsanlage abfahren
Gesamtabtragstiefe: bis 1,25 m
Abrechnung: **nach Verdrängung / auf Nachweisrapport / Wiegescheine der Deponie**

| 35€ | 41€ | **45**€ | 47€ | 52€ | [m³] | ⏱ 0,37 h/m³ | 002.001.127 |

© **BKI** Baukosteninformationszentrum; Erläuterungen zu den Tabellen siehe Seite 44
Mustertexte geprüft: Bauwirtschaft Baden-Württemberg e.V.

LB 002
Erdarbeiten

Nr.	Kurztext / Langtext						Kostengruppe
▶	▷	ø netto €	◁	◀	[Einheit]	Ausf.-Dauer	Positionsnummer

21 Streifenfundamentaushub, bis 1,75m, lagern, GK1 KG **322**
Wie Ausführungsbeschreibung A 3
Fundamentart: Streifenfundament
Leistungsumfang: lösen, fördern, auf der Baustelle lagern
Gesamtabtragstiefe: bis 1,75 m
Förderweg: ..... m
Mengenermittlung nach Aufmaß an der Entnahmestelle.

| 20€ | 28€ | **31**€ | 32€ | 40€ | [m³] | ⌚ 0,37 h/m³ | 002.001.134 |

22 Streifenfundamentaushub, bis 1,75m, entsorgen, GK1 KG **322**
Wie Ausführungsbeschreibung A 3
Fundamentart: Streifenfundament
Leistungsumfang: lösen, fördern, zur Verwertungsanlage abfahren
Gesamtabtragstiefe: bis 1,75 m
Abrechnung: **nach Verdrängung / auf Nachweisrapport / Wiegescheine der Deponie**

| 23€ | 35€ | **38**€ | 41€ | 46€ | [m³] | ⌚ 0,37 h/m³ | 002.001.123 |

23 Fundament, Hinterfüllung, Lagermaterial, bis 1,00m KG **322**
Hinterfüllung Einzel- und Streifenfundament. Gelagerten Aushub aufnehmen, fördern und lagenweise verfüllen und verdichten.
Förderwerg: bis ..... m
Aushubtiefe/Einbauhöhe: bis ..... m
Bodengruppen: .....
Bodenprofil: .....
Fundamentgröße: .....
Verdichtungsgrad: DPr mind. 97%

| 13€ | 18€ | **18**€ | 23€ | 29€ | [m³] | ⌚ 0,35 h/m³ | 002.001.130 |

24 Fundament, Hinterfüllung, Liefermaterial, bis 1,00m KG **322**
Hinterfüllung Einzel- und Streifenfundament. Boden liefern lagenweise verfüllen und verdichten.
Aushubtiefe/Einbauhöhe: bis 1,00 m
Bodengruppen: .....
Bodenprofil: .....
Fundamentgröße: .....
Verdichtungsgrad: DPr mind. 97%

| 14€ | 18€ | **21**€ | 25€ | 28€ | [m³] | ⌚ 0,30 h/m³ | 002.001.170 |

Kosten:
Stand 1.Quartal 2021
Bundesdurchschnitt

▶ min
▷ von
ø Mittel
◁ bis
◀ max

Nr.	Kurztext / Langtext							Kostengruppe
▶	▷	ø netto €	◁	◀	[Einheit]	Ausf.-Dauer	Positionsnummer	

25 Kabelgraben ausheben, bis 1,00m, lagern, GK1 KG **511**
Boden für Kabelgraben profilgerecht lösen, Aushub seitlich lagern.
Gesamtabtragstiefe: bis 1,00 m
Sohlenbreite: bis 50 cm
Förderweg: ..... m
Baumaßnahmen der Geotechnischen Kategorie 1 DIN 4020
Homogenbereich: 1
Homogenbereich 1 oben: ..... m
Homogenbereich 1 unten: ..... m
Anzahl der Bodengruppen: ..... St
Bodengruppen DIN 18196: .....
Massenanteile der Steine DIN EN ISO 14688-1: über ..... % bis ..... %
Massenanteile der Blöcke DIN EN ISO 14688-1: über ..... % bis ..... %
Konsistenz DIN EN ISO 14688-1: .....
Lagerungsdichte: .....
Homogenbereiche lt.: .....
Mengenermittlung nach Aufmaß an der Entnahmestelle.

| 13€ | 16€ | **20€** | 22€ | 26€ | [m³] | ⏱ 0,32 h/m³ | 002.001.140 |

26 Kabelgraben ausheben, bis 1,25m, lagern, GK1 KG **511**
Boden für Kabelgraben profilgerecht lösen, Aushub seitlich lagern.
Gesamtabtragstiefe: bis 1,25 m
Sohlenbreite: bis 50 cm
Förderweg: ..... m
Baumaßnahmen der Geotechnischen Kategorie 1 DIN 4020
Homogenbereich: 1
Homogenbereich 1 oben: ..... m
Homogenbereich 1 unten: ..... m
Anzahl der Bodengruppen: ..... St
Bodengruppen DIN 18196: .....
Massenanteile der Steine DIN EN ISO 14688-1: über ..... % bis ..... %
Massenanteile der Blöcke DIN EN ISO 14688-1: über ..... % bis ..... %
Konsistenz DIN EN ISO 14688-1: .....
Lagerungsdichte: .....
Homogenbereiche lt.: .....
Mengenermittlung nach Aufmaß an der Entnahmestelle.

| 15€ | 19€ | **21€** | 24€ | 28€ | [m³] | ⏱ 0,32 h/m³ | 002.001.171 |

LB 002 Erdarbeiten

Kosten:
Stand 1.Quartal 2021
Bundesdurchschnitt

Nr.	Kurztext / Langtext					Kostengruppe
▶	▷	ø netto €	◁	◀	[Einheit]	Ausf.-Dauer Positionsnummer

27 Kabelgraben ausheben, bis 1,00m, entsorgen, GK1 KG **511**

Boden für Kabelgraben profilgerecht lösen, Aushub ist zu entsorgen. Aushub nicht schadstoffbelastet oder gefährlich.
Gesamtabtragstiefe: bis 1,00 m
Sohlenbreite:bis 50 cm
Förderweg: ..... m
Baumaßnahmen der Geotechnischen Kategorie 1 DIN 4020
Homogenbereich: 1
Homogenbereich 1 oben: ..... m
Homogenbereich 1 unten: ..... m
Anzahl der Bodengruppen: ..... St
Bodengruppen DIN 18196: .....
Massenanteile der Steine DIN EN ISO 14688-1: über ..... % bis ..... %
Massenanteile der Blöcke DIN EN ISO 14688-1: über ..... % bis ..... %
Konsistenz DIN EN ISO 14688-1: .....
Lagerungsdichte: .....
Homogenbereiche lt.: .....
Abrechnung: **nach Verdrängung / auf Nachweisrapport / Wiegescheine der Deponie**

14€   19€   **22**€   24€   29€   [m³]   ⏱ 0,32 h/m³   002.001.143

28 Hindernisse beseitigen, Gräben KG **212**

Hindernis in Graben beseitigen und seitlich lagern, Hindernis aus Mauerwerk, einzelnen Steinen oder Fundamentresten aus Beton. Abfuhr und Entsorgung in gesonderter Position.
Grabenbreite: bis 0,80 m
Hindernis: unter 0,01 m³

51€   76€   **88**€   100€   128€   [m³]   ⏱ 1,65 h/m³   002.000.014

29 Aushub lagernd, entsorgen KG **311**

Überschüssigen Aushub, bauseits gelagert, laden, abfahren und auf zugelassenen Lagerstätte nach Wahl des Auftragnehmers lagenweise einarbeiten.
Bodengruppen: ..... DIN 18196
Aushub: nicht schadstoffbelastet
Zuordnung: Z 0
Verwertungsanlage (Bezeichnung/Ort/Fahrweg): .....
Lagergebühren werden vom AN übernommen
Abrechnung: **nach Verdrängung / auf Nachweisrapport / Wiegescheine der Deponie**

14€   18€   **20**€   21€   25€   [m³]   ⏱ 0,34 h/m³   002.001.182

▶ min
▷ von
ø Mittel
◁ bis
◀ max

Nr.	Kurztext / Langtext						Kostengruppe	
▶	▷	ø netto €	◁	◀	[Einheit]	Ausf.-Dauer	Positionsnummer	

30 Bodenaustausch, Liefermaterial — KG 321

Austauschen von nicht tragfähigem Boden im Aushubbereich:
- Aushub und Entsorgung des nicht brauchbaren Bodenmaterials, Deponiegebühren werden vom AN übernommen
- Lieferung und Einbau von tragfähigem, gut verdichtbarem Ersatzmaterial, inkl. Verdichtung in Lagen bis 30cm

Neuboden: z.B. kornabgestufter Kiessand (Bodengruppe GW/GU) - natürliche Gesteinskörnung
Verdichtung: 103% Proctordichte
Aushubtiefe: .....
Austauschfläche: .....
Geländeprofil: .....

| 23€ | 28€ | **30€** | 42€ | 63€ | [m³] | ⏱ 0,25 h/m³ | 002.000.022 |

31 Bodenverbesserung, Liefermaterial — KG 321

Bodenverbesserung, durch Einarbeiten von Baustoffen, inkl. Verdichten, Boden und Ausführung gem. Bodengutachten (von AG zur Verfügung gestellt).
Baustoff: **Recycling-Kies 0/56 / Kalkschotter 5/30** - natürliche Gesteinskörnung
Schichtdicke: bis 30 cm
Verdichtungsgrad DPr: 95%
Verformungsmodul EV2: .....MN/m²

| 17€ | 22€ | **23€** | 27€ | 33€ | [m²] | ⏱ 0,14 h/m² | 002.000.038 |

32 Planum, Baugrube — KG 311

Planum in Baugrube herstellen, einschl. Verdichten
Zulässige Abweichung von Sollhöhe: +/-2 cm
Verformungsmodul EV2: .....MN/m²

| 0,8€ | 1,5€ | **1,8€** | 2,0€ | 2,8€ | [m²] | ⏱ 0,02 h/m² | 002.000.021 |

33 Planum, Wege/Fahrstraßen, verdichten — KG 530

Planum von Verkehrsflächen herstellen, einschl. Verdichten; Planum als einwandfreie Trassierung für den Belagsunterbau in den erforderlichen Gefällen nach Regelschnitten, Abrechnung nach Belagsfläche.
Zulässige Abweichung von Sollhöhe: +/-2 cm
Verformungsmodul: mind. EV2 45 MN/m²

| 0,4€ | 1,0€ | **1,2€** | 1,9€ | 2,8€ | [m²] | ⏱ 0,02 h/m² | 002.000.035 |

34 Gründungssohle verdichten, Baugrube — KG 311

Gründungssohle verdichten, in Baugrube.
Verdichtungsgrad: DPr 97%
Bodengruppe: ..... DIN 18196

| 0,7€ | 1,4€ | **1,8€** | 2,2€ | 3,1€ | [m²] | ⏱ 0,02 h/m² | 002.000.020 |

35 Lastplattendruckversuch, Baugrube — KG 319

Statischer Lastplattendruckversuch DIN 18134, Nachweis der geforderten Verdichtung des Bodens; Durchführung und Auswertung sowie Gerätestellung erfolgt durch ein neutrales Prüflabor nach Wahl des Auftragnehmers. Abrechnung je Versuch, inkl. aller Geräte, Honorare und Nebenkosten.

| 105€ | 136€ | **148€** | 157€ | 214€ | [St] | ⏱ 2,20 h/St | 002.000.027 |

© **BKI** Baukosteninformationszentrum; Erläuterungen zu den Tabellen siehe Seite 44
Mustertexte geprüft: Bauwirtschaft Baden-Württemberg e.V.
Kostenstand: 1.Quartal 2021, Bundesdurchschnitt

**LB 002
Erdarbeiten**

Nr.	Kurztext / Langtext						Kostengruppe
▶	▷	ø netto €	◁	◀	[Einheit]	Ausf.-Dauer	Positionsnummer

36	Trennlage, Filtervlies						KG **325**

Filtervlies aus Geotextilien, als Trennlage, auf Erdplanum, unter Frostschutz- / Tragschicht.
GRK-Klasse: .....
Überlappung: mind. 20 cm
Einbauort: Baugrube

1€	2€	**2€**	3€	3€	[m²]	⏱ 0,04 h/m²	002.000.029

37	Kies 16/32, frei Baustelle, liefern						KG **325**

Liefern von Stoffen frei Baustelle. Abrechnung nach Lieferschein und Umrechnungstabelle ..... von t nach m³, (trockener, geschütteter Zustand).
Material: Kies 16/32 - natürliche Gesteinskörnung

37€	43€	**45€**	48€	53€	[m³]	–	002.001.185

38	Rohrgraben/Arbeitsraum verfüllen, Kies 0/32mm						KG **311**

Verfüllen von Rohrgraben / Arbeitsraum an Rohrleitungen, schichtweise, inkl. Verdichten.
Einbaumaterial: Lieferkies 0/32 mm - natürliche Gesteinskörnung
Verdichtungsgrad: DPr mind. 97%
Einbauort: .....
Einbauhöhe: bis ..... m

22€	29€	**31€**	37€	47€	[m³]	⏱ 0,35 h/m³	009.001.080

39	Rohrgraben/Arbeitsraum verfüllen, Liefermaterial						KG **311**

Verfüllen von Rohrgraben / Arbeitsraum an Rohrleitungen, schichtweise, inkl. Verdichten.
Einbaumaterial: Lieferboden der Bodengruppe: .....
Verdichtungsgrad: DPr mind. 97%
Einbauort: .....
Einbauhöhe: bis ..... m

22€	30€	**36€**	39€	47€	[m³]	⏱ 0,30 h/m³	009.001.079

40	Arbeitsräume verfüllen, verdichten, Lagermaterial						KG **311**

Verfüllen von Arbeitsräumen, mit gelagertem Bodenmaterial, schichtweise einbauen, einschl. Fördern des Lagermaterials und Verdichten.
Bodengruppen: gem. Einzelbeschreibung
Verdichtungsgrad: DPr mind. 97%
Einbauhöhe: ..... m
Förderweg: bis 50 m

6€	11€	**13€**	18€	28€	[m³]	⏱ 0,26 h/m³	002.000.025

41	Arbeitsräume verfüllen, verdichten, Liefermaterial						KG **311**

Verfüllen von Arbeitsräumen, mit anzulieferndem Bodenmaterial, schichtweise einbauen, einschl. Fördern des Lagermaterials und Verdichten.
Bodengruppe: **GU (Kies-Schluff-Gemisch)** / ..... gem. Einzelbeschreibung
Verdichtungsgrad: DPr mind. 97%
Einbauhöhe: ..... m

10€	23€	**27€**	30€	36€	[m³]	⏱ 0,30 h/m³	002.000.024

Kosten:
Stand 1.Quartal 2021
Bundesdurchschnitt

▶ min
▷ von
ø Mittel
◁ bis
◀ max

Nr.	Kurztext / Langtext							Kostengruppe
▶	▷	ø netto €	◁	◀	[Einheit]	Ausf.-Dauer	Positionsnummer

42 Leitungen/Fundamente verfüllen, Lagermaterial — KG 311
Verfüllen von Fundamenten und Leitungen, schichtweise, inkl. Verdichten.
Einbaumaterial: gelagerter Boden der Bodengruppe ....
Verdichtungsgrad: DPr mind. 97%
Einbauort: .....
Einbauhöhe: bis ..... m
Förderweg: bis 50 m

| 11€ | 17€ | **18**€ | 21€ | 28€ | [m³] | ⏱ 0,25 h/m³ | 002.000.023 |

43 Rohrgraben/Fundamente verfüllen, Liefermaterial — KG 311
Verfüllen von Fundamenten und Rohrleitungsgraben, schichtweise, inkl. Verdichten.
Einbaumaterial: Lieferboden der Bodengruppe: .....
Verdichtungsgrad: DPr mind. 97%
Einbauort: .....
Einbauhöhe: bis ..... m

| 18€ | 27€ | **30**€ | 38€ | 55€ | [m³] | ⏱ 0,28 h/m³ | 002.000.026 |

44 Kabelgraben verfüllen, Liefermaterial Sand 0/2 — KG 440
Verfüllen von Kabelgraben, schichtweise, mit anzulieferndem Kabelsand, inkl. Verdichten.
Einbaumaterial: Kabelsand - natürliche Gesteinskörnung
Körnung: 0/2 mm
Verdichtungsgrad: DPr mind. 97%
Einbauhöhe: .....
Grabenbreite: ..... m

| 7€ | 10€ | **12**€ | 14€ | 17€ | [m] | ⏱ 0,20 h/m | 002.001.086 |

45 Ummantelung, Rohrleitung, Beton — KG 551
Ortbeton für Betonummantelung von Rohrleitungen, unbewehrt, ohne Anforderung an die Frostsicherheit, inkl. Abschalung. Abrechnung nach Länge ummanteltes Rohr.
Querschnitt: ca. 300 x 300 mm
Rohrgröße: DN100
Betongüte: C8/10
Expositionsklasse: X0

| 24€ | 29€ | **31**€ | 37€ | 45€ | [m] | ⏱ 0,28 h/m | 009.001.082 |

46 Kabelschutzrohr, Kunststoff — KG 556
Kabelschutzrohr, in Graben, verbunden mit Doppelsteckmuffen.
Werkstoff: **PE / PVC-P**
Rohrgröße: DN.....
Verlegung in: **Erdreich / Beton**
Ausführung: **starr / biegsam**
Muffen: **sanddicht / wasserdicht**
Überdeckung: ..... m

| 5€ | 7€ | **7**€ | 8€ | 10€ | [m] | ⏱ 0,22 h/m | 002.001.087 |

LB 002 Erdarbeiten

Kosten:
Stand 1.Quartal 2021
Bundesdurchschnitt

▶ min
▷ von
ø Mittel
◁ bis
◀ max

Nr.	Kurztext / Langtext					[Einheit]	Ausf.-Dauer	Kostengruppe Positionsnummer
▶	▷	**ø netto €**	◁	◀				
47	**Zugdraht für Kabelschutzrohr**							KG **556**
Zugdraht in verlegtes Kabelschutzrohr einlegen. Kabelschutzrohr:								
0,7€	0,9€	**1,1**€	1,1€	1,3€		[m]	⏱ 0,02 h/m	002.001.088
48	**Warnband, Leitungsgraben**							KG **556**
Trassen-Warnband aus Verbundfolie liefern, alterungs- und kältebeständig, farbecht und mit dauerhaft lesbarer Beschriftung, im Zuge der Grabenverfüllung ca. 40cm mittig über Leitung verlegen. Farbe: ..... Art der Leitung:								
0,4€	0,8€	**1,0**€	1,2€	1,7€		[m]	⏱ 0,03 h/m	002.000.051
A 4	**Tragschicht**						Beschreibung für Pos.	**49-51**
Tragschicht, kapillarbrechend, unter Bodenplatte oder Fundament, schichtweise einbringen und verdichten.								
49	**Tragschicht, Kies, 20cm**							KG **325**
Wie Ausführungsbeschreibung A 4 Tragschicht, kapillarbrechend, unter Bodenplatte oder Fundament, schichtweise einbringen und verdichten. Material: Kies Schichtdicke: i. M. 20 cm Körnung: ..... Sieblinie: ..... Proctordichte: 103% Abweichung von Sollhöhe: +/-2 cm								
6€	8€	**9**€	10€	11€		[m²]	⏱ 0,05 h/m²	002.001.091
50	**Tragschicht, Kies, 25cm**							KG **325**
Wie Ausführungsbeschreibung A 4 Tragschicht, kapillarbrechend, unter Bodenplatte oder Fundament, schichtweise einbringen und verdichten. Schichtdicke: i. M. 25 cm Körnung: ..... Sieblinie: ..... Proctordichte: 103% Abweichung von Sollhöhe: +/-2 cm								
7€	10€	**12**€	12€	14€		[m²]	⏱ 0,07 h/m²	002.001.092
51	**Tragschicht, Kies, 30cm**							KG **325**
Wie Ausführungsbeschreibung A 4 Tragschicht, kapillarbrechend, unter Bodenplatte oder Fundament, schichtweise einbringen und verdichten. Material: Kies - natürliche Gesteinskörnung Schichtdicke: i. M. 30 cm Körnung: ..... Sieblinie: ..... Proctordichte: 103% Abweichung von Sollhöhe: +/-2 cm								
7€	11€	**12**€	13€	16€		[m²]	⏱ 0,09 h/m²	002.001.093

Nr.	Kurztext / Langtext						Kostengruppe
▶	▷	ø netto €	◁	◀	[Einheit]	Ausf.-Dauer	Positionsnummer

52 Feinplanum herstellen — KG 530
Planum herstellen, zur Aufnahme einer ungebundenen Tragschicht, überschüssigen Boden seitlich lagern.
Auf- und Abtrag: bis 5cm
zul. Abweichung von Nennhöhe: +/-3 cm
Leistungsbereich: Zufahrt

| 1,0€ | 1,3€ | **1,4€** | 2,1€ | 2,8€ | [m²] | ⏱ 0,02 h/m² | 002.000.034 |

53 Stundensatz, Facharbeiter/-in
Stundenlohnarbeiten für Facharbeiterin, Facharbeiter, Spezialfacharbeiterin, Spezialfacharbeiter, Vorarbeiterin, Vorarbeiter und jeweils Gleichgestellte. Der Verrechnungssatz für die jeweilige Arbeitskraft umfasst sämtliche Aufwendungen wie Lohn- und Gehaltskosten, lohn- und gehaltsgebundene Kosten, Lohn- und Gehaltsnebenkosten, Gemeinkosten, Wagnis und Gewinn. Leistung nach besonderer Anordnung der Bauüberwachung. Anmeldung und Nachweis gem. VOB/B.

| 39€ | 47€ | **50€** | 53€ | 59€ | [h] | ⏱ 1,00 h/h | 002.001.094 |

54 Stundensatz, Helfer/-in
Stundenlohnarbeiten für Werkerin, Werker, Fachwerkerin, Fachwerker und jeweils Gleichgestellte. Der Verrechnungssatz für die jeweilige Arbeitskraft umfasst sämtliche Aufwendungen wie Lohn- und Gehaltskosten, lohn- und gehaltsgebundene Kosten, Lohn- und Gehaltsnebenkosten, Gemeinkosten, Wagnis und Gewinn. Leistung nach besonderer Anordnung der Bauüberwachung. Anmeldung und Nachweis gem. VOB/B.

| 21€ | 37€ | **46€** | 46€ | 53€ | [h] | ⏱ 1,00 h/h | 002.001.095 |

© **BKI** Baukosteninformationszentrum; Erläuterungen zu den Tabellen siehe Seite 44
Mustertexte geprüft: Bauwirtschaft Baden-Württemberg e.V.

LB 006 Spezialtiefbauarbeiten

Kosten: Stand 1. Quartal 2021, Bundesdurchschnitt

▶ min
▷ von
ø Mittel
◁ bis
◀ max

Spezialtiefbauarbeiten — Preise €

Nr.	Positionen	Einheit	▶	▷ ø brutto € / ø netto €		◁	◀
1	Graben-Normverbau, senkrecht, bis 3,0m	m²	24	27	**30**	35	37
			20	23	**25**	29	31
2	Grabenverbau, Dielen, senkrecht, bis 3,0m	m²	–	60	**65**	77	–
			–	51	**55**	65	–
3	Messung, Lärmpegel, Dokumentation	St	–	2.733	**2.876**	3.365	–
			–	2.296	**2.417**	2.828	–
4	Auf-/Umstellen Geräteeinheit	St	–	107	**114**	127	–
			–	90	**96**	107	–
5	Ramm- / Bohr- / Rüttelergebnisse, Dokumentation	St	–	1.997	**2.124**	2.519	–
			–	1.678	**1.785**	2.117	–
6	Gussrammpfähle, Mantelverpressung	m	91	107	**116**	121	137
			77	90	**98**	102	115
7	Bohrloch herstellen	m	60	92	**105**	122	149
			51	78	**88**	102	125
8	Verbauträger, Stahlprofile	t	1.061	1.189	**1.189**	1.191	1.245
			892	999	**999**	1.001	1.046
9	Baustelle einrichten, Geräteeinheit/Kolonne	St	10.888	18.755	**22.177**	25.691	38.654
			9.149	15.761	**18.636**	21.589	32.482
10	Träger einbinden, Beton	m	–	16	**17**	20	–
			–	13	**15**	17	–
11	Bohrloch verfüllen	m	–	10	**10**	11	–
			–	8	**9**	10	–
12	Verbauausfachung, Holzbohlen	m²	54	78	**95**	104	147
			46	66	**80**	88	124
13	Verbauausfachung, Spritzbeton	m²	–	21	**27**	33	–
			–	18	**23**	28	–
14	Verpressanker, Trägerbohlwand	m	–	71	**90**	103	–
			–	60	**76**	86	–
15	Verbauträger-/Bohrköpfe kappen	St	55	104	**124**	133	159
			46	88	**105**	112	134
16	Verbau, Trägerbohlwand, rückverankert	m²	154	208	**244**	275	360
			129	174	**205**	231	303
17	Verbau, Spundwand, Stahlprofile	m²	80	103	**142**	214	244
			67	87	**120**	180	205
18	Stillstand Geräteeinheit, inkl. Personal	h	417	502	**550**	615	723
			350	422	**462**	517	607
19	Stundensatz, Facharbeiter/-in	h	54	61	**63**	66	72
			46	52	**53**	56	61

© BKI Baukosteninformationszentrum; Erläuterungen zu den Tabellen siehe Seite 44
Mustertexte geprüft: Bauwirtschaft Baden-Württemberg e.V.

Kostenstand: 1. Quartal 2021, Bundesdurchschnitt

Nr.	Kurztext / Langtext						Kostengruppe	
▶	▷	ø netto €	◁	◀		[Einheit]	Ausf.-Dauer	Positionsnummer

A 1 Graben-Normverbau, senkrecht — Beschreibung für Pos. 1
Senkrechter Normverbau für Graben herstellen, vorhalten und wieder entfernen.
Anzahl Bodengruppen: eine Bodengruppe
Bodengruppe 1: GU DIN 18196 (Kies-Schluff-Gemisch)
Vorhaltezeit: ..... Wochen

1 Graben-Normverbau, senkrecht, bis 3,0m — KG **411**
Wie Ausführungsbeschreibung A 1
Höhe: bis 3,0 m
Sohlbreite: bis 1,5 m

| 20 € | 23 € | **25 €** | 29 € | 31 € | [m²] | ⏱ 0,24 h/m² | 006.000.021 |

A 2 Grabenverbau, Kanaldielen, senkrecht — Beschreibung für Pos. 2
Senkrechter Verbau für Graben mit Kanaldielen herstellen, vorhalten und wieder entfernen.
Anzahl Bodengruppen: eine Bodengruppe
Bodengruppe 1: GU DIN 18196 (Kies-Schluff-Gemisch)
Vorhaltezeit: ..... Wochen

2 Grabenverbau, Dielen, senkrecht, bis 3,0m — KG **411**
Wie Ausführungsbeschreibung A 2
Höhe: bis 3,0 m
Sohlbreite: bis 1,5 m

| – € | 51 € | **55 €** | 65 € | – € | [m²] | ⏱ 0,54 h/m² | 006.000.022 |

3 Messung, Lärmpegel, Dokumentation — KG **312**
Durchführen und Dokumentation einer Lärmpegelmessung während der Rammarbeiten, auszuführen durch einen anerkannten Sachverständigen. Leistung inkl. An- und Abfahrt, Messung an verschiedenen Standorten, im Bereich der Lärmimmission, inkl. Dokumentation und Beurteilung des Messergebnisses in schriftlicher Form.

| – € | 2.296 € | **2.417 €** | 2.828 € | – € | [St] | ⏱ 0,50 h/St | 006.000.003 |

4 Auf-/Umstellen Geräteeinheit — KG **312**
Auf- und Umstellen der Geräteeinheit von Einsatzstelle zu Einsatzstelle in betriebsbereitem Zustand. Leistung inkl. Einmessen des Ansatzpunkte. Fixpunkte werden bauseits zur Verfügung gestellt.
Geräteeinheit für: **Bohr- / Verpress- / Ramm- / Rüttelarbeiten**
Transportentfernung: bis 50 m

| – € | 90 € | **96 €** | 107 € | – € | [St] | ⏱ 0,25 h/St | 006.000.004 |

5 Ramm- / Bohr- / Rüttelergebnisse, Dokumentation — KG **312**
Dokumentation inkl. Erläuterungsbericht über die Ramm- / Bohr- / Rüttelergebnisse. Übergabe an den AG auf Datenträger.

| – € | 1.678 € | **1.785 €** | 2.117 € | – € | [St] | – | 006.000.005 |

LB 006 Spezialtiefbauarbeiten

Kosten:
Stand 1.Quartal 2021
Bundesdurchschnitt

Nr.	Kurztext / Langtext					Kostengruppe		
▶	▷	ø netto €	◁	◀	[Einheit]	Ausf.-Dauer	Positionsnummer

6 — Gussrammpfähle, Mantelverpressung — KG 312

Fertigteil-Rammpfahl aus duktilem Gusseisen nach DIN EN 545, inkl. Mantelverpressung und höhengenauem Ablängen.
Verpressmaterial: Betonsuspension bzw. Zementmörtel C....../.....
Ansatz verpresste Betonmenge: bis ..... l/m
Geforderte Lastaufnahme: ..... kN je Pfahl
Pfahllänge: über ..... bis ..... m
Schaft-Außendurchmesser und Wandstärke gem. Anforderung und Zulassung.
Einbau senkrecht, ab Geländeoberfläche
Geotechnische Kategorie der Baumaßnahme: **1 / 2** DIN 4020
Bodenzuordnung lt.: **Aufstellung / Bericht / Einzelbeschreibung**
Beschreibung und Höhenlagen der Homogenbereiche / Schichtungen: .....
Aufgemessen wird vom planmäßigen Ansatzpunkt bis zur planmäßigen Endtiefe.

77 €   90 €   **98 €**   102 €   115 €   [m]   ⏱ 0,20 h/m   006.000.006

7 — Bohrloch herstellen — KG 312

Bohrlochherstellung, für Einstellen der Verbauträger.
Bohrloch-Durchmesser: ..... cm
Bohrlängen: ..... m
Bohrabstand: ...... m
Bohrgut: seitlich lagern
Bodenzuordnung lt.: **Aufstellung / Bericht / Einzelbeschreibung**

51 €   78 €   **88 €**   102 €   125 €   [m]   ⏱ 0,10 h/m   006.000.007

8 — Verbauträger, Stahlprofile — KG 312

Verbauträger, als verlorener Träger.
Material: Stahl nach DIN EN 10025
Stahlgüte: S235JR (+AR .....)

892 €   999 €   **999 €**   1.001 €   1.046 €   [t]   –   006.000.008

9 — Baustelle einrichten, Geräteeinheit/Kolonne — KG 312

Einmaliges Einrichten und Räumen der Baustelle mit allen zur Durchführung der Arbeiten und aller erforderlichen Geräte.
Art der Arbeiten: **Bohr- / Ramm- / Rüttelarbeiten**
Einheit: 1 Kolonne inkl. Gerät

9.149 €   15.761 €   **18.636 €**   21.589 €   32.482 €   [St]   ⏱ 2,00 h/St   006.000.001

10 — Träger einbinden, Beton — KG 312

Trägereinbindung und Fußauflager aus Ortbeton.
Betongüte: C20/25

– €   13 €   **15 €**   17 €   – €   [m]   ⏱ 0,05 h/m   006.000.009

11 — Bohrloch verfüllen — KG 312

Bohrlochverfüllung
Material: **hydraulisch gebundener Siebschutt / .....**

– €   8 €   **9 €**   10 €   – €   [m]   ⏱ 0,04 h/m   006.000.010

▶ min
▷ von
ø Mittel
◁ bis
◀ max

Nr.	Kurztext / Langtext					Kostengruppe		
▶	▷	**ø netto €**	◁	◀	[Einheit]	Ausf.-Dauer	Positionsnummer

12 Verbauausfachung, Holzbohlen — KG **312**

Holzausfachung des Verbaus liefern, einbauen und vorhalten. Ausfachung kraftschlüssig verkeilen und verlatten, Hilfsstoffe sind mit einzurechnen. Leistung inkl. komplettem Rückbau der Ausfachung.
Verbauart: **Graben / Baugrube**
Ausfachung: Nadelholzbohlen, Abmessung nach statischer und konstruktiver Vorgabe
Holzdicke: ca. ..... cm
Holzlänge bis: ..... m
Vorhaltezeit: bis zum Verfüllen der Baugrube (siehe Terminplan).

| 46€ | 66€ | **80€** | 88€ | 124€ | [m²] | ⏱ 0,35 h/m² | 006.000.011 |

13 Verbauausfachung, Spritzbeton — KG **312**

Spritzbeton als Ausfachung des Verbaus, bewehrt, liefern und im Zuge der Aushubarbeiten zwischen den Verbauträgern einbauen und vorhalten. Bewehrung nach gesonderter Position.
Betongüte: Spritzbeton C.....
Dicke: bis ..... cm
Vorhaltezeit: bis zum Verfüllen der Baugrube (siehe Terminplan).

| –€ | 18€ | **23€** | 28€ | –€ | [m²] | ⏱ 0,10 h/m² | 006.000.012 |

14 Verpressanker, Trägerbohlwand — KG **312**

Verpressanker (Temporäranker) mit Nachverpresseinrichtungen, gem. DIN 4125, DIN EN 1537 und den Zulassungsbescheiden bohren, einbauen, ggf. mehrmalig verpressen und vorspannen, inkl. Verrohrung und Verpressmörtel, freie Ankerlänge mit geeignetem Material setzungsfrei verfüllen, nach Fertigstellung des Untergeschosses Anker auf Anordnung der Bauleitung entspannen.
Einbaubereich: Trägerbohlwand, Bereich der Gurtungs-Konstruktion
Neigung: nach Plan
Ankerkraft - Bemessungswert: Pd bis ..... kN
Ankerlänge nach Plan: ca. ..... m
Ankerköpfe: **zurückbauen / verloren**
Bohrdurchmesser: ..... mm
Bodenaufbau und Bodengruppen lt. anliegender Verbau-Berechnung und Baugrundgutachten
Für die Ausführung werden vom AG folgende Unterlagen zur Verfügung gestellt:
– Verbau-Statik, Anlage-Nr. .....
– Baugrundgutachten, Anlage-Nr. .....
– Übersichtszeichnungen, Anlage-Nr. .....

| –€ | 60€ | **76€** | 86€ | –€ | [m] | ⏱ 0,40 h/m | 006.000.013 |

15 Verbauträger-/Bohrköpfe kappen — KG **312**

Ramm- / Verdrängungs-Pfahlkopf auf Sollhöhe abbrennen / abstemmen, anfallende Stoffe aufnehmen, fördern und im Behälter des AG sammeln.
Material: **Stahl / Gusseisen / Beton**
Durchmesser: über ..... bis ..... mm
Abtragsdicke: bis 0,5 m
zulässige Toleranz: +/-2 cm

| 46€ | 88€ | **105€** | 112€ | 134€ | [St] | ⏱ 0,50 h/St | 006.000.014 |

**LB 006
Spezialtiefbau-
arbeiten**

Nr.	Kurztext / Langtext					Kostengruppe	
▶	▷	ø netto €	◁	◀	[Einheit]	Ausf.-Dauer	Positionsnummer

16 Verbau, Trägerbohlwand, rückverankert KG **312**

Baugrundverbau als Trägerbohlwand bohren, herstellen, vorhalten und zurückbauen. Bemessung, Boden-
aufbau und Bodengruppen gem. anliegender Verbau-Berechnung und Baugrundgutachten.
Einbringgenauigkeit: max. 1%, lotrecht
  – Bohrungen im notwendigen Durchmesser, auf die statisch erforderliche Tiefe; Bohrgut seitlich lagern
Gesamtlänge Bohrungen: ..... m
Einbindetiefe je Verbau-Stahlträgern: ..... m
  – Verbau-Stahlträger
Doppel-U-Profil ..... / HEB ..... / HEA .....
Material: Stahl nach DIN EN 10025
Stahlgüte: .....
Einzellänge bis L =..... m
Abstand B = ... m
  – Trägereinbindung mit Beton
Festigkeitsklasse: C .....
  – Bohrlochverfüllung
Material: .....
  – Verbau-Ausfachung
Nadelholzbohlen, d= ..... cm
Abmessung nach statisch und konstruktiver Vorgabe.
Zusätzlich Vergurtungskonstruktion zum Übertragen der Ankerkräfte auf die Verbauwand, inkl. aller Material-
lieferungen wie Konsolen, Längsträger, Ankerkopfunterkonstruktionen usw., in den statisch erforderlichen
Dimensionen.
  – Rückverankerung der Bohlwand, Ausführung gem. anliegender Verbau-Berechnung
  – Anker lösen und Vergurtungskonstruktion ausbauen
  – Ausfachung zurückbauen
Material: Stahl nach DIN EN 10025
Stahlgüte: S235JR (+AR .....)
Gesamtlänge Stahlträger: ..... m
Höhe verbaute Ansichtsfläche: ..... m
Abrechnung Trägerbohlwand: Ansichtsfläche (UK vorgegebene Baugrubensohle bis OK Verbau)
Vorhaltezeit: ..... Monate

| 129€ | 174€ | **205**€ | 231€ | 303€ | [m²] | ⏱ 2,10 h/m² | 006.000.015 |

17 Verbau, Spundwand, Stahlprofile KG **312**

Baugrubenverbau aus Spundwandprofilen aus Stahl. Einbau in hindernisfreien Boden durch alle Bodenschichten.
Verbautiefe: über 3 bis 6 m
Einbringgenauigkeit: max. 1%, lotrecht
Gesamteindringtiefe: bis 2,0 m
Spundwandprofil: .....
Widerstandsmoment Wy: über 400 bis 500 cm³/m
Vorhaltedauer: .....
Ausführung: gem. Statik und Zeichnung
Geotechnische Kategorie der Baumaßnahme: **1 / 2** DIN 4020
Bodenzuordnung lt.: **Aufstellung / Bericht / Einzelbeschreibung**
Beschreibung und Höhenlagen der Homogenbereiche / Schichtungen: .....

| 67€ | 87€ | **120**€ | 180€ | 205€ | [m²] | ⏱ 1,15 h/m² | 006.000.042 |

Kosten:
Stand 1.Quartal 2021
Bundesdurchschnitt

▶ min
▷ von
ø Mittel
◁ bis
◀ max

Nr.	Kurztext / Langtext							Kostengruppe
▶	▷	ø netto €	◁	◀	[Einheit]	Ausf.-Dauer	Positionsnummer	

18 Stillstand Geräteeinheit, inkl. Personal KG **312**
Stillstand für Kolonne und Gerät, der nicht vom AN zu vertreten ist, bei **Bohr- / Ramm-/ Verpress- / Rüttelarbeiten.**

| 350€ | 422€ | **462€** | 517€ | 607€ | [h] | ⏱ 1,00 h/h | 006.000.018 |

19 Stundensatz, Facharbeiter/-in
Stundenlohnarbeiten für Kolonnenführerin, Kolonenführer, Facharbeiterin, Facharbeiter und Gleichgestellte (z.B. Spezialbaufacharbeiterin, Spezialfacherbeiter, Gesellin, Geselle, Maschinenführerin Maschinenführer, Fahrerin, Fahrer). Der Verrechnungssatz für die jeweilige Arbeitskraft umfasst sämtliche Aufwendungen wie Lohn- und Gehaltskosten, lohn- und gehaltsgebundene Kosten, Lohn- und Gehaltsnebenkosten, Gemeinkosten, Wagnis und Gewinn. Leistung nach besonderer Anordnung der Bauüberwachung. Anmeldung und Nachweis gem. VOB/B.

| 46€ | 52€ | **53€** | 56€ | 61€ | [h] | ⏱ 1,00 h/h | 006.000.017 |

LB 008 Wasserhaltungsarbeiten

Preise €

Kosten: Stand 1.Quartal 2021 Bundesdurchschnitt

▶ min
▷ von
ø Mittel
◁ bis
◀ max

Nr.	Positionen	Einheit	▶	▷ ø brutto € ø netto €		◁	◀
1	Pumpensumpf, Betonfertigteil	St	178 149	402 338	**540** **453**	923 776	1.582 1.330
2	Tauchpumpe, Fördermenge bis 10m³/h	St	131 110	223 187	**260** **219**	290 244	414 348
3	Betrieb Tauchpumpe bis 10m³/h	h	0,8 0,6	3,5 2,9	**4,8** **4,1**	5,8 4,9	10 8,4
4	Saugpumpe, Fördermenge bis 30m³/h	St	179 150	377 317	**501** **421**	670 563	926 778
5	Betrieb Saugpumpe über 10m³/h	h	0,8 0,6	3,5 2,9	**4,3** **3,6**	6,3 5,3	9,6 8,0
6	Brunnenschacht, Grundwasserabsenkung	St	786 661	1.538 1.292	**1.865** **1.567**	2.207 1.854	2.840 2.386
7	Druckrohrleitung, DN100	m	6 5	13 11	**17** **15**	30 26	48 40
8	Saugleitung, DN100	m	7 6	12 10	**15** **13**	19 16	26 21
9	Stromaggregat, 10-30kW	St	1.506 1.266	2.554 2.146	**2.398** **2.015**	2.554 2.146	3.503 2.944
10	Absetzbecken, Wasserhaltung	St	1.342 1.128	1.629 1.369	**2.127** **1.788**	2.494 2.096	2.905 2.441
11	Messeinrichtung, Wassermenge	St	186 157	324 273	**365** **307**	439 369	652 548
12	Wasserhaltung, Betrieb 10-20l/s	h	2 2	9 7	**11** **9**	14 12	21 17

Nr.	Kurztext / Langtext						Kostengruppe
▶	▷	ø netto €	◁	◀	[Einheit]	Ausf.-Dauer	Positionsnummer

1 Pumpensumpf, Betonfertigteil — KG 313

Pumpensumpf aus Betonfertigteilringen herstellen, während der gesamten Bauzeit vorhalten und wieder entfernen, inkl. erforderlichem Aushub, seitlicher Lagerung und Wiederverfüllung.
Lage: innerhalb der Baugrube
Tiefe: bis 3,00 m
Durchmesser: DN1000
lichter Sohlenquerschnitt: bis 1,00 m²
Boden: Homogenbereich ....., mit einer Bodengruppe, Bodengruppe: ..... DIN 18196
– Steinanteil: bis ..... % Massenanteil DIN EN ISO 14688-1
– Konsistenz DIN EN ISO 14688-1: .....
– Lagerungsdichte: .....
Aushubprofil: .....

| 149 € | 338 € | **453** € | 776 € | 1.330 € | [St] | ⏱ 2,40 h/St | 008.000.002 |

© BKI Baukosteninformationszentrum; Erläuterungen zu den Tabellen siehe Seite 44
Mustertexte geprüft: Bauwirtschaft Baden-Württemberg e.V.

Kostenstand: 1.Quartal 2021, Bundesdurchschnitt

Nr.	Kurztext / Langtext						Kostengruppe
▶	▷	ø netto €	◁	◀	[Einheit]	Ausf.-Dauer	Positionsnummer

2 Tauchpumpe, Fördermenge bis 10m³/h — KG **313**
Tauchpumpe mit Schwimmer an Druckrohrleitung anschließen, einbauen, vorhalten, betreiben und entfernen.
Fördermenge: 10 m³/h
Förderhöhe: bis 5,00 m
Einbauort: Pumpensumpf in Baugrube
Vorhaltedauer: ..... Wochen

| 110€ | 187€ | **219**€ | 244€ | 348€ | [St] | ⏱ 2,00 h/St | 008.000.003 |

3 Betrieb Tauchpumpe bis 10m³/h — KG **313**
Tauchpumpe betreiben, elektrischer Antrieb.
Förderhöhe: bis 5,00 m
Fördermenge: bis 10 m³/h

| 0,6€ | 2,9€ | **4,1**€ | 4,9€ | 8,4€ | [h] | ⏱ 1,00 h/h | 008.000.005 |

4 Saugpumpe, Fördermenge bis 30m³/h — KG **313**
Tauchpumpe mit Schwimmer an Druckrohrleitung anschließen, einbauen, vorhalten, betreiben und entfernen.
Fördermenge: über 10 bis 30 m³/h
Förderhöhe: bis 10,0 m
Einbauort: Pumpensumpf in Baugrube
Vorhaltedauer: ..... Wochen

| 150€ | 317€ | **421**€ | 563€ | 778€ | [St] | ⏱ 2,00 h/St | 008.000.004 |

5 Betrieb Saugpumpe über 10m³/h — KG **313**
Saugpumpe betreiben, elektrischer Antrieb.
Förderhöhe: bis 10,00 m
Fördermenge: bis 20 m³/h

| 0,6€ | 2,9€ | **3,6**€ | 5,3€ | 8,0€ | [h] | ⏱ 1,00 h/h | 008.000.006 |

6 Brunnenschacht, Grundwasserabsenkung — KG **313**
Absenkung des Grundwasserspiegels, mittels Bohrungen samt Brunneneinbauten:
– Abteufen der verrohrten Brunnenbohrung, einschl. Ziehen der Bohrrohre, das Bohrgut ist abzutransportieren - anfallendes Bohrwasser ableiten und klären; Klarspülen der verrohrten Bohrlöcher
– Filterrohre mit Schlitzbrückenlochung und stufenloser Verbindung
– Filterkiespackung als Ummantelung und Sohlschichtung entsprechend dem vorhandenen Boden
– inkl. Grundvorhaltung; weitere Vorhaltung nach getrennter Position
– nach Vorhaltung gesamte Anlage wieder abbauen, inkl. Verfüllen der Bohrlöcher
Boden / Homogenbereich / Geländeprofil: siehe anliegendes Bodengutachten
Bohrlochlänge: ..... m
Bohrlochdurchmesser: ..... mm
Vorhaltedauer: ..... Wochen

| 661€ | 1.292€ | **1.567**€ | 1.854€ | 2.386€ | [St] | ⏱ 12,00 h/St | 008.000.007 |

7 Druckrohrleitung, DN100 — KG **313**
Druckrohrleitung betriebsfertig herstellen, vorhalten und wieder entfernen, inkl. aller notwendigen Formstücke, Anschlüsse und Armaturen.
Vorhaltedauer: ..... Wochen
Nenngröße: DN100

| 5€ | 11€ | **15**€ | 26€ | 40€ | [m] | ⏱ 0,35 h/m | 008.000.008 |

LB 008 Wasserhaltungsarbeiten

Nr.	Kurztext / Langtext					[Einheit]	Ausf.-Dauer	Kostengruppe Positionsnummer
▶	▷	ø netto €	◁	◀				

8 Saugleitung, DN100 — KG 313
Saugschläuche betriebsfertig herstellen, vorhalten und wieder entfernen, inkl. aller notwendigen Formstücke, Anschlüsse und Armaturen.
Vorhaltedauer: ..... Wochen
Nenngröße: DN100

| 6€ | 10€ | **13€** | 16€ | 21€ | [m] | ⏱ 0,12 h/m | 008.000.009 |

9 Stromaggregat, 10-30kW — KG 313
Stromaggregat für Betrieb von Wasserpumpen aufstellen, anschließen und abbauen, inkl. Betriebsstoffe und Aufsichtspersonal; Betrieb nach gesonderter Abrechnung.
Leistung: 10-30 kW

| 1.266€ | 2.146€ | **2.015€** | 2.146€ | 2.944€ | [St] | ⏱ 15,00 h/St | 008.000.001 |

10 Absetzbecken, Wasserhaltung — KG 313
Absetzbecken für Reinigung von abgepumptem Grund- und Tagwasser aufbauen und wieder abbauen; inkl. Messeinrichtung und Feststellen des geförderten Wassers. Beseitigung abgesetztes Material nach gesonderter Leistung.
Volumen: 5 m³
Durchflussmenge: ..... l/s

| 1.128€ | 1.369€ | **1.788€** | 2.096€ | 2.441€ | [St] | ⏱ 12,00 h/St | 008.000.011 |

11 Messeinrichtung, Wassermenge — KG 313
Messeinrichtung einbauen, vorhalten und ausbauen. Protokollierung des abgepumpten Wassers als gesonderte Leistung.
Einbauort: nach Absetzmulde und vor Einleitung ins öffentliche Entwässerungsnetz.
Vorhaltedauer: ..... Wochen

| 157€ | 273€ | **307€** | 369€ | 548€ | [St] | ⏱ 0,50 h/St | 008.000.015 |

12 Wasserhaltung, Betrieb 10-20l/s — KG 313
Wasserhaltung / Grundwasserabsenkung betreiben, inkl. Betriebs- und Energiekosten.
Durchflussmenge: 10-20 l/s

| 2€ | 7€ | **9€** | 12€ | 17€ | [h] | ⏱ 1,00 h/h | 008.000.013 |

Kosten:
Stand 1.Quartal 2021
Bundesdurchschnitt

▶ min
▷ von
ø Mittel
◁ bis
◀ max

| 000 |
| 001 |
| 002 |
| 006 |
| **008** |
| 009 |
| 010 |
| 012 |
| 013 |
| 014 |
| 016 |
| 017 |
| 018 |
| 020 |
| 021 |
| 022 |

LB 009 Entwässerungskanalarbeiten

Entwässerungskanalarbeiten — Preise €

Kosten: Stand 1. Quartal 2021, Bundesdurchschnitt

Nr.	Positionen	Einheit	▶ min	▷ von	ø brutto € / ø netto €	◁ bis	◀ max
1	Asphalt schneiden	m	9 / 8	12 / 10	**14** / **11**	17 / 14	22 / 18
2	Aufbruch, Gehwegfläche	m²	7 / 6	15 / 13	**19** / **16**	23 / 19	35 / 30
3	Rohrgrabenaushub, bis 1,25m, lagern, GK1	m³	20 / 17	25 / 21	**28** / **23**	31 / 26	39 / 33
4	Rohrgrabenaushub, bis 1,75m, lagern, GK1	m³	22 / 19	28 / 24	**31** / **26**	36 / 30	44 / 37
5	Rohrgrabenaushub, bis 1,25m, abfahren, GK1	m³	24 / 21	30 / 25	**31** / **26**	36 / 30	44 / 37
6	Rohrgrabenaushub, bis 1,00m, abfahren, GK1	m³	24 / 20	27 / 23	**30** / **25**	30 / 26	34 / 29
7	Rohrgrabenaushub, bis 1,75m, abfahren, GK1	m³	29 / 24	35 / 30	**37** / **31**	40 / 34	46 / 39
8	Aushub, Rohrgraben, schwerer Fels	m³	27 / 22	43 / 37	**57** / **48**	76 / 64	104 / 87
9	Handaushub, bis 1,25m	m³	51 / 42	74 / 62	**82** / **69**	96 / 81	121 / 102
10	Erdaushub, Schacht DN1.000, bis 1,25m, Verbau	m³	29 / 24	34 / 28	**37** / **31**	41 / 34	48 / 40
11	Erdaushub, Schacht DN1.000, bis 1,75m, Verbau	m³	29 / 24	36 / 30	**39** / **33**	45 / 38	55 / 47
12	Erdaushub, Schacht DN1.000, bis 3,50m, Verbau	m³	45 / 38	55 / 47	**61** / **52**	69 / 58	90 / 76
13	Ummantelung, Rohrleitung, Beton	m	12 / 10	26 / 22	**34** / **29**	41 / 34	54 / 45
14	Anschluss, Abwasser, Kanalnetz	St	318 / 268	437 / 367	**480** / **404**	610 / 513	925 / 777
15	Abwasserleitung, Betonrohre DN400	m	86 / 72	95 / 80	**102** / **86**	108 / 91	125 / 105
16	Abwasserkanal, Steinzeugrohre, DN100	m	23 / 19	32 / 27	**36** / **30**	45 / 38	59 / 50
17	Abwasserkanal, Steinzeugrohre, DN125	m	26 / 22	38 / 32	**42** / **36**	48 / 40	61 / 52
18	Abwasserkanal, Steinzeugrohre, DN150	m	26 / 22	44 / 37	**47** / **40**	54 / 46	70 / 59
19	Abwasserkanal, Steinzeugrohre, DN200	m	30 / 25	47 / 39	**55** / **46**	59 / 49	76 / 64
20	Formstück, Steinzeugrohr, DN100, Bogen	St	25 / 21	29 / 24	**31** / **26**	34 / 29	39 / 33
21	Formstück, Steinzeugrohr, DN125, Bogen	St	27 / 23	40 / 34	**44** / **37**	46 / 39	51 / 43
22	Formstück, Steinzeugrohr, DN150, Bogen	St	34 / 29	42 / 35	**47** / **40**	59 / 50	77 / 65
23	Formstück, Steinzeugrohr, DN200, Bogen	St	75 / 63	88 / 74	**98** / **82**	101 / 85	109 / 91
24	Formstück, Steinzeugrohr, DN100, Abzweig	St	36 / 31	46 / 39	**50** / **42**	53 / 44	63 / 53

© BKI Baukosteninformationszentrum; Erläuterungen zu den Tabellen siehe Seite 44
Mustertexte geprüft: Bauwirtschaft Baden-Württemberg e.V.

Entwässerungskanalarbeiten — Preise €

Nr.	Positionen	Einheit	▶	▷ ø brutto € / ø netto €		◁	◀
25	Formstück, Steinzeugrohr, DN125, Abzweig	St	39	51	**57**	61	72
			33	43	**48**	51	61
26	Formstück, Steinzeugrohr, DN150, Abzweig	St	40	57	**62**	72	96
			34	48	**52**	60	80
27	Formstück, Steinzeugrohr, DN200, Abzweig	St	77	85	**87**	95	107
			65	71	**73**	80	90
28	Übergangsstück, Steinzeug, DN125/150	St	35	41	**44**	49	60
			30	34	**37**	41	51
29	Übergangsstück, Steinzeug, DN150/200	St	39	56	**64**	68	71
			33	47	**54**	57	60
30	Übergang, PE/PVC/Steinzeug auf Guss	St	22	33	**38**	46	58
			19	28	**32**	39	49
31	Abwasserkanal, Steinzeug, DN100, inkl. Bettung	m	26	36	**42**	49	61
			22	30	**36**	42	51
32	Abwasserkanal, Steinzeug, DN125, inkl. Bettung	m	28	39	**45**	51	63
			23	33	**38**	43	53
33	Abwasserkanal, Steinzeug, DN150, inkl. Bettung	m	33	43	**51**	58	70
			28	36	**43**	48	59
34	Abwasserkanal, Steinzeug, DN200, inkl. Bettung	m	42	55	**63**	68	78
			35	46	**53**	57	66
35	Abwasserkanal, PVC-U, DN/ID100, inkl. Bettung	m	13	24	**27**	32	46
			11	20	**23**	27	38
36	Abwasserkanal, PVC-U, DN/ID125, inkl. Bettung	m	15	27	**31**	37	48
			12	22	**26**	31	40
37	Abwasserkanal, PVC-U, DN/ID150, inkl. Bettung	m	23	32	**36**	42	51
			19	27	**30**	35	43
38	Abwasserkanal, PVC-U, DN/ID200, inkl. Bettung	m	26	47	**56**	62	78
			22	40	**47**	52	66
39	Abwasserkanal, PVC-U, DN/ID100	m	10	20	**23**	27	43
			8,4	17	**19**	23	36
40	Abwasserkanal, PVC-U, DN/ID125	m	12	22	**26**	33	46
			9,8	18	**22**	28	39
41	Abwasserkanal, PVC-U, DN/ID150	m	13	24	**28**	35	53
			11	20	**24**	29	45
42	Abwasserkanal, PVC-U, DN/ID200	m	19	34	**39**	47	64
			16	28	**33**	39	53
43	Formstück, PVC-U, DN/ID100, Abzweig	St	16	23	**27**	30	38
			14	19	**23**	25	32
44	Formstück, PVC-U, DN/ID125, Abzweig	St	17	27	**31**	32	43
			15	23	**26**	27	36
45	Formstück, PVC-U, DN/ID150, Abzweig	St	21	28	**33**	39	47
			17	24	**28**	32	39
46	Formstück, PVC-U, DN/ID200, Abzweig	St	32	37	**40**	45	53
			27	32	**34**	38	44
47	Formstück, PVC-U, DN/ID100, Bogen	St	8,2	12	**13**	19	27
			6,9	10,0	**11**	16	23
48	Formstück, PVC-U, DN/ID125, Bogen	St	9,7	15	**16**	22	36
			8,2	12	**14**	18	30

© **BKI** Baukosteninformationszentrum; Erläuterungen zu den Tabellen siehe Seite 44
Mustertexte geprüft: Bauwirtschaft Baden-Württemberg e.V.

Kostenstand: 1.Quartal 2021, Bundesdurchschnitt

LB 009 Entwässerungskanalarbeiten

Entwässerungskanalarbeiten — Preise €

Kosten: Stand 1.Quartal 2021 Bundesdurchschnitt

Legende:
- ▶ min
- ▷ von
- ø Mittel
- ◁ bis
- ◀ max

Nr.	Positionen	Einheit	▶	▷	ø brutto € / ø netto €	◁	◀
49	Formstück, PVC-U, DN/ID150, Bogen	St	12	17	**19**	28	41
			9,8	14	**16**	23	35
50	Formstück, PVC-U, DN/ID200, Bogen	St	13	25	**28**	37	54
			11	21	**24**	31	45
51	Übergang, PVC-U auf Steinzeug/Beton	St	16	34	**41**	52	76
			13	29	**34**	44	64
52	Abwasserkanal duktiles Gussrohr, DN/ID100	m	42	59	**64**	72	94
			35	49	**54**	61	79
53	Abwasserkanal duktiles Gussrohr, DN/ID125	m	49	74	**87**	99	128
			41	62	**73**	83	107
54	Abwasserkanal duktiles Gussrohr, DN/ID150	m	97	126	**141**	148	201
			81	106	**119**	125	169
55	Abwasserleitung, duktiles Gussrohr, DN/ID200	m	136	199	**224**	256	293
			115	167	**189**	215	247
56	Formstück, duktiles Gussrohr, Bogen, DN/ID100	St	18	20	**21**	22	25
			15	17	**18**	19	21
57	Formstück, duktiles Gussrohr, Übergangsstück	St	63	91	**112**	123	142
			53	76	**94**	104	120
58	Formstück, duktiles Gussrohr, Abzweig, DN/ID100	St	22	29	**33**	36	51
			19	25	**27**	31	43
59	Abwasserkanal, PP-Rohre, DN/OD110	m	17	23	**27**	34	47
			14	20	**22**	29	40
60	Abwasserkanal, PP-Rohre, DN/OD160	m	19	27	**30**	41	59
			16	22	**25**	35	49
61	Abwasserkanal, PP-Rohre, DN/OD200	m	20	31	**35**	47	61
			17	26	**30**	39	52
62	Abwasserleitung, PE-HD-Rohre, DN/ID100	m	20	24	**25**	29	37
			17	20	**21**	25	31
63	Abwasserkanal PE-HD-Rohre, DN/ID125	m	21	28	**34**	40	50
			18	24	**28**	33	42
64	Abwasserleitung, PE-HD-Rohre, DN/ID150	m	30	36	**39**	45	55
			25	30	**33**	38	46
65	Abwasserleitung, PE-HD-Rohre, DN/ID200	m	32	41	**47**	51	60
			27	35	**39**	43	51
66	Standrohr, duktiles Gussrohr/Grauguss	St	52	76	**90**	98	134
			43	64	**76**	82	113
67	Dichtheitsprüfung, Grundleitung	St	226	333	**380**	442	612
			190	280	**319**	371	514
68	Dichtheitsprüfung, Grundleitung	m	3	5	**6**	7	10
			2	4	**5**	6	9
69	Hofablauf, Polymerbeton, A15	St	192	244	**275**	304	371
			161	205	**231**	255	312
70	Straßenablauf, Polymerbeton, B125	St	258	340	**381**	398	483
			217	286	**320**	334	406
71	Straßenablauf, Polymerbeton, D400	St	342	439	**485**	535	715
			287	369	**408**	449	601
72	Bodenablauf, Gusseisen	St	83	167	**204**	305	426
			69	140	**171**	257	358

Entwässerungskanalarbeiten — Preise €

Nr.	Positionen	Einheit	▶	▷ ø brutto € / ø netto €		◁	◀
73	Reinigungsrohr, Putzstück, DN100	St	42 / 35	87 / 73	**106** / **89**	129 / 108	171 / 143
74	Absperreinrichtung, Kanal, Gusseisen	St	177 / 149	270 / 227	**294** / **247**	324 / 272	403 / 339
75	Rückstaudoppelverschluss, DN100, Kunststoff	St	190 / 160	274 / 230	**299** / **252**	439 / 369	586 / 492
76	Schachtsohle, ausformen/Gerinne einbringen	St	117 / 98	214 / 180	**283** / **238**	313 / 263	369 / 310
77	Schachtring, DN1.000, Beton, 250mm	St	77 / 65	108 / 91	**125** / **105**	142 / 120	169 / 142
78	Schachtring, DN1.000, Beton, 500mm	St	107 / 90	149 / 125	**164** / **138**	193 / 162	268 / 226
79	Schachthals, Kontrollschacht	St	91 / 76	151 / 127	**172** / **145**	195 / 163	258 / 217
80	Steigeisen, Form A / B, Stb-Schacht	St	39 / 33	51 / 43	**60** / **50**	66 / 56	76 / 64
81	Auflagering, DN625, Fertigteil	St	24 / 20	36 / 30	**41** / **35**	53 / 45	73 / 62
82	Leitungsanschluss, Schacht	St	63 / 53	124 / 104	**154** / **130**	177 / 149	227 / 191
83	Seitenzulauf zum Schacht	St	75 / 63	106 / 89	**117** / **99**	155 / 131	214 / 180
84	Schachtabdeckung, Klasse A15	St	124 / 104	185 / 156	**217** / **182**	271 / 227	377 / 317
85	Schachtabdeckung, Klasse C250	St	199 / 167	280 / 235	**303** / **255**	421 / 354	573 / 482
86	Schachtabdeckung, Klasse D400	St	244 / 205	356 / 299	**396** / **333**	472 / 397	676 / 568
87	Schmutzfangkorb, Schachtabdeckung	St	24 / 20	51 / 43	**57** / **48**	62 / 52	72 / 61
88	Schachtabdeckung anpassen	St	33 / 27	111 / 93	**141** / **119**	209 / 176	381 / 320
89	Kontrollschacht komplett, bis 3,5m, DN1.000	St	959 / 806	1.334 / 1.121	**1.534** / **1.289**	1.774 / 1.491	2.321 / 1.950
90	Regenwasserspeicher, Stahlbeton	St	2.753 / 2.313	4.014 / 3.373	**4.401** / **3.699**	5.637 / 4.737	7.796 / 6.551
91	Entwässerungsrinne, Klasse B125, Beton	m	99 / 83	139 / 117	**142** / **119**	173 / 145	231 / 195
92	Entwässerungsrinne, Klasse C250, Beton	m	88 / 74	162 / 136	**195** / **164**	232 / 195	314 / 264
93	Entwässerungsrinne, Klasse D400, Beton	m	126 / 106	237 / 199	**274** / **231**	355 / 298	532 / 447
94	Entwässerungsrinne, Abdeckung Guss, C250	m	57 / 48	75 / 63	**85** / **72**	104 / 88	133 / 112
95	Entwässerungsrinne, Abdeckung Guss, C400	m	78 / 66	107 / 90	**130** / **109**	140 / 118	156 / 132
96	Entwässerungsrinne, Abdeckung, Schlitzaufsatz	m	57 / 48	82 / 69	**90** / **76**	97 / 81	133 / 112

© **BKI** Baukosteninformationszentrum; Erläuterungen zu den Tabellen siehe Seite 44
Mustertexte geprüft: Bauwirtschaft Baden-Württemberg e.V.

Kostenstand: 1.Quartal 2021, Bundesdurchschnitt

LB 009 Entwässerungskanalarbeiten

Entwässerungskanalarbeiten

Preise €

Nr.	Positionen	Einheit	▶	▷ ø brutto € ø netto €	◁	◀
97	Kanalreinigung, Hochdruckspülgerät	m	2	3	**4**	8	12
			1	3	**4**	6	10
98	Kanalprüfung, Kamera	m	4	6	**6**	8	9
			3	5	**5**	7	8
99	Stundensatz, Facharbeiter/-in	h	59	63	**64**	68	72
			50	53	**54**	57	61
100	Stundensatz, Helfer/-in	h	53	56	**57**	58	61
			45	47	**48**	49	51

Kosten:
Stand 1.Quartal 2021
Bundesdurchschnitt

Nr.	Kurztext / Langtext						Kostengruppe
▶	▷	ø netto €	◁	◀	[Einheit]	Ausf.-Dauer	Positionsnummer

1 Asphalt schneiden
KG **221**

Befestigte Asphalt-Flächen streifenförmig schneiden.
Belagsstärke: ca. 150 mm

| 8€ | 10€ | **11€** | 14€ | 18€ | [m] | ⏱ 0,16 h/m | 009.000.002 |

2 Aufbruch, Gehwegfläche
KG **221**

Bituminös befestigte Flächen streifenförmig aufbrechen, anfallendes Material laden, abfahren und entsorgen, inkl. exakter Schneidearbeiten des Belages und Deponiegebuhren.
Belagsstärke: bis 15 cm
Streifenbreite: ca. 70-100 cm
Abfallschlüssel AVV: 170302
Deponie: nach Wahl des AN

| 6€ | 13€ | **16€** | 19€ | 30€ | [m²] | ⏱ 0,40 h/m² | 009.000.003 |

A 1 Rohrgrabenaushub, GK1
Beschreibung für Pos. **3-7**

Boden für Rohrgraben- und Schachtaushub profilgerecht lösen, laden, fördern und lagern. Gefälle gem. Entwässerungsplanung. Verbau wird gesondert vergütet.
Sohlenbreite: .....
Förderweg: ..... m
Baumaßnahmen der Geotechnischen Kategorie 1 DIN 4020
Homogenbereich: 1
Homogenbereich 1 oben: ..... m
Homogenbereich 1 unten: ..... m
Anzahl der Bodengruppen: ..... St
Bodengruppen DIN 18196: .....
Massenanteile der Steine DIN EN ISO 14688-1: über ..... % bis ..... %
Massenanteile der Blöcke DIN EN ISO 14688-1: über ..... % bis ..... %
Konsistenz DIN EN ISO 14688-1: .....
Lagerungsdichte: .....
Homogenbereiche lt.: .....
Förderweg: .....

▶ min
▷ von
ø Mittel
◁ bis
◀ max

Nr.	**Kurztext** / Langtext						Kostengruppe
▶	▷	**ø netto €**	◁	◀	[Einheit]	Ausf.-Dauer	Positionsnummer

3 Rohrgrabenaushub, bis 1,25m, lagern, GK1 — KG **511**
Wie Ausführungsbeschreibung A 1
Leistungsumfang: lösen, fördern, auf der Baustelle lagern
Gesamtabtragstiefe: bis 1,25 m
Mengenermittlung nach Aufmaß an der Entnahmestelle.

| 17€ | 21€ | **23€** | 26€ | 33€ | [m³] | ⏱ 0,32 h/m³ | 002.001.141 |

4 Rohrgrabenaushub, bis 1,75m, lagern, GK1 — KG **511**
Wie Ausführungsbeschreibung A 1
Leistungsumfang: lösen, fördern, auf der Baustelle lagern
Gesamtabtragstiefe: bis 1,75 m
Mengenermittlung nach Aufmaß an der Entnahmestelle.

| 19€ | 24€ | **26€** | 30€ | 37€ | [m³] | ⏱ 0,34 h/m³ | 002.000.070 |

5 Rohrgrabenaushub, bis 1,25m, abfahren, GK1 — KG **511**
Wie Ausführungsbeschreibung A 1
Gesamtabtragstiefe: bis 1,20 m
Abrechnung: **nach Verdrängung / auf Nachweisrapport / Wiegescheine der Deponie**

| 21€ | 25€ | **26€** | 30€ | 37€ | [m³] | ⏱ 0,32 h/m³ | 002.001.149 |

6 Rohrgrabenaushub, bis 1,00m, abfahren, GK1 — KG **511**
Wie Ausführungsbeschreibung A 1
Gesamtabtragstiefe: bis 1,00 m
Abrechnung: **nach Verdrängung / auf Nachweisrapport / Wiegescheine der Deponie**

| 20€ | 23€ | **25€** | 26€ | 29€ | [m³] | ⏱ 0,32 h/m³ | 002.001.151 |

7 Rohrgrabenaushub, bis 1,75m, abfahren, GK1 — KG **511**
Wie Ausführungsbeschreibung A 1
Gesamtabtragstiefe: bis 1,75 m
Abrechnung: **nach Verdrängung / auf Nachweisrapport / Wiegescheine der Deponie**

| 24€ | 30€ | **31€** | 34€ | 39€ | [m³] | ⏱ 0,34 h/m³ | 002.001.150 |

LB 009 Entwässerungskanalarbeiten

Nr.	Kurztext / Langtext					Kostengruppe		
▶	▷	ø netto €	◁	◀	[Einheit]	Ausf.-Dauer	Positionsnummer	

8 Aushub, Rohrgraben, schwerer Fels KG **511**

Graben für Abwasserkanal, schwerer Fels. Lockerung ggf. mit geeignetem Werkzeug. Abrechnung nach dem gelöstem Boden, auch außerhalb des Profils.
Aushubtiefe: bis 1,75 m
Gesamtbreite: ..... m
Gesamtlänge: ..... m
Förderweg: ..... m
Mengenermittlung nach Aufmaß an der Entnahmestelle
Baumaßnahmen der Geotechnischen Kategorie 1 DIN 4020
Homogenbereich: 1
Homogenbereich 1 oben: ..... m
Homogenbereich 1 unten: ..... m
Anzahl Gesteinsarten: .....
Gesteinsarten: .....
Veränderlichkeit DIN EN ISO 14689-1: .....
Geologische Struktur DIN EN ISO 14689-1: .....
Abstand Trennflächen DIN EN ISO 14689-1: .....
Trennflächen, Gesteinskörperform: ....
Fallrichtung Trennflächen: .....°
Fallwinkel Trennflächen: .....°
Homogenbereiche lt.: .....

| 22€ | 37€ | **48**€ | 64€ | 87€ | [m³] | ⏱ 0,55 h/m³ | 009.000.007 |

9 Handaushub, bis 1,25m KG **511**

Handaushub von **Rohrgräben / Fundamenten / Vertiefungen**, Aushubmaterial seitlich lagern, Feinabtrag profilgerecht gem. Entwässerungs- oder Fundamentplänen, einschl. aller Nebenarbeiten.
Aushubtiefe: bis 1,25 m
Lichte Breite: ..... m
Boden: Homogenbereich 1, Bodengruppe: ..... DIN 18196
 – Steinanteil: bis ..... % Massenanteil DIN EN ISO 14688-1
 – Konsistenz DIN EN ISO 14688-1: .....
 – Lagerungsdichte: .....
 – Homogenbereiche lt.: .....
Bauteil: .....

| 42€ | 62€ | **69**€ | 81€ | 102€ | [m³] | ⏱ 1,20 h/m³ | 009.000.006 |

A 2 Erdaushub, Schacht DN1.000, Verbau Beschreibung für Pos. **10-12**

Aushub und Wiederverfüllen von Schachtgruben, im Außenbereich. Boden der Schächte profilgerecht ausheben, Aushub seitlich lagern, nach Versetzen und Abdichten des Schachtes mit Aushubmaterial wiederverfüllen und verdichten. Leistung einschl. Verbau, zusätzlicher Vertiefungen und Planieren der Grubensohle. Laden, Abfuhr und Entsorgung des überschüssigen Bodens, inkl. Deponiegebühren, nach getrennter Position, Nachweis nach Wiegeschein.
Aushubprofil: .....
Verdichtung Schachtsohle: DPr=95%
Verdichtung Verfüllung: DPr=100%
Förderweg Lager: bis 50 m
Geländeprofil: .....

Nr.	Kurztext / Langtext							Kostengruppe	
▶	▷	ø netto €	◁	◀		[Einheit]	Ausf.-Dauer	Positionsnummer	

Boden: Homogenbereich ....., Bodengruppe: ..... DIN 18196
- Steinanteil: bis ..... % Massenanteil DIN EN ISO 14688-1
- Konsistenz DIN EN ISO 14688-1: .....
- Lagerungsdichte: .....
- Homogenbereiche lt.: .....

10 Erdaushub, Schacht DN1.000, bis 1,25m, Verbau KG **511**
Wie Ausführungsbeschreibung A 2
Aushubtiefe: bis 1,25 m
| 24€ | 28€ | **31€** | 34€ | 40€ | [m³] | ⏱ 0,70 h/m³ | 002.001.162 |

11 Erdaushub, Schacht DN1.000, bis 1,75m, Verbau KG **511**
Wie Ausführungsbeschreibung A 2
Aushubtiefe: bis 1,75 m
| 24€ | 30€ | **33€** | 38€ | 47€ | [m³] | ⏱ 0,80 h/m³ | 002.001.163 |

12 Erdaushub, Schacht DN1.000, bis 3,50m, Verbau KG **511**
Wie Ausführungsbeschreibung A 2
Aushubtiefe: bis 3,50 m
| 38€ | 47€ | **52€** | 58€ | 76€ | [m³] | ⏱ 1,95 h/m³ | 002.001.165 |

13 Ummantelung, Rohrleitung, Beton KG **511**
Ortbeton für Betonummantelung von Rohrleitung, unbewehrt, ohne Anforderung an die Frostsicherheit, inkl. Abschalung. Abrechnung nach Länge ummanteltes Rohr.
Betongüte: C8/10
Expositionsklasse: X0
Rohrgröße: DN100
Ummantelung: ca. 300 x 300 mm
| 10€ | 22€ | **29€** | 34€ | 45€ | [m] | ⏱ 0,20 h/m | 009.000.061 |

14 Anschluss, Abwasser, Kanalnetz KG **551**
Abwasseranschluss an den vorhandenen Anschlusskanal, mit erforderlichen Dichtungs- und Anschlussmaterialien, einschl. Anschlussöffnung herstellen. Freilegen Kanal, Erd- und Verfüllarbeiten in gesonderter Position.
Kanalnennweite: DN150
Anschluss: DN.....
Kanallage / Tiefe: .....
| 268€ | 367€ | **404€** | 513€ | 777€ | [St] | ⏱ 2,40 h/St | 009.000.013 |

15 Abwasserleitung, Betonrohre DN400 KG **551**
Betonrohr für Abwasserkanal, Kreisquerschnitt, wandverstärkt mit Muffe, mit Gleitringdichtung, Verlegung in vorhandenem Graben mit Verbau, Bettungsschicht in gesonderter Position.
Grabentiefe: 1,75 bis 4,00 m
Betonrohr: KW-M
Nenngröße: DN400
| 72€ | 80€ | **86€** | 91€ | 105€ | [m] | ⏱ 1,40 h/m | 009.000.014 |

LB 009 Entwässerungskanalarbeiten

Kosten:
Stand 1.Quartal 2021
Bundesdurchschnitt

▶ min
▷ von
ø Mittel
◁ bis
◀ max

Nr.	Kurztext / Langtext						Kostengruppe
▶ ▷	ø netto €	◁	◀	[Einheit]	Ausf.-Dauer	Positionsnummer	

A 3 Abwasserkanal, Steinzeugrohre Beschreibung für Pos. **16-19**

Abwasserkanal aus Steinzeugrohren, Rohrverbindung mit Steckmuffe nach Verbindungssystem F, in vorhandenen Graben mit Verbau und Aussteifungen; Rohrbettung, Form- und Verbindungsstücke werden gesondert vergütet.

16 Abwasserkanal, Steinzeugrohre, DN100 KG **551**
Wie Ausführungsbeschreibung A 3
Nenndurchmesser: DN100
Scheiteldruckkraft: FN 34
Grabentiefe: bis 4,00 m

| 19€ | 27€ | **30**€ | 38€ | 50€ | [m] | ⏱ 0,30 h/m | 009.000.015 |

17 Abwasserkanal, Steinzeugrohre, DN125 KG **551**
Wie Ausführungsbeschreibung A 3
Nenngröße: DN125
Scheiteldruckkraft: FN 34
Grabentiefe: bis 4,00 m

| 22€ | 32€ | **36**€ | 40€ | 52€ | [m] | ⏱ 0,30 h/m | 009.001.090 |

18 Abwasserkanal, Steinzeugrohre, DN150 KG **551**
Wie Ausführungsbeschreibung A 3
Nenngröße: DN150
Scheiteldruckkraft: FN 34
Grabentiefe: bis 4,00 m

| 22€ | 37€ | **40**€ | 46€ | 59€ | [m] | ⏱ 0,40 h/m | 009.000.016 |

19 Abwasserkanal, Steinzeugrohre, DN200 KG **551**
Wie Ausführungsbeschreibung A 3
Nenngröße: DN200
Scheiteldruckkraft: FN 34
Grabentiefe: bis 4,00 m

| 25€ | 39€ | **46**€ | 49€ | 64€ | [m] | ⏱ 0,50 h/m | 009.000.017 |

A 4 Formstück, Steinzeugrohr, Bogen Beschreibung für Pos. **20-23**

Form- und Verbindungsstück für Steinzeugrohre der Abwasserleitungen.
Formteil: Bogen mit Steckmuffe

20 Formstück, Steinzeugrohr, DN100, Bogen KG **551**
Wie Ausführungsbeschreibung A 4
Bogenwinkel: **45°** / .....°
Nenngröße: DN100

| 21€ | 24€ | **26**€ | 29€ | 33€ | [St] | ⏱ 0,30 h/St | 009.000.066 |

21 Formstück, Steinzeugrohr, DN125, Bogen KG **551**
Wie Ausführungsbeschreibung A 4
Bogenwinkel: **45°** / .....°
Nennweite: DN125

| 23€ | 34€ | **37**€ | 39€ | 43€ | [St] | ⏱ 0,35 h/St | 009.000.067 |

Nr.	Kurztext / Langtext				[Einheit]	Ausf.-Dauer	Kostengruppe Positionsnummer
▶	▷ ø netto € ◁ ◀						

22 Formstück, Steinzeugrohr, DN150, Bogen — KG 551
Wie Ausführungsbeschreibung A 4
Bogenwinkel: **45°** / .....°
Nennweite: DN150

| 29€ | 35€ | **40€** | 50€ | 65€ | [St] | ⏱ 0,40 h/St | 009.000.068 |

23 Formstück, Steinzeugrohr, DN200, Bogen — KG 551
Wie Ausführungsbeschreibung A 4
Bogenwinkel: **45°** / .....°
Nennweite: DN200

| 63€ | 74€ | **82€** | 85€ | 91€ | [St] | ⏱ 0,50 h/St | 009.000.069 |

A 5 Formstück, Steinzeugrohr, Abzweig — Beschreibung für Pos. 24-27
Form- und Verbindungsstück für Steinzeugrohre der Abwasserleitungen.
Formteil: Abzweig mit Steckmuffe

24 Formstück, Steinzeugrohr, DN100, Abzweig — KG 551
Wie Ausführungsbeschreibung A 5
Nennweite: DN100

| 31€ | 39€ | **42€** | 44€ | 53€ | [St] | ⏱ 0,30 h/St | 009.000.070 |

25 Formstück, Steinzeugrohr, DN125, Abzweig — KG 551
Wie Ausführungsbeschreibung A 5
Nennweite: DN125

| 33€ | 43€ | **48€** | 51€ | 61€ | [St] | ⏱ 0,30 h/St | 009.000.071 |

26 Formstück, Steinzeugrohr, DN150, Abzweig — KG 551
Wie Ausführungsbeschreibung A 5
Nennweite: DN150

| 34€ | 48€ | **52€** | 60€ | 80€ | [St] | ⏱ 0,35 h/St | 009.000.072 |

27 Formstück, Steinzeugrohr, DN200, Abzweig — KG 551
Wie Ausführungsbeschreibung A 5
Nennweite: DN200

| 65€ | 71€ | **73€** | 80€ | 90€ | [St] | ⏱ 0,40 h/St | 009.000.073 |

28 Übergangsstück, Steinzeug, DN125/150 — KG 551
Übergangsstück für Steinzeugrohre von Abwasserleitungen, mit Steckmuffe.
Übergang: DN125 nach DN150

| 30€ | 34€ | **37€** | 41€ | 51€ | [St] | ⏱ 0,25 h/St | 009.000.021 |

29 Übergangsstück, Steinzeug, DN150/200 — KG 551
Übergangsstück für Steinzeugrohre von Abwasserleitungen, mit Steckmuffe.
Übergang: DN150 nach DN200

| 33€ | 47€ | **54€** | 57€ | 60€ | [St] | ⏱ 0,30 h/St | 009.000.022 |

LB 009 Entwässerungskanalarbeiten

Kosten:
Stand 1.Quartal 2021
Bundesdurchschnitt

▶ min
▷ von
ø Mittel
◁ bis
◀ max

Nr.	Kurztext / Langtext					[Einheit]	Ausf.-Dauer	Kostengruppe Positionsnummer
▶	▷	ø netto €	◁	◀				

30 — Übergang, PE/PVC/Steinzeug auf Guss — KG 551
Übergangsstück von Abwasserleitungen.
Übergang von: **PE- / PVC-Rohr / Steinzeug** auf Gussrohre
Nennweite: DN100 nach DN100

| 19€ | 28€ | **32€** | 39€ | 49€ | [St] | ⏱ 0,30 h/St | 009.000.029 |

A 6 — Abwasserkanal, Steinzeugrohre, inkl. Bettung — Beschreibung für Pos. **31-34**
Abwasserkanal aus Steinzeugrohren, Rohrverbindung mit Steckmuffe, auf vorhandener Sohle, inkl. Bettung Typ 1, untere Rohrbettung aus gebrochenen Stoffen, obere Rohrbettung aus Sand.

31 — Abwasserkanal, Steinzeug, DN100, inkl. Bettung — KG 551
Wie Ausführungsbeschreibung A 6
Nenngröße: DN100
Scheiteldruckkraft: **FN 34 / FN28**
Rohrverbinder: **Typ F / E / .....**
Bettungsschicht unten: mind. 15 cm
Grabentiefe: 1,00 bis 1,25 m

| 22€ | 30€ | **36€** | 42€ | 51€ | [m] | ⏱ 0,30 h/m | 009.001.091 |

32 — Abwasserkanal, Steinzeug, DN125, inkl. Bettung — KG 551
Wie Ausführungsbeschreibung A 6
Nenngröße: DN125
Scheiteldruckkraft: **FN 34 / FN 28**
Rohrverbinder: **Typ F / E / .....**
Bettungsschicht unten: mind. 15 cm
Grabentiefe: 1,00 bis 1,25 m

| 23€ | 33€ | **38€** | 43€ | 53€ | [m] | ⏱ 0,30 h/m | 009.001.092 |

33 — Abwasserkanal, Steinzeug, DN150, inkl. Bettung — KG 551
Wie Ausführungsbeschreibung A 6
Nenngröße: DN150
Scheiteldruckkraft: **FN 34 / FN 28**
Rohrverbinder: **Typ F / E / .....**
Bettungsschicht unten: mind. 15 cm
Grabentiefe: 1,00 bis 1,25 m

| 28€ | 36€ | **43€** | 48€ | 59€ | [m] | ⏱ 0,35 h/m | 009.001.093 |

34 — Abwasserkanal, Steinzeug, DN200, inkl. Bettung — KG 551
Wie Ausführungsbeschreibung A 6
Nenngröße: DN200
Scheiteldruckkraft: **FN 34 / FN 28**
Rohrverbinder: **Typ F / E / .....**
Grabentiefe: 1,00 bis 1,25 m

| 35€ | 46€ | **53€** | 57€ | 66€ | [m] | ⏱ 0,37 h/m | 009.001.094 |

Nr.	Kurztext / Langtext							Kostengruppe
▶	▷	ø netto €	◁	◀	[Einheit]	Ausf.-Dauer	Positionsnummer

A 7 Abwasserkanal, PVC-U, inkl. Bettung — Beschreibung für Pos. **35-38**

Abwasserleitung aus PVC-U-Rohren, 100% recycelbar, mit Mehrlippendichtung, Rohrverbindung mit Steckmuffe, einschl. Schweiß- oder Klebe- sowie Dichtungsmaterial, auf vorhandener Sohle, inkl. unterer Rohrbettung aus gebrochenen Stoffen und oberer Rohrbettung aus Sand. Form- und Verbindungsstücke werden gesondert vergütet.

35   Abwasserkanal, PVC-U, DN/ID100, inkl. Bettung KG **551**
Wie Ausführungsbeschreibung A 7
Nenngröße: DN/ID100
Steifigkeitsklasse: SN 8 kN/m²
Bettungsschicht unten: mind. 15 cm
Grabentiefe: 1,00 bis 1,25 m

| 11€ | 20€ | **23€** | 27€ | 38€ | [m] | ⏱ 0,27 h/m | 009.001.095 |

36   Abwasserkanal, PVC-U, DN/ID125, inkl. Bettung KG **551**
Wie Ausführungsbeschreibung A 7
Nenngröße: DN/ID125
Steifigkeitsklasse: SN 8 kN/m²
Bettungsschicht unten: mind. 15 cm
Grabentiefe: 1,00 bis 1,25 m

| 12€ | 22€ | **26€** | 31€ | 40€ | [m] | ⏱ 0,25 h/m | 009.001.096 |

37   Abwasserkanal, PVC-U, DN/ID150, inkl. Bettung KG **551**
Wie Ausführungsbeschreibung A 7
Nenngröße: Nenngröße: DN/ID100
Steifigkeitsklasse: SN 8 kN/m²
Bettungsschicht unten: mind. 15 cm
Grabentiefe: 1,00 bis 1,25 m

| 19€ | 27€ | **30€** | 35€ | 43€ | [m] | ⏱ 0,30 h/m | 009.001.097 |

38   Abwasserkanal, PVC-U, DN/ID200, inkl. Bettung KG **551**
Wie Ausführungsbeschreibung A 7
Nenngröße: DN/ID200
Steifigkeitsklasse: SN 8 kN/m²
Bettungsschicht unten: mind. 15 cm
Grabentiefe: 1,00 bis 1,25 m

| 22€ | 40€ | **47€** | 52€ | 66€ | [m] | ⏱ 0,32 h/m | 009.001.098 |

LB 009 Entwässerungskanalarbeiten

Kosten:
Stand 1.Quartal 2021
Bundesdurchschnitt

Nr.	Kurztext / Langtext							Kostengruppe
▶	▷	ø netto €	◁	◀	[Einheit]	Ausf.-Dauer	Positionsnummer	

A 8 Abwasserkanal, PVC-U
Beschreibung für Pos. 39-42

Abwasserleitung aus PVC-U-Rohren, 100% recycelbar, mit Mehrlippendichtung, Rohrverbindung mit Steckmuffe, einschl. Schweiß- oder Klebe- sowie Dichtungsmaterial, in vorhandenem Graben. Form- und Verbindungsstücke, sowie Bettung und Verfüllung werden gesondert vergütet.

39 Abwasserkanal, PVC-U, DN/ID100 — KG **551**
Wie Ausführungsbeschreibung A 8
Nenngröße: DN/ID100
Steifigkeitsklasse: SN 8 kN/m²
Grabentiefe: ..... m

| 8€ | 17€ | **19€** | 23€ | 36€ | [m] | ⏱ 0,25 h/m | 009.000.024 |

40 Abwasserkanal, PVC-U, DN/ID125 — KG **551**
Wie Ausführungsbeschreibung A 8
Nenngröße: DN/ID125
Steifigkeitsklasse: SN 8 kN/m²
Grabentiefe: ..... m

| 10€ | 18€ | **22€** | 28€ | 39€ | [m] | ⏱ 0,27 h/m | 009.000.064 |

41 Abwasserkanal, PVC-U, DN/ID150 — KG **551**
Wie Ausführungsbeschreibung A 8
Nenngröße: DN/ID150
Steifigkeitsklasse: SN 8 kN/m²
Grabentiefe: ..... m

| 11€ | 20€ | **24€** | 29€ | 45€ | [m] | ⏱ 0,27 h/m | 009.000.025 |

42 Abwasserkanal, PVC-U, DN/ID200 — KG **551**
Wie Ausführungsbeschreibung A 8
Nenngröße: DN/ID200
Steifigkeitsklasse: SN 8 kN/m²
Grabentiefe: .....

| 16€ | 28€ | **33€** | 39€ | 53€ | [m] | ⏱ 0,30 h/m | 009.000.065 |

A 9 Formstück, PVC-U, Abzweig KGEA
Beschreibung für Pos. 43-46

Abzweig KGEA mit Reduzierung, Formstück aus PVC-U, mit allgemeiner bauaufsichtlicher Zulassung, Anschluss an PVC-U-Muffe DIN EN 1401-1.

43 Formstück, PVC-U, DN/ID100, Abzweig — KG **551**
Wie Ausführungsbeschreibung A 9
Nennweite: DN/ID100

| 14€ | 19€ | **23€** | 25€ | 32€ | [St] | ⏱ 0,20 h/St | 009.001.099 |

44 Formstück, PVC-U, DN/ID125, Abzweig — KG **551**
Wie Ausführungsbeschreibung A 9
Nennweite: DN/ID 125

| 15€ | 23€ | **26€** | 27€ | 36€ | [St] | ⏱ 0,20 h/St | 009.001.100 |

▶ min
▷ von
ø Mittel
◁ bis
◀ max

Nr.	Kurztext / Langtext					[Einheit]	Ausf.-Dauer	Kostengruppe Positionsnummer
▶	▷	ø netto €	◁	◀				

45 Formstück, PVC-U, DN/ID150, Abzweig — KG **551**
Wie Ausführungsbeschreibung A 9
Nennweite: DN/ID150

| 17€ | 24€ | **28€** | 32€ | 39€ | [St] | ⏱ 0,20 h/St | 009.001.101 |

46 Formstück, PVC-U, DN/ID200, Abzweig — KG **551**
Wie Ausführungsbeschreibung A 9
Nennweite: DN/ID200

| 27€ | 32€ | **34€** | 38€ | 44€ | [St] | ⏱ 0,20 h/St | 009.001.102 |

A 10 Formstück, PVC-U, Bogen — Beschreibung für Pos. **47-50**
Form- und Verbindungsstücke von PVC-U-Rohren der Abwasserleitungen, mit Steckmuffe.
Formteil: Bogen

47 Formstück, PVC-U, DN/ID100, Bogen — KG **551**
Wie Ausführungsbeschreibung A 10
Bogenwinkel: **45°** / .....°
Nennweite: DN/ID100

| 7€ | 10€ | **11€** | 16€ | 23€ | [St] | ⏱ 0,20 h/St | 009.000.077 |

48 Formstück, PVC-U, DN/ID125, Bogen — KG **551**
Wie Ausführungsbeschreibung A 10
Bogenwinkel: **45°** / .....°
Nennweite: DN/ID125

| 8€ | 12€ | **14€** | 18€ | 30€ | [St] | ⏱ 0,23 h/St | 009.000.078 |

49 Formstück, PVC-U, DN/ID150, Bogen — KG **551**
Wie Ausführungsbeschreibung A 10
Bogenwinkel: **45°** / .....°
Nennweite: DN/ID150

| 10€ | 14€ | **16€** | 23€ | 35€ | [St] | ⏱ 0,26 h/St | 009.000.079 |

50 Formstück, PVC-U, DN/ID200, Bogen — KG **551**
Wie Ausführungsbeschreibung A 10
Bogenwinkel: **45°** / .....°
Nennweite: DN/ID200

| 11€ | 21€ | **24€** | 31€ | 45€ | [St] | ⏱ 0,30 h/St | 009.000.080 |

51 Übergang, PVC-U auf Steinzeug/Beton — KG **551**
Übergangsstücke von PVC-U-Rohren der Abwasserleitungen auf Steinzeug- oder Betonrohre.
Nennweite ID: **DN100 nach DN100 / DN150 nach DN150**
Anschlussrohre: **Steinzeug / Betonrohr**

| 13€ | 29€ | **34€** | 44€ | 64€ | [St] | ⏱ 0,30 h/St | 009.000.028 |

LB 009 Entwässerungskanalarbeiten

Kosten:
Stand 1.Quartal 2021
Bundesdurchschnitt

▶ min
▷ von
ø Mittel
◁ bis
◀ max

Nr.	Kurztext / Langtext						Kostengruppe	
▶	▷	ø netto €	◁	◀	[Einheit]	Ausf.-Dauer	Positionsnummer	

A 11 Abwasserleitung, duktiles Gussrohr — Beschreibung für Pos. 52-55

Entwässerungskanalleitung aus muffenlosen Rohren aus duktilem Gusseisen (SML), inkl. Pass-, Form- und Verbindungsstücken, innen mit Teer-Epoxidharzbeschichtung, außen grundiert; Verbindung mit Gummimanschette und Spannhülse aus nichtrostendem Stahl. Auflager in nichtbindigem Boden, in vorhandenem Graben mit Verbau und Aussteifungen

52 Abwasserkanal duktiles Gussrohr, DN/ID100 — KG 551
Wie Ausführungsbeschreibung A 11
Durchmesser: DN/ID100
Auflagerwinkel: 90°
Grabentiefe: bis 1,75 m

▶	▷	ø	◁	◀			
35€	49€	**54**€	61€	79€	[m]	⏱ 0,32 h/m	009.000.030

53 Abwasserkanal duktiles Gussrohr, DN/ID125 — KG 551
Wie Ausführungsbeschreibung A 11
Durchmesser: DN/ID125
Auflagerwinkel: 90°
Grabentiefe: bis 1,75 m

41€	62€	**73**€	83€	107€	[m]	⏱ 0,42 h/m	009.000.081

54 Abwasserkanal duktiles Gussrohr, DN/ID150 — KG 551
Wie Ausführungsbeschreibung A 11
Durchmesser: DN/ID150
Auflagerwinkel: 90°
Grabentiefe: bis 1,75 m

81€	106€	**119**€	125€	169€	[m]	⏱ 0,50 h/m	009.000.031

55 Abwasserleitung, duktiles Gussrohr, DN/ID200 — KG 551
Wie Ausführungsbeschreibung A 11
Durchmesser: DN/ID200
Auflagerwinkel: 90°
Grabentiefe: bis 1,75 m

115€	167€	**189**€	215€	247€	[m]	⏱ 0,60 h/m	009.000.082

56 Formstück, duktiles Gussrohr, Bogen, DN/ID100 — KG 551
Form- und Verbindungsstücke der Abwasserleitungen aus duktilem Gussrohr.
Formteil: Bogen
Bogenwinkel: **45°** / .....°
Nennweite: DN/ID 100

15€	17€	**18**€	19€	21€	[St]	⏱ 0,20 h/St	009.000.032

57 Formstück, duktiles Gussrohr, Übergangsstück — KG 551
Übergangsstücke von Abwasserleitungen aus duktilem Gussrohr.
Nennweite: DN/ID .....

53€	76€	**94**€	104€	120€	[St]	⏱ 0,40 h/St	009.000.083

© BKI Baukosteninformationszentrum; Erläuterungen zu den Tabellen siehe Seite 44
Mustertexte geprüft: Bauwirtschaft Baden-Württemberg e.V.

Nr.	Kurztext / Langtext						Kostengruppe
▶	▷	ø netto €	◁	◀	[Einheit]	Ausf.-Dauer	Positionsnummer

58 Formstück, duktiles Gussrohr, Abzweig, DN/ID100   KG 551
Abzweig von Abwasserleitungen aus duktilem Gussrohr.
Nennweite: DN/ID100

| 19€ | 25€ | **27€** | 31€ | 43€ | [St] | ⏱ 0,25 h/St | 009.000.084 |

A 12 Abwasserkanal, PP-Rohre   Beschreibung für Pos. 59-61
Abwasserkanal aus Polypropylen-Rohren (PP), mit EPDM-Dichtung, Rohrverbindung mit Steckmuffe, einschl. Schweiß- oder Klebe-, sowie Dichtungsmaterial, in vorhandenem Graben auf bauseitige Bettung Typ 1. Bettungsschicht oben und unten aus Sand.
Steifigkeitsklasse: SN 8 kN/m²
Grabentief: 1,25 bis 1,75 m
Bettungsschicht unten: mind. 10 cm
Form- und Verbindungsstücke werden gesondert vergütet.

59 Abwasserkanal, PP-Rohre, DN/OD110   KG 551
Wie Ausführungsbeschreibung A 12
Nenngröße: DN/OD110
Grabentiefe: bis 1,75

| 14€ | 20€ | **22€** | 29€ | 40€ | [m] | ⏱ 0,23 h/m | 009.001.104 |

60 Abwasserkanal, PP-Rohre, DN/OD160   KG 551
Wie Ausführungsbeschreibung A 12
Nenngröße: DN/OD160
Grabentiefe: bis 1,75

| 16€ | 22€ | **25€** | 35€ | 49€ | [m] | ⏱ 0,23 h/m | 009.000.062 |

61 Abwasserkanal, PP-Rohre, DN/OD200   KG 551
Wie Ausführungsbeschreibung A 12
Nenngröße: DN/OD200
Grabentiefe: bis 1,75

| 17€ | 26€ | **30€** | 39€ | 52€ | [m] | ⏱ 0,23 h/m | 009.001.105 |

A 13 Abwasserkanal PE-HD-Rohre   Beschreibung für Pos. 62-65
Abwasserkanal aus PE-Rohren, mit Mehrlippendichtung, Rohrverbindung mit Steckmuffe, einschl. Schweiß- oder Klebe- sowie Dichtungsmaterial, in vorhandenem Graben auf bauseitige Bettung Typ 1. Obere und untere Bettung aus Sand.
Bettungsdicke: mind. 15 cm
Steifigkeitsklasse: SN 4 kN/m²
Form- und Verbindungsstücke werden gesondert vergütet.

62 Abwasserleitung, PE-HD-Rohre, DN/ID100   KG 551
Wie Ausführungsbeschreibung A 13
Nenngröße: DN/ID110
Grabentiefe: bis 1,75

| 17€ | 20€ | **21€** | 25€ | 31€ | [m] | ⏱ 0,25 h/m | 009.001.106 |

LB 009 Entwässerungskanalarbeiten

Nr.	Kurztext / Langtext					[Einheit]	Ausf.-Dauer	Kostengruppe Positionsnummer
▶	▷	ø netto €	◁	◀				

63 Abwasserkanal PE-HD-Rohre, DN/ID125 — KG **551**
Wie Ausführungsbeschreibung A 13
Nenngröße: DN/ID125
Grabentiefe: bis 1,75

| 18€ | 24€ | **28**€ | 33€ | 42€ | [m] | ⏱ 0,35 h/m | 009.001.107 |

64 Abwasserleitung, PE-HD-Rohre, DN/ID150 — KG **551**
Wie Ausführungsbeschreibung A 13
Nenngröße: DN/ID160
Grabentiefe: bis 1,75

| 25€ | 30€ | **33**€ | 38€ | 46€ | [m] | ⏱ 0,35 h/m | 009.001.108 |

65 Abwasserleitung, PE-HD-Rohre, DN/ID200 — KG **551**
Wie Ausführungsbeschreibung A 13
Nenngröße: DN/ID200
Grabentiefe: bis 1,75

| 27€ | 35€ | **39**€ | 43€ | 51€ | [m] | ⏱ 0,37 h/m | 009.001.109 |

66 Standrohr, duktiles Gussrohr/Grauguss — KG **551**
Standrohr, rund, im Sockelbereich einbauen, Übergang zur Grundleitung herstellen, mit lösbaren Rohrschellen am Gebäude befestigen, inkl. Anschluss an Rohrleitungsnetz.
Material: **duktiles Guss- / Grauguss**-Rohr
Nenngröße: DN/ID .....
Oberfläche: ..... / **schwarz**

| 43€ | 64€ | **76**€ | 82€ | 113€ | [St] | ⏱ 0,30 h/St | 009.001.083 |

67 Dichtheitsprüfung, Grundleitung — KG **551**
Dichtheitsprüfung von neu verlegten Grundleitungen, einschl. aller notwendigen Gerätschaften, Aufstellung eines Protokolls der Prüfung, sowie schadlose Entfernung aller Gerätschaften nach der Prüfung; Dokumentation der Prüfung per Prüfprotokoll.
Länge der Grundleitungen: ..... m
Nennweite Grundleitungen: bis **DN200** / über **DN200**
Prüfung mittels: **Wasser / Luft**

| 190€ | 280€ | **319**€ | 371€ | 514€ | [St] | ⏱ 6,00 h/St | 009.000.056 |

68 Dichtheitsprüfung, Grundleitung — KG **551**
Dichtheitsprüfung von neu verlegten Grundleitungen, einschl. aller notwendigen Gerätschaften, Aufstellung eines Protokolls der Prüfung, sowie schadlose Entfernung aller Gerätschaften nach der Prüfung; Dokumentation der Prüfung per Prüfprotokoll.
Nennweite Grundleitungen: **bis DN200 / größer DN200**
Prüfung mittels: **Wasser / Luft**

| 2€ | 4€ | **5**€ | 6€ | 9€ | [m] | ⏱ 0,20 h/m | 009.000.063 |

Kosten:
Stand 1.Quartal 2021
Bundesdurchschnitt

▶ min
▷ von
ø Mittel
◁ bis
◀ max

Nr.	**Kurztext** / Langtext							Kostengruppe
▶	▷	**ø netto €**	◁	◀	[Einheit]		Ausf.-Dauer	Positionsnummer

69 Hofablauf, Polymerbeton, A15 — KG **551**

Hofablauf als Einlaufkastenkombination, mit Wasserspiegelgefälle, liefern und in Beton setzen. Einlaufkombination bestehend aus:
- Oberteil aus Polymerbeton P, anthrazitschwarz
- Abdeckrost und Kantenschutz aus GFK
- Unterteil aus Polymerbeton P, mit Schlammeimer aus Kunststoff

Nennweite: 10 cm
Abmessungen (L x B): 500 x 300 mm
Belastungsklasse: A15
Beton: Festigkeitsklasse C12/15, X0, WF
Dicke: 15 cm

| 161€ | 205€ | **231**€ | 255€ | 312€ | [St] | ⏱ 1,30 h/St | 009.001.110 |

A 14 Straßenablauf, Polymerbeton — Beschreibung für Pos. **70-71**

Straßenablauf als Einlaufkastenkombination, ohne Geruchsverschluss, mit Wasserspiegelgefälle, liefern und in Beton setzen.
Einlaufkombination bestehend aus:
- Oberteil aus Polymerbeton P, anthrazitschwarz
- Abdeckrost und Kantenschutz aus GFK
- Unterteil aus Polymerbeton P, mit Schlammeimer aus Kunststoff

Beton: Festigkeitsklasse C12/15, X0, WF
Bettungsdicke: 15 cm

70 Straßenablauf, Polymerbeton, B125 — KG **551**

Wie Ausführungsbeschreibung A 14
Nennweite: 10 cm
Abmessungen (L x B): 500 x 300 cm
Belastungsklasse: B125

| 217€ | 286€ | **320**€ | 334€ | 406€ | [St] | ⏱ 1,56 h/St | 009.001.111 |

71 Straßenablauf, Polymerbeton, D400 — KG **551**

Wie Ausführungsbeschreibung A 14
Nennweite: 10 cm
Abmessungen (L x B): 500 x 300 cm
Belastungsklasse: D400

| 287€ | 369€ | **408**€ | 449€ | 601€ | [St] | ⏱ 2,80 h/St | 009.001.123 |

LB 009 Entwässerungskanalarbeiten

Kosten:
Stand 1.Quartal 2021
Bundesdurchschnitt

Nr.	Kurztext / Langtext				[Einheit]	Ausf.-Dauer	Kostengruppe Positionsnummer
▶	▷ ø netto € ◁ ◀						

72 Bodenablauf, Gusseisen — KG 551
Bodenablauf mit Rückstauverschluss, mit handverriegelbarem Notverschluss, für fäkalienfreies Abwasser, dreh- und höhenverstellbar, mit Schlammeimer, Geruchsverschluss und Gitterrost.
Material Gehäuse: Gusseisen
Abflussleistung: 1,6 l/s
Rohranschluss: DN/ID 100
Durchmesser: 110 mm
Aufsatzstück: 197 x 197 mm
Höhe: ..... mm
Länge: ..... mm
Material Rost: nicht rostender Stahl - Werkstoff 1.4301
Belastungsklasse: K3

| 69€ | 140€ | **171€** | 257€ | 358€ | [St] | ⏱ 1,50 h/St | 009.001.126 |

73 Reinigungsrohr, Putzstück, DN100 — KG 551
Putzstück für Steinzeugleitungen, aus Guss, in Kontrollschacht, inkl. Eindichten und Betonbettung mit Zementglattstrich.
Nenngröße: DN100

| 35€ | 73€ | **89€** | 108€ | 143€ | [St] | ⏱ 0,30 h/St | 009.000.023 |

74 Absperreinrichtung, Kanal, Gusseisen — KG 551
Absperreinrichtung aus Gusseisen für Grundleitungsrohr, manuell nutzbar, einschl. Einbau aller Komponenten.
Nenngröße: DN100

| 149€ | 227€ | **247€** | 272€ | 339€ | [St] | ⏱ 0,70 h/St | 009.000.058 |

75 Rückstaudoppelverschluss, DN100, Kunststoff — KG 551
Rückstau-Doppelverschluss für fäkalienfreies Abwasser, mit automatischen Rückstauklappen und Handbetätigung, mit Reinigungsöffnung, für den Einsatz in horizontaler, abwasserführender Leitung, einschl. Anschluss.
Werkstoff: Kunststoff
Nenngröße: DN100
Einsatzbereich: Typ 2

| 160€ | 230€ | **252€** | 369€ | 492€ | [St] | ⏱ 0,60 h/St | 009.001.112 |

76 Schachtsohle, ausformen/Gerinne einbringen — KG 551
Schachtsohle ausformen und Gerinne einbringen, gem. DWA-A 157, mit muffenlose Steinzeug-Halbschalen, eingebettet in Trassmörtel M 10.
Rohrdurchmesser: DN.....

| 98€ | 180€ | **238€** | 263€ | 310€ | [St] | ⏱ 1,60 h/St | 009.001.084 |

77 Schachtring, DN1.000, Beton, 250mm — KG 551
Schachtring als Betonfertigteil, mit Steigeisen. Ringe mit Muffe, verbunden mit elastischen Dichteinlagen.
Bauhöhe: 250 mm
Durchmesser: DN1.000
Form: E, mit beidseitigem Steg
Steigmaß: 250 mm

| 65€ | 91€ | **105€** | 120€ | 142€ | [St] | ⏱ 0,60 h/St | 009.000.040 |

▶ min
▷ von
ø Mittel
◁ bis
◀ max

Nr.	Kurztext / Langtext							Kostengruppe
▶	▷	ø netto €	◁	◀	[Einheit]		Ausf.-Dauer	Positionsnummer

78   Schachtring, DN1.000, Beton, 500mm   KG 551
Schachtring als Betonfertigteil, mit Steigeisen. Ringe mit Muffe, verbunden mit elastischen Dichteinlagen.
Bauhöhe: 500 mm
Durchmesser: DN1.000
Form: E, mit beidseitigem Steg
Steigmaß: 250 mm

| 90€ | 125€ | **138**€ | 162€ | 226€ | [St] | ⏱ 0,70 h/St | 009.000.041 |

79   Schachthals, Kontrollschacht   KG 551
Schachthals (Konus) für Kontrollschacht, als Betonfertigteil, mit Steigeisen. Hals mit Muffe, Schachtring verbunden mit elastischen Dichteinlagen.
Wanddicke: 120 mm
Durchmesser: DN1.000/625 mm
Steigmaß: 250 mm

| 76€ | 127€ | **145**€ | 163€ | 217€ | [St] | ⏱ 1,90 h/St | 009.000.042 |

80   Steigeisen, Form A / B, Stb-Schacht   KG 551
Steigeisen, geeignet für einläufige Steigeisengänge (Steigbügel), Ausführung B, liefern und in runden und geraden Schacht aus Betonfertigteile einbauen, Leistung inkl. Stemmarbeiten und Befestigungsmaterial.
Form: **A / B**
Auftrittsbreite: mind. 300 mm
Material: Edelstahl - PP-ummantelt
Steigmaß: max. 280 mm
Schachtinnendurchmesser über ...... m

| 33€ | 43€ | **50**€ | 56€ | 64€ | [St] | ⏱ 0,25 h/St | 009.001.121 |

81   Auflagering, DN625, Fertigteil   KG 551
Auflagering für höhenexakte Nivellierung der Schachtabdeckung, Material: Stahlbetonfertigteil, aufgesetzt auf Konus bzw. weitere Auflageringe.
Bauhöhe: **60 / 80 / .....** mm
Weite: DN625

| 20€ | 30€ | **35**€ | 45€ | 62€ | [St] | ⏱ 0,10 h/St | 009.001.087 |

82   Leitungsanschluss, Schacht   KG 551
Anschluss der Abwasserkanalleitung an Abwasser-Sammelschacht aus Beton, Anschlussöffnung im Schachtkörper herstellen, inkl. Dichtungsarbeiten.
Kanalleitung: ......
Nenngröße: DN.....
Anschlusswinkel: 45°

| 53€ | 104€ | **130**€ | 149€ | 191€ | [St] | ⏱ 1,95 h/St | 009.000.033 |

83   Seitenzulauf zum Schacht   KG 551
Seitenzulauf zum Schacht, Ausführung mit gelenkiger Rohreinbindung, Gerinneausführung nach den Grundsätzen des Arbeitsblatts DWA-A 157.
Seitenzulauf: DN.....

| 63€ | 89€ | **99**€ | 131€ | 180€ | [St] | ⏱ 1,10 h/St | 009.001.085 |

LB 009 Entwässerungskanalarbeiten

Kosten:
Stand 1.Quartal 2021
Bundesdurchschnitt

Nr.	Kurztext / Langtext					[Einheit]	Ausf.-Dauer	Kostengruppe Positionsnummer
▶	▷	ø netto €	◁	◀				

84 Schachtabdeckung, Klasse A15 — KG **551**
Schachtabdeckung mit rundem Rahmen und Deckel aus Gusseisen, höhengerecht in Mörtel M10 versetzen.
Deckel: mit Lüftungsöffnungen
Klasse: A15
Größe: DN800

104€ 156€ **182€** 227€ 317€ [St] 0,20 h/St 009.001.115

85 Schachtabdeckung, Klasse C250 — KG **551**
Schachtabdeckung mit rundem Rahmen, Deckel aus Gusseisen mit Lüftungsöffnungen und Betonfüllung, mit dämpfender Einlage, verschließbar, mit Schmutzfänger F, höhengerecht in Mörtel M10l versetzen.
Klasse: C250
Größe: DN800

167€ 235€ **255€** 354€ 482€ [St] 0,25 h/St 009.000.044

86 Schachtabdeckung, Klasse D400 — KG **551**
Schachtabdeckung mit rundem Rahmen, Deckel aus Gusseisen mit Lüftungsöffnungen und Betonfüllung, mit dämpfender Einlage, verschließbar, mit Schmutzfänger F, höhengerecht in Mörtel M10 versetzen.
Klasse: D400
Größe: DN800

205€ 299€ **333€** 397€ 568€ [St] 0,25 h/St 009.000.045

87 Schmutzfangkorb, Schachtabdeckung — KG **551**
Schmutzfangkorb für Schachtabdeckung mit Lüftungsöffnung, **leichte / schwere** Ausführung aus verzinktem Stahlblech, Boden und Mantel aus einem Stück gezogen.
Durchmesser: **600** / ..... mm

20€ 43€ **48€** 52€ 61€ [St] 0,10 h/St 009.001.086

88 Schachtabdeckung anpassen — KG **551**
Bestehende Schachtabdeckung von Revisions- und Kontrollschächten an neue Höhe anpassen.
Anpassungshöhe: bis 500 mm

27€ 93€ **119€** 176€ 320€ [St] 2,40 h/St 009.000.046

89 Kontrollschacht komplett, bis 3,5m, DN1.000 — KG **551**
Kontrollschacht als komplette Leistung, rund, aus Fertigteilen, ohne Deckel:
– Schachtbettung aus Ortbeton
– Schachtunterteil für Kontrollschacht und Durchlaufschacht, aus wasserdichtem Beton mit hohem Wassereindringwiderstand, mind. 25 cm hoch (über Rohrscheitel)
– Auftritt in Höhe des Rohrscheitels
– Schachtoberteil aus Betonfertigteilen, bestehend aus Schachtringen, Schachthals und Auflagerring
– Bauteilverbindung als Kompressionsdichtung mit Dichtringen aus Elastomeren, Dichtringe werkseitig fest eingebaut
– Außenwände beschichtet mit: ...., für Wassereinwirkungsklasse: .....
– Anschlüsse mit Muffe, für gelenkige Anbindung Zu- und Abläufe DN/ID ......
– Schachtkörper mit Steigeisen
– Schachtsohle mit Gerinne gerade, Auskleidung Gerinne und Auftritt mit Halbschalen und Klinkerriemchen

▶ min
▷ von
ø Mittel
◁ bis
◀ max

Nr.	Kurztext / Langtext					Kostengruppe	
▶	▷	ø netto €	◁	◀	[Einheit]	Ausf.-Dauer	Positionsnummer

Beton: Festigkeitsklasse C20/25
Dicke Bodenplatte: mind. 20 cm
Wanddicke: .....
Steigmaß Steigeisen: 333 mm
Schachttiefe: ..... m

| 806€ | 1.121€ | **1.289**€ | 1.491€ | 1.950€ | [St] | ⏱ 12,00 h/St | 009.000.047 |

90 **Regenwasserspeicher, Stahlbeton** KG **551**

Regenwasserzisterne aus Stahlbeton, als monolithischer Betonguss, einschl. Konus und befahrbarer Abdeckung sowie allen Passelementen, inkl. revisionierbarem Filter. Ausstattung mit eingebautem Dichtelement für steckfertigen Anschluss aller Leitungen, für Zu- und Ablauf sowie für Leerrohr.
Elastomerdichtung, verschraubbar, Behälter DN..... mm
Wassernutzung: **Toilettenspülung / Gartenwasser / .....**
Bauteilhöhe: ca. ..... m
Volumen: ca. ..... m³
Angeschlossene Entwässerungsfläche: ca. ..... m²
Konstruktion bestehend aus:
– Schachtringen mit Falz DIN 4034, Innendurchmesser **3.000** / ..... mm, Höhe **750** / ..... mm
– Konus mit Falz DIN 4034, exzentrisch, Innendurchmesser **3.000** / ..... mm, Höhe **600** / ..... mm
– Schachtabdeckung: DIN 1229, DN600, Klasse **A15 / B250 / D400**, ohne Lüftung
Aufstellung: unterirdisch, in bauseitig vorbereiteter Baugrubensohle

| 2.313€ | 3.373€ | **3.699**€ | 4.737€ | 6.551€ | [St] | ⏱ 3,00 h/St | 009.001.088 |

A 15 **Entwässerungsrinne, Beton** Beschreibung für Pos. **91-93**

Entwässerungsrinne für Regenwasser als Kastenrinne, mit Kantenschutz aus verzinktem Stahl sowie Abschlusskappen, inkl. Abgang und Abdeckung mit schraublos arretiertem Stegrost aus verzinktem Stahl, inkl. Fundamentbeton.

91 **Entwässerungsrinne, Klasse B125, Beton** KG **551**

Wie Ausführungsbeschreibung A 15
Klasse: B125
Nenngröße: .....
Rinnenkörper: aus **Stahlbeton / Kunstharzbeton / .....**
Rinnensohle: **ohne / mit** Gefälle
Abgang: **seitlich / waagrecht / mit Sinkkasten**

| 83€ | 117€ | **119**€ | 145€ | 195€ | [m] | ⏱ 0,50 h/m | 009.001.118 |

92 **Entwässerungsrinne, Klasse C250, Beton** KG **551**

Wie Ausführungsbeschreibung A 15
Klasse: C250
Nenngröße: .....
Rinnenkörper: aus **Stahlbeton / Kunstharzbeton / .....**
Rinnensohle: **ohne / mit** Gefälle
Abgang: **seitlich / waagrecht / mit Sinkkasten**

| 74€ | 136€ | **164**€ | 195€ | 264€ | [m] | ⏱ 0,50 h/m | 009.000.053 |

© **BKI** Baukosteninformationszentrum; Erläuterungen zu den Tabellen siehe Seite 44   Kostenstand: 1.Quartal 2021, Bundesdurchschnitt
Mustertexte geprüft: Bauwirtschaft Baden-Württemberg e.V.

LB 009 Entwässerungskanalarbeiten

Kosten: Stand 1.Quartal 2021 Bundesdurchschnitt

- ▶ min
- ▷ von
- ø Mittel
- ◁ bis
- ◀ max

Nr.	Kurztext / Langtext	▶	▷	ø netto €	◁	◀	[Einheit]	Ausf.-Dauer	Kostengruppe Positionsnummer
93	**Entwässerungsrinne, Klasse D400, Beton** Wie Ausführungsbeschreibung A 15 Klasse: D400 Nenngröße: ..... Rinnenkörper: aus **Stahlbeton / Kunstharzbeton / .....** Rinnensohle: **ohne / mit** Gefälle Abgang: **seitlich / waagrecht / mit Sinkkasten**								KG **551**
		106€	199€	**231€**	298€	447€	[m]	⏱ 0,60 h/m	009.000.054
94	**Entwässerungsrinne, Abdeckung Guss, C250** Abdeckung für Entwässerungsrinne, schraublos arretiert. Passend zu System. Material: Gusseisen Nennweite: ..... Klasse: C250 Ausführung: **Lochrost / Stegrost**								KG **551**
		48€	63€	**72€**	88€	112€	[m]	⏱ 0,18 h/m	009.001.119
95	**Entwässerungsrinne, Abdeckung Guss, C400** Abdeckung für Entwässerungsrinne, schraublos arretiert. Passend zu System. Material: Gusseisen Nennweite: ..... Klasse: D400 Ausführung: **Lochrost / Stegrost**								KG **551**
		66€	90€	**109€**	118€	132€	[m]	⏱ 0,18 h/m	009.001.120
96	**Entwässerungsrinne, Abdeckung, Schlitzaufsatz** Abdeckung für Entwässerungsrinne, schraublos arretiert. Material: Stahlguss Nennweite: ..... Klasse: ..... Ausführung: als Schlitzaufsatz Schlitzbreite:								KG **551**
		48€	69€	**76€**	81€	112€	[m]	⏱ 0,15 h/m	009.000.055
97	**Kanalreinigung, Hochdruckspülgerät** Grundleitung zwischen zwei Prüfpunkten mit Hochdruckspülgerät durchspülen, Abfall aufsaugen, laden und entsorgen. Leistung inkl. aller erforderlichen Geräte, Aufstellung eines Protokolls über Beseitigung und Spülung sowie schadlosem Entfernen der Geräte nach der Prüfung. Abwasserkanal aus: ..... Haltungslänge: ..... m Rohrdurchmesser: bis DN.... Nutzung Kanal: Mischwasser								KG **551**
		1€	3€	**4€**	6€	10€	[m]	⏱ 0,10 h/m	009.000.057

Nr.	Kurztext / Langtext							Kostengruppe
▶	▷	ø netto €	◁	◀	[Einheit]	Ausf.-Dauer	Positionsnummer	

98 Kanalprüfung, Kamera KG **551**
Kameraprüfung der neu verlegten Grundleitungen, mit Video-Aufzeichnung, inkl. Dokumentieren und Einmessen der Beschädigungen (Muffenversätze, Durchwurzelung, Einmündungen, Verstopfungen, Risse, Brüche, u.dgl.) der Grundleitungen und Aufstellen eines Video- und Prüfprotokolls sowie Übergeben der Unterlagen in einfacher Ausführung. Leistung einschl. aller erforderlichen Gerätschaften, Aufstellung eines Prüfprotokolls sowie schadlosem Entfernen der Gerätschaften nach der Prüfung.
Nennweite der Grundleitungen: **bis DN/ID 200 / über DN/ID 200 bis .....**
 3€   5€   **5€**   7€   8€   [m]   ⏱ 0,05 h/m   009.000.059

99 Stundensatz, Facharbeiter/-in
Stundenlohnarbeiten für Facharbeiterin, Facharbeiter, Spezialfacharbeiterin, Spezialfacharbeiter, Vorarbeiterin, Vorarbeiter und jeweils Gleichgestellte. Der Verrechnungssatz für die jeweilige Arbeitskraft umfasst sämtliche Aufwendungen wie Lohn- und Gehaltskosten, lohn- und gehaltsgebundene Kosten, Lohn- und Gehaltsnebenkosten, Gemeinkosten, Wagnis und Gewinn. Leistung nach besonderer Anordnung der Bauüberwachung. Anmeldung und Nachweis gem. VOB/B.
 50€   53€   **54€**   57€   61€   [h]   ⏱ 1,00 h/h   009.000.089

100 Stundensatz, Helfer/-in
Stundenlohnarbeiten für Werkerin, Werker, Fachwerkerin, Fachwerker und jeweils Gleichgestellte. Der Verrechnungssatz für die jeweilige Arbeitskraft umfasst sämtliche Aufwendungen wie Lohn- und Gehaltskosten, lohn- und gehaltsgebundene Kosten, Lohn- und Gehaltsnebenkosten, Gemeinkosten, Wagnis und Gewinn. Leistung nach besonderer Anordnung der Bauüberwachung. Anmeldung und Nachweis gem. VOB/B.
 45€   47€   **48€**   49€   51€   [h]   ⏱ 1,00 h/h   009.000.090

LB 010 Drän- und Versickerarbeiten

Kosten: Stand 1.Quartal 2021 Bundesdurchschnitt

▶ min
▷ von
ø Mittel
◁ bis
◀ max

Nr.	Positionen	Einheit	▶ min	▷ von ø netto €	ø brutto € ø Mittel	◁ bis	◀ max
1	Handaushub, Drängraben, GK1	m³	50 / 42	66 / 55	**72** / **60**	87 / 73	117 / 99
2	Aushub, Drängraben, GK1, lagern	m³	18 / 15	19 / 16	**20** / **17**	21 / 18	22 / 19
3	Aushub, Dränarbeiten, GK1, lagern/verfüllen	m³	27 / 22	29 / 24	**29** / **25**	31 / 26	33 / 28
4	Filtervlies, Erdplanum/Frostschutz	m²	1 / 1	3 / 2	**3** / **3**	4 / 3	5 / 4
5	Tragschicht, kapillarbrechend	m²	4 / 4	7 / 6	**9** / **8**	10 / 9	14 / 11
6	Kiesfilter, Flächendränage	m³	33 / 27	55 / 46	**65** / **55**	71 / 60	89 / 75
7	Dränleitung, PVC-U, DN100	m	5,9 / 5,0	9,3 / 7,8	**11** / **8,9**	12 / 10	17 / 14
8	Dränleitung, PVC-U, DN125	m	7,2 / 6,1	10 / 8,7	**11** / **9,4**	14 / 11	17 / 15
9	Dränleitung, PVC-U, DN160	m	9,8 / 8,2	13 / 11	**14** / **12**	17 / 14	22 / 19
10	Dränleitung, PVC-U, DN200	m	14 / 12	21 / 18	**24** / **20**	29 / 24	37 / 31
11	Formstück, Dränleitung, Abzweig	St	10 / 9	21 / 18	**27** / **22**	33 / 28	45 / 38
12	Formstück, Dränleitung, Bogen	St	9 / 7	15 / 12	**18** / **15**	21 / 18	28 / 24
13	Formstück, Dränleitung, Verschlussstopfen	St	4 / 3	6 / 5	**7** / **6**	10 / 8	18 / 15
14	Formstück, Dränleitung, Verbindungsmuffe	St	9 / 7	12 / 10	**15** / **12**	18 / 15	24 / 21
15	Formstück, Dränleitung, Reduzierstück	St	10 / 8	17 / 14	**20** / **17**	25 / 21	34 / 28
16	Formstück, Dränleitung, T-Stück	St	10 / 9	14 / 12	**16** / **14**	23 / 19	31 / 26
17	Anschluss, Dränleitung/Schacht	St	29 / 25	61 / 51	**74** / **63**	87 / 73	123 / 103
18	Spülschacht PP, DN315	St	160 / 135	257 / 216	**298** / **250**	372 / 313	534 / 449
19	Schachtverlängerung, PP, DN315	m	55 / 46	68 / 57	**74** / **62**	78 / 66	87 / 73
20	Schachtabdeckung, Alu, mit Arretierung	St	78 / 66	99 / 83	**107** / **90**	117 / 98	129 / 108
21	Schachtabdeckung, Guss, DN315, Klasse B	St	126 / 106	204 / 171	**217** / **182**	248 / 208	328 / 275
22	Dichtung, Schachtdeckung	St	8 / 7	15 / 12	**18** / **15**	23 / 19	31 / 26
23	Sickerpackung, Dränleitung	m	8 / 6	12 / 10	**14** / **12**	16 / 13	21 / 17
24	Sickerpackung, Dränleitung	m³	42 / 35	56 / 47	**61** / **51**	72 / 60	99 / 83

© **BKI** Bausteninformationszentrum; Erläuterungen zu den Tabellen siehe Seite 44
Mustertexte geprüft: Bauwirtschaft Baden-Württemberg e.V.

Kostenstand: 1.Quartal 2021, Bundesdurchschnitt

Drän- und Versickerarbeiten — Preise €

Nr.	Positionen	Einheit	▶	▷	ø brutto € ø netto €	◁	◀
25	Sickerschacht, Betonfertigteilringe, B125	St	889 747	1.566 1.316	**1.808** **1.519**	2.253 1.893	3.638 3.057
26	Sickerschicht, Kies	m³	37 31	53 44	**62** **52**	72 61	89 75
27	Filterschicht, Filtermatten, Wand	m²	4 3	11 9	**13** **11**	16 13	25 21
28	Filter-/Dränageschicht, Vlies/Noppenbahn, Wand	m²	3 3	9 7	**11** **9**	13 11	17 14
29	Sickerschicht, Perimeterplatte, vlieskaschiert	m²	11 9	15 12	**16** **14**	18 15	21 18
30	Filter, Vlies, Dränkörper	m²	2 2	3 2	**3** **3**	4 3	6 5
31	Filterschicht, Kiessand, Wand	m³	49 41	57 48	**57** **48**	61 52	67 57
32	Grobkiesstreifen, Sockelbereich	m³	44 37	62 52	**70** **58**	91 76	119 100
33	Dränleitung spülen, Hochdruckgerät	m	1 1	3 2	**4** **4**	7 6	8 7
34	Stundensatz, Facharbeiter/-in,	h	45 38	52 44	**56** **47**	63 53	74 63

Nr.	Kurztext / Langtext						Kostengruppe
▶	▷	ø netto €	◁	◀	[Einheit]	Ausf.-Dauer	Positionsnummer

1 Handaushub, Drängraben, GK1 — KG **311**

Handaushub von Drängraben, Aushubmaterial seitlich lagern, Feinabtrag profilgerecht gem. Dränageplanung, einschl. aller Nebenarbeiten.
Aushubtiefe: bis ..... m
Lichte Breite: ..... m
Geotechnische Kategorie: 1
Boden: Homogenbereich 1, Bodengruppe: ..... DIN 18196
Bodengruppe: ..... DIN 18196
  – Steinanteil: bis ..... % Massenanteil DIN EN ISO 14688-1
  – Konsistenz DIN EN ISO 14688-1: .....
  – Lagerungsdichte: .....
  – Homogenbereiche lt.: .....
Bauteil: .....

42 €   55 €   **60 €**   73 €   99 €   [m³]   ⏱ 1,40 h/m³   010.000.030

2 Aushub, Drängraben, GK1, lagern — KG **311**

Handaushub von Drängraben, Aushubmaterial seitlich lagern, Feinabtrag profilgerecht gem. Dränageplanung, einschl. aller Nebenarbeiten.
Aushubtiefe: bis ..... m
Lichte Breite: ..... m
Geotechnische Kategorie: 1
Boden: Homogenbereich 1, Bodengruppe: ..... DIN 18196

LB 010
Drän- und Versickerarbeiten

Kosten:
Stand 1.Quartal 2021
Bundesdurchschnitt

▶ min
▷ von
ø Mittel
◁ bis
◀ max

Nr.	Kurztext / Langtext					Kostengruppe
▶	▷	ø netto €	◁	◀	[Einheit]	Ausf.-Dauer Positionsnummer

Bodengruppe: ..... DIN 18196
– Steinanteil: bis ..... % Massenanteil DIN EN ISO 14688-1
– Konsistenz DIN EN ISO 14688-1: .....
– Lagerungsdichte: .....
– Homogenbereiche lt.: .....
Bauteil: .....

| 15€ | 16€ | **17€** | 18€ | 19€ | [m³] | ⏱ 1,40 h/m³ | 010.000.049 |

3 Aushub, Dränarbeiten, GK1, lagern/verfüllen KG **311**

Boden für Gruben, Schächte, Kanäle u. dgl. profilgerecht lösen, laden, fördern und lagern; seitlich gelagerten Aushub nach Verlegen der Dränleitung wieder aufnehmen und lagenweise verfüllen, inkl. verdichten.
Aushubtiefe / Einbauhöhe: von ..... bis ..... m
Aushubprofil: .....
Sohlenbreite: .....
Förderweg: bis 50 m
Verfüllen Verdichtungsgrad: .....
Geotechnische Kategorie: 1
Boden: Homogenbereich 1, Bodengruppe: ..... DIN 18196
Bodengruppe: ..... DIN 18196
– Steinanteil: bis ..... % Massenanteil DIN EN ISO 14688-1
– Konsistenz DIN EN ISO 14688-1: .....
– Lagerungsdichte: .....
Homogenbereiche lt.: .....

| 22€ | 24€ | **25€** | 26€ | 28€ | [m³] | ⏱ 0,30 h/m³ | 010.000.001 |

4 Filtervlies, Erdplanum/Frostschutz KG **326**

Filtervlies als Trennlage zwischen verdichtetem Erdplanum und Frostschutzschicht bzw. einzubauender Filterschicht, Stöße überlappt.
Material: .....
Flächengewicht: 125 g/m²
Dicke: mind. 1,1 mm
GRK-Klasse: 2
Dränleistung: 90 l/(s x m²)

| 1€ | 2€ | **3€** | 3€ | 4€ | [m²] | ⏱ 0,02 h/m² | 010.000.002 |

5 Tragschicht, kapillarbrechend KG **325**

Tragschicht, kapillarbrechend, unter Bodenplatte oder Fundament, schichtweise einbringen und verdichten, Oberfläche abgewalzt.
Körnung/Sieblinie: .....
Schichtdicke: i.M. 30 cm
Planum: +/-2 cm
Proctordichte: 103%
Material: **gebrochenes Mineralgemisch / Kies-Schotter-Gemisch / Recyclingstoffe**

| 4€ | 6€ | **8€** | 9€ | 11€ | [m²] | ⏱ 0,08 h/m² | 010.000.003 |

Nr.	**Kurztext** / Langtext						Kostengruppe
▶	▷	**ø netto €**	◁	◀	[Einheit]	Ausf.-Dauer	Positionsnummer

6 Kiesfilter, Flächendränage — KG **326**

Füllmaterial für Filterschichten, zwischen Fundamenten.
Material: Filterkies - natürliche Gesteinskörnung
Körnung / Sieblinie: 8/16
Schichtdicke: mind. 15 cm

| 27€ | 46€ | **55€** | 60€ | 75€ | [m³] | ⏱ 0,60 h/m³ | 010.000.004 |

A 1 Dränleitung, PVC-U — Beschreibung für Pos. **7-10**

Dränleitung aus PVC-Stangenrohren für Gebäudedränage mit Doppelsteckmuffen.
Dränrohr: PVC-U
Wassereintrittsfläche: mind. 80 cm²/m
Einbauort: **Arbeitsraum / Graben / Baugrube**

7 Dränleitung, PVC-U, DN100 — KG **326**

Wie Ausführungsbeschreibung A 1
Typ/Form: .....
Nenngröße: DN100

| 5€ | 8€ | **9€** | 10€ | 14€ | [m] | ⏱ 0,10 h/m | 010.000.033 |

8 Dränleitung, PVC-U, DN125 — KG **326**

Wie Ausführungsbeschreibung A 1
Typ/Form: .....
Nenngröße: DN125

| 6€ | 9€ | **9€** | 11€ | 15€ | [m] | ⏱ 0,11 h/m | 010.000.034 |

9 Dränleitung, PVC-U, DN160 — KG **326**

Wie Ausführungsbeschreibung A 1
Typ/Form: .....
Nenngröße: DN160

| 8€ | 11€ | **12€** | 14€ | 19€ | [m] | ⏱ 0,12 h/m | 010.000.035 |

10 Dränleitung, PVC-U, DN200 — KG **326**

Wie Ausführungsbeschreibung A 1
Typ/Form: .....
Nenngröße: DN200

| 12€ | 18€ | **20€** | 24€ | 31€ | [m] | ⏱ 0,13 h/m | 010.000.037 |

11 Formstück, Dränleitung, Abzweig — KG **326**

Form- und Verbindungsstücke für Dränageleitung, aus PVC-U Stangendränrohren.
Formteil: Abzweig 45°
Durchmesser: DN.....
Rohrtyp: .....

| 9€ | 18€ | **22€** | 28€ | 38€ | [St] | ⏱ 0,25 h/St | 010.000.041 |

LB 010
Drän- und Versickerarbeiten

Kosten:
Stand 1. Quartal 2021
Bundesdurchschnitt

▶ min
▷ von
ø Mittel
◁ bis
◀ max

Nr.	Kurztext / Langtext						Kostengruppe
▶	▷ ø netto € ◁ ◀				[Einheit]	Ausf.-Dauer	Positionsnummer

12 Formstück, Dränleitung, Bogen — KG **326**
Form- und Verbindungsstücke für Dränageleitung, PVC-Stangendränrohren (PVC-U), mit Steckmuffe.
Formteil: Bogen.....°
Durchmesser: DN.....
Rohrtyp: .....

| 7€ | 12€ | **15€** | 18€ | 24€ | [St] | ⏱ 0,20 h/St | 010.000.024 |

13 Formstück, Dränleitung, Verschlussstopfen — KG **326**
Form- und Verbindungsstücke für Dränageleitung, PVC-Stangendränrohren (PVC-U), mit Steckmuffe.
Formteil: Verschlussstopfen
Durchmesser: DN.....
Rohrtyp: .....

| 3€ | 5€ | **6€** | 8€ | 15€ | [St] | ⏱ 0,14 h/St | 010.000.020 |

14 Formstück, Dränleitung, Verbindungsmuffe — KG **326**
Form- und Verbindungsstücke für Dränageleitung, PVC-Stangendränrohren (PVC-U), mit Steckmuffe.
Formteil: Verbindungsmuffe
Rohrtyp: .....

| 7€ | 10€ | **12€** | 15€ | 21€ | [St] | ⏱ 0,14 h/St | 010.000.038 |

15 Formstück, Dränleitung, Reduzierstück — KG **326**
Form- und Verbindungsstücke für Dränageleitung, PVC-Stangendränrohren (PVC-U), mit Steckmuffe.
Formteil: Reduzierstück
Rohrtyp: .....
Durchmesser: von DN..... auf DN.....

| 8€ | 14€ | **17€** | 21€ | 28€ | [St] | ⏱ 0,14 h/St | 010.000.039 |

16 Formstück, Dränleitung, T-Stück — KG **326**
Form- und Verbindungsstücke für Dränageleitung, PVC-Stangendränrohren (PVC-U), mit Steckmuffe.
Formteil: Anschluss bzw. T-Stück
Rohrtyp: .....
Durchmesser: .....
P

| 9€ | 12€ | **14€** | 19€ | 26€ | [St] | ⏱ 0,25 h/St | 010.000.040 |

17 Anschluss, Dränleitung/Schacht — KG **326**
Anschluss von Dränleitung aus PVC-U an vorhandenen Sickerschacht aus Betonringen, einschl. aller erforderlichen Dichtungs- und Anschlussmaterialien. Aushub- und Verfüllarbeiten in gesonderter Position.
Nenngröße: .....
Schachtgröße: DN.....

| 25€ | 51€ | **63€** | 73€ | 103€ | [St] | ⏱ 1,50 h/St | 010.000.019 |

Nr.	Kurztext / Langtext						Kostengruppe
▶	▷	ø netto €	◁	◀	[Einheit]	Ausf.-Dauer	Positionsnummer

18 Spülschacht PP, DN315 — KG 326
Spül- und Kontrollschacht aus Polypropylen, aufgehend, für Dränage, mit 3 Anschlüssen für Dränleitung,
1 PP-Abdeckung mit Arretierung, 1 Blindstopfen, sowie mit Sandfang.
Einbauort: an **Richtungswechsel / Tiefpunkt der Dränage-Ringleitung**
Nutzhöhe: ca. 0,80 m
Spülschachtgröße: DN315
Anschlüsse: **DN100 / ..... / DN200**
Blindstopfen: **DN100 / ..... / DN200**

| 135 € | 216 € | **250 €** | 313 € | 449 € | [St] | ⏱ 0,30 h/St | 010.000.011 |

19 Schachtverlängerung, PP, DN315 — KG 326
Verlängerung / Aufsetzrohr für Dränagespül- und Kontrollschacht, PVC-U, aufgehend.
Nutzhöhe: ca. 0,8 m
Spülschachtgröße: DN315

| 46 € | 57 € | **62 €** | 66 € | 73 € | [m] | ⏱ 0,10 h/m | 010.000.047 |

20 Schachtabdeckung, Alu, mit Arretierung — KG 326
Schachtabdeckung für Drainschacht, mit Rahmen, Deckel geschlossen, mit Arretierung.
Material: Aluminium
Schachtgröße: DN315

| 66 € | 83 € | **90 €** | 98 € | 108 € | [St] | ⏱ 0,25 h/St | 010.000.042 |

21 Schachtabdeckung, Guss, DN315, Klasse B — KG 326
Schachtabdeckung für Drainschacht, mit Rahmen, Deckel geschlossen, mit Arretierung.
Material: Aluminium
Schachtgröße: DN315
Klasse: B125

| 106 € | 171 € | **182 €** | 208 € | 275 € | [St] | ⏱ 0,25 h/St | 010.000.043 |

22 Dichtung, Schachtdeckung — KG 326
Profildichtung für Dränschacht, wasser- und gasdichter Verschluss.
Schachtgröße: DN315

| 7 € | 12 € | **15 €** | 19 € | 26 € | [St] | ⏱ 0,05 h/St | 010.000.045 |

23 Sickerpackung, Dränleitung — KG 326
Sickerpackung für Ummantelung der Dränleitung.
Abmessung (H x B): ..... x ..... m
Körnung: 8/16 nach DIN 4095
Material: Kies aus natürlicher Gesteinskörnung

| 6 € | 10 € | **12 €** | 13 € | 17 € | [m] | ⏱ 0,10 h/m | 010.000.007 |

24 Sickerpackung, Dränleitung — KG 326
Sickerpackung für Ummantelung der Dränleitung.
Körnung: 8/16 nach DIN 4095
Material: Kies aus natürlicher Gesteinskörnung

| 35 € | 47 € | **51 €** | 60 € | 83 € | [m³] | ⏱ 0,30 h/m³ | 010.000.005 |

LB 010
Drän- und Versickerarbeiten

Kosten:
Stand 1.Quartal 2021
Bundesdurchschnitt

Nr.	Kurztext / Langtext					Kostengruppe
▶ ▷	ø netto €	◁	◀	[Einheit]	Ausf.-Dauer	Positionsnummer

25 Sickerschacht, Betonfertigteilringe, B125 — KG **326**

Sickerschacht aus gelochten Betonfertigteil-Schachtringen, inkl. Sickerpackung, bestehend aus:
- Sauberkeitsschicht aus Kiessand 0/4, Schichtdicke 100 mm
- Schachtringe in Höhen von 250, 500 und 1.000 mm, mit Steigeisen
- Schachthals mit Steigeisen
- Auflagering
- Schachtaufsatz mit Rahmen und Deckel aus Gusseisen, mit Schmutzfänger sowie T-Stück
- eingesetztes Sickerrohr und Prallplatte,
- inkl. Sickerpackung aus Kies aus natürlicher Gesteinskörnung.

Sauberkeitsschicht: Körnung 0/32 mm
Schachtringe: DN1.000
Schachthals: DN1.000/625, H= 800 mm
Auflagering: DN625, H=100 mm
Sickerrohr: DN100
Sickerpackung: aus natürlichem Material, Körnung 32/64mm, H= 1,00 m
Belastungsklasse: B125
Schachttiefe: bis 2,00 m

747 €   1.316 €   **1.519** €   1.893 €   3.057 €   [St]   ⏱ 14,00 h/St   010.000.009

26 Sickerschicht, Kies — KG **326**

Sickerpackung aus Kies, für Schacht, inkl. Abdeckung mit Filtervlies.
Körnung: 32/64 mm, natürliche Gesteinskörnung
Schachtgröße: DN.....
Schichthöhe: 1,00 m
Filtervlies: .....

31 €   44 €   **52** €   61 €   75 €   [m³]   ⏱ 0,70 h/m³   010.000.010

27 Filterschicht, Filtermatten, Wand — KG **326**

Schutz- und Dränagesystem auf Bauwerksabdichtung, Bahnen überlappt. Filtervlies nach gesonderter Position.
Einbauort: erdberührte Wand
Arbeitshöhe: bis ..... m
Dränagesystem: .....

3 €   9 €   **11** €   13 €   21 €   [m²]   ⏱ 0,14 h/m²   010.000.013

28 Filter-/Dränageschicht, Vlies/Noppenbahn, Wand — KG **335**

Dränage-, Schutz- und Filterschicht aus Kunststoffnoppenbahn mit Vlies und Gleitfolie, auf Bauwerksabdichtung.
Einbauort: erdberührte Wand
Arbeitshöhe: bis ..... m

3 €   7 €   **9** €   11 €   14 €   [m²]   ⏱ 0,12 h/m²   010.000.032

▶ min
▷ von
ø Mittel
◁ bis
◀ max

Nr.	Kurztext / Langtext						Kostengruppe	
▶	▷	ø netto €	◁	◀	[Einheit]	Ausf.-Dauer	Positionsnummer	

29 Sickerschicht, Perimeterplatte, vlieskaschiert — KG **335**

Sickerschicht vor Außenwand, aus druckstabilen Polystyrol-Platten, profiliert, mit Vlieskaschierung, Einbau dicht gestoßen, auf senkrechte Bauwerksabdichtung kleben, Einstand in Kiesfilterschicht mind. 30cm.
Plattenmaterial: XPS
Nennwert Wärmeleitfähigkeit: 0,034 W/mK
Dränleistung: <0,3 l/(s x m)
Kante: umlaufend Stufenfalz
Anwendung: PW und Dränage DIN 4095
Einbauhöhe: **bis 4,00 / über 4,00** m
Plattendicke: **50 / 60 / 80 / .....** mm

| 9€ | 12€ | **14**€ | 15€ | 18€ | [m²] | ⏱ 0,10 h/m² | 010.000.017 |

30 Filter, Vlies, Dränkörper — KG **335**

Geotextilvlies als filterstabile Trennschicht zwischen Dränkörper und anstehendem Erdreich, vollständige Ummantelung des Dränkörpers, mit Überlappung.
Material: .....
Flächengewicht: ..... g/m²
Dicke: mind. ..... mm
GRK-Klasse: **2 / 3**

| 2€ | 2€ | **3**€ | 3€ | 5€ | [m²] | ⏱ 0,10 h/m² | 010.000.016 |

31 Filterschicht, Kiessand, Wand — KG **326**

Verfüllmaterial aus Kiessand, humusfrei, lagenweise vor aufgehender Außenwand, inkl. verdichten.
Material: Kiessand, natürlicher Mineralstoff
Verfüllhöhe: .....

| 41€ | 48€ | **48**€ | 52€ | 57€ | [m³] | ⏱ 0,50 h/m³ | 010.000.014 |

32 Grobkiesstreifen, Sockelbereich — KG **326**

Auffüllung aus gewaschenem Rundkies, umlaufend um das Gebäude sowie im Bereich von Lichtschächten, verlegt auf Filtervlies.
Anmerkung: Einbau erst nach Fertigstellung des Sockelputzes
Körnung: 32/64 mm, natürliche Gesteinskörnung
Breite: ..... cm
Tiefe: ca. ..... cm

| 37€ | 52€ | **58**€ | 76€ | 100€ | [m³] | ⏱ 0,50 h/m³ | 010.000.015 |

33 Dränleitung spülen, Hochdruckgerät — KG **326**

Grundleitung zwischen zwei Prüfpunkten mit Hochdruckspülgerät durchspülen, inkl. aller notwendigen Gerätschaften, Erstellung eines Protokolls sowie schadloser Entfernung aller Gerätschaften nach Abschluss der Arbeiten.

| 1€ | 2€ | **4**€ | 6€ | 7€ | [m] | ⏱ 0,08 h/m | 010.000.031 |

34 Stundensatz, Facharbeiter/-in,

Stundenlohnarbeiten Facharbeiterin, Facharbeiter, Spezialfacharbeiterin, Spezialfacharbeiter, Vorarbeiterin, Vorarbeiter und jeweils Gleichgestellte. Der Verrechnungssatz für die jeweilige Arbeitskraft umfasst sämtliche Aufwendungen wie Lohn- und Gehaltskosten, lohn- und gehaltsgebundene Kosten, Lohn- und Gehaltsnebenkosten, Gemeinkosten, Wagnis und Gewinn. Leistung nach besonderer Anordnung der Bauüberwachung.
Nachweis gem. §15 Nr. 3 VOB/B, Anmeldung gem. §2 Nr.10 VOB/B.

| 38€ | 44€ | **47**€ | 53€ | 63€ | [h] | ⏱ 1,00 h/h | 010.000.048 |

LB 012 Mauerarbeiten

Mauerarbeiten — Preise €

Kosten:
Stand 1.Quartal 2021
Bundesdurchschnitt

▶ min
▷ von
ø Mittel
◁ bis
◀ max

Nr.	Positionen	Einheit	▶	▷ ø brutto € / ø netto €	ø	◁	◀
1	Querschnittsabdichtung, Mauerwerk bis 15cm	m	1,0 / 0,9	2,4 / 2,0	**2,8** / **2,4**	3,7 / 3,1	5,6 / 4,7
2	Querschnittsabdichtung, Mauerwerk bis 17,5cm	m	1,6 / 1,4	3,5 / 3,0	**4,3** / **3,6**	5,5 / 4,6	7,2 / 6,0
3	Querschnittsabdichtung, Mauerwerk bis 24cm	m	2,1 / 1,7	3,7 / 3,1	**4,3** / **3,6**	5,9 / 5,0	9,8 / 8,2
4	Querschnittsabdichtung, Mauerwerk bis 36,5cm	m	3,7 / 3,1	5,6 / 4,7	**6,6** / **5,6**	8,1 / 6,8	11 / 9,7
5	Dämmstein, Mauerwerk, 11,5cm	m	20 / 17	33 / 28	**39** / **33**	46 / 39	59 / 50
6	Dämmstein, Mauerwerk, 17,5cm	m	28 / 24	41 / 35	**48** / **40**	59 / 50	88 / 74
7	Dämmstein, Mauerwerk, 24cm	m	36 / 31	57 / 48	**64** / **54**	83 / 70	117 / 99
8	Dämmstein, KS-Mauerwerk, 11,5cm	m	24 / 20	27 / 23	**28** / **24**	31 / 26	34 / 29
9	Dämmstein, KS-Mauerwerk 17,5cm	m	31 / 26	38 / 32	**43** / **36**	49 / 41	62 / 52
10	Dämmstein, KS-Mauerwerk, 24,0cm	m	40 / 33	53 / 44	**53** / **45**	59 / 50	72 / 61
11	Innenwand, Mauerziegel, 11,5cm	m²	45 / 38	53 / 45	**59** / **49**	62 / 52	82 / 69
12	Innenwand, Mauerziegel, 24cm	m²	75 / 63	82 / 69	**84** / **71**	89 / 75	97 / 82
13	Innenwand, Hlz-Planstein 11,5cm, 8 DF	m²	44 / 37	56 / 47	**61** / **51**	66 / 55	79 / 66
14	Innenwand, Hlz-Planstein 17,5cm, 12 DF	m²	49 / 42	68 / 57	**74** / **62**	85 / 71	110 / 93
15	Innenwand, Hlz-Planstein 24cm	m²	58 / 49	81 / 68	**88** / **74**	104 / 87	139 / 117
16	Innenwand, KS L 11,5cm, bis 3DF	m²	42 / 35	57 / 48	**62** / **53**	70 / 59	90 / 76
17	Innenwand, KS L 17,5cm, 3DF	m²	64 / 54	71 / 60	**75** / **63**	82 / 69	101 / 85
18	Innenwand, KS-Sichtmauerwerk 11,5cm	m²	69 / 58	83 / 70	**90** / **76**	95 / 80	110 / 92
19	Innenwand, KS Planstein 11,5cm, 3DF	m²	44 / 37	56 / 47	**61** / **51**	66 / 55	76 / 64
20	Innenwand, KS Planstein 17,5cm, 6DF	m²	50 / 42	66 / 56	**74** / **62**	83 / 70	104 / 88
21	Innenwand, KS Planstein 24cm, 8DF	m²	59 / 49	77 / 65	**86** / **73**	94 / 79	118 / 99
22	Innenwand, KS Rasterelement 11,5cm	m²	35 / 29	46 / 39	**53** / **44**	54 / 45	68 / 57
23	Innenwand, KS Rasterelement 24cm	m²	67 / 56	81 / 68	**88** / **74**	102 / 86	132 / 111
24	Innenwand, KS Sichtmauerwerk 11,5cm	m²	72 / 61	90 / 76	**101** / **85**	102 / 86	110 / 92

© BKI Baukosteninformationszentrum; Erläuterungen zu den Tabellen siehe Seite 44
Mustertexte geprüft: Bauwirtschaft Baden-Württemberg e.V.

Kostenstand: 1.Quartal 2021, Bundesdurchschnitt

Mauerarbeiten — Preise €

Nr.	Positionen	Einheit	▶	▷	ø brutto € ø netto €	◁	◀
25	Innenwand, Porenbeton Planbauplatte 5cm, nichttragend	m²	42	48	**51**	55	64
			35	40	**43**	46	53
26	Innenwand, Porenbeton Planbauplatte 10cm, nichttragend	m²	54	61	**65**	72	83
			46	51	**54**	61	69
27	Innenwand, Porenbeton 11,5cm, nichttragend	m²	49	56	**59**	63	75
			41	47	**49**	53	63
28	Innenwand, Porenbeton 17,5cm, nichttragend	m²	53	65	**70**	74	84
			45	55	**59**	63	70
29	Innenwand, Poren-Planelement 24cm, nichttragend	m²	62	76	**83**	86	98
			52	64	**70**	72	82
30	Innenwand, Poren-Planelement 30cm, nichttragend	m²	86	98	**105**	113	126
			72	82	**88**	95	106
31	Innenwand, Gipswandbauplatte, 6cm, nichttragend	m²	40	46	**50**	54	62
			33	39	**42**	45	52
32	Innenwand, Gipswandbauplatte, 10cm, nichttragend	m²	51	58	**61**	66	75
			43	49	**52**	56	63
33	Brüstungsmauerwerk, Breite 11,5cm	m²	55	65	**70**	71	85
			47	54	**58**	59	71
34	Brüstungsmauerwerk, Breite 24,0cm	m²	61	88	**95**	102	116
			52	74	**80**	86	97
35	Brüstungsmauerwerk, Breite 36,5cm	m²	96	118	**131**	147	197
			80	99	**110**	124	165
36	Öffnungen, Mauerwerk bis 17,5cm, 1,01/2,13	St	20	37	**42**	49	70
			17	32	**36**	41	59
37	Öffnungen, Mauerwerk bis 24cm, 1,01/2,13	St	22	41	**45**	56	75
			19	34	**38**	47	63
38	Wandöffnung, Mauerwerk bis 2,50m²	m²	6	9	**10**	14	19
			5	8	**8**	12	16
39	Öffnungen schließen, Mauerwerk	m²	83	109	**121**	140	177
			70	92	**102**	117	149
40	Türöffnung schließen, Mauerwerk	m²	62	114	**133**	168	238
			52	96	**112**	141	200
41	Aussparung schließen, bis 0,04m²	St	17	33	**36**	48	72
			14	27	**31**	40	61
42	Aussparung schließen, bis 0,25m²	St	18	38	**46**	56	83
			15	32	**39**	47	69
43	Aussparung schließen, bis 0,50m²	St	27	53	**65**	75	98
			23	45	**54**	63	82
44	Schacht, gemauert, Formteile	m	82	115	**131**	148	200
			69	96	**110**	125	168
45	Schachtwand, Kalksandsteine	m²	46	70	**83**	92	111
			38	58	**70**	78	93
46	Schachtwand, Kalksandsteine, Brandwand	m²	71	92	**96**	100	122
			60	77	**81**	84	102
47	Öffnung überdecken, Ziegelsturz	m	12	21	**25**	32	45
			10	17	**21**	27	37

© BKI Baukosteninformationszentrum; Erläuterungen zu den Tabellen siehe Seite 44
Mustertexte geprüft: Bauwirtschaft Baden-Württemberg e.V.

Kostenstand: 1.Quartal 2021, Bundesdurchschnitt

LB 012 Mauerarbeiten

Mauerarbeiten — Preise €

Kosten: Stand 1.Quartal 2021 Bundesdurchschnitt

▶ min
▷ von
ø Mittel
◁ bis
◀ max

Nr.	Positionen	Einheit	▶	▷	ø brutto € ø netto €	◁	◀
48	Öffnung überdecken, KS-Sturz, 17,5cm	m	11	26	**33**	47	71
			9	22	**27**	40	60
49	Öffnung überdecken, Betonsturz, 24cm	m	20	55	**65**	79	105
			17	47	**55**	66	88
50	Öffnung überdecken, Ziegelsturz, 36,5cm	m	44	59	**66**	71	82
			37	49	**55**	59	69
51	Öffnung überdecken, Flachbogen/Segmentbogen	St	173	198	**212**	242	282
			145	166	**178**	203	237
52	Laibung beimauern, Sichtmauerwerk	m	8	11	**12**	15	19
			7	9	**10**	13	16
53	Glattstrich, Laibungen/Brüstungen	m	5	7	**7**	8	10
			4	5	**6**	7	8
54	Schlitze herstellen, Mauerwerk	m	8	15	**17**	23	37
			7	13	**14**	19	31
55	Schlitze schließen, Mauerwerk	m	6	14	**17**	23	30
			5	12	**14**	19	26
56	Deckenrandschale, Mineralwolledämmung	m	12	18	**20**	22	30
			10	15	**16**	18	25
57	Deckenanschluss, Mauerwerkswand	m	9	12	**12**	16	20
			8	10	**10**	13	16
58	Deckenanschlussfuge feuerhemmend	m	18	32	**43**	50	62
			15	27	**36**	42	52
59	Deckenanschluss gleitend, ohne Brandschutz	m	2	4	**5**	7	11
			2	3	**4**	6	9
60	Deckenanschluss gleitend, mit Brandschutz	m	26	41	**42**	48	62
			22	34	**35**	40	52
61	Mauerwerksanschluss stumpf	m	4	8	**10**	13	18
			3	7	**9**	11	15
62	Maueranschlussschiene, 25/15	m	6,3	12	**14**	18	24
			5,3	10	**12**	15	20
63	Maueranschlussschiene, 28/15	m	7,5	16	**19**	22	29
			6,3	13	**16**	18	24
64	Maueranschlussschiene, 38/17	m	16	23	**26**	32	43
			14	19	**22**	27	37
65	Maueranker, beim Aufmauern einlegen	St	0,7	1,6	**2,0**	2,6	3,9
			0,6	1,3	**1,7**	2,2	3,3
66	Mauerwerk verzahnen	m	5	10	**12**	14	21
			5	8	**10**	12	17
67	Außenwand, LHlz 24cm, tragend	m²	80	90	**94**	96	104
			67	75	**79**	81	87
68	Außenwand, LHlz 36,5cm, tragend	m²	101	123	**133**	147	185
			85	104	**112**	124	156
69	Außenwand, LHlz 42,5cm, tragend	m²	126	145	**154**	163	192
			106	122	**129**	137	162
70	Außenwand, LHlz 36,5cm, tragend, gefüllt	m²	114	132	**141**	149	176
			96	111	**118**	126	148
71	Außenwand, LHlz 42,5cm, tragend, gefüllt	m²	132	153	**163**	172	203
			111	129	**137**	145	171

© **BKI** Baukosteninformationszentrum; Erläuterungen zu den Tabellen siehe Seite 44
Mustertexte geprüft: Bauwirtschaft Baden-Württemberg e.V.

Kostenstand: 1.Quartal 2021, Bundesdurchschnitt

Mauerarbeiten — Preise €

Nr.	Positionen	Einheit	▶	▷ ø brutto € / ø netto €		◁	◀
72	Außenwand, KS L-R 17,5cm, tragend	m²	48	69	**76**	85	112
			40	58	**64**	72	94
73	Außenwand, KS L-R 24cm, tragend	m²	70	86	**95**	104	126
			59	72	**79**	87	106
74	Außenwand, Betonsteine 17,5cm, tragend	m²	53	64	**68**	79	94
			44	54	**57**	66	79
75	Mauerpfeiler, rechteckig, freitragend	m	51	76	**89**	105	147
			43	64	**75**	88	123
76	Kerndämmung, MW 040, 80mm, Außenwand	m²	14	16	**17**	18	23
			12	13	**14**	15	19
77	Kerndämmung, MW 040, 140mm, Außenwand	m²	26	30	**32**	35	40
			22	25	**27**	29	34
78	Gebäudetrennfugen, MW, 20mm, Außenwand	m²	6,8	8,3	**9,0**	9,4	11
			5,8	7,0	**7,6**	7,9	9,4
79	Gebäudetrennfugen, MW, 50mm, Außenwand	m²	15	20	**22**	26	33
			12	17	**18**	22	28
80	Deckenranddämmung, Mehrschichtleichtbauplatte	m	7	15	**15**	18	26
			6	13	**13**	16	22
81	Drahtanker, Hintermauerung/Tragschale	m²	2	6	**7**	10	15
			2	5	**6**	8	13
82	Verblendmauerwerk, Abfangung, Winkelkonsole	St	163	253	**286**	308	410
			137	212	**240**	259	345
83	Verblendmauerwerk, Abfangung Einzelkonsole	St	22	41	**53**	62	79
			19	35	**44**	52	67
84	Verblendmauerwerk, VMz, 115mm	m²	105	146	**166**	184	237
			88	123	**140**	154	199
85	Sparverblendung WDVS, Klinkerriemchen	m²	117	143	**152**	177	216
			99	121	**128**	149	181
86	Verblendmauerwerk, Betonsteine	m²	186	218	**220**	230	251
			156	183	**185**	193	211
87	Verblendmauerwerk, Kalksandsteine	m²	94	144	**170**	189	237
			79	121	**143**	159	199
88	Verblendmauerwerk, Dehnfuge, Dichtstoff	m	19	23	**25**	36	48
			16	20	**21**	30	40
89	Verblendmauerwerk, Öffnungen	m²	22	28	**32**	43	59
			18	24	**27**	36	49
90	Verblendmauerwerk, Rollschicht	m	20	41	**53**	63	79
			17	34	**44**	53	67
91	Mauerwerk abgleichen, bis 17,5cm	m	4	10	**13**	17	24
			3	8	**11**	14	20
92	Mauerwerk abgleichen, bis 24cm	m	4	12	**16**	20	32
			3	10	**13**	17	27
93	Mauerwerk abgleichen, bis 36,5cm	m	6	14	**17**	24	37
			5	12	**14**	20	31
94	Ringanker, U-Schale, 11,5cm	m	25	36	**39**	42	49
			21	30	**33**	35	41
95	Ringanker, U-Schale, 24cm	m	29	41	**50**	56	71
			25	34	**42**	47	60

© **BKI** Baukosteninformationszentrum; Erläuterungen zu den Tabellen siehe Seite 44
Mustertexte geprüft: Bauwirtschaft Baden-Württemberg e.V.

Kostenstand: 1.Quartal 2021, Bundesdurchschnitt

LB 012 Mauerarbeiten

Kosten:
Stand 1.Quartal 2021
Bundesdurchschnitt

▶ min
▷ von
ø Mittel
◁ bis
◀ max

Mauerarbeiten — Preise €

Nr.	Positionen	Einheit	▶	▷ ø brutto € / ø netto €		◁	◀
96	Ringanker, U-Schale, 36,5cm	m	43	52	**56**	65	83
			36	44	**47**	54	70
97	Ausmauerung, Sparren	m	21	37	**44**	55	83
			17	31	**37**	46	69
98	Schornstein, Formstein, einzügig	m	164	236	**268**	335	509
			138	199	**225**	282	427
99	Schornstein, Formsteine, zweizügig	m	192	301	**336**	380	472
			162	253	**282**	319	397
100	Schornsteinkopf, Mauerwerk	m²	207	286	**288**	288	367
			174	240	**242**	242	309
101	Schornsteinkopfabdeckung, Faserzement	St	277	462	**526**	630	822
			233	388	**442**	529	691
102	Ziegel-Elementdecke, ZST 1,0 - 22,5	m²	116	134	**145**	148	162
			97	112	**122**	124	136
103	Stundensatz, Facharbeiter/-in	h	48	58	**62**	66	75
			41	49	**52**	55	63
104	Stundensatz, Helfer/-in	h	39	52	**57**	60	67
			33	44	**48**	50	57

Nr.	Kurztext / Langtext					[Einheit]	Ausf.-Dauer	Kostengruppe Positionsnummer
	▶	▷	ø netto €	◁	◀			

A 1 — Querschnittsabdichtung, Mauerwerk — Beschreibung für Pos. 1-4

Querschnittsabdichtung in/unter Mauerwerkswänden aus Bitumenbahnen, gegen Bodenfeuchte und nicht-drückendes Wasser gem. DIN 18533; inkl. Abgleichen der Auflagerfläche.
Raumnutzungsklasse: RN1-E (geringe Anforderung)
Wassereinwirkungsklasse: W4-E (Bodenfeuchte am Wandsockel, sowie Kapillarwasser in und unter Wänden)
Rissklasse: R1-E (gering),
Rissüberbrückungsklasse: RÜ1-E (geringe Rissüberbrückung bis 0,2 mm)

1 — Querschnittsabdichtung, Mauerwerk bis 15cm — KG 342
Wie Ausführungsbeschreibung A 1
Mauerdicke: bis 15 cm
Abdichtung: Bitumendichtungsbahn G 200 DD

▶	▷	ø	◁	◀	[Einheit]	Ausf.-Dauer	Positionsnummer
0,9€	2,0€	**2,4€**	3,1€	4,7€	[m]	0,04 h/m	012.000.093

2 — Querschnittsabdichtung, Mauerwerk bis 17,5cm — KG 342
Wie Ausführungsbeschreibung A 1
Mauerdicke: über 11,5 bis 17,5 cm
Abdichtung: Bitumendichtungsbahn G 200 DD

▶	▷	ø	◁	◀	[Einheit]	Ausf.-Dauer	Positionsnummer
1€	3€	**4€**	5€	6€	[m]	0,04 h/m	012.000.206

3 — Querschnittsabdichtung, Mauerwerk bis 24cm — KG 341
Wie Ausführungsbeschreibung A 1
Mauerdicke: von 20 bis 24 cm
Abdichtung: Bitumendichtungsbahn G 200 DD

▶	▷	ø	◁	◀	[Einheit]	Ausf.-Dauer	Positionsnummer
2€	3€	**4€**	5€	8€	[m]	0,06 h/m	012.000.094

Nr.	Kurztext / Langtext						Kostengruppe	
▶	▷	ø netto €	◁	◀	[Einheit]	Ausf.-Dauer	Positionsnummer	

4 Querschnittsabdichtung, Mauerwerk bis 36,5cm — KG **331**

Wie Ausführungsbeschreibung A 1
Mauerdicke: über 24 bis 36,5 cm
Abdichtung: Bitumendichtungsbahn G 200 DD

| 3€ | 5€ | **6€** | 7€ | 10€ | [m] | ⏱ 0,08 h/m | 012.000.095 |

A 2 Dämmstein, Mauerwerk — Beschreibung für Pos. **5-7**

Dämmstein als Wärmedämmelement im Mauerwerk.
Steinart: .....
Steinhöhe: 113 mm
Brandverhalten: Klasse .....
Bauaufsichtliche Zulassung: .....

5 Dämmstein, Mauerwerk, 11,5cm — KG **342**

Wie Ausführungsbeschreibung A 2
Einbauort: .....
Wanddicke: 11,5 cm
Druckfestigkeit: **6 / 20**
Bemessungswert der Wärmeleitfähigkeit: max. ..... W/(mK)
Nennwert der Wärmeleitfähigkeit: ..... W/(mK)
  – horizontal: ..... W/(mK)
  – vertikal: ..... W/(mK)

| 17€ | 28€ | **33€** | 39€ | 50€ | [m] | ⏱ 0,10 h/m | 012.000.067 |

6 Dämmstein, Mauerwerk, 17,5cm — KG **341**

Wie Ausführungsbeschreibung A 2
Einbauort: .....
Wanddicke: 17,5 cm
Druckfestigkeit: **6 / 20**
Bemessungswert der Wärmeleitfähigkeit: max. ..... W/(mK)
Nennwert der Wärmeleitfähigkeit: ..... W/(mK)
  – horizontal: ..... W/(mK)
  – vertikal: ..... W/(mK)

| 24€ | 35€ | **40€** | 50€ | 74€ | [m] | ⏱ 0,12 h/m | 012.000.090 |

7 Dämmstein, Mauerwerk, 24cm — KG **341**

Wie Ausführungsbeschreibung A 2
Einbauort: .....
Wanddicke: 24 cm
Druckfestigkeit: **6 / 20**
Bemessungswert der Wärmeleitfähigkeit: max. ..... W/(mK)
Nennwert der Wärmeleitfähigkeit: ..... W/(mK)
  – horizontal: ..... W/(mK)
  – vertikal: ..... W/(mK)

| 31€ | 48€ | **54€** | 70€ | 99€ | [m] | ⏱ 0,14 h/m | 012.000.089 |

LB 012
Mauerarbeiten

Nr.	Kurztext / Langtext					Kostengruppe		
▶	▷	ø netto €	◁	◀	[Einheit]	Ausf.-Dauer	Positionsnummer	

A 3   Dämmstein, KS-Mauerwerk   Beschreibung für Pos. **8-10**

Dämmstein als Wärmedämmelement im KS-Mauerwerk.
Steinart: KS-ISO-Kimmstein
Rohdichteklasse: 1,2
Druckfestigkeit: 20
Steinhöhe: 113 mm
Brandverhalten: Klasse .....
Bauaufsichtliche Zulassung: .....

8   Dämmstein, KS-Mauerwerk, 11,5cm   KG **342**

Wie Ausführungsbeschreibung A 3
Einbauort: .....
Wanddicke: 11,5 cm
Nennwert der Wärmeleitfähigkeit:
– horizontal: .... W/(mK)
– vertikal: ..... W/(mK)

| 20€ | 23€ | **24€** | 26€ | 29€ | [m] | ⏱ 0,14 h/m | 012.000.207 |

9   Dämmstein, KS-Mauerwerk 17,5cm   KG **342**

Wie Ausführungsbeschreibung A 3
Einbauort: .....
Wanddicke: 17,5 cm
Nennwert der Wärmeleitfähigkeit:
– horizontal: .... W/(mK)
– vertikal: ..... W/(mK)

| 26€ | 32€ | **36€** | 41€ | 52€ | [m] | ⏱ 0,15 h/m | 012.000.208 |

10   Dämmstein, KS-Mauerwerk, 24,0cm   KG **341**

Wie Ausführungsbeschreibung A 3
Einbauort: .....
Wanddicke: 24 cm
Nennwert der Wärmeleitfähigkeit:
– horizontal: .... W/(mK)
– vertikal: ..... W/(mK)

| 33€ | 44€ | **45€** | 50€ | 61€ | [m] | ⏱ 0,24 h/m | 012.000.209 |

11   Innenwand, Mauerziegel, 11,5cm   KG **342**

Mauerwerk der Innenwand nach Normenreihe DIN EN 1996, aus Mauerziegel (Vollziegel), für späteren Putzauftrag, mit Stoßfugenvermörtelung.
Wanddicke: 11,5 cm
Wandhöhe: bis ..... m
Steinart: Mz
Festigkeitsklasse: 20 N/mm^2
Rohdichteklasse: 1,6 kg/dm^3
Mörtelgruppe: NM III
Einbauort: in allen Geschossen

| 38€ | 45€ | **49€** | 52€ | 69€ | [m^2] | ⏱ 0,60 h/m^2 | 012.000.071 |

Kosten:
Stand 1.Quartal 2021
Bundesdurchschnitt

▶ min
▷ von
ø Mittel
◁ bis
◀ max

Nr.	Kurztext / Langtext						Kostengruppe	
▶	▷	**ø netto €**	◁	◀	[Einheit]	Ausf.-Dauer	Positionsnummer	

12 Innenwand, Mauerziegel, 24cm — KG **342**

Mauerwerk der Innenwand nach Normenreihe DIN EN 1996, aus Mauerziegel (Vollziegel), für späteren Putzauftrag, mit Stoßfugenvermörtelung.
Wanddicke: 24,0 cm
Wandhöhe: bis ..... m
Steinart: Mz
Festigkeitsklasse: 20 N/mm^2
Rohdichteklasse: 1,6 kg/dm^3
Format: 2 DF (240 x 115 x 113 mm)
Mörtelgruppe: NM III
Einbauort: in allen Geschossen

| 63€ | 69€ | **71€** | 75€ | 82€ | [m^2] | ⏱ 0,65 h/m^2 | 012.000.139 |

13 Innenwand, Hlz-Planstein 11,5cm, 8 DF — KG **342**

Mauerwerk der Innenwand nach Normenreihe DIN EN 1996, aus Hochlochziegel, für späteren Putzauftrag, ohne Stoßfugenvermörtelung; Wand stumpf angeschlossen, mit Flachanker aus nichtrostendem Stahl; Flachanker in getrennter Position.
Wanddicke: 11,5 cm
Wandhöhe: bis ..... m
Steinart: Hlz - Planstein
Festigkeitsklasse: 8 N/mm^2
Rohdichteklasse: 0,8 kg/dm^3
Format: 8 DF (498 x 115 x 249 mm)
Mörtelgruppe: Dünnbettmörtel gem. Zulassung
Einbauort: in allen Geschossen

| 37€ | 47€ | **51€** | 55€ | 66€ | [m^2] | ⏱ 0,40 h/m^2 | 012.000.199 |

14 Innenwand, Hlz-Planstein 17,5cm, 12 DF — KG **342**

Mauerwerk der Innenwand nach Normenreihe DIN EN 1996, aus Hochlochziegel, für späteren Putzauftrag, ohne Stoßfugenvermörtelung; Wand stumpf angeschlossen, mit Flachanker aus nichtrostendem Stahl; Flachanker in getrennter Position.
Wanddicke: 17,5 cm
Wandhöhe: bis ..... m
Steinart: Hlz - Planstein
Festigkeitsklasse: 12 N/mm^2
Rohdichteklasse: 0,9 kg/dm^3
Format: 12 DF (498 x 175 x 249 mm)
Mörtelgruppe: Dünnbettmörtel gem. Zulassung
Einbauort: in allen Geschossen

| 42€ | 57€ | **62€** | 71€ | 93€ | [m^2] | ⏱ 0,45 h/m^2 | 012.000.140 |

LB 012 Mauerarbeiten

Nr.	Kurztext / Langtext					Kostengruppe
▶	▷	ø netto €	◁	◀	[Einheit]	Ausf.-Dauer Positionsnummer

Kosten:
Stand 1.Quartal 2021
Bundesdurchschnitt

15 Innenwand, Hlz-Planstein 24cm — KG 342

Mauerwerk der Innenwand nach Normenreihe DIN EN 1996, aus Hochlochziegel, für späteren Putzauftrag, mit Stoßfugenvermörtelung; Wand stumpf angeschlossen, mit Flachanker aus nichtrostendem Stahl; Flachanker in getrennter Position.
Wanddicke: 24,0 cm
Wandhöhe: bis ..... m
Steinart: Hlz - Planstein
Festigkeitsklasse: 10-14 N/mm^2
Rohdichteklasse: 0,8-1,4 kg/dm^3
Format: 12 DF (373 x 240 x 249 mm)
Mörtelgruppe: Dünnbettmörtel gem. Zulassung
Einbauort: in allen Geschossen

| 49€ | 68€ | **74€** | 87€ | 117€ | [m^2] | ⏱ 0,65 h/m^2 | 012.000.141 |

16 Innenwand, KS L 11,5cm, bis 3DF — KG 342

Mauerwerk der Innenwand nach Normenreihe DIN EN 1996, aus Kalksandstein, für späteren Putzauftrag, mit Stoßfugenvermörtelung. Leistung inkl. dem Aufmauern der obersten Mauerschicht nach dem Ausschalen der darüber liegenden Decke.
Wanddicke: 11,5 cm
Wandfunktion: **nichttragend / tragend**
Wandhöhe: bis ..... m
Steinart: KS L
Festigkeitsklasse: 12 N/mm^2
Rohdichteklasse: **1,4 / 1,6** kg/dm^3
Format: bis 3 DF (240 x 115 x 113 mm)
Mörtelgruppe: NM II
Einbauort: in allen Geschossen

| 35€ | 48€ | **53€** | 59€ | 76€ | [m^2] | ⏱ 0,40 h/m^2 | 012.000.200 |

17 Innenwand, KS L 17,5cm, 3DF — KG 341

Mauerwerk der Innenwand nach Normenreihe DIN EN 1996, aus Kalksandstein, für späteren Putzauftrag, mit Stoßfugenvermörtelung.
Wanddicke: 17,5 cm
Wandfunktion: **nichttragend / tragend**
Wandhöhe: bis ..... m
Steinart: KS L
Festigkeitsklasse: 12 N/mm^2
Rohdichteklasse: **1,4 / 1,6** kg/dm^3
Format: 3 DF (240 x 175 x 113 mm)
Mörtelgruppe: NM II
Einbauort: in allen Geschossen

| 54€ | 60€ | **63€** | 69€ | 85€ | [m^2] | ⏱ 0,30 h/m^2 | 012.000.201 |

▶ min
▷ von
ø Mittel
◁ bis
◀ max

Nr.	Kurztext / Langtext						Kostengruppe	
▶	▷	ø netto €	◁	◀	[Einheit]	Ausf.-Dauer	Positionsnummer	

18 Innenwand, KS-Sichtmauerwerk 11,5cm — KG **342**

Mauerwerk nach Normenreihe DIN EN 1996, als einseitiges Sichtmauerwerk aus Kalksandstein. Rückseite für Verputz, mit Stoßfugenvermörtelung und gleichmäßigen Fugendicken; Sichtseite nur mit ausgesuchten Steinen vom selben Lieferwerk, beim Aufmauern sind Steine aus mehreren Paketen zu mischen.
Wanddicke: 11,5 cm
Wandhöhe: bis ..... m
Steinart: **KS Vm / KS Vb**
Festigkeitsklasse: **16 / 20** N/mm^2
Rohdichteklasse: 1,8 kg/dm^3
Format: **DF / NF / 2 DF**
Mörtelgruppe: NM II
Verband: .....
Fugenbreite: Stoß 10 mm, Lager 12 mm
Einbauort: Wohnräume, in allen Geschossen

| 58 € | 70 € | **76 €** | 80 € | 92 € | [m^2] | ⏱ 0,62 h/m^2 | 012.000.006 |

19 Innenwand, KS Planstein 11,5cm, 3DF — KG **342**

Mauerwerk der Innenwand nach Normenreihe DIN EN 1996, aus Kalksandstein, für späteren Putzauftrag, mit Nut und Feder-System, ohne Stoßfugenvermörtelung. Leistung inkl. dem Aufmauern der obersten Mauerschicht nach dem Ausschalen der darüber liegenden Decke.
Wanddicke: 11,5 cm
Wandhöhe: bis ..... m
Steinart: **KS-L-R- / KS-R-**Planstein
Festigkeitsklasse: 12 N/mm^2
Rohdichteklasse: 1,6 kg/dm^3
Format: 3 DF (240 x 115 x 113 mm)
Mörtelgruppe: DM
Einbauort: in allen Geschossen

| 37 € | 47 € | **51 €** | 55 € | 64 € | [m^2] | ⏱ 0,30 h/m^2 | 012.000.078 |

20 Innenwand, KS Planstein 17,5cm, 6DF — KG **341**

Mauerwerk der Innenwand nach Normenreihe DIN EN 1996, aus Kalksandstein, für späteren Putzauftrag, mit Nut- und Feder-System, ohne Stoßfugenvermörtelung.
Wanddicke: 17,5 cm
Wandfunktion: **nichttragend / tragend**
Wandhöhe: bis ..... m
Steinart: KS R Planstein
Festigkeitsklasse: 20 N/mm^2
Rohdichteklasse: **1,8 / 2,0** kg/dm^3
Format: 6 DF (248 x 175 x 248 mm)
Mörtelgruppe: DM
Einbauort: in allen Geschossen

| 42 € | 56 € | **62 €** | 70 € | 88 € | [m^2] | ⏱ 0,35 h/m^2 | 012.000.097 |

LB 012
Mauerarbeiten

Kosten:
Stand 1.Quartal 2021
Bundesdurchschnitt

Nr.	Kurztext / Langtext						Kostengruppe
▶	▷	ø netto €	◁	◀	[Einheit]	Ausf.-Dauer	Positionsnummer

21 Innenwand, KS Planstein 24cm, 8DF — KG **341**

Mauerwerk der Innenwand nach Normenreihe DIN EN 1996, aus Kalksandstein, für späteren Putzauftrag, mit Nut- und Feder-System, ohne Stoßfugenvermörtelung.
Wanddicke: 24,0 cm
Wandfunktion: **nichttragend / tragend**
Wandhöhe: bis ..... m
Steinart: KS R Planstein
Festigkeitsklasse: 20 N/mm²
Rohdichteklasse: **1,8 / 2,0** kg/dm³
Format: 8 DF (248 x 240 x 248 mm)
Mörtelgruppe: DM
Einbauort: in allen Geschossen

| 49€ | 65€ | **73€** | 79€ | 99€ | [m²] | ⏱ 0,37 h/m² | 012.000.098 |

A 4 Innenwand, KS Rasterelement — Beschreibung für Pos. **22-23**

Mauerwerk der Innenwand nach Normenreihe DIN EN 1996, aus Kalksandstein, für späteren Putzauftrag, mit Nut- und Feder-System, ohne Stoßfugenvermörtelung.

22 Innenwand, KS Rasterelement 11,5cm — KG **341**

Wie Ausführungsbeschreibung A 4
Wanddicke: 11,5 cm
Wandfunktion: **nichttragend / tragend**
Wandhöhe: bis ..... m
Steinart: KS XL-RE
Festigkeitsklasse: **16 / 20** N/mm²
Rohdichteklasse: 2,0 kg/dm³
Format: 16 DF (498 x 115 x 498 mm)
Mörtelgruppe: DM
Einbauort: in allen Geschossen

| 29€ | 39€ | **44€** | 45€ | 57€ | [m²] | ⏱ 0,37 h/m² | 012.000.143 |

23 Innenwand, KS Rasterelement 24cm — KG **341**

Wie Ausführungsbeschreibung A 4
Wanddicke: 24 cm
Wandfunktion: **nichttragend / tragend**
Wandhöhe: bis ..... m
Steinart: KS XL-RE
Festigkeitsklasse: **16 / 20** N/mm²
Rohdichteklasse: 2,0 kg/dm³
Format: 498 x 240 x 498 mm
Mörtelgruppe: DM
Einbauort: in allen Geschossen

| 56€ | 68€ | **74€** | 86€ | 111€ | [m²] | ⏱ 0,37 h/m² | 012.000.146 |

▶ min
▷ von
ø Mittel
◁ bis
◀ max

Nr.	Kurztext / Langtext						Kostengruppe	
▶	▷	ø netto €	◁	◀	[Einheit]	Ausf.-Dauer	Positionsnummer	

24 Innenwand, KS Sichtmauerwerk 11,5cm — KG 342

Mauerwerk nach Normenreihe DIN EN 1996, als zweiseitiges Sichtmauerwerk aus Kalksandstein mit Stoßfugenvermörtelung und gleichmäßigen Fugendicken. Sichtseite nur mit ausgesuchten Steinen vom selben Lieferwerk, beim Aufmauern sind Steine aus mehreren Paketen zu mischen.
Wanddicke: 11,5 cm
Wandhöhe: bis ..... m
Steinart: **KS Vm / KS Vb**
Festigkeitsklasse: **12 / 20** N/mm^2
Rohdichteklasse: 1,8 kg/dm^3
Format: .....
Mörtelgruppe: NM II
Verband: .....
Fugen: glatt gestrichen
Fugenbreite: Stoß 10 mm, Lager 12 mm
Einbauort: .....

| 61 € | 76 € | **85 €** | 86 € | 92 € | [m^2] | ⏱ 0,38 h/m^2 | 012.000.184 |

A 5 Innenwand, Porenbeton Planbauplatte, nichttragend — Beschreibung für Pos. 25-26

Mauerwerk der nichttragenden Innenwand, aus Porenbeton-Planplatte, für späteren Putzauftrag. Leistung inkl. Passstücke und Aufmauern der obersten Mauerschicht nach dem Ausschalen der darüber liegenden Decke.

25 Innenwand, Porenbeton Planbauplatte 5cm, nichttragend — KG 342

Wie Ausführungsbeschreibung A 5
Wanddicke: 5 cm
Material: Porenbeton PP 4/0,55
Geschosshöhe: bis ..... m
Festigkeitsklasse: 4 N/mm^2
Rohdichteklasse: 0,55 kg/dm^3
Format: 624 x 50 x 249 mm
Stoßfugenvermörtelung: **mit / ohne**
Stoßfugenausbildung: .....
Lagerfugenausbildung: .....
Mörtel: Dünnbettmörtel DM
Einbauort: in allen Geschossen

| 35 € | 40 € | **43 €** | 46 € | 53 € | [m^2] | ⏱ 0,30 h/m^2 | 012.000.153 |

LB 012
Mauerarbeiten

Kosten:
Stand 1.Quartal 2021
Bundesdurchschnitt

Nr.	Kurztext / Langtext						Kostengruppe
▶	▷	ø netto €	◁	◀	[Einheit]	Ausf.-Dauer	Positionsnummer
26	**Innenwand, Porenbeton Planbauplatte 10cm, nichttragend**						KG **342**
Wie Ausführungsbeschreibung A 5							
Wanddicke: 10 cm							
Material: Porenbeton PP 4/0,55							
Geschosshöhe: bis ..... m							
Festigkeitsklasse: 4 N/mm²							
Rohdichteklasse: 0,55 kg/dm³							
Format: 624 x 100 x 249 mm							
Stoßfugenvermörtelung: **mit / ohne**							
Stoßfugenausbildung:							
Lagerfugenausbildung:							
Mörtel: Dünnbettmörtel DM							
Einbauort: in allen Geschossen							
46€	51€	**54**€	61€	69€	[m²]	⏱ 0,30 h/m²	012.000.155
27	**Innenwand, Porenbeton 11,5cm, nichttragend**						KG **342**
Mauerwerk der nichttragenden Innenwand, aus Porenbeton-Plansteinen, für späteren Putzauftrag. Leistung inkl. dem Aufmauern der obersten Mauerschicht nach dem Ausschalen der darüber liegenden Decke.							
Wanddicke: 11,5 cm							
Geschosshöhe: bis ..... m							
Festigkeitsklasse: ..... N/mm²							
Rohdichteklasse: ..... kg/dm³							
Format: 249 x 115 x 249 mm							
Stoßfugenvermörtelung: **mit / ohne**							
Stoßfugenausbildung:							
Lagerfugenausbildung:							
Mörtel: Dünnbettmörtel DM							
Einbauort: in allen Geschossen							
41€	47€	**49**€	53€	63€	[m²]	⏱ 0,30 h/m²	012.000.034
28	**Innenwand, Porenbeton 17,5cm, nichttragend**						KG **342**
Mauerwerk der nichttragenden Innenwand, aus Porenbeton-Plansteinen, für späteren Putzauftrag. Leistung inkl. dem Aufmauern der obersten Mauerschicht nach dem Ausschalen der darüber liegenden Decke.							
Wanddicke: 17,5 cm							
Geschosshöhe: bis ..... m							
Festigkeitsklasse: ..... N/mm²							
Rohdichteklasse: ..... kg/dm³							
Format: 249 x 175 x 249 mm							
Stoßfugenvermörtelung: **mit / ohne**							
Stoßfugenausbildung:							
Lagerfugenausbildung:							
Mörtel: Dünnbettmörtel DM							
Einbauort: in allen Geschossen							
45€	55€	**59**€	63€	70€	[m²]	⏱ 0,35 h/m²	012.000.079

▶ min
▷ von
ø Mittel
◁ bis
◀ max

Nr.	**Kurztext** / Langtext						Kostengruppe	
▶	▷	**ø netto €**	◁	◀	[Einheit]	Ausf.-Dauer	Positionsnummer	

29 Innenwand, Poren-Planelement 24cm, nichttragend   KG **342**

Mauerwerk der nichttragenden Innenwand, aus Porenbeton-Planelementen, für späteren Dünnputzauftrag. Leistung inkl. dem Aufmauern der obersten Mauerschicht nach dem Ausschalen der darüber liegenden Decke.
Wanddicke: 24,0 cm
Geschosshöhe: bis 3,00 m
Steinart: PP
Festigkeitsklasse: ..... N/mm²
Rohdichteklasse: ..... kg/dm³
Format: 999 x 240 x 624 mm
Stoßfugenvermörtelung: **mit / ohne**
Stoßfugenausbildung: .....
Lagerfugenausbildung: .....
Mörtel: Dünnbettmörtel DM
Einbauort: in allen Geschossen

| 52 € | 64 € | **70 €** | 72 € | 82 € | [m²] | ⏱ 0,35 h/m² | 012.000.035 |

30 Innenwand, Poren-Planelement 30cm, nichttragend   KG **342**

Mauerwerk der nichttragenden Innenwand, aus Porenbeton-Planelementen, für späteren Dünnputzauftrag. Leistung inkl. dem Aufmauern der obersten Mauerschicht nach dem Ausschalen der darüber liegenden Decke.
Wanddicke: 30,0 cm
Geschosshöhe: bis 3,00 m
Steinart: PP
Festigkeitsklasse: ..... N/mm²
Rohdichteklasse: ..... kg/dm³
Format: 999 x 300 x 624 mm
Stoßfugenvermörtelung: **mit / ohne**
Stoßfugenausbildung: .....
Lagerfugenausbildung: .....
Mörtel: Dünnbettmörtel DM
Einbauort: in allen Geschossen

| 72 € | 82 € | **88 €** | 95 € | 106 € | [m²] | ⏱ 0,40 h/m² | 012.000.080 |

A 6 Innenwand, Gipswandbauplatte, nichttragend   Beschreibung für Pos. **31-32**

Mauerwerk der nichttragenden Trennwand, aus Gipswandbauplatten, für späteren Putzauftrag, Stoßfugen eben abgezogen.
Oberflächenqualität: Q2
Format: 666 x 500 mm
Brandverhalten: A1
Rohdichteklasse: **M / D**
Wasseraufnahmeklasse: **H3 / H2**
Einbauort: in allen Geschossen
Einbaubereich: **1 / 2**
Einbauhöhe: bis ..... m
Wandanschluss: .....
Mörtel: Gipskleber für Gips-Wandbauplatten

© **BKI** Baukosteninformationszentrum; Erläuterungen zu den Tabellen siehe Seite 44   Kostenstand: 1.Quartal 2021, Bundesdurchschnitt
Mustertexte geprüft: Bauwirtschaft Baden-Württemberg e.V.

LB 012
Mauerarbeiten

Kosten:
Stand 1.Quartal 2021
Bundesdurchschnitt

▶ min
▷ von
ø Mittel
◁ bis
◀ max

Nr.	Kurztext / Langtext							Kostengruppe
▶	▷	ø netto €	◁	◀	[Einheit]	Ausf.-Dauer	Positionsnummer	

31 Innenwand, Gipswandbauplatte, 6cm, nichttragend — KG 342
Wie Ausführungsbeschreibung A 6
Wanddicke: 6 cm
Feuerwiderstand: **F30 / EI30**
Schalldämm-Maß RwP: ..... dB

| 33€ | 39€ | **42€** | 45€ | 52€ | [m²] | ⏱ 0,25 h/m² | 012.000.061 |

32 Innenwand, Gipswandbauplatte, 10cm, nichttragend — KG 342
Wie Ausführungsbeschreibung A 6
Wanddicke: 10 cm
Feuerwiderstand: **F180 / EI180**
Schalldämm-Maß RwP: ..... dB

| 43€ | 49€ | **52€** | 56€ | 63€ | [m²] | ⏱ 0,25 h/m² | 012.000.205 |

33 Brüstungsmauerwerk, Breite 11,5cm — KG 359
Brüstung aus Mauersteinen aufmauern.
Wanddicke: 11,5 cm
Steinart: **Mz / Hlz**
Format: 2DF (240 x 115 x 113 mm)
Brüstungshöhe: bis 1,00 m
Einbauort: in allen Geschossen

| 47€ | 54€ | **58€** | 59€ | 71€ | [m²] | ⏱ 0,40 h/m² | 012.000.121 |

34 Brüstungsmauerwerk, Breite 24,0cm — KG 359
Brüstung aus Mauersteinen aufmauern.
Wanddicke: 24 cm
Steinart: **Mz / Hlz**
Format: 4DF (240 x 240 x 113 mm)
Brüstungshöhe: bis 1,00 m
Einbauort: in allen Geschossen

| 52€ | 74€ | **80€** | 86€ | 97€ | [m²] | ⏱ 0,46 h/m² | 012.000.156 |

35 Brüstungsmauerwerk, Breite 36,5cm — KG 359
Brüstung aus Mauersteinen aufmauern.
Wanddicke: 36,5 cm
Steinart: **Mz / Hlz**
Format: **kleinformatig / großformatig**
Brüstungshöhe: bis 1,00 m
Einbauort: in allen Geschossen

| 80€ | 99€ | **110€** | 124€ | 165€ | [m²] | ⏱ 0,80 h/m² | 012.000.127 |

Nr.	Kurztext / Langtext							Kostengruppe
▶	▷	ø netto €	◁	◀	[Einheit]	Ausf.-Dauer	Positionsnummer

36 Öffnungen, Mauerwerk bis 17,5cm, 1,01/2,13 — KG **341**
Öffnung in Mauerwerkswand beim Aufmauern anlegen; Herstellen der Laibungen in getrennter Position.
Öffnungsart: **Türöffnung / Fensteröffnung**
Lichte Breite: 1,01 m
Lichte Höhe: 2,13 m
Wanddicke: 17,5 cm
Ausführung Wand: .....

17€	32€	**36€**	41€	59€	[St]	⏱ 0,27 h/St	012.000.100

37 Öffnungen, Mauerwerk bis 24cm, 1,01/2,13 — KG **341**
Öffnung in Mauerwerkswand beim Aufmauern anlegen; Herstellen der Laibungen in getrennter Position.
Öffnungsart: **Türöffnung / Fensteröffnung**
Lichte Breite: 1,01 m
Lichte Höhe: 2,13 m
Wanddicke: 24,0 cm
Ausführung Wand: .....

19€	34€	**38€**	47€	63€	[St]	⏱ 0,30 h/St	012.000.101

38 Wandöffnung, Mauerwerk bis 2,50m² — KG **341**
Öffnung in Mauerwerkswand beim Aufmauern anlegen; Herstellen der Laibungen in getrennter Position.
Öffnungsart: .....
Öffnungsgröße: bis 2,5 m²
Wanddicke: ..... cm
Ausführung Wand: .....

5€	8€	**8€**	12€	16€	[m²]	⏱ 0,12 h/m²	012.000.185

39 Öffnungen schließen, Mauerwerk — KG **340**
Öffnung im Mauerwerk, sowie Mauerwerksnischen schließen, bündig mit Vorderkante der angrenzenden Bauteile.
Mauerdicke: 11,5 cm
Format: 2 DF (240 x 115 x 113 mm)
Steinart: LD-Ziegel
Festigkeitsklasse: 12 N/mm²
Rohdichteklasse: 1,8 kg/dm³
Mörtelgruppe: NM II
Einbauort: in allen Geschossen

70€	92€	**102€**	117€	149€	[m²]	⏱ 1,10 h/m²	012.000.115

LB 012
Mauerarbeiten

Kosten:
Stand 1.Quartal 2021
Bundesdurchschnitt

▶ min
▷ von
ø Mittel
◁ bis
◀ max

Nr.	Kurztext / Langtext						Kostengruppe
▶	▷	ø netto €	◁	◀	[Einheit]	Ausf.-Dauer	Positionsnummer

40 Türöffnung schließen, Mauerwerk — KG **340**

Türöffnung im Mauerwerk schließen, mit Hochlochziegeln, Mauerwerk verzahnt, bündig mit Vorderkante der angrenzenden Bauteile.
Mauerdicke: 11,5 cm
Format: 2 DF (240 x 115 x 113 mm)
Steinart: Hlz
Festigkeitsklasse: 12 N/mm^2
Rohdichteklasse: 1,8 kg/dm^3
Mörtelgruppe: NM II
Einbauort: in allen Geschossen

| 52€ | 96€ | **112€** | 141€ | 200€ | [m²] | ⏱ 1,00 h/m² | 012.000.010 |

A 7 Aussparung schließen, Mauerwerksfläche — Beschreibung für Pos. **41-43**

Aussparungen in Mauerwerksflächen schließen, mit Hochlochziegeln; Oberflächenausführung wie Wandfläche.
Bauteil: Innenwand
Arbeitshöhe: bis 3,50 m

41 Aussparung schließen, bis 0,04m² — KG **340**

Wie Ausführungsbeschreibung A 7
Aussparungsgröße: bis 0,04 m²
Ausrichtung: **waagrecht / senkrecht**
Mauerdicke: 11,5 cm
Format: 2 DF (240 x 115 x1 13 mm)
Steinart: Hlz
Festigkeitsklasse: 12 N/mm^2
Rohdichteklasse: 1,8 kg/dm^3
Mörtelgruppe: NM II
Einbauort / Geschoss: ......

| 14€ | 27€ | **31€** | 40€ | 61€ | [St] | ⏱ 0,20 h/St | 012.000.102 |

42 Aussparung schließen, bis 0,25m² — KG **340**

Wie Ausführungsbeschreibung A 7
Aussparungsgröße: 0,04 bis 0,25 m²
Ausrichtung: **waagrecht / senkrecht**
Mauerdicke: 11,5 cm
Format: 2 DF (240 x 115 x 113 mm)
Steinart: Hlz
Festigkeitsklasse: 12 N/mm^2
Rohdichteklasse: 1,8 kg/dm^3
Mörtelgruppe: NM II
Einbauort / Geschoss: ......

| 15€ | 32€ | **39€** | 47€ | 69€ | [St] | ⏱ 0,30 h/St | 012.000.103 |

Nr.	Kurztext / Langtext						Kostengruppe
▶	▷	**ø netto €**	◁	◀	[Einheit]	Ausf.-Dauer	Positionsnummer

43 Aussparung schließen, bis 0,50m²   KG **340**

Wie Ausführungsbeschreibung A 7
Aussparungsgröße: 0,25 bis 0,50 m²
Ausrichtung: **waagrecht / senkrecht**
Mauerdicke: 11,5 cm
Format: 2 DF (240 x 115 x 113 mm)
Steinart: Hlz
Festigkeitsklasse: 12 N/mm²
Rohdichteklasse: 1,8 kg/dm³
Mörtelgruppe: NM II
Einbauort / Geschoss: ......

| 23€ | 45€ | **54€** | 63€ | 82€ | [St] | ⏱ 0,60 h/St | 012.000.066 |

44 Schacht, gemauert, Formteile   KG **342**

Schacht aus Fertigteil-Formsteinen, in Montagebauweise gemauert, nicht tragende Wand, inkl. Anarbeiten an begrenzende Bauteile und je 1 Öffnung pro Geschoss.
Formsteine: **Ziegel / Leichtbeton**
Ausführung: **einzügig / zweizügig**
Schachthöhe: .....
Querschnitt: .....
Einbauort / Geschoss: ......
Brandschutz: EI .....

| 69€ | 96€ | **110€** | 125€ | 168€ | [m] | ⏱ 0,45 h/m | 012.000.123 |

45 Schachtwand, Kalksandsteine   KG **342**

Schachtwand als Mauerwerk der tragenden Innenwand aus Kalksandstein nach erfolgten Installationen, als getrennter Arbeitsgang aufmauern. Oberste Steinlage ist gem. Brandschutzvorgabe auszuführen. Wand für einseitigen Putzauftrag vorgesehen.
Wanddicke: **11,5 / 17,5 cm**
Steinart: KS L
Festigkeitsklasse: 12 N/mm²
Rohdichteklasse: 1,8 kg/dm³
Format: 2-3 DF (240 x 115/175 x 113 mm)
Mörtelklasse: Dünnbettmörtel DM
Einbauort / Geschoss: ......
Brandschutz: REI .....
Arbeitshöhe: bis ..... m

| 38€ | 58€ | **70€** | 78€ | 93€ | [m²] | ⏱ 0,42 h/m² | 012.000.068 |

LB 012 Mauerarbeiten

Nr.	Kurztext / Langtext						Kostengruppe
▶	▷	ø netto €	◁	◀	[Einheit]	Ausf.-Dauer	Positionsnummer

Kosten:
Stand 1.Quartal 2021
Bundesdurchschnitt

46 Schachtwand, Kalksandsteine, Brandwand KG **342**
Schachtwand als Mauerwerk aus Kalksandstein, Ausführung als Brandwand; Wand für einseitigen Putzauftrag vorgesehen, oberste Steinlage gem. Brandschutzvorgabe ausführen.
Wanddicke: 17,5 cm
Bauteil: **tragend / nicht tragend**
Steinart: KS L
Festigkeitsklasse: 12 N/mm²
Rohdichteklasse: 1,8 kg/dm³
Format: 3 DF (240 x 175 x 113 mm)
Mörtelgruppe: NM II
Einbauort / Geschoss: .....
Brandschutz: **tragende Wand REI-M 90 / nichttragende Wand EI-M 90**
Gebäudeklasse: .... (gem. örtlicher Bauordnung)
Arbeitshöhe: bis ..... m

| 60€ | 77€ | **81€** | 84€ | 102€ | [m²] | ⏱ 0,45 h/m² | 012.000.091 |

47 Öffnung überdecken, Ziegelsturz KG **342**
Öffnung in Ziegelmauerwerk mit Ziegelflachstürzen überdecken, Bemessung nach Zulassung bzw. Statik.
Mauerwerksbreite: .....
Sturzhöhe: **71 / 113** mm
Lichte Öffnungsweite: .....

| 10€ | 17€ | **21€** | 27€ | 37€ | [m] | ⏱ 0,25 h/m | 012.000.069 |

48 Öffnung überdecken, KS-Sturz, 17,5cm KG **341**
Öffnung mit Kalksandsteinsturz überdecken, tragend, Bemessung nach Zulassung bzw. Statik.
Wanddicke: 17,5 cm
Sturzquerschnitt: .....
Lichte Öffnungsweite: .....

| 9€ | 22€ | **27€** | 40€ | 60€ | [m] | ⏱ 0,30 h/m | 012.000.075 |

49 Öffnung überdecken, Betonsturz, 24cm KG **341**
Fertigteilsturz aus Stahlbeton, bewehrt, über Öffnung in Mauerwerkswand, Bemessung nach Zulassung bzw. Statik.
Wanddicke: 24 cm
Sturzquerschnitt: .....
Lichte Öffnungsweite: .....
Oberfläche: .....
Kanten: **scharfkantig / Dreiecksleiste**

| 17€ | 47€ | **55€** | 66€ | 88€ | [m] | ⏱ 0,35 h/m | 012.000.070 |

▶ min
▷ von
ø Mittel
◁ bis
◀ max

Nr.	**Kurztext** / Langtext							Kostengruppe
▶	▷	**ø netto €**	◁	◀	[Einheit]	Ausf.-Dauer	Positionsnummer

50   **Öffnung überdecken, Ziegelsturz, 36,5cm**   KG **331**
Öffnung in Ziegelmauerwerk mit Wärmedämm-Ziegelsturz überdecken, Bemessung nach Zulassung bzw. Statik, inkl. Wärmedämmung. Füllung mit Ortbeton und Bewehrung werden gesondert vergütet.
Breite: 36,5 cm
Höhe: 238 mm
Lichte Öffnungsweite: .....
Anschlag: **mit / ohne**
Material: LD-Ziegel
Wärmedämmung: .....
U-Wert: ..... W/m²K
Einbauort: .....

| 37€ | 49€ | **55€** | 59€ | 69€ | [m] | ⏱ 0,35 h/m | 012.000.188 |

51   **Öffnung überdecken, Flachbogen/Segmentbogen**   KG **342**
Öffnungen im Mauerwerk übermauern, mit **Flachbogen / Segmentbogen**.
Mauerdicke: 24 cm
Lichte Öffnungsweite: bis 2,0 m
Material: **KS-Mauersteine / VMz-Mauerziegel**
Bogenmaße entsprechend Einzelbeschreibung siehe Plan .....

| 145€ | 166€ | **178€** | 203€ | 237€ | [St] | ⏱ 1,55 h/St | 012.000.074 |

52   **Laibung beimauern, Sichtmauerwerk**   KG **330**
Fensterlaibungen von Sichtmauerwerk beimauern, einseitige Sichtfläche.
Steinart: VMz
Format: NF (240 x 115 x 71 mm)
Laibungstiefe: bis 115 mm
Einbauort / Geschoss: .....

| 7€ | 9€ | **10€** | 13€ | 16€ | [m] | ⏱ 0,80 h/m | 012.000.051 |

53   **Glattstrich, Laibungen/Brüstungen**   KG **330**
Glattstrich mit Mörtel, an Laibungen, Brüstungen und Stürzen, zur Erzielung eines ebenen und tragfähigen Untergrunds für die überputzbare Anschlussfolie.
Laibungstiefe: .....
Untergrund: .....
Mörtel: Kalkzement
Putzstärke: bis 5 mm

| 4€ | 5€ | **6€** | 7€ | 8€ | [m] | ⏱ 0,12 h/m | 012.000.189 |

54   **Schlitze herstellen, Mauerwerk**   KG **341**
Vertikale Schlitze in Mauerwerk herstellen, Ausbruchmaterial aufnehmen und in Container des AN sammeln und abfahren. Deponierung, sowie Schließen des Schlitzes wird gesondert vergütet.
Steinart: .....
Schlitztiefen: bis 80mm
Schlitzbreite: .....
Arbeitshöhe: bis 1,5 m über Fußboden

| 7€ | 13€ | **14€** | 19€ | 31€ | [m] | ⏱ 0,20 h/m | 012.000.012 |

LB 012
Mauerarbeiten

Nr.	Kurztext / Langtext							Kostengruppe
▶	▷	ø netto €	◁	◀	[Einheit]		Ausf.-Dauer	Positionsnummer

55 Schlitze schließen, Mauerwerk — KG **341**

Schlitz schließen, Ausführung in MW-Innenwand.
Untergrund: **Ziegel- / KS-Mauerwerk**
Breite: ..... cm
Tiefe: ..... cm

| 5€ | 12€ | **14€** | 19€ | 26€ | [m] | ⏱ 0,20 h/m | 012.000.191 |

56 Deckenrandschale, Mineralwolledämmung — KG **331**

Ziegel-Deckenrandschale mit aufgeklebter, hydrophobierter Mineralwolledämmung, bei monolithischem Mauerwerk.
Dämmung: MW
Bemessungswert der Wärmeleitfähigkeit: max. ..... W/(mK)
Nennwert der Wärmeleitfähigkeit: 0,0034 W/(mK)
Dämmdicke: 80 mm
Deckendicke: ..... cm
Ziegeldicke: 60 mm
Abmessung (L x B): 498 x 140 mm

| 10€ | 15€ | **16€** | 18€ | 25€ | [m] | ⏱ 0,20 h/m | 012.000.134 |

57 Deckenanschluss, Mauerwerkswand — KG **342**

Deckenanschlussfuge von nichttragenden Mauerwerkswänden dicht verstopfen, mit nichtbrennbarem, mineralischem Faserdämmstoff, inkl. Fugen versiegeln.
Dämmstoff: MW
Brandverhalten: A1
Schmelzpunkt: mind. 1.000°C
Rohdichte: mind. 30 kg/m³
Wanddicke: ..... cm
Wandhöhe: ..... m
Fugenverschluss: .....
Untergrund: .....

| 8€ | 10€ | **10€** | 13€ | 16€ | [m] | ⏱ 0,20 h/m | 012.000.014 |

58 Deckenanschlussfuge feuerhemmend — KG **342**

Deckenanschluss von nichttragenden Mauerwerkswänden rauchdicht herstellen. Fugenverschluss mit Fugendichtmaterial, beidseitig dauerelastisch versiegeln mit überstreichbarem Baustoff.
Feuerwiderstand: **EI30 / EI60**
Wanddicke: 24 cm
Wandhöhe: ..... m
Fugenverschluss: .....
Untergrund: .....

| 15€ | 27€ | **36€** | 42€ | 52€ | [m] | ⏱ 0,10 h/m | 012.000.159 |

Kosten:
Stand 1.Quartal 2021
Bundesdurchschnitt

▶ min
▷ von
ø Mittel
◁ bis
◀ max

Nr.	Kurztext / Langtext							Kostengruppe
▶	▷	ø netto €	◁	◀	[Einheit]	Ausf.-Dauer	Positionsnummer

59 Deckenanschluss gleitend, ohne Brandschutz — KG 342
Gleitender Deckenanschluss des Mauerwerks, mit Anker und Ausbilden der Anschlussfuge.
Höhe: bis 2,75 m
Mauerwerk: .....
Wanddicke: **11,5 / 17,5 cm**
Format: ..... DF

| 2€ | 3€ | **4€** | 6€ | 9€ | [m] | ⏱ 0,12 h/m | 012.000.194 |

60 Deckenanschluss gleitend, mit Brandschutz — KG 342
Gleitender Deckenanschluss des Mauerwerks, Anker und Ausbilden der Anschlussfuge.
Höhe: bis 2,75 m
Mauerwerk: .....
Wanddicke: **11,5 / 17,5 cm**
Format: ..... DF
Brandschutzanforderungen: .....

| 22€ | 34€ | **35€** | 40€ | 52€ | [m] | ⏱ 0,16 h/m | 012.000.210 |

61 Mauerwerksanschluss stumpf — KG 342
Mauerwerksanschluss an vorhandenes Mauerwerk, stumpf stoßen, mittels Flachanker anschließen.
Steinart: .....
Steinformat / -höhe: .....
Mauerdicke: .....
Einbauort: Innenwand
Einbauhöhe: bis 2,75 m

| 3€ | 7€ | **9€** | 11€ | 15€ | [m] | ⏱ 0,20 h/m | 012.000.177 |

A 8 Maueranschlussschiene — Beschreibung für Pos. 62-64
Anschlussschiene für den Anschluss gemauerter Wände, in Lagerlänge, auf die benötigte Länge ablängen, ausgebrochene Vollschaumfüllung aufnehmen und in Container sammeln; inkl. 4 Stück Anschlussanker je m Maueranschluss.

62 Maueranschlussschiene, 25/15 — KG 341
Wie Ausführungsbeschreibung A 8
Profil/Typ: 25/15
Material: **verzinkter / nichtrostender** Stahl

| 5€ | 10€ | **12€** | 15€ | 20€ | [m] | ⏱ 0,20 h/m | 012.000.001 |

63 Maueranschlussschiene, 28/15 — KG 341
Wie Ausführungsbeschreibung A 8
Profil/Typ: 28/15
Material: **verzinkter / nichtrostender** Stahl

| 6€ | 13€ | **16€** | 18€ | 24€ | [m] | ⏱ 0,20 h/m | 012.000.160 |

64 Maueranschlussschiene, 38/17 — KG 341
Wie Ausführungsbeschreibung A 8
Profil/Typ: 38/17
Material: **verzinkter / nichtrostender** Stahl

| 14€ | 19€ | **22€** | 27€ | 37€ | [m] | ⏱ 0,20 h/m | 012.000.077 |

LB 012
Mauerarbeiten

Kosten:
Stand 1.Quartal 2021
Bundesdurchschnitt

▶ min
▷ von
ø Mittel
◁ bis
◀ max

Nr.	Kurztext / Langtext					Kostengruppe		
▶	▷	ø netto €	◁	◀	[Einheit]	Ausf.-Dauer	Positionsnummer	

65 **Maueranker, beim Aufmauern einlegen** — KG **341**
Maueranker beim Aufmauern einlegen in bauseitige Schiene, Anschluss des stumpf gestoßenen Mauerwerks.
Vorh. Anschlussschiene: Profil/Typ .....
Material: Stahl **verzinkt / rostfrei**

| 0,6€ | 1,3€ | **1,7€** | 2,2€ | 3,3€ | [St] | ⏱ 0,04 h/St | 012.000.064 |

66 **Mauerwerk verzahnen** — KG **341**
Mauerwerksanschluss an vorhandenes Mauerwerk durch Verzahnen, nichttragend.
Steinart: .....
Steinformat / -höhe: .....
Mauerdicke: .....
Einbauort / Geschoss: **Innenwand / .....**
Einbauhöhe: bis 2,75 m

| 5€ | 8€ | **10€** | 12€ | 17€ | [m] | ⏱ 0,20 h/m | 012.000.050 |

A 9 **Außenwand, LHlz, tragend** — Beschreibung für Pos. **67-69**
Mauerwerk der tragenden Außenwand aus Leichthochlochziegel, ungefüllt, für Putzauftrag, ohne Stoßfugenvermörtelung, Steine mit Nut und Feder.
Steinart: LHlz - Planstein
Arbeitshöhe: ..... m

67 **Außenwand, LHlz 24cm, tragend** — KG **331**
Wie Ausführungsbeschreibung A 9
Außenwand: zweischaliges Mauerwerk
Wanddicke: 24,0 cm
Wärmeleitfähigkeit Lambda R: .....W/(mK)
Festigkeitsklasse: 6 N/mm²
Rohdichteklasse: 0,65 kg/dm³
Format: 10 DF (308 x 240 x 249 mm)
Mörtelgruppe: Dünnbettmörtel DM
Einbauort: in allen Geschossen

| 67€ | 75€ | **79€** | 81€ | 87€ | [m²] | ⏱ 0,65 h/m² | 012.000.202 |

68 **Außenwand, LHlz 36,5cm, tragend** — KG **331**
Wie Ausführungsbeschreibung A 9
Außenwand: monolithisch
Wanddicke: 36,5 cm
Wärmeleitfähigkeit Lambda R: .....W/(mK)
Festigkeitsklasse: 6 N/mm²
Rohdichteklasse: 0,6 kg/dm³
Format: 12 DF (248 x 365 x 249 mm)
Mörtelgruppe: Dünnbettmörtel DM
Einbauort: in allen Geschossen

| 85€ | 104€ | **112€** | 124€ | 156€ | [m²] | ⏱ 0,90 h/m² | 012.000.203 |

Nr.	Kurztext / Langtext							Kostengruppe
▶	▷	ø netto €	◁	◀	[Einheit]	Ausf.-Dauer	Positionsnummer	

69 Außenwand, LHlz 42,5cm, tragend — KG **331**

Wie Ausführungsbeschreibung A 9
Außenwand: monolithisch
Wanddicke: 42,5 cm
Wärmeleitfähigkeit Lambda R: .....W/(mK)
Festigkeitsklasse: 6 N/mm²
Rohdichteklasse: 0,65 kg/dm³
Format: 14 DF (248 x 425x 249 mm)
Mörtelgruppe: DM
Einbauort: in allen Geschossen

| 106€ | 122€ | **129€** | 137€ | 162€ | [m²] | ⏱ 0,90 h/m² | 012.000.165 |

A 10 Außenwand, LHlz, tragend, gefüllt — Beschreibung für Pos. **70-71**

Mauerwerk der tragenden Außenwand aus Leichthochlochziegel, verfüllt, für Putzauftrag, ohne Stoßfugenvermörtelung, Steine mit Nut und Feder.
Steinart: LHlz - Planstein mit Dämmfüllung
Arbeitshöhe: .....

70 Außenwand, LHlz 36,5cm, tragend, gefüllt — KG **331**

Wie Ausführungsbeschreibung A 10
Wanddicke: 36,5 cm
Füllung: **Perlite / Mineralwolle**
Wärmeleitfähigkeit Lambda R: .....W/(mK)
Festigkeitsklasse: **6 / 12** N/mm²
Rohdichteklasse: **0,55 / 0,80** kg/dm³
Format: 12 DF (248 x 365 x 249 mm)
Mörtelgruppe: Dünnbettmörtel DM
Einbauort: in allen Geschossen

| 96€ | 111€ | **118€** | 126€ | 148€ | [m²] | ⏱ 0,90 h/m² | 012.000.164 |

71 Außenwand, LHlz 42,5cm, tragend, gefüllt — KG **331**

Wie Ausführungsbeschreibung A 10
Wanddicke: 42,5 cm
Füllung: **Perlite / Mineralwolle**
Wärmeleitfähigkeit Lambda R: .....W/(mK)
Festigkeitsklasse: **6 / 12** N/mm²
Rohdichteklasse: **0,55 / 0,80** kg/dm³
Format: 14 DF (248 x 425x 249 mm)
Mörtelgruppe: Dünnbettmörtel DM
Einbauort: in allen Geschossen

| 111€ | 129€ | **137€** | 145€ | 171€ | [m²] | ⏱ 0,90 h/m² | 012.000.166 |

LB 012
Mauerarbeiten

Kosten:
Stand 1.Quartal 2021
Bundesdurchschnitt

Nr.	Kurztext / Langtext						Kostengruppe
▶	▷	ø netto €	◁	◀	[Einheit]	Ausf.-Dauer	Positionsnummer

A 11 Außenwand, KS L-R, tragend — Beschreibung für Pos. 72-73

Mauerwerk der tragenden Außenwand aus Kalksandstein KS L-R, für zweischaliges, hinterlüftetes Mauerwerk, für einseitigen Putzauftrag, ohne Stoßfugenvermörtelung, Steine mit Nut und Feder, Drahtanker in gesonderter Position.
Steinart: KS L-R
Arbeitshöhe: ..... m

72 Außenwand, KS L-R 17,5cm, tragend — KG 331

Wie Ausführungsbeschreibung A 11
Wandfunktion: **Hintermauerung / Tragschale**
Wanddicke: 17,5 cm
Festigkeitsklasse: 12 N/mm²
Rohdichteklasse: 1,6 kg/dm³
Format: 12 DF (373 x 175 x 248 mm)
Mörtelgruppe: Dünnbettmörtel DM
Einbauort: in allen Geschossen

| 40€ | 58€ | **64€** | 72€ | 94€ | [m²] | ⏱ 0,50 h/m² | 012.000.204 |

73 Außenwand, KS L-R 24cm, tragend — KG 331

Wie Ausführungsbeschreibung A 11
Wandfunktion: **Hintermauerung / Tragschale**
Wanddicke: 24,0 cm
Festigkeitsklasse: 12 N/mm²
Rohdichteklasse: 1,8 kg/dm³
Format: 8 DF (240 x 240 x 248 mm)
Mörtelgruppe: Dünnbettmörtel DM
Einbauort: in allen Geschossen

| 59€ | 72€ | **79€** | 87€ | 106€ | [m²] | ⏱ 0,60 h/m² | 012.000.057 |

74 Außenwand, Betonsteine 17,5cm, tragend — KG 331

Mauerwerk der Außenwand aus Leichtbetonsteinen Hbl, für zweischaliges, hinterlüftetes Mauerwerk, für Putzauftrag, ohne Stoßfugenvermörtelung, Drahtanker in gesonderter Position.
Wandfunktion: **Hintermauerung / Tragschale**
Wanddicke: 17,5 cm
Steinart: Hbl
Festigkeitsklasse: 12 N/mm²
Rohdichteklasse: 1,6 kg/d,3
Format: 12 DF (248 x 175 x 238 mm)
Mörtelgruppe: NM IIa
Einbauort / Geschoss: .....
Arbeitshöhe: ..... m

| 44€ | 54€ | **57€** | 66€ | 79€ | [m²] | ⏱ 0,50 h/m² | 012.000.058 |

▶ min
▷ von
ø Mittel
◁ bis
◀ max

Nr.	Kurztext / Langtext							Kostengruppe
▶	▷	**ø netto €**	◁	◀	[Einheit]		Ausf.-Dauer	Positionsnummer

75 Mauerpfeiler, rechteckig, freitragend   KG **333**
Mauerpfeiler aus Mauerziegel, freitragend, rechteckiger Grundriss, mit Stoßfugenvermörtelung.
Querschnitt: ..... x ..... mm
Steinart: .....
Festigkeitsklasse: 20 N/mm²
Rohdichteklasse: 1,8 kg/dm³
Format: ..... DF
Einbauort / Geschoss: .....
Arbeitshöhe: ..... m

| 43€ | 64€ | **75€** | 88€ | 123€ | [m] | ⏱ 0,50 h/m | 012.000.046 |

A 12 Kerndämmung, Mineralwolle, Außenwand   Beschreibung für Pos. **76-77**
Kerndämmung für 2-schalige Außenwand, aus Mineralwolle, MW DIN EN 13162, einlagig, als Platte, Anwendungsgebiet DIN 4108-10 WZ, auf vorh. Drahtanker.
Brandverhalten: nicht brennbar, Klasse A
Arbeitshöhe: ..... m

76 Kerndämmung, MW 040, 80mm, Außenwand   KG **330**
Wie Ausführungsbeschreibung A 12
Bemessungswert der Wärmeleitfähigkeit: max. 0,035 W/(mK)
Nennwert Wärmeleitfähigkeit: max. 0,034 W/(mK)
Gesamtdicke: 80 mm

| 12€ | 13€ | **14€** | 15€ | 19€ | [m²] | ⏱ 0,12 h/m² | 012.000.168 |

77 Kerndämmung, MW 040, 140mm, Außenwand   KG **330**
Wie Ausführungsbeschreibung A 12
Bemessungswert der Wärmeleitfähigkeit: max. 0,035 W/(mK)
Nennwert Wärmeleitfähigkeit: max. 0,034 W/(mK)
Gesamtdicke: 140 mm

| 22€ | 25€ | **27€** | 29€ | 34€ | [m²] | ⏱ 0,16 h/m² | 012.000.120 |

A 13 Gebäudetrennfugen, Mineralwolle, Außenwand   Beschreibung für Pos. **78-79**
Dämmung zwischen Haustrennwänden mit Schallschutzanforderung.
Dämmstoff: Mineralwolle - MW
Anwendung: WTH
Brandverhalten: A1, nicht brennbar
Bemessungswert der Wärmeleitfähigkeit: max. 0,035 W/(mK)
Nennwert Wärmeleitfähigkeit: 0,034 W/mK
dynamische Steifigkeit: SD = 18 MN/m³
Zusammendrückbarkeit: sh
Arbeitshöhe: .....

78 Gebäudetrennfugen, MW, 20mm, Außenwand   KG **341**
Wie Ausführungsbeschreibung A 13
Dicke: 20 mm

| 6€ | 7€ | **8€** | 8€ | 9€ | [m²] | ⏱ 0,14 h/m² | 012.000.072 |

LB 012
Mauerarbeiten

Nr.	Kurztext / Langtext						[Einheit]	Ausf.-Dauer	Positionsnummer Kostengruppe
▶	▷	ø netto €	◁	◀					

79 Gebäudetrennfugen, MW, 50mm, Außenwand — KG **341**
Wie Ausführungsbeschreibung A 13
Dicke: 50 mm

| 12€ | 17€ | **18€** | 22€ | 28€ | [m²] | ⏱ 0,15 h/m² | 012.000.092 |

80 Deckenranddämmung, Mehrschichtleichtbauplatte — KG **351**
Dämmung Deckenrand, mit Mehrschichtschicht-Leichtbauplatten, in Schalung eingelegt und befestigt, dicht gestoßen.
Plattentyp: Mehrschicht-Leichtbauplatte mit Mineralwolledämmschicht - Typ: WW-C
Brandverhalten: schwer entflammbar - Klasse .....
Anwendungstyp: DI-dm
Bemessungswert der Wärmeleitfähigkeit: max. 0,035 W/(mK)
Nennwert Wärmeleitfähigkeit: 0,034 W/(mK)
Deckendicke: ..... mm
Dämmdicke: ..... mm
Einbauort / Geschoss: **Deckenrand / .....**

| 6€ | 13€ | **13€** | 16€ | 22€ | [m] | ⏱ 0,10 h/m | 012.000.073 |

81 Drahtanker, Hintermauerung/Tragschale — KG **335**
Drahtanker für zweischaliges Mauerwerk, beim Aufmauern über Drahtanker darf keine Feuchte in die Dämmung geleitet werden.
Untergrund: **Mauerwerk aus ..... / Tragschale aus Stahlbeton**
Höhe über Gelände: bis 12,0 m
Schalenabstand: 160 mm
Arbeitshöhe: ..... m

| 2€ | 5€ | **6€** | 8€ | 13€ | [m²] | ⏱ 0,18 h/m² | 012.000.023 |

82 Verblendmauerwerk, Abfangung, Winkelkonsole — KG **335**
Winkelkonsolanker zur Abfangung von Verblendmauerwerk, Element mit zwei Konsolrücken und Versatzmaß, mit allgemeiner bauaufsichtlicher Zulassung für den Konsolkopf, mit CE-Kennzeichen, versehen mit RAL Gütezeichen der Gütegemeinschaft Fassadenbefestigungstechnik e.V..
Material: nichtrostender Stahl
Korrosionswiderstandsklasse: III nach EN 1993-1-4: 2006, Tabelle A.1, Zeile 3
Höhenverstellbar: +/-35 mm
Winkellänge: ..... m
Versatzmaß: ..... mm
Laststufe je Konsolrücken: ..... kN
Kragmaß: ..... mm
Wandabstand: .....
Arbeitshöhe: .....

| 137€ | 212€ | **240€** | 259€ | 345€ | [St] | ⏱ 0,40 h/St | 012.000.130 |

Kosten:
Stand 1.Quartal 2021
Bundesdurchschnitt

▶ min
▷ von
ø Mittel
◁ bis
◀ max

Nr.	Kurztext / Langtext					Kostengruppe		
▶	▷	ø netto €	◁	◀	[Einheit]	Ausf.-Dauer	Positionsnummer	

83 Verblendmauerwerk, Abfangung Einzelkonsole KG **335**

Einzelkonsolanker zur Abfangung von Verblendmauerwerk, Element mit zwei Konsolrücken, mit allgemeiner bauaufsichtlicher Zulassung für den Konsolkopf, mit CE-Kennzeichen, versehen mit RAL Gütezeichen der Gütegemeinschaft Fassadenbefestigungstechnik e.V..
Material: nichtrostender Stahl
Korrosionswiderstandsklasse: III nach EN 1993-1-4: 2006, Tabelle A.1, Zeile 3
Höhenverstellbar: +/-35 mm
Winkellänge: ..... m
Laststufe je Konsolrücken: ..... kN
Kragmaß: ..... mm
Wandabstand: .....
Arbeitshöhe: .....

| 19€ | 35€ | **44€** | 52€ | 67€ | [St] | ⏱ 0,20 h/St | 012.000.174 |

84 Verblendmauerwerk, VMz, 115mm KG **335**

Verblendmauerwerk DIN EN 1996 vor Luftschicht und Dämmung, Schalenabstand 200mm, vor Außenwand, Drahtanker beim Aufmauern einlegen, mit Ergänzungssteinen, mit Stoßfugenvermörtelung und Fugenglattstrich, sowie Lüftungs- und Entwässerungsöffnungen. Dämmung und Drahtanker werden gesonderter vergütet.
Steinart: VMz
Oberfläche / Farbe: .....
Festigkeitsklasse: 20
Rohdichteklasse: 2,0
Format: NF (240 x 115 x 71 mm)
Mörtelgruppe: NM IIa
Arbeitshöhe: bis 3,5 m
Verband: .....
Verfugung: Fugenglattstrich, leicht zurückliegend
Angeb. Fabrikat: ..... (Steinhersteller / Steinart / Format)

| 88€ | 123€ | **140€** | 154€ | 199€ | [m^2] | ⏱ 0,95 h/m^2 | 012.000.024 |

85 Sparverblendung WDVS, Klinkerriemchen KG **335**

Klinkerriemchen als Sparverblendung des Wärmedämmverbundsystems, als geklebte Wetterschicht, nach Herstellervorgabe aufgebracht, inkl. Verfugung und Vorbehandlung des Untergrunds. Verblendung von Mauerpfeilern, Öffnungen anlegen und überdecken, Sturzausbildungen und Laibungen nach gesonderter Position.
Untergrund: Wärmedämmverbundsystem, d= ..... mm
Steinart: Vormauerziegel VMz DIN 105-100
Oberfläche: .....
Farbe: .....
Format: **Waalformat WF L 210 x H 50 x T .... / Dünnformat DF L 240 x H 52 x T .... mm / ......**
Fugenbreite: **12,5 / 10,5 / .....** mm
Mörtel: Klasse M 2,5 DIN EN 998-2
Verband: .....
Verfugung: Fugenglattstrich, leicht zurückliegend
Angeb. Fabrikat: ..... (**Steinhersteller / Steinart / Format**)

| 99€ | 121€ | **128€** | 149€ | 181€ | [m^2] | ⏱ 0,80 h/m^2 | 012.000.132 |

LB 012
Mauerarbeiten

Nr.	Kurztext / Langtext						Kostengruppe	
▶	▷	ø netto €	◁	◀	[Einheit]	Ausf.-Dauer	Positionsnummer	

Kosten:
Stand 1.Quartal 2021
Bundesdurchschnitt

86 Verblendmauerwerk, Betonsteine — KG 335

Verblendmauerwerk der Außenwand aus Beton-Modulsteinen, vor Luftschicht und Dämmung mit 200mm Abstand. Drahtanker beim Aufmauern einlegen, mit Ergänzungssteinen, mit Stoßfugenvermörtelung und Fugenglattstrich. Dämmung und Drahtanker werden gesonderter vergütet.
Steinart: Betonsteinverblender
Oberfläche / Farbe: **steingrau / weiß / .....**
Festigkeitsklasse: 20
Rohdichteklasse: 2,0
Format: 290 x 190 x 90 mm
Mörtelgruppe: NM IIa
Arbeitshöhe: bis 3,5 m
Verband: .....
Verfugung: Fugenglattstrich, leicht zurückliegend

| 156€ | 183€ | **185**€ | 193€ | 211€ | [m²] | ⏱ 0,85 h/m² | 012.000.025 |

87 Verblendmauerwerk, Kalksandsteine — KG 335

Verblendmauerwerk aus Kalksandstein, als äußere hinterlüftete Schale des zweischaligen Mauerwerks, vor Mineralwolleplatten, Drahtanker beim Aufmauern einlegen, mit Stoßfugenvermörtelung; Fugenglattstrich bzw. Verfugung in gesonderter Position.
Verblenderschicht: 11,5 cm
Verband: .....
Steinart: KS Vb
Festigkeitsklasse: 20 N/mm²
Rohdichteklasse: 1,8 kg/dm³
Format: 2 DF (240 x 115 x 113 mm)
Mörtelgruppe: NM IIa
Farbe: **steingrau / weiß / .....**
Einbauhöhe: bis 4,00 m

| 79€ | 121€ | **143**€ | 159€ | 199€ | [m²] | ⏱ 1,20 h/m² | 012.000.026 |

88 Verblendmauerwerk, Dehnfuge, Dichtstoff — KG 335

Abdichtung von Bauteilfugen in Außenwänden mit elastischem Dichtstoff, bei Verblend-Mauerwerk, Fuge hinterlegt mit Schaumstoffrundprofil, einschl. Fugen vorbereiten und zusätzliche Drahtanker ca. 3St/m.
Untergrund: Mauerwerk
Fugendichtstoff: Typ F DIN EN 15651-1, Basis Polyurethan
Farbton: .....
Fugenbreite: 20 mm
Arbeitshöhe: ..... m

| 16€ | 20€ | **21**€ | 30€ | 40€ | [m] | ⏱ 0,15 h/m | 012.000.211 |

89 Verblendmauerwerk, Öffnungen — KG 335

Öffnung in Verblendmauerwerk mit Sichtbeton-Flachsturz herstellen, gem. Statikangaben des Herstellers.
Querschnitt Sturz: 115 x 113 mm
Lichte Öffnung: ..... cm
Einbauort: .....
Arbeitshöhe: .....

| 18€ | 24€ | **27**€ | 36€ | 49€ | [m²] | ⏱ 0,30 h/m² | 012.000.027 |

▶ min
▷ von
ø Mittel
◁ bis
◀ max

Nr.	Kurztext / Langtext						Kostengruppe	
▶	▷	ø netto €	◁	◀		[Einheit]	Ausf.-Dauer	Positionsnummer

90 Verblendmauerwerk, Rollschicht — KG **335**

Fensterbank als Rollschicht in Verblendmauerwerk herstellen, Steinformat mit Oberfläche und Farbe wie vor beschriebenes Verblendmauerwerk, einschl. Verfugung und Endstein geschlossen.

Ausführung: **waagrechte / geneigt mit .....°**

| 17€ | 34€ | **44€** | 53€ | 67€ | | [m] | ⏱ 0,65 h/m | 012.000.059 |

A 14 Mauerwerk abgleichen — Beschreibung für Pos. **91-93**

Abgleichen von geneigten Abschlüssen des Giebelmauerwerks, mit Beton, inkl. beidseitiger nichtsaugender, glatter Schalung.
Untergrund: abgetreppt, Mauerwerk aus .....
Oberfläche: abgerieben
Betongüte: C20/25
Arbeitshöhe: .....

91 Mauerwerk abgleichen, bis 17,5cm — KG **331**

Wie Ausführungsbeschreibung A 14
Mauerdicke: 17,5 cm

| 3€ | 8€ | **11€** | 14€ | 20€ | | [m] | ⏱ 0,20 h/m | 012.000.082 |

92 Mauerwerk abgleichen, bis 24cm — KG **331**

Wie Ausführungsbeschreibung A 14
Mauerdicke: 24,0 cm

| 3€ | 10€ | **13€** | 17€ | 27€ | | [m] | ⏱ 0,25 h/m | 012.000.114 |

93 Mauerwerk abgleichen, bis 36,5cm — KG **331**

Wie Ausführungsbeschreibung A 14
Mauerdicke: 36,0 cm

| 5€ | 12€ | **14€** | 20€ | 31€ | | [m] | ⏱ 0,28 h/m | 012.000.037 |

94 Ringanker, U-Schale, 11,5cm — KG **331**

Ringanker aus U-Schale, ohne integrierte Wärmedämmung; Füllung mit Beton und Bewehrung wird gesondert vergütet.
Wanddicke: 11,5 cm
Material: **Ziegel / Porenbeton / Kalksandstein**

| 21€ | 30€ | **33€** | 35€ | 41€ | | [m] | ⏱ 0,20 h/m | 012.000.112 |

95 Ringanker, U-Schale, 24cm — KG **331**

Ringanker aus U-Schale; Füllung mit Beton und Bewehrung wird gesondert vergütet.
Wanddicke: 24,0 cm
Material: **Ziegel / Porenbeton / Kalksandstein**
Integrierte Wärmedämmung: **mit / ohne**

| 25€ | 34€ | **42€** | 47€ | 60€ | | [m] | ⏱ 0,22 h/m | 012.000.043 |

LB 012 Mauerarbeiten

Nr.	Kurztext / Langtext						Kostengruppe	
▶	▷	ø netto €	◁	◀	[Einheit]	Ausf.-Dauer	Positionsnummer	

96 Ringanker, U-Schale, 36,5cm — KG **331**

Ringanker aus U-Schale, ohne integrierte Wärmedämmung; Füllung mit Beton und Bewehrung wird gesondert vergütet.
Wanddicke: 36,5 cm
Material: **Ziegel / Porenbeton / Kalksandstein**
Integrierte Wärmedämmung: **mit / ohne**

| 36€ | 44€ | **47**€ | 54€ | 70€ | [m] | ⏱ 0,25 h/m | 012.000.084 |

97 Ausmauerung, Sparren — KG **332**

Mauerwerk zwischen Holzsparren, als Sparrenfußausmauerung, aus Hochlochziegel; mit Stoßfugenvermörtelung.
Wanddicke: 11,5 cm
Steinart: Hlz 12
Festigkeitsklasse: 12 N/mm²
Rohdichteklasse: 1,2 kg/dm³
Format: 2DF (240 x 115 x 113 mm)
Mörtelgruppe: NM II
Arbeitshöhe: unter 1,5 m

| 17€ | 31€ | **37**€ | 46€ | 69€ | [m] | ⏱ 0,30 h/m | 012.000.044 |

98 Schornstein, Formstein, einzügig — KG **429**

Einzügiges Schornsteinsystem, mehrschalig, Montagebauweise, feuchteunempfindlich, für Gegenstrombetrieb und überdruckdicht; Leistung komplett inkl. aller erforderlichen Anschlüsse und Zubehörteile.
Abgasanlage: (Betriebsstoff, Bauweise, Temperaturklasse, Gasdichtheitsklasse, Nominaldruck, etc.) gem. Einzelbeschreibung
System bestehend aus:
– Keramikrohr
– Distanzhalter
– Dämmung
– Mantelstein
– Heizraumabluftschacht
– Sockelstein mit Kondensatablauf
– Reinigungsöffnungen (2 Stück)
– Anschlussöffnung
Ausführung: einzügig
Abzugsöffnungen: .....
Mantelstein: **Ziegel / Leichtbeton**
Abgasrohr: D = ... mm
Abluftschacht: 10 x 25 cm
Schornsteinhöhe: bis 11,00 m
Arbeitshöhe: bis 3,50 m

| 138€ | 199€ | **225**€ | 282€ | 427€ | [m] | ⏱ 1,50 h/m | 012.000.173 |

Kosten:
Stand 1.Quartal 2021
Bundesdurchschnitt

▶ min
▷ von
ø Mittel
◁ bis
◀ max

Nr.	Kurztext / Langtext					Kostengruppe
▶	▷	ø netto €	◁	◀	[Einheit]	Ausf.-Dauer Positionsnummer

99   Schornstein, Formsteine, zweizügig   KG **429**

Zweizügiges Schornsteinsystem, mehrschalig, Montagebauweise, feuchteunempfindlich, für Gegenstrombetrieb und überdruckdicht; Leistung komplett inkl. aller erforderlichen Anschlüsse und Zubehörteile.
Abgasanlage: (Betriebsstoff, Bauweise, Temperaturklasse, Gasdichtheitsklasse, Nominaldruck, etc.) gem. Einzelbeschreibung
System bestehend aus:
– Keramikrohr
– Distanzhalter
– Dämmung
– Mantelstein
– Heizraumabluftschacht
– Sockelstein mit Kondensatabläufen
– Reinigungsöffnungen (je 2 Stück je Zug)
– Anschlussöffnung
Ausführung: zweizügig
Abzugsöffnungen: .....
Mantelstein: **Ziegel / Leichtbeton**
Abgasrohr 1: D = ... mm
Abgasrohr 2: D = ... mm
Abluftschacht: 10 x 25 cm
Schornsteinhöhe: bis 11,00 m
Arbeitshöhe: bis 3,50 m

| 162 € | 253 € | **282** € | 319 € | 397 € | [m] | ⏱ 1,50 h/m | 012.000.029 |

100   Schornsteinkopf, Mauerwerk   KG **429**

Schornsteinkopfmauerwerk aus Klinkerziegel KMZ, für Montageschornstein, auf vorhandener Kragplatte.
Ausführung: als **Aufmauerung / Ummauerung**
Mauerdicke: 11,5 cm
Schornsteinabmessung: .....
Steinart: KMz
Festigkeitsklasse: 28 N/mm^2
Rohdichteklasse: 1,6 kg/dm^3
Format: NF
Mörtelgruppe: NM IIa
Struktur: .....
Farbe: .....
Höhe über Dach: 0,70m i.M.

| 174 € | 240 € | **242** € | 242 € | 309 € | [m^2] | ⏱ 2,30 h/m^2 | 012.000.030 |

101   Schornsteinkopfabdeckung, Faserzement   KG **429**

Stülpkopf aus beschichtetem Faserzement, passend zu Schornstein-System.
Ausführung: **im Ziegelmantelstein / im Leichtbetonmantelstein**
Struktur: .....
Farbe: .....

| 233 € | 388 € | **442** € | 529 € | 691 € | [St] | ⏱ 1,00 h/St | 012.000.031 |

LB 012 Mauerarbeiten

Kosten:
Stand 1.Quartal 2021
Bundesdurchschnitt

Nr.	Kurztext / Langtext						Kostengruppe	
▶	▷	ø netto €	◁	◀	[Einheit]	Ausf.-Dauer	Positionsnummer	

102 Ziegel-Elementdecke, ZST 1,0 - 22,5 — KG **351**

Ziegel-Elementdecke, mit mittragenden Deckenziegeln, einschl. prüffähigem Tragfähigkeitsnachweis und Verlegeplan sowie erforderlicher Montagejoche und Zwischenunterstützungen; Bemessung nach typengeprüften Traglasttabellen. Auf- und Vergussbeton, Bewehrung und Ausbilden von Durchbrüchen werden gesondert vergütet.
Deckensystem: .....
Deckenziegel: ZST 1,0-22,5
Elementbreiten: 0,50-2,50 m
Spannweite: .....
Nutzlast: .....
Deckendicke: .....
Schalldämmmaß (inkl. schw. Estrich + Putz): .....
Brandschutz: **F90A / REI 90**
Einbauort / Geschoss: .....
Arbeitshöhe über Standebene: .....

| 97€ | 112€ | **122€** | 124€ | 136€ | [m²] | ⏱ 0,70 h/m² | 012.000.054 |

103 Stundensatz, Facharbeiter/-in

Stundenlohnarbeiten für Facharbeiterin, Facharbeiter, Spezialfacharbeiterin, Spezialfacharbeiter, Vorarbeiterin, Vorarbeiter und jeweils Gleichgestellte. Der Verrechnungssatz für die jeweilige Arbeitskraft umfasst sämtliche Aufwendungen wie Lohn- und Gehaltskosten, lohn- und gehaltsgebundene Kosten, Lohn- und Gehaltsnebenkosten, Gemeinkosten, Wagnis und Gewinn. Leistung nach besonderer Anordnung des Auftraggebers. Nachweis und Anmeldung gem. VOB/B.

| 41€ | 49€ | **52€** | 55€ | 63€ | [h] | ⏱ 1,00 h/h | 012.000.128 |

104 Stundensatz, Helfer/-in

Stundenlohnarbeiten für Werkerin, Werker, Fachwerkerin, Fachwerker und jeweils Gleichgestellte. Der Verrechnungssatz für die jeweilige Arbeitskraft umfasst sämtliche Aufwendungen wie Lohn- und Gehaltskosten, lohn- und gehaltsgebundene Kosten, Lohn- und Gehaltsnebenkosten, Gemeinkosten, Wagnis und Gewinn. Leistung nach besonderer Anordnung des Auftraggebers. Nachweis und Anmeldung gem. VOB/B.

| 33€ | 44€ | **48€** | 50€ | 57€ | [h] | ⏱ 1,00 h/h | 012.000.129 |

▶ min
▷ von
ø Mittel
◁ bis
◀ max

000
001
002
006
008
009
010
012
013
014
016
017
018
020
021
022

LB 013 Betonarbeiten

Betonarbeiten — Preise €

Nr.	Positionen	Einheit	▶ min	▷ von	ø brutto € / ø netto €	◁ bis	◀ max
1	Tragschicht, Schotter 0/45, 30cm	m²	8 / 7	15 / 12	**17** / **14**	18 / 15	30 / 25
2	Trennlage, PE-Folie, auf Kiesfilter	m²	0,6 / 0,5	1,7 / 1,4	**2,0** / **1,7**	2,7 / 2,3	4,5 / 3,8
3	Glasschotter, unter Bodenplatte, 30cm	m³	82 / 69	114 / 96	**129** / **108**	147 / 123	191 / 160
4	Glasschotter, unter Bodenplatte, 30cm	m²	27 / 23	46 / 38	**51** / **43**	57 / 48	72 / 61
5	Sauberkeitsschicht, Beton, 5cm	m²	7 / 6	10 / 8	**11** / **9**	15 / 12	23 / 19
6	Sauberkeitsschicht, Beton, 10cm	m²	9 / 8	17 / 14	**20** / **16**	29 / 25	51 / 43
7	Sauberkeitsschicht, Sand, 10cm	m²	4 / 3	6 / 5	**7** / **6**	8 / 7	10 / 8
8	Gleitschicht, PE-Folie, zweilagig	m²	2 / 1	3 / 3	**3** / **3**	4 / 4	6 / 5
9	Fundament, Ortbeton C30/35	m³	137 / 115	156 / 131	**165** / **139**	176 / 148	225 / 189
10	Schalung, Fundament, rau	m²	17 / 14	32 / 27	**38** / **32**	45 / 37	60 / 51
11	Schalung, Fundament, verloren	m²	32 / 27	43 / 36	**47** / **39**	57 / 48	81 / 68
12	Aufzugsunterfahrt, Ortbeton C25/30	m³	176 / 148	517 / 435	**539** / **453**	739 / 621	1.131 / 951
13	Bodenplatte, Ortbeton, C25/30, bis 35cm	m³	131 / 110	158 / 133	**170** / **143**	192 / 161	243 / 204
14	Bodenplatte, WU-Beton C30/37, bis 35cm	m³	156 / 132	182 / 153	**197** / **165**	222 / 187	260 / 218
15	Randschalung, Bodenplatte	m	5 / 4	11 / 10	**14** / **11**	17 / 14	25 / 21
16	Fugenband, Blechband	m	15 / 13	24 / 20	**27** / **23**	34 / 29	50 / 42
17	Fugenband, Blech, Formstück	St	28 / 23	55 / 46	**63** / **53**	75 / 63	103 / 87
18	Fugenband, Kunststoff	m	16 / 14	25 / 21	**29** / **25**	34 / 29	43 / 36
19	Fugenband, Kunststoff, Formstück	St	25 / 21	42 / 36	**54** / **45**	64 / 54	81 / 68
20	Fugenband, Bewegungsfugen	m	25 / 21	35 / 29	**40** / **34**	48 / 40	65 / 55
21	Fugenband, Injektionsschlauch	m	13 / 11	23 / 19	**27** / **23**	34 / 28	50 / 42
22	Verpressung, Injektionsschlauch	m	24 / 20	36 / 31	**45** / **38**	56 / 47	72 / 61
23	Innenwand, Ortbeton, C25/30, bis 25cm	m³	124 / 104	153 / 128	**161** / **136**	175 / 147	208 / 175
24	Außenwand, Ortbeton, C25/30, bis 25cm	m³	122 / 102	154 / 129	**169** / **142**	189 / 158	227 / 191

Kosten: Stand 1.Quartal 2021 Bundesdurchschnitt

▶ min
▷ von
ø Mittel
◁ bis
◀ max

© BKI Baukosteninformationszentrum; Erläuterungen zu den Tabellen siehe Seite 44
Mustertexte geprüft: Bauwirtschaft Baden-Württemberg e.V.

Betonarbeiten — Preise €

Nr.	Positionen	Einheit	▶	▷ ø brutto € ø netto €		◁	◀
25	Außenwand, WU-Ortbeton, C25/30, bis 25cm	m³	132	160	**173**	200	265
			111	134	**146**	168	222
26	Schalung, Aufzugsschacht	m²	41	51	**53**	74	116
			34	42	**45**	62	97
27	Schalung, Wand, rau	m²	19	33	**40**	47	62
			16	28	**34**	40	52
28	Schalung, Wand, glatt	m²	21	35	**41**	48	69
			17	29	**34**	40	58
29	Schalung, Wand, SB3	m²	43	50	**54**	57	70
			36	42	**45**	48	59
30	Schalung, Dreiecksleiste	m	2	4	**5**	7	11
			2	4	**4**	6	9
31	Wandschalung, Türe 0,885m	St	43	89	**108**	119	179
			36	75	**91**	100	150
32	Wandschalung, Türe 1,135m	St	56	84	**97**	159	237
			47	70	**82**	133	200
33	Wandschalung, Türe 2,01m	St	88	181	**195**	243	330
			74	152	**164**	205	277
34	Wandschalung, Fenster bis 2,00m²	St	33	81	**104**	162	291
			28	68	**88**	136	244
35	Wandschalung, Fenster bis 4,00m²	St	54	140	**172**	221	340
			46	118	**145**	186	286
36	Wandschalung, Stirnfläche	m	6	16	**20**	26	37
			5	13	**17**	22	31
37	Aussparung, bis 0,10m², Betonbauteile	St	14	33	**41**	58	98
			12	28	**34**	49	83
38	Öffnung, über 2,5m², Wand	m²	64	69	**72**	74	88
			54	58	**60**	62	74
39	Kernbohrung, Stb-Decke, Durchmesser 55-80mm	St	130	157	**180**	202	222
			109	132	**151**	170	186
40	Kernbohrung, Stb-Decke, Durchmesser 115-130mm	St	144	175	**201**	225	247
			121	147	**169**	189	207
41	Kernbohrung, Stb-Decke, Durchmesser 200-220mm	St	222	268	**309**	346	380
			187	226	**259**	290	319
42	Kernbohrung, Stahlschnitte, 16-28mm	St	3	4	**4**	5	6
			3	3	**4**	4	5
43	Betonschneidearbeiten, bis 43cm	m	116	140	**160**	180	197
			97	117	**135**	151	166
44	Unterzug/Sturz, Stahlbeton C25/30	m³	133	179	**201**	251	353
			112	150	**169**	211	297
45	Schalung, Unterzug/Sturz	m²	52	74	**84**	99	147
			43	62	**70**	83	124
46	Konsole, Ortbeton, Sichtbeton	m³	144	247	**284**	342	433
			121	208	**239**	287	363
47	Stütze, Stahlbeton C25/30, außen	m³	181	219	**237**	259	305
			152	184	**199**	218	257
48	Ortbeton, Stütze, C25/30, innen	m³	174	216	**227**	242	299
			146	182	**191**	203	251

© **BKI** Baukosteninformationszentrum; Erläuterungen zu den Tabellen siehe Seite 44
Mustertexte geprüft: Bauwirtschaft Baden-Württemberg e.V.

Kostenstand: 1.Quartal 2021, Bundesdurchschnitt

LB 013 Betonarbeiten

Betonarbeiten — Preise €

Kosten: Stand 1. Quartal 2021, Bundesdurchschnitt

- ▶ min
- ▷ von
- ø Mittel
- ◁ bis
- ◀ max

Nr.	Positionen	Einheit	▶	▷ ø brutto € / ø netto €		◁	◀
49	Schalung, Stütze, rechteckig, rau	m²	42 / 36	71 / 59	**81** / **68**	93 / 79	123 / 103
50	Schalung, Stütze, rechteckig, glatt	m²	44 / 37	70 / 59	**78** / **65**	97 / 81	135 / 114
51	Schalung, Stütze, rund, glatt	m²	44 / 37	75 / 63	**90** / **75**	134 / 113	231 / 194
52	Decke, Ortbeton, C25/30, bis 35cm	m³	133 / 112	149 / 125	**156** / **131**	159 / 134	176 / 148
53	Decke, Ortbeton, C25/30, bis 35cm, SB2	m³	153 / 128	173 / 145	**181** / **152**	188 / 158	205 / 172
54	Balkonplatte, Ortbeton, C25/30, SB2	m³	156 / 131	174 / 146	**188** / **158**	202 / 170	217 / 182
55	Schalung, Decken, glatt	m²	25 / 21	42 / 35	**46** / **38**	54 / 45	78 / 66
56	Dämmung, Deckenrand, PS	m	6 / 5	10 / 9	**12** / **10**	19 / 16	28 / 23
57	Dämmung, Deckenrand, Mehrschichtplatte	m²	18 / 15	29 / 25	**37** / **31**	44 / 37	53 / 45
58	Randschalung, Deckenplatte	m	7 / 6	14 / 12	**17** / **14**	20 / 17	30 / 26
59	Überzug/Attika, Ortbeton, C25/30	m³	140 / 117	183 / 153	**204** / **171**	238 / 200	307 / 258
60	Unterzug, rechteckig, Ortbeton, Schalung	m	57 / 48	87 / 73	**98** / **82**	128 / 107	211 / 177
61	Schalung, Ringbalken/Überzug/Attika, glatt	m²	45 / 38	59 / 50	**65** / **55**	75 / 63	100 / 84
62	Stb-Fertigteilsturz, Breite 11,5cm	m	28 / 24	39 / 33	**44** / **37**	50 / 42	65 / 55
63	Stb-Fertigteilsturz, Breite 17,5cm	m	38 / 32	63 / 53	**73** / **61**	85 / 71	105 / 88
64	Stb-Fertigteilsturz, Breite 24cm	m	43 / 36	77 / 65	**94** / **79**	107 / 90	128 / 107
65	Treppenlauf, Ortbeton, C35/37	m³	222 / 187	258 / 217	**267** / **225**	327 / 275	427 / 359
66	Schalung, Treppenlauf	m²	72 / 60	118 / 100	**135** / **113**	146 / 122	170 / 143
67	Treppenpodest, Ortbeton, C30/37	m³	172 / 144	201 / 169	**214** / **180**	248 / 209	312 / 262
68	Schalung, glatt, Treppenpodest	m²	49 / 41	74 / 62	**84** / **70**	99 / 84	139 / 117
69	Stb-Fertigteil, Treppenpodest	St	847 / 712	1.553 / 1.305	**1.801** / **1.513**	2.182 / 1.833	2.918 / 2.452
70	Stb-Fertigteil, Treppe, einläufig, 7 Stufen	St	753 / 633	1.017 / 854	**1.124** / **944**	1.243 / 1.045	1.981 / 1.665
71	Stb-Fertigteil, Treppe, einläufig, 16 Stufen	St	2.041 / 1.715	2.644 / 2.222	**2.789** / **2.344**	3.103 / 2.607	3.690 / 3.101
72	Blockstufe, Betonfertigteil	St	92 / 77	200 / 168	**241** / **203**	349 / 293	617 / 518

© **BKI** Baukosteninformationszentrum; Erläuterungen zu den Tabellen siehe Seite 44
Mustertexte geprüft: Bauwirtschaft Baden-Württemberg e.V.

Kostenstand: 1.Quartal 2021, Bundesdurchschnitt

Betonarbeiten — Preise €

Nr.	Positionen	Einheit	▶	▷	ø brutto € ø netto €	◁	◀
73	Elementdecke, 18cm, inkl. Aufbeton	m²	48	74	**81**	90	111
			41	62	**68**	76	93
74	Elementdecke, 22cm, inkl. Aufbeton	m²	56	80	**87**	109	150
			47	67	**73**	91	126
75	Elementwand, 20cm, inkl. Wandbeton	m²	51	115	**144**	163	217
			43	97	**121**	137	183
76	Elementwand, 25cm, inkl. Wandbeton	m²	91	138	**155**	177	246
			77	116	**130**	149	207
77	Gleitfolie, Wandaufleger	m	4	8	**9**	11	16
			3	6	**8**	9	13
78	Stb-Fertigteil, Balkonplatte	m²	142	196	**233**	258	303
			119	165	**196**	217	255
79	Stb-Fertigteil, Balkonbrüstung	m²	138	192	**212**	232	268
			116	161	**178**	195	226
80	Maschinenfundament, Beton, Schalung, bis 3,0m²	m²	35	81	**98**	111	153
			29	68	**83**	93	128
81	Gefällebeton, C12/15, XC4/XF1	m²	15	25	**30**	33	39
			13	21	**25**	28	33
82	Kellerlichtschacht, Kunststoffelement	St	133	241	**283**	362	522
			111	203	**238**	304	439
83	Kellerlichtschacht, Betonfertigteil	St	267	652	**830**	1.046	1.573
			225	548	**698**	879	1.321
84	Kellerfenster, einflüglig bis 0,60m², in Schalung	St	212	272	**307**	338	396
			178	229	**258**	284	333
85	Kellerfenster, einflüglig bis 1,50m², in Schalung	St	245	349	**374**	401	456
			206	294	**314**	337	383
86	Fassadenplatte, Fertigteil	St	1.144	2.118	**2.288**	2.647	3.759
			962	1.780	**1.923**	2.225	3.159
87	Fundamenterder, Stahlband	m	4	6	**7**	10	17
			3	5	**6**	8	14
88	Rohrdurchführung, Kunststoff	St	18	40	**45**	52	77
			15	34	**38**	44	64
89	Elektrogerätedose	St	2	9	**11**	15	27
			1	7	**9**	13	23
90	Elektroleerrohr, flexibel, DN25	m	3	7	**9**	19	40
			3	6	**7**	16	34
91	Leuchten-Einbaugehäuse/-Eingießtopf	St	35	72	**86**	95	135
			30	61	**72**	80	114
92	Hauseinführung/Wanddurchführung, Medien	St	94	350	**422**	664	1.158
			79	294	**355**	558	973
93	Deckenschlitz, Beton	m	10	22	**26**	35	50
			9	19	**22**	30	42
94	Wandaussparung schließen	m²	54	115	**150**	183	235
			45	97	**126**	154	197
95	Deckendurchbruch schließen, bis 250cm²	St	12	25	**29**	36	52
			10	21	**25**	30	44
96	Deckendurchbruch schließen, 500 bis 1.000cm²	St	14	30	**36**	44	63
			12	25	**30**	37	53

© **BKI** Baukosteninformationszentrum; Erläuterungen zu den Tabellen siehe Seite 44
Mustertexte geprüft: Bauwirtschaft Baden-Württemberg e.V.

Kostenstand: 1.Quartal 2021, Bundesdurchschnitt

LB 013
Betonarbeiten

Kosten:
Stand 1.Quartal 2021
Bundesdurchschnitt

▶ min
▷ von
ø Mittel
◁ bis
◀ max

Nr.	Positionen	Einheit	▶	▷ ø brutto € / ø netto €		◁	◀
97	Deckendurchbruch schließen, 1.000 bis 2.500cm²	St	16	46	**53**	69	96
			14	38	**45**	58	80
98	Perimeterdämmung, Wand, XPS 040, 80mm	m²	27	31	**37**	42	50
			22	26	**31**	35	42
99	Perimeterdämmung, Wand, XPS 040, 120mm	m²	34	42	**49**	55	66
			29	35	**41**	46	55
100	Schaumglasdämmung, Bodenplatte, 50-100mm	m²	44	57	**66**	72	93
			37	48	**56**	61	78
101	Schaumglasdämmung, Bodenplatte, 120-140mm	m²	76	88	**94**	99	117
			64	74	**79**	84	98
102	Mehrschichtdämmplatte, 50mm, in Schalung	m²	15	25	**30**	37	50
			13	21	**25**	31	42
103	Trennwanddämmung, MW, schallbrückenfrei	m²	8	13	**13**	17	23
			6	11	**11**	14	19
104	Betonstahlmatten, Bst500A/500B	t	1.240	1.613	**1.805**	1.945	2.434
			1.042	1.355	**1.517**	1.635	2.046
105	Betonstabstahl, Bst 500B	t	1.183	1.688	**1.886**	2.161	2.907
			994	1.419	**1.585**	1.816	2.442
106	Bewehrungszubehör, Abstandshalter	kg	2	3	**3**	4	5
			2	2	**3**	3	4
107	Bewehrung, Gitterträger	t	1.671	1.877	**1.938**	2.038	2.217
			1.404	1.577	**1.629**	1.713	1.863
108	Bewehrungsstoß, 10-16mm	St	17	26	**31**	34	51
			14	22	**26**	29	42
109	Bewehrungsstoß, 22-28mm	St	42	57	**62**	67	84
			36	48	**52**	56	70
110	Klebeanker, M16	St	12	19	**24**	30	41
			10	16	**20**	25	34
111	Kopfbolzenleiste, Durchstanzbewehrung	St	13	31	**38**	54	97
			11	26	**32**	46	82
112	Kleineisenteile, Baustahl S235JR	kg	1	7	**8**	15	35
			1	5	**7**	13	29
113	Stahlkonstruktion, Profilstahl S235JR	kg	2	5	**6**	8	14
			2	4	**5**	7	12
114	Stahlkonstruktion, Baustahl S235JR(AR)	kg	6	13	**14**	15	23
			5	11	**12**	13	19
115	Stahlteile feuerverzinken	kg	0,6	1,3	**1,6**	2,3	3,5
			0,5	1,1	**1,4**	2,0	3,0
116	Kleineisenteile, nicht rostender Stahl	kg	15	29	**33**	43	57
			13	25	**27**	36	48
117	Ankerschiene 28/15	m	13	21	**24**	31	60
			11	17	**20**	26	50
118	Ankerschiene 38/17	m	17	33	**39**	47	65
			14	27	**33**	39	55
119	Bewehrungs-/Rückbiegeanschluss 55/85	m	11	24	**27**	31	44
			9,2	20	**23**	26	37
120	Bewehrungs-/Rückbiegeanschluss, 80/120	m	20	31	**36**	41	57
			17	26	**31**	34	48

© BKI Baukosteninformationszentrum; Erläuterungen zu den Tabellen siehe Seite 44
Mustertexte geprüft: Bauwirtschaft Baden-Württemberg e.V.

Kostenstand: 1.Quartal 2021, Bundesdurchschnitt

Betonarbeiten — Preise €

Nr.	Positionen	Einheit	▶	▷	ø brutto € / ø netto €	◁	◀
121	Bewehrungs-/Rückbiegeanschluss, 150/190	m	20	35	**40**	64	120
			17	30	**33**	53	100
122	Balkonanschluss, Wärmedämmelement	m	117	290	**337**	408	570
			99	243	**283**	343	479
123	Trittschalldämmelement, Fertigteiltreppen	m	44	103	**127**	177	365
			37	86	**107**	149	306
124	Stundensatz, Facharbeiter/-in	h	49	57	**62**	65	75
			41	48	**52**	55	63
125	Stundensatz, Helfer/-in	h	41	51	**55**	58	67
			34	43	**46**	49	57

Nr.	Kurztext / Langtext						Kostengruppe
▶	▷	**ø netto €**	◁	◀	[Einheit]	Ausf.-Dauer	Positionsnummer

1 Tragschicht, Schotter 0/45, 30cm — KG **325**

Tragschicht aus Schotter, auf vorhandenes Filtervlies unter Bodenplatte und Fundament, schichtweise einbringen und verdichten, Oberfläche eben abgewalzt (+/-3cm).
Schichtdicke i.M.: 30 cm
Proctordichte: 103%
Körnung: 0/45
Sieblinie: .....

| 7€ | 12€ | **14€** | 15€ | 25€ | [m²] | ⏱ 0,10 h/m² | 013.000.092 |

2 Trennlage, PE-Folie, auf Kiesfilter — KG **325**

Trennlage aus PE-Folie, Stoßüberlappung ca. 15cm, Stöße gegen Verschieben sichern.
Foliendicke: 0,2 mm
Verlegung: **einlagig / zweilagig**
Untergrund: **Kiesfilter / Sauberkeitsschicht**

| 0,5€ | 1,4€ | **1,7€** | 2,3€ | 3,8€ | [m²] | ⏱ 0,02 h/m² | 013.000.001 |

3 Glasschotter, unter Bodenplatte, 30cm — KG **325**

Schüttung aus Glasschaum-Granulat, lastabtragend und kapillarbrechend, auf vorhandenes Geotextil unter Bodenplatte und Fundament, schichtweise einbringen und verdichten, Oberfläche eben abgewalzt (+/-3cm).
Dicke verdichtet: 30 cm
Nennwert der Wärmeleitfähigkeit: **0,08 / 0,11 W/(mK)**

| 69€ | 96€ | **108€** | 123€ | 160€ | [m³] | ⏱ 0,80 h/m³ | 013.000.091 |

4 Glasschotter, unter Bodenplatte, 30cm — KG **325**

Schüttung aus Glasschaum-Granulat, lastabtragend und kapillarbrechend, auf vorhandenes Geotextil unter Bodenplatte und Fundament, schichtweise einbringen und verdichten, Oberfläche eben abgewalzt (+/-3cm).
Dicke verdichtet: 30 cm
Nennwert der Wärmeleitfähigkeit: **0,08 / 0,11 W/(mK)**

| 23€ | 38€ | **43€** | 48€ | 61€ | [m²] | ⏱ 0,30 h/m² | 013.000.094 |

LB 013 Betonarbeiten

Kosten: Stand 1.Quartal 2021 Bundesdurchschnitt

Legende:
- ▶ min
- ▷ von
- ø Mittel
- ◁ bis
- ◀ max

Nr.	Kurztext / Langtext	▶	▷	ø netto €	◁	◀	[Einheit]	Ausf.-Dauer	Kostengruppe / Positionsnummer
5	**Sauberkeitsschicht, Beton, 5cm** Sauberkeitsschicht aus unbewehrtem Beton, unter Gründungsbauteilen. Zuschlagstoff: natürliche Gesteinskörnung Betongüte: **C8/10 / C12/15** Dicke: 5 cm	6€	8€	**9€**	12€	19€	[m²]	0,05 h/m²	KG **325** 013.000.083
6	**Sauberkeitsschicht, Beton, 10cm** Sauberkeitsschicht aus unbewehrtem Beton, unter Gründungsbauteilen, Mehrdicken von ca. 3cm sind wegen Unebenheiten des Untergrunds einzurechnen. Zuschlagstoff: natürliche Gesteinskörnung Betongüte: **C8/10 / C12/15** Dicke: 10 cm	8€	14€	**16€**	25€	43€	[m²]	0,07 h/m²	KG **325** 013.000.117
7	**Sauberkeitsschicht, Sand, 10cm** Sandbettung unter Bodenplattendämmung, auf profilgerechtem Planum, Sand eben abziehen und verdichten. Körnung: ..... Verdichtungsgrad: mind. DPr 97% Dicke: 10cm Nachfolgende Dämmung:	3€	5€	**6€**	7€	8€	[m²]	0,06 h/m²	KG **325** 013.000.098
8	**Gleitschicht, PE-Folie, zweilagig** Gleitschicht, zweilagig, auf Sauberkeitsschicht, Untergrund Beton. Material: PE-Folie Dicke: 0,2 mm je Lage	1€	3€	**3€**	4€	5€	[m²]	0,10 h/m²	KG **325** 013.000.237
9	**Fundament, Ortbeton C30/35** Fundament aus Ortbeton, unter GOK, mit Anforderung an Frostsicherheit, ohne Taumittel. Schalung und Bewehrung in gesonderter Position. Festigkeitsklasse: C30/35 Expositionsklasse: XC2, XF1 Feuchtigkeitsklasse: WF Zuschlagstoff: natürliche Gesteinskörnung Untergrund: ..... Abmessung:	115€	131€	**139€**	148€	189€	[m³]	0,80 h/m³	KG **322** 013.000.239
10	**Schalung, Fundament, rau** Schalung, rau, für Einzel- und Streifenfundamente, Fundamentplatten und sonstige Abschalungen im Gründungsbereich. Bauteil: ..... Schalung:	14€	27€	**32€**	37€	51€	[m²]	0,60 h/m²	KG **322** 013.000.006

Nr.	Kurztext / Langtext							Kostengruppe
▶	▷	ø netto €	◁	◀		[Einheit]	Ausf.-Dauer	Positionsnummer

11 Schalung, Fundament, verloren — KG **322**
Verlorene Schalung, rau, für Einzel- und Streifenfundamente, Fundamentplatten und sonstige Abschalungen im Gründungsbereich.
Bauteil: .....
Schalung: .....

| 27€ | 36€ | **39**€ | 48€ | 68€ | [m²] | ⏱ 0,60 h/m² | 013.000.061 |

12 Aufzugsunterfahrt, Ortbeton C25/30 — KG **322**
Bewehrtes Bauteil der Aufzugsunterfahrt in Ortbeton, WU-Beton mit hohem Wassereindringwiderstand, Ausführung gem. DAfStb-Richtlinie „Wasserundurchlässige Bauwerke aus Beton (WU-Richtlinie)". Schalung und Bewehrung in gesonderter Position.
Festigkeitsklasse: C25/30
Expositionsklassen: XC2
Feuchtigkeitsklasse: WF
Zuschlagstoff: natürliche Gesteinskörnung
Dicke: .....

| 148€ | 435€ | **453**€ | 621€ | 951€ | [m³] | ⏱ 1,05 h/m³ | 013.000.241 |

13 Bodenplatte, Ortbeton, C25/30, bis 35cm — KG **322**
Bodenplatte aus Ortbeton, unter GOK, ohne Frost, schwacher chem. Angriff, Schalung und Bewehrung in gesonderter Position.
Festigkeitsklasse: C25/30
Expositionsklasse: XC2/XA1
Feuchtigkeitsklasse: WF
Zuschlagstoff: natürliche Gesteinskörnung
Plattendicke: über 25-35 cm
Untergrund: waagrecht
Oberfläche: waagrecht

| 110€ | 133€ | **143**€ | 161€ | 204€ | [m³] | ⏱ 0,80 h/m³ | 013.000.008 |

14 Bodenplatte, WU-Beton C30/37, bis 35cm — KG **322**
Bodenplatte aus Ortbeton, unter GOK, WU-Beton, mit hohem Wassereindringwiderstand, Ausführung gem. DAfStb-Richtlinie „Wasserundurchlässige Bauwerke aus Beton (WU-Richtlinie)", Gründungsbauteil in nasser, selten trockener Umgebung, mit hohem Wassereindringwiderstand, schwachem chem. Angriff, mäßiger Wassersättigung ohne Taumittel, Schalung und Bewehrung in gesonderter Position.
Festigkeitsklasse: C 30/37
Expositionsklassen: XC2/XA1/XF1
Feuchtigkeitsklasse: WF
Zuschlagstoff: natürliche Gesteinskörnung
Dicke: über 25 bis 35 cm
Untergrund: waagrecht
Oberfläche: waagrecht

| 132€ | 153€ | **165**€ | 187€ | 218€ | [m³] | ⏱ 1,00 h/m³ | 013.000.009 |

15 Randschalung, Bodenplatte — KG **322**
Randschalung der Bodenplatte, ohne Anforderungen an die Sichtfläche.
Plattendicke: bis 30 cm

| 4€ | 10€ | **11**€ | 14€ | 21€ | [m] | ⏱ 0,10 h/m | 013.000.025 |

LB 013
Betonarbeiten

Kosten:
Stand 1.Quartal 2021
Bundesdurchschnitt

Nr.	Kurztext / Langtext				[Einheit]	Ausf.-Dauer	Kostengruppe Positionsnummer
▶	▷	ø netto €	◁	◀			

16 Fugenband, Blechband — KG 331
Fugenblech, einseitig / beidseitig beschichtet, eingelegt in Arbeitsfuge, zwischen Bauteilen, sowie zwischen zwei Betonierabschnitten, für dichte Ausführung der Betonarbeitsfugen, inkl. aller Befestigungsteile und Verbindungen.
Material: .....
Abmessung: .....
Einsatzbereich: DIN 18533
Wassereinwirkungsklasse: W2.1-E
Einbauort: zwischen Bodenplatte und aufgehender Wand, sowie zwischen Wandbauteilen
Arbeitshöhe: ..... m

| 13€ | 20€ | **23€** | 29€ | 42€ | [m] | ⏱ 0,20 h/m | 013.000.148 |

17 Fugenband, Blech, Formstück — KG 331
Formstück des vorbeschriebenen Fugenblechs.
Formstück: **Eckausführung / T-Stoß**

| 23€ | 46€ | **53€** | 63€ | 87€ | [St] | ⏱ 0,30 h/St | 013.000.149 |

18 Fugenband, Kunststoff — KG 351
Fugenband, aus Kunststoff, eingelegt in Arbeitsfuge, zwischen Bauteilen, sowie zwischen zwei Betonierabschnitten, für dichte Ausführung der Betonarbeitsfugen, inkl. aller Befestigungsteile und Verbindungen.
Material: .....
Abmessung: .....
Einsatzbereich: DIN 18533
Wassereinwirkungsklasse: W2.1-E
Einbauort: zwischen Bodenplatte und aufgehender Wand, sowie zwischen Wandbauteilen
Arbeitshöhe: ..... m

| 14€ | 21€ | **25€** | 29€ | 36€ | [m] | ⏱ 0,20 h/m | 013.000.201 |

19 Fugenband, Kunststoff, Formstück — KG 351
Formstück des vorbeschriebenen Fugenbandes aus Kunststoff.
Formstück: **Eckausführung / T-Stoß**

| 21€ | 36€ | **45€** | 54€ | 68€ | [St] | ⏱ 0,30 h/St | 013.000.202 |

20 Fugenband, Bewegungsfugen — KG 331
Abdichtung von Bewegungsfugen an außenliegenden Bauteilen bei drückendem Wasser mit Fugenband.
Einsatzbereich: DIN 18533
Wassereinwirkungsklasse: W2.2-E
Einbauort: zwischen Bodenplatte und aufgehender Wand, sowie zwischen Wandbauteilen
Arbeitshöhe: ..... m

| 21€ | 29€ | **34€** | 40€ | 55€ | [m] | ⏱ 0,25 h/m | 013.000.150 |

▶ min
▷ von
ø Mittel
◁ bis
◀ max

Nr.	**Kurztext** / Langtext							Kostengruppe
▶	▷	**ø netto €**	◁	◀	[Einheit]	Ausf.-Dauer	Positionsnummer	

| 21 | **Fugenband, Injektionsschlauch** | | | | | | | KG **331** |

Injektionsschlauch, für Einfach- oder Mehrfachverpressung, eingelegt in Arbeitsfuge, zwischen Bauteilen, sowie zwischen zwei Betonierabschnitten, zum nachträglichen dichten Ausführung der Betonarbeitsfugen, inkl. aller Befestigungsteile und Verbindungen. Leistung ohne Verpressen.
Einsatzbereich: DIN 18533
Wassereinwirkungsklasse: W2.2-E
Einbauort: zwischen Bodenplatte und aufgehender Wand, sowie zwischen Wandbauteilen
Dichtmittel: .....

| 11€ | 19€ | **23€** | 28€ | 42€ | [m] | ⏱ 0,20 h/m | 013.000.151 |

| 22 | **Verpressung, Injektionsschlauch** | | | | | | | KG **331** |

Verpressen der bauseitig verlegten Injektionsschläuche in Fugen. Ausführungszeitpunkt nach Angaben von Hersteller und Bauüberwachung (abhängig von Betonschwund und Bauwerkssetzung).
Einsatzbereich: DIN 18533
Wassereinwirkungsklasse: W2.2-E
Dichtmittel: .....
Dichtmittelverbrauch: ...... kg/m

| 20€ | 31€ | **38€** | 47€ | 61€ | [m] | ⏱ 0,40 h/m | 013.000.152 |

| 23 | **Innenwand, Ortbeton, C25/30, bis 25cm** | | | | | | | KG **341** |

Innenwand in Ortbeton, Normalbeton, als Sichtbeton, mit normalen Anforderungen, einschl. Muster-/ Erprobungsflächen. Schalung und Bewehrung in gesonderten Positionen. Bauteil in trockener Umgebung, ohne Frostangriff.
Festigkeitsklasse: C 25/30
Expositionsklassen: XC1
Feuchtigkeitsklasse: W0
Zuschlagstoff: natürliche Gesteinskörnung
Dicke: über 15 bis 25 cm.
Sichtbetonklasse: SB 2 gem. DBV-Merkblatt "Sichtbeton"

| 104€ | 128€ | **136€** | 147€ | 175€ | [m³] | ⏱ 0,70 h/m³ | 013.000.244 |

| 24 | **Außenwand, Ortbeton, C25/30, bis 25cm** | | | | | | | KG **331** |

Außenwandbauteil, bewehrt, in Ortbeton, aus Sichtbeton; Bauteil wechselnd nass und trocken, ohne Tausalz; Schalung und Bewehrung in gesonderten Positionen.
Festigkeitsklasse: C25/30
Expositionsklasse: XC4/XF1
Zuschlagstoff: natürliche Gesteinskörnung
Wanddicke: 20-25 cm
Wandhöhe: bis 3,00 m
SB-Klasse: .....

| 102€ | 129€ | **142€** | 158€ | 191€ | [m³] | ⏱ 0,80 h/m³ | 013.000.231 |

LB 013
Betonarbeiten

Kosten:
Stand 1.Quartal 2021
Bundesdurchschnitt

▶ min
▷ von
ø Mittel
◁ bis
◀ max

Nr.	Kurztext / Langtext						Kostengruppe		
▶	▷	ø netto €	◁	◀		[Einheit]	Ausf.-Dauer	Positionsnummer	

25 Außenwand, WU-Ortbeton, C25/30, bis 25cm — KG **331**

Außenwandbauteil, bewehrt, in Ortbeton, WU-Beton mit hohem Wassereindringwiderstand, Ausführung gem. DAfStb-Richtlinie „Wasserundurchlässige Bauwerke aus Beton (WU-Richtlinie)", mit direkter Beregnung; Schalung und Bewehrung in gesonderten Positionen.
Betongüte: C25/30 WU
Expositionsklasse: XC4/XF1
Feuchtigkeitsklasse: WF
Zuschlagstoff: natürliche Gesteinskörnung
Wanddicke: 20-25cm
Wandhöhe: bis 3,00 m
Oberfläche: nicht sichtbar bleibend
Schalhaut: .....

▶	▷	ø	◁	◀		Einheit	Dauer	Pos.-Nr.
111€	134€	**146€**	168€	222€		[m³]	⏱ 0,90 h/m³	013.000.012

26 Schalung, Aufzugsschacht — KG **341**

Schalung des Aufzugsinnenraums, als Kletterschalung.
Geschosshöhe: bis 3,50 m
Oberfläche: innen nicht sichtbar bleibend
Schalhaut: Sichtbetonklasse .....

| 34€ | 42€ | **45€** | 62€ | 97€ | | [m²] | ⏱ 0,90 h/m² | 013.000.153 |

27 Schalung, Wand, rau — KG **331**

Schalung der Wand für sichtbar bleibende Betonflächen.
Anforderung: Klasse SB.... gem. DBV-Merkblatt
Schalsystem: .....
Schalhaut: .....
Oberfläche: rau
Schalhautstöße: geordnet, stumpf, ohne zusätzliche Dichtung
Ankerlage: bündig
Bauteilhöhe: bis ..... m

| 16€ | 28€ | **34€** | 40€ | 52€ | | [m²] | ⏱ 0,70 h/m² | 013.000.013 |

28 Schalung, Wand, glatt — KG **331**

Schalung der Wand für sichtbar bleibende Betonflächen.
Anforderung: Klasse SB ..... gem. DBV-Merkblatt "Sichtbeton"
Schalsystem: **Träger- / Rahmenschalung**
Schalhaut: GF-Schalungsplatte
Oberfläche: .....
Beschichtung: .....
Schalhautstöße: geordnet, stumpf, mit zusätzlicher Dichtung
Hüllrohr: Faserzement
Verschluss der Ankerstellen: Stopfen aus Faserzement
Ankerlage: .....
Kanten: **scharfkantig / gefast / Dreikantleiste**
Bauteilhöhe: bis ..... m

| 17€ | 29€ | **34€** | 40€ | 58€ | | [m²] | ⏱ 0,80 h/m² | 013.000.060 |

Nr.	Kurztext / Langtext							Kostengruppe
▶	▷	ø netto €	◁	◀	[Einheit]	Ausf.-Dauer	Positionsnummer

29 Schalung, Wand, SB3 — KG 331

Schalung der Wand für sichtbar bleibende Betonflächen.
Anforderung: Klasse SB 3 gem. DBV-Merkblatt "Sichtbeton"
Schalsystem: **Träger- / Rahmenschalung**
Schalhaut: .....
Oberfläche: .....
Beschichtung: .....
Schalhautstöße: geordnet, stumpf, mit zusätzlicher Dichtung
Hüllrohr: Fasercement
Verschluss der Ankerstellen: Stopfen aus Fasercement
Ankerlage: .....
Kanten: **scharfkantig / gefast / Dreikantleiste**
Bauteilhöhe: bis ..... m
Für die Ausführung werden vom AG folgende Unterlagen zur Verfügung gestellt:
– Entwurfszeichnungen, Plannr.: .....
– Übersichtszeichnungen, Plannr.: .....

| 36 € | 42 € | **45 €** | 48 € | 59 € | [m²] | ⏱ 0,85 h/m² | 013.000.204 |

30 Schalung, Dreiecksleiste — KG 331

Eck- oder Kantenausbildung von Betonteilen, mittels Profilleiste in Schalung, Oberfläche glatt und nichtsaugend.
Leiste: Dreiecksleiste
Abmessung: 15 x 15 mm
Werkstoff: **Holz / Kunststoff**
Bauteil: **Ecke / Kante**

| 2 € | 4 € | **4 €** | 6 € | 9 € | [m] | ⏱ 0,60 h/m | 013.000.066 |

A 1 Wandschalung, Türe — Beschreibung für Pos. 31-33

Türöffnung in Stahlbetonwand, inkl. Sturzausbildung, mit umlaufender glatter, nichtsaugender Schalung mit regelmäßigen Stößen und Nagelstellen, verbleibende Betonwarzen und Grate abgeschliffen.

31 Wandschalung, Türe 0,885m — KG 341

Wie Ausführungsbeschreibung A 1
Kantenausbildung: **scharfkantig / Dreiecksleiste**
Öffnungsbreite: 0,885 m
Öffnungshöhe: ..... m
Wanddicke: **20 / 25** cm

| 36 € | 75 € | **91 €** | 100 € | 150 € | [St] | ⏱ 1,50 h/St | 013.000.175 |

32 Wandschalung, Türe 1,135m — KG 341

Wie Ausführungsbeschreibung A 1
Kantenausbildung: **scharfkantig / Dreiecksleiste**
Öffnungsbreite: 1,135 m
Öffnungshöhe: ..... m
Wanddicke: **20 / 25** cm

| 47 € | 70 € | **82 €** | 133 € | 200 € | [St] | ⏱ 1,70 h/St | 013.000.177 |

LB 013
Betonarbeiten

Nr.	Kurztext / Langtext					[Einheit]	Ausf.-Dauer	Kostengruppe Positionsnummer
▶	▷	ø netto €	◁	◀				

33 **Wandschalung, Türe 2,01m** — KG **341**
Wie Ausführungsbeschreibung A 1
Kantenausbildung: **scharfkantig / Dreiecksleiste**
Öffnungsgröße: 2,01 x 2,13 m
Öffnungshöhe: ..... m
Wanddicke: **20 / 25** cm

| 74€ | 152€ | **164**€ | 205€ | 277€ | [St] | ⏱ 2,20 h/St | 013.000.133 |

A 2 **Wandschalung, Fenster** — Beschreibung für Pos. **34-35**
Fensteröffnung in Stahlbetonwand, inkl. Sturzausbildung, mit umlaufender glatter, nichtsaugender Schalung mit regelmäßigen Stößen und Nagelstellen, verbleibende Betonwarzen und Grate abgeschliffen.

34 **Wandschalung, Fenster bis 2,00m²** — KG **331**
Wie Ausführungsbeschreibung A 2
Kantenausbildung: **scharfkantig / Dreiecksleiste**
Öffnungsgröße: ..... (bis 2,00 m²)
Wanddicke: **20 / 25** cm

| 28€ | 68€ | **88**€ | 136€ | 244€ | [St] | ⏱ 1,60 h/St | 013.000.016 |

35 **Wandschalung, Fenster bis 4,00m²** — KG **331**
Wie Ausführungsbeschreibung A 2
Kantenausbildung: **scharfkantig / Dreiecksleiste**
Öffnungsgröße: ..... (bis 4,00 m²)
Wanddicke: **20 / 25** cm

| 46€ | 118€ | **145**€ | 186€ | 286€ | [St] | ⏱ 2,40 h/St | 013.000.101 |

36 **Wandschalung, Stirnfläche** — KG **331**
Schalung an freiem Wandende, Stirnfläche.
Wanddicke: ..... cm
Schalungshaut: **nicht sichtbar / sichtbar bleibend**
Anforderung: Klasse SB.... gem. DBV-Merkblatt
Schalsystem: .....
Schalhaut: .....
Oberfläche: .....
Schalhautstöße: .....
Bauteilhöhe: ..... m

| 5€ | 13€ | **17**€ | 22€ | 31€ | [m] | ⏱ 0,16 h/m | 013.000.188 |

37 **Aussparung, bis 0,10m², Betonbauteile** — KG **351**
Aussparung in Betonbauteil, mit umlaufender, beidseitiger Kantenausbildung.
Kanten: .....
Abmessung:
Bauteildicke: .....
Oberfläche, Schalhaut: .....

| 12€ | 28€ | **34**€ | 49€ | 83€ | [St] | ⏱ 0,30 h/St | 013.000.077 |

Kosten:
Stand 1.Quartal 2021
Bundesdurchschnitt

▶ min
▷ von
ø Mittel
◁ bis
◀ max

Nr.	Kurztext / Langtext					Kostengruppe	
▶	▷	ø netto €	◁	◀	[Einheit]	Ausf.-Dauer	Positionsnummer

38 Öffnung, über 2,5m², Wand — KG 351

Wandöffnung in Ortbetonwand, inkl. Sturzausbildung, mit umlaufender Schalung, geeignet für sichtbar bleibende Betonflächen, mit besonderen Anforderungen.
Sichtbeton Klasse: SB ..... gem. DBV-Merkblatt
Kantenausbildung: **scharfkantig / Dreiecksleiste**
Öffnungsgröße: ..... m² (über 2,5m²)
Wanddicke: ..... cm
Wandöffnung in Ortbetonwand, inkl. Sturzausbildung, mit umlaufender Schalung, geeignet für sichtbar bleibende Betonflächen.

| 54€ | 58€ | **60€** | 62€ | 74€ | [m²] | ⏱ 0,85 h/m² | 013.000.205 |

A 3 Kernbohrung, Stb-Decke — Beschreibung für Pos. 39-41

Kernbohrung in Stahlbetonbauteil, inkl. Bohrkern ausbauen, aufnehmen, Bohrabfall sammeln und abfahren. Deponierung wird gesondert vergütet.
Entfernung Deponie: ..... km
Bauteil: Decke
Ausrichtung: **senkrecht / schräg**
Einbauort / Geschoss: ......
Arbeitshöhe über Standebene: .....

39 Kernbohrung, Stb-Decke, Durchmesser 55-80 mm — KG 351

Wie Ausführungsbeschreibung A 3
Durchmesser: 55-80 mm

| 109€ | 132€ | **151€** | 170€ | 186€ | [St] | ⏱ 2,05 h/St | 013.000.224 |

40 Kernbohrung, Stb-Decke, Durchmesser 115-130 mm — KG 351

Wie Ausführungsbeschreibung A 3
Durchmesser: 115-130 mm

| 121€ | 147€ | **169€** | 189€ | 207€ | [St] | ⏱ 2,45 h/St | 013.000.225 |

41 Kernbohrung, Stb-Decke, Durchmesser 200-220 mm — KG 351

Wie Ausführungsbeschreibung A 3
Durchmesser: 200-220 mm

| 187€ | 226€ | **259€** | 290€ | 319€ | [St] | ⏱ 3,65 h/St | 013.000.227 |

42 Kernbohrung, Stahlschnitte, 16-28mm — KG 351

Schnitte des Stabstahls als Mehrpreis zu Kernbohrungen.
Stahldurchmesser: 16-28 mm

| 3€ | 3€ | **4€** | 4€ | 5€ | [St] | ⏱ 0,05 h/St | 013.000.228 |

LB 013
Betonarbeiten

Kosten:
Stand 1.Quartal 2021
Bundesdurchschnitt

Nr.	Kurztext / Langtext					[Einheit]	Ausf.-Dauer	Kostengruppe Positionsnummer
▶	▷	ø netto €	◁	◀				

43 — Betonschneidearbeiten, bis 43cm — KG 351
Schnitte in Stahlbetonbauteil, inkl. Ausschnitt ausbauen, aufnehmen, sammeln und abfahren. Deponierung wird gesondert vergütet.
Entfernung Deponie: .... km
Bauteil: Decke
Untergrund: eben
Schnitttiefe: bis 43 cm
Ausrichtung: **rechtwinklig zum Bauteil / schräg**
Einbauort / Geschoss: ......
Arbeitshöhe über Standebene: .....

| 97€ | 117€ | **135€** | 151€ | 166€ | [m] | ⏱ 1,70 h/m | 013.000.229 |

44 — Unterzug/Sturz, Stahlbeton C25/30 — KG 351
Unterzüge, Überzüge, Ringanker, Stürze, Konsolen und Riegel aus Stahlbeton, mit Ortbeton, vor Außenwetter geschützt (für Innen- und Außenwände); Schalung und Bewehrung in gesonderten Positionen.
Festigkeitsklasse: C25/30
Expositionsklasse: XC1
Zuschlagstoff: natürliche Gesteinskörnung
Querschnitte: .....
Betonqualität: **Normalbeton / Sichtbeton, Klasse .....**
Arbeitshöhe: bis ..... m

| 112€ | 150€ | **169€** | 211€ | 297€ | [m³] | ⏱ 0,90 h/m³ | 013.000.017 |

45 — Schalung, Unterzug/Sturz — KG 351
Schalung für Unterzüge, Stürze und dgl., mit rechteckigem Querschnitt, glatt.
Oberfläche: glatt, nichtsaugend / Sichtbeton Klasse .....
Schalhaut: .....
Querschnitt: .....
Arbeitshöhe: 2,00-3,00 m

| 43€ | 62€ | **70€** | 83€ | 124€ | [m²] | ⏱ 1,00 h/m² | 013.000.018 |

46 — Konsole, Ortbeton, Sichtbeton — KG 351
Konsolen / Auflager aus Stahlbeton, sichtbar, aus Ortbeton, vor Außenwetter geschützt (für Innen- und Außenwände); Schalung und Bewehrung in gesonderten Positionen.
Festigkeitsklasse: C25/30
Expositionsklasse: XC ..... / XF.....
Zuschlagstoff: natürliche Gesteinskörnung
Anwendung als: .....
Wanddicke: 20-25 cm
Wandhöhe: bis 3,00 m
Sichtbetonklasse: SB .....
Für die Ausführung werden vom AG folgende Unterlagen zur Verfügung gestellt:
 – Detailzeichnungen, Plannr.: .....

| 121€ | 208€ | **239€** | 287€ | 363€ | [m³] | ⏱ 1,80 h/m³ | 013.000.206 |

▶ min
▷ von
ø Mittel
◁ bis
◀ max

Nr.	Kurztext / Langtext							Kostengruppe
▶	▷	ø netto €	◁	◀	[Einheit]	Ausf.-Dauer	Positionsnummer	

47 Stütze, Stahlbeton C25/30, außen KG **333**
Stützen aus Stahlbeton, Ortbeton, im Außenbereich; Schalung und Bewehrung in gesonderten Positionen.
Festigkeitsklasse: C25/30
Expositionsklasse: XC4 / XF1
Feuchtigkeitsklasse: WF
Zuschlagstoff: natürliche Gesteinskörnung
Querschnitte: .....
Oberfläche: .....

| 152€ | 184€ | **199€** | 218€ | 257€ | [m³] | ⏱ 1,20 h/m³ | 013.000.019 |

48 Ortbeton, Stütze, C25/30, innen KG **343**
Stütze, Innenbauteil, in Ortbeton; Schalung und Bewehrung in gesonderten Positionen.
Qualität: **nicht sichtbar / Sichtbeton Klasse .....**
Festigkeitsklasse: C25/30
Expositionsklasse: XC1
Feuchtigkeitsklasse: W0
Querschnitt: .....

| 146€ | 182€ | **191€** | 203€ | 251€ | [m³] | ⏱ 1,20 h/m³ | 013.000.250 |

49 Schalung, Stütze, rechteckig, rau KG **343**
Schalung für Stützen und dgl., Betonfläche nicht sichtbar bleibend, mit rechteckigem Querschnitt.
Bauteilhöhe: 2,00-3,00 m
Oberfläche: rau
Schalhaut: nach Wahl des Bieters
Stützenquerschnitt: .....
Sichtbetonklasse: .....

| 36€ | 59€ | **68€** | 79€ | 103€ | [m²] | ⏱ 1,00 h/m² | 013.000.020 |

50 Schalung, Stütze, rechteckig, glatt KG **343**
Schalung für Stützen und dgl., Sichtbeton, mit rechteckigem Querschnitt.
Bauteilhöhe: 2,00-3,00 m
Oberfläche: glatt.....
Schalhaut: absatzfrei, mit einheitlicher Farbtönung und porenlos
Stützenquerschnitt: .....
Sichtbetonklasse: .....

| 37€ | 59€ | **65€** | 81€ | 114€ | [m²] | ⏱ 1,10 h/m² | 013.000.021 |

51 Schalung, Stütze, rund, glatt KG **343**
Schalung für Stützen und dgl., Sichtbeton, mit rundem Querschnitt, verlorene, nichtsaugende Schalung aus Papp-Schalrohren mit innerer Beschichtung.
Bauteilhöhe: 2,00-3,00 m
Oberfläche: glatt .....
Schalhaut: verlorene, nichtsaugende Schalung aus Papp-Schalrohr mit innerer Beschichtung
Stützendurchmesser: .....
Sichtbetonklasse: .....

| 37€ | 63€ | **75€** | 113€ | 194€ | [m²] | ⏱ 1,30 h/m² | 013.000.022 |

LB 013
Betonarbeiten

Kosten:
Stand 1.Quartal 2021
Bundesdurchschnitt

▶ min
▷ von
ø Mittel
◁ bis
◀ max

Nr.	Kurztext / Langtext					Kostengruppe		
▶	▷	ø netto €	◁	◀	[Einheit]	Ausf.-Dauer	Positionsnummer

52 Decke, Ortbeton, C25/30, bis 35cm KG **351**
Decke aus Stahlbeton, mit Ortbeton, Bauteil in trockner Umgebung, ohne Frostangriff, Betonflächen oben waagrecht, unten sichtbar bleibend. Schalung und Bewehrung in gesonderten Positionen.
Festigkeitsklasse: C25/30
Expositionsklasse: XC1
Feuchtigkeitsklasse: W0
Zuschlagstoff: natürliche Gesteinskörnung
Oberfläche: .....
Deckenstärke: bis 35 cm

112€   125€   **131€**   134€   148€   [m³]   ⏱ 0,80 h/m³   013.000.023

53 Decke, Ortbeton, C25/30, bis 35cm, SB2 KG **351**
Decke aus Stahlbeton, mit Ortbeton, Bauteil in trockner Umgebung, ohne Frostangriff, Betonflächen oben waagrecht, geschalte Oberfläche in Sichtbeton, mit normalen Anforderungen. Schalung und Bewehrung in gesonderter Position.
Festigkeitsklasse: C25/30
Expositionsklassen: XC1
Feuchtigkeitsklasse: W0
Zuschlagstoff: natürliche Gesteinskörnung
Oberfläche: Sichtbeton Klasse SB2
Dicke: bis 35 cm

128€   145€   **152€**   158€   172€   [m³]   ⏱ 0,80 h/m³   013.000.235

54 Balkonplatte, Ortbeton, C25/30, SB2 KG **351**
Decke aus Stahlbeton, Kragplatte im Außenbereich, mit Ortbeton, Betonflächen oben waagrecht, geschalte Oberfläche in Sichtbeton. Schalung und Bewehrung in gesonderter Position.
Festigkeitsklasse: C25/30
Expositionsklassen: XC4
Feuchtigkeitsklasse: WF
Zuschlagstoff: natürliche Gesteinskörnung
Oberfläche: SB2
Schalhaut: .....
Abstützhöhe: bis ..... m

131€   146€   **158€**   170€   182€   [m³]   ⏱ 0,82 h/m³   013.000.236

55 Schalung, Decken, glatt KG **351**
Schalung der Deckenplatte, Oberfläche zum Auftrag einer Beschichtung.
Oberfläche: glatt .....
Schalhaut: .....
Höhe der Betonunterseite: bis 3,00 m

21€   35€   **38€**   45€   66€   [m²]   ⏱ 0,80 h/m²   013.000.024

Nr.	Kurztext / Langtext						Kostengruppe
▶	▷	ø netto €	◁	◀	[Einheit]	Ausf.-Dauer	Positionsnummer

56 Dämmung, Deckenrand, PS   KG **351**

Dämmung des Deckenrands aus extrudierten Polystyrol-Hartschaum-Dämmplatten, in Schalung eingelegt, einschl. Rückverankerung zur Deckenplatte.
Plattendicke: **35 / 50** mm
Höhe: ..... mm
Anwendungstyp: DAA - Druckfestigkeit **dm / ds**
Bemessungswert der Wärmeleitfähigkeit: max. 0,030 W/(mK)
Nennwert Wärmeleitfähigkeit: 0,029 W/(mK)
Brandverhalten: Klasse E nach DIN EN 13501-1

| 5€ | 9€ | **10€** | 16€ | 23€ | [m] | ⏱ 0,20 h/m | 013.000.075 |

57 Dämmung, Deckenrand, Mehrschichtplatte   KG **351**

Dämmung des Deckenrandes mit Mehrschicht-Leichtbauplatten, in Schalung eingelegt, einschl. Rückverankerung zur Deckenplatte.
Plattendicke: 50 mm
Plattenart: WW-C/3
Höhe: ..... mm
Dämmkern: XPS, 35 mm
Anwendungstyp: DAA - Druckfestigkeit .....
Bemessungswert der Wärmeleitfähigkeit: max. 0,034 W/(mK)
Nennwert Wärmeleitfähigkeit: 0,035 W/(mK)
Brandverhalten: Klasse E nach DIN EN 13501-1

| 15€ | 25€ | **31€** | 37€ | 45€ | [m²] | ⏱ 0,20 h/m² | 013.000.189 |

58 Randschalung, Deckenplatte   KG **351**

Randschalung der Deckenplatte.
Oberfläche Schalung: rau
Plattendicke: bis 30 cm

| 6€ | 12€ | **14€** | 17€ | 26€ | [m] | ⏱ 0,10 h/m | 013.000.102 |

59 Überzug/Attika, Ortbeton, C25/30   KG **331**

Überzug, Attika, Ringanker, Konsole u.dgl. in Ortbeton; Schalung und Bewehrung in gesonderten Positionen.
Festigkeitsklasse: C25/30
Expositionsklasse: XC4/XF1
Betonoberfläche: unsichtbar / sichtbar bleibend (SB-Klasse .....)
Querschnitt: .....

| 117€ | 153€ | **171€** | 200€ | 258€ | [m³] | ⏱ 0,90 h/m³ | 013.000.026 |

LB 013
Betonarbeiten

Nr.	Kurztext / Langtext						Kostengruppe	
▶	▷	ø netto €	◁	◀	[Einheit]	Ausf.-Dauer	Positionsnummer	

Kosten:
Stand 1.Quartal 2021
Bundesdurchschnitt

---

60 **Unterzug, rechteckig, Ortbeton, Schalung** — KG **331**

Unterzug aus Stahlbeton, in Ortbeton, mit Schalung, einschl. ggf. zusätzlicher Maßnahmen beim Herstellen und Verarbeiten des Betons; als komplettes Bauteil mit rechteckigem Querschnitt, im Innenbereich; Bewehrung in gesonderter Position. Abrechnung nach Länge des Unterzugs.
Festigkeitsklasse: C25/30
Expositionsklasse: XC1
Zuschlagstoff: natürliche Gesteinskörnung
Oberfläche Schalung: .....
Querschnitte: .....
Höhe Betonteile: 2,00-3,00 m
Hinweis: Nach VOB/C müssen Beton, Schalung und Bewehrung getrennt ausgeschrieben werden. Entsprechende Mustertexte sind ebenfalls im LB 013 Betonarbeiten enthalten.

48€ 73€ **82€** 107€ 177€ [m] ⏱ 1,30 h/m 013.000.155

---

61 **Schalung, Ringbalken/Überzug/Attika, glatt** — KG **351**

Schalung der Überzüge, Aufkantungen und dgl., glatt, mit rechteckigem Querschnitt, Betonfläche sichtbar bleibend.
Höhe Betonunterseite: bis 2,50 m
Querschnitte: .....
Oberfläche Schalung: .....

38€ 50€ **55€** 63€ 84€ [m²] ⏱ 0,90 h/m² 013.000.027

---

62 **Stb-Fertigteilsturz, Breite 11,5cm** — KG **331**

Fertigteilsturz aus Stahlbeton, inkl. Bewehrung gem. statischer Bemessung, in nichttragender Wand.
Belastung: ..... kN/m
Sturzbreite: 11,5 cm
Überspannte Öffnungsbreite: max. 1,01 m
Schalhaut: **rau / Sichtbeton, Klasse .....**
Kanten: **scharfkantig / Dreiecksleiste**

24€ 33€ **37€** 42€ 55€ [m] ⏱ 0,30 h/m 013.000.210

---

63 **Stb-Fertigteilsturz, Breite 17,5cm** — KG **331**

Fertigteilsturz aus Stahlbeton, inkl. Bewehrung gem. statischer Bemessung, in nichttragender Wand.
Belastung: ..... kN/m
Sturzbreite: 17,5 cm
Überspannte Öffnungsbreite: max. 1,01 m
Schalhaut: **rau / Sichtbeton, Klasse .....**
Kanten: **scharfkantig / Dreiecksleiste**

32€ 53€ **61€** 71€ 88€ [m] ⏱ 0,30 h/m 013.000.211

---

64 **Stb-Fertigteilsturz, Breite 24cm** — KG **331**

Fertigteilsturz aus Stahlbeton, inkl. Bewehrung gem. statischer Bemessung, in nichttragender Wand.
Belastung: ..... kN/m
Sturzbreite: 24 cm
Überspannte Öffnungsbreite: max. 1,01 m
Schalhaut: **rau / Sichtbeton, Klasse .....**
Kanten: **scharfkantig / Dreiecksleiste**

36€ 65€ **79€** 90€ 107€ [m] ⏱ 0,30 h/m 013.000.212

▶ min
▷ von
ø Mittel
◁ bis
◀ max

Nr.	Kurztext / Langtext							Kostengruppe
▶	▷	ø netto €	◁	◀	[Einheit]	Ausf.-Dauer	Positionsnummer	

65 Treppenlauf, Ortbeton, C35/37 — KG 351

Treppenlaufplatte aus Stahlbeton, mit Ortbeton.
Festigkeitsklasse: C35/37
Expositionsklasse: XC1
Feuchtigkeitsklasse: WO
Zuschlagstoff: natürliche Gesteinskörnung
Treppenplattendicke: 25 cm
Oberflächenbehandlung: gescheibt
Einbauort / Geschoss: .....

| 187€ | 217€ | **225**€ | 275€ | 359€ | [m³] | ⏱ 2,20 h/m³ | 013.000.028 |

66 Schalung, Treppenlauf — KG 351

Schalung der Treppenläufe, aus nichtsaugendem Material, möglichst absatzfrei, mit einheitlicher Farbtönung und weitgehend porenlos.
Oberfläche Schalhaut: **rau / Sichtbeton**
Geeignet für: **Beschichtung / Betonfläche sichtbar bleibend**
Kanten: **scharfkantig / Dreiecksleiste**
Breite Treppenlauf: .....
Höhe Betonunterseite: bis 3,00 m

| 60€ | 100€ | **113**€ | 122€ | 143€ | [m²] | ⏱ 1,50 h/m² | 013.000.029 |

67 Treppenpodest, Ortbeton, C30/37 — KG 351

Treppenpodestplatte aus Stahlbeton, mit Ortbeton, Schalung und Bewehrung in gesonderter Position.
Festigkeitsklasse: C30/37
Expositionsklasse: XC1
Feuchtigkeitsklasse: WO
Zuschlagstoff: natürliche Gesteinskörnung
Podestplattendicke: ca. 25 cm
Oberflächenbehandlung: gescheibt
Einbauort / Geschoss: .....

| 144€ | 169€ | **180**€ | 209€ | 262€ | [m³] | ⏱ 1,80 h/m³ | 013.000.030 |

68 Schalung, glatt, Treppenpodest — KG 351

Schalung der Deckenplatte, aus Schalungsplatten, Betonfläche sichtbar bleibend.
Oberfläche Schalhaut: .....
Höhe Betonunterseite: 2,50-3,00 m

| 41€ | 62€ | **70**€ | 84€ | 117€ | [m²] | ⏱ 1,00 h/m² | 013.000.031 |

LB 013 Betonarbeiten

Nr.	Kurztext / Langtext	Kostengruppe
▶ ▷ ø netto € ◁ ◀	[Einheit]	Ausf.-Dauer Positionsnummer

Kosten:
Stand 1.Quartal 2021
Bundesdurchschnitt

69 Stb-Fertigteil, Treppenpodest — KG 351

Fertigteiltreppenpodest aus Stahlbeton. Ausbildung der Konsolen, Auflager, Schallentkoppelung und Bewehrung in gesonderten Positionen.
Festigkeitsklasse: C .....
Expositionsklasse: XC1
Feuchtigkeitsklasse: WO
Zuschlagstoff: natürliche Gesteinskörnung
Breite: ..... cm
Länge: ..... cm
Oberfläche Unterseite: Sichtbetonklasse SB .....
Oberfläche Oberseite: abgerieben und gespachtelt
Kanten: **scharfkantig / Dreiecksleiste**
Verkehrslast: **3,5 / 5,0** kN/m²
Auflagerausbildung: **gem. Skizze / gem. Systemdetail**
Einbauort / Geschoss: .....

| 712€ | 1.305€ | **1.513€** | 1.833€ | 2.452€ | [St] | 1,80 h/St | 013.000.213 |

70 Stb-Fertigteil, Treppe, einläufig, 7 Stufen — KG 351

Fertigteiltreppe aus Stahlbeton, einläufig, mit Konsolauflager, zur Auflage auf bauseitige Ortbetonpodeste, inkl. Schallentkoppelung im Podestbereich. Ausbildung der Auflager und Bewehrung in gesonderten Positionen.
Festigkeitsklasse: .....
Expositionsklasse: XC1
Feuchtigkeitsklasse: WO
Zuschlagstoff: natürliche Gesteinskörnung
Treppenlaufbreite: 100 cm
Stufen: 7 Stück
Steigungsverhältnis: 16 bis 17,5 x 27 bis 28 cm
Oberfläche Unterseite und Seiten: Sichtbetonklasse SB .....
Oberfläche Oberseite: abgerieben und gespachtelt
Kanten: **scharfkantig / Dreiecksleiste**
Verkehrslast: **3,5 / 5,0** kN/m²
Auflagerausbildung: **gem. Skizze / gem. Systemdetail**
Einbauort / Geschoss: .....

| 633€ | 854€ | **944€** | 1.045€ | 1.665€ | [St] | 1,40 h/St | 013.000.033 |

▶ min
▷ von
ø Mittel
◁ bis
◀ max

Nr.	Kurztext / Langtext						Kostengruppe	
▶	▷	ø netto €	◁	◀	[Einheit]	Ausf.-Dauer	Positionsnummer	

71 Stb-Fertigteil, Treppe, einläufig, 16 Stufen — KG **351**

Fertigteiltreppe aus Stahlbeton, einläufig, mit Konsolauflager, zur Auflage auf bauseitige Ortbetonpodeste. Ausbildung der Auflager, Schallentkopplung und Bewehrung in gesonderten Positionen.
Festigkeitsklasse: C .....
Expositionsklasse: XC1
Feuchtigkeitsklasse: WO
Zuschlagstoff: natürliche Gesteinskörnung
Treppenlaufbreite: 100 cm
Stufen: 16 Stück
Steigungsverhältnis: 16 bis 17,5 x 27 bis 28 cm
Oberfläche Unterseite und Seiten: Sichtbetonklasse SB .....
Oberfläche Oberseite: abgerieben und gespachtelt
Kanten: **scharfkantig / Dreiecksleiste**
Verkehrslast: **3,5 / 5,0** kN/m²
Auflagerausbildung: **gem. Skizze / gem. Systemdetail**
Einbauort / Geschoss: .....

| 1.715€ | 2.222€ | **2.344**€ | 2.607€ | 3.101€ | [St] | ⏱ 2,20 h/St | 013.000.214 |

72 Blockstufe, Betonfertigteil — KG **544**

Blockstufen als Fertigteilstufen aus Stahlbeton, Schalungsmatrize nach Bemusterung, ohne Kiesnester und Löcher, Kanten scharfkantig.
Festigkeitsklasse: C20/25
Expositionsklasse: XC4/XF1
Feuchtigkeitsklasse: WF
Zuschlagstoff: natürliche Gesteinskörnung
Stufengröße: 18 x 33 x 100 cm
Oberfläche Rutschfestigkeit: R11
Einbauort / Geschoss: auf bauseitigem Fundament / Außenbereich

| 77€ | 168€ | **203**€ | 293€ | 518€ | [St] | ⏱ 0,90 h/St | 013.000.034 |

A 4 Elementdecke, inkl. Aufbeton — Beschreibung für Pos. **73-74**

Element-Decke aus Halbfertigteilen, mit bauaufsichtlicher Zulassung, Untersicht der Decke sichtbar bleibend, bestehend aus einschaliger, bewehrter Fertigteilplatte und Aufbeton aus Ortbeton.
Zuschlagstoff: natürliche Gesteinskörnung
Bewehrung und flächenbündiges Verspachteln der Elementstöße in gesonderter Position.

73 Elementdecke, 18cm, inkl. Aufbeton — KG **351**

Wie Ausführungsbeschreibung A 4
Schalendicke: 5 cm
Oberfläche Schalhaut: Sichtbeton Klasse: .....
Element als Scheibe wirkend: **ja / nein**
Festigkeitsklasse: C30/37
Expositionsklasse: XC1
Plattendicke: 18 cm
Einbauort / Geschoss: .....

| 41€ | 62€ | **68**€ | 76€ | 93€ | [m²] | ⏱ 0,60 h/m² | 013.000.036 |

© **BKI** Baukosteninformationszentrum; Erläuterungen zu den Tabellen siehe Seite 44   Kostenstand: 1.Quartal 2021, Bundesdurchschnitt
Mustertexte geprüft: Bauwirtschaft Baden-Württemberg e.V.

LB 013
Betonarbeiten

Nr.	Kurztext / Langtext						[Einheit]	Ausf.-Dauer	Kostengruppe Positionsnummer
▶	▷	ø netto €	◁	◀					

Kosten:
Stand 1.Quartal 2021
Bundesdurchschnitt

74 — Elementdecke, 22cm, inkl. Aufbeton — KG 351
Wie Ausführungsbeschreibung A 4
Schalendicke: 5 cm
Oberfläche Schalhaut: Sichtbeton Klasse: .....
Element als Scheibe wirkend: **ja / nein**
Festigkeitsklasse: C30/37
Expositionsklasse: XC1
Plattendicke: 22 cm
Einbauort / Geschoss: .....

▶	▷	ø	◁	◀	[Einheit]	Ausf.-Dauer	Positionsnummer
47€	67€	**73€**	91€	126€	[m²]	0,65 h/m²	013.000.035

A 5 — Elementwand, inkl. Wandbeton — Beschreibung für Pos. 75-76
Elementwand aus zweischaligem Halbfertigteil, mit bauaufsichtlicher Zulassung, Betonfläche sichtbar bleibend, bestehend aus zwei aufgehenden, bewehrten Betonschalen und Betonfüllung aus Ortbeton.
Zuschlagstoff: natürliche Gesteinskörnung
Abrechnung der Bewehrung und des flächenbündigen Verspachtelns der Element-Stöße in gesonderter Position.

75 — Elementwand, 20cm, inkl. Wandbeton — KG 331
Wie Ausführungsbeschreibung A 5
Schalendicke: 2 x 5 cm
Wandhöhe: ..... m
Schalhaut: **nicht sichtbar / sichtbar bleibend**
Sichtbeton: Klasse SB...........
Festigkeitsklasse: C25/30 bis C30/37
Expositionsklasse: XC1
Plattendicke: 20 cm
Einbauort / Geschoss: .....

▶	▷	ø	◁	◀	[Einheit]	Ausf.-Dauer	Positionsnummer
43€	97€	**121€**	137€	183€	[m²]	1,80 h/m²	013.000.180

76 — Elementwand, 25cm, inkl. Wandbeton — KG 331
Wie Ausführungsbeschreibung A 5
Schalendicke: 2 x 5 cm
Wandhöhe: ..... m
Schalhaut: **nicht sichtbar / sichtbar bleibend**
Sichtbeton: Klasse SB...........
Festigkeitsklasse: C25/30 bis C30/37
Expositionsklasse: XC1
Plattendicke: 25 cm
Einbauort / Geschoss: .....

▶	▷	ø	◁	◀	[Einheit]	Ausf.-Dauer	Positionsnummer
77€	116€	**130€**	149€	207€	[m²]	1,80 h/m²	013.000.037

▶ min
▷ von
ø Mittel
◁ bis
◀ max

Nr.	Kurztext / Langtext							Kostengruppe
▶	▷	ø netto €	◁	◀		[Einheit]	Ausf.-Dauer	Positionsnummer

77 Gleitfolie, Wandaufleger KG **361**

Gleitfolie auf Wänden als gleitende Auflagerung von Decken. Ausführung mit 2 Kunststoff-Folien, regenerat-frei, Gleitbeschichtung mit Spezialfett, zweiseitig kaschiert, bauaufsichtlich zugelassen.
Decke: .....
Spannweite: bis 6,0 m
Gleitreibungszahl ..... (0,05 bis 0,10)
Zul. Belastung: ...... N/mm²
Temperaturbereich: -30 bis +50°C
Arbeitshöhe: .....

| 3€ | 6€ | **8€** | 9€ | 13€ | | [m] | ⏱ 0,10 h/m | 013.000.096 |

78 Stb-Fertigteil, Balkonplatte KG **351**

Balkonplatte aus Stahlbeton-Fertigteil, mit Gefälle abgezogen, Unterseite und Seitenansichten aus Sichtbeton, mit dreiseitig umlaufender Tropfnut aus Viertelstab, inkl. Bewehrungselemente gem. beiliegender Statik.
Festigkeitsklasse: C25/30
Expositionsklasse: XC4/XF1
Feuchtigkeitsklasse: WF
Zuschlagstoff: .....
Plattendicke: bis 24 cm
Oberflächenneigung: .....
Sichtbetonklasse: .....

| 119€ | 165€ | **196€** | 217€ | 255€ | | [m²] | ⏱ 1,50 h/m² | 013.000.081 |

79 Stb-Fertigteil, Balkonbrüstung KG **359**

Balkonbrüstung aus Stahlbeton-Fertigteil, mit dreiseitig umlaufender Tropfnut aus Viertelstab, inkl. flächenbündigem Verspachteln der Element-Stöße; Bewehrung in gesonderter Position.
Festigkeitsklasse: C25/30
Expositionsklasse: XC4/XF1
Feuchtigkeitsklasse: WF
Zuschlagstoff: .....
Brüstungsdicke: 20 cm
Abmessungen: .....
Oberfläche: Sichtbeton
Sichtbetonklasse: .....

| 116€ | 161€ | **178€** | 195€ | 226€ | | [m²] | ⏱ 0,90 h/m² | 013.000.157 |

80 Maschinenfundament, Beton, Schalung, bis 3,0m² KG **322**

Maschinenfundament im Innenraum aus Stahlbeton, mit Ortbeton und Schalung, auf bauseitiger Unterkonstruktion; Randschalung des Fundaments mit glatter, nichtsaugender Schalung, Kanten gefast, Oberfläche eben abgescheibt, Betonfläche sichtbar bleibend. Bewehrung nach gesonderter Position.
Abmessung: bis 3,00 m²
Bauhöhe: 25 cm
Festigkeitsklasse: C20/25
Expositionsklasse: XC1
Feuchtigkeitsklasse: WO
Zuschlagstoff: .....
Hinweis: Nach ATV DIN 18331 in VOB/C müssen Beton, Schalung und Bewehrung getrennt ausgeschrieben werden.

| 29€ | 68€ | **83€** | 93€ | 128€ | | [m²] | ⏱ 0,42 h/m² | 013.000.162 |

LB 013
Betonarbeiten

Nr.	Kurztext / Langtext							Kostengruppe	
▶	▷	ø netto €	◁	◀		[Einheit]	Ausf.-Dauer	Positionsnummer	

Kosten:
Stand 1.Quartal 2021
Bundesdurchschnitt

81 Gefällebeton, C12/15, XC4/XF1 — KG **361**
Aufbetonschicht zur Herstellung von Gefälle, aus unbewehrtem Beton, Oberfläche abgezogen, nicht sichtbar bleibend; Schalung in gesonderter Position.
Festigkeitsklasse: C12/15
Expositionsklasse: XC/XF1
Zuschlagstoff: natürliche Gesteinskörnung
Schichtdicke: 100 mm
Untergrund: **eben / geneigt**
Neigung: .....
Einbausituation: **auf Abdichtung / auf Schutzschicht**.
Für die Ausführung werden vom AG folgende Unterlagen zur Verfügung gestellt:
– Entwurfszeichnungen, Plannr.: .....
– Übersichtszeichnungen, Plannr.: .....

13€	21€	**25€**	28€	33€	[m²]	⏱ 0,25 h/m²	013.000.071

82 Kellerlichtschacht, Kunststoffelement — KG **339**
Kellerlichtschacht aus glasfaserverstärktem Polyester mit integriertem, höhenverstellbarem Aufsatzelement, einschl. feuerverzinktem Abdeckrost mit integrierter Einrastsicherung, inkl. Befestigungsset.
Abdeckrost: .....
Abmessung Schacht: 80 x 60 cm
Schachthöhe: 95 cm
Höhenverstellbar bis: 25 cm
Entwässerungsöffnung: 60 mm
Angeb. Fabrikat: .....

111€	203€	**238€**	304€	439€	[St]	⏱ 1,10 h/St	013.000.039

83 Kellerlichtschacht, Betonfertigteil — KG **339**
Kellerlichtschacht aus Betonfertigteil, nach Maß gefertigt, als einteiliges Schachtelement inkl. Befestigungsmaterial.
Breite: .....
Bauhöhe: .....
Wandstärke: .....
Wandabstand: .....
Boden: **mit / ohne**
Ablauf: **mit / ohne**
Aussparung: **mit / ohne**
Hinterfüllplatte: **mit / ohne**
Höhe Hinterfüllplatte: .....
Mittelsteg: **mit / ohne**
Steigleiter für Notausstieg: **mit / ohne**
Gitterrost: .....
Befestigung: an Betonwand
Ausführung: **U-Lichtschacht / L-Lichtschacht / E-Lichtschacht**
Angeb. Fabrikat: .....

225€	548€	**698€**	879€	1.321€	[St]	⏱ 1,80 h/St	013.000.040

▶ min
▷ von
ø Mittel
◁ bis
◀ max

Nr.	Kurztext / Langtext					Kostengruppe		
▶	▷	ø netto €	◁	◀	[Einheit]	Ausf.-Dauer	Positionsnummer

A 6 — Kellerfenster, einflüglig, in Schalung
Beschreibung für Pos. **84-85**

Kellerfenster aus Wechselzarge und Fenstereinsatz, einflüglig, als Dreh-Kipp-Fenster mit Isolierglas, inkl. Schraubsystem zur nachträglichen Montage von Fenstereinsätzen.
Rahmen: Kunststoff, 3-Kammer-Profil
Dichtung: umlaufend, Gummiprofil

84 — Kellerfenster, einflüglig bis 0,60m², in Schalung — KG **334**
Wie Ausführungsbeschreibung A 6
Wechselzarge: bis 100 x 80 cm
Wandstärke: ..... cm
Farbe: weiß
Fenstergröße: passend zu Zarge
DIN-Richtung: **rechts / links**
Verglasung: 24 mm
Wärmeschutz: $U_g = 1,1$ W/(m²K)
Angeb. Fabrikat: .....

| 178€ | 229€ | **258€** | 284€ | 333€ | [St] | ⏱ 1,00 h/St | 013.000.041 |

85 — Kellerfenster, einflüglig bis 1,50m², in Schalung — KG **334**
Wie Ausführungsbeschreibung A 6
Wechselzarge: bis 120 x 100 cm
Wandstärke: ..... cm
Farbe: weiß
Fenstergröße: passend zu Zarge
DIN-Richtung: **rechts / links**
Verglasung: 24 mm
Wärmeschutz: $U_g = 1,1$ W/(m²K)
Angeb. Fabrikat: .....

| 206€ | 294€ | **314€** | 337€ | 383€ | [St] | ⏱ 1,20 h/St | 013.000.134 |

86 — Fassadenplatte, Fertigteil — KG **335**
Fassadenbekleidung mit Normalplatten, als Fertigteil für Vorhangfassade, aus Stahlbeton nach DIN EN 206-1, mit Befestigung im Verankerungsgrund, vertikal eingebaut. Leistung inkl. Bohrungen, Klebedübel und bauaufsichtlich zugelassene Verankerungsmittel.
Festigkeitsklasse: .....
Expositionsklasse: .....
Abmessung: ..... cm
Feuchtigkeitsklasse: WA
Form: .....
Betonfarbe: .....
Oberfläche: Sicht- und Seitenflächen in Sichtbeton Klasse ..... gem. DBV-Merkblatt, Rückseite geglättet
Oberflächenstruktur / Schalhaut: .....
Schutz Oberfläche: .....
Für die Ausführung werden vom AG folgende Unterlagen zur Verfügung gestellt:
 – Entwurfszeichnungen, Plannr.: .....
 – Übersichtszeichnungen, Plannr.: .....
Statische Berechnung Anlage Nr.: .....

| 962€ | 1.780€ | **1.923€** | 2.225€ | 3.159€ | [St] | ⏱ 1,00 h/St | 013.000.163 |

LB 013
Betonarbeiten

Kosten:
Stand 1.Quartal 2021
Bundesdurchschnitt

Nr.	Kurztext / Langtext					Kostengruppe		
▶	▷	ø netto €	◁	◀	[Einheit]	Ausf.-Dauer	Positionsnummer

87 Fundamenterder, Stahlband   KG **446**
Fundamenterder DIN 18014, DIN EN 62561-2 (VDE 0185-561-2), unter Aufsicht Fachplaner verlegen, aus Bandstahl, in Fundamentlage, mit Bewehrung verschrauben, mit Abstandshaltern, einschl. Dokumentation.
Bandstahl: feuerverzinkt
Querschnitt: **30 x 3,5 / 26 x 4** mm
Freies Ende: ca. 1,50 m
Aufsicht durch: .....

3€   5€   **6€**   8€   14€   [m]   ⌚ 0,10 h/m   013.000.043

88 Rohrdurchführung, Kunststoff   KG **444**
Kunststoff-Leerrohr in Schalung von Ortbetonbauteilen einbauen.
Durchmesser: DN100
Rohrlänge: .....
Bauteil: .....
Angeb. Fabrikat: .....

15€   34€   **38€**   44€   64€   [St]   ⌚ 0,20 h/St   013.000.080

89 Elektrogerätedose   KG **444**
Elektroauslassdose in Ortbeton, aus Kunststoff, mit 4 Schraubdomen zur Gerätebefestigung, Geräte- und Geräte-Verbindungsdosen verdrehungssicher anreihbar mit Kombinationsabstand von 71mm, mit Leitungsübergang bei Kombinationen auch für Spreizbefestigung der Geräte geeignet, Dosen-Rückteil mit Aufnahme für Stützrohr auch als Verbindungsdosen mit Schraubdeckel verwendbar.
Abmessung: .....
Einbauhöhe: 53 mm
Abstand: 60 mm, zweiteilig
Markierungen: 2 St bis D= 25 mm
Flammwidrigkeit: 650°C nach VDE 0606
Schutzart: IP 3X
Angeb. Fabrikat: .....

1€   7€   **9€**   13€   23€   [St]   ⌚ 0,10 h/St   013.000.079

90 Elektroleerrohr, flexibel, DN25   KG **444**
Flexibles Elektro-Leerrohr, einschl. Muffen und Bögen, in Schalung von Ortbetonbauteilen, Rohr in Teillängen, gewellt, mit Zugdraht, inkl. Einziehen und Sichern der Zugdrähte.
Außendurchmesser: 25 mm
Druckfestigkeit: Klasse 3 - mittel (750 N)
Schlagbeanspruchung: Klasse 3 - mittel
Gebrauchstemperatur: Klasse 1 (max. 60°C)
Einbaulängen: .....

3€   6€   **7€**   16€   34€   [m]   ⌚ 0,10 h/m   013.000.045

91 Leuchten-Einbaugehäuse/-Eingießtopf   KG **445**
Leuchten-Einbaugehäuse in Stahlbetonbauteil einbauen, ohne Lieferung.
Gehäusegröße: .....
Bauteil: .....

30€   61€   **72€**   80€   114€   [St]   ⌚ 0,30 h/St   013.000.158

▶ min
▷ von
ø Mittel
◁ bis
◀ max

Nr.	Kurztext / Langtext						Kostengruppe	
▶	▷	ø netto €	◁	◀	[Einheit]	Ausf.-Dauer	Positionsnummer	

92 Hauseinführung/Wanddurchführung, Medien — KG **331**

Hauseinführung inkl. Dichtstück, zum Einbetonieren in Wände oder Decken oder zum Trockeneinbau in Kernbohrungen, bestehend aus spiralförmig verstärktem Schlauchstück und vormontierter Gummipressdichtung, eine Seite mit montierter Steckmuffe, Gegenseite mit lose beigelegter Kaltschrumpfmuffe, beidseitig mit PE-Deckel verschlossen, inkl. Zubehör, geeignet zur Paketbildung. Gas- und Wasserdichtheit bis 1,5 bar geprüft.
Bauteil: .....
Einbauart: .....
Gesamtlänge: 700 mm
Muffe für Durchmesser: 63 mm
Medien: .....

| 79€ | 294€ | **355€** | 558€ | 973€ | [St] | ⏱ 1,00 h/St | 013.000.044 |

93 Deckenschlitz, Beton — KG **351**

Schalen eines Schlitzes in Deckenbauteil, unterseitig, Kanten mit Dreiecksleiste, Schalmaterial nichtsaugend.
Ausrichtung: **waagrecht / senkrecht**
Querschnitt: .....

| 9€ | 19€ | **22€** | 30€ | 42€ | [m] | ⏱ 0,42 h/m | 013.000.159 |

94 Wandaussparung schließen — KG **341**

Schließen von Aussparungen in Betonwänden, mit Ortbeton, inkl. Bewehrung und Schalung, Oberfläche wie Wandfläche.
Betongüte: C25/30
Wanddicke: bis 250 mm
Ausrichtung: **waagrecht / senkrecht**
Arbeitshöhe: bis 3,50 m

| 45€ | 97€ | **126€** | 154€ | 197€ | [m²] | ⏱ 1,20 h/m² | 013.000.063 |

A 7 Deckendurchbruch schließen — Beschreibung für Pos. **95-97**

Aussparungen / Durchbrüche in Betondecken schließen, mit Ortbeton, inkl. Schalung, Oberfläche wie Deckenfläche.
Festigkeitsklasse: C20/25
Expositionsklasse: XC1
Feuchtigkeitsklasse: WO

95 Deckendurchbruch schließen, bis 250cm² — KG **351**

Wie Ausführungsbeschreibung A 7
Größe Aussparung: bis 250 cm²
Deckendicke: 250 mm
Ausrichtung: **waagrecht in der Decke**
Arbeitshöhe: bis 3,50 m

| 10€ | 21€ | **25€** | 30€ | 44€ | [St] | ⏱ 0,40 h/St | 013.000.165 |

LB 013
Betonarbeiten

Kosten:
Stand 1.Quartal 2021
Bundesdurchschnitt

Nr.	Kurztext / Langtext					[Einheit]	Ausf.-Dauer	Kostengruppe Positionsnummer
▶	▷	ø netto €	◁	◀				

96 — Deckendurchbruch schließen, 500 bis 1.000cm² — KG 351
Wie Ausführungsbeschreibung A 7
Größe Aussparung: über 500-1.000 cm²
Deckendicke: 250 mm
Ausrichtung: waagrecht in der Decke
Arbeitshöhe: bis 3,50

| 12€ | 25€ | **30**€ | 37€ | 53€ | [St] | ⏱ 0,45 h/St | 013.000.164 |

97 — Deckendurchbruch schließen, 1.000 bis 2.500cm² — KG 351
Wie Ausführungsbeschreibung A 7
Größe Aussparung: über 1.000 bis 2.500 cm²
Deckendicke: über 200 bis 250 mm
Ausrichtung: waagrecht in der Decke
Arbeitshöhe: bis 3,50 m

| 14€ | 38€ | **45**€ | 58€ | 80€ | [St] | ⏱ 0,48 h/St | 013.000.233 |

A 8 — Perimeterdämmung, Wand, XPS — Beschreibung für Pos. 98-99
Perimeterdämmung aus extrudierten Polystyrolplatten, als äußere Wärmedämmung vor Wänden im Erdreich, geklebt, bauaufsichtlich zugelassen.
Untergrund: ....
Wassereinwirkungsklasse: W1.2-E - (Bodenfeuchte und nichtdrückendes Wasser bei erdberührten Wänden mit Dränung)
Dämmstoff: XPS
Anwendungstyp: PW
Ausführung Kante: umlaufender Stufenfalz
Brandverhalten: Klasse E
Druckbelastbarkeit: **ds / dx**
Nennwert der Wärmeleitfähigkeit: 0,039 W/(mK)

98 — Perimeterdämmung, Wand, XPS 040, 80mm — KG 335
Wie Ausführungsbeschreibung A 8
Dämmstoffdicke: 80 mm

| 22€ | 26€ | **31**€ | 35€ | 42€ | [m²] | ⏱ 0,30 h/m² | 013.000.143 |

99 — Perimeterdämmung, Wand, XPS 040, 120mm — KG 335
Wie Ausführungsbeschreibung A 8
Dämmstoffdicke: 120 mm

| 29€ | 35€ | **41**€ | 46€ | 55€ | [m²] | ⏱ 0,32 h/m² | 013.000.145 |

▶ min
▷ von
ø Mittel
◁ bis
◀ max

Nr.	Kurztext / Langtext							Kostengruppe
▶	▷	ø netto €	◁	◀		[Einheit]	Ausf.-Dauer	Positionsnummer

100 — Schaumglasdämmung, Bodenplatte, 50-100mm — KG **325**

Wärmedämmung aus diffusionsdichten Schaumglas-Dämmplatten, hoch druckbelastbar, einlagig unter Bodenplatte, Platten mit versetzten, pressgestoßenen Fugen, verbleibende Fugen mit Sand füllen und eben abziehen.
Untergrund: .....
Wassereinwirkungsklasse: W1.1-E - (Bodenfeuchte und nichtdrückendes Wasser)
Anwendungstyp: PB - dh
Bemessungswert der Wärmeleitfähigkeit: max. 0,045 W/(mK)
Nennwert Wärmeleitfähigkeit: 0,044 W/(mK)
Brandverhalten: nicht brennbar, Klasse A1
Dämmstoffdicke: **50 / ..... / 100**

▶	▷	ø	◁	◀	Einheit	Dauer	Pos.-Nr.
37€	48€	**56€**	61€	78€	[m^2]	⏱ 0,15 h/m^2	013.000.078

101 — Schaumglasdämmung, Bodenplatte, 120-140mm — KG **325**

Wärmedämmung aus diffusionsdichten Schaumglas-Dämmplatten, hoch druckbelastbar, einlagig unter Bodenplatte, Platten mit versetzten, pressgestoßenen Fugen, verbleibende Fugen mit Sand füllen und eben abziehen.
Untergrund: .....
Wassereinwirkungsklasse: W1.1-E (Bodenfeuchte und nichtdrückendes Wasser ohne Dränung)
Anwendung bei: **Bodenfeuchte / drückendem Wasse**r
Anwendungstyp: PB - dh
Bemessungswert der Wärmeleitfähigkeit: max. 0,045 W/(mK)
Nennwert Wärmeleitfähigkeit: 0,044 W/(mK)
Brandverhalten: nicht brennbar, Klasse A1
Dämmstoffdicke **120 / 140**

▶	▷	ø	◁	◀	Einheit	Dauer	Pos.-Nr.
64€	74€	**79€**	84€	98€	[m^2]	⏱ 0,15 h/m^2	013.000.186

102 — Mehrschichtdämmplatte, 50mm, in Schalung — KG **351**

Wärmedämmung aus Mehrschicht-Leichtbauplatten mit Dämmkern, dicht gestoßen, in Schalung einlegen.
Dämmplatten: WW-C
Schale: beidseitig, zementgebundene Holzwolle
Dämmkern: expandiertes Polystyrol - EPS
Bemessungswert der Wärmeleitfähigkeit: max. 0,040 W/(mK)
Nennwert Wärmeleitfähigkeit: 0,039 W/(mK)
Brandverhalten Platte: A1
Plattendicke: 50 mm
Dämmstoffdicke: 40 mm
Bauteil: .....

▶	▷	ø	◁	◀	Einheit	Dauer	Pos.-Nr.
13€	21€	**25€**	31€	42€	[m^2]	⏱ 0,20 h/m^2	013.000.113

103 — Trennwanddämmung, MW, schallbrückenfrei — KG **331**

Dämmung zwischen Haustrennwänden mit Schallschutzanforderung.
Dämmstoff: Mineralwolle - MW
Brandverhalten: nicht brennbar, A1
Anwendungsgebiet: WTH
dynamische Steifigkeit: SD = ... MN/m^3
Zusammendrückbarkeit: **sh / sg**
Dämmstoffdicke: **20 / 30** mm

▶	▷	ø	◁	◀	Einheit	Dauer	Pos.-Nr.
6€	11€	**11€**	14€	19€	[m^2]	⏱ 0,14 h/m^2	013.000.218

LB 013 Betonarbeiten

Kosten:
Stand 1.Quartal 2021
Bundesdurchschnitt

Nr.	Kurztext / Langtext	[Einheit]	Ausf.-Dauer	Kostengruppe Positionsnummer
▶ ▷ ø netto € ◁ ◀				

104 Betonstahlmatten, Bst500A/500B — KG 351
Bewehrung aus Betonstahlmatten, in unterschiedlichen Mattenabmessungen.
Betonstahl: Bst **500A / 500B**
Lieferform: **als Lagermatte (A) / als Listenmatte (A)**
Einbauort / Bauteil: .....

▶	▷	ø	◁	◀	[Einheit]	Ausf.-Dauer	Positionsnr.
1.042€	1.355€	**1.517€**	1.635€	2.046€	[t]	⏱ 0,18 h/t	013.000.219

105 Betonstabstahl, Bst 500B — KG 351
Bewehrung aus Betonstabstahl,
Betonstabstahl: Bst 500B
Durchmesser: .....
Längen: über ..... bis ..... m
Einbauort / Bauteil: .....

| 994€ | 1.419€ | **1.585€** | 1.816€ | 2.442€ | [t] | ⏱ 0,25 h/t | 013.000.230 |

106 Bewehrungszubehör, Abstandshalter — KG 351
Bewehrungszubehör aus Stahl (z.B. Unterstützungen) für Stahlbetonbauteile.
Schalungshaut: **nicht sichtbar/ sichtbar**
Anforderung: Klasse SB.... gem. DBV-Merkblatt
Abrechnung nach Stahlliste

| 2€ | 2€ | **3€** | 3€ | 4€ | [kg] | ⏱ 0,05 h/kg | 013.000.049 |

107 Bewehrung, Gitterträger — KG 351
Gitterträger als Bewehrung, aus **Betonstahl / Stahlband DIN 488-5.**
Einbauort / Bauteil: .....

| 1.404€ | 1.577€ | **1.629€** | 1.713€ | 1.863€ | [t] | ⏱ 0,08 h/t | 013.000.220 |

108 Bewehrungsstoß, 10-16mm — KG 351
Bewehrungsstoß, als Betonstabstahlverbindung.
Stabdurchmesser: 10-16 mm
Verbindung: **geschraubt / geklemmt**
Einbauort / Bauteil: .....

| 14€ | 22€ | **26€** | 29€ | 42€ | [St] | ⏱ 0,20 h/St | 013.000.069 |

109 Bewehrungsstoß, 22-28mm — KG 341
Bewehrungsstoß, als Betonstabstahlverbindung.
Stabdurchmesser: 22-28 mm
Verbindung: **geschraubt / geklemmt**
Einbauort / Bauteil: .....

| 36€ | 48€ | **52€** | 56€ | 70€ | [St] | ⏱ 0,30 h/St | 013.000.126 |

110 Klebeanker, M16 — KG 331
Klebedübel-Set, aus Dübel, Gewindestange, Schraube und Unterlegscheibe, inkl. Bohrarbeiten.
Material: nichtrostender Stahl, Werkstoff .....
Dübelgröße: M16
Einbauort / Bauteil: .....
Arbeitshöhe: bis 3,50 m

| 10€ | 16€ | **20€** | 25€ | 34€ | [St] | ⏱ 0,10 h/St | 013.000.115 |

▶ min
▷ von
ø Mittel
◁ bis
◀ max

Nr.	Kurztext / Langtext						Kostengruppe	
▶	▷	ø netto €	◁	◀	[Einheit]	Ausf.-Dauer	Positionsnummer	

111   Kopfbolzenleiste, Durchstanzbewehrung   KG **351**

Kopfbolzenleiste, als Durchstanzbewehrung im Stützenbereich von Flachdecken oder in Fundamentplatten, inkl. Klemmbügeln oder Abstandshalter.
Typ: .....
Ankerdurchmesser: .....
Ankerhöhe: .....
Ankeranzahl: .....
Länge: .....
Ankerabstände: .....
Einbauort / Bauteil: .....
Arbeitshöhe: bis 3,50 m

| 11€ | 26€ | **32€** | 46€ | 82€ | [St] | ⏱ 0,20 h/St | 013.000.129 |

112   Kleineisenteile, Baustahl S235JR   KG **351**

Profilstahlkonstruktion, als Unterstützung für schwere Bewehrung und als einbetonierter Profilstahl und sonstiger Konstruktionen, inkl. Zuschnitt, Grundierung und einschl. aller notwendigen Befestigungsmittel. Verzinken nach gesonderter Position.
Stahlsorte: S235JR (+AR.....), Werkstoff .....
Ausführungsklasse DIN EN 1090: EXC .....
Einbauort / Bauteil: .....
Abmessungen: .....
Für die Ausführung werden vom AG folgende Unterlagen zur Verfügung gestellt:
   – Entwurfszeichnungen, Plannr.: .....
   – Übersichtszeichnungen, Plannr.: .....
   – Stahlliste, Plannr.: .....

| 1€ | 5€ | **7€** | 13€ | 29€ | [kg] | ⏱ 0,03 h/kg | 013.000.051 |

113   Stahlkonstruktion, Profilstahl S235JR   KG **333**

Profilstahlkonstruktion, zur Unterstützung für schwere Bewehrung und als einbetonierte Profilstähle und sonstiger Konstruktionen, inkl. Zuschnitt, Grundierung und einschl. aller notwendigen Befestigungsmittel. Verzinken nach gesonderter Position.
Stahlsorte: S235JR (+AR.....), Werkstoff .....
Ausführungsklasse DIN EN 1090: EXC .....
Einbauort / Bauteil: .....
Abmessungen: .....
Für die Ausführung werden vom AG folgende Unterlagen zur Verfügung gestellt:
   – Entwurfszeichnungen, Plannr.: .....
   – Übersichtszeichnungen, Plannr.: .....
   – Stahlliste, Plannr.: .....

| 2€ | 4€ | **5€** | 7€ | 12€ | [kg] | ⏱ 0,02 h/kg | 013.000.050 |

114   Stahlkonstruktion, Baustahl S235JR(AR)   KG **333**

Stahlkonstruktion aus Baustahl, für Konstruktionen, für Sondertragglieder inkl. Zuschnitt, Grundierung, Verschweißen, sowie Schweißnähte schleifen und aller notwendigen Befestigungsmittel. Verzinken nach gesonderter Position.
Stahlsorte: S235JR (+AR.....), Werkstoff .....
Ausführungsklasse DIN EN 1090: EXC .....
Einbauort / Bauteil: .....
Abmessungen: .....

LB 013
Betonarbeiten

Kosten:
Stand 1.Quartal 2021
Bundesdurchschnitt

Nr.	Kurztext / Langtext					Kostengruppe	
▶ ▷	ø netto €	◁ ◀		[Einheit]	Ausf.-Dauer	Positionsnummer	

Für die Ausführung werden vom AG folgende Unterlagen zur Verfügung gestellt:
- Entwurfszeichnungen, Plannr.: .....
- Übersichtszeichnungen, Plannr.: .....
- Stahlliste, Plannr.: ......

| 5€ | 11€ | **12€** | 13€ | 19€ | [kg] | ⏱ 0,05 h/kg | 013.000.052 |

115 Stahlteile feuerverzinken — KG 351
Feuerverzinken von Stahlteilen.
Korrosivitätskategorie: mäßig - C3 (z.B. Stadt- und Industrieatmosphäre mit mäßiger Luftverunreinigung)
Schutzdauerklasse: sehr hoch - VH
Bauteil: Profil-Stahlträger

| 0,5€ | 1,1€ | **1,4€** | 2,0€ | 3,0€ | [kg] | ⏱ 0,01 h/kg | 013.000.053 |

116 Kleineisenteile, nicht rostender Stahl — KG 351
Kleineisenteile aus nichtrostendem Stahl, gem. beiliegender Stahlliste, inkl. Montage.
Werkstoff-Nummer: .....
Bauteil: .....
Abmessungen: .....

| 13€ | 25€ | **27€** | 36€ | 48€ | [kg] | ⏱ 0,15 h/kg | 013.000.054 |

A 9 Ankerschiene — Beschreibung für Pos. 117-118
Ankerschiene TA aus Stahl feuerverzinkt, kaltgewalzt.

117 Ankerschiene 28/15 — KG 331
Wie Ausführungsbeschreibung A 9
Ausführung: **feuerverzinkt / nichtrostender Stahl**, Werkstoffnummer: .....
Typ / Profil: 28/15

| 11€ | 17€ | **20€** | 26€ | 50€ | [m] | ⏱ 0,20 h/m | 013.000.055 |

118 Ankerschiene 38/17 — KG 331
Wie Ausführungsbeschreibung A 9
Ausführung: **feuerverzinkt / nichtrostender Stahl**, Werkstoffnummer: .....
Typ / Profil: 38/17

| 14€ | 27€ | **33€** | 39€ | 55€ | [m] | ⏱ 0,20 h/m | 013.000.056 |

A 10 Bewehrungs-/Rückbiegeanschluss — Beschreibung für Pos. 119-121
Bewehrungsanschluss oder Rückbiegeanschluss, einlagig, für Wände, in korrosionsfreier Ausführung inkl. Vollschaumfüllung, an Wandschalung befestigen, inkl. Entfernen der Gehäusedeckel sowie Rückbiegen der Anschlussbewehrung.

119 Bewehrungs-/Rückbiegeanschluss 55/85 — KG 331
Wie Ausführungsbeschreibung A 10
Stabdurchmesser: .....
Stababstand: ....., **ein- / zweireihig**
Gehäusebreite: **55 / 85**

| 9€ | 20€ | **23€** | 26€ | 37€ | [m] | ⏱ 0,22 h/m | 013.000.057 |

▶ min
▷ von
ø Mittel
◁ bis
◀ max

Nr.	Kurztext / Langtext						Kostengruppe
▶	▷	ø netto €	◁	◀	[Einheit]	Ausf.-Dauer	Positionsnummer

120 Bewehrungs-/Rückbiegeanschluss, 80/120   KG 331

Wie Ausführungsbeschreibung A 10
Stabdurchmesser: .....
Stababstand: ....., **ein- / zweireihig**
Gehäusebreite: **80 / 120**

| 17€ | 26€ | **31€** | 34€ | 48€ | [m] | ⏱ 0,25 h/m | 013.000.109 |

121 Bewehrungs-/Rückbiegeanschluss, 150/190   KG 331

Wie Ausführungsbeschreibung A 10
Stabdurchmesser: .....
Stababstand: ....., **ein- / zweireihig**
Gehäusebreite: **150 / 190**

| 17€ | 30€ | **33€** | 53€ | 100€ | [m] | ⏱ 0,30 h/m | 013.000.110 |

122 Balkonanschluss, Wärmedämmelement   KG 351

Tragendes Wärmedämmelement, für unterstützte Balkone und Loggia-Platten, zur thermischen und trittschalltechnischen Trennung der Balkonplatte von der Deckenplatte bzw. dem Unterzug, querkraftverstärkter Typ.
Wärmedämm-Element: Typ .....
Dämmung: EPS
Bemessungswert der Wärmeleitfähigkeit: max. 0,035 W/(mK)
Nennwert Wärmeleitfähigkeit: 0,034 W/(mK)
Dämmschichtdicke: **80 / 120** mm
Balkonplattendicke: .....
Betondeckung: .....
Elementlänge: 1,00 m
Einbauort / Geschoss: .....

| 99€ | 243€ | **283€** | 343€ | 479€ | [m] | ⏱ 0,70 h/m | 013.000.059 |

123 Trittschalldämmelement, Fertigteiltreppen   KG 351

Trittschalldämmelement zwischen Treppenlauf und Podest oder Wand, für geraden Treppenlauf und zur zusätzlichen Aufnahme horizontaler Querkräfte, in bauseitige Aussparung.
Dämmstoff: ......
Bemessungswert der Wärmeleitfähigkeit: max. ..... W/(mK)
Nennwert Wärmeleitfähigkeit: ..... W/(mK)
Material: Elastomer
Auflast: 200 kN/m^2
Trittschallverbesserungsmaß: mind. 20 dB
Brandverhalten: .....
Baustoffklasse: normal entflammbar - B2
Bauteil: Podest / Hauswand
Einbauort / Geschoss: .....

| 37€ | 86€ | **107€** | 149€ | 306€ | [m] | ⏱ 0,54 h/m | 013.000.070 |

LB 013
Betonarbeiten

Kosten:
Stand 1.Quartal 2021
Bundesdurchschnitt

Nr.	Kurztext / Langtext					[Einheit]	Kostengruppe Ausf.-Dauer	Positionsnummer
▶	▷	**ø netto €**	◁	◀				

124 Stundensatz, Facharbeiter/-in
Stundenlohnarbeiten für Facharbeiterin, Facharbeiter, Spezialfacharbeiterin, Facharbeiter, Vorarbeiterin, Vorarbeiter und jeweils Gleichgestellte. Der Verrechnungssatz für die jeweilige Arbeitskraft umfasst sämtliche Aufwendungen wie Lohn- und Gehaltskosten, lohn- und gehaltsgebundene Kosten, Lohn- und Gehaltsnebenkosten, Gemeinkosten, Wagnis und Gewinn. Leistung nach besonderer Anordnung des Auftraggebers. Nachweis und Anmeldung gem. VOB/B.

▶	▷	ø	◁	◀	[Einheit]	Ausf.-Dauer	Positionsnummer
41€	48€	**52€**	55€	63€	[h]	⏱ 1,00 h/h	013.000.160

125 Stundensatz, Helfer/-in
Stundenlohnarbeiten für Werkerin, Werker, Fachwerkerin, Fachwerker und jeweils Gleichgestellte. Der Verrechnungssatz für die jeweilige Arbeitskraft umfasst sämtliche Aufwendungen wie Lohn- und Gehaltskosten, lohn- und gehaltsgebundene Kosten, Lohn- und Gehaltsnebenkosten, Gemeinkosten, Wagnis und Gewinn. Leistung nach besonderer Anordnung des Auftraggebers. Nachweis und Anmeldung gem. VOB/B.

▶	▷	ø	◁	◀	[Einheit]	Ausf.-Dauer	Positionsnummer
34€	43€	**46€**	49€	57€	[h]	⏱ 1,00 h/h	013.000.161

▶ min
▷ von
ø Mittel
◁ bis
◀ max

000
001
002
006
008
009
010
012
013
014
016
017
018
020
021
022

LB 014 — Natur-, Betonwerksteinarbeiten

Kosten: Stand 1. Quartal 2021, Bundesdurchschnitt

- ▶ min
- ▷ von
- ø Mittel
- ◁ bis
- ◀ max

Preise €

Nr.	Positionen	Einheit	▶	▷ ø brutto € / ø netto €		◁	◀
1	Unterboden reinigen	m²	0,5 / 0,4	1,7 / 1,5	**2,2** / **1,9**	2,6 / 2,2	4,0 / 3,4
2	Betonwerksteinbeläge fluatieren	m²	4 / 3	4 / 4	**5** / **4**	5 / 4	6 / 5
3	Außenbelag, Betonwerksteinplatten, einschichtig	m²	55 / 47	76 / 64	**85** / **72**	92 / 78	113 / 95
4	Außenbelag, Betonwerkstein, auf Splitt, einschichtig	m²	– / –	75 / 63	**91** / **76**	117 / 98	– / –
5	Außenbelag, Naturstein, Pflaster	m²	89 / 75	130 / 109	**152** / **127**	158 / 133	183 / 154
6	Stelzlager, Kunststoff	m²	– / –	28 / 23	**31** / **26**	39 / 33	– / –
7	Innenbelag, Terrazzoplatten	m²	108 / 90	124 / 104	**131** / **110**	146 / 123	166 / 139
8	Innenbelag, Betonwerkstein	m²	84 / 71	100 / 84	**105** / **88**	117 / 98	148 / 124
9	Innenbelag, Naturwerkstein, Granit	m²	131 / 110	171 / 143	**182** / **153**	212 / 178	259 / 218
10	Innenbelag, Naturwerkstein, Marmor	m²	91 / 76	113 / 95	**124** / **104**	129 / 108	151 / 127
11	Innenbelag, Naturwerkstein, Kalkstein	m²	98 / 82	117 / 99	**134** / **112**	139 / 116	153 / 128
12	Innenbelag, Naturwerkstein, Solnhofer Kalkstein	m²	118 / 99	145 / 121	**166** / **140**	168 / 141	181 / 152
13	Innenbelag, Naturwerkstein, Schiefer	m²	85 / 71	100 / 84	**110** / **93**	114 / 95	129 / 108
14	Innenbelag, Naturwerkstein, Travertin	m²	112 / 94	144 / 121	**167** / **141**	198 / 166	213 / 179
15	Innenbelag, Naturwerkstein, Kalkstein, R10	m²	133 / 112	150 / 126	**157** / **132**	178 / 150	206 / 173
16	Sockel, Naturwerkstein, magmatisches Gestein	m	14 / 11	24 / 20	**27** / **23**	34 / 28	48 / 41
17	Randplatte, Naturwerkstein, innen	m	46 / 39	70 / 59	**79** / **67**	88 / 74	109 / 92
18	Randplatte, Naturwerkstein, Treppenauge, innen	m	42 / 35	89 / 75	**110** / **92**	141 / 118	211 / 177
19	Bodenprofil, Bewegungsfugen, Plattenbelag	m	22 / 19	37 / 31	**40** / **34**	45 / 38	72 / 60
20	Trennschiene, Messing	m	20 / 16	31 / 26	**33** / **27**	33 / 28	45 / 38
21	Trennschiene, Aluminium	m	12 / 10	20 / 17	**24** / **20**	30 / 25	41 / 34
22	Trennschiene, nichtrostender Stahl	m	17 / 14	28 / 24	**31** / **26**	37 / 31	52 / 44
23	Fugenabdichtung, elastisch, Silikon	m	4 / 4	6 / 5	**7** / **6**	8 / 7	11 / 9
24	Blockstufe, Naturwerkstein	m	137 / 115	207 / 174	**237** / **200**	298 / 250	404 / 339

© BKI Baukosteninformationszentrum; Erläuterungen zu den Tabellen siehe Seite 44

Natur-, Betonwerksteinarbeiten — Preise €

Nr.	Positionen	Einheit	▶	▷ ø brutto € ø netto €		◁	◀
25	Blockstufe, Betonwerkstein	m	89	133	**151**	202	315
			75	112	**127**	170	265
26	Treppe, Naturwerkstein, Winkelstufe, 1,00m	St	102	150	**163**	192	247
			86	126	**137**	161	207
27	Treppenbelag, Naturwerkstein, Tritt-/Setzstufe	m	118	145	**155**	187	254
			99	122	**130**	157	214
28	Stufengleitschutzprofil, Treppe	m	11	18	**21**	28	39
			10	15	**17**	23	33
29	Rillenfräsung, Stufenkante	m	25	29	**34**	42	47
			21	24	**28**	35	40
30	Aufmerksamkeitsstreifen, Stufenkante	m	–	39	**44**	56	–
			–	33	**37**	47	–
31	Verblendmauerwerk, Granit/Basalt, außen	m²	259	358	**401**	417	664
			218	300	**337**	351	558
32	Kerndämmung, Natursteinbekleidung	m²	23	30	**34**	37	49
			19	25	**28**	31	41
33	Trockenmauerwerk, Naturwerksteine	m²	102	254	**327**	382	548
			86	213	**275**	321	460
34	Bohrung, Plattenbelag	St	7	18	**23**	33	50
			6	15	**19**	27	42
35	Ausklinkung, Plattenbelag	St	8	17	**20**	43	73
			6	14	**17**	36	61
36	Kanten bearbeiten, Plattenbelag	m	7	11	**13**	17	25
			6	9	**11**	14	21
37	Schrägschnitte, Plattenbelag	m	5	18	**24**	34	53
			4	15	**20**	28	45
38	Rundschnittbogen, Plattenbelag	m	34	42	**49**	55	74
			29	35	**41**	47	62
39	Fries, Plattenbelag	m	46	74	**92**	99	126
			38	62	**78**	83	106
40	Trittschalldämmung, Randstreifen, MW	m²	5	8	**10**	11	14
			5	7	**8**	9	12
41	Erstreinigung, Bodenbelag	m²	4	10	**13**	15	27
			4	9	**11**	13	23
42	Oberfläche, laserstrukturiert, Mehrpreis	m²	–	28	**34**	44	–
			–	24	**28**	37	–
43	Mauerabdeckung, Naturstein, außen	m	42	76	**88**	99	126
			35	64	**74**	83	106
44	Fensterbank, Naturstein, außen	m	46	68	**74**	102	142
			39	58	**62**	85	120
45	Fensterbank, Betonwerkstein, außen	m	53	60	**70**	81	95
			44	50	**59**	68	79
46	Fensterbank, Betonwerkstein, innen	m	33	51	**57**	66	84
			27	43	**48**	56	71
47	Leitsystem, innen, Rippenfliesen, Edelstahl, 3 Rippen	m	–	121	**142**	177	–
			–	101	**119**	149	–
48	Leitsystem, innen, Rippenfliesen, Edelstahl, 7 Rippen	m	–	150	**177**	221	–
			–	126	**148**	185	–

© BKI Baukosteninformationszentrum; Erläuterungen zu den Tabellen siehe Seite 44 Kostenstand: 1.Quartal 2021, Bundesdurchschnitt

LB 014 Natur-, Betonwerksteinarbeiten

Kosten:
Stand 1. Quartal 2021
Bundesdurchschnitt

Natur-, Betonwerksteinarbeiten — Preise €

Nr.	Positionen	Einheit	▶	▷ ø brutto € / ø netto €		◁	◀
49	Kontraststreifen, Noppenfliesen, Edelstahl, 300mm	m	–	47	**56**	70	–
			–	40	**47**	58	–
50	Kontraststreifen, Noppenfliesen, Edelstahl, 600mm	m	–	43	**50**	63	–
			–	36	**42**	53	–
51	Leitsystem, Rippenfliese/Begleitstreifen, Edelstahl, 200mm	m	–	154	**181**	226	–
			–	129	**152**	190	–
52	Leitsystem, Rippenfliese/Begleitstreifen, Edelstahl, 400mm	m	–	191	**225**	281	–
			–	161	**189**	237	–
53	Edelstahlrippen, 16mm, Streifen, dreireihig	m	–	161	**189**	236	–
			–	135	**159**	199	–
54	Edelstahlrippen, 35mm, Streifen, dreireihig	m	–	178	**210**	262	–
			–	150	**176**	220	–
55	Kunststoffrippen, 16mm, Streifen, dreireihig	m	–	47	**54**	67	–
			–	40	**46**	56	–
56	Kunststoffrippen, 35mm, Streifen, dreireihig	m	–	56	**64**	79	–
			–	47	**54**	66	–
57	Aufmerksamkeitsfeld, 600/600, Noppen, Edelstahl	St	–	449	**523**	653	–
			–	378	**439**	549	–
58	Aufmerksamkeitsfeld, 900/900, Noppen, Edelstahl	St	–	954	**1.109**	1.387	–
			–	802	**932**	1.165	–
59	Aufmerksamkeitsfeld, 600/600, Noppen, Kunststoff	St	–	210	**245**	306	–
			–	177	**206**	257	–
60	Aufmerksamkeitsfeld, 900/900, Noppen, Kunststoff	St	–	386	**449**	561	–
			–	324	**377**	472	–
61	Stundensatz, Facharbeiter/-in	h	45	57	**62**	65	73
			38	48	**52**	55	61
62	Stundensatz, Helfer/-in	h	41	51	**55**	59	70
			34	43	**46**	50	59

Nr.	Kurztext / Langtext					[Einheit]	Ausf.-Dauer	Kostengruppe Positionsnummer
	▶	▷	ø netto €	◁	◀			

1 Unterboden reinigen — KG **324**

Unterboden von groben Verschmutzungen reinigen, sammeln und in Container des AG lagern. Abfall weder schadstoffbelastet noch gefährlich.
Dicke: .....

| 0,4 € | 1,5 € | **1,9 €** | 2,2 € | 3,4 € | [m²] | ⏱ 0,03 h/m² | 014.000.001 |

2 Betonwerksteinbeläge fluatieren — KG **353**

Zusätzliche Oberflächenbehandlung von Betonwerksteinflächen durch Fluatieren mit Härtefluat.
Bauteil: **Boden / Wand**
Einbauort: **innen / außen**
Steinoberfläche: .....
Auftragsmenge: .....

| 3 € | 4 € | **4 €** | 4 € | 5 € | [m²] | ⏱ 0,10 h/m² | 014.000.041 |

▶ min
▷ von
ø Mittel
◁ bis
◀ max

Nr.	**Kurztext** / Langtext						Kostengruppe	
▶	▷	**ø netto €**	◁	◀	[Einheit]	Ausf.-Dauer	Positionsnummer	

3   Außenbelag, Betonwerksteinplatten, einschichtig   KG **533**

Bodenbelag aus Betonwerksteinplatten, einschichtig, im Außenbereich, in ungebundener Bauweise auf Sandbett, mit Fugenfüllung aus Sand.
Einbauort: Terrasse
Witterungsbeständigkeitsklasse: .....
Untergrund: eben
Plattenmaterial: .....
Verlegeart: .....
Fugenanordnung: .....
Plattenabmessung: .... mm
Plattendicke: .... mm
Oberfläche: .....
Angeb. Fabrikat / Lieferant: .....

| 47€ | 64€ | **72€** | 78€ | 95€ | [m²] | ⏱ 0,70 h/m² | 014.000.013 |

4   Außenbelag, Betonwerkstein, auf Splitt, einschichtig   KG **353**

Bodenbelag aus Betonwerksteinplatten, einschichtig, im Außenbereich, in ungebundener Bauweise auf Sandbett, mit Fugenfüllung aus Sand.
Einbauort: Balkon
Untergrund: Betondecke und Abdichtung
Gefälle: .....
Verlegeart: .....
Fugenanordnung: .....
Plattenabmessung: ..... mm
Plattendicke: .....
Oberfläche: .....
Angeb. Fabrikat / Lieferant: .....

| –€ | 63€ | **76€** | 98€ | –€ | [m²] | ⏱ 1,00 h/m² | 014.000.048 |

5   Außenbelag, Naturstein, Pflaster   KG **534**

Bodenbelag aus kleinformatigen Natursteinpflaster im Außenbereich, in ungebundener Bauweise auf Brechsand-Splitt-Gemisch und Fugenfüllung aus Splitt.
Einbauort: Stellplätze
Gefälle: .....
Gesteinsart: Granit
Verlegeart: in Reihen
Fugenanordnung: versetzt
Maße: bis 220 x 160 mm
Nenndickenabweichung: Klasse .....
Oberfläche: trittsicher rau
Bettung: Körnung 0/5 - natürliche Gesteinskörnung
TL-Pflaster StB Kategorie: GN
Angeb. Stein/ Lieferant: .....

| 75€ | 109€ | **127€** | 133€ | 154€ | [m²] | ⏱ 0,80 h/m² | 014.000.015 |

LB 014
Natur-, Betonwerksteinarbeiten

Kosten:
Stand 1.Quartal 2021
Bundesdurchschnitt

▶ min
▷ von
ø Mittel
◁ bis
◀ max

Nr.	Kurztext / Langtext					Kostengruppe		
▶	▷	ø netto €	◁	◀	[Einheit]	Ausf.-Dauer	Positionsnummer

6 Stelzlager, Kunststoff KG 353
Stelzlager aus Kunststoff für Außenbereich, höhenverstellbar, im Raster des Plattenbelags.
Höhenverstellbarkeit: ..... mm
Plattengröße: 40 x 40 cm

| –€ | 23€ | **26€** | 33€ | –€ | [m²] | ⏱ 0,18 h/m² | 014.000.058 |

7 Innenbelag, Terrazzoplatten KG 353
Bodenbelag aus mineralischen Kunststeinplatten im Innenbereich, einschichtig, im Verband auf Dickbett mit Verfugung mit Fugenmörtel.
Einbauort: .....
Untergrund: .....
Kunststeinplatten: Terrazzo
Verlegeart: .....
Mörtel: 30 mm
Fugenanordnung: .....
Fugenbreite: 3 mm
Plattenabmessung: ..... mm
Plattendicke: ..... mm
Farbe/Textur: .....
Oberfläche: .....
Angeb. Stein/ Lieferant: .....

| 90€ | 104€ | **110€** | 123€ | 139€ | [m²] | ⏱ 1,50 h/m² | 014.000.045 |

8 Innenbelag, Betonwerkstein KG 353
Bodenbelag aus Betonwerksteinplatten im Innenbereich, einschichtig, als kalibrierte Platte, im Verband auf Dickbett mit Verfugung mit Fugenmörtel.
Einbauort: .....
Untergrund: .....
Mörtel: 30 mm
Verlegeart: .....
Fugenanordnung: .....
Fugenbreite: 3 mm
Plattenabmessung: ..... mm
Plattendicke: ..... mm
Farbe/Textur: .....
Oberfläche: feingeschliffen
Angeb. Stein/ Lieferant: .....

| 71€ | 84€ | **88€** | 98€ | 124€ | [m²] | ⏱ 1,10 h/m² | 014.000.026 |

Nr.	Kurztext / Langtext					Kostengruppe		
▶	▷	ø netto €	◁	◀	[Einheit]	Ausf.-Dauer	Positionsnummer

9 Innenbelag, Naturwerkstein, Granit — KG 353

Bodenbelag aus Naturwerkstein im Innenbereich, im Verband auf Dünnbett mit Fugenmörtel.
Einbauort: .....
Untergrund: waagerecht
Gesteinsart: Granit
Handelsname: .....
Farbe/Textur: .....
Verlegeart: .....
Mörtel: .....
Fugenanordnung: .....
Fugenmörtel: .....
Plattenabmessung: ..... mm
Plattendicke: bis 30 mm
Oberfläche: poliert
Angeb. Stein: .....
Steinbruch: .....

| 110€ | 143€ | **153€** | 178€ | 218€ | [m²] | ⏱ 1,10 h/m² | 014.000.061 |

10 Innenbelag, Naturwerkstein, Marmor — KG 353

Bodenbelag aus Naturwerkstein im Innenbereich, im Verband auf Dünnbett mit Fugenmörtel.
Einbauort: .....
Untergrund: waagerecht
Gesteinsart: Marmor
Handelsname: .....
Farbe/Textur: .....
Verlegeart: .....
Mörtel: .....
Fugenanordnung: .....
Fugenmörtel: .....
Plattenabmessung: ..... mm
Plattendicke: 10 mm
Oberfläche: poliert
Angeb. Stein: .....
Steinbruch: .....

| 76€ | 95€ | **104€** | 108€ | 127€ | [m²] | ⏱ 1,10 h/m² | 014.000.062 |

LB 014
Natur-, Betonwerksteinarbeiten

Kosten:
Stand 1.Quartal 2021
Bundesdurchschnitt

Nr.	Kurztext / Langtext					Kostengruppe		
▶	▷	ø **netto €**	◁	◀	[Einheit]	Ausf.-Dauer	Positionsnummer	

11 **Innenbelag, Naturwerkstein, Kalkstein** — KG **353**

Bodenbelag aus Naturwerkstein im Innenbereich, im Verband auf Dünnbett mit Fugenmörtel.
Einbauort: .....
Untergrund: waagerecht
Gesteinsart: Kalksandstein
Handelsname: .....
Farbe/Textur: .....
Verlegeart: .....
Mörtel: .....
Fugenanordnung: .....
Fugenmörtel: .....
Plattenabmessung: ..... mm
Plattendicke: bis 20 mm
Oberfläche: gebürstet
Angeb. Stein: .....
Steinbruch: .....

| 82€ | 99€ | **112€** | 116€ | 128€ | [m²] | ⏱ 1,10 h/m² | 014.000.063 |

12 **Innenbelag, Naturwerkstein, Solnhofer Kalkstein** — KG **353**

Bodenbelag aus Naturwerkstein im Innenbereich, im Verband auf Dickbett mit Fugenmörtel.
Einbauort: .....
Untergrund: waagerecht
Steinart: Solnhofer Kalkstein
Farbe/Textur: .....
Verlegeart: .....
Mörtel: .....
Fugenanordnung: .....
Fugenmörtel: .....
Plattenabmessung: ..... mm
Plattendicke: bis 25 mm
Oberfläche: gebürstet
Angeb. Stein: .....

| 99€ | 121€ | **140€** | 141€ | 152€ | [m²] | ⏱ 1,20 h/m² | 024.000.043 |

▶ min
▷ von
ø Mittel
◁ bis
◀ max

Nr.	Kurztext / Langtext					Kostengruppe		
▶	▷	ø netto €	◁	◀	[Einheit]	Ausf.-Dauer	Positionsnummer	

13 Innenbelag, Naturwerkstein, Schiefer   KG **353**

Bodenbelag aus Naturwerkstein im Innenbereich, im Verband auf Mittelbett mit Fugenmörtel.
Einbauort: .....
Untergrund: waagerecht
Steinart: Schiefer
Farbe/Textur: .....
Verlegeart: .....
Mörtel: .....
Fugenanordnung: .....
Fugenmörtel: .....
Plattenabmessung: ..... mm
Plattendicke: 10 mm
Oberfläche: spaltrau
Angeb. Stein: .....
Steinbruch: .....

| 71€ | 84€ | **93**€ | 95€ | 108€ | [m²] | ⏱ 1,10 h/m² | 014.000.055 |

14 Innenbelag, Naturwerkstein, Travertin   KG **353**

Bodenbelag aus Naturwerkstein im Innenbereich, im Verband auf Mittelbett mit Fugenmörtel.
Einbauort: .....
Untergrund: waagerecht
Gesteinsart: Travertin
Handelsname: .....
Farbe/Textur: .....
Verlegeart: .....
Mörtel: .....
Fugenanordnung: .....
Fugenmörtel: .....
Plattenabmessung: ..... mm
Plattendicke: ca. 1,5 mm
Oberfläche: geschliffen
Angeb. Stein: .....
Steinbruch: .....

| 94€ | 121€ | **141**€ | 166€ | 179€ | [m²] | ⏱ 1,20 h/m² | 014.000.056 |

LB 014
Natur-, Betonwerksteinarbeiten

Kosten:
Stand 1.Quartal 2021
Bundesdurchschnitt

Nr.	Kurztext / Langtext						Kostengruppe	
▶	▷	ø netto €	◁	◀	[Einheit]	Ausf.-Dauer	Positionsnummer	

15 Innenbelag, Naturwerkstein, Kalkstein, R10 — KG **353**

Bodenbelag aus Naturwerkstein im Innenbereich, rutschsicher, im Verband auf Dünnbett mit Fugenmörtel.
Einbauort: .....
Untergrund: waagerecht
Gesteinsart: Kalksandstein
Handelsname: .....
Farbe/Textur: .....
Verlegeart: .....
Mörtel: .....
Fugenanordnung: .....
Fugenmörtel: .....
Plattenabmessung: ..... mm
Plattendicke: bis 20 mm
Oberfläche: gebürstet
Rutschgefahr: R 10
Angeb. Stein: .....
Steinbruch: .....

| 112€ | 126€ | **132€** | 150€ | 173€ | [m²] | ⏱ 1,10 h/m² | 014.000.059 |

16 Sockel, Naturwerkstein, magmatisches Gestein — KG **353**

Sockelleiste aus Naturwerkstein, Magmatisches Gestein, vorstehend an Wänden im Innenbereich, auf Dünnbett, mit Verfugung auf Flächenbelag abgestimmt.
Querschnitt: 80/15 mm
Plattendicke: bis 15 mm
Gesteinsart: Magmatisches Gestein
Handelsname: .....
Oberfläche: feingeschliffen
Kanten: .....

| 11€ | 20€ | **23€** | 28€ | 41€ | [m] | ⏱ 0,25 h/m | 014.000.023 |

17 Randplatte, Naturwerkstein, innen — KG **353**

Randplatte aus Naturwerkstein, ein Kopf sichtbar, im Innenbereich, auf Dünnbett mit Verfugung.
Einbauort: .....
Untergrund: Zementestrich
Gesteinsart: Magmatisches Gestein
Handelsname: .....
Plattenbreite: 280 mm
Plattendicke: ..... mm
Oberfläche: .....
Kanten: .....

| 39€ | 59€ | **67€** | 74€ | 92€ | [m] | ⏱ 0,40 h/m | 014.000.032 |

▶ min
▷ von
ø Mittel
◁ bis
◀ max

Nr.	Kurztext / Langtext					Kostengruppe		
▶	▷	ø netto €	◁	◀	[Einheit]	Ausf.-Dauer	Positionsnummer	

18 Randplatte, Naturwerkstein, Treppenauge, innen KG **353**
Randplatte aus Naturwerkstein, Platte an den Rändern ca. 10mm auskragend, Kopf sichtbar, im Innenbereich, auf Dünnbett mit Verfugung.
Einbauort: Treppenauge
Untergrund: Betontreppe
Gesteinsart: Magmatisches Gestein
Handelsname: ….
Plattenbreite: 280 mm
Plattendicke: ….. mm
Oberfläche: …..
Kanten: …..

| 35€ | 75€ | **92€** | 118€ | 177€ | [m] | ⏱ 0,60 h/m | 014.000.033 |

19 Bodenprofil, Bewegungsfugen, Plattenbelag KG **353**
Bewegungsfuge in Bodenbelag nach IVD-Merkblatt Nr.1, mit elastischem Fugendichtstoff PW und Fugenabdeckprofil aus Aluminium.
Volumenschwund: <=5%
Fugenbreite: über 5 bis 10 mm
Fugentiefe bis 10 mm

| 19€ | 31€ | **34€** | 38€ | 60€ | [m] | ⏱ 0,14 h/m | 014.000.035 |

20 Trennschiene, Messing KG **353**
Trennschiene aus Metall in Werkstein-Bodenbelag, im Innenbereich.
Einbauort: …..
Untergrund: …..
Material: Messing
Oberfläche: …..

| 16€ | 26€ | **27€** | 28€ | 38€ | [m] | ⏱ 0,12 h/m | 014.000.036 |

21 Trennschiene, Aluminium KG **353**
Trennschiene aus Metall in Werkstein-Bodenbelag, im Innenbereich.
Einbauort: …..
Untergrund: …..
Material: Aluminium
Oberfläche: …..

| 10€ | 17€ | **20€** | 25€ | 34€ | [m] | ⏱ 0,12 h/m | 014.000.037 |

22 Trennschiene, nichtrostender Stahl KG **353**
Trennschiene aus Metall in Werkstein-Bodenbelag, im Innenbereich.
Einbauort: …..
Untergrund: …..
Material: nichtrostender Stahl
Oberfläche: …..

| 14€ | 24€ | **26€** | 31€ | 44€ | [m] | ⏱ 0,12 h/m | 014.000.038 |

LB 014
Natur-, Betonwerksteinarbeiten

Kosten:
Stand 1.Quartal 2021
Bundesdurchschnitt

▶ min
▷ von
ø Mittel
◁ bis
◀ max

Nr.	Kurztext / Langtext				[Einheit]	Ausf.-Dauer	Kostengruppe Positionsnummer
▶	▷	ø netto €	◁	◀			

23 Fugenabdichtung, elastisch, Silikon — KG 353
Fuge in Bodenbelag mit elastischem Fugendichtstoff schließen.
Volumenschwund: <=15%
zulässige Gesamtverformung: 12,5%
Fugenbreite: über 5 bis 10 mm
Fugentiefe bis 10 mm

| 4€ | 5€ | **6€** | 7€ | 9€ | [m] | 0,05 h/m | 014.000.039 |

24 Blockstufe, Naturwerkstein — KG 544
Blockstufe aus Naturwerkstein, im Außenbereich, auf Untergrund aus Stahlbeton in Zementmörtel.
Einbauort: .....
Gesteinsart: .....
Farbe/Textur: .....
Stufenabmessung (L x B x H): 1.200 x 350 x 160 mm
Oberfläche: .....
Rutschgefahr: R9
Kantenausbildung: .....
Angeb. Stein: .....
Steinbruch: .....

| 115€ | 174€ | **200€** | 250€ | 339€ | [m] | 0,60 h/m | 014.000.018 |

25 Blockstufe, Betonwerkstein — KG 544
Blockstufe aus Betonwerkstein, 2-schichtig, im Außenbereich, auf Untergrund aus Stahlbeton in Zementmörtel.
Einbauort: .....
Plattenart: .....
Farbe/Textur: .....
Stufenabmessung (L x B x H): 1.200 x 350 x 160 mm
Oberfläche: .....
Rutschgefahr: R9
Kantenausbildung: .....
Angeb. Stein/Lieferant: .....
Ausführung nach Muster des AG

| 75€ | 112€ | **127€** | 170€ | 265€ | [m] | 0,60 h/m | 014.000.019 |

26 Treppe, Naturwerkstein, Winkelstufe, 1,00m — KG 544
Treppenstufe als Winkelstufe aus Naturwerkstein, auf Betonuntergrund, in Zementmörtel und mit Verfugung.
Einbauort: .....
Gesteinsart: .....
Farbe/Textur: .....
Stufenabmessung (L x B x H): 1.000 x 290 x 175 mm
Materialdicke: 40 mm
Oberfläche: .....
Kantenausbildung: .....
Angeb. Stein: .....
Steinbruch: .....

| 86€ | 126€ | **137€** | 161€ | 207€ | [St] | 0,55 h/St | 014.000.020 |

Nr.	**Kurztext** / Langtext						Kostengruppe	
▶	▷	**ø netto €**	◁	◀	[Einheit]	Ausf.-Dauer	Positionsnummer	

27   Treppenbelag, Naturwerkstein, Tritt-/Setzstufe   KG **353**

Treppenstufe als Tritt- und Setzstufe aus Naturwerkstein, auf Betonuntergrund, in Zementmörtel und mit Verfugung.
Trittstufe überkragend und Setzstufe stumpf gestoßen.
Einbauort: .....
Gesteinsart: .....
Farbe/Textur: .....
Stufenabmessung (L x B x H): 1.000 x 290 x 175 mm
Trittstufe: 30 mm
Setzstufe: 20 mm
Sichtbare Köpfe: .....
Oberfläche: .....
Kantenausbildung: .....
Angeb. Stein: .....
Steinbruch: .....

| 99€ | 122€ | **130€** | 157€ | 214€ | [m] | ⏱ 0,60 h/m | 014.000.021 |

28   Stufengleitschutzprofil, Treppe   KG **353**

Stufen-Gleitschutzprofil in Stufenvorderkante einlassen, Profil nach Mustervorlage.
Profil: rutschhemmendes Kunststoff-Profil
Breite: ca. 20mm
Farbe: schwarz
Steinart: Naturstein / Betonwerkstein
Abstand von Vorderkante: ..... mm

| 10€ | 15€ | **17€** | 23€ | 33€ | [m] | ⏱ 0,20 h/m | 014.000.022 |

29   Rillenfräsung, Stufenkante   KG **353**

Rillenfräsungen in der Plattenoberfläche an Stufenvorderkante als taktiles Erkennungsmerkmal gem. DIN 18040.
Ausführungsort: .....
Ausführung: 4 parallele Rillen
Breite/Tiefe: 20/2 mm
Steinart: Naturstein / Betonwerkstein
Abstand von Vorderkante: ..... mm

| 21€ | 24€ | **28€** | 35€ | 40€ | [m] | ⏱ 0,20 h/m | 014.000.060 |

30   Aufmerksamkeitsstreifen, Stufenkante   KG **353**

Rutschsicherer Aufmerksamkeitsstreifen als taktiles Erkennungsmerkmal gem. DIN 18040 auf Natursteinbelag mit geklebten Einzelrippen, im Kontrast zu Belag.
Anwendungsbereich: Treppen
Ausführungsort: .....
Ausführung: dreireihig
Untergrund: .....
Material: Kunststoffrippen, Polyurethan
Höhe: ..... mm
Format: ..... mm
Abstand von Vorderkante: ..... mm
Farbe: .....

| –€ | 33€ | **37€** | 47€ | –€ | [m] | ⏱ 0,35 h/m | 014.000.064 |

LB 014 Natur-, Betonwerksteinarbeiten

Kosten: Stand 1.Quartal 2021 Bundesdurchschnitt

- ▶ min
- ▷ von
- ø Mittel
- ◁ bis
- ◀ max

Nr.	Kurztext / Langtext ▶ ▷ ø netto € ◁ ◀	[Einheit]	Ausf.-Dauer	Kostengruppe Positionsnummer

31 — Verblendmauerwerk, Granit/Basalt, außen — KG 335

Verblendmauerwerk aus Naturwerkstein vor Außenwand, als regelmäßiges Schichtmauerwerk, mit Drahtankern und Luftschicht vor Wärmedämmung.
Gesteinsart: **Granit / Basalt**
Steinformat: 240 x 115 x 190 mm
Kanten: .....
Fugen: .....
Abstand Verblendmauerwerk: .....
Verankerung: .....
Mörtelgruppe: NM IIa
Sichtflächen: .....
Einbauhöhen: bis .....
Angeb. Stein: .....
Steinbruch: .....

218€   300€   **337€**   351€   558€   [m²]   ⏱ 0,80 h/m²   014.000.005

32 — Kerndämmung, Natursteinbekleidung — KG 335

Kerndämmung für zweischalige Außenwand, mit oder ohne Luftschicht, einlagig, Mineralwolleplatte, versetzt gestoßen, verlegt auf vorhandenen Drahtankern.
Dämmstoff: MW
Anwendungsgebiet: WZ
Bemessungswert der Wärmeleitfähigkeit: max. 0,035 W/(mK)
Nennwert der Wärmeleitfähigkeit: 0,034 W/(mK)
Brandverhalten: A1
Gesamtdicke: .....

19€   25€   **28€**   31€   41€   [m²]   ⏱ 0,12 h/m²   014.000.006

33 — Trockenmauerwerk, Naturwerksteine — KG 543

Trockenmauerwerk aus Natursteinen, nicht verwittertes Material.
Steinart: **Sandstein / Kalkstein / Granit / Schiefer**
Mauerverband: **Bruchstein- / Schichten- / Quadermauerwerk**
Steinformate: ..... (von-bis)
Mauerbreite: .....
Mauerhöhe .....
Einbauort: Außenbereich, auf bauseitiges Fundament
Steinbruch: .....

86€   213€   **275€**   321€   460€   [m²]   ⏱ 1,90 h/m²   014.000.051

34 — Bohrung, Plattenbelag — KG 353

Bohrungen im Natursteinplattenbelag.
Belag: **Bodenbelag / Wandbelag**
Bohrung: Durchmesser 25 mm
Steinart: .....
Plattendicke: .....

6€   15€   **19€**   27€   42€   [St]   ⏱ 0,20 h/St   014.000.028

Nr.	Kurztext / Langtext						Kostengruppe	
▶	▷	ø netto €	◁	◀	[Einheit]	Ausf.-Dauer	Positionsnummer	

35 Ausklinkung, Plattenbelag — KG 353
Ausklinkung in Naturstein- oder Betonwerksteinbelag.
Belag: **Bodenbelag / Wandbelag**
Größe Ausklinkung: .....
Steinart: .....
Belagdicke: .....

| 6 € | 14 € | **17 €** | 36 € | 61 € | [St] | ⏱ 0,18 h/St | 014.000.029 |

36 Kanten bearbeiten, Plattenbelag — KG 353
Kanten an Platte als eckige Fase.
Plattenbelag: **Boden / Wand**
Steinart: .....
Plattendicke: .....

| 6 € | 9 € | **11 €** | 14 € | 21 € | [m] | ⏱ 0,18 h/m | 014.000.030 |

37 Schrägschnitte, Plattenbelag — KG 353
Gehrungsschnitte an Platte mit Bearbeitung.
Plattenbelag: **Boden / Wand**
Steinart: .....
Plattendicke: .....
Schnittwinkel: .....

| 4 € | 15 € | **20 €** | 28 € | 45 € | [m] | ⏱ 0,40 h/m | 014.000.031 |

38 Rundschnittbogen, Plattenbelag — KG 353
Rundschnitte an Platte mit Bearbeitung.
Plattenbelag: **Boden / Wand**
Steinart: .....
Plattendicke: .....
Schnittradius: .....

| 29 € | 35 € | **41 €** | 47 € | 62 € | [m] | ⏱ 0,50 h/m | 014.000.049 |

39 Fries, Plattenbelag — KG 353
Fries in Bodenbelag aus Naturstein, im Innenbereich, im Dünnbettmörtel verlegt, inkl. Verfugung.
Platten: Breite 280 mm, Länge 500 mm
Plattendicke: 20 mm
Gesteinsart. .....
Oberfläche: .....
Einbauort: .....
Angeb. Stein: .....
Steinbruch: .....

| 38 € | 62 € | **78 €** | 83 € | 106 € | [m] | ⏱ 0,40 h/m | 014.000.034 |

LB 014
Natur-, Betonwerksteinarbeiten

Kosten:
Stand 1.Quartal 2021
Bundesdurchschnitt

▶ min
▷ von
ø Mittel
◁ bis
◀ max

Nr.	Kurztext / Langtext					[Einheit]	Ausf.-Dauer	Kostengruppe Positionsnummer
▶	▷	ø netto €	◁	◀				

40 Trittschalldämmung, Randstreifen, MW KG **353**
Trittschalldämmung für lotrechte Nutzlasten aus Mineralwolle.
Untergrund: .....
Dämmstoff: MW DES-sh
Lieferdicke: 25 mm
Zusammendrückbarkeit: .....
Steifigkeit: .... MN/m²

| 5€ | 7€ | **8€** | 9€ | 12€ | [m²] | ⏱ 0,60 h/m² | 014.000.042 |

41 Erstreinigung, Bodenbelag KG **353**
Reinigen von Böden im Innenbereich, Belag aus Naturwerksteinplatten.
Steinart: .....
Oberfläche: .....

| 4€ | 9€ | **11€** | 13€ | 23€ | [m²] | ⏱ 0,25 h/m² | 014.000.050 |

42 Oberfläche, laserstrukturiert, Mehrpreis KG **353**
Mehrkosten bei Natursteinen für Oberflächenstrukturgestaltung mit Laser.
Anforderung: mind. R10

| –€ | 24€ | **28€** | 37€ | –€ | [m²] | ⏱ 0,10 h/m² | 014.000.065 |

43 Mauerabdeckung, Naturstein, außen KG **543**
Mauerabdeckung aus Naturwerkstein mit einseitiger Wassernase, im Außenbereich mit Neigung im Mörtelbett verlegt, inkl. Verfugung.
Einbauort: .....
Untergrund: .....
Plattenmaterial: **Sandstein / Granit**
Plattendicke: ca. 30 mm
Oberfläche: .....
Kanten: .....
Angeb. Stein: .....

| 35€ | 64€ | **74€** | 83€ | 106€ | [m] | ⏱ 0,20 h/m | 014.000.017 |

44 Fensterbank, Naturstein, außen KG **334**
Fensterbank aus Naturwerkstein, außen, einteilig mit Wassernase, vordere Kantenfläche voll und 2 Seitenflächen teilweise sichtbar, mit stumpfem Anschluss an Fensterrahmen, in Mörtelbett verlegen und verfugen.
Dicke: 3 cm
Breite: bis 300 mm
Auskragung: ..... cm
Gesteinsart: **Granit / Sandstein**
Handelsname: .....
Oberfläche: .....
sichtbare Kanten: gefast
Angeb. Stein: .....
Steinbruch: .....

| 39€ | 58€ | **62€** | 85€ | 120€ | [m] | ⏱ 0,45 h/m | 014.000.007 |

Nr.	Kurztext / Langtext					Kostengruppe		
▶	▷	ø netto €	◁	◀	[Einheit]	Ausf.-Dauer	Positionsnummer	

45 Fensterbank, Betonwerkstein, außen　　　　　　　　　　　　　　　　KG **334**

Fensterbank aus Betonwerkstein, einschichtig, außen, einteilig mit Wassernase, vordere Kantenfläche voll und 2 Seitenflächen teilweise sichtbar, mit stumpfem Anschluss an Fensterrahmen, mit leichtem Gefälle in Mörtelbett verlegen und verfugen.
Dicke: 5 cm
Breite: bis 300 mm
Auskragung: ..... cm
Oberfläche: .....
sichtbare Kanten: gefast
Angeb. Fabrikat/Lieferant: .....

| 44 € | 50 € | **59 €** | 68 € | 79 € | [m] | ⏱ 0,45 h/m | 014.000.008 |

46 Fensterbank, Betonwerkstein, innen　　　　　　　　　　　　　　　　KG **334**

Fensterbank aus Betonwerkstein, einschichtig, innen, einteilig, vordere Kantenfläche voll und 2 Seitenflächen teilweise sichtbar, mit stumpfem Anschluss an Fensterrahmen, mit leichtem Gefälle in Mörtelbett verlegen und verfugen.
Dicke: 5 cm
Breite: bis 25 mm
Auskragung: ..... cm
Oberfläche: .....
sichtbare Kanten: gefast
Angeb. Fabrikat/Lieferant: .....

| 27 € | 43 € | **48 €** | 56 € | 71 € | [m] | ⏱ 0,42 h/m | 014.000.009 |

A 1 Leitsystem, Rippenfliesen, Edelstahl　　　　　　　　　　　　Beschreibung für Pos. **47-48**

Bodenindikatoren als taktiles Blindenleitsystem aus Rippenfliesen, in Edelstahl auf Steinfeinzeug, im Innenbereich, zwischen Platten als Natursteinbelag.
Einbauort: .....
Untergrund: .....
Natursteinbelag: .....
Rippenfliese: Edelstahl, auf Fliese
Dicke: bis 12 mm

47 Leitsystem, innen, Rippenfliesen, Edelstahl, 3 Rippen　　　　　　　　KG **353**

Wie Ausführungsbeschreibung A 1
Fliesenabmessung: ca. 122 x 600 mm
Rippenanzahl: 3

| – € | 101 € | **119 €** | 149 € | – € | [m] | ⏱ 0,25 h/m | 014.000.066 |

48 Leitsystem, innen, Rippenfliesen, Edelstahl, 7 Rippen　　　　　　　　KG **353**

Wie Ausführungsbeschreibung A 1
Fliesenabmessung: ca. 298 x 600 mm
Rippenanzahl: 7

| – € | 126 € | **148 €** | 185 € | – € | [m] | ⏱ 0,27 h/m | 014.000.067 |

LB 014
Natur-, Betonwerksteinarbeiten

Kosten:
Stand 1.Quartal 2021
Bundesdurchschnitt

Nr.	Kurztext / Langtext					[Einheit]	Ausf.-Dauer	Kostengruppe Positionsnummer
▶	▷	ø netto €	◁	◀				

A 2 — Kontraststreifen, Noppenfliesen, Edelstahl — Beschreibung für Pos. 49-50

Kontraststreifen für Leitsystem mit Noppenfliesen aus Edelstahl, auf Steinfeinzeug, im Innenbereich, zwischen Platten als Natursteinbelag.
Gesamtdicke: 12 mm
Anschlüsse: **gerade / schräg**

49 — Kontraststreifen, Noppenfliesen, Edelstahl, 300mm — KG **353**
Wie Ausführungsbeschreibung A 2
Abmessung: ca. 300 x 50 mm
–€   40€   **47€**   58€   –€   [m]   ⏱ 0,16 h/m   014.000.068

50 — Kontraststreifen, Noppenfliesen, Edelstahl, 600mm — KG **353**
Wie Ausführungsbeschreibung A 2
Abmessung: ca. 600 x 50 mm
–€   36€   **42€**   53€   –€   [m]   ⏱ 0,18 h/m   014.000.069

A 3 — Leitsystem, Rippenfliese/Begleitstreifen, Edelstahl — Beschreibung für Pos. **51-52**

Bodenindikatoren als taktiles Blindenleitsystem aus Rippenfliesen mit Kontraststreifen aus Noppenfliesen, in Edelstahl auf Steinfeinzeug, im Innenbereich, zwischen Platten als Natursteinbelag.
Einbauort: .....
Untergrund: .....
Natursteinbelag: .....
Rippenfliese: Edelstahl, auf Fliese
Dicke: bis 12 mm

51 — Leitsystem, Rippenfliese/Begleitstreifen, Edelstahl, 200mm — KG **353**
Wie Ausführungsbeschreibung A 3
Fliesenabmessung: ca. 200 x 600 mm
Rippenanzahl: 3
–€   129€   **152€**   190€   –€   [m]   ⏱ 0,27 h/m   014.000.072

52 — Leitsystem, Rippenfliese/Begleitstreifen, Edelstahl, 400mm — KG **353**
Wie Ausführungsbeschreibung A 3
Fliesenabmessung: ca. 400 x 600 mm
Rippenanzahl: 7
–€   161€   **189€**   237€   –€   [m]   ⏱ 0,30 h/m   014.000.073

A 4 — Edelstahlrippen, Streifen, dreireihig — Beschreibung für Pos. **53-54**

Rutschsicherer **Aufmerksamkeitsstreifen / Leitstreifen** auf Natursteinbelag mit geklebten Einzelrippen.
Anwendungsbereich: ....., innen
Material: nicht rostender Stahl, Werkstoff ......
Höhe: 3 mm
Querschnitt: trapezförmig, mit gerundeten Kanten
Schnitttiefe: ..... mm
Profil: .....

▶ min
▷ von
ø Mittel
◁ bis
◀ max

Nr.	Kurztext / Langtext							Kostengruppe
▶	▷	ø netto €	◁	◀	[Einheit]	Ausf.-Dauer	Positionsnummer

53 Edelstahlrippen, 16mm, Streifen, dreireihig — KG **353**
Wie Ausführungsbeschreibung A 4
Einzelrippen: dreireihig
Format: 280 x 16 mm

| –€ | 135€ | **159€** | 199€ | –€ | [m] | ⏱ 0,25 h/m | 014.000.074 |

54 Edelstahlrippen, 35mm, Streifen, dreireihig — KG **353**
Wie Ausführungsbeschreibung A 4
Einzelrippen: dreireihig
Format: 280 x 35 mm

| –€ | 150€ | **176€** | 220€ | –€ | [m] | ⏱ 0,28 h/m | 014.000.075 |

A 5 Kunststoffrippen, Streifen, dreireihig — Beschreibung für Pos. **55-56**
Rutschsicherer **Aufmerksamkeitsstreifen / Leitstreifen** auf Natursteinbelag mit geklebten Einzelrippen.
Anwendungsbereich: ....., innen
Material: Kunststoffrippen, Polyurethan
Höhe: 3,3 mm
Querschnitt: trapezförmig, mit gerundeten Kanten
Schnitttiefe: ..... mm
Profil: .....
Farbe: schwarz

55 Kunststoffrippen, 16mm, Streifen, dreireihig — KG **353**
Wie Ausführungsbeschreibung A 5
Einzelrippen: dreireihig
Format: 295 x 16 mm

| –€ | 40€ | **46€** | 56€ | –€ | [m] | ⏱ 0,25 h/m | 014.000.076 |

56 Kunststoffrippen, 35mm, Streifen, dreireihig — KG **353**
Wie Ausführungsbeschreibung A 5
Einzelrippen: dreireihig
Format: 295 x 35 mm

| –€ | 47€ | **54€** | 66€ | –€ | [m] | ⏱ 0,28 h/m | 014.000.077 |

A 6 Aufmerksamkeitsfeld, Noppen, Edelstahl — Beschreibung für Pos. **57-58**
Bodenindikatoren als taktiles Aufmerksamkeitsfeld aus diagonal verlegten Einzelnoppen mit rutschhemmender Oberfläche im Innenbereich.
Einbauort: .....
Belagsart: .....
Material: nicht rostender Stahl, Werkstoff-Nr. ......
Durchmesser: 35 mm
Dicke: 5 mm

57 Aufmerksamkeitsfeld, 600/600, Noppen, Edelstahl — KG **353**
Wie Ausführungsbeschreibung A 6
Feldfläche: 600 x 600 mm
Noppen: 145 St

| –€ | 378€ | **439€** | 549€ | –€ | [St] | ⏱ 1,00 h/St | 014.000.078 |

LB 014 Natur-, Betonwerksteinarbeiten

Kosten:
Stand 1.Quartal 2021
Bundesdurchschnitt

Nr.	Kurztext / Langtext				[Einheit]	Ausf.-Dauer	Kostengruppe Positionsnummer
▶	▷	ø netto €	◁	◀			

58 Aufmerksamkeitsfeld, 900/900, Noppen, Edelstahl — KG 353
Wie Ausführungsbeschreibung A 6
Feldfläche: 900 x 900 mm
Noppen: 313 St

| –€ | 802€ | **932€** | 1.165€ | –€ | [St] | 1,80 h/St | 014.000.079 |

A 7 Aufmerksamkeitsfeld, Noppen, Kunststoff — Beschreibung für Pos. 59-60
Bodenindikatoren als taktiles Aufmerksamkeitsfeld aus diagonal verlegten Einzelnoppen in Kunststoff mit rutschhemmender Oberfläche im Innenbereich.
Einbauort: .....
Belagsart: .....
Durchmesser: 35 mm
Dicke: 5 mm

59 Aufmerksamkeitsfeld, 600/600, Noppen, Kunststoff — KG 353
Wie Ausführungsbeschreibung A 7
Feldfläche: 600 x 600 mm
Noppen: 145 St

| –€ | 177€ | **206€** | 257€ | –€ | [St] | 1,00 h/St | 014.000.080 |

60 Aufmerksamkeitsfeld, 900/900, Noppen, Kunststoff — KG 353
Wie Ausführungsbeschreibung A 7
Feldfläche: 900 x 900 mm
Noppen: 313 St

| –€ | 324€ | **377€** | 472€ | –€ | [St] | 1,80 h/St | 014.000.081 |

61 Stundensatz, Facharbeiter/-in
Stundenlohnarbeiten für Vorarbeiterin, Facharbeiter und Gleichgestellte. Der Verrechnungssatz für die jeweilige Arbeitskraft umfasst sämtliche Aufwendungen wie Lohn- und Gehaltskosten, Lohn- und Gehaltsnebenkosten, Zuschläge, lohngebundene und lohnabhängige Kosten, sonstige Sozialkosten, Gemeinkosten, Wagnis und Gewinn. Leistung nach besonderer Anordnung der Bauüberwachung. Anmeldung und Nachweis gem. VOB/B.

| 38€ | 48€ | **52€** | 55€ | 61€ | [h] | 1,00 h/h | 014.000.053 |

62 Stundensatz, Helfer/-in
Stundenlohnarbeiten für Werkerin, Werker, Helferin, Helfer und Gleichgestellte. Der Verrechnungssatz für die jeweilige Arbeitskraft umfasst sämtliche Aufwendungen wie Lohn- und Gehaltskosten, Lohn- und Gehaltsnebenkosten, Zuschläge, lohngebundene und lohnabhängige Kosten, sonstige Sozialkosten, Gemeinkosten, Wagnis und Gewinn. Leistung nach besonderer Anordnung der Bauüberwachung. Anmeldung und Nachweis gem. VOB/B.

| 34€ | 43€ | **46€** | 50€ | 59€ | [h] | 1,00 h/h | 014.000.054 |

▶ min
▷ von
ø Mittel
◁ bis
◀ max

| 000 |
| 001 |
| 002 |
| 006 |
| 008 |
| 009 |
| 010 |
| 012 |
| 013 |
| **014** |
| 016 |
| 017 |
| 018 |
| 020 |
| 021 |
| 022 |

LB 016 Zimmer- und Holzbauarbeiten

Kosten: Stand 1. Quartal 2021, Bundesdurchschnitt

- ▶ min
- ▷ von
- ø Mittel
- ◁ bis
- ◀ max

Nr.	Positionen	Einheit	▶	▷ ø brutto € / ø netto €		◁	◀
1	Schutzabdeckung, Folie	m²	3	5	**6**	8	10
			2	4	**5**	7	9
2	Trennlage, Bitumenbahn	m	1	3	**3**	5	9
			0,9	2,5	**2,8**	4,3	7,8
3	Anschluss, Bodenplatte, luftdicht	m	7	10	**11**	12	14
			6	8	**9**	10	12
4	Bauschnittholz, C24, Nadelholz	m³	361	467	**497**	554	686
			304	392	**418**	466	577
5	Bauschnittholz, D30, Eiche	m³	523	1.052	**1.146**	1.305	1.737
			440	884	**963**	1.097	1.460
6	Konstruktionsvollholz, KVH-SI, Nadelholz	m³	431	539	**582**	626	765
			362	453	**489**	526	643
7	Balkenschichtholz, Nadelholz	m³	595	694	**705**	720	781
			500	583	**592**	605	656
8	Brettschichtholz, GL24h, Nadelholz, Industriequalität	m³	691	858	**927**	986	1.144
			581	721	**779**	828	961
9	Brettschichtholz, GL24h, Nadelholz, Sicht-/Auslesequalität	m³	726	968	**1.063**	1.171	1.439
			610	814	**894**	984	1.210
10	Holzstütze, BSH, GL24h, Nadelholz	m³	177	523	**835**	982	1.188
			148	440	**702**	825	998
11	Holzstegträger, Nadelholz, inkl. Abbinden	m	20	26	**28**	36	45
			17	22	**24**	30	37
12	Abbund, Bauschnittholz/Konstruktionsvollholz, Decken	m	6	9	**10**	11	18
			5	7	**8**	10	15
13	Abbund, Bauschnittholz/Konstruktionsvollholz, Dach	m	6	9	**10**	13	20
			5	8	**9**	11	17
14	Abbund und Aufstellen, Brettschichtholz	m	7	12	**15**	18	23
			6	10	**12**	15	19
15	Abbund und Aufstellen, Kehl-/Gratsparren	m	8	14	**15**	19	24
			7	11	**13**	16	20
16	Hobeln, Bauschnittholz	m	2	4	**4**	6	9
			1	3	**4**	5	8
17	Fasen, Holzbauteil	m	0,3	1,3	**1,8**	2,1	3,5
			0,3	1,1	**1,6**	1,8	2,9
18	Profilieren, Balkenkopf	St	5	9	**9**	14	21
			4	7	**8**	12	18
19	Schrägschnitt, Sparren	St	0,6	5,5	**7,5**	11	17
			0,5	4,6	**6,3**	9,0	15
20	Schrägschnitt, Platten/Bekleidungen	m	4	6	**6**	7	9
			4	5	**5**	6	7
21	Holzschutz, Kanthölzer, farblos	m	0,6	1,3	**1,5**	2,8	4,7
			0,5	1,1	**1,3**	2,3	4,0
22	Holzschutz, Flächen, farblos	m²	0,8	4,0	**5,3**	7,4	13
			0,7	3,3	**4,5**	6,2	11
23	Dachschalung, Nadelholz, Nut und Feder, gehobelt	m²	22	27	**29**	30	34
			18	23	**24**	26	29

© BKI Baukosteninformationszentrum; Erläuterungen zu den Tabellen siehe Seite 44

Kostenstand: 1. Quartal 2021, Bundesdurchschnitt

Zimmer- und Holzbauarbeiten — Preise €

Nr.	Positionen	Einheit	▶	▷ ø brutto € ø netto €		◁	◀
24	Dachschalung, Nadelholz, Glattkantbrett, gehobelt	m²	39	44	**48**	47	58
			33	37	**40**	40	49
25	Dachschalung, Rauspund, bis 28mm	m²	17	21	**23**	25	29
			14	18	**19**	21	25
26	Dachschalung, Holzspanplatte P5, 25mm, Nut-Feder-Profil	m²	18	22	**25**	28	37
			15	18	**21**	23	32
27	Dachschalung, Holzspanplatte P7, 25mm, Nut-Feder-Profil	m²	19	24	**26**	31	42
			16	20	**22**	26	35
28	Innenbekleidung, OSB/2, 18mm	m²	13	22	**23**	25	30
			11	19	**19**	21	25
29	Innenbekleidung, OSB/3, 15mm	m²	15	22	**25**	26	31
			13	19	**21**	22	26
30	Innenbekleidung, OSB/3, 22mm	m²	23	26	**28**	31	36
			19	22	**24**	26	30
31	Innenbekleidung, OSB/4, 22mm, Feuchtebereich	m²	23	28	**31**	34	40
			19	23	**26**	28	33
32	Innenbekleidung, OSB/4, 28mm, Feuchtebereich	m²	24	30	**32**	38	52
			20	25	**27**	32	43
33	Außenbekleidung, Sperrholz, 24mm, Feuchtebereich	m²	32	47	**52**	61	76
			27	39	**44**	51	64
34	Innenbekleidung, Sperrholz, 20mm, Trockenbereich	m²	30	43	**50**	55	71
			26	37	**42**	46	60
35	Dachschalung, Kehle, Rauspund, 24mm	m²	24	27	**28**	32	38
			20	22	**24**	27	32
36	Deckenschalung, OSB/3, 25mm	m²	17	23	**26**	29	37
			14	19	**22**	24	31
37	Deckenschalung, Sperrholzplatte, 24mm	m²	29	39	**43**	47	57
			24	33	**36**	39	48
38	Innenbekleidung, Furnierschichtholzplatte, 27mm	m²	38	49	**54**	58	68
			32	41	**45**	48	57
39	Innenbekleidung, Massivholzplatte, 26mm	m²	39	59	**69**	80	100
			33	49	**58**	67	84
40	Dachschalung, Traufe, gehobelt, 24mm	m	11	17	**19**	22	29
			9	14	**16**	18	24
41	Fußbodeneinschub, Nadelholz, 24mm, auf Auflager	m²	26	39	**46**	51	64
			22	33	**38**	43	54
42	Kanthölzer, Nadelholz, scharfkantig, gehobelt	m	13	17	**18**	22	31
			11	14	**15**	19	26
43	Zwischensparrendämmung MW, DZ-034, 120mm	m²	15	18	**21**	22	23
			13	15	**18**	19	19
44	Zwischensparrendämmung MW, DZ-034, 160mm	m²	17	20	**23**	25	27
			14	17	**20**	21	23
45	Zwischensparrendämmung MW, DZ-034, 220mm	m²	23	26	**27**	28	32
			20	22	**22**	24	27
46	Bohle, S13TS K, Nadelholz	m	6	10	**11**	13	16
			5	8	**9**	11	14

© BKI Baukosteninformationszentrum; Erläuterungen zu den Tabellen siehe Seite 44 Kostenstand: 1.Quartal 2021, Bundesdurchschnitt

LB 016 Zimmer- und Holzbauarbeiten

Kosten: Stand 1. Quartal 2021, Bundesdurchschnitt

Preise €

Nr.	Positionen	Einheit	min ▶	von ▷	ø brutto € / ø netto €	bis ◁	max ◀
47	Traufbohle, konisch	m	7	10	**11**	14	22
			6	8	**9**	12	18
48	Stellbrett, zwischen Sparren	m	13	18	**20**	23	31
			11	15	**17**	20	26
49	Bekleidung, Laibung, Holzbrett	m	11	20	**25**	30	41
			9	17	**21**	25	34
50	Bauteilanschluss, Dichtungsband, vorkomprimiert	m	2	3	**4**	5	8
			2	3	**3**	4	6
51	Dampfsperrbahn, Alu-Verbund-Folie	m²	4	7	**8**	10	14
			3	6	**7**	8	12
52	Dampfbremsbahn, PE-Folie	m²	5	9	**10**	14	25
			4	7	**9**	12	21
53	Dampfsperre, sd-variabel	m²	7	12	**13**	17	24
			6	10	**11**	14	20
54	Abdichtungsanschluss verkleben, Dampfsperrbahn	m	2	4	**4**	6	11
			1	3	**4**	5	9
55	Abdichtungsanschluss verkleben, Dampfbremsbahn	m	3	6	**8**	10	15
			2	5	**7**	8	12
56	Abdichtungsanschluss, Butyl-Band, Dicht-/Dampfsperrbahn	m	8	13	**13**	13	16
			6	11	**11**	11	14
57	Unterdeckung, WF 20mm	m²	23	27	**29**	34	41
			19	22	**24**	28	34
58	Unterdeckung, WF 52mm	m²	26	34	**36**	36	41
			22	28	**30**	30	35
59	Unterdeckbahn, hinterlüftetes Dach	m²	4	6	**7**	9	12
			3	5	**6**	8	10
60	Dämmung, Außenwand WH, MW 035, 200mm	m²	15	20	**22**	24	28
			13	17	**19**	20	23
61	Dämmung, Außenwand WH, MW 035, 240mm	m²	20	24	**27**	30	35
			17	20	**23**	25	30
62	Außenwanddämmung, Holzfaserplatte, 60mm	m²	27	35	**37**	38	45
			23	30	**31**	32	38
63	Außenwanddämmung WF, WDVS, 160mm	m²	–	63	**70**	85	–
			–	53	**59**	71	–
64	Aufsparrendämmung PUR, 160mm	m²	50	55	**56**	59	61
			42	46	**47**	49	52
65	Rieselschutz, Glasfaser	m²	2	4	**5**	6	8
			2	3	**4**	5	7
66	Konterlattung, Nadelholz, 30x50mm	m	2	3	**3**	4	6
			2	2	**3**	3	5
67	Konterlattung, Nadelholz, 40x60mm	m	2	4	**5**	7	11
			2	3	**4**	6	9
68	Traglattung, Nadelholz, 30x50mm	m²	3	5	**7**	8	12
			2	4	**6**	7	11
69	Nageldichtband, Konterlattung	m	2	3	**3**	4	6
			2	2	**3**	4	5

▶ min
▷ von
ø Mittel
◁ bis
◀ max

Zimmer- und Holzbauarbeiten — Preise €

Nr.	Positionen	Einheit	▶	▷	ø brutto €	◁	◀
					ø netto €		
70	Wohndachfenster, bis 1,00m², U_w=1,4	St	876	1.043	**1.109**	1.200	1.352
			736	876	**932**	1.008	1.136
71	Wohndachfenster, bis 1,85m², U_w=1,4	St	1.001	1.184	**1.275**	1.596	1.956
			841	995	**1.072**	1.341	1.644
72	Nivelierschwelle, Holzwände	m	13	22	**29**	36	49
			11	19	**24**	30	41
73	Außenwand, Holzrahmen, OSB, WF	m²	116	144	**151**	166	204
			98	121	**127**	140	172
74	Außenwand, Holzstegträger, OSB, WF	m²	165	207	**214**	225	284
			139	174	**179**	189	239
75	Innenwand, Holzständer, 10cm, Bekleidung, MW	m²	63	66	**66**	68	72
			53	55	**56**	57	60
76	Innenwand, Holzständer, 12cm, OSB-Bekleidung, MW	m²	65	69	**76**	85	97
			55	58	**64**	71	82
77	Türöffnung, Holz-Innenwand, 875x2.000mm	St	23	32	**36**	46	59
			19	27	**30**	38	50
78	Türöffnung, Holz-Innenwand, 1.000x2.000mm	St	30	40	**46**	58	83
			25	33	**39**	49	70
79	Ausschnitt, Schalterdose, Holzplatte	St	7	11	**11**	13	19
			6	9	**10**	11	16
80	Lattenverschlag, Nadelholz	m²	25	44	**53**	60	77
			21	37	**45**	50	64
81	Massivholzdecke, Brettstapel, 160mm, gehobelt	m²	129	150	**154**	162	187
			108	126	**130**	136	157
82	Massivholzdecke, Brettstapel, 200mm, gehobelt	m²	181	206	**220**	235	265
			152	173	**185**	198	223
83	Massivholzdecke, Brettstapel, Aussparung bis 0,5m²	St	36	45	**51**	59	71
			30	38	**43**	50	60
84	Massivholzdecke, Brettstapel, Aussparung bis 2,5m²	St	43	54	**62**	72	86
			36	46	**52**	61	72
85	Schüttung, Sand, in Decken	m²	10	14	**15**	16	24
			8	12	**12**	13	20
86	Schüttung, Splitt, in Decken	m²	15	18	**24**	26	34
			12	15	**20**	22	28
87	Wangentreppe, Holz, gerade	St	3.360	3.633	**3.857**	4.094	4.604
			2.823	3.053	**3.242**	3.440	3.869
88	Wangentreppe, Holz, gerade, Setzstufe	St	6.471	8.362	**6.097**	10.067	11.697
			5.437	7.027	**5.124**	8.459	9.829
89	Wangentreppe, Holz, halbgewendelt	St	6.844	7.367	**7.591**	7.864	8.586
			5.751	6.190	**6.379**	6.609	7.215
90	Einschubtreppe, gedämmt	St	674	1.251	**1.382**	2.472	4.362
			567	1.052	**1.161**	2.078	3.665
91	Einschubtreppe, EI30	St	583	826	**925**	1.372	2.181
			490	695	**777**	1.153	1.832
92	Scherentreppe, Aluminium	St	865	1.686	**1.811**	1.984	2.500
			727	1.417	**1.522**	1.667	2.100

LB 016 Zimmer- und Holzbauarbeiten

Zimmer- und Holzbauarbeiten — Preise €

Nr.	Positionen	Einheit	▶ min	▷ von	ø brutto € / ø netto €	◁ bis	◀ max
93	Wechsel, Kamindurchgang	St	17	35	**38**	52	74
			15	30	**32**	44	63
94	Windrispenband, 40x2mm	m	2	5	**6**	7	9
			2	4	**5**	6	8
95	Windrispenband, 60x3mm	m	3	6	**7**	8	11
			3	5	**6**	7	9
96	Aussteifungsverband, diagonal	m	–	35	**38**	42	–
			–	29	**32**	35	–
97	Winkelverbinder/Knaggen	kg	3	7	**9**	12	22
			2	6	**7**	10	18
98	Verankerung, Profilanker, Schwelle	St	3	6	**7**	10	17
			3	5	**6**	8	14
99	Stabdübel, nicht rostender Stahl	St	2	3	**4**	7	14
			1	3	**4**	6	11
100	Gewindestange, M12, verzinkt	St	4	11	**13**	20	32
			4	9	**11**	16	27
101	Stundensatz, Facharbeiter/-in	h	57	63	**65**	67	71
			48	53	**55**	56	60
102	Stundensatz, Helfer/-in	h	47	53	**56**	57	60
			39	45	**47**	48	50

Kosten: Stand 1.Quartal 2021, Bundesdurchschnitt

Legende: ▶ min, ▷ von, ø Mittel, ◁ bis, ◀ max

Nr.	Kurztext / Langtext	▶	▷	ø netto €	◁	◀	[Einheit]	Ausf.-Dauer	Kostengruppe / Positionsnummer
1	**Schutzabdeckung, Folie**								KG **397**
	Schutzabdeckung der Dachfläche mit Kunststoff-Folie, herstellen und beseitigen. Dachfläche: Steildach Folien: 0,5 mm Arbeitshöhe: ..... m Vorhaltedauer:								
		2€	4€	**5€**	7€	9€	[m²]	0,05 h/m²	016.000.055
2	**Trennlage, Bitumenbahn**								KG **361**
	Trennlage mit Bitumenbahn unter Holzwänden auf Quellmörtel/Ausgleichsschwelle. Material: G 200 DD Bauteilbreite: ..... Angeb. Fabrikat:								
		0,9€	2,5€	**2,8€**	4,3€	7,8€	[m]	0,08 h/m	016.000.047
3	**Anschluss, Bodenplatte, luftdicht**								KG **331**
	Luftdichter Anschluss der Außenwand aus Holz an Bodenplatte mit Klebeband sd > 20m, inkl. Untergrundvorbehandlung. Anschluss: Stahlbeton auf Holzwerkstoff								
		6€	8€	**9€**	10€	12€	[m]	0,10 h/m	016.001.141

Nr.	**Kurztext** / Langtext						Kostengruppe
▶	▷	**ø netto €**	◁	◀	[Einheit]	Ausf.-Dauer	Positionsnummer

4 — Bauschnittholz, C24, Nadelholz — KG **361**

Liefern von Bauschnittholz, Nadelholz, scharfkantig.
Holz: **markhaltig / herzgetrennt / markfrei**
Holzart: **Fichte / Tanne**
Gebrauchsklasse DIN 68800: GK 0
Festigkeitsklasse: C24
Sortierklasse: S10
Güteklasse: 2
Holzfeuchte bis 20%
Oberfläche: .....
Querschnitt: 6 x 12 cm
Einzellänge: bis 8,00 m, gem. Holzliste des AG

| 304€ | 392€ | **418€** | 466€ | 577€ | [m³] | – | 016.001.127 |

5 — Bauschnittholz, D30, Eiche — KG **361**

Liefern von Bauschnittholz, Laubholz, scharfkantig, herzgetrennt.
Holzart: Eiche
Gebrauchsklasse DIN 68800: GK 0
Festigkeitsklasse: D30
Sortierklasse: LS10
Holzfeuchte: .....
Oberfläche: .....
Querschnitt: .....
Einzellänge: bis 8,00 m, gem. Holzliste des AG

| 440€ | 884€ | **963€** | 1.097€ | 1.460€ | [m³] | – | 016.000.058 |

6 — Konstruktionsvollholz, KVH-SI, Nadelholz — KG **361**

Liefern von Konstruktionsvollholz, sichtbar, Nadelholz, herzfrei, scharfkantig, Ästigkeit bis 2/5, Rissbreite bis 3% der Querschnittsseite, Harzgallen bis 5mm, Verfärbungen und Insektenbefall nicht zulässig.
Gebrauchsklasse DIN 68800: GK 0
Festigkeitsklasse: C24
Sortierklasse: S10
Holzfeuchte: 15% +/-3%
Oberfläche: allseitig egalisiert und gefast
Breite: bis 10 cm
Höhe: bis 30 cm
Einzellänge: bis 6,00 m, gem. Holzliste des AG

| 362€ | 453€ | **489€** | 526€ | 643€ | [m³] | – | 016.000.002 |

7 — Balkenschichtholz, Nadelholz — KG **361**

Liefern von Balkenschichtholz aus Nadelholz, allseitig gehobelt und gefast.
Gebrauchsklasse DIN 68800: GK 0
Sortierklasse: S10
Festigkeitsklasse: C 24
Oberfläche: .....
Breite: bis 16 cm
Höhe: bis 24 cm
Einzellänge: bis ..... m, gem. Holzliste des AG

| 500€ | 583€ | **592€** | 605€ | 656€ | [m³] | – | 016.001.113 |

LB 016
Zimmer- und Holzbauarbeiten

Kosten:
Stand 1.Quartal 2021
Bundesdurchschnitt

Nr.	Kurztext / Langtext				[Einheit]	Ausf.-Dauer	Kostengruppe Positionsnummer
▶	▷	ø netto €	◁	◀			

8 — Brettschichtholz, GL24h, Nadelholz, Industriequalität — KG 361
Liefern von Brettschichtholz aus Nadelholz, gehobelt, Bläue und Rotstreifigkeit auf 10% der Oberfläche und fest verwachsene Äste zulässig, ohne extreme klimatische Wechselbeanspruchung.
Gebrauchsklasse DIN 68800: GK .....
Festigkeitsklasse: GL 24h
Nutzungsklasse DIN EN 1995-1-1: NK .....
Lamellendicke: bis 45 mm
Oberflächenqualität: Industriequalität
Breite: bis 20 cm
Höhe: bis 40 cm
Einzellänge: bis 12,00 m, gem. Holzliste des AG

| 581 € | 721 € | **779 €** | 828 € | 961 € | [m³] | – | 016.000.003 |

9 — Brettschichtholz, GL24h, Nadelholz, Sicht-/Auslesequalität — KG 361
Liefern von Brettschichtholz aus Nadelholz, gehobelt, Bläue und Rotstreifigkeit auf 10% der Oberfläche und fest verwachsene Äste zulässig, ohne extreme klimatische Wechselbeanspruchung.
Gebrauchsklasse DIN 68800: GK .....
Festigkeitsklasse: GL 24h
Nutzungsklasse DIN EN 1995-1-1: NK .....
Lamellendicke: bis 45 mm
Oberflächenqualität: Sicht- / Auslesequalität
Breite: bis 20 cm
Höhe: bis 40 cm
Einzellänge: bis 12,00 m, gem. Holzliste des AG

| 610 € | 814 € | **894 €** | 984 € | 1.210 € | [m³] | – | 016.001.114 |

10 — Holzstütze, BSH, GL24h, Nadelholz — KG 333
Liefern von Brettschichtholz für Holzstützen, aus Nadelholz, gehobelt, Bläue und Rotstreifigkeit auf 10% der Oberfläche und fest verwachsene Äste zulässig.
Gebrauchsklasse DIN 68800: GK 0
Festigkeitsklasse: GL 24h
Nutzungsklasse DIN EN 1995-1-1: NK .....
Lamellendicke: bis 45 mm
Oberflächenqualität: .....
Stützenabmessung: 20 x 20 cm
Einzellänge: bis 4,00 m, gem. Holzliste des AG

| 148 € | 440 € | **702 €** | 825 € | 998 € | [m³] | – | 016.000.056 |

▶ min
▷ von
ø Mittel
◁ bis
◀ max

Nr.	Kurztext / Langtext							Kostengruppe
▶	▷	ø netto €	◁	◀	[Einheit]		Ausf.-Dauer	Positionsnummer

11 **Holzstegträger, Nadelholz, inkl. Abbinden** — KG **361**

Stegträger aus zusammengesetzten Holzbauteilen gem. Zulassung, ohne extreme klimatische Wechselbeanspruchung, inkl. Abbund und Vormontage der Trägerelemente in allen Bauteilen. Ausführung gem. Zeichnung und Einzelbeschreibung, Verbindungsmittel nach gesonderter Position.
Ständertyp: .....
Gebrauchsklasse DIN 68800-1: GK 0
Material: Nadelholz C24 / BSH GL24h
Nutzungsklasse 1 DIN EN 1995-1-1
Holzfeuchte: 9% +/-2%
Ständerhöhe: ..... mm
Ständerbreite: ..... mm
Dicke Gurt innen: ..... mm
Dicke Gurt außen: ..... mm
Länge: bis 10 m

| 17€ | 22€ | **24€** | 30€ | 37€ | [m] | ⏱ 0,25 h/m | 016.000.085 |

12 **Abbund, Bauschnittholz/Konstruktionsvollholz, Decken** — KG **361**

Abbinden und Verlegen von Bauschnittholz und Konstruktionsvollholz, für Deckenkonstruktionen, Anschlüsse lt. statischer Berechnung und Konstruktionszeichnungen.
Querschnitt: bis 14 x 24 cm
Einzellänge: bis 8,00 m

| 5€ | 7€ | **8€** | 10€ | 15€ | [m] | ⏱ 0,20 h/m | 016.000.086 |

13 **Abbund, Bauschnittholz/Konstruktionsvollholz, Dach** — KG **361**

Abbinden und Aufstellen von Bauschnittholz und Konstruktionsvollholz, für Dachkonstruktionen, Anschlüsse lt. statischer Berechnung und Konstruktionszeichnungen.
Querschnitt: bis 20 x 30 cm
Einzellänge: bis 8,00 m

| 5€ | 8€ | **9€** | 11€ | 17€ | [m] | ⏱ 0,22 h/m | 016.001.128 |

14 **Abbund und Aufstellen, Brettschichtholz** — KG **361**

Abbinden und Aufstellen oder Verlegen von Brettschichtholz, Anschlüsse lt. statischer Berechnung und Konstruktionszeichnungen.
Funktion: **Dachkonstruktion / Deckenkonstruktion**
Querschnitt: bis 10 x 40 cm
Einzellänge: bis 12,00 m

| 6€ | 10€ | **12€** | 15€ | 19€ | [m] | ⏱ 0,25 h/m | 016.000.005 |

15 **Abbund und Aufstellen, Kehl-/Gratsparren** — KG **361**

Abbinden und Aufstellen von Bauschnittholz als Kehl- und Gratsparren, Anschlüsse lt. statischer Berechnung und Konstruktionszeichnungen.
Funktion: **Kehl- / Gratsparren**
Querschnitt: bis 16 x 30 cm
Einzellänge: bis 6,00 m

| 7€ | 11€ | **13€** | 16€ | 20€ | [m] | ⏱ 0,30 h/m | 016.000.035 |

LB 016 Zimmer- und Holzbauarbeiten

Kosten:
Stand 1.Quartal 2021
Bundesdurchschnitt

▶ min
▷ von
ø Mittel
◁ bis
◀ max

Nr.	Kurztext / Langtext					[Einheit]	Ausf.-Dauer	Kostengruppe Positionsnummer
▶	▷	ø netto €	◁	◀				
16	**Hobeln, Bauschnittholz**							KG **361**
Hobeln von Bauschnittholz, allseitig. Abmessung: ..... Bauteil:								
1 €	3 €	**4 €**	5 €	8 €		[m]	⏱ 0,08 h/m	016.000.006
17	**Fasen, Holzbauteil**							KG **361**
Fasen von Bauschnittholz. Profilquerschnitt: ..... Bauteil:								
0,3 €	1,1 €	**1,6 €**	1,8 €	2,9 €		[m]	⏱ 0,04 h/m	016.001.115
18	**Profilieren, Balkenkopf**							KG **361**
Profilieren von Balkenköpfen aus Bauschnittholz. Profilquerschnitt: ..... Bauteil:								
4 €	7 €	**8 €**	12 €	18 €		[St]	⏱ 0,12 h/St	016.001.116
19	**Schrägschnitt, Sparren**							KG **361**
Schrägschnitt für Querschnittsprofilierung der Sparrenknöpfe. Mit wechselnden Schnittwinkeln. Schnitttiefe: bis 20 cm								
0,5 €	4,6 €	**6,3 €**	9,0 €	15 €		[St]	⏱ 0,20 h/St	016.000.036
20	**Schrägschnitt, Platten/Bekleidungen**							KG **361**
Schrägschnitt an Plattenmaterial. Bauteil: .... Material: ..... Dicke: ..... mm								
4 €	5 €	**5 €**	6 €	7 €		[m]	⏱ 0,02 h	016.001.130
21	**Holzschutz, Kanthölzer, farblos**							KG **361**
Vorbeugender chemischer Holzschutz für konstruktive Bauteile, Kanthölzer, farblos. Profilquerschnitt: ..... mm Bauteil: .... Einbau: nicht sichtbar Gebrauchsklasse: 3.1 Prüfprädikat: Iv, P, W								
0,5 €	1,1 €	**1,3 €**	2,3 €	4,0 €		[m]	⏱ 0,08 h/m	016.000.032
22	**Holzschutz, Flächen, farblos**							KG **361**
Vorbeugender chemischer Holzschutz für konstruktive Bauteile, farblos. Gebrauchsklasse: 3.1 Prüfprädikat: Iv, P, W								
0,7 €	3,3 €	**4,5 €**	6,2 €	11 €		[m^2]	⏱ 0,10 h/m^2	016.000.033

Nr.	Kurztext / Langtext							Kostengruppe
▶	▷	ø netto €	◁	◀	[Einheit]		Ausf.-Dauer	Positionsnummer

23 Dachschalung, Nadelholz, Nut und Feder, gehobelt — KG 361
Schalung, tragend, aus Brettern, Nadelholz, Befestigung mit Nägeln.
Einbauort: Steildach unter Dachdeckung, sichtbar bleibend
Oberfläche: einseitig gehobelt
Sortierklasse: S10
Profil: gespundet, Nut-Feder
Brettdicke: 24 mm
Breite: **kleiner / gleich** 200 mm
Untergrund: Holz

| 18€ | 23€ | **24€** | 26€ | 29€ | [m²] | ⏱ 0,28 h/m² | 016.000.007 |

24 Dachschalung, Nadelholz, Glattkantbrett, gehobelt — KG 363
Schalung, tragend, aus Brettern, Nadelholz, Befestigung mit Nägeln.
Einbauort: Steildach unter Deckung, sichtbar bleibend
Oberfläche: einseitig gehobelt
Sortierklasse: S10
Brettdicke: 24 mm
Breite: 160 mm
Untergrund: Holz

| 33€ | 37€ | **40€** | 40€ | 49€ | [m²] | ⏱ 0,25 h/m² | 016.000.110 |

25 Dachschalung, Rauspund, bis 28mm — KG 363
Schalung, tragend, aus Rauspund, Nadelholz, Befestigung mit Nägeln.
Einbauort: Steildach unter Deckung
Sortierklasse: S10
Brettdicke: bis 28 mm
Breite: von 120 bis 200 mm
Untergrund: Holz

| 14€ | 18€ | **19€** | 21€ | 25€ | [m²] | ⏱ 0,25 h/m² | 016.000.008 |

26 Dachschalung, Holzspanplatte P5, 25mm, Nut-Feder-Profil — KG 363
Schalung als Unterlage für Deckung, sichtbar bleibend, Befestigung mit Nägeln, aus kunstharzgebundenen Spanplatten DIN EN 312 mit Nut-Feder-Verbindung, auf Holzuntergrund.
Plattentyp: P5
Dicke: bis 25 mm

| 15€ | 18€ | **21€** | 23€ | 32€ | [m²] | ⏱ 0,20 h/m² | 016.001.101 |

27 Dachschalung, Holzspanplatte P7, 25mm, Nut-Feder-Profil — KG 363
Schalung als Unterlage für Deckung, sichtbar bleibend, Befestigung mit Nägeln, aus kunstharzgebundenen Spanplatten DIN EN 312, mit Nut-Feder-Verbindung, auf Holzuntergrund.
Plattentyp: P7
Dicke: bis 25 mm

| 16€ | 20€ | **22€** | 26€ | 35€ | [m²] | ⏱ 0,20 h/m² | 016.000.009 |

LB 016 Zimmer- und Holzbauarbeiten

Kosten:
Stand 1.Quartal 2021
Bundesdurchschnitt

▶ min
▷ von
ø Mittel
◁ bis
◀ max

Nr.	Kurztext / Langtext						Kostengruppe
▶	▷	ø netto €	◁	◀	[Einheit]	Ausf.-Dauer	Positionsnummer
28	**Innenbekleidung, OSB/2, 18mm**						KG **336**
	Innenbekleidung aus OSB-Platten, tragend, im Trockenbereich auf Holzuntergrund. Befestigung nach statischer Berechnung und Konstruktionszeichnungen. Einbauort: ..... Plattentyp: OSB/2 Dicke: 18 mm						
11€	19€	**19€**	21€	25€	[m²]	⏱ 0,20 h/m²	016.000.150
29	**Innenbekleidung, OSB/3, 15mm**						KG **336**
	Innenbekleidung aus OSB-Platten, tragend, im Trockenbereich auf Holzuntergrund. Befestigung nach statischer Berechnung und Konstruktionszeichnungen. Einbauort: ..... Plattentyp: OSB/3 Dicke: 15 mm						
13€	19€	**21€**	22€	26€	[m²]	⏱ 0,20 h/m²	016.000.084
30	**Innenbekleidung, OSB/3, 22mm**						KG **336**
	Innenbekleidung aus OSB-Platten, tragend, im Trockenbereich auf Holzuntergrund. Befestigung nach statischer Berechnung und Konstruktionszeichnungen. Einbauort: ..... Plattentyp: OSB/3 Dicke: 22 mm						
19€	22€	**24€**	26€	30€	[m²]	⏱ 0,22 h/m²	016.000.101
31	**Innenbekleidung, OSB/4, 22mm, Feuchtebereich**						KG **353**
	Innenbekleidung aus OSB-Platten, tragend, Anwendung im Feuchtebereich, im Trockenbereich auf Holzuntergrund. Befestigung nach statischer Berechnung und Konstruktionszeichnungen. Einbauort: ..... Plattentyp: OSB/4 Dicke: 22 mm						
19€	23€	**26€**	28€	33€	[m²]	⏱ 0,22 h/m²	016.000.075
32	**Innenbekleidung, OSB/4, 28mm, Feuchtebereich**						KG **353**
	Innenbekleidung aus OSB-Platten, tragend, Anwendung im Feuchtebereich, im Trockenbereich auf Holzuntergrund. Befestigung nach statischer Berechnung und Konstruktionszeichnungen. Einbauort: ..... Plattentyp: OSB/4 Dicke: 28 mm						
20€	25€	**27€**	32€	43€	[m²]	⏱ 0,25 h/m²	016.000.102
33	**Außenbekleidung, Sperrholz, 24mm, Feuchtebereich**						KG **364**
	Bekleidung im Außenbereich, tragend, aus Sperrholzplatten, auf Holzuntergrund. Befestigung nach statischer Berechnung. Einbauort: Dachüberstand Dachneigung: .....° Dicke: 24 mm						
27€	39€	**44€**	51€	64€	[m²]	⏱ 0,25 h/m²	016.000.087

Nr.	Kurztext / Langtext						Kostengruppe	
▶	▷	ø netto €	◁	◀	[Einheit]	Ausf.-Dauer	Positionsnummer	

34 Innenbekleidung, Sperrholz, 20mm, Trockenbereich — KG **364**
Innenbekleidung aus Sperrholzplatten, für allgemeine Zwecke, im Trockenbereich auf Holzuntergrund. Befestigung nach statischer Berechnung und Konstruktionszeichnungen.
Einbauort: .....
Dicke: 20 mm

| 26 € | 37 € | **42 €** | 46 € | 60 € | [m²] | ⏱ 0,26 h/m² | 016.000.010 |

35 Dachschalung, Kehle, Rauspund, 24mm — KG **363**
Dachschalung aus Rauspund, Nadelholz, als Unterlage für Deckung, allseitig gehobelt, Befestigung mit Nägeln auf Holzuntergrund.
Einbauort: Kehle
Brettdicke: 24 mm
Breite: bis 200 mm

| 20 € | 22 € | **24 €** | 27 € | 32 € | [m²] | ⏱ 0,20 h/m² | 016.001.098 |

36 Deckenschalung, OSB/3, 25mm — KG **363**
Deckenschalung aus OSB-Platten mit Nut-Feder-Profilverbindung, Befestigung mit Nägeln auf Holzuntergrund.
Einbauort: .....
Plattentyp: OSB/3
Dicke: 25 mm

| 14 € | 19 € | **22 €** | 24 € | 31 € | [m²] | ⏱ 0,20 h/m² | 016.001.099 |

37 Deckenschalung, Sperrholzplatte, 24mm — KG **335**
Deckenschalung aus Sperrholzplatten ohne Anforderung an die Sichtbarkeit, auf Holzuntergrund.
Einbauort: .....
Schalungsdicke: bis 24 mm

| 24 € | 33 € | **36 €** | 39 € | 48 € | [m²] | ⏱ 0,22 h/m² | 016.000.037 |

38 Innenbekleidung, Furnierschichtholzplatte, 27mm — KG **364**
Innenbekleidung für allgemeine Zwecke im Trockenbereich aus Furnierschichtholzplatte, befestigt mit Klammern auf Holzuntergrund.
Furnierlagen: .....
Dicke: 27 mm
Oberfläche: .....

| 32 € | 41 € | **45 €** | 48 € | 57 € | [m²] | ⏱ 0,33 h/m² | 016.000.063 |

39 Innenbekleidung, Massivholzplatte, 26mm — KG **335**
Innenbekleidung im Trockenbereich aus 3-Schicht-Massivholzplatte, tragend, sichtbar befestigt mit Schrauben auf Holzuntergrund.
Einbauort: .....
Dicke: 26 mm
Sichtseite: Klasse A

| 33 € | 49 € | **58 €** | 67 € | 84 € | [m²] | ⏱ 0,38 h/m² | 016.000.096 |

LB 016
Zimmer- und Holzbauarbeiten

Kosten:
Stand 1.Quartal 2021
Bundesdurchschnitt

▶ min
▷ von
ø Mittel
◁ bis
◀ max

Nr.	Kurztext / Langtext					Kostengruppe		
▶	▷	ø netto €	◁	◀	[Einheit]	Ausf.-Dauer	Positionsnummer

40   Dachschalung, Traufe, gehobelt, 24mm   KG 363
Dachschalung der Traufe als Unterlage für Dachdeckung aus Nadelholz-Brettern, befestigt mit Nägeln auf Holzuntergrund.
Sortierklasse: S10
Oberfläche: einseitig gehobelt
Schalungsdicke: 24 mm
Breite: bis 300 mm

| 9€ | 14€ | 16€ | 18€ | 24€ | [m] | ⏱ 0,35 h/m | 016.000.021 |

41   Fußbodeneinschub, Nadelholz, 24mm, auf Auflager   KG 351
Fußbodeneinschub aus gespundeter Schalung aus Nadelholz, befestigt auf Auflager aus Holz.
Balkenabstand: bis 800 mm
Auflager: .....
Güteklasse: .....
Schalungsdicke: 24 mm

| 22€ | 33€ | 38€ | 43€ | 54€ | [m²] | ⏱ 0,35 h/m² | 016.000.030 |

42   Kanthölzer, Nadelholz, scharfkantig, gehobelt   KG 335
Liefern von Kantholz, scharfkantig.
Holzart: **Fichte / Tanne**
Festigkeitsklasse C24
Oberfläche: allseitig gehobelt
Querschnitt: 60 x 120 mm
Einzellänge: bis 8,0 m, gem. Holzliste des AG

| 11€ | 14€ | 15€ | 19€ | 26€ | [m] | ⏱ 0,10 h/m | 016.000.013 |

A 1   Zwischensparrendämmung MW DZ-034   Beschreibung für Pos. 43-45
Wärmedämmung zwischen Sparren, aus Mineralwolle.
Dämmstoff: MW
Anwendungsgebiet: DZ
Bemessungswert der Wärmeleitfähigkeit: max. 0,034 W/(mK)
Nennwert Wärmeleitfähigkeit: 0,035 W/(mK)
Brandverhalten: nicht brennbar, Klasse A1
Abstand Sparren: 600 mm
Sparrenbreite: 60 mm

43   Zwischensparrendämmung MW, DZ-034, 120mm   KG 363
Wie Ausführungsbeschreibung A 1
Dämmschichtdicke: 120 mm

| 13€ | 15€ | 18€ | 19€ | 19€ | [m²] | ⏱ 0,20 h/m² | 016.000.131 |

44   Zwischensparrendämmung MW, DZ-034, 160mm   KG 363
Wie Ausführungsbeschreibung A 1
Dämmschichtdicke: 160 mm

| 14€ | 17€ | 20€ | 21€ | 23€ | [m²] | ⏱ 0,20 h/m² | 016.000.133 |

Nr.	**Kurztext** / Langtext						Kostengruppe
▶	▷	**ø netto €**	◁	◀	[Einheit]	Ausf.-Dauer	Positionsnummer

45 **Zwischensparrendämmung MW, DZ-034, 220mm** — KG **363**
Wie Ausführungsbeschreibung A 1
Dämmschichtdicke: 220 mm

20€	22€	**22€**	24€	27€	[m²]	⏱ 0,25 h/m²	016.000.136

46 **Bohle, S13TS K, Nadelholz** — KG **335**
Liefern von Kantholz.
Holzart: **Fichte / Tanne**
Sortierklasse: S13TS K, DIN 4074-1 scharfkantig
Oberfläche: allseitig gehobelt
Querschnitt: 60 x 120 mm
Einzellänge: bis 8 m, gem. Holzliste des AG

5€	8€	**9€**	11€	14€	[m]	⏱ 0,10 h/m	016.000.151

47 **Traufbohle, konisch** — KG **363**
Traufbohle mit trapezförmigen Zuschnitt, gehobelt und parallel besäumt, auf Holzuntergrund.
Holzart: Fichte
Sortierklasse: S13
Querschnitt: 40 x 120 mm
Einzellänge: bis ..... m, gem. Holzliste des AG

6€	8€	**9€**	12€	18€	[m]	⏱ 0,10 h/m	016.001.119

48 **Stellbrett, zwischen Sparren** — KG **363**
Stellbrett zwischen Sparren der Dachkonstruktion, aus Nadelholz, gehobelt und parallel besäumt, auf Holzuntergrund.
Einbauort: .....
Gebrauchsklasse DIN 68800-1: 3.1
Güteklasse DIN 68365: 2
Sortierklasse: S10
Höhe: 120 mm
Dicke: 24 mm

11€	15€	**17€**	20€	26€	[m]	⏱ 0,04 h/m	016.000.152

49 **Bekleidung, Laibung, Holzbrett** — KG **335**
Bekleidung der Laibung, im Außenbereich, aus Brettern, Nadelholz, sichtbar bleibend, Sichtseiten gehobelt.
Einbauort: ....
Laibungstiefe: .....
Gebrauchsklasse DIN 68800-1: 3.1
Güteklasse DIN 68365: 2
Dicke: 24 mm

9€	17€	**21€**	25€	34€	[m]	⏱ 0,06 h/m	016.000.156

LB 016
Zimmer- und Holzbauarbeiten

Kosten:
Stand 1.Quartal 2021
Bundesdurchschnitt

▶ min
▷ von
ø Mittel
◁ bis
◀ max

Nr.	Kurztext / Langtext					Kostengruppe		
▶	▷	ø netto €	◁	◀	[Einheit]	Ausf.-Dauer	Positionsnummer	

50 Bauteilanschluss, Dichtungsband, vorkomprimiert — KG **361**
Bauteilanschluss im Außenbereich mit vorkomprimiertem Dichtungsband, inkl. Fugen reinigen und ggf. grundieren.
Einbauort: .....
Fugenbreite: bis 15mm
Beanspruchungsgruppe: BG1 nach DIN 18452
Schlagregendichtheit EN 1027: mind. 600 PA

| 2€ | 3€ | **3€** | 4€ | 6€ | [m] | ⏱ 0,04 h/m | 016.000.034 |

51 Dampfsperrbahn, Alu-Verbund-Folie — KG **363**
Dampfsperrbahn aus Alu-Verbund-Folie, Seitenüberdeckung und Überlappungen verklebt/verschweißt. Wind- und luftdichte Anschlüsse an aufgehende, durchdringende und begrenzende Bauteile in gesonderter Position.
Einbauort: innenseitig, bei unbelüftetem Dach
Dampfsperrbahn: Alu-Verbund-Folie
sd-Wert: mind. 1.500 m

| 3€ | 6€ | **7€** | 8€ | 12€ | [m²] | ⏱ 0,08 h/m² | 016.000.014 |

52 Dampfbremsbahn, PE-Folie — KG **364**
Luftdichtungs- und Dampfbremsbahn, Seitenüberdeckung und Überlappungen **verklebt / verschweißt**. Wind- und luftdichte Anschlüsse an aufgehende, durchdringende und begrenzende Bauteile in gesonderter Position.
Einbauort: innenseitig, in belüftetes Dach
Dampfsperrbahn: PE-Folie
sd-Wert: über 0,5 bis 100 m

| 4€ | 7€ | **9€** | 12€ | 21€ | [m²] | ⏱ 0,08 h/m² | 016.000.090 |

53 Dampfsperre, sd-variabel — KG **364**
Dampfbremsbahn, feuchteadaptiv, mit variablem sd-Wert, an Dach innenseitig, Seitenüberdeckung und Überlappungen verklebt.
Dampfsperrbahn: PE-Folie
sd-Wert: größer 0,5 m

| 6€ | 10€ | **11€** | 14€ | 20€ | [m²] | ⏱ 0,08 h/m² | 016.000.065 |

54 Abdichtungsanschluss verkleben, Dampfsperrbahn — KG **363**
Luftdichter Anschluss der Dampfsperrbahn, Verklebung auf Holzwerkstoff mit abgestimmtem Dichtmittel.
Bauteil: .....
Dichtmittel: .....

| 1€ | 3€ | **4€** | 5€ | 9€ | [m] | ⏱ 0,10 h/m | 016.000.038 |

55 Abdichtungsanschluss verkleben, Dampfbremsbahn — KG **363**
Luftdichter Anschluss der Dampfbremsbahn, Verklebung auf Holzwerkstoff mit abgestimmtem Dichtmittel.
Bauteil: .....
Dichtmittel: .....

| 2€ | 5€ | **7€** | 8€ | 12€ | [m] | ⏱ 0,10 h/m | 016.000.113 |

Nr.	Kurztext / Langtext							Kostengruppe
▶	▷	ø netto €	◁	◀		[Einheit]	Ausf.-Dauer	Positionsnummer

56 Abdichtungsanschluss, Butyl-Band, Dicht-/Dampfsperrbahn — KG 363

Luftdichter Anschluss der Dampfsperrbahn, auf saugenden Untergründen, Verklebung mit Butylband, Band als metallisierte Polypropylenfolie mit hochreißfestem Polyethylennetz und heißkalandriertem Butylkautschuk, kaltverschweißend und wasserdicht.

| 6€ | 11€ | **11€** | 11€ | 14€ | | [m] | ⏱ 0,04 h/m | 016.000.039 |

A 2 Unterdeckung, Holzfaserplatten — Beschreibung für Pos. 57-58

Unterdeckung für hinterlüfteter Außenwandbekleidung aus porösen Holzfaserplatten.
Untergrund: .....
Dämmstoff: WF
Brandverhalten: Klasse E

57 Unterdeckung, WF 20mm — KG 335

Wie Ausführungsbeschreibung A 2
Plattendicke: 20 mm
Plattenkante: .....

| 19€ | 22€ | **24€** | 28€ | 34€ | | [m²] | ⏱ 0,20 h/m² | 016.000.062 |

58 Unterdeckung, WF 52mm — KG 335

Wie Ausführungsbeschreibung A 2
Plattendicke: 52 mm
Plattenkante: .....

| 22€ | 28€ | **30€** | 30€ | 35€ | | [m²] | ⏱ 0,22 h/m² | 016.000.095 |

59 Unterdeckbahn, hinterlüftetes Dach — KG 363

Unterdeckbahn, diffusionsoffen, nach Merkblatt ZVDH – Produktdatenblatt, für belüftetes Dach, über Dachdämmung gespannt, auf Sparren befestigt.
sd-Wert: ca. 0,50 m
Unterdeckbahn Klasse: UDB-A
Brandverhalten: Klasse E
Stöße: nahtgesichert, Klasse 4

| 3€ | 5€ | **6€** | 8€ | 10€ | | [m²] | ⏱ 0,08 h/m² | 016.001.120 |

A 3 Dämmung, Außenwand WH, MW 035 — Beschreibung für Pos. 60-61

Wärmedämmung zwischen Ständern in Holzständerwandkonstruktion, aus Mineralwolle, einlagig.
Ständerabstand: 600 mm
Dämmstoff: MW
Anwendungsgebiet: WH
Bemessungswert der Wärmeleitfähigkeit: max. 0,034 W/(mK)
Nennwert Wärmeleitfähigkeit: 0,035 W/(mK)
Brandverhalten: nicht brennbar, Klasse A1
Einbauort: Außenwand
Arbeitshöhe: .....

60 Dämmung, Außenwand WH, MW 035, 200mm — KG 335

Wie Ausführungsbeschreibung A 3
Plattendicke: 200 mm

| 13€ | 17€ | **19€** | 20€ | 23€ | | [m²] | ⏱ 0,22 h/m² | 016.000.143 |

LB 016 Zimmer- und Holzbauarbeiten

Kosten:
Stand 1.Quartal 2021
Bundesdurchschnitt

▶ min
▷ von
ø Mittel
◁ bis
◀ max

Nr.	Kurztext / Langtext					[Einheit]	Ausf.-Dauer	Kostengruppe Positionsnummer
▶	▷	ø netto €	◁	◀				

61 Dämmung, Außenwand WH, MW 035, 240mm — KG **335**
Wie Ausführungsbeschreibung A 3
Plattendicke: 240 mm

| 17€ | 20€ | **23**€ | 25€ | 30€ | [m²] | ⏱ 0,22 h/m² | 016.000.061 |

62 Außenwanddämmung, Holzfaserplatte, 60mm — KG **335**
Wärmedämmung der Außenwand mit Holzfaserplatte, einlagig, auf Holz-Unterkonstruktion.
Ständerabstand: 625 mm
Dämmstoff: WF
Anwendung: .....
Brandverhalten: normal entflammbar, Klasse E
Rohdichte: 110 kg/m³
Bemessungswert der Wärmeleitfähigkeit: max. ..... W/(mK)
Nennwert Wärmeleitfähigkeit: 0,038 W/(mK)
Plattendicke: 60 mm
Arbeitshöhe: .....

| 23€ | 30€ | **31**€ | 32€ | 38€ | [m²] | ⏱ 0,22 h/m² | 016.001.142 |

63 Außenwanddämmung WF, WDVS, 160mm — KG **335**
Wärmedämmung der Außenwand als Putzträger für Wärmedämm-Verbundsystem (WDVS), auf Holz-Unterkonstruktion mit Holzfaserplatten, einlagig, dicht gestoßen und fugenfrei einbauen.
Dämmstoff: WF
Anwendung: WAP
Brandverhalten: normal entflammbar, Klasse E
Rohdichte: ca. 130 bis 205 kg/m³
Bemessungswert der Wärmeleitfähigkeit: max. 0,042 W/(mK)
Nennwert Wärmeleitfähigkeit: 0,040 W/(mK)
Kantenausbildung: Nut und Feder
Plattendicke: 160 mm
Arbeitshöhe: .....

| –€ | 53€ | **59**€ | 71€ | –€ | [m²] | ⏱ 0,30 h/m² | 016.000.121 |

64 Aufsparrendämmung PUR, 160mm — KG **363**
Aufsparrendämmung aus Polyurethan-Hartschaumplatten, beidseitig vlieskaschiert.
Untergrund: .....
Dämmstoff: PUR
Anwendungsgebiet: DAD
Bemessungswert der Wärmeleitfähigkeit: max. 0,025 W/(mK)
Nennwert Wärmeleitfähigkeit: 0,024 W/(mK)
Brandverhalten: normal entflammbar, Klasse E
Dämmdicke: 160 mm

| 42€ | 46€ | **47**€ | 49€ | 52€ | [m²] | ⏱ 0,20 h/m² | 020.000.141 |

Nr.	Kurztext / Langtext							Kostengruppe
▶	▷	ø netto €	◁	◀		[Einheit]	Ausf.-Dauer	Positionsnummer

65 Rieselschutz, Glasfaser — KG 363
Rieselschutz für Mineralwolledämmung, von unten auf ebene Flächen, aus Glasvlies.
Einbauort: .....
Farbton: .....
Angeb. Fabrikat: .....

| 2€ | 3€ | **4€** | 5€ | 7€ | [m²] | ⏱ 0,10 h/m² | 016.000.057 |

66 Konterlattung, Nadelholz, 30x50mm — KG 363
Konterlattung aus Nadelholz, für Dachziegel- oder Betondachsteindeckung, auf Holzunterkonstruktion, Befestigung mit korrosionsgeschützten Klammern, Nägeln und Schrauben.
Sortierklasse: S10
Oberfläche: sägerau
Lattenabstand: 80 cm
Dachdeckung: .....
Dachfläche: .....
Dachneigung: .....°
Lattenquerschnitt: 30 x 50 mm

| 2€ | 2€ | **3€** | 3€ | 5€ | [m] | ⏱ 0,10 h/m | 016.000.022 |

67 Konterlattung, Nadelholz, 40x60mm — KG 363
Konterlattung aus Nadelholz, für Dachziegel- oder Betondachsteindeckung, auf Holzunterkonstruktion, Befestigung mit korrosionsgeschützten Klammern, Nägeln und Schrauben.
Sortierklasse: S10
Oberfläche: sägerau
Lattenabstand: 80 cm
Dachdeckung: .....
Dachfläche: .....
Dachneigung: .....°
Lattenquerschnitt: 40 x 60 mm

| 2€ | 3€ | **4€** | 6€ | 9€ | [m] | ⏱ 0,10 h/m | 016.000.091 |

68 Traglattung, Nadelholz, 30x50mm — KG 363
Traglattung aus Nadelholz, für Dachziegel- oder Betondachsteindeckung, auf Holzunterkonstruktion, Befestigung mit korrosionsgeschützten Klammern, Nägeln und Schrauben.
Sortierklasse: S10
Oberfläche: sägerau
Lattenabstand: ca. 330 mm
Sparrenabstand: bis 800 mm
Dachdeckung: .....
Dachfläche: .....
Dachneigung: .....°
Lattenquerschnitt: 30 x 50 mm

| 2€ | 4€ | **6€** | 7€ | 11€ | [m²] | ⏱ 0,10 h/m² | 016.000.078 |

LB 016
Zimmer- und Holzbauarbeiten

Kosten:
Stand 1.Quartal 2021
Bundesdurchschnitt

Nr.	Kurztext / Langtext					Kostengruppe
▶	▷ ø netto € ◁ ◀				[Einheit] Ausf.-Dauer	Positionsnummer

69 Nageldichtband, Konterlattung — KG 363

Zusätzliche Nageldichtung unter Grundlattung, passend zur Unterdeckung/Unterspannung.
Lattenabstand: 0,75 m
Dachneigung: .....
Lattenquerschnitt: 30/50 mm

| 2€ | 2€ | **3€** | 4€ | 5€ | [m] | ⏱ 0,01 h/m | 016.000.079 |

70 Wohndachfenster, bis 1,00m², U_w=1,4 — KG 362

Dachflächenfenster als Schwingflügel, Öffnung manuell, aus Nadelholz, beschichtet. Verglasung aus Mehrscheibenisolierglas, Verglasung mit Hagel- und Sonnenschutz. Außenabdeckung aus beschichtetem Aluminium. Der Eindeckrahmen wird gesondert vergütet.
Wärmeschutz: $U_w <= 1,4$ W/m²K
Schalldämmung: SSK 1 (R_w 25 bis 29 dB)
Abmessung: 780 x 1.180 mm

| 736€ | 876€ | **932€** | 1.008€ | 1.136€ | [St] | ⏱ 1,90 h/St | 016.000.045 |

71 Wohndachfenster, bis 1,85m², U_w=1,4 — KG 362

Dachflächenfenster als Schwingflügel, Öffnung manuell, aus Nadelholz, beschichtet. Verglasung aus Mehrscheibenisolierglas, Verglasung mit Hagel- und Sonnenschutz. Außenabdeckung aus beschichtetem Aluminium. Der Eindeckrahmen wird gesondert vergütet.
Wärmeschutz: $U_w <= 1,4$ W/m²K
Schalldämmung: SSK 1 (R_w 25 bis 29 dB)
Abmessung: 1.140 x 1.600 mm

| 841€ | 995€ | **1.072€** | 1.341€ | 1.644€ | [St] | ⏱ 2,20 h/St | 016.000.125 |

72 Nivelierschwelle, Holzwände — KG 331

Nivellierschwelle auf Stahlbetonbodenplatte, einschl. Befestigungsmaterial und abschließend mit Quellmörtel unterfüttern.
Bauteil: **innen / außen**
Material: Nadelholz C24
Holzschutz: ohne (GK 0)
Querschnitt: 60/160 mm

| 11€ | 19€ | **24€** | 30€ | 41€ | [m] | – | 016.001.143 |

▶ min
▷ von
ø Mittel
◁ bis
◀ max

Nr.	Kurztext / Langtext					Kostengruppe	
▶	▷	ø netto €	◁	◀	[Einheit]	Ausf.-Dauer	Positionsnummer

73 Außenwand, Holzrahmen, OSB, WF — KG **331**

Außenwand als Holzrahmenkonstruktion, aussteifend, tragend, aus Nadelholz, innenseitige Beplankung aus OSB-Platten, abgeklebt, außenseitige Beplankung aus poröser Holzfaserplatte, diffusionsoffen, mit Wärmedämmung. Leistung einschl. Verbindung der Elemente untereinander. Anschluss an vorhandene Bauteile in gesonderter Position. Ausführung gem. Zeichnung und Einzelbeschreibung.

Regelquerschnitt: 6/16 cm
Holzart: Fichte/Tanne
Festigkeitsklasse: C 24
Sortierklasse: S10
Wanddicke: 160 mm
Achsabstand Ständer: bis 62,5 cm
Dämmstoff: .....
Anwendungsgebiet: WH
Plattendicke: 160 mm
Bemessungswert der Wärmeleitfähigkeit: max. 0,040 W/(mK)
Nennwert der Wärmeleitfähigkeit: 0,038 W/(mK)
Innenbekleidung: OSB/2
sd-Wert: >=2,0m
Plattendicke: 15 mm
Außenbekleidung: Holzfaserplatte SB.E-E1
Dicke: 25 mm

| 98 € | 121 € | **127 €** | 140 € | 172 € | [m²] | ⏱ 0,80 h/m² | 016.000.025 |

LB 016
Zimmer- und Holzbauarbeiten

Nr.	Kurztext / Langtext					Kostengruppe	
▶	▷	ø netto €	◁	◀	[Einheit]	Ausf.-Dauer	Positionsnummer

74 Außenwand, Holzstegträger, OSB, WF KG **337**

Außenwand als tragende Holzkonstruktion aus Stegträgern mit innerer und äußerer Beplankung, sowie Wärmedämmung, inkl. Montage. Tragkonstruktion aus Doppel-Steg-Trägern, einschl. notwendiger Füllhölzer, Randbalken aus Furnierschichtholz, mit Wärmedämmung in Holzwand aus Schüttung aus Zellulosefasern. Innenbekleidung mit aussteifender Holzwerkstoffplatte, Stöße winddicht abgeklebt. Außenbekleidung mit Holzfaserdämmplatten als diffusionsoffene Wärmedämmung des Wärmedämm-Verbundsystem. Armierung und Putz in gesonderten Positionen. Ausführung gem. Zeichnung und Einzelbeschreibung.

Trägertyp: .....
Höhe: ..... mm
Trägerabstand: .....
Elementbreite: .....
Elementlänge: .....
Wärmedämmung: Zellulosefasern
Anwendung: DZ
Bemessungswert der Wärmeleitfähigkeit: max. 0,040 W/(mK)
Nennwert der Wärmeleitfähigkeit: 0,040 W/(mK)
Brandverhalten: Klasse E
Dämmdicke .....
Innenbekleidung: OSB/4
Dicke: ..... mm, einlagig
sd-Wert: .....
Rand: N+F
Außenbekleidung: WF
sd-Wert: ..... m
Dämmstoff: WF
Anwendung: WAP
Dicke: ..... mm
Bemessungswert der Wärmeleitfähigkeit: max. 0,038 W/(mK)
Nennwert der Wärmeleitfähigkeit: 0,040 W/(mK)
Brandverhalten: E
Rand: stumpf

| 139€ | 174€ | **179€** | 189€ | 239€ | [m²] | ⏱ 1,30 h/m² | 016.000.066 |

75 Innenwand, Holzständer, 10cm, Bekleidung, MW KG **342**

Holzrahmenbaukonstruktion als Innenwand, nichttragend, einseitig beplankt, einschl. Verbindung der Elemente untereinander, Anschluss an vorhandene Bauteile wird gesondert vergütet. Beplankung der zweiten Seite nach erfolgter Installation. Ausführung gem. Zeichnung und Einzelbeschreibung.

Elementhöhe: bis 2,50m
Elementdicke: 15 mm
Rahmen: 60 x 100 mm
Abstand Rahmen: 625 mm
Material: Nadelholz
Festigkeitsklasse C24
Sortierklasse: S10
Dämmschicht: Mineralwolle MW
Anwendungsgebiet: WH
Dicke: 100 mm
Bemessungswert der Wärmeleitfähigkeit: max. 0,040 W/(mK)
Nennwert der Wärmeleitfähigkeit: 0,038 W/(mK)

| 53€ | 55€ | **56€** | 57€ | 60€ | [m²] | ⏱ 0,65 h/m² | 016.000.023 |

Kosten: Stand 1.Quartal 2021 Bundesdurchschnitt

▶ min
▷ von
ø Mittel
◁ bis
◀ max

Nr.	Kurztext / Langtext					Kostengruppe		
▶	▷	ø netto €	◁	◀	[Einheit]	Ausf.-Dauer	Positionsnummer

76 — Innenwand, Holzständer, 12cm, OSB-Bekleidung, MW — KG **342**

Holzrahmenbaukonstruktion als Innenwand, tragend, einseitig beplankt, einschl. Verbindung der Elemente untereinander, Anschluss an vorhandene Bauteile wird gesondert vergütet. Beplankung der zweiten Seite nach erfolgter Installation. Ausführung gem. Zeichnung und Einzelbeschreibung.
Elementhöhe: bis 2,50m
Elementdicke: 15 mm
Rahmen: 60 x 120 mm
Abstand Rahmen: 625 mm
Material: Nadelholz
Festigkeitsklasse C24
Sortierklasse: S10
Dämmschicht: Mineralwolle MW
Anwendungsgebiet: WH
Dicke: 60 mm
Bemessungswert der Wärmeleitfähigkeit: max. 0,040 W/(mK)
Nennwert der Wärmeleitfähigkeit: 0,038 W/(mK)

| 55€ | 58€ | **64€** | 71€ | 82€ | [m²] | ⏱ 0,65 h/m² | 016.001.144 |

77 — Türöffnung, Holz-Innenwand, 875x2.000mm — KG **340**

Türöffnung in Holzrahmenbaukonstruktion, nichttragend, in Gesamttiefe des Bauteils mit Bekleidungen, einschl. Einbau Füllhölzer/Wechsel als Fassung.
Baurichtmaß (B x H): 875 x 2.000 mm
Wanddicke: …… mm
Wandschichten: ……

| 19€ | 27€ | **30€** | 38€ | 50€ | [St] | ⏱ 1,10 h/St | 016.001.139 |

78 — Türöffnung, Holz-Innenwand, 1.000x2.000mm — KG **340**

Türöffnung in Holzrahmenbaukonstruktion, nichttragend, in Gesamttiefe des Bauteils mit Bekleidungen, einschl. Einbau Füllhölzer/Wechsel als Fassung.
Baurichtmaß (B x H): 1.000 x 2.000 mm
Wanddicke: …… mm
Wandschichten: ……

| 25€ | 33€ | **39€** | 49€ | 70€ | [St] | ⏱ 1,10 h/St | 016.000.104 |

79 — Ausschnitt, Schalterdose, Holzplatte — KG **345**

Ausschnitt für Elektro-Hohlwanddose in Holzwerkstoffplatte.
Dicke: 20 mm
Anzahl Lagen: einlagig
Art: Schalterdose
Durchmesser: **68 / 74** mm
Brandschutz Bauteil: ohne Anforderung

| 6€ | 9€ | **10€** | 11€ | 16€ | [St] | ⏱ 0,03 h/St | 016.001.123 |

LB 016
Zimmer- und Holzbauarbeiten

Kosten:
Stand 1.Quartal 2021
Bundesdurchschnitt

Nr.	Kurztext / Langtext					Kostengruppe
▶	▷	ø netto €	◁	◀	[Einheit]	Ausf.-Dauer Positionsnummer

80 Lattenverschlag, Nadelholz — KG 346

Lattenverschlag, Holzrahmen und senkrechter Holzlattung aus Nadelholz, allseitig gehobelt und sichtbar bleibend, oben und unten befestigt mit verzinkten Stahlwinkeln. Ausführung gem. Zeichnung und Einzelbeschreibung.
Holzart: Nadelholz
Sortierklasse: S10
Oberfläche: scharfkantig, gehobelt
Holzpfosten: 60 x 60 mm
Abstand bis 1,0 m
Holzlatten: 30 x 50 mm
Lattenabstand: 50 mm
Höhe des Verschlags: bis 2,50 m
Untergrund: Stahlbeton

| 21€ | 37€ | **45€** | 50€ | 64€ | [m²] | ⏱ 0,70 h/m² | 016.000.029 |

A 4 Massivholzdecke, Brettstapel, gehobelt — Beschreibung für Pos. 81-82

Brettstapeldecke aus Einzellamellen aus Nadelholz, Sichtseite gehobelt; inkl. aller Aussparungen und, Anschlussausformungen. Ausführung gem. Zeichnung und Einzelbeschreibung.
Einbauort: .....
Untergrund: .....
Sortierklasse: S10
Holzfeuchte: 15% +/-3%
Lamellenbreite: ..... cm
Verbindungen: .....

81 Massivholzdecke, Brettstapel, 160mm, gehobelt — KG 351
Wie Ausführungsbeschreibung A 4
Lamellenprofil: **gefast / profiliert / mit Akustikprofil**
Dicke: 160 mm
Unterseite: **sichtbar bleibend / nicht sichtbar**

| 108€ | 126€ | **130€** | 136€ | 157€ | [m²] | ⏱ 0,20 h/m² | 016.000.024 |

82 Massivholzdecke, Brettstapel, 200mm, gehobelt — KG 351
Wie Ausführungsbeschreibung A 4
Lamellenprofil: **gefast / profiliert / mit Akustikprofil**
Dicke: 200 mm
Unterseite: **sichtbar bleibend / nicht sichtbar**

| 152€ | 173€ | **185€** | 198€ | 223€ | [m²] | ⏱ 0,22 h/m² | 016.000.092 |

83 Massivholzdecke, Brettstapel, Aussparung bis 0,5m² — KG 351
Aussparungen in Brettstapeldecke, inkl. erforderlicher Randprofilierung.
Abmessung: bis 0,5 m²
Element-Dicke: bis 200 mm

| 30€ | 38€ | **43€** | 50€ | 60€ | [St] | ⏱ 0,70 h/St | 016.001.112 |

▶ min
▷ von
ø Mittel
◁ bis
◀ max

Nr.	Kurztext / Langtext					Kostengruppe	
▶	▷	ø netto € ◁ ◀			[Einheit]	Ausf.-Dauer	Positionsnummer

84 Massivholzdecke, Brettstapel, Aussparung bis 2,5m² — KG 351

Aussparungen in Brettstapeldecke, inkl. erforderlicher Randprofilierung.
Abmessung: über 0,5 bis 2,5 m²
Element-Dicke: bis 200 mm

| 36€ | 46€ | **52€** | 61€ | 72€ | [St] | ⏱ 0,90 h/St | 016.001.138 |

85 Schüttung, Sand, in Decken — KG 351

Schüttung aus Sand, trocken, zwischen Sparren.
Sparrenabstand: ca. 0,60 m
Schichtdicke: 60 mm
Körnung 0,6 mm

| 8€ | 12€ | **12€** | 13€ | 20€ | [m²] | ⏱ 0,16 h/m² | 016.000.106 |

86 Schüttung, Splitt, in Decken — KG 351

Schüttung aus Splitt, trocken, zwischen Sparren.
Sparrenabstand: ca. 0,60 m
Schichtdicke: 60 mm
Körnung: 2 bis 4 mm

| 12€ | 15€ | **20€** | 22€ | 28€ | [m²] | ⏱ 0,16 h/m² | 016.000.107 |

87 Wangentreppe, Holz, gerade — KG 352

Wangentreppe aus Holz, innen, im Trockenbereich, gerade, einläufig, Stufen eingestemmt mit Unterschneidung, ohne Setzstufen, befestigt an Antritt und Austritt. Geländer wird in gesonderter Position vergütet.
Einbauort: Betondecke
Nutzlast: 3 kN/m²
Holzart: Eiche
Oberfläche: geölt
Stufendicke: 40 mm
Steigungen: 15 Stufen
Steigungsverhältnis: 175 x 280 mm
Laufbreite: 800 mm
Untersicht: .....

| 2.823€ | 3.053€ | **3.242€** | 3.440€ | 3.869€ | [St] | ⏱ 20,00 h/St | 016.000.048 |

88 Wangentreppe, Holz, gerade, Setzstufe — KG 352

Wangentreppe aus Holz, innen, im Trockenbereich, gerade, einläufig, mit aufgesattelten Tritt- und Setzstufen, befestigt an Antritt und Austritt. Geländer wird in gesonderter Position vergütet.
Einbauort: Betondecke
Nutzlast: 3 kN/m²
Holzart: Eiche
Oberfläche: geölt
Stufendicke: 40 mm
Steigungen: 15 Stufen
Steigungsverhältnis: 175 x 280 mm
Laufbreite: 800 mm
Untersicht: .....

| 5.437€ | 7.027€ | **5.124€** | 8.459€ | 9.829€ | [St] | ⏱ 20,00 h/St | 016.001.146 |

LB 016
Zimmer- und Holzbauarbeiten

Kosten:
Stand 1.Quartal 2021
Bundesdurchschnitt

Nr.	Kurztext / Langtext					[Einheit]	Ausf.-Dauer	Kostengruppe Positionsnummer
▶	▷	ø netto €	◁	◀				

89 Wangentreppe, Holz, halbgewendelt — KG 352

Wangentreppe aus Holz, innen, im Trockenbereich, halbgewändelt, einläufig, Stufen eingestemmt mit Unterschneidung, ohne Setzstufen, befestigt an Antritt und Austritt. Geländer wird in gesonderter Position vergütet.
Einbauort: Betondecke
Nutzlast: 3 kN/m²
Holzart: Eiche
Oberfläche: geölt
Stufendicke: 40 mm
Steigungen: 15 Stufen
Steigungsverhältnis: 175 x 280 mm
Laufbreite: 800 mm
Untersicht: .....

| 5.751€ | 6.190€ | **6.379**€ | 6.609€ | 7.215€ | [St] | 20,00 h/St | 016.001.147 |

90 Einschubtreppe, gedämmt — KG 352

Einschubtreppe aus Holz, 2-teilig, einschiebbar, von oben und unten zu öffnen, mit einseitigem Handlauf und Lukenkasten, sowie wärmegedämmtem Deckel, vorgerichtet für Bekleidung von unten.
Stufen: Hartholz
Einbauort: .....
Dämmwert: ..... W/m²K
Dichtheit: ..... m³/hm
Oberflächen: .....
Raumhöhe: bis 2,75 m
Rohbauöffnungsmaß: 700 x 1.400 mm
Kastenhöhe: 180 mm

| 567€ | 1.052€ | **1.161**€ | 2.078€ | 3.665€ | [St] | 3,80 h/St | 016.001.096 |

91 Einschubtreppe, EI30 — KG 352

Einschubtreppe aus Holz, 2-teilig, einschiebbar, von oben und unten zu öffnen, mit einseitigem Handlauf und Lukenkasten, sowie wärmegedämmtem Deckel, vorgerichtet für Bekleidung von unten.
Stufen: Hartholz
Einbauort: .....
Dämmwert: ..... W/m²K
Dichtheit: ..... m³/hm
Feuerwiderstand: EI30 von **unten / von oben und unten**
Oberflächen: .....
Raumhöhe: bis 2,75 m
Rohbauöffnungsmaß: 700 x 1.400 mm
Kastenhöhe: 180 mm

| 490€ | 695€ | **777**€ | 1.153€ | 1.832€ | [St] | 5,00 h/St | 016.000.049 |

▶ min
▷ von
ø Mittel
◁ bis
◀ max

Nr.	**Kurztext** / Langtext							Kostengruppe
▶	▷	**ø netto €**	◁	◀	[Einheit]	Ausf.-Dauer	Positionsnummer	

92 Scherentreppe, Aluminium — KG **359**

Scherentreppe aus Aluminium, einschiebbar, von oben und unten zu öffnen, mit einseitigem Handlauf und Lukenkasten, sowie wärmegedämmtem Deckel, vorgerichtet für Bekleidung von unten.
Stufen: Metall
Einbauort: .....
Dämmwert: ..... W/m²K
Dichtheit: ..... m³/hm
Oberflächen: .....
Raumhöhe: bis 2,75 m
Rohbauöffnungsmaß: 700 x 700 mm
Kastenhöhe: 180 mm

| 727€ | 1.417€ | **1.522€** | 1.667€ | 2.100€ | [St] | ⏱ 2,50 h/St | 016.001.095 |

93 Wechsel, Kamindurchgang — KG **361**

Auswechselung für Kamin herstellen und seitliche Wechsel einbauen, bündig in Gebälk.
Kaminabmessung: ..... x ..... m
Einbauort: **Dachstuhl / Geschossdecke**
Konstruktionsdicke: ..... mm

| 15€ | 30€ | **32€** | 44€ | 63€ | [St] | ⏱ 0,30 h/St | 016.001.122 |

94 Windrispenband, 40x2mm — KG **361**

Windrispenband zur Diagonalaussteifung, inkl. Befestigung mit Ankernägeln.
Abmessung: 40 x 3 mm
Ankernägel: 4 x 40 bis 4 x 60 mm

| 2€ | 4€ | **5€** | 6€ | 8€ | [m] | ⏱ 0,05 h/m | 016.000.044 |

95 Windrispenband, 60x3mm — KG **361**

Windrispenband zur Diagonalaussteifung, inkl. Befestigung mit Ankernägeln.
Abmessung: 60 x 3 mm
Ankernägel: 4 x 40 bis 4 x 60 mm

| 3€ | 5€ | **6€** | 7€ | 9€ | [m] | ⏱ 0,05 h/m | 016.000.094 |

96 Aussteifungsverband, diagonal — KG **361**

Diagonalaussteifung, aus Stabstahl, mit Gewindeschloss, einschl. aller Anschlussbleche, Steifen, Bohrungen, Verbindungsmittel und Schweißnähte, sowie Bohrungen für die Verschraubung mit den bauseitigen Anschlüssen.
Einbauort: **Dachebene / zwischen Außenstützen**
Materialgüte: Stahl S355J0 (+N .....)
Durchmesser: Vollprofil 16 mm
Einzellänge: Rundstahl .....
Oberfläche: grundiert
Baustellenverbindungen: **geschraubt / geschweißt**
Für die Ausführung werden vom AG folgende Unterlagen zur Verfügung gestellt:
– statische Berechnung mit Positionsplänen, Plannr.: .....

| –€ | 29€ | **32€** | 35€ | –€ | [m] | ⏱ 0,25 h/m | 016.000.052 |

LB 016
Zimmer- und Holzbauarbeiten

Kosten:
Stand 1.Quartal 2021
Bundesdurchschnitt

▶ min
▷ von
ø Mittel
◁ bis
◀ max

Nr.	Kurztext / Langtext							Kostengruppe
▶	▷	ø netto €	◁	◀		[Einheit]	Ausf.-Dauer	Positionsnummer
97	**Winkelverbinder/Knaggen**							KG **361**
	Winkelverbinder, für Holzkonstruktion, einschl. Ausnagelung mit Verbindungsmittel nach Zulassung. Nagelquerschnitt: 4mm, Formteil: **mit / ohne** Rippenverstärkung Typ / Länge: **90 / 105 / .....** Material: feuerverzinkter Stahl Einzelgewicht: bis 0,3 kg Einbauort:							
2€	6€	**7**€	10€	18€		[kg]	⏱ 0,14 h/kg	016.000.050
98	**Verankerung, Profilanker, Schwelle**							KG **361**
	Verankerung von Holzschwellen an vorhandener Ankerschiene, mit Profilanker, einschl. Verbindungsmittel nach statischer Berechnung. Mindestlastaufnahme der Verbindung: 0,48 kN Ankerschienenprofil: 28 x 15 mm Befestigung an Holz mit: 4 Ankernägel 4 x 40 mm							
3€	5€	**6**€	8€	14€		[St]	⏱ 0,12 h/St	016.000.071
99	**Stabdübel, nicht rostender Stahl**							KG **361**
	Stabdübel, Oberfläche an den Enden gefast, inkl. mehrschnittige Bohrung durch 20mm starkes Stahlblech-Bauteil. Material: nicht rostender Stahl Werkstoffnummer: 1.4571 Länge: bis 80 mm Durchmesser: 12 mm							
1€	3€	**4**€	6€	11€		[St]	⏱ 0,05 h/St	016.000.027
100	**Gewindestange, M12, verzinkt**							KG **361**
	Gewindestange, in Holzbauteil, inkl. Bohrung im Bauteil, zwei Unterlegscheiben und Muttern. Oberfläche: feuerverzinkt Größe: M12 Länge: 1.000 mm							
4€	9€	**11**€	16€	27€		[St]	⏱ 0,10 h/St	016.000.028
101	**Stundensatz, Facharbeiter/-in**							
	Stundenlohnarbeiten für Vorarbeiterin, Vorarbeiter, Facharbeiterin, Facharbeiter, und Gleichgestellte. Verrechnungssatz für die jeweilige Arbeitskraft inkl. aller Aufwendungen wie Lohn- und Gehaltskosten, Lohn- und Gehaltsnebenkosten, Zuschläge, lohngebundene und lohnabhängige Kosten, sonstige Sozialkosten, Gemeinkosten, Wagnis und Gewinn. Leistung nach besonderer Anordnung der Bauüberwachung. Anmeldung und Nachweis gem. VOB/B.							
48€	53€	**55**€	56€	60€		[h]	⏱ 1,00 h/h	016.000.147
102	**Stundensatz, Helfer/-in**							
	Stundenlohnarbeiten für Werkerin, Werker, Fachwerkerin, Fachwerker und jeweils Gleichgestellte. Der Verrechnungssatz für die jeweilige Arbeitskraft umfasst sämtliche Aufwendungen wie Lohn- und Gehaltskosten, lohn- und gehaltsgebundene Kosten, Lohn- und Gehaltsnebenkosten, Gemeinkosten, Wagnis und Gewinn. Leistung nach besonderer Anordnung der Bauüberwachung. Nachweis und Anmeldung gem. VOB/B.							
39€	45€	**47**€	48€	50€		[h]	⏱ 1,00 h/h	016.000.148

000
001
002
006
008
009
010
012
013
014
016
017
018
020
021
022

LB 017
Stahlbauarbeiten

Kosten:
Stand 1.Quartal 2021
Bundesdurchschnitt

▶ min
▷ von
ø Mittel
◁ bis
◀ max

Stahlbauarbeiten — Preise €

Nr.	Positionen	Einheit	▶	▷ ø brutto € / ø netto €		◁	◀
1	Handlauf, Rohrprofil, verzinkt	m	68 / 57	76 / 64	**82** / **69**	87 / 73	94 / 79
2	Profilstahl-Konstruktion, Profile UNP/UPE, verzinkt	kg	2 / 2	4 / 3	**4** / **3**	4 / 4	6 / 5
3	Profilstahl-Konstruktion, Profile IPE, verzinkt	kg	3 / 2	4 / 3	**4** / **4**	5 / 4	6 / 5
4	Profilstahl-Konstruktion, Profile HEA 160, verzinkt	kg	2 / 2	3 / 3	**4** / **3**	4 / 4	7 / 6
5	Rundstahl, Zugstab, D=36mm, verzinkt	kg	4 / 4	5 / 5	**6** / **5**	7 / 6	13 / 11
6	Stahlstütze, Rundrohrprofil	kg	3 / 3	5 / 4	**5** / **5**	7 / 6	10 / 8
7	Fußplatte, Stahlblech	kg	3 / 2	5 / 4	**6** / **5**	9 / 8	15 / 13
8	Trapezblechdach, Stahlblech	m²	28 / 23	35 / 29	**37** / **31**	41 / 35	47 / 39
9	Trapezblechdach, Randverstärkung, Übergangsblech	m	17 / 14	25 / 21	**29** / **24**	36 / 30	47 / 40
10	Trapezblechdach, Dachausschnitt	St	49 / 41	93 / 78	**98** / **83**	113 / 95	133 / 112
11	Bohrungen, Stahl bis 16 mm	St	3 / 3	12 / 10	**13** / **11**	22 / 18	34 / 28
12	Gitterroste, verzinkt, rutschhemmend, verankert	m²	92 / 77	108 / 91	**115** / **97**	133 / 112	165 / 138
13	Verzinken, Stahlprofile	kg	0,4 / 0,3	0,6 / 0,5	**0,7** / **0,6**	0,9 / 0,7	1,5 / 1,3
14	Stundensatz, Facharbeiter/-in	h	60 / 51	66 / 55	**68** / **57**	71 / 59	76 / 64
15	Stundensatz, Helfer/-in	h	44 / 37	51 / 42	**53** / **45**	57 / 48	63 / 53

Nr.	Kurztext / Langtext				[Einheit]	Ausf.-Dauer	Kostengruppe Positionsnummer
▶	▷	ø netto €	◁	◀			

1 Handlauf, Rohrprofil, verzinkt — KG 359

Stahl-Handlauf aus Rohrprofil, mit Wandhalterung, Handlauf steigend, mit Konsolen befestigt an aufgehenden Bauteile, Handlaufrohr von unten angeschweißt.
Einbauort: Außenraum
Stahlgüte: S235JR - Werkstoff-Nr. 1.0038
Durchmesser Handlauf: 42,4 mm
Wanddicke: 2,0 mm
Form: Rundrohr
Durchmesser Konsole: .....mm
Abstand zw. Konsolen: ..... mm
Abstand aufgehendes Bauteil: ..... mm
Oberfläche: feuerverzinkt

© BKI Baukosteninformationszentrum; Erläuterungen zu den Tabellen siehe Seite 44
Mustertexte geprüft: Bundesverband Metall
Kostenstand: 1.Quartal 2021, Bundesdurchschnitt

Nr.	Kurztext / Langtext					Kostengruppe	
▶	▷ ø netto € ◁ ◀				[Einheit]	Ausf.-Dauer	Positionsnummer

Für die Ausführung werden vom AG folgende Unterlagen zur Verfügung gestellt:
– Entwurfszeichnungen, Plannr.: .....
– Übersichtszeichnungen, Plannr.: .....
– statische Berechnung mit Positionsplänen, Plannr.: .....

| 57€ | 64€ | **69€** | 73€ | 79€ | [m] | ⏱ 0,30 h/m | 017.000.009 |

2 Profilstahl-Konstruktion, Profile UNP/UPE, verzinkt — KG **351**

Stahlträger aus Walzprofil U nach DIN EN 10279, als Träger der Deckenkonstruktion, einschl. aller Kopfplatten, Aussteifungen, Bohrungen, Verbindungsmittel und Schweißnähte, sowie mit Bohrungen für die Verschraubung mit den bauseitigen Anschlüssen.
Einbauort: .....
Einbauhöhe: .....
Profile: UNP/UPE
Konstruktion der Ausführungsklasse DIN EN 1090: EXC .....
Material: Stahl nach DIN EN 10025-2
Güte: S235JR - Werkstoff Nr. 1.0038
Masse Stahlprofil: ..... kg/m
Oberfläche: feuerverzinkt
Baustellenverbindungen: geschraubt
Für die Ausführung werden vom AG folgende Unterlagen zur Verfügung gestellt:
– Entwurfszeichnungen, Plannr.: .....
– Übersichtszeichnungen, Plannr.: .....
– statische Berechnung mit Positionsplänen, Plannr.: .....

| 2€ | 3€ | **3€** | 4€ | 5€ | [kg] | ⏱ 0,02 h/kg | 017.000.001 |

3 Profilstahl-Konstruktion, Profile IPE, verzinkt — KG **351**

Stahlträger aus Walzprofil nach DIN EN 10279, als Träger der Deckenkonstruktion, einschl. aller Kopfplatten, Steifen, Bohrungen, Verbindungsmittel und Schweißnähte, sowie einschl. Bohrungen für die Verschraubung mit den bauseitigen Anschlüssen.
Einbauort: Decke
Einbauhöhe: .....
Profil: IPE
Konstruktion der Ausführungsklasse DIN EN 1090: EXC .....
Material: Stahl nach DIN EN 10025
Güte: S235JR - Werkstoff-Nr. 1.0038
Masse Stahlprofil: ..... kg/m
Oberfläche: feuerverzinkt
Baustellenverbindungen: geschraubt
Für die Ausführung werden vom AG folgende Unterlagen zur Verfügung gestellt:
– Entwurfszeichnungen, Plannr.: .....
– Übersichtszeichnungen, Plannr.: .....
– statische Berechnung mit Positionsplänen, Plannr.: .....

| 2€ | 3€ | **4€** | 4€ | 5€ | [kg] | ⏱ 0,02 h/kg | 017.000.016 |

LB 017 Stahlbauarbeiten

Kosten:
Stand 1.Quartal 2021
Bundesdurchschnitt

▶ min
▷ von
ø Mittel
◁ bis
◀ max

Nr.	Kurztext / Langtext						Kostengruppe		
▶	▷	ø netto €	◁	◀		[Einheit]	Ausf.-Dauer	Positionsnummer	

4 · Profilstahl-Konstruktion, Profile HEA 160, verzinkt — KG **351**

Stahlträger aus Walzprofil nach DIN EN 10034, als Träger der Deckenkonstruktion, einschl. aller Kopfplatten, Steifen, Bohrungen, Verbindungsmittel und Schweißnähte, sowie einschl. Bohrungen für die Verschraubung mit den bauseitigen Anschlüssen.
Einbauort: .....
Einbauhöhe: .....
Profil: HEA 160
Konstruktion der Ausführungsklasse DIN EN 1090: EXC .....
Material: Stahl nach DIN EN 10027-1
Güte: S235JR - Werkstoff-Nr. 1.0038
Masse Stahlprofil: 30,4 kg/m
Oberfläche: feuerverzinkt
Baustellenverbindungen: geschraubt
Für die Ausführung werden vom AG folgende Unterlagen zur Verfügung gestellt:
– Entwurfszeichnungen, Plannr.: .....
– Übersichtszeichnungen, Plannr.: .....
– statische Berechnung mit Positionsplänen, Plannr.: .....

2€   3€   **3€**   4€   6€   [kg]   ⏱ 0,02 h/kg   017.000.017

5 · Rundstahl, Zugstab, D=36mm, verzinkt — KG **361**

Zugstange aus Rund-Stabstahl nach DIN EN 10060 mit Gewindeschloss, als Diagonalaussteifungssystem, einschl. aller Anschlussbleche, Steifen, Bohrungen, Verbindungsmittel, Schweißnähte, sowie einschl. Bohrungen für die Verschraubung mit den bauseitigen Anschlüssen.
Einbauort: .....
Einbauhöhe: .....
Durchmesser: .....
Einzellänge: .....
Konstruktion der Ausführungsklasse DIN EN 1090: EXC .....
Material: Stahl nach DIN EN 10025-2
Güte: Stabstahl mit Grenzzugkraft von ..... KN
Masse Stahlprofil: ..... kg/m
Oberfläche: feuerverzinkt
Baustellenverbindungen: geschraubt
Für die Ausführung werden vom AG folgende Unterlagen zur Verfügung gestellt:
– Entwurfszeichnungen, Plannr.: .....
– Übersichtszeichnungen, Plannr.: .....
– statische Berechnung mit Positionsplänen, Plannr.: .....

4€   5€   **5€**   6€   11€   [kg]   ⏱ 0,04 h/kg   017.000.002

Nr.	**Kurztext** / Langtext						Kostengruppe	
▶	▷	**ø netto €**	◁	◀	[Einheit]	Ausf.-Dauer	Positionsnummer	

6   Stahlstütze, Rundrohrprofil   KG **333**

Rundrohrprofil nach DIN EN 10210 / DIN EN 10219, als Stahlstütze der Deckenkonstruktion, einschl. aller Anschlussbleche, Steifen, Bohrungen, Verbindungsmittel, Schweißnähte, sowie einschl. Bohrungen für die Verschraubung mit den bauseitigen Anschlüssen.
Einbauort: .....
Einbauhöhe: .....
Durchmesser: 114,3 mm
Wandungsdicke: 6,3 mm
Einzellänge: .....
Konstruktion der Ausführungsklasse DIN EN 1090: EXC .....
Material: Stahl DIN 10025-2
Güte: S235 J2 (+N .....) - Werkstoff-Nr. 1.0117
Masse Stahlprofil: 15,0 kg/m
Oberfläche: feuerverzinkt
Baustellenverbindungen: geschraubt und geschweißt

| 3€ | 4€ | **5€** | 6€ | 8€ | [kg] | ⏱ 0,20 h/kg | 017.000.003 |

7   Fußplatte, Stahlblech   KG **351**

Fußplatte aus Stahlblech, einschl. aller Bohrungen, Verbindungsmittel, Schweißnähte, sowie mit Bohrungen für die Verschraubung mit den bauseitigen Anschlüssen.
Bauteil: .....
Einbauort: .....
Einbauhöhe: .....
Material: Stahl S235JR DIN EN 10025-2, Werkstoff-Nr 1.0038
Dicke: ..... mm
Oberflächenbehandlung und Korrosionsschutz werden gesondert vergütet.

| 2€ | 4€ | **5€** | 8€ | 13€ | [kg] | ⏱ 0,02 h/kg | 017.000.005 |

8   Trapezblechdach, Stahlblech   KG **363**

Stahltrapezblech für einschaliges, ebenes Flachdach, befestigt auf bauseitigem Untergrund, in den Längsstößen verbunden, mit eingelassenem Flachstahl; einschl. aller Verbindungsmittel sowie Ausbildung der Längs- und Querstöße.
Einbauort: .....
Einbauhöhe: bis 6,00 m
Stat. System: **Einfeld- / Zweifeld-/ Dreifeld- / Fünffeldträger** (mit biegesteifem Stoß) in Positivlage
Stützweite: 3,0 bis 4,0 m
Ständige Last ohne Blecheigengewicht: ..... kN/m²
Verkehrslast: ..... kN/m²
Schneelast: ..... kN/m²
Horizontallast: ..... kN/m²
Durchbiegung: max. l/300
Material: Stahlblech DIN EN 10346 S320GD
Blechstärke: 0,88 mm
Profil: 161,5/250 mm (Höhe/Rippenbreite)
Korrosionsschutz: Klasse II
Oberfläche: **sendzimirverzinkt, beidseitig / Bandbeschichtung, beidseitig, RAL .....**
Dachneigung: bis 10°

LB 017
Stahlbauarbeiten

Kosten:
Stand 1.Quartal 2021
Bundesdurchschnitt

▶ min
▷ von
ø Mittel
◁ bis
◀ max

Nr.	Kurztext / Langtext					Kostengruppe		
▶	▷	**ø netto €**	◁	◀	[Einheit]	Ausf.-Dauer	Positionsnummer

Für die Ausführung werden vom AG folgende Unterlagen zur Verfügung gestellt:
  − Entwurfszeichnungen, Plannr.: .....
  − Übersichtszeichnungen, Plannr.: .....
  − statische Berechnung mit Positionsplänen, Plannr.: .....

| 23€ | 29€ | **31**€ | 35€ | 39€ | [m²] | ⏱ 0,15 h/m² | 017.000.006 |

9 Trapezblechdach, Randverstärkung, Übergangsblech — KG **363**

Randverstärkung der Trapezblechdeckung an Attika, aus bandverzinkten Formblechen, inkl. Verbindung mit Trapezblechdeckung mit nichtrostenden Befestigungsmitteln sowie Ausbildung der Längs- und Querstöße. Sonderteile und Ecken in getrennter Position.
Untergrund: Stahlbeton
Material: Stahl-Blech
Blechstärke: 0,88 mm
Zuschnitt: 333 mm
Kantungen: dreifach
Oberfläche: **sendzimirverzinkt, beidseitig / Bandbeschichtung, beidseitig, RAL** .....
Querneigung: **mit / ohne**
Traufhöhe: bis 6,00 m

| 14€ | 21€ | **24**€ | 30€ | 40€ | [m] | ⏱ 0,20 h/m | 017.000.008 |

10 Trapezblechdach, Dachausschnitt — KG **363**

Dachausschnitt herstellen in Trapezprofil, Werkstoff und Korrosionsschutz wie vor beschriebene Tragschale, oberseitig mit Verstärkungsblech, Ausführung nach DIN EN 1090-4.
Blechdicke: bis 1 mm
Form: rechteckig
Ausschnitt-Abmessung: ..... mm

| 41€ | 78€ | **83**€ | 95€ | 112€ | [St] | ⏱ 0,15 h/St | 017.000.024 |

11 Bohrungen, Stahl bis 16 mm — KG **359**

Bohrungen in Stahlblechen, Stegen oder Flanschen von Stahlträgern oder -stützen, für Installationsleitungen.
Ausführung: **in der Werkstatt / auf der Baustelle**
Durchmesser: bis 30 mm
Materialstärke: ..... mm

| 3€ | 10€ | **11**€ | 18€ | 28€ | [St] | ⏱ 0,20 h/St | 017.000.010 |

12 Gitterroste, verzinkt, rutschhemmend, verankert — KG **339**

Gitterrostbelag als Treppenpodestabdeckung, rutschhemmend und abhebesicher, auf bauseitiger Stahlkonstruktion; einschl. Bohrungen und Verbindungsmitteln für die Verschraubung mit den herzustellenden Anschlüssen.
Einbauort: .....
Gitterrost-Außenmaß (B x L): 500 x 1000 mm
Maschenteilung: 30 x 10 mm
Tragstab: 30 x 3 mm
Randstab / Einfassung: umlaufend, Profil 30 x 3 mm
Oberfläche: verzinkt
Anforderung: R9

Nr.	Kurztext / Langtext						Kostengruppe
▶	▷	ø netto €	◁	◀	[Einheit]	Ausf.-Dauer	Positionsnummer

Für die Ausführung werden vom AG folgende Unterlagen zur Verfügung gestellt:
– Entwurfszeichnungen, Plannr.: .....
– Übersichtszeichnungen, Plannr.: .....
– statische Berechnung mit Positionsplänen, Plannr.: .....

| 77 € | 91 € | 97 € | 112 € | 138 € | [m²] | ⏱ 0,45 h/m² | 017.000.015 |

13 Verzinken, Stahlprofile — KG 333

Korrosionsschutz für Stahlkonstruktion, inkl. Entrostung; bei der Montage beschädigte Stellen sind vom AN streichen
Bauteil: IPE-Träger
Ausführungsart: Stückverzinkung nach DASt-Richtlinie 022 (mit DIN EN ISO 1461)
Korrosivitätskategorie: C5
Schutzdauer: Klasse H (hoch = 10 < 20 Jahre)

| 0,3 € | 0,5 € | 0,6 € | 0,7 € | 1,3 € | [kg] | ⏱ 0,01 h/kg | 017.000.004 |

14 Stundensatz, Facharbeiter/-in

Stundenlohnarbeiten für Vorarbeiterin, Vorarbeiter, Facharbeiterin, Facharbeiter und Gleichgestellte. Leistung nach besonderer Anordnung der Bauüberwachung. Der Verrechnungssatz für die jeweilige Arbeitskraft umfasst sämtliche Aufwendungen wie Lohn- und Gehaltskosten, Lohn- und Gehaltsnebenkosten, Zuschläge, lohngebundene und lohnabhängige Kosten, sonstige Sozialkosten, Gemeinkosten, Wagnis und Gewinn.

| 51 € | 55 € | 57 € | 59 € | 64 € | [h] | ⏱ 1,00 h/h | 017.000.022 |

15 Stundensatz, Helfer/-in

Stundenlohnarbeiten für Werkerin, Werker, Helferin, Helfer und Gleichgestellte. Leistung nach besonderer Anordnung der Bauüberwachung. Der Verrechnungssatz für die jeweilige Arbeitskraft umfasst sämtliche Aufwendungen wie Lohn- und Gehaltskosten, Lohn- und Gehaltsnebenkosten, Zuschläge, lohngebundene und lohnabhängige Kosten, sonstige Sozialkosten, Gemeinkosten, Wagnis und Gewinn.

| 37 € | 42 € | 45 € | 48 € | 53 € | [h] | ⏱ 1,00 h/h | 017.000.023 |

LB 018 Abdichtungsarbeiten

Abdichtungsarbeiten — Preise €

Nr.	Positionen	Einheit	▶ min	▷ ø brutto € / ø netto € von	ø	◁ bis	◀ max
1	Untergrund reinigen	m²	0,2 / 0,2	1,4 / 1,2	**1,8** / **1,5**	3,3 / 2,8	6,5 / 5,4
2	Voranstrich, Abdichtung, Betonbodenplatte	m²	1 / 1	3 / 2	**3** / **3**	4 / 4	7 / 6
3	Wandanschluss, Bitumen-Dichtbahn	m	4 / 4	6 / 5	**6** / **5**	8 / 6	9 / 8
4	Wandanschluss, Dickbeschichtung	m	8 / 6	9 / 8	**11** / **10**	16 / 13	18 / 15
5	Dichtungsanschluss, Anschweißflansch	St	10 / 8	15 / 13	**18** / **15**	21 / 18	27 / 22
6	Dichtungsanschluss, Klemm-/Klebeflansch	St	12 / 10	35 / 30	**44** / **37**	52 / 44	73 / 61
7	Perimeterdämmung, XPS, bis 60mm, Fundament	m²	20 / 16	26 / 22	**27** / **22**	31 / 26	37 / 31
8	Perimeterdämmung, XPS bis 100mm, Bodenplatte	m²	21 / 18	26 / 22	**28** / **23**	30 / 25	35 / 29
9	Perimeterdämmung, XPS bis 150mm, Bodenplatte	m²	28 / 24	34 / 29	**37** / **31**	39 / 33	46 / 39
10	Perimeterdämmung, XPS bis 240mm, Bodenplatte	m²	55 / 46	61 / 52	**62** / **52**	65 / 54	71 / 60
11	Perimeterdämmung, XPS 100mm, Wand	m²	– / –	29 / 24	**38** / **32**	47 / 40	– / –
12	Perimeterdämmung, XPS 160mm, Wand	m²	31 / 26	42 / 36	**45** / **38**	56 / 47	72 / 60
13	Perimeterdämmung, CG, 120mm, Wand	m²	75 / 63	81 / 68	**87** / **73**	96 / 81	108 / 91
14	Perimeterdämmung, CG, 200mm, Wand	m²	100 / 84	108 / 91	**115** / **97**	128 / 107	144 / 121
15	Trennlage, PE-Folie, unter Bodenplatte	m²	1 / 0,9	2 / 1,5	**2** / **1,8**	3 / 2,5	4 / 3,6
16	Querschnittsabdichtung, G200DD, Mauerwerk 11,5cm	m	1,0 / 0,8	1,8 / 1,5	**2,3** / **1,9**	3,6 / 3,0	5,6 / 4,7
17	Querschnittsabdichtung, G200DD, Mauerwerk 24cm	m	4,0 / 3,3	6,0 / 5,0	**7,0** / **5,9**	11 / 8,9	15 / 13
18	Querschnittsabdichtung, G200DD, Mauerwerk 36,5cm	m	5,3 / 4,4	12 / 10	**13** / **11**	17 / 14	27 / 23
19	Bodenabdichtung, Bodenfeuchte, G200DD	m²	12 / 10	15 / 12	**15** / **13**	16 / 14	18 / 15
20	Bodenabdichtung, Bodenfeuchte, PMBC	m²	22 / 19	24 / 20	**25** / **21**	28 / 24	31 / 26
21	Bodenabdichtung, Bodenfeuchte, Schlämme, starr	m²	21 / 18	23 / 19	**24** / **20**	27 / 23	30 / 25
22	Bodenabdichtung, Bodenfeuchte, Schlemme, flexibel	m²	28 / 24	30 / 25	**32** / **27**	36 / 30	40 / 33

Kosten: Stand 1. Quartal 2021 Bundesdurchschnitt

▶ min
▷ von
ø Mittel
◁ bis
◀ max

© **BKI** Baukosteninformationszentrum; Erläuterungen zu den Tabellen siehe Seite 44
Mustertexte geprüft: Bauwirtschaft Baden-Württemberg e.V.

Kostenstand: 1.Quartal 2021, Bundesdurchschnitt

Abdichtungsarbeiten — Preise €

Nr.	Positionen	Einheit	▶	▷	ø brutto € / ø netto €	◁	◀
23	Bodenabdichtung, Bodenfeuchte, PV200	m²	21	23	**24**	27	30
			18	19	**21**	23	25
24	Bodenabdichtung, Bodenfeuchte, PYE G200S4	m²	20	22	**23**	26	29
			17	18	**20**	22	24
25	Bodenabdichtung, nicht drückendes Wasser, PMBC	m²	35	38	**40**	44	49
			29	32	**34**	37	41
26	Hohlkehle, Schlämme	m	4	7	**8**	11	19
			3	6	**7**	9	16
27	Voranstrich, Wandabdichtung	m²	1	3	**4**	5	8
			0,9	2,5	**3,1**	4,3	7,0
28	Wandabdichtung, nicht drückendes Wasser, KSP	m²	23	27	**29**	32	36
			20	23	**25**	27	30
29	Wandabdichtung, Bodenfeuchte, Schlämme, flexibel	m²	24	26	**28**	31	34
			20	22	**23**	26	29
30	Wandabdichtung, Bodenfeuchte, PMBC	m²	23	25	**26**	29	33
			19	21	**22**	25	27
31	Wandabdichtung, nicht drückendes Wasser, MDS flexibel	m²	26	28	**29**	33	36
			21	23	**25**	27	30
32	Wandabdichtung, nicht drückendes Wasser, KSP	m²	23	27	**29**	32	36
			20	23	**25**	27	30
33	Wandabdichtung, drückendes Wasser, G200DD/ PYE-PV200DD	m²	34	36	**39**	43	48
			28	31	**33**	36	40
34	Wandabdichtung, drückendes Wasser, PYE-PV200S5	m²	27	29	**31**	34	38
			23	24	**26**	29	32
35	Wandabdichtung, drückendes Wasser, R500N Kupfer	m²	45	49	**52**	58	64
			38	41	**44**	48	54
36	Wandabdichtung, drückendes Wasser, R500N, 3-lagig	m²	48	52	**55**	61	68
			40	43	**46**	51	57
37	Fugenabdichtung, Wand, Feuchte, Dichtmasse	m	10	11	**13**	15	16
			9	10	**11**	12	14
38	Fugenabdichtung, Wand, Feuchte, Fugenband	m	25	28	**32**	36	40
			21	24	**27**	30	33
39	Fugenabdichtung, Wand, Feuchte, Kunststoffbahn	m	18	20	**23**	26	28
			15	17	**19**	21	24
40	Fugenabdichtung, Bodenplatte, Feuchte, Schweißbahn, PYE-PV200S5	m	25	28	**32**	36	40
			21	24	**27**	30	33
41	Fugenabdichtung, Bodenplatte, Feuchte, KSP-Streifen	m	17	19	**22**	24	27
			14	16	**18**	20	23
42	Fugenabdichtung, Wand, drückendes Wasser, Schweißbahn	m	21	24	**27**	30	34
			18	20	**23**	26	28
43	Bewegungsfuge, Wand, drückendes Wasser, Kupferband	m	24	27	**31**	35	39
			21	23	**26**	29	32

LB 018 Abdichtungsarbeiten

Abdichtungsarbeiten — Preise €

Nr.	Positionen	Einheit	▶ min	▷ von	ø brutto € / ø netto €	◁ bis	◀ max
44	Bewegungsfuge, Wand, drückendes Wasser, Kunststoffbahn	m	21	23	**27**	30	33
			18	20	**23**	25	28
45	Bewegungsfuge, Wand, drückendes Wasser, Kupferband/Bitumen	m	29	32	**37**	41	46
			24	27	**31**	35	38
46	Bewegungsfuge, Decke, drückendes Wasser, 4-stegiges Fugenband	m	33	37	**42**	47	52
			28	31	**36**	39	44
47	Bewegungsfuge, drückendes Wasser, Los-Festflansch	m	40	45	**51**	57	63
			34	37	**43**	48	53
48	Rohrdurchführung, Los-/Festflansch, Faserzement	St	139	255	**296**	300	461
			117	214	**249**	252	387
49	Abdichtungsanschluss, Anschweißflansch DN100	St	11	21	**28**	34	48
			10	18	**23**	28	40
50	Abdichtungsanschluss, Anschweißflansch DN250	St	19	34	**42**	51	69
			16	28	**36**	43	58
51	Dränschicht, EPS-Polystyrolplatte/Vlies	m²	10	19	**22**	26	36
			8	16	**18**	22	30
52	Sickerschicht, Kunststoffnoppenbahn/Vlies	m²	5	8	**10**	12	17
			4	7	**8**	10	14
53	Sickerschicht, poröse Sickersteine	m²	–	26	**30**	34	–
			–	22	**25**	29	–
54	Rohrdurchführung, Faserzementrohr	St	213	456	**518**	659	949
			179	383	**435**	553	797
55	Dichtsatz, Rohrdurchführung	St	74	148	**203**	232	290
			63	125	**171**	195	244
56	Stundensatz, Facharbeiter/-in,	h	51	59	**64**	68	76
			43	49	**54**	57	64
57	Stundensatz, Helfer/-in	h	44	49	**53**	55	60
			37	41	**45**	46	51

Kosten:
Stand 1.Quartal 2021
Bundesdurchschnitt

▶ min
▷ von
ø Mittel
◁ bis
◀ max

Nr.	Kurztext / Langtext					[Einheit]	Ausf.-Dauer	Kostengruppe Positionsnummer
	▶	▷	ø netto €	◁	◀			

1 Untergrund reinigen — KG **324**

Betondecke von Staub, groben Verschmutzungen und losen Teilen besenrein abkehren, Schutt aufnehmen, sammeln und entsorgen. Abfall ist nicht gefährlich, nicht schadstoffbelastet.

| 0,2 € | 1,2 € | **1,5 €** | 2,8 € | 5,4 € | [m²] | ⏱ 0,02 h/m² | 018.000.001 |

2 Voranstrich, Abdichtung, Betonbodenplatte — KG **324**

Voranstrich bzw. Haftgrund für Bitumendichtbahn, auf gereinigte, oberflächentrockene Bodenflächen, vollflächig.
Haftgrund: als **kalt streichbarer Bitumen-Voranstrich / Bitumen-Emulsion**
Verbrauch: 300 g/m²
Einbauort: vorgereinigte Stahlbeton-Bodenplatte

| 1 € | 2 € | **3 €** | 4 € | 6 € | [m²] | ⏱ 0,03 h/m² | 018.000.002 |

Nr.	Kurztext / Langtext							Kostengruppe
▶	▷	ø netto €	◁	◀	[Einheit]	Ausf.-Dauer	Positionsnummer

3 Wandanschluss, Bitumen-Dichtbahn — KG 325
Abdichtungsanschluss an aufgehende Bauteile, an Übergang zwischen Bodenplatte / Sohle und aufgehender Wand, rechtwinklig, Abdichtung geklebt.
Unterlage: .....
Ausführung: .....

| 4€ | 5€ | **5€** | 6€ | 8€ | [m] | 0,08 h/m | 018.000.004 |

4 Wandanschluss, Dickbeschichtung — KG 325
Abdichtungsanschluss an aufgehende Bauteile, an Übergang zwischen Bodenplatte / Sohle und aufgehender Wand, rechtwinklig.
Abdichtung: Dickbeschichtung ......
Unterlage: .....
Ausführung: .....

| 6€ | 8€ | **10€** | 13€ | 15€ | [m] | 0,10 h/m | 018.000.046 |

5 Dichtungsanschluss, Anschweißflansch — KG 324
Abdichtungsanschluss an Durchdringungen, mit vorh. Anschweißflansch, inkl. Dichtungsbeilage.
Wassereinwirkungsklasse: W1.1-E
Durchdringung: DN.....
Einbauort: Bodenplatte

| 8€ | 13€ | **15€** | 18€ | 22€ | [St] | 0,20 h/St | 018.000.005 |

6 Dichtungsanschluss, Klemm-/Klebeflansch — KG 324
Abdichtungsanschluss an Durchdringungen mit vorh. Klemm- oder Klebeflansch.
Wassereinwirkungsklasse: W1.1-E
Durchdringung: DN100
Flanschart: .....
Einbauort: Bodenplatte

| 10€ | 30€ | **37€** | 44€ | 61€ | [St] | 0,40 h/St | 018.000.006 |

7 Perimeterdämmung, XPS, bis 60mm, Fundament — KG 325
Perimeterdämmung aus extrudierten Polystyrolplatten, als Wärmedämmung vor Fundamenten im Erdreich, geklebt, mit umlaufendem Stufenfalz, dicht gestoßen.
Untergrund: abgedichtete Stahlbeton-Fundamente und -Außenwände
Wassereinwirkungsklasse: .....
Dämmstoff: XPS
Anwendungstyp: PW - .....
Druckbelastbarkeit: dh / ds / dx
Dämmstoffdicke: 60 mm
Ausführung Kante: umlaufender Stufenfalz
Einbauort: Stahlbeton-Fundamente

| 16€ | 22€ | **22€** | 26€ | 31€ | [m^2] | 0,11 h/m^2 | 018.000.022 |

LB 018 Abdichtungsarbeiten

Kosten:
Stand 1.Quartal 2021
Bundesdurchschnitt

▶ min
▷ von
ø Mittel
◁ bis
◀ max

Nr.	Kurztext / Langtext							Kostengruppe
▶	▷	ø netto €	◁	◀		[Einheit]	Ausf.-Dauer	Positionsnummer

A 1 Perimeterdämmung, XPS, Bodenplatte — Beschreibung für Pos. **8-10**

Perimeterdämmung aus extrudierten Polystyrolplatten, als Wärmedämmung unterhalb der Bodenplatte, mit umlaufendem Stufenfalz, Platten dicht gestoßen.
Untergrund: .....
Dämmstoff: XPS
Anwendungstyp: PB
Wassereinwirkungsklasse: .....
Druckbelastbarkeit: **dh / ds / dx**
Bemessungswert Wärmeleitfähigkeit: .... W/(mK)
Nennwert Wärmeleitfähigkeit: ..... W/(mK)

8   Perimeterdämmung, XPS bis 100mm, Bodenplatte   KG **325**
Wie Ausführungsbeschreibung A 1
Dämmstoffdicke: bis 100 mm
18€   22€   **23**€   25€   29€   [m²]   ⏱ 0,10 h/m²   018.000.032

9   Perimeterdämmung, XPS bis 150mm, Bodenplatte   KG **325**
Wie Ausführungsbeschreibung A 1
Dämmstoffdicke: bis 150 mm
24€   29€   **31**€   33€   39€   [m²]   ⏱ 0,11 h/m²   018.000.033

10   Perimeterdämmung, XPS bis 240mm, Bodenplatte   KG **325**
Wie Ausführungsbeschreibung A 1
Dämmstoffdicke: über bis 240 mm
46€   52€   **52**€   54€   60€   [m²]   ⏱ 0,12 h/m²   018.000.034

A 2 Perimeterdämmung, XPS, Wand — Beschreibung für Pos. **11-12**

Perimeterdämmung aus extrudierten Polystyrolplatten, als Wärmedämmung vor Wänden im Erdreich, geklebt, Platten mit umlaufendem Stufenfalz, dicht gestoßen.
Untergrund: abgedichtete Stahlbeton-Fundamente und -Außenwände
Dämmstoff: XPS
Wassereinwirkungsklasse: .....
Druckbelastbarkeit: **dh / ds / dx**
Bemessungswert Wärmeleitfähigkeit: .... W/(mK)
Nennwert Wärmeleitfähigkeit: ..... W/(mK)

11   Perimeterdämmung, XPS 100mm, Wand   KG **335**
Wie Ausführungsbeschreibung A 2
Dämmstoffdicke: 100 mm
–€   24€   **32**€   40€   –€   [m²]   ⏱ 0,25 h/m²   018.000.083

12   Perimeterdämmung, XPS 160mm, Wand   KG **335**
Wie Ausführungsbeschreibung A 2
Dämmstoffdicke: 160 mm
26€   36€   **38**€   47€   60€   [m²]   ⏱ 0,28 h/m²   018.000.031

Nr.	**Kurztext** / Langtext					Kostengruppe		
▶	▷	**ø netto €**	◁	◀	[Einheit]	Ausf.-Dauer	Positionsnummer

A 3   Perimeterdämmung, CG, Wand   Beschreibung für Pos. **13-14**

Perimeterdämmung aus Schaumglas, als Wärmedämmung vor Wänden im Erdreich, punktförmig geklebt, Platten mit umlaufendem Stufenfalz, dicht gestoßen.
Untergrund: abgedichtete Stahlbeton-Fundamente und -Außenwände
Dämmstoff: CG
Anwendungstyp: PW
Wassereinwirkungsklasse: .....
Druckbelastbarkeit: **ds / dx**
Bemessungswert Wärmeleitfähigkeit: .... W/(mK)
Nennwert Wärmeleitfähigkeit: ..... W/(mK)

13   **Perimeterdämmung, CG, 120mm, Wand**   KG **335**
Wie Ausführungsbeschreibung A 3
Dämmschichtdicke: 120 mm

| 63€ | 68€ | **73€** | 81€ | 91€ | [m²] | ⏱ 0,25 h/m² | 018.000.047 |

14   **Perimeterdämmung, CG, 200mm, Wand**   KG **335**
Wie Ausführungsbeschreibung A 3
Dämmschichtdicke: 200 mm

| 84€ | 91€ | **97€** | 107€ | 121€ | [m²] | ⏱ 0,28 h/m² | 018.000.050 |

15   **Trennlage, PE-Folie, unter Bodenplatte**   KG **325**
Trennlage aus PE-Folie, einlagig, Stoßüberlappung ca.15cm, Stöße gegen Verschieben sichern.
Foliendicke: 0,2 mm
Untergrund: .....

| 0,9€ | 1,5€ | **1,8€** | 2,5€ | 3,6€ | [m²] | ⏱ 0,03 h/m² | 018.000.008 |

A 4   Querschnittsabdichtung, G200DD, Mauerwerk   Beschreibung für Pos. **16-18**

Abdichtung aus bitumenverträglicher Bahn, einlagig, gegen aufsteigende Feuchtigkeit in / unter Mauerwerkswänden, mit seitlichem Überstand und Überdeckung von je mind. 20cm; inkl. Abgleichen der Auflagerfläche.
Abdichtung: G 200 DD
Wassereinwirkungsklasse: W4-E

16   **Querschnittsabdichtung, G200DD, Mauerwerk 11,5cm**   KG **342**
Wie Ausführungsbeschreibung A 4
Mauerdicke: bis 11,5 cm

| 0,8€ | 1,5€ | **1,9€** | 3,0€ | 4,7€ | [m] | ⏱ 0,04 h/m | 018.000.035 |

17   **Querschnittsabdichtung, G200DD, Mauerwerk 24cm**   KG **341**
Wie Ausführungsbeschreibung A 4
Mauerdicke: bis 24,0 cm

| 3€ | 5€ | **6€** | 9€ | 13€ | [m] | ⏱ 0,06 h/m | 018.000.037 |

18   **Querschnittsabdichtung, G200DD, Mauerwerk 36,5cm**   KG **331**
Wie Ausführungsbeschreibung A 4
Mauerdicke: bis 36,5 cm

| 4€ | 10€ | **11€** | 14€ | 23€ | [m] | ⏱ 0,08 h/m | 018.000.038 |

© **BKI** Baukosteninformationszentrum; Erläuterungen zu den Tabellen siehe Seite 44   Kostenstand: 1.Quartal 2021, Bundesdurchschnitt
Mustertexte geprüft: Bauwirtschaft Baden-Württemberg e.V.

LB 018 Abdichtungsarbeiten

Kosten:
Stand 1.Quartal 2021
Bundesdurchschnitt

▶ min
▷ von
ø Mittel
◁ bis
◀ max

Nr.	Kurztext / Langtext					[Einheit]	Ausf.-Dauer	Kostengruppe Positionsnummer
▶	▷	ø netto €	◁	◀				

19 — Bodenabdichtung, Bodenfeuchte, G200DD — KG 324

Abdichtung von Bodenplatten gegen Bodenfeuchte und nichtdrückendes Wasser.
Wassereinwirkungsklasse: W1.1-E / W1.2-E
Rissklasse Untergrund: R1-E (geringe Anforderung)
Rissüberbrückungsklasse: RÜ1-E (<=0,2 mm)
Raumnutzungsklasse: **RN1-E / RN2-E**
Unterlage: Betonbodenflächen mit Bitumenvoranstrich
Abdichtung: G200DD, einlagig
Einbauort: Bodenplatte
Angeb. Fabrikat: .....

| 10€ | 12€ | **13**€ | 14€ | 15€ | [m²] | ⏱ 0,20 h/m² | 018.000.086 |

20 — Bodenabdichtung, Bodenfeuchte, PMBC — KG 325

Abdichtung von Bodenflächen gegen Bodenfeuchte mit kunststoffmodifizierter Bitumendickbeschichtung als Spachtelmasse in zwei Arbeitsgängen.
Wassereinwirkungsklasse: W1.1-E / W1.2-E
Rissklasse Untergrund: R1-E (geringe Anforderung)
Raumnutzungsklasse: **RN1-E / RN2-E**
Untergrund: Beton
Lage: Kellersohle
Trockenschichtdicke: mind. 3 mm
Angeb. Fabrikat: .....

| 19€ | 20€ | **21**€ | 24€ | 26€ | [m²] | ⏱ 0,16 h/m² | 018.000.051 |

21 — Bodenabdichtung, Bodenfeuchte, Schlämme, starr — KG 325

Abdichtung von Bodenplatten gegen Bodenfeuchte und nichtdrückendes Wasser mit rissüberbrückender mineralischer Schlämme.
Wassereinwirkungsklasse: W1.1-E / W1.2-E
Rissklasse Untergrund: R1-E (geringe Anforderung)
Rissüberbrückungsklasse: RÜ1-E (<=0,2 mm)
Raumnutzungsklasse: **RN1-E / RN2-E**
Untergrund: Beton
Lage: Kellersohle
Trockenschichtdicke: mind. 2 mm

| 18€ | 19€ | **20**€ | 23€ | 25€ | [m²] | ⏱ 0,16 h/m² | 018.000.052 |

22 — Bodenabdichtung, Bodenfeuchte, Schlemme, flexibel — KG 325

Abdichtung von Bodenplatten gegen Bodenfeuchte und nichtdrückendes Wasser mit rissüberbrückender mineralischer Schlämme.
Wassereinwirkungsklasse: W1.1-E / W1.2-E
Rissklasse Untergrund: R1-E (geringe Anforderung)
Rissüberbrückungsklasse: RÜ1-E (<=0,2 mm)
Raumnutzungsklasse: **RN1-E / RN2-E**
Untergrund: Beton
Lage: Kellersohle
Trockenschichtdicke: mind. 2 mm
Angeb. Fabrikat: .....

| 24€ | 25€ | **27**€ | 30€ | 33€ | [m²] | ⏱ 0,18 h/m² | 018.000.053 |

Nr.	Kurztext / Langtext				[Einheit]	Kostengruppe
▶	▷ ø netto € ◁ ◀					Ausf.-Dauer Positionsnummer

23 Bodenabdichtung, Bodenfeuchte, PV200 KG **325**
Abdichtung von Bodenplatten gegen Bodenfeuchte und nichtdrückendes Wasser mit Bitumen-Dachdichtungs-bahn.
Wassereinwirkungsklasse: W1.1-E / W1.2-E
Rissklasse Untergrund: R1-E (geringe Anforderung)
Rissüberbrückungsklasse: RÜ1-E (<=0,2 mm)
Raumnutzungsklasse: **RN1-E / RN2-E**
Untergrund: Beton
Dichtungsbahn: PV 200 DD
Angeb. Fabrikat: .....
18€   19€   **21**€   23€   25€   [m^2]   ⏱ 0,17 h/m^2 018.000.054

24 Bodenabdichtung, Bodenfeuchte, PYE G200S4 KG **325**
Abdichtung von Bodenplatten gegen Bodenfeuchte und nichtdrückendes Wasser mit Elastomerbitumen-Schweißbahn.
Wassereinwirkungsklasse: W1.1-E / W1.2-E
Rissklasse Untergrund: R1-E (geringe Anforderung)
Rissüberbrückungsklasse: RÜ1-E (<=0,2 mm)
Raumnutzungsklasse: **RN1-E / RN2-E**
Untergrund: Beton
Lage: Kellersohle
Dichtungsbahn: PYE G 200 S4
Angeb. Fabrikat: .....
17€   18€   **20**€   22€   24€   [m^2]   ⏱ 0,17 h/m^2 018.000.055

25 Bodenabdichtung, nicht drückendes Wasser, PMBC KG **325**
Abdichtung erdberührter Bodenplatten gegen nicht drückendes Wasser, mäßige Beanspruchung, mit kunststoffmodifizierter Bitumendickbeschichtung als Spachtelmasse in zwei Arbeitsgängen mit Gewebeeinlage.
Wassereinwirkungsklasse: W2.1-E
Rissklasse: R2-E (mäßige Anforderung)
Rissüberbrückungsklasse: RÜ3-E (bis 1 mm)
Raumnutzungsklasse: **RN1-E / RN2-E**
Untergrund: Beton
Trockenschichtdicke: mind. 4 mm
Angeb. Fabrikat: .....
29€   32€   **34**€   37€   41€   [m^2]   ⏱ 0,22 h/m^2 018.000.057

26 Hohlkehle, Schlämme KG **335**
Hohlkehle aus Schlämme zwischen Fundament und Wand, inkl. Grundierung, Hohlkehle gerundet, in die Flächenabdichtung eingebunden.
Material: .....
3€   6€   **7**€   9€   16€   [m]   ⏱ 0,13 h/m   018.000.014

LB 018 Abdichtungsarbeiten

Kosten:
Stand 1.Quartal 2021
Bundesdurchschnitt

Nr.	Kurztext / Langtext					Kostengruppe
▶	▷	ø netto €	◁	◀	[Einheit]	Ausf.-Dauer Positionsnummer

27 Voranstrich, Wandabdichtung KG **335**
Voranstrich bzw. Haftgrund für Wandabdichtung, auf gereinigte oberflächentrockene Wandfläche, vollflächig.
Haftgrund: **Bitumenlösung / Bitumen-Emulsion**
Bauteil: erdberührte Außenwand, mit Dränung
Untergrund: .....

| 0,9€ | 2,5€ | **3,1**€ | 4,3€ | 7,0€ | [m²] | ⏱ 0,08 h/m² | 018.000.015 |

28 Wandabdichtung, nicht drückendes Wasser, KSP KG **335**
Außenabdichtung von erdberührten Wänden mit Dränung gegen Bodenfeuchte und nicht drückendes Wasser mit kaltselbstklebender Polymerbitumenbahn mit Trägereinlage.
Wassereinwirkungsklasse: W1.2-E
Rissklasse: R2-E (mäßige Anforderung)
Rissüberbrückungsklasse: RÜ2-E
Raumnutzungsklasse: **RN1-E / RN2-E**
Untergrund: Mauerwerk
Ausführung: PYE KTG KSP 2,8, 1-lagig
Angeb. Fabrikat: .....

| 20€ | 23€ | **25**€ | 27€ | 30€ | [m²] | ⏱ 0,16 h/m² | 018.000.066 |

29 Wandabdichtung, Bodenfeuchte, Schlämme, flexibel KG **335**
Außenabdichtung von erdberührten Wänden mit Dränung gegen Bodenfeuchte und nicht drückendes Wasser, mit rissüberbrückender mineralischer Schlämme, in zwei Arbeitsgängen.
Wassereinwirkungsklasse: **W1.1-E / W1.2-E**
Rissklasse Untergrund: R1-E (geringe Anforderung)
Rissüberbrückungsklasse: RÜ1-E (bis 0,2 mm)
Raumnutzungsklasse: **RN1-E / RN2-E**
Untergrund: Beton
Trockenschichtdicke: mind. 2 mm

| 20€ | 22€ | **23**€ | 26€ | 29€ | [m²] | ⏱ 0,17 h/m² | 018.000.061 |

30 Wandabdichtung, Bodenfeuchte, PMBC KG **335**
Außenabdichtung von erdberührten Wänden mit Dränung gegen Bodenfeuchte und nicht drückendes Wasser, mit kunststoffmodifizierter Bitumendickbeschichtung als Spachtelmasse in zwei Arbeitsgängen.
Wassereinwirkungsklasse: W1.2-E
Rissklasse: R2-E (mäßige Anforderung)
Rissüberbrückungsklasse: RÜ2-E
Raumnutzungsklasse: **RN1-E / RN2-E**
Untergrund: Mauerwerk
Trockenschichtdicke: mind. 3 mm
Angeb. Fabrikat: ....

| 19€ | 21€ | **22**€ | 25€ | 27€ | [m²] | ⏱ 0,15 h/m² | 018.000.062 |

▶ min
▷ von
ø Mittel
◁ bis
◀ max

Nr.	Kurztext / Langtext						Kostengruppe
▶	▷	ø netto €	◁	◀	[Einheit]	Ausf.-Dauer	Positionsnummer

31 Wandabdichtung, nicht drückendes Wasser, MDS flexibel — KG **335**
Außenabdichtung von erdberührten Wänden mit Dränung gegen Bodenfeuchte und nicht drückendes Wasser mit zementgebundener Dichtungsschlämme.
Wassereinwirkungsklasse: W1.2-E
Rissklasse: R1-E (geringe Anforderung)
Rissüberbrückungsklasse: RÜ2-E
Raumnutzungsklasse: **RN1-E / RN2-E**
Untergrund: **Beton / Mauerwerk**
Trockenschichtdicke: mind. 2 mm
Angeb. Fabrikat: .....

| 21€ | 23€ | **25€** | 27€ | 30€ | [m²] | ⏱ 0,17 h/m² | 018.000.064 |

32 Wandabdichtung, nicht drückendes Wasser, KSP — KG **335**
Außenabdichtung von erdberührten Wänden mit Dränung gegen Bodenfeuchte und nicht drückendes Wasser, mit kaltselbstklebenden Polymerbitumenbahn mit Trägereinlage.
Wassereinwirkungsklasse: W1.2-E
Rissklasse: R2-E (mäßige Anforderung)
Rissüberbrückungsklasse: RÜ2-E
Raumnutzungsklasse: **RN1-E / RN2-E**
Untergrund: Mauerwerk
Ausführung: PYE KTG KSP 2,8, 1-lagig
Angeb. Fabrikat: .....

| 20€ | 23€ | **25€** | 27€ | 30€ | [m²] | ⏱ 0,16 h/m² | 018.000.089 |

33 Wandabdichtung, drückendes Wasser, G200DD/PYE-PV200DD — KG **335**
Außenabdichtung von erdberührten Wänden gegen drückendes Wasser mit Polymerbitumen-Schweißbahn.
Wassereinwirkungsklasse: W2.1-E
Rissklasse: R2-E (mäßige Anforderung)
Rissüberbrückungsklasse: RÜ3-E (hohe Rissüberbrückung)
Raumnutzungsklasse: RN1-E
Untergrund: Mauerwerk
Abdichtung: G 200 DD und PYE PV 200 DD, 2-lagig
Eintauchtiefe: bis 3,00 m
Angeb. Fabrikat: .....

| 28€ | 31€ | **33€** | 36€ | 40€ | [m²] | ⏱ 0,30 h/m² | 018.000.067 |

34 Wandabdichtung, drückendes Wasser, PYE-PV200S5 — KG **335**
Außenabdichtung von erdberührten Wänden gegen drückendes Wasser mit Polymerbitumen-Schweißbahn.
Wassereinwirkungsklasse: W2.1-E
Rissklasse: R1-E (mäßige Anforderung)
Rissüberbrückungsklasse: RÜ3-E (hohe Rissüberbrückung)
Raumnutzungsklasse: RN1-E
Untergrund: Mauerwerk
Abdichtung: PYE-PV200 S5, 1-lagig
Eintauchtiefe: bis 3,00 m
Angeb. Fabrikat: .....

| 23€ | 24€ | **26€** | 29€ | 32€ | [m²] | ⏱ 0,24 h/m² | 018.000.068 |

LB 018 Abdichtungsarbeiten

Kosten:
Stand 1.Quartal 2021
Bundesdurchschnitt

▶ min
▷ von
ø Mittel
◁ bis
◀ max

Nr.	Kurztext / Langtext						Kostengruppe
▶	▷	ø netto €	◁	◀	[Einheit]	Ausf.-Dauer	Positionsnummer

35 Wandabdichtung, drückendes Wasser, R500N Kupfer KG **335**
Außenabdichtung von erdberührten Wänden gegen drückendes Wasser mit nackten Bitumenbahnen und Metallbändern.
Wassereinwirkungsklasse: W2.2-E
Rissklasse: R2-E (mäßige Anforderung)
Rissüberbrückungsklasse: RÜ4-E (sehr hohe Rissüberbrückung)
Raumnutzungsklasse: RN2-E
Untergrund: Mauerwerk
Abdichtung: R500N, 2 lagig, mit Kupferband .....
Eintauchtiefe: > 9,00 m
38€ 41€ **44€** 48€ 54€ [m²] ⏱ 0,28 h/m² 018.000.070

36 Wandabdichtung, drückendes Wasser, R500N, 3-lagig KG **335**
Außenabdichtung von erdberührten Wänden gegen drückendes Wasser mit nackten Bitumenbahnen.
Wassereinwirkungsklasse: W2.2-E
Rissklasse: R2-E (mäßige Anforderung)
Rissüberbrückungsklasse: RÜ4-E (sehr hohe Rissüberbrückung)
Raumnutzungsklasse: RN1-E
Untergrund: Mauerwerk
Abdichtung: R500N, 3 lagig, + 1 Lage Kupferband Dicke 0,1 mm
Eintauchtiefe: > 9,00 m
40€ 43€ **46€** 51€ 57€ [m²] ⏱ 0,32 h/m² 018.000.071

37 Fugenabdichtung, Wand, Feuchte, Dichtmasse KG **325**
Abdichtung von Fugen mit elastischer Dichtungsmasse, flexibler mineralischer Dichtschlämme und Gewebeband. Leistung mit Fugenvorbereitung und Hinterfüllprofil.
Bauteil: erdberührte Außenwand
Wassereinwirkungsklasse: W1-E (Bodenfeuchte, nichtdrückendes Wasser)
Untergrund: .....
Fugenbreite: 15 mm
Bewegung: ..... mm
Fugentyp: .....
Verformungsklasse: .....
Angeb. Fabrikat: .....
9€ 10€ **11€** 12€ 14€ [m] ⏱ 0,13 h/m 018.000.072

38 Fugenabdichtung, Wand, Feuchte, Fugenband KG **325**
Abdichtung über Fugen mit elastischem Fugenband.
Bauteil: erdberührte Außenwand
Wassereinwirkungsklasse: W1-E (Bodenfeuchte, nichtdrückendes Wasser)
Untergrund: .....
Fugenbreite: .....
Bewegung: ..... mm
Fugentyp: .....
Verformungsklasse: .....
Angeb. Fabrikat: .....
21€ 24€ **27€** 30€ 33€ [m] ⏱ 0,17 h/m 018.000.073

Nr.	Kurztext / Langtext					[Einheit]	Ausf.-Dauer	Kostengruppe Positionsnummer
▶	▷	ø netto €	◁	◀				

39 Fugenabdichtung, Wand, Feuchte, Kunststoffbahn — KG **325**
Abdichtung über Fugen mit bitumenverträglichen Streifen aus Kunststoff-Dichtungsbahnen. Dichtungsbahn mit Vlies-/Gewebekaschierung zum Einbetten in Bitumendickbeschichtung.
Bauteil: erdberührte Außenwand
Wassereinwirkungsklasse: W1-E (Bodenfeuchte, nichtdrückendes Wasser)
Untergrund: .....
Fugenbreite: .....
Verformungsklasse: .....
Fugentyp: .....

| 15€ | 17€ | **19€** | 21€ | 24€ | [m] | ⏱ 0,20 h/m | 018.000.074 |

40 Fugenabdichtung, Bodenplatte, Feuchte, Schweißbahn, PYE-PV200S5 — KG **325**
Abdichtung über Fugen auf Bodenplatten mit Schweißbahn. Flächenabdichtung an beiden Seiten der Abdichtung mit Bitumen-Schweißbahnen über der Fuge verstärken.
Bauteil: Bodenplatte
Wassereinwirkungsklasse: W1-E (Bodenfeuchte)
Untergrund: .....
Fugentyp: .....
Verformungsklasse: .....
Schweißbahn: Bitumenbahnen, Polymerbitumen-Schweißbahn DIN EN 13969 - PYE - PV 200 S5, Anwendungstyp DIN SPEC 20000-202 BA (Bahn für Bauwerksabdichtung)
Bahnenbreite: 300 mm

| 21€ | 24€ | **27€** | 30€ | 33€ | [m] | ⏱ 0,30 h/m | 018.000.075 |

41 Fugenabdichtung, Bodenplatte, Feuchte, KSP-Streifen — KG **325**
Abdichtung über Bewegungsfugen mit kaltselbstklebender Polymerbitumenbahn. Flächenabdichtung an beiden Seiten der Abdichtung mit Streifen über der Fuge verstärken.
Bauteil: Bodenplatte
Wassereinwirkungsklasse: W1-E (Bodenfeuchte)
Untergrund: .....
Fugentyp: I
Verformungsklasse: .....
Bitumenbahn: PYE KTG KSP 2,8, 1-lagig
Bahnenbreite: 300 mm
Angeb. Fabrikat: .....

| 14€ | 16€ | **18€** | 20€ | 23€ | [m] | ⏱ 0,20 h/m | 018.000.076 |

42 Fugenabdichtung, Wand, drückendes Wasser, Schweißbahn — KG **325**
Abdichtung über Fugen mit Schweißbahn. Flächenabdichtung an beiden Seiten der Abdichtung mit Bitumen-Schweißbahnen über der Fuge verstärken.
Bauteil: erdberührte Außenwand
Wassereinwirkungsklasse: W2-E (drückendes Wasser)
Untergrund: .....
Fugentyp: .....
Verformungsklasse: .....
Schweißbahn: PYE-PV 200 S5
Bahnenbreite: 300 mm
Angeb. Fabrikat: .....

| 18€ | 20€ | **23€** | 26€ | 28€ | [m] | ⏱ 0,30 h/m | 018.000.077 |

LB 018 Abdichtungsarbeiten

Kosten:
Stand 1.Quartal 2021
Bundesdurchschnitt

▶ min
▷ von
ø Mittel
◁ bis
◀ max

Nr.	Kurztext / Langtext							Kostengruppe
▶	▷	ø netto €	◁	◀		[Einheit]	Ausf.-Dauer	Positionsnummer

43 Bewegungsfuge, Wand, drückendes Wasser, Kupferband KG **325**
Abdichtung über Bewegungsfugen mit geriffeltem Kupferband. Flächenabdichtung an beiden Seiten der Abdichtung mit Streifen über der Fuge verstärken.
Bauteil: erdberührte Außenwand
Wassereinwirkungsklasse: W2-E (drückendes Wasser)
Fugentyp: I
Verformungsklasse: .....
Kupferband: 0,2 mm, CU-DHP
Bahnenbreite: 300 mm
Angeb. Fabrikat: .....
21€   23€   **26**€   29€   32€   [m]   ⏱ 0,30 h/m   018.000.078

44 Bewegungsfuge, Wand, drückendes Wasser, Kunststoffbahn KG **325**
Abdichtung über Bewegungsfugen mit Kunststoffbahn. Flächenabdichtung an beiden Seiten der Abdichtung mit Streifen über der Fuge verstärken.
Bauteil: erdberührte Außenwand
Wassereinwirkungsklasse: W2-E (drückendes Wasser)
Fugentyp: I
Verformungsklasse: .....
Kunststoffbahn: .....
Bahnendicke: 2,0 mm
Bahnenbreite: 300 mm
Angeb. Fabrikat: .....
18€   20€   **23**€   25€   28€   [m]   ⏱ 0,30 h/m   018.000.079

45 Bewegungsfuge, Wand, drückendes Wasser, Kupferband/Bitumen KG **325**
Abdichtung über Bewegungsfugen mit geriffeltem Kupferband und Schutzlage aus aufgeschweißter Bitumenbahn.
Bauteil: erdberührte Außenwand
Wassereinwirkungsklasse: W2-E (drückendes Wasser)
Fugentyp: I
Verformungsklasse: .....
Kunststoffbahn: .....
Kupferband: CU-DHP 0,1 mm
Bitumenbahn: G 200 S4
Bahnenbreite: 300 mm
Angeb. Fabrikat: .....
24€   27€   **31**€   35€   38€   [m]   ⏱ 0,30 h/m   018.000.080

46 Bewegungsfuge, Decke, drückendes Wasser, 4-stegiges Fugenband KG **325**
Abdichtung über Bewegungsfugen mit 4-stegigen, verschweißten Fugenbändern. Flächenabdichtung mit lose verlegten Kunststoffbahnen.
Bauteil: Terrasse bzw. Tiefgarage
Wassereinwirkungsklasse: W2-E (drückendes Wasser)
Fugentyp: I
Verformungsklasse: .....
Breite Fugenband: .....
Angeb. Fabrikat: .....
28€   31€   **36**€   39€   44€   [m]   ⏱ 0,30 h/m   018.000.081

Nr.	Kurztext / Langtext							Kostengruppe
▶	▷	ø netto €	◁	◀		[Einheit]	Ausf.-Dauer	Positionsnummer

47   Bewegungsfuge, drückendes Wasser, Los-Festflansch   KG **325**
Abdichtung über Bewegungsfugen mit Los-Festflansch in doppelter Ausführung.
Bauteil: .....
Wassereinwirkungsklasse: W2-E (drückendes Wasser)
Fugentyp: II
Verformungsklasse: .....
Flanschbreite: ....
Angeb. Fabrikat: .....

| 34€ | 37€ | **43**€ | 48€ | 53€ | [m] | ⏱ 0,50 h/m | 018.000.082 |

48   Rohrdurchführung, Los-/Festflansch, Faserzement   KG **335**
Durchführung der Abdichtung, als Faserzement-Futterrohr, für Medienrohr, Ausführung mit Los- und Festflansch, einseitig zum Einklemmen der Abdichtung.
Bauteil: .....
Wassereinwirkungsklasse: W2-E (drückendes Wasser)
Bauteildicke: 25 cm
Baulänge FZ-Rohr: 200-300 mm
Nenndicke: DN100
Abdichtungssystem: .....
Angeb. Fabrikat: .....

| 117€ | 214€ | **249**€ | 252€ | 387€ | [St] | ⏱ 1,50 h/St | 018.000.020 |

49   Abdichtungsanschluss, Anschweißflansch DN100   KG **335**
Abdichtungsanschluss an Bauteil-Durchdringungen, für Rohrleitungen mit Anschweißflansch.
Bauteil: Deckenflächen
Wassereinwirkungsklasse: W3-E (nicht drückendes Wasser auf erdüberschütteten Decken)
Durchdringung: DN100
Abdichtungssystem: .....
Angeb. Fabrikat: .....

| 10€ | 18€ | **23**€ | 28€ | 40€ | [St] | ⏱ 0,24 h/St | 018.000.019 |

50   Abdichtungsanschluss, Anschweißflansch DN250   KG **335**
Abdichtungsanschluss an Durchdringungen, inkl. Dichtungsbeilage, für Rohrleitungen mit Anschweißflansch.
Bauteil: .....
Wassereinwirkungsklasse: W1-E (Bodenfeuchte und nicht drückendes Wasser)
Durchdringung: bis DN250
Abdichtungssystem: .....
Angeb. Fabrikat: .....

| 16€ | 28€ | **36**€ | 43€ | 58€ | [St] | ⏱ 0,50 h/St | 018.000.021 |

LB 018 Abdichtungsarbeiten

Kosten:
Stand 1.Quartal 2021
Bundesdurchschnitt

Nr.	Kurztext / Langtext					Kostengruppe
▶	▷ ø netto € ◁ ◀				[Einheit] Ausf.-Dauer	Positionsnummer

51 Dränschicht, EPS-Polystyrolplatte/Vlies — KG **335**

Sickerschicht vor Außenwand, aus druckstabilen Polystyrol-Platten, profiliert, mit Vlieskaschierung, Einbau dicht gestoßen, punktförmig auf senkrechte Bauwerksabdichtung kleben, Einstand in Kiesfilterschicht mind. 30cm.
Wassereinwirkungsklasse: W1.2-E (nicht drückendes Wasser, mit Dränung)
Abdichtungssystem: .....
Einbauhöhe: **bis 4,0** m / **über 4,0** m
Plattenmaterial: EPS
Plattendicke: bis 65 mm
Bemessungswert der Wärmeleitfähigkeit: max. 0,035 W/(mK)
Nennwert Wärmeleitfähigkeit: 0,034 W/mK
Anwendung: PW und Dränage DIN 4095
Dränleistung: <0,3 l/(s x m)
Kante: umlaufend Stufenfalz

| 8€ | 16€ | **18**€ | 22€ | 30€ | [m²] | ⏱ 0,18 h/m² | 018.000.023 |

52 Sickerschicht, Kunststoffnoppenbahn/Vlies — KG **335**

Sickerschicht aus druckstabiler Kunststoffnoppenbahn mit Filtervlieskaschierung, Bahnen dicht gestoßen, auf senkrechte Bauwerksabdichtung, mind. 30cm in Kiesfilter eingebunden.
Bauteil: erdverbundene Außenwand
Abdichtungssystem: .....
Material: PE, d= 8 mm
Bemessungswert der Wärmeleitfähigkeit: max. 0,035 W/(mK)
Nennwert Wärmeleitfähigkeit: 0,034 W/mK
Dränleistung: <1,2 l/(s x m)
Kante: umlaufend Stufenfalz

| 4€ | 7€ | **8**€ | 10€ | 14€ | [m²] | ⏱ 0,12 h/m² | 018.000.024 |

53 Sickerschicht, poröse Sickersteine — KG **335**

Sickerschicht aus porösen Sickersteinen, senkrecht vor der Wärmedämmung oder Außenwandbeschichtung im Läuferverband aufmauern, obere Steinlage vor Eindringen von Auffüll- / Verfüllmaterial schützen (z.B. durch Schutzschicht aus Betonplatten D= 50mm).
Bauteil: erdverbundene Außenwand
Steingröße: 50 x 25 x 10 cm
Dränleistung: ..... l/(s x m)

| –€ | 22€ | **25**€ | 29€ | –€ | [m²] | ⏱ 0,15 h/m² | 018.000.025 |

54 Rohrdurchführung, Faserzementrohr — KG **411**

Außenwand-Durchführung als Futterrohr aus Faserzement, gegen drückendes Wasser, für Medienrohr, mit Los- und Festflansch einseitig zum Einklemmen der Abdichtung.
Bauteil: Außenwand gegen Erdreich
Wassereinwirkungsklasse: W1.2-E (nicht drückendes Wasser, mit Dränung)
Abdichtungssystem: .....
Untergrund: Beton
Wanddicke: **25 / 30** cm
Baulänge: über 200 bis 300 mm
Durchmesser: **DN100 / DN125 / DN150**
Angeb. Fabrikat: .....

| 179€ | 383€ | **435**€ | 553€ | 797€ | [St] | ⏱ 1,00 h/St | 009.000.034 |

▶ min
▷ von
ø Mittel
◁ bis
◀ max

Nr.	Kurztext / Langtext					Kostengruppe		
▶	▷	ø netto €	◁	◀	[Einheit]	Ausf.-Dauer	Positionsnummer	

55 Dichtsatz, Rohrdurchführung   KG **411**
Abdichten des Ringraumes durch Dichtring aus Elastomeren (EPDM).
Bauteil: **Wand- / Deckendurchführung**
Werkstoff Rohrdurchführung: .....
Anwendung: ..... (z.B. für 1 Kabel mit Außendurchmesser 24-48 mm)
63 €   125 €   **171 €**   195 €   244 €   [St]   ⏱ 0,35 h/St   009.000.035

56 Stundensatz, Facharbeiter/-in,
Stundenlohnarbeiten für Vorarbeiterin, Vorarbeiter, Gesellein, Geselle, Facharbeiterin, Facharbeiterin und Gleichgestellte, sowie ähnliche Fachkräfte. Der Verrechnungssatz für die jeweilige Arbeitskraft umfasst sämtliche Aufwendungen wie Lohn- und Gehaltskosten, lohn- und gehaltsgebundene Kosten, Lohn- und Gehaltsnebenkosten, Gemeinkosten, Wagnis und Gewinn. Leistung nach besonderer Anordnung der Bauüberwachung. Anmeldung und Nachweis gem. VOB/B.
43 €   49 €   **54 €**   57 €   64 €   [h]   ⏱ 1,00 h/h   018.000.043

57 Stundensatz, Helfer/-in
Stundenlohnarbeiten für Werkerin, Werker, Helferin, Helfer und Gleichgestellte. Leistung nach besonderer Anordnung der Bauüberwachung. Der Verrechnungssatz für die jeweilige Arbeitskraft umfasst sämtliche Aufwendungen wie Lohn- und Gehaltskosten, Lohn- und Gehaltsnebenkosten, Zuschläge, lohngebundene und lohnabhängige Kosten, sonstige Sozialkosten, Gemeinkosten, Wagnis und Gewinn.
37 €   41 €   **45 €**   46 €   51 €   [h]   ⏱ 1,00 h/h   018.000.044

LB 020 Dachdeckungsarbeiten

Kosten:
Stand 1.Quartal 2021
Bundesdurchschnitt

▶ min
▷ von
ø Mittel
◁ bis
◀ max

Dachdeckungsarbeiten — Preise €

Nr.	Positionen	Einheit	▶	▷ ø brutto € / ø netto €		◁	◀
1	Zwischensparrendämmung, MW, 140m	m²	17	20	**22**	22	23
			14	17	**19**	19	20
2	Zwischensparrendämmung, MW, 180m	m²	18	20	**25**	28	29
			15	17	**21**	23	25
3	Zwischensparrendämmung, MW, 220m	m²	21	25	**28**	31	35
			18	21	**23**	26	29
4	Zwischensparrendämmung, WF, 180m	m²	38	42	**45**	48	50
			32	36	**38**	40	42
5	Zwischensparrendämmung, WF, 240m	m²	45	50	**51**	57	59
			38	42	**43**	48	50
6	Aufsparrendämmung, DAD, PUR, 140m	m²	53	59	**63**	67	72
			44	50	**53**	56	60
7	Aufsparrendämmung, DAD, PUR, 180m	m²	62	70	**74**	79	85
			52	59	**62**	66	71
8	Einblasdämmung, Zellulosefaser	m³	80	99	**110**	112	122
			67	83	**93**	94	102
9	Unterdach, Behelfsdeckung, Bitumenbahn V13	m²	3	6	**7**	8	12
			2	5	**6**	7	10
10	Vordeckung, unter Stehfalzdeckung	m²	5	7	**8**	9	11
			4	6	**7**	8	9
11	Unterdeckplatte UDP-A, WF, bis 22mm	m²	18	21	**21**	22	23
			15	17	**17**	18	19
12	Unterdeckplatte UDP-A, WF, bis 35mm	m²	22	26	**28**	29	32
			19	22	**24**	24	27
13	Unterdeckung, unbelüftetes Dach, diffusionsoffen	m²	4	6	**7**	9	13
			3	5	**6**	8	11
14	Unterspannung, belüftetes Dach, Folie	m²	4	7	**7**	8	9
			4	6	**6**	6	8
15	Luftdichtheitsschicht, Dampfsperre	m	1	5	**6**	12	21
			1	4	**5**	10	17
16	Luftdichtheitsschicht, Dampfbremse, Folie	m²	4	7	**8**	11	19
			3	6	**7**	9	16
17	Dampfbremse, sd 2,3m	m²	4	7	**8**	10	14
			3	6	**7**	8	12
18	Anschluss, Dampfsperre/-bremse, Klebeband	m	5	8	**10**	12	21
			4	7	**8**	10	17
19	Konterlattung, 30x50mm, Dach	m	2	2	**3**	3	4
			2	2	**2**	2	3
20	Konterlattung, 40x60mm, Dach	m	2	3	**4**	4	6
			2	3	**3**	4	5
21	Traglattung, 30x50mm, Dachziegel/Betondachstein	m²	5	7	**7**	9	14
			4	6	**6**	7	12
22	Traglattung, 40x60mm, Dachziegel/Betondachstein	m²	7	8	**9**	12	15
			6	7	**8**	10	13
23	Traglattung, 30x50mm, Biberschwanzdeckung	m²	9	12	**13**	15	19
			8	10	**11**	13	16
24	Traglattung, 40x60mm, Biberschwanzdeckung	m²	–	13	**16**	19	–
			–	11	**13**	16	–

© **BKI** Baukosteninformationszentrum; Erläuterungen zu den Tabellen siehe Seite 44
Mustertexte geprüft: Zentralverband des Deutschen Dachdeckerhandwerks

Kostenstand: 1.Quartal 2021, Bundesdurchschnitt

Dachdeckungsarbeiten — Preise €

Nr.	Positionen	Einheit	▶	▷ ø brutto € / ø netto €		◁	◀
25	Nagelabdichtung, Konterlattung	m	2	3	**3**	4	6
			2	2	**3**	4	5
26	Kantholz, Nadelholz S10TS, scharfkantig	m	8	12	**13**	15	19
			7	10	**11**	12	16
27	Dachschalung, Nadelholz, Rauspund 24mm	m²	17	22	**24**	27	31
			14	18	**21**	23	26
28	Dachschalung, Nadelholz, Rauspund 28mm	m²	24	28	**30**	36	44
			20	24	**26**	31	37
29	Dachschalung, Holzspanplatte P5, bis 25mm	m²	21	25	**27**	31	36
			18	21	**23**	26	30
30	Dachschalung, Holzspanplatte P7, bis 25mm	m²	19	24	**26**	31	42
			16	20	**22**	26	35
31	Traufbohle, Nadelholz, bis 60/240mm	m	6	9	**11**	13	19
			5	8	**9**	11	16
32	Trauf-/Ortgangschalung, N+F, bis 28mm, gehobelt	m²	21	30	**34**	40	50
			18	26	**28**	33	42
33	Ortgangbrett, Windbrett, bis 28mm, gehobelt	m	9	17	**19**	26	36
			7	14	**16**	22	31
34	Insektenschutzgitter, Traufe	m	3	7	**8**	12	25
			3	6	**7**	10	21
35	Zahnleiste, Nadelholz, gehobelt	m	14	29	**36**	43	62
			11	24	**30**	36	52
36	Dachdeckung, Hohlfalzziegel	m²	28	34	**36**	38	43
			24	28	**31**	32	36
37	Dachdeckung, Doppelmuldenfalzziegel	m²	27	34	**37**	39	47
			23	29	**31**	33	39
38	Dachdeckung, Flachdachziegel	m²	23	30	**32**	34	39
			19	25	**27**	28	33
39	Dachdeckung, Glattziegel	m²	25	31	**33**	35	40
			21	26	**28**	30	34
40	Dachdeckung, Biberschwanzziegel	m²	35	45	**49**	51	59
			29	38	**41**	43	49
41	Dachdeckung, Betondachsteine	m²	20	27	**29**	31	36
			17	22	**24**	26	30
42	Dachdeckung, Dachsteine, eben	m²	26	31	**32**	36	43
			22	26	**27**	30	36
43	Dachdeckung, Faserzement, Wellplatte	m²	30	36	**38**	40	47
			25	30	**32**	34	40
44	Dachdeckung, Faserzement, Doppeldeckung	m²	–	61	**71**	86	–
			–	51	**60**	72	–
45	Dachdeckung, Faserzement, Deutsche Deckung	m²	–	70	**83**	99	–
			–	59	**70**	83	–
46	Dachdeckung, Holzschindeln	m²	79	100	**109**	118	150
			67	84	**91**	99	126
47	Dachdeckung, Schiefer	m²	86	100	**102**	115	138
			73	84	**86**	97	116
48	Dachdeckung, Bitumenschindeln	m²	26	31	**35**	42	57
			22	26	**29**	36	48

© BKI Baukosteninformationszentrum; Erläuterungen zu den Tabellen siehe Seite 44
Mustertexte geprüft: Zentralverband des Deutschen Dachdeckerhandwerks
Kostenstand: 1.Quartal 2021, Bundesdurchschnitt

LB 020 Dachdeckungsarbeiten

Dachdeckungsarbeiten — Preise €

Kosten:
Stand 1. Quartal 2021
Bundesdurchschnitt

▶ min
▷ von
ø Mittel
◁ bis
◀ max

Nr.	Positionen	Einheit	▶	▷ ø brutto € / ø netto €		◁	◀
49	Ortgang, Ziegeldeckung, Formziegel	m	30	41	**45**	53	70
			25	34	**38**	44	59
50	Ortgang, Biberschwanzdeckung, Formziegel	m	31	43	**49**	57	72
			26	36	**41**	48	61
51	Kehle eingebunden, Biberschwanz	m	54	64	**75**	83	96
			46	54	**63**	70	81
52	Ortgang, Dachsteindeckung, Formziegel	m	27	38	**42**	48	68
			23	32	**35**	41	57
53	Ortgang, Schiefer	m	16	27	**35**	38	49
			14	23	**29**	32	41
54	Firstanschluss, Ziegeldeckung, Formziegel	m	13	20	**23**	23	39
			11	17	**19**	20	33
55	First, Firstziegel, mörtellos, inkl. Lüfter	m	37	53	**59**	66	80
			31	44	**50**	55	67
56	First, Firstziegel, vermörtelt	m	39	53	**62**	67	78
			33	44	**52**	57	66
57	First, Firststein, geklammert, Dachstein	m	25	48	**56**	64	86
			21	40	**47**	54	72
58	Pultdachabschluss, Abschlussziegel	m	45	69	**77**	83	117
			38	58	**65**	70	98
59	Pultdachanschluss, Metallblech Z333	m	21	44	**50**	55	68
			18	37	**42**	46	57
60	Grateindeckung, Ziegel, mörtellos	m	50	61	**65**	78	96
			42	52	**55**	65	81
61	Grateindeckung, Ziegel, vermörtelt	m	43	59	**67**	77	93
			36	50	**56**	65	78
62	Gratdeckung, Schiefer	m	20	24	**28**	30	52
			17	20	**23**	26	44
63	Durchgangsziegel, Dunstrohr, DN100	St	91	136	**149**	169	221
			77	115	**126**	142	186
64	Durchgangselement, Dunstrohr, Kunststoff, DN100	St	44	81	**91**	107	139
			37	68	**76**	90	117
65	Durchgangselement, Solarleitung	St	35	76	**93**	153	259
			30	64	**78**	129	218
66	Lüfterelement, Dachziegel	St	10	19	**22**	26	34
			8	16	**19**	22	29
67	Durchgangselement, Antenne, Formziegel	St	36	69	**87**	112	164
			30	58	**73**	94	138
68	Tonziegel, Reserve	St	2	6	**8**	10	13
			2	5	**7**	9	11
69	Wandanschluss Ziegel / Dachstein	m	14	30	**35**	58	88
			11	25	**30**	49	74
70	Ziegel beidecken, Dachdeckung	m	5	15	**19**	28	54
			4	13	**16**	24	45
71	Verklammerung, Dachdeckung	m²	1	4	**5**	9	18
			0,9	3,3	**4,5**	7,9	15
72	Wandbekleidung Holzschindel	m²	98	146	**168**	215	275
			83	122	**141**	181	231

Dachdeckungsarbeiten — Preise €

Nr.	Positionen	Einheit	▶	▷ ø brutto € / ø netto €	◁	◀
73	Eckausbildung Holzschindelbekleidung	m	12	27 / **28**	32	47
			10	22 / **23**	27	39
74	Randanschluss Holzschindelbekleidung	m	10	26 / **27**	30	47
			8	22 / **23**	25	39
75	Dachfenster/Dachausstieg, Holz	St	192	347 / **447**	550	976
		St	162	291 / **376**	462	820
76	Dachflächenfenster, gedämmt, Holz, Lasur	St	570	919 / **1.067**	1.235	1.816
		St	479	772 / **897**	1.038	1.526
77	Stundensatz, Facharbeiter/-in	h	44	58 / **65**	69	76
		h	37	49 / **55**	58	64
78	Stundensatz, Helfer/-in	h	38	49 / **54**	56	65
		h	32	41 / **45**	47	55

Nr.	Kurztext / Langtext							Kostengruppe
▶	▷	ø netto €	◁	◀	[Einheit]		Ausf.-Dauer	Positionsnummer

A 1 Zwischensparrendämmung, MW
Beschreibung für Pos. **1-3**

Wärmedämmung zwischen Sparren bzw. Holzbalken, aus Mineralwolle.
Anwendung: DZ
Dämmstoff: MW
Brandverhalten: .....

1 Zwischensparrendämmung, MW, 140m
KG **361**

Wie Ausführungsbeschreibung A 1
Bemessungswert der Wärmeleitfähigkeit: max. 0,032 W/(mK)
Nennwert der Wärmeleitfähigkeit: 0,031 W/(mk)
Dämmschichtdicke: 140 mm
Balkenabstand: ..... mm
Einbauort: .....

14€	17€	**19€**	19€	20€	[m²]	⏱ 0,20 h/m²	020.000.079

2 Zwischensparrendämmung, MW, 180m
KG **361**

Wie Ausführungsbeschreibung A 1
Bemessungswert der Wärmeleitfähigkeit: max. 0,032 W/(mK)
Nennwert der Wärmeleitfähigkeit: 0,031 W/(mk)
Dämmschichtdicke: 180 mm
Balkenabstand: ..... mm
Einbauort: .....

15€	17€	**21€**	23€	25€	[m²]	⏱ 0,22 h/m²	020.000.081

LB 020 Dachdeckungsarbeiten

Kosten:
Stand 1.Quartal 2021
Bundesdurchschnitt

▶ min
▷ von
ø Mittel
◁ bis
◀ max

Nr.	Kurztext / Langtext				[Einheit]	Ausf.-Dauer	Kostengruppe Positionsnummer
▶	▷ ø netto € ◁ ◀						

3   Zwischensparrendämmung, MW, 220m   KG 361
Wie Ausführungsbeschreibung A 1
Bemessungswert der Wärmeleitfähigkeit: max. 0,032 W/(mK)
Nennwert der Wärmeleitfähigkeit: 0,031 W/(mk)
Dämmschichtdicke: 220 mm
Balkenabstand: ..... mm
Einbauort: .....

| 18€ | 21€ | **23€** | 26€ | 29€ | [m²] | ⏱ 0,25 h/m² | 020.000.042 |

A 2   Zwischensparrendämmung, WF   Beschreibung für Pos. 4-5
Wärmedämmung zwischen Sparren bzw. Holzbalken, aus Holzfasern.
Anwendung: DZ
Dämmstoff: WF
Brandverhalten: .....

4   Zwischensparrendämmung, WF, 180m   KG 361
Wie Ausführungsbeschreibung A 2
Bemessungswert der Wärmeleitfähigkeit: max. 0,035 W/(mK)
Nennwert der Wärmeleitfähigkeit: 0,033 W/(mk)
Dämmschichtdicke: 180 mm
Balkenabstand: ..... mm
Einbauort: .....

| 32€ | 36€ | **38€** | 40€ | 42€ | [m²] | ⏱ 0,24 h/m² | 020.000.085 |

5   Zwischensparrendämmung, WF, 240m   KG 361
Wie Ausführungsbeschreibung A 2
Bemessungswert der Wärmeleitfähigkeit: max. 0,035 W/(mK)
Nennwert der Wärmeleitfähigkeit: 0,033 W/(mk)
Dämmschichtdicke: 240 mm
Balkenabstand: ..... mm
Einbauort: .....

| 38€ | 42€ | **43€** | 48€ | 50€ | [m²] | ⏱ 0,25 h/m² | 020.000.088 |

A 3   Aufsparrendämmung DAD, PUR   Beschreibung für Pos. 6-7
Aufsparrendämmung, aus Polyurethan-Hartschaumplatten, mit oberseitiger Kaschierung und beidseitiger Vliesbeschichtung, einlagig, Platten umlaufend mit Stufenfalz.
Untergrund: auf Sparren
Dämmstoff: PUR (PIR)
Anwendung: DAD
Brandverhalten: .....

6   Aufsparrendämmung, DAD, PUR, 140m   KG 363
Wie Ausführungsbeschreibung A 3
Bemessungswert der Wärmeleitfähigkeit max. 0,027 W/(mK)
Nennwert der Wärmeleitfähigkeit: 0,026 W/(mK)
Sparrenabstand: ca. 600 mm
Dämmstoffdicke: 140 mm
Kaschierung: UDB-A, als Behelfsdeckung, sd-Wert <=0,1 m

| 44€ | 50€ | **53€** | 56€ | 60€ | [m²] | ⏱ 0,22 h/m² | 020.000.091 |

Nr.	Kurztext / Langtext						Kostengruppe	
▶	▷	ø netto €	◁	◀	[Einheit]	Ausf.-Dauer	Positionsnummer	

7 Aufsparrendämmung, DAD, PUR, 180m — KG 363
Wie Ausführungsbeschreibung A 3
Bemessungswert der Wärmeleitfähigkeit max. 0,027 W/(mK)
Nennwert der Wärmeleitfähigkeit: 0,026 W/(mK)
Sparrenabstand: ca. 600 mm
Dämmstoffdicke: 180 mm
Kaschierung: UDB-A, als Behelfsdeckung, sd-Wert <=0,1 m

| 52€ | 59€ | **62€** | 66€ | 71€ | [m²] | ⏱ 0,22 h/m² | 020.000.093 |

8 Einblasdämmung, Zellulosefaser — KG 363
Wärmedämmung aus Zellulosefasern, zwischen Sparren und Wandpfosten; Einblasdämmung.
Sparren- / Pfostenabstand: bis 90 cm
Querschnitt Sparren (B x H): 80 x 240 mm
Dämmstoff: WF
Anwendung: DZ
Dämmstoffdicke: 240 mm
Bemessungswert der Wärmeleitfähigkeit max. 0,040 W/(mK)
Nennwert der Wärmeleitfähigkeit: 0,038 W/(mK)
Brandverhalten: E - normal entflammbar

| 67€ | 83€ | **93€** | 94€ | 102€ | [m³] | ⏱ 0,60 h/m³ | 020.000.069 |

9 Unterdach, Behelfsdeckung, Bitumenbahn V13 — KG 363
Unterdeckung für belüftete, überdeckte Dächer, als Behelfsdeckung, Bitumenbahn mit Glasvlieseinlage.
Bahnenart: V13
Überdeckung: mind. 80mm (Dachfläche)
Anschlüsse an Durchdringungen und Bauteile als gesonderte Position.

| 2€ | 5€ | **6€** | 7€ | 10€ | [m²] | ⏱ 0,08 h/m² | 020.000.036 |

10 Vordeckung, unter Stehfalzdeckung — KG 363
Vordeckung aus Bitumenbahn mit Glasvlieseinlage, unter Stehfalzdeckungen.
Bahnenart: V13
Verlegung: horizontal
Überdeckung: mind. 80mm (Dachfläche)

| 4€ | 6€ | **7€** | 8€ | 9€ | [m²] | ⏱ 0,08 h/m² | 020.000.077 |

11 Unterdeckplatte UDP-A, WF, bis 22mm — KG 363
Unterdeckung aus poröser Holzfaserplatte auf Sparren.
Unterdeckplatte: UDP-A, Klasse 5
frei bewitterbar: bis 3 Monate
Plattenart: WF
Nennwert der Wärmeleitfähigkeit: 0,045 W/(mK)
Brandverhalten: E
Plattendicke: 18 mm
Ränder: verfalzt
Dachneigung: .....°
Untergrund: Holz

| 15€ | 17€ | **17€** | 18€ | 19€ | [m²] | ⏱ 0,16 h/m² | 020.000.003 |

LB 020 Dachdeckungsarbeiten

Kosten:
Stand 1.Quartal 2021
Bundesdurchschnitt

▶ min
▷ von
ø Mittel
◁ bis
◀ max

Nr.	Kurztext / Langtext				[Einheit]	Ausf.-Dauer	Kostengruppe Positionsnummer
▶	▷	ø netto €	◁	◀			

12 Unterdeckplatte UDP-A, WF, bis 35mm — KG 363

Unterdeckung aus poröser Holzfaserplatte auf Sparren.
Unterdeckplatte: UDP-A, Klasse 5
frei bewitterbar: bis 3 Monate
Plattenart: WF
Nennwert der Wärmeleitfähigkeit: 0,045 W/(mK)
Brandverhalten: E
Plattendicke: bis 35 mm
Ränder: verfalzt
Dachneigung: .....°
Untergrund: Holz

| 19€ | 22€ | **24€** | 24€ | 27€ | [m²] | ⏱ 0,16 h/m² | 020.001.103 |

13 Unterdeckung, unbelüftetes Dach, diffusionsoffen — KG 363

Unterdeckbahn, diffusionsoffen, für unbelüftetes, geneigtes Dach, als Behelfsdeckung nach ZVDH-Produktdatenblatt, naht- und perforationsgesichert (Klasse 3 gem. Merkblatt für Unterdächer, Unterdeckungen und Unterspannungen des ZVDH), auf Wärmedämmung.
Unterdeckbahn: UDB-A
sd-Wert: **kleiner / gleich 1,0 0,2 m**
Brandverhalten: DIN EN 13501-1 E (normalentflammbar)
Dachneigung: .....°
Untergrund: Dämmung aus .....

| 3€ | 5€ | **6€** | 8€ | 11€ | [m²] | ⏱ 0,08 h/m² | 020.001.115 |

14 Unterspannung, belüftetes Dach, Folie — KG 363

Unterspannung für belüftete Dächer, frei hängend hinterlüftet, als Behelfsdeckung nach ZVDH-Produktdatenblatt, aus Polyurethanfolie (PUR) mit Verstärkung aus Polyestergewebe, auf Sparren, durchhängend verlegen und befestigen.
frei bewitterbar: ..... Wochen
Unterspannbahn: USB-A, Klasse 6
Brandverhalten: Klasse E
Unterspannbahn Typ: PUR-Folie, gewebeverstärkt
Dachneigung: .....°
Untergrund: Holz

| 4€ | 6€ | **6€** | 6€ | 8€ | [m²] | ⏱ 0,08 h/m² | 020.000.001 |

15 Luftdichtheitsschicht, Dampfsperre — KG 363

Luftdichtungsschicht mit variablem sd-Wert, unterseitig an Sparren.
Werkstoff: Polyamid

| 1€ | 4€ | **5€** | 10€ | 17€ | [m] | ⏱ 0,06 h/m | 020.000.064 |

16 Luftdichtheitsschicht, Dampfbremse, Folie — KG 363

Dampfbremse als Luftdichtheits- und diffusionshemmende Schicht für unbelüftetes Dach, unterseitig an Sparren befestigt, Nähte und Stöße verkleben/verschweißen.
Werkstoff: .....
sd-Wert: über 0,5 bis <100 m

| 3€ | 6€ | **7€** | 9€ | 16€ | [m²] | ⏱ 0,08 h/m² | 020.000.002 |

Nr.	Kurztext / Langtext							Kostengruppe
▶	▷	ø netto €	◁	◀		[Einheit]	Ausf.-Dauer	Positionsnummer

17 Dampfbremse, sd 2,3m   KG 363
Luftdichtungs- und Dampfbremsbahn, überlappend verlegt, Nähte und Stöße luftdicht mit geeignetem Material verbinden.
Dampfbremsbahn: Polyethylenfolie, 0,2 mm
sd-Wert: 2,30 m
Untergrund: Holzsparren, Montage von unten

| 3€ | 6€ | **7€** | 8€ | 12€ | | [m²] | ⏱ 0,08 h/m² | 020.000.037 |

18 Anschluss, Dampfsperre/-bremse, Klebeband   KG 363
Anschluss der Dampfsperr- und Luftdichtheitsschicht an Durchdringungen und Einbauten, mit geeignetem Klebe-/Dichtmittel, inkl. Nebenarbeiten.
Anschluss an: .....
Dampfsperrbahn: .....
Dichtband: .....
Untergrund: Beton

| 4€ | 7€ | **8€** | 10€ | 17€ | | [m] | ⏱ 0,08 h/m | 020.000.043 |

19 Konterlattung, 30x50mm, Dach   KG 363
Konterlattung zur Hinterlüftung der Dachfläche, aus Nadelholz, Befestigung mit korrosionsgeschützten Schrauben oder Nägeln.
Sortierklasse: S10
Holzquerschnitt: 30 x 50 mm
Oberfläche: **allseitig gehobelt / sägerau**
Sparrenabstand: ..... mm
Untergrund: .....

| 2€ | 2€ | **2€** | 2€ | 3€ | | [m] | ⏱ 0,04 h/m | 020.000.004 |

20 Konterlattung, 40x60mm, Dach   KG 363
Konterlattung zur Hinterlüftung der Dachfläche, aus Nadelholz, Befestigung mit korrosionsgeschützten Schrauben oder Nägeln.
Sortierklasse: S10
Querschnitt: 40 x 60 mm
Abstand: 600 mm
Untergrund: Holz

| 2€ | 3€ | **3€** | 4€ | 5€ | | [m] | ⏱ 0,05 h/m | 020.000.076 |

21 Traglattung, 30x50mm, Dachziegel/Betondachstein   KG 363
Dachlattung aus Nadelholz, für Dachziegel- oder Betondachsteindeckung, Befestigung mit korrosionsgeschützten Schrauben bzw. Nägeln.
Sortierklasse: S10
Abstand: ca. 330 mm
Sparrenabstand: ..... mm
Dachdeckung: .....
Dachfläche: eben
Dachneigung: .....°
Lattenquerschnitt: 30 x 50 mm
Untergrund: Holz

| 4€ | 6€ | **6€** | 7€ | 12€ | | [m²] | ⏱ 0,06 h/m² | 020.000.005 |

LB 020 Dachdeckungsarbeiten

Kosten:
Stand 1.Quartal 2021
Bundesdurchschnitt

Nr.	Kurztext / Langtext					[Einheit]	Ausf.-Dauer	Kostengruppe Positionsnummer
▶	▷	ø netto €	◁	◀				

22 Traglattung, 40x60mm, Dachziegel/Betondachstein — KG 363

Dachlattung aus Nadelholz, für Dachziegel- oder Betondachsteindeckung, Befestigung mit korrosionsgeschützten Schrauben bzw. Nägeln.
Sortierklasse: S10
Abstand: ca. 330 mm
Sparrenabstand: ..... mm
Dachdeckung: .....
Dachfläche: eben
Dachneigung: .....°
Lattenquerschnitt: 40 x 60 mm
Untergrund: Holz

| 6€ | 7€ | **8€** | 10€ | 13€ | [m²] | ⌚ 0,08 h/m² | 020.000.071 |

23 Traglattung, 30x50mm, Biberschwanzdeckung — KG 363

Dachlattung aus Nadelholz, für Biberschwanz-Doppeldeckung, Befestigung mit korrosionsgeschützten Schrauben bzw. Nägeln.
Sortierklasse: S10
Abstand: ca. 150 mm
Sparrenabstand: ..... mm
Dachdeckung: .....
Dachfläche: eben
Dachneigung: .....°
Lattenquerschnitt: 30 x 50 mm
Untergrund: Holz

| 8€ | 10€ | **11€** | 13€ | 16€ | [m²] | ⌚ 0,10 h/m² | 020.000.006 |

24 Traglattung, 40x60mm, Biberschwanzdeckung — KG 363

Dachlattung aus Nadelholz, für Biberschwanz-Doppeldeckung, Befestigung mit korrosionsgeschützten Schrauben bzw. Nägeln.
Sortierklasse: S10
Abstand: ca. 150 mm
Sparrenabstand: ..... mm
Dachdeckung: .....
Dachfläche: eben
Dachneigung: .....°
Lattenquerschnitt: 40 x 60 mm
Untergrund: Holz

| –€ | 11€ | **13€** | 16€ | –€ | [m²] | ⌚ 0,12 h/m² | 020.000.062 |

25 Nagelabdichtung, Konterlattung — KG 363

Konterlattung mit zusätzlichem Nageldichtstreifen, auf Unterdeckung bzw. Unterspannung.
Lattenquerschnitt: 40 x 60 mm
Dichtmaterial: selbstklebender, elastischer Dichtstreifen, Unterdeckung: .....

| 2€ | 2€ | **3€** | 4€ | 5€ | [m] | ⌚ 0,01 h/m | 020.000.053 |

▶ min
▷ von
ø Mittel
◁ bis
◀ max

Nr.	**Kurztext** / Langtext							Kostengruppe
▶	▷	**ø netto €**	◁	◀	[Einheit]	Ausf.-Dauer	Positionsnummer

26 Kantholz, Nadelholz S10TS, scharfkantig — KG **361**
Kantholz aus Bauschnittholz.
Holzart: Kiefer
Festigkeitsklasse: C24
Holzgüte: S10
Oberfläche: scharfkantig, allseitig gehobelt
Querschnitt: 60 x 120 mm
Einzellänge: bis 8,0 m, gem. Holzliste des AG
chem. Holzschutz: ohne
Gebrauchsklasse: .....
Einbau: sichtbar
Einbauort: Carport

| 7€ | 10€ | **11€** | 12€ | 16€ | [m] | ⏱ 0,10 h/m | 020.000.073 |

27 Dachschalung, Nadelholz, Rauspund 24mm — KG **363**
Dachschalung als Rauspund, Unterlage für Deckung, mechanisch befestigt mit korrosionsgeschützten Schrauben bzw. Nägeln.
Holzart: Nadelholz, Sortierklasse: S10
Schalungsdicke: 24 mm
Brettbreite: 80-160 mm
Chem. Holzschutz: **ohne / mit**
Gebrauchsklasse: .....
Untergrund: Holz

| 14€ | 18€ | **21€** | 23€ | 26€ | [m²] | ⏱ 0,25 h/m² | 020.000.049 |

28 Dachschalung, Nadelholz, Rauspund 28mm — KG **363**
Dachschalung als Rauspund, Unterlage für Deckung, mechanisch befestigt mit korrosionsgeschützten Schrauben bzw. Nägeln.
Holzart: Nadelholz, Sortierklasse: S10
Schalungsdicke: 28 mm
Brettbreite: 80-160 mm
Chem. Holzschutz: **ohne / mit**
Gebrauchsklasse: .....
Untergrund: Holz

| 20€ | 24€ | **26€** | 31€ | 37€ | [m²] | ⏱ 0,27 h/m² | 020.000.038 |

29 Dachschalung, Holzspanplatte P5, bis 25mm — KG **363**
Dachschalung als Unterlage für Deckung, aus kunstharzgebundenen Holzspanplatten, mechanisch befestigt.
Einsatzbereich: tragend, Feuchtbereich
Plattentyp: P5
Plattendicke: 25 mm
Kante: .....
Untergrund: Holz

| 18€ | 21€ | **23€** | 26€ | 30€ | [m²] | ⏱ 0,20 h/m² | 020.000.063 |

© **BKI** Baukosteninformationszentrum; Erläuterungen zu den Tabellen siehe Seite 44
Mustertexte geprüft: Zentralverband des Deutschen Dachdeckerhandwerks
Kostenstand: 1.Quartal 2021, Bundesdurchschnitt

LB 020 Dachdeckungsarbeiten

Nr.	Kurztext / Langtext						
▶	▷ ø netto € ◁ ◀				[Einheit]	Ausf.-Dauer	Kostengruppe Positionsnummer

30 Dachschalung, Holzspanplatte P7, bis 25mm KG **363**

Dachschalung als Unterlage für Deckung, aus kunstharzgebundenen Holzspanplatten, mechanisch befestigt.
Einsatzbereich: tragend, Feuchtbereich
Plattentyp: P7
Plattendicke: 25 mm
Kante: .....
Untergrund: Holz

| 16€ | 20€ | **22**€ | 26€ | 35€ | [m²] | ⏱ 0,20 h/m² | 020.001.104 |

31 Traufbohle, Nadelholz, bis 60/240mm KG **363**

Traufbohle, trapezförmig, auf Holzkonstruktion, einschl. Höhenausgleich bis 30mm, Befestigung mit korrosionsgeschützten Nägeln.
Holzart: Nadelholz
Abmessung: Höhe 20-60 mm, Breite 160-240 mm
Oberfläche: .....
chem. Holzschutz: .....
Gebrauchsklasse: .....
Einbau: **sichtbar / unsichtbar**

| 5€ | 8€ | **9**€ | 11€ | 16€ | [m] | ⏱ 0,10 h/m | 020.000.035 |

32 Trauf-/Ortgangschalung, N+F, bis 28mm, gehobelt KG **363**

Dachschalung an Traufe, Nadelholz, gespundet, sichtbar bleibend, mit chem. Holzschutz, Vergütung nach gesonderter Position.
Schalungsdicke: 24 mm
Oberfläche: einseitig gehobelt
Gebrauchsklasse: 2
Untergrund: Holz.

| 18€ | 26€ | **28**€ | 33€ | 42€ | [m²] | ⏱ 0,30 h/m² | 020.000.051 |

33 Ortgangbrett, Windbrett, bis 28mm, gehobelt KG **363**

Ortgangbrett aus Nadelholz, Unterseite mit schrägem Anschnitt als Tropfkante.
Holzart: Kiefer
Sortierklasse: S10
Güteklasse: 1
Brettdicke: 28 mm
Breite: ca. 120 mm
Oberfläche: parallel besäumt, gehobelt
chem. Holzschutz: ohne
Gebrauchsklasse: .....
Untergrund: Holz

| 7€ | 14€ | **16**€ | 22€ | 31€ | [m] | ⏱ 0,20 h/m | 020.000.008 |

34 Insektenschutzgitter, Traufe KG **363**

Insektenschutz an Zuluftöffnung der Traufe.
Breite: ca. 150 mm
Material: Metall, ...

| 3€ | 6€ | **7**€ | 10€ | 21€ | [m] | ⏱ 0,05 h/m | 020.000.009 |

Kosten:
Stand 1.Quartal 2021
Bundesdurchschnitt

▶ min
▷ von
ø Mittel
◁ bis
◀ max

Nr.	Kurztext / Langtext						Kostengruppe	
▶	▷	**ø netto €**	◁	◀	[Einheit]	Ausf.-Dauer	Positionsnummer	

35 Zahnleiste, Nadelholz, gehobelt — KG **363**

Zahnleiste aus Nadelholz, am Ortgang passgenau zur Dachdeckung, Unterseite mit schrägem Anschnitt als Tropfkante, Oberseite profiliert.
Holzart: Fichte
Sortierklasse: S10
Güteklasse: 1
Dicke: 30 mm
Breite: 120 mm
Oberfläche: parallel besäumt, gehobelt
chem. Holzschutz: ohne
Gebrauchsklasse: .....
Dachdeckung: .....
Deckweite: .....

| 11 € | 24 € | **30 €** | 36 € | 52 € | [m] | ⏱ 0,30 h/m | 020.000.010 |

36 Dachdeckung, Hohlfalzziegel — KG **363**

Dachdeckung mit Hohlfalzziegeln, auf vorhandene Lattung.
Falzziegel-Form: .....
Oberfläche: .....
Farbton: naturfarben, rot
Verlegung: .....
Dachneigung: über 40 bis 45°
Dachform: .....
Frostwiderstand: B
Hagelwiderstand: Klasse .....

| 24 € | 28 € | **31 €** | 32 € | 36 € | [m²] | ⏱ 0,30 h/m² | 020.001.108 |

37 Dachdeckung, Doppelmuldenfalzziegel — KG **363**

Dachdeckung mit Doppelmuldenfalzziegeln, auf vorhandene Lattung.
Falzziegel-Form: Standardformat, **kleiner / gleich** 10 St/m²
Oberfläche: .....
Farbton: naturfarben, rot
Verlegung: .....
Dachneigung: über 40 bis 45°
Dachform: .....
Frostwiderstand: B
Hagelwiderstand: Klasse .....

| 23 € | 29 € | **31 €** | 33 € | 39 € | [m²] | ⏱ 0,30 h/m² | 020.001.109 |

LB 020 Dachdeckungs- arbeiten

Nr.	Kurztext / Langtext						Kostengruppe
▶	▷	ø netto €	◁	◀	[Einheit]	Ausf.-Dauer	Positionsnummer

38 Dachdeckung, Flachdachziegel — KG 363

Dachdeckung mit Flachdachziegeln, auf vorhandene Lattung.
Form: Standardformat, **kleiner / gleich** 10 St/m²
Oberfläche: .....
Farbton: naturfarben, rot
Verlegung: .....
Dachneigung: über 40 bis 45°
Dachform: .....
Frostwiderstand: B
Hagelwiderstand: Klasse .....

| 19€ | 25€ | **27€** | 28€ | 33€ | [m²] | ⏱ 0,30 h/m² | 020.001.110 |

39 Dachdeckung, Glattziegel — KG 363

Dachdeckung mit Glattziegeln, auf vorhandene Lattung.
Form: Standardformat, **kleiner / gleich** 10 St/m²
Oberfläche: .....
Farbton: naturfarben, rot
Verlegung: .....
Dachneigung: über 40 bis 45°
Dachform: .....
Frostwiderstand: B
Hagelwiderstand: Klasse .....

| 21€ | 26€ | **28€** | 30€ | 34€ | [m²] | ⏱ 0,30 h/m² | 020.001.111 |

40 Dachdeckung, Biberschwanzziegel — KG 363

Dachdeckung mit Biberschwanzziegeln, auf vorhandene Lattung.
Deckungsart: Doppeldeckung
Form: gerader Schnitt
Format: 180 x 380 mm
Oberfläche: .....
Farbton: naturfarben, rot
Verlegung: .....
Dachneigung: über 40 bis 45°
Dachform: .....
Frostwiderstand: B
Hagelwiderstand: Klasse .....

| 29€ | 38€ | **41€** | 43€ | 49€ | [m²] | ⏱ 0,35 h/m² | 020.001.112 |

Kosten:
Stand 1.Quartal 2021
Bundesdurchschnitt

▶ min
▷ von
ø Mittel
◁ bis
◀ max

Nr.	Kurztext / Langtext						Kostengruppe	
▶	▷	ø netto €	◁	◀	[Einheit]	Ausf.-Dauer	Positionsnummer	

41 Dachdeckung, Betondachsteine KG **363**

Dachdeckung mit Betondachsteinen, auf vorhandene Lattung.
Dachstein-Form: mit symmetrischen Mittelwulst
Format: 330 x 400 mm..... St/m²
Oberfläche: matt
Farbe: rot,
Vorderkante: regelmäßig
Profilhöhe: .....
Verlegung: .....
Dachneigung: über 35 bis 40°
Dachform: .....
Hagelwiderstand: Klasse .....

| 17 € | 22 € | **24 €** | 26 € | 30 € | [m²] | ⏱ 0,25 h/m² | 020.000.013 |

42 Dachdeckung, Dachsteine, eben KG **363**

Dachdeckung mit Betondachsteinen, auf vorhandene Lattung.
Dachstein-Form: eben
Format: 330 x 420 mm..... St/m²
Oberfläche: matt
Farbe: .....
Vorderkante: abgerundete Schnittkante
Profilhöhe: .....
Verlegung: .....
Dachneigung: über 35 bis 40°
Dachform: .....
Hagelwiderstand: Klasse .....

| 22 € | 26 € | **27 €** | 30 € | 36 € | [m²] | ⏱ 0,30 h/m² | 020.001.124 |

43 Dachdeckung, Faserzement, Wellplatte KG **363**

Dachdeckung mit Faserzement-Wellplatten, auf vorhandene Pfetten, Stöße mit Dichtband hinterlegt, dauerplastischem Kitt in der Höhenüberdeckung, mechanisch befestigt mit verzinkten Schrauben, mind. 50mym.
Untergrund: Holz
Pfettenabstand: .....
Profil: 177 x 51
Zahl der Wellen: Profil 5
Produkttyp: .....
Profilhöhe: 51 mm
Bruchlast / Biegemoment: .....
Brandverhalten: A1
Hagelwiderstand: Klasse .....
Farbe: .....
Dachneigung: 10 bis kleiner 15°
Sparrenlänge: 10,0 m

| 25 € | 30 € | **32 €** | 34 € | 40 € | [m²] | ⏱ 0,20 h/m² | 020.000.039 |

LB 020 Dachdeckungsarbeiten

Kosten:
Stand 1.Quartal 2021
Bundesdurchschnitt

▶ min
▷ von
ø Mittel
◁ bis
◀ max

Nr.	Kurztext / Langtext					Kostengruppe		
▶	▷	ø netto €	◁	◀	[Einheit]	Ausf.-Dauer	Positionsnummer	

44 Dachdeckung, Faserzement, Doppeldeckung KG **363**

Dachdeckung mit Faserzement-Dachplatten, auf vorhandene Lattung, mechanisch befestigt.
Untergrund: Holz
Lattenabstand: .....
Deckungsart: Doppeldeckung
Form: vollkantig
Format: 20 x 40 cm
Oberfläche: glatt
Bruchlast / Biegemoment: .....
Brandverhalten: A1
Hagelwiderstand: Klasse .....
Farbe: anthrazit,
Dachneigung: über 30 bis 35°

| –€ | 51€ | **60€** | 72€ | –€ | [m²] | ⏱ 0,60 h/m² | 020.001.113 |

45 Dachdeckung, Faserzement, Deutsche Deckung KG **363**

Dachdeckung mit Faserzement-Dachplatten, auf vorhandene Lattung, mechanisch befestigt.
Unterkonstruktion: .....
Deckungsart: Deutsche Deckung
Form: Bogenschnitt
Format: 30 x 30 cm
Oberfläche: glatt
Farbe: anthrazit
Hagelwiderstand: Klasse .....
Dachform: .....
Dachneigung: über 30 bis 35°

| –€ | 59€ | **70€** | 83€ | –€ | [m²] | ⏱ 0,65 h/m² | 020.001.114 |

46 Dachdeckung, Holzschindeln KG **363**

Dachdeckung aus gespaltenen Holzschindeln auf Schalung, Verlegung gem. Verlegeplan, mit nichtrostenden Befestigungsmitteln.
Verband: .....
Deckung: .....
Holzart: .....
Güteklasse: 1
Spaltung: .....
Form: .....
Schindellänge / Reihenabstand: ..... / ..... mm
Mindestdicke: ..... mm
Breite: ..... mm
Oberfläche: spaltrau
Unterseite: gefast / rechtwinklig
Dachneigung: .....°
Höhe: über Gelände bis ..... m

| 67€ | 84€ | **91€** | 99€ | 126€ | [m²] | ⏱ 0,85 h/m² | 020.001.116 |

Nr.	**Kurztext** / Langtext						Kostengruppe	
▶	▷	**ø netto €**	◁	◀	[Einheit]	Ausf.-Dauer	Positionsnummer	

47 Dachdeckung, Schiefer — KG **363**

Dachdeckung mit Schiefer, auf vorhandene Schalung mit Vordeckung, mit korrosionsgeschützten Befestigungsmitteln.
Deckung: Rechteck-Doppeldeckung
Format / Hieb: 40 x 40 cm
Ursprung Schiefer: .....
Karbonatgehalt: >5% Masseanteil
Frost-Tau-Wechsel-Beständigkeit: W1
Temperatur-Wechsel-Beständigkeit: T1
Säurebeständigkeit: S2
Verlegung: geschraubt
Dachneigung: >50-55°
Dachform: .....

| 73 € | 84 € | **86 €** | 97 € | 116 € | [m²] | ⏱ 0,80 h/m² | 020.000.040 |

48 Dachdeckung, Bitumenschindeln — KG **363**

Dachdeckung mit Bitumenschindeln, mechanisch befestigt mit korrosionsbeständigen Breitkopfstiften. Anschlüsse, Abschlüsse und Anarbeiten an Dachdurchdringungen in gesonderten Positionen.
Unterlage: Holzschalung und Vordeckung
Schindelform: rechteckig
Dicke: über 3 mm
Einlage: Glasvlies
Material: Bitumen
Format: 1.000 x 330 mm
Farbe: blauschwarz
Oberfläche: mineralisches Granulat
Dachneigung: >15-20°
Länge: bis 10,0 m

| 22 € | 26 € | **29 €** | 36 € | 48 € | [m²] | ⏱ 0,30 h/m² | 020.000.044 |

49 Ortgang, Ziegeldeckung, Formziegel — KG **363**

Ortgang der Dachfläche mit Form-Ziegel, passend zur vorhandener Dachdeckung.
Dachdeckung: .....
Deckung der Ortgangkanten: Doppelwulstziegel
Oberfläche: .....
Farbe: .....
Verlegung: .....
Dachneigung: .....°

| 25 € | 34 € | **38 €** | 44 € | 59 € | [m] | ⏱ 0,10 h/m | 020.000.014 |

50 Ortgang, Biberschwanzdeckung, Formziegel — KG **363**

Ortgang der Dachfläche mit Formsteinen, passend zur vorhandenen Betonstein-Dachdeckung.
Deckung der Ortgangkanten: mit Schlusssteinen
Oberfläche / Form: .....
Verlegung: trocken verlegt
Dachneigung: .....°

| 26 € | 36 € | **41 €** | 48 € | 61 € | [m] | ⏱ 0,16 h/m | 020.000.015 |

LB 020 Dachdeckungsarbeiten

Kosten: Stand 1.Quartal 2021 Bundesdurchschnitt

Nr.	Kurztext / Langtext						Kostengruppe
▶	▷	ø netto €	◁	◀	[Einheit]	Ausf.-Dauer	Positionsnummer

51 Kehle eingebunden, Biberschwanz — KG 363

Kehlausbildung für vor beschriebenes Biberschwanzdach, gem. Fachregeln eindecken, mit allen Nebenarbeiten. Kehlbleche werden in gesonderter Position vergütet.
Deckungsart: .....
Ausführung: eingebundene Kehlen, gleichhüftig
Breite Kehle: 3 Ziegel breit
Befestigung: Schraubstifte und Draht
Neigung: .....°

| 46€ | 54€ | **63€** | 70€ | 81€ | [m] | ⏱ 0,35 h/m | 020.001.099 |

52 Ortgang, Dachsteindeckung, Formziegel — KG 363

Ortgang der Dachfläche mit Formsteinen, passend zur vorhandener Betonstein-Dachdeckung.
Deckung der Ortgangkanten: mit Schlusssteinen
Oberfläche / Form: .....
Verlegung: trocken verlegt
Dachneigung: .....°

| 23€ | 32€ | **35€** | 41€ | 57€ | [m] | ⏱ 0,18 h/m | 020.000.016 |

53 Ortgang, Schiefer — KG 363

Ortgangdeckung für vor beschriebenes Schieferdach als eingebundener Anfangs- oder Endort, gem. Fachregeln eindecken.
Ausführung:
Anfangortstein und Stichstein, sowie ggf. mit Zwischenstein
Endort mit Doppelort
Dachneigung: .....°

| 14€ | 23€ | **29€** | 32€ | 41€ | [m] | ⏱ 0,40 h/m | 020.001.098 |

54 Firstanschluss, Ziegeldeckung, Formziegel — KG 363

First-Anschluss der Dachdeckung, mit Anschluss-Formziegeln, passend zur Deckung.
Dachdeckung: .....
Dachneigung: .....°

| 11€ | 17€ | **19€** | 20€ | 33€ | [m] | ⏱ 0,10 h/m | 020.000.017 |

55 First, Firstziegel, mörtellos, inkl. Lüfter — KG 363

Firstdeckung mit konischen Formziegeln, passend zur Deckung, einschl. Anfängerziegel, Lüfterelement, Firstlatte und Lattenhalter.
Dachdeckung: .....
Dachneigung: .....°
Befestigung: .....

| 31€ | 44€ | **50€** | 55€ | 67€ | [m] | ⏱ 0,35 h/m | 020.000.018 |

56 First, Firstziegel, vermörtelt — KG 363

Firstdeckung mit konischen Formziegeln, passend zur Deckung. Ziegel vermörtelt und zusätzlich gesichert, einschl. Anfängerziegel, Latte, Lattenhalter. Mörtel der Ziegelfarbe angepasst.
Dachneigung: .....°
Befestigung: .....

| 33€ | 44€ | **52€** | 57€ | 66€ | [m] | ⏱ 0,32 h/m | 020.000.019 |

▶ min
▷ von
ø Mittel
◁ bis
◀ max

Nr.	Kurztext / Langtext							Kostengruppe
▶	▷	ø netto €	◁	◀	[Einheit]	Ausf.-Dauer	Positionsnummer

57 First, Firststein, geklammert, Dachstein — KG 363
Firstdeckung mit konischen Formsteinen, passend zur Deckung, einschl. Anfängerstein, Lüfterelement, Firstlatte und Lattenhalter.
Dachdeckung: .....
Dachneigung: .....°

| 21€ | 40€ | **47€** | 54€ | 72€ | [m] | ⏱ 0,36 h/m | 020.000.020 |

58 Pultdachabschluss, Abschlussziegel — KG 363
Pultfirstdeckung mit Pultfirstziegeln, bei oberen Abschlüssen von Pultdächern, ohne Verblechung, passend zur Deckung, einschl. Pult-Ortgangziegel, Lüfterelement, Firstlatte und Lattenhalter.
Dachdeckung: .....
Dachneigung: .....°

| 38€ | 58€ | **65€** | 70€ | 98€ | [m] | ⏱ 0,15 h/m | 020.000.021 |

59 Pultdachanschluss, Metallblech Z333 — KG 363
Firstdeckung mit Abdeckblech, passend zur Dachdeckung, mechanisch befestigt, einschl. Holzleiste S10, 60x60mm.
Metallblech: Titanzink
Blechdicke: 0,7 mm
Zuschnitt: ca. 333 mm
Kantungen: 4-fach
Oberfläche: vorbewittert

| 18€ | 37€ | **42€** | 46€ | 57€ | [m] | ⏱ 0,25 h/m | 020.000.022 |

60 Grateindeckung, Ziegel, mörtellos — KG 363
Gratdeckung mit konischen Formziegeln, passend zur Dachdeckung, mörtellos, Gratlatte und Gratlattenhalter, einschl. Anfängerziegel und Lüfterelementen.
Gratneigung: .....°
Befestigung: .....

| 42€ | 52€ | **55€** | 65€ | 81€ | [m] | ⏱ 0,35 h/m | 020.000.023 |

61 Grateindeckung, Ziegel, vermörtelt — KG 363
Gratdeckung mit Formziegeln, passend zur Dachdeckung, vermörtelt, einschl. Anfängerziegel und Mörtel in Ziegelfarbe.
Gratneigung: .....°
Befestigung: .....

| 36€ | 50€ | **56€** | 65€ | 78€ | [m] | ⏱ 0,32 h/m | 020.000.024 |

62 Gratdeckung, Schiefer — KG 363
Gratdeckung mit Überstand, passend zur Schiefer-Dachdeckung.
Dachdeckung: Altdeutsche Deckung mit normalem Hieb
Ausführung: Anfangort als Stichort, Endort als Doppelort
Gratneigung: .....°

| 17€ | 20€ | **23€** | 26€ | 44€ | [m] | ⏱ 0,45 h/m | 020.001.097 |

LB 020 Dachdeckungsarbeiten

Kosten:
Stand 1.Quartal 2021
Bundesdurchschnitt

▶ min
▷ von
ø Mittel
◁ bis
◀ max

Nr.	Kurztext / Langtext					Kostengruppe
▶	▷	ø netto €	◁	◀	[Einheit]	Ausf.-Dauer Positionsnummer

63 Durchgangsziegel, Dunstrohr, DN100 KG **363**
Dunstrohr-Formziegel, passend zur Dachdeckung, mit schlagregensicherem Dunstrohraufsatz.
Material: Ton
Dunstrohr: DN100
Farbe / Oberfläche: passend zur Dacheindeckung

| 77€ | 115€ | **126**€ | 142€ | 186€ | [St] | ⏱ 0,45 h/St | 020.000.025 |

64 Durchgangselement, Dunstrohr, Kunststoff, DN100 KG **363**
Dunstrohr-Durchgangsformstück, einstellbar auf Dachneigung, mit schlagregensicherer Abdeckhaube.
Material: Kunststoff
Dunstrohr: DN100
Farbe: passend zur Dachziegel-Deckung

| 37€ | 68€ | **76**€ | 90€ | 117€ | [St] | ⏱ 0,30 h/St | 020.000.026 |

65 Durchgangselement, Solarleitung KG **363**
Durchgangselement / Formziegel mit Adapter eines Solarträgers, Einbau in Dachaufbau.
Material: ...., geeignet für sparrenunabhängigen Anschluss eines Solarträger
Typ: .....
Adapter-Farbe / -Oberfläche: passend zur Dacheindeckung

| 30€ | 64€ | **78**€ | 129€ | 218€ | [St] | ⏱ 0,25 h/St | 020.001.119 |

66 Lüfterelement, Dachziegel KG **363**
Lüfterziegel, passend zur Ziegel-Dachdeckung, inkl. Lüftungsprofil (Insektenschutz) aus korrosionsgeschütztem Material.
freier Lüftungsquerschnitt: .....
Baustoff: **Keramik / Kunststoff**

| 8€ | 16€ | **19**€ | 22€ | 29€ | [St] | ⏱ 0,01 h/St | 020.000.027 |

67 Durchgangselement, Antenne, Formziegel KG **363**
Formziegel (Antennenziegel) für Leitungsdurchgang, passend zur Ziegel-Dachdeckung, Einbau in Dachaufbau, Durchgang eines Antennenfußes.
Material: Ton, mit Aufsatz aus PVC

| 30€ | 58€ | **73**€ | 94€ | 138€ | [St] | ⏱ 0,40 h/St | 020.000.028 |

68 Tonziegel, Reserve KG **363**
Reserveziegel, passend zur Dachdeckung, liefern und nach Vorgabe durch den Auftraggeber im Gebäude lagern.

| 2€ | 5€ | **7**€ | 9€ | 11€ | [St] | – | 020.000.029 |

69 Wandanschluss Ziegel / Dachstein KG **363**
Anarbeiten der Dachdeckung an aufgehende Wand, inkl. erforderlicher Zuschneide- oder Fräßarbeiten. Anschlussbleche nach gesonderter Position.
Dachdeckung: **Ziegel / Dachstein**
Bauteilanschluss: aufgehende Wand, trocken verlegt
Abrechnung: m

| 11€ | 25€ | **30**€ | 49€ | 74€ | [m] | ⏱ 0,35 h/m | 020.001.120 |

Nr.	Kurztext / Langtext							Kostengruppe
▶	▷	ø netto €	◁	◀	[Einheit]	Ausf.-Dauer	Positionsnummer	

70   Ziegel beidecken, Dachdeckung — KG 363

Beidecken der Ziegel-Dachdeckung.
Bauteilanschluss: .....
Deckung: .....

4€	13€	**16€**	24€	45€	[m]	⏱ 0,20 h/m	020.000.030

71   Verklammerung, Dachdeckung — KG 363

Dachdeckung im Flächenbereich zusätzlich sturmsicher verklammern; Klammeranzahl gem. Regelwerk des Deutschen Dachdeckerhandwerks DDH.
Deckung: .....
Windzone: **1 / 2 / 3 / 4**
Gebäudehöhe: .....
Gebäudelage: .....
Verklammerung: .....
Befestigung: **korrosionsgeschützt / nichtrostend**

0,9€	3,3€	**4,5€**	7,9€	15€	[m²]	⏱ 0,06 h/m²	020.000.031

72   Wandbekleidung Holzschindel — KG 335

Fassadenbekleidung als vorgehängte, hinterlüftete Fassade aus gespaltenen Holzschindeln nach DIN 18516-1 auf vorhanden Holzschalung, mit nichtrostenden Befestigungsmitteln.
Holzart: Rotzeder
Güteklasse: 1
Spaltung: mit Hand
Form: Keilförmig
Reihenabstand: ..... mm
Abmessung: ..... / ..... mm
Mindestdicke am Fuß: 8 mm
Oberfläche: spaltrau
Unterseite: gefast
Verlegung gem. Verlegeplan: im .....-Verband als Dreifachdeckung
Wandhöhe: über Gelände bis ..... m
Für die Ausführung werden vom AG folgende Unterlagen zur Verfügung gestellt:
 – Entwurfszeichnungen, Plannr.: .....
 – Übersichtszeichnungen, Plannr.: .....

83€	122€	**141€**	181€	231€	[m²]	⏱ 1,50 h/m²	020.001.100

73   Eckausbildung Holzschindelbekleidung — KG 335

Außenecke, passend zur Bekleidung aus Holzschindeln, mit profiliertem Holz-Eckprofil, Profil gem. anliegender Skizze.
Abmessung: ..... / ..... mm
Oberfläche: allseitig gehobelt
Befestigung: korrosionsbeständige Schrauben

10€	22€	**23€**	27€	39€	[m]	⏱ 0,30 h/m	020.001.101

74   Randanschluss Holzschindelbekleidung — KG 335

Seitlicher Abschluss, passend zur Bekleidung aus Holzschindeln, gem. anliegender Skizze.
Abmessung: ..... / ..... mm

8€	22€	**23€**	25€	39€	[m]	⏱ 0,27 h/m	020.001.102

LB 020 Dachdeckungsarbeiten

Kosten:
Stand 1.Quartal 2021
Bundesdurchschnitt

▶ min
▷ von
ø Mittel
◁ bis
◀ max

Nr.	Kurztext / Langtext					[Einheit]	Ausf.-Dauer	Kostengruppe Positionsnummer
▶	▷	ø netto €	◁	◀				

75 Dachfenster/Dachausstieg, Holz KG **362**

Dachausstiegs-Fenster aus Kunststoff, inkl. Eindeckrahmen, bestehend aus:
– Fenster mit stufenlosem 180°-Öffnungswinkel und Schwingfunktion
– Anschlag oben, Öffnungsgriff unten
– mit Sicherheitsöffnung und Teleskop-Montageschienen
– profilierte rutschsichere Trittfläche
– Blend- und Eindeckrahmen aus Polyurethan, wärmegedämmt
– inkl. dichtem Anschluss an Fensterrahmen und innenseitiger Luft- / Dampfsperre

Einbauort: Dachfläche, Neigung .....°
Dachdeckung mit: Falzziegel
Bauphysik Fenster:
Wärmeschutz: U_W .....
Schalldämmung: $R_{W,R}$ .....
Nennmaß (L x B): ..... x ..... mm
Verglasung: .....
Hagelwiderstand: Klasse ....
Oberfläche: ......
Oberfläche Eindeckrahmen: .....

| 162 € | 291 € | **376 €** | 462 € | 820 € | [St] | ⏱ 1,80 h/St | 020.000.033 |

76 Dachflächenfenster, gedämmt, Holz, Lasur KG **362**

Dachflächenfenster aus Nadelholz, lasiert, als Klapp-Schwing-Fenster, inkl. Eindeck- und Dämmrahmen bestehend aus:
– Fenster mit stufenlosem 45°-Öffnungswinkel und stufenloser Schwingfunktion, Öffnungsgriff unten, mit Lüftungsklappe und Luftfilter, und manueller Öffnung
– Außenabdeckung aus Aluminium, einbrennlackiert
– Eindecken mit Nocken
– Verglasung bestehend aus Mehrscheiben-Isolierverlasung mit Hagel- und Sonnenschutzfunktion
– Dämmrahmen aus ..... mit Anschlussausbildung zur Dachdämmung
– Anschlussschürze aus diffusionsoffenem Material mit Wasserableitrinne

Einbauort: Dachfläche, Neigung .....°
Deckung mit: gefälzte Betondachsteine,
Bauphysik Fenster
Wärmeschutz: U_W .....
Schalldämmung: SSK 1 (RW 25 - 29 dB)
Einbruchhemmung: RC 2
Blendrahmen-Außenmaß: 1.340 x 1.180 mm
Oberfläche: 2-K-PU-Beschichtung
Farbe.....
Oberfläche Eindeckrahmen: .....

| 479 € | 772 € | **897 €** | 1.038 € | 1.526 € | [St] | ⏱ 6,25 h/St | 020.000.034 |

77 Stundensatz, Facharbeiter/-in

Stundenlohnarbeiten für Vorarbeiterin, Vorarbeiter, Facharbeiterin, Facharbeiter und Gleichgestellte. Leistung nach besonderer Anordnung der Bauüberwachung. Anmeldung und Nachweis gem. VOB/B.

| 37 € | 49 € | **55 €** | 58 € | 64 € | [h] | ⏱ 1,00 h/h | 020.001.095 |

Nr.	Kurztext / Langtext							Kostengruppe
▶	▷	ø netto €	◁	◀	[Einheit]	Ausf.-Dauer	Positionsnummer

78 Stundensatz, Helfer/-in
Stundenlohnarbeiten für Werkerin, Werker, Helferin, Helfer und Gleichgestellte. Leistung nach besonderer Anordnung der Bauüberwachung. Anmeldung und Nachweis gem. VOB/B.

| 32 € | 41 € | **45** € | 47 € | 55 € | [h] | ⏱ 1,00 h/h | 020.001.096 |

LB 021 Dachabdichtungsarbeiten

Kosten:
Stand 1. Quartal 2021
Bundesdurchschnitt

▶ min
▷ von
ø Mittel
◁ bis
◀ max

Preise €

Nr.	Positionen	Einheit	▶	▷	ø brutto € / ø netto €	◁	◀
1	Voranstrich, Dampfsperre	m²	0,7	1,9	**2,3**	3,1	5,7
			0,6	1,6	**1,9**	2,6	4,8
2	Trennlage/untere Lage, V13, auf Holz	m²	2	4	**5**	6	8
			2	4	**4**	5	7
3	Trennlage/untere Lage, G200 DD, auf Holz	m²	3	7	**9**	10	13
			3	6	**7**	9	11
4	Dampfsperre hochführen, aufgehende Bauteile	m	3	5	**6**	7	9
			3	4	**5**	6	8
5	Trennlage / Ausgleichsschicht, PE-Folie	m²	0,7	2,7	**3,7**	4,6	7,6
			0,6	2,3	**3,1**	3,8	6,4
6	Dampfsperre, V60S4 Al01, auf Beton	m²	8	11	**12**	14	19
			7	9	**10**	12	16
7	Dampfsperre, Alu-Verbundfolie, mind. 1.500m	m²	2	5	**6**	7	10
			2	4	**5**	6	8
8	Wärmedämmung DAA, EPS 035, 80mm	m²	15	19	**21**	24	31
			13	16	**17**	20	26
9	Wärmedämmung DAA, EPS 035, 140mm	m²	21	27	**29**	33	42
			17	23	**24**	28	35
10	Wärmedämmung DAA, EPS 035, 240mm	m²	26	39	**40**	46	56
			22	33	**33**	39	47
11	Wärmedämmung DAA, PUR 024 120mm, kaschiert	m²	23	29	**33**	36	42
			19	25	**28**	30	35
12	Wärmedämmung DAA, PUR FD 024, 180mm, kaschiert	m²	37	46	**52**	61	73
			31	39	**44**	52	62
13	Wärmedämmung DAA, CG 045, 140mm	m²	78	94	**99**	108	132
			66	79	**83**	91	111
14	Wärmedämmung DUK, XPS 040, 140 mm	m²	25	37	**40**	48	62
			21	31	**34**	41	52
15	Wärmedämmung DAA, MW 038, 160mm	m²	–	27	**31**	37	–
			–	23	**26**	31	–
16	Übergang, Dämmkeil, EPS-Hartschaum, 60x60mm	m	1	3	**4**	7	15
			1	3	**4**	6	13
17	Unterkonstruktion, Kantholz, bis 100x60mm	m	7	10	**11**	12	14
			6	8	**9**	10	11
18	Unterkonstruktion, Holzbohlen, 40x120mm	m	11	17	**20**	25	34
			9	14	**17**	21	29
19	Fugenabdichtung, Silikon	m	2	4	**6**	7	9
			2	4	**5**	6	7
20	Bewegungsfuge, Typ I, Schleppstreifen, Bitumenbahn	m	26	30	**33**	41	54
			22	26	**28**	35	46
21	Dachabdichtung PYE G200, S4/S5, untere Lage	m²	10	13	**15**	16	19
			9	11	**12**	13	16
22	Dachabdichtung PYE PV200 S5, obere Lage	m²	13	16	**18**	20	25
			11	14	**15**	17	21
23	Dachabdichtung PYE PV 200 S5 Cu01, Wurzelschutz, obere Lage	m²	24	32	**32**	35	40
			20	27	**27**	29	33

© BKI Baukosteninformationszentrum; Erläuterungen zu den Tabellen siehe Seite 44
Mustertexte geprüft: Zentralverband des Deutschen Dachdeckerhandwerks

Dachabdichtungsarbeiten — Preise €

Nr.	Positionen	Einheit	▶	▷	ø brutto € / ø netto €	◁	◀
24	Dachabdichtung PYE PV 200 S5, Wurzelschutz, obere Lage	m²	13	18	**20**	25	34
			11	15	**17**	21	29
25	Dachabdichtung zweilagig, Polymerbitumen-Schweißbahnen	m²	24	27	**29**	35	41
			20	23	**24**	29	35
26	Wandanschluss, gedämmt EPS 035, zweilagige Abdichtung	m	24	34	**39**	47	67
			20	28	**32**	40	57
27	Attikaabschluss, gedämmt, zweilagige Abdichtung	m	27	42	**50**	59	75
			22	35	**42**	50	63
28	Dachabdichtung, Kunststoffbahn, PVC 1,5mm, einlagig	m²	–	25	**28**	34	–
			–	21	**24**	29	–
29	Dachabdichtung, Kunststoffbahn, FPO, einlagig	m²	19	25	**27**	32	40
			16	21	**23**	27	34
30	Dachabdichtung, Kunststoffbahn, PIB, einlagig	m²	34	38	**39**	43	47
			29	32	**33**	36	39
31	Dachabdichtung, Kunststoffbahn, EVA, einlagig, 1,5mm	m²	17	26	**29**	32	39
			14	22	**24**	27	33
32	Dachabdichtung, Kunststoffbahn, EVA, einlagig, 2,0mm	m²	23	30	**33**	37	45
			20	25	**28**	31	38
33	Dachabdichtung, Kunststoffbahn, EPDM, einlagig, 2,5mm	m²	32	37	**39**	43	49
			27	31	**33**	36	41
34	Dachabdichtung, Befestigung, Schienen	m²	6	9	**11**	13	17
			5	8	**9**	11	14
35	Wandanschluss, gedämmt, Kunststoffbahn, einlagig	m	20	36	**42**	53	81
			17	30	**35**	45	68
36	Attikaanschluss, Kunststoffbahn, einlagig	m	18	33	**38**	44	54
			15	28	**32**	37	45
37	Balkonabdichtung, zweilagig, PYE PV 200 S5 und PYE G200 S5	m²	29	35	**38**	45	56
			24	30	**32**	38	47
38	Wandanschluss, Abdichtung, Balkon, zweilagig	m	21	37	**44**	53	70
			18	31	**37**	45	58
39	Flüssigabdichtung, PMMA, 2,1mm	m²	–	47	**53**	65	–
			–	39	**45**	55	–
40	Flüssigabdichtung, PU-Harz/Vlies, 2,1mm	m²	–	95	**110**	134	–
			–	80	**92**	113	–
41	Abdichtungsanschluss, Fenstertür, Abdeckblech	m	36	53	**61**	75	95
			31	45	**51**	63	80
42	Wandanschluss, Dachabdichtung, Aluminiumprofil	m	11	16	**18**	21	28
			9	13	**15**	18	23
43	Notüberlauf, Attika, DN100, Freispiegel	St	76	205	**258**	403	749
			64	172	**217**	339	629

© **BKI** Baukosteninformationszentrum; Erläuterungen zu den Tabellen siehe Seite 44
Mustertexte geprüft: Zentralverband des Deutschen Dachdeckerhandwerks
Kostenstand: 1.Quartal 2021, Bundesdurchschnitt

LB 021 Dachabdichtungsarbeiten

Kosten:
Stand 1.Quartal 2021
Bundesdurchschnitt

Preise €

Nr.	Positionen	Einheit	▶ min	▷ von	ø brutto € ø netto €	◁ bis	◀ max
44	Flachdachablauf, Kiesfang, UP-GF, DN70, Freispiegel	St	58 49	94 79	**124** **104**	132 111	159 133
45	Flachdachablauf, Kiesfang, PUR, DN100, Druckstrom	St	84 70	236 198	**281** **236**	429 361	711 598
46	Aufstockelement, bauseitigen Dachablauf	St	57 48	71 59	**82** **69**	95 80	130 109
47	FD-Dunstrohreinfassung, bis 150mm	St	56 47	92 77	**107** **90**	119 100	155 131
48	Durchführung andichten, Anschweißflansch	St	25 21	42 35	**52** **44**	61 52	78 65
49	Blitzschutzdurchführung, Formteil, D=100	St	29 24	35 30	**40** **34**	52 44	67 56
50	Leitungseinfassung, Flachdach, Klemmanschluss	St	35 29	72 61	**83** **70**	109 91	167 140
51	Aufsetzkranz, rechteckig, Lichtkuppel 1,2x1,2m, Kunststoff, gedämmt	St	280 235	421 353	**479** **403**	567 477	730 614
52	Lichtkuppel, RWA, rechteckig, zweischalig Acrylglas, Aufsetzkranz, 1.200x1.200	St	815 685	1.382 1.161	**1.575** **1.324**	2.100 1.765	3.260 2.740
53	Anschluss Flachdachdichtung an Lichtkuppel	St	120 101	177 149	**190** **160**	244 205	347 292
54	Schutzmatte, Gummigranulat, Dachdichtung	m²	7 6	13 11	**15** **12**	19 16	31 26
55	Kiesschüttung, 16/32, Dach	m²	5 4	12 10	**14** **12**	22 18	43 37
56	Trennlage, PE-Folie, Dach	m²	0,7 0,6	2,8 2,4	**3,8** **3,2**	5,0 4,2	8,2 6,9
57	Stundensatz, Facharbeiter/-in	h	48 41	62 52	**66** **56**	70 59	77 65
58	Stundensatz, Helfer/-in	h	37 31	49 42	**55** **46**	59 50	67 57

Nr.	Kurztext / Langtext					[Einheit]	Ausf.-Dauer	Kostengruppe Positionsnummer
	▶	▷	ø netto €	◁	◀			
1	**Voranstrich, Dampfsperre**							KG **363**

Voranstrich bzw. Haftgrund für Dampfsperre aus Bitumenbahnen, vollflächig, auf oberflächentrockene Fläche.
Ausführung: Bitumenemulsion
Untergrund: Beton
Neigung: .....

▶	▷	ø netto €	◁	◀	[Einheit]	Ausf.-Dauer	Positionsnummer
0,6€	1,6€	**1,9€**	2,6€	4,8€	[m²]	0,04 h/m²	021.000.003

▶ min
▷ von
ø Mittel
◁ bis
◀ max

Nr.	Kurztext / Langtext						Kostengruppe
▶	▷	ø netto €	◁	◀	[Einheit]	Ausf.-Dauer	Positionsnummer

2 Trennlage/untere Lage, V13, auf Holz — KG **363**

Trennlage oder Vordeckung, aus Bitumenbahn mit Glasvlieseinlage, Nähte überlappend, im Nahtbereich mechanisch befestigt.
Funktion: .....
Untergrund: Holzwerkstoff aus .....
Ausführung Bahn: V13
Einbauort: Dach
Neigung: .....

| 2€ | 4€ | **4€** | 5€ | 7€ | [m²] | ⏱ 0,10 h/m² | 021.000.004 |

3 Trennlage/untere Lage, G200 DD, auf Holz — KG **363**

Trennlage oder Vordeckung, Bitumenbahn mit Glasvlieseinlage, Nähte überlappend, im Nahtbereich mechanisch befestigt.
Funktion: .....
Untergrund: Holz oder Holzwerkstoff aus .....
Ausführung Bahn: Bitumen-Dachdichtungsbahn - G 200 DD mit Glasgewebeeinlage 200 g/m²
Einbauort: Dach
Neigung: .....

| 3€ | 6€ | **7€** | 9€ | 11€ | [m²] | ⏱ 0,10 h/m² | 021.000.054 |

4 Dampfsperre hochführen, aufgehende Bauteile — KG **363**

Hochführen der Dampfsperre aus Bitumenbahn an aufgehenden Bauteilen, bis **OK Wärmedämmung / Dämmkeil,** starr anschließen.
Bauteil: Außenwand, Attika
Untergrund: Beton
Dampfsperre: Bitumenbahn V60S4+Al01

| 3€ | 4€ | **5€** | 6€ | 8€ | [m] | ⏱ 0,10 h/m | 021.000.055 |

5 Trennlage / Ausgleichsschicht, PE-Folie — KG **363**

Trennlage / Ausgleichsschicht, lose verlegt unter der lose verlegten Kunststoff-Dampfsperre.
Bahnentyp: PE-Folie, 0,2 mm
Untergrund: Betondecke

| 0,6€ | 2,3€ | **3,1€** | 3,8€ | 6,4€ | [m²] | ⏱ 0,02 h/m² | 021.000.146 |

6 Dampfsperre, V60S4 Al01, auf Beton — KG **363**

Dampfsperre aus Bitumen-Schweißbahn mit Metalleinlage, Stöße und Nähte verschweißt,
Untergrund: Betondecke mit Bitumenvoranstrich
Einbauort: Flachdach, nicht belüftet
Bahnentyp: V60S4+Al01
Verklebung: punkt- oder streifenweise
sd-Wert: mind. 1.500 m

| 7€ | 9€ | **10€** | 12€ | 16€ | [m²] | ⏱ 0,10 h/m² | 021.000.005 |

LB 021 Dachabdichtungsarbeiten

Nr.	Kurztext / Langtext					Kostengruppe
▶	▷ ø netto € ◁ ◀				[Einheit]	Ausf.-Dauer Positionsnummer

7 Dampfsperre, Alu-Verbundfolie, mind. 1.500m KG **363**
Dampfsperre aus Aluminium-Verbundfolie, selbstklebend, Stöße überlappend.
Untergrund: Betondecke
Einbauort: Flachdach, nicht belüftet
Bahnentyp: Alu-Verbundfolie
Verklebung: selbstklebend
sd-Wert: mind. 1.500 m
Einbauort: .....

| 2€ | 4€ | **5**€ | 6€ | 8€ | [m²] | ⏱ 0,04 h/m² 021.000.007 |

A 1 Wärmedämmung DAA, EPS 035 Beschreibung für Pos. **8-10**
Wärmedämmung aus Polystyrol-Hartschaumplatten, für nichtbelüftetes Flachdach, einlagig und dicht gestoßen verlegen, streifenweise geklebt.
Untergrund: Dampfsperre
Dämmstoff: EPS
Anwendungstyp: DAA - dm
Brandverhalten: Klasse E

8 Wärmedämmung DAA, EPS 035, 80mm KG **363**
Wie Ausführungsbeschreibung A 1
Plattenrand: umlaufend gefalzt
Bemessungswert der Wärmeleitfähigkeit max. 0,035 W/(mK)
Nennwert der Wärmeleitfähigkeit: 0,034 W/(mK)
Dämmstoffdicke: über 60 bis 80 mm

| 13€ | 16€ | **17**€ | 20€ | 26€ | [m²] | ⏱ 0,14 h/m² 021.000.008 |

9 Wärmedämmung DAA, EPS 035, 140mm KG **363**
Wie Ausführungsbeschreibung A 1
Plattenrand: umlaufend gefalzt
Bemessungswert der Wärmeleitfähigkeit max. 0,035 W/(mK)
Nennwert der Wärmeleitfähigkeit: 0,034 W/(mK)
Dämmstoffdicke: über 80 bis 140 mm

| 17€ | 23€ | **24**€ | 28€ | 35€ | [m²] | ⏱ 0,14 h/m² 021.000.009 |

10 Wärmedämmung DAA, EPS 035, 240mm KG **363**
Wie Ausführungsbeschreibung A 1
Plattenrand: umlaufend gefalzt
Bemessungswert der Wärmeleitfähigkeit max. 0,035 W/(mK)
Nennwert der Wärmeleitfähigkeit: 0,034 W/(mK)
Dämmstoffdicke: 240 mm

| 22€ | 33€ | **33**€ | 39€ | 47€ | [m²] | ⏱ 0,15 h/m² 021.000.096 |

Kosten:
Stand 1.Quartal 2021
Bundesdurchschnitt

▶ min
▷ von
ø Mittel
◁ bis
◀ max

Nr.	**Kurztext** / Langtext					Kostengruppe	
▶	▷	ø netto €	◁	◀	[Einheit]	Ausf.-Dauer	Positionsnummer

A 2 Wärmedämmung DAA, PUR FD 024, kaschiert   Beschreibung für Pos. **11-12**

Wärmedämmung aus Polyurethan-Hartschaumplatten mit beidseitiger Kaschierung aus Aluminium, für nicht-belüftetes Flachdach, einlagig und dicht gestoßen verlegen, streifenweise geklebt, Stöße der Kaschierung überlappt und verklebt.
Untergrund: Dampfsperre aus .....
Einbauort: Flachdach
Dämmstoff: PUR
Anwendungstyp: DAA - dh, (Wert der Druckbelastbarkeit nach Leistungserklärung/CE-Kennzeichnung des Produkts bei einer Stauchung von 10%)
Brandverhalten: Klasse E-d2, normal entflammbar

11 Wärmedämmung DAA, PUR 024 bis 120mm, kaschiert   KG **363**

Wie Ausführungsbeschreibung A 2
Plattenrand: umlaufend gefalzt
Bemessungswert der Wärmeleitfähigkeit max. 0,024 W/(mK)
Nennwert der Wärmeleitfähigkeit: 0,023 W/(mK)
Dämmstoffdicke: **80 / 100 / 120** mm

| 19€ | 25€ | **28€** | 30€ | 35€ | [m²] | ⏱ 0,14 h/m² | 021.000.010 |

12 Wärmedämmung DAA, PUR FD 024, 180mm, kaschiert   KG **363**

Wie Ausführungsbeschreibung A 2
Plattenrand: umlaufend gefalzt
Bemessungswert der Wärmeleitfähigkeit max. 0,024 W/(mK)
Nennwert der Wärmeleitfähigkeit: 0,023 W/(mK)
Dämmstoffdicke: 180 mm

| 31€ | 39€ | **44€** | 52€ | 62€ | [m²] | ⏱ 0,18 h/m² | 021.000.097 |

13 Wärmedämmung DAA, CG 045, 140mm   KG **363**

Wärmedämmung aus Schaumglas-Dämmplatten, hoch druckbelastbar, einlagig dicht stoßen und mit Heißbitumen vollflächig verkleben, Platten mit versetzten, pressgestoßenen und bitumengefüllten Fugen, inkl. Deckaufstrich aus Heißbitumen.
Untergrund: Rohbetondecke
Einbauort: Flachdach
Dämmstoff: CG
Anwendungstyp: DAA - ds
Bemessungswert der Wärmeleitfähigkeit max. 0,045 W/(mK)
Nennwert der Wärmeleitfähigkeit: 0,044 W/(mK)
Brandverhalten Klasse: A1, nicht brennbar
Dämmstoffdicke: 140 mm
Plattenrand: ohne Profil

| 66€ | 79€ | **83€** | 91€ | 111€ | [m²] | ⏱ 0,25 h/m² | 021.000.013 |

LB 021 Dachabdichtungsarbeiten

Nr.	Kurztext / Langtext					[Einheit]	Ausf.-Dauer	Kostengruppe Positionsnummer
▶	▷	ø netto €	◁	◀				

Kosten:
Stand 1.Quartal 2021
Bundesdurchschnitt

14 Wärmedämmung DUK, XPS 040, 140 mm — KG 363

Wärmedämmung aus extrudierten Polystyrol-Hartschaumplatten, für Umkehrdach, oberhalb der Dachabdichtung lose verlegt, einlagig.
Untergrund: Dachabdichtung mit Trennlage
Einbauort: Flachdach, Gefälle .....°
Nutzung: .....
Dämmstoff: XPS
Anwendungstyp: DUK - ds
Bemessungswert der Wärmeleitfähigkeit max. 0,040 W/(mK)
Nennwert der Wärmeleitfähigkeit: 0,039 W/(mK)
Brandverhalten: Klasse E, normal entflammbar
Dämmstoffdicke: bis 140 mm
Plattenrand: umlaufend profiliert

| 21€ | 31€ | **34€** | 41€ | 52€ | [m²] | ⏱ 0,20 h/m² | 021.000.062 |

15 Wärmedämmung DAA, MW 038, 160mm — KG 363

Wärmedämmung aus Mineralwolle-Dämmplatten, für nichtbelüftetes Flachdach, dicht gestoßen und punktweise verklebt, einlagig.
Untergrund: Dampfsperre aus .....
Einbauort: Flachdach
Dämmstoff: MW
Anwendungstyp: DAA-dm
Bemessungswert der Wärmeleitfähigkeit max. 0,037 W/(mK)
Nennwert der Wärmeleitfähigkeit: 0,036 W/(mK)
Brandverhalten: Klasse A1, nicht brennbar
Dämmstoffdicke: 160 mm
Plattenrand: ohne Profil

| –€ | 23€ | **26€** | 31€ | –€ | [m²] | ⏱ 0,22 h/m² | 021.000.099 |

16 Übergang, Dämmkeil, EPS-Hartschaum, 60x60mm — KG 363

Dämmkeil aus Hartschaum, am Anschluss der Flachdachdämmung an aufgehende Bauteilen, Ecken mit Gehrungsschnitt.
Dämmstoff: EPS
Zuschnittwinkel: 45°
Abmessung: 60 x 60 mm

| 1€ | 3€ | **4€** | 6€ | 13€ | [m] | ⏱ 0,04 h/m | 021.000.014 |

17 Unterkonstruktion, Kantholz, bis 100x60mm — KG 363

Unterkonstruktion aus Kantholz, für Flachdach, Befestigung mit korrosionsgeschützten Befestigungsmitteln. Chem. Holzschutz wird gesondert vergütet.
Einbauort: **Dachaufbau / Attika / Brüstung**
Funktion: .....
Untergrund: .....
Holzart: Nadelholz
Sortierklasse: S10 DIN 4074-1
Querschnitt (H x B): 60 x 100 mm
Gebrauchsklasse: 3.1
Oberfläche: .....

| 6€ | 8€ | **9€** | 10€ | 11€ | [m] | ⏱ 0,10 h/m | 021.000.015 |

▶ min
▷ von
ø Mittel
◁ bis
◀ max

Nr.	Kurztext / Langtext							Kostengruppe
▶	▷	ø netto €	◁	◀	[Einheit]		Ausf.-Dauer	Positionsnummer

18 Unterkonstruktion, Holzbohlen, 40x120mm KG **363**
Unterkonstruktion aus Holzbohle, für Flachdach, Befestigung mit korrosionsgeschützten Befestigungsmitteln. Chem. Holzschutz wird gesondert vergütet.
Einbauort: Attika
Funktion: .....
Untergrund: .....
Holzart: Nadelholz
Festigkeitsklasse: C24 DG DIN EN 14081-1
Querschnitt (H x B): 40 x 120mm
Gebrauchsklasse: 3.1
Oberfläche: .....

| 9€ | 14€ | **17€** | 21€ | 29€ | [m] | ⏱ 0,20 h/m | 021.000.016 |

19 Fugenabdichtung, Silikon KG **363**
Elastische Verfugung mit Silikon, inkl. notwendiger Flankenvorbehandlung an den Anschlussflächen und Hinterlegen der Fugenhohlräume mit geeignetem Hinterstopfmaterial.
Fuge: .....
Fugendicke: .....

| 2€ | 4€ | **5€** | 6€ | 7€ | [m] | ⏱ 0,05 h/m | 021.000.017 |

20 Bewegungsfuge, Typ I, Schleppstreifen, Bitumenbahn KG **363**
Bewegungsfuge für Flachdachaufbau, Ausbildung mit Schleppstreifen der Dachdichtungsbahnen.
Fugentyp: I
Fugenbewegung: max. 5 mm
Aufbau Flachdach: .....
Breite Schleppstreifen: 200 mm

| 22€ | 26€ | **28€** | 35€ | 46€ | [m] | ⏱ 0,35 h/m | 021.000.141 |

21 Dachabdichtung PYE G200, S4/S5, untere Lage KG **363**
Untere Lage der Dachabdichtung, für nicht genutzte Dächer, aus Polymerbitumen-Schweißbahn, Stöße überlappend, vollflächig verschweißen.
Flachdachgefälle: über 2%
Anwendungsklasse Flachdach: **K1 / K2** DIN 18531
Untergrund: EPS-Gefälledämmung
Bahnenart: PYE-G 200 **S4/S5**
Eigenschaftsklasse: E1 - DIN 18351
Anwendungstyp: DU
Höhe Dachrand über Grund: ..... m

| 9€ | 11€ | **12€** | 13€ | 16€ | [m^2] | ⏱ 0,12 h/m^2 | 021.000.019 |

LB 021 Dachabdichtungsarbeiten

Kosten:
Stand 1.Quartal 2021
Bundesdurchschnitt

▶ min
▷ von
ø Mittel
◁ bis
◀ max

Nr.	Kurztext / Langtext					Kostengruppe		
▶	▷	ø netto €	◁	◀	[Einheit]	Ausf.-Dauer	Positionsnummer

22 Dachabdichtung PYE PV200 S5, obere Lage — KG **363**

Obere Lage der Dachabdichtung, für **nicht genutzte / genutzte** Dächer, aus Polymerbitumen-Schweißbahn, Stöße überlappend, vollflächig verschweißen.
Flachdachgefälle: über 2%
Untergrund: Bitumenbahn
Bahnenart: PYE-PV 200 S5
Eigenschaftsklasse: E1 - DIN 18351
Anwendungstyp: DO
Brandverhalten: E
Höhe Dachrand über Grund: .....

| 11€ | 14€ | **15**€ | 17€ | 21€ | [m²] | ⏱ 0,14 h/m² | 021.000.020 |

23 Dachabdichtung PYE PV 200 S5 Cu01, Wurzelschutz, obere Lage — KG **363**

Obere Lage der Dachabdichtung als Wurzelschutzbahn, aus Polymerbitumen-Schweißbahn, Stöße überlappend, vollflächig verschweißen.
Flachdachgefälle: über 2%
Untergrund: PYE-Schweißbahn
Bahnenart: PYE-PV 200 S5+Cu01
Eigenschaftsklasse: E1 - DIN 18351
Anwendungstyp: DO
Brandverhalten: E
Höhe der Attika über Grund: .....

| 20€ | 27€ | **27**€ | 29€ | 33€ | [m²] | ⏱ 0,20 h/m² | 021.000.021 |

24 Dachabdichtung PYE PV 200 S5, Wurzelschutz, obere Lage — KG **363**

Obere Lage der Dachabdichtung als Wurzelschutzbahn, aus Polymerbitumen-Schweißbahn, Stöße überlappend, vollflächig verschweißen.
Flachdachgefälle: über 2%
Untergrund: PYE-Schweißbahn
Bahnenart: PYE-PV 200 S5
Eigenschaftsklasse: E1 - DIN 18351
Anwendungstyp: DO
Brandverhalten: E
Höhe der Attika über Grund: .....

| 11€ | 15€ | **17**€ | 21€ | 29€ | [m²] | ⏱ 0,20 h/m² | 021.000.110 |

25 Dachabdichtung zweilagig, Polymerbitumen-Schweißbahnen — KG **363**

Dachabdichtung aus Polymerbitumenbahnen, zweilagig, Stöße überlappend, vollflächig verschweißen.
Flachdachgefälle: über 2%
Untergrund: EPS-Gefälledämmung
1.Untere Lage: PYE-G 200 S4/S5
Anwendungstyp: DU/E1 - DIN 18531
2.Obere Lage: PYE-PV200 S5
Anwendungstyp: DO/E1 - DIN 18531
Höhe Attika über Grund: .....

| 20€ | 23€ | **24**€ | 29€ | 35€ | [m²] | ⏱ 0,25 h/m² | 021.000.065 |

Nr.	Kurztext / Langtext							Kostengruppe
▶	▷	ø netto €	◁	◀	[Einheit]	Ausf.-Dauer	Positionsnummer	

26 Wandanschluss, gedämmt EPS 035, zweilagige Abdichtung   KG **363**

Dachabdichtung DIN 18531 gegen nichtdrückendes Wasser für hohe Beanspruchung, durchwurzelungsfest nach FLL-Verfahren, für genutzte Dachflächen mit Begrünung.
Neigung: mind. 2%,
Anwendungsklasse Flachdach: K1
Unterlage: Beton
Abdichtung 2-lagig, aus:
1. Untere Lage: PV 200 DD mit Polyestervlieseinlage 200/250 g/m²
Anwendungstyp: DU, in Polymer-Bitumen vollflächig vergossen
Eigenschaftsklasse: E1
punkt-/streifenweise kleben
2. Obere Lage: PYE - PV 200 S5 mit Polyestervlieseinlage 200/250 g/m²
Anwendungstyp DO, vollflächig schweißen
Bemessungswert der Wärmeleitfähigkeit max. 0,035 W/(mK)
Nennwert Wärmeleitfähigkeit: 0,034 W/(mK)

| 20€ | 28€ | **32**€ | 40€ | 57€ | [m] | ⏱ 0,40 h/m | 021.000.022 |

27 Attikaabschluss, gedämmt, zweilagige Abdichtung   KG **363**

Anschluss der Dachabdichtung aus Polymerbitumenbahnen an aufgehende Bauteile, zweilagige Bahnenausführung wie Flächenabdichtung, einschl.:
– hochgeführte Wärmedämmung aus Polystyrol-Hartschaumplatte
– Kantholz als oberer Abschluss der Dämmung
– Dämmstoffkeil
– Anschluss mind. 150 mm über Oberkante Belag
– Klemmschiene aus Aluminium als mechanischer Befestigung am oberen Rand des Anschlusses
– Schutz aus Überhangstreifen / Abdeckprofil, inkl. elastischer Versiegelung der Anschlussfuge
Höhe ü. OK Dachbelag: mind. 150 mm
Aufgehendes Bauteil: Wand, aus .....
Anwendungskategorie Flachdach: **K1 / K2** DIN 18531
Abdichtungsbahnen Typ: **DU/E2 und DO/E1** bzw. **DU/E1 und DO/E1**
Einwirkungsklasse: IA
Wärmedämmung: EPS 035, 80 mm
Bemessungswert der Wärmeleitfähigkeit max. 0,035 W/(mK)
Nennwert Wärmeleitfähigkeit: 0,034 W/(mK)
Dämmkeil: EPS 035, 60 x 60 mm
Nadelholz, Festigkeitsklasse: S10, 80 x 60 mm
Überhangblech: **Titanzink / Aluminium / .....**, Z = 250 mm, dreifach gekantet

| 22€ | 35€ | **42**€ | 50€ | 63€ | [m] | ⏱ 0,30 h/m | 021.000.023 |

LB 021 Dachabdichtungsarbeiten

Kosten:
Stand 1.Quartal 2021
Bundesdurchschnitt

Nr.	Kurztext / Langtext				[Einheit]	Ausf.-Dauer	Kostengruppe Positionsnummer
▶ min	▷ von	ø Mittel	◁ bis	◀ max			

28 Dachabdichtung, Kunststoffbahn, PVC 1,5mm, einlagig — KG 363

Dachabdichtung für nicht genutztes Dach aus Kunststoffbahn, einlagig, mit Verstärkungslage, beidseitig beschichtet mit thermoplastischem Elastomer, Naht- und Stoßverbindungen verschweißen, Bahn lose verlegen und mechanisch befestigt. Mechanische Befestigung wird in gesonderter Position vergütet.
Untergrund: Dämmung aus .....
Anwendungsklasse Flachdach: K1
Einwirkungsklasse: IA
Flachdachgefälle: mind. 2%
Bahnenart: PVC-P (PVC-P-NB-V-GV), mit Verstärkungslage, beidseitig beschichtet mit thermoplastischem Elastomer
Bahnendicke: 1,5 mm
Eigenschaftsklasse: E1
Anwendungstyp: DE
Brandverhalten: E
Höhe Attika über Grund: .....

▶	▷	ø	◁	◀	Einheit	Ausf.-Dauer	Pos.-Nr.
–€	21€	**24€**	29€	–€	[m²]	0,18 h/m²	021.000.113

29 Dachabdichtung, Kunststoffbahn, FPO, einlagig — KG 363

Dachabdichtung für nicht genutztes Dach aus Kunststoffbahn, einlagig, Naht- und Stoßverbindungen verschweißen, Bahn lose verlegen und mechanisch befestigt. Mechanische Befestigung wird in gesonderter Position vergütet.
Untergrund: Dämmung aus .....
Anwendungsklasse Flachdach: K1
Einwirkungsklasse: IA
Flachdachgefälle: mind. 2%
Bahnenart: FPO, mit Glasvlieseinlage, beidseitig beschichtet mit thermoplastischem Elastomer
Bahnendicke: 2,0 mm
Eigenschaftsklasse: E1
Anwendungstyp: DE
Brandverhalten: E
Höhe Attika über Grund: .....

▶	▷	ø	◁	◀	Einheit	Ausf.-Dauer	Pos.-Nr.
16€	21€	**23€**	27€	34€	[m²]	0,14 h/m²	021.000.114

30 Dachabdichtung, Kunststoffbahn, PIB, einlagig — KG 363

Dachabdichtung für nicht genutztes Dach aus Kunststoffbahn, einlagig, Naht- und Stoßverbindungen verschweißen, Bahn lose verlegen und mechanisch befestigt. Mechanische Befestigung wird in gesonderter Position vergütet.
Untergrund: Dämmung aus .....
Anwendungsklasse Flachdach: K1
Einwirkungsklasse: IA
Flachdachgefälle: mind. 2%
Bahnenart: PIB-BV-K-PV, beidseitig beschichtet mit thermoplastischem Elastomer
Bahnendicke: 1,5 mm
Eigenschaftsklasse: E1
Anwendungstyp: DE
Brandverhalten: E
Höhe Attika über Grund: .....

▶	▷	ø	◁	◀	Einheit	Ausf.-Dauer	Pos.-Nr.
29€	32€	**33€**	36€	39€	[m²]	0,18 h/m²	021.000.115

Nr.	Kurztext / Langtext						Kostengruppe	
▶	▷	ø netto €	◁	◀	[Einheit]	Ausf.-Dauer	Positionsnummer	

31   Dachabdichtung, Kunststoffbahn, EVA, einlagig, 1,5mm   KG 363

Dachabdichtung für nicht genutztes Dach aus Kunststoffbahn, einlagig und wurzelfest nach FLL-Richtlinien, Naht- und Stoßverbindungen selbstklebend, Bahn lose verlegen und mechanisch befestigt, inkl. korrosionsbeständige Befestiger.
Untergrund: Dämmung aus .....
Anwendungsklasse Flachdach: K1
Einwirkungsklasse: IA
Flachdachgefälle: mind. 2%
Bahnenart: Ethylen-Vinyl-Acetat Terpolymer - EVA-BV-SK
Bahnendicke: 1,5 mm
Eigenschaftsklasse: E1
Anwendungstyp: DE
Brandverhalten: E
Höhe Attika über Grund: .....

| 14€ | 22€ | **24€** | 27€ | 33€ | [m²] | ⏱ 0,14 h/m² | 021.000.024 |

32   Dachabdichtung, Kunststoffbahn, EVA, einlagig, 2,0mm   KG 363

Dachabdichtung für nicht genutztes Dach aus Kunststoffbahn, einlagig und wurzelfest FLL, Naht- und Stoßverbindungen selbstklebend, Bahn lose verlegen und mechanisch befestigt, inkl. korrosionsbeständige Befestiger.
Untergrund: Dämmung aus .....
Anwendungsklasse Flachdach: K1
Einwirkungsklasse: IA
Flachdachgefälle: mind. 2%
Bahnenart: Ethylen-Vinyl-Acetat Terpolymer - EVA-BV-SK
Bahnendicke: 2,0 mm
Eigenschaftsklasse: E1
Anwendungstyp: DE
Brandverhalten: E
Höhe Attika über Grund: .....

| 20€ | 25€ | **28€** | 31€ | 38€ | [m²] | ⏱ 0,14 h/m² | 021.000.044 |

33   Dachabdichtung, Kunststoffbahn, EPDM, einlagig, 2,5mm   KG 363

Dachabdichtung für nicht genutztes Dach aus Kunststoffbahn, einlagig, Naht- und Stoßverbindungen selbstklebend, Bahn lose verlegen und mechanisch befestigt, inkl. korrosionsbeständige Befestiger.
Untergrund: Dämmung aus .....
Anwendungsklasse Flachdach: K1
Einwirkungsklasse: IA
Flachdachgefälle: mind. 2%
Bahnenart: Ethylen-Propylen-Dien-Kautschuk- EPDM, mit Verstärkungslage
Bahnendicke: 2,5 mm
Eigenschaftsklasse: E1
Anwendungstyp: DE
Brandverhalten: E
Höhe Attika über Grund: .....

| 27€ | 31€ | **33€** | 36€ | 41€ | [m²] | ⏱ 0,18 h/m² | 021.000.142 |

LB 021 Dachabdichtungsarbeiten

Nr.	Kurztext / Langtext					Kostengruppe		
▶	▷ ø netto € ◁ ◀				[Einheit]	Ausf.-Dauer	Positionsnummer	

34 Dachabdichtung, Befestigung, Schienen KG 363

Mechanische Befestigung der einlagigen Kunststoff-Dachdichtung, linear, Anzahl und Anordnung der Befestiger gem. Verlegeplan, befestigt durch Dämmung in den tragfähigen Untergrund, mit korrosionsbeständigem Material.
Untergrund: .....
Windzone: .....
Befestigungsbereich: **Eckbereich / Randbereich / Feldmitte**
Befestigungen: Schienen

| 5€ | 8€ | 9€ | 11€ | 14€ | [m²] | ⏱ 0,08 h/m² | 021.000.045 |

35 Wandanschluss, gedämmt, Kunststoffbahn, einlagig KG 363

Anschluss der Dachabdichtung aus Kunststoffbahnen an aufgehende Bauteile, einlagig, einschl.:
– hochgeführte Wärmedämmung aus Polyurethan, kaschiert, mind. 200 mm über wasserführender Schicht
– Kantholz als oberer Abschluss der Dämmung
– Dämmstoffkeile
– Klemmprofil aus Aluminium zur mechanischen oberen Befestigung der Kunststoffbahn
– elastische Versiegelung der Anschlussfuge
– Abdeckprofil aus Metallblech über Dämmung, Kantholz und Klemmprofil

Aufgehendes Bauteil: **Wand / Brüstung**
Untergrund: **Leichtbeton / Beton / Ziegelmauerwerk**
Abdichtungsbahn: .....
Wärmedämmung: PUR, 60 mm
Bemessungswert der Wärmeleitfähigkeit: max. 0,025 W/(mK)
Nennwert Wärmeleitfähigkeit: 0,034 W/(mK)
Nennwert der Wärmeleitfähigkeit: 0,024 W/(mK)
Dämmkeil: PUR 60 x 60 mm
Kantholz: S10 80 x 60 mm
Klemmschiene: Aluminium, natur
Abdeckprofil: **Titanzink / Kupfer / .....**
Zuschnitt: Z300, vierfach gekantet
Flachdachgefälle: >2°
Höhe Attika über Grund: .....
Angeb. Fabrikat: .....

| 17€ | 30€ | 35€ | 45€ | 68€ | [m] | ⏱ 0,45 h/m | 021.000.025 |

Kosten:
Stand 1.Quartal 2021
Bundesdurchschnitt

▶ min
▷ von
ø Mittel
◁ bis
◀ max

Nr.	Kurztext / Langtext					Kostengruppe	
▶	▷	ø netto €	◁	◀	[Einheit]	Ausf.-Dauer	Positionsnummer

36 Attikaanschluss, Kunststoffbahn, einlagig KG 363

Anschluss der Dachabdichtung an Attika, einlagige Kunststoffbahn, Ausführung wie Flächenabdichtung, einschl.:
- Wärmedämmung aus PUR- / PIR-Hartschaumplatte hochführen bis UK bauseitige Holzwerkstoffplatte
- Dämmstoffkeil
- Dachdichtungsbahn hochführen und Attika-Aufsicht abdecken

Aufgehendes Bauteil: Attika, aus .....
Zuschnitt (H x B): ..... x ..... m
Anwendungskategorie Flachdach: **K1 / K2** DIN 18531
Abdichtungsbahnen Typ: DE
Einwirkungsklasse: IA
Wärmedämmung: PUR 025, 80 mm
Bemessungswert der Wärmeleitfähigkeit: max. 0,025 W/(mK)
Nennwert Wärmeleitfähigkeit: 0,024 W/(mK)
Dämmkeil: EPS 035, 60 x 60 mm
Attikaabdeckung mit Halterung werden gesondert vergütet.

| 15€ | 28€ | **32€** | 37€ | 45€ | [m] | ⏱ 0,40 h/m | 021.000.026 |

37 Balkonabdichtung, zweilagig, PYE PV 200 S5 und PYE G200 S5 KG 353

Abdichtung von Balkonflächen aus Bitumenschweißbahnen, zweilagig, Stöße überlappend; inkl. Voranstrich.
Untergrund: Stahlbetonbalkonplatte
Voranstrich: **Bitumen / Emulsion**, 300 g/m²
Untere Lage: PYE-PV 200 S5, DU-E1 DIN 18531, punkt-/ streifenweise schweißen
Obere Lage: PYE-G 200 S5, DO-E1 DIN 18531, vollflächig schweißen
Einwirkungsklasse: IA
Balkongefälle: >2%
Einbauort: in allen Geschossen

| 24€ | 30€ | **32€** | 38€ | 47€ | [m²] | ⏱ 0,25 h/m² | 021.000.042 |

38 Wandanschluss, Abdichtung, Balkon, zweilagig KG 353

Anschluss der Balkonabdichtung aus Bitumenbahnen an aufgehende Bauteile, zweilagige Ausführung wie Flächenabdichtung, einschl.:
- hochgeführte Wärmedämmung aus Polystyrol-Hartschaumplatte
- Dämmstoffkeil
- Anschluss mind. 150 mm über Oberkante Belag
- Klemmprofil aus Aluminium, natur, mechanische obere Befestigung der Abdichtung
- Schutz aus Abdeckprofil aus Metallblech, inkl. elastische Versiegelung der Anschlussfuge

Aufgehendes Bauteil: Wand, aus .....
Anwendungskategorie Flachdach: **K1 / K2** DIN 18531,
Abdichtungsbahnen Typ: **DU/E2 und DO/E1** bzw. **DU/E1 und DO/E1**
Einwirkungsklasse: IA
Wärmedämmung: EPS 035, 80 mm
Bemessungswert der Wärmeleitfähigkeit: max. 0,035 W/(mK)
Nennwert Wärmeleitfähigkeit: 0,034 W/(mK)
Dämmkeil: EPS, 60 x 60 mm
Abdeckprofil: **Titanzink / Aluminium / .....**, Z=250 mm, dreifach gekantet

| 18€ | 31€ | **37€** | 45€ | 58€ | [m] | ⏱ 0,50 h/m | 021.000.043 |

LB 021 Dachabdichtungsarbeiten

Kosten:
Stand 1.Quartal 2021
Bundesdurchschnitt

▶ min
▷ von
ø Mittel
◁ bis
◀ max

Nr.	Kurztext / Langtext						Kostengruppe
▶	▷	ø netto €	◁	◀	[Einheit]	Ausf.-Dauer	Positionsnummer

39 Flüssigabdichtung, PMMA, 2,1mm — KG 363

Abdichtung mit zweikomponentigem Polymethylacrylat-Harz und Vlies, für nicht genutzte Dachflächen, mit Wurzelfestigkeit nach FLL-Richtlinien, lösemittelfrei und UV-stabil. Verarbeitung nach Verarbeitungsrichtlinien bzw. Herstellerrichtlinien und technischen Informationen.
Einbauort: .....
Dachneigung: mind. 2%
Anwendungsklasse: K1
Einwirkungsklasse: I A
Eigenschaftsklasse: E1
Dauerhaftigkeit: W3 (25 Jahre)
Temperaturbeständigkeit: TL4 (-30°C) - TH4 (+90°C)
Brandverhalten: E und B ROOF (t1) - DIN EN 13501-1 und -5
Schichtdicke: mind. 2,1 mm
Vlies: Polyethylen, mind. 110 g/m²
Farbton: **grüngrau / gelbgrau**
Öko. Anforderung: 80% der Harze aus nachwachsenden Rohstoffen

▶	▷	ø	◁	◀	[Einheit]	Ausf.-Dauer	Positionsnummer
–€	39€	**45€**	55€	–€	[m²]	⏱ 0,20 h/m²	021.000.121

40 Flüssigabdichtung, PU-Harz/Vlies, 2,1mm — KG 363

Abdichtung mit zweikomponentigem Polymethylacrylat-Harz und Vlies, für nicht genutzte Dachflächen, mit Wurzelfestigkeit nach FLL-Richtlinien, lösemittelfrei und UV-stabil. Verarbeitung nach Verarbeitungsrichtlinien bzw. Herstellerrichtlinien und technischen Informationen.
Einbauort: .....
Dachneigung: mind. 2%
Anwendungsklasse: K1
Einwirkungsklasse: I A
Eigenschaftsklasse: E1
Dauerhaftigkeit: W3 (25 Jahre)
Temperaturbeständigkeit: TL4 (-30°C) - TH4 (+90°C)
Brandverhalten: E und B ROOF (t1) - DIN EN 13501-1 und -5
Schichtdicke: mind. 2,1 mm
Vlies: Polyethylen, mind. 110 g/m²
Farbton: **grüngrau / gelbgrau**
Öko. Anforderung: 80% der Harze aus nachwachsenden Rohstoffen

▶	▷	ø	◁	◀	[Einheit]	Ausf.-Dauer	Positionsnummer
–€	80€	**92€**	113€	–€	[m²]	⏱ 0,60 h/m²	021.000.084

41 Abdichtungsanschluss, Fenstertür, Abdeckblech — KG 363

Hochführen der Dachabdichtung und anschließen an Fenstertürprofil, Befestigung am unterem Querrahmen, mit Klemmprofil aus Metall und Überhangblech; einschl. Versiegelung der obenliegenden Fuge mit elastischem Dichtungsband.
Einbauort: .....
Art der Abdichtung: Bitumen-Dachdichtungsbahn, zweilagig
Klemmprofil: Aluminium, natur
Überhangprofil: Aluminium, Z ..... mm.....-fach gekantet

▶	▷	ø	◁	◀	[Einheit]	Ausf.-Dauer	Positionsnummer
31€	45€	**51€**	63€	80€	[m]	⏱ 0,60 h/m	021.000.049

Nr.	Kurztext / Langtext					Kostengruppe		
▶	▷	**ø netto €**	◁	◀	[Einheit]	Ausf.-Dauer	Positionsnummer

42 Wandanschluss, Dachabdichtung, Aluminiumprofil — KG **363**

Wandanschlussprofil aus stranggepresstem Aluminiumblech, für den Anschluss der Abdichtungsbahnen an aufgehendem Bauteil, Stöße hinterlegt, inkl. elastischer Versiegelung der obenliegenden Fuge.
Einbauort: .....
Material: Aluminium
Oberfläche: eloxiert .....
Art der Abdichtung: .....-lagig

| 9€ | 13€ | **15€** | 18€ | 23€ | [m] | ⏱ 0,20 h/m | 021.000.028 |

43 Notüberlauf, Attika, DN100, Freispiegel — KG **363**

Notüberlauf Attika, mit Gefällestrecke und eingeschäumter Anschlussmanschette, mit Klebeflansch. Anschließen der Dachbahnen wird gesondert vergütet.
Dachdichtungsbahn: .....
Entwässerungsart: Freispiegel
Nenngröße: DN100
Abflussvermögen: ca. ..... l/s
Attikabreite: ..... m

| 64€ | 172€ | **217€** | 339€ | 629€ | [St] | ⏱ 0,80 h/St | 021.000.060 |

44 Flachdachablauf, Kiesfang, UP-GF, DN70, Freispiegel — KG **363**

Flachdachablauf, mehrteilig, zum Anschluss an Abwasserleitung, mit Aufstockelement, stufenlos höhenverstellbar, mit Dichtringen und Anschlussmanschetten für Dampfsperre und Abdichtung, mit Kiesfang, Nivellierstück und Balkonrost. Anschließen der Dachbahnen wird gesondert vergütet.
Einbauort: .....
Dampfsperre: .....
Dachdichtungsbahn: .....
Dämmstoffstärke: 160 mm
Baustoff: glasfaserverstärkter Kunststoff UP-GF
Nenngröße: DN70
Abgang Bauteil: wärmegedämmt, 2,5°
Anschlusskragen: .....
Entwässerungsart: Freispiegel
Abflussvermögen: ..... l/s
Heizung: .....

| 49€ | 79€ | **104€** | 111€ | 133€ | [St] | ⏱ 0,65 h/St | 021.000.036 |

LB 021 Dachabdichtungsarbeiten

Kosten:
Stand 1.Quartal 2021
Bundesdurchschnitt

Nr.	Kurztext / Langtext					[Einheit]	Ausf.-Dauer	Kostengruppe Positionsnummer
▶	▷	ø netto €	◁	◀				

45 Flachdachablauf, Kiesfang, PUR, DN100, Druckstrom KG **363**

Flachdachablauf, mehrteilig, zum Anschluss an Abwasserleitung, mit Aufstockelement, stufenlos höhenverstellbar, mit Dichtringen und Anschlussmanschetten für Dampfsperre und Abdichtung, mit Kiesfang, Nivellierstück und Balkonrost. Anschließen der Dachbahnen wird gesondert vergütet.
Einbauort: .....
Dampfsperre: .....
Dachdichtungsbahn: .....
Dämmstoffstärke: 160 mm
Baustoff: Polyurethan - PUR
Nenngröße: DN100
Abgang Bauteil: wärmegedämmt, 2,5°
Anschlusskragen: .....
Entwässerungsart: Druckströmung
Abflussvermögen: ..... l/s
Heizung: .....

70€   198€   **236€**   361€   598€   [St]   ⏱ 0,70 h/St   021.000.035

46 Aufstockelement, bauseitigen Dachablauf KG **363**

Aufstockelement für Flachdachablauf, zur Überbrückung der Dämmschicht, mit stufenlos einstellbarem Höhenausgleichstück, Dichtring, Dichtmanschetten und Schraubflansch zum Einklemmen von Dachdichtungsbahnen. Anschließen der Dachbahnen wird gesondert vergütet.
Einbauort: .....
Dampfsperre: .....
Dachdichtungsbahn: .....
Entwässerungsart: Freispiegel
Nennweite: **DN70 / DN100**
Dämmstoffdicke: **80** / ..... / **300** mm
Baustoff: **Gusseisen / Polyurethan**

48€   59€   **69€**   80€   109€   [St]   ⏱ 0,30 h/St   021.000.061

47 FD-Dunstrohreinfassung, bis 150mm KG **363**

Dunstrohreinfassung, wärmegedämmt, mit regensicherer Abdeckung, inkl. anschließen an Flachdachabdichtung, Klemmring und elastische Versiegelung.
Nennweite: 100-150 mm
Einbauort: .....

47€   77€   **90€**   100€   131€   [St]   ⏱ 0,40 h/St   021.000.037

48 Durchführung andichten, Anschweißflansch KG **363**

Anschluss der Dachabdichtung, an Stab-/Rohrdurchführung, mit Anschweiß-/Klebeflansch.
Dachabdichtung: Bitumenbahn
Nennweite: bis DN100
Ausführung nach Herstellervorgabe.

21€   35€   **44€**   52€   65€   [St]   ⏱ 0,18 h/St   021.000.147

▶ min
▷ von
ø Mittel
◁ bis
◀ max

Nr.	Kurztext / Langtext						Kostengruppe	
▶	▷	ø netto €	◁	◀	[Einheit]	Ausf.-Dauer	Positionsnummer	

49 Blitzschutzdurchführung, Formteil, D=100 KG **363**
Anschluss Dachabdichtung an Blitzschutzdurchführung, mit Anschweiß-/Klebeflansch, für Material der Dachdichtung.
Dachabdichtung: Bitumenbahn
Durchmesser: bis 100 mm

| 24€ | 30€ | **34€** | 44€ | 56€ | [St] | ⏱ 0,15 h/St | 021.000.145 |

50 Leitungseinfassung, Flachdach, Klemmanschluss KG **363**
Leitungsdurchführung für Flachdach, zweiteilig, mit Manschette und Dichtring. Anarbeiten und anschließen des Dachaufbaus an Durchführung wird getrennt vergütet.
Nenngröße Durchführung: DN100
Material: nicht rostender Stahl
Werkstoffnummer: .....
Dicke: 0,7 mm
Länge: 150 mm

| 29€ | 61€ | **70€** | 91€ | 140€ | [St] | ⏱ 0,30 h/St | 021.000.038 |

51 Aufsetzkranz, rechteckig, Lichtkuppel 1.200x1.200, Kunststoff, gedämmt KG **362**
Aufsetzkranz für Lichtkuppel, mit wärmegedämmter Laibung aus glasfaserverstärktem Kunststoff und mit ebenem Klebebefestigungsflansch, Aufsetzkranz vorbereitet für rechteckige Lichtkuppel. Anschlussarbeiten werden gesondert vergütet.
Untergrund: Stahlbeton
Aufsetzkranz-Höhe: 400 mm
Wärmedämmung U-Wert: 0,77 W/(m²K)
Lichtkuppelgröße (L x B): 1.200 x 1.200 mm
Dachaufbau: .....

| 235€ | 353€ | **403€** | 477€ | 614€ | [St] | ⏱ 1,80 h/St | 021.000.039 |

52 Lichtkuppel, RWA, rechteckig, zweischalig Acrylglas, Aufsetzkranz, 1.200x1.200 KG **362**
Lichtkuppel für Flachdach, mit runder, zweischaliger Oberlichthaube, mit Aluminium-Einfassrahmen, mit nicht rostenden Öffnungseinrichtung und wärmegedämmtem Aufsetzkranz.
Untergrund: Stahlbeton
Funktion: RWA - Anlage, Rauchableitung
Wirksame Abzugsfläche: Aw = 1,08 m²
Kuppel: zweischalig, lichtdurchlässig, klar-farblos, Acrylglas
Kuppelgröße: 1.200 x 1.200 mm
Aufsatzkranz: Glasfaserkunststoff - UP-GF, Höhe ca. 500 mm, abgewickelte Fläche ca. ..... m²
Anschlussdichtung: .....
Wärmedämmung:
 – Kuppel U-Wert: .... W/m²K
 – Aufsetzkranz U-Wert: ..... W/m²K
Schalldämmwert: ..... dB
Hagelwiderstand: Klasse .....
Einbruchwiderstand: RC .....
Dachaufbau: .....

| 685€ | 1.161€ | **1.324€** | 1.765€ | 2.740€ | [St] | ⏱ 5,50 h/St | 021.000.041 |

LB 021 Dachabdichtungsarbeiten

Kosten:
Stand 1.Quartal 2021
Bundesdurchschnitt

▶ min
▷ von
ø Mittel
◁ bis
◀ max

Nr.	Kurztext / Langtext ▶ ▷ ø netto € ◁ ◀	[Einheit]	Ausf.-Dauer	Kostengruppe Positionsnummer
53	**Anschluss Flachdachdichtung an Lichtkuppel**			KG 363
	Lichtkuppel anschließen an Dachabdichtung, mit Eckausbildungen und Verfugen der Anschlussoberkante mit Dichtungsmasse. Einbauort: Flachdach Dachabdichtung: Bitumenbahnen Kuppelgröße (L x B): 1,0 x 1,0 m Höhe der Einfassung: 500 mm Anschlussprofil: Klebeflansch			
	101€ 149€ **160**€ 205€ 292€	[St]	0,80 h/St	021.000.122
54	**Schutzmatte, Gummigranulat, Dachdichtung**			KG 363
	Bautenschutzmatte, Schutzlage über Dachabdichtung verrottungsfest, bitumenbeständig, Matten stumpf stoßen und lose verlegen. Material: Polyurethan-Kautschuk (Gummischrotmatte) Mattendicke: ca. 10 mm Einbauort: Flachdach			
	6€ 11€ **12**€ 16€ 26€	[m²]	0,10 h/m²	021.000.030
55	**Kiesschüttung, 16/32, Dach**			KG 363
	Kiesschüttung, aus gewaschenem Rollkies. Unterlage: Bautenschutzmatte Körnung: 16/32 mm Streifenbreite: ca. 50 cm Schütthöhe i.M: bis 140 mm Einbauort: begrüntes Flachdach Höhe über Grund: ..... m			
	4€ 10€ **12**€ 18€ 37€	[m²]	0,16 h/m²	021.000.032
56	**Trennlage, PE-Folie, Dach**			KG 363
	Schutzlage über Dachdichtung, lose verlegt, mit Nahtüberlappung. Material: 0,2 mm PE-Folie Einbauort: begrüntes Flachdach Höhe über Grund: ..... m			
	0,6€ 2,4€ **3,2**€ 4,2€ 6,9€	[m²]	0,03 h/m²	021.000.031
57	**Stundensatz, Facharbeiter/-in**			
	Stundenlohnarbeiten für Vorarbeiterin, Vorarbeiter, Facharbeiterin, Facharbeiter und Gleichgestellte. Leistung nach besonderer Anordnung der Bauüberwachung. Anmeldung und Nachweis gem. VOB/B.			
	41€ 52€ **56**€ 59€ 65€	[h]	1,00 h/h	021.000.078
58	**Stundensatz, Helfer/-in**			
	Stundenlohnarbeiten für Werkerin, Werker, Helferin, Helfer und Gleichgestellte. Leistung nach besonderer Anordnung der Bauüberwachung. Anmeldung und Nachweis gem. VOB/B.			
	31€ 42€ **46**€ 50€ 57€	[h]	1,00 h/h	021.000.079

000
001
002
006
008
009
010
012
013
014
016
017
018
020
021
022

LB 022 Klempnerarbeiten

Preise €

Nr.	Positionen	Einheit	▶ min	▷ von	ø brutto € / ø netto €	◁ bis	◀ max
1	Kleintierschutz, Metall	m	4 / 4	10 / 9	**13** / **11**	17 / 14	25 / 21
2	Kleintierschutz, Kunststoff	m	3 / 3	5 / 4	**6** / **5**	8 / 7	11 / 10
3	Traufblech, Titanzink, Z 333	m	12 / 10	18 / 15	**20** / **17**	26 / 22	38 / 32
4	Traufblech, Kupfer, Z 333	m	18 / 15	25 / 21	**28** / **24**	31 / 26	50 / 42
5	Traufblech, Aluminium, Z 333	m	11 / 9,0	16 / 13	**19** / **16**	21 / 18	29 / 24
6	Traufblech, Eckausbildung	St	15 / 13	18 / 15	**22** / **18**	27 / 23	29 / 24
7	Dachrinne, Titanzink, Z 250	m	23 / 20	30 / 25	**32** / **27**	35 / 30	42 / 36
8	Dachrinne, Titanzink, Z 400	m	28 / 23	36 / 31	**40** / **34**	44 / 37	52 / 44
9	Dachrinne, Titanzink, Kastenrinne, bis Z 333	m	24 / 20	35 / 29	**38** / **32**	42 / 35	52 / 44
10	Dachrinne, Kupfer, bis Z 333	m	26 / 22	33 / 27	**36** / **30**	40 / 34	50 / 42
11	Dachrinne, Aluminium, bis Z 333	m	37 / 32	43 / 36	**46** / **39**	50 / 42	58 / 48
12	Rinnenstutzen, Titanzink	St	12 / 10	21 / 17	**24** / **20**	28 / 24	44 / 37
13	Rinnenstutzen, Kupfer	St	20 / 17	33 / 27	**37** / **31**	48 / 41	65 / 55
14	Wasserfangkasten, Titanzink	St	74 / 62	118 / 99	**139** / **117**	162 / 136	207 / 174
15	Wasserfangkasten, Kupfer	St	80 / 67	167 / 141	**185** / **155**	211 / 177	330 / 278
16	Wasserspeier, bis DN100	St	48 / 40	101 / 85	**119** / **100**	147 / 124	223 / 188
17	Rinnenendstück, Titanzink	St	3,5 / 2,9	8,6 / 7,2	**11** / **9,1**	15 / 13	26 / 22
18	Rinnenendstück, Kupfer	St	3,3 / 2,8	7,5 / 6,3	**8,9** / **7,5**	15 / 13	26 / 22
19	Eckausbildung Dachrinne	St	22 / 18	33 / 28	**39** / **32**	48 / 41	75 / 63
20	Rinnenwinkel außen, Dachrinne, Kupfer	St	27 / 23	36 / 31	**41** / **35**	54 / 45	75 / 63
21	Außenecke Dachrinne, Titanzink	St	22 / 18	31 / 26	**36** / **30**	43 / 36	54 / 45
22	Rinnenwinkel innen, Dachrinne, Titanzink	St	22 / 18	30 / 25	**32** / **27**	34 / 29	40 / 33
23	Innenecke Dachrinne, Kupfer	St	27 / 23	40 / 33	**45** / **38**	58 / 48	75 / 63
24	Fallrohr, Titanzink, DN100	m	21 / 18	29 / 24	**32** / **27**	38 / 32	58 / 49

Kosten: Stand 1. Quartal 2021 Bundesdurchschnitt

© BKI Baukosteninformationszentrum; Erläuterungen zu den Tabellen siehe Seite 44

Klempnerarbeiten — Preise €

Nr.	Positionen	Einheit	▶	▷ ø brutto € / ø netto €	◁	◀
25	Fallrohr, Kupfer, bis DN100	m	27	36 / **39**	46	65
			22	30 / **33**	39	55
26	Fallrohr, Aluminium, bis DN100	m	20	29 / **31**	35	44
			17	25 / **26**	29	37
27	Fallrohrabzweig, Titanzink, DN100/80	St	20	34 / **41**	45	53
			17	29 / **34**	38	45
28	Fallrohrbogen, Titanzink, bis DN100	St	9,7	17 / **19**	26	46
			8,2	14 / **16**	21	39
29	Fallrohrbogen, Kupfer, bis DN100	St	15	23 / **28**	35	52
			13	20 / **23**	29	43
30	Etagen-/Sockelknie, Regenfallrohr	St	16	23 / **27**	37	59
			13	20 / **23**	31	49
31	Standrohrkappe, Fallrohr, Titanzink	St	3	6 / **7**	9	13
			3	5 / **6**	8	11
32	Fallrohrklappe, Fallrohr, Titanzink/Kupfer	St	29	40 / **44**	49	63
			25	34 / **37**	41	53
33	Fallrohrschelle, WDVS	St	5	10 / **12**	15	22
			4	8 / **10**	13	18
34	Laubfangkorb, Abläufe, Kupfer	St	4,6	7,7 / **8,9**	12	18
			3,9	6,5 / **7,5**	9,9	16
35	Standrohr, Guss/SML	St	54	68 / **74**	83	106
			46	57 / **62**	70	89
36	Standrohr, Titanzink/Kupfer	St	56	85 / **93**	107	145
			47	71 / **78**	90	122
37	Notüberlauf, Flachdach	St	66	158 / **191**	318	564
			55	133 / **161**	267	474
38	Traufstreifen, Kupfer, Z 333	m	14	23 / **27**	34	50
			12	20 / **23**	29	42
39	Traufstreifen, Titanzink, Z 333	m	8,3	18 / **21**	29	45
			7,0	15 / **18**	24	38
40	Verbundblech, gekantet, bis 500mm	m	16	37 / **45**	63	90
			14	31 / **38**	53	76
41	Kiesfangleiste, Lochblech	m	17	24 / **26**	29	37
			14	20 / **21**	24	31
42	Blechkehle, Titanzink, bis Z 667	m	26	36 / **39**	50	84
			22	30 / **33**	42	71
43	Blechkehle, Kupfer, bis Z 667	m	33	61 / **66**	99	145
			28	51 / **56**	84	122
44	Ortgangblech, Titanzink, Z 500	m	16	34 / **40**	51	80
			14	29 / **34**	43	67
45	Ortgangblech, Kupfer, Z 333	m	23	34 / **40**	55	84
			19	29 / **33**	47	71
46	Trauf-/Ortgangblech, Verbundblech, Z 500	m	16	25 / **28**	41	81
			14	21 / **23**	34	68
47	Attika-/Dachrand-UK, Holzbohle, Holzschutz	m	10	18 / **23**	27	37
			8	15 / **19**	23	31
48	Attika-UK, Mehrschichtplatte	m	15	22 / **26**	31	43
			13	18 / **22**	26	36

© BKI Baukosteninformationszentrum; Erläuterungen zu den Tabellen siehe Seite 44 Kostenstand: 1.Quartal 2021, Bundesdurchschnitt

LB 022 Klempnerarbeiten

Kosten:
Stand 1.Quartal 2021
Bundesdurchschnitt

▶ min
▷ von
ø Mittel
◁ bis
◀ max

Klempnerarbeiten — Preise €

Nr.	Positionen	Einheit	▶	▷ ø brutto € / ø netto €		◁	◀
49	Attikaabdeckung, Titanzink, bis Z 700	m	26	53	**63**	79	129
			22	45	**53**	67	108
50	Attikaabdeckung, Kupfer, bis Z 700	m	37	69	**87**	102	130
			31	58	**73**	85	109
51	Attikaabdeckung, Aluminium, bis Z 700	m	38	60	**69**	85	125
			32	50	**58**	72	105
52	Firstanschlussblech, Titanzink, gekantet, Z 500	m	16	37	**47**	64	93
			13	31	**39**	54	78
53	Firsthaube, mehrfach gekantet	m	31	69	**79**	96	145
			26	58	**67**	81	122
54	Überhangblech, Titanzink-/Kupferblech, bis Z 200	m	9,4	18	**22**	27	38
			7,9	15	**18**	22	32
55	Überhangblech, Titanzink-/Kupferblech, bis Z 400	m	20	26	**27**	33	47
			17	22	**23**	28	40
56	Wandanschlussblech, Titanzink	m	14	28	**34**	43	70
			12	23	**29**	36	59
57	Wandanschlussblech, Kupfer	m	24	45	**53**	70	102
			21	38	**44**	59	86
58	Wandanschluss, Verbundblech	m	25	38	**43**	62	90
			21	32	**36**	52	76
59	Fassadenrinne, Stahlblech	m	126	157	**172**	214	283
			106	132	**144**	180	238
60	Wandanschluss, Nocken, Titanzink	m	24	33	**38**	46	61
			20	27	**32**	39	51
61	Schornsteinverwahrung, Kupfer	St	115	183	**217**	244	300
			97	154	**182**	205	252
62	Schornsteinverwahrung, Titanzink	m	48	69	**77**	95	138
			41	58	**65**	79	116
63	Schornsteinbekleidung, Titanzink	m²	104	136	**151**	182	237
			88	114	**127**	153	199
64	Dachfenster/-oberlicht einfassen	St	306	357	**379**	438	535
			257	300	**319**	368	450
65	Walzbleianschluss, Blechstreifen	m²	39	54	**63**	70	81
			32	45	**53**	58	68
66	Trennlage, Blechflächen, V13	m²	4	9	**10**	12	17
			4	7	**8**	10	15
67	Trennlage, Kunststoffbahn, Gespinstlage	m²	8	11	**13**	14	17
			7	9	**11**	12	14
68	Gaubendeckung, Doppelstehfalz, Titanzink/Kupfer	m²	66	101	**120**	134	173
			55	84	**101**	113	145
69	Gaubendeckung, Doppelstehfalz, Edelstahl	m²	97	105	**120**	137	188
			82	88	**101**	115	158
70	Dachdeckung, Doppelstehfalz, Titanzink	m²	53	90	**106**	121	165
			45	75	**89**	102	138
71	Dachdeckung, Bandblech, Aluminium	m²	39	61	**64**	75	100
			33	51	**54**	63	84
72	Anschlüsse Blechdach, Titanzink	m	36	48	**57**	61	70
			30	41	**47**	51	59

Klempnerarbeiten — Preise €

Nr.	Positionen	Einheit	▶	▷ ø brutto € ø netto €	◁	◀
73	Anschlüsse Blechdach, Kupfer	m	–	56 **64** 47 **54**	70 59	– –
74	Traufe, Blechdach, Titanzink	m	14 12	25 **29** 21 **25**	39 33	60 50
75	Traufe, Blechdach, Kupfer	m	– –	35 **42** 29 **36**	55 46	– –
76	Ortgang, Blechdach, Titanzink	m	24 20	45 **48** 38 **41**	59 50	80 67
77	Ortgang, Blechdach, Kupfer	m	– –	56 **61** 47 **52**	68 57	– –
78	Fassadenbekleidung, Bandblechscharen, Titanzink	m²	68 57	95 **106** 80 **89**	112 94	136 114
79	Fassadenbekleidung, Bandblechscharen, Kupfer	m²	– –	126 **142** 106 **119**	172 144	– –
80	Schneefangrohr, Stehfalzdeckung	m	24 20	37 **42** 31 **35**	48 41	63 53
81	Schneefangrohr, Rundprofil	m	27 23	43 **51** 36 **42**	69 58	99 83
82	Schneefanggitter, Titanzink	m	21 17	32 **37** 27 **31**	46 38	61 51
83	Schneefanggitter, Kupfer	m	44 37	55 **61** 46 **51**	63 53	70 59
84	Sicherheitsdachhaken, verzinkt	St	13 11	18 **20** 15 **17**	22 18	27 23
85	Sicherheitstritt, Standziegel	St	64 54	83 **91** 70 **77**	97 81	114 96
86	Dachleiter, Aluminium	St	103 86	243 **288** 204 **242**	314 264	501 421
87	Stundensatz, Facharbeiter/-in	h	46 39	58 **61** 48 **51**	64 54	74 62
88	Stundensatz, Helfer/in	h	38 32	47 **51** 40 **42**	54 46	63 53

Nr.	Kurztext / Langtext					Kostengruppe
▶	▷ ø netto € ◁ ◀				[Einheit]	Ausf.-Dauer Positionsnummer

1 Kleintierschutz, Metall KG **363**

Kleintierschutz an der Traufe, passend zur Dachdeckung, freier Querschnitt gem. Klempnerfachregel des ZVSHK.
Untergrund: Holzunterkonstruktion
Material: Metall.....
Breite: bis 150 mm

4 €   9 €   **11 €**   14 €   21 €   [m]   ⏱ 0,10 h/m   022.000.006

LB 022
Klempnerarbeiten

Nr.	Kurztext / Langtext					Kostengruppe
▶ ▷	ø netto € ◁ ◀				[Einheit]	Ausf.-Dauer Positionsnummer

2 Kleintierschutz, Kunststoff — KG **363**
Kleintierschutz als Kammleiste an der Traufe, passend zur Dachdeckung, freier Querschnitt gem. Klempnerfachregel des ZVSHK.
Untergrund: Holzunterkonstruktion
Material: Kunststoff
Breite: .....

| 3€ | 4€ | **5**€ | 7€ | 10€ | [m] | ⏱ 0,10 h/m | 022.000.156 |

A 1 Traufblech — Beschreibung für Pos. **3-5**
Traufblech als Einhängeblech, am Übergang von Dachfläche zu Dachrinne, mit Tropfkante, an den Stößen lose überlappt, aus Metallblech, verdeckt befestigen mit Haften, auf Holzuntergrund, mit Tropfkante, inkl. Befestigungsmittel.

3 Traufblech, Titanzink, Z 333 — KG **363**
Wie Ausführungsbeschreibung A 1
Material: Titanzink-Blech
Blechdicke: .....
Zuschnitt: 333 mm
Kantungen: .....
Oberfläche: .....
Tropfkante: **gekantet / mit Wulst**

| 10€ | 15€ | **17**€ | 22€ | 32€ | [m] | ⏱ 0,20 h/m | 022.000.007 |

4 Traufblech, Kupfer, Z 333 — KG **363**
Wie Ausführungsbeschreibung A 1
Material: Kupfer-Blech
Blechdicke: .....
Zuschnitt: 333 mm
Kantungen: .....
Oberfläche: .....
Tropfkante: **gekantet / mit Wulst**

| 15€ | 21€ | **24**€ | 26€ | 42€ | [m] | ⏱ 0,25 h/m | 022.000.008 |

5 Traufblech, Aluminium, Z 333 — KG **363**
Wie Ausführungsbeschreibung A 1
Material: Aluminium-Blech
Blechdicke: .....
Zuschnitt: 333 mm
Kantungen: .....
Oberfläche: .....
Tropfkante: **gekantet / mit Wulst**

| 9€ | 13€ | **16**€ | 18€ | 24€ | [m] | ⏱ 0,20 h/m | 022.000.058 |

Kosten:
Stand 1.Quartal 2021
Bundesdurchschnitt

▶ min
▷ von
ø Mittel
◁ bis
◀ max

Nr.	Kurztext / Langtext					Kostengruppe	
▶	▷	ø netto €	◁	◀	[Einheit]	Ausf.-Dauer	Positionsnummer

6 Traufblech, Eckausbildung — KG 363
Eckausbildung für Traufblech, verdeckt befestigen mit Haftstreifen, einschl. Befestigungsmittel.
Untergrund: Holz
Material: .....
Winkel: 90°
Oberfläche: .....

| 13€ | 15€ | **18€** | 23€ | 24€ | [St] | ⏱ 0,25 h/St | 022.000.089 |

A 2 Dachrinne Titanzink — Beschreibung für Pos. 7-8
Dachrinne als Halbrundrinne, vorgehängt, mit Wulst und Falz, sowie Stoßverbindung, Rinne verlegt im Gefälle, inkl. geeigneter Rinnenhalter und Befestigungsmittel.
Material: Titanzink-Blech
Einbauort: Steildach

7 Dachrinne, Titanzink, Z 250 — KG 363
Wie Ausführungsbeschreibung A 2
Material: Titanzink-Blech
Blechdicke: .....
Zuschnitt: 250 mm
Oberfläche: .....
Einhängung: .....

| 20€ | 25€ | **27€** | 30€ | 36€ | [m] | ⏱ 0,30 h/m | 022.000.009 |

8 Dachrinne, Titanzink, Z 400 — KG 363
Wie Ausführungsbeschreibung A 2
Material: Titanzink-Blech
Blechdicke: .....
Zuschnitt: 400 mm
Oberfläche: .....
Einhängung: .....

| 23€ | 31€ | **34€** | 37€ | 44€ | [m] | ⏱ 0,30 h/m | 022.000.010 |

9 Dachrinne, Titanzink, Kastenrinne, bis Z 333 — KG 363
Dachrinne als kastenförmige Hängedachrinne mit Rinnenwulst und Falz, im Gefälle, vorgehängt mit Rinnenhaltern auf Holz.
Einbauort: geneigtes Dach
Material: Titanzink-Blech
Blechdicke: .....
Zuschnitt: 333 mm
Oberfläche: .....
Einhängung: .....

| 20€ | 29€ | **32€** | 35€ | 44€ | [m] | ⏱ 0,34 h/m | 022.000.011 |

LB 022
Klempnerarbeiten

Nr.	Kurztext / Langtext					Kostengruppe	
▶	▷	ø netto €	◁	◀	[Einheit]	Ausf.-Dauer	Positionsnummer

A 3 **Dachrinne, Halbrund** — Beschreibung für Pos. **10-11**

Dachrinne als Halbrundrinne, vorgehängt, mit Wulst und Falz, sowie Stoßverbindung, Rinne verlegt im Gefälle, inkl. geeigneter Rinnenhalter und Befestigungsmittel.
Untergrund: Holz
Einbauort: Steildach

10 **Dachrinne, Kupfer, bis Z 333** — KG **363**

Wie Ausführungsbeschreibung A 3
Material: Kupfer-Blech
Blechdicke: .....
Zuschnitt: 333 mm
Oberfläche: .....
Einhängung: .....

| 22€ | 27€ | **30**€ | 34€ | 42€ | [m] | ⏱ 0,30 h/m | 022.000.012 |

11 **Dachrinne, Aluminium, bis Z 333** — KG **363**

Wie Ausführungsbeschreibung A 3
Material: Aluminium-Blech
Blechdicke: .....
Zuschnitt: 333 mm
Oberfläche: .....
Einhängung: .....

| 32€ | 36€ | **39**€ | 42€ | 48€ | [m] | ⏱ 0,30 h/m | 022.000.059 |

A 4 **Rinnenstutzen** — Beschreibung für Pos. **12-13**

Rinnenstutzen, in Dachrinne und Fallrohr eingepasst, inkl. aller notwendigen Anpass- und Fügearbeiten.

12 **Rinnenstutzen, Titanzink** — KG **363**

Wie Ausführungsbeschreibung A 4
Material: Titanzink-Blech
Blechdicke: .....
Form: **G / S / zylindrisch**
Nenngröße: .....
Oberfläche: .....
Fallrohr: rund

| 10€ | 17€ | **20**€ | 24€ | 37€ | [St] | ⏱ 0,15 h/St | 022.000.013 |

13 **Rinnenstutzen, Kupfer** — KG **363**

Wie Ausführungsbeschreibung A 4
Material: Kupfer-Blech
Blechdicke: .....
Form: **G / S / zylindrisch**
Nenngröße: .....
Oberfläche: .....
Fallrohr: rund

| 17€ | 27€ | **31**€ | 41€ | 55€ | [St] | ⏱ 0,15 h/St | 022.000.014 |

Kosten:
Stand 1.Quartal 2021
Bundesdurchschnitt

▶ min
▷ von
ø Mittel
◁ bis
◀ max

Nr.	Kurztext / Langtext					Kostengruppe	
▶	▷	ø netto €	◁	◀	[Einheit]	Ausf.-Dauer	Positionsnummer

A 5 — Wasserfangkasten
Beschreibung für Pos. **14-15**

Wasserfangkasten für Fallrohre, in Dachrinne und Fallrohr eingepasst, inkl. aller notwendigen Anpass- und Fügearbeiten.

14 — Wasserfangkasten, Titanzink — KG **363**
Wie Ausführungsbeschreibung A 5
Material: Titanzink-Blech
Blechdicke: .....
Kesselgröße: .....
Nenngröße: .....
Oberfläche: .....
Ornament: .....
Fallrohr / Rinne: **rund / rechteckig**

▶	▷	ø netto €	◁	◀	[Einheit]	Ausf.-Dauer	Positionsnummer
62€	99€	**117**€	136€	174€	[St]	⏱ 0,60 h/St	022.000.015

15 — Wasserfangkasten, Kupfer — KG **363**
Wie Ausführungsbeschreibung A 5
Material: Kupfer-Blech
Blechdicke: .....
Kesselgröße: .....
Nenngröße: .....
Oberfläche: .....
Ornament: .....
Fallrohr / Rinne: **rund / rechteckig**

▶	▷	ø netto €	◁	◀	[Einheit]	Ausf.-Dauer	Positionsnummer
67€	141€	**155**€	177€	278€	[St]	⏱ 0,60 h/St	022.000.097

16 — Wasserspeier, bis DN100 — KG **363**
Wasserspeier, angeschlossen an Abdichtung. Anschluss an Dachrinne / durch Attika.
Material: **Kupfer- / Zink- / Edelstahl- / Alu-**Blech
Blechdicke: .....
Nennweite: DN100
Attikabreite: .....
Form: .....
Oberfläche: .....
Einbauort: **Dachrinne / Attikablech**

▶	▷	ø netto €	◁	◀	[Einheit]	Ausf.-Dauer	Positionsnummer
40€	85€	**100**€	124€	188€	[St]	⏱ 0,35 h/St	022.000.050

LB 022
Klempnerarbeiten

Nr.	Kurztext / Langtext						Kostengruppe		
▶	▷	ø netto €	◁	◀		[Einheit]	Ausf.-Dauer	Positionsnummer

A 6 Rinnenendstück — Beschreibung für Pos. **17-18**

Rinnenendstück für Dachrinne, passend zur Dachrinne, in Rinnenquerschnitt eingepasst und gefügt.

17 Rinnenendstück, Titanzink KG **363**
Wie Ausführungsbeschreibung A 6
Material: Titanzink-Blech
Blechdicke: .....
Oberfläche: .....
Nenngröße Rinne: .....

| 3€ | 7€ | **9€** | 13€ | 22€ | [St] | ⏱ 0,10 h/St | 022.000.016 |

18 Rinnenendstück, Kupfer KG **363**
Wie Ausführungsbeschreibung A 6
Material: Kupfer-Blech
Blechdicke: .....
Oberfläche: .....
Nenngröße Rinne: .....

| 3€ | 6€ | **8€** | 13€ | 22€ | [St] | ⏱ 0,10 h/St | 022.000.017 |

19 Eckausbildung Dachrinne KG **363**
Eckausbildung, passend zur vorgehängten Dachrinne.
Ecke: Innen- und Außenecke
Winkel: .....°
Material: .....
Ausführung: **Außenwinkel / Innenwinkel**

| 18€ | 28€ | **32€** | 41€ | 63€ | [St] | ⏱ 0,30 h/St | 022.000.087 |

20 Rinnenwinkel außen, Dachrinne, Kupfer KG **363**
Rinnenwinkel als Außenwinkel, passend zur vorgehängten Dachrinne, inkl. aller notwendigen Anpass- und Fügearbeiten.
Rinnentyp: Halbrundrinne, mit Wulst und Falz
Winkel: 90°
Material: Kupfer-Blech
Blechdicke: .....
Nenngröße: .....
Oberfläche: .....

| 23€ | 31€ | **35€** | 45€ | 63€ | [St] | ⏱ 0,06 h/St | 022.000.158 |

21 Außenecke Dachrinne, Titanzink KG **363**
Rinnenwinkel als Außenwinkel, passend zur vorgehängten Dachrinne, inkl. aller notwendigen Anpass- und Fügearbeiten.
Rinnentyp: Halbrundrinne, mit Wulst und Falz
Winkel: 90°
Material: Titanzink-Blech
Blechdicke: .....
Nenngröße: .....
Oberfläche: .....

| 18€ | 26€ | **30€** | 36€ | 45€ | [St] | ⏱ 0,05 h/St | 022.000.157 |

Kosten:
Stand 1.Quartal 2021
Bundesdurchschnitt

▶ min
▷ von
ø Mittel
◁ bis
◀ max

Nr.	Kurztext / Langtext							Kostengruppe
▶	▷	ø netto €	◁	◀		[Einheit]	Ausf.-Dauer	Positionsnummer

22 Rinnenwinkel innen, Dachrinne, Titanzink KG **363**
Rinnenwinkel innen, Dachrinne, passend zur vorgehängten Dachrinne, inkl. aller notwendigen Anpass- und Fügearbeiten.
Rinnentyp: Halbrundrinne, mit Wulst und Falz
Winkel: 90°
Material: Titanzink-Blech
Blechdicke: .....
Nenngröße: .....
Oberfläche: .....

| 18€ | 25€ | **27€** | 29€ | 33€ | | [St] | ⏱ 0,05 h/St | 022.000.159 |

23 Innenecke Dachrinne, Kupfer KG **363**
Rinnenwinkel innen, Dachrinne, passend zur vorgehängten Dachrinne, inkl. aller notwendigen Anpass- und Fügearbeiten.
Rinnentyp: Halbrundrinne, mit Wulst und Falz
Winkel: 90°
Material: Kupfer-Blech
Blechdicke: .....
Nenngröße: .....
Oberfläche: .....

| 23€ | 33€ | **38€** | 48€ | 63€ | | [St] | ⏱ 0,06 h/St | 022.000.160 |

A 7 Fallrohr, Metallblech, rund Beschreibung für Pos. **24-26**
Regenfallrohr, rund, aus Metallblech, befestigt mittels Rohrschellen und Schraubstift.

24 Fallrohr, Titanzink, DN100 KG **363**
Wie Ausführungsbeschreibung A 7
Form: rund
Material: Titanzink-Blech
Blechdicke: .....
Nenngröße: DN100
Oberfläche: .....
Befestigungsuntergrund: .....
Verankerungstiefe: .....

| 18€ | 24€ | **27€** | 32€ | 49€ | | [m] | ⏱ 0,21 h/m | 022.000.167 |

25 Fallrohr, Kupfer, bis DN100 KG **363**
Wie Ausführungsbeschreibung A 7
Form: rund
Material: Kupfer-Blech
Blechdicke: .....
Nenngröße: **DN60 / DN80 / DN100**
Oberfläche: .....
Befestigungsuntergrund: .....
Verankerungstiefe: .....

| 22€ | 30€ | **33€** | 39€ | 55€ | | [m] | ⏱ 0,20 h/m | 022.000.020 |

LB 022
Klempnerarbeiten

Kosten:
Stand 1.Quartal 2021
Bundesdurchschnitt

▶ min
▷ von
ø Mittel
◁ bis
◀ max

Nr.	Kurztext / Langtext							Kostengruppe
▶	▷	ø netto €	◁	◀		[Einheit]	Ausf.-Dauer	Positionsnummer

26 Fallrohr, Aluminium, bis DN100 KG 363
Wie Ausführungsbeschreibung A 7
Form: rund
Material: Aluminium-Blech
Blechdicke: .....
Nenngröße: **DN80 / DN100**
Oberfläche: .....
Befestigungsuntergrund: .....
Verankerungstiefe: .....

| 17€ | 25€ | **26€** | 29€ | 37€ | [m] | ⧗ 0,20 h/m | 022.000.062 |

A 8 Fallrohrabzweig Beschreibung für Pos. **27-27**
Fallrohrabzweig, rund, aus Metallblech, verbunden mit Fallrohr.

27 Fallrohrabzweig, Titanzink, DN100/80 KG 363
Wie Ausführungsbeschreibung A 8
Material: Titanzink-Blech
Blechdicke: .....
Nenngröße: DN100/80
Anschlusswinkel: .....°
Oberfläche: .....

| 17€ | 29€ | **34€** | 38€ | 45€ | [St] | ⧗ 0,08 h/St | 022.000.161 |

A 9 Fallrohrbogen Beschreibung für Pos. **28-29**
Fallrohrbogen, rund, verbunden mit Fallrohr.

28 Fallrohrbogen, Titanzink, bis DN100 KG 363
Wie Ausführungsbeschreibung A 9
Material: Titanzink-Blech
Blechdicke: .....
Nenngröße: bis DN100
Bogenwinkel: .....°
Oberfläche: .....

| 8€ | 14€ | **16€** | 21€ | 39€ | [St] | ⧗ 0,10 h/St | 022.000.021 |

29 Fallrohrbogen, Kupfer, bis DN100 KG 363
Wie Ausführungsbeschreibung A 9
Material: Kupfer-Blech
Blechdicke: .....
Nenngröße: **DN80 / DN100**
Bogenwinkel: .....
Anschlüsse: gelötet
Oberfläche: .....

| 13€ | 20€ | **23€** | 29€ | 43€ | [St] | ⧗ 0,10 h/St | 022.000.022 |

Nr.	Kurztext / Langtext							Kostengruppe
▶	▷	ø netto €	◁	◀	[Einheit]	Ausf.-Dauer	Positionsnummer

30 Etagen-/Sockelknie, Regenfallrohr — KG 363
Etagen-/Sockelknie, rund, aus Metallblech, mit Fallrohr verbunden.
Material: .....
Blechdicke: .....
Nenngröße: **DN80 / DN87 / DN100**
Ausladung: ..... mm
Oberfläche: .....

| 13 € | 20 € | **23 €** | 31 € | 49 € | [St] | ⏱ 0,16 h/St | 022.000.063 |

31 Standrohrkappe, Fallrohr, Titanzink — KG 363
Standrohrkappe für Standrohre, passend zum angeschlossenen Fallrohr.
Material: **Titanzink**
Oberfläche: .....
Ausführung: **mit / ohne Muff**e

| 3 € | 5 € | **6 €** | 8 € | 11 € | [St] | ⏱ 0,10 h/St | 022.000.025 |

32 Fallrohrklappe, Fallrohr, Titanzink/Kupfer — KG 363
Fallrohrklappe, passend zum Fallrohr.
Material: **Titanzink- / Kupfer-Blech**
Oberfläche: .....
Laubfang: **mit / ohne**

| 25 € | 34 € | **37 €** | 41 € | 53 € | [St] | ⏱ 0,15 h/St | 022.000.026 |

33 Fallrohrschelle, WDVS — KG 363
Rohrschellen mit Schraubstift für Fallrohr DN100.
Fallrohr aus: .....
Material: .....
Untergrund: .....
Verankerungstiefe: inkl. WDVS D=.... mm

| 4 € | 8 € | **10 €** | 13 € | 18 € | [St] | ⏱ 0,12 h/St | 022.000.155 |

A 10 Laubfangkorb — Beschreibung für Pos. 34
Laubfangkorb, für Dachrinnen-Ablauf.

34 Laubfangkorb, Abläufe, Kupfer — KG 363
Wie Ausführungsbeschreibung A 10
Material: Kupferdraht
Oberfläche: .....
Ablaufgröße: .....

| 4 € | 7 € | **7 €** | 10 € | 16 € | [St] | ⏱ 0,06 h/St | 022.000.027 |

LB 022 Klempnerarbeiten

Kosten:
Stand 1.Quartal 2021
Bundesdurchschnitt

▶ min
▷ von
ø Mittel
◁ bis
◀ max

Nr.	Kurztext / Langtext ▶ ▷ ø netto € ◁ ◀	[Einheit]	Ausf.-Dauer	Kostengruppe Positionsnummer

35 Standrohr, Guss/SML — KG 363

Standrohr, rund, im Sockelbereich der Dachentwässerung, als Übergang zur Grundleitung, Standrohr mit Rohrschellen am Gebäude befestigt, inkl. Anschluss an Rohrleitungsnetz.
Material: **Gussrohr / SML-Rohr**
Form: **rund / rechteckig**
Nenngröße: DN.....
Oberfläche: .....
Revisionsöffnung: **mit / ohne**
Angeb. Fabrikat: .....

| 46 € | 57 € | **62 €** | 70 € | 89 € | [St] | ⏱ 0,36 h/St | 022.000.023 |

36 Standrohr, Titanzink/Kupfer — KG 363

Standrohr abgestimmt auf Fallrohr, vor Gebäudesockel einbauen, mit runder Revisionsöffnung einschl. Deckel und Schrauben, mit Muffe, wasserdicht verbunden mit Fallrohr.
Material: **Titanzink / Kupfer**
Form: **rund / rechteckig**
Nenngröße: DN.....
Materialstärke: ..... mm
Oberfläche: .....
Angeb. Fabrikat: .....

| 47 € | 71 € | **78 €** | 90 € | 122 € | [St] | ⏱ 0,36 h/St | 022.000.024 |

37 Notüberlauf, Flachdach — KG 363

Notüberlauf in Attika, außenseitig mit Tropfnase, innenseitig mit Kragen, einschl. Anschluss an Dachdichtung.
Anschlussart / Eindichtung: .....
Abdichtung Dachfläche: .....
Einbau: waagrecht
Gefälle: ..... °
Material: .....
Materialdicke: .....
Anstauhöhe: .....
Abflussleistung: .....
Form: **rund / rechteckig**
Abmessung: .....
Länge: .... mm
Oberfläche: .....

| 55 € | 133 € | **161 €** | 267 € | 474 € | [St] | ⏱ 0,80 h/St | 022.000.069 |

Nr.	Kurztext / Langtext						Kostengruppe	
▶	▷	ø netto €	◁	◀	[Einheit]	Ausf.-Dauer	Positionsnummer	

A 11 Traufblech/Traufstreifen Beschreibung für Pos. 38-39
Traufstreifen aus Metalblech, mit Tropfkante, befestigt mit Haftstreifen auf Holzunterkonstruktion, an den Stößen lose überlappt, inkl. Befestigungsmittel. Ecken in gesonderter Position.

38 Traufstreifen, Kupfer, Z 333 KG **363**
Wie Ausführungsbeschreibung A 11
Material: Kupfer-Blech
Blechdicke: .....
Zuschnitt: ca. 333 mm
Kantungen: dreifach gekantet
Oberfläche: .....

| 12€ | 20€ | **23€** | 29€ | 42€ | [m] | ⏱ 0,15 h/m | 022.000.029 |

39 Traufstreifen, Titanzink, Z 333 KG **363**
Wie Ausführungsbeschreibung A 11
Material: Titanzink-Blech
Blechdicke: .....
Zuschnitt: ca. 333 mm
Kantungen: dreifach gekantet
Oberfläche: .....

| 7€ | 15€ | **18€** | 24€ | 38€ | [m] | ⏱ 0,15 h/m | 022.000.028 |

40 Verbundblech, gekantet, bis 500mm KG **363**
Verbundblech, als folienkaschiertes, verzinktes Stahlblech, auf Holzunterkonstruktion, an den Stößen überlappt, unter 10° Dachneigung mit Falzen verbunden. Endausbildungen und Ecken in gesonderter Position.
Blechdicke: .....
Zuschnitt: bis 500 mm
Kantungen: .....
Oberfläche: .....
Bauteil: **Einlaufblech / Traufblech**
Dachneigung .....°

| 14€ | 31€ | **38€** | 53€ | 76€ | [m] | ⏱ 0,35 h/m | 022.000.072 |

41 Kiesfangleiste, Lochblech KG **363**
Kiesfangleiste, als Abschluss im Randbereich der Kiesschüttung, mit Montagehaltern fixiert, inkl. Anschluss an die Dachabdichtung.
Material: **verzinktes Stahlblech / Aluminiumblech / nicht rostendes Stahlblech**
Ausführung: gelocht
Abmessung: .....
Einbauort: Gründach

| 14€ | 20€ | **21€** | 24€ | 31€ | [m] | ⏱ 0,10 h/m | 022.000.053 |

LB 022 Klempnerarbeiten

Kosten:
Stand 1.Quartal 2021
Bundesdurchschnitt

▶ min
▷ von
ø Mittel
◁ bis
◀ max

Nr.	Kurztext / Langtext						Kostengruppe
▶	▷	ø netto €	◁	◀	[Einheit]	Ausf.-Dauer	Positionsnummer

A 12 Kehlblech
Beschreibung für Pos. **42-43**

Kehle aus Metallblech, mit seitlichem Wasserfalz, überlappend verlegt, befestigt auf Holzunterkonstruktion, inkl. Befestigungsmittel.

42 Blechkehle, Titanzink, bis Z 667 KG **363**
Wie Ausführungsbeschreibung A 12
Blechdicke: .....
Ausführung: .....
Zuschnitt: ..... mm
Kantungen: ..... (inkl. Rückkantungen)
Oberfläche: .....
Dachneigung .....°

| 22€ | 30€ | **33€** | 42€ | 71€ | [m] | ⏱ 0,20 h/m | 022.000.030 |

43 Blechkehle, Kupfer, bis Z 667 KG **363**
Wie Ausführungsbeschreibung A 12
Material: Kupfer-Blech
Blechdicke: .....
Ausführung: .....
Zuschnitt: ..... mm
Kantungen: ..... (inkl. Rückkantungen)
Oberfläche: .....
Dachneigung .....°

| 28€ | 51€ | **56€** | 84€ | 122€ | [m] | ⏱ 0,20 h/m | 022.000.031 |

A 13 Ortgangblech
Beschreibung für Pos. **44-45**

Ortgangverblechung (Windleiste), verdeckt befestigt mit Vorstoßblechen auf Holzunterkonstruktion, inkl. Befestigungsmittel.

44 Ortgangblech, Titanzink, Z 500 KG **363**
Wie Ausführungsbeschreibung A 13
Material: Titanzink-Blech
Blechdicke: .....
Ausführung: **gefalzt / glatt / .....**
Zuschnitt: 500 mm
Kantungen: .....
Oberfläche: .....
Dachneigung ..... °

| 14€ | 29€ | **34€** | 43€ | 67€ | [m] | ⏱ 0,20 h/m | 022.000.032 |

Nr.	Kurztext / Langtext					Kostengruppe	
▶	▷	ø netto €	◁	◀	[Einheit]	Ausf.-Dauer	Positionsnummer
45	**Ortgangblech, Kupfer, Z 333**						**KG 363**

Wie Ausführungsbeschreibung A 13
Material: Kupfer-Blech
Blechdicke: .....
Ausführung: **gefalzt / glatt / .....**
Zuschnitt: 333 mm
Kantungen: .....
Oberfläche: .....
Dachneigung ..... °

19 €	29 €	**33 €**	47 €	71 €	[m]	⏱ 0,20 h/m	022.000.033
46	**Trauf-/Ortgangblech, Verbundblech, Z 500**						**KG 363**

Verblechung Dachrand aus folienkaschiertem Verbundblech, mit Tropfkante, zum Anschluss an Dachabdichtung aus Kunststoffbahnen, auf Holzunterkonstruktion, inkl. Befestigungsmittel, an den Stößen verbunden, ggf. mit Schiebenähten.
Einbauort: Flachdach
Blechdicke: .....
Zuschnitt: bis 500 mm
Kantungen: .....
Oberfläche: .....

14 €	21 €	**23 €**	34 €	68 €	[m]	⏱ 0,16 h/m	022.000.054
47	**Attika-/Dachrand-UK, Holzbohle, Holzschutz**						**KG 363**

Holzbohle als Unterkonstruktion auf Dachrand, Attika oder für Mauerabdeckung.
Befestigung: sichtbar, im Abstand von e= ..... cm
Gebäudehöhe: **bis 10 / über 10 bis 18 / über 18 bis 25 / über 25** m
Windzone: .....
Untergrund: **Holz / Beton**
Material: Nadelholz, Sortierklasse S13 K, visuell sortiert
Zuschnitt: konisch
Dicke: 40 mm
Breite: ..... mm
Oberfläche: scharfkantig, allseitig auf Fertigmaß gehobelt
Einbau auf
chem. Holzschutz: Iv, P, W
Gebrauchsklasse: GK 3.1

8 €	15 €	**19 €**	23 €	31 €	[m]	⏱ 0,18 h/m	022.000.083

LB 022 Klempnerarbeiten

Nr.	Kurztext / Langtext						Kostengruppe
▶	▷	ø netto €	◁	◀	[Einheit]	Ausf.-Dauer	Positionsnummer

48 Attika-UK, Mehrschichtplatte — KG 363

Mehrschichtplatte als Unterkonstruktion auf Attika oder für Mauerabdeckung.
Material: **Furnierholzplatte nach DIN EN 14 374**
Holzart: .....
Befestigung: **sichtbar, im Abstand von e= ..... cm**
Gebäudehöhe: **bis 10 / über 10 bis 18 / über 18 bis 25 / über 25** m
Windzone: .....
Untergrund: **Holz / Beton**
Mehrschichtplatte als Unterkonstruktion auf Attika oder für Mauerabdeckung.
Einbau auf: .....
Verwendungsbereich: Außenbereich
Dicke: **20 / 26 / ..... mm**
Breite: ..... mm

| 13€ | 18€ | **22**€ | 26€ | 36€ | [m] | ⏱ 0,15 h/m | 022.000.165 |

A 14 Attikaabdeckung, Metallblech — Beschreibung für Pos. **49-51**

Attika- oder Mauerabdeckung aus Metallblech, verdeckt befestigt, inkl. Haftstreifen und Befestigungsmittel, an den Längsstößen verbunden, ggf. mittels Schiebenähten.

49 Attikaabdeckung, Titanzink, bis Z 700 — KG 363

Wie Ausführungsbeschreibung A 14
Material: Titanzink-Blech
Blechdicke: .....
Zuschnitt: **333 / 400 / 500 / 700** mm
Kantungen: .....
Oberfläche: .....
Bauteil: **Attika / Mauer**
Attika- / Mauerlänge: .....
Attika- / Mauerbreite: .....
Querneigung: ..... °
Untergrund: **Stahlbeton / Mauerwerk / Holzwerkstoffplatte**
Gebäudehöhe: ..... m
Windzone: .....

| 22€ | 45€ | **53**€ | 67€ | 108€ | [m] | ⏱ 0,40 h/m | 022.000.034 |

Kosten:
Stand 1.Quartal 2021
Bundesdurchschnitt

▶ min
▷ von
ø Mittel
◁ bis
◀ max

Nr.	Kurztext / Langtext						Kostengruppe	
▶	▷	ø netto €	◁	◀	[Einheit]	Ausf.-Dauer	Positionsnummer	

50 Attikaabdeckung, Kupfer, bis Z 700 — KG 363

Wie Ausführungsbeschreibung A 14
Material: Kupfer-Blech
Blechdicke: .....
Zuschnitt: **333 / 400 / 500 / 700** mm
Kantungen: .....
Oberfläche: .....
Bauteil: **Attika / Mauer**
Attika- / Mauerlänge: .....
Attika- / Mauerbreite: .....
Querneigung: ..... °
Untergrund: **Stahlbeton / Mauerwerk / Holzwerkstoffplatte**
Gebäudehöhe: ..... m
Windzone: .....

| 31 € | 58 € | **73 €** | 85 € | 109 € | [m] | ⏱ 0,45 h/m | 022.000.035 |

51 Attikaabdeckung, Aluminium, bis Z 700 — KG 363

Wie Ausführungsbeschreibung A 14
Material: Aluminium-Blech
Blechdicke: .....
Zuschnitt: **333 / 400 / 500 / 700** mm
Kantungen: .....
Oberfläche: .....
Bauteil: **Attika / Mauer**
Attika- / Mauerlänge: .....
Attika- / Mauerbreite: .....
Querneigung: ..... °
Untergrund: **Stahlbeton / Mauerwerk / Holzwerkstoffplatte**
Gebäudehöhe: ..... m
Windzone: .....

| 32 € | 50 € | **58 €** | 72 € | 105 € | [m] | ⏱ 0,45 h/m | 022.000.120 |

52 Firstanschlussblech, Titanzink, gekantet, Z 500 — KG 363

Firstanschlussblech, auf Holzunterkonstruktion, inkl. Befestigungsmittel.
Material: Titanzink-Blech
Blechdicke: .....
Zuschnitt: bis 500 mm
Kantungen: .....
Oberfläche: .....
Dachneigung ..... °

| 13 € | 31 € | **39 €** | 54 € | 78 € | [m] | ⏱ 0,30 h/m | 022.000.073 |

LB 022
Klempnerarbeiten

Nr.	Kurztext / Langtext					[Einheit]	Ausf.-Dauer	Kostengruppe Positionsnummer
▶	▷	ø netto €	◁	◀				

53 Firsthaube, mehrfach gekantet KG **363**
Firstabdeckung bzw. Firsthaube aus Metallblech, auf Holzunterkonstruktion, inkl. Befestigungsmittel.
Material: .....
Blechdicke: .....
Zuschnitt: .....
Kantungen: .....
Oberfläche: .....
Dachneigung ..... °

| 26€ | 58€ | 67€ | 81€ | 122€ | [m] | ⌚ 0,50 h/m | 022.000.074 |

A 15 Überhangblech, Metalldach Beschreibung für Pos. **54-55**
Überhangstreifen für Wandanschluss der Dachabdichtung, aus Metallblech, mit Tropfkante, an den Stößen verbunden, ggf. mit Schiebenähten, inkl. elastischer Abdichtung der oben liegenden Fuge zwischen Wandbelag und Blechstreifen.

54 Überhangblech, Titanzink-/Kupferblech, bis Z 200 KG **363**
Wie Ausführungsbeschreibung A 15
Material: **Titanzink- / Kupfer-Blech**
Blechdicke: .....
Zuschnitt: **166 / 200 mm**
Kantungen: .....
Oberfläche: .....
Anschluss an: **Putzprofil / Profilschiene**
Untergrund: **Stahlbeton / Mauerwerk**

| 8€ | 15€ | 18€ | 22€ | 32€ | [m] | ⌚ 0,15 h/m | 022.000.036 |

55 Überhangblech, Titanzink-/Kupferblech, bis Z 400 KG **363**
Wie Ausführungsbeschreibung A 15
Material: **Titanzink- / Kupfer**-Blech
Blechdicke: .....
Zuschnitt: bis 400 mm
Kantungen: .....
Oberfläche: .....
Anschluss an: **Putzprofil / Profilschiene**
Untergrund: **Stahlbeton / Mauerwerk**

| 17€ | 22€ | 23€ | 28€ | 40€ | [m] | ⌚ 0,20 h/m | 022.000.037 |

Kosten:
Stand 1.Quartal 2021
Bundesdurchschnitt

▶ min
▷ von
ø Mittel
◁ bis
◀ max

Nr.	Kurztext / Langtext					Kostengruppe
▶	▷	ø netto €	◁	◀	[Einheit]	Ausf.-Dauer Positionsnummer

A 16 — Wandanschluss, Metalldach
Beschreibung für Pos. **56-57**

Wandanschluss aus Metallblech, als Schutz der Dachabdichtung an aufgehenden Bauteilen, an den Stößen verbunden, inkl. Abdichtung der oben liegenden Fuge zwischen Wandbelag und Blechstreifen.

56 Wandanschlussblech, Titanzink KG 363
Wie Ausführungsbeschreibung A 16
Material: Titanzink-Blech
Blechdicke: .....
Zuschnitt: 500 mm
Kantungen: .....
Oberfläche: .....
Untergrund: .....

| 12 € | 23 € | **29 €** | 36 € | 59 € | [m] | ⏱ 0,35 h/m | 022.000.038 |

57 Wandanschlussblech, Kupfer KG 363
Wie Ausführungsbeschreibung A 16
Material: Kupfer-Blech
Blechdicke: .....
Zuschnitt: 500 mm
Kantungen: .....
Oberfläche: .....
Untergrund: .....

| 21 € | 38 € | **44 €** | 59 € | 86 € | [m] | ⏱ 0,35 h/m | 022.000.039 |

58 Wandanschluss, Verbundblech KG 363
Wandanschluss aus Verbundblech, als Anschluss für einlagige Dachdichtungsbahn aus Kunststoff an aufgehenden Bauteilen, an den Stößen verbunden, inkl. elastischer Abdichtung der oben liegenden Fuge zwischen Wandbelag und Blechstreifen.
Material: folienkaschiertes Verbundblech
Blechdicke: .....
Dachdichtungsbahn: .....
Zuschnitt: 500 mm
Kantungen: .....
Oberfläche: .....
Untergrund: .....

| 21 € | 32 € | **36 €** | 52 € | 76 € | [m] | ⏱ 0,35 h/m | 022.000.055 |

LB 022 Klempnerarbeiten

Kosten:
Stand 1.Quartal 2021
Bundesdurchschnitt

Nr.	Kurztext / Langtext						Kostengruppe
▶	▷	ø netto €	◁	◀	[Einheit]	Ausf.-Dauer	Positionsnummer

59 Fassadenrinne, Stahlblech — KG 363

Fassaden- / Terrassenrinne, begehbar und rollstuhlbefahrbar, gegen Ausheben gesichert, bestehend aus:
- beidseitiger Kiesleiste
- geschlossenem Rinnenboden
- Dränschlitzen 3-5 mm
- eingepasstem Rost

Rinne stufenlos höhenverstellbar bis 80 mm
Endstücke und Ecken nach gesonderter Position
Material: Stahl, verzinkt
Belastungsklasse: L 15
Rinnenbreite: .....
Rinnenhöhe: .....
Maschenweite 30 x 10 mm
Abflussleistung: ..... l/s*m

| 106€ | 132€ | **144€** | 180€ | 238€ | [m] | ⏱ 0,80 h/m | 022.000.064 |

60 Wandanschluss, Nocken, Titanzink — KG 363

Wandanschluss aus unterlegten Nockenblechen; Endausbildungen und Ecken in gesonderter Position.
Untergrund: .....
Dachdeckung: .....
Material: Titanzink-Blech
Blechdicke: .....
Nockengröße: .....
Oberfläche: .....

| 20€ | 27€ | **32€** | 39€ | 51€ | [m] | ⏱ 0,25 h/m | 022.000.040 |

A 17 Blecheinfassung Schornstein — Beschreibung für Pos. 61-62

Einfassung von Dacheinbauten, aus Metallblech, traufseitig mit Brustblech, seitlich mit Winkelblechen, firstseitig mit Nackenblechen, überlappend, mit Dichtungsband bei Dachneigung unter 7°, inkl. Befestigungsmittel, Überhangblech und elastischer Abdichtung der oben liegenden Fuge zwischen Wandbelag und Einfassung.

61 Schornsteinverwahrung, Kupfer — KG 363

Wie Ausführungsbeschreibung A 17
Bauteil: Schornstein
Abmessungen Bauteil im Grundriss: .....
Material: Kupfer-Blech
Blechdicke: .....
Zuschnitt: .....
Zuschnitt Überhangblech: .....
Oberfläche: .....
Dachneigung: ..... °
Anschlusshöhe: mind. 150 mm
Untergrund: Holzkonstruktion

| 97€ | 154€ | **182€** | 205€ | 252€ | [St] | ⏱ 1,20 h/St | 022.000.065 |

▶ min
▷ von
ø Mittel
◁ bis
◀ max

Nr.	Kurztext / Langtext					Kostengruppe	
▶	▷	ø netto €	◁	◀	[Einheit]	Ausf.-Dauer	Positionsnummer

62 Schornsteinverwahrung, Titanzink KG 363
Wie Ausführungsbeschreibung A 17
Bauteil: Schornstein
Abmessungen: .....
Material: Titanzink-Blech
Blechdicke: .....
Zuschnitt: .....
Zuschnitt Überhangblech: .....
Oberfläche: .....
Dachneigung: ..... °
Anschlusshöhe: mind. 150 mm
Untergrund: Holzkonstruktion

| 41€ | 58€ | **65€** | 79€ | 116€ | [m] | ⏱ 0,80 h/m | 022.000.043 |

A 18 Schornstein-Blechbekleidung Beschreibung für Pos. 63-63
Metallblechbekleidung des Schornsteins, mit Winkel-Stehfalzdeckung als hinterlüftete Konstruktion, mit UK aus Metallprofilen und Mineralwolle-Dämmung, inkl. sämtlicher Befestigungsmittel.

63 Schornsteinbekleidung, Titanzink KG 363
Wie Ausführungsbeschreibung A 18
Material: Titanzink-Blech
Blechdicke: .....
Bandbreite: **720 mm für Achsmaß 600 mm / 620 mm für Achsmaß 500 mm**
Oberfläche: .....
Dachneigung: ..... °

| 88€ | 114€ | **127€** | 153€ | 199€ | [m²] | ⏱ 1,00 h/m² | 022.000.044 |

64 Dachfenster/-oberlicht einfassen KG 362
Einfassung von Dachfenster, aus Metallblech, traufseitig mit Brustblech, seitlich mit Winkelblechen, firstseitig mit Nackenblechen, überlappend verlegt, ggf. mit Dichtungsband bei Dachneigung unter 7°, inkl. Befestigungsmittel.
Abmessung Dachfenster / Oberlicht (L x B): ..... x ..... mm
Dachfläche Neigung ..... °
Dachdeckung aus: .....
Deckmaß (B x L): ..... x ..... mm

| 257€ | 300€ | **319€** | 368€ | 450€ | [St] | ⏱ 1,50 h/St | 022.000.166 |

65 Walzbleianschluss, Blechstreifen KG 363
Anschluss an aufgehendes Bauteil mit Walzbleistreifen, inkl. Überhangstreifen.
Material: Walzblei
Blechdicke: .....
Zuschnitt: **250 / 400** mm
Überhangstreifen: Material: ....., Z.........-fach gekantet
Dachneigung: .....°
Anschlusshöhe: mind. 150 mm
Untergrund: ....

| 32€ | 45€ | **53€** | 58€ | 68€ | [m²] | ⏱ 0,40 h/m² | 022.000.056 |

LB 022 Klempnerarbeiten

Kosten:
Stand 1.Quartal 2021
Bundesdurchschnitt

▶ min
▷ von
ø Mittel
◁ bis
◀ max

Nr.	Kurztext / Langtext ▶ ▷ ø netto € ◁ ◀	[Einheit]	Ausf.-Dauer	Kostengruppe Positionsnummer
66	**Trennlage, Blechflächen, V13**			KG **363**
	Trennlage für Blechdach, aus Bitumen-Dachbahn mit Glasvlieseinlage, auch als Vor- und Notdeckung geeignet, Bahnenstöße überlappt, auf Holzschalung genagelt. Dachdeckung: Stehfalzdeckung Dachneigung: ..... ° Trennlage: V13 besandet *Anmerkung: Bei Titanzinkdeckung ist unter 15° eine Dränagebahn bzw. strukturierte Trennlage einzubauen.*			
	4€ 7€ **8**€ 10€ 15€	[m²]	⏱ 0,06 h/m²	022.000.047
67	**Trennlage, Kunststoffbahn, Gespinstlage**			KG **363**
	Trennlage, strukturiert, diffusionsoffen, unter Blechdach eingebaut, auf Holzschalung befestigt. Dachdeckung: Metall-Stehfalzdeckung Dachneigung: unter 15 ° Trennlage: Kunststoff-Faservlies mit Kunststoffgespinstlage Höhe: ca. 8 mm Brandverhalten: Klasse E Widerstand Wasserdurchgang: W1 Wasserdampfdurchlässigkeit: <=0,1			
	7€ 9€ **11**€ 12€ 14€	[m²]	⏱ 0,08 h/m²	022.000.170
A 19	**Gaubendeckung, Doppelstehfalz**		Beschreibung für Pos. **68-69**	
	Bandblechdeckung auf Dachgauben, als Doppel-Stehfalzdeckung, Falze mit Dichtbändern für flach geneigte Dächer sowie Anschlüsse an aufgehende Bauteile. First-, Trauf-, Ortgang- und Kehlausbildungen in gesonderten Positionen.			
68	**Gaubendeckung, Doppelstehfalz, Titanzink / Kupfer**			KG **363**
	Wie Ausführungsbeschreibung A 19 Material: **Titanzink- / Kupfer**-Blech Blechdicke: ..... Bandbreite: ..... Oberfläche: ..... Dachneigung: .....° Untergrund: Holzschalung mit Trennlage			
	55€ 84€ **101**€ 113€ 145€	[m²]	⏱ 1,00 h/m²	022.000.049
69	**Gaubendeckung, Doppelstehfalz, Edelstahl**			KG **363**
	Wie Ausführungsbeschreibung A 19 Material: nicht rostendes Stahlblech / Werkstoff Nr.: ..... Blechdicke: ..... Bandbreite: ..... Oberfläche: ..... Dachneigung: .....° Untergrund: Holzschalung mit Trennlage			
	82€ 88€ **101**€ 115€ 158€	[m²]	⏱ 1,20 h/m²	022.000.066

Nr.	Kurztext / Langtext						Kostengruppe
▶	▷	ø netto €	◁	◀	[Einheit]	Ausf.-Dauer	Positionsnummer

70 Dachdeckung, Doppelstehfalz, Titanzink — KG **363**

Bandblechdachdeckung als Doppel-Stehfalzdeckung. Falze mit Dichtbändern, Anschlüsse an aufgehende Bauteile, First-, Trauf-, Ortgang- und Kehlausbildungen in gesonderten Positionen.
Untergrund: Holzschalung mit Trennlage
Material: Titanzink-Blech
Blechdicke: .....
Bandbreite: .....
Oberfläche: .....
Dachneigung: .....°

| 45 € | 75 € | **89 €** | 102 € | 138 € | [m²] | ⏱ 0,85 h/m² | 022.000.045 |

71 Dachdeckung, Bandblech, Aluminium — KG **363**

Blechdachdeckung mit selbsttragenden, gefalzten Band-Elementen aus Aluminium.
Blechdicke: .....
Bandbreite: .....
Oberfläche: .....
Dachneigung: ..... °
Untergrund: Holzpfetten

| 33 € | 51 € | **54 €** | 63 € | 84 € | [m²] | ⏱ 0,70 h/m² | 022.000.057 |

A 20 Anschlüsse Blechdach — Beschreibung für Pos. **72-73**

Anschluss der Blechdachdeckung an aufgehende Bauteile, verdeckt befestigt.

72 Anschlüsse Blechdach, Titanzink — KG **363**

Wie Ausführungsbeschreibung A 20
Deckungsart: **Stehfalz / Winkelfalz / Doppelstehfalz**
Material: Kupfer-Blech
Blechdicke: .....
Bahnenbreite: .....
Anschluss: **parallel / im Winkel von .....°** zur Verlegerichtung
Dachneigung: .....

| 30 € | 41 € | **47 €** | 51 € | 59 € | [m] | ⏱ 0,38 h/m | 022.000.084 |

73 Anschlüsse Blechdach, Kupfer — KG **363**

Wie Ausführungsbeschreibung A 20
Deckungsart: **Stehfalz / Winkelfalz / Doppelstehfalz**
Material: Aluminium-Blech
Blechdicke: .....
Bahnenbreite: .....
Anschluss: **parallel / im Winkel von .....°** zur Verlegerichtung
Dachneigung: .....
Untergrund: Holzschalung mit Trennlage

| – € | 47 € | **54 €** | 59 € | – € | [m] | ⏱ 0,38 h/m | 022.000.140 |

LB 022 Klempnerarbeiten

Kosten:
Stand 1.Quartal 2021
Bundesdurchschnitt

▶ min
▷ von
ø Mittel
◁ bis
◀ max

Nr.	Kurztext / Langtext					[Einheit]	Ausf.-Dauer	Kostengruppe Positionsnummer
▶	▷	ø netto €	◁	◀				

A 21 Traufe, Blechdach — Beschreibung für Pos. 74-75
Traufen eindecken, Bandblechdachdeckung, mit Traufblech, durchlaufend befestigt mit Haften. Fälze umgelegt.
Untergrund: Holzschalung mit Trennlage

74 Traufe, Blechdach, Titanzink — KG 363
Wie Ausführungsbeschreibung A 21
Deckungsart: **Stehfalz / Winkelfalz / Doppelstehfalz**
Material: Titanzink-Blech
Blechdicke: .....
Zuschnitt: .....
Kantungen: .....
Dachneigung: .....°
Traufe: **gekantet / mit Wulst**

▶	▷	ø	◁	◀	[Einheit]	Ausf.-Dauer	Pos.-Nr.
12€	21€	**25€**	33€	50€	[m]	0,30 h/m	022.000.085

75 Traufe, Blechdach, Kupfer — KG 363
Wie Ausführungsbeschreibung A 21
Deckungsart: **Stehfalz / Winkelfalz / Doppelstehfalz**
Material: Kupfer-Blech
Blechdicke: .....
Zuschnitt: .....
Kantungen: .....
Dachneigung: .....°
Traufe: **gekantet / mit Wulst**

▶	▷	ø	◁	◀	[Einheit]	Ausf.-Dauer	Pos.-Nr.
–€	29€	**36€**	46€	–€	[m]	0,30 h/m	022.000.143

A 22 Ortgang, Blechdach — Beschreibung für Pos. 76-77
Ortgang der Bandblechdachdeckung eindecken, verdeckt befestigt mit Haften. Fälze umgelegt, Anschluss mit Dichtungsband.
Untergrund: Holzschalung mit Trennlage

76 Ortgang, Blechdach, Titanzink — KG 363
Wie Ausführungsbeschreibung A 22
Deckungsart: **Stehfalz / Winkelfalz-/ Doppelstehfalz**
Material: Titanzink-Blech
Blechdicke: .....
Zuschnitt: .....
Kantungen: .....
Dachneigung: .....°
Untergrund: Holzschalung mit Trennlage
Für die Ausführung werden vom AG folgende Unterlagen zur Verfügung gestellt:
  – Entwurfszeichnungen, Plannr.: .....
  – Übersichtszeichnungen, Plannr.: .....

▶	▷	ø	◁	◀	[Einheit]	Ausf.-Dauer	Pos.-Nr.
20€	38€	**41€**	50€	67€	[m]	0,32 h/m	022.000.086

Nr.	Kurztext / Langtext					Kostengruppe	
▶	▷	ø netto €	◁	◀	[Einheit]	Ausf.-Dauer	Positionsnummer

77 Ortgang, Blechdach, Kupfer KG 363
Wie Ausführungsbeschreibung A 22
Deckungsart: **Stehfalz / Winkelfalz / Doppelstehfalz**
Material: Kupfer-Blech
Blechdicke: .....
Zuschnitt: .....
Kantungen: .....
Dachneigung: .....°
Untergrund: Holzschalung mit Trennlage
Für die Ausführung werden vom AG folgende Unterlagen zur Verfügung gestellt:
– Entwurfszeichnungen, Plannr.: .....
– Übersichtszeichnungen, Plannr.: .....

| –€ | 47€ | **52€** | 57€ | –€ | [m] | ⏱ 0,32 h/m | 022.000.146 |

A 23 Fassadenbekleidung, Bandblech Beschreibung für Pos. **78-79**
Fassadenbekleidung aus Metallblech, als vorgehängte, hinterlüftete Fassade, senkrecht verlegt, mit Haften unsichtbar befestigen.
Untergrund: Holzschalung mit Trennlage

78 Fassadenbekleidung, Bandblechscharen, Titanzink KG 363
Wie Ausführungsbeschreibung A 23
Deckungsart: **Stehfalz / Winkelfalz / Doppelstehfalz**
Material: Titanzink-Blech
Blechdicke: .....
Bandbreite: .....
Oberfläche: .....
Dachneigung: .....°
Untergrund: Holzschalung mit Trennlage
Angeb. Fabrikat: .....
Für die Ausführung werden vom AG folgende Unterlagen zur Verfügung gestellt:
– Verlegeplan, Plannr.: .....
– Übersichtszeichnungen, Plannr.: .....

| 57€ | 80€ | **89€** | 94€ | 114€ | [m²] | ⏱ 1,20 h/m² | 022.000.067 |

79 Fassadenbekleidung, Bandblechscharen, Kupfer KG 363
Wie Ausführungsbeschreibung A 23
Deckungsart: **Stehfalz / Winkelfalz / Doppelstehfalz**
Material: Kupfer-Blech
Blechdicke: .....
Bandbreite: .....
Oberfläche: .....
Dachneigung: .....°
Untergrund: Holzschalung mit Trennlage
Angeb. Fabrikat: .....
Für die Ausführung werden vom AG folgende Unterlagen zur Verfügung gestellt:
– Verlegeplan, Plannr.: .....
– Übersichtszeichnungen, Plannr.: .....

| –€ | 106€ | **119€** | 144€ | –€ | [m²] | ⏱ 1,20 h/m² | 022.000.149 |

LB 022 Klempnerarbeiten

Kosten:
Stand 1.Quartal 2021
Bundesdurchschnitt

▶ min
▷ von
ø Mittel
◁ bis
◀ max

Nr.	Kurztext / Langtext				[Einheit]	Ausf.-Dauer	Kostengruppe Positionsnummer
▶	▷	ø netto €	◁	◀			

80 Schneefangrohr, Stehfalzdeckung — KG **369**
Schneefangrohr passend zur Stehfalzdeckung, inkl. Halteprofilen, geklemmt, inkl. Anpassen der Dachdeckung.
Schneelastzone: .....
Gebäudehöhe über NN: ..... m
Dachneigung: .....
Länge oberhalb der Schneefangkonstruktion: ..... m
Sparrenabstand: ..... cm
Ausführung: .....

| 20€ | 31€ | **35**€ | 41€ | 53€ | [m] | ⏱ 0,25 h/m | 022.000.068 |

81 Schneefangrohr, Rundprofil — KG **369**
Schneefangrohr passend zur Dachdeckung, inkl. Halteprofilen, in Holz-Dachkonstruktion befestigen.
Dachdeckeung: .....
Schneelastzone: .....
Gebäudehöhe über NN: ..... m
Dachneigung: .....
Länge oberhalb der Schneefangkonstruktion: ..... m
Sparrenabstand: ..... cm
Ausführung: .....
Befestigungsabstand: ca. 80 cm

| 23€ | 36€ | **42**€ | 58€ | 83€ | [m] | ⏱ 0,25 h/m | 022.000.002 |

82 Schneefanggitter, Titanzink — KG **369**
Schneefanggitter, passend zur Dachdeckung, mit verstärkten Stützen und zusätzlicher Traglatte, in Holz-Dachkonstruktion befestigen.
Schneelastzone: .....
Gebäudehöhe über NN: ..... m
Dachneigung: .....
Länge oberhalb der Schneefangkonstruktion: ..... m
Material: Titanzink
Dachdeckung: .....
Gitterhöhe: bis 200 mm
Befestigungsabstand: ..... cm

| 17€ | 27€ | **31**€ | 38€ | 51€ | [m] | ⏱ 0,25 h/m | 022.000.003 |

83 Schneefanggitter, Kupfer — KG **369**
Schneefanggitter, passend zur Dachdeckung, mit verstärkten Stützen, mit zusätzlicher Traglatte, in Holz-Dachkonstruktion befestigen.
Schneelastzone: .....
Gebäudehöhe über NN: ..... m
Dachneigung: .....
Länge oberhalb der Schneefangkonstruktion: ..... m
Material: Kupfer
Dachdeckung: .....
Gitterhöhe: bis 200 mm
Befestigungsabstand: ..... cm

| 37€ | 46€ | **51**€ | 53€ | 59€ | [m] | ⏱ 0,25 h/m | 022.000.004 |

Nr.	Kurztext / Langtext							Kostengruppe
▶	▷	ø netto €	◁	◀	[Einheit]		Ausf.-Dauer	Positionsnummer
84	**Sicherheitsdachhaken, verzinkt**							KG **369**
	Sicherheits-Dachhaken, in Holz-Dachkonstruktion verankert, inkl. Anpassarbeiten der Dachdeckung, Haken mit Einhängelasche. Material: verzinkter Stahl Ausführung: Typ B Abmessung: 25 x 6 mm							
11€	15€	**17€**	18€	23€	[St]		⏱ 0,15 h/St	022.000.001
85	**Sicherheitstritt, Standziegel**							KG **369**
	Sicherheitstritt für Schornsteinfeger, aus Standgitter oder - ziegel und Auflagerbügeln, an Dachlattung mit zusätzlicher Unterstützung befestigen, passend zur Dachdeckung. Trittlänge: ca. 41 cm Dachdeckung:							
54€	70€	**77€**	81€	96€	[St]		⏱ 0,35 h/St	022.000.005
86	**Dachleiter, Aluminium**							KG **369**
	Sicherheits-Dachleiter, an bauseitigem Sicherheitsdachhaken fixieren. Material: Aluminium Oberfläche: ..... Dachneigung: .....° Leiterbreite: ca. 350 mm Leiterlänge:							
86€	204€	**242€**	264€	421€	[St]		⏱ 0,20 h/St	022.000.075
87	**Stundensatz, Facharbeiter/-in**							
	Stundenlohnarbeiten für Vorarbeiterin, Vorarbeiter, Gesellein, Geselle, Facharbeiterin, Facharbeiter und Gleichgestellte, sowie ähnliche Fachkräfte. Der Verrechnungssatz für die jeweilige Arbeitskraft umfasst sämtliche Aufwendungen wie Lohn- und Gehaltskosten, lohn- und gehaltsgebundene Kosten, Lohn- und Gehaltsnebenkosten, Gemeinkosten, Wagnis und Gewinn.Leistung nach besonderer Anordnung der Bauüberwachung. Anmeldung und Nachweis gem. VOB/B.							
39€	48€	**51€**	54€	62€	[h]		⏱ 1,00 h/h	022.000.077
88	**Stundensatz, Helfer/in**							
	Stundenlohnarbeiten für Werkerin, Werker, Helferin, Helfer und Gleichgestellte. Der Verrechnungssatz für die jeweilige Arbeitskraft umfasst sämtliche Aufwendungen wie Lohn- und Gehaltskosten, lohn- und gehaltsgebundene Kosten, Lohn- und Gehaltsnebenkosten, Gemeinkosten, Wagnis und Gewinn.Leistung nach besonderer Anordnung der Bauüberwachung. Anmeldung und Nachweis gem. VOB/B.							
32€	40€	**42€**	46€	53€	[h]		⏱ 1,00 h/h	022.000.078

B Ausbau

Titel des Leistungsbereichs	LB-Nr.
Putz- und Stuckarbeiten, Wärmedämmsysteme	023
Fliesen- und Plattenarbeiten	024
Estricharbeiten	025
Fenster, Außentüren	026
Tischlerarbeiten	027
Parkett-, Holzpflasterarbeiten	028
Beschlagarbeiten	029
Rollladenarbeiten	030
Metallbauarbeiten	031
Verglasungsarbeiten	032
Baureinigungsarbeiten	033
Maler- und Lackierarbeiten - Beschichtungen	034
Bodenbelagarbeiten	036
Tapezierarbeiten	037
Vorgehängte hinterlüftete Fassaden	038
Trockenbauarbeiten	039

LB 023 Putz- und Stuckarbeiten, Wärmedämmsysteme

Putz- und Stuckarbeiten, Wärmedämmsysteme — Preise €

Kosten: Stand 1. Quartal 2021, Bundesdurchschnitt

▶ min ▷ von ø Mittel ◁ bis ◀ max

Nr.	Positionen	Einheit	▶	▷ ø brutto € / ø netto €		◁	◀
1	Schutzabdeckung	m²	2	3	**4**	5	8
			1	3	**4**	5	6
2	Untergrund prüfen	m²	0,1	0,5	**0,7**	1,0	1,8
			0,1	0,5	**0,6**	0,8	1,5
3	Haftbrücke, Betonfläche, für Gipsputze	m²	1	3	**4**	6	11
			1	3	**3**	5	9
4	Haftbrücke, Betonfläche, für Kalk-/Kalkzementputz	m²	2	5	**6**	7	10
			2	4	**5**	6	8
5	Installationsschlitz schließen, spachteln	m	4	11	**14**	21	37
			4	10	**12**	18	31
6	Putzarmierung, Glasfasergewebe, innen, Teilbereich	m	1	2	**3**	3	4
			1	2	**2**	3	3
7	Putzträger, Metallgittergewebe	m²	7	12	**14**	18	28
			6	10	**12**	15	23
8	Putzträger verzinkt, Fachwerk	m	3	8	**10**	11	16
			3	7	**9**	9	14
9	Ausgleichsputz, bis 10mm	m²	5	9	**11**	13	19
			4	7	**9**	11	16
10	Ausgleichsputz, bis 20mm	m²	7	12	**14**	16	22
			6	10	**12**	14	18
11	Unterputzprofil, verzinkt, innen	m	3	6	**7**	8	12
			3	5	**6**	7	10
12	Unterputzprofil, nichtrostender Stahl, innen	m	7	9	**10**	11	13
			6	8	**8**	9	11
13	Eckprofil, verzinkt	m	2	4	**5**	6	9
			2	3	**4**	5	8
14	Eckprofil, Aluminium	m	3	6	**7**	8	11
			3	5	**6**	7	9
15	Eckprofil, nichtrostender Stahl	m	3	8	**10**	11	15
			3	7	**8**	9	13
16	Eckprofil, Kunststoff	m	1	5	**7**	8	13
			1	4	**6**	7	11
17	Abschlussprofil, innen, verzinkt	m	2	6	**8**	9	13
			2	5	**6**	8	11
18	Abschlussprofil, innen, nichtrostender Stahl	m	7	10	**11**	14	21
			6	8	**9**	12	17
19	Kalkzementputz, Innenwand, einlagig, Q3, abgezogen	m²	16	20	**20**	22	26
			13	17	**17**	19	22
20	Gipskalkputz, Innenwand, einlagig, Q3, gefilzt	m²	13	16	**17**	19	23
			11	13	**14**	16	19
21	Mehrdicke, 5mm, Putz	m²	3	4	**6**	7	9
			2	4	**5**	6	8
22	Mehrdicke, 10mm, Putz	m²	4	6	**7**	9	13
			3	5	**6**	8	11
23	Laibung, innen, bis 150mm	m	3,7	6,1	**7,4**	9,0	13
			3,1	5,1	**6,2**	7,6	11
24	Laibung, innen, 250-400mm	m	7,4	12	**15**	18	26
			6,3	10	**13**	15	22

© BKI Baukosteninformationszentrum; Erläuterungen zu den Tabellen siehe Seite 44
Mustertexte geprüft: Fachverband der Stuckateure für Ausbau und Fassade Baden-Württemberg

Putz- und Stuckarbeiten, Wärmedämmsysteme — Preise €

Nr.	Positionen	Einheit	▶	▷ ø brutto € / ø netto €	◁	◀
25	Ebenheit, Mehrpreis Q3	m²	3	4	**4**	4	5
			3	3	**4**	4	4
26	Gipsputz, Innenwand, einlagig, Q3	m²	13	16	**18**	20	25
			11	14	**15**	17	21
27	Gipsputz, Innenwand, Dünnlage, Q3, geglättet	m²	9	14	**17**	20	24
			8	12	**14**	17	20
28	Gipsputz, innen, Q2, geglättet, längenorientiert	m	3	8	**10**	12	18
			2	7	**8**	10	15
29	Lehmputz, Innenwand, einlagig, gefilzt	m²	22	27	**28**	29	33
			18	23	**24**	25	28
30	Lehmputz, Innenwand, zweilagig	m²	40	44	**48**	50	56
			34	37	**40**	42	47
31	Beiputzen, Tür-/Türzarge	m	6	9	**10**	13	21
			5	8	**9**	11	17
32	Stuckprofil, innen	m	36	56	**63**	95	140
			30	47	**53**	80	118
33	Putzbänder, Faschen, Putzdekor	m	7	14	**17**	27	42
			6	12	**15**	22	35
34	Trennschnitt, Wand/Deckenübergang	m	0,9	1,5	**1,9**	2,5	3,4
			0,7	1,2	**1,6**	2,1	2,9
35	Putzsystem, Decke, schallabsorbierend	m²	–	79	**94**	120	–
			–	66	**79**	101	–
36	Kalk-Gipsputz, Decken, einlagig, Q3, geglättet	m²	15	20	**22**	24	29
			13	17	**18**	21	25
37	Gipsputz, Decken, einlagig, Q2, geglättet	m²	15	17	**18**	19	22
			12	14	**15**	16	19
38	Gipsputz, Decken, einlagig, Q3, geglättet	m²	15	18	**19**	20	24
			13	15	**16**	17	20
39	WDVS-komplett, MW 035, 120mm, Silikatputz	m²	81	87	**91**	94	103
			68	73	**76**	79	86
40	WDVS, MW 035, 180mm, Silikat-Reibeputz	m²	96	105	**113**	120	128
			81	88	**95**	101	107
41	WDVS, EPS, 120mm, Silikat-Reibeputz	m²	77	83	**85**	88	96
			65	69	**71**	74	80
42	WDVS, EPS, 180mm, Silikat-Reibeputz	m²	92	96	**107**	107	121
			78	81	**90**	90	102
43	WDVS, Wärmedämmung, EPS 035, 100mm	m²	23	34	**39**	42	48
			20	28	**33**	36	40
44	WDVS, Wärmedämmung, EPS 035, 180mm	m²	50	55	**59**	63	66
			42	47	**50**	53	55
45	WDVS, Wärmedämmung, EPS 035, 300mm	m²	69	84	**87**	95	102
			58	71	**73**	79	86
46	WDVS, Wärmedämmung, MW 035, 160mm	m²	55	63	**67**	71	79
			46	53	**56**	59	66
47	WDVS, Wärmedämmung, MW 035, 200mm	m²	68	78	**83**	88	98
			57	66	**70**	74	82
48	WDVS, Brandbarriere, 200mm	m	6	10	**12**	13	17
			5	8	**10**	11	14

© **BKI** Baukosteninformationszentrum; Erläuterungen zu den Tabellen siehe Seite 44
Mustertexte geprüft: Fachverband der Stuckateure für Ausbau und Fassade Baden-Württemberg

Kostenstand: 1.Quartal 2021, Bundesdurchschnitt

LB 023 Putz- und Stuckarbeiten, Wärmedämmsysteme

Kosten: Stand 1. Quartal 2021, Bundesdurchschnitt

Legende:
- ▶ min
- ▷ von
- ø Mittel
- ◁ bis
- ◀ max

Nr.	Positionen	Einheit	▶	▷	ø brutto € / ø netto €	◁	◀
49	WDVS, Montagequader, Druckplatte	St	15	48	**65**	96	172
			13	40	**55**	80	145
50	WDVS, Dübelung, Wärmedämmung	m²	4	10	**12**	14	19
			4	8	**10**	12	16
51	WDVS, Armierungsputz, Glasfasereinlage	m²	15	19	**21**	23	29
			13	16	**18**	19	24
52	WDVS, Eckausbildung, Profil	m	4	7	**8**	10	14
			4	6	**7**	8	12
53	WDVS, Sockeldämmung, XPS	m²	38	48	**51**	56	68
			32	41	**43**	47	57
54	WDVS, Sockelprofil	m	8	13	**15**	18	24
			7	11	**13**	15	20
55	WDVS, Fensteranschluss	m	3	5	**6**	7	10
			2	4	**5**	6	9
56	WDVS, Kompriband BG1	m	3	4	**4**	6	8
			2	3	**4**	5	7
57	WDVS, Laibungsausbildung	m	16	20	**22**	24	28
			14	17	**19**	20	23
58	Mineralischer Oberputz, Dispersions-Silikat, WDVS	m²	11	14	**16**	17	20
			9	12	**13**	14	17
59	Organischer Oberputz, Silikonharz, WDVS	m²	9	16	**19**	21	26
			7	13	**16**	18	21
60	Sockelputz, zweilagig, Kalkzementmörtel CS III	m²	21	31	**36**	43	57
			18	26	**30**	36	48
61	Außenputz, zweilagig, Wand, mineralisch	m²	23	34	**39**	42	50
			19	28	**33**	35	42
62	Außenputz, zweilagig, Wand, organischem Oberputz	m²	16	19	**21**	25	31
			13	16	**18**	21	26
63	Schlämmputz, außen, einlagig, Kalkzementmörtel	m²	10	15	**17**	19	24
			9	12	**14**	16	20
64	Außenputz, zweilagig, Laibungen	m	8	15	**17**	21	28
			7	12	**14**	17	24
65	Abschlussprofil, Außenputz 15mm, verzinkter Stahl	m	7	8	**8**	10	12
			6	7	**7**	8	10
66	Verblendmauerwerk, Klinkerriemchen	m²	128	142	**148**	158	179
			108	120	**124**	133	150
67	Fensteranschluss, Putzprofil	m	4	7	**7**	8	11
			3	6	**6**	7	9
68	Dämmung, Kellerdecke, EPS 040, bis 140mm	m²	48	51	**55**	60	72
			41	43	**47**	51	61
69	Dämmung, Kellerdecke, MW 035, bis 140mm	m²	61	64	**70**	76	95
			51	54	**59**	64	79
70	Mehrschichtplatte WW-C, EPS, Decke, 50mm	m²	23	34	**38**	46	61
			20	29	**32**	39	51
71	Mehrschichtplatte WW-C, EPS, Decke, 75mm	m²	30	45	**51**	58	77
			25	38	**43**	49	64
72	Gerüstankerlöcher schließen	St	0,6	2,5	**3,5**	5,6	8,4
			0,5	2,1	**2,9**	4,7	7,0

© BKI Baukosteninformationszentrum; Erläuterungen zu den Tabellen siehe Seite 44
Mustertexte geprüft: Fachverband der Stuckateure für Ausbau und Fassade Baden-Württemberg

Putz- und Stuckarbeiten, Wärmedämmsysteme

Preise €

Nr.	Positionen	Einheit	▶	▷ ø brutto € ø netto €	◁	◀
73	Stundensatz, Facharbeiter/-in	h	47 / 39	56 / 47	**60** / **50**	64 / 54	77 / 65
74	Stundensatz, Helfer/-in	h	38 / 32	49 / 41	**54** / **45**	56 / 47	61 / 51

Nr.	Kurztext / Langtext				Kostengruppe
▶	▷ ø netto € ◁ ◀	[Einheit]	Ausf.-Dauer	Positionsnummer	

1 Schutzabdeckung — KG **397**
Schutzabdeckung von Fenstern und anderen Bauteilen. Abdeckung während der Putzarbeiten und WDVS-Arbeiten vorhalten, nach Ende der Arbeiten restlos entfernen und entsorgen.
Arbeitshöhe: 1,50 m bis 3,50 m über Standfläche des hierfür erforderlichen Gerüsts

| 1€ | 3€ | **4€** | 5€ | 6€ | [m²] | ⏱ 0,02 h/m² | 023.000.188 |

2 Untergrund prüfen — KG **335**
Untergrund von verputzten Wandflächen akustisch (Klopfprobe oder Hohlstellensonde) auf Schad- und Hohlstellen prüfen, Schadstellen und Rissverläufe markieren.
Bauteil: Innenwand
Arbeitshöhe: 1,50 m bis 3,50 m über Standfläche des hierfür erforderlichen Gerüsts

| 0,1€ | 0,5€ | **0,6€** | 0,8€ | 1,5€ | [m²] | ⏱ 0,01 h/m² | 023.000.048 |

3 Haftbrücke, Betonfläche, für Gipsputze — KG **336**
Haftbrücke auf Betonfläche, Innenwand, für Gipsputz, auf organischer Basis, quarzgefüllt, pigmentiert, wasserverdünnbar.
Arbeitshöhe: bis 3,50 m über Standfläche des hierfür erforderlichen Gerüsts

| 1€ | 3€ | **3€** | 5€ | 9€ | [m²] | ⏱ 0,05 h/m² | 023.000.003 |

4 Haftbrücke, Betonfläche, für Kalk-/Kalkzementputz — KG **336**
Haftbrücke auf Betonfläche, Innenwand, für Kalk- und Kalkzementputze, mineralisch, kunststoffvergütet.
Arbeitshöhe: bis 3,50 m über Standfläche des hierfür erforderlichen Gerüsts

| 2€ | 4€ | **5€** | 6€ | 8€ | [m²] | ⏱ 0,05 h/m² | 023.000.078 |

5 Installationsschlitz schließen, spachteln — KG **345**
Wandschlitz auffüllen, als Untergrundvorbereitung für neuen Deckputz, in mehreren Arbeitsgängen, wie folgt:
– Fläche mit Mineralwolle ausstopfen
– Schlitz überspannen mit vollflächigem verzinktem Putzträger
– Putzträger mit geeignetem Grundputz verputzen
– Fläche komplett feinspachteln
Leistung einschl. aller für die Schlitzauffüllung notwendigen Materialien.
Putzart: .....
Schlitzbreite: ..... mm
Schlitztiefe: ..... mm
Deckputz: .....
Angeb. Fabrikat: .....

| 4€ | 10€ | **12€** | 18€ | 31€ | [m] | ⏱ 0,20 h/m | 023.000.051 |

**LB 023
Putz- und Stuckarbeiten, Wärmedämmsysteme**

Kosten:
Stand 1.Quartal 2021
Bundesdurchschnitt

Nr.	Kurztext / Langtext					[Einheit]	Ausf.-Dauer	Kostengruppe Positionsnummer
▶	▷	ø netto €	◁	◀				

6 Putzarmierung, Glasfasergewebe, innen, Teilbereich — KG 345

Putzarmierung, in rissegefährdetem Bereich, eingebettet in Armierungsputz, Stöße überlappt.
Material: Glasfasergewebe
Bauteil: Wand, innen
Breite: bis 50 cm
Arbeitshöhe: bis 3,50 m

▶	▷	ø	◁	◀	Einh.	Dauer	Pos.
1€	2€	**2€**	3€	3€	[m]	⏱ 0,10 h/m	023.000.082

7 Putzträger, Metallgittergewebe — KG 345

Putzträger aus Metallgittergewebe, vollflächig verlegt, zur Überdeckung von nachträglich verschlossenen Längsschlitzen in Beton- und Mauerwerkswänden, sowie an Betondecken und an Übergängen von Beton- und Mauerwerk.
Material: verzinkter Stahl
Bauteil: Wand, innen,
Arbeitshöhe: bis 3,50 m

6€	10€	**12€**	15€	23€	[m²]	⏱ 0,14 h/m²	023.000.010

8 Putzträger verzinkt, Fachwerk — KG 345

Putzarmierung von Fachwerk-Holzbalken, Ausführung wie folgt:
– Holzbalken mit Bitumenbahn überlappend belegen
– Putzträger aus verzinktem Drahtgitter aus Stahl über Balken spannen und auf Putzuntergrund befestigen
Spannweite: 500 mm
Arbeitshöhe: bis 3,50 m

3€	7€	**9€**	9€	14€	[m]	⏱ 0,15 h/m	023.000.059

9 Ausgleichsputz, bis 10mm — KG 345

Ausgleichsputz als Unterputz, auf unebenen Untergrund, Oberfläche entsprechend aufzubringendem Unter- bzw. Oberputz plan ziehen und horizontal aufkämmen. Standzeit mindestens 1 Tag pro mm.
Untergrund: Mauerwerk, **stark / schwach** saugend
Mörteldicke: 5 bis 10 mm
Arbeitshöhe: bis 3,00 m
Mörtel: Kalkzement-Putzmörtel

4€	7€	**9€**	11€	16€	[m²]	⏱ 0,20 h/m²	023.000.047

10 Ausgleichsputz, bis 20mm — KG 345

Ausgleichsputz als Unterputz, auf unebenen Untergrund, Oberfläche entsprechend aufzubringendem Unter- bzw. Oberputz plan ziehen und horizontal aufkämmen. Standzeit mindestens 1 Tag pro mm.
Untergrund: Mauerwerk, **stark / schwach** saugend
Mörteldicke: über 10 bis 20 mm
Arbeitshöhe: bis 3,00 m
Mörtel: Kalkzement-Putzmörtel

6€	10€	**12€**	14€	18€	[m²]	⏱ 0,22 h/m²	023.000.009

▶ min
▷ von
ø Mittel
◁ bis
◀ max

Nr.	Kurztext / Langtext				[Einheit]	Ausf.-Dauer	Kostengruppe Positionsnummer
▶	▷	ø netto €	◁	◀			

11 Unterputzprofil, verzinkt, innen — KG 345
Unterputzprofil mit geeignetem Ansetzmörtel anbringen.
Putzdicke: bis 15 mm
Profil-Nr.: .....
Material: verzinkter Stahl

| 3€ | 5€ | **6€** | 7€ | 10€ | [m] | ⏱ 0,08 h/m | 023.000.011 |

12 Unterputzprofil, nichtrostender Stahl, innen — KG 345
Unterputzprofil mit geeignetem Ansetzmörtel anbringen.
Putzdicke: bis 15 mm
Profil-Nr.: .....
Material: nichtrostender Stahl

| 6€ | 8€ | **8€** | 9€ | 11€ | [m] | ⏱ 0,08 h/m | 023.000.083 |

13 Eckprofil, verzinkt — KG 345
Eckprofil mit geeignetem Ansetzmörtel anbringen.
Putzdicke: .....
Profil-Nr.: .....
Material: verzinkter Stahl

| 2€ | 3€ | **4€** | 5€ | 8€ | [m] | ⏱ 0,06 h/m | 023.000.085 |

14 Eckprofil, Aluminium — KG 345
Eckprofil mit geeignetem Ansetzmörtel anbringen.
Putzdicke: .....
Profil-Nr.: .....
Material: Aluminium

| 3€ | 5€ | **6€** | 7€ | 9€ | [m] | ⏱ 0,06 h/m | 023.000.173 |

15 Eckprofil, nichtrostender Stahl — KG 345
Eckprofil mit geeignetem Ansetzmörtel anbringen.
Putzdicke: .....
Profil-Nr.: .....
Material: nichtrostender Stahl

| 3€ | 7€ | **8€** | 9€ | 13€ | [m] | ⏱ 0,06 h/m | 023.000.086 |

16 Eckprofil, Kunststoff — KG 345
Eckprofil mit geeignetem Ansetzmörtel anbringen.
Putzdicke: .....
Profil-Nr.: .....
Material: Kunststoff

| 1€ | 4€ | **6€** | 7€ | 11€ | [m] | ⏱ 0,10 h/m | 023.000.087 |

17 Abschlussprofil, innen, verzinkt — KG 345
Putzan- und -abschlussprofil zu angrenzenden Bauteilen
Putzdicke: ca. 10-15 mm
Profil-Nr.: .....
Material: verzinkter Stahl

| 2€ | 5€ | **6€** | 8€ | 11€ | [m] | ⏱ 0,09 h/m | 023.000.014 |

© **BKI** Baukosteninformationszentrum; Erläuterungen zu den Tabellen siehe Seite 44
Mustertexte geprüft: Fachverband der Stuckateure für Ausbau und Fassade Baden-Württemberg

Kostenstand: 1.Quartal 2021, Bundesdurchschnitt

LB 023 Putz- und Stuckarbeiten, Wärmedämmsysteme

Kosten: Stand 1.Quartal 2021 Bundesdurchschnitt

▶ min
▷ von
ø Mittel
◁ bis
◀ max

Nr.	Kurztext / Langtext						[Einheit]	Ausf.-Dauer	Kostengruppe Positionsnummer
	▶	▷	ø netto €	◁	◀				

18 Abschlussprofil, innen, nichtrostender Stahl — KG 345
Putzan- und -abschlussprofil zu angrenzenden Bauteilen
Putzdicke: ca. 10-15 mm
Profil-Nr.: .....
Material: nichtrostender Stahl

| 6€ | 8€ | **9€** | 12€ | 17€ | [m] | ⏱ 0,09 h/m | 023.000.088 |

19 Kalkzementputz, Innenwand, einlagig, Q3, abgezogen — KG 345
Einlagiger Innenputz, geeignet für matte, fein strukturierte Beschichtungen oder fein strukturierte Wandbekleidungen oder Wandbeläge aus Feinkeramik und großformatige Fliesen.
Putzart: Kalkzementputz
Putzdicke: 10 mm
Untergrund: .....
Oberfläche: Q3 - abgezogen
Arbeitshöhe: bis 3,50 m

| 13€ | 17€ | **17€** | 19€ | 22€ | [m²] | ⏱ 0,20 h/m² | 023.000.133 |

20 Gipskalkputz, Innenwand, einlagig, Q3, gefilzt — KG 345
Einlagiger Innenputz, geeignet für matte, **nicht strukturierte / nicht gefüllte** Beschichtungen.
Putzart: Gipskalkputz B3
Putzdicke: 10 mm
Untergrund: .....
Oberfläche: Q3 - gefilzt
Arbeitshöhe: bis 3,50 m

| 11€ | 13€ | **14€** | 16€ | 19€ | [m²] | ⏱ 0,20 h/m² | 023.000.134 |

21 Mehrdicke, 5mm, Putz — KG 345
Mehrdicke für einlagigen Putz an Wandflächen.
Putzart: .....
Mehrdicke: bis 5 mm

| 2€ | 4€ | **5€** | 6€ | 8€ | [m²] | ⏱ 0,07 h/m² | 023.000.135 |

22 Mehrdicke, 10mm, Putz — KG 345
Mehrdicke für einlagigen Putz an Wandflächen.
Putzart: **Kalkputz / Kalkzementputz / Zementputz / Gipsputz B1 / Gipskalkputz B3**
Mehrdicke: bis 10 mm

| 3€ | 5€ | **6€** | 8€ | 11€ | [m²] | ⏱ 0,09 h/m² | 023.000.136 |

A 1 Laibung, innen — Beschreibung für Pos. 23-24
Laibungen an Öffnungen, Aussparungen oder Nischen verputzen, Gewebeeckwinkel, APU-Profil bzw. Fugendichtband in gesonderten Positionen.
Oberfläche: Q2, abgezogen
Arbeitshöhe: bis 3,50 m

Nr.	Kurztext / Langtext							Kostengruppe
▶	▷	ø netto €	◁	◀	[Einheit]	Ausf.-Dauer	Positionsnummer	

23 Laibung, innen, bis 150mm — KG **336**
Wie Ausführungsbeschreibung A 1
Putzart: .....
Oberfläche: .....
Laibungstiefe: bis 150 mm

3€	5€	**6€**	8€	11€	[m]	⏱ 0,13 h/m	023.000.138

24 Laibung, innen, 250-400mm — KG **336**
Wie Ausführungsbeschreibung A 1
Putzart: Kalkzementputz
Druckfestigkeitsklasse: CS II
Oberfläche: Q2, abgezogen
Laibungstiefe: über 250-400 mm
Arbeitshöhe: bis 3,50 m

6€	10€	**13€**	15€	22€	[m]	⏱ 0,20 h/m	023.000.139

25 Ebenheit, Mehrpreis Q3 — KG **345**
Erhöhte Anforderung an die Ebenheit des Putzsystems, gem. DIN 18202 Tab. 3 Zeile 7. Leistung inkl. Putzlehren.
Putzart: .....
Oberflächenqualität: Q3
Arbeitshöhe: bis 3,50 m

3€	3€	**4€**	4€	4€	[m²]	⏱ 0,05 h/m²	023.000.091

26 Gipsputz, Innenwand, einlagig, Q3 — KG **345**
Einlagiger Gipsputz, Innenwand, für Raufasertapete (Körnung fein) oder matte, nicht gefüllte / nicht strukturierte Beschichtung.
Untergrund: .....
Putzdicke: 15 mm
Oberflächenqualität: Q3 – **geglättet / gefilzt**
Putzart: .....
Arbeitshöhe: bis 3,50 m
Ausführung: in allen Geschossen

11€	14€	**15€**	17€	21€	[m²]	⏱ 0,23 h/m²	023.000.175

27 Gipsputz, Innenwand, Dünnlage, Q3, geglättet — KG **345**
Gips-Dünnputz auf Wänden, innen, nach dem Ansteifen abglätten, für feinstrukturierte Wandbeläge und matte, fein strukturierte Beschichtungen.
Untergrund: .....
Putzdicke: 3-5 mm
Oberflächenqualität: Q3 - geglättet
Dünnputz: C6/20/2
Wandhöhe: .....

8€	12€	**14€**	17€	20€	[m²]	⏱ 0,20 h/m²	023.000.072

LB 023
Putz- und Stuckarbeiten, Wärmedämmsysteme

Kosten:
Stand 1.Quartal 2021
Bundesdurchschnitt

▶ min
▷ von
ø Mittel
◁ bis
◀ max

Nr.	Kurztext / Langtext					[Einheit]	Ausf.-Dauer	Kostengruppe Positionsnummer
	▶	▷	ø netto €	◁	◀			
28	**Gipsputz, innen, Q2, geglättet, längenorientiert**							KG **336**
	Einlagiger Gipsputz, innen, für mittel- bis grobstrukturierte Wandbekleidungen, z.B. Raufasertapeten mit Körnung RM oder RG nach BFS-Info und matte, gefüllte Beschichtungen, die mit langfloriger Farbrolle oder mit Strukturrolle aufgetragen werden. Untergrund: ..... Bauteil: Laibung Tiefe: 150 mm Putzart: Gipsmörtel B1 Putzdicke: 15 mm Oberflächenqualität: Q2 - geglättet Arbeitshöhe: bis 3,50 m Ausführung: in allen Geschossen							
	2€	7€	**8**€	10€	15€	[m]	⏱ 0,12 h/m	023.000.024
29	**Lehmputz, Innenwand, einlagig, gefilzt**							KG **345**
	Lehmputz, einlagig, Innenwand, maschinengängig. Untergrund: ..... Putzdicke: 10 mm Körnung: bis ..... mm Druckfestigkeitsklasse: S II Oberfläche: gefilzt Oberbelag: ..... Arbeitshöhe: bis 3,50 m Ausführung: in allen Geschossen							
	18€	23€	**24**€	25€	28€	[m²]	⏱ 0,25 h/m²	023.000.040
30	**Lehmputz, Innenwand, zweilagig**							KG **345**
	Lehmputz, zweilagig, auf Innenwand, Ausführung gem. Regeln "Lehmputz auf Innenwand". Untergrund: ..... Unterputz: Lehmputz, 10 mm Oberputz: Lehmputz, Körnung 3 mm Druckfestigkeitsklasse: S **I / II** Oberfläche: gerieben							
	34€	37€	**40**€	42€	47€	[m²]	⏱ 0,42 h/m²	023.000.186
31	**Beiputzen, Tür-/Türzarge**							KG **345**
	Stahlzarge nachträglich einputzen, an Flächenputz angleichen. Breite einzuputzender Wandbereichs: bis 300 mm Stahlzargenprofil: ..... Putz: Gipsmörtel, 15 mm Oberflächenqualität: Q2 -							
	5€	8€	**9**€	11€	17€	[m]	⏱ 0,10 h/m	023.000.058

Nr.	Kurztext / Langtext							Kostengruppe
▶	▷	ø netto €	◁	◀	[Einheit]	Ausf.-Dauer	Positionsnummer

32 Stuckprofil, innen — KG **345**

Vorgefertigtes Stuckprofil, als Gesims.
Oberfläche poliert und profiliert
Einbau: am Übergang Wand zu Decke
Untergrund: vorbereitet, als aufgerauter Unterputz
Profilbreite: bis 150 mm
Profil-Nr.: .....
Arbeitshöhe: bis 3,50 m

| 30€ | 47€ | **53**€ | 80€ | 118€ | [m] | ⏱ 0,50 h/m | 023.000.041 |

33 Putzbänder, Faschen, Putzdekor — KG **335**

Putzfaschen an Fensteröffnungen, außen.
Breite: ca. 100 mm
Putz: ......
Putzdicke: 15 mm
Arbeitshöhe: bis 3,50 m

| 6€ | 12€ | **15**€ | 22€ | 35€ | [m] | ⏱ 0,20 h/m | 023.000.042 |

34 Trennschnitt, Wand/Deckenübergang — KG **335**

Trennschnitt des frisch verputzten Bauteils, am Übergang zwischen Wand und Decke.
Arbeitshöhe: bis 3,50 m

| 0,7€ | 1,2€ | **1,6**€ | 2,1€ | 2,9€ | [m] | ⏱ 0,01 h/m | 023.000.163 |

35 Putzsystem, Decke, schallabsorbierend — KG **354**

Schallabsorbierendes Putzsystem, auf Deckenflächen, innen, inkl. systemzugehöriger Haftbrücke.
Untergrund: .....
Putzart: schallabsorbierender Oberputz
Oberfläche: feinkörnig,
Arbeitshöhe: bis 3,50 m

| –€ | 66€ | **79**€ | 101€ | –€ | [m^2] | ⏱ 0,50 h/m^2 | 023.000.055 |

36 Kalk-Gipsputz, Decken, einlagig, Q3, geglättet — KG **354**

Einlagiger Kalkgips-Leichtputz, an Deckenflächen, innen, für Beschichtung oder mittel- bis grob strukturierte Wandbekleidung.
Untergrund: .....
Putzart: Leicht-Kalkgipsmörtel B6
Putzdicke: 15 mm
Oberflächenqualität: Q3 - geglättet
Arbeitshöhe: bis 3,50 m

| 13€ | 17€ | **18**€ | 21€ | 25€ | [m^2] | ⏱ 0,25 h/m^2 | 023.000.102 |

LB 023
Putz- und Stuckarbeiten, Wärmedämmsysteme

Kosten:
Stand 1.Quartal 2021
Bundesdurchschnitt

▶ min
▷ von
ø Mittel
◁ bis
◀ max

Nr.	Kurztext / Langtext					Kostengruppe	
▶	▷	ø netto €	◁	◀	[Einheit]	Ausf.-Dauer	Positionsnummer

37 Gipsputz, Decken, einlagig, Q2, geglättet — KG **354**

Einlagiger Gipsleichtputz, an Deckenflächen, innen, für mittel bis grob strukturierte Wandbekleidung und matte, gefüllte Beschichtung.
Untergrund: .....
Putzart: Leicht-Gipsmörtel B4
Putzdicke: 10 mm
Oberflächenqualität: Q2 - geglättet
Arbeitshöhe: bis 3,50 m

| 12€ | 14€ | 15€ | 16€ | 19€ | [m²] | ⏱ 0,25 h/m² | 023.000.176 |

38 Gipsputz, Decken, einlagig, Q3, geglättet — KG **354**

Einlagiger Gipsputz, an Deckenflächen innen, für fein strukturierte Wandbekleidung und matte, fein strukturierte Beschichtung.
Untergrund: .....
Putzart: Gipsmörtel B1
Putzdicke: 10 mm
Oberflächenqualität: Q3 - geglättet
Arbeitshöhe: bis 3,50 m

| 13€ | 15€ | 16€ | 17€ | 20€ | [m²] | ⏱ 0,28 h/m² | 023.000.177 |

A 2 WDVS, MW, Silikat-Reibeputz — Beschreibung für Pos. **39-40**

Wärmedämm-Verbundsystem, alle Teile auf das System abgestimmt, bauaufsichtlich zugelassen, aus Mineralwolle-Lamellenplatten, einlagig, auf tragfähigen Untergrund der Außenwand dicht gestoßen geklebt und gedübelt, Armierungsputz aus mineralischem Werktrockenmörtel, inkl. Armierungsgewebe. Oberputz aus Silikatputz, einschl. Grundierung, in Reibeputz-Struktur.
Dämmstoff: MW
Brandverhalten: A1 - nicht brennbar
Anwendung: WAP - zh
Bauwerkshöhe: .....
Windlastzone: .....

39 WDVS-komplett, MW 035, 120mm, Silikatputz — KG **335**

Wie Ausführungsbeschreibung A 2
Untergrund: .....
Bemessungswert der Wärmeleitfähigkeit max. 0,035 W/(mK)
Nennwert der Wärmeleitfähigkeit: 0,034 W/(mK)
Dämmplattendicke: 120 mm
Plattenrand: stumpf
Armierungs-Putzdicke: ca. 5 mm
Oberputz - Körnung: 3 mm
Arbeitshöhe: bis 3,50 m

| 68€ | 73€ | 76€ | 79€ | 86€ | [m²] | ⏱ 1,00 h/m² | 023.000.140 |

Nr.	Kurztext / Langtext							Kostengruppe
▶	▷	ø netto €	◁	◀	[Einheit]		Ausf.-Dauer	Positionsnummer

40 WDVS, MW 035, 180mm, Silikat-Reibeputz   KG **335**

Wie Ausführungsbeschreibung A 2
Untergrund: .....
Bemessungswert der Wärmeleitfähigkeit max. 0,035 W/(mK)
Nennwert Wärmeleitfähigkeit: 0,034 W/(mK)
Dämmplattendicke: 180 mm
Plattenrand: stumpf
Armierungs-Putzdicke: ca. 5 mm
Oberputz - Körnung: 3 mm
Arbeitshöhe: bis 3,50 m

| 81€ | 88€ | **95**€ | 101€ | 107€ | [m²] | ⏱ 1,00 h/m² | 023.000.181 |

A 3 WDVS, EPS, Silikat-Reibeputz   Beschreibung für Pos. **41-42**

Wärmedämm-Verbundsystem, bauaufsichtlich zugelassen, alle Teile auf das System abgestimmt, aus extrudierter Polystyrol-Hartschaumplatte, einlagig, auf tragfähigen Untergrund der Außenwand dicht gestoßen geklebt und gedübelt, Armierungsputz aus mineralischem Werktrockenmörtel, inkl. Armierungsgewebe. Oberputz aus Silikatputz, einschl. Grundierung, in Reibeputz-Struktur.
Dämmstoff: EPS
Brandverhalten: schwer entflammbar
Bauwerkshöhe: .....
Windlastzone: .....

41 WDVS, EPS, 120mm, Silikat-Reibeputz   KG **335**

Wie Ausführungsbeschreibung A 3
Untergrund: .....
Bemessungswert der Wärmeleitfähigkeit max. 0,035 W/(mK)
Nennwert Wärmeleitfähigkeit: 0,034 W/(mK)
Dämmplattendicke: 120 mm
Plattenrand: Stufenfalz
Armierungs-Putzdicke: 6 bis 8 mm
Oberputz - Körnung: 3 mm
Arbeitshöhe: bis 3,50 m

| 65€ | 69€ | **71**€ | 74€ | 80€ | [m²] | ⏱ 0,95 h/m² | 023.000.108 |

42 WDVS, EPS, 180mm, Silikat-Reibeputz   KG **335**

Wie Ausführungsbeschreibung A 3
Untergrund: .....
Bemessungswert der Wärmeleitfähigkeit max. 0,035 W/(mK)
Nennwert Wärmeleitfähigkeit: 0,034 W/(mK)
Dämmplattendicke: 180 mm
Plattenrand: Stufenfalz
Armierungs-Putzdicke: 6 bis 8 mm
Oberputz - Körnung: 3 mm
Arbeitshöhe: bis 3,50 m

| 78€ | 81€ | **90**€ | 90€ | 102€ | [m²] | ⏱ 1,00 h/m² | 023.000.185 |

LB 023
Putz- und Stuckarbeiten, Wärmedämmsysteme

Kosten: Stand 1.Quartal 2021 Bundesdurchschnitt

▶ min
▷ von
ø Mittel
◁ bis
◀ max

Nr.	Kurztext / Langtext					Kostengruppe		
▶	▷	ø netto €	◁	◀	[Einheit]	Ausf.-Dauer	Positionsnummer	

A 4   WDVS, Wärmedämmung, EPS 035   Beschreibung für Pos. **43-45**

Wärmedämmung aus Polystyrol-Hartschaumplatten, im System der Wärmedämm-Verbundsystem, dicht gestoßen befestigt, offene Fugen ausschäumen, Unebenheiten mit einem Schleifbrett abschleifen.
Dämmstoff: EPS
Anwendung: WAP
Brandverhalten: schwer entflammbar
Bauwerkshöhe: .....
Windlast: .....

43   WDVS, Wärmedämmung, EPS 035, 100mm   KG **335**

Wie Ausführungsbeschreibung A 4
Untergrund: .....
Bemessungswert der Wärmeleitfähigkeit max. 0,035 W/(mK)
Nennwert der Wärmeleitfähigkeit: 0,034 W/(mK)
Plattenrand: stumpf
Plattendicke: 100 mm
Arbeitshöhe: bis 3,50 m

| 20€ | 28€ | **33€** | 36€ | 40€ | [m²] | ⏱ 0,30 h/m² | 023.000.117 |

44   WDVS, Wärmedämmung, EPS 035, 180mm   KG **335**

Wie Ausführungsbeschreibung A 4
Untergrund: .....
Bemessungswert der Wärmeleitfähigkeit max. 0,035 W/(mK)
Nennwert der Wärmeleitfähigkeit: 0,034 W/(mK)
Plattenrand: stumpf
Plattendicke: 180 mm
Arbeitshöhe: bis 3,50 m

| 42€ | 47€ | **50€** | 53€ | 55€ | [m²] | ⏱ 0,32 h/m² | 023.000.195 |

45   WDVS, Wärmedämmung, EPS 035, 300mm   KG **335**

Wie Ausführungsbeschreibung A 4
Untergrund: .....
Bemessungswert der Wärmeleitfähigkeit max. 0,035 W/(mK)
Nennwert der Wärmeleitfähigkeit: 0,034 W/(mK)
Plattenrand: stumpf
Plattendicke: 300 mm
Arbeitshöhe: bis 3,50 m

| 58€ | 71€ | **73€** | 79€ | 86€ | [m²] | ⏱ 0,35 h/m² | 023.000.124 |

A 5   WDVS, Wärmedämmung, Mineralwolle   Beschreibung für Pos. **46-47**

Wärmedämmung aus Mineralwolle-Platten, für Wärmedämm-Verbundsystem, im Verband, dicht gestoßen befestigt und gedübelt, Fugen mit artgleichem Dämmstoff schließen.
Dämmstoff: MW
Anwendung: WAP
Zugfestigkeit: .....
Brandverhalten: nicht brennbar
Bauwerkshöhe: .....
Windlast: .....

Nr.	**Kurztext** / Langtext							Kostengruppe
▶	▷	**ø netto €**	◁	◀	[Einheit]	Ausf.-Dauer	Positionsnummer

46 WDVS, Wärmedämmung, MW 035, 160mm KG **335**
Wie Ausführungsbeschreibung A 5
Untergrund: .....
Bemessungswert der Wärmeleitfähigkeit max. 0,035 W/(mK)
Nennwert der Wärmeleitfähigkeit: 0,034 W/(mK)
Plattenrand: stumpf
Plattendicke: 160 mm
Arbeitshöhe: bis 3,50 m

| 46€ | 53€ | **56€** | 59€ | 66€ | [m²] | ⏱ 0,38 h/m² | 023.000.113 |

47 WDVS, Wärmedämmung, MW 035, 200mm KG **335**
Wie Ausführungsbeschreibung A 5
Untergrund: .....
Bemessungswert der Wärmeleitfähigkeit max. 0,035 W/(mK)
Nennwert der Wärmeleitfähigkeit: 0,034 W/(mK)
Plattenrand: stumpf
Plattendicke: 200 mm
Arbeitshöhe: bis 3,50 m

| 57€ | 66€ | **70€** | 74€ | 82€ | [m²] | ⏱ 0,40 h/m² | 023.000.115 |

48 WDVS, Brandbarriere, 200mm KG **335**
Brandbarriere im Wärmedämm-Verbundsystem, aus Mineralwolle, linienartig in Flächendämmung integriert, auf tragfähigen Untergrund der Außenwand.
Dämmstoff: MW
Bemessungswert der Wärmeleitfähigkeit max. 0,035 W/(mK)
Nennwert Wärmeleitfähigkeit: 0,034 W/(mK)
Anwendung: WAP - zh
Brandverhalten: nicht brennbar
Plattendicke: 200 mm
Streifenbreite: 200 mm
Einbauort: **Sturzbereich / durchlaufender Brandriegel**
Flächendämmung: EPS-Platten, schwer entflammbar
Arbeitshöhe: bis 3,50 m

| 5€ | 8€ | **10€** | 11€ | 14€ | [m] | ⏱ 0,20 h/m | 023.000.146 |

49 WDVS, Montagequader, Druckplatte KG **335**
Montagequader aus druckbeständigem Hartschaum oberflächenbündig integriert in WDVS, für wärmebrückenfreie Befestigung von Lasten.
Lasten / Druckkraft: 0,15 N/mm²
Dämmstoffstärke: 140 mm
Material: PUR-Hartschaum
Abmessung: 198 x 198 mm
Arbeitshöhe: bis 3,50 m

| 13€ | 40€ | **55€** | 80€ | 145€ | [St] | ⏱ 0,80 h/St | 023.000.166 |

LB 023 Putz- und Stuckarbeiten, Wärmedämmsysteme

Kosten:
Stand 1.Quartal 2021
Bundesdurchschnitt

▶ min
▷ von
ø Mittel
◁ bis
◀ max

Nr.	Kurztext / Langtext					Kostengruppe		
▶	▷	ø netto €	◁	◀	[Einheit]	Ausf.-Dauer	Positionsnummer

50 WDVS, Dübelung, Wärmedämmung — KG 335
Wärmedämmschicht des Wärmedämm-Verbundsystems dübeln, aus PS-Hartschaumplatten, auf nicht tragfähigen Untergründen, Dübel bauaufsichtlich zugelassen.
Dämmplattendicke: .....
Dübelanzahl: .....
Gebäudehöhe: .....
Windzone: .....
Arbeitshöhe: bis 3,50 m

| 4 € | 8 € | **10 €** | 12 € | 16 € | [m²] | ⏱ 0,10 h/m² | 023.000.034 |

51 WDVS, Armierungsputz, Glasfasereinlage — KG 335
Armierungsputz für Wärmedämm-Verbundsystem, inkl. Bewehrung aus Armierungsgewebe, Armierungsgewebe in Armierungsputz einbetten, Gewebestöße überlappend.
Untergrund: Dämmplatten aus .....
Armierungsputz: mineralischem Werktrockenmörtel
Putzdicke: 6 bis 8 mm
Putzfarbe: .....
Arbeitshöhe: bis 3,50 m

| 13 € | 16 € | **18 €** | 19 € | 24 € | [m²] | ⏱ 0,18 h/m² | 023.000.037 |

52 WDVS, Eckausbildung, Profil — KG 335
Eckausbildung in Wärmedämm-Verbundsystem, mit Eck- bzw. Kantenprofil, eingebettet in Armierungsschicht, inkl. Eckausbildung des Armierungsgewebes.
Eckprofil: aus **Kunststoff / Leichtmetall**
Schenkelbreite / Profil: 100 x 230 mm
Flächendämmung: .....
Arbeitshöhe: bis 3,50 m

| 4 € | 6 € | **7 €** | 8 € | 12 € | [m] | ⏱ 0,13 h/m | 023.000.045 |

53 WDVS, Sockeldämmung, XPS — KG 335
Sockeldämmung, abgestimmt auf das getrennt beschriebene WDVS, auf bauseitigen Untergrund geklebt, angearbeitet an Sockelabschlussprofil.
Material: XPS
Anwendung: PW - dh
Brandverhalten: schwer entflammbar
Dicke: ..... mm
Sockelhöhe: ..... m
Profil: .....

| 32 € | 41 € | **43 €** | 47 € | 57 € | [m²] | ⏱ 0,15 h/m² | 023.000.167 |

54 WDVS, Sockelprofil — KG 335
Sockelabschlussprofil des Wärmedämm-Verbundsystems, für Abschluss Flächendämmung und Anschluss Sockeldämmung, mit Tropfkante, über Gelände, Profil vollflächig in Armierungsschicht eingebettet.
Material: Leichtmetall
Dämmstoffdicke: 140 mm

| 7 € | 11 € | **13 €** | 15 € | 20 € | [m] | ⏱ 0,20 h/m | 023.000.116 |

Nr.	Kurztext / Langtext							Kostengruppe
▶	▷	ø netto €	◁	◀	[Einheit]	Ausf.-Dauer	Positionsnummer

55 WDVS, Fensteranschluss — KG **334**
Fensteranschluss des Wärmedämm-Verbundsystems: Heranführen aller Systemschichten an Fenster, einschl. Abschlussprofil und Dichtband.
Material: .....
Flächendämmung: ..... mm
Oberputz-Stärke: ..... mm

| 2€ | 4€ | **5€** | 6€ | 9€ | [m] | ⏱ 0,12 h/m | 023.000.053 |

56 WDVS, Kompriband BG1 — KG **335**
Fugenabdichtung für vor beschriebenes Wärmedämm-Verbundsystem, mit Fugendichtband BG1, im Übergang begrenzender Bauteile, inkl. Trennschnitt.
Fugendichtband: 5-10 mm

| 2€ | 3€ | **4€** | 5€ | 7€ | [m] | ⏱ 0,03 h/m | 023.000.200 |

57 WDVS, Laibungsausbildung — KG **334**
Gedämmte Fensterlaibungen, für vor beschriebenes Wärmedämm-Verbundsystem, inkl. Dämmplatte, Gewebe, Armierungschicht und Oberputz. Eckausbildung, Fenster- / Türanschluss mit Anputzprofil und Fugendichtband, werden gesondert vergütet.
Untergrund: .....
Laibungstiefe: ..... mm
Dämmdicke: ..... mm

| 14€ | 17€ | **19€** | 20€ | 23€ | [m] | ⏱ 0,15 h/m | 023.000.164 |

58 Mineralischer Oberputz, Dispersions-Silikat, WDVS — KG **335**
Oberputz, mineralisch, für Wärmedämm-Verbundsystem, auf Armierungsputz, inkl. Grundierung.
Putzart: Dispersions-Silikatputz
Korngröße: 3 mm
Struktur: Rillenputz
Untergrund Dämmstoff: .....
Untergrund Armierungsputz: .....
Arbeitshöhe: bis 3,50 m

| 9€ | 12€ | **13€** | 14€ | 17€ | [m²] | ⏱ 0,25 h/m² | 023.000.049 |

59 Organischer Oberputz, Silikonharz, WDVS — KG **335**
Oberputz, organisch, für Wärmedämm-Verbundsystem, auf Armierungsputz, inkl. Grundierung und algizide und fungizide Zusatzstoffe.
Putzart: Silikonharzputz
Korngröße: 3 mm
Struktur: Reibeputz
Untergrund Dämmstoff: .....
Untergrund Armierungsputz: .....
Arbeitshöhe: bis 3,50 m

| 7€ | 13€ | **16€** | 18€ | 21€ | [m²] | ⏱ 0,28 h/m² | 023.000.141 |

LB 023
Putz- und Stuckarbeiten, Wärmedämmsysteme

Kosten:
Stand 1.Quartal 2021
Bundesdurchschnitt

▶ min
▷ von
ø Mittel
◁ bis
◀ max

Nr.	Kurztext / Langtext				[Einheit]	Ausf.-Dauer	Kostengruppe Positionsnummer
▶	▷	ø netto €	◁	◀			

60 Sockelputz, zweilagig, Kalkzementmörtel CS III — KG 335

Sockelputz an Außenwand als Unterputz, Armierungslage wird gesondert vergütet.
Untergrund: .....
Mörtel: Kalkzement-Mörtel
Druckfestigkeit: CS III
Putzdicke: nach DIN 18550-2
Kapillare Wasseraufnahme: Wc 1, wasserhemmend
Sockelhöhe: ..... m

| 18€ | 26€ | **30€** | 36€ | 48€ | [m²] | 0,32 h/m² | 023.000.193 |

61 Außenputz, zweilagig, Wand, mineralisch — KG 335

Putzsystem auf Außenwänden, mineralisch, bestehend aus Unterputz und Oberputz.
Untergrund: Ziegelmauerwerk
Unterputz: Kalkzement-Putzmörtel, CS II
Unterputzdicke: 20 mm
Oberputz: Normalmörtel GP
Druckfestigkeit: CS II
kapillare Wasseraufnahme: Wc 1, wasserhemmend
Körnung Oberputz: 3,0 mm
Farbton: .....
Struktur: gerieben
Arbeitshöhe: bis 3,50 m

| 19€ | 28€ | **33€** | 35€ | 42€ | [m²] | 0,48 h/m² | 023.000.036 |

62 Außenputz, zweilagig, Wand, organischem Oberputz — KG 335

Putzsystem auf Außenwänden, bestehend aus mineralischem Unterputz und organischem Oberputz, Kunstharzputz, außen, mit algizider und fungizider Filmkonservierung.
Untergrund: .....
Unterputz: Kalkzementputz, CS II, D=15 mm
Oberputz: Dispersionsputz DIN EN 15824
Struktur: Kratzputzstruktur
Korngröße: 2,0 mm
Wasserdampfdiffusion: V1
Kapillare Wasseraufnahme: W2
Farbton: nach Bemusterung, durch den Auftraggeber
Arbeitshöhe: bis 3,50 m

| 13€ | 16€ | **18€** | 21€ | 26€ | [m²] | 0,25 h/m² | 023.000.112 |

63 Schlämmputz, außen, einlagig, Kalkzementmörtel — KG 335

Schlämmputz, einlagig, an Außenwandflächen aus Ziegelmauerwerk, glatt, wenig saugend.
Putz: Kalkzementputzmörtel
Druckfestigkeit: CS II
Kapillare Wasseraufnahme: W2 - wasserhemmend
Putzdicke: 2-5 mm
Arbeitshöhe: bis 3,50 m

| 9€ | 12€ | **14€** | 16€ | 20€ | [m²] | 0,18 h/m² | 023.000.044 |

Nr.	Kurztext / Langtext						Kostengruppe	
▶	▷	ø netto €	◁	◀	[Einheit]	Ausf.-Dauer	Positionsnummer	

64 Außenputz, zweilagig, Laibungen — KG 335

Zweilagiger Außenputz, auf Fensterlaibungen. Gewebeeckwinkel, APU-Profil oder Fugendichtband in gesonderter Position.
Untergrund: Mauerwerk, saugfähig, rau
Unterputz: Normalputzmörtel GP, CS II
Oberputz: Edelputzmörtel CR
Oberfläche: gerieben
Körnung: 2,5 mm
Kapillare Wasseraufnahme: W1 - wasserhemmend
Laibungsbreite: 300 mm
Farbton: nach Bemusterung, durch den Auftraggeber

| 7€ | 12€ | **14€** | 17€ | 24€ | [m] | ⏱ 0,22 h/m | 023.000.046 |

65 Abschlussprofil, Außenputz 15mm, verzinkter Stahl — KG 335

Abschlussprofil nach DIN EN 13658-2 für den Außenputz.
Profil: verzinkter Stahl
Putzdicke: 15 mm

| 6€ | 7€ | **7€** | 8€ | 10€ | [m] | ⏱ 0,08 h/m | 023.000.155 |

66 Verblendmauerwerk, Klinkerriemchen — KG 335

Sparverblendung mit Klinkerriemchen als geklebte Wetter-/ Sichtschicht, nach Herstellervorgabe aufgebracht, inkl. Vorbehandlung des Untergrunds und Verfugung. Verblendung von Mauerpfeilern, Öffnungen anlegen und überdecken sowie Sturzausbildungen und Laibungen nach gesonderter Position.
Untergrund: .....
Verblendung: **VMz / KMz**
Format (L x H): 240 x 52 mm
Fugenbreite: ..... mm
Verlegeart: Im Verband
Mörtelklasse: M 2,5 DIN EN 998-2
Farbton: .....
Oberfläche: .....
Arbeitshöhe: bis 3,50 m

| 108€ | 120€ | **124€** | 133€ | 150€ | [m^2] | ⏱ 0,90 h/m^2 | 023.000.189 |

67 Fensteranschluss, Putzprofil — KG 335

Anputz-Profil aus verzinktem Stahl, mit Kunststoffkante, Übergang zu angrenzendem Fensterprofil.
Einbaubereich: außen, Fensterlaibung
Putzdicke: 15 mm
Profil-Nr.: .....
Ausführung: **dicht / schlagregendicht**

| 3€ | 6€ | **6€** | 7€ | 9€ | [m] | ⏱ 0,10 h/m | 023.000.063 |

LB 023 Putz- und Stuckarbeiten, Wärmedämmsysteme

Kosten: Stand 1.Quartal 2021 Bundesdurchschnitt

▶	min
▷	von
ø	Mittel
◁	bis
◀	max

Nr.	Kurztext / Langtext				[Einheit]	Ausf.-Dauer	Kostengruppe Positionsnummer
▶	▷ ø netto € ◁ ◀						

68 Dämmung, Kellerdecke, EPS 040, bis 140mm — KG 354

Wärmedämmung aus Polystyrol-Hartschaumplatten, als Untersicht der Kellerdecke, dicht gestoßen verklebt und ggf. gedübelt.
Dämmstoff: EPS
Anwendung: DI
Oberfläche: .....
Bemessungswert der Wärmeleitfähigkeit max. 0,040 W/(mK)
Nennwert der Wärmeleitfähigkeit: 0,039 W/(mK)
Brandverhalten: .....
Plattenrand: ohne Profil
Plattendicke: 140 mm
Arbeitshöhe: bis 3,50 m

| 41€ | 43€ | **47€** | 51€ | 61€ | [m²] | ⌚ 0,32 h/m² | 023.000.148 |

69 Dämmung, Kellerdecke, MW 035, bis 140mm — KG 354

Wärmedämmung aus Mineralwolleplatten, als Untersicht der Kellerdecke, dicht gestoßen verklebt und ggf. gedübelt.
Dämmstoff: MW
Anwendung: DI
Oberfläche: .....
Bemessungswert der Wärmeleitfähigkeit max. 0,035 W/(mK)
Nennwert der Wärmeleitfähigkeit: 0,034 W/(mK)
Dämmplattendicke: 140 mm
Brandverhalten: nicht brennbar
Plattenrand: ohne Profil
Arbeitshöhe: bis 3,50 m

| 51€ | 54€ | **59€** | 64€ | 79€ | [m²] | ⌚ 0,32 h/m² | 023.000.149 |

70 Mehrschichtplatte WW-C, EPS, Decke, 50mm — KG 335

Wärmedämmung aus Holzwolle-Mehrschicht-Leichtbauplatten WW-C mit Polystyrol-Dämmkern, auf Bauteilen dicht gestoßen verklebt und ggf. gedübelt.
Bauteil: Decke
Untergrund: Stahlbeton, schalungsrau
Dämmstoff: EPS
Anwendung: DI
Brandverhalten: schwer entflammbar
Bemessungswert der Wärmeleitfähigkeit max. 0,035 W/(mK)
Nennwert der Wärmeleitfähigkeit: 0,034 W/(mK)
Dämmschichtdicke EPS: 40 mm
Dicke Holzwolle: 2 x 5 mm
Plattenrand: .....
Arbeitshöhe: bis 3,50 m

| 20€ | 29€ | **32€** | 39€ | 51€ | [m²] | ⌚ 0,30 h/m² | 023.000.152 |

Nr.	Kurztext / Langtext							Kostengruppe
▶	▷	ø netto €	◁	◀	[Einheit]	Ausf.-Dauer	Positionsnummer	

71 Mehrschichtplatte WW-C, EPS, Decke, 75mm   KG **335**

Wärmedämmung aus Holzwolle-Mehrschicht-Leichtbauplatten WW-C mit Polystyrol-Dämmkern, auf Bauteilen dicht gestoßen verklebt und ggf. gedübelt.
Bauteil: Decke
Untergrund: Stahlbeton, schalungsrau
Dämmstoff: EPS
Anwendung: DI
Brandverhalten: schwer entflammbar
Bemessungswert der Wärmeleitfähigkeit max. 0,035 W/(mK)
Nennwert der Wärmeleitfähigkeit: 0,034 W/(mK)
Dämmschichtdicke EPS: 65 mm
Dicke Holzwolle: 2 x 5 mm
Plattenrand: .....
Arbeitshöhe: bis 3,50 m

| 25€ | 38€ | **43€** | 49€ | 64€ | [m²] | ⌛ 0,33 h/m² | 023.000.151 |

72 Gerüstankerlöcher schließen   KG **335**

Dübellöcher der Gerüstanker, im Zuge des Abbaus des Gerüstes, schließen und Oberfläche nahtlos angleichen und beschichten, Dämmverschluss der Löcher und Beschichtung mit Oberputz, Art und Ausführung abgestimmt auf das verwendete WDVS-System, dessen Putzstruktur und Beschichtung.

| 0,5€ | 2,1€ | **2,9€** | 4,7€ | 7,0€ | [St] | ⌛ 0,15 h/St | 023.000.168 |

73 Stundensatz, Facharbeiter/-in

Stundenlohnarbeiten für Vorarbeiterin, Vorarbeiter, Facharbeiterin, Facharbeiter Gleichgestellte. Der Verrechnungssatz für die jeweilige Arbeitskraft umfasst sämtliche Aufwendungen wie Lohn- und Gehaltskosten, Lohn- und Gehaltsnebenkosten, Zuschläge, lohngebundene und lohnabhängige Kosten, sonstige Sozialkosten, Gemeinkosten, Wagnis und Gewinn. Leistung nach besonderer Anordnung der Bauüberwachung. Anmeldung und Nachweis gem. VOB/B.

| 39€ | 47€ | **50€** | 54€ | 65€ | [h] | ⌛ 1,00 h/h | 023.000.153 |

74 Stundensatz, Helfer/-in

Stundenlohnarbeiten für Werkerin, Werker, Helferin, Helfer und Gleichgestellte. Der Verrechnungssatz für die jeweilige Arbeitskraft umfasst sämtliche Aufwendungen wie Lohn- und Gehaltskosten, Lohn- und Gehaltsnebenkosten, Zuschläge, lohngebundene und lohnabhängige Kosten, sonstige Sozialkosten, Gemeinkosten, Wagnis und Gewinn. Leistung nach besonderer Anordnung der Bauüberwachung. Anmeldung und Nachweis gem. VOB/B.

| 32€ | 41€ | **45€** | 47€ | 51€ | [h] | ⌛ 1,00 h/h | 023.000.154 |

LB 024 Fliesen- und Plattenarbeiten

Fliesen- und Plattenarbeiten — Preise €

Kosten: Stand 1. Quartal 2021, Bundesdurchschnitt

Legende:
- ▶ min
- ▷ von
- ø Mittel
- ◁ bis
- ◀ max

Nr.	Positionen	Einheit	▶	▷	ø brutto € / ø netto €	◁	◀
1	Feuchtemessung	St	29 / 25	35 / 29	**39** / **33**	41 / 34	46 / 39
2	Untergrund prüfen, Haftzugfestigkeit	St	17 / 15	21 / 18	**24** / **20**	26 / 22	29 / 25
3	Haftbrücke, Fliesenbelag	m²	1 / 1	3 / 3	**4** / **3**	5 / 4	9 / 7
4	Voranstrich, Fliesenbelag	m²	0,6 / 0,5	1,9 / 1,6	**2,4** / **2,1**	4,1 / 3,5	11 / 9,2
5	Verbundabdichtung, Wand	m²	7 / 6	13 / 11	**16** / **13**	18 / 15	24 / 20
6	Verbundabdichtung, Boden	m²	8 / 7	14 / 12	**17** / **14**	19 / 16	26 / 22
7	Verbundabdichtung, Boden, Reaktionsharz	m²	16 / 13	39 / 33	**40** / **33**	46 / 38	59 / 50
8	Innenecken, Verbundabdichtung, Dichtband	m	4 / 3	7 / 6	**8** / **7**	10 / 8	13 / 11
9	Dichtmanschette, Rohre	St	2 / 2	5 / 5	**7** / **6**	9 / 7	15 / 12
10	Dichtmanschette, Bodeneinlauf	St	10 / 8	16 / 14	**21** / **18**	27 / 22	38 / 32
11	Revisionstür, 20x20cm	St	7,8 / 6,6	32 / 27	**41** / **35**	56 / 47	86 / 73
12	Revisionstür, 30x30cm	St	16 / 14	32 / 27	**37** / **31**	57 / 48	90 / 76
13	Trennschiene, Aluminium	m	6,8 / 5,7	12 / 10	**14** / **12**	18 / 15	27 / 23
14	Trennschiene, Messing	m	10 / 8,8	16 / 13	**19** / **16**	24 / 20	36 / 30
15	Trennschiene, nichtrostender Stahl	m	11 / 9,2	17 / 15	**19** / **16**	27 / 22	49 / 42
16	Eckschutzschiene, Aluminium	m	4,9 / 4,1	10 / 8,7	**15** / **13**	16 / 13	18 / 15
17	Eckschutzschiene, nichtrostender Stahl	m	8,5 / 7,1	16 / 14	**18** / **15**	26 / 22	49 / 41
18	Eckschutzschiene, Kunststoff	m	2,9 / 2,5	8,2 / 6,9	**9,9** / **8,3**	12 / 10	19 / 16
19	Wandfliesen, 10x10cm	m²	49 / 41	65 / 54	**70** / **59**	77 / 65	100 / 84
20	Wandfliesen, 20x20cm	m²	44 / 37	56 / 47	**60** / **51**	68 / 57	83 / 69
21	Wandfliesen, 30x30cm	m²	51 / 43	68 / 57	**73** / **61**	81 / 68	102 / 86
22	Wandfliesen, 15x15cm	m²	73 / 61	84 / 70	**91** / **76**	99 / 83	111 / 93
23	Wandfliesen, 20x20cm	m²	66 / 56	75 / 63	**85** / **71**	93 / 79	103 / 86
24	Wandfliesen, 30x30cm	m²	59 / 50	69 / 58	**78** / **65**	84 / 70	95 / 80

© BKI Baukosteninformationszentrum; Erläuterungen zu den Tabellen siehe Seite 44

Fliesen- und Plattenarbeiten — Preise €

Nr.	Positionen	Einheit	▶	▷ ø brutto € / ø netto €		◁	◀
25	Wandbelag, Glasmosaik	m²	117	189	**202**	218	261
			98	159	**170**	183	219
26	Wandbelag, Mittelmosaik	m²	132	151	**164**	182	202
			111	127	**138**	153	170
27	Sockelfliesen, Fliesenbelag	m	10	16	**18**	21	28
			8	13	**15**	17	24
28	Kehlsockel, Fliesenbelag	m	16	25	**30**	34	44
			13	21	**25**	28	37
29	Bordüre, Fliesen	m	5	14	**18**	27	58
			4	12	**15**	23	48
30	Bodenfliesen, 10x10cm	m²	58	83	**96**	108	133
			49	70	**80**	90	112
31	Bodenfliesen, 20x20cm	m²	53	66	**72**	83	105
			45	55	**60**	70	88
32	Bodenfliesen, 30x30cm	m²	40	63	**68**	79	101
			33	53	**57**	66	85
33	Bodenfliesen, 30x60cm	m²	47	55	**62**	71	76
			40	46	**52**	60	64
34	Bodenfliesen, 20x20cm, strukturiert	m²	60	71	**80**	92	98
			51	60	**67**	77	82
35	Bodenfliesen, 30x30cm, strukturiert	m²	59	66	**76**	85	94
			50	55	**64**	71	79
36	Bodenfliesen, 30x30cm, R11	m²	73	86	**90**	94	103
			62	72	**75**	79	87
37	Bodenfliesen, Großküche, 20x20cm, R12	m²	50	61	**70**	78	86
			42	51	**59**	66	72
38	Bodenfliesen, Großküche, 30x30cm, R12	m²	70	88	**95**	103	122
			59	74	**80**	87	103
39	Treppenbelag, Tritt- und Setzstufe	m	94	116	**123**	133	158
			79	97	**103**	112	133
40	Sockelfliesenbeläge, Treppen	m	11	20	**24**	29	38
			9	17	**20**	24	32
41	Bodenfliesen, BIa-Feinsteinzeug, 20x20cm	m²	53	65	**68**	82	105
			45	54	**57**	69	88
42	Bodenfliesen, BIIa/BIIb-Steinzeug, glasiert, 20x20cm	m²	48	61	**66**	81	107
			41	51	**55**	68	90
43	Wandfliesen, BIIa/BIIb-Steinzeug, glasiert, 20x20cm	m²	48	61	**66**	81	107
			41	51	**55**	68	90
44	Begleitstreifen, Kontraststreifen, Steinzeug, innen	m	–	54	**64**	80	–
			–	46	**54**	67	–
45	Aufmerksamkeitsfeld, Noppenfliesen, Steinzeug, innen	St	–	187	**220**	275	–
			–	157	**185**	231	–
46	Fliesen, BIII-Steingut, glasiert, bis 20x20cm	m²	41	61	**70**	77	95
			34	52	**59**	65	80
47	Fliesen, AI/AII-Spaltplatte, frostsicher, bis 20x20cm	m²	60	85	**89**	99	124
			50	72	**75**	83	104

© BKI Baukosteninformationszentrum; Erläuterungen zu den Tabellen siehe Seite 44 Kostenstand: 1.Quartal 2021, Bundesdurchschnitt

LB 024 Fliesen- und Plattenarbeiten

Fliesen- und Plattenarbeiten — Preise €

Kosten: Stand 1. Quartal 2021, Bundesdurchschnitt

Nr.	Positionen	Einheit	▶ min	▷ von	ø Mittel brutto € / netto €	◁ bis	◀ max
48	Fliesen, AI/AII-Klinker, frostsicher, bis 20x20cm	m²	48 / 40	63 / 53	**71** / **59**	77 / 65	90 / 76
49	Duschwannenträger einfliesen	St	26 / 22	36 / 30	**45** / **38**	58 / 49	85 / 72
50	Badewannenträger einfliesen	St	56 / 47	67 / 56	**70** / **59**	76 / 64	87 / 73
51	Gehrungsschnitt, Fliesen	m	0,9 / 0,7	7,3 / 6,1	**10** / **8,7**	13 / 11	18 / 15
52	Untergrund reinigen, Boden	m²	0,2 / 0,1	0,8 / 0,7	**1,1** / **0,9**	1,4 / 1,2	1,9 / 1,6
53	Leitsystem, Rippenfliesen, Steinzeug, innen	m	– / –	69 / 58	**81** / **68**	101 / 85	– / –
54	Mattenrahmen, Edelstahl, 150x120cm	St	316 / 265	303 / 255	**427** / **359**	508 / 427	606 / 509
55	Mattenrahmen, Edelstahl, 200x200cm	St	340 / 286	551 / 463	**594** / **499**	856 / 719	1.156 / 972
56	Sauberlaufsystem, Rahmen, bis 2,00m²	St	169 / 142	477 / 401	**622** / **523**	804 / 676	1.196 / 1.005
57	Sauberlaufsystem, Rahmen, über 2,00m²	St	1.001 / 841	1.629 / 1.369	**1.881** / **1.581**	2.071 / 1.740	2.571 / 2.160
58	Elastische Verfugung, Fliesen, Silikon	m	4 / 3	5 / 5	**6** / **5**	7 / 6	10 / 9
59	Elastoplastische Verfugung, Fliesen, Acryl	m	5 / 4	7 / 6	**7** / **6**	9 / 8	10 / 9
60	Elastische Verfugung, Fliesen, chemisch beständig	m	5 / 5	7 / 6	**8** / **7**	10 / 9	11 / 9
61	Bewegungsfugen, Fliesenbelag, Profil	m	18 / 15	22 / 18	**25** / **21**	28 / 23	31 / 26
62	Randstreifen abschneiden	m	0,2 / 0,2	0,7 / 0,6	**0,9** / **0,7**	1,5 / 1,2	2,7 / 2,3
63	Fliesen anarbeiten, Stützen	m	18 / 15	21 / 18	**24** / **20**	26 / 22	29 / 25
64	Stundensatz, Facharbeiter/-in	h	42 / 35	57 / 48	**62** / **52**	66 / 56	73 / 62
65	Stundensatz, Helfer/-in	h	36 / 30	48 / 40	**52** / **44**	55 / 46	61 / 52

▶ min
▷ von
ø Mittel
◁ bis
◀ max

Nr.	Kurztext / Langtext					Kostengruppe
▶	▷	**ø netto €**	◁	◀	[Einheit] Ausf.-Dauer	Positionsnummer

1 Feuchtemessung
KG **353**

Feuchtemessung des Fliesenuntergrunds als Prüfung der Belegreife, über die Prüfpflicht des Auftragnehmers hinaus. Messung mit CM-Prüfinstrument, Preis je Prüfung inkl. Protokollierung und Übergabe an den Auftraggeber.

| 25€ | 29€ | **33**€ | 34€ | 39€ | [St] ⌚ 0,25 h/St | 024.000.061 |

Nr.	Kurztext / Langtext						Kostengruppe	
▶	▷	ø netto €	◁	◀	[Einheit]	Ausf.-Dauer	Positionsnummer	

2 Untergrund prüfen, Haftzugfestigkeit — KG 353
Fliesenuntergrund durch Haftzugprüfung prüfen. Preis je Prüfung inkl. Protokollierung und Übergabe an den Auftraggeber.
Hinweis: Vergütet nur, wenn über die Prüfpflicht des Auftragnehmers hinausgehende Leistung.

| 15€ | 18€ | **20€** | 22€ | 25€ | [St] | ⏱ 0,50 h/St | 024.000.066 |

3 Haftbrücke, Fliesenbelag — KG 353
Haftbrücke für Fliesenbelag.
Bauteil: **Wand- / Bodenflächen**
Untergrund: .....
Haftbrücke: .....

| 1€ | 3€ | **3€** | 4€ | 7€ | [m²] | ⏱ 0,05 h/m² | 024.000.005 |

4 Voranstrich, Fliesenbelag — KG 353
Voranstrich für Fliesenbelag.
Bauteil: **Wand- / Bodenflächen**
Untergrund: .....
Voranstrichmittel: .....

| 0,5€ | 1,6€ | **2,1€** | 3,5€ | 9,2€ | [m²] | ⏱ 0,05 h/m² | 024.000.004 |

5 Verbundabdichtung, Wand — KG 345
Abdichtung im Verbund mit Wandbekleidung aus Fliesen, im Dünnbettverfahren.
Untergrund: .....
Abdichtung: .....
Einwirkungsklasse: W1-I DIN EN 18534
Einbauort: Wohnung, Dusche
Angeb. Fabrikat: .....

| 6€ | 11€ | **13€** | 15€ | 20€ | [m²] | ⏱ 0,20 h/m² | 024.000.007 |

6 Verbundabdichtung, Boden — KG 353
Abdichtung im Verbund mit Bodenbelag aus Fliesen, im Dünnbettverfahren.
Untergrund: .....
Abdichtung: .....
Einwirkungsklasse: W1-I DIN EN 18534
Einbauort: Wohnung, Dusche
Angeb. Fabrikat: .....

| 7€ | 12€ | **14€** | 16€ | 22€ | [m²] | ⏱ 0,20 h/m² | 024.000.008 |

7 Verbundabdichtung, Boden, Reaktionsharz — KG 353
Abdichtung im Verbund mit Bodenbelag, im Dünnbettverfahren, mit Reaktionsharz.
Einwirkungsklasse: W3-I DIN EN 18534
Einbauort: .....
Untergrund: .....
Angeb. Fabrikat: .....

| 13€ | 33€ | **33€** | 38€ | 50€ | [m²] | ⏱ 0,25 h/m² | 024.000.011 |

LB 024
Fliesen- und Plattenarbeiten

Kosten:
Stand 1.Quartal 2021
Bundesdurchschnitt

Nr.	Kurztext / Langtext ▶ ▷ ø netto € ◁ ◀	[Einheit]	Ausf.-Dauer	Kostengruppe Positionsnummer
8	**Innenecken, Verbundabdichtung, Dichtband**			KG **353**
	Anschluss der Verbundabdichtung in Innenecken an Übergang von Wand und Boden mit elastischer Dichtbandeinlage.			
	Einwirkungsklasse:			
	Bandbreite:			
	3€ 6€ **7€** 8€ 11€	[m]	⏱ 0,10 h/m	024.000.009
9	**Dichtmanschette, Rohre**			KG **353**
	Anschluss der Innenabdichtung an Rohrdurchdringungen, mit Dichtmanschetten.			
	Einwirkungsklasse:			
	Durchdringung: bis D= 42 mm			
	Einbauort: **Wand / Bode**n			
	2€ 5€ **6€** 7€ 12€	[St]	⏱ 0,16 h/St	024.000.010
10	**Dichtmanschette, Bodeneinlauf**			KG **324**
	Anschluss der Innenabdichtung an Bodeneinlauf, mit Dichtmanschetten.			
	Einwirkungsklasse:			
	Durchdringung: bis D= 100 mm			
	8€ 14€ **18€** 22€ 32€	[St]	⏱ 0,18 h/St	024.000.012
A 1	**Revisionstür**		Beschreibung für Pos.	**11-12**
	Revisionstür mit Rahmen und Fliesen, Einbau in Wandbekleidung, Klappe ohne sichtbaren Verschluss, Einbau- und Klapprahmen aus Aluminium, Öffnen der Klappe durch leichtes Andrücken, Ausführung mit Fangarmsicherung.			
11	**Revisionstür, 20x20cm**			KG **345**
	Wie Ausführungsbeschreibung A 1			
	Brandschutz: F0			
	Untergrund:			
	Plattendicke: ..... mm			
	Klappengröße: 20 x 20 cm			
	7€ 27€ **35€** 47€ 73€	[St]	⏱ 0,20 h/St	024.000.013
12	**Revisionstür, 30x30cm**			KG **345**
	Wie Ausführungsbeschreibung A 1			
	Brandschutz: F0			
	Untergrund:			
	Plattendicke: ..... mm			
	Klappengröße: 30 x 30 cm			
	14€ 27€ **31€** 48€ 76€	[St]	⏱ 0,20 h/St	024.000.062

▶ min
▷ von
ø Mittel
◁ bis
◀ max

Nr.	Kurztext / Langtext						Kostengruppe
▶	▷	ø netto €	◁	◀	[Einheit]	Ausf.-Dauer	Positionsnummer

A 2 Trennschiene
*Beschreibung für Pos. **13-15***

Trennschiene in Fliesenbelag
Schienenhöhe: bis 6 mm

13 Trennschiene, Aluminium — KG **353**
Wie Ausführungsbeschreibung A 2
Untergrund: .....
Material: Aluminium
Einbauort: **Abschluss / Übergang**
Anker: **mit / ohne**

| 6€ | 10€ | **12**€ | 15€ | 23€ | [m] | ⏱ 0,10 h/m | 024.000.018 |

14 Trennschiene, Messing — KG **353**
Wie Ausführungsbeschreibung A 2
Untergrund: .....
Material: Messing
Einbauort: **Abschluss / Übergang**
Anker: **mit / ohne**

| 9€ | 13€ | **16**€ | 20€ | 30€ | [m] | ⏱ 0,10 h/m | 024.000.017 |

15 Trennschiene, nichtrostender Stahl — KG **353**
Wie Ausführungsbeschreibung A 2
Untergrund: .....
Material: nichtrostender Stahl, Werkstoff .....
Einbauort: **Abschluss / Übergang**
Anker: **mit / ohne**

| 9€ | 15€ | **16**€ | 22€ | 42€ | [m] | ⏱ 0,10 h/m | 024.000.019 |

A 3 Eckschutzschiene
*Beschreibung für Pos. **16-18***

Eckschutzschiene, mit Anker, in Fliesen-Wandbelag, an Ecken und Abschlüssen.
Abmessung / Höhe: abgestimmt auf Fliesendicke
Schienenhöhe: bis 8 mm

16 Eckschutzschiene, Aluminium — KG **345**
Wie Ausführungsbeschreibung A 3
Material: Aluminium
Untergrund: .....
Einbauort: **Außenecke / Fliesenabschluss**
Form: .....
Oberfläche: matt, eloxiert

| 4€ | 9€ | **13**€ | 13€ | 15€ | [m] | ⏱ 0,12 h/m | 024.000.050 |

LB 024
Fliesen- und Plattenarbeiten

Kosten:
Stand 1.Quartal 2021
Bundesdurchschnitt

▶ min
▷ von
ø Mittel
◁ bis
◀ max

Nr.	Kurztext / Langtext							Kostengruppe	
▶	▷	ø netto €	◁	◀		[Einheit]	Ausf.-Dauer	Positionsnummer	

17 — Eckschutzschiene, nichtrostender Stahl — KG 345
Wie Ausführungsbeschreibung A 3
Material: nicht rostender Stahl, Werkstoff-Nr. .....
Untergrund: .....
Einbauort: **Außenecke / Fliesenabschluss**
Form: .....
Oberfläche: matt, geschliffen

| 7€ | 14€ | **15€** | 22€ | 41€ | [m] | ⏱ 0,12 h/m | 024.000.020 |

18 — Eckschutzschiene, Kunststoff — KG 345
Wie Ausführungsbeschreibung A 3
wie vor, jedoch ....Material: Hartkunststoff
Untergrund: .....
Einbauort: **Außenecke / Fliesenabschluss**
Form: .....
Oberfläche/Farbe: .....

| 2€ | 7€ | **8€** | 10€ | 16€ | [m] | ⏱ 0,12 h/m | 024.000.021 |

A 4 — Wandfliesen — Beschreibung für Pos. 19-21
Wandbekleidung aus frostbeständigen Fliesen in zementhaltigem Dünnbettmörtel mit farblich abgestimmter Verfugung. Arbeitshöhe der zu bearbeitenden oder zu bekleidenden Fläche bis 3,5m über der Standfläche des hierfür erforderlichen Gerüstes.

19 — Wandfliesen, 10x10cm — KG 345
Wie Ausführungsbeschreibung A 4
Untergrund: .....
Material: **Steingut / Steinzeug / Feinsteinzeug**
Gruppe: .....
Fliesendicke: .....
Fliesenformat: 10 x 10 cm
Oberfläche: **glasiert / unglasiert**
Verfugung: farblich abgestimmt
Farbton: .....
Verlegung: .....
Angeb. Fabrikat: .....

| 41€ | 54€ | **59€** | 65€ | 84€ | [m²] | ⏱ 0,90 h/m² | 024.000.022 |

Nr.	**Kurztext** / Langtext							Kostengruppe
▶	▷	**ø netto €**	◁	◀		[Einheit]	Ausf.-Dauer	Positionsnummer

20 Wandfliesen, 20x20cm KG **345**
Wie Ausführungsbeschreibung A 4
Untergrund: .....
Material: **Steingut / Steinzeug / Feinsteinzeug**
Gruppe: .....
Fliesendicke: .....
Fliesenformat: 20 x 20 cm
Oberfläche: **glasiert / unglasiert**
Verfugung: farblich abgestimmt
Farbton: .....
Verlegung: .....
Angeb. Fabrikat: .....

| 37€ | 47€ | **51€** | 57€ | 69€ | [m²] | ⏱ 0,80 h/m² | 024.000.023 |

21 Wandfliesen, 30x30cm KG **345**
Wie Ausführungsbeschreibung A 4
Untergrund: .....
Material: **Steingut / Steinzeug / Feinsteinzeug**
Gruppe: .....
Fliesendicke: .....
Fliesenformat: 30 x 30 cm
Oberfläche: **glasiert / unglasiert**
Verfugung: farblich abgestimmt
Farbton: .....
Verlegung: .....
Angeb. Fabrikat: .....

| 43€ | 57€ | **61€** | 68€ | 86€ | [m²] | ⏱ 0,90 h/m² | 024.000.024 |

A 5 Wandfliesen, uni, eben Beschreibung für Pos. **22-24**
Wandbekleidung aus frostbeständigen Fliesen in zementhaltigem Dünnbettmörtel mit farblich abgestimmter Verfugung. Arbeitshöhe der zu bearbeitenden oder zu bekleidenden Fläche bis 3,5m über der Standfläche des hierfür erforderlichen Gerüstes.
Oberfläche: eben

22 Wandfliesen, 15x15cm KG **345**
Wie Ausführungsbeschreibung A 5
Untergrund: .....
Material: **Steingut / Steinzeug / Feinsteinzeug**
Gruppe: .....
Fliesendicke: .....
Fliesenformat: 15 x 15 cm
Farbton: uni......
Verlegung: .....
Angeb. Fabrikat: .....

| 61€ | 70€ | **76€** | 83€ | 93€ | [m²] | ⏱ 1,00 h/m² | 024.000.075 |

LB 024
Fliesen- und Plattenarbeiten

Kosten:
Stand 1.Quartal 2021
Bundesdurchschnitt

Nr.	Kurztext / Langtext				[Einheit]	Ausf.-Dauer	Kostengruppe Positionsnummer
	▶ ▷	ø netto €	◁	◀			

23 Wandfliesen, 20x20cm — KG **345**
Wie Ausführungsbeschreibung A 5
Untergrund: .....
Material: **Steingut / Steinzeug / Feinsteinzeug**
Gruppe: .....
Fliesendicke: .....
Fliesenformat: 20 x 20 cm
Farbton: uni......
Verlegung: .....
Angeb. Fabrikat: .....

| 56€ | 63€ | **71€** | 79€ | 86€ | [m²] | ⏱ 0,90 h/m² | 024.000.077 |

24 Wandfliesen, 30x30cm — KG **345**
Wie Ausführungsbeschreibung A 5
Untergrund: .....
Material: **Steingut / Steinzeug / Feinsteinzeug**
Gruppe: .....
Fliesendicke: .....
Fliesenformat: 30 x 30 cm
Farbton: uni......
Verlegung: .....
Angeb. Fabrikat: .....

| 50€ | 58€ | **65€** | 70€ | 80€ | [] | ⏱ 0,85 h/ | 024.000.079 |

25 Wandbelag, Glasmosaik — KG **345**
Wandbekleidung aus Glasmosaik in zementhaltigem Dünnbettmörtel mit Verfugung. Arbeitshöhe der zu bearbeitenden oder zu bekleidenden Fläche bis 3,5m über der Standfläche des hierfür erforderlichen Gerüstes.
Einbauort: Nassbereich
Angeb. Fabrikat: .....

| 98€ | 159€ | **170€** | 183€ | 219€ | [m²] | ⏱ 1,30 h/m² | 024.000.042 |

26 Wandbelag, Mittelmosaik — KG **345**
Wandbekleidung aus Glasmosaik in zementhaltigem Dünnbettmörtel mit Verfugung. Arbeitshöhe der zu bearbeitenden oder zu bekleidenden Fläche bis 3,5 m über der Standfläche des hierfür erforderlichen Gerüstes.
Einbauort: .....
Angeb. Fabrikat: .....

| 111€ | 127€ | **138€** | 153€ | 170€ | [m²] | ⏱ 1,10 h/m² | 024.000.080 |

▶ min
▷ von
ø Mittel
◁ bis
◀ max

Nr.	Kurztext / Langtext							Kostengruppe
▶	▷	ø netto €	◁	◀	[Einheit]	Ausf.-Dauer	Positionsnummer	

27   Sockelfliesen, Fliesenbelag   KG **353**
Sockel aus frostbeständigen Fliesen in zementhaltigem Dünnbettmörtel mit farblich abgestimmter Verfugung.
Untergrund: .....
Material: **Steingut / Steinzeug / Feinsteinzeug**
Gruppe: ......
Fliesendicke: .....
Fliesenformat: .....
Verlegung: .....
Oberfläche: **glasiert / unglasiert**
Farbton: .....

| 8€ | 13€ | **15€** | 17€ | 24€ | [m] | ⏱ 0,14 h/m | 024.000.026 |

28   Kehlsockel, Fliesenbelag   KG **353**
Kehlsockel aus frostbeständigen Fliesen in zementhaltigem Dünnbettmörtel mit farblich abgestimmter Verfugung.
Untergrund: .....
Material: **Steingut / Steinzeug / Feinsteinzeug**
Gruppe: ......
Fliesenformat: .....
Oberfläche: **glasiert / unglasiert**
Farbton: .....

| 13€ | 21€ | **25€** | 28€ | 37€ | [m] | ⏱ 0,18 h/m | 024.000.027 |

29   Bordüre, Fliesen   KG **345**
Bordüre (Dekorband) aus Fliesen in zementhaltigem Dünnbettmörtel mit farblich abgestimmter Verfugung.
Untergrund: .....
Material: **Steingut / Steinzeug / Feinsteinzeug**
Gruppe: ......
Fliesenformat: .....
Oberfläche: **glasiert / unglasiert**
Farbton: .....

| 4€ | 12€ | **15€** | 23€ | 48€ | [m] | ⏱ 0,10 h/m | 024.000.028 |

LB 024
Fliesen- und Plattenarbeiten

Kosten:
Stand 1.Quartal 2021
Bundesdurchschnitt

▶ min
▷ von
ø Mittel
◁ bis
◀ max

Nr.	Kurztext / Langtext					Kostengruppe		
▶	▷	ø netto €	◁	◀	[Einheit]	Ausf.-Dauer	Positionsnummer	

A 6 Bodenfliesen Beschreibung für Pos. **30-33**
Bodenbelag aus frostbeständigen Fliesen in zementhaltigem Dünnbettmörtel mit farblich abgestimmter Verfugung.
Einbauort: .....

30 Bodenfliesen, 10x10cm KG **353**
Wie Ausführungsbeschreibung A 6
Untergrund: .....
Material: **Steingut / Steinzeug / Feinsteinzeug**
Gruppe: ......
Nennmaß: 10 x 10 cm
Fliesendicke: .....
Oberfläche: **glasiert / unglasiert**
Rutschhemmung: .....
Farbton: .....
Verlegung: .....
Angeb. Fabrikat: .....

| 49€ | 70€ | **80€** | 90€ | 112€ | [m²] | ⏱ 1,00 h/m² | 024.000.029 |

31 Bodenfliesen, 20x20cm KG **353**
Wie Ausführungsbeschreibung A 6
Untergrund: .....
Material: **Steingut / Steinzeug / Feinsteinzeug**
Gruppe: ......
Nennmaß: 20 x 20 cm
Fliesendicke: .....
Oberfläche: **glasiert / unglasiert**
Rutschhemmung: .....
Farbton: .....
Verlegung: .....
Angeb. Fabrikat: .....

| 45€ | 55€ | **60€** | 70€ | 88€ | [m²] | ⏱ 0,80 h/m² | 024.000.031 |

32 Bodenfliesen, 30x30cm KG **353**
Wie Ausführungsbeschreibung A 6
Untergrund: .....
Material: **Steingut / Steinzeug / Feinsteinzeug**
Gruppe: ......
Nennmaß: 30 x 30 cm
Fliesendicke: .....
Oberfläche: **glasiert / unglasiert**
Rutschhemmung: .....
Farbton: .....
Verlegung: .....
Angeb. Fabrikat: .....

| 33€ | 53€ | **57€** | 66€ | 85€ | [m²] | ⏱ 0,70 h/m² | 024.000.032 |

Nr.	Kurztext / Langtext						Kostengruppe	
▶	▷	ø netto €	◁	◀	[Einheit]	Ausf.-Dauer	Positionsnummer	

33 Bodenfliesen, 30x60cm KG **353**
Wie Ausführungsbeschreibung A 6
Untergrund: .....
Material: **Steingut / Steinzeug / Feinsteinzeug**
Gruppe: ......
Nennmaß: 30 x 60 cm
Fliesendicke: .....
Oberfläche: **glasiert / unglasiert**
Rutschhemmung: .....
Farbton: .....
Verlegung: .....
Angeb. Fabrikat: .....

| 40€ | 46€ | **52€** | 60€ | 64€ | [m²] | ⏱ 0,65 h/m² | 024.000.088 |

A 7 Bodenfliesen, strukturiert Beschreibung für Pos. **34-35**
Bodenbelag aus frostbeständigen Fliesen mit strukturierter Oberfläche in zementhaltigem Dünnbettmörtel mit farblich abgestimmter Verfugung.
Einbauort: .....

34 Bodenfliesen, 20x20cm, strukturiert KG **353**
Wie Ausführungsbeschreibung A 7
Untergrund: .....
Material: **Steingut / Steinzeug / Feinsteinzeug**
Gruppe: ......
Nennmaß: 20 x 20 cm
Fliesendicke: .....
Rutschhemmung: .....
Verlegung: .....
Angeb. Fabrikat: .....

| 51€ | 60€ | **67€** | 77€ | 82€ | [m²] | ⏱ 0,80 h/m² | 024.000.089 |

35 Bodenfliesen, 30x30cm, strukturiert KG **353**
Wie Ausführungsbeschreibung A 7
Untergrund: .....
Material: **Steingut / Steinzeug / Feinsteinzeug**
Gruppe: ......
Nennmaß: 30 x 30 cm
Fliesendicke: .....
Rutschhemmung: .....
Verlegung: .....
Angeb. Fabrikat: .....

| 50€ | 55€ | **64€** | 71€ | 79€ | [m²] | ⏱ 0,80 h/m² | 024.000.090 |

LB 024
Fliesen- und Plattenarbeiten

Kosten:
Stand 1.Quartal 2021
Bundesdurchschnitt

Nr.	Kurztext / Langtext						Kostengruppe
▶	▷	ø netto €	◁	◀	[Einheit]	Ausf.-Dauer	Positionsnummer

36 Bodenfliesen, 30x30cm, R11 — KG 353
Bodenbelag aus frostbeständigen Fliesen mit profilierter Oberfläche und Anforderung an Rutschgefahr, in zementhaltigem Dünnbettmörtel mit farblich abgestimmter Verfugung.
Einbauort: .....
Untergrund: .....
Material: **Steingut / Steinzeug / Feinsteinzeug**
Gruppe: Ia
Nennmaß: 30 x 30 cm
Fliesendicke: .....
Rutschhemmung: R11
Verdrängungsraum: .....
Oberfläche: unglasiert
Verlegung: .....
Angeb. Fabrikat: .....

62 €   72 €   **75 €**   79 €   87 €   [m²]   ⧗ 0,75 h/m²   024.000.114

37 Bodenfliesen, Großküche, 20x20cm, R12 — KG 353
Öl- und säurebeständiger Bodenbelag aus frostbeständigen Fliesen mit profilierter Oberfläche und Anforderung an Rutschgefahr, in Dünnbettmörtel aus Reaktionsharz mit farblich abgestimmter Verfugung aus Reaktionsharzmörtel.
Einbauort: Großküche
Untergrund: .....
Material: **Steingut / Steinzeug / Feinsteinzeug**
Gruppe: **BIa / BIb**
Nennmaß: 20 x 20 cm
Fliesendicke: .....
Rutschhemmung: R12
Verdrängungsraum: V4
Oberfläche: unglasiert
Verlegung: .....
Angeb. Fabrikat: .....

42 €   51 €   **59 €**   66 €   72 €   [m²]   ⧗ 0,80 h/m²   024.000.091

38 Bodenfliesen, Großküche, 30x30cm, R12 — KG 353
Öl- und säurebeständiger Bodenbelag aus frostbeständigen Fliesen mit profilierter Oberfläche und Anforderung an Rutschgefahr, in Dünnbettmörtel aus Reaktionsharz mit farblich abgestimmter Verfugung aus Reaktionsharzmörtel.
Einbauort: Großküche
Untergrund: .....
Material: **Steingut / Steinzeug / Feinsteinzeug**
Gruppe: **BIa / BIb**
Nennmaß: 30 x 30 cm
Fliesendicke: .....
Rutschhemmung: R12
Verdrängungsraum: V4
Oberfläche: unglasiert
Verlegung: .....
Angeb. Fabrikat: .....

59 €   74 €   **80 €**   87 €   103 €   [m²]   ⧗ 0,75 h/m²   024.000.092

▶ min
▷ von
ø Mittel
◁ bis
◀ max

Nr.	**Kurztext** / Langtext					Kostengruppe	
▶	▷	ø netto €	◁	◀	[Einheit]	Ausf.-Dauer	Positionsnummer

39 — Treppenbelag, Tritt- und Setzstufe — KG **353**

Stufenbelag aus frostbeständigen Fliesen mit Anforderung an Rutschgefahr, vordere Auftrittsfläche gerillt, in zementhaltigem Mörtel mit farblich abgestimmter Verfugung.

Untergrund: .....
Steigungsverhältnis: .....
Material: **Feinsteinzeug bzw. keramische Fliesen**
Gruppe: BIa
Nennmaß: ..... cm
Fliesendicke: .....
Rutschhemmung: R11
Verdrängungsraum: .....
Oberfläche: **glasiert / unglasiert**
Verlegung: .....
Mörtel: **Dickbettmörtel / Dünnbettmörtel**
Angeb. Fabrikat: .....

▶	▷	ø	◁	◀			
79 €	97 €	**103** €	112 €	133 €	[m]	⏱ 1,30 h/m	024.000.034

40 — Sockelfliesenbeläge, Treppen — KG **353**

Sockel für Stufenbelag aus frostbeständigen Fliesen in zementhaltigem Mörtel mit farblich abgestimmter Verfugung.

Untergrund: .....
Material: **Feinsteinzeug bzw. keramische Fliesen**
Gruppe: BIa
Nennmaß: ..... cm
Fliesendicke: .....
Oberfläche: **glasiert / unglasiert**
Verlegung: .....
Mörtel: **Dickbettmörtel / Dünnbettmörtel**

▶	▷	ø	◁	◀			
9 €	17 €	**20** €	24 €	32 €	[m]	⏱ 0,20 h/m	024.000.035

41 — Bodenfliesen, BIa-Feinsteinzeug, 20x20cm — KG **553**

Bodenbelag aus frostbeständigen Fliesen aus Feinsteinzeug in zementhaltigem Dünnbettmörtel mit farblich abgestimmter Verfugung.

Einbauort: **Innen- / Außenbereich**
Untergrund: .....
Gruppe: BIa
Nennmaß: bis 20 x 20 cm
Fliesendicke: .....
Rutschhemmung: .....
Oberfläche: unglasiert
Farbton: .....
Verlegung: .....
Angeb. Fabrikat: .....

▶	▷	ø	◁	◀			
45 €	54 €	**57** €	69 €	88 €	[m²]	⏱ 0,70 h/m²	024.000.053

LB 024
Fliesen- und Plattenarbeiten

Kosten:
Stand 1.Quartal 2021
Bundesdurchschnitt

Nr.	Kurztext / Langtext						Kostengruppe		
▶	▷	ø netto €	◁	◀		[Einheit]	Ausf.-Dauer	Positionsnummer

42 — Bodenfliesen, BIIa/BIIb-Steinzeug, glasiert, 20x20cm — KG 353

Bodenbelag aus frostbeständigen Fliesen aus Steinzeug in zementhaltigem Dünnbettmörtel mit farblich abgestimmter Verfugung.
Einbauort: **Innen- / Außenbereich**
Untergrund: .....
Gruppe: **BIIa / BIIb**
Nennmaß: bis 20 x 20 cm
Fliesendicke: .....
Rutschhemmung: .....
Oberfläche: glasiert
Farbton: .....
Verlegung: .....
Angeb. Fabrikat: .....

| 41€ | 51€ | 55€ | 68€ | 90€ | [m²] | 0,70 h/m² | 024.000.054 |

43 — Wandfliesen, BIIa/BIIb-Steinzeug, glasiert, 20x20cm — KG 345

Wandbelag aus frostbeständigen Fliesen aus Steinzeug in zementhaltigem Dünnbettmörtel mit farblich abgestimmter Verfugung.
Einbauort: **Innen- / Außenbereich**
Untergrund: .....
Arbeitshöhe: bis 3,5 m
Gruppe: **BIIa / BIIb**
Nennmaß: bis 20 x 20 cm
Fliesendicke: .....
Oberfläche: glasiert
Farbton: .....
Verlegung: .....
Angeb. Fabrikat: .....

| 41€ | 51€ | 55€ | 68€ | 90€ | [m²] | 0,70 h/m² | 024.000.119 |

44 — Begleitstreifen, Kontraststreifen, Steinzeug, innen — KG 345

Kontrastreicher Begleitstreifen zum Leitsystem mit unglasierten Steinzeugfliesen im Innenbereich.
Einbauort: .....
Untergrund: .....
Fliesenabmessung: 300 x 300 mm
Dicke: 12 mm
Oberfläche: R11
Farbe: .....
Verlegung: Dünnbett
Angeb. Fabrikat: .....

| –€ | 46€ | 54€ | 67€ | –€ | [m] | 0,24 h/m | 024.000.116 |

▶ min
▷ von
ø Mittel
◁ bis
◀ max

Nr.	**Kurztext** / Langtext						Kostengruppe	
▶	▷	**ø netto €**	◁	◀		[Einheit]	Ausf.-Dauer	Positionsnummer

45   **Aufmerksamkeitsfeld, Noppenfliesen, Steinzeug, innen**   KG **353**

Bodenindikatoren als taktiles Aufmerksamkeitsfeld aus Noppenfliesen mit unglasierten Steinzeugfliesen im Innenbereich.
Einbauort: .....
Untergrund: .....
Fliesenabmessung: 300 x 300 mm
Dicke: 14 mm
Oberfläche: R10
Farbe: .....
Verlegung: Dünnbett
Feldfläche: 900/900 mm
Angeb. Fabrikat: .....

| –€ | 157€ | **185€** | 231€ | –€ | [St] | ⏱ 0,70 h/St | 024.000.117 |

46   **Fliesen, BIII-Steingut, glasiert, bis 20x20cm**   KG **345**

Wandbelag aus frostbeständigen Fliesen aus Steingut in zementhaltigem Dünnbettmörtel mit farblich abgestimmter Verfugung. Arbeitshöhe der zu bearbeitenden oder zu bekleidenden Fläche bis 3,5m über der Standfläche des hierfür erforderlichen Gerüstes.
Einbauort: Innenbereich
Untergrund: .....
Gruppe: BIII
Nennmaß: bis 20 x 20 cm
Fliesendicke: .....
Oberfläche: glasiert
Farbton: .....
Verlegung: .....
Angeb. Fabrikat: .....

| 34€ | 52€ | **59€** | 65€ | 80€ | [m²] | ⏱ 0,75 h/m² | 024.000.055 |

47   **Fliesen, AI/AII-Spaltplatte, frostsicher, bis 20x20cm**   KG **353**

Bodenbelag aus frostbeständigen Fliesen aus Spaltplatten in zementhaltigem Dünnbettmörtel mit farblich abgestimmter Verfugung.
Einbauort: Außenbereich
Untergrund: .....
Gruppe: **AI / AII**
Nennmaß: bis 20 x 20 cm
Fliesendicke: .....
Rutschhemmung: .....
Oberfläche: **glasiert / unglasiert**
Farbton: .....
Verlegung: .....
Angeb. Fabrikat: .....

| 50€ | 72€ | **75€** | 83€ | 104€ | [m²] | ⏱ 0,90 h/m² | 024.000.056 |

LB 024
Fliesen- und Plattenarbeiten

Kosten:
Stand 1.Quartal 2021
Bundesdurchschnitt

▶ min
▷ von
ø Mittel
◁ bis
◀ max

Nr.	**Kurztext** / Langtext							Kostengruppe	
▶	▷	**ø netto €**	◁	◀	[Einheit]	Ausf.-Dauer	Positionsnummer		

48 Fliesen, AI/AII-Klinker, frostsicher, bis 20x20cm — KG 353
Bodenbelag aus frostbeständigen Fliesen aus Klinkerplatten in zementhaltigem Dünnbettmörtel mit farblich abgestimmter Verfugung.
Einbauort: Außenbereich
Untergrund: .....
Gruppe: **AI / AII**
Nennmaß: bis 20 x 20 cm
Fliesendicke: .....
Rutschhemmung: .....
Oberfläche: **glasiert / unglasiert**
Farbton: .....
Verlegung: .....
Angeb. Fabrikat: .....

40€ 53€ **59**€ 65€ 76€   [m²]   ⏱ 0,70 h/m²   024.000.057

49 Duschwannenträger einfliesen — KG 345
Bekleidung der Stirnseite einer Duschtasse mit Fliesen in zementhaltigem Dünnbettmörtel mit Verfugung.
Abmessung: .....
Fliesen: .....
Nennmaß: .....
Oberfläche: .....

22€ 30€ **38**€ 49€ 72€   [St]   ⏱ 0,25 h/St   024.000.098

50 Badewannenträger einfliesen — KG 345
Bekleidung der Stirn- und Längsseite eines Badewannenträgers mit Fliesen in zementhaltigem Dünnbettmörtel mit farblich abgestimmter Verfugung.
Abmessung: .....
Fliesen: .....
Nennmaß: .....
Oberfläche: .....

47€ 56€ **59**€ 64€ 73€   [St]   ⏱ 0,40 h/St   024.000.064

51 Gehrungsschnitt, Fliesen — KG 353
Schrägschnitt für Fliesen, alle Winkel.
Fliesenart: .....
Fliesengröße: .....

0,7€ 6,1€ **8,7**€ 11€ 15€   [m]   ⏱ 0,20 h/m   024.000.047

52 Untergrund reinigen, Boden — KG 353
Reinigen des Untergrundes von grober Verschmutzung, aufgenommene Stoffe sammeln, in vom AG gestellten Behälter lagern. Abfall ist nicht gefährlich, nicht schadstoffbelastet.
Behältergröße: bis 0,05 m³

0,1€ 0,7€ **0,9**€ 1,2€ 1,6€   [m²]   ⏱ 0,04 h/m²   024.000.001

Nr.	**Kurztext** / Langtext							Kostengruppe
▶	▷	ø netto €	◁	◀	[Einheit]		Ausf.-Dauer	Positionsnummer

53 Leitsystem, Rippenfliesen, Steinzeug, innen — KG 345

Bodenindikatoren als taktiles Blindenleitsystem aus Rippenfliesen in Reihe verlegt im Innenbereich.
Einbauort: .....
Untergrund: .....
Fliese: Feinsteinzeug, unglasiert
Fliesenabmessung: 300 x 300 mm
Dicke: 14 mm
Oberfläche: mind. R11
Farbe: .....
Verlegung: Dünnbett
Angeb. Fabrikat: .....

| –€ | 58€ | **68€** | 85€ | –€ | [m] | ⏱ 0,22 h/m | 024.000.115 |

A 8 Mattenrahmen, Edelstahl — Beschreibung für Pos. 54-55

Mattenrahmen aus nichtrostendem Stahl für Sauberlaufsystem.
Untergrund: .....

54 Mattenrahmen, Edelstahl, 150x120 cm — KG 353

Wie Ausführungsbeschreibung A 8
Rahmengröße: ca. 150 x 120 cm
Angeb. Fabrikat: .....

| 265€ | 255€ | **359€** | 427€ | 509€ | [St] | ⏱ 0,45 h/St | 024.000.101 |

55 Mattenrahmen, Edelstahl, 200x200 cm — KG 353

Wie Ausführungsbeschreibung A 8
Rahmengröße: ca. 200 x 200 cm
Angeb. Fabrikat: .....

| 286€ | 463€ | **499€** | 719€ | 972€ | [St] | ⏱ 0,50 h/St | 024.000.037 |

A 9 Sauberlaufsystem, Rahmen — Beschreibung für Pos. 56-57

Sauberlaufsystem aus Mattenrahmen und eingelegtem Reinstreifen. Mattenrahmen aus Aluminium, Reinstreifen mit Träger aus Aluminium und abwechselnden Gummistreifen und Bürstenleisten.
Untergrund: .....
Einsatz: **innen / außen**
Belastung: .....

56 Sauberlaufsystem, Rahmen, bis 2,00m² — KG 353

Wie Ausführungsbeschreibung A 9
Anlagengröße: bis 2,00 m²
Anlagenhöhe: bis 27mm
Winkelrahmen: bis 30 x 30 x 3 mm
Angeb. Fabrikat: .....

| 142€ | 401€ | **523€** | 676€ | 1.005€ | [St] | ⏱ 0,60 h/St | 024.000.038 |

LB 024
Fliesen- und Plattenarbeiten

Kosten:
Stand 1.Quartal 2021
Bundesdurchschnitt

▶ min
▷ von
ø Mittel
◁ bis
◀ max

Nr.	Kurztext / Langtext					[Einheit]	Ausf.-Dauer	Kostengruppe Positionsnummer
▶	▷	ø netto €	◁	◀				

57 Sauberlaufsystem, Rahmen, über 2,00m² — KG 353
Wie Ausführungsbeschreibung A 9
Anlagengröße: über 2,00 m²
Anlagenhöhe: bis 27mm
Winkelrahmen: bis 30 x 30 x 3 mm
Angeb. Fabrikat: .....

| 841€ | 1.369€ | **1.581€** | 1.740€ | 2.160€ | [St] | ⏱ 1,40 h/St | 024.000.039 |

58 Elastische Verfugung, Fliesen, Silikon — KG 345
Fuge mit elastischen Dichtstoff und Hinterfüllprofil schließen.
Dichtstoff: Silikon
Fugentyp: .....
Fugenbreite: .....
Fugentiefe: .....
Farbe: .....

| 3€ | 5€ | **5€** | 6€ | 9€ | [m] | ⏱ 0,06 h/m | 024.000.040 |

59 Elastoplastische Verfugung, Fliesen, Acryl — KG 345
Fuge mit elastoplastischen Dichtstoff und Hinterfüllprofil schließen.
Dichtstoff: Acryl
Fugentyp: .....
Fugenbreite: .....
Fugentiefe: .....
Farbe: .....

| 4€ | 6€ | **6€** | 8€ | 9€ | [m] | ⏱ 0,06 h/m | 024.000.102 |

60 Elastische Verfugung, Fliesen, chemisch beständig — KG 345
Fuge mit elastischen Dichtstoff und Hinterfüllprofil, chemisch beständig, schließen.
Dichtstoff: Silikon
Fugentyp: .....
Fugenbreite: .....
Fugentiefe: .....
Farbe: .....

| 5€ | 6€ | **7€** | 9€ | 9€ | [m] | ⏱ 0,06 h/m | 024.000.103 |

61 Bewegungsfugen, Fliesenbelag, Profil — KG 345
Bewegungsfuge mit Kunststoffprofil aus PVC, mit Dichtmasse aus Weichkunststoff.
Fugenbreite: .....
Fugentiefe: .....
Farbe: nach Bemusterung

| 15€ | 18€ | **21€** | 23€ | 26€ | [m] | ⏱ 0,14 h/m | 024.000.105 |

62 Randstreifen abschneiden — KG 353
Randdämmstreifen oberhalb Bodenbelag abschneiden, sammeln, aufnehmen und Abfall entsorgen, inkl. Deponiegebühren.
Streifenmaterial: .....

| 0,2€ | 0,6€ | **0,7€** | 1,2€ | 2,3€ | [m] | ⏱ 0,01 h/m | 024.000.049 |

Nr.	Kurztext / Langtext				[Einheit]	Ausf.-Dauer	Kostengruppe Positionsnummer
▶	▷ ø **netto €** ◁ ◀						

63 Fliesen anarbeiten, Stützen KG **353**
Anpassen des Bodenbelages an Stütze.
Stütze: .....

| 15 € | 18 € | **20 €** | 22 € | 25 € | [m] | ⏱ 0,33 h/m | 024.000.108 |

64 Stundensatz, Facharbeiter/-in
Stundenlohnarbeiten für Vorarbeiterin, Vorarbeiter, Facharbeiterin, Facharbeiter und Gleichgestellte. Der Verrechnungssatz für die jeweilige Arbeitskraft umfasst sämtliche Aufwendungen wie Lohn- und Gehaltskosten, Lohn- und Gehaltsnebenkosten, Zuschläge, lohngebundene und lohnabhängige Kosten, sonstige Sozialkosten, Gemeinkosten, Wagnis und Gewinn. Leistung nach besonderer Anordnung der Bauüberwachung. Anmeldung und Nachweis gem. VOB/B.

| 35 € | 48 € | **52 €** | 56 € | 62 € | [h] | ⏱ 1,00 h/h | 024.000.059 |

65 Stundensatz, Helfer/-in
Stundenlohnarbeiten für Vorarbeiterin, Vorarbeiter, Facharbeiterin, Facharbeiter und Gleichgestellte. Der Verrechnungssatz für die jeweilige Arbeitskraft umfasst sämtliche Aufwendungen wie Lohn- und Gehaltskosten, Lohn- und Gehaltsnebenkosten, Zuschläge, lohngebundene und lohnabhängige Kosten, sonstige Sozialkosten, Gemeinkosten, Wagnis und Gewinn. Leistung nach besonderer Anordnung der Bauüberwachung. Anmeldung und Nachweis gem. VOB/B.

| 30 € | 40 € | **44 €** | 46 € | 52 € | [h] | ⏱ 1,00 h/h | 024.000.060 |

LB 025 Estricharbeiten

Kosten: Stand 1.Quartal 2021 Bundesdurchschnitt

▶ min
▷ von
ø Mittel
◁ bis
◀ max

Nr.	Positionen	Einheit	▶	▷ ø brutto € / ø netto €	ø	◁	◀
1	Untergrundreinigung, Estricharbeiten	m²	<0,1	0,5	**0,7**	1,1	1,9
			<0,1	0,4	**0,6**	0,9	1,6
2	Estrich abstellen, bis 70mm	m	4	6	**8**	9	13
			3	5	**6**	8	11
3	Bodenabdichtung, Bodenfeuchte, Bitumenbahn	m²	8	11	**12**	13	16
			7	10	**10**	11	13
4	Trockenschüttung, 10mm	m²	3	3	**4**	4	5
			2	3	**3**	3	4
5	Trockenschüttung, bis 30mm	m²	5	9	**10**	11	15
			4	8	**9**	10	13
6	Trittschalldämmung MW 15-5mm 035 DES sh	m²	3,7	4,8	**5,2**	6,4	8,9
			3,1	4,1	**4,4**	5,4	7,5
7	Trittschalldämmung MW 30-5mm 035 DES sh	m²	5,2	7,3	**8,0**	11	15
			4,4	6,1	**6,7**	9,4	13
8	Trittschalldämmung EPS 20-2mm 045 DES sm	m²	2,2	3,6	**4,4**	6,8	12
			1,8	3,1	**3,7**	5,7	10
9	Trittschalldämmung EPS 30-3mm 045 DES sm	m²	2,2	4,2	**4,8**	7,8	14
			1,8	3,5	**4,1**	6,6	12
10	Wärmedämmung, Estrich EPS 40mm 040 DEO dm	m²	5,2	7,2	**8,5**	9,1	13
			4,4	6,0	**7,2**	7,7	11
11	Wärmedämmung, Estrich EPS 60mm 040 DEO dm	m²	5,5	7,6	**9,3**	9,7	13
			4,7	6,4	**7,8**	8,2	11
12	Wärmedämmung, Estrich EPS 100mm 040 DEO dm	m²	6,6	8,8	**10**	12	16
			5,5	7,4	**8,8**	9,7	14
13	Wärmedämmung, Estrich EPS 20mm 040 DEO dm	m²	2,9	4,9	**5,6**	7,3	9,4
			2,4	4,1	**4,7**	6,1	7,9
14	Wärmedämmung, Estrich PUR 20mm 025 DEO dh	m²	7,4	9,8	**12**	13	16
			6,3	8,2	**9,8**	11	13
15	Wärmedämmung, Estrich PUR 60mm 025 DEO dh	m²	14	17	**20**	24	28
			11	14	**17**	20	24
16	Wärmedämmung, Estrich PUR 80mm 025 DEO dh	m²	15	19	**23**	26	34
			13	16	**19**	22	28
17	Wärmedämmung, Estrich CG bis 70mm 045 DEO ds	m²	22	37	**51**	54	62
			19	31	**43**	45	52
18	Wärmedämmung, Estrich EPB bis 80mm 052 DEO	m²	10	13	**15**	16	21
			9	11	**13**	14	18
19	Trennlage, Dämmung, Gussasphalt	m²	0,6	1,3	**1,6**	1,9	2,7
			0,5	1,1	**1,3**	1,6	2,3
20	Trennlage, Dämmung, Estrich	m²	0,2	0,9	**1,1**	1,7	3,2
			0,1	0,7	**0,9**	1,4	2,7
21	Randdämmstreifen, Polystyrol	m	0,2	0,8	**1,1**	1,7	3,8
			0,1	0,7	**0,9**	1,5	3,2
22	Randdämmstreifen, PE-Schaum	m	0,1	0,7	**1,0**	1,7	3,2
			0,1	0,6	**0,8**	1,4	2,7
23	Estrich, CT C25 F4 S45	m²	15	17	**18**	20	23
			12	14	**15**	17	20
24	Estrich, CT C25 F4 S70	m²	22	24	**25**	25	27
			18	20	**21**	21	23

© BKI Baukosteninformationszentrum; Erläuterungen zu den Tabellen siehe Seite 44

Estricharbeiten — Preise €

Nr.	Positionen	Einheit	▶	▷ ø brutto € / ø netto €	◁	◀
25	Heizestrich, CT C25 F4 S65 H45	m²	14 / 12	20 / 17	**22** / **18**	23 / 20	28 / 23
26	Estrich, CT C40 F7, modifiziert	m²	23 / 19	28 / 24	**29** / **24**	30 / 25	33 / 27
27	Estrich, CA C25 S45	m²	15 / 13	19 / 16	**20** / **17**	21 / 18	25 / 21
28	Heizestrich, CA C25 S65 H45	m²	18 / 15	21 / 18	**22** / **19**	24 / 20	29 / 24
29	Estrich, CAF C25 F4 S45	m²	13 / 11	17 / 14	**18** / **15**	19 / 16	21 / 18
30	Heizestrich, CAF C25 F4 S65 H45	m²	13 / 11	20 / 17	**22** / **19**	24 / 20	27 / 23
31	Estrich, AS IC10 S25	m²	27 / 23	33 / 27	**36** / **30**	40 / 34	50 / 42
32	Estrich, CT C25 F4 V45	m²	13 / 11	15 / 13	**17** / **14**	18 / 15	21 / 18
33	Estrich glätten, maschinell	m²	0,2 / 0,2	1,7 / 1,5	**2,5** / **2,1**	2,7 / 2,3	4,6 / 3,9
34	Sinterschicht abschleifen, Boden	m²	0,6 / 0,5	1,2 / 1,0	**1,6** / **1,4**	1,9 / 1,6	3,0 / 2,6
35	Scheinfugen schneiden, schließen	m	6 / 5	9 / 8	**11** / **9**	13 / 11	15 / 13
36	Bewegungsfuge, elastische Dichtmasse	m	2 / 2	5 / 4	**6** / **5**	8 / 7	12 / 10
37	Bewegungsfuge, Metallprofil	m	32 / 27	57 / 48	**64** / **54**	72 / 61	126 / 106
38	Aussparung, Mattenrahmen	St	26 / 22	55 / 46	**82** / **69**	85 / 72	114 / 96
39	Markierung, Messstellen	St	1 / 0,9	4 / 3,1	**5** / **3,8**	7 / 5,6	10 / 8,2
40	Messung, Feuchte, Estrich	St	25 / 21	35 / 29	**42** / **35**	51 / 43	64 / 54
41	Stundensatz, Facharbeiter/-in	h	50 / 42	56 / 47	**58** / **49**	63 / 53	75 / 63
42	Stundensatz, Helfer/-in	h	45 / 38	51 / 43	**53** / **45**	55 / 46	60 / 50

Nr.	Kurztext / Langtext					Kostengruppe
▶	▷ **ø netto €** ◁ ◀	[Einheit]		Ausf.-Dauer	Positionsnummer	

1 Untergrundreinigung, Estricharbeiten — KG **353**

Untergrund von groben Verschmutzungen reinigen, aufgenommene Stoffe, aufnehmen, in Behältnis des AN sammeln, abfahren und entsorgen. Abfall ist nicht gefährlich, nicht schadstoffbelastet.
Untergrund: Beton

<0,1 €   0,4 €   **0,6 €**   0,9 €   1,6 €   [m²]   ⏱ 0,02 h/m²   025.000.001

LB 025
Estricharbeiten

Nr.	Kurztext / Langtext				[Einheit]	Ausf.-Dauer	Kostengruppe Positionsnummer
▶	▷ ø netto € ◁ ◀						

2 Estrich abstellen, bis 70mm KG **353**
Randschalung für Estrich.
Estrichdicke: bis 70 mm

| 3€ | 5€ | **6€** | 8€ | 11€ | [m] | ⏱ 0,10 h/m | 025.000.035 |

3 Bodenabdichtung, Bodenfeuchte, Bitumenbahn KG **324**
Abdichtung der erdberührten Bodenplatte mit Bitumen-Schweißbahnen, einlagig, gegen Bodenfeuchte.
Einbauort: .....
Untergrund: Betonboden mit Voranstrich
Bitumenbahn: G 200 S4
Anwendungstyp: BA
Wassereinwirkungsklasse: W1-E
Rissklasse: R1-E
Rissüberbrückungsklasse: RÜ1-E
Raumnutzungsklasse: .....

| 7€ | 10€ | **10€** | 11€ | 13€ | [m^2] | ⏱ 0,12 h/m^2 | 025.000.003 |

4 Trockenschüttung, 10mm KG **353**
Ausgleichsschüttung auf Rohdecke, gebundene Form.
Funktion: Flächenausgleich
Nutzlast: ..... kN/m^2
Dicke i.M.: 10 mm

| 2€ | 3€ | **3€** | 3€ | 4€ | [m^2] | ⏱ 0,03 h/m^2 | 024.000.051 |

5 Trockenschüttung, bis 30mm KG **353**
Ausgleichsschüttung auf Rohdecke, gebundene Form.
Funktion: Flächenausgleich
Nutzlast: ..... kN/m^2
Dicke i.M.: 30 mm

| 4€ | 8€ | **9€** | 10€ | 13€ | [m^2] | ⏱ 0,06 h/m^2 | 025.000.004 |

A 1 Trittschalldämmung MW, 035 DES sh Beschreibung für Pos. **6-7**
Trittschalldämmschicht aus Mineralwolle unter schwimmenden Estrich.
Untergrund: Rohdecke
Dämmstoff: MW-TSD
Anwendungstyp: DES

6 Trittschalldämmung MW 15-5mm 035 DES sh KG **353**
Wie Ausführungsbeschreibung A 1
Bemessungswert der Wärmeleitfähigkeit: max. 0,045 W/(mK)
Nennwert Wärmeleitfähigkeit: 0,044 W/(mK)
Dämmstoffdicke: 15-5 mm
Druckbelastbarkeit: sh
Nutzlast: ..... kN/m^2
Steifigkeitsgruppe: .....

| 3€ | 4€ | **4€** | 5€ | 8€ | [m^2] | ⏱ 0,04 h/m^2 | 025.000.047 |

Kosten:
Stand 1.Quartal 2021
Bundesdurchschnitt

▶ min
▷ von
ø Mittel
◁ bis
◀ max

Nr.	Kurztext / Langtext							Kostengruppe	
▶	▷	ø netto €	◁	◀	[Einheit]		Ausf.-Dauer	Positionsnummer	

7   Trittschalldämmung MW 30-5mm 035 DES sh   KG **353**
Wie Ausführungsbeschreibung A 1
Bemessungswert der Wärmeleitfähigkeit: max. 0,045 W/(mK)
Nennwert Wärmeleitfähigkeit: 0,043 W/(mK)
Dämmstoffdicke: 30-5 mm
Druckbelastbarkeit: sh
Nutzlast: ..... kN/m²
Steifigkeitsgruppe: .....

| 4€ | 6€ | **7€** | 9€ | 13€ | [m²] | ⏱ 0,05 h/m² | 025.000.048 |

A 2   Trittschalldämmung EPS, 045 DES sm   Beschreibung für Pos. **8-9**
Trittschalldämmschicht aus Polystyrol-Dämmplatten unter schwimmenden Estrich.
Untergrund: Rohdecke
Dämmstoff: EPS
Anwendungstyp: DES

8   Trittschalldämmung EPS 20-2mm 045 DES sm   KG **353**
Wie Ausführungsbeschreibung A 2
Bemessungswert der Wärmeleitfähigkeit: max. 0,045 W/(mK)
Nennwert Wärmeleitfähigkeit: 0,043 W/(mK)
Dämmstoffdicke: 20-2 mm
Druckbelastbarkeit: sm
Nutzlast: ..... kN/m²
Steifigkeitsgruppe: .....

| 2€ | 3€ | **4€** | 6€ | 10€ | [m²] | ⏱ 0,04 h/m² | 025.000.050 |

9   Trittschalldämmung EPS 30-3mm 045 DES sm   KG **353**
Wie Ausführungsbeschreibung A 2
Bemessungswert der Wärmeleitfähigkeit: .....
Nennwert Wärmeleitfähigkeit: 0,045 W/mK
Dämmstoffdicke: 30-3 mm
Druckbelastbarkeit: sm
Nutzlast: ..... kN/m²
Steifigkeitsgruppe: .....

| 2€ | 4€ | **4€** | 7€ | 12€ | [m²] | ⏱ 0,04 h/m² | 025.000.051 |

A 3   Wärmedämmung, Estrich EPS, DEO   Beschreibung für Pos. **10-13**
Wärmedämmschicht aus Polystyrol-Dämmplatten unter schwimmendem Estrich.
Untergrund: .....
Dämmstoff: EPS
Anwendungstyp: DEO
Druckspannung: über 100 kPa

LB 025 Estricharbeiten

Kosten:
Stand 1.Quartal 2021
Bundesdurchschnitt

▶ min
▷ von
ø Mittel
◁ bis
◀ max

Nr.	Kurztext / Langtext					[Einheit]	Ausf.-Dauer	Kostengruppe Positionsnummer
▶	▷	ø netto €	◁	◀				
10	**Wärmedämmung, Estrich EPS 40mm 040 DEO dm**							KG **353**
Wie Ausführungsbeschreibung A 3								
Bemessungswert der Wärmeleitfähigkeit: max. 0,040 W/(mK)								
Nennwert Wärmeleitfähigkeit: 0,037 W/(mK)								
Druckbelastbarkeit: dm								
Dämmstoffdicke: 40 mm								
Nutzlast: ..... kN/m²								
4€	6€	**7**€	8€	11€		[m²]	0,05 h/m²	025.000.042
11	**Wärmedämmung, Estrich EPS 60mm 040 DEO dm**							KG **353**
Wie Ausführungsbeschreibung A 3								
Bemessungswert der Wärmeleitfähigkeit: max. 0,040 W/(mK)								
Nennwert Wärmeleitfähigkeit: 0,037 W/(mK)								
Druckbelastbarkeit: dm								
Dämmstoffdicke: 60 mm								
Nutzlast: ..... kN/m²								
5€	6€	**8**€	8€	11€		[m²]	0,05 h/m²	025.000.043
12	**Wärmedämmung, Estrich EPS 100mm 040 DEO dm**							KG **353**
Wie Ausführungsbeschreibung A 3								
Bemessungswert der Wärmeleitfähigkeit: max. 0,040 W/(mK)								
Nennwert Wärmeleitfähigkeit: 0,037 W/(mK)								
Druckbelastbarkeit: dm								
Dämmstoffdicke: 100 mm								
Nutzlast: ..... kN/m²								
6€	7€	**9**€	10€	14€		[m²]	0,07 h/m²	025.000.045
13	**Wärmedämmung, Estrich EPS 20mm 040 DEO dm**							KG **353**
Wie Ausführungsbeschreibung A 3								
Bemessungswert der Wärmeleitfähigkeit: max. 0,045 W/(mK)								
Nennwert Wärmeleitfähigkeit: 0,043 W/(mK)								
Druckbelastbarkeit: dm								
Dämmstoffdicke: 20 mm								
Nutzlast: ..... kN/m²								
2€	4€	**5**€	6€	8€		[m²]	0,07 h/m²	025.000.007

Nr.	**Kurztext** / Langtext						Kostengruppe	
▶	▷	**ø netto €**	◁	◀	[Einheit]	Ausf.-Dauer	Positionsnummer	

A 4 Wärmedämmung, Estrich PUR, DEO dh — Beschreibung für Pos. **14-16**

Wärmedämmschicht aus kaschierten Polyurethan-Dämmplatten unter schwimmenden Estrich.
Untergrund: .....
Dämmstoff: PUR, Aluminiumkaschierung
Anwendungstyp: DEO - dh

14 Wärmedämmung, Estrich PUR 20mm 025 DEO dh KG **353**

Wie Ausführungsbeschreibung A 4
Bemessungswert der Wärmeleitfähigkeit: max. 0,025 W/(mK)
Nennwert Wärmeleitfähigkeit: 0,024 W/(mK)
Dämmstoffdicke: 25 mm
Nutzlast: ..... kN/m²
Plattenrand: .....

| 6€ | 8€ | **10€** | 11€ | 13€ | [m²] | ⏱ 0,05 h/m² | 025.000.053 |

15 Wärmedämmung, Estrich PUR 60mm 025 DEO dh KG **353**

Wie Ausführungsbeschreibung A 4
Bemessungswert der Wärmeleitfähigkeit: max. 0,025 W/(mK)
Nennwert Wärmeleitfähigkeit: 0,024 W/(mK)
Dämmstoffdicke: 60 mm
Nutzlast: ..... kN/m²
Plattenrand: .....

| 11€ | 14€ | **17€** | 20€ | 24€ | [m²] | ⏱ 0,08 h/m² | 025.000.055 |

16 Wärmedämmung, Estrich PUR 80mm 025 DEO dh KG **353**

Wie Ausführungsbeschreibung A 4
Bemessungswert der Wärmeleitfähigkeit: max. 0,025 W/(mK)
Nennwert Wärmeleitfähigkeit: 0,024 W/(mK)
Dämmstoffdicke: 80 mm
Nutzlast: ..... kN/m²
Plattenrand: .....

| 13€ | 16€ | **19€** | 22€ | 28€ | [m²] | ⏱ 0,08 h/m² | 025.000.056 |

17 Wärmedämmung, Estrich CG bis 70mm 045 DEO ds KG **353**

Wärmedämmschicht unter Estrich aus Schaumglas-Dämmplatten vollflächig in Heißbitumen eingebettet.
Untergrund: .....
Dämmstoff: CG
Anwendungstyp: DAA - ds
Bemessungswert der Wärmeleitfähigkeit: max. 0,042 W/(mK)
Nennwert Wärmeleitfähigkeit: 0,041 W/(mK)
Bemessungswert der Wärmeleitfähigkeit: ....
Dämmstoffdicke: 70 mm
Nutzlast: ..... kN/m²

| 19€ | 31€ | **43€** | 45€ | 52€ | [m²] | ⏱ 0,14 h/m² | 025.000.010 |

LB 025 Estricharbeiten

Kosten:
Stand 1.Quartal 2021
Bundesdurchschnitt

▶ min
▷ von
ø Mittel
◁ bis
◀ max

Nr.	Kurztext / Langtext			Kostengruppe
▶ ▷ ø netto € ◁ ◀		[Einheit]	Ausf.-Dauer	Positionsnummer

18 — Wärmedämmung, Estrich EPB bis 80mm 052 DEO — KG **353**
Wärmedämmschicht aus Perlite-Dämmplatten, unter schwimmenden Gussasphalt-Estrich.
Untergrund: Rohdecke
Dämmstoff: expandierte Perlite
Verlegung: zweilagig
Bemessungswert der Wärmeleitfähigkeit: max. ..... W/(mK)
Nennwert Wärmeleitfähigkeit: 0,037 W/(mK)
Anwendungstyp: DEO - .....
Dämmstoffdicke: 80 mm
Nutzlast: .....kN/m²

| 9€ | 11€ | **13**€ | 14€ | 18€ | [m²] | ⏱ 0,08 h/m² | 025.000.009 |

19 — Trennlage, Dämmung, Gussasphalt — KG **353**
Abdeckung auf Dämmschichten, mit Stoßüberlappung, als Unterlage für Gussasphaltestrich.
Trennlage: **Rippenpappe/Rohfilzpappe**

| 0,5€ | 1,1€ | **1,3**€ | 1,6€ | 2,3€ | [m²] | ⏱ 0,03 h/m² | 025.000.012 |

20 — Trennlage, Dämmung, Estrich — KG **353**
Abdeckung aus PE-Folie auf Dämmschichten, mit Stoßüberlappung, als Unterlage für Estrich.
Folie: 0,2 mm

| 0,1€ | 0,7€ | **0,9**€ | 1,4€ | 2,7€ | [m²] | ⏱ 0,03 h/m² | 025.000.011 |

21 — Randdämmstreifen, Polystyrol — KG **353**
Randdämmstreifen für schwimmenden Estrich an Wänden und aufgehenden Bauteilen. Ausführung mit Überstand über Estrich und die Lage der Trittschalldämmung einbeziehend.
Material: Polystyrol
Einbauhöhe: .....
Form: .....

| 0,1€ | 0,7€ | **0,9**€ | 1,5€ | 3,2€ | [m] | ⏱ 0,02 h/m | 025.000.023 |

22 — Randdämmstreifen, PE-Schaum — KG **353**
Randdämmstreifen für schwimmenden Estrich an Wänden und aufgehenden Bauteilen. Ausführung mit Überstand über Estrich und die Lage der Trittschalldämmung einbeziehend.
Material: Polyethylen-Schaum, ca. 10 mm
Einbauhöhe: .....
Form: .....

| 0,1€ | 0,6€ | **0,8**€ | 1,4€ | 2,7€ | [m] | ⏱ 0,02 h/m | 025.000.036 |

23 — Estrich, CT C25 F4 S45 — KG **353**
Zementestrich als schwimmender Estrich für Bodenbelag auf Dämmschicht mit Abdeckung.
Einbauort: .....
Untergrund: eben
Nutzlast: ..... kN/m²
Estrichart: CT
Druckfestigkeitsklasse: C25
Biegezugfestigkeitsklasse: F4
Estrichdicke: 45 mm

| 12€ | 14€ | **15**€ | 17€ | 20€ | [m²] | ⏱ 0,20 h/m² | 025.000.013 |

Nr.	Kurztext / Langtext							Kostengruppe
▶	▷	**ø netto €**	◁	◀	[Einheit]	Ausf.-Dauer	Positionsnummer	

24 — Estrich, CT C25 F4 S70 — KG 353

Zementestrich als schwimmender Estrich für Bodenbelag auf Dämmschicht mit Abdeckung.
Einbauort: .....
Untergrund: eben
Nutzlast: ..... kN/m²
Estrichart: CT
Druckfestigkeitsklasse: C25
Biegezugfestigkeitsklasse: F4
Estrichdicke: 70 mm

| 18€ | 20€ | **21€** | 21€ | 23€ | [m²] | ⏱ 0,25 h/m² | 025.000.041 |

25 — Heizestrich, CT C25 F4 S65 H45 — KG 353

Zementestrich als schwimmender Heizestrich in Bauart A, für Bodenbelag auf Dämmschicht mit Abdeckung. Leistung inkl. Aufheizen und Abheizen des Fußbodenaufbaus sowie Protokollieren des Vorgangs und CM-Messung als Nachweis.
Einbauort: .....
Untergrund: eben
Nutzlast: ..... kN/m²
Estrichart: CT
Druckfestigkeitsklasse: C25
Biegezugfestigkeitsklasse: F4
Estrichdicke: 65 mm
Rohrüberdeckung: 45 mm
Rohrdurchmesser: .....

| 12€ | 17€ | **18€** | 20€ | 23€ | [m²] | ⏱ 0,25 h/m² | 025.000.034 |

26 — Estrich, CT C40 F7, modifiziert — KG 353

Kunstharzmodifizierter Zementestrich als Verbundestrich, Oberfläche von Hand glätten.
Einbauort: .....
Untergrund: eben
Nutzlast: ..... kN/m²
Estrichart: CT, kunstharzmodifiziert
Druckfestigkeitsklasse: C40
Biegezugfestigkeitsklasse: F7
Verschleißwiderstandsklasse: .....
Estrichdicke: 30 mm

| 19€ | 24€ | **24€** | 25€ | 27€ | [m²] | ⏱ 0,30 h/m² | 025.000.019 |

27 — Estrich, CA C25 S45 — KG 353

Calciumsulfat-Estrich als schwimmender Estrich, für Bodenbelag auf Dämmschicht mit Abdeckung.
Einbauort: .....
Untergrund: eben
Nutzlast: ..... kN/m²
Estrichart: CA
Druckfestigkeitsklasse: C25
Biegezugfestigkeitsklasse: F4
Estrichdicke: 45 mm

| 13€ | 16€ | **17€** | 18€ | 21€ | [m²] | ⏱ 0,20 h/m² | 025.000.014 |

LB 025 Estricharbeiten

Nr.	Kurztext / Langtext					Kostengruppe		
▶	▷	ø netto €	◁	◀	[Einheit]	Ausf.-Dauer	Positionsnummer	

Kosten:
Stand 1.Quartal 2021
Bundesdurchschnitt

28 Heizestrich, CA C25 S65 H45 KG **353**
Calciumsulfat-Estrich als schwimmender Heizestrich in Bauart A, für Bodenbelag auf Dämmschicht mit Abdeckung. Leistung inkl. Aufheizen und Abheizen des Fußbodenaufbaus sowie Protokollieren des Vorgangs und CM-Messung als Nachweis.
Einbauort: .....
Untergrund: eben
Nutzlast: ..... kN/m²
Estrichart: CT
Druckfestigkeitsklasse: C25
Biegezugfestigkeitsklasse: F4
Estrichdicke: 65 mm
Rohrüberdeckung: 45 mm
Rohrdurchmesser: .....

| 15€ | 18€ | **19€** | 20€ | 24€ | [m²] | ⏱ 0,22 h/m² | 025.000.016 |

29 Estrich, CAF C25 F4 S45 KG **353**
Calciumsulfat-Estrich als schwimmender Fließestrich, für Bodenbelag auf Dämmschicht mit Abdeckung.
Einbauort: .....
Untergrund: eben
Nutzlast: ..... kN/m²
Estrichart: CAF
Druckfestigkeitsklasse: C25
Biegezugfestigkeitsklasse: F4
Estrichdicke: 45 mm

| 11€ | 14€ | **15€** | 16€ | 18€ | [m²] | ⏱ 0,20 h/m² | 025.000.030 |

30 Heizestrich, CAF C25 F4 S65 H45 KG **353**
Calciumsulfat-Estrich als schwimmender Fließestrich in Bauart A, für Bodenbelag auf Dämmschicht mit Abdeckung. Leistung inkl. Aufheizen und Abheizen des Fußbodenaufbaus sowie Protokollieren des Vorgangs und CM-Messung als Nachweis.
Einbauort: .....
Untergrund: eben
Nutzlast: ..... kN/m²
Estrichart: CT
Druckfestigkeitsklasse: C25
Biegezugfestigkeitsklasse: F4
Estrichdicke: 65 mm
Rohrüberdeckung: 45 mm
Rohrdurchmesser: .....

| 11€ | 17€ | **19€** | 20€ | 23€ | [m²] | ⏱ 0,25 h/m² | 025.000.029 |

▶ min
▷ von
ø Mittel
◁ bis
◀ max

Nr.	Kurztext / Langtext						Kostengruppe	
▶	▷	ø netto €	◁	◀	[Einheit]	Ausf.-Dauer	Positionsnummer	

31 Estrich, AS IC10 S25 — KG 353

Gussasphaltestrich als schwimmender Estrich, für Bodenbelag auf Dämmschicht mit Abdeckung.
Einbauort: .....
Untergrund: eben
Nutzlast: ..... kN/m²
Estrichart: AS
Härteklasse: IC 10
Estrichdicke: 25 mm

| 23€ | 27€ | **30€** | 34€ | 42€ | [m²] | ⏱ 0,35 h/m² | 025.000.015 |

32 Estrich, CT C25 F4 V45 — KG 353

Zementestrich für Beschichtung, im Verbund mit Untergrund.
Einbauort: .....
Untergrund: eben
Nutzlast: ..... kN/m²
Estrichart: CT
Druckfestigkeitsklasse: C25
Biegezugfestigkeitsklasse: F4
Estrichdicke: 45 mm
Oberfläche: geglättet

| 11€ | 13€ | **14€** | 15€ | 18€ | [m²] | ⏱ 0,20 h/m² | 025.000.022 |

33 Estrich glätten, maschinell — KG 324

Glätten der Frischbetonoberfläche, maschinell, an der Oberseite waagerechter Bauteile, als flächenfertiger Nutzboden.
Estrich: .....
Anforderungen: .....

| 0,2€ | 1,5€ | **2,1€** | 2,3€ | 3,9€ | [m²] | ⏱ 0,02 h/m² | 025.000.021 |

34 Sinterschicht abschleifen, Boden — KG 353

Mineralische Sinterschicht entfernen, aufgenommene Stoffe sammeln, laden sowie abfahren und entsorgen. Abfall ist nicht gefährlich, nicht schadstoffbelastet. Entsorgung wird gesondert vergütet.
Untergrund: .....

| 0,5€ | 1,0€ | **1,4€** | 1,6€ | 2,6€ | [m²] | ⏱ 0,04 h/m² | 025.000.017 |

35 Scheinfugen schneiden, schließen — KG 353

Herstellen und Schließen von Scheinfugen in Estrich nach DIN EN 13318. Einschneiden in den frischen Estrichmörtel und kraftschlüssig mit Kunstharz schließen.
Estrich: .....
Fugenbreite: .....
Fugentiefe: .....

| 5€ | 8€ | **9€** | 11€ | 13€ | [m] | ⏱ 0,12 h/m | 025.000.073 |

LB 025 Estricharbeiten

Kosten:
Stand 1.Quartal 2021
Bundesdurchschnitt

▶ min
▷ von
ø Mittel
◁ bis
◀ max

Nr.	Kurztext / Langtext					[Einheit]	Ausf.-Dauer	Kostengruppe Positionsnummer
▶	▷	ø netto €	◁	◀				

36 Bewegungsfuge, elastische Dichtmasse — KG 353
Bewegungsfuge nach DIN EN 13318, in Estrich mit elastischen Dichtstoff und Hinterfüllprofil.
Fugentyp: .....
Fugenbreite: .....
Fugentiefe: .....
Farbe: .....

| 2€ | 4€ | **5€** | 7€ | 10€ | [m] | ⏱ 0,12 h/m | 025.000.020 |

37 Bewegungsfuge, Metallprofil — KG 353
Bewegungsfuge in Estrich nach DIN EN 13318, aus Aluminium und Bewegungsfugenprofil.
Fugenbreite: .....
Profilhöhe: .....
Angeb. Fabrikat: .....

| 27€ | 48€ | **54€** | 61€ | 106€ | [m] | ⏱ 0,20 h/m | 025.000.038 |

38 Aussparung, Mattenrahmen — KG 353
Aussparung im Zementestrich für Einbau eines Winkelrahmens.
Abmessung: bis 100/120 cm
Höhe: ..... mm

| 22€ | 46€ | **69€** | 72€ | 96€ | [St] | ⏱ 0,30 h/St | 025.000.075 |

39 Markierung, Messstellen — KG 353
Messstellenmarkierung zur Ermittlung der Restfeuchte eines Heizestrichs anlegen.

| 0,9€ | 3,1€ | **3,8€** | 5,6€ | 8,2€ | [St] | ⏱ 0,10 h/St | 025.000.059 |

40 Messung, Feuchte, Estrich — KG 353
Feuchtigkeitsmessung nach dem CM-Verfahren, Ausführung auf Anordnung des AG.
Estrich: .....

| 21€ | 29€ | **35€** | 43€ | 54€ | [St] | ⏱ 0,50 h/St | 025.000.060 |

41 Stundensatz, Facharbeiter/-in
Stundenlohnarbeiten für Vorarbeiterin, Vorarbeiter, Gesellin, Geselle, Facharbeiterin, Facharbeiter und Gleichgestellte, sowie ähnliche Fachkräfte. Der Verrechnungssatz für die jeweilige Arbeitskraft umfasst sämtliche Aufwendungen wie Lohn- und Gehaltskosten, Lohn- und Gehaltsnebenkosten, Zuschläge, lohngebundene und lohnabhängige Kosten, sonstige Sozialkosten, Gemeinkosten, Wagnis und Gewinn.Leistung nach besonderer Anordnung der Bauüberwachung. Anmeldung und Nachweis gem. VOB/B.

| 42€ | 47€ | **49€** | 53€ | 63€ | [h] | ⏱ 1,00 h/h | 025.000.061 |

42 Stundensatz, Helfer/-in
Stundenlohnarbeiten für Arbeitnehmerin Arbeitnehmer ohne Facharbeiterqualifikation (Helferin, Helfer Hilfsarbeiterin, Hilfsarbeiter). Der Verrechnungssatz für die jeweilige Arbeitskraft umfasst sämtliche Aufwendungen wie Lohn- und Gehaltskosten, Lohn- und Gehaltsnebenkosten, Zuschläge, lohngebundene und lohnabhängige Kosten, sonstige Sozialkosten, Gemeinkosten, Wagnis und Gewinn. Leistung nach besonderer Anordnung der Bauüberwachung. Anmeldung und Nachweis gem. VOB/B.S

| 38€ | 43€ | **45€** | 46€ | 50€ | [h] | ⏱ 1,00 h/h | 025.000.062 |

| 023 |
| 024 |
| **025** |
| 026 |
| 027 |
| 028 |
| 029 |
| 030 |
| 031 |
| 032 |
| 033 |
| 034 |
| 036 |
| 037 |
| 038 |
| 039 |

LB 026 Fenster, Außentüren

Fenster, Außentüren — Preise €

Kosten: Stand 1. Quartal 2021, Bundesdurchschnitt

▶ min ▷ von ø Mittel ◁ bis ◀ max

Nr.	Positionen	Einheit	▶	▷ ø brutto €	ø netto €	◁	◀
1	Haustürelement, Holz, einflüglig	St	1.500 / 1.260	2.453 / 2.061	**2.771** / **2.329**	3.166 / 2.660	4.346 / 3.652
2	Haustürelement, Holz, mehrteilig	St	3.374 / 2.836	4.482 / 3.766	**4.947** / **4.157**	6.141 / 5.161	8.320 / 6.992
3	Haustürelement, Kunststoff, einflüglig	St	– / –	1.904 / 1.600	**2.683** / **2.254**	3.433 / 2.884	– / –
4	Haustürelement, Kunststoff, mehrteilig	St	2.684 / 2.256	3.772 / 3.170	**4.372** / **3.674**	4.919 / 4.134	6.443 / 5.414
5	Haustürelement, Holz, Passivhaus, einflüglig	St	2.885 / 2.424	3.354 / 2.819	**3.682** / **3.094**	3.864 / 3.247	4.281 / 3.597
6	Haustürelement, Passivhaus, zweiflüglig	St	– / –	6.389 / 5.369	**7.182** / **6.036**	9.778 / 8.217	– / –
7	Seitenteil, Holz, verglast, Haustür	St	724 / 608	885 / 743	**1.005** / **845**	1.126 / 946	1.236 / 1.039
8	Seitenteil, Kunststoff, verglast, Haustür	St	599 / 503	728 / 612	**809** / **680**	882 / 741	987 / 829
9	Metall-Türelement, einflüglig	St	910 / 765	1.870 / 1.572	**2.259** / **1.899**	2.709 / 2.276	3.930 / 3.303
10	Holzfenster, einflüglig, bis 0,70m²	St	349 / 293	432 / 363	**455** / **382**	532 / 447	687 / 577
11	Holzfenster, einflüglig, über 0,70m²	St	415 / 349	613 / 515	**687** / **577**	774 / 650	1.005 / 845
12	Holzfenster, einflüglig, Passivhaus, bis 1,00m²	St	526 / 442	712 / 599	**799** / **671**	885 / 744	1.030 / 865
13	Holzfenster, mehrteilig, Passivhaus, über 2,50m²	St	1.359 / 1.142	2.099 / 1.764	**2.392** / **2.010**	2.596 / 2.181	3.241 / 2.724
14	Holz-Alu-Fenster, einflüglig, bis 0,70m²	St	502 / 422	580 / 487	**628** / **528**	663 / 557	755 / 635
15	Holz-Alu-Fenster, einflüglig, bis 1,70m²	St	631 / 530	858 / 721	**933** / **784**	1.176 / 988	1.572 / 1.321
16	Holz-Alu-Fenster, zweiflüglig	St	1.045 / 878	1.345 / 1.130	**1.482** / **1.245**	1.650 / 1.386	2.022 / 1.699
17	Holz-Alu-Fenstertür, zweiflüglig	St	1.796 / 1.509	2.485 / 2.088	**2.828** / **2.377**	3.292 / 2.766	4.150 / 3.488
18	Kunststofffenster, einflüglig, bis 0,70m²	St	242 / 204	301 / 253	**327** / **274**	355 / 298	421 / 354
19	Kunststofffenster, einflüglig, bis 1,70m²	St	289 / 243	402 / 338	**442** / **371**	537 / 451	710 / 596
20	Kunststofffenster, mehrteilig, bis 1,70m²	St	500 / 421	600 / 504	**681** / **572**	714 / 600	771 / 648
21	Kunststofffenster, mehrteilig, über 1,70m²	St	579 / 487	847 / 711	**979** / **823**	1.158 / 973	1.516 / 1.274
22	Kunststofffenster, einflüglig, Passivhaus	St	455 / 382	499 / 419	**647** / **544**	653 / 549	1.012 / 851
23	Holzfenster, mehrteilig, über 2,50m²	St	919 / 773	1.560 / 1.311	**1.829** / **1.537**	2.310 / 1.941	3.665 / 3.080
24	Metall-Glas-Fenster, einflüglig, bis 2m²	St	325 / 273	819 / 688	**960** / **806**	1.193 / 1.003	1.672 / 1.405

© BKI Baukosteninformationszentrum; Erläuterungen zu den Tabellen siehe Seite 44 — Kostenstand: 1. Quartal 2021, Bundesdurchschnitt

Fenster, Außentüren — Preise €

Nr.	Positionen	Einheit	▶	▷	ø brutto € / ø netto €	◁	◀
25	Metall-Glas-Fenster, zweiflüglig, bis 4,5m²	St	1.026	1.893	**2.221**	2.876	4.395
			862	1.591	**1.867**	2.416	3.693
26	Metall-Glas-Fenster, mehrteilig, außen, 5,00m²	St	2.076	2.863	**3.219**	4.949	8.035
			1.745	2.406	**2.705**	4.159	6.752
27	Metall-Glas-Fenstertür, einflüglig	St	1.027	2.322	**3.011**	3.584	4.593
			863	1.951	**2.530**	3.011	3.860
28	Pfosten-Riegel-Fassade, Holz/Holz-Aluminium	m²	437	688	**770**	947	1.328
			367	578	**647**	796	1.116
29	Pfosten-Riegel-Fassade, Metall	m²	479	793	**941**	1.191	1.755
			403	666	**790**	1.001	1.475
30	Einsatzelement, Türe, PR-Fassade	St	941	1.817	**2.209**	2.895	4.221
			791	1.527	**1.856**	2.433	3.547
31	Einsatzelement, Fenster, PR-Fassade	St	351	654	**804**	954	1.355
			295	550	**676**	802	1.139
32	Einsatzelement, Paneel, PR-Fassade	m²	89	212	**243**	257	314
			75	178	**205**	216	264
33	Sicherheitsglas, Mehrpreis, PR-Fassade	m²	29	62	**74**	89	124
			25	52	**62**	75	104
34	Fensterbank, außen, Aluminium, beschichtet	m	19	38	**43**	52	75
			16	32	**36**	44	63
35	Abdichtung, Fensteranschluss	m	4	9	**11**	19	29
			4	7	**10**	16	25
36	RAL-Anschluss, Fenster	m	–	24	**30**	39	–
			–	20	**25**	33	–
37	Stundensatz, Facharbeiter/-in	h	53	60	**63**	68	78
			44	50	**53**	57	66
38	Stundensatz, Helfer/-in	h	46	52	**56**	61	70
			39	44	**47**	51	59

Nr.	Kurztext / Langtext					Kostengruppe
▶	▷	ø netto €	◁	◀	[Einheit]	Ausf.-Dauer Positionsnummer

1 Haustürelement, Holz, einflüglig KG **334**

Hauseingangstürelement aus Holz, einflüglig, Drehflügeltür, aus Türblatt, Zarge, Bändern, Türgriff, Bodendichtung und Verriegelung, vorgerichtet für Profilzylinder. Leistung einschl. Einbau in Rohbau und Ausstopfen der Fuge mit Mineralwolle. Äußere und innere Abdichtungen nach gesonderter Position.
Material / Profilsystem: **Holz / IV.....**
Anschlag: rechts oder links angeschlagen, nach innen öffnend, doppelt gefälzt
Lichtes Rohbaumaß (B x H): ..... x ..... mm
Anforderungen:
- Wärmeschutz, U_d = 1,3 W/(m²K)
- Gesamtenergiedurchlassgrad g = ...
- Einbruchhemmung: Klasse RC .....

LB 026 Fenster, Außentüren

Kosten:
Stand 1.Quartal 2021
Bundesdurchschnitt

Nr.	Kurztext / Langtext						Kostengruppe
▶	▷	ø netto €	◁	◀	[Einheit]	Ausf.-Dauer	Positionsnummer

Türblatt:
– wärmegedämmte mehrschichtige Konstruktion
– mit Dämmstoffeinlage
– Türblattdicke: ..... mm
– Beplankung: Nadelholz, astfrei, Holzart .....
– Kantenprofil / Anleimer: .....

Zarge:
– Holz-Blockrahmen
– Profil: .....
– Kante: **eckig / rund**
– verdeckte Befestigung, innenseitige Abdeckleisten, dreiseitig
– Hinterfüllung des Zargenhohlraums mit Mineralwolle
– Türschwelle thermisch getrennt

Bänder / Beschläge:
– Bänder: ..... Stück, Stahl vernickelt, -.....-fache Verriegelung
– Drücker-Knauf-Wechselgarnitur für Hauseingangstüren auf Rosetten
– Material: Aluminium, Klasse ES 2, mit Zylinderziehschutz

Schloss / Zubehör:
– Schloss für Hausabschlusstüren, Klasse 3, vorgerichtet für Profilzylinder
– Falzdichtung: dreiseitig umlaufend
– Bodendichtung: automatisch absenkbar
– Stulp aus nichtrostendem Stahl
– elektromagnetischer Türöffner mit Tagesfalle
– Spion

Oberflächen:
– Holzprofile: **lasierend / deckend** beschichtet, Farbe: .....
– sichtbare Aluminiumteile: anodisch oxidiert, E6, Farbton: natur
– sichtbare Edelstahlteile: gebürstet

Montage:
– Wandaufbau im Anschlussbereich: einschalig
– Untergrund: .....
– Einbauebene: .....

Einbauort: Geschoss / Raum .....
Zeichnung, Plan-Nr.: .....
Hinweis: Position ggf. mit Anforderungen zu Windlast, Luftdurchlässigkeit, Schlagregendichtheit, Schalldämm-Maß, Mechanische Festigkeit und Bedienkräften erweitern.

▶ min
▷ von
ø Mittel
◁ bis
◀ max

1.260 €   2.061 €   **2.329 €**   2.660 €   3.652 €   [St]   ⏱ 5,50 h/St   026.000.029

2   Haustürelement, Holz, mehrteilig   KG **334**

Hauseingangstürelement aus Holz, zweiflügelig, Drehflügeltür, aus Geh- und Stand-Türflügel, Zarge, Bändern, Türgriff, Bodendichtung, Verriegelung, vorgerichtet für Profilzylinder. Leistung einschl. Einbau in Rohbau und Ausstopfen der Fuge mit Mineralwolle. Äußere und innere Abdichtungen nach gesonderter Position.
Material / Profilsystem: **Holz / IV.....**
Anschlag: rechts oder links angeschlagen, nach innen öffnend, doppelt gefälzt
Lichtes Rohbaumaß (B x H): ..... x .... mm
Teilung: senkrecht
Feld 1: Gehflügel, Breite: .....
Feld 2: Stehflügel mit Anschlag, Breite: .....

Nr.	**Kurztext** / Langtext						Kostengruppe	
▶	▷	**ø netto €**	◁	◀		[Einheit]	Ausf.-Dauer	Positionsnummer

Anforderungen:
- Wärmeschutz, U_d = 1,3 W/(m²K)
- Gesamtenergiedurchlassgrad g = ...
- Einbruchhemmung: Klasse RC .....

Türblatt:
- wärmegedämmte mehrschichtige Konstruktion
- mit Dämmstoffeinlage
- Türblattdicke: ..... mm
- Beplankung: Nadelholz, astfrei, Holzart .....
- Kantenprofil / Anleimer: .....

Zarge:
- Holz-Blockrahmen
- Profil: .....
- Kante: **eckig / rund**
- verdeckte Befestigung, innenseitige Abdeckleisten, dreiseitig
- Hinterfüllung des Zargenhohlraums mit Mineralwolle
- Türschwelle thermisch getrennt

Bänder / Beschläge:
- Bänder: ..... Stück, Stahl vernickelt, -.....-fache Verriegelung, Stehflügel mit .....-Riegel
- Drücker-Knauf-Wechselgarnitur für Hauseingangstüren auf Rosetten
- Material: Aluminium, Klasse ES 2, mit Zylinderziehschutz

Schloss / Zubehör:
- Schloss für Hausabschlusstüren, Klasse 3, vorgerichtet für Profilzylinder
- Falzdichtung: dreiseitig umlaufend
- Bodendichtung: automatisch absenkbar
- Stulp aus nichtrostendem Stahl
- elektromagnetischer Türöffner mit Tagesfalle
- Spion

Oberflächen:
- Holzprofile: **lasierend / deckend** beschichtet, Farbe: .....
- sichtbare Aluminiumteile: anodisch oxidiert, E6, Farbton: natur
- sichtbare Edelstahlteile: gebürstet

Montage:
- Wandaufbau im Anschlussbereich: einschalig
- Untergrund: .....
- Einbauebene: .....

Einbauort: Geschoss / Raum .....
Zeichnung, Plan-Nr.: .....
Hinweis: Position ggf. mit Anforderungen zu Windlast, Luftdurchlässigkeit, Schlagregendichtheit, Schalldämm-Maß, Mechanische Festigkeit und Bedienkräften erweitern.

2.836 €   3.766 €   **4.157 €**   5.161 €   6.992 €   [St]   ⏱ 11,00 h/St   026.000.001

3	Haustürelement, Kunststoff, einflüglig	KG **334**

Hauseingangstürelement aus Kunststoff, einflüglig, Drehflügeltür, aus Türblatt und Zarge, mit Bänder, Türgriff, Bodendichtung und Verriegelung, vorgerichtet für Profilzylinder. Leistung einschl. Einbau in Rohbau und Ausstopfen der Fuge mit Mineralwolle. Äußere und innere Abdichtungen nach gesonderter Position.
Material / Profilsystem: **PVC-U / .....**
Anschlag: **flächenversetzt / -bündig** , rechts oder links angeschlagen, nach innen öffnend
Lichtes Rohbaumaß (B x H): ..... x ..... mm

**LB 026
Fenster,
Außentüren**

Nr.	Kurztext / Langtext					Kostengruppe
▶	▷	ø netto €	◁	◀	[Einheit]	Ausf.-Dauer Positionsnummer

Anforderungen:
- Wärmeschutz, $U_d <= 1{,}3$ W/(m²K)
- Gesamtenergiedurchlassgrad g = ...
- Einbruchhemmung: Klasse RC .....

Türblatt:
- Paneel mit zweifacher Beplankung Kunststoff, Dämmkern aus Mineralwolle und Dampfsperre
- Oberfläche:.....
- mit Wetterschenkel
- mit Glasausschnitt (B x H): ..... x ..... mm
- Füllung: Isolier-Verglasung, **2x VSG / 2x ESG**, U_g = ... W/(m²K), Psi = ... W/(mK), Lichtdurchlässigkeit 75 bis 80%

Zarge:
- Profil: .....
- verdeckte Befestigung, innenseitige Abdeckleisten, dreiseitig
- Hinterfüllung des Zargenhohlraums mit Mineralwolle
- Türschwelle thermisch getrennt

Bänder / Beschläge:
- Bänder: ..... Stück, Stahl vernickelt, -.....-fache Verriegelung
- Drücker-Knauf-Wechselgarnitur für Hauseingangstüren auf Rosetten
- Material: Aluminium, Klasse ES 2, mit Zylinderziehschutz

Schloss / Zubehör:
- Schloss für Hausabschlusstüren, Klasse 3, vorgerichtet für Profilzylinder
- Falzdichtung: dreiseitig umlaufend
- Bodendichtung: automatisch absenkbar
- Stulp aus nichtrostendem Stahl

Oberflächen:
- Rahmen- und Flügelprofil **weiß / mit farbiger Folienbeschichtung** in **gleichem / unterschiedlichem** Farbton
- sichtbare Aluminiumteile: anodisch oxidiert, E6, Farbton: natur
- sichtbare Edelstahlteile: gebürstet

Montage:
- Wandaufbau im Anschlussbereich: .....
- Untergrund: .....
- Einbauebene: .....

Einbauort: Geschoss / Raum .....
Zeichnung, Plan-Nr.: .....

Hinweis: Position ggf. mit Anforderungen zu Windlast, Luftdurchlässigkeit, Schlagregendichtheit, Schall-Dämm-Maß, Mechanische Festigkeit und Bedienkräften erweitern.

| –€ | 1.600€ | **2.254€** | 2.884€ | –€ | [St] | ⏱ 5,50 h/St | 026.000.048 |

Kosten:
Stand 1.Quartal 2021
Bundesdurchschnitt

▶ min
▷ von
ø Mittel
◁ bis
◀ max

Nr.	Kurztext / Langtext						Kostengruppe	
▶	▷	ø netto €	◁	◀		[Einheit]	Ausf.-Dauer	Positionsnummer

4   Haustürelement, Kunststoff, mehrteilig — KG **334**

Hauseingangstürelement aus Kunststoff, mehrteilig, Drehflügeltür, aus Türblatt und Rahmenelement mit Fest-Verglasung, mit Bänder, Türgriff, Bodendichtung und Verriegelung, vorgerichtet für Profilzylinder. Leistung einschl. Einbau in Rohbau und Ausstopfen der Fuge mit Mineralwolle. Äußere und innere Abdichtungen nach gesonderter Position.

Material / Profilsystem: **PVC-U / .....**
Anschlag: **flächenversetzt / -bündig**, rechts oder links angeschlagen, nach innen öffnend,
Lichtes Rohbaumaß (B x H): ..... x ..... mm
Teilung: senkrecht
Feld 1: Türelement, verglast, Drehflügel, Breite: .....
Feld 2: festverglast, Breite: .....
Anforderungen:
 – Wärmeschutz, U_d = 1,3 W/(m²K)
 – Gesamtenergiedurchlassgrad g = ...
 – Einbruchhemmung: Klasse RC .....
Türblatt:
 – Paneel mit zweifacher Beplankung Kunststoff, Dämmkern aus Mineralwolle und Dampfsperre
 – Oberfläche:.....
 – mit Wetterschenkel
Seitenfeld:
 – mit Glasausschnitt (B x H): ..... x ..... mm
 – Füllung: Isolier-Verglasung, **2x VSG / 2x ESG**, U_g = ... W/(m²K), Psi = ... W/(mK), Lichtdurchlässigkeit 75 bis 80%
Zarge/Rahmen:
 – Profil: .....
 – verdeckte Befestigung, innenseitige Abdeckleisten, dreiseitig
 – Hinterfüllung des Zargenhohlraums mit Mineralwolle
 – Türschwelle thermisch getrennt
Bänder / Beschläge:
 – Bänder: ..... Stück, Stahl vernickelt, -.....-fache Verriegelung
 – Drücker-Knauf-Wechselgarnitur für Hauseingangstüren auf Rosetten
 – Material: Aluminium, Klasse ES 2, mit Zylinderziehschutz
Schloss / Zubehör:
 – Schloss für Hausabschlusstüren, Klasse 3, vorgerichtet für Profilzylinder
 – Falzdichtung: dreiseitig umlaufend
 – Bodendichtung: automatisch absenkbar
 – Stulp aus nichtrostendem Stahl
Oberflächen:
 – Rahmen- und Flügelprofil **weiß / mit farbiger Folienbeschichtung** in **gleichem / unterschiedlichem** Farbton
 – sichtbare Aluminiumteile: anodisch oxidiert, E6, Farbton: natur
 – sichtbare Edelstahlteile: gebürstet
Montage:
 – Wandaufbau im Anschlussbereich: .....
 – Untergrund: .....
 – Einbauebene: .....

LB 026 Fenster, Außentüren

Nr.	Kurztext / Langtext						Kostengruppe
▶	▷	ø netto €	◁	◀	[Einheit]	Ausf.-Dauer	Positionsnummer

Einbauort: Geschoss / Raum .....
Zeichnung, Plan-Nr.: .....
Hinweis: Position ggf. mit Anforderungen zu Windlast, Luftdurchlässigkeit, Schlagregendichtheit, Schalldämm-Maß, Mechanische Festigkeit und Bedienkräften erweitern.

2.256€   3.170€   **3.674€**   4.134€   5.414€   [St]   ⏱ 8,00 h/St   026.000.002

5   Haustürelement, Holz, Passivhaus, einflüglig   KG **334**

Hauseingangstürelement aus Holz, einflüglig, Drehflügeltür, aus Türblatt, Zarge, Bändern, Türgriff, Bodendichtung und Verriegelung, vorgerichtet für Profilzylinder. Leistung einschl. Einbau in Rohbau und Ausstopfen der Fuge mit Mineralwolle. Äußere und innere Abdichtungen nach gesonderter Position.
Lichtes Rohbaumaß (B x H): ..... x ..... mm
Material / Profilsystem: **Holz / .....**
Anschlag: rechts oder links angeschlagen, nach innen öffnend, mehrfach gefälzt
Anforderungen:
 – Wärmeschutz, U_d = 0,8 W/(m²K)
 – Gesamtenergiedurchlassgrad g = ...
 – Einbruchhemmung: Klasse RC .....
Türblatt:
 – wärmegedämmte mehrschichtige Konstruktion
 – mit Dämmstoffeinlage
 – Türblattdicke: ..... mm
 – Beplankung: Nadelholz, astfrei, Holzart .....
 – Kantenprofil / Anleimer: .....
Zarge:
 – Holz-Blockrahmen, Verbundkonstruktion
 – Profil: .....
 – verdeckte Befestigung, innenseitige Abdeckleisten, dreiseitig
 – Hinterfüllung des Zargenhohlraums mit Mineralwolle
 – Türschwelle thermisch getrennt
Bänder / Beschläge:
 – Bänder: ..... Stück, Stahl vernickelt, -.....-fache Verriegelung
 – Drücker-Knauf-Wechselgarnitur für Hauseingangstüren auf Rosetten
 – Material: Aluminium, Klasse ES 2, mit Zylinderziehschutz
Schloss / Zubehör:
 – Schloss für Hausabschlusstüren, Klasse 3, vorgerichtet für Profilzylinder
 – Falzdichtung: dreiseitig umlaufend
 – Bodendichtung: automatisch absenkbar
 – Stulp aus nichtrostendem Stahl
 – elektromagnetischer Türöffner mit Tagesfalle
 – Spion
Oberflächen:
 – Holzprofile: **lasierend / deckend** beschichtet, Farbe: .....
 – sichtbare Aluminiumteile: anodisch oxidiert, E6, Farbton: natur
 – sichtbare Edelstahlteile: gebürstet
Montage:
 – Wandaufbau im Anschlussbereich: .....
 – Untergrund: .....
 – Einbauebene: .....

Kosten:
Stand 1.Quartal 2021
Bundesdurchschnitt

▶ min
▷ von
ø Mittel
◁ bis
◀ max

Nr.	**Kurztext** / Langtext					Kostengruppe	
▶	▷	**ø netto €**	◁	◀	[Einheit]	Ausf.-Dauer	Positionsnummer

Einbauort: Geschoss / Raum .....
Zeichnung, Plan-Nr.: .....
Hinweis: Position ggf. mit Anforderungen zu Windlast, Luftdurchlässigkeit, Schlagregendichtheit, Schalldämm-Maß, Mechanische Festigkeit und Bedienkräften erweitern.

| 2.424 € | 2.819 € | **3.094 €** | 3.247 € | 3.597 € | [St] | ⏱ 5,80 h/St | 026.000.038 |

6   Haustürelement, Passivhaus, zweiflüglig   KG **334**

Hauseingangstürelement, zweiflüglig, Drehflügeltür, aus Geh- und Stand-Türflügel, Zarge, Bändern, Türgriff, Bodendichtung, Verriegelung, vorgerichtet für Profilzylinder. Leistung einschl. Einbau in Rohbau und Ausstopfen der Fuge mit Mineralwolle. Äußere und innere Abdichtungen nach gesonderter Position.

Lichtes Rohbaumaß (B x H): ..... x ..... mm
Standflügel: .....
Gehflügel: .....
Material: **Holz / PVC-U**
Profilsystem: .....
Anschlag: rechts oder links angeschlagen, nach innen öffnend
Anforderungen:
 – Wärmeschutz, U_d = 0,8 W/(m²K)
 – Gesamtenergiedurchlassgrad g = ...
 – Einbruchhemmung: Klasse RC .....
Türblatt:
 – wärmegedämmte mehrschichtige Konstruktion
 – mit Dämmstoffeinlage
 – Türblattdicke: .....mm
 – Oberfläche: .....
Zarge / Rahmen:
 – Profil: .....
 – verdeckte Befestigung, innenseitige Abdeckleisten, dreiseitig
 – Hinterfüllung des Zargenhohlraums mit Mineralwolle
 – Türschwelle thermisch getrennt
Bänder / Beschläge:
 – Bänder: ..... Stück, Stahl vernickelt, -.....-fache Verriegelung,
 – Stehflügel mit .....-Riegel
 – Drücker-Knauf-Wechselgarnitur für Hauseingangstüren auf Rosetten
 – Material: Aluminium, Klasse ES 2, mit Zylinderziehschutz
Schloss / Zubehör:
 – Schloss für Hausabschlusstüren, Klasse 3, vorgerichtet für Profilzylinder
 – Falzdichtung: dreiseitig umlaufend
 – Bodendichtung: automatisch absenkbar
 – Stulp aus nichtrostendem Stahl
 – elektromagnetischer Türöffner mit Tagesfalle
 – Spion
Oberflächen:
 – Holzprofile: **lasierend / deckend** beschichtet, Farbe: .....
 – Kunststoffprofile: **..... / mit farbiger Folienbeschichtung** Farbton .....
 – sichtbare Aluminiumteile: anodisch oxidiert, E6, Farbton: natur
 – sichtbare Edelstahlteile: gebürstet

LB 026 Fenster, Außentüren

Nr.	Kurztext / Langtext					[Einheit]	Ausf.-Dauer	Kostengruppe Positionsnummer
▶	▷	ø netto €	◁	◀				

Montage:
– Wandaufbau im Anschlussbereich: .....
– Untergrund: .....
– Einbauebene: .....
Einbauort: Geschoss / Raum .....
Zeichnung, Plan-Nr.: .....
Hinweis: Position ggf. mit Anforderungen zu Windlast, Luftdurchlässigkeit, Schlagregendichtheit, Schall-dämm-Maß, Mechanische Festigkeit und Bedienkräften erweitern.

| –€ | 5.369€ | **6.036**€ | 8.217€ | –€ | [St] | 8,50 h/St | 026.000.052 |

7 Seitenteil, Holz, verglast, Haustür — KG 334

Seitenteil für Hauseingangstür aus Holz, verglast mit Sicherheitsglas.
Seitenteilgröße: bis 500 x 2.200 mm
Verglasung: Isolierverglasung aus .....
U-Wert: .....
Rahmen-Profil / Holzart: .....

| 608€ | 743€ | **845**€ | 946€ | 1.039€ | [St] | 1,40 h/St | 027.000.111 |

8 Seitenteil, Kunststoff, verglast, Haustür — KG 334

Seitenteil für Hauseingangstür aus wärmegedämmten Kunststoffprofilen, verwindungsfrei, verglast mit Sicherheitsglas.
Seitenteilgröße: bis 500 x 2.200 mm
Verglasung: Isolierverglasung aus .....
U-Wert: .....
Rahmen-Profil: .....

| 503€ | 612€ | **680**€ | 741€ | 829€ | [St] | 1,40 h/St | 027.000.112 |

9 Metall-Türelement, einflüglig — KG 334

Kellereingangstüranlage aus Metallkonstruktion, einflüglig, Drehflügeltür, aus Türflügel und Zarge, mit Bändern, Türgriff, Bodendichtung und Verriegelung, vorgerichtet für Profilzylinder. Leistung einschl. Einbau in Rohbau und Ausstopfen der Fuge mit Mineralwolle. in Rohbau. Äußere und innere Abdichtungen nach gesonderter Position.
Lichtes Rohbaumaß (B x H): ..... x ..... mm
Wanddicke: .....
Bodeneinstand: .....
Richtung: **nach außen / innen aufschlagend**
Anforderungen:
– Außentür
– Klimaklasse: .....
– mechanische Festigkeit: .....
– Einbruchhemmung: Klasse RC .....
– Wärmeschutz: U_d = ... W/(m²K)
– Schalldämmmaß R_w = ... dB
Zarge:
– Z-Zarge aus Stahl t = ... mm, mit Gegenzarge
– verdeckte Befestigung, Maueranker
– eingeschweißte Bandtaschen
– Hinterfüllung des Zargenhohlraums mit Mineralwolle

Kosten: Stand 1.Quartal 2021 Bundesdurchschnitt

▶ min
▷ von
ø Mittel
◁ bis
◀ max

Nr.	**Kurztext** / Langtext						Kostengruppe	
▶	▷	**ø netto €**	◁	◀		[Einheit]	Ausf.-Dauer	Positionsnummer

Türflügel:
- Volltürblatt, D = ... mm, Stahlblech T = ... mm
- Füllung aus Mineralwolle
- dreiseitig **gefälzt / flächenbündig, rechts / links** angeschlagen

Glasausschnitt:
- Füllung: zweifach Isolierverglasung (B x H) = ... x ..... mm, 2 x ESG, U_g = ... W/(m²K), Psi = ... W/(mK), Lichtdurchlässigkeit 75 bis 80%, innenseitige Glasleisten, vierseitig

Bänder / Beschläge:
- Federbänder: 2 Stück, Mat. Edelstahl
- Drücker-Knauf-Wechselgarnitur für Hauseingangstüren auf Rosetten
- Material: Edelstahl, Klasse ..... mit Zylinderziehschutz

Schloss / Zubehör:
- Schloss für Hausabschlusstüren, Klasse ....., vorgerichtet für Profilzylinder
- Falzdichtung: Silikonprofil, umlaufend
- Stulp aus nichtrostendem Stahl

Oberflächen:
- Türblatt endbeschichtet, verzinkt grundiert und Farb-Beschichtung **Nasslack / PES-Pulverbeschichtung**
- Korrosionsbelastung: C3
- Farbe: .....

Montage / Einbauort:
- Einbauebene: in Dämmebene, ca. .... mm vor Wandöffnung

Zeichnungen, Plan-Nr.: .....

Montage:
- Untergrund: Stahlbeton, einschalig, im Anschlussbereich mit WDVS
- Einbauebene: in Dämmebene, ca. .... mm vor Wandöffnung

Einbauort: Geschoss / Raum .....
Zeichnung, Plan-Nr.: .....

| 765 € | 1.572 € | **1.899 €** | 2.276 € | 3.303 € | [St] | ⏱ 5,00 h/St | 026.000.005 |

A 1 Holzfenster, einflüglig Beschreibung für Pos. **10-11**

Einflügliges Drehflügelfenster aus Holz, aus Fenster- und Flügelrahmen, Dreh- Kipp-Beschlagsgarnitur mit Fenstergriff. Leistung einschl. Einbau in Rohbau und Ausstopfen der Fuge mit Mineralwolle. Äußere und innere Abdichtungen nach gesonderter Position.

Holzart: .....
Profilsystem: IV..... mit **Mittel- und innere Überschlagsdichtung / Anschlagdichtung**, mit Wetterschenkel
Rahmen / Flügel: **flächenversetzt / bündig**
Anschluss unten: an Fensterbank: **außen / innen**
Anschluss oben: an Rollladenkasten

Anforderungen:
- Wärmeschutz U_w = 1,3 W/(m²K)
- Gesamtenergiedurchlass: ..... %
- Einbruchhemmung: Widerstandsklasse **RC-2 (Erdgeschoss) / RC-1-N (Obergeschoss)**

Füllung / Ausfachung:
- Zweifach-Isolierverglasung
- Lichtdurchlässigkeit 75 bis 80%

Beschlag / Zubehör:
- Dreh-Kipp-Beschlag, **verdeckt liegend / aufliegend** eingebaut, mit Fehlbedienungssperre
- Fenstergriff mit Rosette, Einhandbedienung, aus Aluminium, Befestigung verdeckt
- Alu-Schutzschiene des Wetterschenkels, mit Endkappen, Profil: .....

LB 026 Fenster, Außentüren

Nr.	Kurztext / Langtext					[Einheit]	Ausf.-Dauer	Kostengruppe Positionsnummer
▶	▷	ø netto €	◁	◀				

Oberflächen:
– Holzprofile: **transparent / lasierend / deckend** beschichtet, imprägniert
– Rahmen- und Flügelprofil **weiß / ..... in gleichem / unterschiedlichem** Farbton
– Aluminium-Oberflächen, anodisch oxidiert, E6, natur
– Stahloberfläche: verzinkt, chromatiert

Montage:
– Wandaufbau im Anschlussbereich: .....
– Untergrund: .....
– Einbauebene: .....

Einbauort: Geschoss / Raum .....
Zeichnung, Plan-Nr.: .....
Hinweis: Position ggf. mit Anforderungen zu Windlast, Luftdurchlässigkeit, Schlagregendichtheit, Schalldämm-Maß, Mechanische Festigkeit und Bedienkräften erweitern.

---

10 Holzfenster, einflüglig, bis 0,70m²   KG **334**
Wie Ausführungsbeschreibung A 1
Lichtes Rohbaumaß (B x H): ..... x ..... mm
Fenstergröße: bis 0,70 m²

| 293€ | 363€ | **382€** | 447€ | 577€ | [St] | ⏱ 1,80 h/St | 026.000.009 |

11 Holzfenster, einflüglig, über 0,70m²   KG **334**
Wie Ausführungsbeschreibung A 1
Lichtes Rohbaumaß (B x H): ..... x ..... mm
Fenstergröße: über 0,70 m²

| 349€ | 515€ | **577€** | 650€ | 845€ | [St] | ⏱ 1,80 h/St | 026.000.055 |

12 Holzfenster, einflüglig, Passivhaus, bis 1,00m²   KG **334**
Einflügliges Drehflügelfenster aus Holz, für Passivhaus, aus Fenster- und Flügelrahmen, Dreh- Kipp-Beschlagsgarnitur mit Fenstergriff. Leistung einschl. Einbau in Rohbau und Ausstopfen der Fuge mit Mineralwolle. Äußere und innere Abdichtungen nach gesonderter Position.
Holzart: .....
Profilsystem: ..... mit **Mittel- und innere Überschlagsdichtung / Anschlagdichtung**, mit Wetterschenkel
Rahmen / Flügel: **flächenversetzt / bündig**
Anschluss unten: an Fensterbank: **außen / innen**
Anschluss oben: an Rollladenkasten
Lichtes Rohbaumaß (B x H): ..... x ..... mm
Anforderungen:
– Wärmeschutz $U_w >= 0,8$ W/(m²K)
– Gesamtenergiedurchlass: ..... %
– Einbruchhemmung: Widerstandsklasse **RC-2 (Erdgeschoss) / RC-1-N (Obergeschoss)**
Füllung / Ausfachung:
– Dreifach-Isolierverglasung,
– Lichtdurchlässigkeit 75 bis 80%
Beschlag / Zubehör:
– Dreh-Kipp-Beschlag, **verdeckt liegend / aufliegend** eingebaut, mit Fehlbediensperre
– Fenstergriff mit Rosette, Einhandbedienung, aus Aluminium, Befestigung verdeckt
– Alu-Schutzschiene des Wetterschenkels, mit Endkappen, Profil: .....

Kosten: Stand 1.Quartal 2021 Bundesdurchschnitt

▶ min
▷ von
ø Mittel
◁ bis
◀ max

Nr.	**Kurztext** / Langtext					Kostengruppe	
▶	▷	**ø netto €**	◁	◀	[Einheit]	Ausf.-Dauer	Positionsnummer

Oberflächen:
- Holzprofile: **transparent / lasierend / deckend** beschichtet, imprägniert
- Rahmen- und Flügelprofil **weiß / ...... in gleichem / unterschiedlichem** Farbton
- Aluminium-Oberflächen, anodisch oxidiert, E6, natur
- Stahloberfläche: verzinkt, chromatiert

Montage:
- Wandaufbau im Anschlussbereich: .....
- Untergrund: .....
- Einbauebene: .....

Einbauort: Geschoss / Raum .....
Zeichnung, Plan-Nr.: .....
Hinweis: Position ggf. mit Anforderungen zu Windlast, Luftdurchlässigkeit, Schlagregendichtheit, Schalldämm-Maß, Mechanische Festigkeit und Bedienkräften erweitern.

| 442 € | 599 € | **671** € | 744 € | 865 € | [St] | ⏱ 1,80 h/St | 026.000.034 |

13   Holzfenster, mehrteilig, Passivhaus, über 2,50m²   KG **334**

Mehrteiliges Drehflügelfenster aus Holz, für Passivhaus, aus Fenster- und Flügelrahmen, Pfosten und Riegel, Beschlagsgarnituren, Fenstergriffen und Öffnungsgestängen. Leistung einschl. Einbau in Rohbau und Ausstopfen der Fuge mit Mineralwolle. Äußere und innere Abdichtungen nach gesonderter Position.

Holzart: .....
Profilsystem: ..... mit **Mittel- und innere Überschlagsdichtung / Anschlagdichtung**, mit Wetterschenkel
Rahmen / Flügel: **flächenversetzt / bündig**
Anschluss unten: an Fensterbank: **außen / innen**
Anschluss oben: an Rollladenkasten
Lichtes Rohbaumaß (B x H): ..... x ..... mm
Teilung: senkrecht und waagrecht
- Feld 1: Dreh-Kipp, ...
- Feld 2: Dreh-Kipp, ...
- Feld 3: Kipp, ...
- Feld 4: Kipp, ...

Anforderungen:
- Wärmeschutz $U_W = 0{,}8$ W/(m²K)
- Gesamtenergiedurchlass: .... %
- Einbruchhemmung: Widerstandsklasse **RC-2 (Erdgeschoss) / RC-1-N (Obergeschoss)**

Füllung / Ausfachung:
- Dreifach-Isolierverglasung
- Lichtdurchlässigkeit 75 bis 80%

Beschlag / Zubehör:
- Material: Aluminium, Befestigung verdeckt
- Dreh-Kipp-Beschlag, verdeckt liegend / aufliegend eingebaut, mit Fehlbedienungssperre
- Fenstergriff mit Rosette, Einhandbedienung,
- OL-Beschlag, sichtbar, mit Öffnungsgestänge und Griff
- Alu-Schutzschiene des Wetterschenkels, mit Endkappen, Profil: .....

Oberflächen:
- Holzprofile: **transparent / lasierend / deckend** beschichtet, imprägniert
- Rahmen- und Flügelprofil **weiß / ...... in gleichem / unterschiedlichem** Farbton
- Aluminium-Oberfläche anodisch oxidiert, E6, natur
- Stahloberfläche: verzinkt, chromatiert

Einbauort: .....

**LB 026
Fenster,
Außentüren**

Kosten:
Stand 1.Quartal 2021
Bundesdurchschnitt

▶ min
▷ von
ø Mittel
◁ bis
◀ max

Nr.	Kurztext / Langtext						Kostengruppe		
▶	▷	ø netto €	◁	◀		[Einheit]	Ausf.-Dauer	Positionsnummer	

Montage:
– Wandaufbau im Anschlussbereich: .....
– Untergrund: .....
– Einbauebene: .....
Einbauort: Geschoss / Raum .....
Zeichnung, Plan-Nr.: .....
Hinweis: Position ggf. mit Anforderungen zu Windlast, Luftdurchlässigkeit, Schlagregendichtheit, Schall-dämm-Maß, Mechanische Festigkeit und Bedienkräften erweitern.

| 1.142€ | 1.764€ | **2.010**€ | 2.181€ | 2.724€ | [St] | ⏱ 3,20 h/St | 026.000.042 |

A 2   Holz-Alu-Fenster, einflüglig   Beschreibung für Pos. **14-15**

Einflügliges Drehflügelfenster aus Holz-Alu-Konstruktion, aus Fenster- und Flügelrahmen, Dreh- Kipp-Beschlagsgarnitur, mit Fenstergriff. Leistung einschl. Einbau in Rohbau und Ausstopfen der Fuge mit Mineralwolle. Äußere und innere Abdichtungen nach gesonderter Position.
Holzart: .....
Deckschale: Aluminium
Profilsystem: ..... mit **Mittel- und innere Überschlagsdichtung / Anschlagdichtung**, mit Wetterschenkel
Anschluss unten: an Fensterbank: **außen / innen**
Anschluss oben: an Rollladenkasten
Anforderungen:
– Wärmeschutz U_W = 1,3 W/(m²K)
– Gesamtenergiedurchlass: .... %
– Einbruchhemmung: Widerstandsklasse **RC-2 (Erdgeschoss) / RC-1-N (Obergeschoss)**
Füllung / Ausfachung:
– Zweifach-Isolierverglasung,
– Lichtdurchlässigkeit 75 bis 80%
Beschlag / Zubehör:
– Dreh-Kipp-Beschlag, verdeckt liegend, mit Fehlbedienungssperre
– Fenstergriff mit Rosette, Einhandbedienung, aus Aluminium, Befestigung verdeckt
Oberflächen:
– Holzprofile innen **transparent / lasierend / deckend beschichtet**, imprägniert
– Deckschale - Aluminium: PES-pulverbeschichtet, Schichtdicke / Korrosionsbelastung: **..... / C3**
– Rahmen- und Flügelprofil **weiß / .....** in **gleichem / unterschiedlichem** Farbton
– Aluminium sichtbar, anodisch oxidiert, E6, natur
– Stahloberfläche: verzinkt, chromatiert
Montage:
– Wandaufbau im Anschlussbereich: .....
– Untergrund: .....
– Einbauebene: .....
Einbauort: Geschoss / Raum .....
Zeichnung, Plan-Nr.: .....
Hinweis: Position ggf. mit Anforderungen zu Windlast, Luftdurchlässigkeit, Schlagregendichtheit, Schall-dämm-Maß, Mechanische Festigkeit und Bedienkräften erweitern.

14   Holz-Alu-Fenster, einflüglig, bis 0,70m²   KG **334**

Wie Ausführungsbeschreibung A 2
Lichtes Rohbaumaß (B x H): ..... x ..... mm
Fenstergröße: bis 0,70 m²

| 422€ | 487€ | **528**€ | 557€ | 635€ | [St] | ⏱ 1,80 h/St | 026.000.012 |

Nr.	Kurztext / Langtext							Kostengruppe
▶	▷	ø netto €	◁	◀	[Einheit]		Ausf.-Dauer	Positionsnummer

15 Holz-Alu-Fenster, einflüglig, bis 1,70m²   KG 334

Wie Ausführungsbeschreibung A 2
Lichtes Rohbaumaß (B x H): ..... x ..... mm
Fenstergröße: 0,70 bis 1,70 m²

| 530€ | 721€ | **784€** | 988€ | 1.321€ | [St] | ⏱ 2,60 h/St | 026.000.013 |

16 Holz-Alu-Fenster, zweiflüglig   KG 334

Zweiflügliges Drehflügelfenster aus Holz-Alu-Konstruktion, aus einem Fenster- und zwei Flügelrahmen, Beschlagsgarnitur mit Fenstergriff. Leistung einschl. Einbau in Rohbau und Ausstopfen der Fuge mit Mineralwolle. Äußere und innere Abdichtungen nach gesonderter Position.
Holzart: .....
Deckschale: Aluminium
Profilsystem: ..... mit **Mittel- und innere Überschlagsdichtung / Anschlagdichtung**, mit Wetterschenkel
Rahmen / Flügel: **flächenversetzt / bündig**
Anschluss unten: an Fensterbank **außen / innen**
Anschluss oben: an Rollladenkasten
Lichtes Rohbaumaß (B x H): ..... x ..... mm
Teilung: senkrecht
Feld 1: Dreh-Kipp, Breite: .....
Feld 2: Dreh, mit Anschlag, Breite: .....
Anforderungen:
– Wärmeschutz U_W = 1,3 W/(m²K)
– Gesamtenergiedurchlass: ..... %
– Einbruchhemmung: Widerstandsklasse **RC-2 (Erdgeschoss) / RC-1-N (Obergeschoss)**
Füllung / Ausfachung:
– Zweifach-Isolierverglasung,
– Lichtdurchlässigkeit 75 bis 80%
Beschlag / Zubehör:
– Dreh-Kipp-Beschlag, **verdeckt liegend/ aufliegend**, mit Fehlbedienungssperre
– Fenstergriff mit Rosette, Einhandbedienung, aus Aluminium, Befestigung verdeckt
Oberflächen:
– Holzprofile innen: **transparent / lasierend / deckend** beschichtet, imprägniert
– Deckschale - Aluminium: PES-pulverbeschichtet, Schichtdicke / Korrosionsbelastung: **..... / C3**
– Rahmen- und Flügelprofil **weiß / .....** in **gleichem / unterschiedlichem** Farbton.
– Aluminium sichtbar, anodisch oxidiert, E6, natur
– Stahloberfläche: verzinkt, chromatiert
Montage:
– Wandaufbau im Anschlussbereich: .....
– Untergrund: .....
– Einbauebene: .....
Einbauort: Geschoss / Raum .....
Zeichnung, Plan-Nr.: .....
Hinweis: Position ggf. mit Anforderungen zu Windlast, Luftdurchlässigkeit, Schlagregendichtheit, Schalldämm-Maß, Mechanische Festigkeit und Bedienkräften erweitern.

| 878€ | 1.130€ | **1.245€** | 1.386€ | 1.699€ | [St] | ⏱ 3,20 h/St | 026.000.014 |

LB 026 Fenster, Außentüren

Nr.	Kurztext / Langtext				[Einheit]	Ausf.-Dauer	Kostengruppe Positionsnummer
▶	▷	ø netto €	◁	◀			

17 Holz-Alu-Fenstertür, zweiflüglig — KG **334**

Einflügige Drehflügel-Fenstertür aus Holz-Alu-Konstruktion, aus Fenster- und Flügelrahmen, Beschlagsgarnitur mit Fenstergriff. Leistung einschl. Bohrungen und Verbindungsmitteln für die Verschraubung mit den bauseitigen Anschlüssen.

Holzart: .....
Deckschale: Aluminium
Profilsystem: ..... mit **Mittel- und innere Überschlagsdichtung / Anschlagdichtung**, mit Wetterschenkel
Rahmen / Flügel: **flächenversetzt / bündig**
Anschluss unten: an Fensterbank: **außen / innen**
Anschluss oben: an Rollladenkasten
Lichtes Rohbaumaß (B x H): ..... x ..... mm
Teilung: senkrecht
– Feld 1: Dreh-Kipp, (B x H): ..... x ..... mm
– Feld 2: Dreh, (B x H): ..... x ..... mm, mit Anschlag
Anforderungen
– Wärmeschutz U_W = 1,3 W/(m²K)
– Gesamtenergiedurchlass: .... %
– Einbruchhemmung: Widerstandsklasse **RC-2 (Erdgeschoss)/ RC-1-N (Obergeschoss)**
Füllung / Ausfachung:
– Zweifach-Isolierverglasung, innen VSG, außen ESG
– Lichtdurchlässigkeit 75 bis 80%
Beschlag / Zubehör:
– Dreh-Kipp-Beschlag, **verdeckt liegend/ aufliegend**, mit Fehlbedienungssperre
– Fenstergriff mit Rosette, Einhandbedienung, aus Aluminium, Befestigung verdeckt
– Fenstertür-Ziehgriff, Aluminium
– Systembodenschwelle: Aluminium-Formteil
– Wetterschutzschiene aus Aluminium
Oberflächen:
– Holzprofile innen: transparent / lasierend / deckend beschichtet, imprägniert
– Deckschale - Aluminium: PES-pulverbeschichtet, Schichtdicke / Korrosionsbelastung: **..... / C3**
– Rahmen- und Flügelprofil **weiß / ...... in gleichem / unterschiedlichem** Farbton.
– Aluminium sichtbar, anodisch oxidiert, E6, natur
– Stahloberfläche: verzinkt, chromatiert
Montage:
– Wandaufbau im Anschlussbereich: .....
– Untergrund: .....
– Einbauebene: .....
Einbauort: Geschoss / Raum .....
Zeichnung, Plan-Nr.: .....

Hinweis: Position ggf. mit Anforderungen zu Windlast, Luftdurchlässigkeit, Schlagregendichtheit, Schalldämm-Maß, Mechanische Festigkeit und Bedienkräften erweitern.

| 1.509€ | 2.088€ | **2.377€** | 2.766€ | 3.488€ | [St] | ⏱ 3,80 h/St | 026.000.030 |

Nr.	Kurztext / Langtext					Kostengruppe		
▶	▷	ø netto €	◁	◀	[Einheit]	Ausf.-Dauer	Positionsnummer

A 3 Kunststofffenster, einflüglig — Beschreibung für Pos. **18-19**

Einflügliges Drehflügelfenster aus Kunststoff, aus Fenster- und Flügelrahmen, Dreh- Kipp-Beschlagsgarnitur mit Fenstergriff. Leistung einschl. Einbau in Rohbau und Ausstopfen der Fuge mit Mineralwolle. Äußere und innere Abdichtungen nach gesonderter Position.
Material: Polyvinylchlorid (PVC-U), mit bleifreien Stabilisatoren, Profilsystem: Mehrkammerprofilsystem mit Stahlverstärkung, mit **Mitteldichtung / Anschlagdichtung**, mit Wetterschenkel
Rahmen / Flügel: **flächenversetzt / bündig**
Anschluss unten: an Fensterbank: **außen / innen**
Anschluss oben: an Rollladenkasten
Lichtes Rohbaumaß (B x H): siehe Unterposition
Anforderungen:
– Wärmeschutz U_W = 1,3 W/(m²K)
– Gesamtenergiedurchlass: .... %
– Einbruchhemmung: Widerstandsklasse **RC-2 (Erdgeschoss) / RC-1-N (Obergeschoss)**
Füllung / Ausfachung:
– Zweifach-Isolierverglasung,
– Lichtdurchlässigkeit 75 bis 80%
Beschlag / Zubehör:
– Dreh-Kipp-Beschlag, **verdeckt liegend / aufliegend** eingebaut, mit Fehlbedienungssperre
– Fenstergriff mit Rosette, Einhandbedienung, aus Aluminium, Befestigung verdeckt
Oberflächen:
– Rahmen- und Flügelprofil **weiß / mit Folienbeschichtung** Dekor/Farbe ..... **in gleichem / unterschiedlichem** Farbton
– Aluminium-Oberflächen, anodisch oxidiert, E6, natur
– Stahloberfläche: verzinkt, chromatiert
Montage:
– Wandaufbau im Anschlussbereich: .....
– Untergrund: .....
– Einbauebene: .....
Einbauort: Geschoss / Raum .....
Zeichnung, Plan-Nr.: .....

18 Kunststofffenster, einflüglig, bis 0,70m² — KG **334**
Wie Ausführungsbeschreibung A 3
Lichtes Rohbaumaß (B x H): ..... x ..... mm
Fenstergröße: bis 0,70 m²

▶	▷	ø netto €	◁	◀	[Einheit]	Ausf.-Dauer	Positionsnummer
204€	253€	**274€**	298€	354€	[St]	1,60 h/St	026.000.006

19 Kunststofffenster, einflüglig, bis 1,70m² — KG **334**
Wie Ausführungsbeschreibung A 3
Lichtes Rohbaumaß (B x H): ..... x ..... mm
Fenstergröße: 0,70 bis 1,70 m²

▶	▷	ø netto €	◁	◀	[Einheit]	Ausf.-Dauer	Positionsnummer
243€	338€	**371€**	451€	596€	[St]	1,60 h/St	026.000.007

LB 026 Fenster, Außentüren

Kosten:
Stand 1.Quartal 2021
Bundesdurchschnitt

Nr.	Kurztext / Langtext				[Einheit]	Kostengruppe
▶	▷	ø netto €	◁	◀		Ausf.-Dauer Positionsnummer

A 4   Kunststofffenster, mehrteilig   Beschreibung für Pos. 20-21

Drehflügelfenster aus Kunststoff, mehrteilig, aus Fenster- und Flügelrahmen, Dreh- Kipp-Beschlagsgarnituren und Fenstergriffen, OL-Kipp-Beschlagsgarnituren mit Öffnungsgestängen und Griffen. Leistung einschl. Einbau in Rohbau und Ausstopfen der Fuge mit Mineralwolle. Äußere und innere Abdichtungen nach gesonderter Position.

Holzart: .....
Profilsystem: ..... mit **Mittel- und innere Überschlagsdichtung / Anschlagdichtung**, mit Wetterschenkel
Rahmen / Flügel: **flächenversetzt / bündig**
Anschluss unten: an Fensterbank: **außen / innen**
Anschluss oben: an Rollladenkasten
Anforderungen:
– Wärmeschutz U_w = 1,3 W/(m²K)
– Gesamtenergiedurchlass: .... %
– Einbruchhemmung: Widerstandsklasse **RC-2 (Erdgeschoss)/ RC-1-N (Obergeschoss)**

Füllung / Ausfachung:
– Zweifach-Isolierverglasung,
– Lichtdurchlässigkeit 75 bis 80%

Beschlag / Zubehör:
– Material: Aluminium, Befestigung verdeckt
– Dreh-Kipp-Beschlag, **verdeckt liegend / aufliegend**/ eingebaut, mit Fehlbedienungssperre
– Fenstergriff mit Rosette, Einhandbedienung
– OL-Beschlag, aufliegend eingebaut, mit Öffnungsgestänge

Oberflächen:
– Rahmen- und Flügelprofil **weiß / mit Folienbeschichtung** Dekor/Farbe ..... **in gleichem / unterschiedlichem** Farbton
– Aluminium-Oberflächen, anodisch oxidiert, E6, natur
– Stahloberfläche: verzinkt, chromatiert

Montage:
– Wandaufbau im Anschlussbereich: .....
– Untergrund: .....
– Einbauebene: .....

Einbauort: Geschoss / Raum .....
Zeichnung, Plan-Nr.: .....
Hinweis: Position ggf. mit Anforderungen zu Windlast, Luftdurchlässigkeit, Schlagregendichtheit, Schalldämm-Maß, Mechanische Festigkeit und Bedienkräften erweitern.

▶ min
▷ von
ø Mittel
◁ bis
◀ max

20   Kunststofffenster, mehrteilig, bis 1,70m²   KG 334

Wie Ausführungsbeschreibung A 4
Lichtes Rohbaumaß (B x H): ..... x ..... mm
Teilung: senkrecht und waagrecht
– Feld 1: Dreh-Kipp, ...
– Feld 2: Dreh-Kipp, ...
– Feld 3: Kipp, ...
– Feld 4: Kipp, ...
Fenstergröße: bis 1,70 m²

| 421€ | 504€ | **572**€ | 600€ | 648€ | [St] | ⏱ 2,00 h/St | 026.000.033 |

Nr.	**Kurztext** / Langtext							Kostengruppe
▶	▷	**ø netto €**	◁	◀		[Einheit]	Ausf.-Dauer	Positionsnummer

21 Kunststofffenster, mehrteilig, über 1,70m²   KG **334**

Wie Ausführungsbeschreibung A 4
Lichtes Rohbaumaß (B x H): ..... x ..... mm
Teilung: senkrecht und waagrecht
  – Feld 1: Dreh-Kipp, ...
  – Feld 2: Dreh-Kipp, ...
  – Feld 3: Kipp, ...
  – Feld 4: Kipp, ...
Fenstergröße: über 1,70 m²

| 487€ | 711€ | **823**€ | 973€ | 1.274€ | | [St] | ⏱ 3,50 h/St | 026.000.008 |

22 Kunststofffenster, einflüglig, Passivhaus   KG **334**

Einflügliges Drehflügelfenster aus Kunststoff, für Passivhaus, aus Fenster- und Flügelrahmen, Dreh- Kipp-Beschlagsgarnitur mit Fenstergriff. Leistung einschl. Anschluss an Rohbau und Ausstopfen der Fuge mit Mineralwolle. Äußere und innere Abdichtungen nach gesonderter Position.
Material: Polyvinylchlorid (PVC-U), mit bleifreien Stabilisatoren
Profilsystem: Mehrkammerprofil mit Stahlverstärkung, mit **Mitteldichtung / Anschlagdichtung**
Rahmen / Flügel: **flächenversetzt / bündig**
Anschluss unten: an Fensterbank: **außen / innen**
Anschluss oben: an Rollladenkasten
Lichtes Rohbaumaß (B x H): ..... x ..... mm
Anforderungen:
  – Wärmeschutz U_w = 0,8 W/(m²K)
  – Gesamtenergiedurchlass: .... %
  – Einbruchhemmung: Widerstandsklasse **RC-2 (Erdgeschoss) / RC-1-N (Obergeschoss)**
Füllung / Ausfachung:
  – Dreifach-Isolierverglasung,
  – Lichtdurchlässigkeit 75 bis 80%
Beschlag / Zubehör:
  – Dreh-Kipp-Beschlag, **verdeckt liegend / aufliegend** eingebaut, mit Fehlbedienungssperre
  – Fenstergriff mit Rosette, Einhandbedienung, aus Aluminium eloxiert, Befestigung verdeckt
Oberflächen:
  – Rahmen- und Flügelprofil **weiß / mit Folienbeschichtung** Dekor/Farbe..... **in gleichem / unterschiedlichem** Farbton
  – Aluminium-Oberfläche anodisch oxidiert, E6, natur
  – Stahloberfläche: verzinkt, chromatiert
Montage:
  – Wandaufbau im Anschlussbereich: .....
  – Untergrund: .....
  – Einbauebene: .....
Einbauort: Geschoss / Raum .....
Zeichnung, Plan-Nr.: .....
Hinweis: Position ggf. mit Anforderungen zu Windlast, Luftdurchlässigkeit, Schlagregendichtheit, Schalldämm-Maß, Mechanische Festigkeit und Bedienkräften erweitern.

| 382€ | 419€ | **544**€ | 549€ | 851€ | | [St] | ⏱ 1,60 h/St | 026.000.035 |

LB 026 Fenster, Außentüren

Nr.	Kurztext / Langtext					Kostengruppe	
▶	▷	ø netto €	◁	◀	[Einheit]	Ausf.-Dauer	Positionsnummer

23 Holzfenster, mehrteilig, über 2,50m² — KG **334**

Drehflügelfenster aus Holz, mehrteilig, aus Fenster- und Flügelrahmen, mit Beschlagsgarnituren, Fenstergriffe und Öffnungsgestängen. Leistung einschl. Einbau in Rohbau und Ausstopfen der Fuge mit Mineralwolle. Äußere und innere Abdichtungen nach gesonderter Position.
Holzart: .....
Profilsystem: ..... mit **Mittel- und innere Überschlagsdichtung / Anschlagdichtung**, mit Wetterschenkel
Rahmen / Flügel: **flächenversetzt / bündig**
Anschluss unten: an Fensterbank: **außen / innen**
Anschluss oben: an Rollladenkasten
Lichtes Rohbaumaß (B x H): ..... x ..... mm
Teilung: senkrecht und waagrecht
 – Feld 1: Dreh-Kipp, ...
 – Feld 2: Dreh-Kipp, ...
 – Feld 3: Kipp, ...
 – Feld 4: Kipp, ...
Anforderungen:
 – Wärmeschutz U_W = 1,1 W/(m²K)
 – Gesamtenergiedurchlass: .... %
 – Einbruchhemmung: Widerstandsklasse **RC-2 (Erdgeschoss) / RC-1-N (Obergeschoss)**
Füllung / Ausfachung:
 – Zweifach-Isolierverglasung,
 – Lichtdurchlässigkeit 75 bis 80%
Beschlag / Zubehör:
 – Material: Aluminium, Befestigung verdeckt
 – Dreh-Kipp-Beschläge, **verdeckt liegend / aufliegend** eingebaut, mit Fehlbedienungssperre
 – Fenstergriff mit Rosette, Einhandbedienung,
 – OL-Beschlag, aufliegend, mit Öffnungsgestänge und Griff
 – Alu-Schutzschiene des Wetterschenkels, mit Endkappen, Profil: .....
Oberflächen:
 – Holzprofile: **transparent / lasierend / deckend** beschichtet, imprägniert
 – Rahmen- und Flügelprofil **weiß / ... in gleichem / unterschiedlichem** Farbton
 – Aluminium-Oberfläche anodisch oxidiert, E6, natur
 – Stahloberfläche: verzinkt, chromatiert
Montage:
 – Wandaufbau im Anschlussbereich: .....
 – Untergrund: .....
 – Einbauebene: .....
Einbauort: Geschoss / Raum .....
Zeichnung, Plan-Nr.: .....
Hinweis: Position ggf. mit Anforderungen zu Windlast, Luftdurchlässigkeit, Schlagregendichtheit, Schall-dämm-Maß, Mechanische Festigkeit und Bedienkräften erweitern.

▶	▷	ø	◁	◀			
773€	1.311€	**1.537€**	1.941€	3.080€	[St]	⏱ 3,00 h/St	026.000.011

Kosten: Stand 1.Quartal 2021 Bundesdurchschnitt

▶ min
▷ von
ø Mittel
◁ bis
◀ max

Nr.	Kurztext / Langtext						Kostengruppe
▶	▷	**ø netto €**	◁	◀	[Einheit]	Ausf.-Dauer	Positionsnummer

24 Metall-Glas-Fenster, einflüglig, bis 2m² — KG **334**

Einflügliges Drehflügelfenster aus Metallprofil, aus Fenster- und Flügelrahmen, Dreh- Kipp-Beschlagsgarnitur mit Fenstergriff. Leistung einschl. Einbau in Rohbau und Ausstopfen der Fuge mit Mineralwolle. Äußere und innere Abdichtungen nach gesonderter Position.
Rahmenmaterial: Aluminium
Profilsystem: ..... mit **Mittel- und innere Überschlagsdichtung / Anschlagdichtung**, mit Wetterschenkel
Rahmen / Flügel: **flächenversetzt / bündig**
Anschluss unten: an Fensterbank: **außen / innen**
Anschluss oben: an Rollladenkasten
Lichtes Rohbaumaß (B x H): ..... x ..... mm (bis ca. 2,00m²)
Anforderungen:
 – Wärmeschutz U_W = 1,3 W/(m²K)
 – Gesamtenergiedurchlass: ..... %
 – Einbruchhemmung: Widerstandsklasse **RC-2 (Erdgeschoss)/ RC-1-N (Obergeschoss)**
Füllung / Ausfachung:
 – Zweifach-Isolierverglasung,
 – Lichtdurchlässigkeit 75 bis 80%
Beschlag / Zubehör:
 – Dreh-Kipp-Beschlag, **verdeckt liegend / aufliegend**, mit Fehlbedienungssperre
 – Fenstergriff mit Rosette, Einhandbedienung, Aluminium, Befestigung verdeckt
Oberflächen:
 – Fensterprofile: PES-pulverbeschichtet, Schichtdicke / Korrosionsbelastung: **.....** / **C3**, Farbton: .....
 – Rahmen- und Flügelprofil in **gleichem / unterschiedlichem** Farbton
 – Aluminium sichtbar, anodisch oxidiert, C-0
 – Stahloberfläche: verzinkt, chromatiert
Montage:
 – Wandaufbau im Anschlussbereich: .....
 – Untergrund: .....
 – Einbauebene: .....
Einbauort: Geschoss / Raum .....
Zeichnung, Plan-Nr.: .....
Hinweis: Position ggf. mit Anforderungen zu Windlast, Luftdurchlässigkeit, Schlagregendichtheit, Schalldämm-Maß, Mechanische Festigkeit und Bedienkräften erweitern.

| 273€ | 688€ | **806**€ | 1.003€ | 1.405€ | [St] | ⏱ 2,00 h/St | 026.000.015 |

25 Metall-Glas-Fenster, zweiflüglig, bis 4,5m² — KG **334**

Zweiflügliges Drehflügelfenster aus Metallprofil, aus einem Fenster- und zwei Flügelrahmen, Beschlagsgarnitur mit Fenstergriff. Leistung einschl. Einbau in Rohbau und Ausstopfen der Fuge mit Mineralwolle. Äußere und innere Abdichtungen nach gesonderter Position.
Rahmenmaterial: Aluminium
Profilsystem: Mehrkammerprofil mit **Mitteldichtung / Anschlagdichtung**
Rahmen / Flügel: **flächenversetzt / bündig**
Anschluss unten: an Fensterbank: **außen / innen**
Anschluss oben: an Rollladenkasten
Lichtes Rohbaumaß (B x H): ..... x ..... mm (bis ca. 4,50m²)
Teilung: senkrecht
Feld 1: Dreh-Kipp: .....
Feld 2: Dreh, mit Anschlag: .....

LB 026 Fenster, Außentüren

Kosten:
Stand 1.Quartal 2021
Bundesdurchschnitt

Nr.	Kurztext / Langtext					Kostengruppe
▶	▷	ø netto €	◁	◀	[Einheit] Ausf.-Dauer	Positionsnummer

Anforderungen:
- Wärmeschutz U_W = 1,3 W/(m²K)
- Gesamtenergiedurchlass: ..... %
- Einbruchhemmung: Widerstandsklasse **RC-2 (Erdgeschoss) / RC-1-N (Obergeschoss)**

Füllung / Ausfachung:
- Zweifach-Isolierverglasung,
- Lichtdurchlässigkeit 75 bis 80%

Beschlag / Zubehör:
- Dreh-Kipp-Beschlag für zweiflügliges Fenster, **verdeckt liegend / aufliegend**, mit Fehlbedienungssperre
- Fenstergriff mit Rosette, Einhandbedienung, aus Aluminium eloxiert, Befestigung verdeckt

Oberflächen:
- Fensterprofile: **nasslackiert / PES-pulverbeschichtet**,
- Schichtdicke / Korrosionsbelastung: ..... / **C3**
- Rahmen- und Flügelprofil **weiß / .....** in **gleichem / unterschiedlichem Farbton**
- - Aluminium sichtbar, anodisch oxidiert, C-0
- Stahloberfläche: verzinkt, chromatiert

Montage:
- Wandaufbau im Anschlussbereich: .....
- Untergrund: .....
- Einbauebene: .....

Einbauort: Geschoss / Raum .....
Zeichnung, Plan-Nr.: .....

Hinweis: Position ggf. mit Anforderungen zu Windlast, Luftdurchlässigkeit, Schlagregendichtheit, Schalldämm-Maß, Mechanische Festigkeit und Bedienkräfte erweitern.

| 862 € | 1.591 € | **1.867** € | 2.416 € | 3.693 € | [St] | ⌚ 4,00 h/St | 026.000.016 |

26 Metall-Glas-Fenster, mehrteilig, außen, 5,00m²   KG **334**

Mehrteiliges Drehflügelfenster aus Metallprofil, aus einem Fenster- und zwei Flügelrahmen, Beschlagsgarnitur mit Fenstergriff. Leistung einschl. Einbau in Rohbau und Ausstopfen der Fuge mit Mineralwolle. Äußere und innere Abdichtungen nach gesonderter Position.

Rahmenmaterial: Aluminium
Profilsystem: Mehrkammerprofil mit **Mitteldichtung / Anschlagdichtung**
Rahmen / Flügel: **flächenversetzt / bündig**
Anschluss unten: an Fensterbank: **außen / innen**
Anschluss oben: .....
Lichtes Rohbaumaß (B x H): ..... x ..... mm (ca. 5,00 m²)
Teilung: senkrecht und waagrecht
- Feld 1: Dreh-Kipp, ...
- Feld 2: Dreh-Kipp, ...
- Feld 3: Kipp, ...
- Feld 4: Kipp, ...

Anforderungen:
- Wärmeschutz U_W = 1,3 W/(m²K)
- Gesamtenergiedurchlass: ..... %
Einbruchhemmung: Widerstandsklasse **RC-2 (Erdgeschoss)/ RC-1-N (Obergeschoss)**

Füllung / Ausfachung:
- Zweifach-Isolierverglasung,
- Lichtdurchlässigkeit 75 bis 80%

▶ min
▷ von
ø Mittel
◁ bis
◀ max

Nr.	Kurztext / Langtext						Kostengruppe
▶	▷	ø netto €	◁	◀	[Einheit]	Ausf.-Dauer	Positionsnummer

Beschlag / Zubehör:
- Material: Aluminium, Befestigung verdeckt
- Dreh-Kipp-Beschläge, **verdeckt liegend / aufliegend** eingebaut, mit Fehlbedienungssperre
- Fenstergriff mit Rosette, Einhandbedienung
- OL-Beschlag, aufliegend, mit Öffnungsgestänge und Griff

Oberflächen:
- Fensterprofile: **nasslackiert / PES-pulverbeschichtet**, Schichtdicke / Korrosionsbelastung: ..... **/ C3**
- Rahmen- und Flügelprofil **weiß / .....** in **gleichem / unterschiedlichem** Farbton
- Aluminium sichtbar, anodisch oxidiert, C-0
- Stahloberfläche: verzinkt, chromatiert

Montage:
- Wandaufbau im Anschlussbereich: .....
- Untergrund: .....
- Einbauebene: .....

Einbauort: Geschoss / Raum .....
Zeichnung, Plan-Nr.: .....

Hinweis: Position ggf. mit Anforderungen zu Windlast, Luftdurchlässigkeit, Schlagregendichtheit, Schalldämm-Maß, Mechanische Festigkeit und Bedienkräften erweitern.

1.745 €   2.406 €   **2.705 €**   4.159 €   6.752 €   [St]   ⏱ 4,40 h/St   026.000.032

27   Metall-Glas-Fenstertür, einflüglig   KG **334**

Einflüglige Drehflügel-Fenstertür in Metall-Konstruktion, aus Fenster- und Flügelrahmen, Dreh-Kipp-Beschlagsgarnitur mit Fenstergriff. Leistung einschl. Einbau in Rohbau und Ausstopfen der Fuge mit Mineralwolle. Äußere und innere Abdichtungen nach gesonderter Position.

Rahmen-Material: Aluminium
Profilsystem: ..... mit **Mittel- und innere Überschlagsdichtung / Anschlagdichtung**
Rahmen / Flügel: **flächenversetzt / bündig**
Anschluss unten: an Fensterbank: **außen / innen**
Anschluss oben: an Rollladenkasten
Lichtes Rohbaumaß (B x H): ..... x ..... mm

Anforderungen:
- Wärmeschutz U_W = 1,3 W/(m²K)
- Gesamtenergiedurchlass: ..... %
- Einbruchhemmung: Widerstandsklasse **RC-2 (Erdgeschoss) / RC-1-N (Obergeschoss)**

Füllung / Ausfachung:
- Zweifach-Isolierverglasung, innen VSG, außen ESG
- Lichtdurchlässigkeit 75 bis 80%

Beschlag / Zubehör:
- Dreh-Kipp-Beschlag, **verdeckt liegend / aufliegend**, mit Fehlbedienungssperre
- Fenstergriff mit Rosette, Einhandbedienung, aus Aluminium, Befestigung verdeckt
- Fenstertür-Ziehgriff, Aluminium
- Systembodenschwelle: Aluminium-Formteil

Oberflächen:
- Fensterprofile: PES-pulverbeschichtet, Schichtdicke/ Korrosionsbelastung: ..... **/ C3**
- Rahmen- und Flügelprofil **weiß / .....** in **gleichem / unterschiedlichem** Farbton
- Aluminium sichtbar, anodisch oxidiert, C-0
- Stahloberfläche: verzinkt, chromatiert

LB 026 Fenster, Außentüren

Nr.	Kurztext / Langtext					Kostengruppe		
▶	▷	ø netto €	◁	◀	[Einheit]	Ausf.-Dauer	Positionsnummer

Montage:
– Wandaufbau im Anschlussbereich: .....
– Untergrund: .....
– Einbauebene: .....
Einbauort: Geschoss / Raum .....
Zeichnung, Plan-Nr.: .....
Hinweis: Position ggf. mit Anforderungen zu Windlast, Luftdurchlässigkeit, Schlagregendichtheit, Schalldämm-Maß, Mechanische Festigkeit und Bedienkräften erweitern.

| 863 € | 1.951 € | **2.530 €** | 3.011 € | 3.860 € | [St] | ⏱ 3,80 h/St | 026.000.031 |

28 Pfosten-Riegel-Fassade, Holz/Holz-Aluminium KG **334**

Pfosten-Riegel-Konstruktion aus Holz/Holz-Aluprofilen für mehrgeschossige Fassade, selbsttragend, wärmegedämmt, aus Tragprofil, innerem und äußerem Anpressprofil mit Dichtungen und Abdeckprofil, geeignet für versetzten / bündigen Einbau von Öffnungselementen. Leistung einschl. Bohrungen und Verbindungsmitteln für die Verschraubung mit den bauseitigen Anschlüssen und Einbau aller Komponenten. Anschlüsse an begrenzende Bauteile, Öffnungselemente und Paneele nach gesonderter Position.

Lichtes Rohbaumaß (B x H): ..... x ..... mm
Aufteilung / Form: mehrteilig, mit durchlaufendem Pfosten .....
Profileausbildung
Ansichtsbreite des Profils: 50 / 60 mm
Profiltiefe: ..... mm
Bautiefe des Tragprofils: ..... mm
Bautiefe des Riegelprofils: .....
Form der Deckleiste: rechteckig / u-förmig, Abmessung: .....
Rahmenmaterial:
– Tragprofil aus Holzprofilen, Holzart: schichtverleimte nordische Kiefer
– Wärmedurchgang Rahmen U_f = ... W/(m²K)
Anforderung:
– Wärmeschutz U_{cw} = ... W/(m²K)
– Gesamtenergiedurchlass: ..... %
– Windlast: .....
– Rahmendurchbiegung: B
– Luftdurchlässigkeit: Klasse: .....
– Schlagregendichtheit: Klasse: .....
– Schalldämm-Maß: R_w ..... dB
– Stoßfestigkeit: Klasse .....
Glasfüllung:
– transparent, Isolierverglasung / Sonnenschutz- / Wärmeschutzverglasung, zweifach
– Wärmedurchgang Glas U_g = ... W/(m²K)
– Wärmedurchgang Glasrand Psi = ... W/(mK)
– Lichtdurchlässigkeit: ..... %
– Abstandhalter: .....
Oberfläche:
– außen / innen: .....
Montage:
– Wandaufbau im Anschlussbereich: mehrschalig, hinterlüftete Konstruktion
– Untergrund: Stahlbeton
– Einbauebene: .....

Kosten:
Stand 1.Quartal 2021
Bundesdurchschnitt

▶ min
▷ von
ø Mittel
◁ bis
◀ max

Nr.	**Kurztext** / Langtext							Kostengruppe
▶	▷	**ø netto €**	◁	◀	[Einheit]	Ausf.-Dauer	Positionsnummer

Einbauort: Geschoss / Fassade .....
Zeichnung, Plan-Nr.: .....
367€   578€   **647**€   796€   1.116€   [m²]   ⏱ 2,50 h/m²   026.000.017

29   **Pfosten-Riegel-Fassade, Metall**   KG **334**

Pfosten-Riegel-Konstruktion aus Metallprofilen für mehrgeschossige Fassade, selbsttragend, wärmegedämmt, aus Tragprofil, innerem und äußerem Anpressprofil mit Dichtungen und Abdeckprofil, geeignet für **versetzten / bündigen** Einbau von Öffnungselementen. Leistung einschl. Bohrungen und Verbindungsmitteln für die Verschraubung mit den bauseitigen Anschlüssen und Einbau aller Komponenten. Anschlüsse an begrenzende Bauteile, Öffnungselemente und Paneele nach gesonderter Position.
Lichtes Rohbaumaß (B x H): ..... x ..... mm
Aufteilung / Form: mehrteilig, mit durchlaufendem Pfosten .....
Profileausbildung:
Ansichtsbreite des Profils: **50 / 60** mm
Profiltiefe: ..... mm
Bautiefe des Tragprofils: ..... mm
Bautiefe des Riegelprofils: .....
Form der Deckleiste: **rechteckig / u-förmig**, Abmessung: .....
Rahmenmaterial:
  – Tragprofil aus Metall, Material **Stahl / Aluminium**
  – Wärmedurchgang Rahmen U_f = ... W/(m²K)
Anforderungen:
  – Wärmeschutz U_{cw} = ... W/(m²K)
  – Gesamtenergiedurchlass: ..... %
  – Windlast: .....
  – Rahmendurchbiegung: B
  – Luftdurchlässigkeit: Klasse: .....
  – Schlagregendichtheit: Klasse: .....
  – Schalldämm-Maß: R_w ..... dB
  – Stoßfestigkeit: Klasse .....
Glasfüllung:
  – transparent, Isolierverglasung / Sonnenschutz- / Wärmeschutzverglasung, zweifach
  – Wärmedurchgang Glas U_g = ... W/(m²K)
  – Wärmedurchgang Glasrand Psi = ... W/(mK)
  – Lichtdurchlässigkeit: ..... %
  – Abstandhalter: **Aluminium / Edelstahl / Kunststoff**
Oberflächen:
  – Tragprofil und Deckleiste in **gleichem / unterschiedlichem** Farbton
  – äußere Pressleiste: **Nasslackierung / Pulverbeschichtung, RAL- / NCS, Farbe** .....
Montage:
  – Wandaufbau im Anschlussbereich: mehrschalig, hinterlüftete Konstruktion
  – Untergrund: Stahlbeton
  – Einbauebene: .....
Einbauort: Geschoss / Fassade .....
Zeichnung, Plan-Nr.: .....
403€   666€   **790**€   1.001€   1.475€   [m²]   ⏱ 2,50 h/m²   026.000.018

LB 026 Fenster, Außentüren

Kosten:
Stand 1.Quartal 2021
Bundesdurchschnitt

▶ min
▷ von
ø Mittel
◁ bis
◀ max

Nr.	Kurztext / Langtext					Kostengruppe
▶	▷	ø netto €	◁	◀	[Einheit]	Ausf.-Dauer Positionsnummer

30 Einsatzelement, Türe, PR-Fassade KG **334**

Türanlage wärmegedämmt, Drehflügeltür, für Einsatz in beschriebener Pfosten-Riegel-Fassade, aus thermisch getrennten Rohrrahmenprofilen, ein- und zweiflüglig.
Profilsystem: .....
Elementmaß (B x H): ..... x ..... mm
Grund- und Türkonstruktion: .....
Aufteilung / Form:
 – zweiteilig, aus Zarge und Türflügel, nach **innen / außen** aufschlagend
 – doppelte Anschlagdichtung seitlich und oben, beidseitig mit umlaufender Schattenfuge b = ... mm
Rahmen:
 – Rohrrahmen aus Aluminium, Mehrkammerprofilsystem, mit thermischer Trennung, mit **Mitteldichtung / Anschlagdichtung**
Füllung / Ausfachung:
 – transparent, Isolierverglasung, zweifach
 – Lichtdurchlässigkeit 75 bis 80%
Nutzung / Anforderungen:
 – Klimaklasse: .....
 – Nutzungskategorie DIN EN 1192: Klasse 3-4
 – Beanspruchungsgruppe: Klasse .....
 – Schalldämmmaß R_w,R: ..... dB
 – Wärmeschutz U_d = ... W/(m²K)
 – Gesamtenergiedurchlass: ..... %
 – Luftdurchlässigkeit: Klasse .....
 – Schlagregendichtheit: Klasse .....
 – Einbruchhemmung: Widerstandsklasse RC .....
 – Bedienungskräfte: Klasse .....
Beschlag / Zubehör:
 – Türgriff aus Aluminium, Einhandbedienung, eloxiert, Befestigung verdeckt liegend
 – Öffnungsbegrenzer
Oberflächen:
 – Rahmen- und Flügelprofil in **gleichem / unterschiedlichem** Farbton
 – Beschichtung aus **Nasslackierung / PES-Pulverbeschichtung**, **RAL- / NCS**-Farbton nach Mustervorlage
 – Schichtdicke / Korrosionsbelastung: ..... / C3
 – Aluminium sichtbar, anodisch oxidiert, C-0
Montage:
 – im Schwellenbereich ist mindestens eine Dichtung einzusetzen
 – Einbauebene: bündig mit VK Fassade
Einbauort: Geschoss / Fassade / Raum .....
Zeichnung, Plan-Nr.: .....

| 791 € | 1.527 € | **1.856** € | 2.433 € | 3.547 € | [St] | ⏱ 4,50 h/St | 026.000.019 |

Nr.	**Kurztext** / Langtext						Kostengruppe	
▶	▷	**ø netto €**	◁	◀		[Einheit]	Ausf.-Dauer	Positionsnummer

31 Einsatzelement, Fenster, PR-Fassade KG **334**

Fensterelement mit Dreh-Kippfunktion, für Einsatz in beschriebener Pfosten-Riegel-Fassade. Leistung einschl. Bohrungen und Verbindungsmittel für den Einbau, Einbau aller Komponenten und Gangbarmachen des Fensters.
Material: **Holz / Aluminium**
Abmessung (B x H): ..... x ..... mm
Wärmeschutz U_W = 1,3 W/(m²K)
Beschläg und Griff: .....
Füllung: Zweifach-Isolierverglasung, Lichtdurchlässigkeit 75 bis 80%
Einbauebene: bündig mit VK Fassade
Einbauort: Geschoss / PR-Fassade .....
Zeichnung, Plan-Nr.: .....

| 295€ | 550€ | **676**€ | 802€ | 1.139€ | | [St] | ⏱ 2,00 h/St | 026.000.020 |

32 Einsatzelement, Paneel, PR-Fassade KG **334**

Paneel für Einsatz in beschriebener Pfosten-Riegel-Fassade inkl. erforderlicher Aussteifungen. Leistung einschl. Lieferung und Einbau aller Komponenten.
Paneelmaterial: **Metall- / Glas-Metall**
Elementgröße (B x H): ..... x ..... mm
Paneeldicke: .....
Art / Form:
– Innenblech t = ... mm, **Aluminium / Stahlblech** verzinkt, umlaufend zweifach gekantet
– Außenblech, Aluminium t = ... mm, beschichtet
– Füllung Paneelkern: ....., Raumgewicht mind. ..... kg/m³
– Paneelhersteller: .....
Anforderung:
– Schallschutz R_W = ... dB
– Wärmeschutz Up = ... W/(m²K)
Oberfläche:
– außen / innen: .....
– Schichtdicke / Korrosionsbelastung: **.....** / **C3**
– Farbton: .....
Einbauebene: bündig mit VK Fassade
Einbauort: **Geschoss / PR-Fassade .....**
Zeichnung, Plan-Nr.: .....

| 75€ | 178€ | **205**€ | 216€ | 264€ | | [m²] | ⏱ 0,80 h/m² | 026.000.021 |

33 Sicherheitsglas, Mehrpreis, PR-Fassade KG **334**

Isolierverglasung als Sicherheitsglas für den Einsatz in vor beschriebener Pfosten-Riegel-Fassade, montiert im Brüstungsbereich der Fassade als absturzsichernde Verglasung DIN 18008-4, einschl. Befestigung mit Glashalteleisten und Dichtstoff.
Preis als Mehrpreis zur Systemverglasung.
Einbau in: Pfosten-Riegel-Fassade.
Art / Form:
– Innenscheibe: **ESG / VSG**, t= ..... mm
– Scheibenzwischenraum: d= ..... mm
– Außenscheiben: **ESG / VSG**, t= ..... mm
– Glashersteller: .....

LB 026 Fenster, Außentüren

Nr.	Kurztext / Langtext						Kostengruppe
▶	▷	ø netto €	◁	◀	[Einheit]	Ausf.-Dauer	Positionsnummer

Anforderung:
- transparent
- Wärmedurchgang Glas U_g = ... W/(m²K)
- Wärmedurchgang Glasrand Psi = ... W/(mK)
- Lichtdurchlässigkeit ca. 75%
- Schallschutz: R_w = ... dB

Einbaulage: .....
Einbauort: **Geschoss / PR-Fassade** .....
Zeichnung, Plan-Nr.: .....

| 25€ | 52€ | **62€** | 75€ | 104€ | [m²] | ⏱ 0,50 h/m² | 026.000.022 |

34 Fensterbank, außen, Aluminium, beschichtet — KG 334

Fensterbank aus Aluminium-Strangpressprofil, außen, verdeckt befestigt, Unterstopfen mit Mineralwolle, mit Bordstücken mit Bewegungsausgleich, eingebaut im Gefälle von mind. 8%, Profil entdröhnt, mit Schutz gegen Abheben.

Profilsystem: .....
Ausladung: .....
Fensterbanklänge: .....
Abwicklung: .....
Kantungen: .....
Oberfläche: anodisch oxidiert
Farbton: C-0, natur
Einbauort: .....
Einbauhöhe: .....
Montage
- Wandaufbau im Anschlussbereich: einschalig mit WDVS
- Untergrund: Stahlbeton

Einbauort: **Geschoss / Fassade** .....

| 16€ | 32€ | **36€** | 44€ | 63€ | [m] | ⏱ 0,30 h/m | 026.000.023 |

35 Abdichtung, Fensteranschluss — KG 334

Luftdichte und schlagregendichte Anschlüsse an Fensterprofile, Einbau an Fugeninnen- und außenseite, Material innen mit höherem Diffusionswiderstand als außen, außen als diffusionsoffenes Klebeband; Klebeband befestigt auf der Stirnseite des Fensterprofils. Leistung inkl. Material und Nebenarbeiten.

Innenseite: .....
Außenseite: .....
Anschluss: .....
Angeb. Fabrikat: .....

| 4€ | 7€ | **10€** | 16€ | 25€ | [m] | ⏱ 0,10 h/m | 026.000.036 |

Kosten: Stand 1.Quartal 2021 Bundesdurchschnitt

▶ min
▷ von
ø Mittel
◁ bis
◀ max

Nr.	Kurztext / Langtext						Kostengruppe	
▶	▷	ø netto €	◁	◀	[Einheit]	Ausf.-Dauer	Positionsnummer	

36 RAL-Anschluss, Fenster — KG 334

RAL-Anschluss des Fensters an Massivwand, inkl. Ausstopfen der Fuge mit Mineralwolle.
Ausführung: Laibungsmontage, stumpfer Anschluss, bündig mit Vorderkante der Wandöffnung
Fenstergewicht: ..... kg
vertikale Nutzlast: Klasse 2 (P=400 N)
Gebäudehöhe: .....
Windzone: .....
Untergrund: .....

| –€ | 20€ | **25€** | 33€ | –€ | [m] | ⏱ 0,17 h/m | 026.000.054 |

37 Stundensatz, Facharbeiter/-in

Stundenlohnarbeiten für Vorarbeiterin, Vorarbeiter, Facharbeiter, Facharbeiterund Gleichgestellte. Verrechnungssatz für die jeweilige Arbeitskraft inkl. aller Aufwendungen wie Lohn- und Gehaltskosten, Lohn- und Gehaltsnebenkosten, Zuschläge, lohngebundene und lohnabhängige Kosten, sonstige Sozialkosten, Gemeinkosten, Wagnis und Gewinn. Leistung nach besonderer Anordnung der Bauüberwachung. Anmeldung und Nachweis gem. VOB/B.

| 44€ | 50€ | **53€** | 57€ | 66€ | [h] | ⏱ 1,00 h/h | 026.000.043 |

38 Stundensatz, Helfer/-in

Stundenlohnarbeiten für Werkerin, Werker, Helferin, Helfer und Gleichgestellte. Verrechnungssatz für die jeweilige Arbeitskraft inkl. aller Aufwendungen wie Lohn- und Gehaltskosten, Lohn- und Gehaltsnebenkosten, Zuschläge, lohngebundene und lohnabhängige Kosten, sonstige Sozialkosten, Gemeinkosten, Wagnis und Gewinn. Leistung nach besonderer Anordnung der Bauüberwachung. Anmeldung und Nachweis gem. VOB/B.

| 39€ | 44€ | **47€** | 51€ | 59€ | [h] | ⏱ 1,00 h/h | 026.000.044 |

LB 027 Tischlerarbeiten

Tischlerarbeiten — Preise €

Kosten: Stand 1. Quartal 2021, Bundesdurchschnitt

Legende:
- ▶ min
- ▷ von
- ø Mittel
- ◁ bis
- ◀ max

Nr.	Positionen	Einheit	▶	▷ ø brutto € / ø netto €		◁	◀
1	Innentür, rauchdicht, S200-C5, einflüglig, 750x2.000/2.125	St	–	534	**594**	666	–
			–	449	**499**	559	–
2	Innentür, rauchdicht, S200-C5, einflüglig, 875x2.000/2.125	St	394	573	**638**	861	1.165
			331	481	**536**	724	979
3	Innentür, rauchdicht, S200-C5, einflüglig, 1.000x2.000/2.125	St	646	865	**994**	1.113	1.962
			543	727	**835**	935	1.649
4	Innentür, EI2 30-SaC5, einflüglig, 750x2.000/2.125	St	847	1.248	**1.365**	1.533	2.700
			711	1.049	**1.147**	1.288	2.269
5	Innentür, EI2 30-SaC5, einflüglig, 875x2.000/2.125	St	1.195	1.572	**1.733**	2.211	3.028
			1.004	1.321	**1.457**	1.858	2.545
6	Innentür, EI2 30-SaC5, einflüglig 1.000x2.000/2.125	St	1.210	1.798	**1.928**	2.250	3.674
			1.017	1.511	**1.620**	1.890	3.088
7	Innentür, Röhrenspan, einflüglig, 750x2.000/2.125	St	283	431	**496**	604	844
			238	362	**417**	508	709
8	Innentür, Röhrenspan, einflüglig, 875x2.000/2.125	St	296	488	**573**	757	1.107
			249	410	**482**	636	931
9	Innentür, Röhrenspan, einflüglig, 1.000x2.000/2.125	St	366	754	**889**	965	1.239
			307	634	**747**	811	1.041
10	Innentür, zweiflüglig, Röhrenspan	St	1.351	1.892	**2.102**	2.526	3.253
			1.135	1.590	**1.767**	2.122	2.734
11	Türblatt, einflüglig, Röhrenspan, HPL, 750x2.000/2.125	St	137	181	**314**	375	486
			115	152	**264**	315	408
12	Türblatt, einflüglig, Röhrenspan, HPL, 875x2.000/2.125	St	152	212	**346**	387	525
			128	178	**291**	325	442
13	Türblatt, einflüglig, Röhrenspan, HPL, 1.000x2.000/2.125	St	168	241	**378**	406	569
			141	202	**318**	341	478
14	Türblatt, einflüglig, Vollspan, 750x2.000/2.125	St	227	294	**334**	364	427
			191	247	**281**	306	359
15	Türblatt, einflüglig, Vollspan, 875x2.000/2.125	St	236	367	**433**	540	696
			198	308	**363**	454	585
16	Türblatt, einflüglig, Vollspan, 1.000x2.000/2.125	St	245	378	**467**	613	787
			206	318	**393**	515	661
17	Türblatt, Vollspan, zweiflüglig	St	795	1.007	**1.138**	1.204	1.533
			668	846	**957**	1.012	1.288
18	Schiebetürelement, innen, einflüglig	St	596	1.017	**1.156**	1.489	2.270
			501	855	**971**	1.251	1.908
19	Ganzglas-Türblatt, innen	St	167	632	**721**	993	1.531
			140	531	**606**	834	1.286
20	Stahleckzarge, innen, 750x2.000/2.125	St	112	137	**152**	169	193
			95	115	**128**	142	162
21	Stahleckzarge, innen, 875x2.000/2.125	St	124	143	**154**	173	196
			104	120	**130**	145	165

© **BKI** Baukosteninformationszentrum; Erläuterungen zu den Tabellen siehe Seite 44 — Kostenstand: 1. Quartal 2021, Bundesdurchschnitt

Tischlerarbeiten — Preise €

Nr.	Positionen	Einheit	▶	▷	ø brutto € / ø netto €	◁	◀
22	Stahleckzarge, innen, 1.000x2.000/2.125	St	134 / 113	147 / 123	**163** / **137**	182 / 153	200 / 168
23	Stahl-Umfassungszarge, innen, 750x2.000/2.125	St	144 / 121	196 / 165	**227** / **191**	249 / 209	287 / 241
24	Stahl-Umfassungszarge, innen, 1.000x2.000/2.125	St	183 / 154	252 / 212	**285** / **239**	314 / 263	382 / 321
25	Holz-Umfassungszarge, innen, 750x2.000/2.125	St	165 / 139	197 / 166	**217** / **182**	265 / 223	350 / 294
26	Holz-Umfassungszarge, innen, 1.000x2.000/2.125	St	329 / 277	425 / 357	**475** / **399**	494 / 415	627 / 527
27	Anschlussdichtung, Tür	St	5 / 4	6 / 5	**7** / **6**	8 / 6	9 / 7
28	Anschlagschiene, Aluminium, Tür	St	21 / 18	25 / 21	**28** / **24**	31 / 26	35 / 29
29	Anschlagschiene, Messing, Tür	St	99 / 83	35 / 30	**39** / **33**	43 / 36	49 / 41
30	Fensterbank, innen, Holz; bis 875mm	St	58 / 48	84 / 71	**90** / **76**	108 / 91	136 / 115
31	Fensterbank, innen, Holz; bis 1.500mm	St	79 / 67	104 / 87	**117** / **98**	147 / 123	186 / 157
32	Fensterbank, innen, Holz; bis 2.500mm	St	116 / 98	176 / 148	**206** / **173**	232 / 195	291 / 244
33	Holz-/Abdeckleisten, Fichte	m	9 / 7	20 / 17	**24** / **21**	31 / 26	46 / 39
34	Verfugung, elastisch	m	4 / 3	6 / 5	**7** / **6**	11 / 9	16 / 14
35	Bodentreppe, gedämmt	St	545 / 458	712 / 598	**788** / **662**	1.065 / 895	1.423 / 1.196
36	Bodentreppe, EI30	St	1.188 / 998	1.518 / 1.276	**1.857** / **1.560**	2.408 / 2.024	3.569 / 2.999
37	Unterkonstruktion, Innenwandbekleidung	m²	27 / 22	33 / 27	**39** / **33**	46 / 39	64 / 54
38	Innenwandbekleidung, Sperrholz	m²	14 / 12	119 / 100	**169** / **142**	199 / 167	330 / 277
39	Innenwandbekleidung, Sperrholzplatten, mit UK	m²	77 / 65	180 / 151	**236** / **198**	316 / 266	425 / 357
40	Innenwandbekleidung, Dekorspanplatte, mit UK	m²	126 / 106	154 / 130	**177** / **149**	193 / 162	222 / 186
41	Schalung, Spanplatten	m²	27 / 22	57 / 48	**74** / **62**	96 / 81	136 / 114
42	Unterkonstruktion, Trennwand	m²	– / –	71 / 59	**85** / **71**	104 / 87	– / –
43	Büro-Trennwand, Tragprofile/Paneele	m²	126 / 105	162 / 136	**203** / **170**	274 / 231	455 / 383
44	Trennwand, Spanplatten/HPL, Rahmen	m²	– / –	193 / 162	**218** / **183**	244 / 205	– / –
45	Trennwandanlage, Spanplatten/Melamin	m²	– / –	171 / 144	**193** / **162**	213 / 179	– / –

© BKI Baukosteninformationszentrum; Erläuterungen zu den Tabellen siehe Seite 44   Kostenstand: 1.Quartal 2021, Bundesdurchschnitt

LB 027 Tischlerarbeiten

Tischlerarbeiten — Preise €

Nr.	Positionen	Einheit	▶ min	▷ von	ø brutto € / ø netto €	◁ bis	◀ max
46	Trennwandanlage, HPL-Kompaktplatten	m²	153 / 128	166 / 139	**172** / **144**	176 / 148	189 / 159
47	WC-Schamwand Urinale	St	119 / 100	151 / 127	**169** / **142**	191 / 160	230 / 194
48	Prallwand-Unterkonstruktion	m²	32 / 27	44 / 37	**50** / **42**	56 / 47	72 / 60
49	Prallwandbekleidung, ballwurfsicher	m²	47 / 40	80 / 67	**105** / **88**	124 / 104	160 / 134
50	Akustikvlies-Abdeckung, schwarz	m²	3 / 3	7 / 6	**8** / **7**	10 / 9	15 / 12
51	Geräteraum-Schwingtor, Metall/Holz	St	2.213 / 1.860	3.586 / 3.013	**4.069** / **3.419**	4.721 / 3.967	6.557 / 5.510
52	Sporthallentür, zweiflüglig	St	5.232 / 4.396	6.395 / 5.374	**6.591** / **5.539**	8.645 / 7.265	11.545 / 9.701
53	Garderobenleiste	m	28 / 24	89 / 75	**120** / **101**	161 / 135	231 / 194
54	Garderobenschrank	St	313 / 263	437 / 367	**513** / **431**	612 / 514	752 / 632
55	Einbauküche, melaminharzbeschichtet	St	1.140 / 958	3.267 / 2.745	**4.163** / **3.498**	5.011 / 4.211	6.753 / 5.675
56	Teeküche, melaminharzbeschichtet	St	1.005 / 845	3.522 / 2.960	**4.471** / **3.758**	6.127 / 5.148	9.633 / 8.095
57	Unterschrank, Küche, bis 600mm	St	208 / 175	426 / 358	**522** / **439**	640 / 538	888 / 746
58	Oberschrank, Küche, bis 600mm	St	167 / 140	255 / 214	**272** / **229**	322 / 270	420 / 353
59	Treppenstufe, Holz	St	69 / 58	150 / 126	**188** / **158**	286 / 241	502 / 422
60	Handlauf-Profil, Holz	m	27 / 23	47 / 39	**55** / **46**	70 / 59	109 / 92
61	Geländer, gerade, Rundstabholz	m	231 / 194	356 / 299	**391** / **328**	463 / 389	643 / 541
62	Stundensatz, Facharbeiter/-in	h	52 / 44	62 / 52	**66** / **56**	70 / 59	79 / 66
63	Stundensatz, Helfer/-in	h	39 / 33	46 / 39	**51** / **43**	54 / 46	62 / 52

Kosten:
Stand 1. Quartal 2021
Bundesdurchschnitt

▶ min
▷ von
ø Mittel
◁ bis
◀ max

Nr.	**Kurztext** / Langtext						Kostengruppe	
▶	▷	**ø netto €**	◁	◀	[Einheit]	Ausf.-Dauer	Positionsnummer	

A 1 Innentür, rauchdicht, S200-C5 — Beschreibung für Pos. **1-3**

Innentürelement mit Türblatt aus Holzwerkstoff und Zarge, rauchdicht und selbstschließend, einflüglig, als Drehtür. Bänder, Obentürschließer, Türgriffe und Verriegelung, vorgerichtet für Profilzylinder. Oberflächen, Türblatt und Kanten, Zargenform, Füllungen, Falzdichtungen, Bänder, Türgriffe und Verriegelung gem. Einzelbeschreibung.

Anschlag: **rechts / links**
Anforderung Brandschutz:
 – Klasse: S200 – selbstschließende Eigenschaften: C5
 – Zulassung: ....
Anforderung Türelement:
 – Klimaklasse DIN EN 1121: II
 – Beanspruchungsgruppe DIN EN 1192: Klasse 2 - Büroräume
 – Einbruchhemmung DIN EN 1627: ....
 – Schalldämmmaß R_W,R: ..... dB
 – Geltungsbereich DIN 16580: Normalraum
Anforderung Zarge:
 – Umfassungszarge
 – Material: Stahl, 2,0 mm
 – mit Bodeneinstand

1 Innentür, rauchdicht, S200-C5, einflüglig, 750x2.000/2.125 KG **344**
Wie Ausführungsbeschreibung A 1
Baurichtmaß (B x H): 750 x **2.000 / 2.125** mm
Maulweite Zarge: .....
Untergrund: .....
Einbauort: Geschoss / Raum .....

–€	449€	**499**€	559€	–€	[St]	⏱ 2,80 h/St	027.000.084

2 Innentür, rauchdicht, S200-C5, einflüglig, 875x2.000/2.125 KG **344**
Wie Ausführungsbeschreibung A 1
Baurichtmaß (B x H): 875 x **2.000 / 2.125** mm
Maulweite Zarge: .....
Untergrund: .....
Einbauort: Geschoss / Raum .....

331€	481€	**536**€	724€	979€	[St]	⏱ 2,80 h/St	027.000.049

3 Innentür, rauchdicht, S200-C5, einflüglig, 1.000x2.000/2.125 KG **344**
Wie Ausführungsbeschreibung A 1
Baurichtmaß (B x H): 1.000 x **2.000 / 2.125** mm
Maulweite Zarge: .....
Untergrund: .....
Einbauort: Geschoss / Raum .....

543€	727€	**835**€	935€	1.649€	[St]	⏱ 2,80 h/St	027.000.050

LB 027
Tischlerarbeiten

Nr.	Kurztext / Langtext					Kostengruppe
▶	▷	ø netto €	◁	◀	[Einheit]	Ausf.-Dauer Positionsnummer

A 2   Innentür, EI2 30-SaC5, einflüglig   Beschreibung für Pos. 4-6

Innentürelement mit Türblatt aus Holzwerkstoff und Zarge, feuerhemmend und selbstschließend, einflüglig, als Drehtür, Bänder, Obentürschließer, Türgriffe und Verriegelung, vorgerichtet für Profilzylinder. Oberflächen, Türblatt und Kanten, Zargenform, Füllungen, Falzdichtungen, Bänder, Türgriffe und Verriegelung gem. Einzelbeschreibung.
Anschlag: **rechts / links**
Anforderung Brandschutz:
– Klasse: EI2 30-Sa - selbstschließende Eigenschaften C5
Anforderung Türelement:
– Klimaklasse DIN EN 1121: II
– Beanspruchungsgruppe DIN EN 1192: Klasse 2 - Büroräume
– Einbruchhemmung DIN EN 1627: ....
– Schalldämmmaß R_W,R: ..... dB
– Geltungsbereich DIN 16580: Normalraum
Anforderung Zarge:
– Umfassungszarge
– Material: Stahl, 2,0 mm
– mit Bodeneinstand

Kosten:
Stand 1.Quartal 2021
Bundesdurchschnitt

4   Innentür, EI2 30-SaC5, einflüglig, 750x2.000/2.125   KG **344**
Wie Ausführungsbeschreibung A 2
Baurichtmaß (B x H): 750 x **2.000 / 2.125** mm
Maulweite Zarge: .....
Untergrund: .....
Einbauort: Geschoss / Raum: ....

| 711€ | 1.049€ | **1.147€** | 1.288€ | 2.269€ | [St] | ⏱ 3,00 h/St | 027.000.051 |

5   Innentür, EI2 30-SaC5, einflüglig, 875x2.000/2.125   KG **344**
Wie Ausführungsbeschreibung A 2
Baurichtmaß (B x H): 875 x **2.000 / 2.125** mm
Maulweite Zarge: .....
Untergrund: .....
Einbauort: Geschoss / Raum .....

| 1.004€ | 1.321€ | **1.457€** | 1.858€ | 2.545€ | [St] | ⏱ 3,00 h/St | 027.000.052 |

6   Innentür, EI2 30-SaC5, einflüglig 1.000x2.000/2.125   KG **344**
Wie Ausführungsbeschreibung A 2
Baurichtmaß (B x H): 1.000 x **2.000 / 2.125** mm
Maulweite Zarge: .....
Untergrund: .....
Einbauort: Geschoss / Raum .....

| 1.017€ | 1.511€ | **1.620€** | 1.890€ | 3.088€ | [St] | ⏱ 3,00 h/St | 027.000.053 |

▶ min
▷ von
ø Mittel
◁ bis
◀ max

Nr.	**Kurztext** / Langtext						Kostengruppe	
▶	▷	**ø netto €**	◁	◀		[Einheit]	Ausf.-Dauer	Positionsnummer

A 3   Innentür, Röhrenspan, einflüglig   Beschreibung für Pos. **7-9**

Innentürelement aus Türblatt aus Holzwerkstoff mit Kern aus Röhrenspanplatte, einschl. Zarge mit Anschlagfalz, als Drehflügeltür. Oberflächen, Türblatt und Kanten, Zargenform, Füllungen, Falzdichtungen, Bänder, Türgriffe und Verriegelung gem. Einzelbeschreibung.
Anschlag: **rechts / links**
Zarge: .....
Anforderungen
 – Klimaklasse: I
 – mechanische Beanspruchungsgruppe DIN EN 1192: 2: mittlere Beanspruchung
 – Schallschutz DIN 4109 und VDI 2719: Rwp=.....dB
 – Geltungsbereich RAL RG 426 Teil 3: **Normalraum / Feuchtraum / Nassraum**
Oberflächen:
 – Türblatt: .....
 – Kanten: .....
 – Zarge: .....
Einbauort: Geschoss / Raum .....

7 **Innentür, Röhrenspan, einflüglig, 750x2.000/2.125**   KG **344**
Wie Ausführungsbeschreibung A 3
Baurichtmaß (B x H): 750 x **2.000 / 2.125** mm
Maulweite Zarge: .....
Untergrund: .....
Einbauort: Geschoss / Raum .....
238 €   362 €   **417 €**   508 €   709 €   [St]   ⏱ 1,50 h/St   027.000.054

8 **Innentür, Röhrenspan, einflüglig, 875x2.000/2.125**   KG **344**
Wie Ausführungsbeschreibung A 3
Baurichtmaß (B x H): 875 x **2.000 / 2.125** mm
Maulweite Zarge: .....
Untergrund: .....
Einbauort: Geschoss / Raum .....
249 €   410 €   **482 €**   636 €   931 €   [St]   ⏱ 1,50 h/St   027.000.055

9 **Innentür, Röhrenspan, einflüglig, 1.000x2.000/2.125**   KG **344**
Wie Ausführungsbeschreibung A 3
Baurichtmaß (B x H): 1.000 x **2.000 / 2.125** mm
Maulweite Zarge: .....
Untergrund: .....
Einbauort: Geschoss / Raum .....
307 €   634 €   **747 €**   811 €   1.041 €   [St]   ⏱ 1,50 h/St   027.000.056

10 **Innentür, zweiflüglig, Röhrenspan**   KG **344**
Innentürelement aus Türblatt aus Holzwerkstoff mit Kern aus Röhrenspanplatte, einschl. Zarge mit Anschlagfalz, als 2-flügige Drehflügeltür. Oberflächen, Zargenform, Füllungen, Falzdichtungen, Bänder, Türgriffe und Verriegelung gem. Einzelbeschreibung.
Anschlag: **rechts / links**
Abmessung: .....
Maulweite Zarge: .....
Zarge: .....

LB 027
Tischlerarbeiten

Nr.	Kurztext / Langtext					Kostengruppe
▶	▷	ø netto €	◁	◀	[Einheit]	Ausf.-Dauer Positionsnummer

Anforderungen:
- Klimaklasse: I
- mechanische Beanspruchungsgruppe DIN EN 1192: 2: mittlere Beanspruchung
- Schallschutz DIN 4109 und VDI 2719: Rwp= ..... dB
- Geltungsbereich RAL RG 426 Teil 3: **Normalraum / Feuchtraum / Nassraum**

Oberflächen:
- Türblatt: .....
- Kanten: .....
- Zarge: .....

Untergrund: .....
Einbauort: Geschoss / Raum: .....

| 1.135€ | 1.590€ | **1.767€** | 2.122€ | 2.734€ | [St] | ⏱ 4,00 h/St | 027.000.006 |

Kosten:
Stand 1.Quartal 2021
Bundesdurchschnitt

A 4 Innentürblatt, einflüglig, Röhrenspan, HPL — Beschreibung für Pos. **11-13**

Innentürblatt aus Holzwerkstoff mit Kern aus Röhrenspanplatte, mit Anschlagfalz, als Drehflügeltür.
Einsatzbereich: **Wohnung / Objektbereich**
Material: .....
Türblattdicke: 42 mm
Deckplatte: HPL ....mm
Oberfläche: .....
Kantenausbildung: Massivholz-Anleimer, verdeckt

Anforderungen:
- Anwendungsbereich: **Normalraum / Feuchtraum / Nassraum**

Zubehör:
- ..... Stück dreiteilige Bänder, H= ..... mm, Stahl vernickelt
- PZ-Schloss
- Türdrückergarnitur auf Rosetten, Aluminium, mit Stift ..... mm
- Drückerhöhe: **normal 1.050 mm / behindertengerecht 850 mm**

Montage: Einbau **rechts / links**

11 Türblatt, einflüglig, Röhrenspan, HPL, 750x2.000/2.125 — KG **344**
Wie Ausführungsbeschreibung A 4
Türblattgröße (B x H): 750 x **2.000 / 2.125** mm
Einbauort: Geschoss / Raum: .....

| 115€ | 152€ | **264€** | 315€ | 408€ | [St] | ⏱ 0,10 h/St | 027.000.059 |

▶ min
▷ von
ø Mittel
◁ bis
◀ max

12 Türblatt, einflüglig, Röhrenspan, HPL, 875x2.000/2.125 — KG **344**
Wie Ausführungsbeschreibung A 4
Türblattgröße (B x H): 875 x **2.000 / 2.125** mm
Einbauort: Geschoss / Raum: .....

| 128€ | 178€ | **291€** | 325€ | 442€ | [St] | ⏱ 0,10 h/St | 027.000.060 |

13 Türblatt, einflüglig, Röhrenspan, HPL, 1.000x2.000/2.125 — KG **344**
Wie Ausführungsbeschreibung A 4
Türblattgröße (B x H): 1.000 x **2.000 / 2.125** mm
Einbauort: Geschoss / Raum: .....

| 141€ | 202€ | **318€** | 341€ | 478€ | [St] | ⏱ 0,15 h/St | 027.000.061 |

Nr.	Kurztext / Langtext							Kostengruppe
▶	▷	ø netto €	◁	◀		[Einheit]	Ausf.-Dauer	Positionsnummer

A 5 Innentürblatt, einflüglig, Vollspan — Beschreibung für Pos. 14-16

Innentürblatt aus Holzwerkstoff mit Kern aus Vollspanplatte, mit Anschlagfalz, als Drehflügeltür.
Einsatzbereich: **Wohnung / Objektbereich**
Material: .....
Türblattdicke: ..... mm
Deckplatte: Hochdruck-Schichtpressstoffplatten
Oberfläche: .....
Kantenausbildung: Massivholz-Anleimer, verdeckt
Anforderungen:
 – Anwendungsbereich: **Normalraum / Feuchtraum / Nassraum**
Zubehör:
 – ..... Stück dreiteilige Bänder, H = ... mm, Stahl vernickelt
 – PZ-Schloss
 – Türdrückergarnitur auf Rosetten, Aluminium, mit Stift ..... mm
 – Drückerhöhe: **normal 1.050 mm / behindertengerecht 850 mm**
Montage: Einbau **rechts / links**

14 Türblatt, einflüglig, Vollspan, 750x2.000/2.125 — KG **344**
Wie Ausführungsbeschreibung A 5
Türblattgröße (B x H): 750 x **2.000 / 2.125** mm
Einbauort: Geschoss / Raum: .....

| 191€ | 247€ | **281**€ | 306€ | 359€ | [St] | ⏱ 0,18 h/St | 027.000.087 |

15 Türblatt, einflüglig, Vollspan, 875x2.000/2.125 — KG **344**
Wie Ausführungsbeschreibung A 5
Türblattgröße (B x H): 875 x **2.000 / 2.125** mm
Einbauort: Geschoss / Raum: .....

| 198€ | 308€ | **363**€ | 454€ | 585€ | [St] | ⏱ 0,20 h/St | 027.000.063 |

16 Türblatt, einflüglig, Vollspan, 1.000x2.000/2.125 — KG **344**
Wie Ausführungsbeschreibung A 5
Türblattgröße (B x H): 1.000 x **2.000 / 2.125** mm
Einbauort: Geschoss / Raum: .....

| 206€ | 318€ | **393**€ | 515€ | 661€ | [St] | ⏱ 0,20 h/St | 027.000.064 |

17 Türblatt, Vollspan, zweiflüglig — KG **344**
Innentürblatt aus Holzwerkstoff mit Kern aus Vollspanplatte, mit Anschlagfalz, als zweiflügelige Drehflügeltür.
Türblattgröße: ..... x ..... mm
Gehflügel: B ..... mm
Einsatzbereich: **Wohnung / Objektbereich**
Form / Material:
 – Türblattdicke: 50 mm
 – Rahmen, dreiseitig gefälzt
 – Kantenausbildung: Massivholz-Anleimer, verdeckt.....
 – Deckplatte: Hochdruck-Schichtpressstoffplatten, beidseitig
 – Einlage / Füllung: Vollspan-Einlage
 – emissionsfreie Materialien
Anforderungen:
 – Anwendungsbereich: **Normal- / Feucht- / Nassraum**

LB 027
Tischlerarbeiten

Nr.	Kurztext / Langtext						Kostengruppe
▶	▷	ø netto €	◁	◀	[Einheit]	Ausf.-Dauer	Positionsnummer

Kosten:
Stand 1.Quartal 2021
Bundesdurchschnitt

▶ min
▷ von
ø Mittel
◁ bis
◀ max

Zubehör:
– ..... Stück dreiteilige Bänder, Höhe ..... mm, Stahl vernickelt
– PZ-Schloss
– Türdrückergarnitur auf Rosetten, Aluminium, mit Stift ..... mm
– Drückerhöhe: **normal 1.050 mm / behindertengerecht 850 mm**
Oberfläche:
– Decklage: Furnier, Holzart .....
– Beschichtung: **transparent lackiert / gebeizt und transparent lackiert / unbehandelt**
Einbauort: Geschoss / Raum: .....

| 668 € | 846 € | **957 €** | 1.012 € | 1.288 € | [St] | ⌚ 0,30 h/St | 027.000.037 |

---

18 Schiebetürelement, innen, einflüglig   KG **344**

Schiebetür mit Kern aus Röhrenspann und Decklagen aus Hochdruck-Schichtpressstoffplatten, einflüglig. Einbau in bauseitiges Montagewand-Element mit Laufschiene und Laufwagen, Schiebetürblatt einschl. Riegel-Einsteckschloss mit Klappring, Griffmuscheln beidseitig, mit Bodenführung montiert auf Fertigbelag, inkl. gangbar machen der Türanlage.
Elementgröße: ..... x ..... mm
Einsatzbereich: .....
Ständertiefe: **75 / 100** mm
Fertigwanddicke: **100 / 125 / 150** mm
Anforderungen
– bewertetes Schalldämmmaß R_W,R = ... dB
– Anwendungsbereich: **Normalraum / Feuchtraum / Nassraum**
Form / Material:
– dreiseitig gefälzter Rahmen mit verdecktem Massivholz-Anleimer
– Material: .....
– Türblattdicke: 42 mm
– emissionsfreie Materialien
– Deckplatte: HPL.....mm
Oberfläche:
– glatt, Furnier .....
– Beschichtung: **transparent lackiert / gebeizt und transparent lackiert**
– Farbe / Beizton: .....
Einbauort: Geschoss / Raum: .....

| 501 € | 855 € | **971 €** | 1.251 € | 1.908 € | [St] | ⌚ 2,40 h/St | 027.000.021 |

---

19 Ganzglas-Türblatt, innen   KG **344**

Ganzglastürblatt mit Band, Schloss und Drücker, Einbau rechts / links in bauseitige Normzarge, inkl. Einbau aller Komponenten und gangbar machen der Türanlage.
Türblattgröße: **625 / 750 / 875 / 1.000** x **2.000 / 2.125**
Einsatzbereich: **Wohnbereich / Objektbereich / Sondertür**
Profil / Art:
– Einscheibensicherheitsglas d = **8 / 10** mm
– Glasfläche: **neutral / strukturiert / satiniert**
– Kanten gefast, geschliffen und poliert

Nr.	**Kurztext** / Langtext						Kostengruppe	
▶	▷	**ø netto €**	◁	◀		[Einheit]	Ausf.-Dauer	Positionsnummer

Zubehör:
– .... Stück Spezial-Bänder mit Edelstahl-Bolzen (für Feuchträume) für ..... kg Flügelgewicht
– Glastürschloss nach DIN 18251, Klasse 3, vorgerichtet für Profil-Zylinder
– Drücker-/Knopfgarnitur mit Rundformdrücker und Drehknopf - mit Funktion, Edelstahl
– Knopf- / Drückergarnitur auf Rosetten aus Edelstahl
– Stift: 9 mm
– untere Türschiene zum Aufstecken, Höhe .....

Oberfläche:
– Türschloss Aluminium E6EV1

Einbauort: Geschoss / Raum .....

| 140€ | 531€ | **606**€ | 834€ | 1.286€ | | [St] | ⏱ 0,20 h/St | 027.000.016 |

A 6   Stahleckzarge, innen   Beschreibung für Pos. **20-22**

Stahleckzarge, für **rechts / links** anschlagendes Türblatt mit gefälzten Türflügel, einflügig, vorgerichtet für Bänder.

Falztiefe: .....

Aufteilung / Form:
– dreiseitig umlaufendes Profil
– Zarge einteilig für nachträglichen Einbau

Zarge:
– Blechdicke: **1,5 / 2,0** mm
– Ecken verschweißt
– Zargenprofil .....

Bänder / Beschläge:
– Bänder: 2 Stück, dreidimensional einstellbar
– Drückerhöhe: **1.050 mm / 850 mm barrierefrei**

Zubehör:
– Falzdichtung: dreiseitig umlaufende Dichtung EPDM (APTK)
– Farbe: .....

Oberflächen:
– verzinkt

Befestigung: **verschraubt / mit Anker**

20   Stahleckzarge, innen, 750x2.000/2.125   KG **344**

Wie Ausführungsbeschreibung A 6
Baurichtmaß (B x H): 750 x **2.000 / 2.125** mm
Gegenzarge: **ohne / mit, Wanddicke** .....
Untergrund: Mauerwerk, beidseitig verputzt
Einbauort: Geschoss / Raum: .....

| 95€ | 115€ | **128**€ | 142€ | 162€ | | [St] | ⏱ 1,15 h/St | 027.000.097 |

21   Stahleckzarge, innen, 875x2.000/2.125   KG **344**

Wie Ausführungsbeschreibung A 6
Baurichtmaß (B x H): 875 x **2.000 / 2.125** mm
Gegenzarge: **ohne / mit, Wanddicke** .....
Untergrund: Mauerwerk, beidseitig verputzt
Einbauort: Geschoss / Raum: .....

| 104€ | 120€ | **130**€ | 145€ | 165€ | | [St] | ⏱ 1,20 h/St | 027.000.098 |

LB 027
Tischlerarbeiten

Kosten:
Stand 1.Quartal 2021
Bundesdurchschnitt

▶ min
▷ von
ø Mittel
◁ bis
◀ max

Nr.	**Kurztext** / Langtext						Kostengruppe
▶	▷	**ø netto €**	◁	◀	[Einheit]	Ausf.-Dauer	Positionsnummer

22   **Stahleckzarge, innen, 1.000x2.000/2.125**   KG **344**
Wie Ausführungsbeschreibung A 6
Baurichtmaß (B x H): 1.000 x **2.000** / **2.125** mm
Gegenzarge: **ohne / mit, Wanddicke** .....
Untergrund: Mauerwerk, beidseitig verputzt
Einbauort: Geschoss / Raum: .....

| 113€ | 123€ | **137**€ | 153€ | 168€ | [St] | ⏱ 1,30 h/St | 027.000.099 |

A 7   **Stahl-Umfassungszarge, innen**   Beschreibung für Pos. **23-24**

Stahl-Umfassungszarge, für **rechts / links** anschlagendes Türblatt mit gefälzten Türflügel, einflüglig, vorgerichtet für Bänder.
Falztiefe: .....
Aufteilung / Form:
– dreiseitig umlaufendes Profil
– Zarge **einteilig / zweiteilig für nachträglichen Einbau**
– Zarge **ohne / mit** beidseitiger Schattennut aus Aluprofil
Zarge:
– Blechdicke: **1,5 / 2,0** mm
– Ecken verschweißt
– Zargenspiegel ....
– Zargenprofil .....
Bänder / Beschläge:
– Bänder: ..... Stück, dreidimensional einstellbar
– eingebautes Schließblech, vernickelt
– Drückerhöhe: **1.050 mm / 850 mm barrierefrei**
Zubehör:
– Falzdichtung: dreiseitig umlaufende Dichtung EPDM (APTK)
– Farbe: .....
Oberflächen:
– verzinkt
Befestigung: **verschraubt / mit Anker**

23   **Stahl-Umfassungszarge, innen, 750x2.000/2.125**   KG **344**
Wie Ausführungsbeschreibung A 7
Baurichtmaß (B x H): 750 x **2.000** / **2.125** mm
Maulweite Zarge: .....
Untergrund: Mauerwerk, beidseitig verputzt
Einbauort: Geschoss / Raum .....

| 121€ | 165€ | **191**€ | 209€ | 241€ | [St] | ⏱ 1,10 h/St | 027.000.068 |

24   **Stahl-Umfassungszarge, innen, 1.000x2.000/2.125**   KG **344**
Wie Ausführungsbeschreibung A 7
Baurichtmaß (B x H): 1.000 x **2.000** / **2.125** mm
Maulweite Zarge: .....
Untergrund: Mauerwerk, beidseitig verputzt
Einbauort: Geschoss / Raum .....

| 154€ | 212€ | **239**€ | 263€ | 321€ | [St] | ⏱ 1,10 h/St | 027.000.070 |

Nr.	Kurztext / Langtext						Kostengruppe	
▶	▷	ø netto €	◁	◀		[Einheit]	Ausf.-Dauer	Positionsnummer

A 8 Holz-Umfassungszarge, innen   Beschreibung für Pos. **25-26**

Umfassungszarge aus Holzwerkstoff, für **rechts / links** anschlagendes Türblatt mit gefälzten Türflügel, einflüglig, vorgerichtet für Bänder.
Befestigung: **verschraubt / mit Anker**
Falztiefe: .....
Zarge:
– Futterzarge, mehrteilig, aus Holzwerkstoff
– Zargenspiegel ....
– Zargenprofil .....
Bänder / Beschläge:
– Bänder: ..... Stück, dreidimensional einstellbar
– eingebautes Schließblech, vernickelt
– Drückerhöhe: **1.050 mm / 850 mm barrierefrei**
Zubehör:
– Falzdichtung: dreiseitig umlaufende Dichtung EPDM (APTK)
Oberfläche:
– Holzflächen .....
Befestigung: **verschraubt / mit Anker**

25 Holz-Umfassungszarge, innen, 750x2.000/2.125   KG **344**
Wie Ausführungsbeschreibung A 8
Baurichtmaß (B x H): 750 x **2.000 / 2.125** mm
Maulweite Zarge: .....
Untergrund: Mauerwerk, beidseitig verputzt
Einbauort: Geschoss / Raum .....

| 139€ | 166€ | **182**€ | 223€ | 294€ | [St] | ⏱ 1,10 h/St | 027.000.065 |

26 Holz-Umfassungszarge, innen, 1.000x2.000/2.125   KG **344**
Wie Ausführungsbeschreibung A 8
Baurichtmaß (B x H): 1.000 x **2.000 / 2.125** mm
Maulweite Zarge: .....
Untergrund: Mauerwerk, beidseitig verputzt
Einbauort: Geschoss / Raum .....

| 277€ | 357€ | **399**€ | 415€ | 527€ | [St] | ⏱ 1,10 h/St | 027.000.067 |

27 Anschlussdichtung, Tür   KG **344**
Anschlussdichtung der Tür mit komprimiertem Dichtband.
Fugenbreite: bis 10 mm
Dichtband:.....
Mauerwerk:.....

| 4€ | 5€ | **6**€ | 6€ | 7€ | [St] | ⏱ 0,10 h/St | 027.000.107 |

28 Anschlagschiene, Aluminium, Tür   KG **344**
Anschlagschiene aus Metallwinkel, mit Abstandhalter, Klemmanker und Dichtungsprofil, in Türzarge einrichten.
Werkstoff: Aluminium
Profil: bis 40 x 40 x 3 mm

| 18€ | 21€ | **24**€ | 26€ | 29€ | [St] | ⏱ 0,30 h/St | 027.000.108 |

© **BKI** Baukosteninformationszentrum; Erläuterungen zu den Tabellen siehe Seite 44   Kostenstand: 1.Quartal 2021, Bundesdurchschnitt

LB 027
Tischlerarbeiten

Kosten:
Stand 1.Quartal 2021
Bundesdurchschnitt

Nr.	Kurztext / Langtext						Kostengruppe
▶	▷	ø netto €	◁	◀	[Einheit]	Ausf.-Dauer	Positionsnummer

29 Anschlagschiene, Messing, Tür — KG 344
Anschlagschiene aus Metallwinkel, mit Abstandhalter, Klemmanker und Dichtungsprofil, in Türzarge einrichten.
Werkstoff: Messing
Profil: bis 40 x 40 x 3 mm

| 83€ | 30€ | **33**€ | 36€ | 41€ | [St] | ⏱ 0,30 h/St | 027.000.109 |

A 9 Fensterbank, innen, Holz, — Beschreibung für Pos. 30-32
Fensterbank, innen, auf Ausgleichhölzern aus Sperrholz oder Hartfaserplatten, befestigt im Mauerwerk. Anschluss an aufgehende Bauteile mit transparenter Silikonfuge.

30 Fensterbank, innen, Holz; bis 875mm — KG 344
Wie Ausführungsbeschreibung A 9
Material: .....
Plattendicke: .....
Oberfläche: furniert, transparent lackiert
Holzart Furnier: .....
Kanten: **gerundet / gefast**
Einzellänge: bis 875 mm
Breite: .....
Einbauort: **Geschoss / Raum** .....

| 48€ | 71€ | **76**€ | 91€ | 115€ | [St] | ⏱ 0,25 h/St | 027.000.072 |

31 Fensterbank, innen, Holz; bis 1.500 mm — KG 344
Wie Ausführungsbeschreibung A 9
Material: .....
Plattendicke: .....
Oberfläche: furniert, transparent lackiert
Holzart Furnier: .....
Kanten: **gerundet / gefast**
Einzellänge: bis 875 bis 1.500 m
Breite: .....
Einbauort: **Geschoss / Raum** .....

| 67€ | 87€ | **98**€ | 123€ | 157€ | [St] | ⏱ 0,30 h/St | 027.000.073 |

32 Fensterbank, innen, Holz; bis 2.500 mm — KG 344
Wie Ausführungsbeschreibung A 9
Material: .....
Plattendicke: .....
Oberfläche: furniert, transparent lackiert
Holzart Furnier: .....
Kanten: **gerundet / gefast**
Einzellänge: über 1.500 bis 2.500 m
Breite: .....
Einbauort: Geschoss / Raum .....

| 98€ | 148€ | **173**€ | 195€ | 244€ | [St] | ⏱ 0,35 h/St | 027.000.074 |

▶ min
▷ von
ø Mittel
◁ bis
◀ max

Nr.	**Kurztext** / Langtext							Kostengruppe
▶	▷	**ø netto €**	◁	◀		[Einheit]	Ausf.-Dauer	Positionsnummer

33   Holz-/Abdeckleisten, Fichte   KG **344**

Deckleisten, sichtbar bleibend, im Innenbereich.
Material: Fichte
Abmessung: 20 x 50 mm
Einzellängen: 2.800 mm
Klassensortierung: Klasse J2
Flächenkategorie: Offene Flächen mit durchsichtiger Behandlung
Oberfläche: Sichtseiten gehobelt und feingeschliffen
Kanten: allseitig gefast
Eckstöße: **stumpf gestoßen / Gehrung**
Befestigung: nicht sichtbar, Befestigungslöcher mit Holzstopfen verschlossen
Untergrund: .....

| 7€ | 17€ | **21€** | 26€ | 39€ | | [m] | ⏱ 0,10 h/m | 027.000.023 |

34   Verfugung, elastisch   KG **344**

Elastische Verfugung mit 1-Komponenten-Dichtstoff, Fuge glatt gestrichen, inkl. notwendiger Flankenvorbehandlung an den Anschlussflächen und Hinterlegen der Fugenhohlräume mit geeignetem Hinterstopfmaterial.
Material: **Silikonbasis / Acrylbasis**
Fugenbreite: .....

| 3€ | 5€ | **6€** | 9€ | 14€ | | [m] | ⏱ 0,05 h/m | 027.000.017 |

35   Bodentreppe, gedämmt   KG **359**

Einschubtreppe zwischen bauseitiger Konstruktion, gedämmt, von oben und unten zu öffnen, vorgerüstet für Profilzylinder, mit Stufen aus Hartholz, Deckel vorgerichtet für bauseitige Bekleidung von unten.
Decken-Öffnung (L x B): **600 / 700** mm
Aufteilung / Form: **zwei- / dreiteilig**
Handlauf: **mit / ohne**
Schutzgeländer: **mit / ohne**
Oberflächen: beschichtet mit .....
Dämmwert: U = ... W/(m²K)
Dichtwert: a = ... m³/hm
Raumhöhe: .....
Kastenhöhe: .....
Untergrund: vorh. Konstruktion aus **Gebälk / Spanplattenschalung**
Einbauort: Geschoss / Raum .....

| 458€ | 598€ | **662€** | 895€ | 1.196€ | | [St] | ⏱ 2,40 h/St | 027.000.076 |

LB 027
Tischlerarbeiten

Nr.	Kurztext / Langtext				Kostengruppe		
▶	▷ ø netto € ◁ ◀			[Einheit]	Ausf.-Dauer	Positionsnummer	

Kosten:
Stand 1.Quartal 2021
Bundesdurchschnitt

36 Bodentreppe, EI30 — KG 359

Einschubtreppe zwischen bauseitiger Konstruktion, mit Brandschutzanforderungen, von oben und unten zu öffnen, vorgerüstet für Profilzylinder, mit Stufen aus Hartholz, Deckel vorgerichtet für bauseitige Bekleidung von unten.
Decken-Öffnung (L x B): **600 / 700** mm
Aufteilung / Form: **zwei- / dreiteilig**
Handlauf: **mit / ohne**
Schutzgeländer: **mit / ohne**
Oberflächen: beschichtet mit .....
Dämmwert: U = ... W/(m²K)
Dichtwert: a = ... m³/hm
Feuerwiderstandsklasse: EI30
Einbauort: .....
Raumhöhe: .....
Kastenhöhe: .....
Untergrund: vorh. Konstruktion aus **Gebälk / Spanplattenschalung**
Einbauort: Geschoss / Raum .....

998€   1.276€   **1.560**€   2.024€   2.999€   [St]   ⏱ 2,40 h/St   027.000.077

37 Unterkonstruktion, Innenwandbekleidung — KG 345

Unterkonstruktion der Innenwandbekleidung aus Holz.
Material: Nadelholz
Sortierklasse: S10
Querschnitt 50 x 30 mm
Montage: **horizontal / vertikal**
Abstand Unterkonstruktion: ..... mm
Untergrund: Mauerwerk
Arbeitshöhe: bis ..... m,
Einbauort: Geschoss / Raum .....

22€   27€   **33**€   39€   54€   [m²]   ⏱ 0,35 h/m²   027.000.025

38 Innenwandbekleidung, Sperrholz — KG 345

Wandbekleidung aus Sperrholzplatten, im Innenbereich, Sichtseite in A-Qualität, sichtbar befestigen mit korrosionsgeschützten Schrauben.
Deckfurnier bzw. Gütemerkmal der Sichtseite: I
Erscheinungsklasse: A
Befestigung: sichtbar
Dicke: 15 mm
Untergrund: Holz
Arbeitshöhe: bis ..... m
Einbauort: Geschoss / Raum .....

12€   100€   **142**€   167€   277€   [m²]   ⏱ 0,35 h/m²   027.000.026

▶ min
▷ von
ø Mittel
◁ bis
◀ max

Nr.	Kurztext / Langtext					Kostengruppe	
▶	▷	ø netto €	◁	◀	[Einheit]	Ausf.-Dauer	Positionsnummer

39 Innenwandbekleidung, Sperrholzplatten, mit UK KG **345**
Wandbekleidung aus Sperrholzplatten im Innenbereich, Sichtseite in A-Qualität, mit Unterkonstruktion aus sägerauer Lattung, mit korrosionsgeschützten Schrauben auf Rohwand befestigen; inkl. ggf. hinterfüttern.
Deckfurnier bzw. Gütemerkmal der Sichtseite: I
Erscheinungsklasse: A
Befestigung: sichtbar
Plattendicke: ......
Lattenquerschnitt: .....
Raster: .....
Dübelabstand: .....
Arbeitshöhe: bis ..... m
Untergrund UK: .....
Einbauort: Geschoss / Raum .....

| 65€ | 151€ | **198€** | 266€ | 357€ | [m²] | ⏱ 0,55 h/m² | 027.000.028 |

40 Innenwandbekleidung, Dekorspanplatte, mit UK KG **345**
Wandbekleidung, aus Dekorspanplatten DIN EN 312, im Innenausbau, Trockenbereich, Sichtseite mit Dekorlage, inkl. Unterkonstruktion aus sägerauer Lattung, mit korrosionsgeschützten Schrauben auf Rohwand befestigen; inkl. ggf. hinterfüttern.
Plattentyp: P2 - Spanplatte DIN EN 312
Dicke: 18 mm
Oberfläche: Dekorlage ....
Profil / Kante: .....
Lattenquerschnitt: .....
Raster: .....
Dübelabstand: .....
Arbeitshöhe: bis ..... m
Untergrund UK: .....
Einbauort: Geschoss / Raum .....

| 106€ | 130€ | **149€** | 162€ | 186€ | [m²] | ⏱ 0,55 h/m² | 027.000.119 |

41 Schalung, Spanplatten KG **344**
Schalung aus kunstharzgebundenen Spanplatten, als Unterlage für Bekleidungen, Befestigung mit Schrauben.
Plattentyp: **P7 / P5** DIN EN 312
Dicke: 22 mm
Profil / Kante: Nut-Feder
Arbeitshöhe: bis ..... m
Untergrund: Holz
Einbauort:
 – **Boden / Wand / Steildach**
 – Geschoss / Raum: .....

| 22€ | 48€ | **62€** | 81€ | 114€ | [m²] | ⏱ 0,30 h/m² | 027.000.027 |

LB 027
Tischlerarbeiten

Kosten:
Stand 1.Quartal 2021
Bundesdurchschnitt

▶ min
▷ von
ø Mittel
◁ bis
◀ max

Nr.	Kurztext / Langtext					Kostengruppe		
▶	▷	ø netto €	◁	◀	[Einheit]	Ausf.-Dauer	Positionsnummer	

42   Unterkonstruktion, Trennwand   KG **346**

Unterkonstruktion für nichttragende innere Trennwand als Montagewand, aus verzinkten Stahlblechstützen- und Querprofilen, montiert zwischen Decken-, Wand- und Bodenprofilen aus pulverbeschichteten Stahlblechen, auf Estrich.
Wandhöhe: bis 3,00 m
Wanddicke: 100 mm
Modulbreite: **900 / 1.200** mm bei vertikaler Linienführung, 1.800 mm bei horizontaler Linienführung
Nachfolgende Beplankung: **einlagig / zweilagig**
Arbeitshöhe: bis 3,0 m
Untergrund: .....
Einbauort: Geschoss / Raum ....

| –€ | 59€ | **71**€ | 87€ | –€ | [m²] | ⏱ 0,40 h/m² | 027.000.048 |

43   Büro-Trennwand, Tragprofile/Paneele   KG **346**

Modulares Trennwand-System für Büroräume, mit Grundkonstruktion aus verzinkten Stahlblechstützen- und Querprofilen, montiert zwischen Decken-, Wand- und Bodenprofilen, aus pulverbeschichteten Stahlblechen, wie folgt:
– Glaselemente mit Stahl- oder Aluminiumglasrahmen mit Einfach- oder Doppelverglasung
– Türelemente aus Aluminiumzargen für Einzel- oder Doppeltüren mit stumpf einschlagendem Türblatt, Edelstahl-Rollentürbändern, PZ-Schloss und Aluminium-Türdrückergarnitur
– wahlweise mit Trennwandfüllung bei opaken Flächen mit 40 mm Mineralwolle
– Modulbreite **900 / 1.200** mm bei vertikaler Linienführung, 1.800 mm bei horizontaler Linienführung
– Fugenabdeckung mit Variantprofilen mit Füllstreifen oder verzinkten Hutprofile mit PVC-Abdeckleisten
Elementhöhe: .....
Elementdicke: .....
Beplankung: **2x 13 mm Dekorspanplatten / beschichtete Stahlblechpaneele**
Farbe: .....
Schallschutz: **Vollwände bis R$_w$**,P = 42 dB / Doppelverglasungen bis Rw,P = 36 dB / Türen in den Schallschutzklassen 1 und 2
Brandschutz: **Vollwand EI30 / Verglasung E30**
Arbeitshöhe: bis ..... m
Untergrund: .....
Einbauort: Geschoss / Raum .....

| 105€ | 136€ | **170**€ | 231€ | 383€ | [m²] | ⏱ 1,40 h/m² | 027.000.029 |

44   Trennwand, Spanplatten/HPL, Rahmen   KG **346**

Trennwand aus Holzspanplatten DIN EN 13986 mit HPL-Deckflächen, mit sichtbarer Rahmenkonstruktion aus Aluminiumprofilen und Systembeschlägen.
Füße aus Aluminium mit trittsicherer Abdeckrosette
Einsatzbereich: .....
Trennwandhöhe: .....
Bodenfreistellung: ..... mm
Trennwanddicke: 40 mm
Metallprofile: .....
Arbeitshöhe: bis ..... m
Untergrund: .....
Einbauort: Geschoss / Raum .....

| –€ | 162€ | **183**€ | 205€ | –€ | [m²] | ⏱ 1,70 h/m² | 027.000.137 |

Nr.	Kurztext / Langtext					Kostengruppe
▶	▷	**ø netto €**	◁	◀	[Einheit]	Ausf.-Dauer Positionsnummer

45 Trennwandanlage, Spanplatten/Melamin — KG **346**
Sanitär-Trennwandanlage aus Holzspanplatten DIN EN 13986 mit Melaminharzbeschichtung, mit sichtbarer Rahmenkonstruktion aus Aluminiumprofilen und Systembeschlägen, Füße aus Aluminium mit trittsicherer Abdeckrosette.
Einsatzbereich: .....
Trennwandhöhe: .....
Bodenfreistellung: ..... mm
Trennwanddicke: 28 mm
Metallprofile: .....
Zwischenwände: .....
Türelemente: .....
Einbauort: Geschoss / Raum .....

| –€ | 144€ | **162€** | 179€ | –€ | [m²] | ⏱ 1,70 h/m² | 027.000.138 |

46 Trennwandanlage, HPL-Kompaktplatten — KG **346**
Sanitär-Trennwandanlage aus HPL-Kompaktplatten DIN EN 438-7, mit sichtbarer Rahmenkonstruktion aus Aluminiumprofilen und Systembeschlägen, Füße aus Aluminium mit trittsicherer Abdeckrosette
Einsatzbereich: .....
Trennwandhöhe: .....
Bodenfreistellung: ..... mm
Trennwanddicke: 13 mm
Oberfläche: .....
Metallprofile: .....
Zwischenwände: .....
Türelemente: .....
Untergrund: .....
Einbauort: Geschoss / Raum .....

| 128€ | 139€ | **144€** | 148€ | 159€ | [m²] | ⏱ 1,70 h/m² | 027.000.031 |

47 WC-Schamwand Urinale — KG **346**
Schamwand liefern und montieren. Ausführung und Oberflächen hergestellt im System der WC-Trennwand-anlagen, Farbe abgestimmt auf die eingebauten Trennwände, wie vor beschrieben.
Abmessung (B x H): ..... x ..... mm
Untergrund: .....
Einbauort: Geschoss / Raum .....

| 100€ | 127€ | **142€** | 160€ | 194€ | [St] | ⏱ 1,40 h/St | 027.000.081 |

48 Prallwand-Unterkonstruktion — KG **346**
Unterkonstruktion für Prallwand, mit Kraftabbau aus Grundlattung, Schwinglattung und Montagelattung.
Anforderungsprofil: Prüfung gem. FA Bau Nr. 390
Ballwurfsicherheit: ja / **nein**
Grundlattung:
– aus Massivholzriegeln, an Metallwinkelaufständerung, zur Schaffung von Hinterlüftungsraum
– Mindestquerschnitt: 40 x 60 mm
– Festigkeitsklasse: **C30 / C24**
– Sortierklasse: S13
– Güteklasse: **I / II**
– Achsabstand: ca. 700 mm

LB 027
Tischlerarbeiten

Nr.	Kurztext / Langtext						Kostengruppe		
▶	▷	ø netto €	◁	◀		[Einheit]	Ausf.-Dauer	Positionsnummer	

Schwinglattung:
- quer zur Aufstandslattung verlaufend
- als durchgehender Streifen aus siebenfach verleimtem Sperrholz, BFU-verleimt, (B x D): ca. 60 x 12 mm
- im Achsabstand von ca. 485 mm auf der Grundlattung montiert

Montagelattung:
- quer zur Schwinglattung verlaufend
- als durchgehender Streifen aus siebenfach verleimtem Sperrholz, BFU-verleimt, (B x D): ca. 60 x 12 mm
- im Achsabstand von ca. 350 mm auf Schwinglattung montiert

Arbeitshöhe: bis ..... m
Untergrund: .....
Einbauort: Geschoss / Raum .....

| 27€ | 37€ | **42**€ | 47€ | 60€ | [m²] | ⏱ 0,20 h/m² | 027.000.032 |

49 **Prallwandbekleidung, ballwurfsicher** **KG 345**

Ballwurf- und anprallsichere Wandbekleidung mit Furnierschichtholzplatte auf Unterkonstruktion.
Abmessungen:
- Plattenbreite: .....
- Längeneinteilung: Platten in diversen Einzellängen (max. Länge von ..... mm)
- Dicke: **20 / 26 mm**
- Fugenbreite: max. ..... mm

Qualität:
- Sichtqualität
- Oberflächengüte: **E / I / II**
- Erscheinungsklasse: **0 / A**
- Holzart Furnier: .....

Oberfläche:
- Längskanten fein geschliffen sowie gerundet (Radius max. 3 mm), anschließend lackiert
- Stirnkanten rechtwinklig besäumt, geschliffen sowie gebrochen
- Furnierverlauf: horizontal

Verwendungsbereich: **Trockenbereich / Feuchtbereich / Außenbereich**

Verleimung:
- baubiologisch einwandfrei, Emissionsklasse E 0

Befestigung:
- sichtbare Verschraubung mit Linsen-Senkkopfschrauben, Oberfläche verzinkt und hell bichromatisiert, höhengleich und splitterfrei montiert
- Verbrauch: 4 Schrauben/m², max. Schraubabstand: ..... mm
- Verdeckte Befestigung ist aus Gründen der Revisionsfähigkeit ausdrücklich untersagt

Verlegehöhe: max. .... mm über OK FFB
Arbeitshöhe: bis ..... m
Untergrund: .....
Einbauort: Geschoss / Raum .....

| 40€ | 67€ | **88**€ | 104€ | 134€ | [m²] | ⏱ 0,40 h/m² | 027.000.033 |

Kosten:
Stand 1.Quartal 2021
Bundesdurchschnitt

▶ min
▷ von
ø Mittel
◁ bis
◀ max

Nr.	Kurztext / Langtext							Kostengruppe
▶	▷	ø netto €	◁	◀	[Einheit]	Ausf.-Dauer	Positionsnummer

50 Akustikvlies-Abdeckung, schwarz KG **345**

Akustisch wirksamer Vliesstoff, in Decken und Wänden.
Material: Rohglasvlies
Baustoffklasse: A2
Flächengewicht: 75–80 g/m²
Luftdurchlässigkeit: 2.300 l/m²/s
Farbe: schwarz
Einbauort: .....

| 3 € | 6 € | **7 €** | 9 € | 12 € | [m²] | ⏱ 0,10 h/m² | 027.000.035 |

51 Geräteraum-Schwingtor, Metall/Holz KG **344**

Geräteraumtor in Prallwand, als Rahmenkonstruktion, komplette Anlage einschl. Blendrahmen, bestehend aus:
– 2 Seitenpfosten, 1 Querverbinder (Torstock) in verleimter Holzrahmenkonstruktion, Sichtseiten gehobelt und geschliffen
– Torrahmen als Schwingtorrahmen aus Gitterrahmenkonstruktion aus Stahlrechteckrohr

Torgröße (B x H): ca. 4.500 x 2.850 mm
Rahmendicke: mind. 56 mm
Beschichtung Stahlteile: .....
Untergrund: .....
Einbauort: Geschoss / Raum .....

| 1.860 € | 3.013 € | **3.419 €** | 3.967 € | 5.510 € | [St] | ⏱ 4,50 h/St | 027.000.036 |

52 Sporthallentür, zweiflüglig KG **344**

Sporthallen-Türelement, zweiflüglig, geeignet für kraftabbauende Anforderungen in Sporthalle, Element bestehend aus:
– Türzarge und zwei Türflügeln
– zwei vertikale Seitenzargen, ein horizontaler Zargenverbinder, zusätzliche horizontale Aussteifungstraverse
– zwei Türflügelrahmen, mit Schall- / Wärmedämmung durch vollflächige Kernfüllung der Rahmenfelder mittels MDF-Platten, sowie Anpressdichtung
– Aufdoppelung hallenseitig aus Sperrholzplatte
– Hallengegenseite aus Spanplatte mit Schichtstoffplatte, Kantenbelegung in Buche
– Beschläge: zwei Bänder pro Türflügel, ein Einsteckschloss, ein Treibriegel, eine Bodenschließmulde, eine Treibriegelstange, ein Turnhallenbeschlag mit Drückergarnitur, zwei Bodentürstopper und feststehendem Bauteil
– Montage aller Teile nicht sichtbar

Baurichtmaß (B x H): 2.500 x 2.350 mm
Sperrholzplatte: 12 mm BFU-20
Spanplatte: 19 mm
Untergrund: .....
Einbauort: Geschoss / Raum .....

| 4.396 € | 5.374 € | **5.539 €** | 7.265 € | 9.701 € | [St] | ⏱ 8,00 h/St | 027.000.039 |

LB 027
Tischlerarbeiten

Nr.	Kurztext / Langtext					[Einheit]	Ausf.-Dauer	Kostengruppe Positionsnummer
▶	▷	ø netto €	◁	◀				

53 Garderobenleiste KG **381**

Garderobenleiste mit integrierten Garderobenhaken, Leiste aus profiliertem Rundstabprofil, in aufgehender Wand mittels Dübeln und Schrauben unsichtbar befestigt.
Rundstahl: D = 42 mm
Material: **Esche / Eiche / Buche**
Oberfläche: transparent DD-lackiert
Haken: **Einzel- / Doppelhaken**
Material: **Edelstahl / Aluminium**
Oberfläche: .....
Länge: .....
Wandabstand: .....
Anzahl Haken: .....
Arbeitshöhe: .....
Untergrund: .....
Einbauort: Geschoss / Raum .....

| 24€ | 75€ | **101**€ | 135€ | 194€ | [m] | ⏱ 0,40 h/m | 027.000.038 |

54 Garderobenschrank KG **381**

Garderoben-Wertschrank GS- und TÜV-geprüft, liefern und auf zu liefernder Unterkonstruktion montieren.
Konstruktion bestehend aus:
- Korpus aus HPL-Vollkernplatten und Aluminiumprofilen in Steckbauweise
- Material wasserbeständig, reinigungsfreundlich und fäulnissicher
- Oberfläche kratz- und schlagbeständig
- Tür aus HPL-Vollkernplatte, Ecken abgerundet, Radius 5 mm
- Türbänder aus Edelstahl 1.4301, stabile Ausführung.
- Tür mit Türstopper und Öffnungsbegrenzer. Ausrüstung mit: 1 Wertfach oben (Höhe innen = ... mm), darunter 1 Garderobenteil (Höhe innen = ... mm) mit Kleiderstange und ..... Haken.
- Nummerierung / Stahlblechsockel / untergebaute Sitzbank / untergebaute Aufbewahrungsbox als gesonderte Option

Schließung: **Sicherheits-Zylinder-Hebel-Schloss als Hauptschließanlage / Münzpfandschloss für den Einwurf von 1 Euro als Hauptschließanlage**
Farbe: nach Musterkarte und Wahl durch den Bauherrn (mind. ..... Wahlfarben)
Montage Schränke: auf Sockelkonstruktion Mat. Aluminium
Konstruktion mit verstellbaren Schraubfüßen: h= 100-150 mm
Oberfläche: **pulverbeschichtet Farbe wie Schrankanlage / eloxiert C.....**
Höhe: ..... mm
Tiefe: 525 mm
Breite: 300 mm
Untergrund: .....
Einbauort: Geschoss / Raum .....

| 263€ | 367€ | **431**€ | 514€ | 632€ | [St] | ⏱ 0,55 h/St | 027.000.082 |

Kosten:
Stand 1.Quartal 2021
Bundesdurchschnitt

▶ min
▷ von
ø Mittel
◁ bis
◀ max

Nr.	**Kurztext** / Langtext						Kostengruppe	
▶	▷	**ø netto €**	◁	◀		[Einheit]	Ausf.-Dauer	Positionsnummer

55   **Einbauküche, melaminharzbeschichtet**   KG **381**

Einbauküche mit Arbeitsplatte, Hochschrank, Unter- und Oberschränken aus melaminharzbeschichteten Holz-werkstoffplatten.
Arbeitshöhe: ca. 860 mm, Tiefe: ca. 630 mm
Bestehend aus:
 – drei Unterschränke je 600 x 600 mm
 – ein Unterschrank 1.200 x 600 mm
 – ein Hochschrank 600 x 2.150 mm
 – eine Arbeitsplatte 3.000 x 630 mm
 – fünf Oberschränke je 600 x 680 mm
Ausführung:
 – ein Unterschrank mit seitlicher Sichtseite, bündig mit Arbeitsplatte, mit fünf Auszügen, einschl. zwei Besteckeinsätzen und fünf Griffstangen ca. 580 mm
 – ein Unterschrank, für integrierbaren Backofen mit Schaltkasten für Kochfeld, unten mit feststehender Blende
 – ein Unterschrank, für integrierbare Spülmaschine
 – ein Spülen-Unterschrank, mit zwei Türen; Blende vor Spülbecken, Abfallsammler mit selbst öffnendem Deckel für getrennte Müllsortierung (3 Behälter), zwei Griffstangen
 – ein Hochschrank, unten eine Türe und zwei Fachböden, oben vorgerichtet für integrierbaren Kühlschrank, einschl. Dekorblende, UK Kühlschrank-Türe = OK Arbeitsplatte, zwei Griffstangen
 – vier Oberschränke, davon 1 Oberschrank mit Sichtseite, Schränke jeweils mit 2 Fachböden und Tür, ohne Griffstangen, die Türen und die Sichtseiten unten ca. 15 mm überstehend
 – ein Oberschrank, vorgerüstet für integrierbaren Dunstabzug, innenliegender Blende des Abzugs und Regalfächern, eine Türe mit Griffstange
 – eine Rückwand zwischen Unter- und Oberschrank, ca. 30 mm vor der Betonwand geführt, einschl. Unter-konstruktion
 – eine Arbeitsplatte, bündig mit Unterschrank, einschl. zweier Ausschnitte für Spül- und Abtropfbecken und Kochfeld, Sichtkante zweiseitig (vorne und seitlich) mit Multiplex-Anleimer; Sockel, einschl. Zuluft-Lüftungsgitter für Kühlschrank Be- und Entlüftung
Oberflächen:
 – alle Korpusse: melaminharzbeschichtet
 – Arbeitsplatte: melaminharzbeschichtet
 – Farbe: .....
Einbauort: Geschoss / Raum .....

▶	▷	**ø netto €**	◁	◀	[Einheit]	Ausf.-Dauer	Positionsnummer
958 €	2.745 €	**3.498** €	4.211 €	5.675 €	[St]	⏱ 7,50 h/St	027.000.042

LB 027
Tischlerarbeiten

Nr.	Kurztext / Langtext					[Einheit]	Ausf.-Dauer	Kostengruppe Positionsnummer
▶	▷	ø netto €	◁	◀				

56 Teeküche, melaminharzbeschichtet KG **381**

Teeküche mit Arbeitsplatte, Unter- und Oberschränken aus melaminharzbeschichteten Holzwerkstoffplatten.
Arbeitshöhe: ca. 860 mm
Tiefe: ca. 630 mm
Bestehend aus:
- 4 Unterschränke 600 x 600 mm
- 1 Arbeitsplatte 2.400 x 630 mm
- 4 Oberschränke 600 x 380 mm

Ausführung:
- ein Unterschrank mit seitlicher Sichtseite, bündig mit Arbeitsplatte, mit fünf Auszügen, einschl. zwei Besteckeinsätzen und 5 Griffstangen
- ein Unterschrank mit seitlicher Sichtseite, für Kochfeld mit integriertem Schaltkasten, unten mit feststehender Blende, ein Tür und Abfallsammler mit selbst öffnendem Deckel für getrennte Müllsortierung (3 Behälter), eine Griffstange
- ein Unterschrank, für integrierbare Spülmaschine
- vier Oberschränke, davon ein Oberschrank mit Sichtseite, Schränke jeweils mit zwei Fachböden und Tür, ohne Griffstangen, die Türen und die Sichtseiten unten ca. 15 mm überstehend, ein Oberschrank vorgerüstet für integrierbaren Dunstabzug, mit innenliegender Blende des Abzugs und Regalfächern
- eine Arbeitsplatte als Dreischichtplatte, seitlich bündig mit Unterschränken, einschl. einem Ausschnitt für Kochfeld, Sichtkante zweiseitig (vorne und seitlich) mit Multiplex-Anleimer; Sockel

Oberflächen:
- alle Korpusse: melaminharzbeschichtet, Farbe: .....
- Arbeitsplatte: Dekor .....

Einbauort: Geschoss / Raum .....

| 845€ | 2.960€ | **3.758€** | 5.148€ | 8.095€ | [St] | 6,00 h/St | 027.000.041 |

57 Unterschrank, Küche, bis 600mm KG **381**

Unterschrank für Küche, vorn und seitlich Sichtseiten, unten mit feststehender Blende, mit 3 Einlege-Fachböden sowie einer Tür mit Griffstange.
Material: Gütespanplatte
Oberflächen: melaminharzbeschichtet
Farbe: .....
Schrankgröße: 600 x 600 mm
Arbeitshöhe: 860 mm
Griffstange: 550 mm
Vorgerichet für: Kochfeld mit integriertem Schaltkasten

| 175€ | 358€ | **439€** | 538€ | 746€ | [St] | 0,60 h/St | 027.000.043 |

58 Oberschrank, Küche, bis 600mm KG **381**

Oberschrank für Küche, vorn und seitlich Sichtseiten, mit 3 Einlege-Fachböden sowie einer Tür mit Griffstange.
Material: Gütespanplatte
Oberflächen: melaminharzbeschichtet
Farbe: .....
Schrankgröße: 600 x 450 mm
Schrankhöhe: 700 mm
Griffstange: 500 mm
Untergrund: .....

| 140€ | 214€ | **229€** | 270€ | 353€ | [St] | 1,00 h/St | 027.000.044 |

Kosten:
Stand 1.Quartal 2021
Bundesdurchschnitt

▶ min
▷ von
ø Mittel
◁ bis
◀ max

Nr.	Kurztext / Langtext					Kostengruppe	
▶	▷	**ø netto €**	◁	◀	[Einheit]	Ausf.-Dauer	Positionsnummer

59 Treppenstufe, Holz — KG **353**

Treppenstufe aus Massivholz, feingehobelt und geschliffen, auf bauseitiger Stahlbetonunterkonstruktion, schallentkoppelt verlegt, unsichtbar befestigt, Vorderkante gerundet. Endstufen nach gesonderter Position.
Material: Eiche massiv, t = 42 mm
Setzstufen: **..... mm Untertritt / bündig ohne Untertritt**
Stufenlänge: .....
Stufentiefe: .....
Stufenhöhe: .....
Oberfläche: transparent beschichtet
Steigungsmaß: .....

| 58€ | 126€ | **158**€ | 241€ | 422€ | [St] | ⏱ 0,14 h/St | 027.000.045 |

60 Handlauf-Profil, Holz — KG **359**

Holz-Handlauf aus Massivholz, steigend und eben, in verschiedenen Längen, Stab unten gefräst, für Anschluss an bauseitiges Stahl-Tragprofil, Befestigung von unten mit Senkkopfschrauben. Wandlaufhalter, Rundungen und Abkröpfung / Gehrung nach gesonderter Position.
Einbau: **außen / innen**
Material: Buche
Durchmesser Handlauf: **30 / 40** mm
Oberfläche: **geschliffen und poliert, natur / transparent lackiert**
Nutmaß: ca. 20 x 5 mm
Untergrund: .....

| 23€ | 39€ | **46**€ | 59€ | 92€ | [m] | ⏱ 0,25 h/m | 027.000.046 |

61 Geländer, gerade, Rundstabholz — KG **359**

Geländer als Holzkonstruktion mit Handlauf aus geformtem Vollholzprofil und Füllung aus senkrechten Vollstäben, auf bauseitige Treppenwangen, Befestigungen des Handlaufs an den Enden an die aufgehenden Wände mittels Schrauben und Dübeln.
Gesamthöhe: ca. 1,00 m
Länge: .....
Geländerform: .....
Material Handlauf und Füllstäbe: **Eiche / Buche**
Handlauf: Rundstab D = 42,4 mm
Senkrechte Füllstäbe: Rundstab D = ... mm
Oberflächen: **geschliffen und poliert / transparent lackiert**
Untergrund: .....

| 194€ | 299€ | **328**€ | 389€ | 541€ | [m] | ⏱ 0,70 h/m | 027.000.047 |

62 Stundensatz, Facharbeiter/-in

Stundenlohnarbeiten für Vorarbeiterin, Vorarbeiter, Facharbeiterin, Facharbeiter und Gleichgestellte. Verrechnungssatz für die jeweilige Arbeitskraft inkl. aller Aufwendungen wie Lohn- und Gehaltskosten, Lohn- und Gehaltsnebenkosten, Zuschläge, lohngebundene und lohnabhängige Kosten, sonstige Sozialkosten, Gemeinkosten, Wagnis und Gewinn. Leistung nach besonderer Anordnung der Bauüberwachung. Anmeldung und Nachweis gem. VOB/B.

| 44€ | 52€ | **56**€ | 59€ | 66€ | [h] | ⏱ 1,00 h/h | 027.000.079 |

LB 027
Tischlerarbeiten

Nr.	Kurztext / Langtext						Kostengruppe	
▶	▷	ø netto €	◁	◀		[Einheit]	Ausf.-Dauer	Positionsnummer

63 Stundensatz, Helfer/-in

Stundenlohnarbeiten für Vorarbeiterin, Vorarbeiter, Facharbeiterin, Facharbeiter und Gleichgestellte. Verrechnungssatz für die jeweilige Arbeitskraft inkl. aller Aufwendungen wie Lohn- und Gehaltskosten, Lohn- und Gehaltsnebenkosten, Zuschläge, lohngebundene und lohnabhängige Kosten, sonstige Sozialkosten, Gemeinkosten, Wagnis und Gewinn. Leistung nach besonderer Anordnung der Bauüberwachung. Anmeldung und Nachweis gem. VOB/B.

| 33€ | 39€ | **43**€ | 46€ | 52€ | [h] | ⏱ 1,00 h/h | 027.000.080 |

Kosten:
Stand 1.Quartal 2021
Bundesdurchschnitt

▶ min
▷ von
ø Mittel
◁ bis
◀ max

023
024
025
026
027
028
029
030
031
032
033
034
036
037
038
039

LB 028 Parkett-, Holzpflasterarbeiten

Preise €

Kosten: Stand 1. Quartal 2021 Bundesdurchschnitt

▶ min
▷ von
ø Mittel
◁ bis
◀ max

Nr.	Positionen	Einheit	▶	▷	ø brutto € / ø netto €	◁	◀
1	Untergrund reinigen	m²	0,2	0,7	**0,9**	1,4	2,7
			0,2	0,6	**0,8**	1,2	2,3
2	Sinterschicht abschleifen	m²	0,7	1,6	**2,0**	2,6	4,1
			0,6	1,3	**1,7**	2,2	3,4
3	Zementestrich anschleifen	m²	0,4	1,4	**1,8**	2,9	4,5
			0,3	1,2	**1,6**	2,4	3,8
4	Untergrund prüfen, Haftzugfestigkeit	St	17	21	**24**	26	29
			15	18	**20**	22	25
5	Untergrund vorstreichen, Haftgrund	m²	1	2	**3**	3	4
			0,9	1,7	**2,2**	2,6	3,8
6	Trennlage, Baumwollfilz	m²	1	3	**3**	4	6
			1,0	2,3	**2,8**	3,6	5,2
7	Unterlage, Rippenpappe	m²	3	4	**4**	5	6
			2	3	**3**	4	5
8	Unterlage, Korkschrotpappe	m²	–	6	**9**	11	–
			–	5	**8**	10	–
9	Unterboden, Holzspanplatte P2, 28mm	m²	–	24	**30**	40	–
			–	20	**25**	34	–
10	Blindboden, Nadelholz	m²	24	35	**45**	49	55
			20	29	**38**	41	46
11	Dielenbodenbelag, Fichte, 24mm	m²	137	150	**171**	181	196
			115	126	**144**	152	165
12	Dielenbodenbelag, Lärche, 24mm	m²	139	153	**173**	184	200
			117	128	**146**	155	168
13	Dielenbodenbelag, Ahorn, 22mm	m²	150	165	**187**	198	215
			126	138	**157**	167	181
14	Dielenbodenbelag, Esche, 22mm	m²	126	138	**157**	167	181
			106	116	**132**	140	152
15	Dielenbodenbelag, Eiche, 22mm	m²	115	126	**144**	152	165
			97	106	**121**	128	139
16	Stabparkett, Eiche, 22mm	m²	81	102	**104**	115	137
			68	86	**88**	96	115
17	Stabparkett, Buche, 22mm	m²	81	111	**116**	131	154
			68	93	**98**	110	129
18	Fertigparkett, Ahorn, 14mm, versiegelt	m²	55	83	**93**	101	115
			46	70	**78**	85	96
19	Fertigparkett, Eiche 14mm, versiegelt	m²	68	75	**86**	97	107
			57	63	**72**	81	90
20	Fertigparkett, Esche, 14mm, versiegelt	m²	70	77	**88**	99	110
			59	65	**74**	83	92
21	Fertigparkett, Buche, bis 14mm, beschichtet	m²	67	74	**84**	94	104
			56	62	**70**	79	88
22	Vollholzparkett, Hochkantlamellen, Eiche, bis 12mm	m²	53	61	**66**	73	83
			45	51	**55**	61	70
23	Mosaikparkett, Eiche, 8mm	m²	41	57	**61**	67	81
			34	48	**51**	56	68
24	Mosaikparkett, Esche, 8mm	m²	–	69	**79**	89	–
			–	58	**67**	75	–

© BKI Baukosteninformationszentrum; Erläuterungen zu den Tabellen siehe Seite 44

Kostenstand: 1. Quartal 2021, Bundesdurchschnitt

Parkett-, Holzpflasterarbeiten — Preise €

Nr.	Positionen	Einheit	▶	▷ ø brutto € / ø netto €		◁	◀
25	Mosaikparkett, Buche, 8mm	m²	–	67	**76**	87	–
			–	57	**64**	73	–
26	Lamparkett, Eiche, 10mm	m²	53	80	**111**	129	162
			45	67	**93**	109	136
27	Lamparkett, Ahorn, 10mm	m³	–	83	**118**	134	–
			–	70	**99**	113	–
28	Lamparkett, Esche, 10mm	m²	–	80	**115**	130	–
			–	68	**97**	110	–
29	Holzpflaster, bis 50mm	m²	82	87	**88**	89	101
			69	73	**74**	75	85
30	Vollholzparkett schleifen	m²	8	12	**13**	16	20
			7	10	**11**	14	17
31	Vollholzparkett beschichten	m²	8	14	**16**	24	39
			7	12	**14**	20	33
32	Stufenbelag, Stabparkett, Eiche	St	113	151	**157**	169	187
			95	127	**132**	142	158
33	Stufenbelag, Fertigparkett, Buche	m²	–	40	**50**	61	–
			–	34	**42**	51	–
34	Stufenbelag, Fertigparkett, Eiche	m²	–	36	**48**	58	–
			–	30	**40**	48	–
35	Randstreifen abschneiden	m	0,1	0,3	**0,4**	0,5	0,8
			0,1	0,3	**0,3**	0,4	0,7
36	Randabschluss, Korkstreifen, Dehnfuge	m	3	6	**7**	9	14
			2	5	**6**	8	12
37	Sockelleiste, Buche	m	6	10	**12**	16	23
			5	9	**10**	13	20
38	Sockelleiste, Eiche	m	6	11	**14**	18	35
			5	10	**12**	15	29
39	Sockelleiste, Ahorn	m	6	11	**13**	15	20
			5	9	**11**	13	17
40	Eckausbildung, vorgefertigt, Sockelleiste	St	<0,1	0,8	**1,2**	2,0	3,8
			<0,1	0,7	**1,0**	1,6	3,2
41	Parkettbelag anarbeiten, gerade	m	3	8	**11**	14	20
			3	7	**9**	12	17
42	Parkettbelag anarbeiten, schräg	m	4	9	**11**	14	21
			4	8	**10**	12	17
43	Aussparung, Parkett	St	8	21	**27**	35	52
			6	18	**23**	29	44
44	Trennschiene, Metall	m	11	19	**21**	26	38
			9	16	**18**	22	32
45	Übergangsprofil/Abdeckschiene, Stahl	m	14	27	**29**	48	77
			12	23	**24**	41	65
46	Übergangsprofil/Abdeckschiene, Aluminium	m	13	22	**26**	40	58
			11	18	**22**	34	49
47	Übergangsprofil/Abdeckschiene; Messing	m	9,9	21	**24**	30	45
			8,3	18	**20**	25	38
48	Verfugung, elastisch, Silikon	m	3	6	**7**	8	11
			3	5	**6**	7	9

© BKI Baukosteninformationszentrum; Erläuterungen zu den Tabellen siehe Seite 44 Kostenstand: 1.Quartal 2021, Bundesdurchschnitt

LB 028 Parkett-, Holzpflasterarbeiten

Parkett-, Holzpflasterarbeiten — Preise €

Nr.	Positionen	Einheit	▶ min	▷ von	ø brutto € / ø netto €	◁ bis	◀ max
49	Erstpflege, Parkettbelag	m²	0,8	2,5	**3,2**	3,8	5,2
			0,7	2,1	**2,7**	3,2	4,4
50	Schutzabdeckung, Platten/Folie	m²	2	4	**5**	5	6
			2	3	**4**	4	5
51	Stundensatz, Facharbeiter/-in	h	49	57	**61**	65	74
			41	48	**51**	55	62
52	Stundensatz, Helfer/-in	h	38	46	**50**	55	66
			32	39	**42**	47	55

Kosten: Stand 1. Quartal 2021, Bundesdurchschnitt

Nr.	Kurztext / Langtext					[Einheit]	Ausf.-Dauer	Positionsnummer
▶	▷	ø netto €	◁	◀				

1 Untergrund reinigen — KG **353**
Untergrund von groben Verschmutzungen reinigen, anfallende Stoffe aufnehmen, in Behältnis des AN sammeln, abfahren und entsorgen. Abfall ist nicht gefährlich, nicht schadstoffbelastet

| 0,2€ | 0,6€ | **0,8€** | 1,2€ | 2,3€ | [m²] | ⏱ 0,02 h/m² | 028.000.001 |

2 Sinterschicht abschleifen — KG **353**
Sinterschicht von Calciumsulfatestrichen abschleifen, Staub absaugen, sortieren und in Container des AN lagern. Inkl. Abfahren und Entsorgen auf Nachweis.
Geforderte Ebenheit: Tabelle 3 **Zeile 3 / Zeile 4** DIN 18202

| 0,6€ | 1,3€ | **1,7€** | 2,2€ | 3,4€ | [m²] | ⏱ 0,06 h/m² | 028.000.072 |

3 Zementestrich anschleifen — KG **353**
Zement-Estrich anschleifen als Vorbereitung für Bodenverlegung, Schleifgut sammeln, aufnehmen sortieren und in Container des AN lagern. Inkl. Abfahren und Entsorgen auf Nachweis.
Estrichoberfläche: .....
Geforderte Ebenheit: Tabelle 3 **Zeile 3 / Zeile 4** DIN 18202

| 0,3€ | 1,2€ | **1,6€** | 2,4€ | 3,8€ | [m²] | ⏱ 0,06 h/m² | 028.000.071 |

4 Untergrund prüfen, Haftzugfestigkeit — KG **353**
Untergrund des Parkettbelags durch Haftzugprüfung prüfen. Preis je Prüfung inkl. Protokollierung und Übergabe an den Auftraggeber.
Untergrund: .....
Hinweis: Nur über Prüfpflicht des Auftragnehmers hinausgehende Leistung.

| 15€ | 18€ | **20€** | 22€ | 25€ | [St] | ⏱ 0,50 h/St | 028.000.067 |

5 Untergrund vorstreichen, Haftgrund — KG **353**
Voranstrich für Verklebung der Parkettbeläge.
Untergrund: .....

| 0,9€ | 1,7€ | **2,2€** | 2,6€ | 3,8€ | [m²] | ⏱ 0,03 h/m² | 028.000.004 |

▶ min
▷ von
ø Mittel
◁ bis
◀ max

Nr.	Kurztext / Langtext						Kostengruppe	
▶	▷	ø netto €	◁	◀	[Einheit]	Ausf.-Dauer	Positionsnummer	

6 Trennlage, Baumwollfilz   KG **353**
Trennlage auf Estrich aus Baumwollfilz, einlagig, unter nachfolgenden Bodenbelag.
Estrich: .....
Dicke Trennlage: 6 mm
Angeb. Fabrikat: .....

| 1€ | 2,3€ | **2,8€** | 3,6€ | 5,2€ | [m²] | ⏱ 0,03 h/m² | 028.000.006 |

7 Unterlage, Rippenpappe   KG **353**
Unterlage für Bodenbelag aus Rippenpappe, auf Zementestrich.
Dicke: 2,5 mm

| 2€ | 3€ | **3€** | 4€ | 5€ | [m²] | ⏱ 0,04 h/m² | 028.000.049 |

8 Unterlage, Korkschrotpappe   KG **353**
Unterlage aus gepressten Korkbahnen, auf Estrich.
Dicke: 3,2 mm

| –€ | 5€ | **8€** | 10€ | –€ | [m²] | ⏱ 0,05 h/m² | 028.000.050 |

A 1 Unterboden, Holzspanplatte   Beschreibung für Pos. **9-9**
Unterboden für Parkettbelag, aus kunstharzgebundenen Holzspanplatten, mit Nut-Feder-Verbindung, für schwimmende Verlegung, Platten verleimen und mechanisch befestigen.
Untergrund: Holzkonstruktion

9 Unterboden, Holzspanplatte P2, 28mm   KG **353**
Wie Ausführungsbeschreibung A 1
Plattentyp: P2
Emissionsklasse: E1
Plattendicke: 28 mm

| –€ | 20€ | **25€** | 34€ | –€ | [m²] | ⏱ 0,26 h/m² | 028.000.053 |

10 Blindboden, Nadelholz   KG **353**
Blindboden aus gespundeter, einseitig gehobelter Schalung, auf Deckenbalken, als Untergrund für Parkettbelag.
Holzart: .....
Güteklasse: .....
Brettdicke: 24 mm
Brettbreite: ..... mm

| 20€ | 29€ | **38€** | 41€ | 46€ | [m²] | ⏱ 0,45 h/m² | 028.000.025 |

LB 028 Parkett-, Holzpflasterarbeiten

Kosten:
Stand 1.Quartal 2021
Bundesdurchschnitt

Nr.	Kurztext / Langtext				[Einheit]	Ausf.-Dauer	Kostengruppe Positionsnummer
▶	▷	ø netto €	◁	◀			

A 2 Dielenbodenbelag, Nadelholz — Beschreibung für Pos. **11-12**

Fußbodenbelag aus massiven Nadelholzdielen DIN EN 13990, gehobelt und geschliffen, parallel zur Wand im Verband verlegen; mit Parkettklebstoff und regelmäßigem Stoß, unter Beachtung der TRGS 610.

11 Dielenbodenbelag, Fichte, 24mm KG **353**
Wie Ausführungsbeschreibung A 2
Holzart: Fichte PCAB
Sortierung: .....
Feuchtegehalt: .....
Dicke: 24 mm
Format: ..... mm

| 115€ | 126€ | **144€** | 152€ | 165€ | [m²] | ⏱ 0,95 h/m² | 028.000.078 |

12 Dielenbodenbelag, Lärche, 24mm KG **353**
Wie Ausführungsbeschreibung A 2
Holzart: Lärche LADC
Sortierung: .....
Feuchtegehalt: .....
Dicke: 24 mm
Format: ..... mm

| 117€ | 128€ | **146€** | 155€ | 168€ | [m²] | ⏱ 0,95 h/m² | 028.000.070 |

A 3 Dielenboden, Laubholz — Beschreibung für Pos. **13-15**

Fußbodenbelag aus massiven Laubholzdielen DIN EN 13629, gehobelt und geschliffen, parallel zur Wand im Verband, mit regelmäßigem Stoß, mit Parkettklebstoff, unter Beachtung der TRGS 610, verlegen.

13 Dielenbodenbelag, Ahorn, 22mm KG **353**
Wie Ausführungsbeschreibung A 3
Holzart: Ahorn
Sortierung: .....
Feuchtegehalt: .....
Dicke: 22 mm
Format: ..... mm

| 126€ | 138€ | **157€** | 167€ | 181€ | [m²] | ⏱ 0,95 h/m² | 028.000.079 |

14 Dielenbodenbelag, Esche, 22mm KG **353**
Wie Ausführungsbeschreibung A 3
Holzart: Esche FXEX
Sortierung: .....
Feuchtegehalt: .....
Dicke: 22 mm
Format: ..... mm

| 106€ | 116€ | **132€** | 140€ | 152€ | [m²] | ⏱ 0,95 h/m² | 028.000.080 |

▶ min
▷ von
ø Mittel
◁ bis
◀ max

Nr.	Kurztext / Langtext							Kostengruppe
▶	▷	ø netto €	◁	◀	[Einheit]	Ausf.-Dauer	Positionsnummer

15 Dielenbodenbelag, Eiche, 22mm   KG **353**
Wie Ausführungsbeschreibung A 3
Holzart: Eiche QCXR
Sortierung: .....
Feuchtegehalt: .....
Dicke: 22 mm
Format: ..... mm

| 97€ | 106€ | **121**€ | 128€ | 139€ | [m²] | ⏱ 0,95 h/m² | 028.000.007 |

A 4 Stabparkett, 22mm   Beschreibung für Pos. **16-17**
Parkett aus Massivholz-Elementen (Parkettstäben) mit Nut und Feder, mit Parkettklebstoff unter Beachtung der TRGS 617 verlegen. Oberfläche nach dem Verlegen schleifen.

16 Stabparkett, Eiche, 22mm   KG **353**
Wie Ausführungsbeschreibung A 4
Einbauort: .....
Untergrund: .....
Holzart: Eiche QCXR
Sortierung: .....
Fußboden-Heizung: .....
Anordnung/Optik: .....
Stoßausbildung: .....
Parkettformat: .....
Dicke: 22 mm
Farbe / Struktur: festgelegt von AG, nach Bemusterung

| 68€ | 86€ | **88**€ | 96€ | 115€ | [m²] | ⏱ 0,70 h/m² | 028.000.034 |

17 Stabparkett, Buche, 22mm   KG **353**
Wie Ausführungsbeschreibung A 4
Einbauort: .....
Untergrund: .....
Holzart: Buche FASY, gedämpft
Sortierung: .....
Fußboden-Heizung: .....
Anordnung/Optik: .....
Stoßausbildung: .....
Parkettformat: .....
Dicke: 22 mm
Farbe / Struktur: festgelegt von AG, nach Bemusterung

| 68€ | 93€ | **98**€ | 110€ | 129€ | [m²] | ⏱ 0,70 h/m² | 028.000.035 |

LB 028 Parkett-, Holzpflasterarbeiten

Kosten:
Stand 1.Quartal 2021
Bundesdurchschnitt

Nr.	Kurztext / Langtext					[Einheit]	Kostengruppe
▶	▷	ø netto €	◁	◀			Ausf.-Dauer Positionsnummer

A 5 — Mehrschicht-/Fertigparkett, geölt — Beschreibung für Pos. 18-21

Mehrschichtparkettelemente (Fertigparkett) in Dielenform, gedämpft und Oberfläche werkseitig geölt, matt, mit Parkettklebstoff unter Beachtung der TRGS 610 verlegen.

---

18   Fertigparkett, Ahorn, 14mm, versiegelt KG 353

Wie Ausführungsbeschreibung A 5
Einbauort: .....
Untergrund: .....
Holzart: Ahorn
Sortierung: .....
Fußboden-Heizung: .....
Anordnung/Optik: .....
Stoßausbildung: .....
Parkettformat: .....
Dicke: 14 mm
Nutzschicht: mind. 2,5 mm
Farbe / Struktur: festgelegt von AG, nach Bemusterung

| 46 € | 70 € | **78 €** | 85 € | 96 € | [m²] | ⏱ 0,40 h/m² | 028.000.013 |

---

19   Fertigparkett, Eiche 14mm, versiegelt KG 353

Wie Ausführungsbeschreibung A 5
Einbauort: .....
Untergrund: .....
Holzart: Eiche OCXE
Sortierung: .....
Fußboden-Heizung: .....
Anordnung/Optik: .....
Stoßausbildung: .....
Parkettformat: .....
Dicke: 14 mm
Nutzschicht: mind. 2,5 mm
Farbe / Struktur: festgelegt von AG, nach Bemusterung

| 57 € | 63 € | **72 €** | 81 € | 90 € | [m²] | ⏱ 0,40 h/m² | 028.000.058 |

---

20   Fertigparkett, Esche, 14mm, versiegelt KG 353

Wie Ausführungsbeschreibung A 5
Einbauort: .....
Untergrund: .....
Holzart: Esche FXEX
Sortierung: .....
Fußboden-Heizung: .....
Anordnung/Optik: .....
Stoßausbildung: .....
Parkettformat: .....
Dicke: 14 mm
Nutzschicht: mind. 2,5 mm
Farbe / Struktur: festgelegt von AG, nach Bemusterung

| 59 € | 65 € | **74 €** | 83 € | 92 € | [m²] | ⏱ 0,40 h/m² | 028.000.059 |

▶ min
▷ von
ø Mittel
◁ bis
◀ max

Nr.	Kurztext / Langtext						Kostengruppe	
▶	▷	ø netto €	◁	◀	[Einheit]	Ausf.-Dauer	Positionsnummer	

21 Fertigparkett, Buche, bis 14mm, beschichtet KG **353**
Wie Ausführungsbeschreibung A 5
Einbauort: .....
Untergrund: .....
Holzart: Buche FASY
Sortierung: .....
Fußboden-Heizung: .....
Anordnung/Optik: .....
Stoßausbildung: .....
Parkettformat: .....
Dicke: 14 mm
Nutzschicht: mind. 2,5 mm
Farbe / Struktur: festgelegt von AG, nach Bemusterung

| 56€ | 62€ | **70€** | 79€ | 88€ | [m²] | ⏱ 0,40 h/m² | 028.000.060 |

A 6 Vollholzparkett, Hochkantlamellen Beschreibung für Pos. **22-22**
Vollholzparkett mit Hochkantlamellen, mit Parkettklebstoff unter Beachtung der TRGS 610 verlegen. Oberfläche nach dem Verlegen schleifen.

22 Vollholzparkett, Hochkantlamellen, Eiche, bis 12 mm KG **353**
Wie Ausführungsbeschreibung A 6
Einbauort: .....
Untergrund: .....
Holzart: Eiche QCXR
Sortierung: .....
Fußboden-Heizung: .....
Anordnung/Optik: .....
Parkettformat: .....
Dicke: bis 12 mm
Farbe / Struktur: festgelegt von AG, nach Bemusterung

| 45€ | 51€ | **55€** | 61€ | 70€ | [m²] | ⏱ 0,60 h/m² | 028.000.032 |

A 7 Mosaikparkett, 8mm, Beschreibung für Pos. **23-25**
Parkett aus Mosaikparkettelementen, mit Parkettklebstoff†unter Beachtung der TRGS 610 verlegen. Oberfläche nach dem Verlegen schleifen.

23 Mosaikparkett, Eiche, 8mm KG **353**
Wie Ausführungsbeschreibung A 7
Einbauort: .....
Untergrund: .....
Holzart: Eiche QCXR
Sortierung: .....
Fußboden-Heizung: .....
Parkettformat: .....
Dicke: 8 mm
Farbe / Struktur: festgelegt von AG, nach Bemusterung

| 34€ | 48€ | **51€** | 56€ | 68€ | [m²] | ⏱ 0,50 h/m² | 028.000.037 |

LB 028 Parkett-, Holzpflaster- arbeiten

Kosten:
Stand 1.Quartal 2021
Bundesdurchschnitt

▶ min
▷ von
ø Mittel
◁ bis
◀ max

Nr.	Kurztext / Langtext					Kostengruppe		
▶	▷	ø netto €	◁	◀	[Einheit]	Ausf.-Dauer	Positionsnummer

24 Mosaikparkett, Esche, 8mm — KG **353**
Wie Ausführungsbeschreibung A 7
Einbauort: .....
Untergrund: .....
Holzart: Esche FXEX
Sortierung: .....
Fußboden-Heizung: .....
Parkettformat: .....
Dicke: 8 mm
Farbe / Struktur: festgelegt von AG, nach Bemusterung

| –€ | 58€ | **67€** | 75€ | –€ | [m²] | ⏱ 0,50 h/m² | 028.000.063 |

25 Mosaikparkett, Buche, 8mm — KG **353**
Wie Ausführungsbeschreibung A 7
Einbauort: .....
Untergrund: .....
Holzart: Buche, FASY gedämpft
Sortierung: .....
Fußboden-Heizung: .....
Parkettformat: .....
Dicke: 8 mm
Farbe / Struktur: festgelegt von AG, nach Bemusterung

| –€ | 57€ | **64€** | 73€ | –€ | [m²] | ⏱ 0,50 h/m² | 028.000.064 |

A 8 Lamparkett, 10mm — Beschreibung für Pos. **26-28**
Lamparkett (Dünnparkett) mit Parkettklebstoff unter Beachtung der TRGS 610 verlegen. Oberfläche nach dem Verlegen schleifen.

26 Lamparkett, Eiche, 10mm — KG **353**
Wie Ausführungsbeschreibung A 8
Einbauort: .....
Untergrund: .....
Holzart: Eiche QCXR
Sortierung: .....
Fußboden-Heizung: .....
Parkettformat: .....
Dicke: 10 mm
Farbe / Struktur: festgelegt von AG, nach Bemusterung

| 45€ | 67€ | **93€** | 109€ | 136€ | [m²] | ⏱ 0,65 h/m² | 028.000.036 |

Nr.	Kurztext / Langtext					[Einheit]	Ausf.-Dauer	Kostengruppe Positionsnummer
▶	▷	ø netto €	◁	◀				

27 Lamparkett, Ahorn, 10mm — KG 353
Wie Ausführungsbeschreibung A 8
Einbauort: .....
Untergrund: .....
Holzart: Ahorn
Sortierung: .....
Fußboden-Heizung: .....
Parkettformat: .....
Dicke: 10 mm
Farbe / Struktur: festgelegt von AG, nach Bemusterung

| –€ | 70€ | **99€** | 113€ | –€ | [m³] | ⏱ 0,65 h/m³ | 028.000.061 |

28 Lamparkett, Esche, 10mm — KG 353
Wie Ausführungsbeschreibung A 8
Einbauort: .....
Untergrund: .....
Holzart: Esche FXEX
Sortierung: .....
Fußboden-Heizung: .....
Parkettformat: .....
Dicke: 10 mm
Farbe / Struktur: festgelegt von AG, nach Bemusterung

| –€ | 68€ | **97€** | 110€ | –€ | [m²] | ⏱ 0,65 h/m² | 028.000.062 |

29 Holzpflaster, bis 50mm — KG 353
Holzpflaster im Verband, vollflächig verklebt, unter Beachtung der TRGS 610 verlegen. Oberfläche nach dem Verlegen schleifen.
Einbauort: .....
Untergrund: .....
Holzart: .....
Dicke: bis 50 mm
Farbe / Struktur: festgelegt von AG, nach Bemusterung

| 69€ | 73€ | **74€** | 75€ | 85€ | [m²] | ⏱ 0,85 h/m² | 028.000.044 |

30 Vollholzparkett schleifen — KG 353
Parkettböden für Oberflächenbehandlung schleifen und reinigen, einschl. Schleifgut entsorgen.
Schleifkörnung: bis Körnung 180

| 7€ | 10€ | **11€** | 14€ | 17€ | [m²] | ⏱ 0,15 h/m² | 028.000.010 |

31 Vollholzparkett beschichten — KG 353
Geschliffene Rohböden mit Vollholz-Parkettoberfläche beschichten.
Beschichtung: .....
Parkett: .....
Angeb. Fabrikat: .....

| 7€ | 12€ | **14€** | 20€ | 33€ | [m²] | ⏱ 0,20 h/m² | 028.000.011 |

LB 028 Parkett-, Holzpflasterarbeiten

Kosten:
Stand 1.Quartal 2021
Bundesdurchschnitt

▶ min
▷ von
ø Mittel
◁ bis
◀ max

Nr.	Kurztext / Langtext				[Einheit]	Ausf.-Dauer	Kostengruppe Positionsnummer
▶	▷	ø netto €	◁	◀			

32 Stufenbelag, Stabparkett, Eiche — KG **353**
Parkettbelag aus Massivholz-Elementen (Parkettstäben) auf Stufen mit Trittstufenüberstand, Treppenlauf gerade, mit regelmäßigem Stoß vollflächig verkleben und Oberfläche schleifen.
Untergrund: .....
Holzart: Eiche QCXE
Sortierungssymbol: Kreis
Dicke: 22 mm
Stufenlänge: 100 cm
Trittstufenbreite: 28 cm
Ansicht: eine freie Kopfseite

| 95€ | 127€ | **132€** | 142€ | 158€ | [St] | ⏱ 0,60 h/St | 028.000.074 |

33 Stufenbelag, Fertigparkett, Buche — KG **353**
Parkettbelag aus Mehrschichtparkettelementen (Fertigparkett) auf Stufen vollflächig verklebt, Oberfläche werkseitig matt versiegelt.
Untergrund: .....
Holzart: Buche
Dicke: bis 14 mm
Nutzschicht: mind. 2,5 mm
Stufenlänge: ..... cm
Trittstufenbreite: 28 cm
Anordnung/Optik: .....
Stoßausbildung: .....

| –€ | 34€ | **42€** | 51€ | –€ | [m²] | ⏱ 0,50 h/m² | 028.000.065 |

34 Stufenbelag, Fertigparkett, Eiche — KG **353**
Parkettbelag aus Mehrschichtparkettelementen (Fertigparkett) auf Stufen vollflächig verklebt, Oberfläche werkseitig matt versiegelt.
Untergrund: .....
Holzart: Eiche
Dicke: bis 14 mm
Nutzschicht: mind. 2,5 mm
Stufenlänge: ..... cm
Trittstufenbreite: 28 cm
Anordnung/Optik: .....
Stoßausbildung: .....

| –€ | 30€ | **40€** | 48€ | –€ | [m²] | ⏱ 0,50 h/m² | 028.000.066 |

35 Randstreifen abschneiden — KG **353**
Abschneiden des Überstandes des Randdämmstreifens für Bodenbelagsarbeiten.
Werkstoff Randstreifen: .....

| 0,1€ | 0,3€ | **0,3€** | 0,4€ | 0,7€ | [m] | ⏱ 0,01 h/m | 028.000.023 |

36 Randabschluss, Korkstreifen, Dehnfuge — KG **353**
Sichtbar bleibende Randfuge in Parkettfußboden, mit Kork, einschl. Fugenvorbereitung und -hinterfüllung, Fugenbreite bis 10 mm

| 2€ | 5€ | **6€** | 8€ | 12€ | [m] | ⏱ 0,10 h/m | 028.000.020 |

Nr.	Kurztext / Langtext						Kostengruppe
▶	▷	ø netto €	◁	◀	[Einheit]	Ausf.-Dauer	Positionsnummer

37 Sockelleiste, Buche — KG 353
Sockelleiste mit gerundetem Viertelstab, Stöße und Stirnseiten schräg abgeschnitten.
Untergrund: .....
Holzart: Buche FASY
Profil: 14/14 mm
Oberfläche: farblos matt lackiert
Befestigung: Nägel

| 5€ | 9€ | **10€** | 13€ | 20€ | [m] | ⏱ 0,08 h/m | 028.000.014 |

38 Sockelleiste, Eiche — KG 353
Sockelleiste mit Rechteckprofil, Stöße und Stirnseiten schräg abgeschnitten.
Holzart: Eiche QCXE
Profil: ..... mm
Oberfläche: farblos matt lackiert
Befestigung: Senkkopf-Schrauben, verdübelt

| 5€ | 10€ | **12€** | 15€ | 29€ | [m] | ⏱ 0,08 h/m | 028.000.015 |

39 Sockelleiste, Ahorn — KG 353
Sockelleiste mit gerundetem Schmetterlings-Profil, Stöße und Stirnseiten schräg abgeschnitten.
Holzart: Ahorn
Profil: 25/25 mm
Oberfläche: farblos matt lackiert
Befestigung: Nägel

| 5€ | 9€ | **11€** | 13€ | 17€ | [m] | ⏱ 0,08 h/m | 028.000.016 |

40 Eckausbildung, vorgefertigt, Sockelleiste — KG 353
Eckausbildung der Sockelleiste, Ausführung mit vorgefertigten Innen- und Außenecken.
Leistenprofil: .....
Holzart: ....
Höhe: ....
Holzdicke: ....

| <0,1€ | 0,7€ | **1,0€** | 1,6€ | 3,2€ | [St] | ⏱ 0,02 h/St | 028.000.045 |

41 Parkettbelag anarbeiten, gerade — KG 353
Parkettbelag an nicht mit Leisten überdeckte Anschlüsse anarbeiten, wie Randfriese, raumhohe Fenster, Treppenaugen, etc.
Parkett: .....
Parkettdicke: .....

| 3€ | 7€ | **9€** | 12€ | 17€ | [m] | ⏱ 0,25 h/m | 028.000.017 |

42 Parkettbelag anarbeiten, schräg — KG 353
Parkettbelag anarbeiten an nicht parallel zur Verlegerichtung verlaufende, lineare Bauteile.
Belag: .....-Parkett
Dicke: ..... mm

| 4€ | 8€ | **10€** | 12€ | 17€ | [m] | ⏱ 0,25 h/m | 028.000.046 |

© BKI Baukosteninformationszentrum; Erläuterungen zu den Tabellen siehe Seite 44   Kostenstand: 1.Quartal 2021, Bundesdurchschnitt

LB 028 Parkett-, Holzpflasterarbeiten

Kosten:
Stand 1.Quartal 2021
Bundesdurchschnitt

Nr.	Kurztext / Langtext					[Einheit]	Ausf.-Dauer	Kostengruppe Positionsnummer
▶	▷	ø netto €	◁	◀				

43 Aussparung, Parkett KG **353**
Öffnung oder Aussparung in Parkett herstellen.
Format: rechteckig
Abmessung: .....
Parkett: .....

| 6€ | 18€ | **23€** | 29€ | 44€ | [St] | ⏱ 0,30 h/St | 028.000.027 |

44 Trennschiene, Metall KG **353**
Metall-Trennschiene in Holz-Bodenbelag.
Material: .....
Schenkelhöhe: ..... mm
Einbauort: Material-Übergang
Anker: .....
Untergrund: .....
Belag / Parkett: .....

| 9€ | 16€ | **18€** | 22€ | 32€ | [m] | ⏱ 0,12 h/m | 028.000.021 |

A 9 Übergangsprofil/Abdeckschiene Beschreibung für Pos. **45-47**
Abdeckschienen aus leicht gerundetem Profil, im Bereich des Belagwechsels unter dem Türblatt befestigen.

45 Übergangsprofil/Abdeckschiene, Stahl KG **353**
Wie Ausführungsbeschreibung A 9
Material: nichtrostender Stahl
Oberfläche: .....
Belag / Parkett: .....

| 12€ | 23€ | **24€** | 41€ | 65€ | [m] | ⏱ 0,12 h/m | 028.000.039 |

46 Übergangsprofil/Abdeckschiene, Aluminium KG **353**
Wie Ausführungsbeschreibung A 9
Material: Aluminium, eloxiert
Oberfläche: .....
Belag / Parkett: .....

| 11€ | 18€ | **22€** | 34€ | 49€ | [m] | ⏱ 0,12 h/m | 028.000.040 |

47 Übergangsprofil/Abdeckschiene; Messing KG **353**
Wie Ausführungsbeschreibung A 9
Material: Messing
Oberfläche: .....
Belag / Parkett: .....

| 8€ | 18€ | **20€** | 25€ | 38€ | [m] | ⏱ 0,12 h/m | 028.000.041 |

48 Verfugung, elastisch, Silikon KG **353**
Bewegungsfuge in vollflächig verklebtem Parkettfußboden füllen, mit elastischem Dichtstoff.
Fugenbreite: bis 10 mm

| 3€ | 5€ | **6€** | 7€ | 9€ | [m] | ⏱ 0,05 h/m | 028.000.022 |

▶ min
▷ von
ø Mittel
◁ bis
◀ max

Nr.	Kurztext / Langtext							Kostengruppe
▶	▷	ø netto €	◁	◀	[Einheit]	Ausf.-Dauer	Positionsnummer	

49 Erstpflege, Parkettbelag   KG **353**

Erstpflege des Parkettbelags, Leistungsausführung innerhalb einer Woche nach Aufforderung durch die Bauleitung des Architekten.
Angestrebte Rutschhemmung: .....

| 0,7€ | 2,1€ | **2,7€** | 3,2€ | 4,4€ | [m²] | ⏱ 0,03 h/m² | 028.000.024 |

50 Schutzabdeckung, Platten/Folie   KG **353**

Parkettböden mit gewebeverstärkter Folie vor Beschädigungen der verlegten Böden schützen und abschließend wieder beseitigen.
Schutzabdeckung: Holzplatte und PE-Folie

| 2€ | 3€ | **4€** | 4€ | 5€ | [m²] | ⏱ 0,05 h/m² | 028.000.030 |

51 Stundensatz, Facharbeiter/-in

Stundenlohnarbeiten für Vorarbeiterin, Vorarbeiter, Facharbeiterin, Facharbeiter und Gleichgestellte (z.B. Spezialbaufacharbeiter, Baufacharbeiter, Obermonteure, Monteure, Gesellen, Maschinenführer, Fahrer und ähnliche Fachkräfte). Verrechnungssatz für die jeweilige Arbeitskraft inkl. aller Aufwendungen wie Lohn- und Gehaltskosten, Lohn- und Gehaltsnebenkosten, Zuschläge, lohngebundene und lohnabhängige Kosten, sonstige Sozialkosten, Gemeinkosten, Wagnis und Gewinn. Leistung nach besondere Anordnung der Bauüberwachung. Anmeldung und Nachweis gem. VOB/B.

| 41€ | 48€ | **51€** | 55€ | 62€ | [h] | ⏱ 1,00 h/h | 028.000.042 |

52 Stundensatz, Helfer/-in

Stundenlohnarbeiten für Werkerin, Werker, Helferin, Helfer und Gleichgestellte. Verrechnungssatz für die jeweilige Arbeitskraft inkl. aller Aufwendungen wie Lohn- und Gehaltskosten, Lohn- und Gehaltsnebenkosten, Zuschläge, lohngebundene und lohnabhängige Kosten, sonstige Sozialkosten, Gemeinkosten, Wagnis und Gewinn. Leistung nach besonderer Anordnung der Bauüberwachung. Anmeldung und Nachweis gem. VOB/B.

| 32€ | 39€ | **42€** | 47€ | 55€ | [h] | ⏱ 1,00 h/h | 028.000.043 |

LB 029 Beschlagarbeiten

Beschlagarbeiten — Preise €

Kosten: Stand 1.Quartal 2021
Bundesdurchschnitt

▶ min
▷ von
ø Mittel
◁ bis
◀ max

Nr.	Positionen	Einheit	▶	▷ ø brutto € / ø netto €	ø	◁	◀
1	Fenstergriff, Aluminium	St	17 / 14	40 / 34	**47** / **40**	69 / 58	112 / 94
2	Fenstergriff, abschließbar	St	25 / 21	53 / 44	**60** / **50**	71 / 60	95 / 80
3	Drückergarnitur, Wohnungstür, Metall	St	41 / 35	181 / 152	**228** / **192**	296 / 248	433 / 364
4	Drückergarnitur, Wohnungstür, Stahl-Nylon	St	33 / 27	49 / 41	**59** / **49**	66 / 56	86 / 72
5	Drückergarnitur, Objekttür, Aluminium	St	31 / 26	64 / 54	**76** / **64**	94 / 79	136 / 114
6	Drückergarnitur, niro	St	71 / 60	189 / 159	**227** / **191**	285 / 240	437 / 367
7	Drückergarnitur, Objekttür, niro, barrierefrei	St	– / –	312 / 262	**359** / **301**	430 / 362	– / –
8	Drückergarnitur, Objekttür, niro, Ellenbogenbetätigung	St	– / –	348 / 293	**400** / **336**	480 / 404	– / –
9	Türdrückergarnitur, provisorisch	St	– / –	12 / 10	**23** / **19**	34 / 28	– / –
10	Bad-/WC-Garnitur, Objektbereich, Aluminium	St	32 / 27	74 / 62	**90** / **76**	117 / 98	165 / 138
11	Bad-/WC-Garnitur, Objektbereich, Edelstahl	St	52 / 44	116 / 98	**160** / **135**	207 / 174	286 / 240
12	Stoßgriff, Tür, Aluminium	St	84 / 71	236 / 198	**266** / **223**	400 / 336	747 / 628
13	Obentürschließer, einflüglige Tür	St	127 / 107	247 / 207	**297** / **250**	408 / 343	691 / 581
14	Obentürschließer, zweiflüglige Tür	St	411 / 346	613 / 515	**629** / **529**	713 / 600	1.006 / 845
15	Obentürschließer Innentür	St	306 / 257	383 / 322	**425** / **358**	477 / 400	532 / 447
16	Bodentürschließer, einflüglige Tür	St	434 / 364	474 / 399	**540** / **454**	591 / 497	648 / 545
17	Türantrieb, kraftbetätigte Tür, einflüglig	St	3.233 / 2.717	4.362 / 3.665	**4.814** / **4.045**	5.624 / 4.726	6.953 / 5.843
18	Türantrieb, kraftbetätigte Tür, zweiflüglig	St	2.951 / 2.480	4.290 / 3.605	**5.190** / **4.361**	5.631 / 4.732	7.270 / 6.109
19	Elektrischer Türantrieb	St	2.149 / 1.806	2.567 / 2.158	**2.985** / **2.509**	3.254 / 2.735	3.732 / 3.136
20	Sensorleiste, Türblatt	St	473 / 397	568 / 477	**617** / **518**	715 / 601	880 / 739
21	Fingerschutz, Türkante	St	91 / 76	138 / 116	**184** / **154**	200 / 168	232 / 195
22	Türöffner elektrisch	St	64 / 54	83 / 70	**89** / **75**	100 / 84	132 / 111
23	Fluchttürsicherung, elektrische Verriegelung	St	652 / 548	995 / 836	**1.082** / **909**	1.285 / 1.080	1.745 / 1.467

© BKI Baukosteninformationszentrum; Erläuterungen zu den Tabellen siehe Seite 44

Kostenstand: 1.Quartal 2021, Bundesdurchschnitt

Beschlagarbeiten — Preise €

Nr.	Positionen	Einheit	▶	▷ ø brutto € ø netto €	◁	◀
24	Türstopper, Wandmontage	St	6 5	22 18	**30** **25**	38 32	56 47
25	Türstopper, Bodenmontage	St	7 6	26 22	**32** **27**	50 42	96 80
26	Türspion, Aluminium	St	11 10	20 17	**25** **21**	28 24	36 31
27	Lüftungsprofil, Fenster	St	58 49	161 135	**211** **177**	229 193	338 284
28	Lüftungsgitter, Türblatt	St	19 16	40 33	**47** **39**	75 63	123 103
29	Doppel-Schließzylinder	St	22 19	64 54	**79** **66**	132 111	254 213
30	Halb-Schließzylinder	St	21 18	55 46	**67** **56**	112 94	268 225
31	Profilzylinderverlängerung, je 5mm	St	1 0,9	4 3,4	**5** **4,2**	7 5,5	10 8,2
32	Profilzylinderverlängerung, je 10mm	St	2 2	4 4	**5** **4**	7 6	11 10
33	Profilblindzylinder	St	4 3	13 11	**16** **14**	26 22	49 41
34	Generalhaupt-, Generalschlüssel	St	3 2	10 8	**12** **10**	18 15	31 26
35	Schlüssel, Buntbart	St	3 3	8 7	**10** **8**	15 13	27 23
36	Gruppen-, Hauptschlüssel	St	3 2	8 7	**10** **8**	15 12	26 22
37	Schlüsselschrank, wandhängend	St	98 82	246 207	**338** **284**	483 406	707 594
38	Riegelschloss	St	51 43	120 101	**127** **107**	138 116	220 185
39	Absenkdichtung, Tür	St	65 54	102 85	**113** **95**	129 109	173 145
40	Hausbriefkasten, Aufputz	St	761 639	1.129 948	**1.396** **1.173**	1.445 1.214	1.604 1.348
41	WC-Schild, taktil, Kunststoff	St	– –	39 33	**44** **37**	56 47	– –
42	Handlaufbeschriftung, taktil, Alu, 36,5/43, Profilschrift	St	– –	40 34	**47** **40**	59 50	– –
43	Handlaufbeschriftung, taktil, Alu, 36,5/173, Profilschrift	St	– –	72 61	**85** **71**	106 89	– –

LB 029 Beschlagarbeiten

Kosten:
Stand 1.Quartal 2021
Bundesdurchschnitt

▶ min
▷ von
ø Mittel
◁ bis
◀ max

Nr.	Kurztext / Langtext					Kostengruppe		
▶	▷	ø netto €	◁	◀	[Einheit]	Ausf.-Dauer	Positionsnummer

1 Fenstergriff, Aluminium   KG **334**

Fenstergriff, als RAL-geprüfte Konstruktion, einschl. Rosette. 4-Punkt-Kugelrastung, spürbarer Positionierung.
Ausführung: Dreh-Kipp-Griff
Form / Typ: .....
Benutzerkategorie DIN EN 1906: Klasse 2
Befestigung: unsichtbar
Dauerhaftigkeit DIN EN 1906: **6 / 7**
Rosette: **oval / eckig**
Material: Aluminium
Oberfläche: naturfarbig
Angeb. Fabrikat: .....

| 14€ | 34€ | **40**€ | 58€ | 94€ | [St] | ⏱ 0,28 h/St | 029.000.013 |

2 Fenstergriff, abschließbar   KG **334**

Fenstergriff, abschließbar, als RAL-geprüfte Konstruktion, Kugelrastung für spürbare Positionierung, einschl. Stift, Rosette und 3 Schlüssel.
Ausführung: Dreh-Kipp-Griff
Form / Typ: .....
Benutzerkategorie DIN EN 1906: Klasse 2
Befestigung: unsichtbar
Dauerhaftigkeit DIN EN 1906: **6 / 7**
Rosette: **oval / eckig**
Material: Aluminium
Oberfläche: .....
Angeb. Fabrikat: .....

| 21€ | 44€ | **50**€ | 60€ | 80€ | [St] | ⏱ 0,30 h/St | 029.000.040 |

3 Drückergarnitur, Wohnungstür, Metall   KG **344**

Drückergarnitur aus Metall, RAL-geprüfte Konstruktion, Kugelrastung für spürbare Positionierung, einschl. Drückerstift und Rosette.
Türtyp: Wohnungstür
Türblattdicke: ..... mm
Ausführung: **Normalgarnitur / Wechselgarnitur**
Form / Typ: .....
Benutzerkategorie DIN EN 1906: Klasse .....
Befestigung: unsichtbar
Dauerhaftigkeit DIN EN 1906: **6 / 7**
Rosette: **oval / eckig**, mit Hochhaltefeder
Material: **nicht rostender Stahl / Aluminium**
Oberfläche: .....
Benutzerkategorie DIN EN 1906: Klasse .....
Angeb. Fabrikat: .....

| 35€ | 152€ | **192**€ | 248€ | 364€ | [St] | ⏱ 0,30 h/St | 029.000.004 |

Nr.	**Kurztext** / Langtext							Kostengruppe
▶	▷	**ø netto €**	◁	◀	[Einheit]	Ausf.-Dauer	Positionsnummer	

4 Drückergarnitur, Wohnungstür, Stahl-Nylon KG **344**
Türgriff aus Stahlkern mit Nylonoberfläche, als RAL-geprüfte Konstruktion, einschl. Rosette. Kugelrastung, spürbarer Positionierung.
Türtyp: Wohnungstür
Türblattdicke: ..... mm
Ausführung: **Normalgarnitur / Wechselgarnitur**
Form / Typ: .....
Benutzerkategorie DIN EN 1906: Klasse .....
Befestigung: unsichtbar
Dauerhaftigkeit DIN EN 1906: **6 / 7**
Rosette: **oval / eckig**, mit Hochhaltefeder
Material: Kern aus Stahl, Oberfläche aus Nylon
Farbe: .....
Angeb. Fabrikat: .....
27€   41€   **49**€   56€   72€   [St]   ⏱ 0,30 h/St   029.000.014

5 Drückergarnitur, Objekttür, Aluminium KG **344**
Drückergarnitur aus Stahlkern mit Nylonoberfläche, RAL-geprüfte Konstruktion, Kugelrastung für spürbare Positionierung, einschl. Drückerstift und Rosette.
Türtyp: Wohnungstür
Türblattdicke: ..... mm
Ausführung: **Normalgarnitur / Wechselgarnitur**
Form / Typ: .....
Benutzerkategorie DIN EN 1906: Klasse .....
Befestigung: unsichtbar
Dauerhaftigkeit DIN EN 1906: **6 / 7**
Rosette: **oval / eckig**, mit Hochhaltefeder
Material: Kern aus Stahl,
Oberfläche: Nylon
Farbe: .....
Angeb. Fabrikat: .....
26€   54€   **64**€   79€   114€   [St]   ⏱ 0,30 h/St   029.000.007

6 Drückergarnitur, niro KG **344**
Drückergarnitur aus nicht rostendem Stahl, RAL-geprüfte Konstruktion, Kugelrastung für spürbare Positionierung, einschl. Drückerstift und Rosette.
Türtyp: .....
Türblattdicke: ..... mm
Ausführung: **Normal- / Wechselgarnitur**
Form / Typ: .....
Benutzerkategorie DIN EN 1906: Klasse .....
Befestigung: unsichtbar
Dauerhaftigkeit DIN EN 1906: **6 / 7**
Rosette: **oval / eckig**, mit Hochhaltefeder
Material: nicht rostender Stahl, Werkstoff: .....
Oberfläche: **matt gebürstet / spiegelpoliert / .....**
Angeb. Fabrikat: .....
60€   159€   **191**€   240€   367€   [St]   ⏱ 0,30 h/St   029.000.008

LB 029 Beschlagarbeiten

Nr.	Kurztext / Langtext					Kostengruppe	
▶	▷	ø netto €	◁	◀	[Einheit]	Ausf.-Dauer	Positionsnummer

Kosten:
Stand 1.Quartal 2021
Bundesdurchschnitt

7 — Drückergarnitur, Objekttür, niro, barrierefrei — KG **344**

Drückergarnitur aus nicht rostendem Stahl, Anordnung auf 850mm Höhe, für Handbetätigung aus Rollstuhl, Drückerstift und einschl. Langschild.
Türtyp: Objekttür - Verwaltung
Türblattdicke: ..... mm
Ausführung: Wechselgarnitur
Form / Typ: .....
Benutzerkategorie DIN EN 1906: Klasse .....
Befestigung: unsichtbar
Dauerhaftigkeit DIN EN 1906: **6 / 7**
Langschild: .....
Material: nicht rostender Stahl, Werkstoff: .....
Oberfläche: **matt gebürstet / spiegelpoliert /** .....
Angeb. Fabrikat: .....

–€   262€   **301**€   362€   –€   [St]   ⏱ 0,30 h/St   029.000.041

8 — Drückergarnitur, Objekttür, niro, Ellenbogenbetätigung — KG **344**

Drückergarnitur aus nicht rostendem Stahl, zur Hand- und Ellenbogenbetätigung, als RAL-geprüfte Konstruktion, Kugelrastung für spürbare Positionierung, einschl. Stift und Langschild.
Türtyp: Objekttür - Pflegebereich
Türblattdicke: ..... mm
Ausführung: Wechselgarnitur
Form / Typ: .....
Benutzerkategorie DIN EN 1906: Klasse .....
Befestigung: unsichtbar
Dauerhaftigkeit DIN EN 1906: **6 / 7**
Langschild: .....
Material: nicht rostender Stahl, Werkstoff: .....
Oberfläche: **matt gebürstet / spiegelpoliert /** .....
Angeb. Fabrikat: .....

–€   293€   **336**€   404€   –€   [St]   ⏱ 0,30 h/St   029.000.042

9 — Türdrückergarnitur, provisorisch — KG **344**

Provisorische Drückergarnitur, einbauen und vorhalten für die Zeit bis zur Inbetriebnahme, Demontage auf Anforderung durch Bauüberwachung.
Material und Oberfläche: nach Wahl des AN

–€   10€   **19**€   28€   –€   [St]   ⏱ 0,20 h/St   029.000.034

▶ min
▷ von
ø Mittel
◁ bis
◀ max

Nr.	Kurztext / Langtext					Kostengruppe	
▶	▷	ø netto €	◁	◀	[Einheit]	Ausf.-Dauer	Positionsnummer

10   Bad-/WC-Garnitur, Objektbereich, Aluminium KG **344**
Bad-WC-Garnitur aus Aluminium, als RAL-geprüfte Konstruktion, einschl. Drückerstift und Rosette. Präzise Einhaltung der Montageposition und minimiertes Spiel.
Art der Tür: Objektbereich - Verwaltung
Türblattdicke: ..... mm
Ausführung: Bad-WC-Garnitur mit beidseitigem Drücker
Form / Typ: .....
Benutzerkategorie DIN EN 1906: Klasse .....
Befestigung: unsichtbar
Dauerhaftigkeit DIN EN 1906: **6 / 7**
Rosette: **oval / eckig**
Material: Aluminium
Oberfläche: **eloxiert / anodisiert**
Farbton: **Hellsilber / Dunkelbronze**
Angeb. Fabrikat: .....
27€   62€   **76**€   98€   138€   [St]   ⏱ 0,35 h/St   029.000.015

11   Bad-/WC-Garnitur, Objektbereich, Edelstahl KG **344**
Bad-WC-Garnitur aus nicht rostendem Stahl, RAL-geprüfte Konstruktion, mit präziser Einhaltung der Montageposition und minimiertem Spiel, einschl. Drückerstift und Rosette.
Art der Tür: Objektbereich.....
Türblattdicke: ..... mm
Ausführung: Bad-WC-Garnitur mit beidseitigem Drücker
Form / Typ: .....
Benutzerkategorie DIN EN 1906: Klasse .....
Befestigung: unsichtbar
Dauerhaftigkeit DIN EN 1906: **6 / 7**
Rosette: **oval / eckig**
Material: Edelstahl
Oberfläche: **matt gebürstet / spiegelpoliert**
Angeb. Fabrikat: .....
44€   98€   **135**€   174€   240€   [St]   ⏱ 0,50 h/St   029.000.016

12   Stoßgriff, Tür, Aluminium KG **344**
Stoßgriff für Türen, verdeckt verschraubt, mit Rosette.
Grifflänge: .... mm
Griffdurchmesser: 30 mm
Türblattdicke: .....
Material: Aluminium
Oberfläche: **eloxiert / anodisiert**
Farbton: **Hellsilber / Dunkelbronze**
Angeb. Fabrikat: .....
71€   198€   **223**€   336€   628€   [St]   ⏱ 0,60 h/St   029.000.017

LB 029
Beschlagarbeiten

Kosten:
Stand 1.Quartal 2021
Bundesdurchschnitt

Nr.	Kurztext / Langtext						Kostengruppe
▶	▷	ø netto €	◁	◀	[Einheit]	Ausf.-Dauer	Positionsnummer

13 Obentürschließer, einflüglige Tür — KG 344

Obentürschließer DIN EN 1154 für Rauch- / Feuerschutztür, einflüglig, mit Zulassung.
Art / Form: Basisschließer und Normalgestänge
Anforderungen:
- Schließergröße EN 2-4
- Schließgeschwindigkeit und Endanschlag von vorn einstellbar über Ventil
- Sicherheitsventil gegen Überlastung
- Normalgestänge, für DIN links und DIN rechts, Normalmontage (Türblatt) auf der Bandseite und Kopfmontage (Sturz) auf der Bandgegenseite

Für Türflügelbreite: max. 1.100 mm
Öffnungswinkel: max. 180°
Feststellbereich ca. 70-150°
Oberfläche: .....
Angeb. Fabrikat / Typ: .....

| 107€ | 207€ | **250€** | 343€ | 581€ | [St] | ⏱ 1,50 h/St | 029.000.009 |

14 Obentürschließer, zweiflüglige Tür — KG 344

Obentürschließer für zweiflüglige Türanlage, mit mechanischer Feststellung.
Art / Form: Basisschließer und Normalgestänge
Anforderungen:
- mit integrierter mechanischer Schließfolgeregelung
- von vorn einstellbare Schließkraft, Schließergröße EN 2-6
- Schließgeschwindigkeit und Endanschlag mit von vorne regulierbarer Öffnungsdämpfung mit optischer Größenanzeige
- Sicherheitsventil gegen Überlastung
- Normalmontage auf Türblatt oder auf Bandseite, mit Montageplatte

Oberfläche: .....
Angeb. Fabrikat / Typ: .....

| 346€ | 515€ | **529€** | 600€ | 845€ | [St] | ⏱ 2,00 h/St | 029.000.018 |

15 Obentürschließer Innentür — KG 344

Obentürschließer für Innentür, einflüglig, mit einstellbarer Geschwindigkeit und Gleitschiene.
Türgröße: .....
Art der Tür: .....
Angeb. Fabrikat / Typ: .....

| 257€ | 322€ | **358€** | 400€ | 447€ | [St] | ⏱ 0,50 h/St | 027.000.114 |

16 Bodentürschließer, einflüglige Tür — KG 344

Bodentürschließer für Drehflügeltür, mit Endanschlag, Schließgeschwindigkeit einstellbar, mit fixer Öffnungsdämpfung.
Türtyp: Innentür
Schließkraft Größe nach DIN EN 1154: .....
Bauhöhe: 42 mm
Feststellung: **ohne Feststellung / mit Feststellung** .....°
Material Deckplatte: .....
Oberfläche/Farbe: .....
Angeb. Fabrikat: .....

| 364€ | 399€ | **454€** | 497€ | 545€ | [St] | ⏱ 2,00 h/St | 029.000.019 |

▶ min
▷ von
ø Mittel
◁ bis
◀ max

Nr.	Kurztext / Langtext						Kostengruppe
▶	▷	ø netto €	◁	◀	[Einheit]	Ausf.-Dauer	Positionsnummer

17   Türantrieb, kraftbetätigte Tür, einflüglig   KG **344**

Drehtür-Automatik nach DIN 18650 / EN 16005, für kraftbetätigte, behindertengerechte Türanlage, einflüglig, für bauseitige Anschlagtür, als geräuscharmer elektromechanischer Drehtürantrieb für Innen- und Außentür, mit Montageplattensatz. Ausrüstung der Türflügels mit Sensorleiste, Notschalter, Flächentaster, Türöffner, integrierter Öffnungsbegrenzer und Programmschalter in gesonderter Position.
Ausführung:
– drückend oder ziehend
– Montage: **Türblattmontage / Kopfmontage** auf **Band-/ Bandgegenseite** mit Gleitschiene
– Digitale Steuerung (Kategorie 2 - DIN EN 954-1 und Performance Level "d" - DIN EN ISO 13849-1)
Bauhöhe: 70 mm
Türblattabmessung (B x H): ..... x ..... mm
Angeb. Fabrikat / Typ: .....
2.717€   3.665€   **4.045€**   4.726€   5.843€   [St]   ⏱ 2,50 h/St   029.000.035

18   Türantrieb, kraftbetätigte Tür, zweiflüglig   KG **344**

Drehtür-Automatik nach DIN 18650 / EN 16005, für kraftbetätigte, behindertengerechte Türanlage, zweiflüglig, für bauseitige Anschlagtür, als geräuscharmer elektromechanischer Drehtürantrieb für Innen- und Außentür, mit Montageplattensatz. Ausrüstung der Türflügels mit Sensorleiste, Notschalter, Flächentaster, Türöffner, integrierter Öffnungsbegrenzer und Programmschalter in gesonderter Position.
Ausführung:
– drückend oder ziehend,
– Montage: **Türblattmontage / Kopfmontage** auf **Band-/ Bandgegenseite** mit Gleitschiene.
– Digitale Steuerung (Kategorie 2 - DIN EN 954-1 und Performance Level "d" - DIN EN ISO 13849-1).
Bauhöhe: ..... mm
Türblattabmessung (B x H): ..... x ..... mm
Angeb. Fabrikat / Typ: .....
2.480€   3.605€   **4.361€**   4.732€   6.109€   [St]   ⏱ 3,00 h/St   029.000.036

19   Elektrischer Türantrieb   KG **344**

Antrieb für einflüglige Tür, elektrisch, mit Bewegungsmeldern, Tastern, Sicherheitseinrichtung und Einstellungsmöglichkeiten.
Tür: ......
Flügelgewicht: .....
Türbreite: .....
Tiefe der Laibung: .....
Angeb. Fabrikat / Typ: .....
1.806€   2.158€   **2.509€**   2.735€   3.136€   [St]   ⏱ 5,30 h/St   027.000.116

20   Sensorleiste, Türblatt   KG **344**

Sensorleiste, geprüft nach DIN 18650 / EN 16005, auf dem Türblatt montiert, zur Absicherung des Schwenkbereiches der Tür in Öffnungs- und Schließrichtung pro Türflügel sind 2 Stück Sensorleisten anzubieten.
Die Nebenschließkantenabsicherung im Bereich der Türbänder erfolgt aufgrund der durchgeführten Sicherheitsanalyse: **bauseitig / durch den Türhersteller**. Anlenkelement mit Sensorik integriert, zur platzsparenden Montage von Sensor und Gestänge bzw. Gleitschiene in einer Ebene geprüft nach DIN 18650 / EN 16005, auf dem Türblatt montiert.
Türflügelbreite: 1.125 mm
Sensorleiste für Innen- und Außentüren und für alle Bodenverhältnisse (z.B. Reinstreifenmatte, Metallschiene, dunkle und absorbierende Böden, glänzende und nasse Fliesen, Gitterroste).
Integrierte Wandausblendung und Energiesparmodus.

LB 029
Beschlagarbeiten

Nr.	**Kurztext** / Langtext					[Einheit]	Ausf.-Dauer	Kostengruppe Positionsnummer
▶	▷	ø netto €	◁	◀				

Ausführung:
- GC GR, mit integriertem, zweiteiligem Gleitschienenprofil
- Adapter für die Integration der Sensorleiste mit dem Gestänge

Abrechnung je Türflügel (2 Sensorleisten je Türflügel !)
Angeb. Fabrikat .....

| 397€ | 477€ | **518€** | 601€ | 739€ | [St] | ⏱ 1,00 h/St | 029.000.047 |

21 Fingerschutz, Türkante KG **344**

Fingerschutz zur Sicherung der Türkante. Ausführung für **handbetätigte / kraftbetätigte** Türflügel. Sicherung unsichtbar befestigt.
Montage: **Bandseite / Gegenbandseite**
Material: **Aluminium, eloxiert / farbbeschichtet RAL-.....**
Ausführung: feuerhemmend
Länge: bis 2.500 mm
Angeb. Fabrikat: .....

| 76€ | 116€ | **154€** | 168€ | 195€ | [St] | ⏱ 0,30 h/St | 029.000.037 |

22 Türöffner elektrisch KG **344**

Türöffner elektrisch, zur Freigabe der Tür, 24 V DC, 100% Einschaltdauer und Riegelschaltkontakt zur Abschaltung des Antriebs bei verriegelter Tür mit Fallen Riegel-Schloss (1 Stück pro Antrieb).
Angeb. Fabrikat: .....

| 54€ | 70€ | **75€** | 84€ | 111€ | [St] | ⏱ 0,30 h/St | 029.000.048 |

23 Fluchttürsicherung, elektrische Verriegelung KG **344**

Fluchttürsicherung zur Sicherung einer Tür im Verlauf von Flucht- und Rettungswegen mit elektrischer Verriegelung gem. EltVTR. Geeignet zum Anschluss an Drehtürantriebe, Motorschlösser, Brandmeldeanlagen, Einbruchmeldeanlagen sowie zur Weiterleitung von Meldungen an die Gebäudeleittechnik, u.v.m., System bestehend aus:
Türzentrale in Bus-Technik mit integrierter Steuerung, Nottasten Hinweisschild und Netzteil. Geprüft nach EltVTR.
Ausstattung:
Steuerung mit beleuchteter Nottaste
LED-Anzeigen für die Betriebszustände:
- Tür **verriegelt / entriegelt / kurzzeitentriegelt**
- Tür **offen / geschlossen**
- Alarm, Voralarm, Störung

Farbige Klemmen zur Unterscheidung der Anschlüsse für die Peripherie. Flächig zu betätigende, barrierefreie Schlaghaube mit Sabotageschutz.
Integriertes Nottasten-Hinweisschild, unbeleuchtet
Netzteil:
- Netzspannung 230 V AC
- Betriebsspannung 24 V DC
- Ausgangsstrom max. 650 mA (bei AP-Zentralen)
- Ausgangsstrom max. 600 mA (bei UP-Zentralen)

Kosten:
Stand 1.Quartal 2021
Bundesdurchschnitt

▶ min
▷ von
ø Mittel
◁ bis
◀ max

Nr.	Kurztext / Langtext					Kostengruppe		
▶	▷	ø netto €	◁	◀	[Einheit]	Ausf.-Dauer	Positionsnummer	

Anschlüsse:
3 programmierbare Eingänge zum Anschluss von Zeitschaltuhr, Brandmeldeanlage, Einbruchmeldeanlage, Zutrittskontrolle, Schlösser mit Zylinderkontakt u.v.m.
Funktion: High aktiv, Low aktiv und Deaktiv je Zustand wählbar
2 programmierbare Ausgänge zum Anschluss von Drehtürantrieb, Motorschloss, Drückersperrschloss, zusätzlichem Türöffner, optischer oder akustischer Alarmanzeige u.v.m.
Funktion: Öffner, Schließer und Deaktiv je Zustand wählbar
Eingang für indirekte Freischaltung durch externe Nottasten
  – Eingang für Beleuchtung des Nottasten-Hinweisschildes
  – Eingang für externen Schlüsseltaster zur Steuerung der Betriebsarten
  – Eingang für Rückmeldung des Türzustands
  – Eingang für Rückmeldung des Verriegelungszustands
Vorgerichtet zur Vernetzung über BUS mit Visualisierungssoftware.
Tableau TE 220/TTE 220 und OPC-Schnittstelle OPC 220
Funktionen:
  – Abbruch und Nachtriggern in Verbindung mit Kurzzeitentriegelung
  – Kombination mit Drehtürantrieben ohne zusätzliche Komponenten möglich
  – EMA,- BMA Signale sowie der Zeitschaltuhr können über den BUS an alle Teilnehmer einer BUS-Linie weitergeleitet werden. Jeweils 5 Gruppen möglich
  – Integrierte Schleusenfunktion (Aktiv, Passiv und kombiniert). 10 Gruppen möglich
  – Weiterleitung von Systemzuständen an GLT über potentialfreie Ausgänge
  – Weiterleitung von Sammelmeldungen wie Türzustand, Alarm und Verriegelt an GLT
  – Integrierter Summer zu akustischen Signalisierung bei Alarmen und Voralarm
  – Integrierte Wochenzeitschaltuhr
  – Alarmspeicher mit Datum und Uhrzeit
  – Automatische Speicherung des Betriebszustandes und der Nutzerdaten nach Netzausfällen bis zu 24h
System bestehend aus den Einzelkomponenten:
  – TZ 320 UP Steuerungseinheit
  – NET 320, Netzteil
  – FWS 320, Fluchtwegschild
  – 3-fach-Rahmen
  – Aufputzmontage
  – Verwendung für Türen: **einflüglig / zweiflüglig**
  – kontaktloser Kartenleser (RFID)
  – Lesereichweiten 3 cm (Key) bis 8 cm (Card)
  – Zur Montage in verschiedene Schalterprogramme
  – optische und akustische Anzeige, 3 LEDs (rot, grün, orange)
  – Signalgeber
  – Sabotageerkennung
  – Schutzart in Abhängigkeit der Schalterprogramme unterschiedlichster Hersteller
  – Spannungsversorgung 8-30 V DC
  – Stromaufnahme max. 100 mA/ 24 V
  – Umgebungstemperatur -25°C bis +60°C
  – B x H x T: ca. 50 x 50 x 43 mm
  – Zur Integration in 3-fach-Rahmen der Türzentrale
  – Verkabelung durch AN Elektro
Angeb. Fabrikat: .....

| 548 € | 836 € | **909** € | 1.080 € | 1.467 € | [St] | ⏱ 1,50 h/St | 029.000.049 |

LB 029
Beschlagarbeiten

Nr.	Kurztext / Langtext					[Einheit]	Ausf.-Dauer	Kostengruppe Positionsnummer
▶	▷	ø netto €	◁	◀				

24 Türstopper, Wandmontage — KG **344**
Wand-Türstopper mit schwarzem Gummipuffer, befestigt mit korrosionsgeschützter Schraube.
Untergrund: .....
Einbaubereich **Außenbereich / Innenbereich**
Gehäuse: nicht rostender Stahl, Werkstoff .....
Oberfläche: **poliert / gebürstet**
Form: **rund / eckig**
Angeb. Fabrikat: .....

| 5€ | 18€ | **25€** | 32€ | 47€ | [St] | ⏱ 0,10 h/St | 029.000.010 |

25 Türstopper, Bodenmontage — KG **344**
Boden-Türstopper mit schwarzem Gummipuffer, befestigt mit korrosionsgeschützter Schraube.
Untergrund: .....
Einbaubereich **Außenbereich / Innenbereich**
Gehäuse: nicht rostender Stahl, Werkstoff .....
Oberfläche: **poliert / gebürstet**
Form: **rund / eckig**
Angeb. Fabrikat: .....

| 6€ | 22€ | **27€** | 42€ | 80€ | [St] | ⏱ 0,15 h/St | 029.000.011 |

26 Türspion, Aluminium — KG **344**
Türspion mit Linsensystem, einschl. Deckklappe.
Türblattdicke: .....
Einbauhöhe: **..... / Eignung für Rollstuhlfahrer**
Rohrdurchmesser: 15 mm
Material: Aluminium
Oberfläche: **anodisiert / eloxiert**
Farbton: .....
Angeb. Fabrikat: .....

| 10€ | 17€ | **21€** | 24€ | 31€ | [St] | ⏱ 0,15 h/St | 029.000.020 |

27 Lüftungsprofil, Fenster — KG **334**
Lüftungsprofil für Fenster, als schallgedämmte Nachströmöffnung, rahmenintegriert, bestehend aus Innenteil, Luftkanal und Wetterschutzgitter.
Fensterrahmen: **Vollprofil / Hohlprofil**
Profiltiefe: .....
Luftrichtung: Zuluft
Volumenstrom: mind. ..... m³/h
Material: stranggepresstes Aluminium und Kunststoff
Farbe: weiß, ähnlich RAL 9010
Filterart: Staub- und Insektenfilter
Filterklasse: G2
Normschallpegeldifferenz: Dn,w 40dB
Schalldämmmaß: R_w 34dB
Angeb. Fabrikat: .....

| 49€ | 135€ | **177€** | 193€ | 284€ | [St] | ⏱ 0,35 h/St | 029.000.022 |

Kosten:
Stand 1.Quartal 2021
Bundesdurchschnitt

▶ min
▷ von
ø Mittel
◁ bis
◀ max

Nr.	Kurztext / Langtext							Kostengruppe
▶	▷	ø netto €	◁	◀		[Einheit]	Ausf.-Dauer	Positionsnummer

28 Lüftungsgitter, Türblatt — KG 344

Lüftungsgitter in Holz-Türblatt, als Überströmöffnung zwischen Wohnräumen, stufenlos regulierbar und verschließbar; Komplettsystem bestehend aus Rahmen und Gitter, inkl. beidseitiger elastischer Verfugung.
Freier Querschnitt: A = ... cm²
Rahmengröße: .....
Farbe: weiß
Material: **Aluminium / Kunststoff**
Angeb. Fabrikat: .....

| 16€ | 33€ | **39€** | 63€ | 103€ | [St] | ⏱ 0,15 h/St | 029.000.026 |

29 Doppel-Schließzylinder — KG 344

Profil-Doppelzylinder, Sicherheitsstufe gem. beiliegendem Schließkonzept, mit je 6 Stiftzuhaltungen, inkl. vernickelter Stulpschraube und je 3 Schlüsseln.
Länge A: 30,5 mm
Länge B: 30,5 mm
Schließart: **verschieden- / gleichschließend**
Material: Messing, matt vernickelt
Farbe: .....
Angeb. Fabrikat: .....

| 19€ | 54€ | **66€** | 111€ | 213€ | [St] | ⏱ 0,15 h/St | 029.000.001 |

30 Halb-Schließzylinder — KG 344

Profil-Halbzylinder, Sicherheitsstufe gem. beiliegendem Schließkonzept, mit je 6 Stiftzuhaltungen, inkl. vernickelter Stulpschraube und je 3 Schlüsseln.
Länge A: 10 mm
Länge B: 30,5 mm
Schließart: **verschieden- / gleichschließend**
Material: Messing, matt vernickelt
Farbe: .....
Angeb. Fabrikat: .....

| 18€ | 46€ | **56€** | 94€ | 225€ | [St] | ⏱ 0,13 h/St | 029.000.002 |

31 Profilzylinderverlängerung, je 5mm — KG 344

Verlängerung des Profilzylinders je Seite und angefangene 5mm.

| 0,9€ | 3,4€ | **4,2€** | 5,5€ | 8,2€ | [St] | – | 029.000.038 |

32 Profilzylinderverlängerung, je 10mm — KG 344

Verlängerung des Profilzylinders je Seite und angefangene 10mm.

| 2€ | 4€ | **4€** | 6€ | 10€ | [St] | – | 029.000.012 |

33 Profilblindzylinder — KG 344

Profil-Blindzylinder, inkl. vernickelter Stulpschraube.
Länge A: 30,5 mm
Länge B: 30,5 mm
Material: Messing, matt vernickelt
Angeb. Fabrikat: .....

| 3€ | 11€ | **14€** | 22€ | 41€ | [St] | ⏱ 0,15 h/St | 029.000.003 |

LB 029
Beschlagarbeiten

Kosten:
Stand 1.Quartal 2021
Bundesdurchschnitt

▶ min
▷ von
ø Mittel
◁ bis
◀ max

Nr.	Kurztext / Langtext						Kostengruppe
▶	▷	ø netto €	◁	◀	[Einheit]	Ausf.-Dauer	Positionsnummer

34 Generalhaupt-, Generalschlüssel KG **344**
Generalhauptschlüssel für Profilzylinder der Schließanlage. Schlüssel **bei gleichzeitiger Bestellung mit der Schließanlage / als Nachlieferung.**
2€   8€   **10€**   15€   26€   [St]   –   029.000.027

35 Schlüssel, Buntbart KG **344**
Buntbart-BB-Schlüssel für Türschlösser Klasse 1, gleichschließend.
Material: Messing verchromt, poliert
3€   7€   **8€**   13€   23€   [St]   –   029.000.006

36 Gruppen-, Hauptschlüssel KG **344**
Gruppen-, Hauptschlüssel für Profilzylinder der beschriebenen Schließanlage; Schlüssel als **gleichzeitige Bestellung mit der Schließanlage / als Nachlieferung.**
2€   7€   **8€**   12€   22€   [St]   –   029.000.028

37 Schlüsselschrank, wandhängend KG **344**
Schlüsselkasten mit Tür und Zylinderschloss, Türöffnung: größer 90°, inkl. farbig sortiertem Musterbeutel mit Schlüsselanhängern und Indexblatt zur Selbstbeschriftung, an Wand befestigt.
Material: **Aluminium / Kunststoff**
Oberfläche: **farbig RAL ..... / EV .....**
Für Schlüsselanzahl: .....
Angeb. Fabrikat / Typ: .....
82€   207€   **284€**   406€   594€   [St]   ⏱ 0,80 h/St   029.000.024

38 Riegelschloss KG **344**
Montage von Riegelschloss in Türblatt, einschl. aller Bohr- und Fräsarbeiten, vorgerichtet für Profil-Halbzylinder.
43€   101€   **107€**   116€   185€   [St]   ⏱ 0,15 h/St   029.000.030

39 Absenkdichtung, Tür KG **344**
Absenkdichtung an Innentür, zum Abdichten von Boden-Luftspalten, band- und schlossseitig auslösend, Anschlag mit stirnseitigen Befestigungswinkeln, inkl. Druckplatten für Normfalz und PVC-Dichtprofil.
Spaltweite: bis ..... mm
Art der Tür: **Zimmertür / Schallschutztür R_w** .....
Nutmaß (B x H): ..... x ..... mm
Schalldämmwert: .....
54€   85€   **95€**   109€   145€   [St]   ⏱ 0,20 h/St   029.000.031

40 Hausbriefkasten, Aufputz KG **610**
Briefkasten **mit / ohne Zeitungsfach**, Aufputzmontage.
Material: nicht rostender Stahl, Werkstoff .....
Oberfläche: geschliffen Korn 240
Abmessung (L x B x H): ..... x ..... x ..... mm
Einwurfschlitz (L x H): 240 x 32 mm
Schließung: 2 gleichschließende Schlüssel
Befestigungsmaterial: 4 Schrauben mit Wanddübel
Untergrund: **Stahlbeton / Mauerwerk**, verputzt, 20 mm
Angeb. Fabrikat / Typ: .....
639€   948€   **1.173€**   1.214€   1.348€   [St]   ⏱ 0,80 h/St   029.000.039

Nr.	**Kurztext** / Langtext							Kostengruppe
▶	▷	**ø netto €**	◁	◀		[Einheit]	Ausf.-Dauer	Positionsnummer

41 WC-Schild, taktil, Kunststoff — KG **344**

WC-Schild mit Piktogramm und taktiler Beschriftung in Brailleschrift.
Einbauort: .....
Befestigung: .....
Material: Polyamid
Abmessung: 200 x 100 mm
Dicke: 3 mm
Oberfläche: .....
Design: .....
Angeb. Fabrikat: .....

| –€ | 33€ | **37€** | 47€ | –€ | [St] | ⏱ 0,10 h/St | 029.000.043 |

A 1 Handlaufbeschriftung, taktil, Alu, Braille/Profilschrift — Beschreibung für Pos. **42-43**

Taktile Handlaufbeschriftung aus Aluminiumschild mit Blinden- und Profilschrift.
Anwendungsbereich: **innen / außen**
Handlauf: .....
Befestigung: geklebt
Form: **flach / rund**
Qualität: eloxiert nach EV1
Farbe: silberfarben

42 Handlaufbeschriftung, taktil, Alu, 36,5/43, Profilschrift — KG **359**

Wie Ausführungsbeschreibung A 1
Abmessung (H x L): 36,5 x 43 mm
Beschriftung: bis 5 Zeichen

| –€ | 34€ | **40€** | 50€ | –€ | [St] | ⏱ 0,10 h/St | 029.000.044 |

43 Handlaufbeschriftung, taktil, Alu, 36,5/173, Profilschrift — KG **359**

Wie Ausführungsbeschreibung A 1
Abmessung (H x L): 36,5 x 173 mm
Beschriftung: bis 12 Zeichen

| –€ | 61€ | **71€** | 89€ | –€ | [St] | ⏱ 0,10 h/St | 029.000.046 |

LB 030 Rollladenarbeiten

Kosten:
Stand 1. Quartal 2021
Bundesdurchschnitt

▶ min
▷ von
ø Mittel
◁ bis
◀ max

Rollladenarbeiten — Preise €

Nr.	Positionen	Einheit	▶	▷ ø brutto € / ø netto €		◁	◀
1	Rollladen-/Raffstorekasten	m	60 / 50	70 / 58	**75** / **63**	78 / 65	96 / 81
2	Deckel, Rollladenkasten	m	13 / 11	22 / 18	**26** / **22**	33 / 28	43 / 36
3	Vorbaurollladen, Führungsschiene, Gurtwickler	St	167 / 140	335 / 282	**386** / **324**	485 / 408	735 / 618
4	Rollladen, Führungsschiene, Gurtwickler	St	117 / 98	207 / 174	**241** / **203**	289 / 243	449 / 377
5	Elektromotor, Rollladen	St	112 / 94	172 / 145	**188** / **158**	225 / 189	322 / 270
6	Jalousie/Raffstore/Lamellen, außen, elektrisch	St	343 / 288	581 / 488	**668** / **561**	838 / 704	1.183 / 994
7	Markise ausstellbar, Textil, bis 2,50m²	St	594 / 499	883 / 742	**927** / **779**	973 / 817	1.285 / 1.080
8	Fallarmmarkise, Acrylgarngewebe, 3,0m²	St	532 / 447	617 / 519	**666** / **560**	669 / 562	761 / 640
9	Gelenkarmmarkise, Terrassenmarkise, bis 15m²	St	2.852 / 2.397	3.317 / 2.788	**3.338** / **2.805**	3.523 / 2.960	3.837 / 3.224
10	Verdunkelung, innen, bis 3,50m²	St	143 / 120	203 / 171	**230** / **194**	281 / 236	375 / 315
11	Schiebeladen, 2-teilig, Metall/Holz, manuell, bis 4m²	St	846 / 711	1.181 / 993	**1.274** / **1.070**	1.444 / 1.214	1.928 / 1.620
12	Fensterladen, Holz, zweiteilig	St	288 / 242	598 / 503	**731** / **614**	987 / 830	1.598 / 1.343
13	Windwächter-Anlage, Sonnenschutz	St	324 / 272	769 / 647	**989** / **831**	1.125 / 946	1.606 / 1.349
14	Sonnenschutz-Wetterstation	St	499 / 420	954 / 802	**1.075** / **903**	1.287 / 1.081	2.069 / 1.739
15	Rollgitteranlage, elektrisch	St	5.182 / 4.355	6.329 / 5.319	**7.119** / **5.982**	7.730 / 6.496	8.769 / 7.369
16	Rolltoranlage, elektrisch	St	3.899 / 3.277	9.536 / 8.014	**10.236** / **8.601**	11.325 / 9.517	14.863 / 12.490
17	Stundensatz, Facharbeiter/-in	h	57 / 48	63 / 53	**67** / **56**	69 / 58	74 / 62
18	Stundensatz, Helfer/-in	h	38 / 32	46 / 39	**50** / **42**	53 / 44	58 / 49

© BKI Baukosteninformationszentrum; Erläuterungen zu den Tabellen siehe Seite 44

Nr.	Kurztext / Langtext					Kostengruppe		
▶	▷	ø netto €	◁	◀	[Einheit]	Ausf.-Dauer	Positionsnummer	

1 Rollladen-/Raffstorekasten KG **338**

Rollladen-Kasten, tragend, vorbereitet für den Einbau von gurtbetriebenem Rollladen-Element aus Welle und Panzer / Behang.
Befestigungsuntergrund: .....
Fensterbreite: .....
Wanddicke: .....
Dämmung: **ohne / mit**
Kastenmaterial: **Leichtbeton / Kunststoff**
Dämmstoff: PUR
Bemessungswert der Wärmeleitfähigkeit: max. ..... W/(mK)
Nennwert Wärmeleitfähigkeit: 0,025 W/(mK)
Dämmstoffdicke: ..... mm
Oberflächen: außen für WDVS, innen für Putz
Arbeitshöhe: bis 3,50 m

| 50€ | 58€ | **63€** | 65€ | 81€ | [m] | ⏱ 0,30 h/m | 030.000.001 |

2 Deckel, Rollladenkasten KG **338**

Deckel für Rollladen-Kasten, bestehend aus Abdeckplatte und aufgeklebter Wärmedämmschicht, als sichtbare, revisionierbare Abdeckung in bestehende Öffnung.
Kastengröße: .....
Material: Deckel aus Hart-PVC, PUR-Dämmstoff
Bemessungswert der Wärmeleitfähigkeit: max. ..... W/(mK)
Nennwert der Wärmeleitfähigkeit: 0,025 W/(mK)
Dämmstoffdicke: ..... mm
Oberfläche: Farbe nach Musterkarte
Arbeitshöhe: bis 3,50 m

| 11€ | 18€ | **22€** | 28€ | 36€ | [m] | ⏱ 0,05 h/m | 030.000.002 |

LB 030
Rollladenarbeiten

Nr.	Kurztext / Langtext					Kostengruppe		
▶	▷	ø netto €	◁	◀	[Einheit]	Ausf.-Dauer	Positionsnummer

Kosten:
Stand 1.Quartal 2021
Bundesdurchschnitt

3   Vorbaurollladen, Führungsschiene, Gurtwickler   KG 338

Rollladen als Einzelrollladen-Vorbauelement, aus dreiseitig geschlossenem Kasten, mit abnehmbaren Revisionsdeckel, Behang/Panzer. Welle und Antrieb durch handbetriebenen Gurtaufzug, inkl. Aufbaugurtwickler innen, schwenkbar, Behangstäbe schallreduzierend gelagert für geräuscharmen Lauf.
Anforderung:
– Windwiderstand: Klasse **1 / 2**
– Einbruchhemmung: RC2
– Lebensdauerklasse 3 nach DIN EN 13659:2009-01
– revisionierbar
U-Wert: ..... W/(m²K)
  Luftschalldämmung: R_w 40dB
  Dämmung: **ohne / mit**, Dämmstoffdicke: ..... mm
  Kastengröße: .....
  Fensterhöhe: .....
  Kastenecken: **gerundet / scharfkantig**
Materialien:
– Kasten: Aluminium
– Welle: Stahlrohr, verzinkt
– Behang: **Aluminium / PVC-U** - Hohlkammerprofil, Körper ausgeschäumt
– Führungsschiene: **Kunststoff / Aluminium**
Oberfläche und Farbe:
– Behang: .....
– Führungsschiene: .....
Untergrund: .....
Arbeitshöhe: bis 3,50 m
Angeb. Fabrikat: .....

| 140€ | 282€ | **324€** | 408€ | 618€ | [St] | 0,80 h/St | 030.000.003 |

4   Rollladen, Führungsschiene, Gurtwickler   KG 338

Rollladen als Einzelrollladen, in bauseitigen Kasten eingesetzt, aus einteiliger Welle, Behang, Behangstäbe nicht rostend, verbunden für schallreduzierten Lauf, Führungsschienen mit Gurt und wandintegriertem Gurtaufzug mit Einlasswickler; inkl. Abdeckplatte und Hochhebesicherung.
Einbau Gurtwickler: in verputzte Wandfläche
Anforderung
Windwiderstand: Klasse **1 / 2**
Einbruchhemmung: Klasse RC 2
Dämmung: **ohne / mit**
Dämmstoffdicke: ..... mm
Kastengröße: .....
Fensterhöhe: .....
Materialien:
– Abdeckplatte: **Kunststoff / Aluminium**
– Welle: Stahlrohr, verzinkt
– Behang: **Aluminium / PVC-U** - Hohlkammerprofil, Körper ausgeschäumt
– Führungsschiene: **Kunststoff / Aluminium**
Untergrund: .....
Arbeitshöhe: bis 3,50 m
Angeb. Fabrikat: .....

| 98€ | 174€ | **203€** | 243€ | 377€ | [St] | 0,60 h/St | 030.000.004 |

▶ min
▷ von
ø Mittel
◁ bis
◀ max

Nr.	Kurztext / Langtext						Kostengruppe
▶	▷	**ø netto €**	◁	◀	[Einheit]	Ausf.-Dauer	Positionsnummer

5   Elektromotor, Rollladen   KG **338**

Elektromotor für Rollladenantrieb, Anschluss durch das Gewerk Elektroarbeiten. Der Entfall von Gurt und Gurtwickler ist im Preis zu berücksichtigen.
Rollladengröße: .....
Behang (B x H): ..... x .... mm
Arbeitshöhe: bis 3,50 m

| 94€ | 145€ | **158€** | 189€ | 270€ | [St] | ⏱ 0,20 h/St | 030.000.005 |

6   Jalousie/Raffstore/Lamellen, außen, elektrisch   KG **338**

Außenjalousie-Anlage, mit Kegelrad-Getriebe, elektrisch betrieben, Anlage, einschl. Blenden und Führungsschienen oder -seile, Behang aus konkav-konvex geformten, wetterbeständigen Lamellen, Behang seitlich geräuscharm geführt mit Spezialprofil, Lamellen nichtrostend mit Kunststoffband verbunden, Oberschiene als stranggepresstes Profil, Unterschiene als Hohlprofil. Heben, Senken und Verstellen der Lamellen durch Elektromotor. Anschluss über mitzuliefernde Steckerkupplung, Nennspannung 220V, Nennleistung abgestimmt auf Anlagengröße, Zuleitung und Anschluss an Steckerkupplung durch Gewerk Elektroarbeiten.
Abmessungen:
  – Fenstergröße: .....
  – Verfügbarer Querschnitt: .....
  – Wetterschutzblende: .....
  – Seitenblende: .....
Anforderung:
  – Windwiderstand: Klasse **1 / 2**
  – Einbruchhemmung: Klasse RC 2
  – Lebensdauerklasse 3 nach DIN EN 13659
  – revisionierbar
Material / Teile:
  – Behang: Lamellen aus Aluminium, gebördelt, Lamellenbreite 35 mm, Lamellendicke 0,22-0,30 mm, mit Lochstanzungen bei Seilführung
  – Führung: **stranggepresste Alu-Schiene / Niro – Führungsseil**
  – Unterschiene: Stahl, verzinkt
Oberflächen:
  – Lamellen / Behang: einbrennlackiert
  – Schienen und Blenden: **naturfarben / pulverbeschichtet,** Farbton: .....
  – Kunststoffteile: schwarz
Untergrund: .....
Arbeitshöhe: bis 3,50 m
Angeb. Fabrikat: .....

| 288€ | 488€ | **561€** | 704€ | 994€ | [St] | ⏱ 1,80 h/St | 030.000.006 |

LB 030
Rollladenarbeiten

Nr.	Kurztext / Langtext						Kostengruppe
▶	▷	ø netto €	◁	◀	[Einheit]	Ausf.-Dauer	Positionsnummer

Kosten:
Stand 1.Quartal 2021
Bundesdurchschnitt

7 Markise ausstellbar, Textil, bis 2,50m² — KG 338

Markisolette, **elektrisch / manuell** betrieben, Anlage einschl. Wetterschutzblende, Führungsschienen und Fallrohr; Behang aus textilem Kunststoff-Garn.
Dämmung: **mit / ohne**
Dämmstoffdicke: .....
Fenstergröße: .....
Anlagengröße: .....
Blendengröße: .....
Material und Form:
 – Behang: Acryl, Gewicht ca. 300 g/m², lichtecht, wetterbeständig und reißfest, B1
 – Tuchwelle aus stranggepresstem Aluminium-Profil, mit Nut zur Aufnahme des Behangs mittels Keder
 – Führungsschiene: Aluminium-Strangpress-Profil
 – alternativ Führungsseil: Edelstahl / kunststoffummanteltes Stahlseil
 – Unterschiene: Stahl, verzinkt
Oberflächen:
 – Behang: schmutzabweisend, verrottungssicher, schnelltrocknend, luftdurchlässig und wasserabweisend
 – Stahlteile: einbrennlackiert
 – Aluminiumteile: **pulverbeschichtet / eloxiert, C1 - natur**
 – Farben: .....
 – Kunststoffteile: schwarz
Bedienung der Anlage:
 – Elektromotor als Rohrantrieb 230 V, Schutzart IP 44, Zuleitung und Anschluss durch Gewerk Elektroarbeiten
 – Alternativ Kurbelantrieb mit Spindelsperre
 – Handsender
Steuerung:
 – 240 V / 24 V Sicherheits-Kleinspannung
 – Schutzart IP54, "Tor zu" in Totmannschaltung (Dauerdruck) mit Drucktastern "Auf-Halt-Zu"
 – selbstüberwachende, elektromechanische Schließkantensicherung
 – betriebsfertig verkabelt, mit CEE-Stecker
Windwiderstand: Klasse **1 / 2**
Antrieb: .....
Untergrund: .....
Arbeitshöhe: bis 3,50 m
Angeb. Fabrikat: .....

| 499€ | 742€ | **779€** | 817€ | 1.080€ | [St] | 2,20 h/St | 030.000.007 |

8 Fallarmmarkise, Acrylgarngewebe, 3,0m² — KG 338

Fallarmmarkise DIN EN 13561, als Einzelanlage, Montage an Außenwand / Fassade.
Behanggröße (B x H): 1.200 x 2.500 mm (von Mitte Welle bis Unterkante Unterschiene)
Fläche Behang: ca. 3,0 m² Markise bestehend aus:
 – Behang: Acrylgarngewebe, genäht, Dessin und Farbton nach Standardfächer des AN, ohne Volant/-rollo
 – Abdeckung als Halbrundblende, aus Aluminium, anodisiert
 – Fallarm aus Aluminium, anodisiert, Länge über 100 bis 125 cm
 – Oberschiene als C-Profil aus Aluminium, anodisiert,
 – Antrieb durch Kurbel mit Endbegrenzung, Bedienkraftklasse 1, mit Kurbelhalter, mit Kegelradgetriebe, Kurbel und -stange aus Aluminium, eloxiert
 – Gelenkplatte

▶ min
▷ von
ø Mittel
◁ bis
◀ max

Nr.	Kurztext / Langtext					Kostengruppe		
▶	▷	ø netto €	◁	◀	[Einheit]	Ausf.-Dauer	Positionsnummer	

Windwiderstand: Klasse **1 / 2**
Einbruchhemmung: Klasse RC ....
Untergrund: **Mauerwerk / WDVS mit Stahlbeton, Dämmung = ... mm**
Arbeitshöhe: bis 3,50 m
Angeb. Fabrikat: .....

| 447 € | 519 € | **560** € | 562 € | 640 € | [St] | ⏱ 2,20 h/St | 030.000.019 |

9 — Gelenkarmmarkise, Terrassenmarkise, bis 15m² — KG **338**

Gelenkarmmarkise liefern und montieren. Anlage bestehend aus korrosionsgeschützten Konsolen für Befestigung der Anlage, Verankerung im Untergrund.
Einbau: **Wand / Decke**
Regenschutzhaube: .....
Gelenkarme aus stranggepresstem Aluminium-Profil Form: .....
Ausfall-Profil: Form .....
Tuchwelle aus: .....
Tragrohr aus: .....
Aluminiumteile: pulverbeschichtet ähnlich Ral .....
Abmessung Anlage - ausgefahren (L x B): .....
Betrieb: **elektrisch / Kurbelbetrieb**
Bespannung / Behang: **Acrylfaser / Polyester**, imprägniert, lichtecht und UV-beständig
Farbe / Muster: nach Mustervorlage und Wahl des Bauherrn
Preisgruppe: .....
Untergrund: .....
Arbeitshöhe: bis 3,50 m
Angeb. Fabrikat Markise: .....
Angeb. Fabrikat Motor: .....

| 2.397 € | 2.788 € | **2.805** € | 2.960 € | 3.224 € | [St] | ⏱ 3,00 h/St | 030.000.017 |

10 — Verdunkelung, innen, bis 3,50m² — KG **338**

Verdunkelungsanlage, innen, einsetzen in bauseitigen Kasten, bestehend aus Behang, seitlichen Führungsschienen, einteiliger Welle, Fallstab und Gurt, Behang lichtdicht, mit schallreduziertem Lauf, sowie mit wandintegriertem Gurtaufzug mit Einlasswickler, inkl. Abdeckplatte.
Öffnungsgröße (B x H): ..... x ..... mm
Einbau Gurtwickler: verputzte Wandfläche
Rohbaurichtmaß Kasten: .....
Fensterhöhe: .....
Material:
– Abdeckplatte: **Kunststoff / Aluminium**
– Behang: Textilgewebe mit Aussteifungen gegen Faltenwurf
– Führungs- / Lichtschutzschiene aus Stahlblech
– Fallstab aus Stahl mit elastischem Kunststoff-Dichtprofil
– Welle: Stahlrohr, verzinkt
– Einfallschiene: Stahl / Aluminium
Oberflächen:
– Behang: **lichtdicht schwarz**
– Fallstab und Einfallschiene: einbrennlackiert schwarz
– Kunststoffteile: schwarz

LB 030
Rollladenarbeiten

Nr.	Kurztext / Langtext					[Einheit]	Ausf.-Dauer	Kostengruppe Positionsnummer
	▶	▷	ø netto €	◁	◀			

Untergrund: .....
Arbeitshöhe: bis 3,50 m
Angeb. Fabrikat: .....

| 120€ | 171€ | **194€** | 236€ | 315€ | [St] | ⏱ 0,50 h/St | 030.000.008 |

11 Schiebeladen, 2-teilig, Metall/Holz, manuell, bis 4m²   KG **338**

Schiebeladen, als Jalousieladen, 2-teilig, mit Schiebebeschlägen, Führung, oberer Tragschiene und unterer Führungsschiene, Laden geräuscharm geführt, Füllung nichtrostend in Rahmen befestigt, Tragschiene mit Arretierungen und Endpuffer vor Außenflucht, einschl. aller Beschläge und Verriegelung.
Öffnungsgröße (B x H): ..... x ..... mm
Untergrund: WDVS mit Mauerwerk, Dämmstoffdicke: ..... mm
Windwiderstand: Klasse **1 / 2**
Einbruchwiderstand: Klasse RC2
Führung: Alu-Strangpress-Profil .....
Rahmen Schiebeladen: Rohrprofil aus **Aluminium / Stahl**, Ecken verschweißt und verschliffen
Füllung Schiebeladen: **Stahlblech / Lamellen aus Nadelholz, Douglasie / Lärche** Unterseite profiliert, Lamellenbreite 45 mm, Lamellendicke 20-25 mm, Lamellen **feststehend / beweglich**
Trag- und Führungsschiene: **Aluminium- / Edelstahl-**Flachprofil
Oberflächen:
  – Holzflächen: gehobelt und geschliffen, lasierend, offenporig beschichtet
  – Aluminiumteile: **pulverbeschichtet / E6**, C1 - natur
  – Stahlblech: pulverbeschichtet
  – Farben: .....
  – Edelstahlteile: matt
Bedienung: manuell
Untergrund: .....
Arbeitshöhe: bis 3,50 m
Angeb. Fabrikat: .....

| 711€ | 993€ | **1.070€** | 1.214€ | 1.620€ | [St] | ⏱ 3,00 h/St | 030.000.009 |

Kosten:
Stand 1.Quartal 2021
Bundesdurchschnitt

▶ min
▷ von
ø Mittel
◁ bis
◀ max

Nr.	**Kurztext** / Langtext							Kostengruppe
▶	▷	**ø netto €**	◁	◀	[Einheit]		Ausf.-Dauer	Positionsnummer

12 Fensterladen, Holz, zweiteilig — KG **338**

Fensterladen, paarweise, manuell bedient, bestehend aus Rahmen einschl. Füllung, Beschlägen mit Verankerung in Außenwänden, Feststeller und Verriegelungen, Füllung aus Holzlamellen, wetterbeständig beschichtet, Laden geräuscharm geführt, Lamellen nichtrostend in Rahmen befestigt.

Windwiderstand: Klasse **1 / 2**
Einbruchwiderstand: Klasse **RC2 / RC .....**
Dämmung: **ohne / mit**
Dämmstoffdicke: ..... mm
Öffnungsgröße (B x H): ..... x ..... mm
Ladengröße (Paar): .....
Material und Form:
Rahmen Fensterladen und Füllung: Holzprofil 40 x 40 mm, profiliert
Holzart: **Douglasie / Lärche / Eiche**
Füllung Fensterladen: Holzprofil, Schmalseiten und Unterseite profiliert, Ecken stabil verbunden und verschliffen
Sortierklasse: S10
Holzart: **Douglasie / Lärche / Eiche**
Lamellenbreite: 45 mm
Lamellendicke: 20-25 mm
Einbauhöhe: **bis 3,00 / über 3,00** m
Angeb. Fabrikat: .....

242 €   503 €   **614** €   830 €   1.343 €   [St]   ⏱ 2,50 h/St   030.000.010

13 Windwächter-Anlage, Sonnenschutz — KG **338**

Windwächter-Anlage für Sonnenschutzanlage bzw. Markise, Montage an exponierter Stelle der Außenwand, vorgerichtet für bauseitigen Verkabelungsanschluss, inkl. Steuerung für Einbau in bauseitigen Schaltschrank.

Beschreibung Anlage: .....
Dämmung: **ohne / mit**
Dämmstoffdicke: ..... mm
Oberfläche: **pulverbeschichtet / einbrennlackiert**
Farbe: .....
Untergrund: .....
Arbeitshöhe: bis 3,50 m
Angeb. Fabrikat: .....

272 €   647 €   **831** €   946 €   1.349 €   [St]   ⏱ 0,35 h/St   030.000.011

14 Sonnenschutz-Wetterstation — KG **338**

Sonnenschutz-Wetterstation, aus kompaktem, massivem, witterungs- und UV-beständigem Kunststoff. Anschluss am Messwertgeber steckbar, über 4-adrige Anschlussleitung. Leitung bis max. 200m verlängerbar. Folgende Messwerte erfassend:
- Sonneneinstrahlung getrennt nach Himmelsrichtungen
- Erfassung der Dämmerung ohne zusätzlichen Messwertgeber
- Beheizbare Niederschlagssensorfläche, unter 15°C selbstständig zuschaltend

Spannungsversorgung: 24 V DC über die Sonnenschutzzentrale, ohne zusätzliche Netzteile
Abmessungen Anlage (B x H x T): ..... x ..... x ..... mm
Untergrund: .....
Arbeitshöhe: bis 3,50 m
Angeb. Fabrikat: .....

420 €   802 €   **903** €   1.081 €   1.739 €   [St]   ⏱ 0,30 h/St   030.000.018

LB 030
Rollladenarbeiten

Nr.	Kurztext / Langtext					Kostengruppe
▶	▷	ø netto €	◁	◀	[Einheit]	Ausf.-Dauer Positionsnummer

Kosten:
Stand 1.Quartal 2021
Bundesdurchschnitt

15 Rollgitteranlage, elektrisch — KG **334**

Rollgitter-Anlage mit allen notwendigen Zubehörteilen, in bauseitige Öffnung; stabiles und einbruchhemmendes Rollgitter mit Motorbedienung und elektronischer Steuerung, Anlage mit Körperschalldämmung für leisen Lauf, Führungsschienen mit Einlage für materialschonenden Betrieb, Rollgitterkasten aus Leichtmetall-Formteil, Anlage mit einbruchhemmender Hochschiebesicherung, mit Notbedienung.

Einbruchwiderstand: Klasse RC .....
Abmessung Rollgitter: .....
Verfügbarer Querschnitt: .....
Material und Form:
– Gitter: **Flachstahl- / Aluminium-Wabe**, 155 x 120 mm, Gewicht ....kg/m²
– Antriebswelle aus Stahl, achteckig
– Führungsschiene aus Aluminium, stranggepresst
– Rollgitter-Kasten: **Aluminium-/ Stahlblech-Formteil**, mehrfach gekantet, mit seitlichen Blenden
– Endstab aus stranggepresstem Aluminium mit Gummi-Abschlussprofil
Oberflächen:
– Aluminiumteile: E6, **C1 - natur / pulverbeschichtet**
– Schienen und Blenden: pulverbeschichtet, Farbe: .....
Bedienung der Anlage:
– Notbedienung als Handkurbel
– Deckenzugtaster mit Kette, montiert innen
– Schlüsselschalter als **Aufputz-/ Unterputzschalter, außen / innen und außen**
– Handsender
Steuerung:
– **240 V / 24 V** Sicherheits-Kleinspannung
– Schutzart IP54, "Tor zu" in Totmannschaltung (Dauerdruck) mit Drucktastern "Auf-Halt-Zu"
– selbstüberwachende, elektromechanische Schließkantensicherung
– betriebsfertig verkabelt, mit CEE-Stecker
Einbausituation: ....
Arbeitshöhe: bis .....
Angeb. Fabrikat: .....

4.355 €   5.319 €   **5.982 €**   6.496 €   7.369 €   [St]   ⏱ 9,00 h/St   030.000.012

16 Rolltoranlage, elektrisch — KG **334**

Rolltoranlage mit allen notwendigen Zubehörteilen, in bauseitige Öffnung, Rolltor mit Motorbedienung und elektronischer Steuerung, Anlage mit Körperschalldämmung für leisen Lauf, Führungsschienen mit Einlage für materialschonenden Betrieb, Rolltorkasten aus Leichtmetall-Formteil, Anlage mit einbruchhemmender Hochschiebesicherung, mit Notbedienung.

Windwiderstand: Klasse **1 / 2**
Einbruchwiderstand: Klasse RC .....
Abmessung Rolltor: .....
Verfügbarer Querschnitt: .....
Material und Form:
– Stäbe / Panzer: Aluminium-Hohlprofil, Dicke **14 / 18** mm, Deckfläche **55 / 75** mm, Gewicht ..... kg/m²
– Antriebswelle aus Stahl, achteckig
– Führungsschiene aus Aluminium, stranggepresst
– Rolltor-Kasten: **Aluminium-/ Stahlblechformteil**, mehrfach gekantet, mit seitlichen Blenden
– Endstab aus stranggepresstem Aluminium mit Gummi-Abschlussprofil
Oberflächen:
– Aluminiumteile: E6, C1 - **natur / pulverbeschichtet**
– Schienen und Blenden: pulverbeschichtet, Farbe: .....

▶ min
▷ von
ø Mittel
◁ bis
◀ max

Nr.	Kurztext / Langtext							Kostengruppe
▶	▷	ø netto €	◁	◀	[Einheit]	Ausf.-Dauer	Positionsnummer	

Bedienung der Anlage:
- Notbedienung als Handkurbel
- Deckenzugtaster mit Kette, montiert innen
- Schlüsselschalter als **Aufputz-/ Unterputzschalter, außen / innen**
- Handsender

Steuerung:
- 240 V / 24 V Sicherheits-Kleinspannung
- Schutzart IP54, "Tor zu" in Totmannschaltung (Dauerdruck) mit Drucktastern "Auf-Halt-Zu" - selbstüberwachende, elektromechanische Schließkantensicherung
- betriebsfertig verkabelt, mit CEE-Stecker

Einbausituation: .....
Arbeitshöhe: bis .....
Angeb. Fabrikat: .....

3.277€	8.014€	**8.601**€	9.517€	12.490€	[St]	⏱	12,00 h/St	030.000.013

17 Stundensatz, Facharbeiter/-in

Stundenlohnarbeiten für Vorarbeiterin, Vorarbeiter, Facharbeiterin, Facharbeiter und Gleichgestellte. Der Verrechnungssatz für die jeweilige Arbeitskraft umfasst sämtliche Aufwendungen wie Lohn- und Gehaltskosten, Lohn- und Gehaltsnebenkosten, Zuschläge, lohngebundene und lohnabhängige Kosten, sonstige Sozialkosten, Gemeinkosten, Wagnis und Gewinn. Leistung nach besonderer Anordnung der Bauüberwachung. Anmeldung und Nachweis gem. VOB/B.

48€	53€	**56**€	58€	62€	[h]	⏱	1,00 h/h	030.000.014

18 Stundensatz, Helfer/-in

Stundenlohnarbeiten für Werkerin, Werker, Helferin, Helfer und Gleichgestellte. Der Verrechnungssatz für die jeweilige Arbeitskraft umfasst sämtliche Aufwendungen wie Lohn- und Gehaltskosten, Lohn- und Gehaltsnebenkosten, Zuschläge, lohngebundene und lohnabhängige Kosten, sonstige Sozialkosten, Gemeinkosten, Wagnis und Gewinn. Leistung nach besonderer Anordnung der Bauüberwachung. Anmeldung und Nachweis gem. VOB/B.

32€	39€	**42**€	44€	49€	[h]	⏱	1,00 h/h	030.000.015

LB 031 Metallbauarbeiten

Metallbauarbeiten — Preise €

Kosten: Stand 1.Quartal 2021, Bundesdurchschnitt

▶ min
▷ von
ø Mittel
◁ bis
◀ max

Nr.	Positionen	Einheit	▶	▷ ø brutto € ø netto €	ø	◁	◀
1	Handlauf, Stahl, außen, verzinkt, Rundrohr: 33,7mm	m	33	45	**51**	56	68
			28	38	**43**	47	57
2	Handlauf, Stahl, außen, verzinkt, Rundrohr: 42,4mm	m	49	63	**70**	80	101
			41	53	**59**	67	84
3	Handlauf, nichtrostend, Rundrohr 33,7mm	m	34	72	**101**	112	155
			28	60	**85**	94	130
4	Handlauf, nichtrostend, Rundrohr 42,4mm	m	39	84	**105**	127	165
			33	71	**88**	107	138
5	Handlauf, nichtrostend, Rundrohr 48,3mm	m	70	101	**128**	168	212
			59	85	**108**	141	178
6	Handlauf, Stahl, gebogen	m	111	137	**158**	174	197
			93	115	**132**	146	166
7	Handlauf, Stahl, Wandhalterung	St	37	57	**65**	85	115
			31	48	**55**	71	97
8	Handlauf, Enden	St	15	23	**27**	28	39
			12	19	**23**	23	33
9	Handlauf, Bogenstück	St	18	36	**49**	60	78
			15	30	**41**	50	66
10	Handlauf, Ecken/Gehrungen	St	14	34	**42**	55	89
			12	29	**35**	46	75
11	Brüstungsgeländer, Fenstertür	St	300	476	**551**	601	777
			252	400	**463**	505	653
12	Schutzgitter, Fenster	St	265	349	**403**	410	651
			223	293	**338**	344	547
13	Brüstungs-/Treppengeländer, Flachstahlfüllung	m	225	363	**412**	480	662
			189	305	**346**	404	556
14	Brüstungs-/Treppengeländer, Lochblechfüllung	m	259	329	**357**	430	556
			218	277	**300**	362	467
15	Geländerausfachung, Stahlseil, nichtrostend	m	9	18	**20**	22	29
			8	15	**17**	19	25
16	Brüstung, VSG-Ganzglas/Edelstahl	m	968	1.225	**1.280**	1.281	1.539
			813	1.030	**1.075**	1.077	1.293
17	Stahl-Umfassungszarge, 750x2.000/2.125	St	131	205	**252**	295	381
			110	172	**212**	248	321
18	Stahl-Umfassungszarge, 875x2.000/2.125	St	137	233	**272**	336	434
			115	196	**228**	282	364
19	Stahl-Umfassungszarge, 1.000x2.000/2.125	St	210	325	**367**	423	544
			176	273	**308**	355	457
20	Stahltür, einflügig, 1.000x2.130	St	370	1.082	**1.311**	1.834	3.043
			311	909	**1.102**	1.541	2.557
21	Stahltür, zweiflügig	St	1.501	2.312	**2.868**	3.716	5.270
			1.262	1.943	**2.410**	3.122	4.428
22	Stahltür, Rauchschutz, 875x2.000/2.125	St	1.014	1.282	**1.680**	2.014	2.327
			852	1.077	**1.412**	1.693	1.955
23	Stahltür, Rauchschutz, 1.000x2.000/2.125	St	1.175	1.569	**2.014**	2.284	2.500
			987	1.319	**1.693**	1.920	2.101
24	Stahltür, Rauchschutz, 1.250x2.000/2.125	St	1.886	2.476	**2.765**	3.324	3.914
			1.585	2.081	**2.324**	2.793	3.289

© **BKI** Baukosteninformationszentrum; Erläuterungen zu den Tabellen siehe Seite 44
Mustertexte geprüft: Bundesverband Metall

Kostenstand: 1.Quartal 2021, Bundesdurchschnitt

Metallbauarbeiten — Preise €

Nr.	Positionen	Einheit	▶	▷	ø brutto €	◁	◀
					ø netto €		
25	Stahltür, Rauchschutz, zweiflüglig	St	3.091	6.055	**6.905**	7.848	10.689
			2.597	5.088	**5.803**	6.595	8.982
26	Stahltür, Brandschutz, EI2 30, 875x2.125	St	676	940	**1.056**	1.405	1.834
			568	790	**887**	1.181	1.541
27	Stahltür, Brandschutz, EI2 30, 1.000x2.125	St	798	1.068	**1.169**	1.445	1.887
			670	898	**982**	1.214	1.585
28	Stahltür, Brandschutz, EI2 30, 1.250x2.125	St	931	1.449	**1.660**	2.017	3.022
			783	1.217	**1.395**	1.695	2.540
29	Stahltür, Brandschutz, EI2 T90, 875x/2.125	St	–	1.430	**1.657**	1.970	–
			–	1.202	**1.392**	1.656	–
30	Stahltür, Brandschutz, EI2 T90, 1.000x2.125	St	1.489	2.058	**2.598**	2.918	3.197
			1.251	1.729	**2.183**	2.452	2.686
31	Stahltür, Brandschutz, EI2 90, zweiflüglig	St	3.703	4.706	**5.202**	5.803	7.210
			3.112	3.955	**4.371**	4.877	6.059
32	Stahltür, Brandschutz, EI2 30, zweiflüglig	St	1.764	2.939	**3.389**	5.111	8.778
			1.483	2.469	**2.847**	4.295	7.377
33	Rohrrahmentür, Glasfüllung, EI2 30-S200C5, zweiflüglig, mehrteilig,	St	6.011	8.839	**9.939**	11.529	14.716
			5.051	7.428	**8.352**	9.689	12.366
34	Stahlrahmen, Rolltor, grundiert	St	2.273	2.694	**2.883**	3.230	3.651
			1.910	2.264	**2.422**	2.715	3.068
35	Rolltor, Leichtmetall, außen	St	3.899	7.738	**9.858**	10.883	14.863
			3.277	6.503	**8.284**	9.145	12.490
36	Rollgitteranlage, elektrisch	St	5.182	6.532	**7.393**	7.810	9.548
			4.355	5.489	**6.212**	6.563	8.023
37	Sektional-/Falttor, Leichtmetall, Hallentor, gedämmt	St	1.710	3.855	**4.557**	5.947	9.136
			1.437	3.239	**3.829**	4.998	7.678
38	Garagen-Schwingtor, hand-/kraftbetätigt	St	1.524	2.535	**3.066**	4.568	6.462
			1.280	2.130	**2.576**	3.838	5.431
39	Außenwandbekleidung, Wellblech, MW, UK	m²	85	125	**141**	186	257
			71	105	**119**	156	216
40	Außenwandbekleidung, Glattblech, beschichtet	m²	101	208	**237**	290	379
			85	175	**199**	244	319
41	Vordach, Trägerprofile/VSG	St	1.435	2.901	**3.550**	4.328	5.710
			1.206	2.438	**2.983**	3.637	4.798
42	Deckenabschluss, Flachstahl	m	32	95	**118**	172	302
			27	79	**99**	144	254
43	Estrichabschluss, Winkelstahl	m	55	92	**106**	128	164
			47	77	**89**	107	138
44	Aluminiumprofile, Stahlkonstruktion	m	18	29	**36**	43	60
			15	25	**30**	36	51
45	Auflagerwinkel, Gitterroste, Stahl, außen	m	19	30	**35**	40	50
			16	25	**29**	33	42
46	Gitterroste, Stahl, verzinkt	m²	84	175	**207**	250	331
			71	147	**174**	210	278
47	Trittstufe, Gitterrost, Außenbereich	St	51	77	**93**	117	169
			43	65	**78**	98	142

© BKI Baukosteninformationszentrum; Erläuterungen zu den Tabellen siehe Seite 44
Mustertexte geprüft: Bundesverband Metall

Kostenstand: 1.Quartal 2021, Bundesdurchschnitt

LB 031 Metallbauarbeiten

Metallbauarbeiten — Preise €

Kosten:
Stand 1.Quartal 2021
Bundesdurchschnitt

Nr.	Positionen	Einheit	▶ min	▷ von	ø brutto € / ø netto €	◁ bis	◀ max
48	Stahltreppe, gerade, einläufig, innen, Trittbleche	St	1.733 / 1.456	3.808 / 3.200	**4.832** / **4.061**	6.288 / 5.284	8.730 / 7.336
49	Stahltreppe, gerade, mehrläufig, innen, Trittbleche	St	3.877 / 3.258	7.716 / 6.484	**8.361** / **7.026**	8.862 / 7.447	12.394 / 10.415
50	Spindeltreppe, Stahl, 100cm, innen, Trittroste	St	3.040 / 2.555	4.401 / 3.699	**5.019** / **4.218**	5.341 / 4.488	6.990 / 5.874
51	Steigleiter, Stahl, verzinkt, bis 5,00m	St	190 / 160	561 / 471	**714** / **600**	1.184 / 995	1.998 / 1.679
52	Steigleiter, Seitenholm, Rückenschutz	St	1.004 / 844	1.926 / 1.618	**2.425** / **2.038**	3.299 / 2.772	4.784 / 4.020
53	Kellertrennwandsystem, verzinkte Metalllamellen	m²	31 / 26	41 / 34	**46** / **38**	47 / 39	56 / 47
54	Briefkastenanlage, freistehend, bis 8 WE	St	1.476 / 1.241	2.840 / 2.387	**3.439** / **2.890**	6.478 / 5.444	10.355 / 8.702
55	Briefkasten, Stahlblech, Wand	St	543 / 457	577 / 485	**656** / **551**	734 / 617	933 / 784
56	Stundensatz, Facharbeiter/-in	h	56 / 47	63 / 53	**65** / **55**	69 / 58	73 / 62
57	Stundensatz, Helfer/-in	h	42 / 35	51 / 43	**54** / **45**	56 / 47	63 / 53

▶ min
▷ von
ø Mittel
◁ bis
◀ max

Nr.	Kurztext / Langtext						Kostengruppe
▶	▷	ø netto €	◁	◀	[Einheit]	Ausf.-Dauer	Positionsnummer

A 1 — Handlauf, außen, Stahl, verzinktem, Rundrohr
Beschreibung für Pos. **1-2**

Handlauf aus verzinktem Stahlrundrohr, außen, Handlauf steigend, in verschiedenen Längen, befestigt mit Konsolen an aufgehender Wand. Rohrkappen und Abkröpfung / Gehrung in gesonderter Position.
Einbauort: .....
Material: Stahl nach DIN EN 10025
Güte: S235JR+AR
Material Konsolen: Stahl
Mindestabstand: 50 mm
Oberfläche: feuerverzinkt
Korrosivitätskategorie DIN EN 12944: Klasse C3
Schutzdauerklasse: **L = < 7 Jahre / M = 7 < 15 Jahre / H = 15 < 25 Jahre / VH= > 25 Jahre**

1 Handlauf, Stahl, außen, verzinkt, Rundrohr: 33,7mm — KG **359**
Wie Ausführungsbeschreibung A 1
Durchmesser: 33,7 mm
Wanddicke: 2,0mm

| 28€ | 38€ | **43€** | 47€ | 57€ | [m] | ⏱ 0,35 h/m | 031.000.045 |

2 Handlauf, Stahl, außen, verzinkt, Rundrohr: 42,4 mm — KG **359**
Wie Ausführungsbeschreibung A 1
Durchmesser: 42,4 mm
Wanddicke: 2,0mm

| 41€ | 53€ | **59€** | 67€ | 84€ | [m] | ⏱ 0,35 h/m | 031.000.046 |

© BKI Baukosteninformationszentrum; Erläuterungen zu den Tabellen siehe Seite 44
Mustertexte geprüft: Bundesverband Metall

Nr.	Kurztext / Langtext					Kostengruppe		
▶	▷	ø netto €	◁	◀	[Einheit]	Ausf.-Dauer	Positionsnummer

A 2   Handlauf, außen, nichtrostend, Rundrohr   Beschreibung für Pos. 3-5

Handlauf aus Rundrohr aus nichtrostendem Stahl, im Außenbereich, Handlauf steigend, in verschiedenen Längen, befestigt mit Konsolen an aufgehender Wand. Rohrkappen und Abkröpfung / Gehrung in gesonderter Position.
Einbauort: .....
Materialwerkstoff-Nr.: .....
Ausladung Mindestabstand: 50 mm
Oberfläche: **geschliffen mit Korn ca. ..... / gebürstet / blank**

3   Handlauf, nichtrostend, Rundrohr 33,7 mm   KG 359
Wie Ausführungsbeschreibung A 2
Durchmesser: 33,7 mm
Wanddicke: 2,0 mm

| 28€ | 60€ | **85€** | 94€ | 130€ | [m] | ⌚ 0,35 h/m | 031.000.047 |

4   Handlauf, nichtrostend, Rundrohr 42,4 mm   KG 359
Wie Ausführungsbeschreibung A 2
Durchmesser: 42,4 mm
Wanddicke: 2,0 mm

| 33€ | 71€ | **88€** | 107€ | 138€ | [m] | ⌚ 0,35 h/m | 031.000.048 |

5   Handlauf, nichtrostend, Rundrohr 48,3 mm   KG 359
Wie Ausführungsbeschreibung A 2
Durchmesser: 48,3 mm
Wandstärke: 2,0 mm

| 59€ | 85€ | **108€** | 141€ | 178€ | [m] | ⌚ 0,35 h/m | 031.000.049 |

6   Handlauf, Stahl, gebogen   KG 359
Handlauf, wie vor beschrieben, Ausführung des Handlaufs in gebogener Form, eben und ansteigend.
Biege-Radius: .....

| 93€ | 115€ | **132€** | 146€ | 166€ | [m] | ⌚ 0,40 h/m | 031.000.004 |

7   Handlauf, Stahl, Wandhalterung   KG 359
Handlaufhalter, aus Flachstahl-Rosette und an Handlauf mittels abgekröpftem Rundstahl von unten angeschweißt, inkl. Befestigungselemente aus nichtrostendem Stahl.
Einbauort: alle Geschosse
Untergrund Wand: Sichtbeton
Einbauort: .....
Einbau in: **Normalraum / Feuchtraum / Nassraum**
Material: Stahl nach DIN EN 10025
Güte: S 235 JR + AR
Wandhalter: Rundstahl **12 / 16** mm
Wandabstand: 50 mm
Rosette: Flachstahl 10 mm, rund D =100 mm, zwei Bohrungen
Oberfläche: **grundiert / verzinkt** für nachfolgende Beschichtung
Korrosionsschutz: .....

| 31€ | 48€ | **55€** | 71€ | 97€ | [St] | ⌚ 0,30 h/St | 031.000.006 |

LB 031 Metallbauarbeiten

Kosten:
Stand 1.Quartal 2021
Bundesdurchschnitt

▶ min
▷ von
ø Mittel
◁ bis
◀ max

Nr.	Kurztext / Langtext				[Einheit]	Ausf.-Dauer	Kostengruppe Positionsnummer
▶	▷ ø netto € ◁ ◀						

8 Handlauf, Enden — KG 359
Rohrende für Handlauf
Rohrprofil: **26,6 / 33,7 / 42,4 / 60** mm
Wanddicke: ..... mm
Ausführung Rohrende: **flache Kappe / gewölbte Kappe / gekröpfte 90°**

| 12 € | 19 € | **23 €** | 23 € | 33 € | [St] | ⏱ 0,20 h/St | 031.000.007 |

9 Handlauf, Bogenstück — KG 359
Bogen als Übergang des Handlaufs an Ecken bzw. am Übergang von ansteigendem zu ebenem Handlauf.
Bogen: **30° / 45° / 90°**

| 15 € | 30 € | **41 €** | 50 € | 66 € | [St] | ⏱ 0,25 h/St | 031.000.008 |

10 Handlauf, Ecken/Gehrungen — KG 359
Eck- / Übergangswinkel des Handlaufs, an Ecken bzw. am Übergang von ansteigendem zu ebenem Handlauf.
Gehrung Winkel: **30° / 45° / 90°**

| 12 € | 29 € | **35 €** | 46 € | 75 € | [St] | ⏱ 0,20 h/St | 031.000.009 |

11 Brüstungsgeländer, Fenstertür — KG 359
Brüstungsgeländer vor Fenstertür, als Absturzsicherung, inkl. Bohrungen und Befestigungsmaterial aus nicht rostendem Stahl. Für die Ausführung werden vom AG Zeichnungen und statische Berechnungen zur Verfügung gestellt.
Abmessung (L x H): ..... x ..... mm
Material: **Flachstahl / Breitflachstahl** nach DIN EN 10058 bzw. DIN 59200, Qualität: S235JR - Werkstoff-Nr. 1.0038
OK Geländer: gem. Bauordnung mind. ..... m über FFB
Abstand zum Fensterprofil max. ..... mm
Form:
 – Rahmen aus Flachstahl 40 x 10 mm
 – Füllung aus senkrechten Stäben aus Flachstahl (B x H): 40 x 10 mm
 – Abstand Stäbe: gem. Vorgabe **der Bauordnung / des Versicherungsträger**, d= ..... mm
Einbauort: .....- Geschoss
Absturzhöhe: ..... m
Nutzung: **Wohngebäude / öffentliches Gebäude**
Oberfläche: ......
Montage:
 – mittels angeschweißter Stahllaschen
 – verdeckte Befestigung des Brüstungsgeländer **in der Fensterlaibung / auf vorgerichtetem Fensterprofil**
Befestigungsuntergrund:
Laibung der Wandöffnung aus **WDVS mit Stahlbeton / Mauerwerk / .....** bzw. Fensterprofil aus **Kunststoff / Holz / .....**

| 252 € | 400 € | **463 €** | 505 € | 653 € | [St] | ⏱ 3,50 h/St | 031.000.072 |

Nr.	**Kurztext** / Langtext					Kostengruppe	
▶	▷	**ø netto €**	◁	◀	[Einheit]	Ausf.-Dauer	Positionsnummer

12 Schutzgitter, Fenster — KG **334**

Schutzgitter als Einbruchschutz für Fenster, einschl. Klebedübel und Befestigungsmaterial aus nichtrostendem Stahl. Für die Ausführung werden vom AG Zeichnungen und statische Berechnungen zur Verfügung gestellt.
Material: **Flachstahl / Breitflachstahl** nach DIN EN 10058 bzw. DIN 59200
Qualität: S235JR
Abmessung (L x B): ..... x ..... mm
Form: Rahmen aus Flachstahl ..... x ..... mm
Befestigung: verdeckt, in Laibung mit ..... angeschweißten Stahllaschen
Füllung aus **Rundstahl / Flachstahl** D/t= ..... mm
Oberfläche: feuerverzinkt
Untergrund: **Stahlbeton / Mauerwerk / .....**

| 223 € | 293 € | **338** € | 344 € | 547 € | [St] | ⏱ 2,80 h/St | 031.000.066 |

13 Brüstungs-/Treppengeländer, Flachstahlfüllung — KG **359**

Treppengeländer als Stahlkonstruktion, mit Handlauf aus nichtrostendem Stahl und Füllung aus senkrechten Stäben aus Flachmaterial, montiert neben den Treppenläufen, in allen Geschossen. Für die Ausführung werden vom AG Zeichnungen und statische Berechnungen zur Verfügung gestellt.
Konstruktion der Ausführungsklasse DIN EN 1090: EXC .....
Abmessungen:
Höhe: ..... m über **OKFF/ Vorderkante Stufe**,
Höhe nach **LBO / Arbeitsstättenrichtlinie / Vorgabe durch den Versicherer**
Gesamthöhe: ca. ..... m
Abstand zu VK-Bodenbelag max. ..... mm, gem. **LBO / DIN 18065**
Form:
 – Geländer .....-fach im Winkel von .....° abgekantet
 – ..... Stützen mit Befestigungen unten
 – ..... Befestigungen des Handlaufs an den Enden
Material / Befestigung:
 – Handlauf: Rohr D = 42,4 mm, Material nichtrostender Stahl, Werkstoff: .....
 – Rohrenden mit Kappen geschlossen
 – Geländerpfosten: T-Stahlprofil ..... mm
 – Befestigungsteile (B x L x T): Stegblech ..... x ..... x ..... mm, Ankerplatte = ... x ..... x ..... mm, je Befestigung ..... Dübel
 – im Außenbereich und in Feuchträumen alle Befestigungselemente aus nichtrostendem Stahl
 – Geländerrahmen: Ober-, Untergurt aus Flachstahl ..... x ..... mm, Geländerstützen verschweißt
 – Geländerfüllung: senkrechte Stäbe aus Flachstahl ..... x ..... mm, alle 120 mm senkrecht eingeschweißt
Oberflächen:
 – nichtrostender Stahl: fein geschliffen, Korn ca. 240
 – Stahlteile: **verzinkt und deckend beschichtet / feuerverzinkt,** Farbe .....
Einbauort / Montage
 – **öffentliches Gebäude / Privatwohnhaus** in allen Geschossen
 – **Normalraum / Feuchtraum / Nassraum**
 – Befestigungsuntergrund Handlaufenden: Hlz-Mauerwerk mit WDVS
 – Befestigungsuntergrund Stahlbeton-Balkonplatte: Sichtbeton

| 189 € | 305 € | **346** € | 404 € | 556 € | [m] | ⏱ 2,50 h/m | 031.000.010 |

LB 031 Metallbauarbeiten

Nr.	Kurztext / Langtext						[Einheit]	Ausf.-Dauer	Kostengruppe Positionsnummer
▶	▷	ø netto €	◁	◀					

Kosten: Stand 1.Quartal 2021 Bundesdurchschnitt

14 Brüstungs-/Treppengeländer, Lochblechfüllung — KG 359

Treppengeländer als Stahlkonstruktion, mit Handlauf und Füllung aus Lochblech, montiert neben den Treppenläufen. Für die Ausführung werden vom AG Zeichnungen und statische Berechnungen zur Verfügung gestellt.

Abmessungen:
Höhe: ..... m über **OKFF / Vorderkante Stufe**
Höhe nach **LBO / Arbeitsstättenrichtlinie / Vorgabe durch den Versicherer**
Gesamthöhe ca. ..... m, Abstand zu VK-Bodenbelag gem. **LBO / DIN 18065 / ..... mm**
Form:
– Geländer .....-fach im Winkel von .....Grad abgekantet
– Stützen mit Befestigungen unten: ..... St.
– Befestigungen des Handlaufs an den Enden: ..... St
Material / Befestigung:
– Handlauf: Rohr D = 33,7 mm, Material nichtrostender Stahl
– Rohrenden mit Kappen geschlossen
– Geländerpfosten: T-Stahlprofil ..... mm
– Befestigungsteile (B x L x T): Stegblech ..... x ..... x ..... mm, Ankerplatte ..... x ..... x ..... mm, Befestigung mit Klebedübel M12 je ..... St.
– im Außenbereich und in Feuchträumen alle Befestigungselemente aus nichtrostendem Stahl
– Geländerrahmen: Ober-, Untergurt aus Flachstahl ..... x ..... mm, Geländerstützen verschweißt
– Geländerfüllung: Lochblech t = 1,5 mm, Quadratlockung, Lochung ..... x ..... mm, Lochanteil ca. ..... %, eingepasst in Flachstahlrahmen
Oberflächen:
– nichtrostender Stahl: fein geschliffen, Korn ca. 240
– Stahlteile: **verzinkt und deckend beschichtet / feuerverzinkt**, Farbe .....
Einbauort / Montage:
– **öffentliches Gebäude / Privatwohnhaus**, alle Geschosse
– **Normalraum / Feuchtraum / Nassraum**
– Befestigungsuntergrund Handlaufenden: Hlz-Mauerwerk mit WDVS
– Befestigungsuntergrund Stahlbeton-Balkonplatte: Sichtbeton

| 218€ | 277€ | **300€** | 362€ | 467€ | [m] | ⏱ 2,30 h/m | 031.000.011 |

15 Geländerausfachung, Stahlseil, nichtrostend — KG 359

Geländerausfachung aus Seil aus nichtrostendem Stahl, angeschlossen an Geländerpfosten, einseitig mit Öse, Gegenseite mit Schraubverbindung, inkl. Spannschloss und Seilfixierung links und rechts der Pfosten.
Material: nicht rostender Stahl, Werkstoff-Nr.: 1.4......
Seil: 4 mm, **Spiralseil / Litzenseil**
Seillänge: .....
Ausführung:
– Seilende mit Anpressgewinde für Anschluss Seilspanner
– Seilende mit Anpresskopf mit **Öse / Gabel**
– Spannschlossgehäuse als Wantenspanner, rechts / links Verschraubung, einseitig Gabel mit Außengewinde
Montage:
– Seilausfachung waagrecht zwischen bauseitge Profilstahl-Pfosten einbauen, inkl. Bohrungen und Befestigungsstifte mit Sicherungsringen
Hinweis: Die Geländer-Konstruktion muss gegen Überklettern durch gesonderte Maßnahme gesichert werden, siehe Geländer-Richtlinie BVM 2019-04.

| 8€ | 15€ | **17€** | 19€ | 25€ | [m] | ⏱ 0,15 h/m | 031.000.012 |

▶ min
▷ von
ø Mittel
◁ bis
◀ max

Nr.	Kurztext / Langtext					Kostengruppe		
▶	▷	ø netto €	◁	◀	[Einheit]	Ausf.-Dauer	Positionsnummer

16 Brüstung, VSG-Ganzglas/Edelstahl KG **359**

Glasbrüstung, Kategorie B - DIN 18008-4, tragend, absturzsichernd, linienförmig gelagert. Bearbeitung der Glaskanten wird gesondert vergütet. Für die Ausführung werden vom AG Zeichnungen und statische Berechnungen zur Verfügung gestellt.
Abmessungen:
Glasscheibe, regelhaft geteilt, ... m
Höhe: ..... m über OK Fertigfußboden
Höhe nach **LBO / Arbeitsstättenrichtlinie / Vorgabe durch den Versicherer**
Gesamthöhe Konstruktion ca. ..... m
Ausführung mit:
– Klemmkonstruktion, am unteren Rand linienförmig gelagert,
– Handlauf aus nicht rostendem Stahl, oberen Glasrand abdeckend, Oberfläche: matt,
– Einfachverglasung aus Verbund-Sicherheitsglas (VSG), aus teilvorgespanntem Glas, Floatglas zweischeibig
– zwischengelagerter Folie, Dicke: ..... mm
Untergrund: Stahlbeton

| 813€ | 1.030€ | **1.075**€ | 1.077€ | 1.293€ | [m] | ⏱ 5,50 h/m | 031.000.013 |

A 3 Stahl-Umfassungszarge Beschreibung für Pos. **17-19**

Umfassungszarge nach DIN 18111-1, aus Stahlblech, mit umlaufender Schattennut, zweiseitig.
Stahlblech Nenndicke: S = 1,5 mm
Zargenspiegel: .....
Türblatt: stumpf gefälzt
Dicke Türblatt: 40 mm +/-2 mm
Dichtungsprofil DIN EN 12365-1: Lippendichtungsprofil, aus .....
Oberfläche: **verzinkt / rostschützend grundiert für Beschichtung**

17 Stahl-Umfassungszarge, 750x2.000/2.125 KG **344**

Wie Ausführungsbeschreibung A 3
Einbauort / Einbauhöhe: .....
Baurichtmaß (B x H): 750 x **2.000 / 2.125** mm
Vorgerichtet für Bänder je Flügel: 2 Stück
Maulweite/Wanddicke: ..... mm
Fußbodeneinstand: ..... mm
Untergrund: Mauerwerk

| 110€ | 172€ | **212**€ | 248€ | 321€ | [St] | ⏱ 1,10 h/St | 031.000.051 |

18 Stahl-Umfassungszarge, 875x2.000/2.125 KG **344**

Wie Ausführungsbeschreibung A 3
Einbauort / Einbauhöhe: .....
Baurichtmaß (B x H): 875 x **2.000 / 2.125** mm
Vorgerichtet für Bänder je Flügel: 2 Stück
Maulweite/Wanddicke: ..... mm
Fußbodeneinstand: ..... mm
Untergrund: Mauerwerk

| 115€ | 196€ | **228**€ | 282€ | 364€ | [St] | ⏱ 1,10 h/St | 031.000.052 |

LB 031
Metallbauarbeiten

Nr.	Kurztext / Langtext						Kostengruppe
▶	▷	ø netto €	◁	◀	[Einheit]	Ausf.-Dauer	Positionsnummer

Kosten:
Stand 1.Quartal 2021
Bundesdurchschnitt

▶ min
▷ von
ø Mittel
◁ bis
◀ max

---

19   **Stahl-Umfassungszarge, 1.000x2.000/2.125**   KG **344**

Wie Ausführungsbeschreibung A 3
Einbauort / Einbauhöhe: .....
Baurichtmaß (B x H): 1.000 x **2.000 / 2.125** mm
Vorgerichtet für Bänder je Flügel: 2 Stück
Maulweite/Wanddicke: ..... mm
Fußbodeneinstand: ..... mm
Untergrund: Mauerwerk

| 176€ | 273€ | **308**€ | 355€ | 457€ | [St] | ⏱ 1,10 h/St | 031.000.053 |

---

20   **Stahltür, einflüglig, 1.000x2130**   KG **344**

Außentürelement aus Metallkonstruktion, einflüglig, Türelement aus Türflügel und Zarge eingebaut in Massivwand, inkl. Bohrungen und Verbindungsmittel und Einbau aller Komponenten und Gangbarmachen der Türanlage.
Einbauort: Nebeneingang im Untergeschoss,
Baurichtmaß (B x H): 1.000 x 2.125 mm
Klimaklasse: .....
Mechanische Festigkeit: .....
Einbruchhemmung: Klasse RC ..... DIN EN 1627
Wärmeschutz: U_d = ... W/(m²K) DIN EN ISO 10077
Schalldämmmaß R_W = ... dB DIN 4109 und VDI 2719
Bodeneinstand: .....
Profilsystem: .....
Richtung: nach **außen / innen** aufschlagend
Zarge:
– Z-Zarge aus Stahl t = ... mm, **mit / ohne** Gegenzarge
– verdeckte Befestigung, Maueranker
– eingeschweißte Bandtaschen
– Hinterfüllung des Zargenhohlraums
– Abdichtung außenseitig mit vorkomprimiertem Dichtband zwischen Zarge und Bauwerk / raumseitig umlaufend mit überstreichbarem Dichtstoff, Farbton passend zur Türblattfarbe
Türflügel:
– Volltürblatt, d = 50 mm, Stahlblech t = ... mm
– Füllung aus Mineralwolle U_t = ... W/(m²K)
– dreiseitig **gefälzt / flächenbündig, rechts / links** angeschlagen
– Flügelprofil: Tiefe = ... mm, Ansichtsbreite = ... mm
– Füllung: zweifach Isolierverglasung (B x H) ..... x ..... mm, 2x ESG, U_g = ... W/(m²K), Psi = ... W/(mK), Lichtdurchlässigkeit 75 bis 80%, innenseitige Glasleisten, vierseitig
Bänder / Beschläge:
– Federbänder: 2 Stück, aus nichtrostendem Stahl
– Drücker-Knauf-Wechselgarnitur für Hauseingangstüren auf Rosetten, aus nichtrostendem Stahl, Klasse ES2, mit Zylinderziehschutz

Nr.	**Kurztext** / Langtext					Kostengruppe	
▶	▷	**ø netto €**	◁	◀	[Einheit]	Ausf.-Dauer	Positionsnummer

Schloss / Zubehör:
- Schloss für Hausabschlusstüren, Klasse 3, vorgerichtet für Profilzylinder, mit 6 Stiftzuhaltungen, Zylindergehäuse und Zylinderkern aus Messing, matt vernickelt, mit Aufbohrschutz, Länge ..... mm, einschl. ..... Schlüssel, in vorgerichtete Schlösser einbauen, einschl. schließbar machen
- Falzdichtung: elastische Dämpfungs- / Dichtungsprofile aus **APTK / EPDM**, umlaufend
- Stulp aus nichtrostendem Stahl
- Türstopper, Aluminium mit schwarzer Gummieinlage, montiert auf .....
- Türschwelle barrierefrei DIN 18040

Oberflächen:
- Stahlblech: **verzinkt grundiert / verzinkt, grundiert und Farb-Beschichtung Nasslack / Pulverbeschichtung**, Farbe .....
- nicht rostende Stahlteile: gebürstet

Montage:
- Wandaufbau im Anschlussbereich: Massivwand außen WDVS, innen Putz
- Montage Zarge: an Normalbeton, in Wandöffnungen mit stumpfem Anschlag

| 311 € | 909 € | **1.102 €** | 1.541 € | 2.557 € | [St] | ⏱ 2,40 h/St | 031.000.015 |

21   **Stahltür, zweiflüglig**   KG **344**

Außentürelement aus Metallkonstruktion, zweiflüglig, Türelement bestehend aus Zarge, Stand-Türflügel und Geh-Türflügel, eingebaut in Massivwand, inkl. Bohrungen und Verbindungsmittel und Einbau aller Komponenten und Gangbarmachen der Türanlage.

Einbauort: .....
Baurichtmaß (B x H): ..... x 2.125 mm
Klimaklasse: .....
mechanische Festigkeit: .....
Einbruchhemmung: Klasse RC ..... DIN EN 1627 bis 1630
Wärmeschutz: U_d = ... W/(m²K) DIN EN ISO 10077
Schalldämmmaß R_w = ... dB DIN 4109 und VDI 2719
Bodeneinstand: .....
Profilsystem: .....
Richtung: nach **außen / innen** aufschlagend

Anforderungen:
- Außentür
- Klimaklasse: .....
- mechanische Festigkeit .....
- Einbruchhemmung: Klasse RC .....
- Wärmeschutz: U_d = ... W/(m²K)
- Schalldämmmaß R_w = ... dB

Zarge:
- Z-Zarge aus Stahl t = ... mm, **mit / ohne** Gegenzarge
- verdeckte Befestigung, Maueranker
- eingeschweißte Bandtaschen
- Hinterfüllung des Zargenhohlraums
- Abdichtung außenseitig mit vorkomprimiertem Dichtband zwischen Zarge und Bauwerk / raumseitig umlaufend mit überstreichbarem Dichtstoff, Farbton passend zur Türblattfarbe

LB 031
Metallbauarbeiten

Nr.	Kurztext / Langtext						Kostengruppe
▶	▷	ø netto €	◁	◀	[Einheit]	Ausf.-Dauer	Positionsnummer

Kosten:
Stand 1.Quartal 2021
Bundesdurchschnitt

Türflügel:
– Volltürblatt, d = 50 mm, Stahlblech t = ... mm
– Füllung aus Mineralwolle U_t = ... W/(m²K)
– dreiseitig **gefälzt / flächenbündig, rechts / links** angeschlagen
– Flügelprofil: Tiefe = ... mm, Ansichtsbreite = ... mm
– Füllung: zweifach Isolierverglasung (B x H) ..... x ..... mm, 2x ESG, U_g = ... W/(m²K), Psi = ... W/(mK), Lichtdurchlässigkeit 75 bis 80%, innenseitige Glasleisten, vierseitig

Bänder / Beschläge:
– Federbänder: 2 Stück, Material nichtrostender Stahl
– Drücker-Knauf-Wechselgarnitur für Hauseingangstüren auf Rosetten, aus nichtrostendem Stahl, Klasse ES2, mit Zylinderziehschutz

Schloss / Zubehör:
– Schloss für Hausabschlusstüren, Klasse 3, vorgerichtet für Profilzylinder, mit 6 Stiftzuhaltungen, Zylindergehäuse und Zylinderkern aus Messing, matt vernickelt, mit Aufbohrschutz, Länge ..... mm, einschl. ..... Schlüssel, in vorgerichtete Schlösser einbauen, einschl. schließbar machen
– Falzdichtung: elastische Dämpfungs- / Dichtungsprofile aus **APTK / EPDM**, umlaufend
– Stulp aus nichtrostendem Stahl
– Türstopper, Aluminium mit schwarzer Gummieinlage, montiert auf .....
– Türschwelle barrierefrei DIN 18040

Oberflächen:
– Stahlblech: **verzinkt grundiert / verzinkt, grundiert und Farb-Beschichtung Nasslack / Pulverbeschichtung**, Farbe .....
– nicht rostende Stahlteile: gebürstet

Montage:
– Wandaufbau im Anschlussbereich: Massivwand außen WDVS, innen Putz
– Montage Zarge: an Normalbeton, in Wandöffnungen mit stumpfem Anschlag

Geltungsbereich: **Normalraum** / Feuchtraum / Nassraum

| 1.262 € | 1.943 € | **2.410 €** | 3.122 € | 4.428 € | [St] | ⌚ 3,40 h/St | 031.000.016 |

▶ min
▷ von
ø Mittel
◁ bis
◀ max

A 4 Stahltür, Rauchschutz — Beschreibung für Pos. **22-24**

Stahltür- Rauchschutztürelement, typengeprüft nach DIN EN 16034, einflüglig, mit Zulassung für den Anwendungsfall.
Element bestehend aus:
Zarge und Türblatt, selbstschließende Drehtür, Einbau in Innenwand, einschl. Bohrungen und Verbindungsmittel für die Verschraubung mit den bauseitigen Anschlüssen. Einbau aller Komponenten und gangbar machen, sowie Kennzeichnung mit geeignetem Kennzeichnungsschild.

Anforderung Rauchschutz:
– **dicht- + selbstschließend SaC(...) / rauchdicht + selbstschließend S200C(...)**
– Selbstschließende Eigenschaften: **C1 / .... / C5**
– Zulassung: CE-Kennzeichnung

Anforderungen Innentür:
– Klimaklasse DIN EN 1121: I = Innentür zwischen klimatisierten Räumen
– mechanische Beanspruchungsgruppe DIN EN 1192: M, mittlere Beanspruchung = Verwaltungsgebäude
– Einbruchhemmung DIN EN 1627: RC 1 N
– Schallschutz: Schalldämmmaß Rwp =.... dB nach DIN 4109 und VDI 2719

Geltungsbereich: **Normalraum** / Feuchtraum / Nassraum

Nr.	Kurztext / Langtext					Kostengruppe	
▶	▷	ø netto €	◁	◀	[Einheit]	Ausf.-Dauer	Positionsnummer

Türblatt:
- Blattdicke: 50 mm, Stahlblech t = ... mm
- Füllung aus Mineralwolle U_t = ... W/(m²K)
- dreiseitig gefälzt / flächenbündig, **rechts / links** angeschlagen
- Flügelprofil: Tiefe = ... mm, Ansichtsbreite = ... mm
- Türelement schwellenlos, **mit automatischer Absenkdichtung / mit Halbrundprofil und Auflaufdichtung / mit Schwellenanschlag** (Bodenversatz)

Zarge:
- Maulweite: ..... mm
- Ansichtsbreite: ..... mm

Umfassungszarge aus Stahl t= 2 mm
- verdeckte Befestigung, Maueranker
- eingeschweißte Bandtaschen
- Hinterfüllung des Zargenhohlraums
- verdeckte Befestigung

Bänder / Beschläge:
- ..... Stück Dreirollenbänder je Flügel, dreidimensional verstellbar, Bandhöhe ca.120/160 mm, Stahl vernickelt

Drücker:
- FS- /RD- Drückergarnitur DIN 18273 für Rauchschutztüren
- Benutzungskategorie: Klasse 3
- Dauerhaftigkeit: Klasse 6
- Sicherheit für Personen: Klasse 1 – öffentlicher Bereich
- Einbruchsicherheit: Mäßig einbruchhemmend (Klasse 2)
- Material: Aluminium mit Stahlkern / nichtrostender Stahl Werkstoff 1.4401

Schloss / Zubehör:
- Einsteckschloss nach DIN 18251 für Wohnungsabschluss, / alternativ werkseitiger Einbau eines Blindzylinders
- Falzdichtung: dreiseitig umlaufende Brandschutzdichtung in Grau
- Rauchschutz mit Bodendichtung, automatisch absenkbar
- Stulp aus nichtrostendem Stahl
- Schutzbeschlag: **Schild / Rosette**, Klasse ES **2 / 3**, mit Zylinderziehschutz

Türschließung:
- Gleitschienen-Obentürschließer DIN EN 1154
- Montage: bandseitig / gegenbandseitig

Oberflächen:
- Stahlprofile: **verzinkt grundiert / chromatiert, grundiert und Farbeschichtung Nasslack / Pulverbeschichtung**, Farbe: .....
- Aluminiumteile: Pulverbeschichtet, Farbe: **..... / silber eloxiert E6/C0**
- nichtrostende Stahlteile: gebürstet

Montage/Einbauort/Verankerungsgrund:
- Erdgeschoss / .....
- Wandaufbau im Anschlussbereich: .....
- Montage gem. Einbauanleitung der Zulassung
- Abdichten und Versiegeln der Anschlussfugen mit Brandschutz-Silikon-Fugendichtstoff, Farbton .....

023
024
025
026
027
028
029
030
031
032
033
034
036
037
038
039

LB 031 Metallbauarbeiten

Nr.	Kurztext / Langtext	ø netto €			[Einheit]	Ausf.-Dauer	Kostengruppe Positionsnummer

22 — **Stahltür, Rauchschutz, 875x2.000/2.125** — KG **344**
Wie Ausführungsbeschreibung A 4
Einbauort: .....
Baurichtmaß (B x H): 875 x **2.000** / **2.125** mm
852 €   1.077 €   **1.412 €**   1.693 €   1.955 €   [St]   ⏱ 2,60 h/St   031.000.055

23 — **Stahltür, Rauchschutz, 1.000x2.000/2.125** — KG **344**
Wie Ausführungsbeschreibung A 4
Einbauort: .....
Baurichtmaß (B x H): 1.000 x **2.000** / **2.125** mm
987 €   1.319 €   **1.693 €**   1.920 €   2.101 €   [St]   ⏱ 2,80 h/St   031.000.056

24 — **Stahltür, Rauchschutz, 1.250x2.000/2.125** — KG **344**
Wie Ausführungsbeschreibung A 4
Einbauort: .....
Baurichtmaß (B x H): 1.250 x **2.000** / **2.125** mm
1.585 €   2.081 €   **2.324 €**   2.793 €   3.289 €   [St]   ⏱ 2,90 h/St   031.000.057

25 — **Stahltür, Rauchschutz, zweiflüglig** — KG **344**
Stahl-Rauchschutztürelement, typengeprüft nach DIN EN 16034, zweiflüglig.
Element bestehend aus:
Zarge und Türblätter, selbstschließend, Einbau in Innenwand, einschl. Bohrungen und Verbindungsmittel für die Verschraubung mit den bauseitigen Anschlüssen. Einbau aller Komponenten und gangbar machen und Kennzeichnung mit geeignetem Kennzeichnungsschild.
Einbauort: .....
Baurichtmaß (B x H): ..... x **2.000** / **2.125** mm
Anforderung Rauchschutz:
– **dicht- + selbstschließend SaC(...)/ rauchdicht + selbstschließend S200C(...)**
– Selbstschließende Eigenschaften: **C1** / ..... / **C5** (offen stehend gehalten / ...... / sehr häufige Betätigung)
– Zulassung: CE-Kennzeichnung
Anforderungen Innentür:
– Klimaklasse DIN EN 1121: .....
– mechanische Beanspruchungsgruppe DIN EN 1192: .....
– Einbruchhemmung DIN EN 1627: RC 1 N
– Schallschutz: Schalldämmmaß Rwp =..... dB nach DIN 4109 und VDI 2719
Geltungsbereich: **Normalraum / Feuchtraum / Nassraum**
Türflügel:
– Blattdicke: 50 mm, Stahlblech t = ... mm
– Füllung aus Mineralwolle U_t = ... W/(m²K)
– doppelt gefälzt, flächenbündig
– Öffnungsflügel **rechts / links** angeschlagen
– Flügelprofil: Tiefe = ... mm, Ansichtsbreite = ... mm
– Türelement barrierefrei DIN 18040, mit automatischer Absenkdichtung,
Zarge:
– Maulweite: ..... mm
– Ansichtsbreite: ..... mm

Kosten:
Stand 1. Quartal 2021
Bundesdurchschnitt

▶ min
▷ von
ø Mittel
◁ bis
◀ max

Nr.	Kurztext / Langtext					Kostengruppe	
▶	▷	**ø netto €**	◁	◀	[Einheit]	Ausf.-Dauer	Positionsnummer

Umfassungszarge aus Stahl t= 2 mm
- verdeckte Befestigung, Maueranker
- eingeschweißte Bandtaschen,
- Hinterfüllung des Zargenhohlraums
- verdeckte Befestigung

Bänder / Beschläge:
- ..... Stück Dreirollenbänder je Flügel, dreidimensional verstellbar

Drücker:
- FS- /RD- Drückergarnitur DIN 18273 für Rauchschutztüren
- Benutzungskategorie: Klasse 3
- Dauerhaftigkeit: Klasse 6
- Sicherheit für Personen: Klasse 1 – öffentlicher Bereich
- Einbruchsicherheit: Mäßig einbruchhemmend (Klasse 2)
- Material: Aluminium mit Stahlkern / Edelstahl Werkstoff 1.4401

Schloss / Zubehör:
- Einsteckschloss nach DIN 18251 für Wohnungsabschluss, / alternativ werkseitiger Einbau eines Blindzylinders
- Falzdichtung: dreiseitig umlaufende Brandschutzdichtung in grau
- Rauchschutz mit Bodendichtung, automatisch absenkbar
- Stulp aus nichtrostendem Stahl
- Schutzbeschlag: **Schild / Rosette**, Klasse ES **2 / 3**, mit Zylinderziehschutz

Türschließung:
- Türschließer mit Schließfolgeregelung und Mitnehmerklappe
- **Gleitschienen-Obentürschließer DIN EN 1154 / mit automatischem Türantrieb / Türfeststellanlage mit integriertem Rauchmelder / mit Fluchttürfunktion-Trafo-Wechselfunktion**
- Montage: **bandseitig / gegenbandseitig**

Oberflächen:
- Stahlprofile: **verzinkt grundiert / chromatiert, grundiert und Farbbeschichtung Nasslack / Pulverbeschichtung,** Farbe: .....
- Aluminiumteile: **pulverbeschichtet, Farbe:.... / silber eloxiert E6/C0**
- nichtrostende Stahlteile: gebürstet

Montage/Einbauort/Verankerungsgrund:
- Erdgeschoss / .....
- Wandaufbau im Anschlussbereich: .....
- Montage gem. Einbauanleitung
- Abdichten und Versiegeln der Anschlussfugen mit Brandschutz-Silikon-Fugendichtstoff, Farbton .....

| 2.597 € | 5.088 € | **5.803 €** | 6.595 € | 8.982 € | [St] | 3,90 h/St | 031.000.040 |

Kostengruppen: 023, 024, 025, 026, 027, 028, 029, 030, **031**, 032, 033, 034, 036, 037, 038, 039

A 5 — Stahltür, Brandschutz, EI2 30
Beschreibung für Pos. **26-28**

Stahl-Brandschutztür, feuerhemmend, typengeprüft nach DIN EN 16034, einflüglig.
Element bestehend aus:
Zarge und Türblatt, selbstschließende Drehtür, Einbau in Innenwand, einschl. Bohrungen und Verbindungsmittel für die Verschraubung mit den bauseitigen Anschlüssen. Einbau aller Komponenten und gangbar machen der Türanlage.

Anforderung Brandschutz:
- **feuerhemmend + rauchdicht + selbstschließend EI2 30-S200C(...) / feuerhemmend + dicht- + selbstschließend EI2 30-SaC(...)**
- Selbstschließende Eigenschaften: **C1 / ..... / C5** (**offen stehend gehalten / ...... / sehr häufige Betätigung**)
- Zulassung: CE-Kennzeichnung

LB 031 Metallbauarbeiten

Nr.	Kurztext / Langtext						Kostengruppe
▶	▷	ø netto €	◁	◀	[Einheit]	Ausf.-Dauer	Positionsnummer

Anforderungen Innentür:
- Klimaklasse DIN EN 1121: I = Innentür zwischen klimatisierten Räumen
- mechanische Beanspruchungsgruppe DIN EN 1192: M, mittlere Beanspruchung = Verwaltungsgebäude
- Einbruchhemmung DIN EN 1627: RC 1 N
- Schallschutz: Schalldämmmaß Rwp = ... dB nach DIN 4109 und VDI 2719

Geltungsbereich: **Normalraum / Feuchtraum / Nassraum**

Türflügel:
- Volltürblatt, d= 50mm, Stahlblech t=1,5 mm
- Füllung aus Mineralwolle nach DIN EN 13162 U_t= ..... W/m²K
- doppelt gefälzt, flächenbündig
- Öffnungsflügel rechts / links angeschlagen
- Flügelprofil: Tiefe = ...mm, Ansichtsbreite = ...mm
- Türelement barrierefrei DIN 18040, mit automatischer Absenkdichtung

Zarge:
- Maulweite: ..... mm
- Ansichtsbreite: ..... mm

Umfassungszarge aus Stahl t= 2 mm
- verdeckte Befestigung, Maueranker
- eingeschweißte Bandtaschen
- Hinterfüllung des Zargenhohlraums
- verdeckte Befestigung

Bänder / Beschläge:
- ..... Stück Dreirollenbänder je Flügel, dreidimensional verstellbar

Drücker:
- FS- /RD- Drückergarnitur DIN 18273 für Brandschutz-/ Rauchschutztüren
- Benutzungskategorie: Klasse 3
- Dauerhaftigkeit: Klasse 6
- Sicherheit für Personen: Klasse 1 – öffentlicher Bereich
- Einbruchsicherheit: Mäßig einbruchhemmend (Klasse 2)
- Material: Aluminium mit Stahlkern / nichtrostender Stahl Werkstoff 1.4401

Schloss / Zubehör
- Einsteckschloss nach DIN 18251 für Wohnungsabschluss, vorgerichtet für Profilzylinder
- Falzdichtung: dreiseitig umlaufende Brandschutzdichtung in Grau
- Rauchschutz mit Bodendichtung, automatisch absenkbar
- Stulp aus nichtrostendem Stahl
- Schutzbeschlag: **Schild / Rosette**, Klasse ES **2 / 3**, mit Zylinderziehschutz
- Türstopper aus Aluminium mit schwarzer Gummieinlage, montiert auf .....

Türschließung:
- **Gleitschienen-Obentürschließer DIN EN 1154 / mit automatischem Türantrieb / Türfeststellanlage und integriertem Rauchmelder / mit Fluchttürfunktion-Trafo-Wechselfunktion**
- Montage: **bandseitig / gegenbandseitig**

Oberflächen:
- Stahlprofile: **verzinkt grundiert / chromatiert, grundiert und Farbbeschichtung Nasslack / Pulverbeschichtung,** Farbe: .....
- Aluminiumteile: **farblos natur, eloxiert E6 EV1 / silberfarbig**
- Edelstahlteile: gebürstet

Kosten:
Stand 1.Quartal 2021
Bundesdurchschnitt

- ▶ min
- ▷ von
- ø Mittel
- ◁ bis
- ◀ max

Montage/Einbauort/Verankerungsgrund:
- Erdgeschoss / .....
- Wandaufbau im Anschlussbereich: .....
- Montage gem. Einbauanleitung der Zulassung
- Abdichten und Versiegeln der Anschlussfugen mit Brandschutz-Silikon-Fugendichtstoff, Farbton .....

26 Stahltür, Brandschutz, EI2 30, 875x2.125 KG **344**
Wie Ausführungsbeschreibung A 5
Einbauort: .....
Baurichtmaß Türöffnung (B x H): 875 x 2.125 mm
Oberfläche: **verzinkt grundiert / chromatiert, grundiert und Farbbeschichtung Nasslack / Pulverbeschichtung**
Farbe: .....
Befestigungsuntergrund: Beton

▶	▷	ø netto €	◁	◀	[Einheit]	Ausf.-Dauer	Positionsnummer
568€	790€	**887€**	1.181€	1.541€	[St]	3,20 h/St	031.000.058

27 Stahltür, Brandschutz, EI2 30, 1.000x2.125 KG **344**
Wie Ausführungsbeschreibung A 5
Baurichtmaß Türöffnung (B x H): 1.000 x 2.125 mm
Oberfläche: **verzinkt grundiert / chromatiert, grundiert und Farbbeschichtung Nasslack / Pulverbeschichtung**
Farbe: .....
Befestigungsuntergrund: Beton

▶	▷	ø netto €	◁	◀	[Einheit]	Ausf.-Dauer	Positionsnummer
670€	898€	**982€**	1.214€	1.585€	[St]	3,40 h/St	031.000.059

28 Stahltür, Brandschutz, EI2 30, 1.250x2.125 KG **344**
Wie Ausführungsbeschreibung A 5
Einbauort: .....
BBaurichtmaß Türöffnung (B x H): 1.250 x 2.125 mm
Oberfläche: **verzinkt grundiert / chromatiert, grundiert und Farbbeschichtung Nasslack / Pulverbeschichtung**
Farbe: .....
Befestigungsuntergrund: Beton

▶	▷	ø netto €	◁	◀	[Einheit]	Ausf.-Dauer	Positionsnummer
783€	1.217€	**1.395€**	1.695€	2.540€	[St]	3,60 h/St	031.000.061

A 6 Rohrrahmen-Stahltür, Brandschutz, EI2 90 Beschreibung für Pos. **29-30**
Stahl-Brandschutztür, feuerhemmend, typengeprüft nach DIN EN 16034, einflüglig.
Element bestehend aus:
selbstschließende Drehtür, Einbau in Innenwand, einschl. Bohrungen und Verbindungsmittel für die Verschraubung mit den bauseitigen Anschlüssen. Einbau aller Komponenten und gangbar machen der Türanlage.
Anforderung Brandschutz:
- feuerbeständig + dicht- + selbstschließend EI2 90-SaC(...)
- Selbstschließende Eigenschaften: **C1 / ..... / C5** (offen stehend gehalten / ...... / sehr häufige Betätigung)

Anforderungen Innentür:
- Klimaklasse DIN EN 1121: I = Innentür zwischen klimatisierten Räumen
- mechanische Beanspruchungsgruppe DIN EN 1192: M, mittlere Beanspruchung = Verwaltungsgebäude
- Einbruchhemmung DIN EN 1627: RC 1 N
- Schallschutz: Schalldämmmaß Rwp =..... dB nach DIN 4109 und VDI 2719

Geltungsbereich: **Normalraum / Feuchtraum / Nassraum**

LB 031
Metallbauarbeiten

Nr.	Kurztext / Langtext					Kostengruppe
▶	▷ ø netto € ◁ ◀			[Einheit]	Ausf.-Dauer	Positionsnummer

Türflügel:
– Volltürblatt, d= ..... mm, Stahlblech t= 1,5 mm
– Füllung aus Mineralwolle nach DIN EN 13162 U_t=..... W/m²K
– doppelt gefälzt, **flächenbündig / .....** ,
– Öffnungsflügel rechts / links angeschlagen
– Flügelprofil: Tiefe = ...mm, Ansichtsbreite = ...mm
– **Türelement schwellenlos, mit automatischer Absenkdichtung / mit Halbrundprofil und Auflaufdichtung / mit Schwellenanschlag (Bodenversatz)**

Zarge:
– Maulweite: ..... mm
– Ansichtsbreite: ..... mm

Umfassungszarge aus Stahl t= 2 mm
– verdeckte Befestigung, Maueranker
– eingeschweißte Bandtaschen
– Hinterfüllung des Zargenhohlraums

Bänder / Beschläge:
– ..... Stück Dreirollenbänder je Flügel, dreidimensional verstellbar

Drücker:
– FS- /RD- Drückergarnitur DIN 18273 für Brandschutz-/Rauchschutztüren
– Benutzungskategorie: Klasse 3
– Dauerhaftigkeit: Klasse 6
– Sicherheit für Personen: Klasse 1 – öffentlicher Bereich
– Einbruchsicherheit: Mäßig einbruchhemmend (Klasse 2)
– Material: Aluminium mit Stahlkern / nichtrostender Stahl Werkstoff 1.4401

Schloss / Zubehör:
– Einsteckschloss nach DIN 18251, Typ ....., vorgerichtet für Profilzylinder
– Falzdichtung: dreiseitig umlaufende Brandschutzdichtung in grau
– Türschwelle barrierefrei DIN 18040
– Rauchschutz mit Bodendichtung, automatisch absenkbar
– Stulp aus nichtrostendem Stahl
– Schutzbeschlag: Schild / Rosette, Klasse ES 2 / 3, mit Zylinderziehschutz

Türschließung:
– Gleitschienen-Obentürschließer DIN EN 1154 / mit automatischem Türantrieb / Türfeststellanlage und integriertem Rauchmelder / mit Fluchttürfunktion-Trafo-Wechselfunktion
– Montage: bandseitig / gegenbandseitig

Oberflächen
– Stahlprofile: **verzinkt grundiert / chromatiert, grundiert und Farbbeschichtung Nasslack / Pulverbeschichtung,** Farbe: .....
– Aluminiumteile: farblos natur, eloxiert E6 EV1 oder silberfarbig
– nichtrostende Stahlteile: gebürstet

Montage/Einbau:
– Untergrund: Beton
– Wandaufbau im Anschlussbereich: .....
– Abdichten und Versiegeln der Anschlussfugen mit Brandschutz-Silikon-Fugendichtstoff, Farbton .....

Kosten:
Stand 1.Quartal 2021
Bundesdurchschnitt

▶ min
▷ von
ø Mittel
◁ bis
◀ max

Nr.	**Kurztext** / Langtext							Kostengruppe
▶	▷	**ø netto €**	◁	◀	[Einheit]	Ausf.-Dauer	Positionsnummer

29 Stahltür, Brandschutz, EI2 T90, 875x/2.125   KG **344**
Wie Ausführungsbeschreibung A 6
Einbauort: …..
Baurichtmaß Türöffnung (B x H): 875 x 2.125 mm
Oberfläche: **verzinkt grundiert / chromatiert, grundiert und Farbbeschichtung Nasslack / Pulverbeschichtung**
Farbe: …..
Befestigungsuntergrund: Beton

| –€ | 1.202 € | **1.392 €** | 1.656 € | –€ | [St] | ⏱ 3,20 h/St | 031.000.062 |

30 Stahltür, Brandschutz, EI2 T90, 1.000x2.125   KG **344**
Wie Ausführungsbeschreibung A 6
Einbauort: …..
Baurichtmaß Türöffnung (B x H): 1.000 x 2.125 mm
Oberfläche: **verzinkt grundiert / chromatiert, grundiert und Farbbeschichtung Nasslack / Pulverbeschichtung**
Farbe: …..
Befestigungsuntergrund: Beton

| 1.251 € | 1.729 € | **2.183 €** | 2.452 € | 2.686 € | [St] | ⏱ 3,40 h/St | 031.000.063 |

31 Stahltür, Brandschutz, EI2 90, zweiflüglig   KG **344**
Feuerbeständiges Stahl-Feuerschutztürelement, typengeprüft nach DIN EN 16034, zweiflüglig. Element bestehend aus selbstschließenden zweiflügeligen Drehtüren, Einbau in Innenwand, einschl. Bohrungen und Verbindungsmittel für die Verschraubung mit den bauseitigen Anschlüssen. Einbau aller Komponenten und gangbar machen der Türanlage.
Einbauort: …..
Baurichtmaß (B x H): ….. x ….. mm
Anforderung Brandschutz:
 – feuerbeständig + dicht- + selbstschließend EI2 90-SaC(...)
 – Selbstschließende Eigenschaften: **C1 / ….. / C5 (offen stehend gehalten / …… / sehr häufige Betätigung)**
 – Zulassung: CE-Kennzeichnung
Anforderungen Innentür:
 – Klimaklasse DIN EN 1121: I = Innentür zwischen klimatisierten Räumen
 – mechanische Beanspruchungsgruppe DIN EN 1192: M, mittlere Beanspruchung = Verwaltungsgebäude
 – Einbruchshemmung DIN EN 1627: RC 1 N
 – Schallschutz: Schalldämmmaß Rwp =..... dB nach DIN 4109 und VDI 2719
Geltungsbereich: **Normalraum / Feuchtraum / Nassraum**
Türflügel:
 – Volltürblatt, d= 50 mm, Stahlblech t=1,5 mm,
 – Füllung aus Mineralwolle nach DIN EN 13162 U_t= ….. W/m²K
 – doppelt gefälzt, flächenbündig,
 – Öffnungsflügel rechts / links angeschlagen
 – Flügelprofil: Tiefe = …..mm, Ansichtsbreiten = …..mm
 – Türelement barrierefrei DIN 18040, mit automatischer Absenkdichtung,
Zarge:
 – Maulweite: ….. mm
 – Ansichtsbreite: ….. mm

LB 031
Metallbauarbeiten

Nr.	Kurztext / Langtext				[Einheit]	Ausf.-Dauer	Kostengruppe Positionsnummer
▶	▷	ø netto €	◁	◀			

Kosten:
Stand 1.Quartal 2021
Bundesdurchschnitt

Umfassungszarge aus Stahl t= 2 mm
– verdeckte Befestigung, Maueranker
– eingeschweißte Bandtaschen,
– Hinterfüllung des Zargenhohlraums

Bänder / Beschläge:
– ..... Stück Dreirollenbänder je Flügel, dreidimensional verstellbar, Bandhöhe ca. 120/160 mm, Stahl vernickelt

Drücker:
– FS- /RD- Drückergarnitur DIN 18273 für Brandschutz-/ Rauchschutztüren
– Benutzungskategorie: Klasse 3
– Dauerhaftigkeit: Klasse 6
– Sicherheit für Personen: Klasse 1 – öffentlicher Bereich
– Einbruchsicherheit: Mäßig einbruchhemmend (Klasse 2)
– Material: Aluminium mit Stahlkern / nichtrostender Stahl Werkstoff 1.4401

Schloss / Zubehör:
– Einsteckschloss nach DIN 18251 für Wohnungsabschluss, / alternativ werkseitiger Einbau eines Blindzylinders
– Falzdichtung: dreiseitig umlaufende Brandschutzdichtung in grau
– Rauchschutz mit Bodendichtung, automatisch absenkbar
– Stulp aus nichtrostendem Stahl
– Schutzbeschlag: Schild / Rosette, Klasse ES 2 / 3, mit Zylinderziehschutz

Türschließung:
– Türschließer mit Schließfolgeregelung und Mitnehmerklappe,
– **Gleitschienen-Obentürschließer DIN EN 1154 / mit automatischem Türantrieb / Türfeststellanlage mit integriertem Rauchmelder / mit Fluchttürfunktion-Trafo-Wechselfunktion**
– Montage: bandseitig / gegenbandseitig

Oberflächen
– Stahlprofile: **verzinkt grundiert / chromatiert, grundiert und Farbbeschichtung Nasslack / Pulverbeschichtung,** Farbe: .....
– Aluminiumteile: **farblos natur, eloxiert E6 EV1 oder silberfarbig**
– nichtrostende Stahlteile: gebürstet

Montage/Einbauort/Verankerungsgrund:
– Erdgeschoss / .....
– Wandaufbau im Anschlussbereich: .....
– Montage gem. Einbauanleitung
– Abdichten und Versiegeln der Anschlussfugen mit Brandschutz-Silikon-Fugendichtstoff, Farbton .....

▶	▷	ø	◁	◀			
min	von	Mittel	bis	max			
3.112€	3.955€	**4.371**€	4.877€	6.059€	[St]	⏱ 4,60 h/St	031.000.043

32 Stahltür, Brandschutz, EI2 30, zweiflüglig KG **344**

Feuerhemmende Stahl-Feuerschutztürelement, typengeprüft nach DIN EN 16034, zweiflüglig. Element bestehend aus selbstschließender Drehtür, Einbau in Innenwand, einschl. Bohrungen und Verbindungsmittel für die Verschraubung mit den bauseitigen Anschlüssen. Einbau aller Komponenten und gangbar machen und, Kennzeichnung mit geeignetem Kennzeichnungsschild.

Baurichtmaß (B x H): ..... x ..... mm

Anforderung Brandschutz:
– **feuerhemmend + rauchdicht + selbstschließend EI2 30-S200C(...) / feuerhemmend + dicht- + selbstschließend EI2 30-SaC(...)**
– Selbstschließende Eigenschaften: **C1 /** ..... **/ C5 (offen stehend gehalten /** ...... **/ sehr häufige Betätigung)**
– Zulassung: CE-Kennzeichnung

Nr.	**Kurztext** / Langtext						Kostengruppe	
▶	▷	**ø netto €**	◁	◀		[Einheit]	Ausf.-Dauer	Positionsnummer

Anforderungen Innentür:
- Klimaklasse DIN EN 1121: I = Innentür zwischen klimatisierten Räumen.
- mechanische Beanspruchungsgruppe DIN EN 1192: M, mittlere Beanspruchung = Verwaltungsgebäude
- Einbruchshemmung DIN EN 1627: RC 1 N
- Schallschutz: Schalldämmmaß Rwp =..... dB nach DIN 4109 und VDI 2719

Geltungsbereich: **Normalraum / Feuchtraum / Nassraum**

Türflügel:
Volltürblatt, d= 50mm, Stahlblech t=1,5 mm
- Füllung aus Mineralwolle nach DIN EN 13162 U_t= ..... W/m²K
- doppelt gefälzt, flächenbündig,
- Öffnungsflügel **rechts / links** angeschlagen
- Flügelprofil: Tiefe = ... mm, Ansichtsbreiten = ... mm
- **Türelement schwellenlos, mit automatischer Absenkdichtung / mit Halbrundprofil und Auflaufdichtung / mit Schwellenanschlag (Bodenversatz)**

Zarge:
- Maulweite: ..... mm
- Ansichtsbreite: ..... mm

Umfassungszarge aus Stahl t= 2 mm
- verdeckte Befestigung, Maueranker
- eingeschweißte Bandtaschen
- Hinterfüllung des Zargenhohlraums

Bänder / Beschläge:
- ..... Stück Dreirollenbänder je Flügel, dreidimensional verstellbar, Bandhöhe ca.120 / 160 mm, Stahl vernickelt

Drücker:
- FS- /RD- Drückergarnitur DIN 18273 für Brandschutz-/ Rauchschutztüren
- Benutzungskategorie: Klasse 3
- Dauerhaftigkeit: Klasse 6
- Sicherheit für Personen: Klasse 1 – öffentlicher Bereich
- Einbruchsicherheit: Mäßig einbruchhemmend (Klasse 2)
- Material: **Aluminium mit Stahlkern / Edelstahl Werkstoff 1.4401**

Schloss / Zubehör:
- Einsteckschloss nach DIN 18251 für Wohnungsabschluss, / alternativ werkseitiger Einbau eines Blindzylinders
- Falzdichtung: dreiseitig umlaufende Brandschutzdichtung in grau
- Rauchschutz mit Bodendichtung, automatisch absenkbar
- Stulp aus nichtrostendem Stahl
- Schutzbeschlag: **Schild / Rosette**, Klasse ES **2 / 3**, mit Zylinderziehschutz

Türschließung:
- Türschließer mit Schließfolgeregelung,
- **Gleitschienen-Obentürschließer DIN EN 1154 / mit automatischem Türantrieb / Türfeststellanlage mit integriertem Rauchmelder / mit Fluchttürfunktion-Trafo-Wechselfunktion**
- Montage: **bandseitig / gegenbandseitig**

Oberflächen
- Stahlprofile: **verzinkt grundiert / chromatiert, grundiert und Farbbeschichtung Nasslack / Pulverbeschichtung,** Farbe: .....
- Aluminiumteile: Pulverbeschichtung
- Farbe: **.... / silber eloxiert E6/C0**
- Edelstahlteile: gebürstet

023
024
025
026
027
028
029
030
031
032
033
034
036
037
038
039

LB 031
Metallbauarbeiten

Nr.	**Kurztext** / Langtext						Kostengruppe
▶	▷	**ø netto €**	◁	◀	[Einheit]	Ausf.-Dauer	Positionsnummer

Montage/Einbauort/Verankerungsgrund:
– Erdgeschoss / .....
– Wandaufbau im Anschlussbereich: .....
– Montage gem. Einbauanleitung
– Abdichten und Versiegeln der Anschlussfugen mit Brandschutz-Silikon-Fugendichtstoff, Farbton .....
Angeb. Fabrikat: .....

| 1.483€ | 2.469€ | **2.847€** | 4.295€ | 7.377€ | [St] | ⏱ 5,40 h/St | 031.000.041 |

33   **Rohrrahmentür, Glasfüllung, EI2 30-S200C5, zweiflüglig, mehrteilig,**   KG **344**

Brandschutztür, feuerhemmend, als Innentür in Rohrrahmenkonstruktion mit bauaufsichtlicher Zulassung, mehrteilig, mit Türflügelrahmen mit Anschlag, zweiflüglig (Geh.- und Stehflügel), barrierefrei gem. DIN 18040.
Material: **Stahlrohr / Aluminiumrohr**
Baurichtmaß (B x H): ..... x ..... mm
– Gehflügel als Drehtür
– Stehflügel als **Drehflügel / feststehender Flügel** (B x H): ..... x ..... mm
Anforderung:
– **feuerhemmend + rauchdicht + selbstschließend T30 RS bzw. EI2 30-C (D) / feuerhemmend + dicht- + selbstschließend T30 D bzw. EI2 30-C (D)**
– Selbstschließende Eigenschaften: **C1 / ..... / C5** (offen stehend gehalten / ..... / sehr häufige Betätigung)
– mechanische Beanspruchungsgruppe DIN EN 1192: M, mittlere Beanspruchung = Verwaltungsgebäude
– Bauteilwiderstandsklasse DIN EN 1627: RC 1 N
– Schallschutz: Schalldämmmaß Rwp = ... dB nach DIN 4109 und VDI 2719
Füllungen: Brandschutzverglasung
Ausstattung:
mit Obentürschließer DIN EN 1154 mit Schließfolgeregelung, mit elektromagnetischem Feststeller und integriertem Rauchmelder, mit Einsteckschloss, vorgerichtet für Profilzylinder, FS- /RD- Drückergarnitur DIN 18273 für Brandschutz-/ Rauchschutztüren.
Sonstige Ausführung (z.B. Profil, Beschläge, Verriegelung, Schloss, Bänder) gem. Einzelbeschreibung und Zeichnung).
Einbauort: Innenraum.....
Angeb. Fabrikat:
– Rohrrahmen (Hersteller/Typ): .....
– Glas/Füllung (Hersteller/Typ): .....

| 5.051€ | 7.428€ | **8.352€** | 9.689€ | 12.366€ | [St] | ⏱ 5,20 h/St | 031.000.042 |

34   **Stahlrahmen, Rolltor, grundiert**   KG **334**

Stahlrahmen für einteiliges Rolltor, im bauseitigen Untergrund verankert.
Einbauort / -situation: .....
Baurichtmaß Öffnung (B x H): ..... x ..... m
Konstruktion: gem. Einzelbeschreibung
Material: Stahl S235JR+Ar
Oberfläche: Rostschutz grundiert, für Beschichtung
Untergrund: **Stahlbeton / Mauerwerk**

| 1.910€ | 2.264€ | **2.422€** | 2.715€ | 3.068€ | [St] | ⏱ 3,60 h/St | 031.000.032 |

Kosten:
Stand 1.Quartal 2021
Bundesdurchschnitt

▶ min
▷ von
ø Mittel
◁ bis
◀ max

Nr.	Kurztext / Langtext					Kostengruppe	
▶	▷	ø netto €	◁	◀	[Einheit]	Ausf.-Dauer	Positionsnummer

35 Rolltor, Leichtmetall, außen — KG **334**

Leichtmetall-Rolltoranlage nach ASR A1.7 Türen und Tore (für kraftbetätigte Türen und Tore) und DIN EN 13241 als Hallentor mit Rolltorführungsschienen, Welle und Rolltorpanzer, wärmegedämmt, elektromechanischem Antrieb nach DIN VDE 0700 Teil 238, einschl. Verkabelungen, Fangeinrichtung, Bohrungen und Verbindungsmittel für die Verschraubung mit den bauseitigen Anschlüssen, Einbau aller Komponenten gangbar machen der Toranlage und sicherheitstechnische Prüfung gem. ASR A 1.7, Abs. 10.
Baurichtmaß (B x H): ...... x ..... mm
gef. Durchgangshöhe: .....
Wärmeschutz: U_W-Wert = ... W/(m²K) nach DIN EN ISO 10077-1, DIN V 4108-4
Windlast, Prüfdruck **P1 / P2 / P3**, Klasse ..... nach DIN EN 12210
Schlagregendichtheit, Klasse ..... nach DIN EN 12208
Schalldämmmaß: R_W, R 24 dB nach DIN 4109
Einbruchhemmung: Widerstandsklasse ..... nach DIN EN 1627
Panzer: Aluminium-Hohlprofil, wärmegedämmt, mit unterem Abschlussprofil mit Gummi-Abschlussprofil
Führungsschienen: Stahl, verzinkt, einteilig, mit verschleißfesten Gleiteinlagen
Welle: Stahlrohr, verzinkt
Material / Montage:
 – Befestigung der Führungsschienen an bauseitigen Untergrund mit Dübelmontage
 – Befestigung der Wellenlager an bauseitigen Untergrund mit Dübelmontage
Untergrund: Stahlbeton
Einbauort / -situation: ....

▶	▷	ø netto €	◁	◀	[Einheit]	Ausf.-Dauer	Positionsnummer
3.277 €	6.503 €	**8.284 €**	9.145 €	12.490 €	[St]	⏱ 8,00 h/St	031.000.021

36 Rollgitteranlage, elektrisch — KG **334**

Rollgitter-Anlage mit allen notwendigen Zubehörteilen, in bauseitige Öffnung; stabiles und einbruchhemmendes Rollgitter mit Motorbedienung und elektronischer Steuerung, Anlage mit Körperschalldämmung für leisen Lauf, Führungsschienen mit Einlage für materialschonenden Betrieb, Rollgitterkasten aus Leichtmetall-Formteil, Anlage mit einbruchhemmender Hochschiebesicherung, mit Notbedienung.
Einbruchwiderstand: Klasse RC .....
Baurichtmaß (B x H): ...... x ..... mm
gef. Durchgangshöhe: .....
Material und Form:
 – Gitter: **Flachstahl- / Aluminium-Wabe**, 155 x 120 mm, Berechnungsgewicht .... kg/m²
 – Antriebswelle aus Stahl, achteckig
 – Führungsschiene aus Aluminium, stranggepresst
 – Rollgitter-Kasten: **Aluminium- / Stahlblech-Formteil**, mehrfach gekantet, mit seitlichen Blenden
 – Endstab aus stranggepresstem Aluminium mit Gummi-Abschlussprofil
Oberflächen:
 – Stahlteile feuerverzinkt
 – Aluminiumteile: E6, C1 - natur / pulverbeschichtet
 – Schienen und Blenden: pulverbeschichtet
 – Farben: .....
Bedienung der Anlage:
 – Notbedienung als Handkurbel
 – Deckenzugtaster mit Kette, montiert innen
 – Schlüsselschalter als **Aufputz- / Unterputzschalter**, außen / innen und außen
 – Handsender

LB 031 Metallbauarbeiten

Nr.	Kurztext / Langtext						Kostengruppe
▶	▷	ø netto €	◁	◀	[Einheit]	Ausf.-Dauer	Positionsnummer

Steuerung:
- **240 V / 24 V** Sicherheits-Kleinspannung
- Schutzart IP54, "Tor zu" in Totmannschaltung (Dauerdruck) mit Drucktastern "Auf-Halt-Zu"
- selbstüberwachende, elektromechanische Schließkantensicherung
- betriebsfertig verkabelt, mit CEE-Stecker

Material / Montage:
- Befestigung der Führungsschienen an bauseitigen Untergrund mit Dübelmontage
- Befestigung der Wellenlager an bauseitigen Untergrund mit Dübelmontage

Untergrund: Stahlbeton
Einbauort / -situation: ....

| 4.355€ | 5.489€ | **6.212**€ | 6.563€ | 8.023€ | [St] | ⏱ 9,00 h/St | 031.000.076 |

37   **Sektional-/Falttor, Leichtmetall, Hallentor, gedämmt**   **KG 334**

Leichtmetall-Sektionaltor, als Hallentor nach ASR A1.7 Türen und Tore (für kraftbetätigte Türen und Tore) und DIN EN 13241, wärmegedämmt, mit Führungsschienen, Umlenkung, elektromechanischem Antrieb nach DIN VDE 0700 Teil 238, einschl. Verkabelungen, Bohrungen und Verbindungsmittel für die Verschraubung mit den bauseitigen Anschlüssen, Einbau aller Komponenten und gangbar machen der Toranlage. Für die Ausführung werden vom AG Zeichnungen und statische Berechnungen zur Verfügung gestellt.

Baurichtmaß Öffnung: ......
Gef. Durchgangshöhe: .....
Wärmeschutz: U_W-Wert = ... W/(m²K) nach DIN EN ISO 10077-1, DIN V 4108-4
Windlast, Prüfdruck **P1 / P2 / P3**, Klasse ..... nach DIN EN 12210
Schlagregendichtheit, Klasse ..... nach DIN EN 12208
Schalldämmmaß: R_W, R 24 dB nach DIN 4109
Einbruchhemmung: Widerstandsklasse ..... nach DIN EN 1627
Paneel: Aluminium, doppelwandig, PUR-ausgeschäumt, unteres Abschlussprofil
Führungsschienen: mit verschleißfesten Gleiteinlagen

Zubehör:
- Torantrieb elektro-mechanisch, links oder rechts angeschlagen, Aufsteckantrieb 400 V Drehspannung, IP54, Nothandkurbel und integrierte Fangvorrichtung
- Torsteuerung als Totmannsteuerung, mit ..... Stück Drucktaster
- Torbedienung und mit ..... Stück Schlüsselschalter
- Rollkasten aus farbbeschichtetem Alu-Blech
- Einbruchsicherung mit **Schloss / Elektromechanischer Sicherung gegen Anheben**
- Bodendichtung aus EPDM-Lippenprofil
- Sturzgegendichtung aus EPDM-Lippenprofil

Oberflächen:
- Stahlteile: feuerverzinkt
- Aluminiumteile: anodisch oxidiert, **Pulver- / Nasslackbeschichtung**

Material / Montage:
- Befestigung der Führungsschienen mit Dübelmontage
- Befestigung der Wellenlager mit Dübelmontage

Untergrund: Stahlbeton
Einbauort / -situation: .... / Einbau hinter Sturzprofil an Deckenplatte

| 1.437€ | 3.239€ | **3.829**€ | 4.998€ | 7.678€ | [St] | ⏱ 5,00 h/St | 031.000.022 |

Kosten:
Stand 1.Quartal 2021
Bundesdurchschnitt

▶ min
▷ von
ø Mittel
◁ bis
◀ max

Nr.	**Kurztext** / Langtext						Kostengruppe
▶	▷	**ø netto €**	◁	◀	[Einheit]	Ausf.-Dauer	Positionsnummer

38 Garagen-Schwingtor, hand-/kraftbetätigt — KG **334**

Schwingtor-Anlage nach DIN EN 1324 als Garagenabschluss, aus Rahmen und Schwingtorblatt, außenseitig beplankt mit senkrechter, gehobelter und feingeschliffener Schalung aus nordischer Fichte, mit Anschlagdämpfung und Öffnungshilfe im Handbetrieb, ruhiger Torlauf durch zwei kugelgelagerte Laufrollen in verzinkten Deckenlaufschienen mit Anschlagbegrenzung aus Gummi. Hubeinrichtung fein justier- und austauschbar, einschl. Bohrungen und Verbindungsmittel für die Verschraubung mit den bauseitigen Anschlüssen, Einbau aller Komponenten, gangbar machen der Toranlage und sicherheitstechnische Prüfung gem. ASR A 1.7, Abs. 10. Für die Ausführung werden vom AG Zeichnungen und statische Berechnungen zur Verfügung gestellt.

Baurichtmaß Öffnung: …. m
Bauart: nach DIN EN 12604, Schutz vor Quetsch- und Scherstellen
Mindestabstände: 25 mm in allen Bereichen der Hubeinrichtung
Absturzsicherung: Multifederpaket, flexible Abdichtprofile
Betätigung: **handbetätigtes Tor / kraftbetätigtes Tor** zusammen mit Antrieb
Torzarge: aus Stahl mit Blendbrett
Torblattrahmen: verwindungsfreie Profilstahlrohre, auf Gehrung stumpf geschweißt, völlig geschlossen
  – Hubeinrichtung, mit wartungsfreien Gleitlagern
Schloss:
  – Verschluss: **durch 2 seitliche Schließriegel / 3 Punkt-Verriegelung bei elektrisch betätigtem Tor**
  – Schloss vorgerichtet für Einbau eines bauseitigen Profilzylinders
  – Türgriff mit Langschild, vernickelt Neusilber, mit Lochung für PZ
Beplankung:
  – außenseitig beplankt mit senkrechter, gehobelter und feingeschliffener Nordische-Fichte-Schalung t = 21 mm und waagrechte Sockelleiste als Schutz gegen aufsteigende Feuchtigkeit, Deckbreite der Beplankungsprofile d = 120 mm
  – Befestigung der Beplankung spannungsfrei durch Holzschraubleisten, Schwellenschiene, schraubbar, aus nichtrostendem Stahl
Oberflächen Holz:
  – Profilschalung Nordische Fichte: **Grundlasur und Endlasur / Endlackiert nach RAL …..**, Farbton: …..
Oberfläche Stahl:
  – feuerverzinkt
  – Korrosivitätskategorie DIN EN ISO 12944: Klasse **C1 / C2**
  – Korrosionsschutz für Zeitraum Klasse: **L < 7 Jahre / M = 7 < 15 Jahre / H = 15 < 25 Jahre / VH > 25 Jahre**
Farbton: …..
Material / Montage:
  – Befestigung Rahmen mit Dübelmontage
Untergrund: Stahlbeton

| ▶ 1.280€ | ▷ 2.130€ | **2.576**€ | ◁ 3.838€ | ◀ 5.431€ | [St] | ⏱ 4,80 h/St | 031.000.023 |

LB 031
Metallbauarbeiten

Nr.	Kurztext / Langtext							Kostengruppe
▶	▷	ø netto €	◁	◀		[Einheit]	Ausf.-Dauer	Positionsnummer

Kosten:
Stand 1.Quartal 2021
Bundesdurchschnitt

▶ min
▷ von
ø Mittel
◁ bis
◀ max

39 Außenwandbekleidung, Wellblech, MW, UK — KG 335

Außenwandbekleidung mit Wellprofilen aus Stahl, Typ W18/76 nach DIN EN 508-1, bandverzinkt und beschichtet, mit Mineralfaserdämmung und Aluminium-Unterkonstruktion; sämtliche Materialien in nichtbrennbarer Ausführung. Fenstersturz und Laibungen nach gesonderter Position. Für die Ausführung werden vom AG Zeichnungen und statische Berechnungen zur Verfügung gestellt.
Profilplatten: L= ca. 4500 mm, Verlegung horizontal
Unterkonstruktion: ca. alle 650 mm befestigt, Profil einstellbar zur Aufnahme der bauseitigen Toleranzen bis ..... mm
Hinterlüftungsschicht: mind. 20 mm
Dämmung: Mineralwolle MW, Typ WAB, Wärmeleitfähigkeit: 0,035 W/(mK)
Brandverhalten: A1
Dämmschichtdicke ..... mm, einlagig, zwischen Z-Profilen
Material / Montage:
– Befestigung der Unterkonstruktion aus Z-Profile am Untergrund erfolgt mit Rahmendübeln
– Wellblech-Plattenstöße überlappend, regelhafte und exakte Befestigung auf UK mit Aluminiumschrauben d = 6,5 mm
– Unterer und oberer Abschluss, sowie Anschlüsse und Eckausbildung, Ausklinkungen, eventuell erforderliche Ergänzungskonstruktionen bei Außen- und Innenecken
Oberflächen:
– Wellblech-Oberfläche: Sichtseite farbbeschichtet RAL ....., Rückseite RAL .....
Einbauort:
– verputzte Außenwände mit Wandhöhe bis ..... m
– bauseitiger Untergrund: Hochlochziegel, Stahlbeton im Deckenbereich

| 71€ | 105€ | **119**€ | 156€ | 216€ | | [m²] | ⏱ 0,40 h/m² | 031.000.024 |

40 Außenwandbekleidung, Glattblech, beschichtet — KG 335

Außenwandbekleidung mit Glattblech, auf bauseitiger Unterkonstruktion aus Aluminium-Profil; sämtliche Materialien in nichtbrennbarer Ausführung. Fenstersturz und Laibungen nach gesonderter Position.
Für die Ausführung werden vom AG Zeichnungen und statische Berechnungen zur Verfügung gestellt.
Art / Form:
– äußere Bekleidung mit Stahl-Glattblech t = 3 mm
– Oberfläche: verzinkt und .....-beschichtet
– Plattenformat: .....
– Verlegung **vertikal / horizontal**
Material / Montage:
– Unterkonstruktion ca. alle 650 mm sichtbar befestigt, regelhafte und exakte Befestigung auf UK mit Aluminiumschrauben d = 6,5 mm
– Unterer und oberer Abschluss, sowie Anschlüsse und Eckausbildung, Ausklinkungen, eventuell erforderliche Ergänzungskonstruktionen bei Außen- und Innenecken
Oberflächen:
– Glattblech-Oberfläche: Sichtseite farbbeschichtet RAL ....., Rückseite RAL .....
Einbauort:
– Außenwände mit Wandhöhe bis 7,00 m
– bauseitiger Untergrund: .....

| 85€ | 175€ | **199**€ | 244€ | 319€ | | [m²] | ⏱ 0,50 h/m² | 031.000.033 |

Nr.	Kurztext / Langtext					Kostengruppe	
▶	▷	ø netto €	◁	◀	[Einheit]	Ausf.-Dauer	Positionsnummer

41 Vordach, Trägerprofile/VSG — KG 339

Vordachkonstruktion, zur Aufnahme von VSG-Verglasung gem. DIN 18008-3, Konstruktion aus zwei Konsolen und zwei Hohlprofil-Querträger zur Aufnahme der vorgebohrten Verglasung. Für die Ausführung werden vom AG Zeichnungen und statische Berechnungen zur Verfügung gestellt.
Konstruktion der Ausführungsklasse DIN EN 1090: EXC .....
Abmessung (B x L): ..... x ..... mm, Neigung: .....°
Scheibengröße: .....
Auflagerung Verglasung: Neoprenlager, punktförmige Halterung.... Stück
Querträger: Hohlprofil .... x ...., t= ..... mm
Konsolen: ..... Stück, befestigt an aufgehender Wand
Material: Stahl nach DIN EN 10025, Güte: S235JR (+AR .....)
Stegblech (B x L x T): ..... x ..... x ..... mm
Ankerplatte (B x L x T): ..... x ..... x ..... mm, Dübel und Befestigung gem. anliegender statischer Berechnung
Befestigungsmittel: aus nichtrostendem Stahl,
Oberflächen: **verzinkt und deckend beschichtet / feuerverzinkt**
  – Korrosivitätskategorie DIN EN ISO 12944: Klasse **C1 / C2**
  – Korrosionsschutz für Zeitraum Klasse: **L < Jahre / M = 7 < 15 Jahre / H = 15 < 25 Jahre**
Farbe: .....
Einbauort:
  – Außenwand, wärmegedämmt, WDVS, Dämmung 160mm
  – Einbauhöhe: bis 5,00 m
  – Untergrund: **Mauerwerk / Stahlbeton**

| 1.206 € | 2.438 € | **2.983 €** | 3.637 € | 4.798 € | [St] | ⏱ 4,50 h/St | 031.000.067 |

42 Deckenabschluss, Flachstahl — KG 353

Anschlagschiene aus scharfkantigem Flachstahl, mit punktförmigen Halterungen, als Randschiene für Estrichabstellung am Deckenrand, Innenbereich. Für die Ausführung werden vom AG Zeichnungen und statische Berechnungen zur Verfügung gestellt.
Abmessung:
  – Höhe Flachstahl: H= ..... mm
  – Dicke Flachstahl: T= 8 mm
  – Halterungen: ca. alle 300 mm mit angeschweißtem Winkelprofil
Montage:
  – befestigt mit feuerverzinkten Schrauben **M8 / M10** und Dübel, alle ..... m
Oberflächen:
  – rostschützend **grundiert / feuerverzinkt**
Einbauort:
  – Deckenrand im 1.OG
  – Untergrund: Stahlbeton
  – Einbauhöhe: ..... m

| 27 € | 79 € | **99 €** | 144 € | 254 € | [m] | ⏱ 0,35 h/m | 031.000.025 |

43 Estrichabschluss, Winkelstahl — KG 353

Anschlagschiene aus scharfkantigem Winkelprofil, als Randschiene für Estrichabstellung am Deckenrand, Innenbereich. Für die Ausführung werden vom AG Zeichnungen und statische Berechnungen zur Verfügung gestellt.
Abmessung:
  – ungleichmäßiger Winkelstahl: 100 x 65 mm
  – Dicke Winkelstahl: t = 7 mm
  – Halterungen: ca. alle 300 mm mit Bohrung im kurzen Flansch

LB 031 Metallbauarbeiten

Nr.	Kurztext / Langtext	ø netto €	[Einheit]	Ausf.-Dauer	Kostengruppe Positionsnummer
▶	▷	◁ ◀			

Montage:
– befestigt mit feuerverzinkten Schrauben M8 und Dübel, l= 50 mm, auf Stahlbeton-Decke
Oberflächen: feuerverzinkt
Einbauort:
– Estrichabstellung vor Fassade im EG
– Untergrund: Stahlbeton
– Einbauhöhe: ..... m
Für die Ausführung werden vom AG folgende Unterlagen zur Verfügung gestellt:

| 47 € | 77 € | **89 €** | 107 € | 138 € | [m] | ⌀ 0,40 h/m | 031.000.026 |

Kosten:
Stand 1.Quartal 2021
Bundesdurchschnitt

44 Aluminiumprofile, Stahlkonstruktion — KG 335

Aluminium-Profil, montiert auf Stahlkonstruktion und sichtbar befestigt mit CrNi-Schrauben.
Beschreibung der Konstruktion: ..... ggf. mit Angabe der Ausführungsklasse DIN EN 1090: EXC .....
Profil: .....
Material: Aluminium
Oberfläche: **natur / eloxiert E6/C0 / eloxiert E6/C35**
Profil: Schenkellänge ..... mm

| 15 € | 25 € | **30 €** | 36 € | 51 € | [m] | ⌀ 0,20 h/m | 031.000.034 |

45 Auflagerwinkel, Gitterroste, Stahl, außen — KG 353

Auflagerwinkel aus scharfkantigem Winkelprofil, für Gitterroste als geschlossener Rahmen. Für die Ausführung werden vom AG Zeichnungen und statische Berechnungen zur Verfügung gestellt.
Konstruktion der Ausführungsklasse DIN EN 1090: EXC .....
Abmessung:
– Rahmenmaß: geeignet für Bauhöhe Gitterrost H= ..... mm
– Rahmengröße: .....
– Halterungen: ca. alle ..... mm mit Bohrung im kurzen Flansch
Montage:
– befestigt im Außenbereich mit nichtrostenden Schrauben M8 und Dübel, Abstand L= ca. ..... mm, seitlich an die Kellerlicht-Schachtwände
– je Seite mind. 2 Befestigungsstellen
Oberflächen: feuerverzinkt
Einbauort:
– Lichtschächte im UG
– Lichtschachthöhe: .... m

| 16 € | 25 € | **29 €** | 33 € | 42 € | [m] | ⌀ 0,20 h/m | 031.000.027 |

46 Gitterroste, Stahl, verzinkt — KG 353

Gitterrostbeläge, rutschhemmend, abhebesicher als Podestfläche auf bauseitiger Stahlkonstruktion, einschl. Bohrungen und feuerverzinkten Verbindungsmitteln für die Verschraubung mit den herzustellenden Anschlüssen. Für die Ausführung werden vom AG Zeichnungen und statische Berechnungen zur Verfügung gestellt.
Konstruktion der Ausführungsklasse DIN EN 1090: EXC .....
Lichtes Gitterrost-Außenmaß: .....
Art / Form:
– Gitterrost, Maschenteilung 33,3 x 11,1 mm
– Tragstab: 30 x 3 mm
– Randstab / Einfassung: umlaufend mit Profil 30 x 3 mm
Anforderungen:
– rutschhemmend **R9 / R10 / R11**

▶ min
▷ von
ø Mittel
◁ bis
◀ max

Nr.	Kurztext / Langtext						Kostengruppe	
▶	▷	**ø netto €**	◁	◀	[Einheit]	Ausf.-Dauer	Positionsnummer	

Montage:
- auf bauseitige Stahlkonstruktion, eingepasst und befestigt mit geeigneten feuerverzinkten Gitterrostbefestigungen

Oberflächen: feuerverzinkt

Einbauort:
- im ..... Geschoss
- Einbauhöhe: .....

71€	147€	**174**€	210€	278€	[m²]	⏱ 0,25 h/m²	031.000.028

47 Trittstufe, Gitterrost, Außenbereich — KG **351**

Trittstufe Wangentreppe, Außenbereich, aus Stahlrahmen und Gitterrost, seitlich verschraubt.

Material: Winkelrahmen aus Stahlblech
Einlage: Gitterrost, Maschenweite 30 x 30 mm
Stufenbreite: 1,00 m
Treppenauftritt: 280 mm
Oberflächen: feuerverzinkt

43€	65€	**78**€	98€	142€	[St]	⏱ 0,25 h/St	031.000.080

48 Stahltreppe, gerade, einläufig, innen, Trittbleche — KG **351**

Freitragende Stahlwangentreppe nach DIN 18065, über ein Geschoss führend; einschl. Bohrungen und verzinkten Verbindungsmitteln für die Verschraubung mit den bauseitigen Anschlüssen. Geländer nach gesonderter Position. Für die Ausführung werden vom AG Zeichnungen und statische Berechnungen zur Verfügung gestellt.

Abmessungen:
- Geschosshöhe: 2.750 mm
- Stützweite: .....
- Steigmaß: 17,2 x 28 cm
- Stufen: 16 Stück
- Wangenhöhe: 280 mm
- Treppenbreite: 1,0 m
- Fußbodenaufbau unten: H 100 mm, oben: H 75 mm

Art / Form:
- Ausführungsklasse nach DIN EN 1090: .....
- Nutzlast: 3 kN/m² DIN EN 1991-1
- Material: Stahl S235JR DIN EN 10025-2, Werkstoff-Nr 1.0038
- Wange aus Breitflachstahl H 280 x T 18 mm, am oberen Ende abgewinkelt zum Anschluss an Geschossdecke
- Tritt- und Setzstufe als z-förmig abgewinkeltes Stahlblech,

Profil:
- **Tränenblech / Riffelblech**, verzinkt, Abwicklung je Stufe ca. 370 mm, an Wangen angeschweißt
- letzte Stufe im Übergang zum Fußboden als Stahlblech, jedoch Abwicklung ca. 600 mm

Anschlüsse / Montage:
- oberer Anschluss an Deckenstirn aus Stahlbeton, Dicke inkl. FB: ..... mm, mittels Stahllasche als Wangenanschluss, geschraubten Verbindung,
- unterer Anschluss aufgesetzt auf Stahlbeton, punktförmig gelagert mit Stahllaschen, geschraubte Verbindung, Dübelmontage

Oberflächen: feuerverzinkt

LB 031 Metallbauarbeiten

Nr.	Kurztext / Langtext					[Einheit]	Ausf.-Dauer	Kostengruppe Positionsnummer
▶	▷	ø netto €	◁	◀				

Einbauort:
- Innen, Trockenbereich
- zwischen 1. und 2. Geschoss
- Einbauhöhe: .....

| 1.456€ | 3.200€ | **4.061€** | 5.284€ | 7.336€ | | [St] | ⏱ 7,50 h/St | 031.000.029 |

49 Stahltreppe, gerade, mehrläufig, innen, Trittbleche — KG 351

Freitragende Stahlwangentreppe nach DIN 18065, mehrläufig; einschl. Bohrungen und verzinkten Verbindungsmitteln für die Verschraubung mit den bauseitigen Anschlüssen. Geländer nach gesonderter Position. Für die Ausführung werden vom AG Zeichnungen und statische Berechnungen zur Verfügung gestellt.

Abmessungen:
- Stützweiten: .....
- Geschosshöhe: .....
- Treppenbreite: 1,0 m
- Steigmaß: 17,2 x 28 cm
- Wangenhöhe: 280 mm
- Fußbodenaufbau unten: H 100 mm, oben: H 75 mm

Art / Form:
- Ausführungsklasse nach DIN EN 1090: .....
- Nutzlast: 3 kN/m²
- Material: Stahl S235JR DIN EN 10025-2, Werkstoff-Nr 1.0038,
- Wange als Breitflachstahl H 280 x T 18 mm, am oberen Ende abgewinkelt zum Anschluss an Geschossdecke
- Tritt- und Setzstufe als z-förmig abgewinkeltes Stahlblech

Profil:
- **Tränenblech / Riffelblech**, verzinkt, Abwicklung je Stufe ca. 370 mm, an Wangen angeschweißt
- letzte Stufe im Übergang zum Fußboden als Stahlblech, jedoch Abwicklung ca. 600 mm

Anschlüsse / Montage:
- oberer Anschluss an Deckenstirn aus Stahlbeton, Dicke inkl. FB: 315mm, mittels Stahllasche als Wangenanschluss, geschraubten Verbindung
- unterer Anschluss aufgesetzt auf Stahlbeton, punktförmig gelagert mit Stahllaschen, geschraubte Verbindung, Dübelmontage

Oberflächen: feuerverzinkt

Einbauort:
- Innenraum - Trockenbereich
- zwischen 1. und 2. Geschoss
- Einbauhöhe: bis .... m

| 3.258€ | 6.484€ | **7.026€** | 7.447€ | 10.415€ | | [St] | ⏱ 8,50 h/St | 031.000.044 |

Kosten:
Stand 1.Quartal 2021
Bundesdurchschnitt

▶ min
▷ von
ø Mittel
◁ bis
◀ max

Nr.	Kurztext / Langtext					Kostengruppe	
▶	▷	ø netto €	◁	◀	[Einheit]	Ausf.-Dauer	Positionsnummer

50 Spindeltreppe, Stahl, 100cm, innen, Trittroste — KG 351

Spindeltreppenanlage nach DIN 18065, einschl. Bohrungen und verzinkten Verbindungsmitteln für die Verschraubung mit den bauseitigen Anschlüssen. Geländer nach gesonderter Position. Für die Ausführung werden vom AG Zeichnungen und statische Berechnungen zur Verfügung gestellt.

Abmessung:
- lichtes Rohbaurichtmaß: .....
- Treppendurchmesser: D = ... mm
- Geschosshöhe: 2,80 m
- Treppensteigung: 16 Stufen, je 17,5 cm Steigung
- Austrittpodest (L x B): 1,0 x 1,0 (m)
- Wange aus Breitflachstahl t= 10 mm
- Laufbreite: 100 cm
- Fußbodenaufbau unten: H 100 mm, oben: H 75 mm

Art / Form:
- Ausführungsklasse nach DIN EN 1090: .....
- Nutzlast: 3,0 kN/m²
- Standrohr, nahtlos gezogenes Stahlrohr
- Standrohrüberstand ca. 1.000 mm für Anschluss Geländer
- quadratische Bodenplatte aus Flachstahl ....., mit vier Bohrungen M20
- Spindel-Stufen mit Flachstahleinfassung
- 1 Zwischen- und 1 Austritt-Podest mit Unterkonstruktion
- Belag und Stufen mit rutschhemmenden Press-Gitterrosten
- Maschung: 30 x 30 mm, Befestigung: .....

Anschlüsse / Montage:
- oberer Anschluss an Deckenstirn aus Stahlbeton, Dicke inkl. FB: 315 mm, mittels Stahllasche, geschraubter Verbindung, Dübelmontage
- unterer Anschluss aufgesetzt auf Stahlbeton, punktförmig gelagert, geschraubte Verbindung, Dübelmontage

Oberflächen: feuerverzinkt

Einbauort:
- Innenraum - Trockenbereich
- zwischen EG und 1. Obergeschoss
- Einbauhöhe: .....

2.555€   3.699€   **4.218€**   4.488€   5.874€   [St]   ⏱ 7,50 h/St   031.000.077

51 Steigleiter, Stahl, verzinkt, bis 5,00m — KG 339

Steigleiter mit Seitenholm, inkl. Bohrungen, Klebedübel und Verbindungsmittel. Für die Ausführung werden vom AG Zeichnungen und statische Berechnungen zur Verfügung gestellt.

Verwendungszweck:

Steigleiter **für Wartungs- und Kontrollzwecke nach DIN 18799-1 / für Maschinenzugänge nach DIN EN ISO 14122-1 / als Not- oder Feuerleiter an Gebäuden nach DIN 14094-1**

Ausführungsklasse nach DIN EN 1090: .....

Maße:
- Holme: Rohr D = 48,3 mm
- Sprossen: Rechteckrohr 25 x 25 x 1,5 mm
- lichte Weite: 400 mm, äußere Leiterbreite: 500 mm
- Wandabstand d = 200 mm
- Leiterlänge / Aufstiegshöhe: bis 5,00 m

LB 031 Metallbauarbeiten

Nr.	Kurztext / Langtext					Kostengruppe
▶	▷	ø netto €	◁	◀	[Einheit]	Ausf.-Dauer Positionsnummer

Material:
- **Stahl S235JR, feuerverzinkt / nichtrostender Stahl Werkstoff 1.4571 / Leichtmetall farblos eloxiert E6/C0**

Zubehör:
- Attika-Übersteigteil mit 2 Stufen Abstieg, 1 Stück

Montage:
- alle 2,00 m am Holm befestigt, inkl. aller notwendigen nichtrostenden Verankerungsmittel

Einbauort: Außenbereich
Befestigungsgrund: **Stahlbetonwand / Mauerwerkswand**

160€   471€   **600€**   995€   1.679€   [St]   ⌛ 1,80 h/St   031.000.031

52 Steigleiter, Seitenholm, Rückenschutz   KG **339**

Steigleiter mit Seitenholm und Rückenschutz, inkl. Bohrungen, Klebedübel und Verbindungsmittel. Für die Ausführung werden vom AG Zeichnungen und statische Berechnungen zur Verfügung gestellt.

Verwendungszweck:
Steigleiter für Wartungs- und Kontrollzwecke nach DIN 18799-1
Ausführungsklasse nach DIN EN 1090: .....

Abmessung:
- Holme: Rohr D = 48,3 mm
- Sprossen: Rundrohr D 20 mm
- lichte Weite: 400 mm, äußere Leiterbreite: 500 mm
- Wandabstand d= 200 mm
- Leiterlänge / Aufstiegshöhe: über 5,00 m

Zubehör:
- Rückenschutzkorb, ab 3,0 m Leiterhöhe
- Zusteigepodest, für mehrzügige Leiter..... Stück, ggf. Ruhepodest
- Attika-Übersteigteil mit 2 Stufen Abstieg, 1 Stück

Material: Leichtmetall – Aluminium

Montage:
- alle 2,00 m am Holm befestigt, inkl. nichtrostenden Verankerungsmittel

Oberfläche: feuerverzinkt
Untergrund: Stahlbetonwand
Einbauort:
- Außenraum
- Arbeitshöhe: ..... m

844€   1.618€   **2.038€**   2.772€   4.020€   [St]   ⌛ 2,10 h/St   031.000.035

53 Kellertrennwandsystem, verzinkte Metalllamellen   KG **346**

Kellertrennwandsystem aus Stahlprofilen und Stahllamellen, vernietet mit Pfosten, Montage des Trennwandsystems mit Dübel und nichtrostenden Schrauben

Lamellen: ca. 110 mm breit, Blechdicke: 0,63 mm,
Pfosten: L-Profil 40 x 40 mm
Bodenabstand: 50 mm.
Raumhöhe: von 2,50 bis 2,70m
Untergrund:
- Decke: Betondecke mit Dämmung 100 mm
- Boden: beschichteter Estrich t= 55 mm

Kosten:
Stand 1.Quartal 2021
Bundesdurchschnitt

▶ min
▷ von
ø Mittel
◁ bis
◀ max

Nr.	**Kurztext** / Langtext						Kostengruppe	
▶	▷	**ø netto €**	◁	◀	[Einheit]	Ausf.-Dauer	Positionsnummer	

Oberflächen: feuerverzinkt
Türen werden in getrennter Position vergütet.
Ausführung/Aufteilung: gem. Plannr. ....
Angeb. Fabrikat: ...... / Typ: .....

26€   34€   **38€**   39€   47€   [m²]   ⏱ 0,25 h/m²   031.000.078

54   Briefkastenanlage, freistehend, bis 8 WE — KG **561**

Briefkastenanlage nach DIN EN 13724 als freistehende Anlage aus verzinktem Stahlblech, bestehend aus Unterkonstruktion und Gehäuse, Layout / Gestaltung nach Angaben des AG/Architekten, Anlage mittig geteilt, eine Hälfte mit Briefkästen, andere Hälfte mit Klingelschildern, Beleuchtung und Rufstelle / Lautsprecher. Elektrischer Anschluss, Erdarbeiten und Stahlbetonfundament in gesonderten Positionen. Für die Ausführung werden vom AG Zeichnungen und statische Berechnungen zur Verfügung gestellt.
Ausführung:
– Unterkonstruktion als Rechteckrohrständer 80 x 40 mm
– Anzahl Briefkästen: .....
– Kastengröße: .....
– Klappe und Einwurf: L 230-280 x T 30-35 mm
– Anzahl beleuchtete Klingeltaster mit Namensschild: .....
– eine Sprechstelle als Gitter mit Lautsprecher
– Beschriftung: dunkle Buchstaben auf beschichtetem Grund
– Oberfläche Stahlblech: Sichtseite farbbeschichtet RAL ....., nicht sichtbare Teile in Standardfarbe
– Anlagengröße: ....
Angeb. Fabrikat: .....

1.241€   2.387€   **2.890€**   5.444€   8.702€   [St]   ⏱ 1,20 h/St   031.000.039

55   Briefkasten, Stahlblech, Wand — KG **561**

Durchwurf-Briefkasten nach DIN EN 13724, aus verzinktem Stahlblech, Einbau in Wand, bestehend aus Gehäuse, Einwurfschlitz und Entnahmetür, mit Namens-Einschubleiste, mit Klingelknopf, Beleuchtung und Rufstelle / Lautsprecher. Elektrischer Anschluss in gesonderten Position. Für die Ausführung werden vom AG Zeichnungen und statische Berechnungen zur Verfügung gestellt.
Ausführung:
– Kastengröße: .....
– Klappe und Einwurf: L 230-280 x T 30-35 mm
– Verriegelung mit Zylinderschloss, 3 Schlüssel
– beleuchteter Klingeltaster mit Namensschild: .....
– Sprechstelle als Gitter mit Lautsprecher
– Beschriftung: dunkle Buchstaben auf beschichtetem Grund
– Oberfläche Stahlblech: Sichtseite farbbeschichtet RAL ....., nicht sichtbare Teile in Standardfarbe
– Anlagengröße: .....
Angeb. Fabrikat: .....

457€   485€   **551€**   617€   784€   [St]   ⏱ 25,00 h/St   031.000.075

56   Stundensatz, Facharbeiter/-in

Stundenlohnarbeiten für Vorarbeiterin, Vorarbeiter, Facharbeiterin, Facharbeiter und Gleichgestellte. Leistung nach besonderer Anordnung der Bauüberwachung. Der Verrechnungssatz für die jeweilige Arbeitskraft umfasst sämtliche Aufwendungen wie Lohn- und Gehaltskosten, Lohn- und Gehaltsnebenkosten, Zuschläge, lohngebundene und lohnabhängige Kosten, sonstige Sozialkosten, Gemeinkosten, Wagnis und Gewinn. Leistung nach besonderer Anordnung der Bauüberwachung. Anmeldung und Nachweis gem. VOB/B.

47€   53€   **55€**   58€   62€   [h]   ⏱ 1,00 h/h   031.000.064

LB 031 Metallbauarbeiten

Nr.	Kurztext / Langtext					[Einheit]	Ausf.-Dauer	Kostengruppe Positionsnummer
▶	▷	ø netto €	◁	◀				
57	**Stundensatz, Helfer/-in**							
Stundenlohnarbeiten für Werkerin, Werker, Helferin, Helfer und Gleichgestellte. Leistung nach besonderer Anordnung der Bauüberwachung. Der Verrechnungssatz für die jeweilige Arbeitskraft umfasst sämtliche Aufwendungen wie Lohn- und Gehaltskosten, Lohn- und Gehaltsnebenkosten, Zuschläge, lohngebundene und lohnabhängige Kosten, sonstige Sozialkosten, Gemeinkosten, Wagnis und Gewinn.								
35€	43€	**45€**	47€	53€		[h]	1,00 h/h	031.000.065

Kosten:
Stand 1.Quartal 2021
Bundesdurchschnitt

▶ min
▷ von
ø Mittel
◁ bis
◀ max

023
024
025
026
027
028
029
030
031
032
033
034
036
037
038
039

LB 032 Verglasungsarbeiten

Kosten: Stand 1. Quartal 2021, Bundesdurchschnitt

Verglasungsarbeiten — Preise €

Nr.	Positionen	Einheit	▶ min	▷ von	ø brutto € / ø netto €	◁ bis	◀ max
1	Verglasung, Floatglas, 6mm	m²	55 / 46	62 / 52	**67** / **57**	72 / 60	79 / 66
2	Verglasung, Floatglas, 8mm	m²	71 / 60	80 / 68	**85** / **72**	98 / 82	112 / 94
3	Verglasung, ESG-Glas, 4mm	m²	79 / 67	86 / 72	**92** / **77**	95 / 80	101 / 85
4	Verglasung, ESG-Glas, 6mm	m²	99 / 84	108 / 91	**112** / **94**	117 / 98	125 / 105
5	Verglasung, ESG-Glas, 8mm	m²	100 / 84	122 / 102	**134** / **113**	139 / 117	149 / 126
6	Verglasung, ESG-Glas, 10mm	m²	144 / 121	165 / 138	**168** / **141**	181 / 152	202 / 170
7	Verglasung, VSG-Glas, 8mm	m²	85 / 72	105 / 88	**124** / **105**	131 / 110	145 / 122
8	Verglasung, VSG-Glas, 10mm	m²	– / –	135 / 113	**158** / **133**	181 / 152	– / –
9	Isolierverglasung, Pfosten-Riegel-Fassade	m²	180 / 151	271 / 228	**327** / **274**	357 / 300	449 / 377
10	Zweifach-Isolierverglasung, 0,9 W/m²K, Einzelfenster	m²	– / –	155 / 131	**165** / **139**	192 / 161	– / –
11	Zweifach-Isolierverglasung, 1,1 W/m²K, Einzelfenster	m²	104 / 87	119 / 100	**125** / **105**	132 / 111	146 / 123
12	Zweifach-Isolierverglasung, 0,9 W/m²K, Türen	m²	– / –	156 / 131	**170** / **143**	202 / 170	– / –
13	Zweifach-Isolierverglasung, 1,1 W/m²K, Türen	m²	– / –	133 / 112	**146** / **123**	175 / 147	– / –
14	Duschabtrennung, Glas	St	1.252 / 1.052	1.530 / 1.286	**1.662** / **1.397**	1.850 / 1.555	2.249 / 1.890
15	Ganzglastürblatt, bis 1.010x213mm	St	541 / 455	735 / 618	**878** / **738**	953 / 801	1.096 / 921
16	Brandschutzverglasung, Innenwände	m²	175 / 147	380 / 319	**416** / **350**	452 / 380	568 / 477
17	Brandschutzglas, E30 Fenster	m²	412 / 346	431 / 362	**474** / **398**	531 / 446	654 / 549
18	Profilbauverglasung, 1-schalig	m²	79 / 66	89 / 75	**91** / **76**	101 / 85	112 / 94
19	Profilbauverglasung, 2-schalig	m²	146 / 123	193 / 162	**207** / **174**	224 / 188	313 / 263
20	Vordachverglasung, Sicherheitsglas	St	98 / 82	195 / 164	**217** / **182**	257 / 216	339 / 285
21	Sicherheitsverglasung, ESG-Glas	m²	144 / 121	154 / 129	**156** / **131**	160 / 134	178 / 150
22	Geländerverglasung, VSG-Glas	m²	129 / 108	206 / 173	**244** / **205**	286 / 240	392 / 330
23	Sichtschutzfolie, geklebt	m²	42 / 35	89 / 75	**104** / **87**	136 / 115	228 / 192
24	Stundensatz, Facharbeiter/-in	h	50 / 42	58 / 49	**62** / **52**	65 / 54	72 / 60

▶ min ▷ von ø Mittel ◁ bis ◀ max

© BKI Baukosteninformationszentrum; Erläuterungen zu den Tabellen siehe Seite 44

Nr.	Kurztext / Langtext					Kostengruppe		
▶	▷	ø netto €	◁	◀	[Einheit]	Ausf.-Dauer	Positionsnummer

A 1 Verglasung, Einfachglas
Beschreibung für Pos. **1-2**

Einscheiben-Verglasung, inkl. Einbau und Glasdichtung.
Verglasungsfläche: Fenster
Rahmenmaterial: .....
Befestigung: .....
Verglasungssystem: .....
Farbwirkung: neutral
Versiegelung: beidseitig
Dichtstoffgruppe: .....
Verglasung: Floatglas

1 Verglasung, Floatglas, 6mm KG **334**
Wie Ausführungsbeschreibung A 1
Scheibendicke: 6 mm
Scheibengröße: .....

| 46€ | 52€ | **57€** | 60€ | 66€ | [m²] | ⏱ 0,47 h/m² | 032.000.022 |

2 Verglasung, Floatglas, 8mm KG **334**
Wie Ausführungsbeschreibung A 1
Scheibendicke: 8 mm
Scheibengröße: .....

| 60€ | 68€ | **72€** | 82€ | 94€ | [m²] | ⏱ 0,47 h/m² | 032.000.023 |

A 2 Verglasung, Einscheibensicherheitsglas
Beschreibung für Pos. **3-6**

Einscheiben-Sicherheitsverglasung, einschl. Befestigung mit Glashalteleisten und Dichtstoff.
Ausführung nach Zeichnung: .....
Verglasungsfläche: .....
Rahmen: .....
Material: .....
Befestigungsleisten: .....
Verglasungssystem: .....
Farbwirkung: neutral
Versiegelung: beidseitig
Dichtstoffgruppe: mind. C - elastisch bleibend
Verglasung: ESG

3 Verglasung, ESG-Glas, 4mm KG **334**
Wie Ausführungsbeschreibung A 2
Scheibendicke: 4 mm
Scheibengröße: .....

| 67€ | 72€ | **77€** | 80€ | 85€ | [m²] | ⏱ 0,50 h/m² | 032.000.024 |

4 Verglasung, ESG-Glas, 6mm KG **334**
Wie Ausführungsbeschreibung A 2
Scheibendicke: 6 mm
Scheibengröße: .....

| 84€ | 91€ | **94€** | 98€ | 105€ | [m²] | ⏱ 0,50 h/m² | 032.000.025 |

LB 032 Verglasungsarbeiten

Kosten:
Stand 1.Quartal 2021
Bundesdurchschnitt

▶ min
▷ von
ø Mittel
◁ bis
◀ max

Nr.	Kurztext / Langtext					[Einheit]	Ausf.-Dauer	Kostengruppe Positionsnummer
▶	▷	ø netto €	◁	◀				

5 Verglasung, ESG-Glas, 8mm — KG **334**
Wie Ausführungsbeschreibung A 2
Scheibendicke: 8 mm
Scheibengröße: .....

| 84€ | 102€ | **113€** | 117€ | 126€ | [m²] | ⏱ 0,50 h/m² | 032.000.026 |

6 Verglasung, ESG-Glas,10mm — KG **334**
Wie Ausführungsbeschreibung A 2
Scheibendicke: 10mm
Scheibengröße: .....

| 121€ | 138€ | **141€** | 152€ | 170€ | [m²] | ⏱ 0,50 h/m² | 032.000.027 |

A 3 Verglasung, Verbundsicherheitsglas — Beschreibung für Pos. **7-8**
Verbund-Sicherheitsverglasung, einschl. Befestigung mit Glashalteleisten und Dichtstoff.
Ausführung nach Zeichnung: .....
Verglasungsfläche: .....
Tragkonstruktion: .....
Material: .....
Befestigungsart: .....
Kantenausbildung: .....
Verglasungssystem: Va3
Dichtstoff: .....
Verglasung: VSG - zweischeibig mit Folieneinlage
Widerstandsklasse: A 1

7 Verglasung, VSG-Glas, 8mm — KG **334**
Wie Ausführungsbeschreibung A 3
Scheibendicke: 8 mm
Scheibengröße: 1,0-2,0 m²

| 72€ | 88€ | **105€** | 110€ | 122€ | [m²] | ⏱ 0,70 h/m² | 032.000.029 |

8 Verglasung, VSG-Glas, 10mm — KG **334**
Wie Ausführungsbeschreibung A 3
Scheibendicke: 10 mm
Scheibengröße: 1,0-2,0 m²

| –€ | 113€ | **133€** | 152€ | –€ | [m²] | ⏱ 0,75 h/m² | 032.000.030 |

9 Isolierverglasung, Pfosten-Riegel-Fassade — KG **337**
Mehrscheiben-Isolierverglasung inkl. Einbau der Glashalteprofile, Deckschalen, Dichtprofile oder Verfugung.
Bauteil: Pfosten-Riegel-Fassade
Scheibengrößen: .....
Fassadensystem
– Rahmenmaterial: .....
– Glaspressleisten aus .....

Nr.	Kurztext / Langtext						Kostengruppe	
▶	▷	ø netto €	◁	◀		[Einheit]	Ausf.-Dauer	Positionsnummer

Technische Daten Verglasung:
  – .....-Scheiben-Isolierverglasung
  – U_g-Wert: ..... W/(m²K)
  – g-Wert: ..... %
  – Psi-Wert Glasrandverbund: .....
  – Schallschutz: Klasse .... dB
  – Lichtdurchlässigkeit TL: ..... %
  – Lichtreflexion außen TR: ..... %
  – allg. Farbwiedergabe: .....
  – Verglasungssystem: Pressleistenverglasung
  – Farbe: .....

| 151 € | 228 € | **274** € | 300 € | 377 € | | [m²] | ⏱ 1,40 h/m² | 032.000.002 |

A 4 **Zweifach-Isolierverglasung, Einzelfenster** Beschreibung für Pos. **10–11**

Zweifachisolierverglasung inkl. Befestigung und beidseitige Versiegelung.
Verglasungsfläche: Außenfenster
Scheibengröße: .....
Rahmenmaterial: .....
Befestigung: .....
Abstandhalter: .....
Verglasungssystem: Vf5
Versiegelung: beidseitig
Technische Daten Verglasung:
  – g-Wert: ..... %
  – Psi-Wert Glasrandverbund: ..... W/(mK)
Schallschutz: Klasse .... dB
Lichtdurchlässigkeit TL: ..... %
Lichtreflexion außen TR: ..... %
Allg. Farbwiedergabe: .....
Dichtstoffgruppe: E

10 **Zweifach-Isolierverglasung, 0,9 W/m²K, Einzelfenster** KG **334**
Wie Ausführungsbeschreibung A 4
U_g-Wert: 0,9 W/(m²K)

| – € | 131 € | **139** € | 161 € | – € | | [m²] | ⏱ 0,60 h/m² | 032.000.032 |

11 **Zweifach-Isolierverglasung, 1,1 W/m²K, Einzelfenster** KG **334**
Wie Ausführungsbeschreibung A 4
U_g-Wert: 1,1 W/(m²K)

| 87 € | 100 € | **105** € | 111 € | 123 € | | [m²] | ⏱ 0,60 h/m² | 032.000.033 |

LB 032 Verglasungsarbeiten

Kosten:
Stand 1.Quartal 2021
Bundesdurchschnitt

Nr.	Kurztext / Langtext					[Einheit]	Ausf.-Dauer	Kostengruppe Positionsnummer
▶	▷	ø netto €	◁	◀				

A 5 — Zweifach-Isolierverglasung, Türen
Beschreibung für Pos. 12-13

Zweifach-Isolierverglasung inkl. Befestigung und beidseitige Versiegelung.
Verglasungsfläche: Außentür
Rahmenmaterial Fenster: .....
Abstandhalter aus: .....
Befestigung: .....
Verglasungssystem: Vf5

12 — Zweifach-Isolierverglasung, 0,9 W/m²K, Türen — KG 334

Wie Ausführungsbeschreibung A 5
Scheibengröße: .....
Technische Daten Verglasung:
- U_g-Wert: 0,9 W/(m²K)
- g-Wert: 44%
- Psi-Wert Glasrandverbund: ..... W/(mK)

Schallschutz: Klasse II 30-34 dB
Lichtdurchlässigkeit TL: 64%
Lichtreflexion außen TR: 25%
Allgemeine Farbwiedergabe: 98%
Dichtstoffgruppe: E

| –€ | 131€ | **143€** | 170€ | –€ | [m²] | ⏱ 0,60 h/m² | 032.000.034 |

13 — Zweifach-Isolierverglasung, 1,1 W/m²K, Türen — KG 334

Wie Ausführungsbeschreibung A 5
Scheibengröße: .....
Technische Daten Verglasung:
- U_g-Wert: 1,1 W/(m²K)
- g-Wert: 65%
- Psi-Wert Glasrandverbund: ..... W/(mK)

Schallschutz: Klasse II 30-34 dB
Lichtdurchlässigkeit TL: 82%
Lichtreflexion außen TR: 11%
Allgemeine Farbwiedergabe: 98%
Dichtstoffgruppe: E

| –€ | 112€ | **123€** | 147€ | –€ | [m²] | ⏱ 0,60 h/m² | 032.000.035 |

▶ min
▷ von
ø Mittel
◁ bis
◀ max

Nr.	**Kurztext** / Langtext							Kostengruppe
▶	▷	**ø netto €**	◁	◀		[Einheit]	Ausf.-Dauer	Positionsnummer

14   Duschabtrennung, Glas   KG **412**

Duschabtrennung nach DIN EN 14428, aus Seitenteil und Drehtür, als Ganzglaskonstruktion, mit geschliffenen Kanten. Glasscheibe raumhoch, unten und oben gehalten, mit Anschluss an zu fliesende Wandflächen als stumpfer Stoß. Drücker und Glashalter im System.
Abmessung (B x H): ..... x ..... mm
Ausführung: ESG **10 / 12** mm
Oberfläche: **Klarglas / satiniert**
Flügel: **links / rechts** anschlagend
Bänder: .....
Schloss: .....
Drückergarnitur: ......
Angeb. Fabrikat: .....

| 1.052 € | 1.286 € | **1.397 €** | 1.555 € | 1.890 € | [St] | ⏱ 3,00 h/St | 032.000.018 |

15   Ganzglastürblatt, bis 1.010x213mm   KG **344**

Ganzglastürblatt mit geschliffenen Kanten in vorhandene Zarge einbauen.
Abmessung: ..... x ..... mm
Anschlag: **links / rechts**
Ausführung: ESG **10 /12** mm
Bänder: .....
Schloss: .....
Drückergarnitur: ......
Einbauort: .....
Angeb. Fabrikat: .....

| 455 € | 618 € | **738 €** | 801 € | 921 € | [St] | ⏱ 0,20 h/St | 032.000.019 |

16   Brandschutzverglasung, Innenwände   KG **346**

Brandschutzverglasung, für festverglaste Profilsysteme, inkl. Einbau der Glashalteprofile, Deckschalen, Dichtprofile oder Verfugung.
Verglasung: Verbundglas
Anwendung: innen
Feuerwiderstandsklasse: **EI30 / EI60 / EI90**
Zulassung Verglasung: .....
Prüfnummer / Prüfinstitut: .....

| 147 € | 319 € | **350 €** | 380 € | 477 € | [m²] | ⏱ 0,80 h/m² | 032.000.006 |

LB 032 Verglasungsarbeiten

Kosten:
Stand 1.Quartal 2021
Bundesdurchschnitt

Nr.	**Kurztext** / Langtext						Kostengruppe	
▶	▷	**ø netto €**	◁	◀	[Einheit]	Ausf.-Dauer	Positionsnummer	

17 Brandschutzglas, E30 Fenster — KG 344

Einscheiben-Brandschutzverglasung, Einbau in Fenster in vorhandenen Rahmen, inkl. Glashalteleisten und beidseitige Glasdichtung.
Einbau in Fenster
Anwendung: **innen / außen**
Scheibengröße: .....
Gesamtnenndicke: ca. 16 mm
Verglasung: Verbundglas, mehrschichtig
Feuerwiderstandsklasse: E30
Zulassung Verglasung: .....
Prüfnummer / Prüfinstitut: .....
Rahmenmaterial: .....
Glashalteleisten aus: .....

346€   362€   **398€**   446€   549€   [m²]   ⏱ 0,60 h/m²   032.000.037

18 Profilbauverglasung, 1-schalig — KG 332

Profilbau-Verglasung, U-förmige Glasplatten, DIN EN 572-2 oder bauaufsichtlich zugelassen. Einbau inkl. Systemprofile, Polster- und Dichtungsprofile. Sonderprofile, Öffnungen, Lüftungsflügel und Fensterbänke nach gesonderter Position.
Einbau der Glaselemente: einschalig
Zulassung Verglasung: .....
Untergrund: ..... .
Verglasung aus: **Klar- / Ornamentglas**
Längsdrähte: **mit / ohne**
Glasdicke: T= **6 / 7** mm
Glasfarbe: .....
Sonstige Glaseigenschaften: .....
U-Wert der Konstruktion: ..... W/m²K
g-Wert: .....
Lichttransmission: ..... %
Ansichtsfläche (B x H): ..... x ..... mm
Einbauhöhe: .....
Einbauort: Innenbereich

66€   75€   **76€**   85€   94€   [m²]   ⏱ 2,10 h/m²   032.000.036

▶ min
▷ von
ø Mittel
◁ bis
◀ max

Nr.	Kurztext / Langtext					Kostengruppe		
▶	▷	ø netto €	◁	◀	[Einheit]	Ausf.-Dauer	Positionsnummer	

19 Profilbauverglasung, 2-schalig — KG 332

Profilbau-Verglasung, zweischalig, U-förmige Glasplatten, DIN EN 572-2 oder bauaufsichtlich zugelassen.
Einbau inkl. Systemprofile, Polster- und Dichtungsprofile. Sonderprofile, Öffnungen, Lüftungsflügel und Fensterbänke nach gesonderter Position.
Einbau der Glaselemente: als Isolierverglasung, zweischalig
Zulassung Verglasung: .....
Untergrund: .....
Verglasung aus: Wärmeschutz- und Sonnenschutzglas
Längsdrähte: **mit / ohne**
Profil-Abmessung: **B232 / B262 / B331 / B498 x H41 / H60** mm
Glasdicken: t= 7 mm
Glasfarbe: .....
Sonstige Glaseigenschaften: .....
U_g-Wert der Konstruktion: 1,8 W/m²K
g-Wert: 0,45
Lichttransmission: 41%
Rahmen: thermisch getrennte Alu-Systemprofile, anodisch eloxiert C-0
Ansichtsfläche (B x H): ..... x ..... mm
Einbauhöhe: .....
Einbauort: Außenwand

| 123 € | 162 € | **174 €** | 188 € | 263 € | [m²] | ⏱ 2,80 h/m² | 032.000.040 |

20 Vordachverglasung, Sicherheitsglas — KG 362

Vordachverglasung mit Sicherheitsglas, Scheiben vorgebohrt für punktförmige Halterung, Auflagerung auf Neoprenlager auf zugelassener Gesamtkonstruktion.
Rahmenmaterial: **Aluminium / Stahl**
Verglasung: Verbundsicherheitsglas aus **TVG / ESG**
Scheibendicke: .....
Neigung Verglasungsfläche: ca. ..... °
Farbwirkung: .....
Scheibenrand: fein geschliffen
Bohrungen: ..... St
Haltebereich: Verguss falls erforderlich, mit Neopren-Unterlage
Befestigung: Schrauben, nichtrostender Stahl
Scheibengröße: .....

| 82 € | 164 € | **182 €** | 216 € | 285 € | [St] | ⏱ 0,35 h/St | 032.000.009 |

21 Sicherheitsverglasung, ESG-Glas — KG 344

Einscheiben-Sicherheitsverglasung in bestehende Öffnungen im Innenbereich, mit Heat-Soak-Prüfung, inkl. beidseitige Versiegelung und Einbau der Glashalteleisten.
Rahmenmaterial: **Holz / Aluminium / Kunststoff / Stahl**
Glashalteleisten aus: **Holz / Aluminium / Kunststoff / Stahl**
Verglasung: ESG
Scheibendicke: **6 / 8** mm
Verglasungssystem: **Va3 / Vf3 / .....**
Farbwirkung: neutral
Dichtstoffgruppe: mind. C - elastisch bleibend
Scheibengröße: .....

| 121 € | 129 € | **131 €** | 134 € | 150 € | [m²] | ⏱ 0,55 h/m² | 032.000.011 |

**LB 032
Verglasungs-
arbeiten**

	Nr.	Kurztext / Langtext					Kostengruppe	
		▶ ▷ ø **netto €** ◁ ◀				[Einheit]	Ausf.-Dauer	Positionsnummer

22	Geländerverglasung, VSG-Glas						KG **359**

Verbund-Sicherheitsverglasung in bestehende Konstruktionen als durchwurfhemmende Sonderverglasung nach DIN EN 356, einschl. Einbau der Klemmprofile.
Widerstandsklasse: **RC 2** / ..... DIN EN 1627
Rahmenmaterial: .....
Glashalteleisten aus: .....
Verglasung: VSG
Scheibendicke: nach Anforderung und Prüfzeugnis
Folie: **farblos / matt**
Anforderung: durchwurfhemmend, P4A, DIN EN 356
Verglasungssystem: **Vf3** / .....
Farbwirkung: neutral, Weißglas
Dichtstoffgruppe: mind. C - elastisch bleibend, DIN 18545-2
Scheibengröße (B x H): ..... x ..... mm

108 €	173 €	**205 €**	240 €	330 €	[m²]	⏱ 0,70 h/m²	032.000.013

23	Sichtschutzfolie, geklebt						KG **334**

Sichtschutzfolie mit gleichmäßiger Lichtstreuung, auf bestehende Verglasung einseitig innen aufkleben.
Folie: PVC
Foliendicke: 80 mm
Beschichtung: matt, UV- und kratzbeständig
Solarenergietransmissionsgrad: ..... %
Solarenergieabsorptionsgrad: ..... %
Solarenergiereflektionsgrad: ..... %
UV-Transmission: ..... %
sichtbare Lichttransmission: ca. 66 %
sichtbare Lichtreflektion: ..... %
Brandschutzanforderungen: .....
Abmessung: .....

35 €	75 €	**87 €**	115 €	192 €	[m²]	⏱ 0,15 h/m²	032.000.039

24	Stundensatz, Facharbeiter/-in						

Stundenlohnarbeiten für Vorarbeiterin, Vorarbeiter, Facharbeiterin, Facharbeiter und Gleichgestellte. Der Verrechnungssatz für die jeweilige Arbeitskraft umfasst sämtliche Aufwendungen wie Lohn- und Gehaltskosten, Lohn- und Gehaltsnebenkosten, Zuschläge, lohngebundene und lohnabhängige Kosten, sonstige Sozialkosten, Gemeinkosten, Wagnis und Gewinn. Leistung nach besonderer Anordnung der Bauüberwachung. Anmeldung und Nachweis gem. VOB/B.

42 €	49 €	**52 €**	54 €	60 €	[h]	⏱ 1,00 h/h	032.000.016

Kosten:
Stand 1.Quartal 2021
Bundesdurchschnitt

▶ min
▷ von
ø Mittel
◁ bis
◀ max

023
024
025
026
027
028
029
030
031
032
033
034
036
037
038
039

LB 033 Baureinigungsarbeiten

Preise €

Kosten: Stand 1.Quartal 2021, Bundesdurchschnitt

▶ min
▷ von
ø Mittel
◁ bis
◀ max

Nr.	Positionen	Einheit	▶	▷ ø brutto € / ø netto €		◁	◀
1	Baureinigung, während Bauzeit	m²	0,4 / 0,3	1,3 / 1,1	**1,8** / **1,5**	2,4 / 2,0	3,5 / 3,0
2	Treppen/Podeste reinigen	m²	0,5 / 0,4	1,2 / 1,0	**1,5** / **1,3**	1,8 / 1,5	3,0 / 2,5
3	Bodenbelag reinigen, Hartbeläge	m²	0,5 / 0,4	0,9 / 0,8	**1,2** / **1,0**	1,8 / 1,5	3,0 / 2,5
4	Bodenbelag reinigen, Betonflächen	m²	0,1 / 0,1	0,8 / 0,6	**1,0** / **0,9**	2,3 / 1,9	3,5 / 3,0
5	Bodenbelag reinigen, Parkett, Holzdielen	m²	0,5 / 0,4	2,2 / 1,8	**2,5** / **2,1**	4,8 / 4,1	9,3 / 7,9
6	Bodenbelag reinigen, Fliesen/Platten	m²	0,5 / 0,4	1,3 / 1,1	**1,6** / **1,4**	3,4 / 2,9	7,5 / 6,3
7	Bodenbelag reinigen, Teppich	m²	0,1 / 0,1	1,0 / 0,8	**1,1** / **0,9**	1,8 / 1,5	3,0 / 2,5
8	Fassade reinigen, Hochdruckreiniger	m²	14 / 12	19 / 16	**21** / **18**	23 / 20	31 / 26
9	Decke reinigen, Metalldecke	m²	0,5 / 0,4	1,4 / 1,2	**1,8** / **1,6**	2,2 / 1,8	3,2 / 2,7
10	Decke reinigen, Gipsfaser / Gipsplatten, beschichtet	m²	1,0 / 0,8	1,9 / 1,6	**2,2** / **1,8**	2,5 / 2,1	3,5 / 2,9
11	Glasflächen reinigen, Fassadenelemente	m²	0,8 / 0,7	2,9 / 2,4	**3,6** / **3,0**	6,6 / 5,5	12 / 10
12	Wandflächen reinigen, beschichtet	m²	0,8 / 0,7	1,7 / 1,5	**2,0** / **1,7**	2,3 / 2,0	2,9 / 2,5
13	Wandbelag reinigen, Fliesen	m²	0,3 / 0,2	0,8 / 0,6	**0,9** / **0,8**	2,2 / 1,8	4,7 / 3,9
14	Wandbelag reinigen, Hartbeläge; Holz, Schichtstoff	m²	0,4 / 0,4	0,9 / 0,8	**1,1** / **1,0**	1,7 / 1,4	2,8 / 2,4
15	Türen reinigen	St	0,7 / 0,6	2,7 / 2,3	**3,5** / **3,0**	5,3 / 4,4	9,0 / 7,6
16	Heizkörper reinigen	m²	0,5 / 0,4	1,3 / 1,1	**1,6** / **1,4**	2,1 / 1,8	2,9 / 2,5
17	Waschtisch/Duschwanne reinigen	St	0,7 / 0,6	3,2 / 2,7	**4,2** / **3,5**	4,4 / 3,7	7,9 / 6,7
18	WC-Schüssel/Urinal reinigen	St	0,7 / 0,6	3,3 / 2,8	**3,8** / **3,2**	5,2 / 4,4	7,9 / 6,7
19	Handläufe reinigen	m	<0,1 / <0,1	0,4 / 0,4	**0,6** / **0,5**	0,9 / 0,8	1,6 / 1,4
20	Geländer reinigen	m	0,3 / 0,3	1,0 / 0,9	**1,4** / **1,2**	1,9 / 1,6	3,0 / 2,5
21	Teeküche reinigen	St	25 / 21	32 / 27	**34** / **28**	39 / 33	48 / 41
22	Einbauschrank reinigen	St	7 / 6	9 / 7	**12** / **10**	15 / 12	18 / 15
23	Einzelfenster reinigen	St	0,7 / 0,6	3,7 / 3,1	**4,9** / **4,1**	6,1 / 5,2	9,6 / 8,0
24	Sonnenschutz reinigen	m²	– / –	3 / 2	**3** / **3**	3 / 3	– / –

© BKI Baukosteninformationszentrum; Erläuterungen zu den Tabellen siehe Seite 44
Mustertexte geprüft: Landesinnung des Gebäudereiniger-Handwerks Baden-Württemberg

Kostenstand: 1.Quartal 2021, Bundesdurchschnitt

Baureinigungsarbeiten — Preise €

Nr.	Positionen	Einheit	▶	▷ ø brutto € / ø netto €		◁	◀
25	Aufzugsanlage reinigen	St	29	53	**62**	102	157
			25	44	**52**	86	132
26	Technikraum reinigen, m²	m²	0,7	1,8	**2,2**	2,8	4,2
			0,6	1,5	**1,9**	2,4	3,5
27	Baureinigung, Außenbereich	m²	0,1	0,4	**0,7**	0,8	1,5
			0,1	0,4	**0,6**	0,7	1,3
28	Stundensatz, Facharbeiter/-in	h	30	35	**37**	43	54
			25	29	**31**	36	45
29	Stundensatz. Helfer/-in	h	22	29	**31**	35	42
			19	24	**26**	29	35

Nr.	Kurztext / Langtext						Kostengruppe
▶	▷	ø netto €	◁	◀	[Einheit]	Ausf.-Dauer	Positionsnummer

1 Baureinigung, während Bauzeit — KG 397

Böden, aus Beton, reinigen während der Bauzeit, von grober Verschmutzung durch Bauschutt, aufgenommene Stoffe sortieren, sammeln, und zur Entsorgung im bauseits gestellte Container fördern. Entsorgung nach gesonderter Position. Abfall ist nicht gefährlich, nicht schadstoffbelastet.

| 0,3€ | 1,1€ | **1,5€** | 2,0€ | 3,0€ | [m²] | ⏱ 0,05 h/m² | 033.000.018 |

2 Treppen/Podeste reinigen — KG 397

Treppen (Tritt- und Setzstufe) und Podeste reinigen, Rückstände von Beton- und Malerarbeiten vorsichtig mit Spatel entfernen, sowie gründliches Abkehren bzw. Absaugen der Treppenläufe. Kratzspuren sind zu vermeiden. Gründliches Schrubben und Wischen sämtlicher Bodenflächen mit einem auf den Belag abgestimmten und vom Hersteller empfohlenen Reinigungs- und Pflegemittel. Entfernen des Zementschleiers auf allen Fliesenbelägen und aller Verunreinigungen sowie Aufkleber. Auf die dauerelastischen Verfugungen ist besondere Rücksicht zu nehmen. Nachreinigung durch nasses Aufwischen und trockenes Nachwischen der Treppengeländer, Brüstungen und Handläufe bis zur Erreichung einer streifenfreien Oberfläche.

| 0,4€ | 1,0€ | **1,3€** | 1,5€ | 2,5€ | [m²] | ⏱ 0,04 h/m² | 033.000.019 |

3 Bodenbelag reinigen, Hartbeläge — KG 397

Feinreinigung des Bodenbelags, inkl. Sockelleisten, mit einem auf den Belag abgestimmten und vom Hersteller empfohlenen Reinigungs- und Pflegemittel, Reinigen bis zum Erlangen einer vollständig schmutzfreien Oberfläche. Leistung inkl. Entfernen aller Verunreinigungen und Aufkleber. Bodenbeläge verlegt in allen Geschossen.

Belag: **Linoleum / Kunststoff / Kautschuk / Kunststofflaminat / .....**

| 0,4€ | 0,8€ | **1,0€** | 1,5€ | 2,5€ | [m²] | ⏱ 0,04 h/m² | 033.000.001 |

4 Bodenbelag reinigen, Betonflächen — KG 397

Feinreinigung von Betonböden mit Oberflächenbeschichtung, inkl. Sockelleisten, mit einem auf den Belag abgestimmten und vom Hersteller empfohlenen Reinigungs- und Pflegemittel, Reinigen bis zum Erlangen einer vollständig schmutzfreien Oberfläche. Leistung inkl. Entfernen aller Verunreinigungen und Aufkleber. Bodenbeläge verlegt in allen Geschossen.

Beschichtung: **Kunstharz / Acryl / Ölfarbe / .....**

| 0,1€ | 0,6€ | **0,9€** | 1,9€ | 3,0€ | [m²] | ⏱ 0,03 h/m² | 033.000.002 |

LB 033 Baureinigungsarbeiten

Kosten:
Stand 1.Quartal 2021
Bundesdurchschnitt

▶ min
▷ von
ø Mittel
◁ bis
◀ max

Nr.	Kurztext / Langtext						Kostengruppe
▶	▷	ø netto €	◁	◀	[Einheit]	Ausf.-Dauer	Positionsnummer

5 Bodenbelag reinigen, Parkett, Holzdielen — KG 397
Feinreinigung von Holzböden mit Oberflächenbeschichtung, inkl. Sockelleisten, mit einem auf den Belag abgestimmten und vom Hersteller empfohlenen Reinigungs- und Pflegemittel, Reinigen bis zum Erlangen einer vollständig schmutzfreien Oberfläche. Leistung inkl. Entfernen aller Verunreinigungen und Aufkleber. Bodenbeläge verlegt in allen Geschossen.
Beschichtung: **Öl-Kunstharzsiegel / Wasserlack / PU-Wassersiegel / Spezial-Hartwachs / .....**
0,4€   1,8€   **2,1€**   4,1€   7,9€   [m²]   ⏱ 0,05 h/m²   033.000.003

6 Bodenbelag reinigen, Fliesen/Platten — KG 397
Feinreinigung von Fliesen- oder Plattenbelag, inkl. Sockelleisten, durch Wischen mit einem auf den Belag abgestimmten Reinigungsmittel, Reinigen bis zum Erlangen einer vollständig schmutzfreien Oberfläche. Leistung inkl. Entfernen des Zementschleiers und Entfernen aller Verunreinigungen und Aufkleber. Auf die dauerelastischen Verfugungen ist besondere Rücksicht zu nehmen. Bodenbeläge verlegt in allen Geschossen.
Oberfläche: **glasiert / unglasiert**
0,4€   1,1€   **1,4€**   2,9€   6,3€   [m²]   ⏱ 0,04 h/m²   033.000.004

7 Bodenbelag reinigen, Teppich — KG 397
Feinreinigung von textilem Bodenbelag, inkl. Sockel, Reinigen mittels Vakuum- bzw. Bürstsaugen bis zum Erlangen einer vollständig schmutzfreien Oberfläche. Leistung inkl. Entfernen aller Verunreinigungen. Bodenbeläge verlegt in allen Geschossen.
Faser: **Kunstfaser / Naturfaser**
Teppichart: **Velours / Nadelfilz / Schlingenware**
Struktur: **hochflorig / feinflorig / .....**
Sockel: **Kunststoffprofil / Kernsockelprofil mit textilem Belag / Holzsockelleiste**
0,1€   0,8€   **0,9€**   1,5€   2,5€   [m²]   ⏱ 0,03 h/m²   033.000.005

8 Fassade reinigen, Hochdruckreiniger — KG 397
Reinigung der Fassadenflächen durch Druckstrahlen mit temperiertem Wasser, bis zum Erlangen einer vollständig schmutzfreien Oberfläche.
Arbeitshöhe: bis ..... m
Fensteranteil: .....
Abgrenzung zu anderen Bauteilen: .....
Passantenschutz notwendig: **ja / nein**
12€   16€   **18€**   20€   26€   [m²]   ⏱ 0,35 h/m²   033.000.006

9 Decke reinigen, Metalldecke — KG 397
Reinigen von Metall-Decken im Innenbereich, mit Beschichtung, mit und ohne Akustiklochung, inkl. Oberflächen der Einbauleuchten, Rauchmelder, etc.
Arbeitshöhe: bis ..... m
0,4€   1,2€   **1,6€**   1,8€   2,7€   [m²]   ⏱ 0,05 h/m²   033.000.022

10 Decke reinigen, Gipsfaser / Gipsplatten, beschichtet — KG 397
Reinigen von Gipsplatten-Decken, glatt, im Innenbereich, mit Beschichtung aus scheuerbeständiger Dispersionsfarbe, inkl. Oberflächen der Einbauleuchten, Rauchmelder etc.
Arbeitshöhe: bis ..... m
0,8€   1,6€   **1,8€**   2,1€   2,9€   [m²]   ⏱ 0,06 h/m²   033.000.024

Nr.	**Kurztext** / Langtext						Kostengruppe	
▶	▷	**ø netto €**	◁	◀	[Einheit]	Ausf.-Dauer	Positionsnummer	

11 Glasflächen reinigen, Fassadenelemente — KG **397**

Reinigung der verglasten Fassadenelemente durch Einwaschen mit einem Strip und einem Fensterwischer abziehen, unter Hinzunahme von geeignetem Reinigungsmittel, danach die Randbereiche trocken ledern und polieren bis zum Erlangen einer vollständig sauberen und trockenen Oberfläche. Abrechnung der einfachen Ansichtsfläche der zu reinigenden Bauteile:
- Reinigen der Glasflächen ESG, VSG nach Herstellerangaben
- Reinigen der beschichteten Rahmen- und Konstruktionsprofile, aller Beschläge, Verdunkelungs- und Sonnenschutz-Elemente
- Reinigen der Fensterbänke und inkl. aller Schutz- und Abdeckbleche

Reinigungsbereich: **nur außen / innen und außen / nur innen**
Arbeitshöhe: bis ..... m
Arbeit von **innen / vom bauseits bereitgestellten Gerüst / vom bauseits bereitgestellten Hubsteiger**
Abgrenzung zu anderen Bauteilen: .....
Passantenschutz notwendig: **ja / nein**
Reinigungsart: **Erstreinigung / Unterhaltsreinigung**

| 0,7€ | 2,4€ | **3,0€** | 5,5€ | 10€ | [m²] | ⏱ 0,10 h/m² | 033.000.007 |

12 Wandflächen reinigen, beschichtet — KG **397**

Reinigen von Wänden / Stützen im Innenbereich, durch wischen, saugen oder kehren.
Bauteile: .....
Oberflächen: **Gipsplatten / Beschichtung ..... / Tapete ..... mit Beschichtung .....**
Arbeitshöhe: bis ..... m

| 0,7€ | 1,5€ | **1,7€** | 2,0€ | 2,5€ | [m²] | ⏱ 0,05 h/m² | 033.000.021 |

13 Wandbelag reinigen, Fliesen — KG **397**

Feinreinigung von Wandbelägen aus Fliesen oder Platten, in allen Geschossen, mit einem geeigneten Reinigungsmittel, Reinigen bis zum Erlangen einer vollständig schmutzfreien Oberfläche. Leistung inkl. Entfernen des Zementschleiers und Entfernen aller Verunreinigungen und Aufkleber. Auf die dauerelastischen Verfugungen ist besondere Rücksicht zu nehmen.
Oberfläche: **glasiert / unglasiert**
Arbeitshöhe: bis ..... m

| 0,2€ | 0,6€ | **0,8€** | 1,8€ | 3,9€ | [m²] | ⏱ 0,03 h/m² | 033.000.008 |

14 Wandbelag reinigen, Hartbeläge; Holz, Schichtstoff — KG **397**

Feinreinigung von Wandbekleidungen, mit einem geeigneten und vom Hersteller empfohlenen Reinigungs- und Pflegemittel, Reinigen bis zum Erlangen einer vollständig schmutzfreien Oberfläche. Leistung inkl. Reinigen der Beschläge und Entfernen aller Verunreinigungen und Aufkleber.
Bekleidungshöhe: bis ..... m
Oberfläche: **beschichtet / unbeschichtet**
Wandbekleidung: **Hartbelag / Holz / Schichtstoff / .....**
Arbeitshöhe: bis ..... m

| 0,4€ | 0,8€ | **1,0€** | 1,4€ | 2,4€ | [m²] | ⏱ 0,03 h/m² | 033.000.009 |

LB 033 Baureinigungsarbeiten

Kosten:
Stand 1.Quartal 2021
Bundesdurchschnitt

▶ min
▷ von
ø Mittel
◁ bis
◀ max

Nr.	Kurztext / Langtext					[Einheit]	Ausf.-Dauer	Kostengruppe Positionsnummer
▶	▷	ø netto €	◁	◀				

15 Türen reinigen — KG 397
Feinreinigung von Türelementen aus Zargen und Türblatt (allseitig), mit einem geeigneten und vom Hersteller empfohlenen Reinigungs- und Pflegemittel, bis zum Erlangen einer vollständig schmutzfreien Oberfläche. Leistung inkl. Reinigen der Beschläge und Entfernen aller Verunreinigungen und Aufkleber.
Türabmessung: .....
Maulweite Zarge: .....
Oberfläche: **lackbeschichtet / Schichtstoff / unbeschichtet / Glas**
Materialien: **Metall / Holz / Glasfüllung** .....
Arbeitshöhe: bis ..... m

▶	▷	ø	◁	◀	Einheit	Dauer	Pos.
0,6€	2,3€	**3,0€**	4,4€	7,6€	[St]	0,10 h/St	033.000.010

16 Heizkörper reinigen — KG 397
Feinreinigung von Heizkörpern, mit einem geeigneten Reinigungsmittel, bis zum Erlangen einer vollständig schmutzfreien Oberfläche. Leistung inkl. Reinigen der Armatur, Halterung und Zuleitung und Entfernen aller Verunreinigungen und Aufkleber, sowie ggf. Aufnehmen und Entsorgen der bauseitigen Schutzfolien.
Abmessung Heizkörper: .....
Oberfläche: lackbeschichtet
Bauform: **Platten- / Röhrenheizkörper /** .....

0,4€	1,1€	**1,4€**	1,8€	2,5€	[m²]	0,04 h/m²	033.000.011

17 Waschtisch/Duschwanne reinigen — KG 397
Erstreinigung von Sanitäreinrichtungen, mit einem geeigneten und vom Hersteller empfohlenen Reinigungs- und Pflegemittel, bis zum Erlangen einer vollständig schmutzfreien Oberfläche. Leistung inkl. Reinigen der Armaturen, Zu- und Abläufe und Halterungen, sowie Entfernen aller Verunreinigungen und Aufkleber.
Einbauteil: **Waschbecken / Duschwanne**
Material: **Keramik / emailliertes Stahlblech**
Oberfläche **matt / hochglänzend**

0,6€	2,7€	**3,5€**	3,7€	6,7€	[St]	0,10 h/St	033.000.012

18 WC-Schüssel/Urinal reinigen — KG 397
Erstreinigung von wandhängenden Sanitäreinrichtungen, mit einem geeigneten Reinigungsmittel, bis zum Erlangen einer vollständig schmutzfreien Oberfläche. Leistung inkl. Reinigen der Armaturen, Zu- und Abläufe, Deckel und Halterungen, sowie Entfernen aller Verunreinigungen und Aufkleber.
Einbauteil: **WC-Schüssel / Urinal**
Material: Keramik
Oberfläche: **matt / hochglänzend**

0,6€	2,8€	**3,2€**	4,4€	6,7€	[St]	0,08 h/St	033.000.013

19 Handläufe reinigen — KG 397
Feinreinigung von Einrichtungen, mit einem geeigneten Reinigungsmittel, bis zum Erlangen einer vollständig schmutzfreien Oberfläche. Leistung inkl. Reinigen der Halterungen, sowie Entfernen aller Verunreinigungen und Aufkleber.
Teil: **Rohrleitungen / Handläufe**
Material: **lackiertes Stahlrohr / Holzprofil**
Oberfläche: **matt / hochglänzend**

<0,1€	0,4€	**0,5€**	0,8€	1,4€	[m]	0,02 h/m	033.000.014

© BKI Baukosteninformationszentrum; Erläuterungen zu den Tabellen siehe Seite 44
Mustertexte geprüft: Landesinnung des Gebäudereiniger-Handwerks Baden-Württemberg

Nr.	Kurztext / Langtext					Kostengruppe	
▶	▷	ø netto €	◁	◀	[Einheit]	Ausf.-Dauer	Positionsnummer

20 Geländer reinigen — KG **397**

Feinreinigung von Geländern, bestehend aus Handlauf, Ober- und Untergurt sowie Füllung, mit einem geeigneten Reinigungsmittel, bis zum Erlangen einer vollständig schmutzfreien Oberfläche. Leistung inkl. Reinigen der Halterungen, sowie Entfernen aller Verunreinigungen und Aufkleber.
Abmessung Geländer: .....
Bauart: **Rundstäbe / Flachstäbe / Metallblech**
Material: **lackierter Stahl / beschichtete Holzkonstruktion**
Oberflächen: **matt / hochglänzend**

| 0,3€ | 0,9€ | **1,2€** | 1,6€ | 2,5€ | [m] | ⏱ 0,04 h/m | 033.000.016 |

21 Teeküche reinigen — KG **397**

Reinigen einer Teeküche, innen und außen, mit Einbauteilen und Ausstattungen.
Teeküche bestehend aus:
– Arbeitstischanlagen / Unterschränke: Tiefe ..... bis ..... cm, im Mittel ..... cm geschlossen
– Wandhänge- / Hochschränken: Tiefe ..... bis ..... cm, im Mittel ..... cm geschlossen
– Hochschränken, Regalen: Tiefe ..... bis ..... cm, im Mittel ..... cm
– Einbauspüle, Kochfeld, Kühlschrank, Mikrowelle, Geschirrspüler, Unterbauleuchte etc.
– Beschlägen und Griffen aus Edelstahl inkl. Blenden
Arbeitshöhe: bis ..... m

| 21€ | 27€ | **28€** | 33€ | 41€ | [St] | ⏱ 0,90 h/St | 033.000.026 |

22 Einbauschrank reinigen — KG **397**

Reinigung Einbauschrank, innen und außen.
Schrankart: Akten- und Garderobenschränke, Regale, Einbauschränke inkl. Fachböden
Einteilungen: Tiefe ..... bis ..... cm, im Mittel ..... cm geschlossen
Arbeitshöhe: bis ..... m

| 6€ | 7€ | **10€** | 12€ | 15€ | [St] | ⏱ 0,20 h/St | 033.000.027 |

23 Einzelfenster reinigen — KG **397**

Reinigung eines mehrteiligen Einzelfensters. Reinigen aller Fensterflügel und Festverglasungen, Innen- und Außenflächen, Paneel-, Glas- und Rahmenflächen, Beschläge, Fugen und Dichtungen durch nass wischen mit einem abgestimmten Reinigungsmittel, danach trocken ledern und polieren bis zum Erlangen einer vollständig schmutzfreien Oberflächen. Leistung inkl. zerstörungsfreier Entfernung aller Aufkleber, sowie inkl. erhöhtem Aufwand für verfestigte Verschmutzungen der Außenseiten.
Rahmenmaterial: **Kunststoff / Holz / Holz-Alu / Aluminium**
Fenstergröße: .....
Arbeitshöhe: bis ..... m
Arbeit von **innen / vom Gerüst / von Hubsteiger**
Abgrenzung zu anderen Bauteilen: .....
Passantenschutz notwendig: **ja / nein**

| 0,6€ | 3,1€ | **4,1€** | 5,2€ | 8,0€ | [St] | ⏱ 0,12 h/St | 033.000.020 |

LB 033 Baureinigungsarbeiten

Kosten:
Stand 1.Quartal 2021
Bundesdurchschnitt

▶ min
▷ von
ø Mittel
◁ bis
◀ max

Nr.	Kurztext / Langtext					[Einheit]	Ausf.-Dauer	Kostengruppe Positionsnummer
▶	▷	ø netto €	◁	◀				

24 Sonnenschutz reinigen — KG 397

Reinigung von außenliegendem Sonnenschutz, mit einem geeigneten Reinigungsmittel, bis zum Erlangen einer vollständig schmutzfreien und trockenen Oberfläche. Leistung inkl. reinigen der Führungsprofile, Schutzabdeckung, Halterung und aller Beschläge.
Arbeitshöhe: .....
Arbeitsebene: **vom Flachdach / vom Gerüst / von Hubsteiger**
Art d. Reinigung: **Erstreinigung / Unterhaltsreinigung**

| – € | 2 € | **3 €** | 3 € | – € | [m²] | ⏱ 0,07 h/m² | 033.000.017 |

25 Aufzugsanlage reinigen — KG 397

Reinigung der Aufzugskabine inkl. aller Haltestellen aus verschiedenen Oberflächen mit vom Hersteller zugelassenen Reinigungsmitteln bis zum Erlangen einer vollständig schmutzfreien und trockenen Oberfläche.
Anzahl der Haltestellen: ..... St
Grundfläche Aufzug: ..... m²
Beschreibung Wandfläche: .....
Beschreibung Bodenbelag: .....
Leistung inkl. Reinigung der Unterfahrt und sämtliche Geräte.

| 25 € | 44 € | **52 €** | 86 € | 132 € | [St] | ⏱ 11,00 h/St | 033.000.030 |

26 Technikraum reinigen, m² — KG 397

Reinigung des Technikraumes, mit einem geeigneten Reinigungsmittel, bis zum Erlangen einer vollständig schmutzfreien und trockenen Oberfläche. Leistung: Reinigen der Böden, Wände und Decken, sowie der kompletten Ausstattung, Befestigungsprofile, Halterung und aller Beschläge und Armaturen, gem. anliegender Einzelbeschreibung.
Arbeitshöhe: .....
Arbeitsebene: .....
Art d. Reinigung: **Feinreinigung / Unterhaltsreinigung**

| 0,6 € | 1,5 € | **1,9 €** | 2,4 € | 3,5 € | [m²] | ⏱ 0,06 h/m² | 033.000.032 |

27 Baureinigung, Außenbereich — KG 397

Beseitigung von Bauschutt aller Art im Außenbereich; z.B. Papierabfälle, Reste von Isolierungen, Bodenbelagsreste, Verpackungsmaterial, Mörtelreste und dergleichen. Schutt sammeln, aufnehmen, fördern bis ..... m und im bauseitigen Container deponieren, sortiert nach Art. Entsorgung nach gesonderter Position.

| 0,1 € | 0,4 € | **0,6 €** | 0,7 € | 1,3 € | [m²] | ⏱ 0,02 h/m² | 033.000.015 |

28 Stundensatz, Facharbeiter/-in

Stundenlohnarbeiten für Vorarbeiterin, Vorarbeiter, Facharbeiterin, Facharbeiter und Gleichgestellte. Verrechnungssatz für die jeweilige Arbeitskraft inkl. aller Aufwendungen wie, Lohn- und Lohnnebenkosten, Zuschläge sonstige Sozialkosten, Gemeinkosten, Wagnis und Gewinn. Leistung nach besonderer Anordnung der Bauüberwachung. Anmeldung und Nachweis gem. VOB/B.

| 25 € | 29 € | **31 €** | 36 € | 45 € | [h] | ⏱ 1,00 h/h | 033.000.028 |

29 Stundensatz. Helfer/-in

Stundenlohnarbeiten für Werkerin, Werker, Helferin, Helfer und Gleichgestellte. Verrechnungssatz für die jeweilige Arbeitskraft inkl. aller Aufwendungen wie, Lohn- und Lohnnebenkosten, Zuschläge, sonstige Sozialkosten, Gemeinkosten, Wagnis und Gewinn. Leistung nach besonderer Anordnung der Bauüberwachung. Anmeldung und Nachweis gem. VOB/B.

| 19 € | 24 € | **26 €** | 29 € | 35 € | [h] | ⏱ 1,00 h/h | 033.000.029 |

© BKI Baukosteninformationszentrum; Erläuterungen zu den Tabellen siehe Seite 44
Mustertexte geprüft: Landesinnung des Gebäudereiniger-Handwerks Baden-Württemberg

023
024
025
026
027
028
029
030
031
032
033
034
036
037
038
039

LB 034 Maler- und Lackierarbeiten - Beschichtungen

Kosten: Stand 1. Quartal 2021, Bundesdurchschnitt

- ▶ min
- ▷ von
- ø Mittel
- ◁ bis
- ◀ max

Preise € — ø brutto € / ø netto €

Nr.	Positionen	Einheit	▶	▷	ø	◁	◀
1	Bauteile abkleben	St	0,4	1,6	**1,9**	3,1	5,2
			0,3	1,3	**1,6**	2,6	4,4
2	Boden abdecken, Vlies	m²	0,3	1,4	**1,9**	2,9	5,8
			0,3	1,2	**1,6**	2,4	4,9
3	Boden abdecken, Platten	m²	0,9	2,0	**2,5**	4,1	7,0
			0,7	1,7	**2,1**	3,5	5,9
4	Untergrund reinigen	m²	0,2	1,1	**1,6**	2,1	3,3
			0,1	0,9	**1,3**	1,8	2,8
5	Stoßfuge schließen, Fertigteil-Decke	m	3	5	**6**	10	18
			3	4	**5**	8	15
6	Spachtelung, Q3, ganzflächig	m²	2	7	**9**	12	19
			2	6	**7**	10	16
7	Spachtelung, Q4, Innenputz	m²	4	7	**10**	13	25
			4	6	**8**	11	21
8	Grundierung, Gipsplatten	m²	0,4	1,5	**1,9**	3,0	5,2
			0,4	1,2	**1,6**	2,5	4,4
9	Grundierung, Betonflächen, innen	m²	0,5	1,6	**2,2**	3,0	4,9
			0,4	1,4	**1,9**	2,5	4,1
10	Erstbeschichtung, innen, Dispersion, sb	m²	3	5	**5**	6	9
			2	4	**4**	5	8
11	Erstbeschichtung, innen, Putz rau, Dispersion sb	m²	3	5	**6**	7	10
			3	4	**5**	6	8
12	Erstbeschichtung, innen, Dispersion, wb	m²	3	5	**6**	7	10
			3	4	**5**	6	8
13	Erstbeschichtung, innen, Putz rau, Dispersion wb	m²	4	5	**6**	7	10
			3	5	**5**	6	9
14	Erstbeschichtung, Raufasertapete, Dispersion	m²	3	4	**4**	5	6
			3	3	**3**	4	5
15	Erstbeschichtung, Glasfasertapete, Dispersion	m²	4	5	**6**	7	8
			4	5	**5**	6	7
16	Erstbeschichtung, Dispersions-Silikatfarbe, innen	m²	3	5	**6**	7	11
			3	4	**5**	6	9
17	Erstbeschichtung, Silikatfarbe, Putzflächen, innen	m²	4	6	**7**	9	12
			4	5	**6**	7	10
18	Erstbeschichtung, Silikatfarbe, innen, linear	m	0,8	2,2	**2,7**	3,8	5,5
			0,7	1,9	**2,3**	3,2	4,6
19	Erstbeschichtung, Dispersions-Silikatfarbe, Sichtbeton innen, linear	m	2	4	**5**	6	10
			1	4	**4**	5	9
20	Erstbeschichtung, Dispersion, Sichtmauerwerk, innen	m²	3	5	**6**	6	8
			3	4	**5**	5	7
21	Erstbeschichtung, Kalkfarbe, innen	m²	5	10	**10**	12	15
			4	8	**8**	10	13
22	Streichputz, innen	m²	5	10	**12**	13	16
			4	8	**10**	11	14
23	Erstbeschichtung, Silikatfarbe, Außenputz	m²	8	11	**12**	14	20
			7	9	**10**	12	17

© BKI Baukosteninformationszentrum; Erläuterungen zu den Tabellen siehe Seite 44
Mustertexte geprüft: Bundesverband Farbe Gestaltung Bautenschutz
Kostenstand: 1.Quartal 2021, Bundesdurchschnitt

Maler- und Lackierarbeiten - Beschichtungen — Preise €

Nr.	Positionen	Einheit	▶	▷	ø brutto € ø netto €	◁	◀
24	Erstbeschichtung, Dispersionsfarbe, Außenputz	m²	7	10	**12**	14	18
			6	9	**10**	11	15
25	Erstbeschichtung, Silikonharz, Außenbauteil	m²	–	14	**16**	18	–
			–	12	**13**	15	–
26	Erstbeschichtung, Dispersion, Außenputz, Laibung	m	–	2	**3**	5	–
			–	2	**3**	5	–
27	Imprägnierung, Sichtbetonwand, außen	m²	4	6	**8**	9	11
			3	5	**7**	8	9
28	Graffiti-Schutz, Wand	m²	11	26	**29**	54	94
			9	22	**24**	45	79
29	Bodenbeschichtung, Beton, Acryl	m²	9	13	**15**	17	23
			8	11	**12**	14	19
30	Bodenbeschichtung, Beton, Epoxid	m²	10	16	**19**	21	30
			9	13	**16**	18	25
31	Oberflächenschutz, OS5b, aufgehende Bauteile	m²	29	32	**33**	36	38
			24	27	**28**	30	32
32	Erstbeschichtung, Holzprofil	m	3	6	**8**	10	15
			2	5	**7**	9	12
33	Erstbeschichtung, Holzfenster, deckend	m²	22	27	**29**	32	39
			19	23	**25**	27	33
34	Schlussbeschichtung, Holzfenster	m²	9	13	**15**	17	19
			8	11	**12**	14	16
35	Holzimprägnierung, holzverfärbende Pilze	m²	2	3	**4**	5	7
			1	3	**4**	4	6
36	Erstbeschichtung, Lasur, Holzbauteil außen	m²	5	15	**18**	21	26
			4	13	**15**	17	22
37	Erstbeschichtung, Lasur, Holzbauteil, innen	m²	10	14	**15**	18	25
			8	12	**13**	15	21
38	Erstbeschichtung, Holzbauteil, außen, deckend	m²	17	21	**23**	30	41
			14	18	**20**	25	34
39	Erstbeschichtung, Stahlflächen, außen	m²	12	19	**25**	29	39
			10	16	**21**	25	33
40	Erstbeschichtung, Stahlprofil, außen	m	5	9	**10**	12	19
			4	7	**8**	10	16
41	Erstbeschichtung, Metallgeländer, außen	m	13	28	**34**	46	72
			11	24	**29**	38	61
42	Schlussbeschichtung, grundierter Röhrenheizkörper	m²	9	14	**16**	20	30
			7	11	**13**	17	25
43	Erstbeschichtung, Heizungsrohrleitung	m	2	4	**5**	7	14
			2	3	**4**	6	11
44	Erstbeschichtung, Stahlblech, längenorientiert	m	6	9	**11**	16	26
			5	8	**9**	13	22
45	Erstbeschichtung, Stahlblech, flächig	m²	9	22	**26**	35	49
			8	19	**22**	29	41
46	Erstbeschichtung, Lüftungsrohr, Stahl	m²	14	19	**22**	27	39
			12	16	**19**	23	33
47	Erstbeschichtung, Stahlzarge	m	4	12	**14**	19	28
			4	10	**12**	16	24

© BKI Baukosteninformationszentrum; Erläuterungen zu den Tabellen siehe Seite 44
Mustertexte geprüft: Bundesverband Farbe Gestaltung Bautenschutz
Kostenstand: 1.Quartal 2021, Bundesdurchschnitt

LB 034 Maler- und Lackierarbeiten - Beschichtungen

Preise €

Nr.	Positionen	Einheit	▶ min	▷ von	ø brutto € ø netto €	◁ bis	◀ max
48	Brandschutzbeschichtung, R30, Stahlbauteile	m²	25	54	**64**	81	111
			21	46	**53**	68	93
49	Decklack, Brandschutzbeschichtungen, Stahlteile	m²	8	11	**13**	16	19
			7	9	**11**	13	16
50	Brandschutzbeschichtung Rund-/Profilstahl	m	20	36	**42**	44	68
			17	31	**35**	37	57
51	Fugenabdichtung, plastoplastisch, Acryl	m	1	3	**3**	5	9
			0,9	2,2	**2,7**	3,9	7,6
52	Fugenabdichtung elastisch, Silikon	m	2	4	**4**	5	7
			2	3	**4**	4	6
53	Beschriftung, geklebt	St	2	6	**9**	12	16
			2	5	**8**	10	14
54	Markierung, Kunststofffolie	m	2	5	**6**	10	17
			1	4	**5**	9	14
55	PKW-Stellplatzmarkierung, Farbe	m	3	7	**10**	13	26
			2	6	**8**	11	22
56	Oberflächenschutz, OS8, Deckversiegelung	m²	8	16	**18**	21	27
			7	13	**15**	18	23
57	Stundensatz, Facharbeiter/-in	h	40	54	**59**	62	69
			34	45	**50**	52	58
58	Stundensatz, Helfer/-in	h	28	42	**45**	49	60
			24	36	**38**	41	50

Kosten: Stand 1.Quartal 2021 Bundesdurchschnitt

Nr.	Kurztext / Langtext		ø netto €			[Einheit]	Ausf.-Dauer	Kostengruppe Positionsnummer

1 Bauteile abkleben — KG 397
Bauteile abkleben, als Vorbereitung der Beschichtung. Nach erfolgter Beschichtung entfernen und komplett entsorgen.
Bauteil: **Fenster / Sockel / Holzprofil**

| 0,3€ | 1,3€ | **1,6€** | 2,6€ | 4,4€ | [St] | 0,03 h/St | 034.000.080 |

2 Boden abdecken, Vlies — KG 397
Böden während Malerarbeiten vollflächig abdecken und abkleben, gegen Verschmutzung, inkl. Entfernen der Schutzmaßnahme nach Abschluss der Arbeiten.
Material: rutschhemmendes Abdeckvlies
zu schützender Bodenbelag: …

| 0,3€ | 1,2€ | **1,6€** | 2,4€ | 4,9€ | [m²] | 0,03 h/m² | 034.000.049 |

3 Boden abdecken, Platten — KG 397
Böden während Malerarbeiten vollflächig abdecken, zum Schutz vor mechanischen Beschädigungen, inkl. Entfernen der Schutzmaßnahme nach Abschluss der Arbeiten.
Material: Hartfaserplatte, 3 mm
zu schützender Bodenbelag: …

| 0,7€ | 1,7€ | **2,1€** | 3,5€ | 5,9€ | [m²] | 0,08 h/m² | 034.000.050 |

Legend:
▶ min
▷ von
ø Mittel
◁ bis
◀ max

Nr.	**Kurztext** / Langtext							Kostengruppe
▶	▷	**ø netto €**	◁	◀	[Einheit]	Ausf.-Dauer	Positionsnummer

4 Untergrund reinigen — KG **345**
Reinigen des Untergrunds (Wand- und Deckenflächen) von grobem Schmutz und losen Bestandteilen. Material sammeln, fördern und in Behältnis des AG lagern.
Untergrund: **Putz / Mauerwerk / Beton**

| 0,1€ | 0,9€ | **1,3€** | 1,8€ | 2,8€ | [m²] | ⏱ 0,03 h/m² | 034.000.004 |

5 Stoßfuge schließen, Fertigteil-Decke — KG **354**
Stoßfuge von Betonfertigteil-Decken auffüllen, als Untergrundvorbereitung für Tapezierarbeiten, Höhenunterschiede beispachteln.
Fugenbreite: .....
Kanten: .....
Material: kunststoffmodifizierter Zementmörtel
Arbeitshöhe: .....

| 3€ | 4€ | **5€** | 8€ | 15€ | [m] | ⏱ 0,08 h/m | 034.000.066 |

6 Spachtelung, Q3, ganzflächig — KG **345**
Ganzflächiges Spachteln und Schleifen von Wand- und Deckenflächen, als Untergrundvorbereitung für Neubeschichtung.
Material: .....
Qualitätsstufe: Q3
Untergrund: **glatter Putz / Gipsbauplatten**
Arbeitshöhe: .....

| 2€ | 6€ | **7€** | 10€ | 16€ | [m²] | ⏱ 0,14 h/m² | 034.000.010 |

7 Spachtelung, Q4, Innenputz — KG **345**
Spachtelung des Innenputzes an Wänden, mit erhöhter Ebenheitsforderung nach DIN 18202. Ausführung ganzflächig.
Spachtelmasse: .....
Qualitätsstufe: Q4
Untergrund: **glatter Putz / Gipsbauplatten**
Arbeitshöhe: .....

| 4€ | 6€ | **8€** | 11€ | 21€ | [m²] | ⏱ 0,16 h/m² | 034.000.060 |

8 Grundierung, Gipsplatten — KG **345**
Wandflächen aus Gipsbauplatten vorbereiten und grundieren, geeignet für ..... .
Höhe der Bauteile: .....
Arbeitshöhe: .....

| 0,4€ | 1,2€ | **1,6€** | 2,5€ | 4,4€ | [m²] | ⏱ 0,03 h/m² | 034.000.013 |

9 Grundierung, Betonflächen, innen — KG **345**
Grundbeschichtung Betonflächen im Innenbereich, wasserverdünnbar, geeignet für spätere Dispersions-Deckbeschichtung.
Untergrund: schalungsrauer Beton, innen
Arbeitshöhe: .....

| 0,4€ | 1,4€ | **1,9€** | 2,5€ | 4,1€ | [m²] | ⏱ 0,03 h/m² | 034.000.014 |

LB 034
Maler- und Lackierarbeiten - Beschichtungen

Kosten:
Stand 1.Quartal 2021
Bundesdurchschnitt

▶ min
▷ von
ø Mittel
◁ bis
◀ max

Nr.	Kurztext / Langtext						Kostengruppe
▶	▷	ø netto €	◁	◀	[Einheit]	Ausf.-Dauer	Positionsnummer

10 Erstbeschichtung, innen, Dispersion, sb KG 345

Erstbeschichtung von Wänden und Decken, Dispersionsfarbe, lösemittel- und weichmacherfrei nach VDL-Richtlinie 01 mit Grund- und Schlussbeschichtung.
Untergrund: mineralisch,.....
Oberfläche: .....
Körnung: .....
Nassabrieb: Klasse 2 (scheuerbeständig)
Kontrastverhältnis: Klasse 1
Farbe: weiß
Glanzgrad: .....
Angeb. Fabrikat: .....

| 2€ | 4€ | 4€ | 5€ | 8€ | [m²] | ⌚ 0,12 h/m² | 034.000.016 |

11 Erstbeschichtung, innen, Putz rau, Dispersion sb KG 345

Erstbeschichtung von Wänden und Decken, Dispersionsfarbe, lösemittel- und weichmacherfrei nach VDL-Richtlinie 01 mit Grund- und Schlussbeschichtung.
Untergrund: Putz.....
Oberfläche: rau
Körnung: .....
Nassabrieb: Klasse 2 (scheuerbeständig)
Kontrastverhältnis: Klasse 1
Farbe: weiß
Glanzgrad: .....
Angeb. Fabrikat: .....

| 3€ | 4€ | 5€ | 6€ | 8€ | [m²] | ⌚ 0,13 h/m² | 034.000.084 |

12 Erstbeschichtung, innen, Dispersion, wb KG 345

Erstbeschichtung von Wänden und Decken, Dispersionsfarbe, lösemittel- und weichmacherfrei nach VDL-Richtlinie 01 mit Grund- und Schlussbeschichtung.
Untergrund: mineralisch,.....
Oberfläche: .....
Körnung .....
Nassabrieb: Klasse 3 (waschbeständig)
Farbe: weiß
Kontrastverhältnis: Klasse 1
Glanzgrad: .....
Angeb. Fabrikat: .....

| 3€ | 4€ | 5€ | 6€ | 8€ | [m²] | ⌚ 0,12 h/m² | 034.000.017 |

Nr.	Kurztext / Langtext						Kostengruppe	
▶	▷	ø netto €	◁	◀	[Einheit]	Ausf.-Dauer	Positionsnummer	

13   Erstbeschichtung, innen, Putz rau, Dispersion wb   KG **345**

Erstbeschichtung von Wänden und Decken, Dispersionsfarbe, lösemittel- und weichmacherfrei nach VDL-Richtlinie 01 mit Grund- und Schlussbeschichtung.
Untergrund: Putz.....
Oberfläche: rau
Körnung: .....
Nassabrieb: Klasse 3 (waschbeständig)
Kontrastverhältnis: Klasse 1
Farbe: weiß
Glanzgrad: .....
Arbeitshöhe: .....

| 3€ | 5€ | **5€** | 6€ | 9€ | [m²] | ⏱ 0,13 h/m² | 034.000.087 |

14   Erstbeschichtung, Raufasertapete, Dispersion   KG **345**

Erstbeschichtung von Wänden und Decken, Dispersionsfarbe, lösemittel- und weichmacherfrei nach VDL-Richtlinie 01 mit Grund- und Schlussbeschichtung.
Untergrund: Raufasertapete
Struktur: .....
Nassabrieb: .....
Kontrastverhältnis: Klasse 1
Farbe: weiß
Glanzgrad: .....
Angeb. Fabrikat: .....

| 3€ | 3€ | **3€** | 4€ | 5€ | [m²] | ⏱ 0,10 h/m² | 037.000.005 |

15   Erstbeschichtung, Glasfasertapete, Dispersion   KG **345**

Erstbeschichtung von Wänden und Decken, mit Dispersionsfarbe, lösemittel- und weichmacherfrei nach VDL-Richtlinie 01, mit Grund- und Schlussbeschichtung.
Untergrund: Glasfasergewebe
Struktur: .....
Nassabrieb: .....
Kontrastverhältnis: Klasse 1
Farbe: weiß
Glanzgrad: .....
Arbeitshöhe: .....

| 4€ | 5€ | **5€** | 6€ | 7€ | [m²] | ⏱ 0,14 h/m² | 037.000.008 |

16   Erstbeschichtung, Dispersions-Silikatfarbe, innen   KG **345**

Erstbeschichtung mit Dispersions-Silikat-Farbe auf Decken und Wandflächen, innen, Farbe lösemittel- und weichmacherfrei nach VDL-Richtlinie 01, diffusionsfähig. Ausführung aus Grund-, Zwischen- und Schlussbeschichtung.
Untergrund: .....
Nassabrieb: Klasse ....
Kontrastverhältnis: Klasse 1
Farbton: .....
Glanzgrad: .....
Arbeitshöhe: .....

| 3€ | 4€ | **5€** | 6€ | 9€ | [m²] | ⏱ 0,14 h/m² | 034.000.018 |

LB 034 Maler- und Lackierarbeiten - Beschichtungen

Kosten:
Stand 1. Quartal 2021
Bundesdurchschnitt

Nr.	Kurztext / Langtext						Kostengruppe
▶	▷	ø netto €	◁	◀	[Einheit]	Ausf.-Dauer	Positionsnummer

17 Erstbeschichtung, Silikatfarbe, Putzflächen, innen   KG **345**

Erstbeschichtung mit Silikatfarbe, auf Wand- oder Deckenfläche, innen, Farbe mit mineralischen Füllstoffen und anorganischen Farbpigmenten, mit hoher Diffusionsfähigkeit, Ausführung aus Grund-, Zwischen- und Schlussbeschichtung.
Untergrund: .....
Nassabrieb: Klasse 3 (waschbeständig)
Kontrastverhältnis: Klasse 1
sd-Wert: 0,01 m, Klasse I
Farbton: .....
Glanzgrad: .....
Arbeitshöhe: .....

| 4€ | 5€ | 6€ | 7€ | 10€ | [m²] | ⏱ 0,18 h/m² | 034.000.070 |

18 Erstbeschichtung, Silikatfarbe, innen, linear   KG **345**

Erstbeschichtung mit Silikatfarbe, auf längenorientierte Bauteile, innen, Farbe mit mineralischen Füllstoffen und anorganischen Farbpigmenten, mit hoher Diffusionsfähigkeit. Abrechnung nach m. Ausführung aus Grund-, Zwischen- und Schlussbeschichtung.
Bauteil: .....
Untergrund: .....
Bauteilbreite: bis max. 60 cm
Nassabrieb: Klasse 3 (waschbeständig)
Kontrastverhältnis: Klasse 1
sd-Wert: 0,01 m, Klasse I
Brandverhalten: A2-s1-d0
Farbton: .....
Glanzgrad: .....
Arbeitshöhe: .....

| 0,7€ | 1,9€ | 2,3€ | 3,2€ | 4,6€ | [m] | ⏱ 0,08 h/m | 034.000.071 |

19 Erstbeschichtung, Dispersions-Silikatfarbe, Sichtbeton innen, linear   KG **345**

Erstbeschichtung mit Dispersions-Silikat-Farbe, lösemittel- / weichmacherfrei nach VDL-Richtlinie 01, auf Sichtbetonflächen von längenorientierten Bauteilen, innen, Farbe mit mineralischen Füllstoffen und anorganischen Farbpigmenten. Abrechnung nach m, bestehend aus Grund-, Zwischen- und Schlussbeschichtung.
Bauteil: .....
Betonoberfläche: .....
Bauteilbreite: bis max. 60 cm
Farbton: .....
Farbcode: .....
Glanzgrad: .....
Arbeitshöhe: .....

| 1€ | 4€ | 4€ | 5€ | 9€ | [m] | ⏱ 0,07 h/m | 034.000.069 |

▶ min
▷ von
ø Mittel
◁ bis
◀ max

Nr.	**Kurztext** / Langtext					Kostengruppe	
▶	▷	**ø netto €**	◁	◀	[Einheit]	Ausf.-Dauer	Positionsnummer

20 Erstbeschichtung, Dispersion, Sichtmauerwerk, innen — KG **345**

Erstbeschichtung mit Dispersionsfarbe, auf Sichtmauerwerk, innen, lösemittel- und weichmacherfrei nach VDL-Richtlinie 01, bestehend aus Grund-, Zwischen- und Schlussbeschichtung.
Bauteil: .....
Untergrund: .....
Farbton: .....
Farbcode: .....
Glanzgrad: .....
Nassabrieb: .....
Arbeitshöhe: .....

| 3€ | 4€ | **5€** | 5€ | 7€ | [m²] | ⏱ 0,18 h/m² | 034.000.021 |

21 Erstbeschichtung, Kalkfarbe, innen — KG **345**

Erstbeschichtung mit Kalkfarbe, auf Wand- und Deckenflächen mit Putz, innen, nass in nass gestrichen zur Vermeidung von Ansätzen, bestehend aus Grund-, Zwischen- und Schlussbeschichtung.
Bauteil: .....
Untergrund: .....
Farbton: .....
Arbeitshöhe: .....

| 4€ | 8€ | **8€** | 10€ | 13€ | [m²] | ⏱ 0,20 h/m² | 034.000.072 |

22 Streichputz, innen — KG **345**

Streichputz, innen, als Zwischen-, und Schlussbeschichtung mit streich- und rollfähigem, gut füllendem, organisch gebundenem Material.
Struktur: **feinkörnig / grobkörnig**
Farbe: .....
Preisgruppe: .....
Glanzgrad: .....
Bauteil: .....
Arbeitshöhe: .....

| 4€ | 8€ | **10€** | 11€ | 14€ | [m²] | ⏱ 0,22 h/m² | 034.000.081 |

23 Erstbeschichtung, Silikatfarbe, Außenputz — KG **335**

Erstbeschichtung auf Außenputzflächen, mit Silikat-Farbe, bestehend aus Grund-, Zwischen- und Schlussbeschichtung.
Außenputz: .....
Körnung: .....
Farbton: .....
Farbcode: .....
Arbeitshöhe: .....

| 7€ | 9€ | **10€** | 12€ | 17€ | [m²] | ⏱ 0,20 h/m² | 034.000.023 |

LB 034 Maler- und Lackierarbeiten - Beschichtungen

Kosten:
Stand 1.Quartal 2021
Bundesdurchschnitt

▶ min
▷ von
ø Mittel
◁ bis
◀ max

Nr.	Kurztext / Langtext						Kostengruppe
▶	▷	ø netto €	◁	◀	[Einheit]	Ausf.-Dauer	Positionsnummer

24 Erstbeschichtung, Dispersionsfarbe, Außenputz KG **335**

Erstbeschichtung auf Außenputzflächen, Dispersionsfarbe, mit Grund-, Zwischen- und Schlussbeschichtung.
Untergrund: .....
Durchlässigkeit für Wasser: Klasse W3 (niedrig)
Wasserdampf-Diffusionsstromdichte: Klasse V1 (hoch)
Körnung: .....
Glanzgrad: .....
Farbton: .....
Arbeitshöhe: .....

| 6€ | 9€ | **10€** | 11€ | 15€ | [m²] | ⏱ 0,18 h/m² | 034.000.094 |

25 Erstbeschichtung, Silikonharz, Außenbauteil KG **335**

Erstbeschichtung von Wänden mit Putz, außen, mit Silikonharz, mit Grund-, Zwischen- und Schlussbeschichtung.
Untergrund: ...
Durchlässigkeit für Wasser: Klasse W3 (niedrig)
Wasserdampf-Diffusionsstromdichte: Klasse V1 (hoch)
Körnung: .....
Glanzgrad: .....
Farbton: .....
Farbcode: .....
Arbeitshöhe: .....

| –€ | 12€ | **13€** | 15€ | –€ | [m²] | ⏱ 0,22 h/m² | 034.000.097 |

26 Erstbeschichtung, Dispersion, Außenputz, Laibung KG **335**

Erstbeschichtung, außen, längenorientiertes Bauteil. Leistung wie Grundposition.
Bauteil: .....
Untergrund: .....
Glanzgrad: .....
Arbeitshöhe: .....

| –€ | 2€ | **3€** | 5€ | –€ | [m] | ⏱ 0,08 h/m | 034.000.096 |

27 Imprägnierung, Sichtbetonwand, außen KG **335**

Imprägnierung von Betonwandflächen im Außenbereich, mit farbloser Beton-Hydrophobierung, bis zur Sättigung aufbringen, vorzugsweise im Flutverfahren.
Untergrund: Betonfläche
Oberfläche: schlagglatt, normal saugend
Beschichtungsstoff: .....
Farbton: .....
Arbeitshöhe: .....

| 3€ | 5€ | **7€** | 8€ | 9€ | [m²] | ⏱ 0,08 h/m² | 034.000.025 |

Nr.	Kurztext / Langtext							Kostengruppe
▶	▷	ø netto €	◁	◀	[Einheit]		Ausf.-Dauer	Positionsnummer

28 Graffiti-Schutz, Wand KG 335
Graffitischutzbeschichtung auf senkrechter Wandfläche, inkl. Grundreinigung der Flächen.
Untergrund: .....
Oberfläche: .....
Beschichtungsstoff: .....
Farbton: .....
Arbeitshöhe: .....

| 9€ | 22€ | **24€** | 45€ | 79€ | [m²] | ⏱ 0,24 h/m² | 034.000.055 |

29 Bodenbeschichtung, Beton, Acryl KG 324
Erstbeschichtung auf Bodenfläche, aus Acrylharzlack, mit Grundierung, Zwischenbeschichtung und Schlussbeschichtung, inkl. farbloser Versiegelung.
Untergrund: normal saugende Betonflächen
Versiegelung: .....
Farbe: .....

| 8€ | 11€ | **12€** | 14€ | 19€ | [m²] | ⏱ 0,18 h/m² | 034.000.026 |

30 Bodenbeschichtung, Beton, Epoxid KG 324
Erstbeschichtung auf Bodenfläche, aus 2-K-Beschichtung auf Epoxidharzbasis, mit Grundierung, Zwischenbeschichtung und Schlussbeschichtung, einschl. farbloser Versiegelung.
Untergrund: normal saugende Betonflächen
Versiegelung: .....
Farbe: .....

| 9€ | 13€ | **16€** | 18€ | 25€ | [m²] | ⏱ 0,18 h/m² | 034.000.027 |

31 Oberflächenschutz, OS5b, aufgehende Bauteile KG 324
Beschichtung für nicht begeh- und befahrbare Flächen gem. DAfStb-Richtlinie "Schutz und Instandsetzung von Betonbauteilen" mit Beschichtung mit Polymer/Zement-Gemisch in mind. 2 Arbeitsgängen.
Bauteil: .....
Lage: .....
Rautiefe: 0,2 mm
Beschichtung: OS 5b
Mindestschichtdicke: mind. 2.250 µm
Rissüberbrückungsklasse: gering, I T
Farbe: .....
Auftragsmengen: .....
Prüfzeugnisnummer: .....
Angeb. Fabrikat: .....

| 24€ | 27€ | **28€** | 30€ | 32€ | [m²] | ⏱ 0,32 h/m² | 034.000.098 |

32 Erstbeschichtung, Holzprofil KG 364
Erstbeschichtung auf Holzleisten, aus Alkydharzlack, mit Grundbeschichtung und Schlussbeschichtung.
Farbe: .....
Arbeitshöhe: .....

| 2€ | 5€ | **7€** | 9€ | 12€ | [m] | ⏱ 0,10 h/m | 034.000.029 |

LB 034
Maler- und Lackierarbeiten - Beschichtungen

Kosten:
Stand 1.Quartal 2021
Bundesdurchschnitt

▶ min
▷ von
ø Mittel
◁ bis
◀ max

Nr.	Kurztext / Langtext							Kostengruppe
▶	▷	ø netto €	◁	◀	[Einheit]		Ausf.-Dauer	Positionsnummer

33 Erstbeschichtung, Holzfenster, deckend — KG 334
Erstbeschichtung für Holzfenster und Fenstertüren, aus Alkydharzlack, mit Grundbeschichtung, 2 Zwischenbeschichtungen und Schlussbeschichtung.
Holzart: **Fichte / Kiefer / Hemlock**
Farbe: .....
Arbeitshöhe: .....

| 19€ | 23€ | **25€** | 27€ | 33€ | [m²] | ⏱ 0,60 h/m² | 034.000.030 |

34 Schlussbeschichtung, Holzfenster — KG 334
Schlussbeschichtung für Holzfenster und Fenstertür, aus Alkydharzlack.
Holzart: .....
Farbe: .....
Arbeitshöhe: .....

| 8€ | 11€ | **12€** | 14€ | 16€ | [m²] | ⏱ 0,20 h/m² | 034.000.031 |

35 Holzimprägnierung, holzverfärbende Pilze — KG 335
Imprägnierung für sichtbar bleibendes Holzbauteil, vorbeugend wirksam gegen Bläuepilze und andere holzverfärbende Pilze, aufbringen vor Einbau, einschl. Säubern der Holzoberfläche, Beschichtung allseitig auftragen, stark saugende Stellen mehrfach.
Bauteil: .....
Gebrauchsklasse DIN 68800-1: 3.1
Prüfprädikat: .....
Arbeitshöhe: .....

| 1€ | 3€ | **4€** | 4€ | 6€ | [m²] | ⏱ 0,08 h/m² | 034.000.034 |

36 Erstbeschichtung, Lasur, Holzbauteil außen — KG 364
Erstbeschichtung auf unbehandeltem Holzbauteil im Außenbereich, mit Acrylharzlasur, mit Holzimprägnierung, Zwischenbeschichtung und Schlussbeschichtung.
Untergrund: unbeschichtete, begrenzt maßhaltige Holzbauteile
Holzart: .....
Farbton: .....
Glanzgrad: .....
Arbeitshöhe: .....

| 4€ | 13€ | **15€** | 17€ | 22€ | [m²] | ⏱ 0,25 h/m² | 034.000.035 |

37 Erstbeschichtung, Lasur, Holzbauteil, innen — KG 345
Erstbeschichtung auf unbehandeltem Holzbauteil im Innenbereich, mit wasserverdünnbarer Acrylharzlasur, mit Grundbeschichtung und schichtbildender Schlussbeschichtung.
Untergrund: maßhaltige Holzbauteile
Holzoberfläche: .....
Holzart: .....
Farbe: .....
Glanzgrad: .....
Arbeitshöhe: .....

| 8€ | 12€ | **13€** | 15€ | 21€ | [m²] | ⏱ 0,22 h/m² | 034.000.020 |

Nr.	Kurztext / Langtext							Kostengruppe
▶	▷	ø netto €	◁	◀	[Einheit]		Ausf.-Dauer	Positionsnummer

38 Erstbeschichtung, Holzbauteil, außen, deckend — KG 335

Erstbeschichtung, deckend, von unbehandeltem Holzbauteil im Außenbereich, mit wasserverdünnbarem Dispersionslack, mit Holzimprägnierung, Zwischen- und Schlussbeschichtung.
Untergrund: unbeschichtete, begrenzt maßhaltige Holzbauteile
Holzoberfläche: .....
Holzart: .....
Farbe: .....
Glanzgrad: .....
Arbeitshöhe: .....
Arbeitshöhe: .....

| 14€ | 18€ | **20€** | 25€ | 34€ | [m²] | ⏱ 0,28 h/m² | 034.000.036 |

39 Erstbeschichtung, Stahlflächen, außen — KG 35

Erstbeschichtung auf unbeschichteter Stahlfläche, außen, aus Alkydharzlack, mit Grund-, Zwischen- und Schlussbeschichtung. Korrosionsschutz nach gesonderter Position.
Bauteil: .....
Farbe: .....
Glanzgrad: .....
Arbeitshöhe: .....

| 10€ | 16€ | **21€** | 25€ | 33€ | [m²] | ⏱ 0,30 h/m² | 034.000.065 |

40 Erstbeschichtung, Stahlprofil, außen — KG 359

Erstbeschichtung auf verzinktem Geländerprofilen, außen, mit Grund- und Schlussbeschichtung. Untergrundvorbereitung und Korrosionsschutzbeschichtung nach gesonderter Position.
 – Grundbeschichtung mit wasserverdünnbarem 2-Komponenten-Reaktionsharzbeschichtungsstoff für Zinkuntergründe
 – Schlussbeschichtung mit deckendem Alkydharzlack
Untergrund: verzinkte Geländerkonstruktion
Farbe: .....
Glanzgrad: .....
Arbeitshöhe: .....

| 4€ | 7€ | **8€** | 10€ | 16€ | [m] | ⏱ 0,20 h/m | 034.000.040 |

41 Erstbeschichtung, Metallgeländer, außen — KG 359

Erstbeschichtung auf unbeschichteten Stahlgeländer, außen, aus Alkydharzlack, mit Grundierung, Zwischen- und Schlussbeschichtung
Geländer: .....
Farbe .....
Glanzgrad: .....
Arbeitshöhe: .....

| 11€ | 24€ | **29€** | 38€ | 61€ | [m] | ⏱ 0,40 h/m | 034.000.059 |

LB 034 Maler- und Lackierarbeiten - Beschichtungen

Kosten:
Stand 1.Quartal 2021
Bundesdurchschnitt

Nr.	Kurztext / Langtext					[Einheit]	Ausf.-Dauer	Kostengruppe Positionsnummer
▶ min	▷ von	ø Mittel	◁ bis	◀ max				

42 — Schlussbeschichtung, grundierter Röhrenheizkörper — KG 423
Schlussbeschichtung, auf werksseitig grundiertem Röhrenheizkörper, aus Alkydharzlack, mit Grund- und Schlussbeschichtung.
Heizkörper: .....
Farbe .....
Glanzgrad: .....

▶	▷	ø	◁	◀	[Einheit]	Ausf.-Dauer	Pos.-Nr.
7€	11€	**13€**	17€	25€	[m²]	0,20 h/m²	034.000.038

43 — Erstbeschichtung, Heizungsrohrleitung — KG 422
Erstbeschichtung von grundierten Heizrohrleitungen, aus Alkydharzlack, mit Grund- und Schlussbeschichtung.
Rohrdurchmesser: .....
Farbe .....
Glanzgrad: .....
Arbeitshöhe: .....

▶	▷	ø	◁	◀	[Einheit]	Ausf.-Dauer	Pos.-Nr.
2€	3€	**4€**	6€	11€	[m]	0,06 h/m	034.000.037

44 — Erstbeschichtung, Stahlblech, längenorientiert — KG 461
Erstbeschichtung auf unbeschichtetem Stahlblech, innen, aus Alkydharzlack, mit Grund-, Zwischen- und Schlussbeschichtung.
Bauteil: .....
Abwicklung: bis max. 500 mm
Farbe .....
Glanzgrad: .....
Arbeitshöhe: .....

▶	▷	ø	◁	◀	[Einheit]	Ausf.-Dauer	Pos.-Nr.
5€	8€	**9€**	13€	22€	[m]	0,10 h/m	034.000.041

45 — Erstbeschichtung, Stahlblech, flächig — KG 345
Erstbeschichtung auf unbeschichtetem Stahlblech, innen, aus Alkydharzlack, mit Grund-, Zwischen- und Schlussbeschichtung.
Bauteil: .....
Oberfläche: .....
Farbe .....
Glanzgrad: .....
Arbeitshöhe: .....

▶	▷	ø	◁	◀	[Einheit]	Ausf.-Dauer	Pos.-Nr.
8€	19€	**22€**	29€	41€	[m²]	0,30 h/m²	034.000.042

46 — Erstbeschichtung, Lüftungsrohr, Stahl — KG 431
Erstbeschichtung auf unbeschichtetem Stahlblech, innen, aus Alkydharzlack, mit Grund-, Zwischen- und Schlussbeschichtung.
Bauteil: .....
Oberfläche: .....
Farbe .....
Glanzgrad: .....
Arbeitshöhe: .....

▶	▷	ø	◁	◀	[Einheit]	Ausf.-Dauer	Pos.-Nr.
12€	16€	**19€**	23€	33€	[m²]	0,28 h/m²	034.000.043

Nr.	Kurztext / Langtext						Kostengruppe	
▶	▷	ø netto €	◁	◀	[Einheit]	Ausf.-Dauer	Positionsnummer	

47 Erstbeschichtung, Stahlzarge KG **344**
Erstbeschichtung auf grundierter Stahlzarge, innen, aus Alkydharzlack, mit Grund-, Zwischen- und Schlussbeschichtung.
Zargenprofil: .....
Farbe .....
Glanzgrad: .....
Arbeitshöhe: .....

| 4€ | 10€ | **12**€ | 16€ | 24€ | [m] | ⏱ 0,25 h/m | 034.000.044 |

48 Brandschutzbeschichtung, R30, Stahlbauteile KG **361**
Brandschutzbeschichtung auf Stahlflächen, innen, auf Wasser basierendem Beschichtungssystem, gem. Zulassung aufbringen, inkl. Vorbehandlung, Grundierung und Schlussbeschichtung.
Stahlbauteil: **Träger / Fachwerkbinder / Stütze**
Beschichtungsverfahren: .....
Farbton: .....
Gef. Feuerwiderstand: R30
Einbauort: .....
Arbeitshöhe: .....

| 21€ | 46€ | **53**€ | 68€ | 93€ | [m²] | ⏱ 0,50 h/m² | 034.000.045 |

49 Decklack, Brandschutzbeschichtungen, Stahlteile KG **333**
Brandschutzbeschichtung auf Stahlflächen, mit Grundierung und Schlussbeschichtung.
Stahlbauteil: **Träger / Fachwerkbinder / Stütze**
Abmessung: .....
Beschichtungsverfahren: .....
Farbton: .....
Gef. Feuerwiderstand: .....
Beschichtungsstoff: .....
Einbauort: .....
Arbeitshöhe: .....

| 7€ | 9€ | **11**€ | 13€ | 16€ | [m²] | ⏱ 0,15 h/m² | 034.000.046 |

50 Brandschutzbeschichtung Rund-/Profilstahl KG **345**
Brandschutzbeschichtung auf Stahlprofilen, auf Wasser basierendem Beschichtungssystem, innen, gem. Zulassung, mit Grund- und Deckbeschichtung.
Profil und Abmessung: .....
Beschichtungsverfahren: .....
Farbton: .....
Gef. Feuerwiderstand: .....
Einbauort: .....
Arbeitshöhe: .....

| 17€ | 31€ | **35**€ | 37€ | 57€ | [m] | ⏱ 0,30 h/m | 034.000.064 |

**LB 034
Maler- und
Lackierarbeiten
- Beschichtungen**

Kosten:
Stand 1.Quartal 2021
Bundesdurchschnitt

▶ min
▷ von
ø Mittel
◁ bis
◀ max

Nr.	Kurztext / Langtext							Kostengruppe
▶	▷	ø netto €	◁	◀	[Einheit]		Ausf.-Dauer	Positionsnummer

51 Fugenabdichtung, plastoplastisch, Acryl KG **345**
Plastoelastische Verfugung mit anstrichverträglichem Ein-Komponenten-Dichtstoff auf Acryldispersionsbasis, inkl. notwendiger Flankenvorbehandlung an den Anschlussflächen und Hinterlegen der Fugenhohlräume mit geeignetem Hinterfüllmaterial, Fuge glatt gestrichen.
Fugenbreite: bis **8 / 12** mm
Arbeitshöhe: …..

| 0,9€ | 2,2€ | **2,7€** | 3,9€ | 7,6€ | [m] | ⌀ 0,04 h/m | 034.000.047 |

52 Fugenabdichtung elastisch, Silikon KG **345**
Elastische Verfugung mit Ein-Komponenten-Dichtstoff auf Silikonbasis, inkl. notwendiger Flankenvorbehandlung an den Anschlussflächen und Hinterlegen der Fugenhohlräume mit geeignetem Hinterfüllmaterial, Fuge glatt gestrichen.
Fugenbreite: bis **8 / 12** mm
Arbeitshöhe: …..

| 2€ | 3€ | **4€** | 4€ | 6€ | [m] | ⌀ 0,05 h/m | 034.000.048 |

53 Beschriftung, geklebt KG **345**
Buchstaben / Beschriftung auf bauseitigen Untergrund kleben.
Einbauort: **außen / innen**
Untergrund: **Holztürblatt / Wandfläche**
Oberfläche: …..
Schriftart: …..
Buchstabengröße: …..
Farbe: …..
Arbeitshöhe: …..

| 2€ | 5€ | **8€** | 10€ | 14€ | [St] | ⌀ 0,10 h/St | 034.000.052 |

54 Markierung, Kunststofffolie KG **353**
Markierung aus Kunststofffolie, auf Boden im Innenbereich, rutschhemmend, UV-beständig, zweifarbig, auf glatte Flächen.
Untergrund: …..
Abmessung: …..
Rutschhemmung: R….. mit Verdrängung V…..
Farben: schwarz und gelb

| 1€ | 4€ | **5€** | 9€ | 14€ | [m] | ⌀ 0,08 h/m | 034.000.054 |

55 PKW-Stellplatzmarkierung, Farbe KG **324**
Markierung aus 2-Komponenten-Markierungsfarbe, auf Boden in Tiefgarage, geeignet für hohe Verkehrsbelastung, Markierung rutschhemmend und UV-beständig; inkl. exaktem Einmessen der Striche.
Untergrund: **Beton / Gussasphalt**
Rutschhemmung: R…..
Strichbreite: ca. 120 mm
Strichfarbe: weiß

| 2€ | 6€ | **8€** | 11€ | 22€ | [m] | ⌀ 0,15 h/m | 034.000.061 |

Nr.	Kurztext / Langtext					Kostengruppe		
▶	▷	ø netto €	◁	◀	[Einheit]	Ausf.-Dauer	Positionsnummer

56 Oberflächenschutz, OS8, Deckversiegelung — KG 324

Deckversiegelung mit Abstreuung aus Quarzsand für Oberflächenschutzsystem.
Beschichtungssystem: OS-8.
Angeb. Fabrikat: .....

| 7€ | 13€ | **15€** | 18€ | 23€ | [m²] | 0,23 h/m² | 034.000.102 |

57 Stundensatz, Facharbeiter/-in

Stundenlohnarbeiten für Vorarbeiterin, Vorarbeiter, Gesellin, Geselle, Facharbeiterin, Facharbeiter und Gleichgestellte, sowie ähnliche Fachkräfte. Der Verrechnungssatz für die jeweilige Arbeitskraft umfasst sämtliche Aufwendungen wie Lohn- und Gehaltskosten, Lohn- und Gehaltsnebenkosten, Zuschläge, lohngebundene und lohnabhängige Kosten, sonstige Sozialkosten, Gemeinkosten, Wagnis und Gewinn. Leistung nach besonderer Anordnung der Bauüberwachung. Anmeldung und Nachweis gem. VOB/B.

| 34€ | 45€ | **50€** | 52€ | 58€ | [h] | 1,00 h/h | 034.000.078 |

58 Stundensatz, Helfer/-in

Stundenlohnarbeiten für Arbeitnehmer ohne Facharbeiterqualifikation (Helferin, Helfer, Hilfsarbeiterin, Hilfsarbeiter, Ungelernte, Angelernte). Der Verrechnungssatz für die jeweilige Arbeitskraft umfasst sämtliche Aufwendungen wie Lohn- und Gehaltskosten, Lohn- und Gehaltsnebenkosten, Zuschläge, lohngebundene und lohnabhängige Kosten, sonstige Sozialkosten, Gemeinkosten, Wagnis und Gewinn. Leistung nach besonderer Anordnung der Bauüberwachung. Anmeldung und Nachweis gem. VOB/B.

| 24€ | 36€ | **38€** | 41€ | 50€ | [h] | 1,00 h/h | 034.000.079 |

© **BKI** Baukosteninformationszentrum; Erläuterungen zu den Tabellen siehe Seite 44
Mustertexte geprüft: Bundesverband Farbe Gestaltung Bautenschutz

LB 036 Bodenbelagarbeiten

Bodenbelagarbeiten — Preise €

Kosten: Stand 1. Quartal 2021, Bundesdurchschnitt

Nr.	Positionen	Einheit	▶ min	▷ von	ø Mittel brutto € / netto €	◁ bis	◀ max
1	Randstreifen abschneiden	m	0,2 / 0,1	0,4 / 0,4	**0,5** / **0,5**	0,8 / 0,7	1,7 / 1,4
2	Untergrund prüfen, Oberflächenzugfestigkeit	St	17 / 15	21 / 18	**24** / **20**	26 / 22	29 / 25
3	Sinterschicht abschleifen, Calciumsulfatestrich	m²	0,4 / 0,3	1,4 / 1,2	**1,8** / **1,5**	2,4 / 2,0	4,1 / 3,4
4	Untergrund reinigen	m²	0,2 / 0,2	0,8 / 0,7	**1,1** / **0,9**	1,9 / 1,6	3,8 / 3,2
5	Boden kugelstrahlen	m²	2 / 2	4 / 4	**5** / **4**	7 / 6	9 / 7
6	Voranstrich, Bodenbelag	m²	0,7 / 0,6	1,6 / 1,3	**1,9** / **1,6**	2,7 / 2,3	5,0 / 4,2
7	Sportboden, Nutzschicht, Linoleum	m²	30 / 25	35 / 29	**37** / **31**	38 / 32	42 / 35
8	Sportboden, rutschhemmende Beschichtung, PUR	m²	5 / 4	7 / 6	**8** / **7**	9 / 8	11 / 9
9	Gerätehülsenabdeckung, mit Rahmen/Deckel	St	23 / 19	51 / 43	**71** / **59**	94 / 79	137 / 115
10	Spielfeldmarkierung	m	3 / 3	4 / 3	**4** / **4**	5 / 4	6 / 5
11	Textiler Belag, Nadelvlies	m²	26 / 22	32 / 27	**34** / **28**	39 / 32	49 / 41
12	Textiler Belag, Kugelgarn	m²	33 / 28	40 / 34	**44** / **37**	48 / 40	56 / 47
13	Textiler Belag, Naturhaar-Polyamidgemisch	m²	37 / 31	50 / 42	**51** / **42**	56 / 47	69 / 58
14	Textiler Belag, Tuftingteppich	m²	38 / 32	50 / 42	**53** / **44**	57 / 48	69 / 58
15	Textiler Belag, Kunstfaser/Web-Teppich	m²	33 / 28	39 / 33	**42** / **35**	45 / 38	56 / 47
16	Textiler Belag, Naturfaser/Wolle/Sisal	m²	63 / 53	74 / 63	**78** / **66**	83 / 69	92 / 77
17	Korkunterlage, Linoleum	m²	13 / 11	15 / 12	**16** / **14**	19 / 16	23 / 20
18	Linoleumbelag, 2,5mm	m²	25 / 21	33 / 27	**36** / **30**	41 / 34	55 / 46
19	Linoleumbelag, über 2,5mm	m²	27 / 23	37 / 31	**40** / **34**	45 / 38	57 / 48
20	Linoleumbahnen verschweißen	m²	0,2 / 0,1	1,6 / 1,3	**2,1** / **1,8**	3,0 / 2,5	5,0 / 4,2
21	Bodenbelag, PVC, 2,0mm	m²	20 / 17	25 / 21	**26** / **22**	32 / 27	44 / 37
22	Bodenbelag, PVC, 3,0mm	m²	24 / 20	34 / 28	**40** / **33**	46 / 39	64 / 54
23	Bodenbelag, PVC, Schaumstoff, 4,5mm	m²	20 / 17	37 / 31	**43** / **36**	53 / 44	69 / 58
24	PVC-Bahnen verschweißen	m²	1,0 / 0,8	1,9 / 1,6	**2,4** / **2,0**	3,1 / 2,6	4,4 / 3,7

▶ min
▷ von
ø Mittel
◁ bis
◀ max

© BKI Baukosteninformationszentrum; Erläuterungen zu den Tabellen siehe Seite 44

Bodenbelagarbeiten — Preise €

Nr.	Positionen	Einheit	▶	▷ ø brutto € / ø netto €		◁	◀
25	Bodenbelag, Kautschuk, 2,0mm	m²	30	38	**42**	52	68
			25	32	**35**	44	57
26	Bodenbelag, Kautschukplatten, bis 3,2mm	m²	52	63	**67**	80	108
			43	53	**56**	68	91
27	Bodenbelag, Naturkorkparkett, 12mm	m²	36	44	**48**	54	65
			31	37	**41**	45	54
28	Bodenbelag, Laminat, schwimmend, 7,2mm	m²	28	36	**38**	39	46
			24	30	**32**	33	39
29	Bodenbelag, Laminat, schwimmend 8,3mm	m²	30	39	**41**	44	53
			25	33	**34**	37	45
30	Bodenbeläge verlegen	m²	7	11	**14**	19	27
			6	9	**11**	16	23
31	Treppenstufe, elastischer Bodenbelag	St	24	39	**45**	45	88
			20	33	**38**	38	74
32	Treppenstufe, textiler Belag	St	23	39	**45**	50	68
			19	33	**38**	42	57
33	Treppenstufe, Laminat	St	–	27	**30**	36	–
			–	23	**25**	30	–
34	Treppenkante, Kunststoffprofil	m	9	17	**20**	24	32
			8	14	**17**	20	27
35	Treppenkante, Aluminiumprofil	m	–	19	**23**	27	–
			–	16	**19**	23	–
36	Treppenkante, Messingprofil	m	24	32	**38**	44	53
			20	27	**32**	37	44
37	Fußabstreifer, Reinstreifen	St	482	871	**990**	1.279	1.919
			405	732	**832**	1.074	1.613
38	Fußabstreifer, Kokosfasermatte	m²	92	181	**200**	215	271
			77	153	**168**	181	227
39	Rohrdurchführung anarbeiten, Bodenbelag	St	2	4	**5**	7	9
			2	4	**5**	6	8
40	Bodenbelag anarbeiten, Stützen	St	–	6	**9**	13	–
			–	5	**8**	11	–
41	Trennschiene, Aluminium	m	7	11	**13**	14	17
			6	9	**11**	12	15
42	Trennschiene, nichtrostender Stahl	m	12	15	**17**	19	23
			10	13	**14**	16	19
43	Übergangsprofil, Aluminium	m	10	12	**14**	16	20
			8	11	**12**	14	17
44	Dehnfugenprofil, Aluminium	m	18	27	**32**	38	50
			15	23	**27**	32	42
45	Verfugung, elastisch, Silikon	m	2	4	**5**	7	12
			2	4	**4**	6	10
46	Sockelausbildung, Holzleiste	m	3	10	**13**	20	49
			3	9	**11**	17	41
47	Sockelausbildung, textiler Belag	m	3	5	**6**	9	15
			2	4	**5**	7	12
48	Sockelausbildung, Sporthalle	m	–	43	**54**	67	–
			–	36	**45**	57	–

© BKI Baukosteninformationszentrum; Erläuterungen zu den Tabellen siehe Seite 44   Kostenstand: 1.Quartal 2021, Bundesdurchschnitt

LB 036 Bodenbelagarbeiten

Bodenbelagarbeiten — Preise €

Nr.	Positionen	Einheit	▶ min	▷ von	ø Mittel	◁ bis	◀ max
49	Sockelausbildung, PVC	m	3	6	**6**	9	16
			2	5	**5**	8	14
50	Sockelausbildung, Lino-/Kautschuk	m	4	9	**11**	17	28
			4	8	**9**	14	23
51	Sockelausbildung, Aluminiumprofil	m	7	13	**17**	20	28
			6	11	**14**	17	23
52	Erstpflege, Bodenbelag	m²	0,4	1,9	**2,6**	5,1	10
			0,4	1,6	**2,2**	4,3	8,8
53	Schutzabdeckung, Bodenbelag, Hartfaserplatte	m²	3	5	**6**	7	9
			2	4	**5**	6	7
54	Schutzabdeckung, Kunststofffolie	m²	2	2	**3**	3	4
			1	2	**2**	3	3
55	Stundensatz, Facharbeiter/-in	h	44	56	**60**	63	71
			37	47	**51**	53	60
56	Stundensatz, Helfer/-in	h	32	41	**47**	49	57
			27	34	**39**	42	48

Kosten: Stand 1.Quartal 2021 Bundesdurchschnitt

▶ min ▷ von ø Mittel ◁ bis ◀ max

Nr.	Kurztext / Langtext	▶	▷	ø netto €	◁	◀	[Einheit]	Ausf.-Dauer	Kostengruppe Positionsnummer

1 Randstreifen abschneiden — KG 353
Abschneiden des Überstandes des Randdämmstreifens, für Bodenbelagarbeiten.
Randdämmstreifen: PE-Schaum

| 0,1€ | 0,4€ | **0,5€** | 0,7€ | 1,4€ | [m] | ⏱ 0,01 h/m | 036.000.069 |

2 Untergrund prüfen, Oberflächenzugfestigkeit — KG 353
Prüfen der Oberflächenzugfestigkeit, an vorbereitetem Untergrund, Prüfflächen durch Ringnut begrenzen, Protokollieren der Ergebnisse durch Eintragen in vom AG gestellte Pläne.
Untergrund: Beton
Hinweis: Nur über Prüfpflicht des Auftragnehmers hinausgehende Leistung!

| 15€ | 18€ | **20€** | 22€ | 25€ | [St] | ⏱ 0,50 h/St | 036.000.068 |

3 Sinterschicht abschleifen, Calciumsulfatestrich — KG 353
Anschleifen und Absaugen des Untergrundes aus Calciumsulfatestrich, für Bodenbelagarbeiten.

| 0,3€ | 1,2€ | **1,5€** | 2,0€ | 3,4€ | [m²] | ⏱ 0,05 h/m² | 036.000.044 |

4 Untergrund reinigen — KG 353
Bodenbeläge von groben Verschmutzungen und losen Teilen reinigen, sammeln und Schutt entsorgen, inkl. Deponiegebühr.

| 0,2€ | 0,7€ | **0,9€** | 1,6€ | 3,2€ | [m²] | ⏱ 0,04 h/m² | 036.000.002 |

Nr.	Kurztext / Langtext							Kostengruppe
▶	▷	ø netto €	◁	◀	[Einheit]		Ausf.-Dauer	Positionsnummer

5   Boden kugelstrahlen — KG 353

Verschmutzten Untergrund zur Aufnahme eines neuen Bodenbelags bis auf einen tragfähigen Grund strahlen, anschließend Fläche staubfrei absaugen.
Strahlverfahren: **Sand- / Kugelstrahlen**
Untergrund: Zementestrich
Abtragsdicke: ca.5 mm

| 2€ | 4€ | **4€** | 6€ | 7€ | [m²] | ⏱ 0,10 h/m² | 036.000.007 |

6   Voranstrich, Bodenbelag — KG 353

Voranstrich für nachfolgende Bodenbeläge, vollflächig auf oberflächentrockene Flächen.
Untergrund: .....-Estrich

| 0,6€ | 1,3€ | **1,6€** | 2,3€ | 4,2€ | [m²] | ⏱ 0,05 h/m² | 036.000.005 |

7   Sportboden, Nutzschicht, Linoleum — KG 324

Sportboden-Oberbelag auf Lastverteilerschicht, geklebt, Oberbelag sporthallengeeignet, für starke Beanspruchung, inkl. Verfugen der Bahnenstöße mit Schmelzdraht. Herstellen von Durchdringungen im Bereich der Sportgerätehülsen und Belegen der Abdeckungen nach gesonderter Position.
Oberbelag: Linoleum
Brandverhalten Klasse: .....
Dicke: **3,2 / 4,0** mm
Nutzschichtdicke: ca. 2,4 mm
Farbe: .....
Dispersions-Kleber: D .....
Emissionen: EC.....
Angeb. Fabrikat: .....

| 25€ | 29€ | **31€** | 32€ | 35€ | [m²] | ⏱ 0,16 h/m² | 036.000.011 |

8   Sportboden, rutschhemmende Beschichtung, PUR — KG 324

Rutschhemmende Beschichtung auf Sporthallenboden, aus Polyurethan-Versiegelung, geeignet als Schutz- und Verschleißschicht, sowie als entlastende Reinigungshilfe, inkl. Nachweis des Gleitreibungsbeiwerts.
Angeb. Fabrikat: .....

| 4€ | 6€ | **7€** | 8€ | 9€ | [m²] | ⏱ 0,12 h/m² | 036.000.012 |

9   Gerätehülsenabdeckung, mit Rahmen/Deckel — KG 324

Gerätehülsenabdeckung, einschl. Bodenbelag, Rahmen aus Metall, runder Deckel, wasserfest.
Metallrahmen: .....
Lichte Weite: über 120 bis 180 mm

| 19€ | 43€ | **59€** | 79€ | 115€ | [St] | ⏱ 0,90 h/St | 036.000.014 |

10   Spielfeldmarkierung — KG 324

Spielfeldmarkierung nach den Vorschriften der nationalen und internationalen Sportverbände. Ausführung nach genehmigtem und freigegebenem Sportgeräte-Einrichtungsplan.

| 3€ | 3€ | **4€** | 4€ | 5€ | [m] | ⏱ 0,05 h/m | 036.000.013 |

LB 036 Bodenbelagarbeiten

Kosten:
Stand 1.Quartal 2021
Bundesdurchschnitt

Nr. ▶	Kurztext / Langtext ▷ ø netto € ◁ ◀	[Einheit]	Ausf.-Dauer	Kostengruppe Positionsnummer
11	**Textiler Belag, Nadelvlies**			KG 353

Textiler Bodenbelag aus Kunstfasern, als Nadelvliesbelag, für gewerblichen Anwendungsbereich mit starker Beanspruchung, vollflächig geklebt. Durchdringungen, elektrisch leitende Verklebung und Metallnetz nach gesonderter Position.
Belagdicke: 3,5 mm
Bahnenbreite: 200 cm
Untergrund: fertig gespachtelt
Beanspruchungsklasse: 33
Komfortklasse: LC 1, einfach
Trittschallverbesserung: 22 dB
Wärmedurchlasswiderstand: 0,12 (m²K/W)
Ableitwiderstand: ..... Ohm
Aufladungsspannung: max. 2 kV (antistatisch)
Brandverhalten: Bfl-s1
Eignungen Stuhlrollen: Typ H
Eignung Fußbodenheizung: .....
Nutzschicht: Polyamid, vermischt mit anderen Fasern
Oberfläche: grobfaserig, ...
Farbe: .....
Rücken: PAC-Vlies
Verklebung: Dispersionskleber D.....
Emissionen: .....
Einbauort: .....
Angeb. Fabrikat: .....

| 22 € | 27 € | **28 €** | 32 € | 41 € | [m²] | ⏱ 0,18 h/m² | 036.000.015 |

▶ min
▷ von
ø Mittel
◁ bis
◀ max

Nr.	**Kurztext** / Langtext						Kostengruppe	
▶	▷	**ø netto €**	◁	◀	[Einheit]	Ausf.-Dauer	Positionsnummer	

12 Textiler Belag, Kugelgarn   KG **353**

Textiler Bodenbelag aus Kunstfasern, als Polvlies-(Kugelgarn)belag, für gewerblichen Anwendungsbereich mit starker Beanspruchung, vollflächig geklebt. Durchdringungen, elektrisch leitende Verklebung und Metallnetz nach gesonderter Position.
Belagdicke: 5,5 mm
Bahnenbreite: 200 cm
Untergrund: fertig gespachtelt
Beanspruchungsklasse: 33
Komfortklasse: LC 2, gut
Trittschallverbesserung: 20 dB
Wärmedurchlasswiderstand: 0,08 (m^2K/W)
Ableitwiderstand: ..... Ohm
Aufladungsspannung: max. 2 kV (antistatisch)
Brandverhalten: Cfl-s1
Eignungen Stuhlrollen: Typ H
Eignung Fußbodenheizung: ja
Nutzschicht: Faserkugel aus Polyamid, vermischt mit anderen Fasern
Oberfläche: Kugelgarn - Struktur 21
Farbe: .....
Rücken: latexiert
Verklebung: Dispersionskleber D1
Emissionen: EC1
Einbauort: .....
Angeb. Fabrikat: .....

| 28€ | 34€ | **37€** | 40€ | 47€ | [m²] | ⏱ 0,18 h/m² | 036.000.072 |

LB 036 Bodenbelagarbeiten

Kosten:
Stand 1.Quartal 2021
Bundesdurchschnitt

Nr.	Kurztext / Langtext					Kostengruppe		
▶	▷	ø netto €	◁	◀	[Einheit]	Ausf.-Dauer	Positionsnummer	

13 Textiler Belag, Naturhaar-Polyamidgemisch — KG **353**

Textiler Bodenbelag als Teppich, aus Natur-Kunstfasergemisch, für privaten Anwendungsbereich, vollflächig geklebt. Durchdringungen, elektrisch leitende Verklebung und Metallnetz nach gesonderter Position.
Belagdicke: ca. 5 mm
Belagbreite: 200 cm
Untergrund: fertig gespachtelt
Beanspruchungsklasse: **21 / 22 / 22+ / 23**
Komfortklasse: LC4, luxuriös
Trittschallverbesserung: mind. 22 dB
Wärmedurchlasswiderstand: 0,10 (m²K/W)
Ableitwiderstand: ..... Ohm
Aufladungsspannung: .....
Brandverhalten: Cfl-s1
Eignungen Stuhlrollen: Typ H
Eignung Fußbodenheizung: nein
Nutzschicht: Naturhaar-Polyamidgemisch
Polmaterial: 40% Natur-Ziegenhaar, 60% Polyamid 6
Oberfläche: **feinfasrig meliert / .....**
Farbe: .....
Lichtechtheit: 5
Wasserechtheit: 4-5
Rücken: Schwerbeschichtung
Verklebung: Dispersionskleber D.....
Emissionen: .....
Einbauort: .....
Angeb. Fabrikat: .....

▶	▷	ø	◁	◀	[Einheit]	Ausf.-Dauer	Positionsnummer
31 €	42 €	**42 €**	47 €	58 €	[m²]	⏱ 0,18 h/m²	036.000.074

▶ min
▷ von
ø Mittel
◁ bis
◀ max

Nr.	Kurztext / Langtext							Kostengruppe
▶	▷	ø netto €	◁	◀		[Einheit]	Ausf.-Dauer	Positionsnummer

14 Textiler Belag, Tuftingteppich — KG 353

Textiler Bodenbelag aus Kunstfasergemisch, als Tuftingteppich, für privaten Anwendungsbereich, vollflächig geklebt. Durchdringungen, elektrisch leitende Verklebung und Metallnetz nach gesonderter Position.
Belagdicke: ca. 7 mm
Bahnenbreite: 400 cm
Untergrund: fertig gespachtelt
Beanspruchungsklasse: 23
Komfortklasse: LC3
Trittschallverbesserung: mind. 24 dB
Wärmedurchlasswiderstand: 0,11 (m²K/W)
Ableitwiderstand: 10 hoch 9 Ohm
Aufladungsspannung: .....
Brandverhalten: Cfl-s1
Eignungen Stuhlrollen: Typ H
Eignung Fußbodenheizung: nein
Nutzschicht: 100% Polyamid
Polmaterial: PA
Oberfläche: Schlinge, 1/10"
Farbe: .....
Lichtechtheit: 5
Wasserechtheit: 4
Rücken: Textilrücken
Verklebung: Dispersionskleber D.....
Emissionen: .....
Einbauort: .....
Angeb. Fabrikat: .....

| 32 € | 42 € | **44** € | 48 € | 58 € | | [m²] | ⏱ 0,18 h/m² | 036.000.017 |

LB 036 Bodenbelagarbeiten

Nr.	Kurztext / Langtext					[Einheit]	Kostengruppe
	▶ ▷	ø netto €	◁	◀			Ausf.-Dauer Positionsnummer
15	**Textiler Belag, Kunstfaser/Web-Teppich**						KG **353**

Textiler Bodenbelag als Webteppich, aus Kunstfasergemisch, für privaten Anwendungsbereich, vollflächig geklebt. Durchdringungen, elektrisch leitende Verklebung und Metallnetz nach gesonderter Position.
Belagdicke: ca. 4,5 mm
Bahnenbreite: 400 cm
Untergrund: fertig gespachtelt
Beanspruchungsklasse: 23
Komfortklasse: LC3
Trittschallverbesserung: mind. 22 dB
Wärmedurchlasswiderstand: 0,12 (m²K/W)
Ableitwiderstand: 10 Ohm
Aufladungsspannung: .....
Brandverhalten: Cfl-s1
Eignungen Stuhlrollen: Typ H
Eignung Fußbodenheizung: nein
Trägermaterial: 100% PES-Vlies
Nutzschicht: Polyamidgemisch
Polmaterial: 100% Polyamid
Oberfläche: Web-Schlinge.....-gemustert
Farbe: .....
Lichtechtheit: 5
Wasserechtheit: 4
Rücken: latexiert
Verklebung: Dispersionskleber D.....
Emissionen: .....
Einbauort: .....
Angeb. Fabrikat: .....

| 28€ | 33€ | **35€** | 38€ | 47€ | [m²] | ⏱ 0,18 h/m² | 036.000.016 |

Kosten:
Stand 1.Quartal 2021
Bundesdurchschnitt

▶ min
▷ von
ø Mittel
◁ bis
◀ max

Nr.	Kurztext / Langtext	Kostengruppe
▶ ▷ ø netto € ◁ ◀	[Einheit]	Ausf.-Dauer Positionsnummer

16 Textiler Belag, Naturfaser/Wolle/Sisal — KG **353**

Textiler Bodenbelag als Webteppich, aus Naturfaser, für privaten Anwendungsbereich, vollflächig geklebt.
Durchdringungen, elektrisch leitende Verklebung und Metallnetz nach gesonderter Position.
Belagdicke: ca...... mm
Bahnenbreite: 400 cm
Untergrund: fertig gespachtelt
Beanspruchungsklasse: 23
Komfortklasse: LC2
Trittschallverbesserung: mind. ..... dB
Wärmedurchlasswiderstand: ..... (m^2K/W)
Ableitwiderstand: .... Ohm
Aufladungsspannung: .....
Brandverhalten: Efl-s1
Eignungen Stuhlrollen: Typ H
Eignung Fußbodenheizung: ja
Trägermaterial: .....
Nutzschicht: **Sisal / Wolle / .....**
Oberfläche: gewebt.....-gemustert
Farbe: .....
Lichtechtheit: 5
Wasserechtheit: 4
Rücken: latexiert
Verklebung: Dispersionskleber D.....
Emissionen: .....
Einbauort: .....
Angeb. Fabrikat: .....

| 53€ | 63€ | **66€** | 69€ | 77€ | [m²] | ⏱ 0,18 h/m² | 036.000.018 |

17 Korkunterlage, Linoleum — KG **353**

Unterlage für Bodenbelag aus gepressten Korkbahnen, auf Untergrund verkleben.
Untergrund: fertig gespachtelt
Oberbelag: Linoleum
Korkplattendicke: 2 mm
Brandverhalten: .....
Verklebung: .....
Emissionen: .....
Einbauort: .....
Angeb. Fabrikat: .....

| 11€ | 12€ | **14€** | 16€ | 20€ | [m²] | ⏱ 0,12 h/m² | 036.000.019 |

LB 036 Bodenbelagarbeiten

Kosten:
Stand 1.Quartal 2021
Bundesdurchschnitt

Nr.	Kurztext / Langtext				Kostengruppe
▶	▷ ø **netto €** ◁ ◀			[Einheit]	Ausf.-Dauer Positionsnummer

18 Linoleumbelag, 2,5mm — KG 353

Bodenbelag aus Linoleum-Bahnen, stuhlrollengeeignet, permanent antistatisch, zigarettenglutbeständig, für öffentlichen/gewerblichen Anwendungsbereich. Herstellen von Durchdringungen und elektrisch leitende Verklebung und Metallnetz nach gesonderter Position.
Belagdicke: 2,5 mm
Bahnenbreite: 200 cm
Untergrund: fertig gespachtelt
Beanspruchungsklasse: 34
Komfortklasse: LC2
Trittschallverbesserung: mind. 5 dB
Ableitwiderstand: .... Ohm, antistatisch
Aufladungsspannung: max. 2 kV
Brandverhalten: Cfl-s1
Eignungen Stuhlrollen: Typ W
Eignung Fußbodenheizung: ja
Rutschhemmung: R9
Oberfläche: marmoriert
Farbe: .....
Lichtechtheit: .....
Emissionen: .....
Einbauort: .....
Angeb. Fabrikat: .....

| 21€ | 27€ | **30€** | 34€ | 46€ | [m²] | ⏱ 0,17 h/m² | 036.000.020 |

19 Linoleumbelag, über 2,5mm — KG 353

Bodenbelag aus Linoleum-Bahnen, stuhlrollengeeignet, permanent antistatisch, zigarettenglutbeständig, für öffentlichen/gewerblichen Anwendungsbereich. Herstellen von Durchdringungen und elektrisch leitende Verklebung und Metallnetz nach gesonderter Position.
Belagdicke: **3,2 / 4,0** mm
Bahnenbreite: 200 cm
Untergrund: fertig gespachtelt
Beanspruchungsklasse: **34 / 42 / 43**
Trittschallverbesserung: mind. 6 dB
Ableitwiderstand: .... Ohm, antistatisch
Aufladungsspannung: max. 2 kV
Brandverhalten: Cfl-s1
Eignungen Stuhlrollen: Typ W
Eignung Fußbodenheizung: ja
Rutschhemmung: R9
Oberfläche: .....
Farbe: .....
Lichtechtheit: .....
Emissionen: .....
Einbauort: .....
Angeb. Fabrikat: .....

| 23€ | 31€ | **34€** | 38€ | 48€ | [m²] | ⏱ 0,17 h/m² | 036.000.021 |

▶ min
▷ von
ø Mittel
◁ bis
◀ max

Nr.	Kurztext / Langtext						Kostengruppe
▶	▷	ø netto €	◁	◀	[Einheit]	Ausf.-Dauer	Positionsnummer

20 Linoleumbahnen verschweißen — KG **353**
Belagsnähte des Linoleumbelags fräsen und thermisch verschweißen, mittels Schweißschnur.
Belagdicke: 2,5 mm
Nahtbreite: 4 mm
Farbe: .....

| 0,1€ | 1,3€ | **1,8**€ | 2,5€ | 4,2€ | [m²] | ⏱ 0,02 h/m² | 036.000.022 |

21 Bodenbelag, PVC, 2,0mm — KG **353**
Bodenbelag aus Kunststoffbahnen aus homogenem PVC, stuhlrollengeeignet, permanent antistatisch, für gewerblichen/industriellen Anwendungsbereich. Herstellen von Durchdringungen, elektrisch leitende Verklebung und Metallnetz, nach gesonderter Position.
Belagdicke: 2,0 mm
Bahnenbreite: 200 cm
Untergrund: fertig gespachtelt
Beanspruchungsklasse: **34 / 43**
Trittschallverbesserung: mind. 4 dB
Ableitwiderstand: .... Ohm, antistatisch
Aufladungsspannung: max. 2 kV
Brandverhalten: Bfl-s1
Eignung Stuhlrollen: Typ W
Eignung Fußbodenheizung: ja
Rutschhemmung: R10
Oberfläche/Dessin: .....
Farbe: .....
Lichtechtheit: .....
Emissionen: .....
Einbauort: .....
Angeb. Fabrikat: .....

| 17€ | 21€ | **22**€ | 27€ | 37€ | [m²] | ⏱ 0,17 h/m² | 036.000.060 |

LB 036 Bodenbelagarbeiten

Kosten:
Stand 1.Quartal 2021
Bundesdurchschnitt

Nr.	Kurztext / Langtext					[Einheit]	Ausf.-Dauer	Kostengruppe Positionsnummer
	▶	▷	ø netto €	◁	◀			

22 Bodenbelag, PVC, 3,0mm — KG 353

Bodenbelag aus Kunststoffbahnen aus homogenem PVC, stuhlrollengeeignet, permanent antistatisch, für gewerblichen/industriellen Anwendungsbereich. Herstellen von Durchdringungen, elektrisch leitende Verklebung und Metallnetz, nach gesonderter Position.
Belagdicke: 3,0 mm
Bahnenbreite: 200 cm
Untergrund: fertig gespachtelt
Beanspruchungsklasse: **34 / 43**
Trittschallverbesserung: mind. ..... dB
Ableitwiderstand: .... Ohm, antistatisch
Aufladungsspannung: max. 2 kV
Brandverhalten: Bfl-s1
Eignung Stuhlrollen: Typ W
Eignung Fußbodenheizung: ja
Rutschhemmung: R10
Oberfläche/Dessin: .....
Farbe: .....
Lichtechtheit: .....
Emissionen: .....
Einbauort: .....
Angeb. Fabrikat: .....

| 20€ | 28€ | **33**€ | 39€ | 54€ | [m²] | ⏱ 0,17 h/m² | 036.000.023 |

23 Bodenbelag, PVC, Schaumstoff, 4,5mm — KG 353

Bodenbelag aus Polyvinylchlorid (PVC)-Bahnen, mit Trägerschicht aus Schaumstoff, stuhlrollengeeignet, permanent antistatisch, für gewerblichen Anwendungsbereich. Herstellen von Durchdringungen, elektrisch leitende Verklebung und Metallnetz nach gesonderter Position.
Belagdicke: 4,0 bis 4,5 mm
Nutzschichtdicke: ..... mm
Bahnenbreite: ..... cm
Untergrund: fertig gespachtelt
Beanspruchungsklasse: **33 / 43**
Trittschallverbesserung: mind. ..... dB
Brandverhalten: Bfl-s1
Eignung Stuhlrollen: Typ W
Eignung Fußbodenheizung: ja
Rutschhemmung: R.....
Oberfläche/Dessin: .....
Farbe: .....
Lichtechtheit: .....
Emissionen: .....
Einbauort: .....
Angeb. Fabrikat: .....

| 17€ | 31€ | **36**€ | 44€ | 58€ | [m²] | ⏱ 0,20 h/m² | 036.000.075 |

▶ min
▷ von
ø Mittel
◁ bis
◀ max

Nr.	**Kurztext** / Langtext							Kostengruppe
▶	▷	**ø netto €**	◁	◀	[Einheit]	Ausf.-Dauer	Positionsnummer	

24 PVC-Bahnen verschweißen   KG **353**

Belagsnähte des PVC-Belags fräsen und thermisch verschweißen, mittels Schweißschnur.
Nahtbreite: 4 mm
Farbe: .....

| 0,8€ | 1,6€ | **2,0**€ | 2,6€ | 3,7€ | [m²] | ⏱ 0,03 h/m² | 036.000.024 |

25 Bodenbelag, Kautschuk, 2,0mm   KG **353**

Bodenbelag aus Kautschuk in Bahnen, für gewerblichen Anwendungsbereich mit sehr starker Beanspruchung, vollflächig geklebt.
Untergrund: fertig gespachtelt
Belagdicke: 2,0 mm
Bahnenbreite: ..... cm
Beanspruchungsklasse: 34
Aufladungsspannung: max. 2 kV (antistatisch)
Trittschallverbesserung: 4 bis 6 dB
Brandverhaltensklasse. CFL-s1
Eignung: Stuhlrollen, Typ W
Eignung Fußbodenheizung: ja
Rutschhemmung: R9
Nutzschicht: homogen
Oberfläche/Dessin: granulatgemustert, strukturiert
Farbe: .....
Lichtechtheit: .....
Verklebung: Dispersionskleber D.....
Emissionen: .....
Einbauort: .....
Angeb. Fabrikat: .....

| 25€ | 32€ | **35**€ | 44€ | 57€ | [m²] | ⏱ 0,18 h/m² | 036.000.061 |

LB 036 Bodenbelagarbeiten

Kosten:
Stand 1.Quartal 2021
Bundesdurchschnitt

▶ min
▷ von
ø Mittel
◁ bis
◀ max

Nr.	Kurztext / Langtext					Kostengruppe
▶	▷	ø netto €	◁	◀	[Einheit]	Ausf.-Dauer Positionsnummer

26 Bodenbelag, Kautschukplatten, bis 3,2mm — KG 353

Bodenbelag aus Kautschuk-Platten, für gewerblichen Anwendungsbereich mit sehr starker Beanspruchung, stuhlrollengeeignet, UV-beständig, permanent antistatisch, zigarettenglutbeständig, vollflächig geklebt.
Untergrund: fertig gespachtelt
Materialstärke: 2,7-3,2 mm
Plattenformat: 100 x 100 cm
Beanspruchungsklasse: 34
Aufladungsspannung: max. 2 kV (antistatisch)
Trittschallverbesserung: bis 12 dB
Brandverhalten: BfL-s1
Eignung: Stuhlrollen, Typ W
Eignung Fußbodenheizung: ja
Rutschhemmung: R10
Nutzschicht: homogen
Oberfläche/Dessin: Noppen, 0,5 mm, verlegt im Fugenschnitt
Farbe: .....
Lichtechtheit: .....
Verklebung: .....
Emissionen: .....
Einbauort: .....
Angeb. Fabrikat: .....

▶	▷	ø	◁	◀	[Einheit]	Ausf.-Dauer	Positionsnummer
43€	53€	**56€**	68€	91€	[m²]	0,20 h/m²	036.000.025

27 Bodenbelag, Naturkorkparkett, 12mm — KG 353

Bodenbelag aus mehrschichtigem Naturkork-Fertigparkett, aus Kork-HDF-Kork-Verbundplatte, für privaten Anwendungsbereich mit intensiver Beanspruchung, ohne Verklebung.
Untergrund: fertig gespachtelt
Materialstärken: 3,0-6,0-3,0 (mm)
Plattenformat: ..... x ..... cm
Beanspruchungsklasse: 23
Aufladungsspannung: max. 2 kV (antistatisch)
Trittschallverbesserung: bis 17 dB
Brandverhalten: EfL-s1
Eignung: Stuhlrollen, Typ W
Rutschhemmung: R9
Nutzschicht: homogen
Muster / Farbe / Korkart: .....
Oberfläche: Acryllack-Beschichtung
Verbindung: mechanisch verriegelt
Emissionen: EC1
Einbauort: .....
Angeb. Fabrikat: .....

▶	▷	ø	◁	◀	[Einheit]	Ausf.-Dauer	Positionsnummer
31€	37€	**41€**	45€	54€	[m²]	0,24 h/m²	036.000.026

Nr.	Kurztext / Langtext	ø netto €			[Einheit]	Ausf.-Dauer	Kostengruppe Positionsnummer
▶	▷		◁	◀			

28 Bodenbelag, Laminat, schwimmend, 7,2mm KG 353

Bodenbelag aus mehrschichtigem Laminat, HDF-Trägerplatte, für Wohnbereich mit starker Beanspruchung, ohne Verklebung.
Untergrund: fertig gespachtelt
Materialstärken: 7,2 mm
Plattenformat: ..... cm
Beanspruchungsklasse: 23
Trittschallverbesserung: bis ..... dB
Brandverhalten: Dfl-s1
Eignung: Stuhlrollen, Typ W
Eignung Fußbodenheizung: ja
Rutschhemmung: R9
Nutzschicht: homogen
Muster / Farbe / Dessin: .....
Oberfläche: Melaminharzbeschichtung
Lichtechtheit: .....
Verbindung: mechanisch verriegelt
Emissionen: .....
Einbauort: .....
Angeb. Fabrikat: .....

| 24€ | 30€ | **32€** | 33€ | 39€ | [m²] | ⏱ 0,30 h/m² | 036.000.063 |

29 Bodenbelag, Laminat, schwimmend 8,3mm KG 353

Bodenbelag aus mehrschichtigem Laminat, HDF-Trägerplatte, für gewerblichen Anwendungsbereich mit mäßige Beanspruchung, ohne Verklebung.
Untergrund: fertig gespachtelt
Materialstärken: 8,3 mm
Plattenformat: ..... cm
Beanspruchungsklasse: 31
Trittschallverbesserung: bis ..... dB
Brandverhalten: Dfl-s1
Eignung: Stuhlrollen, Typ W
Eignung Fußbodenheizung: ja
Rutschhemmung: R9
Nutzschicht: homogen
Muster / Farbe / Dessin: .....
Oberfläche: Melaminharzbeschichtung
Lichtechtheit: .....
Verbindung: mechanisch verriegelt
Emissionen: .....
Einbauort: .....
Angeb. Fabrikat: .....

| 25€ | 33€ | **34€** | 37€ | 45€ | [m²] | ⏱ 0,30 h/m² | 036.000.064 |

LB 036 Bodenbelagarbeiten

Kosten:
Stand 1.Quartal 2021
Bundesdurchschnitt

▶ min
▷ von
ø Mittel
◁ bis
◀ max

Nr.	Kurztext / Langtext					[Einheit]	Ausf.-Dauer	Kostengruppe Positionsnummer
▶	▷	ø netto €	◁	◀				

30 Bodenbeläge verlegen — KG 353
Bauseitig gestellten Bodenbelag verlegen.
Befestigung: verkleben
Untergrund: gespachtelter Zementestrich
Bodenbelag: .....

| 6€ | 9€ | **11€** | 16€ | 23€ | [m²] | ⏱ 0,18 h/m² | 036.000.046 |

31 Treppenstufe, elastischer Bodenbelag — KG 353
Elastischer Belag für gerade Treppe.
Belag aus: Trittstufen-, Setzstufenbelag und Kantenprofil
Untergrund: Stahlbeton, grundiert
Belag: .....
Profil: .....
Steigungsverhältnis: 17,5 x 28,0 cm
Stufenbreite: .....
Farbe: .....
Befestigung: verkleben
Angeb. Fabrikat: .....

| 20€ | 33€ | **38€** | 38€ | 74€ | [St] | ⏱ 0,35 h/St | 036.000.027 |

32 Treppenstufe, textiler Belag — KG 353
Textiler Belag für gerade Treppe.
Belag aus: Trittstufenbelag und Kantenprofil
Untergrund: Stahlbeton, grundiert
Belag: .....
Profil: .....
Steigungsverhältnis: 17,5 x 28,0 cm
Stufenbreite: .....
Farbe: .....
Befestigung: verkleben
Angeb. Fabrikat: .....

| 19€ | 33€ | **38€** | 42€ | 57€ | [St] | ⏱ 0,35 h/St | 036.000.028 |

33 Treppenstufe, Laminat — KG 353
Belag für gerade Treppe aus Laminat.
Belag aus: Trittstufenbelag und Kantenprofil
Untergrund: Stahlbeton, grundiert
Belag: Laminat
Profil: .....
Belagdicke: .....
Kantenschutz: .....
Steigungsverhältnis: 17,5 x 28,0 cm
Stufenbreite: .....
Farbe: .....
Befestigung: verkleben
Angeb. Fabrikat: .....

| –€ | 23€ | **25€** | 30€ | –€ | [St] | ⏱ 0,25 h/St | 036.000.065 |

Nr.	Kurztext / Langtext					Kostengruppe	
▶	▷	ø netto €	◁	◀	[Einheit]	Ausf.-Dauer	Positionsnummer

34 Treppenkante, Kunststoffprofil — KG 353
Kantenprofil für Trittstufe.
Untergrund: .....
Profil: .....
Profil: Längsrillen, Schenkellänge bis 45 mm
Material: Kunststoff
Belagsdicke: .....
Stufenbreite: .....
Farbe: .....
Befestigung: verkleben

| 8€ | 14€ | **17**€ | 20€ | 27€ | [m] | ⏱ 0,15 h/m | 036.000.029 |

35 Treppenkante, Aluminiumprofil — KG 353
Kantenprofil für Trittstufe.
Untergrund: .....
Profil: .....
Profil: Längsrillen, Schenkellänge bis 45 mm
Material: Aluminium
Belagsdicke: .....
Stufenbreite: .....
Farbe: .....
Befestigung: verkleben

| –€ | 16€ | **19**€ | 23€ | –€ | [m] | ⏱ 0,19 h/m | 036.000.066 |

36 Treppenkante, Messingprofil — KG 353
Kantenprofil für Trittstufe.
Untergrund: .....
Profil: .....
Ausführung: Längsrillen, Schenkellänge bis 45 mm
Material: Messing
Belagsdicke: .....
Stufenbreite: .....
Farbe: .....
Befestigung: verkleben

| 20€ | 27€ | **32**€ | 37€ | 44€ | [m] | ⏱ 0,19 h/m | 036.000.076 |

LB 036 Bodenbelagarbeiten

Kosten:
Stand 1.Quartal 2021
Bundesdurchschnitt

▶ min
▷ von
ø Mittel
◁ bis
◀ max

Nr.	Kurztext / Langtext					[Einheit]	Ausf.-Dauer	Kostengruppe Positionsnummer
▶	▷	ø netto €	◁	◀				

37 Fußabstreifer, Reinstreifen — KG 324
Fußabstreiferanlage aus Rahmen und Gliedermatte eingelegt in Metallrahmen; mit Reinstreifen, aufrollbar, geräuschdämmend und quer unterspülbar, Einbau einschl. Nivellieren auf OK Fertigfußboden und aller notwendigen Befestigungsmittel.
Einsatzbereich: .....
Belastung: normale bis starke Lauffrequentierung, Rollstuhleignung
Untergrund: .....
Rahmenmaterial: .....
Anlagengröße: .....
Anlagenhöhe: .....
Trägermaterial: Aluminium
Profil: profiliertes Gummiprofil
Stegabstand: .....
Angeb. Fabrikat: .....

| 405 € | 732 € | **832 €** | 1.074 € | 1.613 € | [St] | 0,15 h/St | 036.000.030 |

38 Fußabstreifer, Kokosfasermatte — KG 324
Fußabstreifer aus Kokos, Rücken PVC-kaschiert, in bauseitige Aussparung im Fußboden.
Abmessung: .....
Materialstärke: .....
Angeb. Fabrikat: .....

| 77 € | 153 € | **168 €** | 181 € | 227 € | [m²] | 0,10 h/m² | 036.000.043 |

39 Rohrdurchführung anarbeiten, Bodenbelag — KG 353
Oberbelag an Rohrdurchführung anarbeiten.
Oberbelag: .....
Dicke: .....
Durchführung: rund
Durchmesser: 42 mm

| 2 € | 4 € | **5 €** | 6 € | 8 € | [St] | 0,05 h/St | 036.000.031 |

40 Bodenbelag anarbeiten, Stützen — KG 353
Oberbelag an Stützen anarbeiten.
Oberbelag: .....
Dicke: .....
Stützenquerschnitt: .....

| – € | 5 € | **8 €** | 11 € | – € | [St] | 0,08 h/St | 036.000.067 |

41 Trennschiene, Aluminium — KG 353
Aluminium-Trennschiene in Bodenbelag.

| 6 € | 9 € | **11 €** | 12 € | 15 € | [m] | 0,08 h/m | 036.000.078 |

42 Trennschiene, nichtrostender Stahl — KG 353
Trennschiene aus nichtrostendem Stahl in Bodenbelag.

| 10 € | 13 € | **14 €** | 16 € | 19 € | [m] | 0,08 h/m | 036.000.079 |

Nr.	Kurztext / Langtext							Kostengruppe
▶	▷	ø netto €	◁	◀		[Einheit]	Ausf.-Dauer	Positionsnummer

43   Übergangsprofil, Aluminium — KG 353
Befestigen mit Dübeln und Schrauben.
Material: Aluminium
Breite: .....

| 8€ | 11€ | **12€** | 14€ | 17€ | | [m] | ⏱ 0,15 h/m | 036.000.048 |

44   Dehnfugenprofil, Aluminium — KG 353
Bewegungsfugenprofil aus L-Profil, in Belaghöhe auf bauseitigen Estrich montieren, Bodenbelag oberflächenbündig anarbeiten.
Material: Aluminium
Oberfläche: .....

| 15€ | 23€ | **27€** | 32€ | 42€ | | [m] | ⏱ 0,20 h/m | 036.000.033 |

45   Verfugung, elastisch, Silikon — KG 353
Elastische Verfugung mit 1-Komponenten-Dichtstoff auf Silikonbasis, Fuge glatt gestrichen, inkl. notwendiger Flankenvorbehandlung an den Anschlussflächen und Hinterlegen der Fugenhohlräume mit geeignetem Hinterstopfmaterial.

| 2€ | 4€ | **4€** | 6€ | 10€ | | [m] | ⏱ 0,04 h/m | 036.000.034 |

46   Sockelausbildung, Holzleiste — KG 353
Sockelleisten an aufgehenden Wandflächen, mit Holz-Profil, Stöße und Stirnseiten schräg abgeschnitten und Schnittkanten sauber geschliffen, Ecken mit Gehrungsschnitten.
Material: .....
Profil: ca. 60 x 16 mm
Oberfläche: stoßfest farblos lackiert
Befestigung: verdübelt, mit nichtrostenden Senkkopf-Schrauben

| 3€ | 9€ | **11€** | 17€ | 41€ | | [m] | ⏱ 0,08 h/m | 036.000.035 |

47   Sockelausbildung, textiler Belag — KG 353
Sockelleisten an aufgehenden Wandflächen, für textilen Belag, Ecken mit Gehrungsschnitten.
Material: PVC
Leistenhöhe: ca. 60 mm
Belag: .....
Farbe: .....
Befestigung: verdübelt, mit nichtrostenden Senkkopf-Schrauben

| 2€ | 4€ | **5€** | 7€ | 12€ | | [m] | ⏱ 0,04 h/m | 036.000.036 |

48   Sockelausbildung, Sporthalle — KG 353
Sportboden-Sockelleiste, senkrecht, hinterlüftet, aus Hartholz mit Dichtungslippe.
Holz: .....
Breite: über 25 bis 30 mm
Höhe: über 60 bis 80 mm
Oberfläche: transparent beschichtet
Befestigung: Schrauben, Dübel

| –€ | 36€ | **45€** | 57€ | –€ | | [m] | ⏱ 0,10 h/m | 036.000.037 |

© BKI Baukosteninformationszentrum; Erläuterungen zu den Tabellen siehe Seite 44   Kostenstand: 1.Quartal 2021, Bundesdurchschnitt

LB 036 Bodenbelagarbeiten

Kosten:
Stand 1.Quartal 2021
Bundesdurchschnitt

Nr.	**Kurztext** / Langtext					Kostengruppe
▶	▷	ø **netto €**	◁	◀	[Einheit] Ausf.-Dauer	Positionsnummer

49 Sockelausbildung, PVC — KG 353

Sockelleisten an aufgehenden Wandflächen aus PVC, inkl. Verschweißen der Übergänge und Stöße, Ecken mit Gehrungsschnitten.
Material: PVC, weich
Leistenhöhe: ca. 60 mm
Belag: .....
Farbe: .....
Befestigung: verdübelt, mit nichtrostenden Senkkopf-Schrauben

2€ 5€ **5€** 8€ 14€ [m] ⏱ 0,04 h/m 036.000.038

50 Sockelausbildung, Lino-/Kautschuk — KG 353

Sockelleisten an aufgehenden Wandflächen aus Linoleum, inkl. Verschweißen der Übergänge und Stöße, Ecken mit Gehrungsschnitten.
Material: Linoleum
Leistenhöhe: ca. 60 mm
Belag: .....
Farbe: .....
Befestigung: verdübelt, mit nichtrostenden Senkkopf-Schrauben

4€ 8€ **9€** 14€ 23€ [m] ⏱ 0,08 h/m 036.000.039

51 Sockelausbildung, Aluminiumprofil — KG 324

Sockelleisten an aufgehenden Wandflächen aus Linoleum, inkl. Verschweißen der Übergänge und Stöße, Ecken mit Gehrungsschnitten.
Material: Aluminium
Profilhöhe: 70 mm
Farbe / Oberfläche: eloxiert, natur, gebürstet
Befestigung: verdübelt, mit nichtrostenden Senkkopf-Schrauben

6€ 11€ **14€** 17€ 23€ [m] ⏱ 0,08 h/m 036.000.080

52 Erstpflege, Bodenbelag — KG 324

Erstpflege des Oberbelags, mit Pflegemitteln abgestimmt auf benötigte Oberflächeneigenschaften. Arbeiten innerhalb einer Woche nach Aufforderung durch die Bauleitung des Architekten ausführen.

0,4€ 1,6€ **2,2€** 4,3€ 8,8€ [m²] ⏱ 0,02 h/m² 036.000.040

53 Schutzabdeckung, Bodenbelag, Hartfaserplatte — KG 397

Bodenbelag mit Hartfaserplatten zum Schutz vor mechanischen Beschädigungen für nachfolgende Arbeiten vollflächig abdecken und abkleben, inkl. Entfernen und Entsorgen nach Abschluss der Arbeiten.

2€ 4€ **5€** 6€ 7€ [m²] ⏱ 0,10 h/m² 036.000.041

54 Schutzabdeckung, Kunststofffolie — KG 397

Bodenbelag mit fester Kunststofffolie zum Schutz vor Verschmutzung für nachfolgende Arbeiten vollflächig abdecken und Stöße verkleben, inkl. Entfernen und Entsorgen nach Abschluss der Arbeiten.
Folie: PE-Folie, 0,5 mm

1€ 2€ **2€** 3€ 3€ [m²] ⏱ 0,03 h/m² 036.000.049

▶ min
▷ von
ø Mittel
◁ bis
◀ max

Nr.	Kurztext / Langtext							Kostengruppe
▶	▷	ø netto €	◁	◀	[Einheit]		Ausf.-Dauer	Positionsnummer

55 Stundensatz, Facharbeiter/-in
Stundenlohnarbeiten für Facharbeiterin, Facharbeiter, Spezialfacharbeiterin, Spezialfacharbeiter, Vorarbeiterin, Vorarbeiter und jeweils Gleichgestellte. Verrechnungssatz für die jeweilige Arbeitskraft inkl. aller Aufwendungen wie Lohn- und Gehaltskosten, Lohn- und Gehaltsnebenkosten, Zuschläge, lohngebundene und lohnabhängige Kosten, sonstige Sozialkosten, Gemeinkosten, Wagnis und Gewinn. Leistung nach besonderer Anordnung der Bauüberwachung. Nachweis und Anmeldung gem. VOB/B.

| 37€ | 47€ | **51**€ | 53€ | 60€ | [h] | ⏱ 1,00 h/h | 036.000.050 |

56 Stundensatz, Helfer/-in
Stundenlohnarbeiten für Werkerin, Werker, Fachwerkerin, Fachwerker und jeweils Gleichgestellte. Leistung nach besonderer Anordnung der Bauüberwachung. Verrechnungssatz für die jeweilige Arbeitskraft inkl. aller Aufwendungen wie Lohn- und Gehaltskosten, Lohn- und Gehaltsnebenkosten, Zuschläge, lohngebundene und lohnabhängige Kosten, sonstige Sozialkosten, Gemeinkosten, Wagnis und Gewinn. Nachweis und Anmeldung gem. VOB/B.

| 27€ | 34€ | **39**€ | 42€ | 48€ | [h] | ⏱ 1,00 h/h | 036.000.051 |

LB 037 Tapezierarbeiten

Tapezierarbeiten — Preise €

Kosten: Stand 1.Quartal 2021, Bundesdurchschnitt

Legende:
- ▶ min
- ▷ von
- ø Mittel
- ◁ bis
- ◀ max

Nr.	Positionen	Einheit	▶ min	▷ von	ø brutto € / ø netto €	◁ bis	◀ max
1	Schutzabdeckung, Inneneinrichtung	m²	1 / 1	2 / 2	**2** / **2**	3 / 2	3 / 3
2	Schutzabdeckung, Böden, Hartfaserplatte	m²	2 / 1	4 / 3	**5** / **4**	6 / 5	7 / 6
3	Schutzabdeckung, Boden, Folie	m²	1,2 / 1,0	1,6 / 1,4	**1,8** / **1,5**	2,0 / 1,7	2,6 / 2,2
4	Schutzabdeckung, Boden, Vlies	m²	1,3 / 1,1	1,9 / 1,6	**2,1** / **1,7**	2,5 / 2,1	3,2 / 2,7
5	Schutzabdeckung, Boden, Pappe	m²	0,9 / 0,7	1,8 / 1,5	**2,3** / **1,9**	2,6 / 2,2	3,7 / 3,1
6	Grundbeschichtung, Gipsplatten/Gipsfaserplatten	m²	0,5 / 0,4	1,0 / 0,9	**1,1** / **0,9**	1,6 / 1,3	2,5 / 2,1
7	Raufasertapete, fein/weiß, Decke	m²	4 / 3	5 / 4	**6** / **5**	7 / 6	10 / 9
8	Raufasertapete, grob/weiß, Decke	m²	4 / 3	6 / 5	**6** / **5**	9 / 7	11 / 9
9	Raufasertapete, fein/weiß, Wand	m²	4 / 3	6 / 5	**7** / **6**	9 / 7	14 / 12
10	Raufasertapete, grob/weiß, Wand	m²	4 / 3	6 / 5	**6** / **5**	8 / 7	14 / 12
11	Raufasertapete, lineare Bauteile	m	0,8 / 0,6	2,2 / 1,8	**2,5** / **2,1**	6,5 / 5,5	13 / 11
12	Raufasertapete, Dispersion	m²	7 / 5	8 / 7	**9** / **8**	11 / 9	14 / 12
13	Glasfasergewebe, fein, Wand	m²	5 / 4	8 / 7	**9** / **8**	10 / 9	12 / 10
14	Glasfasergewebe, grob, Wand	m²	6 / 5	9 / 8	**11** / **9**	11 / 10	14 / 11
15	Glasfasergewebe, fein, Decke	m²	6 / 5	9 / 7	**11** / **9**	11 / 9	13 / 11
16	Glasfasergewebe, grob, Decke	m²	7 / 6	9 / 8	**11** / **9**	12 / 10	14 / 12
17	Glasfasergewebe, lineare Bauteile	m	0,4 / 0,4	2,5 / 2,1	**3,3** / **2,8**	4,3 / 3,6	6,0 / 5,1
18	Glasfasergewebe, Dispersion	m²	10 / 9	14 / 12	**16** / **13**	19 / 16	26 / 22
19	Prägetapete, Wand	m²	11 / 9	14 / 12	**18** / **15**	23 / 19	35 / 29
20	Verfugung, Acryl, überstreichbar	m	3 / 2	6 / 5	**7** / **6**	8 / 7	11 / 9

© BKI Baukosteninformationszentrum; Erläuterungen zu den Tabellen siehe Seite 44
Mustertexte geprüft: Bundesverband Farbe Gestaltung Bautenschutz

Nr.	Kurztext / Langtext						Kostengruppe	
▶	▷	ø netto €	◁	◀		[Einheit]	Ausf.-Dauer	Positionsnummer
1	**Schutzabdeckung, Inneneinrichtung**							KG **397**
Schutzabdeckung von Einrichtungsgegenständen, für Tapezierarbeiten, inkl. vorhalten, wieder entfernen und entsorgen, Ränder überlappt und staubdicht verschlossen durch Abkleben. Material: Folie Dicke 0,3mm Arbeitshöhe:								
1€	2€	**2**€	2€	3€		[m²]	⏱ 0,05 h/m²	037.000.013
2	**Schutzabdeckung, Böden, Hartfaserplatte**							KG **397**
Schutzabdeckung von Böden liefern, herstellen, vorhalten, wieder entfernen und entsorgen, Ränder überlappt und staubdicht verschlossen durch Abkleben. Abdeckung: Hartfaserplatte Dicke: 5 mm								
1€	3€	**4**€	5€	6€		[m²]	⏱ 0,12 h/m²	037.000.014
A 1	**Schutzabdeckung, Boden**						Beschreibung für Pos. **3-5**	
Schutzabdeckung von Böden, für Tapezierarbeiten, inkl. vorhalten, wieder entfernen und entsorgen, Ränder überlappt und staubdicht verschlossen durch Abkleben.								
3	**Schutzabdeckung, Boden, Folie**							KG **397**
Wie Ausführungsbeschreibung A 1 Abdeckung: rutschhemmende Folie Dicke: 0,3mm Vorhaltedauer: 4 Wochen								
1,0€	1,4€	**1,5**€	1,7€	2,2€		[m²]	⏱ 0,04 h/m²	037.000.030
4	**Schutzabdeckung, Boden, Vlies**							KG **397**
Wie Ausführungsbeschreibung A 1 Abdeckung: Vlies Masse: 200 g/m² Vorhaltedauer: 4 Wochen								
1€	2€	**2**€	2€	3€		[m²]	⏱ 0,04 h/m²	037.000.052
5	**Schutzabdeckung, Boden, Pappe**							KG **397**
Wie Ausführungsbeschreibung A 1 Abdeckung: Pappe Vorhaltedauer: 4 Wochen								
0,7€	1,5€	**1,9**€	2,2€	3,1€		[m²]	⏱ 0,04 h/m²	037.000.031
6	**Grundbeschichtung, Gipsplatten/Gipsfaserplatten**							KG **345**
Decken- / Wandflächen aus Gipsbau- / Gipsfaserplatten vorbereiten und grundieren. Einbauort: Wand Raumhöhe: 3,00 m Oberbelag: **Malervlies / .....**								
0,4€	0,9€	**0,9**€	1,3€	2,1€		[m²]	⏱ 0,04 h/m²	037.000.050

LB 037 Tapezierarbeiten

Kosten:
Stand 1.Quartal 2021
Bundesdurchschnitt

▶ min
▷ von
ø Mittel
◁ bis
◀ max

Nr.	Kurztext / Langtext						Kostengruppe	
▶	▷	ø netto €	◁	◀	[Einheit]	Ausf.-Dauer	Positionsnummer	

7   Raufasertapete, fein/weiß, Decke — KG 345
Raufasertapete, aus Papierlagen mit strukturbildenden Holzspänen, auf vorbereitete Flächen auf Stoß kleben, zur nachfolgenden Beschichtung mit Dispersionsfarbe.
Einbauort: Decke
Wandhöhe: .....
Untergrund: .....
Struktur: RG - gem. BFS-Info 05-01
Arbeitshöhe: .....

3€   4€   5€   6€   9€   [m²]   ⏱ 0,12 h/m²   037.000.035

8   Raufasertapete, grob/weiß, Decke — KG 345
Raufasertapete, aus Papierlagen mit strukturbildenden Holzspänen, auf vorbereitete Flächen auf Stoß kleben, zur nachfolgenden Beschichtung mit Dispersionsfarbe.
Einbauort: Decke
Wandhöhe: .....
Untergrund: .....
Struktur: RF - gem. BFS-Info 05-01
Arbeitshöhe: .....

3€   5€   5€   7€   9€   [m²]   ⏱ 0,12 h/m²   037.000.036

9   Raufasertapete, fein/weiß, Wand — KG 345
Raufasertapete, aus Papierlagen mit strukturbildenden Holzspänen, auf vorbereitete Flächen auf Stoß kleben, zur nachfolgenden Beschichtung mit Dispersionsfarbe.
Einbauort: Wand
Raumhöhe: .....
Untergrund: .....
Struktur: RF - gem. BFS-Info 05-01
Arbeitshöhe: .....

3€   5€   6€   7€   12€   [m²]   ⏱ 0,12 h/m²   037.000.037

10   Raufasertapete, grob/weiß, Wand — KG 345
Raufasertapete, aus Papierlagen mit strukturbildenden Holzspänen, auf vorbereitete Flächen auf Stoß kleben, zur nachfolgenden Beschichtung mit Dispersionsfarbe.
Einbauort: Wand
Raumhöhe: .....
Untergrund: .....
Struktur: RG - gem. BFS-Info 05-01
Arbeitshöhe: .....

3€   5€   5€   7€   12€   [m²]   ⏱ 0,12 h/m²   037.000.038

Nr.	**Kurztext** / Langtext						Kostengruppe	
▶	▷	**ø netto €**	◁	◀	[Einheit]	Ausf.-Dauer	Positionsnummer

11 Raufasertapete, lineare Bauteile — KG **345**

Raufasertapete, aus Papierlagen mit strukturbildenden Holzspänen, auf vorbereitete Flächen auf Stoß kleben, zur nachfolgenden Beschichtung mit Dispersionsfarbe. Abrechnung nach m.
Bauteile: Stützen, Pfeiler, Lisenen, Laibungen u.dgl.
Höhe: .....
Bauteilbreite: bis **15 / 30 / 60** cm
Untergrund: .....
Material: .....
Struktur: **RF / RG** - gem. BFS-Info 05-01
Körnung: .....
Arbeitshöhe: .....

| 0,6€ | 1,8€ | **2,1€** | 5,5€ | 11€ | [m] | ⏱ 0,06 h/m | 037.000.029 |

12 Raufasertapete, Dispersion — KG **345**

Raufasertapete und nachfolgende Dispersions-Beschichtung, auf Wand- oder Deckenflächen, einschl. Grundierung, Raufasertapete auf Stoß kleben.
Untergrund: .....
Material: Raufaser aus Papierlagen
Struktur: Holzspan
Oberfläche: **fein / mittel / grob / .....**
Körnung: .....
Dispersionsfarbe: lösemittel- und weichmacherfrei
Nassabrieb: **Klasse 3 (waschbeständig) / Klasse 2 (scheuerbeständig)**
Kontrastverhältnis: Klasse ......
Beschichtungsgänge: **einmal / zweimal**
Farbe: **weiß / farbig**
Farbcode: **RAL / NCS**
Glanzgrad: **glänzend / mittlerer Glanz / matt / stumpfmatt**
Arbeitshöhe: 2,75 m

| 5€ | 7€ | **8€** | 9€ | 12€ | [m²] | ⏱ 0,24 h/m² | 037.000.006 |

13 Glasfasergewebe, fein, Wand — KG **345**

Glasfasertapete auf vorbereitete Flächen auf Stoß kleben, zur nachfolgenden Beschichtung mit Dispersionsfarbe.
Einbauort: Wand
Raumhöhe: .....
Material: .....
Tapete: Glasfasergewebe
Untergrund: .....
Oberfläche: fein
Arbeitshöhe: .....

| 4€ | 7€ | **8€** | 9€ | 10€ | [m²] | ⏱ 0,14 h/m² | 037.000.039 |

LB 037
Tapezierarbeiten

Kosten:
Stand 1.Quartal 2021
Bundesdurchschnitt

▶ min
▷ von
ø Mittel
◁ bis
◀ max

Nr.	Kurztext / Langtext						Kostengruppe
▶	▷	ø netto €	◁	◀	[Einheit]	Ausf.-Dauer	Positionsnummer

14 Glasfasergewebe, grob, Wand — KG 345
Glasfasertapete auf vorbereitete Flächen auf Stoß kleben, zur nachfolgenden Beschichtung mit Dispersionsfarbe.
Einbauort: Wand
Raumhöhe: .....
Material: .....
Tapete: Glasfasergewebe
Untergrund: .....
Oberfläche: grob
Arbeitshöhe: .....

| 5€ | 8€ | **9€** | 10€ | 11€ | [m²] | 0,14 h/m² | 037.000.040 |

15 Glasfasergewebe, fein, Decke — KG 345
Glasfasertapete auf vorbereitete Flächen auf Stoß kleben, zur nachfolgenden Beschichtung mit Dispersionsfarbe.
Einbauort: Decke
Raumhöhe: .....
Material: .....
Tapete: Glasfasergewebe
Untergrund: .....
Oberfläche: fein
Arbeitshöhe: .....

| 5€ | 7€ | **9€** | 9€ | 11€ | [m²] | 0,14 h/m² | 037.000.041 |

16 Glasfasergewebe, grob, Decke — KG 345
Glasfasertapete auf vorbereitete Flächen auf Stoß kleben, zur nachfolgenden Beschichtung mit Dispersionsfarbe.
Einbauort: Decke
Raumhöhe: .....
Material: .....
Tapete: Glasfasergewebe
Untergrund: .....
Oberfläche: grob
Arbeitshöhe: .....

| 6€ | 8€ | **9€** | 10€ | 12€ | [m²] | 0,14 h/m² | 037.000.042 |

17 Glasfasergewebe, lineare Bauteile — KG 345
Glasfasertapete und nachfolgende Dispersions-Beschichtung, auf längenorientierten Bauteilen, einschl. Grundierung und Tapete auf Stoß kleben.
Bauteile: Stützen, Pfeiler, Lisenen, Laibungen u.dgl.
Bauteilbreite: bis **15 / 30 / 60** cm
Untergrund: .....
Material: .....
Tapete: Glasfasergewebe
Oberfläche: **fein / mittel / grob**
Struktur: .....
Arbeitshöhe: .....

| 0,4€ | 2,1€ | **2,8€** | 3,6€ | 5,1€ | [m] | 0,07 h/m | 037.000.027 |

© BKI Baukosteninformationszentrum; Erläuterungen zu den Tabellen siehe Seite 44
Mustertexte geprüft: Bundesverband Farbe Gestaltung Bautenschutz

Nr.	Kurztext / Langtext							Kostengruppe
▶	▷	ø **netto €**	◁	◀		[Einheit]	Ausf.-Dauer	Positionsnummer

18 Glasfasergewebe, Dispersion KG **345**

Glasfasertapete und nachfolgende Dispersions-Beschichtung, auf Wand- oder Deckenflächen, einschl. Grundierung, Glasfasertapete auf Stoß kleben.
Untergrund: .....
Bauteil: .....
Material: .....
Oberfläche: **fein / mittel / grob**
Struktur: .....
Dispersionsfarbe: lösemittel- und weichmacherfrei
Nassabrieb: **Klasse 3 (waschbeständig) / Klasse 2 (scheuerbeständig)**
Kontrastverhältnis: Klasse .....
Beschichtungsgänge: **einmal / zweimal**
Farbe: **weiß / farbig**
Farbcode: **RAL / NCS**
Glanzgrad: **glänzend / mittlerer Glanz / matt / stumpfmatt**
Raumhöhe: .....
Arbeitshöhe: .....

| 9€ | 12€ | **13**€ | 16€ | 22€ | | [m²] | ⏱ 0,20 h/m² | 037.000.009 |

19 Prägetapete, Wand KG **345**

Prägetapete, auf vorbereitete Flächen auf Stoß kleben, zur nachfolgenden Beschichtung mit Dispersionsfarbe.
Einbauort: Wände
Raumhöhe: .....
Untergrund: .....
Material: .....
Art, Form: Prägetapete, gem. beiliegendem Muster / Hersteller-Nr. .....
Ansatz: **ansatzfrei / gerade / versetzt / gestürzt / horizontal**
Rapport: ..... cm
Rollenbreite: **53 / .....** cm
Verarbeitung: **Kleistertechnik / Wandklebetechnik / Vorkleisterung**
Entfernung: **restlos abziehbar / spaltbar abziehbar / nass**
Arbeitshöhe: .....

| 9€ | 12€ | **15**€ | 19€ | 29€ | | [m²] | ⏱ 0,15 h/m² | 037.000.017 |

20 Verfugung, Acryl, überstreichbar KG **345**

Plastoelastische Verfugung mit anstrichverträglichem Ein-Komponenten-Dichtstoff auf Acryldispersionsbasis, mit Flankenvorbehandlung an den Anschlussflächen und Hinterlegen der Fugenhohlräume mit geeignetem Hinterfüllmaterial, Fuge geglättet.
Untergrund: **Putz / Gipsplattenflächen**
Farbton: weiß
Fugenbreite: bis ..... mm
Arbeitshöhe: .....

| 2€ | 5€ | **6**€ | 7€ | 9€ | | [m] | ⏱ 0,10 h/m | 037.000.012 |

LB 038 Vorgehängte hinterlüftete Fassaden

Kosten: Stand 1. Quartal 2021, Bundesdurchschnitt

▶ min
▷ von
ø Mittel
◁ bis
◀ max

Preise €

Nr.	Positionen	Einheit	▶	▷ ø brutto €	ø ø netto €	◁	◀
1	Unterkonstruktion, Holzlattung	m²	4 / 3	7 / 6	9 / 7	11 / 9	15 / 13
2	Unterkonstruktion, Holz, zweilagig	m²	11 / 9	26 / 21	27 / 23	43 / 36	70 / 59
3	Unterkonstruktion, Rauspund	m²	9 / 8	24 / 20	30 / 25	38 / 32	52 / 44
4	Unterkonstruktion, Aluminium, VHF	m²	39 / 33	60 / 51	70 / 59	95 / 80	131 / 110
5	Fassadendämmung, MW 035, 80mm, kaschiert	m²	17 / 14	22 / 18	24 / 20	30 / 25	41 / 34
6	Fassadendämmung, MW 035, 120mm, kaschiert	m²	18 / 15	24 / 20	27 / 22	31 / 26	43 / 36
7	Fassadendämmung, MW 035, 160mm, kaschiert	m²	23 / 19	34 / 29	36 / 30	39 / 32	44 / 37
8	Fassadendämmung, Brandbarriere	m²	21 / 18	25 / 21	27 / 22	31 / 26	36 / 30
9	Winddichtung, Polyestervlies	m²	6 / 5	10 / 9	12 / 10	13 / 11	17 / 14
10	Fassadenbekleidung, Holz, Boden-Deckelschalung	m²	84 / 71	99 / 83	104 / 87	115 / 97	140 / 117
11	Fassadenbekleidung, Holz, Stülpschalung	m²	72 / 61	85 / 71	90 / 76	101 / 85	125 / 105
12	Fassadenbekleidung, HPL-Platte	m²	151 / 127	171 / 144	182 / 153	210 / 176	250 / 210
13	Fassadenbekleidung, Harzkompositplatten	m²	180 / 151	199 / 167	222 / 186	247 / 207	307 / 258
14	Fassadenbekleidung, Holzzementplatten	m²	112 / 94	125 / 105	140 / 118	160 / 134	185 / 155
15	Fassadenbekleidung, Faserzement-Platten	m²	53 / 45	59 / 50	67 / 56	76 / 64	88 / 74
16	Fassadenbekleidung, Faserzement-Tafeln	m²	123 / 104	150 / 126	159 / 133	177 / 149	224 / 188
17	Fassadenbekleidung, Faserzement-Stülpdeckung	m²	118 / 99	136 / 114	145 / 122	151 / 127	166 / 139
18	Fassadenbekleidung, Metall, Bandblech	m²	68 / 57	94 / 79	104 / 87	110 / 92	136 / 114
19	Fassadenbekleidung, Metall, Wellblech	m²	55 / 46	65 / 54	68 / 57	71 / 60	80 / 67
20	Fassadenbekleidung, Aluminiumverbundplatten	m²	151 / 127	212 / 179	228 / 192	289 / 243	383 / 321
21	Fassadenbekleidung, Schindeln	m²	85 / 71	117 / 99	137 / 115	146 / 122	171 / 144
22	Fassadenbekleidung, Ziegelplatten	m²	111 / 93	166 / 140	188 / 158	194 / 163	230 / 193
23	Fensterbank, Aluminium, außen	St	30 / 25	47 / 39	54 / 45	59 / 50	74 / 63
24	Laibungsbekleidung, Fenster/Tür	m	25 / 21	43 / 36	48 / 40	54 / 45	74 / 63

© BKI Baukosteninformationszentrum; Erläuterungen zu den Tabellen siehe Seite 44

Kostenstand: 1. Quartal 2021, Bundesdurchschnitt

Vorgehängte hinterlüftete Fassaden — Preise €

Nr.	Positionen	Einheit	▶	▷	ø brutto € ø netto €	◁	◀
25	Außenecke, Aluprofil	m	12	31	**42**	51	67
			10	26	**35**	43	57
26	Attikaabdeckung, Aluminiumblech	m	38	89	**104**	130	184
			32	75	**87**	110	155
27	Dauergerüstanker, Fassade	St	26	42	**45**	49	72
			22	35	**37**	41	60
28	Stundensatz, Facharbeiter/-in	h	60	66	**70**	74	85
			51	56	**59**	63	72
29	Stundensatz, Helfer/in	h	41	53	**61**	64	73
			34	44	**52**	54	61

Nr.	Kurztext / Langtext						Kostengruppe
▶	▷	ø netto €	◁	◀	[Einheit]	Ausf.-Dauer	Positionsnummer

1 Unterkonstruktion, Holzlattung — KG **335**

Traglattung aus Holzlatten, für vorgehängte, hinterlüftete Fassadenbekleidung, inkl. Befestigungsmittel.
Fassadenbekleidung: .....
Befestigungsgrund: .....
Ebenheit der Bekleidungsfläche DIN 18202: .....
Holzart: Nadelholz
Sortierklasse: S10
Lattenquerschnitt: **30 x 50 / 40 x 60**
Lattenabstand: .....
Arbeitshöhe: .....

3 €   6 €   **7 €**   9 €   13 €   [m²]   ⏱ 0,12 h/m²   038.000.003

2 Unterkonstruktion, Holz, zweilagig — KG **335**

Unterkonstruktion aus senkrechter und waagrechter Lattung, für vorgehängte, hinterlüftete Fassadenbekleidung, inkl. Befestigungsmittel.
Fassadenbekleidung: .....
Befestigungsgrund: .....
Ebenheit der Bekleidungsfläche DIN 18202: .....
Holzart: Nadelholz
Sortierklasse: S10
Holzschutz: Gebrauchsklasse .....
Lattenquerschnitte: 30 x 50 mm
Lattenabstände: .....
Arbeitshöhe: .....

9 €   21 €   **23 €**   36 €   59 €   [m²]   ⏱ 0,16 h/m²   038.000.010

LB 038
Vorgehängte hinterlüftete Fassaden

Kosten:
Stand 1.Quartal 2021
Bundesdurchschnitt

	Nr.	**Kurztext** / Langtext					[Einheit]	Ausf.-Dauer	Kostengruppe Positionsnummer
▶		▷	ø netto €	◁	◀				

3 Unterkonstruktion, Rauspund — KG 335
Holzschalung als Unterlage für vorgehängte, hinterlüftete Fassadenbekleidung, aus Rauspund mit chem. Holzschutz, Befestigung entspr. dem Anwendungsfall, geeignet für den Außenbereich.
Holzart: Nadelholz
Brettdicke: 24 mm
Schalung: Rauspund
Holzschutz: Gebrauchsklasse .....
Befestigungsgrund: Holz
Befestigung gem.: **..... / anliegender statischer Bemessung**
Verlegung: **waagrecht / senkrecht**
Arbeitshöhe: .....

| 8€ | 20€ | **25**€ | 32€ | 44€ | [m²] | ⏱ 0,30 h/m² | 038.000.011 |

4 Unterkonstruktion, Aluminium, VHF — KG 335
Unterkonstruktion aus justierbaren Wandwinkeln und Tragprofilen, für vorgehängte, hinterlüftete Außenwandbekleidung, Befestigung mit Dübeln und Schrauben. Profilarten und -abstände, Abmessungen von Fest- und Gleitpunkten sowie alle Verbindungs- und Verankerungsmittel gem. statischer Berechnung.
Befestigungsgrund: .....
Ebenheit der Bekleidungsfläche DIN 18202: .....
Bekleidung: großformatige Wandtafeln
Verlegung: .....
Befestigung: **verdeckt / sichtbar**
Abstand UK bis VK Bekleidung: .....
Material: Aluminium
Arbeitshöhe: .....

| 33€ | 51€ | **59**€ | 80€ | 110€ | [m²] | ⏱ 0,24 h/m² | 038.000.012 |

A 1 Fassadendämmung, Mineralwolle, kaschiert — Beschreibung für Pos. **5-7**
Wärmedämmung der vorgehängten, hinterlüfteten Fassade, aus Mineralwolle mit einseitiger, schwarzer Vlieskaschierung, zwischen Unterkonstruktion hinter Bekleidung.
Unterkonstruktion: .....
Dämmstoff: MW
Anwendung: WAB-zg
Brandverhalten Klasse: A1 - nicht brennbar

5 Fassadendämmung, MW 035, 80mm, kaschiert — KG 335
Wie Ausführungsbeschreibung A 1
Bemessungswert der Wärmeleitfähigkeit: max. 0,035 W/(mK)
Nennwert Wärmeleitfähigkeit: 0,034 W/(mK)
Dämmschichtdicke: 80 mm
Einbaulage: zwischen .....
Arbeitshöhe: .....

| 14€ | 18€ | **20**€ | 25€ | 34€ | [m²] | ⏱ 0,24 h/m² | 038.000.030 |

▶ min
▷ von
ø Mittel
◁ bis
◀ max

Nr.	Kurztext / Langtext							Kostengruppe
▶	▷	**ø netto €**	◁	◀	[Einheit]	Ausf.-Dauer	Positionsnummer

6 Fassadendämmung, MW 035, 120mm, kaschiert — KG **335**
Wie Ausführungsbeschreibung A 1
Bemessungswert der Wärmeleitfähigkeit: max. 0,035 W/(mK)
Nennwert Wärmeleitfähigkeit: 0,034 W/(mK)
Dämmschichtdicke: 120 mm
Einbaulage: .....
Arbeitshöhe: .....

| 15€ | 20€ | **22**€ | 26€ | 36€ | [m²] | ⏱ 0,24 h/m² | 038.000.031 |

7 Fassadendämmung, MW 035, 160mm, kaschiert — KG **335**
Wie Ausführungsbeschreibung A 1
Bemessungswert der Wärmeleitfähigkeit: max. 0,035 W/(mK)
Nennwert Wärmeleitfähigkeit: 0,034 W/(mK)
Dämmschichtdicke: 160 mm
Einbaulage: .....
Arbeitshöhe: .....

| 19€ | 29€ | **30**€ | 32€ | 37€ | [m²] | ⏱ 0,24 h/m² | 038.000.032 |

8 Fassadendämmung, Brandbarriere — KG **335**
Brandbarriere/Brandsperre DIN 18516-1, für vorgehängte hinterlüftete Außenwandbekleidung, Überdeckung vertikal oder horizontal des Brandabschnittes.
Material: Mineralwolle, MW DIN EN 13162, Anwendungsgebiet DIN 4108-10 WAB
Nennwert Wärmeleitfähigkeit: 0,038 W/m²K
Brandverhalten: Klasse A1 - nichtbrennbar
Schmelzpunkt: >=1.000°C
Dämmschichtdicke: ..... mm
Breite: 200 mm
Arbeitshöhe: .....

| 18€ | 21€ | **22**€ | 26€ | 30€ | [m²] | ⏱ 0,15 h/m² | 038.000.049 |

9 Winddichtung, Polyestervlies — KG **335**
Winddichtung der vorgehängten, hinterlüfteten Fassadenbekleidung, mit Unterspannbahn aus armiertem Polyestervlies, UV-beständig und diffusionsoffen. Anschlüsse an durchdringende Bauteile nach gesonderter Position.
Unterspannbahn: .....
sd-Wert: <= 0,1 m
Rissfestigkeit: >250 N/50 mm
Wassersäule: >200 mm
Brandverhalten Klasse: **E** / .....
Farbe: schwarz
Arbeitshöhe: .....

| 5€ | 9€ | **10**€ | 11€ | 14€ | [m²] | ⏱ 0,12 h/m² | 038.000.013 |

**LB 038
Vorgehängte hinterlüftete Fassaden**

Kosten:
Stand 1.Quartal 2021
Bundesdurchschnitt

▶ min
▷ von
ø Mittel
◁ bis
◀ max

Nr.	Kurztext / Langtext					Kostengruppe		
▶	▷	ø netto €	◁	◀	[Einheit]	Ausf.-Dauer	Positionsnummer	

10 Fassadenbekleidung, Holz, Boden-Deckelschalung — KG 335

Fassadenbekleidung mit Boden-Deckel-Schalung aus Holz, als vorgehängte, hinterlüftete Fassade, auf vorhandener Unterkonstruktion senkrecht befestigen, sichtbar bleibend.
Unterkonstruktion: .....
Fassadenbekleidung: **Lärche / nordisches Nadelholz / Douglasie**
Brandverhalten: .....
Zuschnitt / Kante: .....
Brettdicke: .....
Brettbreite: Boden ....., Deckel .....
Oberfläche: gehobelt
Befestigung: .....
Einbauort / Fassade: .....
Arbeitshöhe: .....

| 71€ | 83€ | **87€** | 97€ | 117€ | [m²] | ⏱ 0,64 h/m² | 038.000.004 |

11 Fassadenbekleidung, Holz, Stülpschalung — KG 335

Fassadenbekleidung mit Stülpschalung aus Holz, als vorgehängte, hinterlüftete Fassade, auf vorhandener Unterkonstruktion, Befestigung sichtbar.
Unterkonstruktion: **Holz-UK / Aluminium-UK**
Fassadenbekleidung: **Lärche / nordisches Nadelholz / Douglasie**
Brandverhalten: .....
Oberfläche / Kante: Bretter dreiseitig gehobelt, an Unterseite profiliert
Brettdicke: .....
Brettbreite: .....
Oberfläche: gehobelt
Profilierung Unterseite: einfach gefalzt / .....
Befestigung: .....
Einbauort / Fassade: .....
Arbeitshöhe: .....

| 61€ | 71€ | **76€** | 85€ | 105€ | [m²] | ⏱ 0,76 h/m² | 038.000.005 |

12 Fassadenbekleidung, HPL-Platte — KG 335

Fassadenbekleidung mit Hochdruck-Schichtstoffpress-Tafeln (HPL), als vorgehängte, hinterlüftete Fassade, auf vorhandener Unterkonstruktion, Befestigung sichtbar.
Unterkonstruktion: **Holz-UK / Aluminium-UK**
Plattentyp: .....
Brandverhalten: .....
Tafeldicke: 8mm
Tafelgröße: .....
Zuschnitt aus Tafelgröße: .....
Oberfläche: .....
Farbe: ähnlich RAL .....
Befestigung: nicht rostende **Klammern / Schrauben / Nieten**
Farbton Befestigung: **Kopf lackiert in RAL ..... / Kopf Stahl natur**
Einbauort / Fassade: .....
Arbeitshöhe: .....

| 127€ | 144€ | **153€** | 176€ | 210€ | [m²] | ⏱ 0,75 h/m² | 038.000.015 |

Nr.	Kurztext / Langtext				Kostengruppe		
▶	▷	ø netto € ◁ ◀		[Einheit]	Ausf.-Dauer	Positionsnummer

13 Fassadenbekleidung, Harzkompositplatten — KG 335

Fassadenbekleidung mit faserverstärkten Harzkompositplatten, als vorgehängte, hinterlüftete Fassade, auf vorhandener Unterkonstruktion, Befestigung sichtbar.
Unterkonstruktion: Aluminium-UK
Plattentyp: .....
Brandverhalten: .....
Tafeldicke: .....
Tafelgröße: .....
Zuschnitt aus Tafelgröße: .....
Oberfläche: .....
Farbe: ähnlich RAL .....
Befestigung: Befestigungselemente, kopfbeschichtet
Einbauort / Fassade: .....
Arbeitshöhe: .....

| 151 € | 167 € | **186 €** | 207 € | 258 € | [m²] | ⏱ 0,75 h/m² | 038.000.034 |

14 Fassadenbekleidung, Holzzementplatten — KG 335

Fassadenbekleidung mit Holzzementplatten, als vorgehängte, hinterlüftete Fassade, auf vorhandener Unterkonstruktion, Befestigung sichtbar.
Unterkonstruktion: Holz-UK
Plattentyp: .....
Brandverhalten: .....
Tafeldicke: .....
Tafelgröße: .....
Zuschnitt aus Tafelgröße: .....
Oberfläche: beschichtet
Farbe: ähnlich RAL .....
Befestigung: Befestigungselemente, kopfbeschichtet
Einbauort / Fassade: .....
Arbeitshöhe: .....

| 94 € | 105 € | **118 €** | 134 € | 155 € | [m²] | ⏱ 0,75 h/m² | 038.000.035 |

LB 038 Vorgehängte hinterlüftete Fassaden

Nr.	Kurztext / Langtext					Kostengruppe
▶	▷	ø netto €	◁	◀	[Einheit]	Ausf.-Dauer Positionsnummer

15 Fassadenbekleidung, Faserzement-Platten KG **335**

Fassadenbekleidung mit kleinformatigen Faserzement-Tafeln, als vorgehängte, hinterlüftete Fassade, auf vorhandener Unterkonstruktion.
Unterkonstruktion: .....
Tafel-Typ: .....
Brandverhalten: A1 - nicht brennbar
Deckungsart: .....
Tafeldicke: ..... mm
Plattengröße: ..... x ..... mm
Fugenausbildung: .....
Oberfläche: .....
Oberflächenschutz: .....
Kantenausbildung: .....
Farbe: .....
Befestigung: .....
Einbauort / Fassade: .....
Arbeitshöhe: .....

| 45€ | 50€ | **56€** | 64€ | 74€ | [m²] | ⏱ 0,48 h/m² | 038.000.036 |

16 Fassadenbekleidung, Faserzement-Tafeln KG **335**

Fassadenbekleidung mit großformatigen Faserzement-Tafeln, als vorgehängte, hinterlüftete Fassade, auf vorhandener Unterkonstruktion.
Unterkonstruktion: .....
Plattentyp: .....
Brandverhalten: A1 - nicht brennbar
Tafeldicke: 8 mm
Tafelgröße: 3.100 x 1.500 / 1.250 mm
Zuschnitt aus Tafelgröße: .....
Fugenbreite: .....
Oberfläche: körnig, seidig matt
Oberflächenschutz: Reinacrylatbeschichtung mit Oberflächenversiegelung
Kantenausbildung: .....
Farbe: .....
Befestigung: sichtbar mit Schrauben
Farbe Befestigungsmittel: kopfbeschichtet
Einbauort / Fassade: .....
Arbeitshöhe: .....

| 104€ | 126€ | **133€** | 149€ | 188€ | [m²] | ⏱ 0,50 h/m² | 038.000.037 |

Kosten:
Stand 1.Quartal 2021
Bundesdurchschnitt

▶ min
▷ von
ø Mittel
◁ bis
◀ max

Nr.	**Kurztext** / Langtext						Kostengruppe	
▶	▷	**ø netto €**	◁	◀	[Einheit]	Ausf.-Dauer	Positionsnummer	

17 Fassadenbekleidung, Faserzement-Stülpdeckung   KG **335**

Fassadenbekleidung mit großformatigen Faserzement-Tafeln, als vorgehängte, hinterlüftete Fassade, als Stülpdeckung mit senkrechte Fugen und hinterlegen Fugenband, in der Überdeckung befestigt, auf vorhandene Unterkonstruktion.
Unterkonstruktion: Holz-UK
Plattentyp: .....
Brandverhalten: A1 - nicht brennbar
Tafeldicke: 10 mm
Tafelgröße: .....
Zuschnitt aus Tafelgröße: .....
Fugenbreite: .....
Oberfläche: strukturiert
Oberflächenschutz: deckend beschichtet
Kantenausbildung: .....
Farbe: .....
Befestigung: in der Überdeckung
Einbauort / Fassade: .....
Arbeitshöhe: .....

| 99€ | 114€ | **122€** | 127€ | 139€ | [m²] | ⏱ 0,46 h/m² | 038.000.038 |

18 Fassadenbekleidung, Metall, Bandblech   KG **335**

Fassadenbekleidung mit Metallblech, als vorgehängte, hinterlüftete Fassade, senkrecht verlegt, unsichtbar befestigen, auf vorhandener Unterkonstruktion.
Untergrund: Holzschalung mit Trennlage
Deckungsart: **Stehfalz- / Winkelfalz- / Doppelstehfalz**
Material: Titanzinkblech
Blechdicke: .....
Deckungsart: **Stehfalz / Winkelstehfalz**
Bänderbreite: **670 mm für Achsmaß 600 mm / 570 mm für Achsmaß 500 mm**
Oberfläche: **walzblank / vorbewittert**
Befestigung: nicht rostend und unsichtbar mit **Haften / Klammern / Schrauben**.
Einbauort / Fassade: .....
Arbeitshöhe: .....

| 57€ | 79€ | **87€** | 92€ | 114€ | [m²] | ⏱ 0,45 h/m² | 038.000.009 |

LB 038 Vorgehängte hinterlüftete Fassaden

Kosten:
Stand 1.Quartal 2021
Bundesdurchschnitt

Nr.	Kurztext / Langtext							
▶	▷	ø netto €	◁	◀	[Einheit]	Ausf.-Dauer	Kostengruppe Positionsnummer	

19 Fassadenbekleidung, Metall, Wellblech KG **335**

Fassadenbekleidung mit Wellblech-Fassadenplatten, als vorgehängte, hinterlüftete Fassade, vertikal auf vorhandene Metall-Unterkonstruktion, Längs- und Querstöße überlappend, Befestigung sichtbar auf Wellenberg; Konstruktion mit unterem Einhängeblech.
Unterkonstruktion: .....
Plattentyp: Stahl-Wellblech, Profil 18/76 mm
Blechdicke: .....
Tafelbreite: .....
Oberfläche: feuerverzinkt, beschichtet
Oberseite: Korrosionsschutzklasse K III
Unterseite: Korrosionsschutzklasse K II
Farbton: .....
Hafte: geschraubt
Einhängeblech: ca. 250 mm, d = 0,8 mm
Einbauort / Fassade: .....
Arbeitshöhe: .....

| 46€ | 54€ | **57**€ | 60€ | 67€ | [m²] | ⏱ 0,30 h/m² | 038.000.007 |

20 Fassadenbekleidung, Aluminiumverbundplatten KG **335**

Fassadenbekleidung mit Aluminiumverbundplatten, als vorgehängte, hinterlüftete Fassade inkl. justierbare Unterkonstruktion, Befestigung nicht sichtbar.
Befestigungsuntergrund: .....
Unterkonstruktion: Aluminium-UK, zweilagig,
Schalenabstand: .....
Ebenheit der Bekleidungsfläche DIN 18202: .....
Plattentyp: Alu-Verbund-Platte
Brandverhalten: A2 -s1, d0 (nichtbrennbar)
Tafeldicke: .....
Tafelgröße: .....
Oberfläche: bandbeschichtet, für Außenanwendung
Farbe: .....
Befestigung: **nicht rostende Klammern / Befestigungswinkel**
Farbton Befestigung: **lackiert in RAL ..... / eloxiert natur**
Einbauort / Fassade: .....
Arbeitshöhe: .....

| 127€ | 179€ | **192**€ | 243€ | 321€ | [m²] | ⏱ 0,75 h/m² | 038.000.041 |

▶ min
▷ von
ø Mittel
◁ bis
◀ max

Nr.	Kurztext / Langtext						Kostengruppe	
▶	▷	ø netto €	◁	◀	[Einheit]	Ausf.-Dauer	Positionsnummer	

21 Fassadenbekleidung, Schindeln KG **335**

Fassadenbekleidung mit Schindelmaterial, als vorgehängte, hinterlüftete Fassade, auf vorhandener Unterkonstruktion, mit Befestigungsmittel aus nicht rostendem Stahl.
Unterkonstruktion: mehrlagige Holz-UK
Schindelart: **Schiefer / gespaltene Holzschindeln / .....**
Materialspezifikation: .....
Schindelform: **Segmentbogen / rechteckig / .....**
Schindeldicke: .....
Schindelgröße: .....
Deckungsart: .....
Überdeckung: **Einfach- / Doppel- / Dreifachdeckung**
Befestigung: unsichtbar, im Bereich der Überdeckung
Einbauort / Fassade: .....
Arbeitshöhe: .....

| 71€ | 99€ | **115**€ | 122€ | 144€ | [m²] | ⏱ 1,00 h/m² | 038.000.008 |

22 Fassadenbekleidung, Ziegelplatten KG **335**

Fassadenbekleidung mit waagrecht verlegten Ziegelplatten, als vorgehängte, hinterlüftete Fassade, auf vorhandener Unterkonstruktion, Befestigung mit Aluminium-Federprofil und Spezial-Plattenhalter.
Unterkonstruktion: Alu-UK
Befestigungsuntergrund: .....
Ziegeltyp: .....
Ziegeldicke: .....
Ziegelformat: .....
Oberfläche / Farbe: .....
Fugenausbildung: .....
Befestigung: nicht sichtbar, im Bereich der Überdeckung
Einbauort / Fassade: .....
Arbeitshöhe: .....

| 93€ | 140€ | **158**€ | 163€ | 193€ | [m²] | ⏱ 0,40 h/m² | 038.000.017 |

23 Fensterbank, Aluminium, außen KG **334**

Fensterbank aus Aluminium-Strangpressprofil, außen, mit Bordstücken mit Bewegungsausgleich, eingebaut im Gefälle von mind. 8%, Profil entdröhnt, mit Schutz gegen Abheben.
Profilsystem: .....
Dicke: .....
Untergrund: .....
Ausladung: .....
Fensterbanklänge: .....
Abwicklung: .....
Kantungen: .....
Oberfläche: eloxiert
Farbton: .....
Einbauort / Fassade: .....
Arbeitshöhe: .....

| 25€ | 39€ | **45**€ | 50€ | 63€ | [St] | ⏱ 0,40 h/St | 038.000.021 |

LB 038 Vorgehängte hinterlüftete Fassaden

Kosten:
Stand 1.Quartal 2021
Bundesdurchschnitt

Nr.	Kurztext / Langtext					Kostengruppe		
▶	▷	ø netto €	◁	◀	[Einheit]	Ausf.-Dauer	Positionsnummer	

24 Laibungsbekleidung, Fenster/Tür KG **334**
Laibungsbekleidung der vorgehängten, hinterlüfteten Fassade, inkl. Unterkonstruktion, Zuschnitt der Platten bzw. Tafeln, sowie Befestigung.
Bereich: **Fensterlaibung / Türlaibung**
Unterkonstruktion: Aluminium-UK
Befestigungsuntergrund: .....
Plattentyp: .....
Tafeldicke: .....
Tafelgröße: .....
Laibungstiefe: ....
Oberfläche: .....
Farbe: .....
Befestigung: **nicht rostende Klammern / Befestigungswinkel**
Farbton Befestigung: **lackiert in RAL ..... / eloxiert natur**
Einbauort / Fassade: .....
Arbeitshöhe: .....

| 21€ | 36€ | **40€** | 45€ | 63€ | [m] | ⏱ 0,35 h/m | 038.000.042 |

25 Außenecke, Aluprofil KG **335**
Außenecke mit sichtbar bleibendem Aluminium-Formteil.
Unterkonstruktion: .....
Form: .....
Kantung: ..... St
Zuschnitt: ..... mm
Oberfläche: **nasslackiert / chromatiert und pulverbeschichtet**
Klimazone: .....
Farbton: .....
Einbauort / Fassade: .....
Arbeitshöhe: .....

| 10€ | 26€ | **35€** | 43€ | 57€ | [m] | ⏱ 0,20 h/m | 038.000.045 |

26 Attikaabdeckung, Aluminiumblech KG **335**
Attikaabdeckung mit Aluminiumblech, einschl. erforderliche Stoßverbinder und Unterkonstruktion.
Windzone: .....
Geländekategorie: .....
Gebäudehöhe: .....
Dicke: 2 mm
Kantungen: ..... St
Abwicklung ca. ..... mm
Oberfläche: **anodisch eloxiert / nasslackiert / chromatiert und pulverbeschichtet**
Farbton: .....
Einbauort / Fassade: .....
Detail siehe Anlagen / Plan-Nr.: .....

| 32€ | 75€ | **87€** | 110€ | 155€ | [m] | ⏱ 0,45 h/m | 038.000.046 |

▶ min
▷ von
ø Mittel
◁ bis
◀ max

Nr.	**Kurztext** / Langtext					Kostengruppe		
▶	▷	**ø netto €**	◁	◂	[Einheit]	Ausf.-Dauer	Positionsnummer	

27 Dauergerüstanker, Fassade   KG **392**

Dauergerüstanker DIN 4426 für Befestigung von Gerüsten an vorgehängten, hinterlüfteten Fassadenbekleidungen, geeignet für Wartungs- und Instandhaltungsarbeiten der Fassade, die äußere Schale zerstörungsfrei durch die Fuge durchdringend, zur Aufnahme der aus dem Gerüst auftretenden Zug-, Druck- und Querkräften, mit Kunststoff-Schutzstopfen.
Gewindegröße: M12
Material: nicht rostender Stahl
Befestigung: gedübelt, thermisch getrennt
Untergrund: **Mauerwerk / gerissener Beton**
Schalen Abstand (Vorderkante Bekleidung bis Tragschale): bis ..... mm
Einbau nach: **vorgegebenem Ankerplan / Ausführung gem. Zeichnung**
Einbauort / Fassade: .....
Arbeitshöhe: .....

| 22 € | 35 € | **37 €** | 41 € | 60 € | [St] | ⏱ 0,10 h/St | 038.000.022 |

28 Stundensatz, Facharbeiter/-in

Stundenlohnarbeiten für Vorarbeiterin, Vorarbeiter, Facharbeiterin, Facharbeiter und Gleichgestellte. Der Verrechnungssatz für die jeweilige Arbeitskraft umfasst sämtliche Aufwendungen wie Lohn- und Gehaltskosten, Lohn- und Gehaltsnebenkosten, Zuschläge, lohngebundene und lohnabhängige Kosten, sonstige Sozialkosten, Gemeinkosten, Wagnis und Gewinn. Leistung nach besonderer Anordnung der Bauüberwachung. Anmeldung und Nachweis gem. VOB/B.

| 51 € | 56 € | **59 €** | 63 € | 72 € | [h] | ⏱ 1,00 h/h | 038.000.019 |

29 Stundensatz, Helfer/in

Stundenlohnarbeiten für Werkerin, Werker, Helferin, Helfer und Gleichgestellte (z.B. Baufachwerker, Helfer, Hilfsmonteure, Ungelernte, Angelernte). Der Verrechnungssatz für die jeweilige Arbeitskraft umfasst sämtliche Aufwendungen wie Lohn- und Gehaltskosten, Lohn- und Gehaltsnebenkosten, Zuschläge, lohngebundene und lohnabhängige Kosten, sonstige Sozialkosten, Gemeinkosten, Wagnis und Gewinn. Leistung nach besonderer Anordnung der Bauüberwachung. Anmeldung und Nachweis gem. VOB/B.

| 34 € | 44 € | **52 €** | 54 € | 61 € | [h] | ⏱ 1,00 h/h | 038.000.020 |

LB 039 Trockenbauarbeiten

Kosten: Stand 1. Quartal 2021, Bundesdurchschnitt

Preise €

Nr.	Positionen	Einheit	min	von	ø brutto € ø netto €	bis	max
1	Unterdecke, abgehängt, Mineralplatte 15mm	m²	24	33	**37**	42	58
			20	27	**31**	36	48
2	Wandanschluss, Decke, Mineralplatte	m	3	5	**5**	6	7
			3	4	**4**	5	6
3	Anschnitt, schräg, Mineralplatte	m	7	10	**11**	14	21
			6	8	**9**	12	18
4	Metall-Kassettendecke, abgehängt	m²	58	69	**73**	78	90
			49	58	**61**	65	76
5	Metall-Paneeldecke, abgehängt	m²	50	62	**66**	74	86
			42	52	**56**	62	72
6	Deckenbekleidung Gipsplatte, einlagig, Federschiene	m²	45	49	**50**	60	75
			38	41	**42**	50	63
7	Unterdecke, abgehängt, Gipsplatten, einlagig	m²	37	45	**48**	51	63
			31	38	**40**	43	53
8	Unterdecke, abgehängt, Gips-Lochplatten	m²	62	71	**75**	78	89
			52	60	**63**	66	75
9	Unterdecke, abgehängt, GK/GF, zweilagig	m²	49	62	**67**	79	106
			42	52	**56**	66	89
10	Unterdecke, abgehängt, Gipsplatte/Gipsfaserplatte, zweilagig, EI90	m²	–	100	**126**	165	–
			–	84	**106**	139	–
11	Unterdecke, abgehängt, Gipsplatten 2x20mm, EI90	m²	–	98	**106**	121	–
			–	82	**89**	102	–
12	Unterdecke, abgehängt, Zementplatten, Feuchtraum	m²	–	99	**92**	107	–
			–	83	**77**	90	–
13	Unterdecke, abgehängt, F90A/EI90, selbsttragend	m²	87	121	**137**	166	231
			73	102	**116**	140	194
14	Verstärkung, Unterkonstruktion, Unterdecke	m²	6	8	**9**	10	13
			5	7	**7**	8	11
15	Unterkonstruktion, Federschiene, Unterdecke	m²	8	12	**17**	21	28
			7	10	**15**	17	23
16	Weitspannträger, Unterdecke	m²	8	15	**19**	22	27
			7	12	**16**	18	23
17	Wandanschluss, Schattennutprofil, Unterdecke	m	6	11	**13**	16	24
			5	9	**11**	14	20
18	Verblendung, Deckensprung, Unterdecke	m	18	31	**38**	48	70
			15	26	**32**	40	59
19	Öffnungen/Ausschnitte, bis DN200, Unterdecke	St	5	11	**13**	18	30
			4	9	**11**	15	25
20	Aussparung, Langfeldleuchte, Unterdecke	m	7	16	**19**	24	38
			6	13	**16**	20	32
21	Bekleidung, Dachgeschoss, Gipsplatten, einlagig, Holz-UK	m²	37	40	**46**	55	59
			31	33	**38**	46	50
22	Bekleidung, Dachgeschoss, Gipsplatten, zweilagig, Holz-UK	m²	47	51	**58**	70	76
			39	43	**49**	59	64

© BKI Baukosteninformationszentrum; Erläuterungen zu den Tabellen siehe Seite 44
Mustertexte geprüft: Fachverband der Stuckateure für Ausbau und Fassade Baden-Württemberg

Trockenbauarbeiten

Preise €

Nr.	Positionen	Einheit	▶	▷ ø brutto € / ø netto €		◁	◀
23	Bekleidung Dachschräge, Gipsplatte, MW-Dämmung	m²	54	59	**68**	81	88
			46	50	**57**	68	74
24	Bekleidung Dachschräge, Gipsfaserplatte, Holz-UK	m²	44	48	**55**	66	72
			37	40	**47**	56	60
25	Bekleidung DG, Zementplatte, Feuchtraum, Holz-UK	m²	72	78	**90**	106	114
			61	66	**76**	89	95
26	Montagewand, Holz-UK, 100mm, Gipsplatten, zweilagig, MW 40mm, EI30	m²	68	79	**85**	98	113
			57	66	**72**	82	95
27	Montagewand, Metall-UK, 100mm, Gipsplatten, einlagig, MW 40mm	m²	52	65	**70**	82	106
			44	55	**59**	69	89
28	Montagewand, Metall-UK, 150mm, Gipsplatten zweilagig, MW 40mm, EI30	m²	57	72	**77**	90	121
			48	60	**65**	75	101
29	Montagewand, Metall-UK, 100mm, Gipsplatten DF zweilagig, MW 50mm, EI90	m²	61	77	**85**	98	135
			52	65	**71**	83	114
30	Montagewand, Metall-UK, 100mm, Zementplatten, einlagig, Feuchtraum	m²	–	84	**92**	111	–
			–	70	**77**	93	–
31	Montagewand, Metall-UK, 125mm, Zementplatten, doppellagig, Feuchtraum	m²	–	112	**123**	140	–
			–	95	**103**	118	–
32	Montagewand, Gipsplatten, Brandwand, 100mm	m²	–	147	**163**	193	–
			–	124	**137**	162	–
33	Montagewand, Metall-UK, 200mm, Gips doppellagig, doppeltes Ständerwerk	m²	70	87	**94**	104	130
			59	73	**79**	88	110
34	Montagewand, Metall-UK, 125mm, Gips einlagig, doppeltes Ständerwerk, MW80mm	m²	78	89	**91**	105	125
			66	75	**77**	88	105
35	Innenwand, Gipswandbauplatte, Mauerwerk	m²	52	61	**66**	73	84
			44	52	**55**	61	70
36	Anschluss, Montagewand, Dachschräge	m	7	9	**9**	10	11
			6	8	**8**	8	10
37	Anschluss, gleitend, Montagewand	m	8	15	**17**	20	28
			7	12	**14**	17	24
38	Ecken, Kantenprofil, Montagewand	m	5	8	**9**	11	17
			4	7	**7**	9	15
39	Montagewand, freies Wandende	m	8	15	**17**	21	30
			7	12	**15**	18	25
40	Montagewand, T-Anschluss	m	5	10	**11**	14	21
			4	8	**9**	12	18
41	Montagewand, Sockelunterschnitt	m	4	7	**8**	10	16
			3	6	**7**	9	14
42	Türöffnung, Montagewand	St	33	57	**68**	81	119
			28	48	**57**	68	100

© **BKI** Baukosteninformationszentrum; Erläuterungen zu den Tabellen siehe Seite 44
Mustertexte geprüft: Fachverband der Stuckateure für Ausbau und Fassade Baden-Württemberg

Kostenstand: 1.Quartal 2021, Bundesdurchschnitt

LB 039 Trockenbauarbeiten

Trockenbauarbeiten — Preise €

Nr.	Positionen	Einheit	▶ min	▷ von	ø brutto € / ø netto €	◁ bis	◀ max
43	Fensteröffnung, Montagewand	St	30	60	**72**	81	98
			25	50	**60**	68	82
44	Türzargen, Aluminium beschichtet	St	108	166	**187**	222	309
			91	140	**157**	187	260
45	Türzargen, Umfassungszarge, einbauen	St	34	57	**68**	81	101
			28	48	**57**	68	85
46	Revisionsklappe 20x20	St	26	51	**68**	79	99
			22	43	**57**	67	83
47	Revisionsklappe 40x60	St	53	69	**76**	86	108
			45	58	**64**	72	90
48	Revisionsöffnung/-klappe, eckig, Brandschutz EI90	St	255	359	**395**	457	618
			214	302	**332**	384	520
49	Montagewand, Verstärkung UK, Plattenstreifen	m	9	18	**20**	26	37
			7	15	**17**	22	31
50	Montagewand, Verstärkung UK, CW-Profile	m	3	10	**13**	17	27
			2	9	**11**	14	23
51	Tragständer/Traverse, wandhängende Lasten	St	11	23	**27**	32	47
			10	19	**22**	27	40
52	Vorsatzschale, GK/GF	m²	31	48	**54**	59	71
			26	41	**45**	50	60
53	Vorsatzschale, Feuchträume	m²	44	58	**62**	72	94
			37	49	**52**	60	79
54	Vorsatzschale, GK/GF, Schallschutz, R>50dB	m²	36	50	**56**	68	91
			31	42	**47**	57	77
55	Schachtwand, Gipsplatten, EI 90	m²	53	62	**69**	79	96
			44	52	**58**	67	80
56	Verkofferung/Bekleidung, Rohrleitungen, 800mm	m	49	63	**69**	81	108
			41	53	**58**	68	91
57	Trockenputz, Gipsverbundplatte	m²	32	42	**46**	56	76
			27	36	**38**	47	64
58	Trockenputz, Gipsbauplatte A/H2	m²	22	32	**36**	42	56
			18	27	**30**	35	47
59	Gipsplatten-/Gipsfaser-Bekleidung, einlagig auf Unterkonstruktion	m²	16	26	**28**	35	50
			13	22	**24**	29	42
60	Gipsplatten-/Gipsfaser-Bekleidung, doppelt, auf Unterkonstruktion	m²	42	53	**57**	66	82
			36	44	**48**	56	69
61	Gipsplatten-Bekleidung, EI90, auf Unterkonstruktion	m²	74	91	**99**	114	150
			62	76	**83**	96	126
62	Gipsplatten-/Gipsfaser-Bekleidung, Lüftungskanal	m²	41	69	**82**	89	112
			35	58	**69**	75	94
63	Laibung, Fenster, Gipsfaserplatte	m	17	19	**20**	24	30
			14	16	**17**	20	25
64	Laibung, Fenster, Gipsplatte Typ A	m	12	18	**20**	22	29
			10	15	**17**	19	24
65	Laibung, Dachfenster, Gipsverbundplatte, 20mm	m	27	41	**49**	67	89
			23	34	**41**	56	75

Kosten: Stand 1.Quartal 2021 Bundesdurchschnitt

▶ min
▷ von
ø Mittel
◁ bis
◀ max

© BKI Baukosteninformationszentrum; Erläuterungen zu den Tabellen siehe Seite 44
Mustertexte geprüft: Fachverband der Stuckateure für Ausbau und Fassade Baden-Württemberg

Trockenbauarbeiten — Preise €

Nr.	Positionen	Einheit	▶	▷	ø brutto € / ø netto €	◁	◀
66	Imprägnierung, Gipsplatte	m²	2	3	**4**	5	8
			2	3	**3**	4	7
67	Dampfsperre, Trockenbau	m²	3	6	**7**	8	13
			2	5	**6**	7	11
68	Mineralwolledämmung, zwischen Sparren	m²	15	21	**24**	27	38
			12	17	**20**	22	32
69	Wärmedämmung, zwischen Holz-UK, bis 80mm	m²	5	8	**10**	12	16
			4	7	**8**	10	14
70	Doppelboden, Plattenbelag/Unterkonstruktion	m²	99	144	**164**	206	348
			83	121	**138**	173	293
71	Revisionsöffnung, Doppelboden	St	47	65	**69**	72	91
			39	55	**58**	61	76
72	Trockenestrich, GF-Platten, einlagig	m²	24	32	**35**	39	47
			20	27	**29**	33	40
73	Ausgleichschicht, Mineralstoff, Trockenestrich	m²	13	19	**20**	23	30
			11	16	**17**	19	25
74	WC-Trennwandanlage, HPL-Kompaktplatten	m²	178	206	**214**	225	242
			150	173	**180**	189	204
75	Urinaltrennwand, Schichtstoff-Verbundelemente	St	155	226	**261**	272	388
			130	190	**219**	228	326
76	Verfugung, Acryl-Dichtstoff überstreichbar	m	1	3	**4**	4	7
			0,9	2,4	**3,1**	3,7	5,5
77	Spachtelung, Gipsplatten, erhöhte Qualität Q3	m²	2	6	**8**	11	16
			2	5	**7**	9	13
78	Gipsplatten-Bekleidung anarbeiten, Installationsdurchführung	St	2	11	**15**	23	39
			2	9	**13**	19	33
79	Stundensatz, Facharbeiter/-in	h	46	57	**62**	65	74
			39	48	**52**	55	62
80	Stundensatz, Helfer/-in	h	37	49	**54**	57	64
			31	41	**45**	48	54

© **BKI** Baukosteninformationszentrum; Erläuterungen zu den Tabellen siehe Seite 44
Mustertexte geprüft: Fachverband der Stuckateure für Ausbau und Fassade Baden-Württemberg

Kostenstand: 1.Quartal 2021, Bundesdurchschnitt

LB 039 Trockenbauarbeiten

Kosten:
Stand 1.Quartal 2021
Bundesdurchschnitt

Nr.	Kurztext / Langtext				Kostengruppe		
▶	▷	ø netto €	◁	◀	[Einheit]	Ausf.-Dauer	Positionsnummer

1   Unterdecke, abgehängt, Mineralplatte 15mm KG **354**

Unterdecke aus Mineralplatten, abgehängte Decke, inkl. Unterkonstruktion für Einlegekonstruktion, abgehängt mit Schnellabhängern, Wandanschlussausbildung mit Winkelprofil nach gesonderter Position. Mineralwolleplatten gesundheitlich unbedenklich nach TRGS 500, mit RAL Gütezeichen der Gütegemeinschaft Mineralwolle.
Unterkonstruktion: sichtbar, weiß beschichtet, T-Schienen 24 mm breit
Decklage: Mineralwolleplatten
Schallabsorption: aw = ...
Kantenausbildung: .....
Ausführung: **glatt / gelocht / strukturiert**
Oberflächendesign: .....
Brandverhalten: A2-s1,d0
Plattendicke: 15 mm
Farbe: weiß - endbeschichtet
Systemraster: ..... x ..... cm
Brandschutz: .....
Einbauhöhe: ca. ..... m
Abhängehöhe: bis 1,00 m

| 20€ | 27€ | **31€** | 36€ | 48€ | [m²] | ⏱ 0,50 h/m² | 039.000.001 |

2   Wandanschluss, Decke, Mineralplatte KG **354**

Wandanschluss mit L-förmigen Wandwinkel, für abgehängte Mineralwolleplattendecke, sichtbar, Profile in den Ecken stumpf gestoßen.
Untergrund: .....
Winkelgröße: 25 x 25 x 1 mm
Oberfläche: .....
Brandschutz: .....

| 3€ | 4€ | **4€** | 5€ | 6€ | [m] | ⏱ 0,10 h/m | 039.000.002 |

3   Anschnitt, schräg, Mineralplatte KG **354**

Schrägschnitte der Einlege-Mineralplatten und Pass-Elemente, der abgehängten Unterdecke.
Zuschnitte: schräg

| 6€ | 8€ | **9€** | 12€ | 18€ | [m] | ⏱ 0,20 h/m | 039.000.003 |

▶ min
▷ von
ø Mittel
◁ bis
◀ max

Nr.	**Kurztext** / Langtext						Kostengruppe	
▶	▷	**ø netto €**	◁	◀	[Einheit]	Ausf.-Dauer	Positionsnummer

4 Metall-Kassettendecke, abgehängt — KG **354**

Unterdecke aus Metallkassetten, als abgehängte Decke, inkl. Unterkonstruktion, abgehängt mit Schnellabhängern, Decke mit vollflächiger Auflage aus Rieselschutz (z.B. Vlies) und akustisch wirkender Mineralwolledämmung; Fugen und Übergänge der Kassetten als Pressfuge ausbilden. Wandanschlussausbildung nach gesonderter Position.
Unterkonstruktion: **Klemmschienensystem / Auflagesystem**
Kassetten: beschichtetes **Aluminiumblech / verzinktes Stahlblech**
Plattendicke: mind. 0,6 mm
Systemraster: **312,5 x 312,5 / 600 x 600 / 625 x 625** mm
Ausführung Kassetten: **abklappbar / abnehmbar**
Oberfläche: einbrennlackiert / pulverbeschichtet
Farbe: weiß RAL .....
Design: .....
Freier Querschnitt ..... %
Dämmung: MW - DI, mit RAL-Gütesiegel
Dämmdicke: 40 mm
Brandverhalten: A2-s1,d0
Einbauhöhe: ca. ..... m
Abhängehöhe: bis 1,00 m

| 49 € | 58 € | **61** € | 65 € | 76 € | [m²] | ⏱ 0,65 h/m² | 039.000.004 |

5 Metall-Paneeldecke, abgehängt — KG **354**

Unterdecke aus Metallpaneelen, als abgehängte Decke, inkl. Unterkonstruktion, abgehängt mit Schnellabhängern, Decke mit vollflächiger Auflage aus Rieselschutz (z.B. Vlies) und akustisch wirkender Mineralwolledämmung; Fugen und Übergänge der Paneele als Pressfuge ausbilden. Wandanschlussausbildung nach gesonderter Position.
Unterkonstruktion: **Klemmschienensystem / Auflagesystem**
Paneel: beschichtetes **Aluminiumblech / verzinktes Stahlblech**
Plattendicke: mind. 0,6 mm
Systembreite: 200 mm
Ausführung: .....
Oberfläche: einbrennlackiert / pulverbeschichtet
Farbe: weiß RAL .....
Design: .....
Freier Querschnitt ..... %
Dämmung: MW - DI, mit RAL-Gütesiegel
Dämmdicke: 40 mm
Brandverhalten: A2-s1,d0
Einbauhöhe: ca. ..... m
Abhängehöhe: bis 1,00 m

| 42 € | 52 € | **56** € | 62 € | 72 € | [m²] | ⏱ 0,70 h/m² | 039.000.094 |

LB 039 Trockenbauarbeiten

Kosten:
Stand 1.Quartal 2021
Bundesdurchschnitt

Nr.	Kurztext / Langtext				Kostengruppe
▶	▷	ø netto €	◁	◀	[Einheit] Ausf.-Dauer Positionsnummer

▶ min
▷ von
ø Mittel
◁ bis
◀ max

---

6 Deckenbekleidung Gipsplatte, einlagig, Federschiene KG **354**

Deckenbekleidung aus Gipsplatten inkl. Unterkonstruktion verzinktes Stahlprofil als Federschiene. Wandanschlussausbildung nach gesonderter Position.
Bekleidung: Gipsplatten, Typ A
Plattendicke: 12,5 mm
Oberfläche: Qualitätsstufe Q2
Feuerwiderstand: ohne Anforderung
Einbauhöhe: ca. ..... m

| 38€ | 41€ | **42€** | 50€ | 63€ | [m²] | ⏱ 0,52 h/m² | 039.000.063 |

---

7 Unterdecke, abgehängt, Gipsplatten, einlagig KG **354**

Unterdecke aus Gipsplatten, als abgehängte Decke, inkl. Unterkonstruktion. Wandanschlussausbildung nach gesonderter Position.
Unterkonstruktion: Metallprofile CD 60/27/06, UD 28/27/06
Abhängung: **Nonius-Schnellabhänger / Draht mit Öse**
Bekleidung: Gipsplatte Typ A
Plattendicke: 1x 12,5 mm
Oberfläche: Qualitätsstufe Q2
Dämmung: **ohne Dämmung / akustisch wirkende MW-Platte, d = 40 mm**
Brandschutz: ohne Anforderung
Untergrund: .....
Einbauhöhe: ca. ..... m
Abhängehöhe: bis 0,50 m

| 31€ | 38€ | **40€** | 43€ | 53€ | [m²] | ⏱ 0,52 h/m² | 039.000.005 |

---

8 Unterdecke, abgehängt, Gips-Lochplatten KG **354**

Unterdecke aus gelochten Gipsplatten als abgehängte Decke, Rückseite mit Akustikvlies, inkl. Unterkonstruktion. Wandanschlussausbildung nach gesonderter Position.
Unterkonstruktion: Metallprofile CD 60/27/06, UD 28/27/06
Abhängung: **Nonius-Schnellabhänger / Draht mit Öse**
Bekleidung: Gipsplatte Typ A
Plattendicke: 12,5 mm
Oberfläche: Qualitätsstufe Q2
Ausführung: gelocht
Oberflächendesign: .....
Dämmung: **ohne Dämmung / akustisch wirkende MW-Platte, d= 40 mm**
Schallabsorption: aw = ...
Feuerwiderstand: ohne Anforderung
Untergrund: .....
Einbauhöhe: ca. ..... m
Abhängehöhe: bis 0,50 m

| 52€ | 60€ | **63€** | 66€ | 75€ | [m²] | ⏱ 0,80 h/m² | 039.000.095 |

Nr.	Kurztext / Langtext					Kostengruppe	
▶	▷	ø netto €	◁	◀	[Einheit]	Ausf.-Dauer	Positionsnummer

9   Unterdecke, abgehängt, GK/GF, zweilagig   KG **354**

Unterdecke aus mehrlagigen Gips- / Gipsfaserplatten, als abgehängte Decke, inkl. Unterkonstruktion, abgehängt mit Schnellabhängern. Wandanschlussausbildung nach gesonderter Position.
Unterkonstruktion: Metallprofile CD 60/27/06, UD 28/27/06
Bekleidung: **Gipsplatte Typ A / Gipsfaserplatte**
Plattendicke: 2x 12,5 mm
Oberfläche: Qualitätsstufe Q2
Dämmung: **ohne Dämmung / akustisch wirkende MW-Platte, d = 40 mm**
Schallabsorption: aw = ...
Brandschutz: ohne Anforderung
Untergrund: .....
Einbauhöhe: ca. ..... m
Abhängehöhe: bis 0,50 m

| 42 € | 52 € | **56 €** | 66 € | 89 € | [m²] | ⏱ 0,60 h/m² | 039.000.006 |

10   Unterdecke, abgehängt, Gipsplatte/Gipsfaserplatte, zweilagig, EI90   KG **354**

Unterdecke aus Gipsplatten, als abgehängte Decke an Holzbalkendecke, inkl. Unterkonstruktion, abgehängt mit Schnellabhängern. Wandanschlussausbildung nach gesonderter Position.
Unterkonstruktion: Metallprofile CD 60/27/06, UD 28/27/06
Abhängung: **Nonius-Schnellabhänger / Draht mit Öse**
Bekleidung: **Gipsplatte Typ DF / Gipsfaserplatte Typ GF-.....**
Plattendicke: 1x 18 mm und 1x 25 mm
Oberfläche: Qualitätsstufe Q2
Dämmung: **ohne Dämmung / akustisch wirkende MW-Platte, d = 40 mm**
Brandschutz: **F90 / EI90**, Brandbelastung von unten
Untergrund: Holzkonstruktion
Einbauhöhe: bis ..... m
Abhängehöhe: bis 0,50 m

| – € | 84 € | **106 €** | 139 € | – € | [m²] | ⏱ 0,70 h/m² | 039.000.007 |

11   Unterdecke, abgehängt, Gipsplatten 2x20mm, EI90   KG **354**

Unterdecke aus vliesummantelten Gips-Feuerschutzplatten, als abgehängte Decke an Trapezblech, inkl. Unterkonstruktion, abgehängt mit Schnellabhängern. Wandanschlussausbildung nach gesonderter Position.
Unterkonstruktion: Metallprofile CD 60/27/06, UD 28/27/06
Abstand Tragprofil: 400 mm
Abhängung: **Nonius-Schnellabhänger / Draht mit Öse**
Bekleidung: Gipsplatte mit Vliesarmierung, Typ GM-F, A1
Plattendicke: 2x 20 mm
Oberfläche: Qualitätsstufe Q2
Feuerwiderstand: **F90A / EI90**, Brandbelastung von unten
Untergrund: .....
Einbauhöhe: bis ..... m
Abhängehöhe: bis 0,50 m

| – € | 82 € | **89 €** | 102 € | – € | [m²] | ⏱ 0,90 h/m² | 039.000.097 |

LB 039 Trockenbauarbeiten

Kosten:
Stand 1.Quartal 2021
Bundesdurchschnitt

▶ min
▷ von
ø Mittel
◁ bis
◀ max

Nr.	Kurztext / Langtext					Kostengruppe		
▶	▷	ø netto €	◁	◀	[Einheit]	Ausf.-Dauer	Positionsnummer

12 Unterdecke, abgehängt, Zementplatten, Feuchtraum — KG 354

Unterdecke aus Zementplatten, für Feuchtraum, als abgehängte Decke inkl. Unterkonstruktion, abgehängt mit Schnellabhängern. Wandanschlussausbildung nach gesonderter Position.
Unterkonstruktion: Metallprofile CD 60/27/06, UD 28/27/06
Abhängung: **Nonius-Schnellabhänger / Draht mit Öse**
Bekleidung: Zementbauplatte, Fugen verklebt
Plattendicke: 1x 12,5 mm
Oberfläche: Qualitätsstufe Q2
Feuchteklasse: A01
Untergrund: .....
Einbauhöhe: bis 3,20 m
Abhängehöhe: bis 0,50 m

| – € | 83 € | **77 €** | 90 € | – € | [m²] | ⏱ 0,70 h/m² | 039.000.098 |

13 Unterdecke, abgehängt, F90A/EI90, selbsttragend — KG 354

Freitragende Unterdecke mit ober- und unterseitiger Beplankung aus Brandschutz-Bauplatten, inkl. Unterkonstruktion. Randanschlüsse, Durchführungen und dgl. nach gesonderter Position.
Unterkonstruktion: Tragprofil aus Metallprofil
Bekleidung: zementgebundene Silikat-Bauplatten
Plattendicke: .....
Brandverhalten: A1
Rohdichte: ..... kg/m³
Oberfläche: Qualitätsstufe Q2
Feuerwiderstand: **F90A / EI90**, Brandbelastung von oben und unten
Randanschlüsse: .....
Raumhöhe: .....
Untergrund: .....
Einbauhöhe: .....
Spannweite: .....

| 73 € | 102 € | **116 €** | 140 € | 194 € | [m²] | ⏱ 0,75 h/m² | 039.000.075 |

14 Verstärkung, Unterkonstruktion, Unterdecke — KG 354

Verstärkung der Unterkonstruktion für abgehängte Decke, mit OSB-Holzplattenstreifen, geeignet für die Montage von Einbauteilen.
Bauteile: **Anbauleuchten / Gardinenleisten / Abhängekonstruktionen**
Abmessung Holzstreifen: .....

| 5 € | 7 € | **7 €** | 8 € | 11 € | [m²] | ⏱ 0,04 h/m² | 039.000.050 |

15 Unterkonstruktion, Federschiene, Unterdecke — KG 354

Federschiene, Unterkonstruktion der abgehängten GK-/GF-Decke.
Federschiene: aus verzinktem Stahlblechprofil, Hutprofil 98 x 15
Abstand UK: d=. .... mm
Untergrund: .....

| 7 € | 10 € | **15 €** | 17 € | 23 € | [m²] | ⏱ 0,06 h/m² | 039.000.064 |

Nr.	Kurztext / Langtext					Kostengruppe	
▶	▷	ø netto €	◁	◀	[Einheit]	Ausf.-Dauer	Positionsnummer

16 Weitspannträger, Unterdecke — KG 354

Weitspannträger Unterkonstruktion, freitragende Decke, ohne Brandbeanspruchung, Tragprofil aus Metall-Systemprofilen, geeignet für unterseitige Beplankung mit Gipsplatten.
Platten: .....
Untergrund: .....

| 7€ | 12€ | **16€** | 18€ | 23€ | [m²] | ⏱ 0,08 h/m² | 039.000.076 |

17 Wandanschluss, Schattennutprofil, Unterdecke — KG 354

Wandanschluss mit Schattenfugen-Profil, für Gipsplatten-Deckenbekleidung, einschl. Unterkonstruktion, Profil flächenbündig anspachteln und glatt feinschleifen.
Brandschutz: .....
Fugenbreite: ca. 15 mm
Fugentiefe: 12,5 mm
Untergrund: .....

| 5€ | 9€ | **11€** | 14€ | 20€ | [m] | ⏱ 0,16 h/m | 039.000.009 |

18 Verblendung, Deckensprung, Unterdecke — KG 354

Verblendung von Deckensprung in abgehängter Decke, inkl. Unterkonstruktion und einlagiger Beplankung mit Gipsplatten. Eck- / Kantenprofil am Übergang der abgehängten Decke nach getrennter Position.
Blendenhöhe: 50-800 mm
Unterteilung: 50-400 mm
Höhe: 400-800 mm
Abhängehöhe: ..... m
Bekleidung: Gipsplatte Typ A, 1x 12,5 mm
Oberfläche: Qualitätsstufe Q2

| 15€ | 26€ | **32€** | 40€ | 59€ | [m] | ⏱ 0,14 h/m | 039.000.010 |

19 Öffnungen/Ausschnitte, bis DN200, Unterdecke — KG 354

Leuchtenausschnitt in abgehängter Decke, für runde Einbauleuchten (Downlights), einschl. evtl. Auswechselung der Unterkonstruktion.
Durchmesser: bis 200 mm
Feuerwiderstand Bauteil: EI....., von unten
Bekleidung: .....
Plattendicke: ..... mm

| 4€ | 9€ | **11€** | 15€ | 25€ | [St] | ⏱ 0,20 h/St | 039.000.011 |

20 Aussparung, Langfeldleuchte, Unterdecke — KG 354

Leuchtenausschnitt in abgehängter Decke, für Langfeld-Einbauleuchten, einschl. evtl. Auswechselung der Unterkonstruktion.
Aussparungsgröße (B x L): 150 x 2.000 mm
Feuerwiderstand Bauteil: EI....., von unten
Bekleidung: .....
Plattendicke: ..... mm

| 6€ | 13€ | **16€** | 20€ | 32€ | [m] | ⏱ 0,25 h/m | 039.000.012 |

LB 039 Trockenbauarbeiten

Kosten:
Stand 1.Quartal 2021
Bundesdurchschnitt

▶ min
▷ von
ø Mittel
◁ bis
◀ max

Nr.	Kurztext / Langtext						Kostengruppe
▶	▷	ø netto €	◁	◀	[Einheit]	Ausf.-Dauer	Positionsnummer

21   **Bekleidung, Dachgeschoss, Gipsplatten, einlagig, Holz-UK**   **KG 354**

Bekleidung aus Gipsplatten im Dachgeschoss, inkl. Unterkonstruktion aus Holzlatten und Verspachtelung. Anschlussausbildung nach gesonderter Position.
Holzlattung: .....
Achsmaß: .....
Bekleidung: Gipsplatte Typ A
Plattendicke: 1x 12,5 mm
Oberfläche: Qualitätsstufe Q2
Untergrund: .....

| 31€ | 33€ | **38€** | 46€ | 50€ | [m²] | ⏱ 0,06 h/m² | 039.000.100 |

22   **Bekleidung, Dachgeschoss, Gipsplatten, zweilagig, Holz-UK**   **KG 354**

Bekleidung aus Gipsplatten im Dachgeschoss, inkl. Unterkonstruktion aus Holzlatten und Verspachtelung. Anschlussausbildung nach gesonderter Position.
Holzlattung: .....
Achsmaß: .....
Bekleidung: Gipsplatte Typ A
Plattendicke: 2x 12,5 mm
Oberfläche: Qualitätsstufe Q2
Untergrund: .....

| 39€ | 43€ | **49€** | 59€ | 64€ | [m²] | ⏱ 0,18 h/m² | 039.000.101 |

23   **Bekleidung Dachschräge, Gipsplatte, MW-Dämmung**   **KG 354**

Bekleidung aus Gipsplatten im Dachgeschoss, Dämmung zwischen Sparren aus Mineralwolleplatten, inkl. Unterkonstruktion aus Holzlatten und Verspachtelung. Anschlussausbildung nach gesonderter Position.
Holzlattung: .....
Bekleidung: Gipsplatte Typ A
Plattendicke: 1x 12,5 mm
Oberfläche: Qualitätsstufe Q2
Dämmung: MW
Dämmdicke: **120 / 140 / 160 / 180** mm

| 46€ | 50€ | **57€** | 68€ | 74€ | [m²] | ⏱ 0,75 h/m² | 039.000.102 |

24   **Bekleidung Dachschräge, Gipsfaserplatte, Holz-UK**   **KG 354**

Bekleidung aus Gipsfaserplatten im Dachgeschoss, inkl. Unterkonstruktion aus Holzlatten und Verspachtelung. Anschlussausbildung nach gesonderter Position.
Holzlattung: .....
Achsmaß: ..... m
Bekleidung: Gipsfaserplatte Typ A
Plattendicke: 1x 12,5 mm
Oberfläche: Qualitätsstufe Q2
Untergrund: .....

| 37€ | 40€ | **47€** | 56€ | 60€ | [m²] | ⏱ 0,60 h/m² | 039.000.103 |

Nr.	Kurztext / Langtext							Kostengruppe
▶	▷	**ø netto €**	◁	◀		[Einheit]	Ausf.-Dauer	Positionsnummer

25 Bekleidung DG, Zementplatte, Feuchtraum, Holz-UK — KG **354**

Bekleidung aus Zement-Bauplatten im Dachgeschoss, inkl. Unterkonstruktion aus Holzlatten, Verklebung der Plattenfugen und Verspachtelung. Anschlussausbildung nach gesonderter Position.
Holzlattung: .....
Achsmaß: .....
Bekleidung: Zement-Bauplatte
Plattendicke: 1x 12,5 mm
Oberfläche: Qualitätsstufe Q2
Untergrund: .....

| 61€ | 66€ | **76€** | 89€ | 95€ | [m²] | ⧖ 0,80 h/m² | 039.000.104 |

26 Montagewand, Holz-UK, 100mm, Gipsplatten, zweilagig, MW 40mm, EI30 — KG **342**

Nichttragende Trennwand, als beidseitig beplankte Holzständerwand, mit Dämmschicht aus Mineralwolle-platten, abrutschsicher und dicht gestoßen, einschl. Verspachtelung von Fugen und Befestigungsmitteln.
Boden: Estrich
Unterkonstruktion: Einfach-Ständerwerk aus Holzprofilen
Profilquerschnitt: 60 x 60 mm
Ständerabstand: 62,5 cm
Beplankung: Gipsplatte Typ **A / H2 / DF / DFH2**
Plattendicken: 2x 12,5 mm, je Seite
Oberfläche: Qualitätsstufe Q2
Dämmung: MW
Bemessungswert der Wärmeleitfähigkeit: max. ..... W/(mK)
Nennwert der Wärmeleitfähigkeit: 0,040 W/(mK)
Strömungswiderstand: mind. 5 kPa s/m²
Dämmdicke: 40 mm
Anschlüsse: starrer Anschluss
Feuerwiderstand: EI 30
Brandbelastung: .....
Wanddicke: 100 mm
Wandhöhe: .....
Einbaubereich: **1 / 2**

| 57€ | 66€ | **72€** | 82€ | 95€ | [m²] | ⧖ 0,40 h/m² | 039.000.078 |

LB 039 Trockenbau-arbeiten

Kosten:
Stand 1.Quartal 2021
Bundesdurchschnitt

Nr.	Kurztext / Langtext					Kostengruppe
▶	▷	ø netto €	◁	◀	[Einheit]	Ausf.-Dauer Positionsnummer

27   Montagewand, Metall-UK, 100mm, Gipsplatten, einlagig, MW 40mm   **KG 342**

Nichttragende innere Trennwand, als beidseitig beplankte Montagewand, mit Dämmschicht aus Mineral-wolleplatten, abrutschsicher und dicht gestoßen, einschl. Verspachtelung von Fugen und Befestigungsmitteln.
Boden: Estrich
Unterkonstruktion: Einfach-Ständerwerk aus verzinkten Stahlblechprofilen
Profilgröße: 75 mm
Beplankung: Gipsplatte Typ **A / H2 (imprägniert)**
Oberfläche: Qualitätsstufe Q2
Dämmung: MW
Nennwert der Wärmeleitfähigkeit: 0,040 W/(mK)
Strömungswiderstand: mind. 5 kPa s/m²
Dämmdicke: 40 mm
Anschlüsse: starrer Anschluss
Feuerwiderstand: ohne Anforderung
Wanddicke: 100 mm
Wandhöhe: bis 3,00 m
Einbaubereich: **1 / 2**

| 44€ | 55€ | **59**€ | 69€ | 89€ | [m²] | ⏱ 0,40 h/m² | 039.000.144 |

28   Montagewand, Metall-UK, 150mm, Gipsplatten zweilagig, MW 40mm, EI30   **KG 342**

Nichttragende innere Trennwand, als beidseitig beplankte Montagewand mit Dämmschicht aus Mineralwolle-platten, abrutschsicher und dicht gestoßen, einschl. Verspachtelung von Fugen und Befestigungsmitteln.
Boden: **Estrich / Rohboden**
Unterkonstruktion: Einfach-Ständerwerk aus verzinkten Stahlblechprofilen
Profilgröße: 100 mm
Beplankung:Gipsplatte Typ **A / H2**
Plattendicken je Seite: 2x 12,5 mm
Oberfläche: Qualitätsstufe Q2
Dämmung: MW
Nennwert der Wärmeleitfähigkeit: ..... W/(mK)
Strömungswiderstand: mind. 5 kPa s/m²
Dämmdicke: 40 mm
Anschlüsse: starrer Anschluss
Feuerwiderstand: EI 30
Brandbelastung: beidseitig
Wanddicke: 150 mm
Wandhöhe: .....
Einbaubereich: **1 / 2**

| 48€ | 60€ | **65**€ | 75€ | 101€ | [m²] | ⏱ 0,65 h/m² | 039.000.017 |

▶ min
▷ von
ø Mittel
◁ bis
◀ max

Nr.	Kurztext / Langtext					Kostengruppe		
▶	▷	**ø netto €**	◁	◀	[Einheit]	Ausf.-Dauer	Positionsnummer	

29 Montagewand, Metall-UK, 100mm, Gipsplatten DF zweilagig, MW 50mm, EI90 — KG **342**

Nichttragende innere Trennwand, als beidseitig beplankte Montagewand, mit Dämmschicht aus Mineralwolleplatten, abrutschsicher und dicht gestoßen, einschl. Verspachtelung von Fugen und Befestigungsmitteln.
Boden: **Estrich / Rohboden**
Unterkonstruktion: Einfach-Ständerwerk aus verzinkten Stahlblechprofilen
Profilgröße: 50 mm
Beplankung: Gipsplatte Typ **DF / DFH2**
Plattendicken je Seite: 2x 12,5 mm
Oberfläche: Qualitätsstufe Q2
Dämmung: MW
Nennwert der Wärmeleitfähigkeit: ..... W/(mK)
Strömungswiderstand: mind. 5 kPa s/m²
Dämmdicke: 50 mm
Rohdichte Dämmung: .....
Anschlüsse: starrer Anschluss
Feuerwiderstand: EI 90
Brandbelastung: beidseitig
Schalldämmung: R_w,R = 55 dB
Wärmedurchgangskoeffizient: 0,61 W/(mK)
Wanddicke: 100 mm
Wandhöhe: .....
Einbaubereich: **1 / 2**

▶	▷	**ø netto €**	◁	◀	[Einheit]	Ausf.-Dauer	Positionsnummer
52€	65€	**71€**	83€	114€	[m²]	⏱ 0,65 h/m²	039.000.018

30 Montagewand, Metall-UK, 100mm, Zementplatten, einlagig, Feuchtraum — KG **342**

Nichttragende innere Trennwand, als beidseitig beplankte Montagewand mit Zementplatten für Feuchtraum, mit Dämmschicht aus Mineralwolleplatten, abrutschsicher und dicht gestoßen, inkl. Verklebung der Plattenfugen und Verspachtelung.
Boden: **Estrich / Rohboden**
Unterkonstruktion: Einfach-Ständerwerk aus verzinkten Stahlblechprofilen
Profilgröße: 75 mm
Beplankung: Zementplatten
Plattendicken je Seite: 1x 12,5 mm
Oberfläche: Qualitätsstufe Q2
Dämmung: MW
Strömungswiderstand: mind. 5 kPa s/m²
Dämmdicke: 50 mm
Rohdichte Dämmung: .....
Schalldämmung: R_w,R = ... dB
Anschlüsse: starrer Anschluss
Wanddicke: 100 mm
Wandhöhe: .....
Einbaubereich: **1 / 2**

▶	▷	**ø netto €**	◁	◀	[Einheit]	Ausf.-Dauer	Positionsnummer
–€	70€	**77€**	93€	–€	[m²]	⏱ 0,70 h/m²	039.000.109

LB 039 Trockenbauarbeiten

Kosten:
Stand 1.Quartal 2021
Bundesdurchschnitt

Nr.	**Kurztext** / Langtext							Kostengruppe
▶	▷	ø netto €	◁	◀	[Einheit]	Ausf.-Dauer	Positionsnummer

31 Montagewand, Metall-UK, 125mm, Zementplatten, doppellagig, Feuchtraum KG **342**

Nichttragende innere Trennwand, als beidseitig beplankte Montagewand mit Zementplatten für Feuchtraum, mit Dämmschicht aus Mineralwolleplatten, abrutschsicher und dicht gestoßen, inkl. Verklebung der Plattenfugen und Verspachtelung.
Boden: **Estrich / Rohboden**
Unterkonstruktion: Einfach-Ständerwerk aus verzinkten Stahlblechprofilen
Profilgröße: 75 mm
Bekleidung: Zementplatten
Beplankung: je Seite: 2x 12,5 mm
Oberfläche: Qualitätsstufe Q2
Dämmung: MW
Strömungswiderstand: mind. 5 kPa s/m²
Dämmdicke: 50 mm
Rohdichte Dämmung: .....
Anschlüsse: starrer Anschluss
Wanddicke: 125 mm
Wandhöhe: .....
Einbaubereich: **1 / 2**

| –€ | 95€ | **103**€ | 118€ | –€ | [m²] | ⏱ 0,90 h/m² | 039.000.110 |

32 Montagewand, Gipsplatten, Brandwand, 100mm KG **342**

Nichttragende innere Trennwand, als beidseitig beplankte Montagewand, mit Stahlblecheinlage und Dämmschicht aus Mineralwolleplatten, abrutschsicher und dicht gestoßen, einschl. Verspachtelung von Fugen und Befestigungsmitteln
Boden: **Estrich / Rohboden**
Unterkonstruktion: Einfach-Ständerwerk aus verzinkten Stahlblechprofilen
Profilgröße: 100 mm
Profilabstand: 312,5 mm
Bekleidung: Gipsplatte, Typ DF
Beplankung: 1x 20 und 1x 12,5 mm, je Seite
Stahlblecheinlage je Seite: 0,5 mm
Oberfläche: Qualitätsstufe Q2
Dämmung: MW
Strömungswiderstand: mind. 5 kPa s/m²
Dämmdicke: 80 mm
Rohdichte Dämmung: 40 kg/m²
Anschlüsse: starrer Anschluss
Feuerwiderstand: **F90A / EI 90-M**
Brandbelastung: beidseitig
Wanddicke: 166 mm
Wandhöhe: .....
Einbaubereich: **1 / 2**

| –€ | 124€ | **137**€ | 162€ | –€ | [m²] | ⏱ 1,70 h/m² | 039.000.114 |

▶ min
▷ von
ø Mittel
◁ bis
◀ max

Nr.	Kurztext / Langtext							Kostengruppe
▶	▷	ø netto €	◁	◀	[Einheit]	Ausf.-Dauer	Positionsnummer	

33 Montagewand, Metall-UK, 200mm, Gips doppellagig, doppeltes Ständerwerk   KG **342**

Nichttragende innere Trennwand, als beidseitig beplankte Installationswand mit doppeltem Ständerwerk, mit Dämmschicht aus Mineralwolleplatten, abrutschsicher und dicht gestoßen, einschl. Verspachteln und Schleifen von Fugen und Befestigungsmitteln.
Boden: Estrich / Rohboden
Unterkonstruktion: Doppelständerwerk aus verzinkten Stahlblech-Profilen
Profilgröße: 2 x 75 mm
Bekleidung: Gipsplatte Typ **DF / DFH2**
Beplankung: je Seite: 2x 12,5 mm
Oberfläche: Qualitätsstufe Q2
Dämmung: MW
Bemessungswert der Wärmeleitfähigkeit: max. 0,040 W/(mK)
Nennwert der Wärmeleitfähigkeit: 0,038 W/(mK)
Strömungswiderstand: mind. 5 kPa s/m^2
Dämmdicke: 2 x 40 mm
Anschlüsse: starrer Anschluss
Feuerwiderstand: .....
Brandbelastung: beidseitig
Schalldämmung: R_w, R >61 dB
Wärmedurchgangskoeffizient: 0,60 W/(m^{2}K)
Wanddicke: über 200 mm
Wandhöhe: .....
Einbaubereich: **1 / 2**

▶	▷	ø netto €	◁	◀	[Einheit]	Ausf.-Dauer	Positionsnummer
59€	73€	**79€**	88€	110€	[m²]	⏱ 0,80 h/m²	039.000.019

LB 039 Trockenbauarbeiten

Nr.	Kurztext / Langtext						Kostengruppe
▶	▷	ø netto €	◁	◀	[Einheit]	Ausf.-Dauer	Positionsnummer

Kosten:
Stand 1.Quartal 2021
Bundesdurchschnitt

▶ min
▷ von
ø Mittel
◁ bis
◀ max

34 Montagewand, Metall-UK, 125mm, Gips einlagig, doppeltes Ständerwerk, MW80mm — KG 342

Nichttragende innere Trennwand, als beidseitig beplankte Installationswand mit doppeltem Ständerwerk, mit Dämmschicht aus Mineralwolleplatten, abrutschsicher und dicht gestoßen, einschl. Verspachtelung von Fugen und Befestigungsmitteln.
Boden: **Estrich / Rohboden**
Unterkonstruktion: Doppelständerwerk aus verzinkten Stahlblechprofilen
Profilgröße: 2x 50 mm
Beplankung: Gipsplatte Typ **DF / DFH2**
Plattendicken je Seite: 1x 12,5 mm
Oberfläche: Qualitätsstufe Q2
Dämmung: MW
Bemessungswert der Wärmeleitfähigkeit: max. 0,040 W/(mK)
Nennwert der Wärmeleitfähigkeit: 0,038 W/(mK)
Strömungswiderstand: mind. 5 kPa s/m²
Dämmdicke: 2x 40 mm
Anschlüsse: starrer Anschluss
Feuerwiderstand: EI 30
Brandbelastung: beidseitig
Schalldämmung: R_W, R = 52 dB
Wärmedurchgangskoeffizient: 0,60 W/(mK)
Wanddicke: 125 mm
Wandhöhe: bis 2,75 m
Einbaubereich: **1 / 2**

66€   75€   **77€**   88€   105€   [m²]   ⏱ 0,75 h/m²   039.000.015

35 Innenwand, Gipswandbauplatte, Mauerwerk — KG 342

Mauerwerk der nichttragenden Trennwand aus Gipswandbauplatten, eingebaut auf Rohdecke.
Wanddicke: **80 / 100 mm**
Feuerwiderstand: .....
Brandbelastung: .....
Brandverhalten: A1
Rohdichte: ..... kg/m³
Oberfläche: **Fugen abziehen / ganzflächig Spachteln / ohne Verspachtelung**
Wandanschluss: .....
Wandhöhe: .....
Einbaubereich **1 / 2**

44€   52€   **55€**   61€   70€   [m²]   ⏱ 0,60 h/m²   039.000.079

36 Anschluss, Montagewand, Dachschräge — KG 342

Anschluss der nichttragenden Montagewand an Dachschräge, hinterlegt, als Schattenfuge einschl. Kantprofil. Abrechnung nach Länge des Anschlusses, in der Schräge gemessen.
Wanddicke: .....
Wandhöhe: von .... bis ....
Bekleidung: Gipsplatte Typ ...., d= 12,5 mm
Beplankung je Wandseite: .....
Dachschräge: ..... °

6€   8€   **8€**   8€   10€   [m]   ⏱ 0,20 h/m   039.000.070

Nr.	Kurztext / Langtext							Kostengruppe
▶	▷	ø netto €	◁	◀	[Einheit]	Ausf.-Dauer	Positionsnummer

37 Anschluss, gleitend, Montagewand KG **342**
Gleitender Anschluss für Montagewand, bis 20 mm, inkl. aller notwendiger Profilschienen.
Beplankung je Wandseite: **einlagig / zweilagig**
Anschluss: **oben / seitlich**

| 7€ | 12€ | **14€** | 17€ | 24€ | [m] | ⏱ 0,30 h/m | 039.000.026 |

38 Ecken, Kantenprofil, Montagewand KG **342**
Eckausbildung der Montagewand, im Grundriss rechtwinklig, Ausführung mit Eck- / Kantenprofil.

| 4€ | 7€ | **7€** | 9€ | 15€ | [m] | ⏱ 0,18 h/m | 039.000.053 |

39 Montagewand, freies Wandende KG **342**
Freies Wandende der Montagewand, inkl. der Eck- / Kantenprofile.
Beplankung: **einlagig / zweilagig**
Gipsplatte: Typ .....
Breite der Stirnfläche: .....
Oberfläche: Qualitätsstufe Q2

| 7€ | 12€ | **15€** | 18€ | 25€ | [m] | ⏱ 0,30 h/m | 039.000.062 |

40 Montagewand, T-Anschluss KG **342**
T-Verbindung für Montagewand, Ausführung mit starrer Verbindung und Beplankung.
Ausführung: **unterbrochen / mit Inneneckprofilen**

| 4€ | 8€ | **9€** | 12€ | 18€ | [m] | ⏱ 0,16 h/m | 039.000.028 |

41 Montagewand, Sockelunterschnitt KG **342**
Ausbildung eines unterschnittenen Sockels in vor beschriebener Montagewand mit zweilagiger Beplankung, Leistung im Zuge der Wandmontage:
– Unterschnitt herstellen
– fehlende zweite Beplankung durch zusätzliche Gipsplattenstreifen innerhalb der Wand ergänzen.
Höhe Sockelprofil ab OK FFB: ca. 60 mm
Tiefe Sockelprofil: 12,5 mm
FB-Aufbau: ca. .....mm.
Ausführung gem. Detail Nr. .....

| 3€ | 6€ | **7€** | 9€ | 14€ | [m] | ⏱ 0,15 h/m | 039.000.147 |

42 Türöffnung, Montagewand KG **344**
Türöffnung in Gipskarton- bzw. Gipsplatten-Montagewänden herstellen, mit Türpfosten aus UA-Profilen, inkl. aller erforderlichen Türpfostenwinkel-Profile bzw. verstärkten Profile bei Wandhöhen über 2.600mm und schweren Türblättern.
Baurichtmaß (B x H): **625 / 750 / 875 / 1.000** x 2.125 mm
Bekleidung: Gipsplatte Typ .....
Beplankung: **einlagig / zweilagig** je Seite
Wanddicke: **75 / 100 / 125 / 150** mm
Wandhöhe: .....

| 28€ | 48€ | **57€** | 68€ | 100€ | [St] | ⏱ 0,50 h/St | 039.000.020 |

LB 039 Trockenbauarbeiten

Kosten:
Stand 1.Quartal 2021
Bundesdurchschnitt

▶ min
▷ von
ø Mittel
◁ bis
◀ max

Nr.	Kurztext / Langtext					Kostengruppe
▶	▷ ø netto € ◁ ◀				[Einheit]	Ausf.-Dauer Positionsnummer

43 Fensteröffnung, Montagewand — KG 344

Fensteröffnung in Gipskarton- bzw. Gipsplatten-Montagewänden mit Rand aus UA-Profilen, inkl. aller erforderlichen Türpfostenwinkel-Profile bzw. verstärkten Profile bei Wandhöhen über 2.600mm.
Baurichtmaß (B x H): ..... x ..... mm
Bekleidung: Gipsplatte Typ .....
Beplankung: **einlagig / zweilagig** je Seite
Wanddicke: **75 / 100 / 125 / 150** mm
Wandhöhe: .....

25€   50€   **60€**   68€   82€   [St]   ⏱ 0,50 h/St   039.000.072

44 Türzargen, Aluminium beschichtet — KG 344

Türzarge als Umfassungszarge, in Montagewand einbauen, mit Anschlagdämpfung als Hohlkammerprofil, Hohlraum dicht hinterfüllt mit Mineralwolle. Zarge mit Kerbe im Schließblech genau auf Meterriss ausrichten.
Türzarge: **einteilig / dreiteilig**
Material: Aluminium-Strangpressprofil
Profildicke: **1,5 / 2** mm
Maulweite: ..... mm
Zargen-Profil: .....
Türblätter: **gefälzt / ungefälzt**
Türband: Objektbänder, Typ ..... / .....
Zargenoberfläche: .....
Baurichtmaß (B x H): **625 / 750 / 875 / 1.000** x 2.130 mm
Wanddicke: .....

91€   140€   **157€**   187€   260€   [St]   ⏱ 1,10 h/St   039.000.021

45 Türzargen, Umfassungszarge, einbauen — KG 344

Einbau von bauseitig gelieferten und gestellten Umfassungszargen in Montagewände.
Material: **Stahlblech / Aluminiumblech**
Ausführung: **einteilig / dreiteilig**
Fußbodeneinstand: **mit / ohne**
Baurichtmaß (B x H): **625 / 750 / 875 / 1.000** x 2.130 mm
Bekleidung: .....
Wanddicke: ..... mm

28€   48€   **57€**   68€   85€   [St]   ⏱ 0,75 h/St   039.000.022

46 Revisionsklappe 20x20 — KG 345

Revisionsklappe für Wandbekleidung bzw. Vorsatzschale, Klappe ohne sichtbaren Verschluss, Einbau- und Klapprahmen aus Aluminium, Öffnen der Klappe durch leichtes Andrücken, Ausführung mit Fangarmsicherung; inkl. Herstellen der Aussparung und flächenbündiger Beplankung und Verspachtelung der Revisionsklappe.
Feuerwiderstand: ohne Anforderung
Bekleidung: .....
Beplankung: **einlagig / zweilagig** je Seite
Plattendicke: ..... mm
Klappengröße (H x B): 200 x 200 mm

22€   43€   **57€**   67€   83€   [St]   ⏱ 0,26 h/St   039.000.141

Nr.	Kurztext / Langtext					Kostengruppe
▶	▷	ø netto €	◁	◀	[Einheit]	Ausf.-Dauer Positionsnummer

47 Revisionsklappe 40x60 — KG 345

Revisionsklappe für Wandbekleidung bzw. Vorsatzschale, Klappe ohne sichtbaren Verschluss, Einbau- und Klapprahmen aus Aluminium, Öffnen der Klappe durch leichtes Andrücken, Ausführung mit Fangarmsicherung; inkl. Herstellen der Aussparung und flächenbündiger Beplankung und Verspachtelung. Brandschutz: ohne Anforderung.
Bekleidung: .....
Beplankung: **einlagig / zweilagig** je Seite
Plattendicke: ..... mm
Klappengröße (H x B): 400 x 600 mm

| 45 € | 58 € | **64 €** | 72 € | 90 € | [St] | ⏱ 0,28 h/St   039.000.089 |

48 Revisionsöffnung/-klappe, eckig, Brandschutz EI90 — KG 345

Revisionsklappe für Wandbekleidung bzw. Vorsatzschale mit Brandschutzanforderung, Klappe ohne sichtbaren Verschluss, Einbau- und Klapprahmen aus Aluminium, Öffnen der Klappe durch leichtes Andrücken, Ausführung mit Fangarmsicherung; inkl. Herstellen der Aussparung und flächenbündiger Beplankung und Verspachtelung der Revisionsklappe.
Bekleidung: .....
Beplankung: **einlagig / zweilagig** je Seite
Plattendicke: ..... mm
Klappengröße (H x B): bis 500 x 500 mm
Brandschutz: EI 90
Angeb. Fabrikat: .....

| 214 € | 302 € | **332 €** | 384 € | 520 € | [St] | ⏱ 0,55 h/St   039.000.025 |

49 Montagewand, Verstärkung UK, Plattenstreifen — KG 342

Verstärkung der Unterkonstruktion der Montagewand mit Mehrschichtholz-Plattenstreifen, eingebaut in Oberschrankhöhe.
Plattenstreifen: 300 mm

| 7 € | 15 € | **17 €** | 22 € | 31 € | [m] | ⏱ 0,12 h/m   039.000.048 |

50 Montagewand, Verstärkung UK, CW-Profile — KG 342

Verstärkung der Unterkonstruktion der Montagewand, mit zusätzlichen Metall-Profil.
Profilstärke: 0,6 mm
Profil: CW .....

| 2 € | 9 € | **11 €** | 14 € | 23 € | [m] | ⏱ 0,10 h/m   039.000.047 |

51 Tragständer/Traverse, wandhängende Lasten — KG 342

Traggerüst im Wandhohlraum, befestigt an Rohfußboden und Decke, aus verzinkten Stahlblechprofilen, Objektbefestigung mit Gewindestangen, U-Scheiben und Stahlmuttern von selbstschneidenden Schrauben.
Einbaubereich: **1 / 2**
Wandhängende Lasten: bis 1,5 kN/m
Wandhöhe: .....

| 10 € | 19 € | **22 €** | 27 € | 40 € | [St] | ⏱ 0,20 h/St   039.000.073 |

LB 039 Trockenbauarbeiten

Kosten:
Stand 1.Quartal 2021
Bundesdurchschnitt

Nr.	Kurztext / Langtext					Kostengruppe		
▶	▷	ø netto €	◁	◀	[Einheit]	Ausf.-Dauer	Positionsnummer	

52 Vorsatzschale, GK/GF — KG **345**

Nichttragende innere, freistehende Vorsatzschale, einschl. Verspachtelung von Fugen und Befestigungsmitteln.
Befestigung: .....
Unterkonstruktion: Einfach-Ständerwerk aus verzinkten Stahlblechprofilen
Profilgröße: **50 / 75 mm**
Bekleidung: .....
Plattendicke: 1x / 2x ..... mm
Oberfläche: Qualitätsstufe Q2
Anschluss: starrer Anschluss ..... m
Brandschutz: **EI 0 / EI 30**
Brandbelastung: einseitig
Wanddicke: .....
Wandhöhe: ..... m
Einbaubereich: **1 / 2**

| 26 € | 41 € | **45** € | 50 € | 60 € | [m²] | ⏱ 0,40 h/m² | 039.000.031 |

53 Vorsatzschale, Feuchträume — KG **345**

Nichttragende innere, freistehende Vorsatzschale, als Installationswand / Schachtwand im Feuchtbereich, mit Dämmschicht aus Mineralwolleplatten, abrutschsicher und dicht gestoßen, einschl. Verspachtelung von Fugen und Befestigungsmitteln.
Befestigung: frei stehend zwischen Stb-Boden und Stb-Decke
Unterkonstruktion: Einfach-Ständerwerk aus verzinkten Stahlblechprofilen
Profilgröße: **50 / 75 mm**
Beplankung: **Gipsplatte Typ H2 / Gipsfaserplatte**
Plattendicken einseitig: 12,5 mm
Oberfläche: Qualitätsstufe Q2
Dämmung: MW, d= ..... mm ..... kg/m³
Wärmeleitfähigkeit: ..... W/(mK)
Strömungswiderstand: mind. 5 kPa s/m²
Anschluss: starrer Anschluss
Feuerwiderstand: EI 0
Wanddicke: **62,5 / 75 / 87,5 / 100 / 112,5** mm
Wandhöhe: ..... m
Einbaubereich: **1 / 2**

| 37 € | 49 € | **52** € | 60 € | 79 € | [m²] | ⏱ 0,40 h/m² | 039.000.029 |

▶ min
▷ von
ø Mittel
◁ bis
◀ max

Nr.	Kurztext / Langtext						Kostengruppe	
▶	▷	ø netto €	◁	◀	[Einheit]	Ausf.-Dauer	Positionsnummer	

54 Vorsatzschale, GK/GF, Schallschutz, R>50dB — KG 345

Nichttragende innere, freistehende Vorsatzschale oder Schachtwand, schalldämmend, mit Dämmschicht aus Mineralwolleplatten, abrutschsicher und dicht gestoßen, einschl. Verspachtelung von Fugen und Befestigungsmitteln.
Befestigung: .....
Unterkonstruktion: Einfach-Ständerwerk aus verzinkten Stahlblechprofilen
Profilgröße: .....
Bekleidung: .....
Plattendicken: 2x ..... mm
Oberfläche: Qualitätsstufe Q2
Dämmung: .....
Wärmedurchgangskoeffizient: ..... W/(m²K)
Strömungswiderstand: mind. 5 kPa s/m²
Dämmdicke: .....
flächenbezogene Masse: ..... kg/m²
Anschlüsse: starrer Anschluss
Feuerwiderstand: EI 0
Schalldämmung: R_w, R = > 50 dB
Wanddicke: .....
Wandhöhe: .....
Einbaubereich: **1 / 2**

| 31 € | 42 € | **47 €** | 57 € | 77 € | [m²] | ⏱ 0,45 h/m² | 039.000.030 |

55 Schachtwand, Gipsplatten, EI 90 — KG 342

Nichttragende innere, freistehende Schachtwand, einschl. Verspachtelung von Fugen und Befestigungsmitteln.
Befestigung: .....
Unterkonstruktion: Einfach-Ständerwerk aus verzinkten Stahlblechprofilen
Profilgröße: **50 / 75 mm**
Bekleidung: Gipsplatte Typ DF .....
Plattendicke: 2x ..... mm
Oberfläche: Qualitätsstufe Q2
Anschluss: starrer Anschluss
Feuerwiderstand: EI 90
Brandbelastung: einseitig
Wanddicke: .....
Wandhöhe: .....

| 44 € | 52 € | **58 €** | 67 € | 80 € | [m²] | ⏱ 0,55 h/m² | 039.000.056 |

LB 039 Trockenbauarbeiten

Kosten:
Stand 1.Quartal 2021
Bundesdurchschnitt

▶ min
▷ von
ø Mittel
◁ bis
◀ max

Nr.	**Kurztext** / Langtext						Kostengruppe	
▶	▷	**ø netto €**	◁	◀	[Einheit]	Ausf.-Dauer	Positionsnummer	

56 Verkofferung/Bekleidung, Rohrleitungen, 800mm KG **345**

Bekleidung von Installationsleitungen, mit Hohlraumdämmung aus Mineralwolle, inkl. Verspachtelung. Abrechnung der notwendigen Eck- / Kantenprofile und V-Fräsungen nach getrennter Position.
Ansicht: **zweiseitig / dreiseitig**
Höhe Verkofferung: ..... mm
Abwicklung: bis 800 mm
Bekleidung: **Gipsplatte / Gipsfaserplatte**
Plattendicke: 1x 12,5 mm
Oberfläche: Qualitätsstufe Q2
Dämmung: MW, A1, 30 kg/m³, 5 kPa x s/m²
Untergrund: .....

41€   53€   **58**€   68€   91€   [m]   ⏱ 0,40 h/m   039.000.032

57 Trockenputz, Gipsverbundplatte KG **345**

Wandbekleidung aus Gipsverbundplatten mit aufkaschierter Dämmschicht, auf vorbereitete Wandflächen, inkl. Verspachtelung,
Plattendicke: 1x 12,5 mm
Dämmschicht: **MW / PS**
Wärmedämmung: ..... W/mK
Dämmdicke: **40 / 60 / 80 mm**
Oberfläche: Qualitätsstufe Q2
Brandverhalten Klasse: **A1 / E**
Einbauhöhe: ..... m
Untergrund: .....

27€   36€   **38**€   47€   64€   [m²]   ⏱ 0,35 h/m²   039.000.033

58 Trockenputz, Gipsbauplatte A/H2 KG **345**

Wandbekleidung als Trockenputz aus Gipsplatten, auf vorbereitete Wandflächen, Anschlüsse ringsum, an Boden und Wände starr, inkl. Verspachtelung.
Bekleidung: Gipsplatte Typ **A/H2**
Plattendicke: 1x 9,5 / 12,5 mm
Oberfläche: Qualitätsstufe Q2
Einbauhöhe: ..... m
Untergrund: **Mauerwerk / Stahlbeton**

18€   27€   **30**€   35€   47€   [m²]   ⏱ 0,35 h/m²   039.000.034

59 Gipsplatten-/Gipsfaser-Bekleidung, einlagig auf Unterkonstruktion KG **364**

Einlagige Bekleidung von Wand oder Decke mit Gipsplatten, auf vorhandener Unterkonstruktion, inkl. Verspachtelung.
Bauteil: .....
Untergrund: .....
Achsmaß: .....
Bekleidung: einseitig, **Gipsfaserplatte / Gipsplatte Typ A / H2**
Plattendicke: 1x 12,5 mm
Einbauhöhe: bis 3,00 m
Oberfläche: Qualitätsstufe Q2

13€   22€   **24**€   29€   42€   [m²]   ⏱ 0,32 h/m²   039.000.035

Nr.	Kurztext / Langtext					Kostengruppe
▶	▷	**ø netto €**	◁	◀	[Einheit]	Ausf.-Dauer Positionsnummer

60 Gipsplatten-/Gipsfaser-Bekleidung, doppelt, auf Unterkonstruktion — KG 364

Zweilagige Bekleidung von Wand oder Decke mit Gipsplatten, auf vorhandener Unterkonstruktion, inkl. Verspachtelung.
Bauteil: .....
Untergrund: .....
Achsmaß: .....
Bekleidung: einseitig, **Gipsfaserplatte / Gipsplatte Typ A / H2**
Plattendicke: 2x 12,5 mm
Einbauhöhe: bis 3,00 m
Oberfläche: Qualitätsstufe Q2

| 36€ | 44€ | **48€** | 56€ | 69€ | [m²] | ⏱ 0,44 h/m² | 039.000.036 |

61 Gipsplatten-Bekleidung, EI90, auf Unterkonstruktion — KG 364

Feuerbeständige Bekleidung von Wand oder Decke mit Gipsplatten, auf vorhandener Unterkonstruktion, einschl. Verspachtelung.
Bauteil: .....
Befestigungsuntergrund: .....
Achsmaß: .....
Bekleidung: Gipsplatte **Typ DF / Typ DF H2,** einseitig
Feuerwiderstand: EI90
Brandbelastung: von unten, in Verbindung mit der Dachkonstruktion aus Holzsparren und harter Bedachung
Einbauhöhe: ..... m
Oberfläche: Qualitätsstufe Q2

| 62€ | 76€ | **83€** | 96€ | 126€ | [m²] | ⏱ 0,50 h/m² | 039.000.037 |

62 Gipsplatten-/Gipsfaser-Bekleidung, Lüftungskanal — KG 354

Bekleidung Lüftungs-Stahlblechkanal, Kanal abgehängt, innen, inkl. Verspachtelung.
Kanalquerschnitt: .....
Beplankung: **einfach / doppelt** je Seite
Feuerwiderstand: EI .....
Brandbelastung: .....
Verkleidungsflächen: .....
Abwicklung: .....
Untergrund: **Stahlbeton- / Holzbalkendecke**
Oberfläche: Qualitätsstufe Q2
Einbauhöhe: ..... m
Abhänghöhe: ..... m

| 35€ | 58€ | **69€** | 75€ | 94€ | [m²] | ⏱ 0,40 h/m² | 039.000.038 |

63 Laibung, Fenster, Gipsfaserplatte — KG 336

Fensterlaibung mit Gipsfaserplatten bekleiden, einschl. Ausbildung der Ecken und Übergänge an Wandbekleidung mit Kantenschutzprofil.
Bekleidung: Gipsfaserplatte
Plattendicke: 12,5 mm
Untergrund: Holzsparren
Laibungstiefe: .....
Abwicklung: .....
Oberfläche: Qualitätsstufe Q2

| 14€ | 16€ | **17€** | 20€ | 25€ | [m] | ⏱ 0,18 h/m | 039.000.080 |

LB 039 Trockenbauarbeiten

Kosten:
Stand 1. Quartal 2021
Bundesdurchschnitt

▶ min
▷ von
ø Mittel
◁ bis
◀ max

Nr. ▶	Kurztext / Langtext ▷ ø netto € ◁ ◀	[Einheit]	Ausf.-Dauer	Kostengruppe Positionsnummer
64	**Laibung, Fenster, Gipsplatte Typ A**			KG 336
	Fensterlaibung mit Gipsplatten bekleiden, einschl. Ausbildung der Ecken und Übergänge an Wandbekleidung mit Kantenschutzprofil. Platte: Gipsplatte, Typ A Plattendicke: 12,5 mm Untergrund: Holzsparren Laibungstiefe: ..... Abwicklung: ..... Oberfläche: Qualitätsstufe Q2			
	10€ 15€ **17€** 19€ 24€	[m]	0,20 h/m	039.000.081
65	**Laibung, Dachfenster, Gipsverbundplatte, 20mm**			KG 364
	Dachfensteranschluss (Laibung) mit Gipsverbundplatte, bestehend aus faserkaschierter Gipsplatte und Dämmschicht aus Polystyrol-Hartschaum, inkl. Anarbeiten an Dachflächenfenster mit umlaufendem Kunststoffanschlussprofil, sowie Herstellen des Anschlusses an die Wandbekleidung aus Gipsplatten mit Eckschiene und Gewebeband. Untergrund: Holzsparren Elementdicke: 20 mm Wärmeleitfähigkeit Dämmstoff: 0,032 W/(mK) Oberfläche: Qualitätsstufe Q2			
	23€ 34€ **41€** 56€ 75€	[m]	0,35 h/m	039.000.082
66	**Imprägnierung, Gipsplatte**			KG 342
	Mehrpreis für die Verwendung von imprägnierten Gipsplatten Typ H2, anstelle normaler Gipsplatte Typ A. Plattendicke: 12,5 mm Einbauort: Feuchträume			
	2€ 3€ **3€** 4€ 7€	[m²]	0,04 h/m²	039.000.042
67	**Dampfsperre, Trockenbau**			KG 364
	Dampfsperrbahn mit, Anschlüssen, Durchdringungen und Überlappungen mit systemabgestimmten Klebebändern. Vergütung der Randanschlüsse, Durchdringungen und Aussparungen nach gesonderter Position. sd-Wert: <=2,30 m Einbauort:			
	2€ 5€ **6€** 7€ 11€	[m²]	0,03 h/m²	039.000.040
68	**Mineralwolledämmung, zwischen Sparren**			KG 364
	Wärmedämmung zwischen Sparren, als Matte, stumpf gestoßen, Matte gegenüber Sparrenabstand mit 10mm Übermaß zuschneiden und bündig mit Sparrenunterkante dicht gestoßen und abgleitsicher einbauen. Dämmstoff: MW Anwendung: **DZ / WH** Bemessungswert der Wärmeleitfähigkeit: max. 0,032 W/(mK) Nennwert der Wärmeleitfähigkeit: 0,031 W/(mK) Brandverhalten: A1 Dämmdicke: ..... Sparrenabstand: 600-800 mm			
	12€ 17€ **20€** 22€ 32€	[m²]	0,20 h/m²	039.000.039

Nr.	Kurztext / Langtext					Kostengruppe	
▶	▷ ø netto € ◁ ◀				[Einheit]	Ausf.-Dauer	Positionsnummer

69 Wärmedämmung, zwischen Holz-UK, bis 80 mm — KG 342

Dämmschicht in Installationsebene, 1-lagig, zwischen Holztragprofile einbauen, Dämmbahn mit 10mm Übermaß zuschneiden, dicht stoßen und fugenfrei einbauen.
Einbauort: Außenwände, innenliegende Installationsebene
Abstand Unterkonstruktion: 62,5 cm
Dämmstoff: **Mineralwolle / Zellulose**
Anwendung: **DZ / WH**
Bemessungswert der Wärmeleitfähigkeit: max. 0,035 W/(mK)
Nennwert der Wärmeleitfähigkeit: 0,034 W/(mK)
Brandverhalten: .....
Dämmdicke: **40 / 60 / 80** mm

| 4€ | 7€ | **8**€ | 10€ | 14€ | [m²] | 0,10 h/m² | 039.000.067 |

70 Doppelboden, Plattenbelag/Unterkonstruktion — KG 353

Doppelboden-Anlage, bestehend aus Unterkonstruktion und Plattenbelag, Tragkonstruktion aus höhenverstellbaren, nivellierbaren, korrosionsgeschützten Stahlprofilen, mit Auflagerplatte, vorbereitet zur Aufnahme der Plattenbeläge.
Bauuntergrund: .....
Belastung: .....
Lastklasse: .....
Bauhöhe: .....
Plattenbelag: **Mineralplatte / Stahlwanne mit Füllung aus Leichtbeton**
Plattendicke: .....
Plattenformat: 600 x 600 mm
Oberfläche: .....
Feuerwiderstand: .....
Brandverhalten: .....
Brandbelastung: .....

| 83€ | 121€ | **138**€ | 173€ | 293€ | [m²] | 0,70 h/m² | 039.000.055 |

71 Revisionsöffnung, Doppelboden — KG 353

Revisionsöffnungen für Doppelboden-System, mit aufnehmbarer Doppel-Bodenplatte als Abdeckplatte, Einbaurahmen mit höhenverstellbarem Spezialprofil.
Einbau: fußbodeneben in den vorgenannten Hohlboden
Brandverhalten: Klasse A1 nach EN 13501
Abmessung: 600 x 600 mm

| 39€ | 55€ | **58**€ | 61€ | 76€ | [St] | 0,20 h/St | 039.000.140 |

72 Trockenestrich, GF-Platten, einlagig — KG 353

Trockenestrich aus Gipsfaserplatten mit Stufenfalz, Stöße versetzt, Boden geeignet zur Aufnahme von Weich- oder Parkettbelag.
Untergrund: .....
Platten: GF-I-W2-C1, einlagig
Plattendicke: 18 mm
Feuerwiderstand: .....
Randabwicklung: .....
Türdurchgänge: ..... Durchgänge, Größen .....

| 20€ | 27€ | **29**€ | 33€ | 40€ | [m²] | 0,30 h/m² | 039.000.043 |

LB 039 Trockenbauarbeiten

Kosten:
Stand 1.Quartal 2021
Bundesdurchschnitt

▶ min
▷ von
ø Mittel
◁ bis
◀ max

Nr.	Kurztext / Langtext					Kostengruppe		
▶	▷	ø netto €	◁	◀	[Einheit]	Ausf.-Dauer	Positionsnummer

---

73 Ausgleichschicht, Mineralstoff, Trockenestrich — KG **353**

Ausgleichsschicht unter Trockenestrich, aus Schüttung aus gebrochenem Mineralstoff, einschl. Verdichten. Abrechnung nach m².
Schüttungsdicke i.M.: bis 30 mm (verdichtet)
Körnung: bis 2 mm

| 11 € | 16 € | **17** € | 19 € | 25 € | [m²] | ⏱ 0,15 h/m² | 039.000.049 |

---

74 WC-Trennwandanlage, HPL-Kompaktplatten — KG **346**

WC-Trennwandanlage aus HPL-Kompaktplatten nach DIN EN 438-7, mit Tragkonstruktion aus Aluminium-Profilen. Konstruktion beidseits der Tür senkrecht bis zum Boden durchgehende Aluminium-Rundprofile mit integrierten Türanschlagstegen und geräuschdämpfendem Gummikeder. Über der Vorderfront ein waagrechtes durchgehendes Aluminium-Profil, vordere Kante stark abgerundet. Wandanschluss durch Aluminium-U-Profile. Integrierte Füße aus Aluminium, auf dem Boden verdübelt, mit trittsicheren Abdeckrosetten, Farbe wie Rundrohre.
Trennwandhöhe: ..... m
Bodenabstand: 15 cm
Zwischenwände: ....
Türen: ....
Plattendicke: 13 mm
Oberfläche: raumatt
Farben: .....
Ausstattung je Kabine: 1 Kleiderhaken, 1 Tür-Puffer
Angeb. Fabrikat: .....

| 150 € | 173 € | **180** € | 189 € | 204 € | [m²] | ⏱ 0,45 h/m² | 039.000.044 |

---

75 Urinaltrennwand, Schichtstoff-Verbundelemente — KG **342**

Urinaltrennwand, wandhängend, Ecken gerundet, aus Verbundelementen.
Abmessung (H x B): 900 x 450 mm
Bodenfreiheit: ca. 600 mm
Ausführung: **HPL-Vollkernplatten / ESG-Sicherheitsglas mit Siebdruck-Oberfläche**
Dicke: .....
Befestigungsuntergrund: .....
Angeb. Fabrikat: .....

| 130 € | 190 € | **219** € | 228 € | 326 € | [St] | ⏱ 0,75 h/St | 039.000.083 |

---

76 Verfugung, Acryl-Dichtstoff überstreichbar — KG **342**

Plastoelastische Verfugung mit überstreichbarem Ein-Komponenten-Dichtstoff auf Acryldispersionsbasis, inkl. Flankenvorbehandlung an den Anschlussflächen und Hinterlegen der Fugenhohlräume mit geeignetem Hinterfüllmaterial, Fuge geglättet.
Fugenbreite: ..... mm
Untergrund: .....

| 1 € | 2,4 € | **3,1** € | 3,7 € | 5,5 € | [m] | ⏱ 0,05 h/m | 039.000.045 |

---

77 Spachtelung, Gipsplatten, erhöhte Qualität Q3 — KG **345**

Spachtelung der Oberfläche mit Qualitätsstufe Q2 zum Erreichen einer höheren Qualitätsstufe, bei Gipsplattenbekleidungen an Wänden, geeignet für feinstrukturierten Wandbelag bzw. Farbanstrich.
Oberfläche: Qualitätsstufe Q3

| 2 € | 5 € | **7** € | 9 € | 13 € | [m²] | ⏱ 0,10 h/m² | 039.000.061 |

Nr.	Kurztext / Langtext							Kostengruppe
▶	▷	ø netto €	◁	◀	[Einheit]	Ausf.-Dauer	Positionsnummer	

78 Gipsplatten-Bekleidung anarbeiten, Installationsdurchführung KG **342**

Gipsplatten-Bekleidung anarbeiten an Leitungen. Preis je Wandseite (St).
Leitung: **Sanitär- / Lüftungs- / Heizungsleitung**
Leitungsprofil: **rechteckig / rund**
Abmessungen: bis **0,1 / 0,5 m²**

| 2 € | 9 € | **13** € | 19 € | 33 € | [St] | ⏱ 0,12 h/St | 039.000.074 |

79 Stundensatz, Facharbeiter/-in

Stundenlohnarbeiten für Vorarbeiterin, Vorarbeiter, Gesellin, Geselle, Facharbeiterin, Facharbeiter und Gleichgestellte, sowie ähnliche Fachkräfte. Der Verrechnungssatz für die jeweilige Arbeitskraft umfasst sämtliche Aufwendungen wie Lohn- und Gehaltskosten, Lohn- und Gehaltsnebenkosten, Zuschläge, lohngebundene und lohnabhängige Kosten, sonstige Sozialkosten, Gemeinkosten, Wagnis und Gewinn. Leistung nach besonderer Anordnung der Bauüberwachung. Anmeldung und Nachweis gem. VOB/B.

| 39 € | 48 € | **52** € | 55 € | 62 € | [h] | ⏱ 1,00 h/h | 039.000.084 |

80 Stundensatz, Helfer/-in

Stundenlohnarbeiten für Arbeitnehmer ohne Facharbeiterqualifikation (Helferin, Helfer, Hilfsarbeiterin, Hilfsarbeiter, Ungelernte, Angelernte). Der Verrechnungssatz für die jeweilige Arbeitskraft umfasst sämtliche Aufwendungen wie Lohn- und Gehaltskosten, Lohn- und Gehaltsnebenkosten, Zuschläge, lohngebundene und lohnabhängige Kosten, sonstige Sozialkosten, Gemeinkosten, Wagnis und Gewinn. Leistung nach besonderer Anordnung der Bauüberwachung. Anmeldung und Nachweis gem. VOB/B.

| 31 € | 41 € | **45** € | 48 € | 54 € | [h] | ⏱ 1,00 h/h | 039.000.085 |

C

Gebäudetechnik

Titel des Leistungsbereichs	LB-Nr.
Wärmeversorgungsanlagen - Betriebseinrichtungen	040
Wärmeversorgungsanlagen - Leitungen, Armaturen, Heizflächen	041
Gas- und Wasseranlagen - Leitungen, Armaturen	042
Abwasseranlagen - Leitungen, Abläufe, Armaturen	044
Gas-, Wasser-, und Entwässerungsanlagen - Ausstattung, Elemente, Fertigbäder	045
Dämm- und Brandschutzarbeiten an technischen Anlagen	047
Niederspannungsanlagen - Kabel/Leitungen, Verlegesysteme, Installationsgeräte	053
Niederspannungsanlagen - Verteilersysteme und Einbaugeräte	054
Leuchten und Lampen	058
Kommunikations- und Übertragungsnetze	061
Aufzüge	069
Raumlufttechnische Anlagen	075

LB 040 Wärmeversorgungsanlagen - Betriebseinrichtungen

Preise €

Kosten: Stand 1. Quartal 2021, Bundesdurchschnitt

Legende:
- ▶ min
- ▷ von
- ø Mittel
- ◁ bis
- ◀ max

Nr.	Positionen	Einheit	▶	▷	ø brutto € ø netto €	◁	◀
1	Gas-Brennwerttherme, Wand, bis 15kW	St	3.422	4.656	**5.266**	6.499	8.605
			2.875	3.913	**4.425**	5.462	7.232
2	Gas-Brennwerttherme, Wand, bis 25kW	St	3.668	4.387	**5.487**	6.280	7.630
			3.082	3.687	**4.611**	5.277	6.411
3	Gas-Brennwerttherme, Wand, bis 50kW	St	4.029	4.744	**5.765**	7.094	8.013
			3.385	3.986	**4.845**	5.961	6.734
4	Gas-Brennwertkessel, bis 70kW	St	6.881	7.732	**9.097**	11.151	12.911
			5.783	6.498	**7.644**	9.370	10.850
5	Gas-Brennwertkessel, bis 150kW	St	6.395	8.883	**10.287**	11.166	13.285
			5.374	7.465	**8.644**	9.383	11.164
6	Gas-Brennwertkessel, bis 400kW	St	10.085	18.746	**19.949**	23.079	29.336
			8.474	15.753	**16.764**	19.394	24.652
7	Gas-Brennwertkessel, bis 600kW	St	13.332	21.721	**27.114**	28.679	35.394
			11.203	18.253	**22.785**	24.100	29.743
8	Öl-Brennwerttherme, Wand, bis 15kW	St	5.505	6.499	**7.646**	9.175	10.704
			4.626	5.461	**6.425**	7.710	8.995
9	Öl-Brennwerttherme, Wand, bis 25kW	St	6.005	7.090	**8.341**	10.009	11.677
			5.046	5.958	**7.009**	8.411	9.812
10	Öl-Brennwertkessel, bis 50kW	St	7.680	8.313	**9.036**	9.939	10.843
			6.454	6.986	**7.593**	8.352	9.112
11	Öl-Brennwertkessel, bis 70kW	St	9.772	11.225	**13.206**	15.847	18.488
			8.212	9.433	**11.097**	13.317	15.536
12	Öl-Brennwertkessel, bis 100kW	St	13.373	15.361	**18.071**	21.686	24.577
			11.238	12.908	**15.186**	18.223	20.653
13	Heizöltank, stehend, 5.000 Liter	St	2.785	6.510	**8.096**	9.496	15.587
			2.340	5.471	**6.803**	7.980	13.098
14	Abgasanlage, Edelstahl	St	3.027	6.500	**6.637**	8.680	11.498
			2.544	5.463	**5.578**	7.294	9.663
15	Neutralisationsanlage, Brennwertgeräte	St	235	640	**818**	1.961	3.545
			197	538	**687**	1.648	2.979
16	Heizungsverteiler, Vorlaufverteiler/Rücklaufsammler	St	612	1.583	**2.021**	2.663	4.835
			514	1.330	**1.699**	2.238	4.063
17	Holz/Pellet-Heizkessel, bis 25kW	St	6.639	10.545	**12.444**	13.735	15.974
			5.579	8.862	**10.457**	11.542	13.423
18	Holz/Pellet-Heizkessel, bis 50kW	St	11.178	12.172	**14.165**	17.793	20.405
			9.393	10.228	**11.904**	14.952	17.147
19	Holz/Pellet-Heizkessel, bis 120kW	St	19.197	26.791	**29.932**	32.532	40.854
			16.132	22.514	**25.153**	27.338	34.331
20	Pellet-Fördersystem, Förderschnecke	St	969	1.055	**1.099**	1.126	1.212
			814	886	**924**	946	1.018
21	Pellet-Fördersystem, Saugleitung	St	1.280	2.481	**3.138**	4.160	4.904
			1.076	2.085	**2.637**	3.496	4.121
22	Erdgas-BHKW-Anlage, 1,0kW$_{el}$, 2,5kW$_{th}$	St	–	20.375	**23.510**	26.787	–
			–	17.122	**19.756**	22.510	–
23	Erdgas-BHKW-Anlage, 1,5-3,0kW$_{el}$, 4-10kW$_{th}$	St	–	30.064	**33.484**	37.046	–
			–	25.264	**28.138**	31.131	–
24	Erdgas-BHKW-Anlage, 5-20kW$_{el}$, 10-45kW$_{th}$	St	–	58.419	**66.968**	76.942	–
			–	49.092	**56.276**	64.657	–

© BKI Baukosteninformationszentrum; Erläuterungen zu den Tabellen siehe Seite 44

Wärmeversorgungsanlagen - Betriebseinrichtungen — Preise €

Nr.	Positionen	Einheit	▶	▷ ø brutto € ø netto €			◁	◀
25	Flach-Solarkollektoranlage, thermisch, bis 10m²	St	–	7.067	**7.537**	8.110	–	
			–	5.939	**6.334**	6.815	–	
26	Flach-Solarkollektoranlage, thermisch, 10-20m²	St	–	9.903	**10.444**	11.328	–	
			–	8.322	**8.777**	9.519	–	
27	Flach-Solarkollektoranlage, thermisch, 20-30m²	St	–	14.143	**16.188**	20.307	–	
			–	11.885	**13.604**	17.065	–	
28	Heizungspufferspeicher bis 500 Liter	St	–	3.101	**3.606**	4.211	–	
			–	2.606	**3.030**	3.539	–	
29	Heizungspufferspeicher bis 1.000 Liter	St	–	3.192	**3.847**	4.488	–	
			–	2.682	**3.233**	3.772	–	
30	Trinkwarmwasserbereiter, Durchflussprinzip, 1-15 l/min	St	–	3.456	**3.840**	4.416	–	
			–	2.904	**3.227**	3.711	–	
31	Trinkwarmwasserbereiter, Durchflussprinzip, 1-30 l/min	St	–	3.937	**4.374**	5.030	–	
			–	3.308	**3.676**	4.227	–	
32	Wärmepumpe, 10-15kW, Wasser	St	–	12.723	**14.968**	17.213	–	
			–	10.692	**12.578**	14.465	–	
33	Wärmepumpe, 15-25kW, Wasser	St	–	14.868	**17.492**	20.115	–	
			–	12.494	**14.699**	16.904	–	
34	Wärmepumpe, 25-35kW, Wasser	St	–	18.318	**21.551**	24.784	–	
			–	15.394	**18.110**	20.827	–	
35	Wärmepumpe, 35-50kW, Wasser	St	–	22.981	**27.037**	31.092	–	
			–	19.312	**22.720**	26.128	–	
36	Wärmepumpe, 10-15kW, Sole	St	–	13.549	**15.940**	18.331	–	
			–	11.386	**13.395**	15.404	–	
37	Wärmepumpe, 25-35kW, Sole	St	–	21.316	**25.077**	28.839	–	
			–	17.912	**21.073**	24.235	–	
38	Wärmepumpe, 35-50kW, Sole	St	–	27.444	**32.287**	37.130	–	
			–	23.062	**27.132**	31.202	–	
39	Wärmepumpe, bis 10kW, Luft	St	–	16.786	**19.748**	22.711	–	
			–	14.106	**16.595**	19.085	–	
40	Wärmepumpe, 20-35kW, Luft	St	–	25.512	**30.015**	34.517	–	
			–	21.439	**25.222**	29.006	–	
41	Brunnenanlage, WP bis 15kW	St	–	11.399	**14.249**	17.383	–	
			–	9.579	**11.974**	14.608	–	
42	Brunnenanlage, WP 15-25kW	St	–	13.109	**16.386**	19.991	–	
			–	11.016	**13.770**	16.799	–	
43	Brunnenanlage, WP 25-35kW	St	–	15.673	**19.592**	23.902	–	
			–	13.171	**16.464**	20.086	–	
44	Brunnenanlage, WP 35-50kW	St	–	28.497	**35.621**	43.458	–	
			–	23.947	**29.934**	36.519	–	
45	Erdsondenanlage, Wärmepumpe	m	63	76	**82**	87	100	
			53	64	**69**	73	84	
46	Ausdehnungsgefäß, bis 500 Liter	St	72	208	**247**	474	837	
			60	175	**207**	399	703	
47	Ausdehnungsgefäß, über 500 Liter	St	1.017	1.881	**2.114**	2.482	3.814	
			854	1.581	**1.776**	2.086	3.205	

LB 040 Wärmeversorgungsanlagen - Betriebseinrichtungen

Kosten:
Stand 1.Quartal 2021
Bundesdurchschnitt

Wärmeversorgungsanlagen - Betriebseinrichtungen — Preise €

Nr.	Positionen	Einheit	▶	▷	ø brutto € / ø netto €	◁	◀
48	Trinkwarmwasserspeicher	St	1.166	2.003	**2.396**	3.341	5.394
			980	1.683	**2.013**	2.808	4.533
49	Speicher-Wassererwärmer mit Solar, bis 400 Liter	St	2.669	3.620	**3.933**	4.116	4.704
			2.243	3.042	**3.305**	3.459	3.953
50	Umwälzpumpen, bis 2,50m³/h	St	125	305	**374**	506	723
			105	256	**315**	425	608
51	Umwälzpumpen, bis 5,00m³/h	St	352	518	**593**	665	794
			295	436	**499**	559	667
52	Umwälzpumpen, ab 5,00m³/h	St	806	1.007	**1.153**	1.292	1.970
			677	846	**969**	1.086	1.656
53	Absperrklappen, bis DN25	St	72	112	**120**	137	149
			60	94	**101**	115	125
54	Absperrklappen, DN32	St	81	112	**137**	159	190
			68	94	**115**	134	160
55	Absperrklappen, DN65	St	115	152	**197**	222	260
			97	128	**166**	186	218
56	Absperrklappen, DN125	St	165	380	**411**	591	806
			139	319	**345**	497	677
57	Rückschlagventil, DN65	St	70	112	**136**	169	215
			59	94	**114**	142	181
58	Dreiwegeventil, DN40	St	168	364	**523**	645	841
			141	306	**439**	542	707
59	Heizungsverteiler, Wandmontage, 3 Heizkreise	St	–	213	**242**	271	–
			–	179	**204**	228	–
60	Heizungsverteiler, Wandmontage, 5 Heizkreise	St	–	347	**385**	460	–
			–	292	**324**	386	–
61	Füllset, Heizung	St	16	24	**26**	29	37
			13	20	**21**	25	31

Nr.	Kurztext / Langtext					Kostengruppe
▶	▷ ø netto € ◁ ◀				[Einheit]	Ausf.-Dauer Positionsnummer

A 1 — Gas-Brennwerttherme, Wand — Beschreibung für Pos. **1-3**

Brennwertkessel, für geschlossene Heizungsanlage, für Erdgas, Kesselkörper aus Metall, wandhängende Montage, einschl. sicherheitstechnischer Einrichtungen DIN EN 12828, mit MSR in digitaler Ausführung; einschl. interner Verdrahtung.

1 — Gas-Brennwerttherme, Wand, bis 15kW — KG **421**

Wie Ausführungsbeschreibung A 1
Kesselkörper: **Edelstahl / Aluminium**
Erdgas: **E / L / Flüssiggas / Bioerdgas**
Wärmeleistung: bis 15 kW, modulierend 30-100%
Auslegungsvorlauftemperatur: **bis 75 / 85**°C
Max. zulässiger Betriebsdruck: **4 / 6 / 10** bar
Heizmedium: Wasser
Norm-Nutzungsgrad bei 40 / 30°C: **102 / über 108**% (bezogen auf den unteren Heizwert)

| 2.875€ | 3.913€ | **4.425**€ | 5.462€ | 7.232€ | [St] | ⏱ 3,80 h/St | 040.000.085 |

▶ min
▷ von
ø Mittel
◁ bis
◀ max

Nr.	Kurztext / Langtext					Kostengruppe	
▶	▷	ø netto €	◁	◀	[Einheit]	Ausf.-Dauer	Positionsnummer

2 Gas-Brennwerttherme, Wand, bis 25kW KG **421**
Wie Ausführungsbeschreibung A 1
Kesselkörper: **Edelstahl / Aluminium**
Erdgas: **E / L / Flüssiggas / Bioerdgas**
Wärmeleistung: ..... kW, modulierend 30-100%
Auslegungsvorlauftemperatur: **bis 75 / 85**°C
Max. zulässiger Betriebsdruck: **4 / 6 / 10** bar
Heizmedium: Wasser
Norm-Nutzungsgrad bei 40 / 30°C: **102 / über 108%** (bezogen auf den unteren Heizwert)
3.082 €   3.687 €   **4.611**€   5.277 €   6.411 €   [St]   ⏱ 3,80 h/St   040.000.035

3 Gas-Brennwerttherme, Wand, bis 50kW KG **421**
Wie Ausführungsbeschreibung A 1
Kesselkörper: **Edelstahl / Aluminium**
Erdgas: **E / L / Flüssiggas / Bioerdgas**
Wärmeleistung: ..... kW, modulierend 30-100%
Auslegungsvorlauftemperatur: **bis 75 / 85**°C
Max. zulässiger Betriebsdruck: **4 / 6 / 10** bar
Heizmedium: Wasser
Norm-Nutzungsgrad bei 40 / 30°C: **102 / über 108**% (bezogen auf den unteren Heizwert)
3.385 €   3.986 €   **4.845**€   5.961 €   6.734 €   [St]   ⏱ 4,10 h/St   040.000.036

A 2 Gas-Brennwertkessel Beschreibung für Pos. **4-7**
Gas-Brennwertkessel für geschlossene Heizungsanlagen; für den Betrieb mit gleitend abgesenkter Kesselwasser-Temperatur ohne untere Begrenzung, modulierender Brenner, mit Edelstahl-Heizflächen. Alle abgasberührten Teile, wie Brennkammer, Nachschaltheizflächen und Abgassammelkasten, aus Edelstahl. Kesselkörper allseitig wärmegedämmt, Ummantelung aus Stahlblech, epoxidharzbeschichtet. Lieferumfang: Kessel mit schwenkbarer Kesseltür, inkl. Erdgas-Unit-Brenner, Reinigungsdeckel am Abgassammelkasten, Gegenflanschen mit Schrauben und Dichtungen an allen Stutzen, Wärmedämmung, Brennkammerschauglas. inkl. elektronischer Kesselkreisregelung, komplett mit allen Fühlern, Thermostaten und dem Sicherheitstemperaturbegrenzer.

4 Gas-Brennwertkessel, bis 70kW KG **421**
Wie Ausführungsbeschreibung A 2
Abmessungen Kesselkörper: Länge ..... mm, Breite ..... mm, Höhe ..... mm
Gesamtabmessungen: Länge ..... mm, Breite (Kesselregulierung) ..... mm, Höhe ..... mm
Gewicht komplett mit Wärmedämmung ..... kg
Erdgas: **E / L / Flüssiggas / Bioerdgas**
Max. Nennwärmeleistung ..... kW
Feuerungst. Wirkungsgrad: bis 108%
Abgasseitiger Widerstand: ..... mbar
Zul. Vorlauftemperatur: bis **90 / 100**°C
Max. zulässiger Betriebsdruck: **4 / 6 / 10** bar
Wasserinhalt: ..... Liter
Abgasrohr lichte Weite: ..... mm
5.783 €   6.498 €   **7.644**€   9.370 €   10.850 €   [St]   ⏱ 5,50 h/St   040.000.039

LB 040 Wärmeversorgungsanlagen - Betriebseinrichtungen

Kosten:
Stand 1.Quartal 2021
Bundesdurchschnitt

Nr.	**Kurztext** / Langtext					[Einheit]	Ausf.-Dauer	Kostengruppe Positionsnummer
▶	▷	ø netto €	◁	◀				

5 **Gas-Brennwertkessel, bis 150kW** — KG **421**
Wie Ausführungsbeschreibung A 2
Abmessungen Kesselkörper: Länge ..... mm, Breite ..... mm, Höhe ..... mm
Gesamtabmessungen: Länge ..... mm, Breite (Kesselregulierung) ..... mm, Höhe ..... mm
Gewicht komplett mit Wärmedämmung ..... kg
Erdgas: **E / L / Flüssiggas / Bioerdgas**
Max. Nennwärmeleistung ..... kW
Feuerungst. Wirkungsgrad: bis 108%
Abgasseitiger Widerstand: ..... mbar
Zul. Vorlauftemperatur: bis **90 / 100**°C
Max. zulässiger Betriebsdruck: **4 / 6 / 10** bar
Wasserinhalt: ..... Liter
Abgasrohr lichte Weite: ..... mm
5.374€   7.465€   **8.644**€   9.383€   11.164€   [St]   ⏱ 5,80 h/St   040.000.003

6 **Gas-Brennwertkessel, bis 400kW** — KG **421**
Wie Ausführungsbeschreibung A 2
Abmessungen Kesselkörper: Länge ..... mm, Breite ..... mm, Höhe ..... mm
Gesamtabmessungen: Länge ..... mm, Breite (Kesselregulierung) ..... mm, Höhe ..... mm
Gewicht komplett mit Wärmedämmung ..... kg
Erdgas: **E / L / Flüssiggas / Bioerdgas**
Max. Nennwärmeleistung ..... kW
Feuerungst. Wirkungsgrad: bis 106%
Abgasseitiger Widerstand: ..... mbar
Zul. Vorlauftemperatur: bis 120°C
Max. zulässiger Betriebsdruck: **4 / 6 / 10** bar
Wasserinhalt: ..... Liter
Abgasrohr lichte Weite: ..... mm
8.474€   15.753€   **16.764**€   19.394€   24.652€   [St]   ⏱ 8,00 h/St   040.000.041

7 **Gas-Brennwertkessel, bis 600kW** — KG **421**
Wie Ausführungsbeschreibung A 2
Abmessungen Kesselkörper: Länge ..... mm, Breite ..... mm, Höhe ..... mm
Gesamtabmessungen: Länge ..... mm, Breite (Kesselregulierung) ..... mm, Höhe ..... mm
Gewicht komplett mit Wärmedämmung ..... kg
Erdgas: **E / L / Flüssiggas / Bioerdgas**
Max. Nennwärmeleistung ..... kW
Feuerungst. Wirkungsgrad: bis 106%
Abgasseitiger Widerstand: ..... mbar
Zul. Vorlauftemperatur: bis 120°C
Max. zulässiger Betriebsdruck: **4 / 6 / 10** bar
Wasserinhalt: ..... Liter
Abgasrohr lichte Weite: ..... mm
11.203€   18.253€   **22.785**€   24.100€   29.743€   [St]   ⏱ 10,00 h/St   040.000.010

▶ min
▷ von
ø Mittel
◁ bis
◀ max

Nr.	Kurztext / Langtext					Kostengruppe	
▶	▷	ø netto €	◁	◀	[Einheit]	Ausf.-Dauer	Positionsnummer

8   Öl-Brennwerttherme, Wand, bis 15kW   KG **421**

Öl-Brennwertkessel, für geschlossene Heizungsanlage, für Heizöl EL DIN 51603-1, Kesselkörper aus Metall, wandhängende Montage, mit modulierendem Brenner, einschl. Ummantelung mit Wärmedämmung, einschl. sicherheitstechnischer Einrichtungen DIN EN 12828, mit MSR in digitaler Ausführung, einschl. interner Verdrahtung.

Kesselkörper: **Edelstahl / Aluminium / Gusseisen**
Heizöl: **EL schwefelarm / A Bio 10**
Wärmeleistung: ..... kW, modulierend 30-100%
Auslegungsvorlauftemperatur: bis 75 / 85°C
Max. zulässiger Betriebsdruck: 3 bar
Heizmedium: Wasser
Norm-Nutzungsgrad bei 50 / 30°C: 98 / über 104% (bezogen auf den unteren Heizwert)
Ausführung gem. Einzelbeschreibung: .....

4.626€   5.461€   **6.425**€   7.710€   8.995€   [St]   ⏱ 4,20 h/St   040.000.080

9   Öl-Brennwerttherme, Wand, bis 25kW   KG **421**

Öl-Brennwertkessel, für geschlossene Heizungsanlage, für Heizöl EL DIN 51603-1, Kesselkörper aus Metall, wandhängende Montage, mit modulierendem Brenner, einschl. Ummantelung mit Wärmedämmung, einschl. sicherheitstechnischer Einrichtungen DIN EN 12828, mit MSR in digitaler Ausführung; einschl. interner Verdrahtung.

Kesselkörper: **Edelstahl / Aluminium / Gusseisen**
Heizöl: **EL schwefelarm / A Bio 10**
Wärmeleistung: ..... kW, modulierend 30-100%
Auslegungsvorlauftemperatur: bis 75 / 85°C
Max. zulässiger Betriebsdruck: 3 bar
Heizmedium: Wasser
Norm-Nutzungsgrad bei 50 / 30°C: 98 / über 104% (bezogen auf den unteren Heizwert)
Ausführung gem. Einzelbeschreibung: .....

5.046€   5.958€   **7.009**€   8.411€   9.812€   [St]   ⏱ 4,20 h/St   040.000.083

LB 040 Wärmeversorgungsanlagen - Betriebseinrichtungen

Kosten:
Stand 1.Quartal 2021
Bundesdurchschnitt

▶ min
▷ von
ø Mittel
◁ bis
◀ max

Nr.	Kurztext / Langtext						Kostengruppe
▶	▷	ø netto €	◁	◀	[Einheit]	Ausf.-Dauer	Positionsnummer

10 Öl-Brennwertkessel, bis 50kW KG **421**

Öl-Brennwertkessel für Heizöl EL DIN 51603-1, für geschlossene Heizungsanlagen; für den Betrieb mit gleitend abgesenkter Kesselwasser-Temperatur ohne untere Begrenzung, modulierender Brenner, mit Metall-Heizflächen, Brennwert-Wärmetauscher aus Edelstahl. Kesselkörper allseitig wärmegedämmt, Ummantelung aus Stahlblech, epoxidharzbeschichtet. Lieferumfang: Kessel mit schwenkbarer Kesseltür, inkl. Erdöl-Unit-Brenner, Reinigungsdeckel am Abgassammelkasten, Gegenflanschen mit Schrauben und Dichtungen an allen Stutzen, Wärmedämmung, Brennkammerschauglas, inkl. elektronischer Kesselkreisregelung, komplett mit allen Fühlern, Thermostaten und dem Sicherheitstemperaturbegrenzer.
Abmessungen Kesselkörper: Länge ..... mm, Breite ..... mm, Höhe ..... mm
Gesamtabmessungen: Länge ..... mm, Breite (Kesselregulierung) ..... mm, Höhe ..... mm
Gewicht komplett mit Wärmedämmung ..... kg
Erdgas: **EL schwefelarm / A Bio 10**
Max. Nennwärmeleistung ..... kW
Feuerungst. Wirkungsgrad: bis 103%
Abgasseitiger Widerstand: ..... mbar
Zul. Vorlauftemperatur: bis 90 / 100°C
Max. zulässiger Betriebsdruck: 3 bar
Wasserinhalt: ..... Liter
Abgasrohr lichte Weite: ..... mm
Ausführung gem. Einzelbeschreibung: .....

6.454€   6.986€   **7.593**€   8.352€   9.112€   [St]   ⏱ 6,20 h/St   040.000.081

11 Öl-Brennwertkessel, bis 70kW KG **421**

Öl-Brennwertkessel für Heizöl EL DIN 51603-1, für geschlossene Heizungsanlagen; für den Betrieb mit gleitend abgesenkter Kesselwasser-Temperatur ohne untere Begrenzung, modulierender Brenner, mit Guss-Heizflächen, Brennwert-Wärmetauscher aus Edelstahl. Kesselkörper allseitig wärmegedämmt, Ummantelung aus Stahlblech, epoxidharzbeschichtet. Lieferumfang: Kessel mit schwenkbarer Kesseltür, inkl. Erdöl-Brenner, Reinigungsdeckel am Abgassammelkasten, Gegenflanschen mit Schrauben und Dichtungen an allen Stutzen, Wärmedämmung, Brennkammerschauglas, inkl. elektronischer Kesselkreisregelung, komplett mit allen Fühlern, Thermostaten und dem Sicherheitstemperaturbegrenzer.
Abmessungen Kesselkörper: Länge ..... mm, Breite ..... mm, Höhe ..... mm
Gesamtabmessungen: Länge ..... mm, Breite (Kesselregulierung) ..... mm, Höhe ..... mm
Gewicht komplett mit Wärmedämmung ..... kg
Erdgas: **EL schwefelarm / A Bio 10**
Max. Nennwärmeleistung ..... kW
Feuerungst. Wirkungsgrad: bis 103%
Abgasseitiger Widerstand: ..... mbar
Zul. Vorlauftemperatur: bis 90 / 100°C
Max. zulässiger Betriebsdruck: 3 bar
Wasserinhalt: ..... Liter
Abgasrohr lichte Weite: ..... mm
Ausführung gem. Einzelbeschreibung: .....

8.212€   9.433€   **11.097**€   13.317€   15.536€   [St]   ⏱ 7,60 h/St   040.000.084

Nr.	Kurztext / Langtext					Kostengruppe
▶	▷	ø netto €	◁	◀	[Einheit]	Ausf.-Dauer Positionsnummer

12 Öl-Brennwertkessel, bis 100kW KG **421**

Öl-Brennwertkessel für Heizöl EL DIN 51603-1, für geschlossene Heizungsanlagen; für den Betrieb mit gleitend abgesenkter Kesselwasser-Temperatur ohne untere Begrenzung, modulierender Brenner, mit Guss-Heizflächen, Brennwert-Wärmetauscher aus Edelstahl. Kesselkörper allseitig wärmegedämmt, Ummantelung aus Stahlblech, epoxidharzbeschichtet. Lieferumfang: Kessel mit schwenkbarer Kesseltür, inkl. Erdöl-Brenner, Reinigungsdeckel am Abgassammelkasten, Gegenflanschen mit Schrauben und Dichtungen an allen Stutzen, Wärmedämmung, Brennkammerschauglas, inkl. elektronischer Kesselkreisregelung, komplett mit allen Fühlern, Thermostaten und dem Sicherheitstemperaturbegrenzer.
Abmessungen Kesselkörper: Länge ..... mm, Breite ..... mm, Höhe ..... mm
Gesamtabmessungen: Länge ..... mm, Breite (Kesselregulierung) ..... mm, Höhe ..... mm
Gewicht komplett mit Wärmedämmung ..... kg
Erdgas: EL schwefelarm / A Bio 10
Max. Nennwärmeleistung ..... kW
Feuerungst. Wirkungsgrad: bis 103%
Abgasseitiger Widerstand: ..... mbar
Zul. Vorlauftemperatur: bis 90 / 100°C
Max. zulässiger Betriebsdruck: 3 bar
Wasserinhalt: ..... Liter
Abgasrohr lichte Weite: ..... mm
Ausführung gem. Einzelbeschreibung: .....
11.238 €   12.908 €   **15.186** €   18.223 €   20.653 €   [St]   8,40 h/St   040.000.082

13 Heizöltank, stehend, 5.000 Liter KG **421**

Heizöllagerbehälter in stehender Ausführung, für oberirdische Lagerung im Gebäude. Leckschutzauskleidung mit Bauartzulassung. Überwachung mit Vakuum. Eventueller Zusatz: Heizölauffangbehälter, Entlüftungsleitung, Füllleitung, Entlüftungshaube, Grenzwertgeber, Tankinhaltsanzeiger, Tankeinbaugarnitur, Sicherheitsrohr, Doppelpumpenaggregat, Absperrkombination, Filterkombination, Schnellschlussventile, Kugelhähne, Motor- und Schutzschalter, Elektroleitungen, Bezeichnungsschilder, Doppelkugel-Fußventil.
Material Behälter: **Stahl / GKF**
Brutto-Lagervolumen: 5.000 Liter
Max. Abmessung: Länge ..... mm, Breite ..... mm, Höhe ...... mm
Einbringung: am Stück / geteilt, mit Unterstützungskonstruktion
2.340 €   5.471 €   **6.803** €   7.980 €   13.098 €   [St]   2,00 h/St   040.000.032

14 Abgasanlage, Edelstahl KG **429**

Schornsteinanlage, industriell gefertigtes, doppelwandiges, wärmegedämmtes, druck- und kondensatdichtes Schornstein- und Abgassystem in Elementbauweise, bauaufsichtlich zugelassen, Feuerstätte mit niedrigen Abgastemperaturen, feuchte bzw. kondensierende Betriebsweise, ausbrenngeprüft bis 1.000°C. Eventuell Zusatz: mit Konsolblechen, Zwischenstütze, Inspektionselement, Wandführungsstützen, Mündungsabschluss, Verbindungskupplung, Wetterkragen einschl. Befestigung, Dichtungen und Verbindungsstücke, mit Inspektionselementen, Schiebeelementen, Gleitmittel, Befestigungsbänder, Dichtungsmittel für Kesselanschluss, Messöffnung, Klemmbänder, Unterstützung.
Installation: **Außenwandmontage / im Schacht**
Material: Edelstahl
Wandstärke: 1 mm
Schornsteinhöhe: ..... m
2.544 €   5.463 €   **5.578** €   7.294 €   9.663 €   [St]   6,00 h/St   040.000.033

LB 040 Wärmeversorgungsanlagen - Betriebseinrichtungen

Kosten:
Stand 1.Quartal 2021
Bundesdurchschnitt

▶ min
▷ von
ø Mittel
◁ bis
◀ max

Nr.	**Kurztext** / Langtext					[Einheit]	Ausf.-Dauer	Kostengruppe Positionsnummer
	▶	▷	ø netto €	◁	◀			

15 Neutralisationsanlage, Brennwertgeräte KG **421**

Neutralisationsanlage geeignet für Kondenswasser aus Erdgas/Heizöl. Gehäuse aus durchsichtigem Kunststoff mit Markierung für minimalen und maximalen Füllstand. Komplett mit Neutralisationsgranulat befüllt, Halteschellen und vorbereitetem Abwasseranschluss für HT-Rohr, inkl. Sifon.
Brennwertgeräte: bis ..... kW
Gesamtabmessungen Länge: ..... mm
Durchmesser: ..... mm
Anschluss Fallstrang: ca. 4,00 m

197 €   538 €   **687 €**   1.648 €   2.979 €   [St]   ⏱ 0,90 h/St   040.000.027

16 Heizungsverteiler, Vorlaufverteiler/Rücklaufsammler KG **421**

Heizungsverteiler als kombinierter Vorlaufverteiler und Rücklaufsammler, Quadratform und eingeschweißtem Trennsteg. **Mit / ohne** Zwischenisolierung zur thermischen Trennung von Vor- und Rücklauf, Wärmedämmung mit Schutzmantel. Mit paarweise nebeneinander angeordneten Stutzen (fluchtend) mit Vorschweißflanschen, auf Spindelhöhe ausgerichtet, mit Anschlussstutzen für Entleerung, Entlüftung, Druckmessung und Temperaturmessung an jeder Kammer, mit Messstutzen für Regelung, Stutzenabstand variabel entsprechend Durchmesser und Wärmedämmstärke des Stutzens. Mit Konsolen für Wand- / Bodenbefestigung. Inklusive Bohrungen und Befestigungselementen.
Material: Stahl
Schutzmantel: **Aluminium / Stahlblech verzinkt**
Max. Heizwasserdurchsatz: ..... m³/h
Max. Mediumtemperatur: **100 / 120**°C
Max. Betriebs-Druck: **6 / 10** bar
Anzahl der Gruppen: (je 2 Stutzen)
Dimension: ..... x DN.....
Doppelkammer-Größe: 150 x 150 mm²

514 €   1.330 €   **1.699 €**   2.238 €   4.063 €   [St]   ⏱ 2,00 h/St   040.000.028

A 3 Holz/Pellet-Heizkessel Beschreibung für Pos. **17-19**

Heizkessel für geschlossene Warmwasserheizungsanlagen für Festbrennstoff. Zur Erzeugung von Warmwasser, Kesselkörper aus Metall, für stehende Montage, einschl. sicherheitstechnischer Einrichtungen DIN EN 12828. Anschlussstutzen für Vor-, Rücklauf, Entlüftung, Füllung, Entleerung. Mit CE-Registrierung und Bauartzulassung.

17 Holz/Pellet-Heizkessel, bis 25kW KG **421**

Wie Ausführungsbeschreibung A 3
Kesselkörper: **Stahl / Guss**
Brennstoff: **Stückholz / Pellets DIN EN ISO 17225-2**
Wärmeleistung: ..... kW
Auslegungsvorlauftemperatur: bis 110°C
Max. zulässiger Betriebsdruck: **6 / 10 / 16 / 25** bar
Heizmedium: Wasser
Norm-Nutzungsgrad: bei **75 / 60**°C: **92 / 94**% (bezogen auf den unteren Heizwert)
Abmessungen Kesselkörper: Länge ..... mm, Breite: ..... mm, Höhe: ..... mm
Gesamtabmessungen: Länge ..... mm, Breite (mit Kesselregulierung) ..... mm, Höhe: ..... mm
Gewicht komplett mit Wärmedämmung: ..... kg
Wasserinhalt: ..... Liter

5.579 €   8.862 €   **10.457 €**   11.542 €   13.423 €   [St]   ⏱ 5,00 h/St   040.000.043

Nr.	Kurztext / Langtext				[Einheit]	Ausf.-Dauer	Kostengruppe Positionsnummer
▶	▷ ø netto €	◁	◀				

18   Holz/Pellet-Heizkessel, bis 50kW   KG **421**

Wie Ausführungsbeschreibung A 3
Kesselkörper: **Stahl / Guss**
Brennstoff: **Stückholz / Pellets DIN EN ISO 17225-2**
Wärmeleistung: ..... kW
Auslegungsvorlauftemperatur: bis 110°C
Max. zulässiger Betriebsdruck: **6 / 10 / 16 / 25** bar
Heizmedium: Wasser
Norm-Nutzungsgrad: bei **75 / 60**°C: **92 / 94**% (bezogen auf den unteren Heizwert)
Abmessungen Kesselkörper: Länge ..... mm, Breite: ..... mm, Höhe: ..... mm
Gesamtabmessungen: Länge ..... mm, Breite (mit Kesselregel.) ..... mm, Höhe: ..... mm
Gewicht komplett mit Wärmedämmung: ..... kg
Wasserinhalt: ..... Liter
9.393€   10.228€   **11.904**€   14.952€   17.147€   [St]   ⏱ 5,20 h/St   040.000.044

19   Holz/Pellet-Heizkessel, bis 120kW   KG **421**

Wie Ausführungsbeschreibung A 3
Kesselkörper: **Stahl / Guss**
Brennstoff: **Stückholz / Pellets DIN EN ISO 17225-2**
Wärmeleistung: ..... kW
Auslegungsvorlauftemperatur: bis 110°C
Max. zulässiger Betriebsdruck: **6 / 10 / 16 / 25** bar
Heizmedium: Wasser
Norm-Nutzungsgrad: bei **75 / 60**°C: **92 / 94**% (bezogen auf den unteren Heizwert)
Abmessungen Kesselkörper: Länge ..... mm, Breite: ..... mm, Höhe: ..... mm
Gesamtabmessungen: Länge ..... mm, Breite (mit Kesselregulierung) ..... mm, Höhe: ..... mm
Gewicht komplett mit Wärmedämmung: ..... kg
Wasserinhalt: ..... Liter
16.132€   22.514€   **25.153**€   27.338€   34.331€   [St]   ⏱ 6,00 h/St   040.000.004

20   Pellet-Fördersystem, Förderschnecke   KG **421**

Austragungssystem für Pelletfeuerungen bestehend aus: Lagerbodenschnecke mit ziehendem Antrieb und Übergabetrichter für Beschickung des Kessels mit Brennstoff. Antriebseinheit mit Stirnradgetriebemotor. Auswurf mit Revisionsdeckel, Sicherheitsendschalter und Fallrohr/Adapter zur nachfolgenden Fördereinrichtung. Schnecke und Kanal Stahl geschweißt. Rohrförderschnecke für Pellets, Steigungswinkel bis 65°. Ziehender Antrieb mit Auswurf über einer Fallstrecke. Der Antrieb erfolgt über Stirnradgetriebemotor. Steuerung im Schaltkasten vorverkabelt.
Pelletfeuerungen: mit Förderschnecken
Lagerbodenschnecke: L: ..... m
Schneckendurchmesser: ..... mm
Waagrechte Länge: ..... m
Durchmesser Förderschnecke: max. 120 mm
Länge der Rohrförderschnecke: ..... m
Max. Förderkapazität: **5 / 10** kg/h
Anschluss 230 V 50 Hz: 0,5 kW
814€   886€   **924**€   946€   1.018€   [St]   ⏱ 0,60 h/St   040.000.026

LB 040
Wärmeversorgungsanlagen - Betriebseinrichtungen

Kosten:
Stand 1.Quartal 2021
Bundesdurchschnitt

Nr.	Kurztext / Langtext				[Einheit]	Ausf.-Dauer	Kostengruppe Positionsnummer
▶	▷ ø netto € ◁ ◀						

21 Pellet-Fördersystem, Saugleitung — KG **421**

Austragungssystem für Pelletfeuerungen mit Saugturbine im Metallgehäuse. Zwischenbehälter, Saugschlauch mit Drahtspirale, Rückluftschlauch, Austragungsschnecke im Lager mit max. 2500mm offenem Schneckenkanal, Absaugung von Übergabestation, Kapazitätsfühler mit Relais, Steuerung im Schaltkasten vorverkabelt, Zeitschaltuhr zur Einstellung der Saugzeit.
Gesamtschlauchlänge: bis 30 m
Länge Saugschlauch mit Drahtspirale: 15 m
Länge Rückluftschlauch: 15 m
Austragungssystem: Saugprinzip
Max. Förderkapazität: **5 / 10** kg/h
Anschluss 230 V 50 Hz: 1,1 kW

| 1.076€ | 2.085€ | **2.637€** | 3.496€ | 4.121€ | [St] | ⏱ 0,30 h/St | 040.000.029 |

22 Erdgas-BHKW-Anlage, 1,0kW$_{el}$, 2,5kW$_{th}$ — KG **421**

Blockheizkraftwerk als Kompaktmodul in Gehäuse, schallgedämmt, zur Erzeugung von Heizwärme und Strom. Mit Schaltschrank, Verkabelung innerhalb des Moduls hitze- und schwingungsfest verlegt, einschl. Brennstoffversorgungseinrichtungen bestehend aus: Gasregelstrecke, Gasfilter, Gasabsperrarmaturen, Manometern..... einschl. Abgassystem, als Viertakt-Otto-Motor, einschl. aller erforderlichen elektrischen Anschlüsse und aller erforderlichen Anschlüsse für Brennstoff, Heizwasser, Abgas (ca. 10-15m) und Kondensat.
Betriebsweise: konstant
Kondensat-Hebeanlage: **ja / nein**
Brennstoff: Erdgas
Aufstellung: schallentkoppelt, stationär im Gebäude
Thermische Leistung: bis 2,5 kW$_{th}$
Elektrische Leistung: bis 1,0 kW$_{el}$
Elektrischer Wirkungsgrad: mind. 25%
Gesamtwirkungsgrad: mind. 90%
Schallleistungspegel max: 60 dB(A)
Schaltschrank: **integriert / separat**
Ausführung gem. nachfolgender Einzelbeschreibung: .....

| –€ | 17.122€ | **19.756€** | 22.510€ | –€ | [St] | ⏱ 8,00 h/St | 040.000.053 |

▶ min
▷ von
ø Mittel
◁ bis
◀ max

Nr.	Kurztext / Langtext						Kostengruppe	
▶	▷	ø netto €	◁	◀	[Einheit]	Ausf.-Dauer	Positionsnummer	

23   Erdgas-BHKW-Anlage, 1,5-3,0kW$_{el}$, 4-10kW$_{th}$ KG **421**

Blockheizkraftwerk als Kompaktmodul in Gehäuse, schallgedämmt, zur Erzeugung von Heizwärme und Strom. Mit Schaltschrank, Verkabelung innerhalb des Moduls hitze- und schwingungsfest verlegt, einschl. Brennstoffversorgungseinrichtungen bestehend aus: Gasregelstrecke, Gasfilter, Gasabsperrarmaturen, Manometern..... einschl. Abgassystem, als Viertakt-Otto-Motor, Leistung einschl. aller erforderlichen elektrischen Anschlüsse und aller erforderlichen Anschlüsse für Brennstoff, Heizwasser, Abgas (ca. 10-15m) und Kondensat.
Betriebsweise: konstant
Kondensat-Hebeanlage: **ja / nein**
Brennstoff: Erdgas
Aufstellung: schallentkoppelt, stationär im Gebäude
Thermische Leistung: bis 4.0-10,0 kW$_{th}$
Elektrische Leistung: bis 1,5-3,0 kW$_{el}$
Elektrischer Wirkungsgrad: mind. 25%
Gesamtwirkungsgrad: mind. 90%
Schallleistungspegel max: 60 dB(A)
Schaltschrank: **integriert / separat**
Ausführung gem. nachfolgender Einzelbeschreibung: .....

–€   25.264€ **28.138**€ 31.131€   –€   [St]   ⏱ 8,50 h/St   040.000.054

24   Erdgas-BHKW-Anlage, 5-20kW$_{el}$, 10-45kW$_{th}$ KG **421**

Blockheizkraftwerk als Kompaktmodul in Gehäuse, schallgedämmt, zur Erzeugung von Heizwärme und Strom. Mit Schaltschrank, Verkabelung innerhalb des Moduls hitze- und schwingungsfest verlegt, einschl. Brennstoffversorgungseinrichtungen bestehend aus: Gasregelstrecke, Gasfilter, Gasabsperrarmaturen, Manometern..... einschl. Abgassystem, als Viertakt-Otto-Motor, Leistung einschl. aller erforderlichen elektrischen Anschlüsse und aller erforderlichen Anschlüsse für Brennstoff, Heizwasser, Abgas (ca. 10-15m) und Kondensat.
Betriebsweise: konstant
Kondensat-Hebeanlage: **ja / nein**
Brennstoff: Erdgas
Aufstellung: schallentkoppelt, stationär im Gebäude
Thermische Leistung: bis 10.0-45,0 kW$_{th}$
Elektrische Leistung: bis 5,0-20,0 kW$_{el}$
Elektrischer Wirkungsgrad: mind. 25%
Gesamtwirkungsgrad: mind. 90%
Schallleistungspegel max: 60 dB(A)
Schaltschrank: **integriert / separat**
Ausführung gem. nachfolgender Einzelbeschreibung: .....

–€   49.092€ **56.276**€ 64.657€   –€   [St]   ⏱ 12,00 h/St   040.000.055

LB 040 Wärmeversorgungsanlagen - Betriebseinrichtungen

Kosten:
Stand 1.Quartal 2021
Bundesdurchschnitt

▶ min
▷ von
ø Mittel
◁ bis
◀ max

Nr.	Kurztext / Langtext						Kostengruppe
▶	▷ ø netto € ◁ ◀				[Einheit]	Ausf.-Dauer	Positionsnummer

A 4 Flach-Solarkollektoranlage, thermisch — Beschreibung für Pos. 25-27

Flachkollektor DIN EN 12975-1 für Heizung in Aufdachmontage mit konstruktiver Verankerung sowie systembedingten Befestigungsmitteln und gedämmter Solarpumpenregelgruppe. Module mit korrosions- und witterungsbeständigem Rahmen und mit hochselektiver Vakuumbeschichtung, rückseitig hochtemperaturbeständige Wärmeschutzdämmung, mit durchgehender Wanne, hochtransparentes, gehärtetes Solarsicherheitsglas, mit Bauartzulassung, 2 Fühlerhülsen für Fühler. Leistung einschl. Anschlussfittinge für Kupferrohr sowie sämtlicher Verbindungs- und Dichtungsmaterialien und ca. 40 m fertigisolierter Solaranschlussleitungen mit Dachdurchführungen und Frostschutz-Befüllung.

25 Flach-Solarkollektoranlage, thermisch, bis 10m² — KG 421

Wie Ausführungsbeschreibung A 4
Frostschutz-Befüllung (Menge, Art und Mischungsverhältnis): .....
Kollektor-Neigungswinkel: min/max 15-75°
Mindest-Ertrag: 500 kWh/(m²a) gem. Prüfverfahren nach EN12975-2
Maximaler Betriebsdruck: 10 bar
Aperturfläche: bis 10 m²
Ausführung gem. nachfolgender Einzelbeschreibung: .....

–€   5.939€   **6.334€**   6.815€   –€   [St]   ⏱ 4,90 h/St   040.000.056

26 Flach-Solarkollektoranlage, thermisch, 10-20m² — KG 421

Wie Ausführungsbeschreibung A 4
Frostschutz-Befüllung (Menge, Art und Mischungsverhältnis): .....
Kollektor-Neigungswinkel: min/max 15-75°
Mindest-Ertrag: 500 kWh/(m²a) gem. Prüfverfahren nach EN12975-2
Maximaler Betriebsdruck: 10 bar
Aperturfläche: 10 bis 20 m²
Ausführung gem. nachfolgender Einzelbeschreibung: .....

–€   8.322€   **8.777€**   9.519€   €   [St]   ⏱ 5,80 h/St   040.000.057

27 Flach-Solarkollektoranlage, thermisch, 20-30m² — KG 421

Wie Ausführungsbeschreibung A 4
Frostschutz-Befüllung (Menge, Art und Mischungsverhältnis): .....
Kollektor-Neigungswinkel: min/max 15-75°
Mindest-Ertrag: 500 kWh/(m²a) gem. Prüfverfahren nach EN12975-2
Maximaler Betriebsdruck: 10 bar
Aperturfläche: 20 bis 30 m²
Ausführung gem. nachfolgender Einzelbeschreibung: .....

–€   11.885€   **13.604€**   17.065€   –€   [St]   ⏱ 7,00 h/St   040.000.058

28 Heizungspufferspeicher bis 500 Liter — KG 421

Pufferspeicher als Wärmespeicheranlage für den Einsatz in Heizungsanlagen mit Wärmeschutzmantel, einschl. Schaltung und Regelung, sowie Anschlussleitungen.
Speicher: Stahl, innen unbehandelt, außen Grundbeschichtung
Nenninhalt: bis 500 Liter
Maximaler zulässiger Betriebsüberdruck: 6 bar
Ausführung gem. nachfolgender Einzelbeschreibung: .....

–€   2.606€   **3.030€**   3.539€   –€   [St]   ⏱ 3,40 h/St   040.000.059

Nr.	Kurztext / Langtext					Kostengruppe	
▶	▷	ø netto €	◁	◀	[Einheit]	Ausf.-Dauer	Positionsnummer

29 Heizungspufferspeicher bis 1.000 Liter KG **421**

Pufferspeicher als Wärmespeicheranlage für den Einsatz in Heizungsanlagen mit Wärmeschutzmantel, einschl. Schaltung und Regelung, sowie Anschlussleitungen.
Speicher: Stahl, innen unbehandelt, außen Grundbeschichtung
Nenninhalt: bis 1.000 Liter
Maximaler zulässiger Betriebsüberdruck: 6 bar
Ausführung gem. nachfolgender Einzelbeschreibung: .....

–€   2.682€   **3.233**€   3.772€   –€   [St]   ⏱ 4,60 h/St   040.000.060

A 5 Trinkwarmwasserbereiter, Durchflussprinzip   Beschreibung für Pos. **30-31**

Trinkwarmwasserbereiter zur Brauchwasserbereitung im Durchlaufprinzip mit Wärmetauscher aus kupferverlöteten Edelstahlplatten, mit Umwälzpumpe und Fertigdämmung einschl. Absperrkugelhähnen, zusätzlich mit Zirkulationspumpe, Rückflussverhinderer, Verrohrungs- und Verschraubungsteile in der Station montiert und an Regelung angeschlossen. Entlüftungsmöglichkeiten auf der Heizungsseite, mit Rückflussverhinderer der Heizkreispumpe, elektronischer Trinkwasserregler (proportional) zur konstanten Warmwassertemperaturregelung in Abhängigkeit der eingestellten Warmwassertemperatur und Zapfleistung durch Modulation der Heizkreispumpe.

30 Trinkwarmwasserbereiter, Durchflussprinzip, 1-15 l/min   KG **421**

Wie Ausführungsbeschreibung A 5
Technische Daten:
Betriebsdruck Heizung: 3 bar
Betriebsdruck Trinkwasser: 6 bar
Maximale zulässige Vorlauftemperatur Heizung: 95°C
Versorgungsspannung 230 VAC / 50 HZ
Zapfleistung Warmwasser (55-60°C): 1-15 l/min
Ausführung gem. nachfolgender Einzelbeschreibung: .....

–€   2.904€   **3.227**€   3.711€   –€   [St]   ⏱ 0,40 h/St   040.000.061

31 Trinkwarmwasserbereiter, Durchflussprinzip, 1-30 l/min   KG **421**

Wie Ausführungsbeschreibung A 5
Technische Daten:
Betriebsdruck Heizung: 3 bar
Betriebsdruck Trinkwasser: 6 bar
Maximale zulässige Vorlauftemperatur Heizung: 95°C
Versorgungsspannung 230 VAC / 50 HZ
Zapfleistung Warmwasser (55-60°C): 1-30 l/min
Ausführung gem. nachfolgender Einzelbeschreibung: .....

–€   3.308€   **3.676**€   4.227€   –€   [St]   ⏱ 0,40 h/St   040.000.062

LB 040
Wärmeversorgungsanlagen - Betriebseinrichtungen

Kosten:
Stand 1.Quartal 2021
Bundesdurchschnitt

▶ min
▷ von
ø Mittel
◁ bis
◀ max

Nr.	Kurztext / Langtext					Kostengruppe
▶	▷ ø netto € ◁ ◀			[Einheit]	Ausf.-Dauer	Positionsnummer

A 6 Wärmepumpe, Wasser Beschreibung für Pos. **32-35**

Elektrisch angetriebene Wärmepumpe für Raumheizung und zur Erwärmung von Trinkwasser DIN EN 14511 für Innenaufstellung, mit Verdichter, einschl. Schwingungsdämpfer, Regelung für Warmwasserbereitung und einen geregelten Heizkreis. Leistung einschl. Anschlusszubehör und Inbetriebnahme

32 Wärmepumpe, 10-15kW, Wasser KG **421**

Wie Ausführungsbeschreibung A 6
Wärmequelle: Wasser, gem. beigefügter Wasseranalyse
Minimale Wärmequellentemperatur: ca. 10°C
Maximale Vorlauftemperatur:
Mind. 60°C zur Raumheizung
Mind. 72°C zur WW-Bereitung
Nennwärmeleistung: 10-15 kW (bei W10W35)
Leistungszahl (COP): mind. 5,5 (bei W10W35)
Maximaler Schallleistungspegel 55 dB(A)
Maximaler Betriebsdruck: mind. PN 6
Bemessungsbetriebsspannung: 400 V AC
Ausführung gem. nachfolgender Einzelbeschreibung: .....

–€ 10.692€ **12.578**€ 14.465€ –€ [St] 6,00 h/St 040.000.063

33 Wärmepumpe, 15-25kW, Wasser KG **421**

Wie Ausführungsbeschreibung A 6
Wärmequelle: Wasser, gem. beigefügter Wasseranalyse
Minimale Wärmequellentemperatur: ca. 10°C
Maximale Vorlauftemperatur:
Mind. 60°C zur Raumheizung
Mind. 72°C zur WW-Bereitung
Nennwärmeleistung: 15-25 kW (bei W10W35)
Leistungszahl (COP): mind. 5,5 (bei W10W35)
Maximaler Schallleistungspegel 55 dB(A)
Maximaler Betriebsdruck: mind. PN 6
Bemessungsbetriebsspannung: 400 V AC
Ausführung gem. nachfolgender Einzelbeschreibung: .....

–€ 12.494€ **14.699**€ 16.904€ –€ [St] 6,00 h/St 040.000.069

34 Wärmepumpe, 25-35kW, Wasser KG **421**

Wie Ausführungsbeschreibung A 6
Wärmequelle: Wasser, gem. beigefügter Wasseranalyse
Minimale Wärmequellentemperatur: ca. 10°C
Maximale Vorlauftemperatur:
Mind. 60°C zur Raumheizung
Mind. 72°C zur WW-Bereitung
Nennwärmeleistung: 25-35 kW (bei W10W35)
Leistungszahl (COP): mind. 5,5 (bei W10W35)
Maximaler Schallleistungspegel 55 dB(A)
Maximaler Betriebsdruck: mind. PN 6
Bemessungsbetriebsspannung: 400 V AC
Ausführung gem. nachfolgender Einzelbeschreibung: .....

–€ 15.394€ **18.110**€ 20.827€ –€ [St] 6,00 h/St 040.000.070

Nr.	Kurztext / Langtext					Kostengruppe	
▶	▷	ø netto €	◁	◀	[Einheit]	Ausf.-Dauer	Positionsnummer

35 Wärmepumpe, 35-50kW, Wasser — KG **421**

Wie Ausführungsbeschreibung A 6
Wärmequelle: Wasser, gem. beigefügter Wasseranalyse
Minimale Wärmequellentemperatur: ca. 10°C
Maximale Vorlauftemperatur:
Mind. 60°C zur Raumheizung
Mind. 72°C zur WW-Bereitung
Nennwärmeleistung: 35-50 kW (bei W10W35)
Leistungszahl (COP): mind. 5,5 (bei W10W35)
Maximaler Schallleistungspegel 55 dB(A)
Maximaler Betriebsdruck: mind. PN 6
Bemessungsbetriebsspannung: 400 V AC
Ausführung gem. nachfolgender Einzelbeschreibung: .....

–€   19.312€ **22.720**€ 26.128€   –€   [St]   ⏱ 7,00 h/St   040.000.071

A 7 Wärmepumpe, Sole — Beschreibung für Pos. **36-38**

Elektrisch angetriebene Wärmepumpe für Raumheizung und zur Erwärmung von Trinkwasser DIN EN 14511 für Innenaufstellung, mit Verdichter einschl. Schwingungsdämpfer sowie Regelung für Warmwasserbereitung und einen geregelten Heizkreis. Leistung einschl. Anschlusszubehör und Inbetriebnahme.

36 Wärmepumpe, 10-15kW, Sole — KG **421**

Wie Ausführungsbeschreibung A 7
Wärmequelle: **Erdwärme / Sole**
Solequalität: .....
Minimale Wärmequellentemperatur: 0°C
Maximale Vorlauftemperatur:
Mind. 60°C zur Raumheizung
Mind. 72°C zur WW-Bereitung
Nennwärmeleistung: 10-15 kW (bei B0W35)
Leistungszahl (COP): mind. 4,5 (bei B0W35)
Maximaler Schallleistungspegel: 55 dB(A)
Maximaler Betriebsdruck: mind. PN 6
Bemessungsbetriebsspannung: 400 V AC
Ausführung gem. nachfolgender Einzelbeschreibung: .....

–€   11.386€ **13.395**€ 15.404€   –€   [St]   ⏱ 6,00 h/St   040.000.064

LB 040 Wärmeversorgungsanlagen - Betriebseinrichtungen

Kosten:
Stand 1.Quartal 2021
Bundesdurchschnitt

Nr.	Kurztext / Langtext ▶ ▷ ø netto € ◁ ◀	[Einheit]	Ausf.-Dauer	Kostengruppe Positionsnummer
37	**Wärmepumpe, 25-35kW, Sole**			KG 421
	Wie Ausführungsbeschreibung A 7			
	Wärmequelle: **Erdwärme / Sole**			
	Solequalität:			
	Minimale Wärmequellentemperatur: 0°C			
	Maximale Vorlauftemperatur:			
	Mind. 60°C zur Raumheizung			
	Mind. 72°C zur WW-Bereitung			
	Nennwärmeleistung: 25-35 kW (bei B0W35)			
	Leistungszahl (COP): mind. 4,7 (bei B0W35)			
	Maximaler Schallleistungspegel: 55 dB(A)			
	Maximaler Betriebsdruck: mind. PN 6			
	Bemessungsbetriebsspannung: 400 V AC			
	Ausführung gem. nachfolgender Einzelbeschreibung:			
	–€ 17.912€ **21.073**€ 24.235€ –€	[St]	⏱ 6,00 h/St	040.000.073
38	**Wärmepumpe, 35-50kW, Sole**			KG 421
	Wie Ausführungsbeschreibung A 7			
	Wärmequelle: **Erdwärme / Sole**			
	Solequalität:			
	Minimale Wärmequellentemperatur: 0°C			
	Maximale Vorlauftemperatur:			
	Mind. 60°C zur Raumheizung			
	Mind. 72°C zur WW-Bereitung			
	Nennwärmeleistung: 35-50 kW (bei B0W35)			
	Leistungszahl (COP): mind. 4,7 (bei B0W35)			
	Maximaler Schallleistungspegel: 55 dB(A)			
	Maximaler Betriebsdruck: mind. PN 6			
	Bemessungsbetriebsspannung: 400 V AC			
	Ausführung gem. nachfolgender Einzelbeschreibung:			
	–€ 23.062€ **27.132**€ 31.202€ –€	[St]	⏱ 7,00 h/St	040.000.074

▶ min
▷ von
ø Mittel
◁ bis
◀ max

Nr.	**Kurztext** / Langtext					Kostengruppe		
▶	▷	**ø netto €**	◁	◀	[Einheit]	Ausf.-Dauer	Positionsnummer	

A 8   Wärmepumpe, Luft   Beschreibung für Pos. **39-40**

Elektrisch angetriebene Wärmepumpe für Raumheizung und zur Erwärmung von Trinkwasser DIN EN 14511 für Innen-/Außenaufstellung, mit Verdichter, einschl. Schwingungsdämpfer sowie Regelung für Warmwasserbereitung und einen geregelten Heizkreis. Leistung einschl. Anschlusszubehör und Inbetriebnahme.

39   Wärmepumpe, bis 10kW, Luft   KG **421**

Wie Ausführungsbeschreibung A 8
Wärmequelle: Luft
Minimale Wärmequellentemperatur: -18°C
Maximaler Vorlauftemperatur:
Mind. 55°C zur Raumheizung mit zusätzlichem elektrischen Heizstab
Mind. 72°C zur WW-Bereitung
Montage / Aufstellung: schallentkoppelt
Nennwärmeleistung bis 10 kW (bei A2W35)
Leistungszahl (COP): mind. 4,0 (bei A2W35)
Maximaler Schallleistungspegel: 60 dB(A)
Maximaler Betriebsdruck: mind. PN 6
Bemessungsbetriebsspannung: 400 V AC
Ausführung gem. nachfolgender Einzelbeschreibung: .....
–€   14.106€ **16.595**€ 19.085€   –€   [St]   ⏱ 6,00 h/St   040.000.065

40   Wärmepumpe, 20-35kW, Luft   KG **421**

Wie Ausführungsbeschreibung A 8
Wärmequelle: Luft
Minimale Wärmequellentemperatur: -18°C
Maximaler Vorlauftemperatur:
Mind. 55°C zur Raumheizung mit zusätzlichem elektrischen Heizstab
Mind. 72°C zur WW-Bereitung
Montage / Aufstellung: schallentkoppelt
Nennwärmeleistung 20-35 kW (bei A2W35)
Leistungszahl (COP): mind. 3,4 (bei A2W35)
Maximaler Schallleistungspegel: 65 dB(A)
Maximaler Betriebsdruck: mind. PN 6
Bemessungsbetriebsspannung: 400 V AC
Ausführung gem. nachfolgender Einzelbeschreibung: .....
–€   21.439€ **25.222**€ 29.006€   –€   [St]   ⏱ 6,00 h/St   040.000.076

LB 040 Wärmeversorgungsanlagen - Betriebseinrichtungen

Kosten:
Stand 1.Quartal 2021
Bundesdurchschnitt

▶ min
▷ von
ø Mittel
◁ bis
◀ max

Nr.	Kurztext / Langtext					Kostengruppe	
▶	▷	ø netto €	◁	◀	[Einheit]	Ausf.-Dauer	Positionsnummer

A 9 Brunnenanlage
Beschreibung für Pos. 41-44

Brunnenanlage für Wärmepumpe mit Filterrohren im Bereich des Grundwasserspiegels oder durchlässigen Horizonts und Filterkies, Schacht aus Fertigteilen, mit Sumpf- oder Aufsatzrohr sowie Bodenkappe, Brunnenkopf (Flanschanschluss) mit Durchgang für Pumpensteigrohre, Kabelverbindung, inkl. Einbau von Steigrohren, einschl. Zubehör. Schächte für Saug- und Schluckbrunnen aus Beton-/Stahlbetonfertigteilen, ohne Schachtunterteil, mit Steigeisengang und Abdeckung. Liefern und Montieren der erdverlegten Leitungen DN50 (von den Brunnen bis zum Übergabepunkt Innenkante Gebäude), inkl. aller Form-, Verbindungsteile, Armaturen, Anschlussverschraubungen und Dichtungen. Erdkabel für Brunnenpumpe verlegen und anklemmen, Leistung einschl. Pumpversuch zur Leistungsermittlung, Erstellung einer Wasseranalyse über das Brunnenwasser, mit Gutachten zur Erlangung der wasserrechtlichen Erlaubnis für die thermische Nutzung von Grundwasser. Die Baustelleneinrichtung mit An- und Abtransport des Bohrgerätes sowie Aufstellen / Umsetzen der Bohranlage von Bohrpunkt zu Bohrpunkt auf hindernisfreiem, von LKW befahrbarem Gelände, ist Leistungsbestandteil.

41 Brunnenanlage, WP bis 15kW
KG **421**

Wie Ausführungsbeschreibung A 9
Brunnenbohrung:
Bodenmaterial (Beschreibung der Homogenbereiche nach Unterlagen des AG): .....
Bohrtiefe: 0-15 m
Wärmepumpe: 10-15 kW, mehrstufige Unterwasserpumpe
Nennförderstrom: bis 3,5 m³/h (für GW dT 4K)
Beton-/Stahlbetonfertigteilen: DN1.500
Lichte Schachttiefe: über 1,5 m bis 2,0 m
Ausführung gem. nachfolgender Einzelbeschreibung: .....

–€   9.579€   **11.974**€ 14.608€   –€   [St]   ⏱ 14,00 h/St   040.000.066

42 Brunnenanlage, WP 15-25kW
KG **421**

Wie Ausführungsbeschreibung A 9
Brunnenbohrung:
Bodenmaterial (Beschreibung der Homogenbereiche nach Unterlagen des AG): .....
Bohrtiefe: 0-15 m
Wärmepumpe: 15-25 kW, mehrstufige Unterwasserpumpe
Nennförderstrom: bis 5,5 m³/h (für GW dT 4K)
Beton-/Stahlbetonfertigteilen: DN1.500
Lichte Schachttiefe: über 1,5 m bis 2,0 m
Ausführung gem. nachfolgender Einzelbeschreibung: .....

–€   11.016€   **13.770**€ 16.799€   –€   [St]   ⏱ 17,00 h/St   040.000.077

43 Brunnenanlage, WP 25-35kW
KG **421**

Wie Ausführungsbeschreibung A 9
Brunnenbohrung:
Bodenmaterial (Beschreibung der Homogenbereiche nach Unterlagen des AG): .....
Bohrtiefe: 0-15 m
Wärmepumpe: 25-35 kW, mehrstufige Unterwasserpumpe
Nennförderstrom: bis 7,5 m³/h (für GW dT 4K)
Beton-/Stahlbetonfertigteilen: DN1.500
Lichte Schachttiefe: über 1,5 m bis 2,0 m
Ausführung gem. nachfolgender Einzelbeschreibung: .....

–€   13.171€   **16.464**€ 20.086€   –€   [St]   ⏱ 20,00 h/St   040.000.078

Nr.	Kurztext / Langtext							Kostengruppe
▶	▷	**ø netto €**	◁	◀	[Einheit]	Ausf.-Dauer	Positionsnummer

44 Brunnenanlage, WP 35-50kW — KG **421**

Wie Ausführungsbeschreibung A 9
Brunnenbohrung:
Bodenmaterial (Beschreibung der Homogenbereiche nach Unterlagen des AG): …..
Bohrtiefe: 0-15 m
Wärmepumpe: 35-50 kW, mehrstufige Unterwasserpumpe
Nennförderstrom: bis 11,0 m³/h (für GW dT 4K)
Beton-/Stahlbetonfertigteilen: DN1.500
Lichte Schachttiefe: über 1,5 m bis 2,0 m
Ausführung gem. nachfolgender Einzelbeschreibung: …..

| – € | 23.947 € | **29.934 €** | 36.519 € | – € | [St] | ⏱ 22,00 h/St | 040.000.079 |

45 Erdsondenanlage, Wärmepumpe — KG **421**

Erdsondenanlage mit druckgeprüften Doppel-U- Sonden und Füllung des Ringraums mit Zement-Bentonit-Suspension. Ausführung der Erdwärmesondenbohrung(en) einschl. eventuell notwendiger Verrohrung des Bohrlochs. Leistung inkl. Antrag auf wasserrechtliche Genehmigung einschl. Bohrgenehmigung zur Vorlage bei der zuständigen Behörde und Nebenarbeiten und Versicherungen. Graphische Darstellung der Bohrergebnisse, Ausbauzeichnung. Baustelleneinrichtung mit An- und Abtransport Bohrgerät, Mannschaft und Ausrüstung, Auf- und Abbau des Bohrgeräts je Ansatzpunkt einschl. Umsetzen.
Bohrloch: ca. 160 mm
Doppel-U-Sonden: 32 mm einschl. Fußstück
Durchflussspülung und Befüllung: mit **Wasser / Wasser-Glykol**
Sondentiefe: bis 50 m
Überstand Sonden über Gelände: ca. 1,00 m
Ausführung gem. nachfolgender Einzelbeschreibung: …..

| 53 € | 64 € | **69 €** | 73 € | 84 € | [m] | ⏱ 0,20 h/m | 040.000.067 |

46 Ausdehnungsgefäß, bis 500 Liter — KG **421**

Membran-Druckausdehnungsgefäß mit Abnahmebescheinigung DIN EN 13831 für Heizungswasser.
Zulässiger Betriebsdruck: **3 / 6 / 10** bar
Vordruck Druckausdehnungsgefäß: ….. bar
Nennvolumen Ausdehnungsgefäß: ….. Liter
Werkstoff: Stahl
Aufstellung: stehend
Oberfläche außen: lackiert

| 60 € | 175 € | **207 €** | 399 € | 703 € | [St] | ⏱ 2,50 h/St | 040.000.008 |

47 Ausdehnungsgefäß, über 500 Liter — KG **421**

Membran-Druckausdehnungsgefäß mit Abnahmebescheinigung DIN EN 13831 für Heizungswasser.
Zulässiger Betriebsdruck: **3 / 6 / 10** bar
Vordruck Druckausdehnungsgefäß: ….. bar
Nennvolumen Ausdehnungsgefäß: ….. Liter
Werkstoff: Stahl
Aufstellung: stehend
Oberfläche außen: lackiert

| 854 € | 1.581 € | **1.776 €** | 2.086 € | 3.205 € | [St] | ⏱ 3,00 h/St | 040.000.011 |

LB 040 Wärmeversorgungsanlagen - Betriebseinrichtungen

Kosten:
Stand 1.Quartal 2021
Bundesdurchschnitt

▶ min
▷ von
ø Mittel
◁ bis
◀ max

Nr.	Kurztext / Langtext					Kostengruppe
▶	▷ ø netto € ◁ ◀				[Einheit] Ausf.-Dauer	Positionsnummer

48 Trinkwarmwasserspeicher — KG 421

Speicher-Wassererwärmung für Trinkwasser DIN 4753-7 und DVGW W 551. Mit Einbauheizfläche DIN 4708-2 als Glattrohrwärmetauscher aus geschweißtem nichtrostendem Stahlrohr. Warmwasserdauerleistung bei Erwärmung von 10 auf 60°C und Heizwasser-Vorlauftemperatur von 70°C ...... l/h. Behälter mit Korrosionsschutzeinrichtung, mit Anschlussstutzen für Heizmitteleintritt, Mess- und Regeleinrichtung, Kalt-, Warm- und Zirkulationswasser. Mit Wärmedämmung und Ummantelung, abnehmbar.
Bauart: stehend / liegend
Speicherinhalt: ..... Liter
Leistungskennzahl Nl: ..... [ ]
Maximale Speichertemperatur: 95°C
Zulässiger Druck: **4 / 6 / 10** bar
Maximale Heizwassertemperatur: .....°C
Behälter: Stahl emailliert / Edelstahl
Durchmesser ohne Wärmedämmung: ..... m
Höhe: ..... m
Gewicht: ..... kg

| 980€ | 1.683€ | **2.013€** | 2.808€ | 4.533€ | [St] | ⏱ 5,80 h/St | 040.000.020 |

49 Speicher-Wassererwärmer mit Solar, bis 400 Liter — KG 421

Bivalenter Speicher-Wassererwärmer für Trinkwasser DIN 4753-7 und DVGW W 551, mit zwei innenliegenden Heizflächen DIN 4708-2, mit Einbauheizfläche für Solaraufheizung und weiterer Wärmeerzeuger. Leistung einschl. Anschlüssen für Medien und für Messwertgeber, mit Revisionsöffnung, mit abnehmbarer Wärmedämmung und Ummantelung, mit Anschlussleitungen.
Speicher: Bauart stehend
Material: **nichtrostendem Stahl / Stahl emailliert**
Speicherinhalt: bis 400 Liter
DIN 4708-2 bei Erwärmung von 10 auf 45°C
Leistungskennzahl je Heizfläche mindestens NL 2,5
(nach DIN 4708 bei Speicher-/VL-Temperatur 60/70°C)
Ausführung gem. nachfolgender Einzelbeschreibung: .....

| 2.243€ | 3.042€ | **3.305€** | 3.459€ | 3.953€ | [St] | ⏱ 2,50 h/St | 040.000.068 |

50 Umwälzpumpen, bis 2,50 m³/h — KG 421

Kreiselpumpe als Umwälzpumpe, Ausführung als Nassläufer, für Heizwasser VDI 2035 Blatt 1+2, Wärmedämmschalen.
Leistung: **regelbar / stufenlos regelbar**
Regelgröße: **Druck / Differenzdruck / Temperatur / Signal**
Max. Betriebstemperatur: **90 / 100 / 110**°C
Max. Betriebsdruck: **6 / 10 / 16** bar
Maximale Druckerhöhung: ..... bar
Max. Förderleistung: ..... m³/h
Gewindeanschluss / Flanschanschluss: DN.....
Werkstoff Gehäuse: **Bronze / Gusseisen / Rotguss / Stahl, nichtrostend**
Werkstoff Laufrad: **Bronze / Kunststoff / Stahl, nichtrostend**
Energieeffizienzklasse: **A / B / C**

| 105€ | 256€ | **315€** | 425€ | 608€ | [St] | ⏱ 0,70 h/St | 040.000.009 |

Nr.	Kurztext / Langtext					Kostengruppe		
▶	▷	ø netto €	◁	◀	[Einheit]	Ausf.-Dauer	Positionsnummer	

51 Umwälzpumpen, bis 5,00 m³/h — KG **422**

Kreiselpumpe als Umwälzpumpe, Ausführung als Nassläufer, für Heizwasser VDI 2035 Blatt 1+2, Wärmedämmschalen.
Leistung: **regelbar / stufenlos regelbar**
Regelgröße: **Druck / Differenzdruck / Temperatur / Signal**
Max. Betriebstemperatur: **90 / 100 / 110°C**
Max. Betriebsdruck: **6 / 10 / 16** bar
Maximale Druckerhöhung: ..... bar
Max. Förderleistung: ..... m³/h
Gewindeanschluss / Flanschanschluss: DN.....
Werkstoff Gehäuse: **Bronze / Gusseisen / Rotguss / Stahl, nichtrostend**
Werkstoff Laufrad: **Bronze / Kunststoff / Stahl, nichtrostend**
Energieeffizienzklasse: **A / B / C**

| 295€ | 436€ | **499**€ | 559€ | 667€ | [St] | ⏱ 0,80 h/St | 040.000.012 |

52 Umwälzpumpen, ab 5,00 m³/h — KG **422**

Kreiselpumpe als Umwälzpumpe, Ausführung als Nassläufer, für Heizwasser VDI 2035 Blatt 1+2, Wärmedämmschalen.
Leistung: **regelbar / stufenlos regelbar**
Regelgröße: **Druck / Differenzdruck / Temperatur / Signal**
Max. Betriebstemperatur: **90 / 100 / 110°C**
Max. Betriebsdruck: **6 / 10 / 16** bar
Maximale Druckerhöhung: ..... bar
Max. Förderleistung: ..... m³/h
Gewindeanschluss / Flanschanschluss: DN.....
Werkstoff Gehäuse: **Bronze / Gusseisen / Rotguss / Stahl, nichtrostend**
Werkstoff Laufrad: **Bronze / Kunststoff / Stahl, nichtrostend**
Energieeffizienzklasse: **A / B / C**

| 677€ | 846€ | **969**€ | 1.086€ | 1.656€ | [St] | ⏱ 1,00 h/St | 040.000.013 |

53 Absperrklappen, bis DN25 — KG **422**

Absperrklappe als Zwischenflanscharmatur, für Betrieb mit Heizungswasser, inkl. zwei Gegenflanschen.
Heizungswasser: **bis 120°C / über 120°C**
Gehäuse: **Grauguss / Bronze / .....**
Nenndruck PN: **6 / 10 / 16** bar
Nenndurchmesser Rohr: bis DN25
Betätigung: über **Handhebel / Rasterhebel**
Baulänge: .....

| 60€ | 94€ | **101**€ | 115€ | 125€ | [St] | ⏱ 0,35 h/St | 040.000.049 |

54 Absperrklappen, DN32 — KG **422**

Absperrklappe als Zwischenflanscharmatur, für Betrieb mit Heizungswasser, inkl. zwei Gegenflanschen.
Heizungswasser: **bis 120°C / über 120°C**
Gehäuse: **Grauguss / Bronze / .....**
Nenndruck PN: **6 / 10 / 16** bar
Nenndurchmesser Rohr: DN32
Betätigung: über **Handhebel / Rasterhebel**
Baulänge: .....

| 68€ | 94€ | **115**€ | 134€ | 160€ | [St] | ⏱ 0,38 h/St | 040.000.014 |

LB 040 Wärmeversorgungsanlagen - Betriebseinrichtungen

Kosten:
Stand 1.Quartal 2021
Bundesdurchschnitt

▶ min
▷ von
ø Mittel
◁ bis
◀ max

Nr.	Kurztext / Langtext				[Einheit]	Ausf.-Dauer	Kostengruppe Positionsnummer
▶	▷	ø netto €	◁	◀			

55 Absperrklappen, DN65 KG **422**

Absperrklappe als Zwischenflanscharmatur, für Betrieb mit Heizungswasser, inkl. zwei Gegenflanschen.
Heizungswasser: **bis 120**°C / **über 120**°C
Gehäuse: **Grauguss / Bronze / .....**
Nenndruck PN: **6 / 10 / 16** bar
Nenndurchmesser Rohr: DN65
Betätigung: über **Handhebel / Rasterhebel**
Baulänge: .....

| 97€ | 128€ | **166**€ | 186€ | 218€ | [St] | ⏱ 0,50 h/St | 040.000.017 |

56 Absperrklappen, DN125 KG **422**

Absperrklappe als Zwischenflanscharmatur, für Betrieb mit Heizungswasser, inklusive zwei Gegenflanschen.
Heizungswasser: **bis 120**°C / **über 120**°C
Gehäuse: **Grauguss / Bronze / .....**
Nenndruck PN: **6 / 10 / 16** bar
Nenndurchmesser Rohr: DN125
Betätigung: über **Handhebel / Rasterhebel**
Baulänge: .....

| 139€ | 319€ | **345**€ | 497€ | 677€ | [St] | ⏱ 0,80 h/St | 040.000.019 |

57 Rückschlagventil, DN65 KG **422**

Rückschlagventil in Zwischenflanschausführung mit Spezialzentrierung, zum Einbau zwischen Rohrleitungsflanschen, inklusive Gegenflanschen, entsprechend langen Schrauben und Dichtungen.
Nennweite: DN65
Nenndruck: PN 6

| 59€ | 94€ | **114**€ | 142€ | 181€ | [St] | ⏱ 0,40 h/St | 040.000.021 |

58 Dreiwegeventil, DN40 KG **421**

Dreiwege-Mischventil mit Verschraubung, Kennlinie A-AB gleichprozentig, B-AB linear. Für Heizungsverteilungen inkl. elektrischem Stellantrieb für 3-Punkt oder Auf-Zu-Regelung sowie Verschraubungen und Dichtungen.
Material Gehäuse: Grauguss
Nenndruck: PN 16
Nennweite: DN40
Max. Vorlauftemperatur: 95°C
kvs-Wert: 25 m³/h
Spannung: 230 V, 50 Hz

| 141€ | 306€ | **439**€ | 542€ | 707€ | [St] | ⏱ 0,90 h/St | 040.000.022 |

Nr.	**Kurztext** / Langtext							Kostengruppe
▶	▷	**ø netto €**	◁	◀	[Einheit]	Ausf.-Dauer	Positionsnummer	

59   Heizungsverteiler, Wandmontage, 3 Heizkreise   KG **421**

Heizungsverteiler als kombinierter Vor- und Rücklaufverteiler. Abgangsstutzen Vor- und Rücklauf nebeneinander, als Rohrstutzen, mit Vorschweißflansch. Für Abgänge DN25-DN100 mit Stutzenabstand 350 mm, bei größeren Dimensionen 400mm. Flanschstutzen DN25-DN100 sind auf gleiche Spindelhöhe, für Armaturen entsprechend den Baulängenreihen F1, F4, oder K1, abgestimmt. Entleerungsmuffen DN15 für Vor- und Rücklaufbalken. Verteiler werkseitig druckgeprüft und grundiert. Heizkreisverteiler für 3 Heizkreise (1 Anschluss Wärmeerzeuger Vor-/Rücklauf, 2 Anschlüsse für Heizkreise (DN25-DN100). Inkl. Wärmedämmschalen für Verteiler entsprechend Heizungsanlagenverordnung.
Material: Stahl
Vorschweißflansch: **PN 6 / PN 10 / PN 16**

| –€ | 179€ | **204**€ | 228€ | –€ | [St] | ⏱ 0,75 h/St | 040.000.050 |

60   Heizungsverteiler, Wandmontage, 5 Heizkreise   KG **421**

Heizungsverteiler als kombinierter Vor- und Rücklaufverteiler. Abgangsstutzen Vor- und Rücklauf nebeneinander, als Rohrstutzen, mit Vorschweißflansch. Für Abgänge DN25-DN100 mit Stutzenabstand 350mm, bei größeren Dimensionen 400mm. Flanschstutzen DN25-DN100 sind auf gleiche Spindelhöhe, für Armaturen entsprechend den Baulängenreihen F1, F4, oder K1, abgestimmt. Entleerungsmuffen DN15 für Vor- und Rücklaufbalken. Verteiler werkseitig druckgeprüft und grundiert. Heizkreisverteiler für 5 Heizkreise (1 Anschluss Wärmeerzeuger Vor-/Rücklauf, 2 Anschlüsse für Heizkreise (DN25-DN100). Inkl. Wärmedämmschalen für Verteiler entsprechend Heizungsanlagenverordnung.
Material: Stahl
Vorschweißflansch: **PN 6 / PN 10 / PN 16**

| –€ | 292€ | **324**€ | 386€ | –€ | [St] | ⏱ 0,90 h/St | 040.000.051 |

61   Füllset, Heizung   KG **421**

Manuelle Heizungsfüll-/-nachfüllstation mit flexibler Schlauchanbindung zum Befüllen von Warmwasser-Heizungsanlagen DIN 12828. Bestehend aus Absperrarmatur mit Systemtrenner, einem Wandschlauchhalter, 5 m Wasserschlauch 1/2" für maximal 12 bar Betriebsdruck, zwei halben Schlauchverschraubungen 1/2" aus Messing, inklusive Befestigungselementen für Wandbefestigung.
Temperaturbereich: bis 40°C (Füllwasser)

| 13€ | 20€ | **21**€ | 25€ | 31€ | [St] | ⏱ 0,10 h/St | 040.000.052 |

LB 041 Wärmeversorgungsanlagen - Leitungen, Armaturen, Heizflächen

Preise €

Kosten: Stand 1.Quartal 2021, Bundesdurchschnitt

Legende:
- ▶ min
- ▷ von
- ø Mittel
- ◁ bis
- ◀ max

Nr.	Positionen	Einheit	▶	▷ ø brutto € / ø netto €		◁	◀
1	Strangregulierventil, Guss, DN15	St	19 / 16	34 / 28	**43** / **37**	53 / 45	61 / 52
2	Überströmventil, Guss, DN15	St	42 / 35	67 / 57	**85** / **72**	95 / 80	138 / 116
3	Schmutzfänger, Guss, DN40	St	51 / 43	67 / 56	**77** / **65**	77 / 65	97 / 82
4	Schnellentlüfter, DN10 (Schwimmerentlüfter)	St	9 / 8	25 / 21	**31** / **26**	45 / 38	99 / 83
5	Zeigerthermometer, Bimetall	St	11 / 9	19 / 16	**22** / **19**	42 / 35	67 / 56
6	Manometer, Rohrfeder	St	24 / 20	47 / 39	**63** / **53**	99 / 83	213 / 179
7	Absperrventil, Guss, DN15	St	24 / 20	40 / 34	**48** / **40**	58 / 49	85 / 72
8	Absperrventil, Guss, DN20	St	40 / 34	56 / 47	**61** / **51**	70 / 59	93 / 78
9	Absperrventil, Guss, DN32	St	50 / 42	93 / 78	**109** / **92**	146 / 123	221 / 186
10	Absperrventil, Guss, DN65	St	165 / 139	218 / 183	**219** / **184**	242 / 203	298 / 250
11	Badheizkörper, Stahl beschichtet	St	279 / 235	556 / 467	**657** / **552**	778 / 653	1.410 / 1.185
12	Rohrleitung, Kupfer, DN15	m	11 / 9,0	15 / 13	**17** / **14**	20 / 17	26 / 22
13	Rohrleitung, Kupfer, DN20	m	13 / 11	18 / 15	**21** / **17**	22 / 19	31 / 26
14	Rohrleitung, Kupfer, DN25	m	20 / 17	24 / 20	**26** / **22**	30 / 25	37 / 31
15	Rohrleitung, C-Stahlrohr, DN15	m	13 / 11	17 / 14	**18** / **15**	20 / 16	22 / 19
16	Rohrleitung, C-Stahlrohr, DN25	m	22 / 18	25 / 21	**27** / **22**	29 / 24	32 / 27
17	Rohrleitung, C-Stahlrohr, DN50	m	29 / 24	48 / 40	**58** / **48**	64 / 54	82 / 69
18	Rohrleitung, C-Stahlrohr, Bogen, DN50	St	– / –	127 / 107	**159** / **134**	191 / 160	– / –
19	Rohrleitung, Stahlrohr, DN65	m	31 / 26	38 / 32	**40** / **34**	45 / 38	59 / 49
20	Rohrleitung, Stahlrohr, DN100	m	– / –	53 / 44	**64** / **54**	75 / 63	– / –
21	Rohrleitung, Stahlrohr, DN150	m	– / –	70 / 59	**77** / **65**	85 / 71	– / –
22	Rohrleitung, PE-X 17mm, Fußbodenheizung	m	7,3 / 6,2	9,4 / 7,9	**10** / **8,5**	11 / 9,4	13 / 11
23	Rohrleitung, PE-X 25mm, Fußbodenheizung	m	14 / 12	16 / 13	**17** / **14**	17 / 15	20 / 17
24	Rohrleitung, Verbundrohr, 16mm, Fußbodenheizung	m	19 / 16	21 / 18	**22** / **18**	22 / 19	24 / 20

© BKI Baukosteninformationszentrum; Erläuterungen zu den Tabellen siehe Seite 44

Kostenstand: 1.Quartal 2021, Bundesdurchschnitt

Wärmeversorgungsanlagen - Leitungen, Armaturen, Heizflächen — Preise €

Nr.	Positionen	Einheit	▶	▷ ø brutto € ø netto €	◁	◀
25	Röhrenheizkörper, Stahl, h=500	St	–	12 10	**13** **11**	15 13	–
26	Röhrenheizkörper, Stahl, h=900	St	–	14 12	**20** **17**	25 21	–
27	Röhrenheizkörper, Stahl, h=1800	St	–	25 21	**28** **24**	33 28	–
28	Kompaktheizkörper, Stahl, H=500, L=bis 700, Typ 11	St	134 113	154 130	**168** **141**	188 158	218 183
29	Kompaktheizkörper, Stahl, H=500, L=bis 700, Typ 22	St	150 126	172 145	**187** **157**	210 176	244 205
30	Kompaktheizkörper, Stahl, H=500, L=bis 1.400, Typ 11	St	251 211	289 243	**314** **264**	345 290	383 322
31	Kompaktheizkörper, Stahl, H=500, L=bis 1.400, Typ 22	St	269 226	309 260	**336** **282**	376 316	436 367
32	Kompaktheizkörper, Stahl, H=500, L=bis 1.400, Typ 33	St	370 311	426 358	**463** **389**	518 435	602 505
33	Kompaktheizkörper, Stahl, H=500, L=bis 2.100, Typ 11	St	344 289	396 333	**431** **362**	482 405	560 470
34	Kompaktheizkörper, Stahl, H=500, L=bis 2.100, Typ 22	St	385 324	443 372	**482** **405**	539 453	626 526
35	Kompaktheizkörper, Stahl, H=500, L=bis 2.100, Typ 33	St	502 422	577 485	**628** **527**	678 570	753 633
36	Kompaktheizkörper, Stahl, H=600, L=bis 700, Typ 11	St	154 130	177 149	**193** **162**	216 181	250 210
37	Kompaktheizkörper, Stahl, H=600, L=bis 700, Typ 22	St	173 145	199 167	**216** **182**	242 203	281 236
38	Kompaktheizkörper, Stahl, H=600, L=bis 700, Typ 33	St	231 194	266 223	**289** **243**	324 272	376 316
39	Kompaktheizkörper, Stahl, H=600, L=bis 2.100, Typ 11	St	356 299	410 344	**445** **374**	499 419	579 486
40	Kompaktheizkörper, Stahl, H=600, L=bis 2.100, Typ 22	St	399 336	459 386	**499** **419**	559 470	649 545
41	Kompaktheizkörper, Stahl, H=600, L=bis 2.100, Typ 33	St	520 437	598 502	**650** **546**	701 589	779 655
42	Kompaktheizkörper, Stahl, H=900, L=bis 700, Typ 11	St	203 171	234 196	**254** **213**	284 239	330 277
43	Kompaktheizkörper, Stahl, H=900, L=bis 700, Typ 22	St	227 190	261 219	**283** **238**	317 267	368 309
44	Kompaktheizkörper, Stahl, H=900, L=bis 700, Typ 33	St	311 261	357 300	**388** **326**	435 365	505 424
45	Kompaktheizkörper, Stahl, H=900, L=bis 2.100, Typ 11	St	480 403	552 464	**600** **504**	672 565	780 655
46	Kompaktheizkörper, Stahl, H=900, L=bis 2.100, Typ 22	St	520 437	598 502	**650** **546**	727 611	844 710
47	Kompaktheizkörper, Stahl, H=900, L=bis 2.100, Typ 33	St	654 550	752 632	**817** **687**	883 742	956 804
48	Radiavektoren, Profilrohre, H=140, L=bis 700	St	390 327	552 464	**598** **503**	708 595	781 656

© **BKI** Baukosteninformationszentrum; Erläuterungen zu den Tabellen siehe Seite 44   Kostenstand: 1.Quartal 2021, Bundesdurchschnitt

LB 041 Wärmeversorgungsanlagen - Leitungen, Armaturen, Heizflächen

Wärmeversorgungsanlagen - Leitungen, Armaturen, Heizflächen — Preise €

Kosten: Stand 1.Quartal 2021, Bundesdurchschnitt

Legende:
- ▶ min
- ▷ von
- ø Mittel
- ◁ bis
- ◀ max

Nr.	Positionen	Einheit	▶ min	▷ von	ø Mittel	◁ bis	◀ max
49	Radiavektoren, Profilrohre, H=140, L=bis 2.100	St	628 / 528	974 / 819	**993** / **834**	1.203 / 1.011	1.549 / 1.302
50	Radiavektoren, Profilrohre, H=210, L=bis 700	St	399 / 336	556 / 467	**618** / **519**	756 / 635	977 / 821
51	Radiavektoren, Profilrohre, H=210, L=bis 2.100	St	804 / 676	1.211 / 1.018	**1.328** / **1.116**	1.489 / 1.251	1.886 / 1.585
52	Radiavektoren, Profilrohre, H=280, L=bis 700	St	405 / 340	628 / 528	**718** / **603**	869 / 730	1.130 / 950
53	Radiavektoren, Profilrohre, H=280, L=bis 1.400	St	529 / 444	908 / 763	**1.062** / **893**	1.311 / 1.102	1.691 / 1.421
54	Thermostatventil, Guss, DN15	St	12 / 10	18 / 15	**22** / **18**	26 / 22	32 / 27
55	Heizkörperverschraubung, DN15	St	11 / 9	21 / 17	**25** / **21**	53 / 45	81 / 68
56	Heizkörper ausbauen/wiedermontieren	St	27 / 23	43 / 36	**53** / **45**	70 / 59	137 / 115
57	Kappenventil, Ausdehnungsgefäß, DN20	St	– / –	27 / 23	**33** / **28**	41 / 35	– / –
58	Muffenkugelhahn, Guss, DN15	St	7 / 6	19 / 16	**24** / **20**	31 / 26	45 / 38
59	Membran-Sicherheitsventil, Guss	St	9 / 8	16 / 14	**21** / **17**	28 / 23	32 / 27
60	Verteiler Heizungswasser	St	215 / 181	321 / 270	**370** / **311**	436 / 366	563 / 473
61	Heizkreisverteiler, Fußbodenheizung, 5 Heizkreise	St	254 / 213	320 / 269	**355** / **298**	397 / 333	501 / 421
62	Verteilerschrank, Fußbodenheizung, Unterputz	St	– / –	482 / 405	**539** / **453**	577 / 484	– / –
63	Verteilerschrank, Fußbodenheizung, Aufputz	St	– / –	466 / 391	**495** / **416**	525 / 442	– / –
64	Umlenkungsbogen, Heizleitung	St	2 / 2	3 / 3	**4** / **3**	4 / 3	5 / 4
65	Tacker/EPS-Systemträger, Fußbodenheizung	m²	7 / 6	8 / 7	**9** / **8**	11 / 9	12 / 10
66	Noppen/EPS-Systemträger, Fußbodenheizung	m²	8 / 7	10 / 8	**10** / **9**	11 / 9	13 / 11
67	Noppen-Systemträger, Dämmung, Fußbodenheizung	m²	13 / 11	18 / 15	**18** / **16**	22 / 18	27 / 22
68	Noppen-Systemträger, Fußbodenheizung	m²	11 / 10	14 / 11	**15** / **12**	17 / 14	20 / 16
69	Fußbodenheizung, Typ A, Träger/PE-X Rohr, 100	m²	27 / 23	29 / 24	**30** / **25**	32 / 27	35 / 30
70	Fußbodenheizung, Typ A, Träger/PE-X Rohr, 200	m²	– / –	22 / 19	**23** / **20**	25 / 21	– / –
71	Anbindeleitung, PE-X 17mm, Fußbodenheizung	m	3 / 2	4 / 3	**4** / **3**	5 / 4	6 / 5
72	Schutzummantelung, Fußbodenheizrohr	St	0,9 / 0,7	2,3 / 1,9	**2,6** / **2,2**	2,9 / 2,4	4,8 / 4,0

Pro Zelle: obere Zahl = ø brutto €, untere Zahl = ø netto €

Wärmeversorgungsanlagen - Leitungen, Armaturen, Heizflächen — Preise €

Nr.	Positionen	Einheit	▶	▷ ø brutto € ø netto €	◁	◀
73	Ummantelung, Anbindeleitung	m	1 1	2 2	**3** **2**	4 3	5 4
74	Funktionsheizen, Fußbodenheizung	m²	0,1 0,1	0,3 0,3	**0,4** **0,4**	0,9 0,8	4,1 3,5
75	Belegreifheizen, Fußbodenheizung	m²	0,1 0,1	0,2 0,2	**0,4** **0,4**	0,6 0,5	2,9 2,5
76	Einregulierung/Inbetriebnahme, Fußbodenheizung	psch	89 75	324 272	**887** **746**	2.358 1.982	4.048 3.402
77	Messung, Feuchte, Fußbodenheizung	St	– –	46 38	**57** **48**	70 59	– –

Nr.	Kurztext / Langtext					Kostengruppe
▶	▷ ø netto € ◁	◀		[Einheit]	Ausf.-Dauer	Positionsnummer

1 Strangregulierventil, Guss, DN15 — KG **421**
Strangregulierventil als Durchgangsventil in Schrägsitzausführung. Stufenlose Voreinstellung über Handrad. Ablesbarkeit der Voreinstellung unabhängig von der Handradstellung. Alle Funktionselemente auf der Handradseite. Montage im Vor- und Rücklauf möglich. Ventilgehäuse und Kopfstück, Spindel und Ventilkegel aus entzinkungsbeständigem Messing (Ms-EZB) / Rotguss, Kegel mit Dichtung aus PTFE, wartungsfreie Spindelabdichtung durch doppelten O-Ring. Messventil und Füll- und Entleerkugelhahn anschließ- und austauschbar. Inklusive Verschraubung beidseitig.
Strangregulierventil: **PN 6 / 10 / 16** bar
Ventilgehäuse und Kopfstück aus: **Rotguss / Grauguss**
Betriebstemperatur **120**°C **/ 150**°C
Nennweite: DN15
Anschlussgewinde: Rp 1/2 IG

16€   28€   **37**€   45€   52€   [St]   ⏱ 0,20 h/St   041.000.009

2 Überströmventil, Guss, DN15 — KG **421**
Differenzdruck-Überströmventil mit Federhaube aus Kunststoff, Membrane aus EPDM, einschl. Anzeigenhülse, inkl. beidseitiger Verschraubung.
Ausführung: **Eckausführung / gerade Ausführung**
Material: **Messing / Rotguss / Grauguss** mit eingebauter Differenzdruck-Anzeige
Differenzdruck: zwischen 0,05 und 0,5 bar
Betriebstemperatur: **110**°C **/ 120**°C **/ 150**°C
Betriebsdruck: max. **3 / 6 / 10** bar
Nennweite: DN15
Anschlussgewinde Rp 1/2 IG

35€   57€   **72**€   80€   116€   [St]   ⏱ 0,35 h/St   041.000.010

LB 041
Wärmeversorgungs-anlagen - Leitungen, Armaturen, Heizflächen

Kosten:
Stand 1.Quartal 2021
Bundesdurchschnitt

▶ min
▷ von
ø Mittel
◁ bis
◀ max

Nr.	Kurztext / Langtext				[Einheit]	Ausf.-Dauer	Kostengruppe Positionsnummer
▶	▷	ø netto €	◁	◀			

3 Schmutzfänger, Guss, DN40 KG **421**
Schmutzfänger, mit **einfachem / doppeltem** Sieb, aus Niro-Stahldrahtgeflecht.
Betriebsdruck: PN **6 / 10 / 16**
Gehäuse: Grauguss
Betriebstemperatur: **110**°C / **120**°C / **150**°C
Nennweite: DN40
Anschlussgewinde: Rp 1 1/2 IG

| 43€ | 56€ | **65**€ | 65€ | 82€ | [St] | ⏱ 0,30 h/St | 041.000.011 |

4 Schnellentlüfter, DN10 (Schwimmerentlüfter) KG **421**
Schwimmerentlüfter zur permanenten, automatischen Entlüftung von Heizungsanlagen.
Anschlussgewinde: Rp 3/8 IG
Material Gehäuse: **Messing / Grauguss**
Material Schwimmer: Kunststoff
Betriebstemperatur: 115°C
Betriebsdruck PN: **6 / 10 / 16** bar

| 8€ | 21€ | **26**€ | 38€ | 83€ | [St] | ⏱ 0,10 h/St | 041.000.012 |

5 Zeigerthermometer, Bimetall KG **421**
Zeigerthermometer DIN EN 13190, Tauchrohr radial, aus nichtrostendem Stahl, inklusive Tauchhülse, eingeschweißt in Medienrohr.
Messelement: Bimetall
Tauchrohr-Einbaulänge: **63 / 80 / 100 / 160** mm
Tauchrohrdurchmesser: **6 / 8 / 10** mm
Gehäuse: **Aluminium / Edelstahl**
Übersteckring: **Messing / Edelstahl**, poliert
Gehäusedurchmesser: **63 / 80 / 100 / 160** mm
Anzeigebereich: **-40 / 0**°C bis **60 / 100 / 160**°C
Zifferblatt: Aluminium, weiß, Skalenaufdruck schwarz
Instrumentenglas Schutzart: IP65
Messgenauigkeit: Klasse 1

| 9€ | 16€ | **19**€ | 35€ | 56€ | [St] | ⏱ 0,05 h/St | 041.000.013 |

6 Manometer, Rohrfeder KG **421**
Manometer, als Rohrfedermanometer mit verstellbarer Markierung, Rohrfeder aus nichtrostendem Stahl.
Anschlusszapfen: R 1/4, radial nach unten
Anschluss: **hinten / seitlich**
Gehäusedurchmesser: 63 / 80 / 100 / 160 mm
Gehäuse: **Messing / nichtrostender Stahl**
Anzeigebereich: bis **3 / 6 / 10 / 16 / 25** bar
Nenndruck: PN **6 / 10 / 16 / 25** bar
Messgenauigkeit: 1,6% vom Skalenendwert

| 20€ | 39€ | **53**€ | 83€ | 179€ | [St] | ⏱ 0,05 h/St | 041.000.014 |

Nr.	Kurztext / Langtext							Kostengruppe
▶	▷	ø netto €	◁	◀	[Einheit]	Ausf.-Dauer	Positionsnummer

A 1   Absperrventil, Guss   Beschreibung für Pos. **7-10**

Absperrventil als Durchgangsventil in Schrägsitzausführung, mit Entleerung. Spindel und Ventilkegel aus entzinkungsbeständigem Messing (Ms-EZB), Kegel mit Dichtung aus PTFE, wartungsfreie Spindelabdichtung durch doppelten O-Ring, inklusive beidseitiger Verschraubung, zwei Gegenflanschen mit Schrauben, Pressverbindung inklusive Pressfittinge.

7   Absperrventil, Guss, DN15   KG **422**
Wie Ausführungsbeschreibung A 1
Betriebsdruck PN: **6 / 10 / 16** bar
Gehäuse und Kopfstück: **Rotguss / Grauguss**
Betriebstemperatur: **120**°C **/ 150**°C
Nennweite: DN15
Anschluss: Rp 1/2 IG x Rp 1/2 IG

| 20€ | 34€ | **40€** | 49€ | 72€ | [St] | ⏱ 0,30 h/St | 041.000.033 |

8   Absperrventil, Guss, DN20   KG **422**
Wie Ausführungsbeschreibung A 1
Betriebsdruck PN: **6 / 10 / 16** bar
Gehäuse und Kopfstück: **Rotguss / Grauguss**
Betriebstemperatur: **120**°C **/ 150**°C
Nennweite: DN20
Anschluss: Rp 3/4 IG x Rp 3/4 IG

| 34€ | 47€ | **51€** | 59€ | 78€ | [St] | ⏱ 0,32 h/St | 041.000.034 |

9   Absperrventil, Guss, DN32   KG **422**
Wie Ausführungsbeschreibung A 1
Betriebsdruck PN: **6 / 10 / 16** bar
Gehäuse und Kopfstück: **Rotguss / Grauguss**
Betriebstemperatur: **120**°C **/ 150**°C
Nennweite: DN32
Anschluss: Rp 1 1/4 IG x Rp 1 1/4 IG

| 42€ | 78€ | **92€** | 123€ | 186€ | [St] | ⏱ 0,40 h/St | 041.000.036 |

10   Absperrventil, Guss, DN65   KG **422**
Wie Ausführungsbeschreibung A 1
Betriebsdruck PN: **6 / 10 / 16** bar
Gehäuse und Kopfstück: **Rotguss / Grauguss**
Betriebstemperatur: **120**°C **/ 150**°C
Nennweite: DN65
Anschluss: Rp 2 1/2 IG x Rp 2 1/2 IG

| 139€ | 183€ | **184€** | 203€ | 250€ | [St] | ⏱ 0,60 h/St | 041.000.039 |

040
041
042
044
045
047
053
054
058
061
069
075

LB 041
Wärmeversorgungsanlagen - Leitungen, Armaturen, Heizflächen

Kosten:
Stand 1.Quartal 2021
Bundesdurchschnitt

▶ min
▷ von
ø Mittel
◁ bis
◀ max

Nr.	Kurztext / Langtext				Kostengruppe		
▶	▷ ø **netto €** ◁ ◀				[Einheit]	Ausf.-Dauer	Positionsnummer

11 Badheizkörper, Stahl beschichtet — KG **423**

Bad-/ Handtuchheizkörper mit Thermostat und elektrischem Heizeinsatz. Rohre horizontal, gerade, mit integrierter 2-Rohr Armatur und Anschlussverschraubung, inkl. elektr. Raumtemperaturregelung, Elektroheizpatrone mit Trockenlaufschutz, einschl. Montage und Anschluss.
Material: Stahl
Beschichtung DIN 55900-2: Pulverbeschichtung
Farbe: **weiß / Sonderfarbton**
Maximale Betriebstemperatur: **90 / 120**°C
Maximaler Betriebsdruck PN: **6 / 10** bar
Höhe: 1800 mm
Breite: 600 mm
Tiefe: 40 mm
Heizleistung DIN EN 442-2: 800 W
Elektrische Heizpatrone 230 V / 50 Hz: 600 W
Schutzart: IP 3X DIN EN 60529 (VDE 0470-1)

235€   467€   **552€**   653€   1.185€   [St]   ⏱ 1,80 h/St   041.000.015

A 2 Rohrleitung, Kupfer — Beschreibung für Pos. **12-14**

Rohrleitung aus nahtlosem Kupferrohr DIN EN 1057, für Heizungswasser, Form- und Verbindungsstücke werden gesondert vergütet, inkl. Rohrbefestigung, Schweiß-, Löt-, Dichtungsmittel und Herstellen der Verbindungen.

12 Rohrleitung, Kupfer, DN15 — KG **422**
Wie Ausführungsbeschreibung A 2
Außendurchmesser: 18 mm
Rohrstärke: 1 mm

9€   13€   **14€**   17€   22€   [m]   ⏱ 0,15 h/m   041.000.110

13 Rohrleitung, Kupfer, DN20 — KG **422**
Wie Ausführungsbeschreibung A 2
Außendurchmesser: 22 mm
Rohrstärke: 1 mm

11€   15€   **17€**   19€   26€   [m]   ⏱ 0,17 h/m   041.000.111

14 Rohrleitung, Kupfer, DN25 — KG **422**
Wie Ausführungsbeschreibung A 2
Außendurchmesser: 28 mm
Rohrstärke: 1 mm

17€   20€   **22€**   25€   31€   [m]   ⏱ 0,20 h/m   041.000.112

Nr.	Kurztext / Langtext					Kostengruppe	
▶	▷	ø netto €	◁	◀	[Einheit]	Ausf.-Dauer	Positionsnummer

A 3   Rohrleitung, C-Stahlrohr — Beschreibung für Pos. **15-17**

Rohrleitung in Stangen, geschweißte Ausführung, DIN EN 10305-3, Rohre außen grundiert mit Kunststoffmantel aus Polypropylen, inkl. Fittings, Materialwechsel bei Armaturen etc. bis DN50, falls nicht separat aufgeführt.

15   Rohrleitung, C-Stahlrohr, DN15 — KG **422**
Wie Ausführungsbeschreibung A 3
Präzisionsstahlrohr: .....
Werkstoff: .....
Farbe: ..... / **cremeweiß RAL 9001**
Außendurchmesser: 18 mm

| 11€ | 14€ | **15**€ | 16€ | 19€ | [m] | ⏱ 0,18 h/m | 041.000.001 |

16   Rohrleitung, C-Stahlrohr, DN25 — KG **422**
Wie Ausführungsbeschreibung A 3
Präzisionsstahlrohr: .....
Werkstoff: .....
Farbe: ..... / **cremeweiß RAL 9001**
Außendurchmesser: 28 mm

| 18€ | 21€ | **22**€ | 24€ | 27€ | [m] | ⏱ 0,25 h/m | 041.000.018 |

17   Rohrleitung, C-Stahlrohr, DN50 — KG **422**
Wie Ausführungsbeschreibung A 3
Präzisionsstahlrohr: .....
Werkstoff: .....
Farbe: ..... / **cremeweiß RAL 9001**
Außendurchmesser: 54 mm

| 24€ | 40€ | **48**€ | 54€ | 69€ | [m] | ⏱ 0,36 h/m | 041.000.021 |

18   Rohrleitung, C-Stahlrohr, Bogen, DN50 — KG **422**
Form- und Verbindungsstücke als Bogen 90°, für Rohrleitung in geschweißter Ausführung.
Rohrleitung: Präzisionsstahlrohr DIN EN 10305-3
Werkstoff: .....
Außendurchmesser: 54 mm

| –€ | 107€ | **134**€ | 160€ | –€ | [St] | ⏱ 0,40 h/St | 041.000.002 |

A 4   Rohrleitung, Stahlrohr — Beschreibung für Pos. **19-21**

Rohrleitung aus nahtlosem Stahlrohr, für Heizungswasser, Form- und Verbindungsstücke werden gesondert vergütet, inkl. Rohrbefestigung.

19   Rohrleitung, Stahlrohr, DN65 — KG **422**
Wie Ausführungsbeschreibung A 4
Rohrleitung: Stahlrohr DIN EN 10216-1, Maße DIN EN 10220
Oberfläche: schwarz
Außendurchmesser: 76,1 mm
Verlegung: bis **3,50 / 5,00 / 7,00** m über **Gelände / Fußboden**

| 26€ | 32€ | **34**€ | 38€ | 49€ | [m] | ⏱ 0,40 h/m | 041.000.022 |

LB 041 Wärmeversorgungsanlagen - Leitungen, Armaturen, Heizflächen

Kosten: Stand 1.Quartal 2021 Bundesdurchschnitt

Nr.	Kurztext / Langtext	▷ ø netto € ◁ ◀	[Einheit]	Ausf.-Dauer	Kostengruppe Positionsnummer
20	**Rohrleitung, Stahlrohr, DN100**				KG **422**
	Wie Ausführungsbeschreibung A 4				
	Rohrleitung: Stahlrohr DIN EN 10216-1, Maße DIN EN 10220				
	Oberfläche: schwarz				
	Außendurchmesser: 108 mm				
	Verlegung: bis **3,50 / 5,00 / 7,00** m **über Gelände / Fußboden**				
	–€ 44€ **54€** 63€ –€		[m]	0,48 h/m	041.000.024
21	**Rohrleitung, Stahlrohr, DN150**				KG **422**
	Wie Ausführungsbeschreibung A 4				
	Rohrleitung: Stahlrohr DIN EN 10216-1, Maße DIN EN 10220				
	Oberfläche: schwarz				
	Außendurchmesser: 168,3 mm				
	Verlegung: bis **3,50 / 5,00 / 7,00** m über **Gelände / Fußboden**				
	–€ 59€ **65€** 71€ –€		[m]	0,55 h/m	041.000.025
A 5	**Rohrleitung, PE-X-Rohr, Fußbodenheizung**			Beschreibung für Pos. **22-23**	
	Rohrleitung der Fußbodenheizung DIN EN 1264-1, für Verlegesystem Typ A (Verlegung im Estrich), mit Rohr aus Polyethylen PE-X DIN EN ISO 15875-1 und DIN EN ISO 15875-2, sauerstoffdicht DIN 4726.				
	Vorlauftemperatur: .....°C				
	Norm-Innentemperatur: .....°C				
22	**Rohrleitung, PE-X 17mm, Fußbodenheizung**				KG **422**
	Wie Ausführungsbeschreibung A 5				
	Außendurchmesser: 17 mm				
	Verlegeabstand: ..... mm				
	6€ 8€ **8€** 9€ 11€		[m]	0,14 h/m	041.000.068
23	**Rohrleitung, PE-X 25mm, Fußbodenheizung**				KG **422**
	Wie Ausführungsbeschreibung A 5				
	Außendurchmesser: 25 mm				
	Verlegeabstand: ..... mm				
	12€ 13€ **14€** 15€ 17€		[m]	0,14 h/m	041.000.070
A 6	**Rohrleitung, Mehrschichtrohr, Fußbodenheizung**			Beschreibung für Pos. **24-24**	
	Heizleitung der Fußbodenheizung DIN EN 1264-1, für Verlegesystem Typ A (Verlegung im Estrich), mit Rohr aus Mehrschichtverbundwerkstoff (PE, Aluminium, PE) DIN 16836, sauerstoffdicht DIN 4726.				
	Vorlauftemperatur: .....°C				
	Norm-Innentemperatur: .....°C				
24	**Rohrleitung, Verbundrohr, 16mm, Fußbodenheizung**				KG **422**
	Wie Ausführungsbeschreibung A 6				
	Außendurchmesser: 16 mm				
	Verlegeabstand: 100 mm				
	16€ 18€ **18€** 19€ 20€		[m]	0,14 h/m	041.000.071

▶ min
▷ von
ø Mittel
◁ bis
◀ max

Nr.	Kurztext / Langtext					Kostengruppe		
▶	▷	ø **netto €**	◁	◀	[Einheit]	Ausf.-Dauer	Positionsnummer	

A 7   Röhrenheizkörper, Stahl   Beschreibung für Pos. **25-27**

Röhrenheizkörper als Mehrsäuler in Gliederbauweise mit vertikalen Präzisionsrundrohren und Kopfstück vollständig verschweißt. Wärmeleistung geprüft DIN EN 442-2. Lieferung montagefertig mit 2 bis 4 stirnseitigen Anschlüssen für Vorlauf, Rücklauf, Entlüftung und Entleerung. Mit Lieferung, fachgerechter Montage sowie Montagezubehör für Massivwände oder Leichtbauwänden. Wandkonsolen, verzinkt mit Schalldämmteil für Mehrsäuler.

25   Röhrenheizkörper, Stahl, h=500   KG **423**
Wie Ausführungsbeschreibung A 7
Wärmekörper: mit Pulver-Einbrenn-Fertiglackierung
Farbe: RAL 9010
Max. Betriebstemperatur: **bis 120**°C **/ über 120**°C
Max. Betriebsdruck: **4 / 6 / 10 / 12** bar
Bauhöhe: 500 mm
Bautiefe: ..... mm
Glieder: ..... St
Normwärmeabgabe je Glied: ..... W
Hinweis: Preisangaben pro HK-Glied
–€   10€   **11€**   13€   –€   [St]   ⏱ 0,12 h/St   041.000.003

26   Röhrenheizkörper, Stahl, h=900   KG **423**
Wie Ausführungsbeschreibung A 7
Wärmekörper: mit Pulver-Einbrenn-Fertiglackierung
Farbe: RAL 9010
Max. Betriebstemperatur: **bis 120**°C **/ über 120**°C
Max. Betriebsdruck: **4 / 6 / 10 / 12** bar
Bauhöhe: 900 mm
Bautiefe: ..... mm
Glieder: ..... St
Normwärmeabgabe je Glied: ..... W
Hinweis: Preisangaben pro HK-Glied
–€   12€   **17€**   21€   –€   [St]   ⏱ 0,18 h/St   041.000.027

27   Röhrenheizkörper, Stahl, h=1.800   KG **423**
Wie Ausführungsbeschreibung A 7
Wärmekörper: mit Pulver-Einbrenn-Fertiglackierung
Farbe: RAL 9010
Max. Betriebstemperatur: **bis 120**°C **/ über 120**°C
Max. Betriebsdruck: **4 / 6 / 10 / 12** bar
Bauhöhe: 1.800 mm
Bautiefe: ..... mm
Glieder: ..... St
Fabrikat: .....
Typ: .....
Normwärmeabgabe je Glied: .... W
Hinweis: Preisangaben pro HK-Glied
–€   21€   **24€**   28€   –€   [St]   ⏱ 0,24 h/St   041.000.028

040
041
042
044
045
047
053
054
058
061
069
075

© **BKI** Baukosteninformationszentrum; Erläuterungen zu den Tabellen siehe Seite 44   Kostenstand: 1.Quartal 2021, Bundesdurchschnitt

LB 041
Wärmeversorgungsanlagen - Leitungen, Armaturen, Heizflächen

Kosten:
Stand 1.Quartal 2021
Bundesdurchschnitt

▶ min
▷ von
ø Mittel
◁ bis
◀ max

Nr.	Kurztext / Langtext					Kostengruppe		
▶	▷	ø netto €	◁	◀	[Einheit]	Ausf.-Dauer	Positionsnummer	

A 8 Kompaktheizkörper, Stahl Beschreibung für Pos. **28-47**

Kompaktheizkörper als Plattenheizkörper, Sickenteilung 33 1/3 mm. Übergreifende obere Abdeckung und geschlossene seitliche Blenden. Wärmeleistung geprüft DIN EN 442-2. Zweischichtlackierung, lösungsmittelfrei im Heizbetrieb, entfettet, eisenphosphoriert, grundiert mit kathodischem Elektrotauchlack und elektrostatisch pulverbeschichtet, Rückseite mit 4 Befestigungslaschen (ab Baulänge 1.800 mm = 6 Stück). Inkl. Montageset, bestehend aus Bohrkonsolen, Abstandshalter und Sicherungsbügel zur Befestigung sowie Blind- und Entlüftungsstopfen. Mit Lieferung, fachgerechter Montage sowie Montagezubehör, Einschraubventil mit Voreinstellung.

28 Kompaktheizkörper, Stahl, H=500, L=bis 700, Typ 11 KG **423**

Wie Ausführungsbeschreibung A 8
Heizkörper: Typ 11
Material: Stahlblech St. 12.03
Blechstärke: 1,25 mm
Farbe: weiß
Anschlüsse: G 1/2 **vertikal links / rechts**
Betriebsdruck: max. **4 / 6 / 10** bar
Medium: Heißwasser bis **110 / 120**°C
Bautiefe: ..... mm
Bauhöhe: 500 mm
Baulänge: bis 700 mm
Fabrikat: .....
Typ: .....
Normwärmeabgabe: ..... W/m

| 113€ | 130€ | **141**€ | 158€ | 183€ | [St] | ⏱ 1,00 h/St | 041.000.083 |

29 Kompaktheizkörper, Stahl, H=500, L=bis 700, Typ 22 KG **423**

Wie Ausführungsbeschreibung A 8
Heizkörper: Typ 22
Material: Stahlblech St. 12.03
Blechstärke: 1,25 mm
Farbe: weiß
Anschlüsse: G 1/2 **vertikal links / rechts**
Betriebsdruck: max. **4 / 6 / 10** bar
Medium: Heißwasser bis **110 / 120**°C
Bautiefe: ..... mm
Bauhöhe: 500 mm
Baulänge: bis 700 mm
Fabrikat: .....
Typ: .....
Normwärmeabgabe: ..... W/m

| 126€ | 145€ | **157**€ | 176€ | 205€ | [St] | ⏱ 1,00 h/St | 041.000.084 |

Nr.	**Kurztext** / Langtext							Kostengruppe
▶	▷	**ø netto €**	◁	◀	[Einheit]	Ausf.-Dauer	Positionsnummer	

30 Kompaktheizkörper, Stahl, H=500, L=bis 1.400, Typ 11 — KG **423**
Wie Ausführungsbeschreibung A 8
Heizkörper: Typ 11
Material: Stahlblech St. 12.03
Blechstärke: 1,25 mm
Farbe: weiß
Anschlüsse: G 1/2 **vertikal links / rechts**
Betriebsdruck: max. **4 / 6 / 10** bar
Medium: Heißwasser bis **110 / 120**°C
Bautiefe: ..... mm
Bauhöhe: 500 mm
Baulänge: 701-1.400 mm
Fabrikat: .....
Typ: .....
Normwärmeabgabe: ..... W/m

| 211€ | 243€ | **264€** | 290€ | 322€ | [St] | ⏱ 1,10 h/St | 041.000.086 |

31 Kompaktheizkörper, Stahl, H=500, L=bis 1.400, Typ 22 — KG **423**
Wie Ausführungsbeschreibung A 8
Heizkörper: Typ 22
Material: Stahlblech St. 12.03
Blechstärke: 1,25 mm
Farbe: weiß
Anschlüsse: G 1/2 **vertikal links / rechts**
Betriebsdruck: max. **4 / 6 / 10** bar
Medium: Heißwasser bis **110 / 120**°C
Bautiefe: ..... mm
Bauhöhe: 500 mm
Baulänge: 701-1.400 mm
Fabrikat: .....
Typ: .....
Normwärmeabgabe: ..... W/m

| 226€ | 260€ | **282**€ | 316€ | 367€ | [St] | ⏱ 1,10 h/St | 041.000.087 |

040
041
042
044
045
047
053
054
058
061
069
075

LB 041
Wärmeversorgungsanlagen - Leitungen, Armaturen, Heizflächen

Kosten:
Stand 1.Quartal 2021
Bundesdurchschnitt

Nr.	Kurztext / Langtext					[Einheit]	Ausf.-Dauer	Kostengruppe Positionsnummer
▶	▷	ø **netto €**	◁	◀				

32 Kompaktheizkörper, Stahl, H=500, L=bis 1.400, Typ 33 — KG **423**
Wie Ausführungsbeschreibung A 8
Heizkörper: Typ 33
Material: Stahlblech St. 12.03
Blechstärke: 1,25 mm
Farbe: weiß
Anschlüsse: G 1/2 **vertikal links / rechts**
Betriebsdruck: max. **4 / 6 / 10** bar
Medium: Heißwasser bis **110 / 120**°C
Bautiefe: ..... mm
Bauhöhe: 500 mm
Baulänge: 701-1.400 mm
Fabrikat: .....
Typ: .....
Normwärmeabgabe: ..... W/m

| 311€ | 358€ | **389**€ | 435€ | 505€ | [St] | 1,10 h/St | 041.000.088 |

33 Kompaktheizkörper, Stahl, H=500, L=bis 2.100, Typ 11 — KG **423**
Wie Ausführungsbeschreibung A 8
Heizkörper: Typ 11
Material: Stahlblech St. 12.03
Blechstärke: 1,25 mm
Farbe: weiß
Anschlüsse: G 1/2 **vertikal links / rechts**
Betriebsdruck: max. **4 / 6 / 10** bar
Medium: Heißwasser bis **110 / 120**°C
Bautiefe: ..... mm
Bauhöhe: 500 mm
Baulänge: 1.401-2.100 mm
Fabrikat: .....
Typ: .....
Normwärmeabgabe: ..... W/m

| 289€ | 333€ | **362**€ | 405€ | 470€ | [St] | 1,30 h/St | 041.000.089 |

▶ min
▷ von
ø Mittel
◁ bis
◀ max

Nr.	Kurztext / Langtext					Kostengruppe	
▶ ▷	ø **netto** € ◁ ◀				[Einheit]	Ausf.-Dauer	Positionsnummer

34 Kompaktheizkörper, Stahl, H=500, L=bis 2.100, Typ 22   KG **423**
Wie Ausführungsbeschreibung A 8
Heizkörper: Typ 22
Material: Stahlblech St. 12.03
Blechstärke: 1,25 mm
Farbe: weiß
Anschlüsse: G 1/2 **vertikal links / rechts**
Betriebsdruck: max. **4 / 6 / 10** bar
Medium: Heißwasser bis **110 / 120**°C
Bautiefe: ..... mm
Bauhöhe: 500 mm
Baulänge: 1.401-2.100 mm
Fabrikat: .....
Typ: .....
Normwärmeabgabe: ..... W/m

| 324 € | 372 € | **405** € | 453 € | 526 € | [St] | ⏱ 1,30 h/St | 041.000.090 |

35 Kompaktheizkörper, Stahl, H=500, L=bis 2.100, Typ 33   KG **423**
Wie Ausführungsbeschreibung A 8
Heizkörper: Typ 33
Material: Stahlblech St. 12.03
Blechstärke: 1,25 mm
Farbe: weiß
Anschlüsse: G 1/2 **vertikal links / rechts**
Betriebsdruck: max. **4 / 6 / 10** bar
Medium: Heißwasser bis **110 / 120**°C
Bautiefe: ..... mm
Bauhöhe: 500 mm
Baulänge: 1.401-2.100 mm
Fabrikat: .....
Typ: .....
Normwärmeabgabe: ..... W/m

| 422 € | 485 € | **527** € | 570 € | 633 € | [St] | ⏱ 1,30 h/St | 041.000.091 |

040
041
042
044
045
047
053
054
058
061
069
075

LB 041
Wärmeversorgungsanlagen - Leitungen, Armaturen, Heizflächen

Kosten:
Stand 1.Quartal 2021
Bundesdurchschnitt

Nr.	Kurztext / Langtext					[Einheit]	Ausf.-Dauer	Kostengruppe Positionsnummer
▶	▷	ø netto €	◁	◀				
36	**Kompaktheizkörper, Stahl, H=600, L=bis 700, Typ 11**							**KG 423**
	Wie Ausführungsbeschreibung A 8							
	Heizkörper: Typ 11							
	Material: Stahlblech St. 12.03							
	Blechstärke: 1,25 mm							
	Farbe: weiß							
	Anschlüsse: G 1/2 **vertikal links / rechts**							
	Betriebsdruck: max. **4 / 6 / 10** bar							
	Medium: Heißwasser bis **110 / 120**°C							
	Bautiefe: ..... mm							
	Bauhöhe: 600 mm							
	Baulänge: bis 700 mm							
	Fabrikat:							
	Typ:							
	Normwärmeabgabe: ..... W/m							
	130€	149€	**162**€	181€	210€	[St]	⏱ 1,00 h/St	041.000.092
37	**Kompaktheizkörper, Stahl, H=600, L=bis 700, Typ 22**							**KG 423**
	Wie Ausführungsbeschreibung A 8							
	Heizkörper: Typ 22							
	Material: Stahlblech St. 12.03							
	Blechstärke: 1,25 mm							
	Farbe: weiß							
	Anschlüsse: G 1/2 **vertikal links / rechts**							
	Betriebsdruck: max. **4 / 6 / 10** bar							
	Medium: Heißwasser bis **110 / 120**°C							
	Bautiefe: ..... mm							
	Bauhöhe: 600 mm							
	Baulänge: bis 700 mm							
	Fabrikat:							
	Typ:							
	Normwärmeabgabe: ..... W/m							
	145€	167€	**182**€	203€	236€	[St]	⏱ 1,00 h/St	041.000.093

▶ min
▷ von
ø Mittel
◁ bis
◀ max

Nr.	Kurztext / Langtext						Kostengruppe
▶	▷	ø netto €	◁	◀	[Einheit]	Ausf.-Dauer	Positionsnummer

38 Kompaktheizkörper, Stahl, H=600, L=bis 700, Typ 33   KG **423**
Wie Ausführungsbeschreibung A 8
Heizkörper: Typ 33
Material: Stahlblech St. 12.03
Blechstärke: 1,25 mm
Farbe: weiß
Anschlüsse: G 1/2 **vertikal links / rechts**
Betriebsdruck: max. **4 / 6 / 10** bar
Medium: Heißwasser bis **110 / 120**°C
Bautiefe: ..... mm
Bauhöhe: 600 mm
Baulänge: bis 700 mm
Fabrikat: .....
Typ: .....
Normwärmeabgabe: ..... W/m

| 194€ | 223€ | **243**€ | 272€ | 316€ | [St] | ⏱ 1,00 h/St | 041.000.094 |

39 Kompaktheizkörper, Stahl, H=600, L=bis 2.100, Typ 11   KG **423**
Wie Ausführungsbeschreibung A 8
Heizkörper: Typ 11
Material: Stahlblech St. 12.03
Blechstärke: 1,25 mm
Farbe: weiß
Anschlüsse: G 1/2 **vertikal links / rechts**
Betriebsdruck: max. **4 / 6 / 10** bar
Medium: Heißwasser bis **110 / 120**°C
Bautiefe: ..... mm
Bauhöhe: 600 mm
Baulänge: 1.401-2.100 mm
Fabrikat: .....
Typ: .....
Normwärmeabgabe: ..... W/m

| 299€ | 344€ | **374**€ | 419€ | 486€ | [St] | ⏱ 1,30 h/St | 041.000.098 |

040
041
042
044
045
047
053
054
058
061
069
075

LB 041
Wärmeversorgungsanlagen - Leitungen, Armaturen, Heizflächen

Kosten:
Stand 1.Quartal 2021
Bundesdurchschnitt

Nr. ▶	Kurztext / Langtext ▷ ø **netto €** ◁ ◀	[Einheit]	Ausf.-Dauer	Kostengruppe Positionsnummer
40	**Kompaktheizkörper, Stahl, H=600, L=bis 2.100, Typ 22**			**KG 423**
	Wie Ausführungsbeschreibung A 8 Heizkörper: Typ 22 Material: Stahlblech St. 12.03 Blechstärke: 1,25 mm Farbe: weiß Anschlüsse: G 1/2 **vertikal links / rechts** Betriebsdruck: max. **4 / 6 / 10** bar Medium: Heißwasser bis **110 / 120**°C Bautiefe: ..... mm Bauhöhe: 600 mm Baulänge: 1401-2.100 mm Fabrikat: ..... Typ: ..... Normwärmeabgabe: ..... W/m			
	336€ 386€ **419€** 470€ 545€	[St]	⏱ 1,30 h/St	041.000.099
41	**Kompaktheizkörper, Stahl, H=600, L=bis 2.100, Typ 33**			**KG 423**
	Wie Ausführungsbeschreibung A 8 Heizkörper: Typ 33 Material: Stahlblech St. 12.03 Blechstärke: 1,25 mm Farbe: weiß Anschlüsse: G 1/2 **vertikal links / rechts** Betriebsdruck: max. **4 / 6 / 10** bar Medium: Heißwasser bis **110 / 120**°C Bautiefe: ..... mm Bauhöhe: 600 mm Baulänge: 1.401-2.100 mm Fabrikat: ..... Typ: ..... Normwärmeabgabe: ..... W/m			
	437€ 502€ **546€** 589€ 655€	[St]	⏱ 1,30 h/St	041.000.100

▶ min
▷ von
ø Mittel
◁ bis
◀ max

Nr.	Kurztext / Langtext						Kostengruppe	
▶	▷	ø netto €	◁	◀		[Einheit]	Ausf.-Dauer	Positionsnummer

42 Kompaktheizkörper, Stahl, H=900, L=bis 700, Typ 11 KG **423**

Wie Ausführungsbeschreibung A 8
Heizkörper: Typ 11
Material: Stahlblech St. 12.03
Blechstärke: 1,25 mm
Farbe: weiß
Anschlüsse: G 1/2 **vertikal links / rechts**
Betriebsdruck: max. **4 / 6 / 10** bar
Medium: Heißwasser bis **110 / 120**°C
Bautiefe: ..... mm
Bauhöhe: 900 mm
Baulänge: bis 700 mm
Fabrikat: .....
Typ: .....
Normwärmeabgabe: ..... W/m

| 171€ | 196€ | **213**€ | 239€ | 277€ | [St] | ⏱ 1,00 h/St | 041.000.101 |

43 Kompaktheizkörper, Stahl, H=900, L=bis 700, Typ 22 KG **423**

Wie Ausführungsbeschreibung A 8
Heizkörper: Typ 22
Material: Stahlblech St. 12.03
Blechstärke: 1,25 mm
Farbe: weiß
Anschlüsse: G 1/2 **vertikal links / rechts**
Betriebsdruck: max. **4 / 6 / 10** bar
Medium: Heißwasser bis **110 / 120**°C
Bautiefe: ..... mm
Bauhöhe: 900 mm
Baulänge: bis 700 mm
Fabrikat: .....
Typ: .....
Normwärmeabgabe: ..... W/m

| 190€ | 219€ | **238**€ | 267€ | 309€ | [St] | ⏱ 1,00 h/St | 041.000.102 |

LB 041
Wärmeversorgungsanlagen - Leitungen, Armaturen, Heizflächen

Kosten:
Stand 1.Quartal 2021
Bundesdurchschnitt

Nr.	Kurztext / Langtext				[Einheit]	Kostengruppe
▶	▷	ø netto €	◁	◀		Ausf.-Dauer Positionsnummer
44	**Kompaktheizkörper, Stahl, H=900, L=bis 700, Typ 33**					KG **423**

Wie Ausführungsbeschreibung A 8
Heizkörper: Typ 33
Material: Stahlblech St. 12.03
Blechstärke: 1,25 mm
Farbe: weiß
Anschlüsse: G 1/2 **vertikal links / rechts**
Betriebsdruck: max. **4 / 6 / 10** bar
Medium: Heißwasser bis **110 / 120**°C
Bautiefe: ..... mm
Bauhöhe: 900 mm
Baulänge: bis 700 mm
Fabrikat: .....
Typ: .....
Normwärmeabgabe: ..... W/m

| 261€ | 300€ | **326€** | 365€ | 424€ | [St] | ⏱ 1,00 h/St 041.000.103 |

| 45 | **Kompaktheizkörper, Stahl, H=900, L=bis 2.100, Typ 11** | | | | | KG **423** |

Wie Ausführungsbeschreibung A 8
Heizkörper: Typ 11
Material: Stahlblech St. 12.03
Blechstärke: 1,25 mm
Farbe: weiß
Anschlüsse: G 1/2 **vertikal links / rechts**
Betriebsdruck: max. **4 / 6 / 10** bar
Medium: Heißwasser bis **110 / 120**°C
Bautiefe: ..... mm
Bauhöhe: 900 mm
Baulänge: 1.401-2.100 mm
Fabrikat: .....
Typ: .....
Normwärmeabgabe: ..... W/m

| 403€ | 464€ | **504€** | 565€ | 655€ | [St] | ⏱ 1,30 h/St 041.000.107 |

▶ min
▷ von
ø Mittel
◁ bis
◀ max

Nr.	Kurztext / Langtext					Kostengruppe	
▶	▷	ø netto €	◁	◀	[Einheit]	Ausf.-Dauer	Positionsnummer

46 Kompaktheizkörper, Stahl, H=900, L=bis 2.100, Typ 22 KG **423**
Wie Ausführungsbeschreibung A 8
Heizkörper: Typ 22
Material: Stahlblech St. 12.03
Blechstärke: 1,25 mm
Farbe: weiß
Anschlüsse: G 1/2 **vertikal links / rechts**
Betriebsdruck: max. **4 / 6 / 10** bar
Medium: Heißwasser bis **110 / 120**°C
Bautiefe: ..... mm
Bauhöhe: 900 mm
Baulänge: 1.401-2.100 mm
Fabrikat: .....
Typ: .....
Normwärmeabgabe: ..... W/m

| 437 € | 502 € | **546** € | 611 € | 710 € | [St] | ⏱ 1,30 h/St | 041.000.108 |

47 Kompaktheizkörper, Stahl, H=900, L=bis 2.100, Typ 33 KG **423**
Wie Ausführungsbeschreibung A 8
Heizkörper: Typ 33
Material: Stahlblech St. 12.03
Blechstärke: 1,25 mm
Farbe: weiß
Anschlüsse: G 1/2 **vertikal links / rechts**
Betriebsdruck: max. **4 / 6 / 10** bar
Medium: Heißwasser bis **110 / 120**°C
Bautiefe: ..... mm
Bauhöhe: 900 mm
Baulänge: 1.401-2.100 mm
Fabrikat: .....
Typ: .....
Normwärmeabgabe: ..... W/m

| 550 € | 632 € | **687** € | 742 € | 804 € | [St] | ⏱ 1,30 h/St | 041.000.109 |

040
041
042
044
045
047
053
054
058
061
069
075

LB 041 Wärmeversorgungsanlagen - Leitungen, Armaturen, Heizflächen

Kosten:
Stand 1.Quartal 2021
Bundesdurchschnitt

Nr.	Kurztext / Langtext	ø netto €			[Einheit]	Ausf.-Dauer	Kostengruppe Positionsnummer
▶	▷		◁	◀			

A 9 — Radiavektor, Profilrohr
Beschreibung für Pos. 48-53

Radiavektor in vollständig geschweißter Ausführung mit 2 bis 5 hintereinander und 1 bis 4 übereinander angeordneten wasserführenden Profilrohren. Wärmeleistung geprüft DIN EN 442-2. Lieferung montagefertig mit 2 bis 4 stirnseitigen Anschlüssen für Vorlauf, Rücklauf, Entlüftung und Entleerung, fachgerechte Montage sowie Montagezubehör.

48 — Radiavektoren, Profilrohre, H=140, L=bis 700 — KG 423
Wie Ausführungsbeschreibung A 9
Wärmeleistung: ..... W/m
Wärmekörper: mit Pulvereinbrenn-Fertiglackierung
Farbe: RAL 9010
Anschluss: **wechselseitig / gleichseitig Standkonsolen EFK mit Kunststoffkappe FK**
Max. Betriebstemperatur: **100 / 120**°C
Max. Betriebsdruck: **4 / 6 / 10** bar
Fabrikat: .....
Modell: .....
Typ: .....
Bauhöhe: 140 mm
Bautiefe: ..... mm
Baulänge: bis 700 mm

▶	▷	ø	◁	◀	[Einheit]	Ausf.-Dauer	Pos.-Nr.
327€	464€	**503€**	595€	656€	[St]	1,60 h/St	041.000.005

49 — Radiavektoren, Profilrohre, H=140, L=bis 2.100 — KG 423
Wie Ausführungsbeschreibung A 9
Wärmeleistung: ..... W/m
Wärmekörper: mit Pulvereinbrenn-Fertiglackierung
Farbe: RAL 9010
Anschluss: **wechselseitig / gleichseitig Standkonsolen EFK mit Kunststoffkappe FK**
Max. Betriebstemperatur: **100 / 120**°C
Max. Betriebsdruck: **4 / 6 / 10** bar
Fabrikat: .....
Modell: .....
Typ: .....
Bauhöhe: 140 mm
Bautiefe: ..... mm
Baulänge: 1.401-2.100 mm

▶	▷	ø	◁	◀	[Einheit]	Ausf.-Dauer	Pos.-Nr.
528€	819€	**834€**	1.011€	1.302€	[St]	1,72 h/St	041.000.047

▶ min
▷ von
ø Mittel
◁ bis
◀ max

Nr.	Kurztext / Langtext				[Einheit]	Ausf.-Dauer	Kostengruppe Positionsnummer
▶	▷ ø netto € ◁ ◀						

50 **Radiavektoren, Profilrohre, H=210, L=bis 700** KG **423**
Wie Ausführungsbeschreibung A 9
Wärmeleistung: ..... W/m
Wärmekörper: mit Pulvereinbrenn-Fertiglackierung
Farbe: RAL 9010
Anschluss: **wechselseitig / gleichseitig Standkonsolen EFK mit Kunststoffkappe FK**
Max. Betriebstemperatur: **100 / 120**°C
Max. Betriebsdruck: **4 / 6 / 10** bar
Fabrikat: .....
Modell: .....
Typ: .....
Bauhöhe: 210 mm
Bautiefe: ..... mm
Baulänge: bis 700 mm

| 336€ | 467€ | **519**€ | 635€ | 821€ | [St] | ⏱ 1,60 h/St | 041.000.031 |

51 **Radiavektoren, Profilrohre, H=210, L=bis 2.100** KG **423**
Wie Ausführungsbeschreibung A 9
Wärmeleistung: ..... W/m
Wärmekörper: mit Pulvereinbrenn-Fertiglackierung
Farbe: RAL 9010
Anschluss: **wechselseitig / gleichseitig Standkonsolen EFK mit Kunststoffkappe FK**
Max. Betriebstemperatur: **100 / 120**°C
Max. Betriebsdruck: **4 / 6 / 10** bar
Fabrikat: .....
Modell: .....
Typ: .....
Bauhöhe: 210 mm
Bautiefe: ..... mm
Baulänge: 1.401-2.100 mm

| 676€ | 1.018€ | **1.116**€ | 1.251€ | 1.585€ | [St] | ⏱ 1,72 h/St | 041.000.050 |

52 **Radiavektoren, Profilrohre, H=280, L=bis 700** KG **423**
Wie Ausführungsbeschreibung A 9
Wärmeleistung: ..... W/m
Wärmekörper: mit Pulvereinbrenn-Fertiglackierung
Farbe: RAL 9010
Anschluss: **wechselseitig / gleichseitig Standkonsolen EFK mit Kunststoffkappe FK**
Max. Betriebstemperatur: **100 / 120**°C
Max. Betriebsdruck: **4 / 6 / 10** bar
Fabrikat: .....
Modell: .....
Typ: .....
Bauhöhe: 280 mm
Bautiefe: ..... mm
Baulänge: bis 700 mm

| 340€ | 528€ | **603**€ | 730€ | 950€ | [St] | ⏱ 1,60 h/St | 041.000.032 |

**LB 041
Wärmeversorgungs-
anlagen - Leitungen,
Armaturen, Heiz-
flächen**

Kosten:
Stand 1.Quartal 2021
Bundesdurchschnitt

▶ min
▷ von
ø Mittel
◁ bis
◀ max

Nr.	Kurztext / Langtext				[Einheit]	Ausf.-Dauer	Kostengruppe Positionsnummer
	▶ ▷	ø netto €	◁	◀			

53 Radiavektoren, Profilrohre, H=280, L=bis 1.400 KG **423**

Wie Ausführungsbeschreibung A 9
Wärmeleistung: ..... W/m
Wärmekörper: mit Pulvereinbrenn-Fertiglackierung
Farbe: RAL 9010
Anschluss: **wechselseitig / gleichseitig Standkonsolen EFK mit Kunststoffkappe FK**
Max. Betriebstemperatur: **100 / 120**°C
Max. Betriebsdruck: **4 / 6 / 10** bar
Fabrikat: .....
Modell: .....
Typ: .....
Bauhöhe: 280 mm
Bautiefe: ..... mm
Baulänge: bis 1.400 mm

| 444€ | 763€ | **893**€ | 1.102€ | 1.421€ | [St] | ⏱ 1,64 h/St | 041.000.051 |

54 Thermostatventil, Guss, DN15 KG **423**

Heizkörperventil, als Durchgangs-, Eck- oder Axialventil. Gehäuse aus korrosionsbeständigem, entzinkungs-
freiem Rotguss. Mit Niro-Spindelabdichtung und doppelter O-Ring-Abdichtung. Thermostat-Oberteil und
äußerer O-Ring ohne Entleeren der Anlage auswechselbar. Anschluss Innengewinde für Gewinderohr, oder in
Verbindung mit Klemmverschraubung für Kupfer-, Präzisionsstahl- oder Verbundrohr. Inkl. Thermostat-Kopf
mit eingebautem Fühler.
Zul. Betriebstemperatur: 120°C
Zul. Betriebsdruck: **6 / 10** bar
Nennweite: DN15

| 10€ | 15€ | **18**€ | 22€ | 27€ | [St] | ⏱ 0,10 h/St | 041.000.006 |

55 Heizkörperverschraubung, DN15 KG **423**

Heizkörper-Anschlussmontageeinheit für den Unterputz-Anschluss von Ventilheizkörpern aus **der Wand /
aus dem Boden,** bestehend aus dem Kugelhahnblock mit Anschlussnippel in Eckform, Anschlussverschrau-
bungs-Set, 2 Heizkörper-Anschlussrohre sowie Montageeinheit. Inkl. Schiebehülsen und allen sonstigen
Verbindungs- und Befestigungsmaterialien.
Mittenabstand Anschluss: 50 mm
Nennweite: DN15

| 9€ | 17€ | **21**€ | 45€ | 68€ | [St] | ⏱ 0,10 h/St | 041.000.008 |

56 Heizkörper ausbauen/wiedermontieren KG **423**

Heizkörper nach Aufforderung der Bauleitung einmal geschlossen ausbauen und wieder geschlossen montieren.
Heizkörper: Röhren- / Plattenheizkörper / Konvektor
Einheit: Stück

| 23€ | 36€ | **45**€ | 59€ | 115€ | [St] | ⏱ 1,00 h/St | 041.000.053 |

57 Kappenventil, Ausdehnungsgefäß, DN20 KG **422**

Muffen-Kappenventil aus Messing zum Einbau in die Ausdehnungsleitung vor dem Membran-Ausdehnungs-
gefäß, mit Plombiervorrichtung / Stahlkappe gegen unbeabsichtigtes Schließen gesichert.
Gewindeanschluss DN20

| –€ | 23€ | **28**€ | 35€ | –€ | [St] | ⏱ 0,30 h/St | 041.000.054 |

Nr.	Kurztext / Langtext					Kostengruppe	
▶	▷	**ø netto €**	◁	◀	[Einheit]	Ausf.-Dauer	Positionsnummer

58 Muffenkugelhahn, Guss, DN15 KG **422**

Muffenkugelhahn, Gehäuse und Kugel aus Rotguss, Kugelabdichtung PTFE, O-Ringe EPDM, Bedienungsknebel aus Kunststoff, inkl. Wärmedämm-Halbschalen aus PUR sowie Spannringe.
Nennweite: DN15

| 6€ | 16€ | **20€** | 26€ | 38€ | [St] | ⏱ 0,50 h/St | 041.000.055 |

59 Membran-Sicherheitsventil, Guss KG **422**

Membran-Sicherheitsventil für geschlossene Heizungsanlagen DIN EN 12828, federbelastet, bauteilgeprüft, Gehäuse aus Rotguss.
Muffenanschluss Eintritt: DN20
Austritt: DN25
Abblasleistung: -100 kW
Ansprechdruck: -2,5 / 3,0 bar

| 8€ | 14€ | **17€** | 23€ | 27€ | [St] | ⏱ 0,45 h/St | 041.000.056 |

60 Verteiler Heizungswasser KG **422**

Heizkreisverteiler für Pumpenwarmwasserheizungen als **Verteiler/ Sammler/Verteiler-Sammler-Kombination**. Mit Flanschanschlüssen für ..... Anschlussstutzen, abnehmbarer Wärmedämmung und Befestigungsklammern, inkl. **Stand- / Wandkonsolen**.
Maximale Betriebstemperatur: **bis / über 120**°C
Maximaler Betriebsdruck: **4 / 6 / 10 / 16** bar
Werkstoff: Stahl
Maximale Anschlussdimension: DN.....
Achsabstand der Anschlüsse: ..... mm
Inklusive: Stand- / Wandkonsolen
Aufstellung: Boden / Wand
Schutzmantel: Aluminium / Stahl verzinkt

| 181€ | 270€ | **311€** | 366€ | 473€ | [St] | ⏱ 1,20 h/St | 041.000.007 |

61 Heizkreisverteiler, Fußbodenheizung, 5 Heizkreise KG **422**

Heizkreisverteiler für Fußbodenheizungen, mit Verschraubungen für Heizungsrohre, Übergangsverschraubungen für Heizkreisrohre, Entlüftung und Entleerung, Heizkreis-Rückläufe mit Durchflussanzeiger und Feinregulierung, einschl. Klemmringverschraubungen, mit 3/4" Eurokonus, bestehend aus Grundkörper mit O-Ring, Klemmring und Überwurfmutter, zum Anschluss des Heizkreisrohres an den Heizkreisverteiler.
Werkstoff: .....
Befestigung, schallgedämmt: **in / an** .....
Anschluss: **waagrecht / senkrecht**
Max. Betriebstemperatur in°C: 60
Max. Betriebsüberdruck in bar: 4
Max. Volumenstrom in m³/h: 3
Nenndruck: PN 6 / PN 10
Gewindeanschluss: R 1"
Heizkreisanschluss: G 3/4 Eurokonus
Anzahl Heizkreise: 5
Baulänge: ..... mm
Ausführung gem. Einzelbeschreibung: .....
Angeb. Fabrikat / Typ: .....

| 213€ | 269€ | **298€** | 333€ | 421€ | [St] | ⏱ 1,06 h/St | 041.000.059 |

040
041
042
044
045
047
053
054
058
061
069
075

LB 041
Wärmeversorgungsanlagen - Leitungen, Armaturen, Heizflächen

Kosten:
Stand 1.Quartal 2021
Bundesdurchschnitt

Nr.	Kurztext / Langtext						Kostengruppe
▶	▷	ø netto €	◁	◀	[Einheit]	Ausf.-Dauer	Positionsnummer

62 — Verteilerschrank, Fußbodenheizung, Unterputz — KG 422

Verteilerschrank für Heizkreisverteiler, für Wandeinbau, zur Aufnahme der Fußboden-Heizkreisverteiler, der Anschluss- und der Regelungskomponenten, mit Tür mit Zylinderschloss und höhenverstellbarem Sockel, mit Estrich-Abschlussblende, Türbereich mit Kantenschutz, Schranktür mit Kippsicherung und Verriegelung, mit horizontal und vertikal einstellbarer Verteilerbefestigung, mit integrierter Normschiene zur Befestigung der Regelungskomponenten.
Werkstoff: Stahlblech.....
RAL-Farbe: .....
Schrankhöhe: ..... mm
Schranktiefe: ..... mm
Schrankbreite: ..... mm
Höhenverstellbarkeit: ..... mm
Heizkreise: .....
Ausführung gem. Einzelbeschreibung: .....
Angeb. Fabrikat / Typ: .....

▶	▷	ø	◁	◀	[Einheit]	Ausf.-Dauer	Positionsnummer
–€	405€	**453€**	484€	–€	[St]	1,20 h/St	041.000.058

63 — Verteilerschrank, Fußbodenheizung, Aufputz — KG 422

Verteilerschrank für Heizkreisverteiler, für Wandaufbau, zur Aufnahme der Fußboden-Heizkreisverteiler, der Anschluss- und der Regelungskomponenten, mit Tür mit Zylinderschloss und höhenverstellbarem Sockel, mit Estrich-Abschlussblende, Türbereich mit Kantenschutz, Schranktür mit Kippsicherung und Verriegelung, mit horizontal und vertikal einstellbarer Verteilerbefestigung, mit integrierter Normschiene zur Befestigung der Regelungskomponenten.
Werkstoff: Stahlblech.....
RAL-Farbe: .....
Schrankhöhe: ..... mm
Schranktiefe: ..... mm
Schrankbreite: ..... mm
Höhenverstellbarkeit: ..... mm
Heizkreise: .....
Ausführung gem. Einzelbeschreibung: .....
Angeb. Fabrikat / Typ: .....

▶	▷	ø	◁	◀	[Einheit]	Ausf.-Dauer	Positionsnummer
–€	391€	**416€**	442€	–€	[St]	1,00 h/St	041.000.057

64 — Umlenkungsbogen, Heizleitung — KG 422

Rohrführungsbogen aus Kunststoff, zur 90°- Umlenkung der Heizkreisrohre, zur sicheren Rohreinführung an den Verteilerkästen.
Heizkreisrohr: .....
Außendurchmesser: .....

▶	▷	ø	◁	◀	[Einheit]	Ausf.-Dauer	Positionsnummer
2€	3€	**3€**	3€	4€	[St]	0,10 h/St	041.000.113

▶ min
▷ von
ø Mittel
◁ bis
◀ max

Nr.	**Kurztext** / Langtext							Kostengruppe
▶	▷	**ø netto €**	◁	◀	[Einheit]	Ausf.-Dauer	Positionsnummer	

65   Tacker/EPS-Systemträger, Fußbodenheizung   KG **422**

Tacker-Systemelement für Rohrleitungen der Fußbodenheizung mit EPS-Wärmedämmplatte und aufkaschierten Mehrschicht-Gewebe, zur Aufnahme der Heizleitungen in Verlegesystem Typ A, DIN EN 1264-1.
Untergrund: .....
Nutzlast: ..... kN/m²
Dämmstoffdicke: .....
Anwendungstyp: .....
Angeb. Fabrikat: .....

| 6€ | 7€ | **8€** | 9€ | 10€ | [m²] | ⏱ 0,10 h/m² | 041.000.077 |

66   Noppen/EPS-Systemträger, Fußbodenheizung   KG **422**

Noppen-Systemelement für Rohrleitungen der Fußbodenheizung mit EPS-Wärmedämmplatte und Kunststoff-Folienkaschierung zur Aufnahme der Heizleitungen in Verlegesystem Typ A, DIN EN 1264-1.
Untergrund: .....
Nutzlast: ..... kN/m²
Dämmstoffdicke: .....
Anwendungstyp: .....
Angeb. Fabrikat: .....

| 7€ | 8€ | **9€** | 9€ | 11€ | [m²] | ⏱ 0,10 h/m² | 041.000.078 |

67   Noppen-Systemträger, Dämmung, Fußbodenheizung   KG **422**

Systemträgerplatten für Rohrleitungen der Fußbodenheizung aus Noppenplatten zur Aufnahme der Heizleitungen in Verlegesystem Typ A (Verlegung im Estrich) mit Trittschall- und Wärmedämmung.
Untergrund: .....
Nutzlast: ..... kN/m²
Heizleitung: ..... mm
Dämmschichten: .....
Wärmeleitfähigkeit: ..... W/(mK)
Angeb. Fabrikat: .....

| 11€ | 15€ | **16€** | 18€ | 22€ | [m²] | ⏱ 0,10 h/m² | 041.000.079 |

68   Noppen-Systemträger, Fußbodenheizung   KG **422**

Systemträgerplatten für Rohrleitungen der Fußbodenheizung aus Noppenplatten zur Aufnahme der Heizleitungen in Verlegesystem Typ A (Verlegung im Estrich).
Untergrund: .....
Nutzlast: ..... kN/m²
Heizleitung: .....
Angeb. Fabrikat: .....

| 10€ | 11€ | **12€** | 14€ | 16€ | [m²] | ⏱ 0,08 h/m² | 041.000.080 |

LB 041
Wärmeversorgungsanlagen - Leitungen, Armaturen, Heizflächen

Kosten:
Stand 1.Quartal 2021
Bundesdurchschnitt

Nr.	Kurztext / Langtext					[Einheit]	Ausf.-Dauer	Kostengruppe Positionsnummer
▶	▷	ø netto €	◁	◀				

A 10 — Fußbodenheizung, Typ A, Träger/Leitung — Beschreibung für Pos. 69-70

Fußbodenheizung DIN EN 1264-1, für Verlegesystem Typ A (Verlegung im Estrich), Rohr aus Polyethylen PE-X DIN EN ISO 15875-1 und DIN EN ISO 15875-2, sauerstoffdicht DIN 4726, einschl. Trägersystem.
Vorlauftemperatur: 30°C
Norm-Innentemperatur: 18°C
Außendurchmesser: 17 mm
Rohrstärke: 2 mm
Trägersystem: .....
Ausführung gem. Einzelbeschreibung: .....
Angeb. Fabrikat / Typ: .....

69 — Fußbodenheizung, Typ A, Träger/PE-X Rohr, 100 — KG 423
Wie Ausführungsbeschreibung A 10
Verlegeabstand: 100 mm

▶	▷	ø	◁	◀	[Einheit]	Ausf.-Dauer	Pos.-Nr.
23€	24€	**25€**	27€	30€	[m²]	1,20 h/m²	041.000.016

70 — Fußbodenheizung, Typ A, Träger/PE-X Rohr, 200 — KG 423
Wie Ausführungsbeschreibung A 10
Verlegeabstand: 200 mm

▶	▷	ø	◁	◀	[Einheit]	Ausf.-Dauer	Pos.-Nr.
–€	19€	**20€**	21€	–€	[m²]	1,00 h/m²	041.000.114

71 — Anbindeleitung, PE-X 17mm, Fußbodenheizung — KG 423
Anbindeleitung der Fußbodenheizung DIN EN 1264-1, für Verlegesystem Typ A (Verlegung im Estrich), mit Rohr aus Polyethylen PE-X DIN EN ISO 15875-1 und DIN EN ISO 15875-2, sauerstoffdicht DIN 4726, einschl. Trägerbefestigung.
Vorlauftemperatur: .....°C
Norm-Innentemperatur: .....°C
Außendurchmesser: 17 mm
Wanddicke: 2

▶	▷	ø	◁	◀	[Einheit]	Ausf.-Dauer	Pos.-Nr.
2€	3€	**3€**	4€	5€	[m]	0,10 h/m	041.000.074

72 — Schutzummantelung, Fußbodenheizrohr — KG 423
Flexible Ummantelung zum Schutz des Fußbodenheizungsrohrs beim Kreuzen von Dehn-/Bewegungsfugen und im Verteilerbereich.
Ausführung: .....
Material: .....
Länge.: ..... mm
Außendurchmesser: ...... mm
Innendurchmesser: ..... mm
Ausführung gem. Einzelbeschreibung: .....

▶	▷	ø	◁	◀	[Einheit]	Ausf.-Dauer	Pos.-Nr.
0,7€	1,9€	**2,2€**	2,4€	4,0€	[St]	0,10 h/St	041.000.115

▶ min
▷ von
ø Mittel
◁ bis
◀ max

Nr.	Kurztext / Langtext							Kostengruppe
▶	▷	ø netto €	◁	◀	[Einheit]		Ausf.-Dauer	Positionsnummer

73 Ummantelung, Anbindeleitung — KG 423

Flexible Ummantelung als Überschub für Anbindeleitungen, zur Reduzierung der Heizleistung.
Ausführung: .....
Material: .....
Länge.: ..... mm
Außendurchmesser: ...... mm
Innendurchmesser: ..... mm
Ausführung gem. Einzelbeschreibung: .....

| 1 € | 2 € | **2 €** | 3 € | 4 € | [m] | ⏱ 0,10 h/m | 041.000.116 |

74 Funktionsheizen, Fußbodenheizung — KG 423

Auf- und Abheizen der Fußbodenheizfläche nach Freigabe durch die Estrichfirma, gem. Aufheizprotokoll des Estrichherstellers, einschl. Erstellen eines Funktionsheiz-Protokolls.
Estrich: .....
Ausführung gem. Einzelbeschreibung: .....

| 0,1 € | 0,3 € | **0,4 €** | 0,8 € | 3,5 € | [m²] | – | 041.000.117 |

75 Belegreifheizen, Fußbodenheizung — KG 423

Belegreifheizen, nach abgeschlossenem Funktionsheizen und vor dem Belegen des Estrichs mit Oberbelägen, zur schnelleren Austrocknung des Estrichs. Belegreifheizen nach Datenblatt "FBH-D4" der "Schnittstellenkoordination bei beheizten Fußbodenkonstruktionen" des BVF (Bundesverbands Flächenheizung e.V.), einschl. Erstellen eines Belegreifheiz-Protokolls.
Estrich: .....
Ausführung gem. Einzelbeschreibung: .....

| 0,1 € | 0,2 € | **0,4 €** | 0,5 € | 2,5 € | [m²] | – | 041.000.118 |

76 Einregulierung/Inbetriebnahme, Fußbodenheizung — KG 423

Verteilerweise Einregulierung der gesamten Fußboden-Heizungsanlage mit vorhergegangenem Befüllen, Spülen und Druckprobe nach Herstellerangabe. Einstellung der erforderlichen Wassermengen für die einzelnen Heizkreise, Inbetriebnahme und Erstellen eines Einstellprotokolls.
Ausführung gem. Einzelbeschreibung: .....

| 75 € | 272 € | **746 €** | 1.982 € | 3.402 € | [psch] | – | 041.000.119 |

77 Messung, Feuchte, Fußbodenheizung — KG 353

Feuchtigkeitsmessung des Estrichs der Fußbodenheizung, entsprechend Schnittstellenkoordination des BVF (Bundesverbands Flächenheizung e.V.) mit Protokollierung. Messstellenset aus Kunststoff, pro Raum eine Messstelle, bei größeren Räumen (etwa 50m²) entsprechend mehr. Um den Messpunkt herum darf sich im abstand von 10cm (Durchmesser 20cm) kein Heizrohr befinden.
Ausführung gem. Einzelbeschreibung: .....

| – € | 38 € | **48 €** | 59 € | – € | [St] | ⏱ 0,50 h/St | 041.000.120 |

LB 042 Gas- und Wasseranlagen - Leitungen, Armaturen

Preise €

Kosten: Stand 1.Quartal 2021 Bundesdurchschnitt

Legende:
- ▶ min
- ▷ von
- ø Mittel
- ◁ bis
- ◀ max

Nr.	Positionen	Einheit	▶	▷ ø brutto € / ø netto €		◁	◀
1	Hauseinführung, DN25	St	22 / 19	80 / 67	**117** / **99**	179 / 151	263 / 221
2	Hauswasserstation, Druckminderer/Wasserfilter, DN40	St	261 / 219	402 / 338	**458** / **385**	619 / 520	921 / 774
3	Leitung, Metallverbundrohr, DN12	m	3,1 / 2,6	7,8 / 6,6	**9,7** / **8,2**	12 / 10	18 / 15
4	Leitung, Metallverbundrohr, DN20	m	7,1 / 6,0	16 / 13	**17** / **14**	20 / 17	29 / 24
5	Leitung, Metallverbundrohr, DN32	m	18 / 15	27 / 22	**32** / **27**	37 / 31	46 / 38
6	Leitung, Metallverbundrohr, DN50	m	– / –	52 / 43	**55** / **46**	57 / 48	– / –
7	Leitung, Kupferrohr, 15mm	m	15 / 12	20 / 17	**23** / **19**	24 / 21	28 / 24
8	Leitung, Kupferrohr, 22mm	m	19 / 16	23 / 19	**25** / **21**	31 / 26	37 / 31
9	Leitung, Kupferrohr, 35mm	m	30 / 25	38 / 32	**41** / **34**	42 / 35	56 / 47
10	Leitung, Kupferrohr, 54mm	m	44 / 37	61 / 51	**64** / **54**	70 / 59	82 / 69
11	Leitung, Edelstahlrohr, 15mm	m	8,8 / 7,4	17 / 14	**20** / **17**	22 / 19	27 / 22
12	Leitung, Edelstahlrohr, 22mm	m	14 / 12	25 / 21	**25** / **21**	29 / 25	39 / 32
13	Leitung, Edelstahlrohr, 35mm	m	24 / 20	35 / 30	**38** / **32**	44 / 37	56 / 47
14	Leitung, Edelstahlrohr, 54mm	m	34 / 29	46 / 39	**49** / **41**	61 / 51	81 / 68
15	Löschwasserleitung, verzinktes Rohr, DN50	m	51 / 43	54 / 46	**56** / **47**	58 / 49	62 / 52
16	Löschwasserleitung, verzinktes Rohr, DN100	m	– / –	83 / 69	**93** / **78**	100 / 84	– / –
17	Kugelhahn, DN15	St	6 / 5	15 / 13	**20** / **17**	21 / 17	43 / 36
18	Kugelhahn, DN25	St	18 / 15	28 / 24	**31** / **26**	32 / 27	39 / 33
19	Kugelhahn, DN50	St	58 / 49	64 / 54	**65** / **54**	70 / 58	76 / 64
20	Eckventil, DN15	St	7 / 6	20 / 17	**24** / **21**	42 / 35	65 / 54
21	Absperr-Schrägsitzventil DN15	St	54 / 45	67 / 57	**74** / **62**	81 / 68	94 / 79
22	Absperr-Schrägsitzventil, DN25	St	86 / 73	102 / 86	**113** / **95**	120 / 101	139 / 117
23	Absperr-Schrägsitzventil, DN50	St	263 / 221	291 / 245	**300** / **252**	316 / 266	345 / 290
24	Absperr-Schrägsitzventil, DN65	St	– / –	400 / 336	**445** / **374**	495 / 416	– / –

© BKI Baukosteninformationszentrum; Erläuterungen zu den Tabellen siehe Seite 44

Gas- und Wasseranlagen - Leitungen, Armaturen — Preise €

Nr.	Positionen	Einheit	▶	▷ ø brutto €	◁	◀
				ø netto €		
25	Zirkulations-Reguliervenil, DN20	St	84	99	**109**	116	131
			70	83	**92**	97	110
26	Zirkulations-Reguliervenil, DN32	St	177	199	**207**	226	248
			148	167	**174**	190	209
27	Füll- und Entleerventil, DN15	St	8	16	**20**	49	88
			7	13	**17**	41	74
28	Warmwasser-Zirkulationspumpe, DN20	St	186	279	**322**	391	544
			156	235	**270**	329	457
29	Membran-Sicherheitsventil, Warmwasserbereiter	St	39	55	**68**	86	142
			33	47	**57**	72	119
30	Enthärtungsanlage	St	1.567	1.982	**2.079**	2.089	2.656
			1.317	1.665	**1.747**	1.756	2.232
31	Leitung, Kupferrohr ummantelt, DN10	m	–	3,8	**4,2**	4,7	–
			–	3,2	**3,6**	3,9	–
32	Leitung, Kupferrohr ummantelt, DN20	m	7,6	8,6	**8,9**	9,4	11
			6,4	7,2	**7,5**	7,9	9,0

Nr.	Kurztext / Langtext						Kostengruppe
▶	▷	ø netto €	◁	◀	[Einheit]	Ausf.-Dauer	Positionsnummer

1 Hauseinführung, DN25 — KG **412**

Wanddurchführung für **Erdgas / Trinkwasser** mit Absperrarmatur nach Vorschrift des zuständigen Versorgungsunternehmens. Anschlüsse mit / ohne anschweißenden Dichtungsbahnen für Bauten, einschl. Herstellen der für Hauseinführung notwendigen Kernbohrung.
Wand: **Beton / Mauerwerk**
Dicke: bis 24 cm
Abdichtung: drückendes / nichtdrückendes Wasser
Medium: Erdgas, Trinkwasser
Material: **Gusseisen / Kunststoff / Stahl**
Medienleitung: DN25
Anschluss PN: 10 bar

| 19€ | 67€ | **99**€ | 151€ | 221€ | [St] | ⏱ 0,40 h/St | 042.000.010 |

2 Hauswasserstation, Druckminderer/Wasserfilter, DN40 — KG **412**

Hauswasserstation geprüft DIN EN 13443-1, mit Druckminderer (Armaturengruppe I) mit Feinfilter in Klarsichthaube aus Polyethylen. Filtrationsfeinheit 0,1mm mit Rückspülvorrichtung, Ablaufhahn DN15 (R1/2) und Rückflussverhinderer. Mit Vor- und Hinterdruckmanometer, einstellbar. Gerade Bauform mit Anschlüsse mit Verschraubungen DN40 (R1 1/2).
Vordruck max.: 16 bar
Hinterdruck: 1,5 bis 6 bar
Mindestdruckgefälle: ca. 1 bar
Betriebstemperatur max.: 40°C

| 219€ | 338€ | **385**€ | 520€ | 774€ | [St] | ⏱ 0,80 h/St | 042.000.009 |

LB 042
Gas- und Wasseranlagen - Leitungen, Armaturen

Kosten:
Stand 1.Quartal 2021
Bundesdurchschnitt

▶ min
▷ von
ø Mittel
◁ bis
◀ max

Nr.	Kurztext / Langtext					[Einheit]	Ausf.-Dauer	Kostengruppe Positionsnummer
▶	▷	ø netto €	◁	◀				

A 1 — Leitung, Metallverbundrohr
Beschreibung für Pos. **3-6**

Metallverbundrohr aus Mehrschichtverbundwerkstoff (PE, Aluminium, PE) DIN EN 16836, für Trinkwasser warm und kalt DIN 1988-200. einschl. Dichtungs- und Befestigungsmittel, Form- und Verbindungsstücke (Fitting) werden gesondert vergütet. Längskraftschlüssige Verbindung durch Verpressen des Rohrs auf den Fitting.

3 — Leitung, Metallverbundrohr, DN12 — KG **412**
Wie Ausführungsbeschreibung A 1
Außendurchmesser: 16 mm
Verlegehöhe: **3,50 / 5,00 / 7,00** m über Fußboden

| 3€ | 7€ | **8**€ | 10€ | 15€ | [m] | ⏱ 0,28 h/m | 042.000.008 |

4 — Leitung, Metallverbundrohr, DN20 — KG **412**
Wie Ausführungsbeschreibung A 1
Außendurchmesser: 26 mm
Verlegehöhe: **3,50 / 5,00 / 7,00** m über Fußboden

| 6€ | 13€ | **14**€ | 17€ | 24€ | [m] | ⏱ 0,28 h/m | 042.000.045 |

5 — Leitung, Metallverbundrohr, DN32 — KG **412**
Wie Ausführungsbeschreibung A 1
Außendurchmesser: 40 mm
Verlegehöhe: **3,50 / 5,00 / 7,00** m über Fußboden

| 15€ | 22€ | **27**€ | 31€ | 38€ | [m] | ⏱ 0,28 h/m | 042.000.046 |

6 — Leitung, Metallverbundrohr, DN50 — KG **412**
Wie Ausführungsbeschreibung A 1
Außendurchmesser: 63 mm
Verlegehöhe: **3,50 / 5,00 / 7,00** m über Fußboden

| –€ | 43€ | **46**€ | 48€ | –€ | [m] | ⏱ 0,28 h/m | 042.000.049 |

A 2 — Leitung, Kupferrohr
Beschreibung für Pos. **7-10**

Kupferrohr DIN EN 1057 für Trinkwasser DIN 1988-200, blank, in Stangen, einschl. Rohrverbindung **löten / pressen**, mit Aufhängung.

7 — Leitung, Kupferrohr, 15mm — KG **412**
Wie Ausführungsbeschreibung A 2
Aufhängung Oberkante Rohr: bis **3,50 / 5,0 / 7,00** m
Nennweite: 15 mm
Wandstärke: 1 mm

| 12€ | 17€ | **19**€ | 21€ | 24€ | [m] | ⏱ 0,25 h/m | 042.000.001 |

8 — Leitung, Kupferrohr, 22mm — KG **412**
Wie Ausführungsbeschreibung A 2
Aufhängung Oberkante Rohr: bis **3,50 / 5,0 / 7,00** m
Nennweite: 22 mm
Wandstärke: 1 mm

| 16€ | 19€ | **21**€ | 26€ | 31€ | [m] | ⏱ 0,25 h/m | 042.000.012 |

Nr.	Kurztext / Langtext					Kostengruppe	
▶	▷ ø netto € ◁ ◀				[Einheit]	Ausf.-Dauer	Positionsnummer

9 — Leitung, Kupferrohr, 35mm — KG 412
Wie Ausführungsbeschreibung A 2
Aufhängung Oberkante Rohr: bis **3,50 / 5,0 / 7,00** m
Nennweite: 35 mm
Wandstärke: 1,5mm

| 25€ | 32€ | **34€** | 35€ | 47€ | [m] | ⏱ 0,25 h/m | 042.000.014 |

10 — Leitung, Kupferrohr, 54mm — KG 412
Wie Ausführungsbeschreibung A 2
Aufhängung Oberkante Rohr: bis **3,50 / 5,0 / 7,00** m
Nennweite: 54 mm
Wandstärke: 2 mm

| 37€ | 51€ | **54€** | 59€ | 69€ | [m] | ⏱ 0,25 h/m | 042.000.016 |

A 3 — Leitung, Edelstahlrohr — Beschreibung für Pos. **11-14**
Rohrleitung; Edelstahl aus nichtrostendem Cr-Ni-Mo-Stahl, in geschweißter Ausführung, DVGW GW 541 für Trinkwasser DIN 1988-200, in Stangen, beständig gegen alle natürlichen Trinkwasserinhaltsstoffe, verlegt nach den Richtlinien des Herstellers, einschl. Rohrverbindung sowie Befestigungsmaterial, körperschallgedämmt.

11 — Leitung, Edelstahlrohr, 15mm — KG 412
Wie Ausführungsbeschreibung A 3
Werkstoff-Nr.: .....
Maximaler Betriebsdruck: 16 bar
Maximale Temperatur: 85°C
Nennweite: 15 mm
Wandstärke: 1 mm
Verlegung in Gebäuden bis **3,50 / 5,00 / 7,00** m **über Gelände / Fußboden**

| 7€ | 14€ | **17€** | 19€ | 22€ | [m] | ⏱ 0,14 h/m | 042.000.004 |

12 — Leitung, Edelstahlrohr, 22mm — KG 412
Wie Ausführungsbeschreibung A 3
Werkstoff-Nr.: .....
Maximaler Betriebsdruck: 16 bar
Maximale Temperatur: 85°C
Nennweite: 22 mm
Wandstärke: 1,2 mm
Verlegung in Gebäuden bis **3,50 / 5,00 / 7,00** m **über Gelände / Fußboden**

| 12€ | 21€ | **21€** | 25€ | 32€ | [m] | ⏱ 0,14 h/m | 042.000.024 |

LB 042
Gas- und Wasseranlagen - Leitungen, Armaturen

Kosten:
Stand 1.Quartal 2021
Bundesdurchschnitt

Nr.	Kurztext / Langtext					[Einheit]	Ausf.-Dauer	Kostengruppe Positionsnummer
▶	▷	ø netto €	◁	◀				
13	**Leitung, Edelstahlrohr, 35mm**							KG **412**
Wie Ausführungsbeschreibung A 3								
Werkstoff-Nr.:								
Maximaler Betriebsdruck: 16 bar								
Maximale Temperatur: 85°C								
Nennweite: 35mm								
Wandstärke: 1,5mm								
Verlegung in Gebäuden bis **3,50 / 5,00 / 7,00 m über Gelände / Fußboden**								
20€	30€	**32**€	37€	47€		[m]	0,14 h/m	042.000.026
14	**Leitung, Edelstahlrohr, 54mm**							KG **412**
Wie Ausführungsbeschreibung A 3								
Werkstoff-Nr.:								
Maximaler Betriebsdruck: 16 bar								
Maximale Temperatur: 85°C								
Nennweite: 54 mm								
Wandstärke: 1,5 mm								
Verlegung in Gebäuden bis **3,50 / 5,00 / 7,00 m über Gelände / Fußboden**								
29€	39€	**41**€	51€	68€		[m]	0,14 h/m	042.000.028
15	**Löschwasserleitung, verzinktes Rohr, DN50**							KG **474**
Rohrleitung, Gewinderohr mittelschwer, geschweißt, DIN EN 10255 einschl. Rohrbefestigung und Verbindungsstücke.								
Oberfläche: verzinkt DIN EN 10240								
Durchmesser: 60,3 mm								
Verlegung in Gebäuden: bis **3,50 / 5,00 / 7,00 m über Gelände / Fußboden**								
43€	46€	**47**€	49€	52€		[m]	0,40 h/m	042.000.033
16	**Löschwasserleitung, verzinktes Rohr, DN100**							KG **474**
Rohrleitung, Gewinderohr mittelschwer, geschweißt, DIN EN 10255 einschl. Rohrbefestigung und Verbindungsstücke.								
Oberfläche: verzinkt DIN EN 10240								
Durchmesser: 114,3 mm								
Verlegung in Gebäuden: bis **3,50 / 5,00 / 7,00 m über Gelände / Fußboden**								
–€	69€	**78**€	84€	–€		[m]	0,70 h/m	042.000.036
17	**Kugelhahn, DN15**							KG **412**
Kugelhahn in Durchgangsform.								
Nennweite: DN15								
Gehäuse: **Rotguss / Messing**, für Trinkwasser								
Anschluss Außengewinde: R 1/2								
5€	13€	**17**€	17€	36€		[St]	0,35 h/St	042.000.038

▶ min
▷ von
ø Mittel
◁ bis
◀ max

Nr.	Kurztext / Langtext						Kostengruppe
▶	▷	**ø netto €**	◁	◀	[Einheit]	Ausf.-Dauer	Positionsnummer

18 Kugelhahn, DN25 — KG **412**

Kugelhahn in Durchgangsform.
Nennweite: DN25
Gehäuse: **Rotguss / Messing**, für Trinkwasser
Anschluss Außengewinde: R 1

| 15€ | 24€ | **26€** | 27€ | 33€ | [St] | ⏱ 0,35 h/St | 042.000.040 |

19 Kugelhahn, DN50 — KG **412**

Kugelhahn in Durchgangsform.
Nennweite: DN50
Gehäuse: **Rotguss / Messing**, für Trinkwasser
Anschluss Außengewinde: R 2

| 49€ | 54€ | **54€** | 58€ | 64€ | [St] | ⏱ 0,35 h/St | 042.000.054 |

20 Eckventil, DN15 — KG **412**

Eckventil, verchromt mit Rosette. Als Absperr- und Anschlussventil, mit Schneidringverschraubung.
Gehäuse: entzinkungsbeständiges Messing
Nennweite: DN15
Geräuschverhalten Gruppe DIN 4109-1: **I / II**

| 6€ | 17€ | **21€** | 35€ | 54€ | [St] | ⏱ 0,20 h/St | 042.000.006 |

A 4 Absperr-Schrägsitzventil — Beschreibung für Pos. **21-24**

Absperr-Schrägsitzventil, in Durchgangsform, Muffenanschluss, für Trinkwasser DIN 1988-200, mit Entleerung, Schallschutz-Zulassung, Gehäuse, mit wartungsfreier Spindelabdichtung, mit PTFE-Dichtung. Inkl. Dämmschale und Übergänge auf Kunststoff- bzw. Edelstahlrohr. Absperrung mit Handgriff.

21 Absperr-Schrägsitzventil DN15 — KG **412**

Wie Ausführungsbeschreibung A 4
Nennweite: DN15
Gehäuse: **Rotguss / Messing**
Maximaler Betriebsdruck: **10 / 16** bar

| 45€ | 57€ | **62€** | 68€ | 79€ | [St] | ⏱ 0,30 h/St | 042.000.007 |

22 Absperr-Schrägsitzventil, DN25 — KG **412**

Wie Ausführungsbeschreibung A 4
Nennweite: DN25
Gehäuse: **Rotguss / Messing**
Maximaler Betriebsdruck: **10 / 16** bar

| 73€ | 86€ | **95€** | 101€ | 117€ | [St] | ⏱ 0,30 h/St | 042.000.056 |

23 Absperr-Schrägsitzventil, DN50 — KG **412**

Wie Ausführungsbeschreibung A 4
Nennweite: DN50
Gehäuse: **Rotguss / Messing**
Maximaler Betriebsdruck: **10 / 16** bar

| 221€ | 245€ | **252€** | 266€ | 290€ | [St] | ⏱ 0,30 h/St | 042.000.059 |

LB 042
Gas- und Wasseranlagen - Leitungen, Armaturen

Kosten:
Stand 1.Quartal 2021
Bundesdurchschnitt

▶ min
▷ von
ø Mittel
◁ bis
◀ max

Nr.	Kurztext / Langtext					[Einheit]	Ausf.-Dauer	Kostengruppe Positionsnummer
▶	▷	ø netto €	◁	◀				

24 Absperr-Schrägsitzventil, DN65 KG **412**
Wie Ausführungsbeschreibung A 4
Nennweite: DN65
Gehäuse: **Rotguss / Messing**
Maximaler Betriebsdruck: **10 / 16** bar

| –€ | 336€ | **374**€ | 416€ | –€ | [St] | ⏱ 0,30 h/St | 042.000.060 |

A 5 Zirkulations-Regulierventil Beschreibung für Pos. **25-26**
Zirkulations-Regulierventil, Schallzulassung, mit Temperatur- und digitaler Stellungsanzeige zum hydraulischen Strangabgleich und zur Strangabsperrung, mit Entleerung im Gehäuse, mit Niro-Press-Verschraubung.

25 Zirkulations-Regulierventil, DN20 KG **412**
Wie Ausführungsbeschreibung A 5
Gehäuse: **Rotguss / Messing**
Anschluss: DN20

| 70€ | 83€ | **92**€ | 97€ | 110€ | [St] | ⏱ 0,25 h/St | 042.000.061 |

26 Zirkulations-Regulierventil, DN32 KG **412**
Wie Ausführungsbeschreibung A 5
Gehäuse: **Rotguss / Messing**
Anschluss: DN32

| 148€ | 167€ | **174**€ | 190€ | 209€ | [St] | ⏱ 0,25 h/St | 042.000.063 |

27 Füll- und Entleerventil, DN15 KG **412**
Füll- und Entleerkugelhahn, mit Stopfbuchse, Kette und Kappe.
Anschluss: 1/2"
Gehäuse: Rotguss

| 7€ | 13€ | **17**€ | 41€ | 74€ | [St] | ⏱ 0,20 h/St | 042.000.041 |

28 Warmwasser-Zirkulationspumpe, DN20 KG **412**
Elektronisch geregelte Zirkulationspumpe, für Trinkwasser DIN 1988-200, als wellenloser Pumpenläufer ohne Lagerbuchsen, mit Rückschlagventil, beiderseits mit zweiteiligen Lötverschraubungen, flachdichtend. Als Dauerläufer mit Drehzahlregelung. Druck- und temperaturabhängige Drehzahlanpassung.
Pumpengehäuse: Rotguss
Elektroanschluss: 230 V / 50 Hz
Leistungsaufnahme: ..... Watt
Anschluss: DN20

| 156€ | 235€ | **270**€ | 329€ | 457€ | [St] | ⏱ 0,80 h/St | 042.000.050 |

29 Membran-Sicherheitsventil, Warmwasserbereiter KG **412**
Membran-Sicherheitsventil mit Sicherheitsventil-Austauschsatz, für geschlossene, druckfeste Warmwasserbereiter DIN 1988-200, bauteilgeprüft, mit vergrößertem Austritt.
Gehäuse: **Rotguss / Messing**
Eintritt: DN25
Austritt: DN32
Ansprechdruck: **6, 10, 16** bar
Nenninhalt WWB: bis 5.000 LM

| 33€ | 47€ | **57**€ | 72€ | 119€ | [St] | ⏱ 0,40 h/St | 042.000.048 |

Nr.	**Kurztext** / Langtext							Kostengruppe
▶	▷	**ø netto €**	◁	◀	[Einheit]	Ausf.-Dauer	Positionsnummer

30   Enthärtungsanlage   KG 412

Vollautomatische Enthärtungsanlage für kaltes Trinkwasser DIN EN 14743 und DIN 19636-100, mit selbstständiger Ermittlung der Rohwasserhärte. Vollautomatische Einstellung auf die gewünschte Resthärte per Knopfdruck und permanenter Überprüfung und Nachregulierung bei Abweichungen. Eingebaute Desinfektionseinrichtung mit platinierten Titanelektroden zur Desinfektion des Ionenaustauschers.
Nenndurchfluss: 1,8 m³/h bei 0,8 bar
Max. Durchfluss (kurzzeitig): 3,5 m³/h
Rohranschluss: DN25
Einbaulänge: 195 mm
Salzvorratsbehälter: 36 kg
Salzverbrauch: 0,36 kg je m³, bei Enthärtung von 20° dH auf 8° dH
Nenndruck: PN 10
Kapazität je kg Salz: 5,0 mol
Betriebstemperatur: max. 30°C
Betriebsdruck: 2-7 bar
Mindestfließdruck bei Nenndurchfluss: 2 bar
Elektroanschluss: **230 V / 50 Hz**

1.317€   1.665€   **1.747€**   1.756€   2.232€   [St]   ⏱ 1,00 h/St   042.000.064

A 6   Leitung, Kupferrohr ummantelt   Beschreibung für Pos. **31-32**

Leitung aus Kupferrohr DIN EN 1057 für Trinkwasser-, Heizung-, Gas-, Flüssiggas-Installationen sowie für alle Leitungen ohne Wärmedämmanforderungen. Zum Pressen und Löten geeignet. Ummantelung zur Verminderung von Tauwasserbildung, Schutz vor mechanischer Beschädigung und Korrosionsschutz. Lieferung in Ringen, inkl. Rohrverbindung sowie Befestigungsmaterial, körperschallgedämmt.

31   Leitung, Kupferrohr ummantelt, DN10   KG 412

Wie Ausführungsbeschreibung A 6
Stegmantel: Kunststoff
Farbe: grau
Zulässige Betriebstemperatur: 100°C
Brandverhalten: B2
Beanspruchungsklasse: B
Lieferung: in Ringen
Rohr: 12 x 1 mm
Mantel Außendurchmesser: 16 mm
Maximaler Betriebsdruck über 16 bar

–€   3€   **4€**   4€   –€   [m]   ⏱ 0,15 h/m   042.000.065

LB 042
Gas- und Wasseranlagen - Leitungen, Armaturen

Kosten:
Stand 1.Quartal 2021
Bundesdurchschnitt

Nr.	Kurztext / Langtext		ø netto €			[Einheit]	Ausf.-Dauer	Kostengruppe Positionsnummer
▶	▷			◁	◀			
32	Leitung, Kupferrohr ummantelt, DN20							KG **412**
	Wie Ausführungsbeschreibung A 6							
	Stegmantel: Kunststoff							
	Farbe: grau							
	Zulässige Betriebstemperatur: 100°C							
	Brandverhalten: B2							
	Beanspruchungsklasse: B							
	Lieferung: in Ringen							
	Rohr: 22 x 1 mm							
	Mantel Außendurchmesser: 27 mm							
	Maximaler Betriebsdruck über 16 bar							
	6€	7€	**7€**	8€	9€	[m]	⏱ 0,15 h/m	042.000.068

▶ min
▷ von
ø Mittel
◁ bis
◀ max

| 040 |
| 041 |
| **042** |
| 044 |
| 045 |
| 047 |
| 053 |
| 054 |
| 058 |
| 061 |
| 069 |
| 075 |

LB 044
Abwasseranlagen - Leitungen, Abläufe, Armaturen

Preise €

Kosten: Stand 1. Quartal 2021, Bundesdurchschnitt

- ▶ min
- ▷ von
- ø Mittel
- ◁ bis
- ◀ max

Nr.	Positionen	Einheit	▶	▷ ø brutto € / ø netto €		◁	◀
1	Bodenablauf, DN100	St	444 / 373	503 / 423	**530** / **445**	636 / 535	750 / 631
2	Hebeanlage, DN100	St	879 / 738	4.277 / 3.594	**6.551** / **5.505**	9.031 / 7.589	14.692 / 12.346
3	Dachentwässerung DN80	St	76 / 64	109 / 92	**130** / **109**	160 / 135	206 / 173
4	Rohrbelüfter DN50	St	45 / 38	70 / 59	**84** / **71**	91 / 76	110 / 93
5	Rohrbelüfter DN70	St	76 / 64	96 / 81	**107** / **90**	115 / 97	135 / 114
6	Rohrbelüfter DN100	St	77 / 65	96 / 81	**105** / **88**	115 / 96	148 / 124
7	Grundleitung, PVC-U, DN100	m	22 / 19	25 / 21	**27** / **23**	28 / 24	30 / 26
8	Abwasserleitung, Guss, DN80	m	36 / 30	40 / 34	**43** / **36**	43 / 36	48 / 40
9	Formstück, Bogen, Guss, DN80	St	15 / 12	24 / 20	**28** / **23**	33 / 28	54 / 45
10	Formstück, Abzweig, Guss, DN80	St	25 / 21	28 / 23	**29** / **25**	31 / 26	35 / 29
11	Putzstück, Guss, DN80	St	21 / 18	32 / 27	**37** / **31**	46 / 39	57 / 48
12	Abwasserleitung, Guss, DN100	m	46 / 39	53 / 45	**58** / **49**	61 / 51	66 / 56
13	Formstück, Bogen, Guss, DN100	St	21 / 18	28 / 24	**29** / **24**	35 / 29	45 / 38
14	Formstück, Abzweig, Guss, DN100	St	17 / 14	28 / 23	**37** / **31**	38 / 32	46 / 39
15	Putzstück, Guss, DN100	St	39 / 33	50 / 42	**56** / **47**	57 / 48	67 / 56
16	Abwasserleitung, Guss, DN125	m	54 / 45	69 / 58	**88** / **74**	98 / 82	99 / 83
17	Formstück, Bogen, Guss, DN125	St	27 / 23	33 / 28	**39** / **33**	47 / 39	58 / 48
18	Formstück, Abzweig, Guss, DN125	St	19 / 16	39 / 33	**48** / **40**	60 / 50	76 / 64
19	Abwasserleitung, Guss, DN150	m	– / –	87 / 73	**104** / **88**	106 / 89	– / –
20	Formstück, Bogen, Guss, DN150	St	32 / 27	46 / 38	**55** / **47**	63 / 53	72 / 60
21	Formstück, Abzweig, Guss, DN150	St	46 / 39	76 / 64	**95** / **80**	107 / 90	118 / 99
22	Putzstück, Guss, DN150	St	95 / 80	114 / 96	**136** / **114**	149 / 125	175 / 147
23	Abwasserleitung, HT-Rohr, DN/OD50	m	13 / 11	15 / 13	**16** / **13**	17 / 14	19 / 16
24	Formstück, HT-Bogen, DN/OD50	St	4 / 3	6 / 5	**7** / **6**	10 / 8	14 / 12

© BKI Baukosteninformationszentrum; Erläuterungen zu den Tabellen siehe Seite 44

Abwasseranlagen - Leitungen, Abläufe, Armaturen — Preise €

Nr.	Positionen	Einheit	▶	▷	ø brutto € ø netto €	◁	◀
25	Formstück, HT-Abzweig, DN/OD50	St	5 4	9 8	**11** **9**	14 12	21 17
26	Abwasserleitung, HT-Rohr, DN/OD75	m	21 17	23 20	**24** **20**	26 22	29 24
27	Formstück, HT-Bogen, DN/OD75	St	4 3	7 6	**7** **6**	13 11	18 15
28	Formstück, HT-Abzweig, DN/OD75	St	4 4	8 7	**10** **8**	11 9	15 12
29	Abwasserleitung, HT-Rohr, DN/OD100	m	20 17	26 22	**28** **24**	30 25	36 31
30	Formstück, HT-Bogen, DN/OD100	St	5 4	8 7	**10** **8**	12 10	16 14
31	Formstück, HT-Abzweig, DN/OD100	St	6 5	20 17	**23** **19**	52 44	96 81
32	Formstück, HT Doppelabzweig, DN/OD100	St	20 17	29 24	**40** **33**	55 47	62 52
33	Formstück, HT Übergangsrohr, DN/OD100	St	1,0 0,8	3,8 3,2	**5,0** **4,2**	8,3 7,0	12 10
34	Abwasserleitung, PE-Rohr, DN/OD75	m	9 7	20 17	**24** **21**	28 24	36 30
35	Formstück, PE-Bogen, DN/OD75	St	6 5	8 6	**9** **8**	10 9	13 11
36	Formstück, PE-Abzweig, DN/OD75	St	– –	10 9	**12** **10**	14 11	– –
37	Abwasserleitung, PE-Rohr, DN/OD100	m	38 32	54 45	**61** **51**	83 70	123 103
38	Formstück, PE-Bogen, DN/OD100	St	– –	18 15	**24** **20**	29 25	– –
39	Formstück, PE-Abzweig, DN/OD100	St	– –	20 16	**28** **23**	31 26	– –
40	Formstück, PE-Putzstück, DN/OD100	St	– –	35 30	**44** **37**	53 45	– –
41	Abwasserleitung, PE-Rohr, DN/OD150	m	– –	68 57	**82** **69**	95 80	– –
42	Formstück, PE-Abzweig, DN/OD150	St	83 70	93 79	**107** **90**	115 97	129 109
43	Druckleitung, Schmutzwasserhebeanlage DN40	m	– –	25 21	**33** **28**	37 31	– –
44	Doppelabzweig, SML, DN100	St	– –	56 47	**60** **50**	64 54	– –
45	Abflussleitung, PP-Rohre, DN/OD50, gedämmt	m	21 17	26 22	**29** **25**	33 28	40 33
46	Abflussleitung, PP-Rohre, DN/OD75, gedämmt	m	22 19	28 23	**32** **27**	36 30	43 36
47	Abflussleitung, PP-Rohre, DN/OD90, gedämmt	m	27 23	32 27	**38** **32**	43 36	52 44
48	Abflussleitung, PP-Rohre, DN/OD110 gedämmt	m	28 24	34 28	**39** **33**	44 37	53 44

LB 044 Abwasseranlagen - Leitungen, Abläufe, Armaturen

Abwasseranlagen - Leitungen, Abläufe, Armaturen — Preise €

Kosten: Stand 1.Quartal 2021 Bundesdurchschnitt

Nr.	Positionen	Einheit	▶ min	▷ von	ø brutto € / ø netto €	◁ bis	◀ max
49	Abwasser-Rohrbogen, PP, DN/OD50, gedämmt	St	6,3 / 5,3	9,2 / 7,7	**11** / **8,9**	13 / 11	16 / 13
50	Abwasser-Rohrbogen, PP, DN/OD75, gedämmt	St	8,1 / 6,8	12 / 9,8	**13** / **11**	16 / 14	20 / 17
51	Abwasser-Rohrbogen, PP, DN/OD90, gedämmt	St	11 / 9,4	16 / 14	**19** / **16**	22 / 19	28 / 24
52	Abwasser-Rohrbogen, PP, DN/OD110, gedämmt	St	25 / 21	36 / 30	**41** / **35**	49 / 42	62 / 52
53	Abwasser-Abzweig, PP, DN/OD50, gedämmt	St	11 / 8,9	15 / 13	**18** / **15**	21 / 18	27 / 22
54	Abwasser-Abzweig, PP, DN/OD75, gedämmt	St	13 / 11	19 / 16	**22** / **19**	27 / 23	33 / 28
55	Abwasser-Abzweig, PP, DN/OD90, gedämmt	St	19 / 16	28 / 23	**32** / **27**	38 / 32	48 / 40
56	Abwasser-Abzweig, PP, DN/OD110, gedämmt	St	20 / 17	29 / 25	**34** / **28**	41 / 34	51 / 43
57	Bodenablauf, Gully, bodengleiche Dusche	St	593 / 498	651 / 547	**723** / **607**	867 / 729	998 / 838
58	Bodenablauf, Rinne, bodengleiche Dusche	St	761 / 640	812 / 682	**1.015** / **853**	1.218 / 1.023	1.400 / 1.177
59	Duschrinne, Edelstahl, 900mm	St	342 / 287	442 / 372	**506** / **425**	587 / 494	707 / 594
60	Abdeckung, Duschrinne, Edelstahl	St	– / –	112 / 94	**140** / **117**	182 / 153	– / –

Nr.	Kurztext / Langtext ▶ ▷ ø netto € ◁ ◀	[Einheit]	Ausf.-Dauer	Kostengruppe Positionsnummer
1	**Bodenablauf, DN100**			**KG 411**

Bodenablauf DIN EN 1253-1 für frostfreie Räume, mit Geruchsverschluss und Reinigungsöffnung, mit 2 Isolierflanschen, sowie Aufstockelement, mit Rostrahmen und Rost.
Nennweite: DN100
Ablaufleistung: 2,0 l/s
Gehäuse: Gusseisen
Isolierflansch: DN100
Aufstockelement: **45 / 300 mm** (kürzbar)
Abgang: waagrecht / senkrecht
Rost: V4A / Gusseisen grundbeschichtet
Abmessung (L x B): 150 x 150 mm

| 373 € | 423 € | **445** € | 535 € | 631 € | [St] | ⏱ 0,80 h/St | 044.000.036 |

▶ min
▷ von
ø Mittel
◁ bis
◀ max

Nr.	Kurztext / Langtext						Kostengruppe
▶	▷	ø netto €	◁	◀	[Einheit]	Ausf.-Dauer	Positionsnummer

2 Hebeanlage, DN100 KG **411**

Automatische Schmutzwasser-Hebeanlage für fäkalienfreies Abwasser DIN EN 12050-2, bestehend aus: Kunststoffsammelbehälter mit automatisch schaltender Tauchmotorpumpe und Rückschlagklappe, zwei um 90° versetzte Zulaufstutzen, Entlüftungs- und Druckstutzen. Abdeckung mit Zwischengehäuse, höhenverstellbar. Abdeckplatte wahlweise als Strukturblech, Ausführung mit Bodenablauf und Geruchsverschluss. Alarmschaltgerät netzunabhängig, mit Ausschalter, piezokeramischem Signalgeber. Grüne Betriebsleuchte, potenzialfreier Kontakt zur Ansteuerung einer Leitwarte, Versorgungsteil mit Batterie für 5 Stunden Betrieb bei Netzausfall.
Zulauf: DN100
Schallpegel bei Betrieb: max. 85 dBA
Spannung: 230 V / 12 V = 1,2 VA
Förderleistung: 5,00 m³/h
Förderhöhe: 13 m

| 738€ | 3.594€ | **5.505€** | 7.589€ | 12.346€ | [St] | ⏱ 8,00 h/St | 044.000.037 |

3 Dachentwässerung DN80 KG **411**

Dachwasserablauf für Flachdachentwässerung (mit planmäßig vollgefüllt betriebener Regenwasserleitung), mit Grundkörper aus Kunststoff, Flanschring für Anschluss an Dampfsperre, Befestigungsscheibe für Flanschring, mit Ablaufkörper, sowie Befestigungsscheibe für Einsatzring. Höhenverstellbares Aufsatzstück, mit Laubfangkorb, Isolierkörper, einschl. Befestigungsmaterial.
Nennweite: DN80
Werkstoff Grund- und Ablaufkörper: PE-HD
Anschlussstutzen Abflussleistung: PE-HD
Ablaufleistung: 1-12 l/s

| 64€ | 92€ | **109€** | 135€ | 173€ | [St] | ⏱ 0,60 h/St | 044.000.038 |

4 Rohrbelüfter DN50 KG **411**

Rohrbelüfter zur Belüftung von Abwasserleitungen DIN EN 12380. Mit Sieb für Lufteinlassöffnung, mit Lippendichtung für Abwasserleitung. Allgemeiner bauaufsichtlicher Zulassung.
Abmessung: DN50

| 38€ | 59€ | **71€** | 76€ | 93€ | [St] | ⏱ 0,15 h/St | 044.000.039 |

5 Rohrbelüfter DN70 KG **411**

Rohrbelüfter zur Belüftung von Abwasserleitungen DIN EN 12380. Mit Sieb für Lufteinlassöffnung, mit Lippendichtung für Abwasserleitung. Allgemeiner bauaufsichtlicher Zulassung.
Abmessung: DN70

| 64€ | 81€ | **90€** | 97€ | 114€ | [St] | ⏱ 0,15 h/St | 044.000.051 |

6 Rohrbelüfter DN100 KG **411**

Rohrbelüfter zur Belüftung von Abwasserleitungen DIN EN 12380. Mit Sieb für Lufteinlassöffnung, mit Lippendichtung für Abwasserleitung. Allgemeiner bauaufsichtlicher Zulassung.
Abmessung: DN100

| 65€ | 81€ | **88€** | 96€ | 124€ | [St] | ⏱ 0,15 h/St | 044.000.052 |

LB 044 Abwasseranlagen - Leitungen, Abläufe, Armaturen

Kosten:
Stand 1.Quartal 2021
Bundesdurchschnitt

Nr.	Kurztext / Langtext					[Einheit]	Ausf.-Dauer	Kostengruppe Positionsnummer
▶	▷	ø netto €	◁	◀				

7 Grundleitung, PVC-U, DN100 KG **411**
Abwasserleitung als Grundleitung aus PVC-U-Rohren, allgemeine bauaufsichtliche Zulassung, Verlegung in vorhandenem Graben.
Grundleitung für: **Schmutzwasser / Regenwasser**
Bettung: **gesondert vergütet / bauseits**
Nennweite: DN100
Baulänge **1,00 / 2,00 / 5,00 m**

| 19€ | 21€ | **23€** | 24€ | 26€ | [m] | ⏱ 0,25 h/m | 044.000.035 |

8 Abwasserleitung, Guss, DN80 KG **411**
Abwasserleitungen aus muffenlosen Gussrohren, DIN EN 877 und DIN 19522, innen mit Zweikomponenten-Epoxid-Schutzschicht, außen mit Schutzfarbe versehen. Inklusive aller Verbindungsmaterialien, verschraubbare Spannhülsen aus nichtrostendem Stahl mit Gummidichtmanschette, auch kraftschlüssig, sowie allen Befestigungsteilen. Verlegung in Gebäuden.
Nennweite: DN80
Schutzfarbe: **rotbraun / grau**
Verlegehöhe: bis **3,50 / 5,00 / 10,00** m

| 30€ | 34€ | **36€** | 36€ | 40€ | [m] | ⏱ 0,40 h/m | 044.000.034 |

9 Formstück, Bogen, Guss, DN80 KG **411**
Bogen aller Winkelgrade für Schmutz- und Regenwasserleitung aus Guss, innen mit Zweikomponenten-Epoxid-Schutzschicht, außen mit Schutzfarbe versehen.
Nennweite: DN80
Winkelgrad: ..... °

| 12€ | 20€ | **23€** | 28€ | 45€ | [St] | ⏱ 0,20 h/St | 044.000.001 |

10 Formstück, Abzweig, Guss, DN80 KG **411**
Abzweig aller Winkelgrade für Schmutz- und Regenwasserleitung aus Guss, innen mit Zweikomponenten-Epoxid-Schutzschicht, außen mit Schutzfarbe versehen.
Nennweite: DN80
Winkelgrad: ..... °

| 21€ | 23€ | **25€** | 26€ | 29€ | [St] | ⏱ 0,30 h/St | 044.000.002 |

11 Putzstück, Guss, DN80 KG **411**
Reinigungsöffnung für Schmutz- und Regenwasserleitung aus Guss, innen mit Zweikomponenten-Epoxid-Schutzschicht, außen mit Schutzfarbe versehen.
Öffnung: **rechteckig / rund**
Nennweite: DN80

| 18€ | 27€ | **31€** | 39€ | 48€ | [St] | ⏱ 0,20 h/St | 044.000.003 |

▶ min
▷ von
ø Mittel
◁ bis
◀ max

Nr.	**Kurztext** / Langtext						Kostengruppe	
▶	▷	**ø netto €**	◁	◀	[Einheit]	Ausf.-Dauer	Positionsnummer	

12 Abwasserleitung, Guss, DN100 — KG **411**

Abwasserleitungen aus muffenlosen Gussrohren, DIN EN 877 und DIN 19522, innen mit Zweikomponenten-Epoxid-Schutzschicht, außen mit Schutzfarbe versehen. Inklusive aller Verbindungsmaterialien, verschraubbare Spannhülsen aus nichtrostendem Stahl mit Gummidichtmanschette, auch kraftschlüssig, sowie allen Befestigungsteilen. Verlegung in Gebäuden.
Nennweite: DN100
Schutzfarbe: **rotbraun / grau**
Verlegehöhe: bis **3,50 / 5,00 / 10,00** m

| 39€ | 45€ | **49**€ | 51€ | 56€ | [m] | ⏱ 0,50 h/m | 044.000.004 |

13 Formstück, Bogen, Guss, DN100 — KG **411**

Bogen aller Winkelgrade für Schmutz- und Regenwasserleitung aus Guss, innen mit Zweikomponenten-Epoxid-Schutzschicht, außen mit Schutzfarbe versehen.
Nennweite: DN100
Winkelgrad: ..... °

| 18€ | 24€ | **24**€ | 29€ | 38€ | [St] | ⏱ 0,25 h/St | 044.000.005 |

14 Formstück, Abzweig, Guss, DN100 — KG **411**

Abzweig aller Winkelgrade für Schmutz- und Regenwasserleitung aus Guss, innen mit Zweikomponenten-Epoxid-Schutzschicht, außen mit Schutzfarbe versehen.
Nennweite: DN100
Winkelgrad: ..... °

| 14€ | 23€ | **31**€ | 32€ | 39€ | [St] | ⏱ 0,40 h/St | 044.000.006 |

15 Putzstück, Guss, DN100 — KG **411**

Reinigungsöffnung für Schmutz- und Regenwasserleitung aus Guss, innen mit Zweikomponenten-Epoxid-Schutzschicht, außen mit Schutzfarbe versehen.
Öffnung: **rechteckig / rund**
Nennweite: DN100

| 33€ | 42€ | **47**€ | 48€ | 56€ | [St] | ⏱ 0,25 h/St | 044.000.007 |

16 Abwasserleitung, Guss, DN125 — KG **411**

Abwasserleitungen aus muffenlosen Gussrohren, DIN EN 877 und DIN 19522, innen mit Zweikomponenten-Epoxid-Schutzschicht, außen mit Schutzfarbe versehen. Inklusive aller Verbindungsmaterialien, verschraubbare Spannhülsen aus nichtrostendem Stahl mit Gummidichtmanschette, auch kraftschlüssig, sowie allen Befestigungsteilen. Verlegung in Gebäuden.
Nennweite: DN125
Schutzfarbe: **rotbraun / grau**
Verlegehöhe: bis **3,50 / 5,00 / 10,00** m

| 45€ | 58€ | **74**€ | 82€ | 83€ | [m] | ⏱ 0,50 h/m | 044.000.008 |

17 Formstück, Bogen, Guss, DN125 — KG **411**

Bogen aller Winkelgrade für Schmutz- und Regenwasserleitung aus Guss, innen mit Zweikomponenten-Epoxid-Schutzschicht, außen mit Schutzfarbe versehen.
Nennweite: DN125
Winkelgrad: ..... °

| 23€ | 28€ | **33**€ | 39€ | 48€ | [St] | ⏱ 0,30 h/St | 044.000.009 |

**LB 044
Abwasseranlagen
- Leitungen,
Abläufe,
Armaturen**

Kosten:
Stand 1.Quartal 2021
Bundesdurchschnitt

▶ min
▷ von
ø Mittel
◁ bis
◀ max

Nr.	Kurztext / Langtext						Kostengruppe	
▶	▷	ø netto €	◁	◀		[Einheit]	Ausf.-Dauer	Positionsnummer

18 **Formstück, Abzweig, Guss, DN125** — KG **411**
Abzweig aller Winkelgrade für Schmutz- und Regenwasserleitung aus Guss, innen mit Zweikomponenten-Epoxid-Schutzschicht, außen mit Schutzfarbe versehen.
Nennweite: DN125
Winkelgrad: ..... °

| 16€ | 33€ | **40€** | 50€ | 64€ | [St] | ⏱ 0,40 h/St | 044.000.010 |

19 **Abwasserleitung, Guss, DN150** — KG **411**
Abwasserleitungen aus muffenlosen Gussrohren, DIN EN 877 und DIN 19522, innen mit Zweikomponenten-Epoxid-Schutzschicht, außen mit Schutzfarbe versehen. Inklusive aller Verbindungsmaterialien, verschraubbare Spannhülsen aus nichtrostendem Stahl mit Gummidichtmanschette, auch kraftschlüssig, sowie allen Befestigungsteilen. Verlegung in Gebäuden.
Nennweite: DN150
Schutzfarbe: **rotbraun / grau**
Verlegehöhe: bis **3,50 / 5,00 / 10,00** m

| –€ | 73€ | **88€** | 89€ | –€ | [m] | ⏱ 0,50 h/m | 044.000.012 |

20 **Formstück, Bogen, Guss, DN150** — KG **411**
Bogen aller Winkelgrade für Schmutz- und Regenwasserleitung aus Guss, innen mit Zweikomponenten-Epoxid-Schutzschicht, außen mit Schutzfarbe versehen.
Nennweite: DN150
Winkelgrad: ..... °

| 27€ | 38€ | **47€** | 53€ | 60€ | [St] | ⏱ 0,30 h/St | 044.000.013 |

21 **Formstück, Abzweig, Guss, DN150** — KG **411**
Abzweig aller Winkelgrade für Schmutz- und Regenwasserleitung aus Guss, innen mit Zweikomponenten-Epoxid-Schutzschicht, außen mit Schutzfarbe versehen.
Nennweite: DN150
Winkelgrad: ..... °

| 39€ | 64€ | **80€** | 90€ | 99€ | [St] | ⏱ 0,45 h/St | 044.000.014 |

22 **Putzstück, Guss, DN150** — KG **411**
Reinigungsöffnung für Schmutz- und Regenwasserleitung aus Guss, innen mit Zweikomponenten-Epoxid-Schutzschicht, außen mit Schutzfarbe versehen.
Öffnung: **rechteckig / rund**
Nennweite: DN150R

| 80€ | 96€ | **114€** | 125€ | 147€ | [St] | ⏱ 0,30 h/St | 044.000.015 |

23 **Abwasserleitung, HT-Rohr, DN/OD50** — KG **411**
HT-Abwasserrohre DIN EN 1451-1 mit Steckmuffensystem und mit werkseitig eingebautem Lippendichtring zur Entwässerung innerhalb von Gebäuden und zur Ableitung von aggressiven Medien. Chemische Beständigkeit: Resistent gegenüber anorganischen Salzen, Laugen und Milchsäuren in Konzentrationen, wie sie zum Beispiel in Laborwässern vorhanden sind. Material heißwasserbeständig, lichtstabilisiert, dauerhaft schwer entflammbar.
Material: Polypropylen (PP)
Nennweite: DN / OD50

| 11€ | 13€ | **13€** | 14€ | 16€ | [m] | ⏱ 0,30 h/m | 044.000.016 |

Nr.	Kurztext / Langtext							Kostengruppe
▶	▷	**ø netto €**	◁	◀	[Einheit]	Ausf.-Dauer	Positionsnummer

24   Formstück, HT-Bogen, DN/OD50   KG **411**

HT-Bogen aller Winkelgrade für Schmutz- und Regenwasserleitung aus PP DIN EN 1451-1, Steckmuffensystem mit werkseitig vormontiertem Lippendichtring.
Nennweite: **DN / OD50**
Winkelgrad: ..... °

| 3€ | 5€ | **6€** | 8€ | 12€ | [St] | ⏱ 0,10 h/St | 044.000.017 |

25   Formstück, HT-Abzweig, DN/OD50   KG **411**

HT-Abzweig aller Winkelgrade für Schmutz- und Regenwasserleitung aus PP DIN EN 1451-1, Steckmuffensystem mit werkseitig vormontiertem Lippendichtring.
Nennweite: **DN / OD50**
Winkelgrad: ..... °

| 4€ | 8€ | **9€** | 12€ | 17€ | [St] | ⏱ 0,15 h/St | 044.000.018 |

26   Abwasserleitung, HT-Rohr, DN/OD75   KG **411**

HT-Abwasserrohre DIN EN 1451-1 mit Steckmuffensystem und mit werkseitig eingebautem Lippendichtring zur Entwässerung innerhalb von Gebäuden und zur Ableitung von aggressiven Medien. Chemische Beständigkeit: Resistent gegenüber anorganischen Salzen, Laugen und Milchsäuren in Konzentrationen, wie sie zum Beispiel in Laborwässern vorhanden sind. Material heißwasserbeständig, lichtstabilisiert, dauerhaft schwer entflammbar.
Material: Polypropylen (PP)
Nennweite: **DN / OD75**

| 17€ | 20€ | **20€** | 22€ | 24€ | [m] | ⏱ 0,30 h/m | 044.000.019 |

27   Formstück, HT-Bogen, DN/OD75   KG **411**

HT-Bogen aller Winkelgrade für Schmutz- und Regenwasserleitung aus PP DIN EN 1451-1, Steckmuffensystem mit werkseitig vormontiertem Lippendichtring.
Nennweite: **DN / OD75**
Winkelgrad: ..... °

| 3€ | 6€ | **6€** | 11€ | 15€ | [St] | ⏱ 0,10 h/St | 044.000.020 |

28   Formstück, HT-Abzweig, DN/OD75   KG **411**

HT-Abzweig aller Winkelgrade für Schmutz- und Regenwasserleitung aus PP DIN EN 1451-1, Steckmuffensystem mit werkseitig vormontiertem Lippendichtring.
Nennweite: **DN / OD75**
Winkelgrad: ..... °

| 4€ | 7€ | **8€** | 9€ | 12€ | [St] | ⏱ 0,15 h/St | 044.000.021 |

29   Abwasserleitung, HT-Rohr, DN/OD100   KG **411**

HT-Abwasserrohre DIN EN 1451-1 mit Steckmuffensystem und mit werkseitig eingebautem Lippendichtring zur Entwässerung innerhalb von Gebäuden und zur Ableitung von aggressiven Medien. Chemische Beständigkeit: Resistent gegenüber anorganischen Salzen, Laugen und Milchsäuren in Konzentrationen, wie sie zum Beispiel in Laborwässern vorhanden sind. Material heißwasserbeständig, lichtstabilisiert, dauerhaft schwer entflammbar.
Material: Polypropylen (PP)
Nennweite: **DN / OD100**

| 17€ | 22€ | **24€** | 25€ | 31€ | [m] | ⏱ 0,35 h/m | 044.000.022 |

LB 044 Abwasseranlagen - Leitungen, Abläufe, Armaturen

Kosten:
Stand 1.Quartal 2021
Bundesdurchschnitt

Nr.	Kurztext / Langtext				[Einheit]	Ausf.-Dauer	Kostengruppe Positionsnummer
▶ min	▷ von	ø Mittel	◁ bis	◀ max			

30 Formstück, HT-Bogen, DN/OD100 — KG **411**
HT-Bogen aller Winkelgrade für Schmutz- und Regenwasserleitung aus PP DIN EN 1451-1, Steckmuffensystem mit werkseitig vormontiertem Lippendichtring.
Nennweite: **DN / OD100**
Winkelgrad: ..... °

▶	▷	ø	◁	◀	[Einheit]	Dauer	Pos.-Nr.
4€	7€	**8€**	10€	14€	[St]	0,10 h/St	044.000.023

31 Formstück, HT-Abzweig, DN/OD100 — KG **411**
HT-Abzweig aller Winkelgrade für Schmutz- und Regenwasserleitung aus PP DIN EN 1451-1, Steckmuffensystem mit werkseitig vormontiertem Lippendichtring.
Nennweite: **DN / OD100**
Winkelgrad: ..... °

5€	17€	**19€**	44€	81€	[St]	0,20 h/St	044.000.024

32 Formstück, HT Doppelabzweig, DN/OD100 — KG **411**
HT-Eck-Doppelabzweig für Schmutz- und Regenwasserleitung aus PP DIN EN 1451-1, Steckmuffensystem mit werkseitig vormontiertem Lippendichtring, Abgänge mit gleichen bzw. reduzierten Durchmessern, **87, 70, 45°, in Eck- / Gabelform.**
Anschluss: **DN / OD100**

17€	24€	**33€**	47€	52€	[St]	0,20 h/St	044.000.048

33 Formstück, HT Übergangsrohr, DN/OD100 — KG **411**
HT-Übergangsrohr exzentrisch für Schmutz- und Regenwasserleitung aus PP DIN EN 1451-1, Steckmuffensystem mit werkseitig vormontiertem Lippendichtring.
Anschluss: **DN / OD100**
Übergang auf: **DN / OD70 / DN / OD50**

0,8€	3,2€	**4,2€**	7,0€	10€	[St]	0,12 h/St	044.000.049

34 Abwasserleitung, PE-Rohr, DN/OD75 — KG **411**
Abwasserleitung aus PE-Rohr, heißwasserbeständig und schallgedämmt, Verlegung in Gebäuden, Form- und Verbindungsstücke werden gesondert vergütet, einschl. Rohrbefestigungen, körperschallgedämmt.
Nennweite: **DN / OD75**

7€	17€	**21€**	24€	30€	[m]	0,30 h/m	044.000.025

35 Formstück, PE-Bogen, DN/OD75 — KG **411**
Bogen aller Winkelgrade für Schmutz- und Regenwasserleitung aus PE.
Nennweite: **DN / OD75**
Winkelgrad: ..... °

5€	6€	**8€**	9€	11€	[St]	0,10 h/St	044.000.026

36 Formstück, PE-Abzweig, DN/OD75 — KG **411**
Abzweig aller Winkelgrade für Schmutz- und Regenwasserleitung aus PE.
Nennweite: **DN / OD75**
Winkelgrad: ..... °

–€	9€	**10€**	11€	–€	[St]	0,16 h/St	044.000.027

Nr.	**Kurztext** / Langtext						Kostengruppe	
▶	▷	**ø netto €**	◁	◀	[Einheit]	Ausf.-Dauer	Positionsnummer	

37 Abwasserleitung, PE-Rohr, DN/OD100 — KG **411**

Abwasserleitung aus PE-Rohr, heißwasserbeständig und schallgedämmt, Verlegung in Gebäuden, Form- und Verbindungsstücke werden gesondert vergütet, einschl. Rohrbefestigungen, körperschallgedämmt.
Nennweite: **DN / OD100**

| 32€ | 45€ | **51€** | 70€ | 103€ | [m] | ⏱ 0,34 h/m | 044.000.028 |

38 Formstück, PE-Bogen, DN/OD100 — KG **411**

Bogen aller Winkelgrade für Schmutz- und Regenwasserleitung aus PE.
Nennweite: **DN / OD100**
Winkelgrad: ..... °

| –€ | 15€ | **20€** | 25€ | –€ | [St] | ⏱ 0,10 h/St | 044.000.029 |

39 Formstück, PE-Abzweig, DN/OD100 — KG **411**

Abzweig aller Winkelgrade für Schmutz- und Regenwasserleitung aus PE.
Nennweite: **DN / OD100**
Winkelgrad: ..... °

| –€ | 16€ | **23€** | 26€ | –€ | [St] | ⏱ 0,16 h/St | 044.000.030 |

40 Formstück, PE-Putzstück, DN/OD100 — KG **411**

Reinigungsöffnung für Schmutz- und Regenwasserleitung aus PE.
Öffnung: **rechteckig / rund**
Nennweite: **DN / OD100**

| –€ | 30€ | **37€** | 45€ | –€ | [St] | ⏱ 0,10 h/St | 044.000.031 |

41 Abwasserleitung, PE-Rohr, DN/OD150 — KG **411**

Abwasserleitung aus PE-Rohr, heißwasserbeständig und schallgedämmt, Verlegung in Gebäuden, Form- und Verbindungsstücke werden gesondert vergütet, einschl. Rohrbefestigungen, körperschallgedämmt.
Nennweite: **DN / OD150**

| –€ | 57€ | **69€** | 80€ | –€ | [m] | ⏱ 0,40 h/m | 044.000.032 |

42 Formstück, PE-Abzweig, DN/OD150 — KG **411**

Abzweig aller Winkelgrade für Schmutz- und Regenwasserleitung aus PE.
Nennweite: **DN / OD150**
Winkelgrad: ..... °

| 70€ | 79€ | **90€** | 97€ | 109€ | [St] | ⏱ 0,10 h/St | 044.000.033 |

43 Druckleitung, Schmutzwasserhebeanlage DN40 — KG **411**

Druckleitung, Schmutzwasserhebeanlage, aus korrosionsfestem Material, Verlegung **unterhalb / in der Bodenplatte** zum bauseitigen Anschluss oberhalb des Fertigbodens, Durchdringungen abgedichtet gegen drückendes / nichtdrückendes Wasser, komplett mit allen Anschluss- und Abdichtungsmaterialien.
Druckleitung: DN40
Maximaldruck: **4 / 6** bar

| –€ | 21€ | **28€** | 31€ | –€ | [m] | ⏱ 0,30 h/m | 044.000.047 |

LB 044 Abwasseranlagen - Leitungen, Abläufe, Armaturen

Kosten:
Stand 1.Quartal 2021
Bundesdurchschnitt

▶ min
▷ von
ø Mittel
◁ bis
◀ max

Nr.	Kurztext / Langtext				[Einheit]	Ausf.-Dauer	Kostengruppe Positionsnummer
▶	▷	ø netto €	◁	◀			

44 Doppelabzweig, SML, DN100 — KG 411
Eck-Doppelabzweig für Schmutz- und Regenwasserleitung aus Guss, innen mit Zweikomponenten-Epoxid-Schutzschicht, außen mit Schutzfarbe versehen. 87, 70, 45°, Abgänge mit gleichen bzw. reduzierten Durchmessern, in **Eck-/ Gabelform**.
Anschluss: DN100

| – € | 47 € | **50 €** | 54 € | – € | [St] | ⏱ 0,32 h/St | 044.000.050 |

A 1 Abflussleitung, PP-Rohre, gedämmt — Beschreibung für Pos. 45-48
Schallgedämmtes Abflussrohr DIN EN 1451-1 für Entwässerungsanlagen innerhalb von Gebäuden. Einsetzbar bis 95°C (kurzzeitig); geeignet zur Ableitung chemisch aggressiver Abwässer mit einem pH-Wert von 2 bis 12. Rohrverbindungen sind bis zu einem Wasserüberdruck von 0,5 bar dicht.
Material Rohre und Formteile: mineralverstärktes Polypropylen (PP)
Material Lippendichtring: Styrol-Butadien-Kautschuk (SBR).

45 Abflussleitung, PP-Rohre, DN/OD50, gedämmt — KG 411
Wie Ausführungsbeschreibung A 1
Nennweite: DN/OD50
Baulänge: 1,00 m

| 17 € | 22 € | **25 €** | 28 € | 33 € | [m] | ⏱ 0,28 h/m | 044.000.053 |

46 Abflussleitung, PP-Rohre, DN/OD75, gedämmt — KG 411
Wie Ausführungsbeschreibung A 1
Nennweite: DN/OD75
Baulänge: 1,00 m

| 19 € | 23 € | **27 €** | 30 € | 36 € | [m] | ⏱ 0,28 h/m | 044.000.054 |

47 Abflussleitung, PP-Rohre, DN/OD90, gedämmt — KG 411
Wie Ausführungsbeschreibung A 1
Nennweite: DN/OD90
Baulänge: 1,00 m

| 23 € | 27 € | **32 €** | 36 € | 44 € | [m] | ⏱ 0,28 h/m | 044.000.055 |

48 Abflussleitung, PP-Rohre, DN/OD110 gedämmt — KG 411
Wie Ausführungsbeschreibung A 1
Nennweite: DN/OD110
Baulänge: 1,00 m

| 24 € | 28 € | **33 €** | 37 € | 44 € | [m] | ⏱ 0,32 h/m | 044.000.056 |

A 2 Abwasser-Rohrbogen, PP, gedämmt — Beschreibung für Pos. 49-52
Bogen aller Winkelgrade schallgedämmt für Schmutz- und Regenwasserleitung aus PP DIN EN 1451-1,
Material Rohre und Formteile: mineralverstärktes Polypropylen (PP).
Material Lippendichtring: Styrol-Butadien-Kautschuk (SBR)

49 Abwasser-Rohrbogen, PP, DN/OD50, gedämmt — KG 411
Wie Ausführungsbeschreibung A 2
Nennweite: DN/OD50
Winkelgrad: ..... °

| 5 € | 8 € | **9 €** | 11 € | 13 € | [St] | ⏱ 0,12 h/St | 044.000.057 |

Nr.	Kurztext / Langtext							Kostengruppe
▶	▷	ø netto €	◁	◀	[Einheit]	Ausf.-Dauer	Positionsnummer	

50 Abwasser-Rohrbogen, PP, DN/OD75, gedämmt KG **411**
Wie Ausführungsbeschreibung A 2
Nennweite: DN/OD75
Winkelgrad: ..... °

| 7€ | 10€ | **11€** | 14€ | 17€ | [St] | ⏱ 0,12 h/St | 044.000.058 |

51 Abwasser-Rohrbogen, PP, DN/OD90, gedämmt KG **411**
Wie Ausführungsbeschreibung A 2
Nennweite: DN/OD90
Winkelgrad: ..... °

| 9€ | 14€ | **16€** | 19€ | 24€ | [St] | ⏱ 0,12 h/St | 044.000.059 |

52 Abwasser-Rohrbogen, PP, DN/OD110, gedämmt KG **411**
Wie Ausführungsbeschreibung A 2
Nennweite: DN/OD110
Winkelgrad: ..... °

| 21€ | 30€ | **35€** | 42€ | 52€ | [St] | ⏱ 0,12 h/St | 044.000.060 |

A 3 Abwasser-Abzweig, PP, gedämmt Beschreibung für Pos. **53-56**
Abzweig aller Winkelgrade schallgedämmt für Schmutz- und Regenwasserleitung aus PP DIN EN 1451-1.
Material Rohre und Formteile: mineralverstärktes Polypropylen (PP)
Material Lippendichtring: Styrol-Butadien-Kautschuk (SBR)

53 Abwasser-Abzweig, PP, DN/OD50, gedämmt KG **411**
Wie Ausführungsbeschreibung A 3
Nennweite: DN/OD50
Winkelgrad: ..... °

| 9€ | 13€ | **15€** | 18€ | 22€ | [St] | ⏱ 0,16 h/St | 044.000.061 |

54 Abwasser-Abzweig, PP, DN/OD75, gedämmt KG **411**
Wie Ausführungsbeschreibung A 3
Nennweite: DN/OD75
Winkelgrad: ..... °

| 11€ | 16€ | **19€** | 23€ | 28€ | [St] | ⏱ 0,16 h/St | 044.000.062 |

55 Abwasser-Abzweig, PP, DN/OD90, gedämmt KG **411**
Wie Ausführungsbeschreibung A 3
Nennweite: DN/OD90
Winkelgrad: ..... °

| 16€ | 23€ | **27€** | 32€ | 40€ | [St] | ⏱ 0,16 h/St | 044.000.063 |

56 Abwasser-Abzweig, PP, DN/OD110, gedämmt KG **411**
Wie Ausführungsbeschreibung A 3
Nennweite: DN/OD110
Winkelgrad: ..... °

| 17€ | 25€ | **28€** | 34€ | 43€ | [St] | ⏱ 0,16 h/St | 044.000.064 |

LB 044 Abwasseranlagen - Leitungen, Abläufe, Armaturen

Kosten:
Stand 1.Quartal 2021
Bundesdurchschnitt

Nr.	Kurztext / Langtext				[Einheit]	Ausf.-Dauer	Kostengruppe Positionsnummer
▶ min	▷ von	ø Mittel	◁ bis	◀ max			

57 Bodenablauf, Gully, bodengleiche Dusche — KG 411

Boden-/Deckenablauf DIN EN 1253-1 aus Gusseisen, mit herausnehmbarem Glockengeruchverschluss, mit Pressdichtungsflansch, Abgang **senkrecht / waagrecht**, Gehäuse epoxiert, mit Aufsatzstück aus Gusseisen, epoxiert, mit Pressdichtungsflansch, stufenlos höhenverstellbar, mit Abdichtring, rückstausicher, mit Rostrahmen aus nichtrostendem Stahl.
Durchmesser: DN70-100
Rostrahmen-Nennmaß (B x L): 150 x 150 mm
Gitterrost: nichtrostender Stahl, rutschhemmend, Klasse: L 15
Zusätzliche Ausführungsoptionen: .....
Fabrikat: .....
Typ: .....

▶	▷	ø	◁	◀			
498€	547€	**607€**	729€	838€	[St]	1,20 h/St	044.000.067

58 Bodenablauf, Rinne, bodengleiche Dusche — KG 411

Rinnenablauf für Dusche, höhenverstellbar, Gehäuse aus nichtrostendem Stahl, mit Geruchsverschluss und Reinigungsöffnung, mit Anschlussrand.
Anschluss: DN50-70
Baulänge: über 600 bis 1000 mm
Abgang: **seitlich / senkrecht**
Rost: nichtrostendem Stahl, Klasse K 3
Zusätzliche Ausführungsoptionen: .....
Fabrikat: .....
Typ: .....

| 640€ | 682€ | **853€** | 1.023€ | 1.177€ | [St] | 1,00 h/St | 044.000.068 |

59 Duschrinne, Edelstahl, 900mm — KG 411

Entwässerungsrinne für den Duschbereich aus Edelstahl mit umlaufendem Anschlussrand mit Anschluss für Abdichtung und herausnehmbarem Geruchsverschluss.
Ablaufstutzen: DN50, für Steckrohrmuffensysteme
Ablaufleistung 0,6 l/s
Belastbarkeit: K 3
Rinnenlänge 900 mm
Rinnenbreite: ..... mm

| 287€ | 372€ | **425€** | 494€ | 594€ | [St] | 1,00 h/St | 044.000.065 |

60 Abdeckung, Duschrinne, Edelstahl — KG 411

Abdeckung für Duschrinne aus Edelstahl.
Länge: 900 mm
Design: ....
Oberfläche: poliert
Belastungsklasse: K3

| –€ | 94€ | **117€** | 153€ | –€ | [St] | 0,15 h/St | 044.000.066 |

| 040 |
| 041 |
| 042 |
| **044** |
| 045 |
| 047 |
| 053 |
| 054 |
| 058 |
| 061 |
| 069 |
| 075 |

LB 045
Gas-, Wasser- und Entwässerungsanlagen - Ausstattung, Elemente, Fertigbäder

045

Kosten:
Stand 1.Quartal 2021
Bundesdurchschnitt

▶ min
▷ von
ø Mittel
◁ bis
◀ max

Gas-, Wasser- und Entwässerungsanlagen - Ausstattung, Elemente, Fertigbäder — Preise €

Nr.	Positionen	Einheit	▶	▷	ø brutto € ø netto €	◁	◀
1	Handwaschbecken, Keramik	St	62 52	87 73	**102** **86**	150 126	209 175
2	Waschtisch, Keramik 600x500	St	117 98	240 202	**255** **214**	316 265	487 409
3	Waschtisch, Keramik 500x400	St	102 86	181 152	**237** **199**	272 228	352 296
4	Barrierefreier Waschtisch	St	253 213	287 241	**338** **284**	456 383	625 525
5	Raumsparsiphon, Waschtisch, unterfahrbar	St	110 92	122 103	**141** **118**	169 142	211 177
6	Einhebel-Mischbatterie, Standmontage	St	134 113	199 168	**235** **197**	315 265	459 386
7	Spiegel, Kristallglas	St	20 16	42 35	**48** **40**	66 56	98 83
8	Spiegel, hochkant, für Waschtisch	St	63 53	72 60	**84** **71**	110 92	135 114
9	Badewanne, Stahl 170	St	319 268	485 408	**526** **442**	611 513	934 785
10	Einhandmischer, Badewanne	St	65 55	204 172	**286** **241**	436 366	595 500
11	Thermostatarmatur, Badewanne	St	334 280	445 374	**556** **467**	751 631	1.084 911
12	WC, wandhängend	St	219 184	282 237	**285** **240**	311 261	408 342
13	WC, barrierefrei	St	699 588	835 702	**971** **816**	1.165 979	1.457 1.224
14	WC Spülkasten, mit Betätigungsplatte	St	190 159	212 178	**241** **202**	282 237	344 289
15	Notruf, behindertengerechtes WC	St	450 378	631 530	**758** **637**	888 746	1.063 893
16	WC-Sitz	St	51 43	96 81	**108** **91**	132 111	187 158
17	WC-Bürste	St	6 5	36 30	**63** **53**	67 56	83 70
18	WC-Toilettenpapierhalter	St	27 23	49 41	**60** **51**	72 61	102 85
19	Duschwanne, Stahl 80x80	St	120 101	198 166	**236** **198**	268 225	347 291
20	Duschwanne, Stahl 90x90	St	176 148	290 244	**350** **294**	381 321	540 454
21	Duschwanne, Stahl 100x100	St	233 196	338 284	**403** **339**	463 389	608 511
22	Duschwanne, Stahl 100x80	St	397 334	508 427	**578** **485**	582 489	693 582
23	Einhebelarmatur, Dusche	St	171 143	440 370	**458** **385**	567 476	788 662
24	Duschabtrennung, Kunststoff	St	727 611	898 755	**984** **827**	1.249 1.050	1.585 1.332

© BKI Baukosteninformationszentrum; Erläuterungen zu den Tabellen siehe Seite 44   Kostenstand: 1.Quartal 2021, Bundesdurchschnitt

Gas-, Wasser- und Entwässerungsanlagen - Ausstattung, Elemente, Fertigbäder — Preise €

Nr.	Positionen	Einheit	▶	▷ ø brutto € ø netto €		◁	◀
25	Urinal, Keramik	St	194 163	247 208	**281** **236**	313 263	359 302
26	Installationselement, Urinal	St	216 182	248 208	**265** **223**	303 254	351 295
27	Bidet, Keramik	St	203 170	416 350	**536** **450**	650 546	1.373 1.154
28	Einhandmischer, Bidet	St	178 150	229 193	**269** **226**	323 271	444 373
29	Ausgussbecken, Stahl	St	64 54	163 137	**181** **152**	472 397	776 652
30	Seifenspender, Wandmontage	St	53 44	99 83	**118** **99**	169 142	251 211
31	Papierhandtuchspender, Wandmontage	St	28 24	61 51	**75** **63**	102 86	161 136
32	Einhandmischer, Spültisch	St	39 33	199 167	**264** **222**	366 308	562 472
33	Installationselement, WC	St	38 32	159 133	**249** **209**	277 233	355 298
34	Installationselement, barrierefreies WC	St	631 530	777 653	**971** **816**	1.165 979	1.360 1.143
35	Installationselement, Hygiene-Spül-WC	St	686 577	844 710	**1.056** **887**	1.267 1.064	1.478 1.242
36	Installationselement, Hygiene-Spül-WC	St	276 232	335 282	**394** **331**	473 397	544 457
37	Installationselement, Waschtisch	St	51 43	99 83	**132** **111**	156 131	208 175
38	Installationselement, barrierefreier Waschtisch	St	355 298	441 370	**507** **426**	608 511	694 583
39	Installationselement, barrierefreier Waschtisch, höhenverstellbar	St	243 204	275 231	**324** **272**	382 321	437 367
40	Wandablauf, bodengleiche Dusche	St	549 461	622 523	**732** **615**	864 726	951 800
41	Installationselement, Stützgriff	St	165 138	215 181	**253** **213**	304 255	347 292
42	Unterkonstruktion Stützgriff/Sitz	St	73 62	96 80	**113** **95**	135 114	154 130
43	Haltegriff, Edelstahl, 600mm	St	77 65	111 93	**120** **101**	153 129	197 166
44	Haltegriff, Kunststoff, 300mm	St	80 67	115 97	**141** **118**	167 141	232 195
45	Duschhandlauf, Edelstahl, 600mm	St	– –	408 343	**542** **455**	690 580	– –
46	Haltegriffkombination, BW-Duschbereich	St	352 296	450 378	**563** **473**	676 568	1.182 994
47	Duschsitz, klappbar	St	439 369	540 454	**676** **568**	811 681	926 778

© BKI Baukosteninformationszentrum; Erläuterungen zu den Tabellen siehe Seite 44   Kostenstand: 1.Quartal 2021, Bundesdurchschnitt

LB 045
Gas-, Wasser- und Entwässerungsanlagen - Ausstattung, Elemente, Fertigbäder

Preise €

Nr.	Positionen	Einheit	▶	▷ ø brutto € / ø netto €		◁	◀
48	WC-Rückenstütze	St	225	360	**450**	540	676
			189	303	**378**	454	568
49	Stützgriff, fest, WC	St	345	405	**507**	608	684
			290	341	**426**	511	575
50	Stützgriff, fest, WC mit Spülauslösung	St	519	583	**633**	697	792
			436	490	**532**	585	665
51	Stützgriff, klappbar, WC	St	393	484	**605**	726	829
			331	407	**509**	610	697
52	Stützgriff, fest, Waschtisch	St	274	338	**422**	507	578
			231	284	**355**	426	486
53	Stützgriff, klappbar, Waschtisch	St	394	448	**493**	537	591
			331	377	**414**	451	497

Nr.	Kurztext / Langtext						[Einheit]	Ausf.-Dauer	Kostengruppe Positionsnummer
	▶	▷	ø netto €	◁	◀				

1 Handwaschbecken, Keramik — KG 412
Handwaschbecken mit Überlauf aus Sanitärporzellan, inkl. Befestigung und Schallschutzset DIN 4109.
Größe: ..... x ..... cm
Farbe: .....
Fabrikat: .....
Typ: .....

| 52€ | 73€ | **86€** | 126€ | 175€ | [St] | ⏱ 0,90 h/St | 045.000.001 |

A 1 Waschtisch, Keramik — Beschreibung für Pos. 2-3
Waschtisch mit Überlauf aus Sanitärporzellan, inkl. Befestigung und Schallschutzset DIN 4109.

2 Waschtisch, Keramik 600x500 — KG 412
Wie Ausführungsbeschreibung A 1
Größe: ca. 600 x 500 mm
Farbe: .....
Fabrikat: .....
Typ: .....

| 98€ | 202€ | **214€** | 265€ | 409€ | [St] | ⏱ 1,20 h/St | 045.000.027 |

3 Waschtisch, Keramik 500x400 — KG 412
Wie Ausführungsbeschreibung A 1
Größe: ca. 500 x 400 mm
Farbe: .....

| 86€ | 152€ | **199€** | 228€ | 296€ | [St] | ⏱ 0,90 h/St | 045.000.016 |

Kosten: Stand 1.Quartal 2021 Bundesdurchschnitt

▶ min
▷ von
ø Mittel
◁ bis
◀ max

Nr.	Kurztext / Langtext							Kostengruppe
▶	▷	**ø netto €**	◁	◀	[Einheit]	Ausf.-Dauer	Positionsnummer

4 Barrierefreier Waschtisch KG **412**
Waschbecken, als barrierefreie Ausführung unterfahrbar DIN 18040, aus Sanitärporzellan, glasiert, weiß, mit wasserabweisender Beschichtung, mit Loch für Einlocharmatur, mit Überlauf, für Ablaufventil, inkl. Befestigung und Schallschutzset DIN 4109.
Breite: über 500 bis 550 mm
Ausladung: über 450 bis 500 mm
Fabrikat: .....
Typ: .....

| 213€ | 241€ | **284€** | 383€ | 525€ | [St] | ⏱ 1,25 h/St | 045.000.037 |

5 Raumsparsiphon, Waschtisch, unterfahrbar KG **412**
Geruchsverschluss für Waschbecken, 1 1/4 x DN32, aus Messing, verchromt, als Wandeinbaugeruchsverschluss mit Kasten und Abdeckung, mit Reinigungsöffnung, durch Abdeckplatte verdeckt, für Wandanschluss, verstellbar.

| 92€ | 103€ | **118€** | 142€ | 177€ | [St] | ⏱ 0,15 h/St | 045.000.062 |

6 Einhebel-Mischbatterie, Standmontage KG **412**
Einhand-Waschtischarmatur für Standmontage mit Keramikkartusche und Zugstangen-Ablaufgarnitur, inkl. Durchlaufbegrenzer und Schnellmontagesystem.
Farbe: .....
Angeb. Fabrikat: .....
Typ: .....

| 113€ | 168€ | **197€** | 265€ | 386€ | [St] | ⏱ 0,80 h/St | 045.000.002 |

7 Spiegel, Kristallglas KG **610**
Kristallspiegel, rechteckig, Kanten geschliffen, inkl. Befestigung mit Spiegelklammern.
Abmessung: 600 x 500 mm
Spiegelklammern: **Metall / Kunststoff**
Ecken: **abgerundet / gerade**

| 16€ | 35€ | **40€** | 56€ | 83€ | [St] | ⏱ 0,45 h/St | 045.000.019 |

8 Spiegel, hochkant, für Waschtisch KG **412**
Kristallspiegel, rechteckig, rahmenlos mit C-Kante, poliert und versiegelt.
Befestigung: Magnetaufhängung
Höhe: 1.000 mm
Breite: 500 bis 600 mm
Stärke: ..... mm

| 53€ | 60€ | **71€** | 92€ | 114€ | [St] | ⏱ 0,48 h/St | 045.000.065 |

9 Badewanne, Stahl 170 KG **412**
Badewannenanlage, bestehend aus Badewanne in Stahl, emailliert, Badewannenfüße oder -träger und annenprofil-Dämmstreifen für Bade- und Duschwannen, aus Polyethylen-Schaumstoff, oberseitig mit Silikonfolie kaschiert, inkl. Ab- und Überlaufgarnitur, Grund- und Fertigset für Normalwannen.
Farbe: .....
Größe: 170 x 80 cm

| 268€ | 408€ | **442€** | 513€ | 785€ | [St] | ⏱ 1,80 h/St | 045.000.003 |

LB 045
Gas-, Wasser- und Entwässerungsanlagen - Ausstattung, Elemente, Fertigbäder

Kosten:
Stand 1.Quartal 2021
Bundesdurchschnitt

▶ min
▷ von
ø Mittel
◁ bis
◀ max

Nr.	Kurztext / Langtext						Kostengruppe
▶	▷	ø netto €	◁	◀	[Einheit]	Ausf.-Dauer	Positionsnummer

10 Einhandmischer, Badewanne KG **412**
Einhandmischer für Badewanne in Wandmontage, eigensicher gegen Rückfließen, aus Metall, verchromt, Kugelmischsystem mit Griff, Luftsprudler und Rosetten, inkl. Durchlaufbegrenzer, Geräuschverhalten DIN 4109 Gruppe I, mit Prüfzeichen.
Einbau: Auf- / Unterputz
Ausführungsoptionen: .....
Fabrikat: .....
Typ: .....

| 55€ | 172€ | **241€** | 366€ | 500€ | [St] | ⌚ 0,80 h/St | 045.000.004 |

11 Thermostatarmatur, Badewanne KG **412**
Thermostat-Wandeinbaubatterie / Wandbatterie DIN EN 1111, aus Messing, sichtbare Teile verchromt, mit Temperaturwähler, Grad-Markierung und Temperatursperre, Geräuschverhalten DIN 4109 Gruppe I, mit Prüfzeichen. Armatur für Wanne, mit Absperrung und automatischer Rückstellung, mit Armhebel, Betätigungselement aus Metall, verchromt.
Ausführungsoptionen: .....
Fabrikat: .....
Typ: .....

| 280€ | 374€ | **467€** | 631€ | 911€ | [St] | ⌚ 1,20 h/St | 045.000.069 |

12 WC, wandhängend KG **412**
WC-Anlage, bestehend aus: 1x Tiefspül-WC aus Sanitärporzellan, wandhängend, inkl. Befestigung und Schallschutzset DIN 4109.
Länge: ..... m
Breite: ..... m
Farbe: .....
Spülrand: **mit / ohne**

| 184€ | 237€ | **240€** | 261€ | 342€ | [St] | ⌚ 1,80 h/St | 045.000.005 |

13 WC, barrierefrei KG **412**
Tiefspül-WC, wandhängend an Installationselement, als barrierefreie Ausführung DIN 18040, aus Sanitärporzellan, spülrandlos, glasiert, weiß, mit wasserabweisender Beschichtung, inkl. WC-Sitz und Rückenstütze und Schallschutzset DIN 4109.
Spülwasserbedarf: 6 l
Abgang: waagrecht
Fabrikat: .....
Typ: .....

| 588€ | 702€ | **816€** | 979€ | 1.224€ | [St] | ⌚ 2,00 h/St | 045.000.038 |

14 WC-Spülkasten, mit Betätigungsplatte KG **412**
Unterputz-Spülkasten DIN EN 14055 aus Kunststoff mit wassersparender Zweimengenspültechnik, schwitzwasserisoliert, für Wasseranschluss links, rechts oder hinten mittig, inkl. Betätigungsplatte für Betätigung von vorne, mit 2-Mengenauslösung, Befestigungsrahmen und Befestigung.
Inhalt: **3 / 6 Liter**
Geräuschklasse: I
Größe: ..... x ..... x ..... cm
Farbe: .....

| 159€ | 178€ | **202€** | 237€ | 289€ | [St] | ⌚ 0,85 h/St | 045.000.006 |

Nr.	**Kurztext** / Langtext							Kostengruppe
▶	▷	**ø netto €**	◁	◀	[Einheit]	Ausf.-Dauer	Positionsnummer	

15   Notruf, behindertengerechtes WC KG **452**

Notruf behindertengerechtes WC als Kompakt-Set, bestehend aus 1-Kammer-Signalleuchte rot, Zugtaster, Abstelltaster, Meldeeinheit und Netzteil, einschl. Stromquelle für Sicherheitszwecke DIN VDE 0100-560 (VDE 0100-560), Weiterleitung Störung an Meldeeinheit, Weiterleitung Notruf an Meldeeinheit.
Ausführungsoptionen: .....
Fabrikat: .....
Typ: .....

| 378€ | 530€ | **637**€ | 746€ | 893€ | [St] | ⏱ 1,20 h/St | 045.000.074 |

16   WC-Sitz KG **412**

WC-Sitz mit Deckel und Scharnieren.
Scharniere: **Edelstahl- / Kunststoff**
Farbe: .....
Material: .....

| 43€ | 81€ | **91**€ | 111€ | 158€ | [St] | ⏱ 0,20 h/St | 045.000.007 |

17   WC-Bürste KG **610**

WC-Bürstengarnitur mit herausnehmbarem Glaseinsatz, Bürste mit Griff und Ersatzbürstenkopf, inkl. Befestigungsmaterial.
Farbe: .....

| 5€ | 30€ | **53**€ | 56€ | 70€ | [St] | ⏱ 0,20 h/St | 045.000.008 |

18   WC-Toilettenpapierhalter KG **610**

Toilettenpapierhalter, offene Form mit gebogenem Halter und Abdeckung, für Wandaufbau, inkl. Befestigungsmaterial.
Rollenbreite: 100 und 120 mm
Material: Nylon
Farbe: Standardfarbe nach Wahl
Befestigungsschrauben **sichtbar / verdeckt**

| 23€ | 41€ | **51**€ | 61€ | 85€ | [St] | ⏱ 0,20 h/St | 045.000.017 |

A 2   Duschwanne, Stahl Beschreibung für Pos. **19-22**

Duschwannenanlage bestehend aus Duschwanne, emaillierter Stahl, inkl. Füße für Duschwanne, Wannenprofil-Dämmstreifen und Ablaufgarnitur für Duschwannen mit Haube. Dämmstreifen für Bade- und Duschwannen, aus Polyethylen-Schaumstoff, oberseitig mit Silikonfolie kaschiert, Schallschutz DIN 4109.

19   Duschwanne, Stahl 80x80 KG **412**

Wie Ausführungsbeschreibung A 2
Größe: 80 x 80 x 6 cm
Farbe: .....
Ablauf: **40 / 50** mm

| 101€ | 166€ | **198**€ | 225€ | 291€ | [St] | ⏱ 1,40 h/St | 045.000.009 |

LB 045
Gas-, Wasser- und Entwässerungs-anlagen - Ausstattung, Elemente, Fertigbäder

Kosten:
Stand 1.Quartal 2021
Bundesdurchschnitt

▶ min
▷ von
ø Mittel
◁ bis
◀ max

Nr.	Kurztext / Langtext				[Einheit]	Ausf.-Dauer	Kostengruppe Positionsnummer
▶	▷	ø netto €	◁	◀			
20	**Duschwanne, Stahl 90x90**						KG **412**
	Wie Ausführungsbeschreibung A 2 Größe: 90 x 90 x 6 cm Farbe: ..... Ablauf: **40 / 50** mm						
	148€	244€	**294€**	321€	454€	[St]	⏱ 1,40 h/St	045.000.030
21	**Duschwanne, Stahl 100x100**						KG **412**
	Wie Ausführungsbeschreibung A 2 Größe: 100 x 100 x 6 cm Farbe: ..... Ablauf: **40 / 50** mm						
	196€	284€	**339€**	389€	511€	[St]	⏱ 1,40 h/St	045.000.031
22	**Duschwanne, Stahl 100x80**						KG **412**
	Wie Ausführungsbeschreibung A 2 Größe: 100 x 80 x 6 cm Farbe: ..... Ablauf: **40 / 50** mm						
	334€	427€	**485€**	489€	582€	[St]	⏱ 1,40 h/St	045.000.033
23	**Einhebelarmatur, Dusche**						KG **412**
	Unterputz-Einhebelarmatur für Dusche in Wandmontage, eigensicher gegen Rückfließen, aus Metall, verchromt. Kugelmischsystem mit Griff und Rosetten, inkl. Durchlaufbegrenzer, Geräuschverhalten DIN 4109 Gruppe I, mit Prüfzeichen. Anschluss: DN15						
	143€	370€	**385€**	476€	662€	[St]	⏱ 0,80 h/St	045.000.010
24	**Duschabtrennung, Kunststoff**						KG **610**
	Duschabtrennung für Duschwanne, DIN EN 14428, als Einzelanlage, bestehend aus Tür, Rahmen aus Kunststoff, mit Seitenwänden, inkl. Befestigung mit Wandanschlussprofil, wassergeschützt angesetzt, einschl. Dichtungen. Tür: **Drehtür / Schiebefalztür** Kunststoff: **klar / mit Dekor** mit schmutzabweisender Beschichtung Rahmenfarbe: **weiß / Standardfarbe** Seitenwände: **1 / 2** Breite Eingang: 800 mm Breite Seitenteil: 800 mm Höhe: 2.000 mm						
	611€	755€	**827€**	1.050€	1.332€	[St]	⏱ 2,00 h/St	045.000.041

Nr.	Kurztext / Langtext							Kostengruppe
▶	▷	ø netto €	◁	◀	[Einheit]	Ausf.-Dauer	Positionsnummer	

25 Urinal, Keramik — KG 412

Urinal-Anlage, Urinal aus Sanitärporzellan, verdeckter Zulauf und hinterer Abgang, verdeckter Schraubbefestigung, inkl. herausnehmbarem Sieb aus Edelstahl mit einer geschlossenen Randeinfassung aus EPDM und Absaugsifon, mit Schallschutzset DIN 4109.
Farbe: .....
Stutzen AD: 50 mm
Abgang: waagrecht

163 €	208 €	**236** €	263 €	302 €	[St]	1,50 h/St	045.000.011

26 Installationselement, Urinal — KG 419

Urinal-Installationselement mit selbsttragendem Montagerahmen, Oberfläche pulverbeschichtet, mit verstellbaren Fußstützen verzinkt, für einen Fußbodenaufbau 0 - 20 cm, mit zwei kompletten Keramikbefestigungen und vormontiertem Passstück, Absperrventil und Schmutzfänger, mit Einbauspülkasten DIN EN 14055 und Schutzteil, Einlaufbogen und PE-Fertigablaufanschlussbogen, inkl. Anschlussgarnitur für Einlauf und Ablaufsiphon, einschl. Befestigungsmaterial.
Keramikbefestigungen: M8
Absperrventil: R 1/2
Einlaufbogen: DN25
Ablaufbogen: DN40

182 €	208 €	**223** €	254 €	295 €	[St]	1,30 h/St	045.000.012

27 Bidet, Keramik — KG 412

Bidet DIN EN 14528 aus Sanitärporzellan, wandhängend, inkl. Befestigung und Schallschutzset.
Farbe: .....

170 €	350 €	**450** €	546 €	1.154 €	[St]	2,40 h/St	045.000.014

28 Einhandmischer, Bidet — KG 412

Einhandmischer für Bidet mit Keramikkartusche, Zugknopfablaufgarnitur, Kugelgelenk-Strahlregler und flexiblen Anschlüssen.
Farbe: .....

150 €	193 €	**226** €	271 €	373 €	[St]	0,80 h/St	045.000.015

29 Ausgussbecken, Stahl — KG 412

Ausgussbecken aus emaillierten Stahl, mit Rückwand, für wandhängenden Einbau, mit Klapprost aus Stahl, verzinkt, inkl. Befestigung.
Größe: 500 x 350 mm
Farbe: weiß

54 €	137 €	**152** €	397 €	652 €	[St]	1,20 h/St	045.000.021

30 Seifenspender, Wandmontage — KG 610

Seifenspender für Flüssigseife, Wandmontage, inkl. Befestigung. Ausführungsform rechteckig. Spender für Einwegbehälter, mit vollständiger Erstbefüllung, Entnahme durch Drücken, Gehäuse verschließbar, inkl. Befestigung.
Gehäuse: **Kunststoff / Stahl nichtrostend**
Inhalt: **0,5 / 0,75** Liter

44 €	83 €	**99** €	142 €	211 €	[St]	0,40 h/St	045.000.022

LB 045
Gas-, Wasser- und Entwässerungsanlagen - Ausstattung, Elemente, Fertigbäder

Kosten:
Stand 1.Quartal 2021
Bundesdurchschnitt

Nr.	Kurztext / Langtext				Kostengruppe
▶	▷ ø netto € ◁ ◀			[Einheit]	Ausf.-Dauer Positionsnummer

31 Papierhandtuchspender, Wandmontage — KG 610

Papierhandtuchspender, für Wandmontage, für Falt-Papierhandtücher, inkl. Erstbefüllung und Befestigung.
Fassungsvermögen: 300 Stück
Handtücher in: Lagen-Falzung, **25 / 33** cm
Gehäuse: **Kunststoff/ Stahl nichtrostend**
Vorratsbehälter: verschließbar

| 24€ | 51€ | **63**€ | 86€ | 136€ | [St] | ⏱ 0,35 h/St | 045.000.023 |

32 Einhandmischer, Spültisch — KG 412

Einhandmischer für Spültisch, Kugelmischsystem, schwenkbarer Auslauf, Luftsprudler.
Oberfläche: verchromt
Durchmesser: DN15

| 33€ | 167€ | **222**€ | 308€ | 472€ | [St] | ⏱ 0,70 h/St | 045.000.024 |

33 Installationselement, WC — KG 419

WC-Installationselement für wandhängendes WC, Rahmen aus Stahl, pulverbeschichtet mit verstellbaren Fußstützen verzinkt, für einen Fußbodenaufbau von 0-20cm mit UP-Spülkasten DIN EN 14055, Betätigungsplatte mit Befestigungsrahmen, umstellbar auf Spül-Stopp-Funktion, für Betätigung von vorn. Vormontierter Wasseranschluss, Eckventil, schallgeschützter **Klemm- / Pressanschluss** aus Rotguss, C-Anschlussbogen, WC-Anschlussgarnitur, Befestigungsmaterial für Element und WC, inkl. Klein- und Befestigungsmaterial.
Wasseranschluss: Rp1/2
Anschlussbogen: **DN90 / DN100**

| 32€ | 133€ | **209**€ | 233€ | 298€ | [St] | ⏱ 1,00 h/St | 045.000.026 |

34 Installationselement, barrierefreies WC — KG 419

Installationselement als Einzelelement, statisch belastbar und stufenlos höhenverstellbar, für wandhängendes barrierefreies WC, mit beidseitiger Befestigungsmöglichkeit von Stützgriffen, inkl. Einbauspülkasten DIN EN 14055 und Ablaufbogen aus PE-HD-Rohr. Element für Metallständerwände und Vorwandmontage, zum Beplanken mit **Gipskarton / Gipsfaserplatten**, für Aufbau auf Rohfußboden, zur Wand- und Fußbodenbefestigung. Leistung mit Befestigung und Anschlüssen für Zu- und Abläufe.
Verstellbereich: 0 bis 200 mm
Einbauhöhe: über 1.000 bis 1.200 mm
Breite: 850 bis 1.000 mm
Fabrikat: .....
Typ: .....

| 530€ | 653€ | **816**€ | 979€ | 1.143€ | [St] | ⏱ 1,30 h/St | 045.000.042 |

▶ min
▷ von
ø Mittel
◁ bis
◀ max

Nr.	Kurztext / Langtext							Kostengruppe
▶	▷	ø netto €	◁	◀	[Einheit]	Ausf.-Dauer	Positionsnummer	

35   **Installationselement, Hygiene-Spül-WC**   KG **419**

Installationselement als Einzelelement, statisch belastbar und stufenlos höhenverstellbar, für wandhängendes Hygiene-Spül-WC, mit beidseitiger Befestigungsmöglichkeit von Stützgriffen, inkl. Einbauspülkasten DIN EN 14055 mit Wasserzuleitung und Elektroanschluss für Anschluss von barrierefreiem Hygiene-Spül-WC sowie Ablaufbogen aus PE-HD-Rohr. Element für Metallständerwände und Vorwandmontage, zum Beplanken mit Gipskarton / Gipsfaserplatten, für Aufbau auf Rohfußboden, zur Wand- und Fußbodenbefestigung. Leistung mit Befestigung und Anschlüssen für Zu- und Abläufe.

Verstellbereich: 0 bis 200 mm
Einbauhöhe: über 1.000 bis 1.200 mm
Breite: 850 bis 1.000 mm
Fabrikat: .....
Typ: .....

577 €   710 €   **887** €   1.064 €   1.242 €   [St]   ⏱ 1,50 h/St   045.000.043

36   **Installationselement, Hygiene-Spül-WC**   KG **419**

Installationselement als Einzelelement, statisch belastbar und stufenlos höhenverstellbar, für wandhängendes Hygiene-Spül-WC, inkl. Einbauspülkasten DIN EN 14055 mit Wasserzuleitung und Elektroanschluss für Anschluss von Behinderten-Hygiene-Spül-WC sowie Ablaufbogen aus PE-HD-Rohr. Element für Metallständerwände und Vorwandmontage, zum Beplanken mit **Gipskarton / Gipsfaserplatten,** für Aufbau auf Rohfußboden, zur Wand- und Fußbodenbefestigung. Leistung mit Befestigung und Anschlüssen für Zu- und Abläufe.

Verstellbereich: 0 bis 200 mm
Einbauhöhe: über 1.000 bis 1.200 mm
Breite: 400 bis 600 mm
Fabrikat: .....
Typ: .....

232 €   282 €   **331** €   397 €   457 €   [St]   ⏱ 1,30 h/St   045.000.044

37   **Installationselement, Waschtisch**   KG **419**

Installationselement für Waschtisch mit Einlocharmatur, Rahmen aus Stahl, pulverbeschichtet, schallgeschützter Befestigung für Wandscheiben, Ablaufbogen, Gumminippel, Befestigungsmaterial für Element (Bodenbefestigung) und Waschtisch, selbstbohrende Schrauben für Befestigung an Ständerwand, inkl. Klein- und Befestigungsmaterial.

Ablaufbogen: **DN40 / DN50**
Gumminippel: 40/30

43 €   83 €   **111** €   131 €   175 €   [St]   ⏱ 0,90 h/St   045.000.025

38   **Installationselement, barrierefreier Waschtisch, mit Stützgriffen**   KG **419**

Installationselement als Einzelelement, statisch belastbar und stufenlos höhenverstellbar, für wandhängenden barrierefreien Waschtisch, mit beidseitiger Befestigungsmöglichkeit von Stützgriffen, inkl. Unterputz-Geruchsverschluss. Element für Metallständerwände und Vorwandmontage, zum Beplanken mit Gipskarton / Gipsfaserplatten, für Aufbau auf Rohfußboden, zur Wand- und Fußbodenbefestigung. Leistung mit Befestigung und Anschlüssen für Zu- und Abläufe.

Verstellbereich: 0 bis 200 mm
Einbauhöhe Installationselement: über 1.000 bis 1.200 mm
Breite Installationselement: 1.200 bis 1.300 mm
Fabrikat: .....
Typ: .....

298 €   370 €   **426** €   511 €   583 €   [St]   ⏱ 1,20 h/St   045.000.047

LB 045
Gas-, Wasser- und Entwässerungsanlagen - Ausstattung, Elemente, Fertigbäder

Kosten:
Stand 1.Quartal 2021
Bundesdurchschnitt

▶ min
▷ von
ø Mittel
◁ bis
◀ max

Nr.	Kurztext / Langtext					[Einheit]	Ausf.-Dauer	Kostengruppe Positionsnummer
▶	▷	ø netto €	◁	◀				

39 Installationselement, barrierefreier Waschtisch, höhenverstellbar — KG **419**

Installationselement als Einzelelement, statisch belastbar und stufenlos höhenverstellbar, für nachträglich im fertigen Bad höhenverstellbaren wandhängenden barrierefreien Waschtisch, mit Unterputz-Geruchsverschluss. Element für Metallständerwände und Vorwandmontage, zum Beplanken mit **Gipskarton / Gipsfaserplatten**, für Aufbau auf Rohfußboden, zur Wand- und Fußbodenbefestigung. Leistung mit Befestigung und Anschlüssen für Zu- und Abläufe.
Verstellbereich Keramik: 200 mm
Einbauhöhe: über 1.000 bis 1.200 mm
Breite: 400 bis 600 mm
Fabrikat: .....
Typ: .....

| 204€ | 231€ | **272€** | 321€ | 367€ | [St] | ⏱ 1,70 h/St | 045.000.050 |

40 Wandablauf, bodengleiche Dusche — KG **419**

Installationselement als Einzelelement für Dusch-Wandablauf, für Metallständerwände und Vorwandmontage, zum Beplanken mit **Gipskarton / Gipsfaserplatten.** Element für Wand- und Fußbodenbefestigung, statisch selbsttragend, für Aufbau auf Rohfußboden. Befestigung und Anschluss für Ablauf seitlich, für bodengleiche Dusche, stufenlos höhenverstellbar, mit Dichtvlies umlaufend zur Anbindung von Abdichtsystemen, mit Geruchsverschluss, Reinigungsöffnung und **Kunststoff / Edelstahl-**Abdeckung.
Einbauhöhe: über 400 bis 600 mm
Breite: 400 bis 600 mm
Fabrikat: .....
Typ: .....

| 461€ | 523€ | **615€** | 726€ | 800€ | [St] | ⏱ 1,00 h/St | 045.000.072 |

41 Installationselement, Stützgriff — KG **419**

Installationselement als Einzelelement, statisch belastbar und stufenlos höhenverstellbar, für wandhängenden Stützgriff, für Metallständerwände und Vorwandmontage, zum Beplanken mit **Gipskarton / Gipsfaserplatten,** für Aufbau auf Rohfußboden, zur Wand- und Fußbodenbefestigung.
Belastung: bis ..... kg
Verstellbereich: 0 bis 200 mm
Einbauhöhe: über 1.000 bis 1.200 mm
Breite: 300 bis 400 mm
Fabrikat: .....
Typ: .....

| 138€ | 181€ | **213€** | 255€ | 292€ | [St] | ⏱ 1,30 h/St | 045.000.048 |

42 Unterkonstruktion Stützgriff/Sitz — KG **419**

Unterkonstruktion für wandhängenden **Stützgriff / Sitz**, für Metallständerwände und Vorwandmontage, zum Beplanken mit **Gipskarton / Gipsfaserplatten**. Montageplatte als wasserfest verleimte Furnierholzplatte, einschl. Befestigungsmaterial an Metallständern.
Belastung: bis kg .....
Stärke Montageplatte: mind. 30 mm
Höhe Montageplatte: 250 bis 500 mm
Breite Montageplatte: 300 bis 400 mm
Fabrikat: .....
Typ: .....

| 62€ | 80€ | **95€** | 114€ | 130€ | [St] | ⏱ 1,30 h/St | 045.000.049 |

Nr.	**Kurztext** / Langtext						Kostengruppe
▶	▷	**ø netto €**	◁	◀	[Einheit]	Ausf.-Dauer	Positionsnummer

43 Haltegriff, Edelstahl, 600mm — KG **412**
Haltegriff aus Edelstahl, gebürstet, mit Befestigung.
Grifflänge: 600 mm
Griffdurchmesser: 32 mm
Wandabstand: 50 mm
Belastung max.: 200 kg
Fabrikat: .....
Typ: .....

| 65€ | 93€ | **101**€ | 129€ | 166€ | [St] | ⏱ 0,30 h/St | 045.000.034 |

44 Haltegriff, Kunststoff, 300mm — KG **412**
Haltegriff, gerade Form, aus Kunststoff mit Stahlkern.
Profilquerschnitt: rund
Länge: 300 mm
Befestigung: mit Rosetten, Schrauben verdeckt
zusätzliche Ausführungsoptionen: .....
Fabrikat: .....
Typ: .....

| 67€ | 97€ | **118**€ | 141€ | 195€ | [St] | ⏱ 0,30 h/St | 045.000.052 |

45 Duschhandlauf, Edelstahl, 600mm — KG **412**
Duschhandlauf mit 90-Grad Winkel aus verchromtem Messingrohr mit Befestigung.
Höhenverstellbarkeit: ..... mm
Seitenverstellbarkeit: ..... mm
Rohrdurchmesser: 32 mm
Fabrikat: .....
Typ: .....

| –€ | 343€ | **455**€ | 580€ | –€ | [St] | ⏱ 0,40 h/St | 045.000.035 |

46 Haltegriffkombination, BW-Duschbereich — KG **412**
Winkelgriff mit Brausehalter, senkrecht und waagrecht angeordnete, im rechten Winkel verbundene Stangen mit Kunststoff-Befestigungsrosetten und Brausehalter. Eignung für Handbrausen verschiedener Hersteller, Brausehalter stufenlos neigbar und höhenverstellbar, aus Kunststoff mit Stahlkern.
Farbton: weiß
senkrechte Länge: 1.000 bis 1.300 mm
waagrechte Länge: 600 bis 1.000 mm
Profilquerschnitt: rund
Befestigung: mit Flansch, Schrauben verdeckt
Zusätzliche Ausführungsoptionen: .....
Fabrikat: .....
Typ: .....

| 296€ | 378€ | **473**€ | 568€ | 994€ | [St] | ⏱ 0,45 h/St | 045.000.053 |

LB 045
Gas-, Wasser- und Entwässerungsanlagen
- Ausstattung, Elemente, Fertigbäder

Kosten:
Stand 1.Quartal 2021
Bundesdurchschnitt

▶ min
▷ von
ø Mittel
◁ bis
◀ max

Nr.	Kurztext / Langtext						Kostengruppe
▶	▷	ø netto €	◁	◀	[Einheit]	Ausf.-Dauer	Positionsnummer

47 Duschsitz, klappbar — KG 412
Klappsitz für Dusche aus Rahmen in Kunststoff, mit korrosionsgeschütztem Stahlkern, Arretierung und Fallbremse, inkl. Befestigung mit verdeckten Schrauben.
Wandbefestigung: **Leichtbauwände inkl. Unterkonstruktion / Mauerwerk / Beton**
Zusätzliche Ausführungsoptionen: .....
Fabrikat: .....
Typ: .....

| 369€ | 454€ | **568€** | 681€ | 778€ | [St] | ⏱ 0,15 h/St | 045.000.054 |

48 WC-Rückenstütze — KG 412
Rückenstütze für WC mit Befestigungselementen.
WC-Ausladung: von 650 bis 700 mm
Material: Kunststoff
Farbton: weiß
Zusätzliche Ausführungsoptionen: .....
Fabrikat: .....
Typ: .....

| 189€ | 303€ | **378€** | 454€ | 568€ | [St] | ⏱ 0,10 h/St | 045.000.055 |

49 Stützgriff, fest, WC — KG 412
Stützgriff, fest, für WC, aus Kunststoff mit Stahlkern, inkl. Befestigung mit Flansch, Schrauben verdeckt.
Farbton: weiß
Ausladung: 850 mm
belastbar: bis 100 kg am Griffvorderteil
Zusätzliche Ausführungsoptionen: .....
Fabrikat: .....
Typ: .....

| 290€ | 341€ | **426€** | 511€ | 575€ | [St] | ⏱ 0,15 h/St | 045.000.056 |

50 Stützgriff, fest, WC mit Spülauslösung — KG 412
Stützgriff, fest, für WC, aus Kunststoff mit Stahlkern, mit Spülauslösung, manuell, inkl. Befestigung mit Flansch, Schrauben verdeckt.
Farbton: weiß
Ausladung: 850 mm
Belastbar: bis 100 kg am Griffvorderteil
Zusätzliche Ausführungsoptionen: .....
Fabrikat: .....
Typ: .....

| 436€ | 490€ | **532€** | 585€ | 665€ | [St] | ⏱ 0,35 h/St | 045.000.057 |

Nr.	**Kurztext** / Langtext							Kostengruppe
▶	▷	**ø netto €**	◁	◀	[Einheit]	Ausf.-Dauer	Positionsnummer

51 Stützgriff, klappbar, WC KG **412**

Stützklappgriff, klappbar, für WC, aus Kunststoff mit Stahlkern, mit Arretierung und Fallbremse, inkl. Befestigung mit Flansch, Schrauben verdeckt.
Farbton: weiß
Ausladung: 850 mm
Belastbar: bis 100 kg am Griffvorderteil
Zusätzliche Ausführungsoptionen: .....
Fabrikat: .....
Typ: .....

| 331 € | 407 € | **509 €** | 610 € | 697 € | [St] | ⏱ 0,35 h/St | 045.000.058 |

52 Stützgriff, fest, Waschtisch KG **412**

Stützgriff, fest, für Waschtisch, aus Kunststoff mit Stahlkern, inkl. Befestigung mit Flansch, Schrauben verdeckt.
Farbton: weiß
Ausladung: 600 mm, belastbar bis 100 kg am Griffvorderteil
Fabrikat: .....
Typ: .....

| 231 € | 284 € | **355 €** | 426 € | 486 € | [St] | ⏱ 0,35 h/St | 045.000.060 |

53 Stützgriff, klappbar, Waschtisch KG **412**

Stützklappgriff, klappbar, für Waschtisch, aus Kunststoff mit Stahlkern, mit Arretierung und Fallbremse, inkl. Befestigung mit Flansch, Schrauben verdeckt.
Farbton: weiß
Ausladung: 600 mm
belastbar: bis 100 kg am Griffvorderteil
Fabrikat: .....
Typ: .....

| 331 € | 377 € | **414 €** | 451 € | 497 € | [St] | ⏱ 0,42 h/St | 045.000.061 |

LB 047
Dämm- und Brandschutzarbeiten an technischen Anlagen

Kosten: Stand 1. Quartal 2021, Bundesdurchschnitt

Legende:
- ▶ min
- ▷ von
- ø Mittel
- ◁ bis
- ◀ max

Nr.	Positionen	Einheit	▶	▷ ø brutto € / ø netto €		◁	◀
1	Kompaktdämmhülse, Rohrleitung DN15	m	6,7 / 5,6	8,1 / 6,8	**8,3** / **7,0**	9,0 / 7,6	11 / 8,8
2	Kompaktdämmhülse, Rohrleitung DN25	m	8,7 / 7,3	11 / 9,3	**13** / **11**	15 / 13	18 / 15
3	Wärmedämmung, Rohrleitung, DN15	m	11 / 9	17 / 15	**20** / **17**	21 / 18	28 / 23
4	Rohrdämmung, MW-alukaschiert, DN15	m	5,8 / 4,8	13 / 11	**16** / **13**	20 / 17	28 / 23
5	Rohrdämmung, MW-alukaschiert, DN25	m	11 / 9,2	19 / 16	**24** / **21**	30 / 25	40 / 34
6	Rohrdämmung, MW-alukaschiert, DN40	m	– / –	28 / 23	**33** / **28**	39 / 33	– / –
7	Rohrdämmung, MW-alukaschiert, DN65	m	26 / 22	34 / 28	**42** / **35**	54 / 46	69 / 58
8	Rohrdämmung, MW/Blech DN20	m	– / –	28 / 23	**31** / **26**	33 / 28	– / –
9	Rohrdämmung, MW/Blech DN40	m	– / –	35 / 29	**43** / **36**	52 / 43	– / –
10	Lüftungskanal Mineral alukaschiert	m	17 / 14	25 / 21	**30** / **25**	33 / 27	40 / 33
11	Brandschutzabschottung, R90, DN15	St	14 / 12	19 / 16	**22** / **18**	27 / 23	38 / 32
12	Brandschutzabschottung, R90, DN20	St	42 / 35	46 / 39	**47** / **40**	49 / 42	55 / 47
13	Brandschutzabschottung, R90, DN25	St	42 / 35	48 / 41	**51** / **43**	52 / 44	58 / 49
14	Brandschutzabschottung, R90, DN32	St	– / –	54 / 46	**61** / **51**	71 / 60	– / –
15	Brandschutzabschottung, R90, DN40	St	63 / 53	69 / 58	**74** / **63**	79 / 66	95 / 80
16	Brandschutzabschottung, R90, DN50	St	107 / 90	112 / 94	**118** / **99**	123 / 103	136 / 114
17	Brandschutzabschottung, R90, DN65	St	114 / 96	123 / 103	**131** / **110**	137 / 115	150 / 126
18	Körperschalldämmung	m	9 / 7	11 / 9	**12** / **10**	14 / 11	17 / 14
19	Wärmedämmung, Schrägsitzventil, DN15	St	– / –	19 / 16	**20** / **17**	22 / 18	– / –
20	Wärmedämmung, Schrägsitzventil, DN20	St	– / –	24 / 20	**28** / **24**	33 / 28	– / –
21	Wärmedämmung, Schrägsitzventil, DN32	St	– / –	33 / 28	**35** / **30**	38 / 32	– / –
22	Wärmedämmung, Schrägsitzventil, DN50	St	– / –	45 / 38	**50** / **42**	53 / 44	– / –

Nr.	**Kurztext** / Langtext					Kostengruppe	
▶	▷	**ø netto €**	◁	◀	[Einheit]	Ausf.-Dauer	Positionsnummer

A 1   Kompaktdämmhülse, Rohrleitung   Beschreibung für Pos. **1-2**

Asymmetrische Wärmedämmung DIN 4140 für Rohrleitungen haustechnischer Anlagen auf Rohfußboden (gegen beheizte Räume oder auf Zusatzdämmung). Kompaktdämmhülsen in Anti-Körperschall-Ausführung. Zur Verlegung im Dämmbereich des Fußbodenaufbaus. Polsterlage aus miteinander vernadelten Kunststoff-Fasern und geschlossenzelligem Polyethylen mit reißfestem Gittergewebe.

1   Kompaktdämmhülse, Rohrleitung DN15   KG **422**

Wie Ausführungsbeschreibung A 1
Nennwert der Wärmeleitfähigkeit: 0,040 W/(mK)
Normalentflammbar: B2, DIN 4102-1
Nennweite: DN15
Dämmschichtdicke 1/2 gem. EnEV: 13 mm
Bauhöhe: 36 mm

6€	7€	**7€**	8€	9€	[m]	⏱ 0,05 h/m	047.000.005

2   Kompaktdämmhülse, Rohrleitung DN25   KG **422**

Wie Ausführungsbeschreibung A 1
Nennwert der Wärmeleitfähigkeit: 0,040W/(mK)
Normalentflammbar: B2, DIN 4102-1
Nennweite: DN25
Dämmschichtdicke 1/2 gem. EnEV: 20 mm
Bauhöhe: 51 mm

7€	9€	**11€**	13€	15€	[m]	⏱ 0,05 h/m	047.000.017

3   Wärmedämmung, Rohrleitung, DN15   KG **422**

Wärmedämmung für Rohrleitungen DIN 4140 haustechnischer Anlagen im sichtbaren Bereich unter der Decke. Mineralfaserschalen einseitig geschlitzt, nichtbrennbar A1 DIN EN 13501-1, einseitig Alu-Folie kaschiert. Sämtliche Quer- und Längsfugen werden dicht gestoßen und mit 10cm breiten selbstklebenden Alustreifen verbunden. Sicherung der Längsfuge mit Alu-Klebestreifen in der Mitte der Bahnenbreite. Verkleidung mit PVC-Mantel (Isogenopack) 0,35mm stark, schwer entflammbar.
Verlegung bis: **3,50 /5,00 / 7,00** m über Fußboden
Nennwert der Wärmeleitfähigkeit: 0,040 W/(mK)
Rohrdurchmesser: 18 mm
Dämmschichtstärke 1/1 gem. EnEV: 20 mm

9€	15€	**17€**	18€	23€	[m]	⏱ 0,30 h/m	047.000.006

LB 047
Dämm- und Brandschutzarbeiten an technischen Anlagen

Kosten:
Stand 1.Quartal 2021
Bundesdurchschnitt

Nr.	Kurztext / Langtext						Kostengruppe	
▶	▷	ø netto €	◁	◀		[Einheit]	Ausf.-Dauer	Positionsnummer

A 2 Rohrdämmung, MW-alukaschiert — Beschreibung für Pos. 4-7

Wärmedämmung einschl. Ummantelung DIN 4140 an Rohrleitungen für Heizung, Warmwasser und Zirkulation nach EnEV in Gebäuden. Dämmung aus Mineralwolle, als Matte, auf verzinktem Drahtgeflecht mit verzinktem Draht versteppt, befestigen mit Stahlhaken aus dem Werkstoff des Drahtgeflechts. Längs- und Rundstöße mit selbstklebender Aluminiumfolie überklebt.

4 Rohrdämmung, MW-alukaschiert, DN15 — KG 422
Wie Ausführungsbeschreibung A 2
Rohrleitung: Stahl, schwarz
Nennweite: DN15
Baustoffklasse DIN EN 13501-1: nichtbrennbar A1
Dämmstärke Wärmedämmung: 100% nach EnEV
Dämmschichtdicke: 20 mm
Nennwert der Wärmeleitfähigkeit: 0,035 W/(mK) bei 40°C
Oberkante Dämmung über Gelände / Fußboden: **bis 3,50** m **/ bis 5,00** m

▶	▷	ø	◁	◀			
5€	11€	**13€**	17€	23€	[m]	⏱ 0,30 h/m	047.000.002

5 Rohrdämmung, MW-alukaschiert, DN25 — KG 422
Wie Ausführungsbeschreibung A 2
Rohrleitung: Stahl, schwarz
Nennweite: DN25
Baustoffklasse DIN EN 13501-1: nichtbrennbar A1
Dämmstärke Wärmedämmung: 100% nach EnEV
Dämmschichtdicke: 30 mm
Nennwert der Wärmeleitfähigkeit: 0,035 W/(mK) bei 40°C
Oberkante Dämmung über Gelände / Fußboden: **bis 3,50** m **/ bis 5,00** m

9€	16€	**21€**	25€	34€	[m]	⏱ 0,30 h/m	047.000.008

6 Rohrdämmung, MW-alukaschiert, DN40 — KG 422
Wie Ausführungsbeschreibung A 2
Rohrleitung: Stahl, schwarz
Nennweite: DN40
Baustoffklasse DIN EN 13501-1: nichtbrennbar A1
Dämmstärke Wärmedämmung: 100% nach EnEV
Dämmschichtdicke: 40 mm
Nennwert der Wärmeleitfähigkeit: 0,035 W/(mK) bei 40°C
Oberkante Dämmung über Gelände / Fußboden: **bis 3,50** m **/ bis 5,00** m

–€	23€	**28€**	33€	–€	[m]	⏱ 0,30 h/m	047.000.031

7 Rohrdämmung, MW-alukaschiert, DN65 — KG 422
Wie Ausführungsbeschreibung A 2
Rohrleitung: Stahl, schwarz
Nennweite: DN65
Baustoffklasse DIN EN 13501-1: nichtbrennbar A1
Dämmstärke Wärmedämmung: 100% nach EnEV
Dämmschichtdicke: 70 mm
Nennwert der Wärmeleitfähigkeit: 0,035 W/(mK) bei 40°C
Oberkante Dämmung über Gelände / Fußboden: **bis 3,50** m **/ bis 5,00** m

22€	28€	**35€**	46€	58€	[m]	⏱ 0,30 h/m	047.000.012

▶ min
▷ von
ø Mittel
◁ bis
◀ max

Nr.	Kurztext / Langtext							Kostengruppe
▶	▷	ø netto €	◁	◀		[Einheit]	Ausf.-Dauer	Positionsnummer

A 3 Rohrdämmung, MW/Blech — Beschreibung für Pos. 8-9

Wärmedämmung einschl. Ummantelung DIN 4140 an Rohrleitungen für Heizung, Warmwasser und Zirkulation nach EnEV in Gebäuden. Dämmung aus Mineralwolle, als Matte, auf verzinktem Drahtgeflecht mit verzinktem Draht versteppt, befestigen mit Stahlhaken aus dem Werkstoff des Drahtgeflechts. Ummantelung aus nichtprofiliertem Blech, Blechdicke für normale mechanische Beanspruchung, Überlappungen verschrauben, einschl. Stützkonstruktion aus Hartschaum.

8 Rohrdämmung, MW/Blech DN20 — KG 422

Wie Ausführungsbeschreibung A 3
Rohrleitung: Stahl, schwarz
Nennweite: DN20
Baustoffklasse DIN EN 13501-1: nichtbrennbar A1
Dämmstärke Wärmedämmung: 100% nach EnEV
Dämmschichtdicke: 20 mm
Nennwert der Wärmeleitfähigkeit: 0,035 W/(mK) bei 40°C
Ummantelung: **Stahl feuerverzinkt / Alu-Ummantelung**
Oberkante Dämmung über Gelände / Fußboden: **bis 3,50 m** / **bis 5,00 m**

–€	23€	**26€**	28€	–€	[m]	⏱ 0,30 h/m	047.000.003

9 Rohrdämmung, MW/Blech DN40 — KG 422

Wie Ausführungsbeschreibung A 3
Rohrleitung: Stahl, schwarz
Nennweite: DN40
Baustoffklasse DIN EN 13501-1: nichtbrennbar A1
Dämmstärke Wärmedämmung: 100% nach EnEV
Dämmschichtdicke: 40 mm
Nennwert der Wärmeleitfähigkeit: 0,035 W/(mK) bei 40°C
Ummantelung: **Stahl feuerverzinkt / Alu-Ummantelung**
Oberkante Dämmung über Gelände / Fußboden: **bis 3,50 m** / **bis 5,00 m**

–€	29€	**36€**	43€	–€	[m]	⏱ 0,30 h/m	047.000.013

10 Lüftungskanal Mineral alukaschiert — KG 431

Wärmedämmung an Lüftungskanälen DIN 4140, in Gebäuden. Für gerade Kanäle, Dämmung aus Mineralwolle, als Matte, auf verzinktem Drahtgeflecht mit verzinktem Draht versteppt, Befestigen mit Stahlhaken aus dem Werkstoff des Drahtgeflechts, Wärmeleitfähigkeit für haustechnische Anlagen nach EnEV. Zur Ausbildung einer Dampfsperre sind sämtliche Kanten, Stöße, Ausschnitte, usw. mit Aluminium-Umklebeband dicht zu verkleben.
Oberkante Dämmung über Gelände / Fußboden: **3,50 / 5,00** m
Baustoffklasse DIN EN 13501-1: nichtbrennbar A1
Wärmeleitfähigkeit 0,035 W/(mK): bei 40° Mitteltemperatur
Wärmedämmung: 100% nach EnEV
Dämmschichtdicke: **30 / 50** mm
Kanalumfang: 0,5-4,0 m

14€	21€	**25€**	27€	33€	[m]	⏱ 0,40 h/m	047.000.001

LB 047
Dämm- und Brandschutzarbeiten an technischen Anlagen

Nr.	Kurztext / Langtext				[Einheit]	Kostengruppe
▶	▷ ø netto € ◁ ◀					Ausf.-Dauer Positionsnummer

A 4 Brandschutzabschottung, R90   Beschreibung für Pos. **11-17**

Brandschutzabschottung von Rohrleitungen haustechnischer Anlagen nach MLAR / LAR, mit allgemeinem bauaufsichtlichen Prüfzeugnis / Zulassung. Dämmstoff aus Mineralwolle, nicht brennbar. Zur Verlegung in rundem Wanddurchbruch, ohne Hüllrohr, Verfüllung des Ringspalts mit Mörtel MG III, beidseitige Weiterführung der Dämmung.

11 Brandschutzabschottung, R90, DN15   KG **422**
Wie Ausführungsbeschreibung A 4
Bauteil: **Wand / Decke / leichte Trennwand**
Feuerwiderstandsklasse: R90, DIN EN 13501-2
Montagehöhe: bis **3,50 / 5,00 / 7,00** m über Fußboden
Rohrleitung: **Stahl / Kupfer**
Ringspalt: bis 15 mm
Außendurchmesser der Rohrleitung: 18 mm
Außendurchmesser Schott: 60 mm
Dämmlänge: 1.000 mm

| 12€ | 16€ | **18€** | 23€ | 32€ | [St] | 0,40 h/St | 047.000.007 |

12 Brandschutzabschottung, R90, DN20   KG **422**
Wie Ausführungsbeschreibung A 4
Bauteil: **Wand / Decke / leichte Trennwand**
Feuerwiderstandsklasse: R90, DIN EN 13501-2
Montagehöhe: bis **3,50 / 5,00 / 7,00** m über Fußboden
Rohrleitung: **Stahl / Kupfer**
Ringspalt: bis 15 mm
Außendurchmesser der Rohrleitung: 22 mm
Außendurchmesser Schott: 60 mm
Dämmlänge: 1.000 mm

| 35€ | 39€ | **40€** | 42€ | 47€ | [St] | 0,40 h/St | 047.000.018 |

13 Brandschutzabschottung, R90, DN25   KG **422**
Wie Ausführungsbeschreibung A 4
Bauteil: **Wand / Decke / leichte Trennwand**
Feuerwiderstandsklasse: R90, DIN EN 13501-2
Montagehöhe: bis **3,50 / 5,00 / 7,00** m über Fußboden
Rohrleitung: **Stahl / Kupfer**
Ringspalt: bis 15 mm
Außendurchmesser der Rohrleitung: 28 mm
Außendurchmesser Schott: 80 mm
Dämmlänge: 1.000 mm

| 35€ | 41€ | **43€** | 44€ | 49€ | [St] | 0,40 h/St | 047.000.019 |

Kosten: Stand 1.Quartal 2021 Bundesdurchschnitt

▶ min
▷ von
ø Mittel
◁ bis
◀ max

Nr.	Kurztext / Langtext							Kostengruppe
▶	▷	ø netto €	◁	◀	[Einheit]	Ausf.-Dauer	Positionsnummer

14   Brandschutzabschottung, R90, DN32 — KG **422**

Wie Ausführungsbeschreibung A 4
Bauteil: **Wand / Decke / leichte Trennwand**
Feuerwiderstandsklasse: R90, DIN EN 13501-2
Montagehöhe: bis **3,50 / 5,00 / 7,00** m über Fußboden
Rohrleitung: **Stahl / Kupfer**
Ringspalt: bis 15 mm
Außendurchmesser der Rohrleitung: 35 mm
Außendurchmesser Schott: 80 mm
Dämmlänge: 1.000 mm

| –€ | 46€ | **51€** | 60€ | –€ | [St] | ⏱ 0,40 h/St | 047.000.020 |

15   Brandschutzabschottung, R90, DN40 — KG **422**

Wie Ausführungsbeschreibung A 4
Bauteil: **Wand / Decke / leichte Trennwand**
Feuerwiderstandsklasse: R90, DIN EN 13501-2
Montagehöhe: bis **3,50 / 5,00 / 7,00** m über Fußboden
Rohrleitung: **Stahl / Kupfer**
Ringspalt: bis 15 mm
Außendurchmesser der Rohrleitung: 48 mm
Außendurchmesser Schott: 100 mm
Dämmlänge: 1.000 mm

| 53€ | 58€ | **63€** | 66€ | 80€ | [St] | ⏱ 0,40 h/St | 047.000.021 |

16   Brandschutzabschottung, R90, DN50 — KG **422**

Wie Ausführungsbeschreibung A 4
Bauteil: **Wand / Decke / leichte Trennwand**
Feuerwiderstandsklasse: R90, DIN EN 13501-2
Montagehöhe: bis **3,50 / 5,00 / 7,00** m über Fußboden
Rohrleitung: **Stahl / Kupfer**
Ringspalt: bis 15 mm
Außendurchmesser der Rohrleitung: 63 mm
Außendurchmesser Schott: 130 mm
Dämmlänge: 1.000 mm

| 90€ | 94€ | **99€** | 103€ | 114€ | [St] | ⏱ 0,40 h/St | 047.000.022 |

17   Brandschutzabschottung, R90, DN65 — KG **422**

Wie Ausführungsbeschreibung A 4
Bauteil: **Wand / Decke / leichte Trennwand**
Feuerwiderstandsklasse: R90, DIN EN 13501-2
Montagehöhe: bis **3,50 / 5,00 / 7,00** m über Fußboden
Rohrleitung: **Stahl / Kupfer**
Ringspalt: bis 15 mm
Außendurchmesser der Rohrleitung: 76 mm
Außendurchmesser Schott: 180 mm
Dämmlänge: 1.000 mm

| 96€ | 103€ | **110€** | 115€ | 126€ | [St] | ⏱ 0,40 h/St | 047.000.023 |

LB 047 Dämm- und Brandschutzarbeiten an technischen Anlagen

Kosten: Stand 1.Quartal 2021 Bundesdurchschnitt

Nr. ▶	Kurztext / Langtext ▷ ø netto € ◁ ◀	[Einheit]	Ausf.-Dauer	Kostengruppe Positionsnummer
18	**Körperschalldämmung**			**KG 422**
	Körperschalldämmung aus PE mit robuster Außenhaut, aus hochflexiblem, geschlossenzelligem Weichpolyethylen Abwasserisoliersystem zur Körperschalldämmung, mit diffusionsdichter Außenhaut und montagefreundlicher Innengleitfolie, als Schall- und Schwitzwasserschutz für Abwasserrohre. Einsatz: bis +105°C Brandklasse: B2, DIN 4102-1 Isolierstärke: 4 mm Nennweite: DN50-150			
	7€ 9€ **10€** 11€ 14€	[m]	0,20 h/m	047.000.030
A 5	**Wärmedämmung, Schrägsitzventil**		Beschreibung für Pos. **19-22**	
	Wärmedämmschalen DIN 4140, universell einsetzbar für alle gängigen Schrägsitz- und KFR-Typen. Bestehend aus einem zusammenklappbaren Formteil aus Polyethylen mit kratzfester Oberfläche aus PE-Gittergewebe. Entleerungsöffnungen vorgeprägt, Lieferung inkl. Verschlussclipsen, mit handelsüblichen Klebern diffusionsdicht verschließbar.			
19	**Wärmedämmung, Schrägsitzventil, DN15**			**KG 422**
	Wie Ausführungsbeschreibung A 5 Baustoffklasse: B1, DIN 4102-1 Wärmeleitwert 0,034 W/(mK) bei 10°C und 0,040 W/(mK) bei 40°C Wasserdampfdiffusionsfaktor µ: 5.000 Temperaturbereich: -80°C bis +100°C Abmessungen: Länge: 130 mm, Breite: 70 mm, Höhe: 112 mm Nennweite: DN15			
	–€ 16€ **17€** 18€ –€	[St]	0,10 h/St	047.000.024
20	**Wärmedämmung, Schrägsitzventil, DN20**			**KG 422**
	Wie Ausführungsbeschreibung A 5 Baustoffklasse: B1, DIN 4102-1 Wärmeleitwert 0,034 W/(mK) bei 10°C und 0,040 W/(mK) bei 40°C Wasserdampfdiffusionsfaktor µ: 5.000 Temperaturbereich: -80°C bis +100°C Abmessungen: Länge: 130 mm, Breite: 70 mm, Höhe: 112 mm Nennweite: DN20			
	–€ 20€ **24€** 28€ –€	[St]	0,10 h/St	047.000.025
21	**Wärmedämmung, Schrägsitzventil, DN32**			**KG 422**
	Wie Ausführungsbeschreibung A 5 Baustoffklasse: B1, DIN 4102-1 Wärmeleitwert 0,034 W/(mK) bei 10°C und 0,040 W/(mK) bei 40°C Wasserdampfdiffusionsfaktor µ: 5.000 Temperaturbereich: -80°C bis +100°C Abmessungen: Länge: 195 mm, Breite: 137 mm, Höhe: 203 mm Nennweite: DN32			
	–€ 28€ **30€** 32€ –€	[St]	0,10 h/St	047.000.027

▶ min
▷ von
ø Mittel
◁ bis
◀ max

Nr.	Kurztext / Langtext					Kostengruppe		
▶	▷	ø netto €	◁	◀	[Einheit]	Ausf.-Dauer	Positionsnummer	

22 Wärmedämmung, Schrägsitzventil, DN50   KG **422**

Wie Ausführungsbeschreibung A 5
Baustoffklasse: B1, DIN 4102-1
Wärmeleitwert 0,034 W/(mK) bei 10°C und 0,040 W/(mK) bei 40°C
Wasserdampfdiffusionsfaktor µ: 5.000
Temperaturbereich: -80°C bis +100°C
Abmessungen: Länge: 212 mm, Breite: 182 mm, Höhe: 253 mm
Nennweite: DN50

| –€ | 38€ | **42€** | 44€ | –€ | [St] | ⏱ 0,10 h/St | 047.000.029 |

LB 053
Niederspannungsanlagen - Kabel/Leitungen, Verlegesysteme, Installationsgeräte

Niederspannungsanlagen - Kabel/Leitungen, Verlegesysteme, Installationsgeräte Preise €

Kosten: Stand 1. Quartal 2021, Bundesdurchschnitt

Nr.	Positionen	Einheit	▶ min	▷ von	ø brutto € / ø netto €	◁ bis	◀ max
1	Gitterrinne, Stahl, 200mm	m	–	36 / 30	**39** / **33**	41 / 35	–
2	Kabelrinne, Stahl, 100mm	m	–	26 / 22	**29** / **24**	33 / 28	–
3	Kabelrinne, Stahl, 200mm	m	–	30 / 25	**32** / **27**	36 / 30	–
4	Kabelrinne, Stahl, 300mm	m	–	47 / 39	**50** / **42**	53 / 45	–
5	Kabelrinne, Stahl, 400mm	m	–	57 / 48	**61** / **52**	64 / 54	–
6	Elektroinstallationsrohr, 16mm	m	–	5,5 / 4,6	**5,8** / **4,9**	6,2 / 5,2	–
7	Elektroinstallationsrohr, 25mm	m	–	4,5 / 3,8	**4,8** / **4,1**	5,2 / 4,4	–
8	Elektroinstallationsrohr, 40mm	m	–	8,8 / 7,4	**9,2** / **7,8**	10 / 8,4	–
9	Leitungsführungskanal PVC 15x15mm	m	–	6,7 / 5,7	**7,1** / **6,0**	7,7 / 6,4	–
10	Leitungsführungskanal PVC 30x30mm	m	–	9,4 / 7,9	**10** / **8,4**	11 / 9,0	–
11	Leitungsführungskanal PVC 90x40mm	m	–	9,4 / 7,9	**10** / **8,4**	11 / 9,0	–
12	Leitungsführungskanal PVC 110x60mm	m	–	34 / 28	**36** / **30**	38 / 32	–
13	Installationsleitung, NYM-J 1x6mm², KR/K/R/MW	m	–	2,4 / 2,0	**2,6** / **2,2**	2,7 / 2,3	–
14	Installationsleitung, NYM-J 1x10mm², KR/K/R/MW	m	–	4,0 / 3,3	**4,2** / **3,6**	4,5 / 3,8	–
15	Installationsleitung, NYM-J 1x16mm², KR/K/R/MW	m	–	5,0 / 4,2	**5,4** / **4,5**	5,7 / 4,8	–
16	Installationsleitung, NYM-J 3x1,5mm², KR/K/R/MW	m	–	1,8 / 1,5	**2,0** / **1,6**	2,1 / 1,8	–
17	Installationsleitung, NYM-J 3x2,5mm², KR/K/R/MW	m	–	2,6 / 2,2	**2,8** / **2,3**	3,0 / 2,5	–
18	Installationsleitung, NYM-J 5x2,5mm², KR/K/R/MW	m	–	4,0 / 3,4	**4,3** / **3,6**	4,5 / 3,8	–
19	Installationsleitung, NYM-J 5x4mm², KR/K/R/MW	m	–	5,4 / 4,5	**5,7** / **4,8**	6,1 / 5,1	–
20	Installationsleitung, NYM-J 5x6mm², KR/K/R/MW	m	–	7,0 / 5,9	**7,5** / **6,3**	8,0 / 6,7	–
21	Installationsleitung, NYM-J 5x10mm², KR/K/R/MW	m	–	10 / 8,5	**11** / **9,1**	11 / 9,6	–
22	Installationsleitung, NYM-J 5x16mm², KR/K/R/MW	m	–	15 / 13	**17** / **14**	18 / 15	–
23	Installationsleitung, NYM-J 1x6mm², AD	m	–	3,9 / 3,3	**4,1** / **3,5**	4,4 / 3,7	–
24	Installationsleitung, NYM-J 1x10mm², AD	m	–	5,4 / 4,5	**5,8** / **4,9**	6,1 / 5,2	–

Legende:
▶ min
▷ von
ø Mittel
◁ bis
◀ max

© BKI Baukosteninformationszentrum; Erläuterungen zu den Tabellen siehe Seite 44

Niederspannungsanlagen - Kabel/Leitungen, Verlegesysteme, Installationsgeräte — Preise €

Nr.	Positionen	Einheit	▶	▷ ø brutto € ø netto €		◁	◀
25	Installationsleitung, NYM-J 1x16mm², AD	m	–	6,5 5,5	**6,9** **5,8**	7,4 6,2	– –
26	Installationsleitung, NYM-J 3x1,5mm², AD	m	–	3,3 2,7	**3,5** **2,9**	3,7 3,1	– –
27	Installationsleitung, NYM-J 3x2,5mm², AD	m	–	4,1 3,4	**4,3** **3,7**	4,6 3,9	– –
28	Installationsleitung, NYM-J 5x2,5mm², AD	m	–	5,6 4,7	**6,0** **5,1**	6,4 5,4	– –
29	Installationsleitung, NYM-J 5x4mm², AD	m	–	7,2 6,0	**7,6** **6,4**	8,1 6,8	– –
30	Installationsleitung, NYM-J 5x6mm², AD	m	–	9,2 7,7	**9,8** **8,2**	10 8,8	– –
31	Installationsleitung, NYM-J 5x10mm², AD	m	–	12 10	**13** **11**	14 12	– –
32	Installationsleitung, NYM-J 5x16mm², AD	m	–	18 15	**19** **16**	20 17	– –
33	Installationsleitung, NYM-J 1x6mm², uP	m	–	6,3 5,3	**6,7** **5,6**	7,1 6,0	– –
34	Installationsleitung, NYM-J 1x16mm², uP	m	–	9,9 8,4	**11** **8,9**	11 9,5	– –
35	Installationsleitung, NYM-J 3x2,5mm², uP	m	–	7,4 6,2	**7,9** **6,7**	8,4 7,1	– –
36	Installationsleitung, NYM-J 5x2,5mm², uP	m	–	4,9 4,1	**5,2** **4,4**	5,5 4,7	– –
37	Installationsleitung, NYM-J 5x6mm², uP	m	–	10 8,7	**11** **9,3**	12 9,9	– –
38	Geräteeinbaukanal, 130x60mm	m	–	40 34	**43** **36**	46 38	– –
39	Geräteeinbaukanal, 170x60mm	m	–	52 44	**55** **47**	59 49	– –
40	Geräteeinbaukanal, 210x60mm	m	–	80 67	**85** **71**	90 76	– –
41	Sockelleistenkanal, 50x20mm	m	–	20 17	**22** **18**	23 19	– –
42	Potentialausgleichsschiene, Stahl, verzinkt	St	–	44 37	**47** **39**	50 42	– –
43	Tastschalter, Aus-/Wechselschalter, 2polig, uP	St	–	23 20	**25** **21**	26 22	– –
44	Tastschalter, Serienschalter, uP	St	–	22 18	**23** **19**	24 21	– –
45	Tastschalter, Kreuzschalter, uP	St	–	24 20	**25** **21**	26 22	– –
46	Tastschalter, Taster, Kontrolllicht, uP	St	–	25 21	**27** **22**	28 24	– –
47	Tastschalter, Aus-/Wechselschalter, 1polig, uP	St	–	16 13	**17** **14**	18 15	– –
48	Verbindungs-/Abzweigdose, aP	St	–	17 14	**18** **15**	19 16	– –

© BKI Baukosteninformationszentrum; Erläuterungen zu den Tabellen siehe Seite 44   Kostenstand: 1.Quartal 2021, Bundesdurchschnitt

LB 053 Niederspannungsanlagen - Kabel/Leitungen, Verlegesysteme, Installationsgeräte

Niederspannungsanlagen - Kabel/Leitungen, Verlegesysteme, Installationsgeräte — Preise €

Kosten: Stand 1.Quartal 2021, Bundesdurchschnitt

Nr.	Positionen	Einheit	▶ min	▷	ø brutto € / ø netto €	◁ bis	◀ max
49	Verbindungs-/Abzweigkasten, aP	St	–	61 / –	**65** / **55**	69 / 58	–
			–	51			–
50	Heizungs-Not-Ausschalter, aP	St	–	30	**34**	34	–
			–	25	**28**	28	–
51	Installationsschalter, Taster, aP	St	–	30	**32**	25	–
			–	25	**27**	21	–
52	Installationsschalter, Aus-/Wechselschalter, aP	St	–	22	**24**	25	–
			–	19	**20**	21	–
53	Gerätedose, Brandschutz, uP	St	–	23	**24**	26	–
			–	19	**21**	22	–
54	Gerätedose, uP, luftdicht	ST	–	9	**9**	10	–
			–	7	**8**	8	–
55	Dreifach-Schukosteckdose, 16A, 250V, aP, Deckel	St	–	60	**64**	68	–
			–	50	**54**	57	–
56	Zweifach-Schukosteckdose, 16A, 250V, aP, Deckel	St	–	36	**38**	41	–
			–	30	**32**	34	–
57	Schukosteckdose, 16A, 250V, aP, Deckel	St	–	21	**22**	24	–
			–	18	**19**	20	–
58	Dreifach-Schukosteckdose, 16A, 250V, Wand, aP	St	–	30	**32**	34	–
			–	25	**27**	29	–
59	Zweifach-Schukosteckdose, 16A, 250V, Wand, aP	St	–	24	**26**	27	–
			–	20	**22**	23	–
60	Schukosteckdose, 16A, 250V, Wandmontage, aP	St	–	18	**25**	20	–
			–	15	**21**	17	–
61	Schukosteckdose, 16A, 250V, uP, IP44, Deckel	St	–	12	**12**	13	–
			–	10	**10**	11	–
62	Schukosteckdose, 16A, 250V, uP, IP24	ST	–	16	**17**	18	–
			–	13	**14**	15	–
63	Fotovoltaik 2 kWp	St	–	4.930	**5.800**	6.612	–
			–	4.143	**4.874**	5.556	–
64	Fotovoltaik 10 kWp	St	–	17.010	**20.012**	22.813	–
			–	14.294	**16.816**	19.171	–

Nr.	Kurztext / Langtext				[Einheit]	Ausf.-Dauer	Kostengruppe Positionsnummer
1	**Gitterrinne, Stahl, 200mm**						**KG 444**

Gitterrinne mit Trennsteg und Wandausleger, einschl. systembedingter Verbindungsstücke, Formstücke, Befestigungsmaterial.
Norm: DIN EN 61537 (VDE 0639)
Werkstoff: Stahl, feuerverzinkt DIN EN ISO 1461
Drahtdurchmesser: 4mm
Breite: 200 mm
Höhe: 60 mm
Trennstege: 1
Angeb. Fabrikat: .....

▶	▷	ø netto €	◁	◀	[Einheit]	Ausf.-Dauer	Positionsnummer
–€	30€	**33€**	35€	–€	[m]	0,20 h/m	053.000.001

Legende:
▶ min
▷ von
ø Mittel
◁ bis
◀ max

Nr.	Kurztext / Langtext							Kostengruppe
▶	▷	ø netto €	◁	◀	[Einheit]	Ausf.-Dauer	Positionsnummer

A 1 Kabelrinne, Stahl   Beschreibung für Pos. **2-5**

Kabelrinne mit Trennsteg und Wandausleger, einschl. systembedingten Verbindungsstücken, Formstücken, Befestigungsmaterial.
Norm: DIN EN 61537 (VDE 0639)
Werkstoff: Stahl, feuerverzinkt, DIN EN ISO 1461
Dicke Metallwerkstoff: 1,5 mm
Ausführung: gelocht
Höhe: 60mm
Trennstege: 1

2   Kabelrinne, Stahl, 100mm   KG **444**
Wie Ausführungsbeschreibung A 1
Breite: 100 mm
Angeb. Fabrikat: …..
–€   22€   **24€**   28€   –€   [m]   ⏱ 0,20 h/m   053.000.002

3   Kabelrinne, Stahl, 200mm   KG **444**
Wie Ausführungsbeschreibung A 1
Breite: 200 mm
Angeb. Fabrikat: …..
–€   25€   **27€**   30€   –€   [m]   ⏱ 0,25 h/m   053.000.007

4   Kabelrinne, Stahl, 300mm   KG **444**
Wie Ausführungsbeschreibung A 1
Breite: 300 mm
Angeb. Fabrikat: …..
–€   39€   **42€**   45€   –€   [m]   ⏱ 0,30 h/m   053.000.008

5   Kabelrinne, Stahl, 400mm   KG **444**
Wie Ausführungsbeschreibung A 1
Breite: 400 mm
Angeb. Fabrikat: …..
–€   48€   **52€**   54€   –€   [m]   ⏱ 0,40 h/m   053.000.009

A 2 Elektroinstallationsrohr   Beschreibung für Pos. **6-8**

Elektroinstallationsrohr, geschlossen, für Verlegung unter Putz, mit Befestigung.
Norm: DIN EN 61386 (VDE 0605)
Werkstoff: Kunststoff, halogenfrei
Ausführung: einwandig, gewellt, flexibel
Druckfestigkeitsklasse: 3 - mittel (750N)
Klasse Schlagbeanspruchung: 3 - mittel (2 kg/100 mm)

6   Elektroinstallationsrohr, 16mm   KG **444**
Wie Ausführungsbeschreibung A 2
Außendurchmesser: 16mm
–€   5€   **5€**   5€   –€   [m]   ⏱ 0,10 h/m   053.000.020

**LB 053
Niederspannungs-
anlagen -
Kabel/Leitungen,
Verlegesysteme,
Installationsgeräte**

Nr.	Kurztext / Langtext						Kostengruppe
▶	▷	ø netto €	◁	◀	[Einheit]	Ausf.-Dauer	Positionsnummer
7	**Elektroinstallationsrohr, 25mm**						KG **444**
Wie Ausführungsbeschreibung A 2							
Außendurchmesser: 25 mm							
–€	4€	**4**€	4€	–€	[m]	⏱ 0,10 h/m	053.000.021
8	**Elektroinstallationsrohr, 40mm**						KG **444**
Wie Ausführungsbeschreibung A 2							
Außendurchmesser: 40 mm							
–€	7€	**8**€	8€	–€	[m]	⏱ 0,10 h/m	053.000.022
A 3	**Leitungsführungskanal PVC-U**						Beschreibung für Pos. **9-12**
Leitungsführungskanal, einschl. systembedingter Verbindungsstücke, Formstücke, Befestigungsmaterial.							
Norm: DIN EN 50085-2-1 (VDE 0604-2-1)							
Werkstoff: PVC-U							
9	**Leitungsführungskanal PVC 15x15mm**						KG **444**
Wie Ausführungsbeschreibung A 3							
Breite: 15 mm							
Höhe: 15 mm							
Farbe: reinweiß RAL 9010							
Befestigung: auf **Beton / Mauerwerk / Installationswand**							
–€	6€	**6**€	6€	–€	[m]	–	053.000.035
10	**Leitungsführungskanal PVC 30x30mm**						KG **444**
Wie Ausführungsbeschreibung A 3							
Breite: 30 mm							
Höhe: 30 mm							
Farbe: reinweiß RAL 9010							
Befestigung: auf **Beton / Mauerwerk / Installationswand**							
–€	8€	**8**€	9€	–€	[m]	–	053.000.036
11	**Leitungsführungskanal PVC 90x40mm**						KG **444**
Wie Ausführungsbeschreibung A 3							
Breite: 90 mm							
Höhe: 40 mm							
Farbe: reinweiß RAL 9010							
Befestigung: auf **Beton / Mauerwerk / Installationswand**							
–€	8€	**8**€	9€	–€	[m]	–	053.000.037
12	**Leitungsführungskanal PVC 110x60mm**						KG **444**
Wie Ausführungsbeschreibung A 3							
Breite: 110 mm							
Höhe: 60 mm							
Farbe: reinweiß RAL 9010							
Befestigung: auf **Beton / Mauerwerk / Installationswand**							
–€	28€	**30**€	32€	–€	[m]	–	053.000.038

Kosten:
Stand 1.Quartal 2021
Bundesdurchschnitt

▶ min
▷ von
ø Mittel
◁ bis
◀ max

Nr.	**Kurztext** / Langtext						Kostengruppe	
▶	▷	**ø netto €**	◁	◀	[Einheit]	Ausf.-Dauer	Positionsnummer	

A 4 Installationsleitung, NYM-J, KR/K/R/MW — Beschreibung für Pos. **13-22**

Installationsleitung in vorhandener **Kabelrinne / Kanal / Rohr / Montagewand**.
Norm: DIN VDE 0250-204 (VDE 0250-204)
Leitungstyp: NYM-J

13 Installationsleitung, NYM-J 1x6mm², KR/K/R/MW — KG **444**
Wie Ausführungsbeschreibung A 4
Ader-/Leiterzahl: 1 x 6 mm²
Metallzahl: Cu-Zahl 58

| –€ | 2€ | **2€** | 2€ | –€ | [m] | – | 053.000.044 |

14 Installationsleitung, NYM-J 1x10mm², KR/K/R/MW — KG **444**
Wie Ausführungsbeschreibung A 4
Ader-/Leiterzahl: 1 x 10 mm²
Metallzahl: Cu-Zahl 96

| –€ | 3€ | **4€** | 4€ | –€ | [m] | – | 053.000.045 |

15 Installationsleitung, NYM-J 1x16mm², KR/K/R/MW — KG **444**
Wie Ausführungsbeschreibung A 4
Ader-/Leiterzahl: 1 x 16 mm²
Metallzahl: Cu-Zahl 154

| –€ | 4€ | **5€** | 5€ | –€ | [m] | – | 053.000.046 |

16 Installationsleitung, NYM-J 3x1,5mm², KR/K/R/MW — KG **444**
Wie Ausführungsbeschreibung A 4
Ader-/Leiterzahl: 3 x 1,5 mm²
Metallzahl: Cu-Zahl 43

| –€ | 2€ | **2€** | 2€ | –€ | [m] | – | 053.000.047 |

17 Installationsleitung, NYM-J 3x2,5mm², KR/K/R/MW — KG **444**
Wie Ausführungsbeschreibung A 4
Ader-/Leiterzahl: 3 x 2,5 mm²
Metallzahl: Cu-Zahl 72

| –€ | 2€ | **2€** | 2€ | –€ | [m] | – | 053.000.048 |

18 Installationsleitung, NYM-J 5x2,5mm², KR/K/R/MW — KG **444**
Wie Ausführungsbeschreibung A 4
Ader-/Leiterzahl: 5 x 2,5 mm²
Metallzahl: Cu-Zahl 120

| –€ | 3€ | **4€** | 4€ | –€ | [m] | – | 053.000.051 |

19 Installationsleitung, NYM-J 5x4mm², KR/K/R/MW — KG **444**
Wie Ausführungsbeschreibung A 4
Ader-/Leiterzahl: 5 x 4 mm²
Metallzahl: Cu-Zahl 192

| –€ | 5€ | **5€** | 5€ | –€ | [m] | – | 053.000.049 |

LB 053
Niederspannungsanlagen - Kabel/Leitungen, Verlegesysteme, Installationsgeräte

Kosten:
Stand 1.Quartal 2021
Bundesdurchschnitt

▶ min
▷ von
ø Mittel
◁ bis
◀ max

Nr.	Kurztext / Langtext					Kostengruppe		
▶	▷	ø netto €	◁	◀	[Einheit]	Ausf.-Dauer	Positionsnummer	

Nr.	Kurztext / Langtext	▶	▷	ø netto €	◁	◀	[Einheit]	Ausf.-Dauer	Positionsnummer / KG
20	Installationsleitung, NYM-J 5x6mm², KR/K/R/MW								KG **444**
	Wie Ausführungsbeschreibung A 4								
	Ader-/Leiterzahl: 5 x 6 mm²								
	Metallzahl: Cu-Zahl 288								
		–€	6€	**6**€	7€	–€	[m]	–	053.000.050
21	Installationsleitung, NYM-J 5x10mm², KR/K/R/MW								KG **444**
	Wie Ausführungsbeschreibung A 4								
	Ader-/Leiterzahl: 5 x 10 mm²								
	Metallzahl: Cu-Zahl 430								
		–€	8€	**9**€	10€	–€	[m]	–	053.000.052
22	Installationsleitung, NYM-J 5x16mm², KR/K/R/MW								KG **444**
	Wie Ausführungsbeschreibung A 4								
	Ader-/Leiterzahl: 5 x 16 mm²								
	Metallzahl: Cu-Zahl 768								
		–€	13€	**14**€	15€	–€	[m]	–	053.000.053
A 5	Installationsleitung, NYM-J, AD								Beschreibung für Pos. **23-32**
	Installationsleitung in abgehängter Decke, mit Sammelbefestigung aus Metall.								
	Norm: DIN VDE 0250-204 (VDE 0250-204)								
	Leitungstyp: NYM-J								
23	Installationsleitung, NYM-J 1x6mm², AD								KG **444**
	Wie Ausführungsbeschreibung A 5								
	Ader-/Leiterzahl: 1 x 6 mm²								
	Metallzahl: Cu-Zahl 58								
		–€	3€	**3**€	4€	–€	[m]	–	053.000.059
24	Installationsleitung, NYM-J 1x10mm², AD								KG **444**
	Wie Ausführungsbeschreibung A 5								
	Ader-/Leiterzahl: 1 x 10 mm²								
	Metallzahl: Cu-Zahl 96								
		–€	5€	**5**€	5€	–€	[m]	–	053.000.060
25	Installationsleitung, NYM-J 1x16mm², AD								KG **444**
	Wie Ausführungsbeschreibung A 5								
	Ader-/Leiterzahl: 1 x 16 mm²								
	Metallzahl: Cu-Zahl 154								
		–€	5€	**6**€	6€	–€	[m]	–	053.000.061
26	Installationsleitung, NYM-J 3x1,5mm², AD								KG **444**
	Wie Ausführungsbeschreibung A 5								
	Ader-/Leiterzahl: 3 x 1,5 mm²								
	Metallzahl: Cu-Zahl 43								
		–€	3€	**3**€	3€	–€	[m]	–	053.000.062

Nr.	Kurztext / Langtext					Kostengruppe	
▶	▷	ø netto €	◁	◀	[Einheit]	Ausf.-Dauer	Positionsnummer

27 Installationsleitung, NYM-J 3x2,5mm², AD — KG **444**
Wie Ausführungsbeschreibung A 5
Ader-/Leiterzahl: 3 x 2,5 mm²
Metallzahl: Cu-Zahl 72

| –€ | 3€ | **4€** | 4€ | –€ | [m] | – | 053.000.063 |

28 Installationsleitung, NYM-J 5x2,5mm², AD — KG **444**
Wie Ausführungsbeschreibung A 5
Ader-/Leiterzahl: 5 x 2,5 mm²
Metallzahl: Cu-Zahl 120

| –€ | 5€ | **5€** | 5€ | –€ | [m] | – | 053.000.064 |

29 Installationsleitung, NYM-J 5x4mm², AD — KG **444**
Wie Ausführungsbeschreibung A 5
Ader-/Leiterzahl: 5 x 4 mm²
Metallzahl: Cu-Zahl 192

| –€ | 6€ | **6€** | 7€ | –€ | [m] | – | 053.000.065 |

30 Installationsleitung, NYM-J 5x6mm², AD — KG **444**
Wie Ausführungsbeschreibung A 5
Ader-/Leiterzahl: 5 x 6 mm²
Metallzahl: Cu-Zahl 288

| –€ | 8€ | **8€** | 9€ | –€ | [m] | – | 053.000.066 |

31 Installationsleitung, NYM-J 5x10mm², AD — KG **444**
Wie Ausführungsbeschreibung A 5
Ader-/Leiterzahl: 5 x 10 mm²
Metallzahl: Cu-Zahl 430

| –€ | 10€ | **11€** | 12€ | –€ | [m] | – | 053.000.067 |

32 Installationsleitung, NYM-J 5x16mm², AD — KG **444**
Wie Ausführungsbeschreibung A 5
Ader-/Leiterzahl: 5 x 16 mm²
Metallzahl: Cu-Zahl 768

| –€ | 15€ | **16€** | 17€ | –€ | [m] | – | 053.000.068 |

A 6 Installationsleitung, NYM-J, uP — Beschreibung für Pos. **33-37**
Installationsleitung unter Putz, mit Befestigung.
Norm: DIN VDE 0250-204 (VDE 0250-204)
Leitungstyp: NYM-J

33 Installationsleitung, NYM-J 1x6mm², uP — KG **444**
Wie Ausführungsbeschreibung A 6
Ader-/Leiterzahl: 1 x 6 mm²
Metallzahl: Cu-Zahl 58

| –€ | 5€ | **6€** | 6€ | –€ | [m] | – | 053.000.054 |

© **BKI** Baukosteninformationszentrum; Erläuterungen zu den Tabellen siehe Seite 44   Kostenstand: 1.Quartal 2021, Bundesdurchschnitt

LB 053 Niederspannungsanlagen - Kabel/Leitungen, Verlegesysteme, Installationsgeräte

Kosten:
Stand 1.Quartal 2021
Bundesdurchschnitt

▶ min
▷ von
ø Mittel
◁ bis
◀ max

Nr.	Kurztext / Langtext					[Einheit]	Ausf.-Dauer	Kostengruppe Positionsnummer
	▶	▷	ø netto €	◁	◀			
34	**Installationsleitung, NYM-J 1x16mm², uP**							**KG 444**
	Wie Ausführungsbeschreibung A 6							
	Ader-/Leiterzahl: 1 x 16 mm²							
	Metallzahl: Cu-Zahl 154							
	–€	8€	**9€**	10€	–€	[m]	–	053.000.055
35	**Installationsleitung, NYM-J 3x2,5mm², uP**							**KG 444**
	Wie Ausführungsbeschreibung A 6							
	Ader-/Leiterzahl: 3 x 2,5 mm²							
	Metallzahl: Cu-Zahl 72							
	–€	6€	**7€**	7€	–€	[m]	–	053.000.056
36	**Installationsleitung, NYM-J 5x2,5mm², uP**							**KG 444**
	Wie Ausführungsbeschreibung A 6							
	Ader-/Leiterzahl: 5 x 2,5 mm²							
	Metallzahl: Cu-Zahl 120							
	–€	4€	**4€**	5€	–€	[m]	–	053.000.057
37	**Installationsleitung, NYM-J 5x6mm², uP**							**KG 444**
	Wie Ausführungsbeschreibung A 6							
	Ader-/Leiterzahl: 5 x 6 mm²							
	Metallzahl: Cu-Zahl 288							
	–€	9€	**9€**	10€	–€	[m]	–	053.000.058

A 7   Geräteeinbaukanal   Beschreibung für Pos. **38-40**
Geräteeinbaukanal mit Trennsteg und mit Wandausleger, einschl. systembedingter Verbindungsstücke, Kabelhalteklammern, Formstücke, Befestigungsmaterial.
Norm: DIN EN 50085-2-1 (VDE 0604-2-1)
Werkstoff: PVC-U

Nr.	Kurztext / Langtext					[Einheit]	Ausf.-Dauer	Kostengruppe Positionsnummer
38	**Geräteeinbaukanal, 130x60mm**							**KG 444**
	Wie Ausführungsbeschreibung A 7							
	Breite: 130 mm							
	Höhe: 60 mm							
	Farbe: reinweiß RAL 9010							
	Befestigung: auf **Beton / Mauerwerk / Installationswand**							
	Trennstege: 1							
	–€	34€	**36€**	38€	–€	[m]	–	053.000.043
39	**Geräteeinbaukanal, 170x60mm**							**KG 444**
	Wie Ausführungsbeschreibung A 7							
	Breite: 170 mm							
	Höhe:60 mm							
	Farbe: reinweiß RAL 9010							
	Befestigung: auf **Beton / Mauerwerk / Installationswand**							
	Trennstege: 1							
	–€	44€	**47€**	49€	–€	[m]	–	053.000.041

Nr.	Kurztext / Langtext					Kostengruppe		
▶	▷	ø netto €	◁	◀	[Einheit]	Ausf.-Dauer	Positionsnummer

40 Geräteeinbaukanal, 210x60mm KG **444**
Wie Ausführungsbeschreibung A 7
Breite: 210 mm
Höhe: 60 mm
Farbe: reinweiß RAL 9010
Befestigung: auf **Beton / Mauerwerk / Installationswand**
Trennstege: 1

| –€ | 67€ | **71**€ | 76€ | –€ | [m] | – | 053.000.042 |

41 Sockelleistenkanal, 50x20mm KG **444**
Sockelleistenkanal, einschl. systembedingter Verbindungsstücke, Formstücke, Befestigungsmaterial.
Norm: DIN EN 50085-2-1 (VDE 0604-2-1)
Werkstoff: PVC-U
Breite: 50 mm
Höhe: 20 mm
Farbe: reinweiß RAL 9010
Befestigung: auf **Beton / Mauerwerk / Installationswand**

| –€ | 17€ | **18**€ | 19€ | –€ | [m] | – | 053.000.069 |

42 Potentialausgleichsschiene, Stahl, verzinkt KG **446**
Potentialausgleichsschiene mit Abdeckhaube aus schlagfestem Polystyrol, Befestigungsmaterial. Ausführung mit Anschluss für 7x2,5 bis 25mm², Flachband 30x3,5mm, Massivrundleiter Durchmesser 8 bis 10mm.
Norm: VDE 0618, Teil 1 (VDE 0618-1)
Angeb. Fabrikat: .....

| –€ | 37€ | **39**€ | 42€ | –€ | [St] | ⏱ 0,60 h/St | 053.000.006 |

A 8 Tastschalter Beschreibung für Pos. **43-46**
Tastschalter in Gerätedose mit Schraubbefestigung, einschl. Wippe mit Symbol, Kontrolllampe, anteilig Abdeckrahmen mit Beschriftungsfeld, unter Putz.
Norm: DIN EN 60669-1 (VDE 0632-1)

43 Tastschalter, Aus-/Wechselschalter, 2polig, uP KG **444**
Wie Ausführungsbeschreibung A 8
Leistung: Aus-/Wechselschalter, 2polig
Nennstrom: 10 A
Nennspannung: 250 V AC
Schutzart: IP 20
Farbe: reinweiß, RAL 9010
Angeb. Fabrikat: .....

| –€ | 20€ | **21**€ | 22€ | –€ | [St] | ⏱ 0,18 h/St | 054.000.002 |

**LB 053
Niederspannungs-
anlagen -
Kabel/Leitungen,
Verlegesysteme,
Installationsgeräte**

Kosten:
Stand 1.Quartal 2021
Bundesdurchschnitt

▶ min
▷ von
ø Mittel
◁ bis
◀ max

Nr. ▶	Kurztext / Langtext ▷ ø netto € ◁ ◀				[Einheit]	Ausf.-Dauer	Kostengruppe Positionsnummer
44	**Tastschalter, Serienschalter, uP**						**KG 444**
	Wie Ausführungsbeschreibung A 8
Leistung: Serienschalter, 1polig
Nennstrom: 10 A
Nennspannung: 250 V AC
Schutzart: IP 20
Farbe: reinweiß, RAL 9010
Angeb.Fabrikat:						
	–€	18€	**19€**	21€ –€	[St]	–	054.000.014
45	**Tastschalter, Kreuzschalter, uP**						**KG 444**
	Wie Ausführungsbeschreibung A 8
Leistung: Kreuzschalter, 1polig
Nennstrom: 10 A
Nennspannung: 250 V AC
Schutzart: IP 20
Farbe: reinweiß, RAL 9010
Angeb. Fabrikat:						
	–€	20€	**21€**	22€ –€	[St]	–	054.000.015
46	**Tastschalter, Taster, Kontrolllicht, uP**						**KG 444**
	Wie Ausführungsbeschreibung A 8
Leistung: Taster, 1polig
Nennstrom: 10 A
Nennspannung: 250 V AC
Schutzart: IP 20
Farbe: reinweiß, RAL 9010
Angeb. Fabrikat:						
	–€	21€	**22€**	24€ –€	[St]	–	054.000.016
47	**Tastschalter, Aus-/Wechselschalter, 1polig, uP**						**KG 444**
	Tastschalter in Gerätedose mit Schraubbefestigung, einschl. Wippe mit Symbol, Kontrolllampe, anteilig Abdeckrahmen mit Beschriftungsfeld, unter Putz.
Norm: DIN EN 60669-1 (VDE 0632-1)
Leistung: Aus-/Wechselschalter, 1polig
Nennstrom: 10 A
Nennspannung: 250 V AC
Schutzart: IP 20
Farbe: reinweiß, RAL 9010
Befestigung: in Gerätedose, Einsatz mit Schrauben
Angeb. Fabrikat:						
	–€	13€	**14€**	15€ –€	[St]	⏱ 0,18 h/St	054.000.001

Nr.	Kurztext / Langtext							Kostengruppe
▶	▷	ø netto €	◁	◀	[Einheit]	Ausf.-Dauer	Positionsnummer

48 Verbindungs-/Abzweigdose, aP — KG **444**
Verbindungsdose als Abzweigdose mit Deckel, mit Schraubbefestigung, auf Putz/Wandmontage.
Norm: DIN EN 60695 (VDE 0471)
Werkstoff Elektrobauteil: Polystyrol
Durchmesser: 70 mm
Abmessungen (L x B x T): 80 x 80 x 52 mm
Anschlusssystem: 5 Klemmen, 4 mm²
Schutzart: IP65
Angeb. Fabrikat: .....

| –€ | 14€ | **15€** | 16€ | –€ | [St] | – | 054.000.021 |

49 Verbindungs-/Abzweigkasten, aP — KG **444**
Verbindungskasten als Abzweigdose, mit Deckel, mit Schraubbefestigung, auf Putz/Wandmontage.
Norm: DIN EN 60670-1 (VDE 0606-1)
Werkstoff Elektrobauteil: Polystyrol
Farbe: grau
Abmessungen (L x B x T): 200 x 250 x 155 mm
Anschlusssystem: 5 Klemmen, 4 mm²
Schutzart: IP54
Angeb. Fabrikat: .....

| –€ | 51€ | **55€** | 58€ | –€ | [St] | – | 054.000.023 |

50 Heizungs-Not-Ausschalter, aP — KG **444**
Heizungs-Not-Ausschalter auf Putz, mit Schraubenbefestigung.
Norm: DIN VDE 0620
Leistung: Heizungs-Not-Ausschalter, 2polig
Nennstrom: 16A
Nennspannung: 250V
Schutzart: IP 44
Farbe: grau
Angeb. Fabrikat: .....

| –€ | 25€ | **28€** | 28€ | –€ | [St] | ⏱ 0,12 h/St | 054.000.008 |

51 Installationsschalter, Taster, aP — KG **444**
Installationsschalter einschl. Wippe mit Symbol, mit Beschriftungsfeld, Kontrolllampe, auf Putz, mit Schraubenbefestigung.
Norm: DIN EN 60669-1 (VDE 0632-1)
Leistung: Taster, 1polig
Nennstrom: 10 A
Nennspannung: 250 V AC
Schutzart: IP 44
Farbe: grau, RAL 7035
Angeb. Fabrikat: .....

| –€ | 25€ | **27€** | 21€ | –€ | [St] | – | 054.000.035 |

040
041
042
044
045
047
053
054
058
061
069
075

LB 053
Niederspannungsanlagen - Kabel/Leitungen, Verlegesysteme, Installationsgeräte

Kosten:
Stand 1.Quartal 2021
Bundesdurchschnitt

▶ min
▷ von
ø Mittel
◁ bis
◀ max

Nr.	Kurztext / Langtext ▶ ▷ ø netto € ◁ ◀	[Einheit]	Ausf.-Dauer	Kostengruppe Positionsnummer
52	**Installationsschalter, Aus-/Wechselschalter, aP**			**KG 444**
	Installationsschalter einschl. Wippe mit Symbol, mit Beschriftungsfeld, Kontrolllampe, auf Putz, mit Schraubenbefestigung. Norm: DIN EN 60669-1 (VDE 0632-1) Leistung: Aus-/Wechselschalter, 1polig Nennstrom: 10 A Nennspannung: 250 V AC Schutzart: IP 44 Farbe: grau, RAL 7035 Angeb. Fabrikat:			
	–€ 19€ **20€** 21€ –€	[St]	–	054.000.034
53	**Gerätedose, Brandschutz, uP**			**KG 444**
	Gerätedose mit Brandschutzanforderungen, in Mauerwerk, mit Schraubenbefestigung und Klemmen, anteilig, unter Putz. Norm: DIN EN 60670-1 (VDE 0606-1)/DIN 49073 Werkstoff: Kunststoff, halogenfrei Durchmesser Installationsgerät: 60 mm Tiefe: Installationsgerät: 60 mm Farbe: schwarz Angeb. Fabrikat:			
	–€ 19€ **21€** 22€ –€	[St]	–	054.000.033
54	**Gerätedose, uP, luftdicht**			**KG 444**
	Gerätedose, luftdicht, in Mauerwerk, mit Schraubenbefestigung und Klemmen, anteilig, unter Putz. Norm: DIN EN 60670-1 (VDE 0606-1)/DIN 49073 Werkstoff: Kunststoff, halogenfrei Durchmesser Installationsgerät: 60 mm Tiefe: Installationsgerät: 40 mm Ausführung: unter Putz Farbe: schwarz Einbringung: in Mauerwerk, mit Schrauben Angeb. Fabrikat:			
	–€ 7€ **8€** 8€ –€	[ST]	–	054.000.032
55	**Dreifach-Schukosteckdose, 16A, 250V, aP, Deckel**			**KG 444**
	Dreifach-Schutzkontaktsteckdose einschl. Klappdeckel, in Gerätedose mit Schraubenbefestigung, einschl. Beschriftungsfeld, auf Putz / Wandmontage. Norm: DIN VDE 0620-1 (VDE 0620-1) Nennstrom: 16 A Nennspannung: 250 V Schutzart: IP 44 Farbe: reinweiß RAL 9010 Angeb. Fabrikat:			
	–€ 50€ **54€** 57€ –€	[St]	–	054.000.031

Nr.	Kurztext / Langtext					Kostengruppe		
▶	▷ ø netto € ◁ ◀				[Einheit]	Ausf.-Dauer	Positionsnummer	

56 Zweifach-Schukosteckdose, 16A, 250V, aP, Deckel KG **444**

Zweifach-Schutzkontaktsteckdose einschl. Klappdeckel, in Gerätedose mit Schraubenbefestigung, einschl. Beschriftungsfeld, auf Putz / Wandmontage.
Norm: DIN VDE 0620-1 (VDE 0620-1)
Nennstrom: 16 A
Nennspannung: 250 V
Schutzart: IP 44
Farbe: reinweiß RAL 9010
Angeb. Fabrikat: .....

–€   30€   **32€**   34€   –€   [St]   –   054.000.030

57 Schukosteckdose, 16A, 250V, aP, Deckel KG **444**

Schutzkontaktsteckdose einschl. Klappdeckel, in Gerätedose mit Schraubenbefestigung, einschl. Beschriftungsfeld, auf Putz / Wandmontage.
Norm: DIN VDE 0620-1 (VDE 0620-1)
Nennstrom: 16 A
Nennspannung: 250 V
Schutzart: IP 44
Farbe: reinweiß RAL 9010
Angeb. Fabrikat: .....

–€   18€   **19€**   20€   –€   [St]   –   054.000.029

58 Dreifach-Schukosteckdose, 16A, 250V, Wand, aP KG **444**

Dreifach-Schutzkontaktsteckdose in Gerätedose mit Schraubenbefestigung, einschl. Beschriftungsfeld, auf Putz / Wandmontage.
Norm: DIN VDE 0620-1 (VDE 0620-1)
Nennstrom: 16 A
Nennspannung: 250 V
Schutzart: IP 24
Farbe: reinweiß RAL 9010
Angeb. Fabrikat: .....

–€   25€   **27€**   29€   –€   [St]   –   054.000.028

59 Zweifach-Schukosteckdose, 16A, 250V, Wand, aP KG **444**

Zweifach-Schutzkontaktsteckdose in Gerätedose mit Schraubenbefestigung, einschl. Beschriftungsfeld, auf Putz / Wandmontage.
Norm: DIN VDE 0620-1 (VDE 0620-1)
Nennstrom: 16 A
Nennspannung: 250 V
Schutzart: IP 24
Farbe: reinweiß RAL 9010
Angeb. Fabrikat: .....

–€   20€   **22€**   23€   –€   [St]   –   054.000.027

LB 053 Niederspannungsanlagen - Kabel/Leitungen, Verlegesysteme, Installationsgeräte

Kosten: Stand 1.Quartal 2021 Bundesdurchschnitt

Nr.	Kurztext / Langtext	ø netto €			[Einheit]	Ausf.-Dauer	Kostengruppe Positionsnummer
▶	▷		◁	◀			
60	**Schukosteckdose, 16A, 250V, Wand, aP**						KG **444**
	Schutzkontaktsteckdose in Gerätedose mit Schraubenbefestigung, einschl. Beschriftungsfeld, auf Putz / Wandmontage. Norm: DIN VDE 0620-1 (VDE 0620-1) Nennstrom: 16 A Nennspannung: 250 V Schutzart: IP 24 Farbe: reinweiß RAL 9010 Angeb. Fabrikat:						
	–€ 15€ **21€** 17€ –€				[St]	–	054.000.026
61	**Schukosteckdose, 16A, 250V, uP, IP44, Deckel**						KG **444**
	Schutzkontaktsteckdose in Gerätedose und Klappdeckel, mit Schraubbefestigung einschl. Abdeckrahmen mit Beschriftungsfeld, unter Putz. Norm: DIN VDE 0620-1 (VDE 0620-1) Nennstrom: 16 A Nennspannung: 250 V Schutzart: IP 44 Farbe: reinweiß RAL 9010 Angeb. Fabrikat:						
	–€ 10€ **10€** 11€ –€				[St]	–	054.000.025
62	**Schukosteckdose, 16A, 250V, uP, IP24**						KG **444**
	Schutzkontaktsteckdose in Gerätedose mit Schraubbefestigung einschl. Abdeckrahmen mit Beschriftungsfeld, unter Putz. Norm: DIN VDE 0620-1 (VDE 0620-1) Nennstrom: 16 A Nennspannung: 250 V Schutzart: IP 24 Farbe: reinweiß RAL 9010 Angeb. Fabrikat:						
	–€ 13€ **14€** 15€ –€				[ST]	–	054.000.024
A 9	**Fotovoltaik**						Beschreibung für Pos. **63-64**
	Solaranlage zur Stromgewinnung als Fotovoltaiksystem zur Aufdach-/ Inndach-/Flachdachlösung, mit konstruktiver Verankerung. Leistung einschl. systembedingter Befestigungsmittel und Befestigungskonstruktionsmaterial, Befestigung gem. statischem Einzelnachweis, mit Wechselrichter mit Datenlogger, Powermanagement, DC-Schalter und dreipoliger Einspeisung, einschl. ca. 100 m Elektrokabel, komplett verdrahtet, mit Durchführungen, Anschlussarbeiten und Inbetriebnahme.						
63	**Fotovoltaik 2 kWp**						KG **442**
	Wie Ausführungsbeschreibung A 9 Nennleistung System: 2 kWp Polykristalline PV-Module: mind. 250 Wp Auflast (Schneelast): bis 5 kN/m² Dynamische Last (Windlast): bis 2 kN/m² Ausführung gem. Einzelbeschreibung:						
	–€ 4.143€ **4.874€** 5.556€ –€				[St]	⏱ 14,00 h/St	053.000.023

▶ min
▷ von
ø Mittel
◁ bis
◀ max

Nr.	Kurztext / Langtext					Kostengruppe
▶	▷	ø netto €	◁	◀	[Einheit]	Ausf.-Dauer Positionsnummer

64 Fotovoltaik 10 kWp KG 442

Wie Ausführungsbeschreibung A 9
Nennleistung System: 10 kWp
Polykristalline PV-Module: mind. 250 Wp
Auflast (Schneelast): bis 5 kN/m²
Dynamische Last (Windlast): bis 2 kN/m²
Ausführung gem. Einzelbeschreibung: .....

| –€ | 14.294€ | **16.816**€ | 19.171€ | –€ | [St] | ⏱ 48,00 h/St | 053.000.024 |

LB 054
Niederspannungsanlagen - Verteilersysteme und Einbaugeräte

054

Kosten:
Stand 1.Quartal 2021
Bundesdurchschnitt

▶ min
▷ von
ø Mittel
◁ bis
◀ max

Niederspannungsanlagen - Verteilersysteme und Einbaugeräte

Preise €

Nr.	Positionen	Einheit	▶	▷ ø brutto € ø netto €	◁	◀
1	Installationskleinverteiler, uP, 356x348x94,5mm	St	–	70 59	**74** **63**	79 66	–
2	Installationskleinverteiler, uP, 755x348x94,5mm	St	–	120 101	**128** **107**	136 114	–
3	Zählerschrank, uP, Multimediafeld	St	–	1.179 991	**1.253** **1.053**	1.327 1.115	–
4	Fehlerstromschutzschalter, 25A, 4polig	St	–	60 50	**64** **53**	67 57	–
5	Fehlerstromschutzschalter 63A, 4polig	St	–	62 52	**66** **55**	70 59	–
6	Leitungsschutzschalter 6kA, 3polig B16A	St	–	49 41	**52** **44**	56 47	–
7	Leitungsschutzschalter 6kA, 3polig B20A	St	–	50 42	**53** **45**	57 47	–
8	Leitungsschutzschalter 6kA, 3polig C16A	St	–	47 39	**50** **42**	53 44	–
9	Leitungsschutzschalter 6kA, 1polig B10A	St	–	37 31	**39** **33**	42 35	–
10	Sicherungssockel D02, 3polig	St	–	45 38	**48** **40**	51 43	–
11	Lasttrennschalter, 63A	St	–	154 130	**164** **138**	175 147	–

Nr.	**Kurztext** / Langtext					Kostengruppe
▶	▷ ø netto € ◁ ◀			[Einheit]	Ausf.-Dauer	Positionsnummer

A 1 Installationskleinverteiler, uP
Beschreibung für Pos. **1-2**

Installationskleinverteiler mit Kunststoffmauerkasten, Blendrahmen mit Tür aus Stahlblech, Blindabdeckungen.
Norm: DIN EN 60670-24, DIN 43871
Schutzart: IP30
Schutzartklasse: II
Montageart: Unterputz

1 Installationskleinverteiler, uP, 356x348x94,5mm
KG **444**

Wie Ausführungsbeschreibung A 1
Verteilerreihen: 1
Farbe: reinweiß RAL 9010
Höhe: 356 mm
Breite: 348 mm
Tiefe: 94,5 mm
Angeb. Fabrikat: .....

–€   59€   **63€**   66€   –€   [St]   –   054.000.036

Nr.	Kurztext / Langtext					[Einheit]	Ausf.-Dauer	Kostengruppe Positionsnummer
▶	▷	ø netto €	◁	◀				

2   Installationskleinverteiler, uP, 755x348x94,5mm — KG **444**

Wie Ausführungsbeschreibung A 1
Verteilerreihen: 4
Farbe: reinweiß RAL 9010
Höhe: 755 mm
Breite: 348 mm
Tiefe: 94,5 mm
Angeb. Fabrikat: .....

| –€ | 101€ | **107**€ | 114€ | –€ | [St] | – | 054.000.037 |

3   Zählerschrank, uP, Multimediafeld — KG **444**

Zählerschrank mit Multimediafeld und Dreifach-Steckdose, Kunststoffmauerkasten, Blendrahmen mit Tür aus Stahlblech, Blindabdeckungen.
Norm: DIN EN 0603/1, DIN 43870
Schutzart: IP44
Schutzklasse: II
Montageart: Unterputz
Verteilerreihen: 7
Farbe: reinweiß RAL 9010
Höhe: 1.100 mm
Breite: 1.050 mm
Tiefe: 205 mm
Angeb. Fabrikat: .....

| –€ | 991€ | **1.053**€ | 1.115€ | –€ | [St] | – | 054.000.038 |

A 2   Fehlerstromschutzschalter — Beschreibung für Pos. **4-5**

Fehlerstromschutzschalter als Reiheneinbaugerät nach DIN 43880, mit Aufnahmevorrichtung für Beschriftungsschild.
Norm: DIN EN 61008-1 (VDE 0664-10)
Berührungsschutz: fingersicher (DIN EN 50274 (VDE 0660-514)
Typ Fehlerstrom: A pulsstromsensitiv
Bemessungsfehlerstrom (mA) Schutzschalter: 30
Anzahl Pole: 3+N
Bemessungsbetriebsspannung: 400 V AC
Kurzschlussfestigkeit: 6 kA
max. Stoßstromfestigkeit: 250A
Antrieb Schalter: handbetätigt
Angeb. Fabrikat: .....

4   Fehlerstromschutzschalter, 25A, 4polig — KG **444**

Wie Ausführungsbeschreibung A 2
Bemessungsstrom: 25 A

| –€ | 50€ | **53**€ | 57€ | –€ | [St] | – | 054.000.043 |

5   Fehlerstromschutzschalter 63A, 4polig — KG **444**

Wie Ausführungsbeschreibung A 2
Bemessungsstrom: 63 A

| –€ | 52€ | **55**€ | 59€ | –€ | [St] | – | 054.000.044 |

LB 054 Niederspannungsanlagen - Verteilersysteme und Einbaugeräte

Kosten:
Stand 1.Quartal 2021
Bundesdurchschnitt

Nr.	Kurztext / Langtext						Kostengruppe
▶	▷	ø netto €	◁	◀	[Einheit]	Ausf.-Dauer	Positionsnummer

A 3 — Leitungsschutzschalter 6kA
Beschreibung für Pos. 6-9

Leitungsschutzschalter als Reiheneinbaugerät nach DIN 43880, mit Aufnahmevorrichtung für Beschriftungsschild.
Norm: DIN EN 60898-1 (VDE 0641-11)
Berührungsschutz: fingersicher DIN EN 50274 (VDE 0660-514)
Bemessungsbetriebsspannung: 230/400 V AC

6 — Leitungsschutzschalter 6kA, 3polig B16A — KG **444**
Wie Ausführungsbeschreibung A 3
Leitungsschutzschalter als Reiheneinbaugerät nach DIN 43880, mit Aufnahmevorrichtung für Beschriftungsschild.
Norm: DIN EN 60898-1 (VDE 0641-11)
Berührungsschutz: fingersicher DIN EN 50274 (VDE 0660-514)
Bemessungsbetriebsspannung: 230/400 V AC
Bemessungsschaltvermögen: 6 kA
Anzahl Pole: 3
Auslösecharakteristik Schutzschalter: B
Bemessungsstrom: 16 A
Angeb. Fabrikat: .....

▶	▷	ø	◁	◀	[Einheit]	Ausf.-Dauer	Positionsnummer
–€	41€	**44€**	47€	–€	[St]	–	054.000.039

7 — Leitungsschutzschalter 6 kA, 3polig B20A — KG **444**
Wie Ausführungsbeschreibung A 3
Bemessungsschaltvermögen: 6 kA
Anzahl Pole: 3
Auslösecharakteristik Schutzschalter: B
Bemessungsstrom: 20 A
Angeb. Fabrikat: .....

▶	▷	ø	◁	◀	[Einheit]	Ausf.-Dauer	Positionsnummer
–€	42€	**45€**	47€	–€	[St]	–	054.000.040

8 — Leitungsschutzschalter 6 kA, 3polig C16A — KG **444**
Wie Ausführungsbeschreibung A 3
Bemessungsschaltvermögen: 6 kA
Anzahl Pole: 3
Auslösecharakteristik Schutzschalter: C
Bemessungsstrom: 16 A
Angeb. Fabrikat: .....

▶	▷	ø	◁	◀	[Einheit]	Ausf.-Dauer	Positionsnummer
–€	39€	**42€**	44€	–€	[St]	–	054.000.041

9 — Leitungsschutzschalter 6 kA, 1polig B10A — KG **444**
Wie Ausführungsbeschreibung A 3
Bemessungsschaltvermögen: 6 kA
Ausführung Abdeckung: beidseitige Klemmenabdeckung
Anzahl Pole: 1
Auslösecharakteristik Schutzschalter: B
Bemessungsstrom: 10 A
Angeb. Fabrikat: .....

▶	▷	ø	◁	◀	[Einheit]	Ausf.-Dauer	Positionsnummer
–€	31€	**33€**	35€	–€	[St]	–	054.000.042

▶ min
▷ von
ø Mittel
◁ bis
◀ max

Nr.	Kurztext / Langtext					Kostengruppe	
▶	▷	**ø netto €**	◁	◀	[Einheit]	Ausf.-Dauer	Positionsnummer

10 Sicherungssockel D02, 3polig KG **444**

Sicherungssockel mit Abdeckung, auf Tragschiene und Neutralleiterklemme. Bestückung mit Sicherungssockel/-unterteil/Trennschalter, mit Sicherungseinsatz.
Norm: DIN VDE 0636-3 (VDE 0636-3)
Bemessungsstrom: 63 A
Anzahle Pole: 3

| –€ | 38€ | **40€** | 43€ | –€ | [St] | – | 054.000.045 |

11 Lasttrennschalter, 63A KG **444**

Lasttrennschalter mit Berührungsschutz nach DIN VDE 0106/100
Norm: DIN VDE 0632
Nennstrom: 63A
Betriebsspannung: 400 V AC
Anschlussquerschnitt bei starrem Leiter: 16 mm²

| –€ | 130€ | **138€** | 147€ | –€ | [St] | – | 054.000.046 |

LB 058
Leuchten und Lampen

Kosten:
Stand 1.Quartal 2021
Bundesdurchschnitt

058

▶ min
▷ von
ø Mittel
◁ bis
◀ max

Leuchten und Lampen — Preise €

Nr.	Positionen	Einheit	▶	▷ ø brutto € / ø netto €	◁	◀
1	Anbauleuchte, LED, Feuchtraum	St	–	119 **135**	151	–
			–	100 **114**	127	–
2	Einbauleuchte, LED, 39W	St	–	123 **140**	157	–
			–	104 **118**	132	–
3	Pendelleuchte, LED 47W, bis 598mm	St	–	285 **324**	363	–
			–	239 **272**	305	–
4	Pendelleuchte, LED 47W, bis 1.198mm	St	–	351 **399**	447	–
			–	295 **335**	376	–
5	Einbaudownlight, LED, 9W	St	–	59 **67**	75	–
			–	50 **56**	63	–
6	Einbaudownlight, LED, 17,8W	St	–	66 **75**	84	–
			–	55 **63**	70	–

Nr.	Kurztext / Langtext				[Einheit]	Kostengruppe
▶	▷	ø netto €	◁	◀		Ausf.-Dauer Positionsnummer

1 Anbauleuchte, LED, Feuchtraum   KG **445**

Anbauleuchte für Feuchtraum, Gehäuse aus Kunststoff (Polycarbonat), innenliegende Halterung, Stahlblech, weiß lackiert, Refraktor Kunststoff (PMMA oder PC), innenprismatisch.
Befestigung: Decke/Wand
Abmessung: ..... (bis 1.278 mm)
Leuchtmittel: LED 28 W
Lichtfarbe: 840, neutralweiß
Leuchtenlichtstrom: 3.350 lm
Elektrische Ausstattung: Betriebsgerät
Schutzart: IP 66
Schutzklasse: I
Spannung: 220-240 V / 50-60 Hz
Farbe: Lichtgrau
Zubehör: Befestigungsmaterial
Angeb. Fabrikat: .....

| –€ | 100€ | **114**€ | 127€ | –€ | [St] | ⏱ 0,35 h/St   058.000.003 |

Nr.	Kurztext / Langtext							Kostengruppe
▶	▷	**ø netto €**	◁	◀	[Einheit]	Ausf.-Dauer	Positionsnummer

2   Einbauleuchte, LED, 39W KG **445**

Einbauleuchte in abgehängter Decke, Gehäuse aus Aluminium, Diffusor und Lightguide aus vergilbungsfreiem PMMA (opal), seitliche Lichteinkopplung mit LED-Betriebsgerät extern.
Abmessung: ..... (bis 1233 mm)
Abstrahlwinkel: 60°
Leuchtmittel: LED 39 W
Lichtfarbe: 830, warmweiß
Leuchtenlichtstrom: 3.600 lm
Lebensdauer: 50.000 h (L70/B10)
Schutzart: IP 20
Schutzklasse: II
Spannung: 220-240 V / 50-60 Hz
für Deckenstärke: 10-25mm
Gehäusefarbe: weiß
Zubehör: Befestigungsmaterial
Angeb. Fabrikat: .....

| –€ | 104€ | **118€** | 132€ | –€ | [St] | ⏱ 0,60 h/St | 058.000.020 |

3   Pendelleuchte, LED 47W, bis 598mm KG **445**

Pendelleuchte, Abdeckung aus Stahlblech, pulverbeschichtet, Rahmen aus Aluminium, eloxiert, Diffusor aus Kunststoff (PMMA) opal, seitliche Lichteinkopplung mit LED, mit 2-Punkt-Stahlseilabhängung, stufenlos höhenverstellbar.
Abstrahlwinkel: 120 °
Leuchtmittel: LED 47 W
Lichtfarbe: 830, warmweiß
Leuchtenlichtstrom: 4.300 lm
Schutzart: IP 40
Schutzklasse: I
Spannung: 100-240 V / 50-60 Hz
Gehäusefarbe: aluminium, eloxiert
Zubehör: Befestigungsmaterial
Abmessung: ..... (bis 598 mm)
Angeb. Fabrikat: .....

| –€ | 239€ | **272€** | 305€ | –€ | [St] | – | 058.000.023 |

LB 058
Leuchten und Lampen

Kosten:
Stand 1.Quartal 2021
Bundesdurchschnitt

Nr.	Kurztext / Langtext					[Einheit]	Ausf.-Dauer	Kostengruppe Positionsnummer
▶	▷	ø netto €	◁	◀				

4 — Pendelleuchte, LED 47W, bis 1.198mm — KG 445

Pendelleuchte, Abdeckung aus Stahlblech, pulverbeschichtet, Rahmen aus Aluminium, eloxiert, Diffusor aus Kunststoff (PMMA) opal, seitliche Lichteinkopplung mit LED, mit 2-Punkt-Stahlseilabhängung, stufenlos höhenverstellbar.
Abstrahlwinkel: 120 °
Leuchtmittel: LED 47 W
Lichtfarbe: 830, warmweiß
Leuchtenlichtstrom: 4.300 lm
Schutzart: IP 40
Schutzklasse: I
Spannung: 100-240 V / 50-60 Hz
Gehäusefarbe: aluminium, eloxiert
Zubehör: Befestigungsmaterial
Abmessung: ..... (bis 1.198 mm)
Angeb. Fabrikat: .....

| –€ | 295€ | **335€** | 376€ | –€ | [St] | – | 058.000.024 |

A 1 — Einbaudownlight, LED — Beschreibung für Pos. 5-6

Einbaudownlight mit LED, Gehäuse aus Aluminium-Druckguss, pulverbeschichtet, Lightguide und Kunststoffabdeckung aus vergilbungsfreiem Kunststoff (PMMA), Abdeckung Kunststoff opal matt, Deckenbefestigung mit Federsystem.
Betriebsgerät: extern über Steckverbindung, mit Verbindungsleitung zwischen Leuchte und LED-Konverter 250 mm
Abstrahlwinkel: 110°
Lichtfarbe: 830, warmweiß
Lebensdauer: L70> 50.000 h
Spannung: 220-240 V / 50-60 Hz
für Deckenstärke: 1-20 mm
Schutzart: IP40
Schutzklasse: II
Zubehör: Befestigungsmaterial

5 — Einbaudownlight, LED, 9W — KG 445

Wie Ausführungsbeschreibung A 1
Durchmesser: 170 mm
Einbautiefe: 27-53 mm
Lichtleistung: LED 9 W
Leuchtenlichtstrom: 940 lm
Angeb. Fabrikat: .....

| –€ | 50€ | **56€** | 63€ | –€ | [St] | ⏱ 0,30 h/St | 058.000.017 |

6 — Einbaudownlight, LED, 17,8W — KG 445

Wie Ausführungsbeschreibung A 1
Durchmesser: 234 mm
Einbautiefe: 31-56 mm
Lichtleistung: LED 17,8 W
Leuchtenlichtstrom: 1.650 lm
Angeb. Fabrikat: .....

| –€ | 55€ | **63€** | 70€ | –€ | [St] | ⏱ 0,40 h/St | 058.000.018 |

▶ min
▷ von
ø Mittel
◁ bis
◀ max

| 040 |
| 041 |
| 042 |
| 044 |
| 045 |
| 047 |
| 053 |
| 054 |
| **058** |
| 061 |
| 069 |
| 075 |

LB 061 Kommunikations- und Übertragungsnetze

Kosten:
Stand 1.Quartal 2021
Bundesdurchschnitt

▶ min
▷ von
ø Mittel
◁ bis
◀ max

Kommunikations- und Übertragungsnetze — Preise €

Nr.	Positionen	Einheit	▶	▷	ø brutto € / ø netto €	◁	◀
1	Installationsleitung, J-Y(St)Y 2x2x0,8mm, BS	m	–	5,4	**5,8**	6,0	–
			–	4,5	**4,9**	5,1	–
2	Installationsleitung, J-Y(St)Y 4x2x0,8mm, BS	m	–	5,8	**6,2**	6,3	–
			–	4,9	**5,2**	5,3	–
3	Installationsleitung, J-Y(St)Y 10x2x0,8mm, BS	m	–	8,7	**9,2**	9,7	–
			–	7,3	**7,7**	8,2	–
4	Installationsleitung, J-Y(St)Y 20x2x0,8mm, BS	m	–	11	**12**	13	–
			–	9,6	**10**	11	–
5	Installationsleitung, J-Y(St)Y 2x2x0,8mm, KR/K/R/MW	m	–	1,7	**1,8**	1,9	–
			–	1,4	**1,6**	1,6	–
6	Installationsleitung, J-Y(St)Y 4x2x0,8mm, KR/K/R/MW	m	–	2,0	**2,1**	2,2	–
			–	1,7	**1,8**	1,9	–
7	Installationsleitung, J-Y(St)Y 10x2x0,8mm, KR/K/R/MW	m	–	4,1	**4,3**	4,5	–
			–	3,5	**3,6**	3,8	–
8	Installationsleitung, J-Y(St)Y 20x2x0,8mm, KR/K/R/MW	m	–	5,7	**6,0**	6,3	–
			–	4,8	**5,1**	5,3	–
9	Installationsleitung, J-Y(St)Y 2x2x0,8mm, AD	m	–	3,3	**3,5**	3,7	–
			–	2,8	**3,0**	3,1	–
10	Installationsleitung, J-Y(St)Y 4x2x0,8mm, AD	m	–	3,5	**3,8**	4,0	–
			–	2,9	**3,2**	3,4	–
11	Installationsleitung, J-Y(St)Y 10x2x0,8mm, AD	m	–	5,7	**6,2**	6,6	–
			–	4,8	**5,2**	5,5	–
12	Installationsleitung, J-Y(St)Y 20x2x0,8mm, AD	m	–	7,4	**8,1**	8,5	–
			–	6,2	**6,8**	7,1	–
13	Installationsleitung, J-Y(St)Y 2x2x0,8mm, uP	m	–	2,8	**3,0**	3,2	–
			–	2,4	**2,5**	2,7	–
14	Installationsleitung, J-Y(St)Y 4x2x0,8mm, uP	m	–	5,0	**5,4**	5,7	–
			–	4,2	**4,5**	4,8	–
15	Installationsleitung, J-Y(St)Y 10x2x0,8mm, uP	m	–	4,9	**5,4**	5,6	–
			–	4,2	**4,5**	4,7	–
16	Installationsleitung, J-Y(St)Y 20x2x0,8mm, uP	m	–	6,9	**7,4**	7,8	–
			–	5,8	**6,2**	6,6	–

Nr.	Kurztext / Langtext				[Einheit]	Ausf.-Dauer	Kostengruppe Positionsnummer
▶	▷	ø netto €	◁	◀			

A 1 Installationsleitung, J-Y(St)Y, BS — Beschreibung für Pos. 1-4

Installationsleitung symmetrisch
Norm: DIN VDE 0815 (VDE 0815)
Leitungstyp: JY(St)Y
Verlegung: mit Metallbügel oder Bügelschelle

1 Installationsleitung, J-Y(St)Y 2x2x0,8mm, BS — KG **444**

Wie Ausführungsbeschreibung A 1
Ader-/Leiterzahl: 2 x 2 x 0,8 mm

| –€ | 5€ | **5€** | 5€ | –€ | [m] | ⏱ 0,09 h/m | 061.000.001 |

© BKI Baukosteninformationszentrum; Erläuterungen zu den Tabellen siehe Seite 44

Kostenstand: 1.Quartal 2021, Bundesdurchschnitt

Nr.	Kurztext / Langtext				[Einheit]	Ausf.-Dauer	Kostengruppe Positionsnummer
▶	▷ ø netto €	◁	◀				

2	**Installationsleitung, J-Y(St)Y 4x2x0,8mm, BS**						KG **444**
Wie Ausführungsbeschreibung A 1							
Ader-/Leiterzahl: 4 x 2 x 0,8 mm							
–€	5€	**5€**	5€	–€	[m]	⏱ 0,09 h/m	061.000.002

3	**Installationsleitung, J-Y(St)Y 10x2x0,8mm, BS**						KG **444**
Wie Ausführungsbeschreibung A 1							
Ader-/Leiterzahl: 10 x 2 x 0,8 mm							
–€	7€	**8€**	8€	–€	[m]	⏱ 0,13 h/m	061.000.003

4	**Installationsleitung, J-Y(St)Y 20x2x0,8mm, BS**						KG **444**
Wie Ausführungsbeschreibung A 1							
Ader-/Leiterzahl: 20 x 2 x 0,8 mm							
–€	10€	**10€**	11€	–€	[m]	⏱ 0,16 h/m	061.000.004

A 2 **Installationsleitung, J-Y(St)Y, KR/K/R/MW**   Beschreibung für Pos. **5-8**
Installationsleitung symmetrisch
Norm: DIN VDE 0815 (VDE 0815)
Leitungstyp: J-Y(St)Y
Verlegung: in vorhandener **Kabelrinne / Kanal / Rohr / Montagewand**

5	**Installationsleitung, J-Y(St)Y 2x2x0,8mm, KR/K/R/MW**						KG **444**
Wie Ausführungsbeschreibung A 2							
Ader-/Leiterzahl: 2 x 2 x 0,8 mm							
–€	1€	**2€**	2€	–€	[m]	⏱ 0,03 h/m	061.000.008

6	**Installationsleitung, J-Y(St)Y 4x2x0,8mm, KR/K/R/MW**						KG **444**
Wie Ausführungsbeschreibung A 2							
Ader-/Leiterzahl: 4 x 2 x 0,8mm							
–€	2€	**2€**	2€	–€	[m]	⏱ 0,03 h/m	061.000.009

7	**Installationsleitung, J-Y(St)Y 10x2x0,8mm, KR/K/R/MW**						KG **444**
Wie Ausführungsbeschreibung A 2							
Ader-/Leiterzahl: 10 x 2 x 0,8 mm							
–€	3€	**4€**	4€	–€	[m]	⏱ 0,05 h/m	061.000.010

8	**Installationsleitung, J-Y(St)Y 20x2x0,8mm, KR/K/R/MW**						KG **444**
Wie Ausführungsbeschreibung A 2							
Ader-/Leiterzahl: 20 x 2 x 0,8 mm							
–€	5€	**5€**	5€	–€	[m]	⏱ 0,06 h/m	061.000.011

A 3 **Installationsleitung, J-Y(St)Y, AD**   Beschreibung für Pos. **9-12**
Installationsleitung symmetrisch
Norm: DIN VDE 0815 (VDE 0815)
Leitungstyp: J-Y(St)Y
Verlegung: oberhalb der Abhangdecke mit Metallsammelbefestigung

LB 061 Kommunikations- und Übertragungsnetze

Kosten:
Stand 1.Quartal 2021
Bundesdurchschnitt

▶ min
▷ von
ø Mittel
◁ bis
◀ max

Nr.	Kurztext / Langtext				[Einheit]	Ausf.-Dauer	Kostengruppe Positionsnummer
▶	▷	ø netto €	◁	◀			

9 Installationsleitung, J-Y(St)Y 2x2x0,8mm, AD KG **444**
Wie Ausführungsbeschreibung A 3
Ader-/Leiterzahl: 2 x 2 x 0,8 mm
–€   3€   **3€**   3€   –€   [m]   ⏱ 0,05 h/m   061.000.012

10 Installationsleitung, J-Y(St)Y 4x2x0,8mm, AD KG **444**
Wie Ausführungsbeschreibung A 3
Ader-/Leiterzahl: 4 x 2 x 0,8 mm
–€   3€   **3€**   3€   –€   [m]   ⏱ 0,05 h/m   061.000.013

11 Installationsleitung, J-Y(St)Y 10x2x0,8mm, AD KG **444**
Wie Ausführungsbeschreibung A 3
Ader-/Leiterzahl: 10 x 2 x 0,8 mm
–€   5€   **5€**   6€   –€   [m]   ⏱ 0,08 h/m   061.000.014

12 Installationsleitung, J-Y(St)Y 20x2x0,8mm, AD KG **444**
Wie Ausführungsbeschreibung A 3
Ader-/Leiterzahl: 20 x 2 x 0,8 mm
–€   6€   **7€**   7€   –€   [m]   ⏱ 0,09 h/m   061.000.015

A 4 Installationsleitung, J-Y(St)Y, uP Beschreibung für Pos. **13-16**
Installationsleitung symmetrisch
Norm: DIN VDE 0815 (VDE 0815)
Leitungstyp: J-Y(St)Y
Verlegung: unter Putz

13 Installationsleitung, J-Y(St)Y 2x2x0,8mm, uP KG **444**
Wie Ausführungsbeschreibung A 4
Ader-/Leiterzahl: 2 x 2 x 0,8 mm
–€   2€   **3€**   3€   –€   [m]   ⏱ 0,02 h/m   061.000.017

14 Installationsleitung, J-Y(St)Y 4x2x0,8mm, uP KG **444**
Wie Ausführungsbeschreibung A 4
Ader-/Leiterzahl: 4 x 2 x 0,8 mm
–€   4€   **5€**   5€   –€   [m]   ⏱ 0,04 h/m   061.000.016

15 Installationsleitung, J-Y(St)Y 10x2x0,8mm, uP KG **444**
Wie Ausführungsbeschreibung A 4
Ader-/Leiterzahl: 10 x 2 x 0,8 mm
–€   4€   **5€**   5€   –€   [m]   ⏱ 0,07 h/m   061.000.018

16 Installationsleitung, J-Y(St)Y 20x2x0,8mm, uP KG **444**
Wie Ausführungsbeschreibung A 4
Ader-/Leiterzahl: 20 x 2 x 0,8 mm
–€   6€   **6€**   7€   –€   [m]   ⏱ 0,08 h/m   061.000.019

| 040 |
| 041 |
| 042 |
| 044 |
| 045 |
| 047 |
| 053 |
| 054 |
| 058 |
| **061** |
| 069 |
| 075 |

LB 069 Aufzüge

Aufzüge — Preise €

Kosten: Stand 1. Quartal 2021, Bundesdurchschnitt

Nr.	Positionen	Einheit	▶ min	▷ von	ø brutto € / ø netto €	◁ bis	◀ max
1	Personenaufzug bis 320kg	St	33.186	40.706	**42.433**	46.406	52.626
			27.888	34.207	**35.658**	38.996	44.223
2	Personenaufzug bis 630kg, behindertengerecht, Typ 2	St	42.267	48.278	**51.330**	55.130	61.539
			35.518	40.570	**43.135**	46.327	51.713
3	Personenaufzug bis 1.275kg, behindertengerecht, Typ 3	St	52.899	71.897	**82.475**	93.080	113.063
			44.453	60.418	**69.307**	78.219	95.011
4	Personenaufzug über 1.000 bis 1.600kg	St	82.788	95.636	**103.648**	106.006	118.853
			69.570	80.366	**87.099**	89.080	99.877
5	Bettenaufzug, 2.500kg	St	76.423	94.001	**104.213**	105.530	131.552
			64.221	78.993	**87.574**	88.681	110.548
6	Kleingüteraufzug mit Traggerüst	St	8.899	10.881	**12.272**	12.850	15.004
			7.478	9.144	**10.313**	10.798	12.608
7	Verglasung Aufzug	m²	116	183	**215**	266	360
			97	154	**181**	224	303
8	Wartung Personenaufzug EN81-20	St	1.065	1.961	**2.117**	2.773	3.876
			895	1.648	**1.779**	2.330	3.257
9	Stundensatz Facharbeiter/-in	h	52	82	**90**	111	166
			44	69	**75**	93	139
10	Stundensatz Helfer/-in	h	39	58	**68**	96	127
			33	48	**57**	81	107

▶ min
▷ von
ø Mittel
◁ bis
◀ max

Nr.	**Kurztext** / Langtext					Kostengruppe	
▶	▷	**ø netto €**	◁	◀	[Einheit]	Ausf.-Dauer	Positionsnummer

1 Personenaufzug bis 320kg   KG **461**

Seilaufzug, bis 320 kg Nutzlast, als Personenaufzug, elektrisch betrieben EN 81-1, liefern und betriebsfertig montieren. Ausführung gem. Einzelbeschreibungen, Anlagen-Nr.: ..... .
Typ: Personenaufzug EN81-20
Gruppengröße: 4 Personen
Gruppensteuerung: Auf-/Abwärts-Sammelsteuerung
Geschwindigkeit: **1,6 / 1,0 / 0,5** m/s
Nennlast: 320 kg
Anzahl der Fahrten / Fahrzeit je Tag ca. **1,5 / 3,0 / 6,0** (Stunden je Tag) nach VDI 4707 Bl.1
Schallwerte 1 Meter vom Antrieb entfernt: max. 65 dB(A)
Schallwerte in der Kabine während der Fahrt: max.51 dB(A)
Schallwert ein Meter vor geschlossener Schachttür: max. 53 dB(A).
Brandschutz: **Türen ohne Brandanforderung / E120 nach EN81-58**
Anzahl Haltestellen: …. Geschosse. Summe Zugänge: ….. Zugänge
Korrosionsschutz für Stahlteile:
Korrosivitätsklasse: C….., Schutzdauer: **L / M / H / VH**
Schachtausführung: Betonschacht nach EN81
Schacht-Abmessung (B x T): ….. x ….. mm
Schachtgrubentiefe: ….. mm
Schachtkopfhöhe: ….. mm
Förderhöhe: ….. mm
Bieterangaben:
Motor: Energieeffizienzklasse …., mit ….. kW
Nennstrom: …..
Anlaufstrom: …..
Hersteller / Typ des Antriebes: …..
Hersteller / Typ des Motors: …..
Hersteller / Typ der Steuerung: …..
Hersteller / Typ des Fahrkorbes: …..
Hersteller / Typ der elektronischen Steuerung: …..

27.888€   34.207€   **35.658**€   38.996€   44.223€   [St]   ⏱ 180,00 h/St   069.000.001

040
041
042
044
045
047
053
054
058
061
069
075

LB 069 Aufzüge

Nr.	Kurztext / Langtext					[Einheit]	Ausf.-Dauer	Kostengruppe Positionsnummer
▶	▷	ø netto €	◁	◀				

2 — **Personenaufzug bis 630kg, behindertengerecht, Typ 2** — KG **461**

Seilaufzug, behindertengerecht EN 81-70, 630 kg Nutzlast, als Personenaufzug elektrisch betrieben EN 81-1, liefern und betriebsfertig montieren. Ausführung gem. anliegender Einzelbeschreibungen.
Türbreite: mind. 90 cm
Fahrkorbbreite: mind. 110 cm
Fahrkorbtiefe: mind. 210 cm
Typ: Personenaufzug EN81-70 barrierefrei / behindertengerecht, Nutzung durch 1 Rollstuhlbenutzer mit Begleitperson nach EN 12183 oder durch elektrisch angetriebenen Rollstuhl der Klassen A oder B DIN EN 12184.
Gruppengröße: 8 Personen
Gruppensteuerung: Auf-/Abwärts-Sammelsteuerung
Geschwindigkeit: **1,6 / 1,0 / 0,5 m/s**
Nennlast: 630 kg
Anzahl der Fahrten / Fahrzeit je Tag: ca. **1,5 / 3,0 / 6,0** (Stunden je Tag) nach VDI 4707 Bl.1
Schallwert 1 Meter vom Antrieb entfernt: max. ..... dB(A)
Schallwert in der Kabine während der Fahrt: max. 51 dB(A)
Schallwert1 Meter vor geschlossener Schachttür: max. ..... dB(A)
Türausbildung: gem. DIN 18091
Brandschutz: Türen **ohne Brandanforderung / E120 nach EN81-58.**
Türausbildung gem. DIN 18091
Anzahl Haltestellen: ..... Geschosse
Summe Zugänge: ..... Zugänge
Korrosionsschutz für Stahlteile:
Korrosivitätsklasse: C....., Schutzdauer: **L / M / H / VH**
Schachtausführung: Betonschacht nach EN81
Schacht-Abmessung (B x T): ..... x ..... mm
Schachtgrubentiefe: ..... mm
Schachtkopfhöhe: ..... mm
Förderhöhe: ..... mm
Aufzugsantrieb: im Schacht / im gesonderten Maschinenraum
Antrieb / Kabinenausstattung / Ausführung Schachtkorb und Türen, gem. Einzelbeschreibung
Bieterangaben:
Motor: Energieeffizienzklasse ....., mit ..... kW
Nennstrom: .....
Anlaufstrom: .....
Hersteller / Typ des Antriebes: .....
Hersteller / Typ des Motors: .....
Hersteller / Typ der Steuerung: .....
Hersteller / Typ des Fahrkorbes: .....
Hersteller / Typ der elektronischen Steuerung: .....

35.518€ 40.570€ **43.135€** 46.327€ 51.713€   [St]   ⏱ 220,00 h/St   069.000.004

Kosten:
Stand 1.Quartal 2021
Bundesdurchschnitt

▶ min
▷ von
ø Mittel
◁ bis
◀ max

Nr.	**Kurztext** / Langtext						Kostengruppe	
▶	▷	**ø netto €**	◁	◀		[Einheit]	Ausf.-Dauer	Positionsnummer

3 Personenaufzug bis 1.275kg, behindertengerecht, Typ 3 — KG **461**

Seilaufzug, krankentrage- und behindertengerecht EN 81-70, 1000 kg Nutzlast, als Personenaufzug für 13 Personen, elektrisch betrieben EN 81-1, liefern und betriebsfertig montieren. Ausführung gem. anliegender Einzelbeschreibungen, Anlagen-Nr.: .....
Typ: Personenaufzug EN81-70 Tabelle 1 Typ 3, barrierefrei / behindertengerecht und krankentragegerecht, Nutzung durch 1 Rollstuhlbenutzer und weitere Personen, mit der Möglichkeit des Wenden des Rollstuhls der Klasse A oder B oder der Gehhilfe bzw. des Rollators.
Gruppengröße: 13 Personen
Gruppensteuerung: Auf-/Abwärts-Sammelsteuerung
Geschwindigkeit: **1,6 / 1,0 / 0,5** m/s
Nennlast: 1275 kg
Anzahl der Fahrten / Fahrzeit je Tag: ca. **1,5 / 3,0 / 6,0** (Stunden je Tag) nach VDI 4707 Bl.1
Schallwert 1 Meter vom Antrieb entfernt: max. ..... dB(A)
Schallwert in der Kabine während der Fahrt: max. 51 dB(A)
Schallwert: Meter vor geschlossener Schachttür max. ..... dB(A)
Türausbildung: gem. DIN 18091
Brandschutz: Türen **ohne Brandanforderung / E120 nach EN81-58**
Anzahl Haltestellen: .... Geschosse
Summe Zugänge: ..... Zugänge
Korrosionsschutz für Stahlteile:
Korrosivitätsklasse: C....., Schutzdauer: **L / M / H / VH**
Schachtausführung: Betonschacht nach EN81
Schacht-Abmessung (B x T): ..... x ..... mm
Schachtgrubentiefe: ..... mm
Schachtkopfhöhe: ..... mm
Förderhöhe: ..... mm
Aufzugsantrieb: im Schacht / im gesonderten Maschinenraum
Bieterangaben:
Motor: Energieeffizienzklasse ....., mit ..... kW
Nennstrom: ..... / Anlaufstrom: .....
Türbreite: mind. 90 cm
Fahrkorbbreite: mind. 200 cm
Fahrkorbtiefe: mind. 140 cm
Hersteller / Typ des Antriebes: .....
Hersteller / Typ des Motors: .....
Hersteller / Typ der Steuerung: .....
Hersteller / Typ des Fahrkorbes: .....
Hersteller / Typ der elektronischen Steuerung: .....

44.453€   60.418€   **69.307**€   78.219€   95.011€   [St]   ⏱ 240,00 h/St   069.000.002

040
041
042
044
045
047
053
054
058
061
069
075

LB 069 Aufzüge

Kosten:
Stand 1.Quartal 2021
Bundesdurchschnitt

Nr.	Kurztext / Langtext					[Einheit]	Ausf.-Dauer	Kostengruppe Positionsnummer
▶	▷	ø netto €	◁	◀				

4   Personenaufzug über 1.000 bis 1.600kg KG **461**

Seilaufzug, Personenaufzug, elektrisch betrieben EN 81-1, liefern und betriebsfertig montieren. Ausführung gem. anliegender Einzelbeschreibungen, Anlagen-Nr.: .....
Typ: Personenaufzug EN81-20
Gruppengröße: ..... Personen
Gruppensteuerung: Auf-/Abwärts-Sammelsteuerung
Geschwindigkeit: **1,6 / 1,0 / 0,5 m/s**
Nennlast: über 1.000 bis 1.600 kg
Anzahl der Fahrten / Fahrzeit je Tag: ca. **1,5 / 3,0 / 6,0** (Stunden je Tag) nach VDI 4707 Bl.1
Schallwert 1 Meter vom Antrieb entfernt: max. ..... dB(A)
Schallwert in der Kabine während der Fahrt: max. 51 dB(A)
Schallwert 1 Meter vor geschlossener Schachttür: max. ..... dB(A)
Brandschutz: **Türen ohne Brandanforderung / E120 nach EN81-58**
Anzahl Haltestellen: ..... Geschosse.
Zugänge: ..... Zugänge
Korrosionsschutz für Stahlteile:
Korrosivitätsklasse: C....., Schutzdauer: **L / M / H / VH**
Schachtausführung: Betonschacht nach EN81
Schacht-Abmessung (B x T): ..... x ..... mm
Schachtgrubentiefe: ..... mm
Schachtkopfhöhe: ..... mm
Förderhöhe: ..... mm
Aufzugsantrieb: im Schacht / im gesonderten Maschinenraum
Bieterangaben:
Motor: Energieeffizienzklasse ....., mit ..... kW
Nennstrom: .....
Anlaufstrom: .....
Hersteller / Typ des Antriebes: .....
Hersteller / Typ des Motors: .....
Hersteller / Typ der Steuerung: .....
Hersteller / Typ des Fahrkorbes: .....
Hersteller / Typ der elektronischen Steuerung: .....

69.570€   80.366€   **87.099**€   89.080€   99.877€   [St]   ⏱ 240,00 h/St   069.000.003

▶ min
▷ von
ø Mittel
◁ bis
◀ max

Nr.	Kurztext / Langtext					Kostengruppe	
▶	▷	ø netto €	◁	◀	[Einheit]	Ausf.-Dauer	Positionsnummer

5   Bettenaufzug, 2.500kg   KG **461**

Seilaufzug, Bettenaufzug, elektrisch betrieben EN 81-1, liefern und betriebsfertig montieren. Ausführung gem. anliegender Einzelbeschreibungen, Anlagen-Nr.: .....
Einsatzempfehlung: Bettenaufzug gem. DIN 15309, in Krankenhäuser und Kliniken, Bettengröße 1,00 x 2,30m, mit Geräten für die medizinische Versorgung und Notbehandlung der Patienten, mit Begleitperson am Kopfende und/oder seitlich stehend. Ausführung barrierefrei EN81-70.
Gruppengröße: 33 Personen
Gruppensteuerung: Auf-/Abwärts-Sammelsteuerung
Geschwindigkeit: **1,0 / 0,5** m/s
Nennlast: 2500 kg
Anzahl der Fahrten / Fahrzeit je Tag: ca. ..... (Stunden je Tag) nach VDI 4707 Bl.1
Schallwert 1 Meter vom Antrieb entfernt: max. ..... dB(A)
Schallwert in der Kabine während der Fahrt: max. 51 dB(A)
Schallwert 1 Meter vor geschlossener Schachttür: max. ..... dB(A)
Brandschutz: E120 nach EN81-58
Anzahl Haltestellen: ..... Geschosse.
Zugänge: ..... Zugänge / Türen gegenüber: ..... Geschosse
Korrosionsschutz für Stahlteile:
Korrosivitätsklasse: C....., Schutzdauer: **L / M / H / VH**
Schachtausführung: Betonschacht nach EN81
Schacht-Abmessung (B x T): 2.775 x 3.250 mm
Schachtgrubentiefe: ..... mm
Schachtkopfhöhe: ..... mm
Förderhöhe: ..... mm
Aufzugsantrieb: **im Schacht / im gesonderten Maschinenraum**
Bieterangaben:
Motor: Energieeffizienzklasse ....., mit ..... kW
Nennstrom: ..... / Anlaufstrom: .....
Hersteller / Typ des Antriebes: .....
Hersteller / Typ des Motors: .....
Hersteller / Typ der Steuerung: .....
Hersteller / Typ des Fahrkorbes: .....
Hersteller / Typ der elektronischen Steuerung: .....
64.221€   78.993€   **87.574**€   88.681€   110.548€   [St]   ⏱ 260,00 h/St   069.000.008

LB 069 Aufzüge

Nr.	Kurztext / Langtext					[Einheit]	Ausf.-Dauer	Kostengruppe Positionsnummer
▶	▷	ø netto €	◁	◀				

Kosten:
Stand 1.Quartal 2021
Bundesdurchschnitt

▶ min
▷ von
ø Mittel
◁ bis
◀ max

6 Kleingüteraufzug mit Traggerüst — KG 461

Kleingüteraufzug, mit selbsttragendem, vormontiertem Schachtgerüst liefern und betriebsfertig montieren.
Ausführung gem. anliegender Einzelbeschreibungen, Anlagen-Nr.: .....
Aufzugstyp: Lastenaufzug, **elektrisch / hydraulisch** betrieben EN 81-3
Steuerung: Hol- und Sendesteuerung
Geschwindigkeit: **0,15 / 0,30 / 0,45** m/s
Nennlast: **50-100 / über 100-300** kg
Fahrzeit je Tag: ca. **1,5 / 3,0 / 6,0** (Stunden je Tag) nach VDI 4707 Bl.1
Schallwert 1 Meter vom Antrieb entfernt: max. ..... dB(A)
Schallwert 1 Meter vor geschlossener Schachttür: max. ..... dB(A)
Türausbildung: gem DIN 18091
Anzahl Haltestellen: ...., Geschosse. Summe Zugänge: ..... Stück
Schachtausführung: Traggerüst aus korrosionsgeschützter Stahlkonstruktion, mit F 30 Verkleidung aus verzinkten Stahlblechen.
Korrosivitätsklasse: C....., Schutzdauer: **L / M / H / VH**
Schachtabmessung (L x B): ..... x ..... m
Schachtkopfhöhe: ..... mm
Kabine: verzinkte Stahlkonstruktion
Kabinenbreite / -länge / -höhe (B x L x H): ..... x ..... x ..... mm
Förderhöhe: ..... mm
Beladung: **1-seitig / 2-seitig gegenüberliegend**
Öffnung: **Schiebetür / Drehtür**
Öffnungshöhe: **Brüstungshöhe / bodenbündig**
Ausführung Fahrkorb / Türrahmen / Türblatt / Tableau: gem. Einzelbeschreibung.
Türverriegelung: elektrisch überwacht
Aufzugsantrieb: **im Schacht / im gesonderten Maschinenraum**
Bieterangaben:
Motor: Energieeffizienzklasse ....., mit ..... kW
Nennstrom: ..... / Anlaufstrom: .....
Hersteller / Typ des Antriebes: .....
Hersteller / Typ des Motors: .....
Hersteller / Typ der Steuerung: .....
Hersteller / Typ des Fahrkorbes: .....
Hersteller / Typ der elektronischen Steuerung: .....

| 7.478€ | 9.144€ | **10.313€** | 10.798€ | 12.608€ | [St] | 120,00 h/St | 069.000.005 |

7 Verglasung Aufzug — KG 461

Absturzsichernde Verglasung DIN 18008-7, für Aufzugsverglasung.
Verglasungen: VSG aus 2x 8 mm TVG mit PVB-Folie 0,76 mm bzw. nach Statik
Scheibengrößen:
Aufzugrückseite (B x H): ca. ..... x H ..... mm
Seiten: 2x ca. B ..... x H ..... mm

| 97€ | 154€ | **181€** | 224€ | 303€ | [m²] | 1,50 h/m² | 069.000.009 |

Nr.	Kurztext / Langtext							Kostengruppe
▶	▷	ø netto €	◁	◀		[Einheit]	Ausf.-Dauer	Positionsnummer

8 Wartung Personenaufzug EN81-20 — KG **461**

Vollwartung für Aufzugsanlagen, inkl. aller Verbrauchs- und Bedarfsstoffe, sowie aller Ersatzteile über den Gesamtgewährleistungszeitraum von 4 Jahren hinaus.
Aufzugstyp: Personenaufzug EN81-20..... Personen, Nutzlast bis ...... kg
Aufzug-Nr.: .....
Einbauort: .....
Vergütung: je **Aufzug / Kalenderjahr**

| 895 € | 1.648 € | **1.779 €** | 2.330 € | 3.257 € | [St] | – | 069.000.010 |

9 Stundensatz Facharbeiter/-in

Stundenlohnarbeiten für Facharbeiter, Spezialfacharbeiter, Vorarbeiter und jeweils Gleichgestellte. Verrechnungssatz für die jeweilige Arbeitskraft inkl. aller Aufwendungen wie Lohn- und Gehaltskosten, Lohn- und Gehaltsnebenkosten, Zuschläge, lohngebundene und lohnabhängige Kosten, sonstige Sozialkosten, Gemeinkosten, Wagnis und Gewinn. Leistung nach besonderer Anordnung der Bauüberwachung. Nachweis und Anmeldung gem. VOB/B.

| 44 € | 69 € | **75 €** | 93 € | 139 € | [h] | ⏱ 1,00 h/h | 069.000.006 |

10 Stundensatz Helfer/-in

Stundenlohnarbeiten für Facharbeiter, Spezialfacharbeiter, Vorarbeiter und jeweils Gleichgestellte. Verrechnungssatz für die jeweilige Arbeitskraft inkl. aller Aufwendungen wie Lohn- und Gehaltskosten, Lohn- und Gehaltsnebenkosten, Zuschläge, lohngebundene und lohnabhängige Kosten, sonstige Sozialkosten, Gemeinkosten, Wagnis und Gewinn. Leistung nach besonderer Anordnung der Bauüberwachung. Nachweis und Anmeldung gem. VOB/B.

| 33 € | 48 € | **57 €** | 81 € | 107 € | [h] | ⏱ 1,00 h/h | 069.000.007 |

LB 075 Raumlufttechnische Anlagen

Kosten: Stand 1.Quartal 2021, Bundesdurchschnitt

- ▶ min
- ▷ von
- ø Mittel
- ◁ bis
- ◀ max

Raumlufttechnische Anlagen — Preise €

Nr.	Positionen	Einheit	▶	▷	ø brutto € / ø netto €	◁	◀
1	Absperrvorrichtung, K90, DN100	St	169 / 142	206 / 173	**218** / **183**	242 / 203	290 / 244
2	Be- und Entlüftungsgerät, bis 5.000m³/h	St	4.065 / 3.416	7.341 / 6.169	**9.121** / **7.665**	10.940 / 9.194	17.555 / 14.752
3	Be- und Entlüftungsgerät, bis 12.000m³/h	St	– / –	20.642 / 17.346	**20.665** / **17.366**	23.609 / 19.840	– / –
4	Abluftventilator, Einbaugerät	St	1.536 / 1.290	2.029 / 1.705	**2.616** / **2.198**	2.846 / 2.392	3.417 / 2.871
5	Kulissenschalldämpfer, eckig, Stahlblech, verzinkt	St	255 / 214	514 / 432	**565** / **475**	694 / 583	895 / 752
6	Kulissenschalldämpfer, rund, Stahlblech, verzinkt	St	175 / 147	217 / 182	**233** / **196**	267 / 225	334 / 281
7	Schalldämpfer, flach, runder Anschluss	St	101 / 85	121 / 102	**139** / **117**	151 / 127	171 / 144
8	Wetterschutzgitter, Außenluft-/Fortluft	St	135 / 113	235 / 198	**258** / **217**	349 / 293	504 / 424
9	Luftleitung, rechteckig, Stahlblech verzinkt	m²	41 / 34	53 / 44	**57** / **48**	61 / 51	77 / 64
10	Luftleitung, rechteckig, Kunststoff	m²	108 / 91	143 / 120	**187** / **157**	217 / 183	248 / 209
11	Luftleitung, feuerbeständig L30/L90	m²	58 / 49	134 / 113	**187** / **157**	193 / 162	275 / 231
12	Formstücke, verzinkt, Luftleitung	m²	55 / 46	76 / 64	**80** / **67**	96 / 81	127 / 107
13	Formteile, Kunststoff, Lüftungskanäle	m²	– / –	201 / 169	**239** / **201**	275 / 231	– / –
14	Luftleitung, Spiralfalzrohre, verzinkt, DN100	m	17 / 14	19 / 16	**20** / **17**	21 / 17	22 / 19
15	Luftleitung, Spiralfalzrohre, verzinkt, DN125	m	18 / 15	22 / 19	**25** / **21**	33 / 27	44 / 37
16	Luftleitung, Spiralfalzrohre, verzinkt, DN160	m	20 / 17	26 / 22	**27** / **23**	34 / 28	44 / 37
17	Luftleitung, Spiralfalzrohre, verzinkt, DN180	m	– / –	27 / 22	**31** / **26**	38 / 32	– / –
18	Luftleitung, Spiralfalzrohre verzinkt, DN250	m	34 / 29	38 / 32	**44** / **37**	51 / 43	57 / 48
19	Luftleitung, Spiralfalzrohre, verzinkt, DN500	St	55 / 47	61 / 52	**70** / **59**	79 / 66	85 / 71
20	Luftleitung, Alurohre, flexibel, DN80	m	7 / 6	13 / 11	**14** / **12**	17 / 14	20 / 17
21	Luftleitung, Alurohre, flexibel, DN100	m	10 / 9	16 / 14	**19** / **16**	27 / 23	35 / 30
22	Rohrbogen, Luftleitung	St	13 / 11	20 / 16	**23** / **20**	30 / 25	38 / 32
23	Abzweigstück, Luftleitung	St	16 / 14	20 / 17	**20** / **17**	22 / 19	28 / 23
24	Lüftungsgitter, Zu-/Abluft	St	39 / 33	81 / 68	**101** / **85**	125 / 105	204 / 171

© BKI Baukosteninformationszentrum; Erläuterungen zu den Tabellen siehe Seite 44
Mustertexte geprüft: Zentralverband Sanitär Heizung Klima (ZVSHK)

Raumlufttechnische Anlagen — Preise €

Nr.	Positionen	Einheit	▶	▷ ø brutto € / ø netto €		◁	◀
25	Drallauslass, Decke	St	100	349	**463**	581	788
			84	293	**389**	488	662
26	Brandschutzklappen, RLT, eckig	St	234	525	**671**	731	921
			197	441	**564**	615	774
27	Brandschutzklappen, RLT, rund, Küche	St	511	4.160	**5.987**	7.955	11.531
			429	3.496	**5.031**	6.685	9.690
28	Warmwasser-Heizregister	St	249	715	**970**	995	1.839
			209	601	**815**	836	1.546
29	Tellerventil, Zu-/Abluft	St	24	54	**64**	89	136
			20	45	**53**	75	115
30	Wickelfalzrohr, Reduzierstück, DN100/80	St	15	19	**21**	25	30
			13	16	**18**	21	26
31	Drosselklappe, DN100	St	28	41	**51**	60	74
			24	34	**43**	50	62
32	Drosselklappe, 200x200mm	St	47	57	**69**	83	90
			40	48	**58**	70	76
33	Lüftungsgerät mit WRG, Wohngebäude	St	–	2.689	**3.378**	4.335	–
			–	2.259	**2.838**	3.643	–
34	Außenwanddurchlass, DN110	St	–	110	**144**	178	–
			–	93	**121**	150	–
35	Außenwanddurchlass, DN160	St	–	257	**324**	355	–
			–	216	**272**	298	–
36	Lüftungsgerät für Abluft, nach DIN 18017	St	227	240	**246**	263	280
			190	202	**207**	221	235
37	KWL-Lüftungsgerät, Wand, 100m³/h mit WRG	St	–	1.924	**2.137**	2.437	–
			–	1.616	**1.796**	2.047	–
38	KWL-Lüftungsgerät, Wohngebäude, 200m³/h mit WRG	St	–	4.302	**4.780**	5.450	–
			–	3.615	**4.017**	4.580	–
39	KWL-Lüftungsgerät, Wohngebäude, 350m³/h mit WRG	St	–	4.743	**5.270**	6.008	–
			–	3.986	**4.428**	5.048	–
40	KWL-Lüftungsgerät, Wohngebäude, 500m³/h mit WRG	St	–	6.181	**6.868**	7.829	–
			–	5.194	**5.771**	6.579	–
41	VRF-Außengerät, Heizen / Kühlen, 10kW	St	–	3.111	**4.729**	7.591	–
			–	2.614	**3.974**	6.379	–
42	VRF-Außengerät, Heizen / Kühlen, 15kW	St	–	6.222	**5.600**	11.199	–
			–	5.228	**4.706**	9.411	–
43	VRF-Außengerät, Heizen / Kühlen, 20kW	St	–	8.710	**11.199**	13.688	–
			–	7.320	**9.411**	11.502	–
44	VRF-Innenwandgerät, Heizen / Kühlen, 2,5kW	St	–	995	**1.369**	1.742	–
			–	837	**1.150**	1.464	–
45	VRF-Innenwandgerät, Heizen / Kühlen, 3,5kW	St	–	1.120	**1.555**	1.991	–
			–	941	**1.307**	1.673	–
46	VRF-Innenwandgerät, Heizen / Kühlen, 5,0kW	St	–	1.369	**1.867**	2.364	–
			–	1.150	**1.569**	1.987	–
47	VRF-Verteilereinheit, Innengerät	St	–	871	**1.244**	1.618	–
			–	732	**1.046**	1.359	–
48	Zubehörmontage, VRF-Anlage	psch	–	1.120	**1.618**	2.240	–
			–	941	**1.359**	1.882	–

© **BKI** Baukosteninformationszentrum; Erläuterungen zu den Tabellen siehe Seite 44
Mustertexte geprüft: Zentralverband Sanitär Heizung Klima (ZVSHK)

Kostenstand: 1.Quartal 2021, Bundesdurchschnitt

LB 075 Raumlufttechnische Anlagen

Kosten:
Stand 1.Quartal 2021
Bundesdurchschnitt

Nr.	Kurztext / Langtext						Kostengruppe
▶	▷	ø netto €	◁	◀	[Einheit]	Ausf.-Dauer	Positionsnummer

1 Absperrvorrichtung, K90, DN100 — KG 431

Brandschutz-Deckenschott, wartungsfrei, Anschlussstutzen oben und unten, als Absperrvorrichtung für Lüftungsanlagen DIN 18017-3, für Einbau in massive Decke gem. Herstellerangaben. Verfüllung des Ringspalts mit Mörtel MG III. Absperrvorrichtung ohne Querschnittsveränderung, für Anschluss an nicht brennbare Luftleitung.
Anschlüsse DN100
Feuerwiderstandsklasse: K90, DIN 4102-6
Montagehöhe: bis **3,5 / 5,00 / 7,00** m über Fußboden

▶	▷	ø	◁	◀	[Einheit]	Ausf.-Dauer	Positionsnummer
142€	173€	**183€**	203€	244€	[St]	1,60 h/St	075.000.020

A 1 Be- und Entlüftungsgerät — Beschreibung für Pos. 2-3

Lüftungsanlage, Konstruktionsart: liegend, Zu- und Abluft übereinander; Gehäuse in doppelschaliger Ausführung aus korrosionsgeschütztem Material mit dazwischenliegender, formstabiler und fest mit den Deckblechen verbundener Schall- und Wärmedämmung (nichtbrennbar A1). Innen- und Außenschale aus verzinktem Stahlblech, Rahmenkonstruktion verzinkt. Türen an der Gerätevorderseite mit nachstellbaren, wartungsfreien Scharnieren und umlaufenden, formschlüssig eingelassenen und alterungsbeständigen Profilgummidichtungen. Die Türen sind mit Vorreibverschlüssen und Türgriffen ausgestattet. Anlagenbestandteile: Ventilator Zu- / Abluft, Filter Zuluft, Heizregister über Warmwasser / Dampf / elektrisch, Kühlregister über Kaltwasser / Direktverdampfer, Luftbefeuchter über Dampflanze, elektrisch / Sprühbefeuchter, Wärmerückgewinner über Kreuzstrom / Wärmerohr / Kreislaufverbundsystem / Rotor Mischkammer.

2 Be- und Entlüftungsgerät, bis 5.000m³/h — KG 431

Wie Ausführungsbeschreibung A 1
Zuluftmenge: ..... m³/h
Abluftmenge: ..... m³/h
Zulufttemperatur: min. / max. ..... / .....°C
Ablufttemperatur: min. / max. ..... / .....°C
Zuluftfeuchte: min. / max. ..... % relativ
Gerätequerschnitt Zuluft: Breite ..... m, Höhe ..... m
Abluft: Breite ..... m, Höhe ..... m
Filter Zuluft: **M5** bzw. **F7 / F9**, Mindest-Wirkungsgrad: .....

▶	▷	ø	◁	◀	[Einheit]	Ausf.-Dauer	Positionsnummer
3.416€	6.169€	**7.665€**	9.194€	14.752€	[St]	3,50 h/St	075.000.001

▶ min
▷ von
ø Mittel
◁ bis
◀ max

Nr.	**Kurztext** / Langtext							Kostengruppe
▶	▷	**ø netto €**	◁	◀	[Einheit]	Ausf.-Dauer	Positionsnummer

3 Be- und Entlüftungsgerät, bis 12.000m³/h KG **431**

Wie Ausführungsbeschreibung A 1
Zuluftmenge: ..... m³/h
Abluftmenge: ..... m³/h
Zulufttemperatur: min. / max. ..... / .....°C
Ablufttemperatur: min. / max. ..... / .....°C
Zuluftfeuchte: min. / max. ..... % relativ
Gerätequerschnitt Zuluft: Breite ..... m, Höhe ..... m
Abluft: Breite ..... m, Höhe ..... m
Filter Zuluft: **M5** bzw. **F7 / F9**, Mindest-Wirkungsgrad: .....

| –€ | 17.346€ | **17.366€** | 19.840€ | –€ | [St] | ⏱ 6,00 h/St | 075.000.002 |

4 Abluftventilator, Einbaugerät KG **431**

Abluftventilator in Unterputzgehäuse ohne Brandschutz für den Unterputzeinbau in Wand und Decke. Luftdichte Rückschlagklappe, Steckverbindung für elektrischen Anschluss und Putzdeckel. Aus schwerentflammbarem Kunststoff Klasse B2. Ventilatoreinsatz mit zwei Leistungsstufen (60 / 30m³). Für Bedarfs- und Grundlüftung. Betriebsbereite Lieferung mit Innenfassade, Schalldämmplatte, integrierter Steckverbindung für elektrischen Anschluss, Schutzisoliert, Klasse 2. Wartungsfreier, kugelgelagerter Energiesparmotor 230V, 50Hz, 16 / 8W. Flache Innenfassade, geräuschdämpfend für flüsterleisen Betrieb. Mit Filterwechselanzeige bei verschmutztem Dauerfilter. Filter mit einem Griff herausnehmbar.
Anschlussdurchmesser Luftaustritt: **DN75 / DN80**
Schutzart: IP 55
Energiesparmotor: 230 V, 50 Hz, **16 / 8** W
Geräusch: Schallleistung ..... / ..... dB(A)

| 1.290€ | 1.705€ | **2.198€** | 2.392€ | 2.871€ | [St] | ⏱ 2,00 h/St | 075.000.003 |

5 Kulissenschalldämpfer, eckig, Stahlblech, verzinkt KG **431**

Kulissenschalldämpfer, rechteckig, Gehäuse aus verzinktem Stahlblech mit beidseitigen 4-Loch-Anschlussrahmen als Leichtbauprofil. Aufbau: Rahmen aus sendzimirverzinktem Stahlblech Absorptionsmaterial als Füllung aus Mineralwolle mit aufkaschierter Glasseidenvliesabdeckung, Baustoffklasse A2 (nicht brennbar) Standardkulisse für Einsatz vorwiegend bei mittleren und hohen Frequenzen. Inkl. Gummilippendichtungen und sämtlichen Befestigungs-, Verbindungs- und Abdichtungsmaterialien.
Breite: ..... mm
Höhe: ..... mm
Länge: ..... mm
Dämpfung (250 Hz): ..... dB

| 214€ | 432€ | **475€** | 583€ | 752€ | [St] | ⏱ 1,00 h/St | 075.000.004 |

6 Kulissenschalldämpfer, rund, Stahlblech, verzinkt KG **431**

Kulissenschalldämpfer, rund, Gehäuse aus Stahlblech verzinkt. Anschluss an die Kanalleitung durch 50 mm langen Stutzen aus Stahlblech verzinkt, Dämpfung nach dem Absorptionsprinzip durch ringförmige Kammer mit Mineralwollefüllung, welche zum Luftstrom hin mit verzinktem Lochblech abriebfest abgedeckt ist. Inkl. Gummilippendichtungen und sämtlichen Befestigungs-, Verbindungs- und Abdichtungsmaterialien.
Nennweite: ..... mm
Außendurchmesser: ..... mm
Dämpfung (250 Hz): ..... dB
Länge: ..... mm

| 147€ | 182€ | **196€** | 225€ | 281€ | [St] | ⏱ 1,00 h/St | 075.000.005 |

LB 075 Raumlufttechnische Anlagen

Kosten:
Stand 1.Quartal 2021
Bundesdurchschnitt

▶ min
▷ von
ø Mittel
◁ bis
◀ max

Nr.	Kurztext / Langtext							Kostengruppe
▶	▷	ø netto €	◁	◀		[Einheit]	Ausf.-Dauer	Positionsnummer

7   Schalldämpfer, flach, runder Anschluss   KG **431**

Schalldämpfer, als rechteckiger Flachschalldämpfer mit rundem Anschluss, aus Aluminium, in flexibler Ausführung, Absorbermaterial mineralfaserfrei, nicht brennbar Klasse A2
Temperaturbeständig: bis 200°C
Nennweite Schalldämpfer: 100 mm
Dämpfung (250 Hz): mind.10 dB
Länge: ca. 500 mm
Abmessungen Außenrohr: Breite: 195 mm, Höhe: 120 mm

| 85€ | 102€ | **117**€ | 127€ | 144€ | [St] | ⏱ 1,00 h/St | 075.000.033 |

8   Wetterschutzgitter, Außenluft-/Fortluft   KG **431**

Wetterschutzgitter für Außen- und Fortluft, rahmenlos, schrauben- und nietenlos zum Einbau in Maueröffnungen oder Fassadenverkleidungen, bestehend aus: Halterprofilen, Halter, Lamellen und Vogelschutzgitter, Gitter mit unterer Abtropflamelle und oberer Ausgleichslamelle nach Maßangabe.
Farbe: .....
Montagehöhe: OK Wetterschutzgitter ca. ..... m über Gelände
Breite: ..... mm
Höhe: ..... mm
Lamellenabstand: ..... mm
Volumenstrom: ..... m³/h
Druckabfall: ..... Pa
Schallleistungspegel max.: ..... B(A)

| 113€ | 198€ | **217**€ | 293€ | 424€ | [St] | ⏱ 1,00 h/St | 075.000.006 |

9   Luftleitung, rechteckig, Stahlblech verzinkt   KG **431**

Luftleitung, rechteckig, aus verzinktem Stahlblech, inklusive sämtlicher Verbindungsteile und Abdichtungen sowie allen notwendigen Befestigungsteilen und Aufhängekonstruktion.
Medium: Luft
Material: Stahlblech verzinkt
Kantenlänge: bis **500** / **1.000** / **2.000** mm
Temperatur: min. / max. ..... / .....°C
Montagehöhe: bis **3,50** / **5,00** / **7,00** m

| 34€ | 44€ | **48**€ | 51€ | 64€ | [m²] | ⏱ 0,40 h/m² | 075.000.008 |

10   Luftleitung, rechteckig, Kunststoff   KG **431**

Luftleitung, rechteckig, aus Kunststoff, inklusive sämtlicher Verbindungsteile und Abdichtungen sowie allen notwendigen Befestigungsteilen und Aufhängekonstruktion.
Medium: Luft
Material: **PVC / PE / PP**
Kantenlänge: bis ..... mm
Temperatur: min. / max. ..... / .....°C
Montagehöhe: bis **3,50** / **5,00** / **7,00** m

| 91€ | 120€ | **157**€ | 183€ | 209€ | [m²] | ⏱ 0,90 h/m² | 075.000.009 |

Nr.	Kurztext / Langtext					Kostengruppe		
▶	▷	ø netto €	◁	◀	[Einheit]	Ausf.-Dauer	Positionsnummer	

11 Luftleitung, feuerbeständig L30/L90 — KG 431

Zweischalige Luftleitung als brandschutztechnische Bekleidung, von Luft führenden Kanälen und Rohrleitungen, für eine Feuerwiderstandsdauer von 30 / 90 Minuten. Fertigung aus Brandschutzplatten (A1), d=45mm, stumpf gestoßen. Die Stoßfugen der beiden Plattenlagen sind fugenversetzt, Versatz 100mm, auszuführen. Plattenverbindung mit Schrauben oder Klammern. Die Lüftungsleitungen sind auf Stahlprofile oder Traversen aufzulagern, die mit Gewindestangen abgehängt werden. Die Befestigung an Massivdecken, F90, erfolgt mit bauaufsichtlich zugelassenen Dübeln. Gewindestangen über 1,50m Länge sind brandschutztechnisch über die gesamte Länge zu bekleiden. Senkrechte Kanäle sind geschossweise, max. 5,00m, auf die Massivdecken, F90, aufzusetzen.
Brandschutztechnische Bekleidung: **L30 / L90**
Rohrleitungen: .....
Feuerwiderstandsklasse: **F30 / F90**
Montagehöhe: bis **3,50 / 5,00 / 7,00** m

| 49€ | 113€ | **157**€ | 162€ | 231€ | [m²] | ⏱ 1,00 h/m² | 075.000.010 |

12 Formstücke, verzinkt, Luftleitung — KG 431

Formteile der Luftleitung in Rechteckform und als Übergänge auf rund bzw. oval, aus verzinktem Stahlblech, inkl. sämtlicher Verbindungsteile und Abdichtungen sowie allen notwendigen Befestigungsteilen.
Medium: Luft
Material: Stahlblech verzinkt
Kantenlänge: bis **500 / 1.000 / 2.000** mm
Temperatur: min. / max. ..... / .....°C
Montagehöhe: bis **3,50 / 5,00 / 7,00** m

| 46€ | 64€ | **67**€ | 81€ | 107€ | [m²] | ⏱ 0,40 h/m² | 075.000.011 |

13 Formteile, Kunststoff, Lüftungskanäle — KG 431

Formteile der Luftleitung in Rechteckform und als Übergänge auf rund bzw. oval, aus Kunststoff, inkl. sämtlicher Verbindungsteile und Abdichtungen sowie allen notwendigen Befestigungsteilen.
Medium: Luft
Material: **PVC / PE / PP**
Kantenlänge: bis ..... mm
Temperatur: min. / max. ..... / .....°C
Montagehöhe: bis **3,50 / 5,00 / 7,00** m

| –€ | 169€ | **201**€ | 231€ | –€ | [m²] | ⏱ 0,60 h/m² | 075.000.012 |

A 2 Luftleitung, Spiralfalzrohre, verzinkt — Beschreibung für Pos. 14-19

Luftleitung mit Wickelfalzrohren aus verzinktem Stahlblech, inkl. sämtlicher Verbindungsteile (z.B. Muffen, Steckverbindungen und Enddeckel) und Abdichtungen sowie allen notwendigen bauaufsichtlich zugelassenen Befestigungsteilen.

14 Luftleitung, Spiralfalzrohre, verzinkt, DN100 — KG 431

Wie Ausführungsbeschreibung A 2
Material: Stahlblech verzinkt
Nennweite: DN100
Montagehöhe: bis **3,50 / 5,00 / 7,00**

| 14€ | 16€ | **17**€ | 17€ | 19€ | [m] | ⏱ 0,18 h/m | 075.000.013 |

LB 075 Raumlufttechnische Anlagen

Kosten:
Stand 1.Quartal 2021
Bundesdurchschnitt

▶ min
▷ von
ø Mittel
◁ bis
◀ max

Nr.	Kurztext / Langtext						[Einheit]	Ausf.-Dauer	Kostengruppe Positionsnummer
▶	▷	ø netto €	◁	◀					
15	**Luftleitung, Spiralfalzrohre, verzinkt, DN125**								**KG 431**
Wie Ausführungsbeschreibung A 2									
Material: Stahlblech verzinkt									
Nennweite: DN125									
Montagehöhe: bis **3,50 / 5,00 / 7,00** m									
15€	19€	**21€**	27€	37€			[m]	0,20 h/m	075.000.021
16	**Luftleitung, Spiralfalzrohre, verzinkt, DN160**								**KG 431**
Wie Ausführungsbeschreibung A 2									
Material: Stahlblech verzinkt									
Nennweite: DN160									
Montagehöhe: bis **3,50 / 5,00 / 7,00** m									
17€	22€	**23€**	28€	37€			[m]	0,25 h/m	075.000.022
17	**Luftleitung, Spiralfalzrohre, verzinkt, DN180**								**KG 431**
Wie Ausführungsbeschreibung A 2									
Material: Stahlblech verzinkt									
Nennweite: DN180									
Montagehöhe: bis **3,50 / 5,00 / 7,00** m									
–€	22€	**26€**	32€	–€			[m]	0,28 h/m	075.000.023
18	**Luftleitung, Spiralfalzrohre verzinkt, DN250**								**KG 431**
Wie Ausführungsbeschreibung A 2									
Material: Stahlblech verzinkt									
Nennweite: DN250									
Montagehöhe: bis **3,50 / 5,00 / 7,00** m									
29€	32€	**37€**	43€	48€			[m]	0,33 h/m	075.000.026
19	**Luftleitung, Spiralfalzrohre, verzinkt, DN500**								**KG 431**
Wie Ausführungsbeschreibung A 2									
Material: Stahlblech verzinkt									
Nennweite: DN500									
Montagehöhe: bis **3,50 / 5,00 / 7,00** m									
47€	52€	**59€**	66€	71€			[St]	0,47 h/St	075.000.030
20	**Luftleitung, Alurohre, flexibel, DN80**								**KG 431**
Elastische Luftleitung aus zweilagig gestauchtem Aluminium. Inkl. Befestigungsmaterial an Luftrohrstutzen.									
Nennweite: DN80									
Länge: 1,25 m, ausziehbar bis 5,00 m									
Betriebsdruck: bis 1.000 Pa									
6€	11€	**12€**	14€	17€			[m]	0,10 h/m	075.000.034
21	**Luftleitung, Alurohre, flexibel, DN100**								**KG 431**
Elastische Luftleitung aus zweilagig gestauchtem Aluminium. Inkl. Befestigungsmaterial an Luftrohrstutzen.									
Nennweite: DN100									
Länge: 1,25 m, ausziehbar bis 5,00 m									
Betriebsdruck: bis 1.000 Pa									
9€	14€	**16€**	23€	30€			[m]	0,10 h/m	075.000.032

Nr.	**Kurztext** / Langtext							Kostengruppe
▶	▷	**ø netto €**	◁	◀	[Einheit]		Ausf.-Dauer	Positionsnummer

22 Rohrbogen, Luftleitung — KG **431**

Rohrbogen der Luftleitung, alle Winkelgrade, für Wickelfalzrohr aus verzinktem Stahlblech, inkl. sämtlicher Verbindungsteile (z.B. Muffen, Steckverbindungen) und Abdichtungen sowie allen notwendigen Befestigungsteilen.
Material: Stahlblech verzinkt
Nennweite: DN.....
Montagehöhe bis: **3,50 / 5,00 / 7,00 m**
Winkelgrad: ..... °

| 11 € | 16 € | **20** € | 25 € | 32 € | [St] | ⏱ 0,10 h/St | 075.000.018 |

23 Abzweigstück, Luftleitung — KG **431**

Abzweigstück der Luftleitung, als Abzweig 90°, für Wickelfalzrohr aus verzinktem Stahlblech, inkl. sämtlicher Verbindungsteile (z.B. Muffen, Steckverbindungen) und Abdichtungen sowie allen notwendigen Befestigungsteilen.
Material: Stahlblech verzinkt
Nennweite: DN.....
Montagehöhe bis: **3,50 / 5,00 / 7,00 m**

| 14 € | 17 € | **17** € | 19 € | 23 € | [St] | ⏱ 0,10 h/St | 075.000.019 |

24 Lüftungsgitter, Zu-/Abluft — KG **431**

Lüftungsgitter, mit Anbauteilen, für Zu- und Abluft, für Einbau in Rundrohr / Rechteckkanal mit frontseitig waagrechten oder senkrechten Tropfenlenklamellen. Rahmen und Lamellen aus Stahlblech mit Epoxidharz-Pulverbeschichtung oder Einbrennlackierung. Anbauteile aus elektrolytisch verzinktem Stahlblech, mit angeklebter Schaumstoffdichtung und Schlitzschieber zur Luftmengenregulierung
Farbe: .....
Volumenstrom max.: ..... m³/h
Länge: ..... mm
Höhe: ..... mm

| 33 € | 68 € | **85** € | 105 € | 171 € | [St] | ⏱ 0,30 h/St | 075.000.014 |

25 Drallauslass, Decke — KG **431**

Decken-Drallluftdurchlass für **Zuluft / Abluft**, **mit / ohne** Strahlverstellung. Luftdurchlass aus verzinktem Stahl, für Einbau in abgehängter Decke.
Luftdurchsatz max.: ..... m³/h
Breite: ..... mm
Länge: ..... mm
Höhe Anschlusskasten: ..... mm
Leitungsanschluss seitlich, DN.....

| 84 € | 293 € | **389** € | 488 € | 662 € | [St] | ⏱ 0,90 h/St | 075.000.015 |

LB 075 Raumlufttechnische Anlagen

Kosten:
Stand 1.Quartal 2021
Bundesdurchschnitt

Nr.	Kurztext / Langtext							Kostengruppe
▶	▷	ø netto €	◁	◀	[Einheit]		Ausf.-Dauer	Positionsnummer

26 Brandschutzklappen, RLT, eckig KG **431**

Brandschutzklappe für Luftleitungen rechteckig DIN EN 15650, aus Stahl verzinkt, für Einbau in massive **Wand / Decke**. Gehäuse mit **1 / 2** Inspektionsöffnungen, Auslösung durch Schmelzlot. Kontrolle Klappenblatt über elektrische Endschalter.
Feuerwiderstandsklasse: **EI30 / EI60 / EI90 / EI120**, DIN EN 13501-3
Höhe: ..... mm
Breite: ..... mm
Höhe: ..... mm
Einbaulänge: **500 / 600** mm
Einbau in: Wand / Decke
Auslösetemperatur: **72 / 95**°C
Kontrolle Klappenblatt: **0 / 1 / 2**

| 197€ | 441€ | **564**€ | 615€ | 774€ | [St] | ⏱ 1,80 h/St | 075.000.016 |

27 Brandschutzklappen, RLT, rund, Küche KG **431**

Brandschutzklappe für Luftleitungen rund DIN EN 15650. Zugelassen für fetthaltige Abluft aus Küchen. Gehäuse aus **Stahl verzinkt / andere Materialien**.
Feuerwiderstandsklasse: **EI30 /EI60 / EI90 / EI120**, DIN EN 13501-3
Durchmesser: ..... mm
Einbaulänge: **500 / 600** mm
Einbau in: **Wand / Decke**

| 429€ | 3.496€ | **5.031**€ | 6.685€ | 9.690€ | [St] | ⏱ 3,00 h/St | 075.000.017 |

28 Warmwasser-Heizregister KG **431**

Warmwasser-Heizregister als Lufterwärmer mit Lamellen aus Aluminium, auf Kupferrohre aufgepresst Wärmetauscher mit 2 Rohrreihen, Gehäuse aus verzinktem Stahlblech Inspektionsöffnung für die Reinigung der Wärmetauscher, Wasseranschlussrohre mit glatten Enden für Lötverbindung / Anschraubenden, Luftrohranschluss mit 1x Einsteckstutzen sowie 1x Aufsteckstutzen.
Betriebstemperatur tmax.: 100°C
Max. Betriebsdruck: pmax. 8 bar
Wasseranschlussrohre: DN15
Luftrohranschluss: DN.....
Auslegungsheizwasserstrom (l/h): .....
Druckabfall Wasser (kPa): .....
Abmessungen (L x B x H): ..... x ..... x ..... mm

| 209€ | 601€ | **815**€ | 836€ | 1.546€ | [St] | ⏱ 2,50 h/St | 075.000.035 |

29 Tellerventil, Zu-/Abluft KG **431**

Tellerventil für Zu- / Abluft, mit Mengenregulierung. Für Montage in beliebiger Lage in Decke und Wand aus einbrennlackiertem Stahlblech, mit niedrigem Schallleistungspegel auch bei hohem Druckabfall, mit passendem Rohrmontagering (20mm) mit Bajonettverschluss. Inkl. Befestigungs-, Klein- und Dichtmaterial.
Anschlussdimension: DN100

| 20€ | 45€ | **53**€ | 75€ | 115€ | [St] | ⏱ 0,20 h/St | 075.000.036 |

▶ min
▷ von
ø Mittel
◁ bis
◀ max

Nr.	Kurztext / Langtext						Kostengruppe
▶	▷	ø netto €	◁	◀	[Einheit]	Ausf.-Dauer	Positionsnummer

30 Wickelfalzrohr, Reduzierstück, DN100/80   KG **431**

Reduzierstück, zentrisch (symmetrisch), für Wickelfalz-Rundrohr verzinkt, mit werkseitig vormontierter Lippendichtung aus EPDM.
EPDM Anschlüsse**: DN100 / DN80**

| 13 € | 16 € | **18** € | 21 € | 26 € | [St] | ⏱ 0,10 h/St | 075.000.038 |

31 Drosselklappe, DN100   KG **431**

Drosselklappe aus verzinktem Stahlblech für Wickelfalz-Rundrohr verzinkt, mit Klappenflügel und außenliegender, stufenlos verstellbarer Feststellvorrichtung.
Anschlüsse: DN100

| 24 € | 34 € | **43** € | 50 € | 62 € | [St] | ⏱ 0,12 h/St | 075.000.039 |

32 Drosselklappe, 200x200mm   KG **431**

Drosselklappe aus verzinktem Stahlblech für rechteckigen Lüftungskanal verzinkt, mit Klappenflügel und außenliegender, stufenlos verstellbarer Feststellvorrichtung.
Anschlüsse: 200 x 200 mm

| 40 € | 48 € | **58** € | 70 € | 76 € | [St] | ⏱ 0,20 h/St | 075.000.040 |

LB 075 Raumlufttechnische Anlagen

Kosten:
Stand 1.Quartal 2021
Bundesdurchschnitt

Nr.	Kurztext / Langtext						Kostengruppe
▶	▷	ø netto €	◁	◀	[Einheit]	Ausf.-Dauer	Positionsnummer

33 Lüftungsgerät mit WRG, Wohngebäude — KG **431**

Wohnungslüftungsgerät mit Wärmerückgewinnung und Bypass zur kontrollierten Be- und Entlüftung von Wohnungen und Wohnhäusern mit einem zentralen Luftverteilsystem. Effiziente Konstantvolumenstrom geregelte EC-Ventilatoren mit drei Ventilatorstufen, Luftmengen je Stufe individuell programmierbar. Wärmerückgewinnung aus der Abluft mit Kreuzgegenstrom-Wärmetauscher. Vereisungsschutzfunktion und Abtauautomatik. Integrierter automatischer Sommer-Bypass mit einstellbarer Schalttemperatur zur Unterbrechung der Wärmerückgewinnung im Sommer. Auskühlschutzfunktion zum Frostschutz in der Wohneinheit im Winter. Umfassendes Selbstdiagnosesystem mit Fehlercodes und Meldungen in Klartextanzeige. Sicherheitsabschaltung des Lüftungsgerätes durch optionalen Rauchsensor möglich. TÜV-geprüfte integrierte Feuerstätten-Funktion mit permanenter Überwachung der Volumenstrom-Balance und Sicherheitsabschaltung im Fehlerfall zur sicheren Verhinderung von Unterdruck im Gebäude. Der gleichzeitige Betrieb von Lüftungsanlage und Feuerstätte ist ohne zusätzliche Sicherheitskomponenten möglich.
Menügeführte multilinguale Bedienung mit LCD-Klartextanzeige am Gerät und integrierte Echtzeituhr mit Wochentimer zur zeitlichen Steuerung der Betriebsarten ermöglichen den Betrieb des Lüftungsgerätes ohne zusätzliche Steuerelemente. Die Steuerung des Geräts kann optional mit einem drahtgebundenen Bedienelement, einem Funkbedienschalter oder bedarfsgerecht mit automatischer Luftmengenregelung durch Bestimmung der Abluftqualität mit einem Luftqualitätssensor erfolgen. Für eine externe Steuerung sind programmierbare Ein- und Ausgänge integriert. Filterwartungsanzeige mit einstellbarem Intervall. Innenauskleidung des Geräts EPP, Außengehäuse Stahlblech, pulverbeschichtet RAL 9010, Revisionstüre Kunststoff lichtgrau RAL 7035. Luftkanalanschlüsse auf der Geräteoberseite, wandhängende Montage mit beiliegender Wandkonsole. Kondensatwasseranschluss an der Unterseite des Lüftungsgeräts.

Technische Daten:
Luftvolumenstrom Werkseinstellung: **90 / 160 / 250** m³/h
Schalldruckpegel (1m Abstand): **29 / 34 / 42** dB(A)
Wärmerückgewinnungsgrad: max. 95%
Wärmebereitstellungsgrad: max. 88%
Spannungsversorgung: 1~/N/PE 230 V 50Hz
Leistungsaufnahme, Stufen: **19 / 36 / 95** W
Leistungsaufnahme: max. 136 W
Stromaufnahme: max. 1,2 A
Schutzart: IP 20
Filterklasse Zuluft / Abluft: M5 / M5
Luftkanalanschlüsse: **4 x DN150 / DN160**
Kondensatanschluss: 20 mm
Abmessungen (B x H x T): 750 x 725 x 469 mm
Gewicht: 32 kg
Einsatzgrenzen Außentemperatur: - 20°C bis + 40°C
Einsatzgrenzen Raumtemperatur: + 15°C bis + 40°C

▶	▷	ø	◁	◀	[Einheit]	Ausf.-Dauer	Positionsnummer
–€	2.259€	**2.838€**	3.643€	–€	[St]	6,50 h/St	075.000.041

A 3 Außenwanddurchlass, mit Filter/Schalldämpfer — Beschreibung für Pos. **34-35**

Außenwandluftdurchlass - Rundkanal, variables Teleskoprohr 305-535mm mit Schalldämpfer, steckbarem weißem Außengitter, Insektenschutz, Winddrucksicherung und Innenblende mit Staubfilter.

34 Außenwanddurchlass, DN110 — KG **431**

Wie Ausführungsbeschreibung A 3
Volumenstrom: V(8 Pa) = 10 m³/h
Nennweite Rundkanal: DN110

▶	▷	ø	◁	◀	[Einheit]	Ausf.-Dauer	Positionsnummer
–€	93€	**121€**	150€	–€	[St]	1,00 h/St	075.000.042

▶ min
▷ von
ø Mittel
◁ bis
◀ max

Nr.	Kurztext / Langtext					Kostengruppe		
▶	▷	ø netto €	◁	◀	[Einheit]	Ausf.-Dauer	Positionsnummer	

35   **Außenwanddurchlass, DN160**   KG **431**
Wie Ausführungsbeschreibung A 3
Volumenstrom: V(8 Pa) = 10 m³/h
Nennweite Rundkanal: DN160
–€   216€   **272**€   298€   –€   [St]   ⏱ 1,20 h/St   075.000.043

36   **Lüftungsgerät für Abluft, nach DIN 18017**   KG **431**
Lüftungsgerät (1,2 oder 3-stufig) für den Einbau in Wände oder Decken (ohne Brandschutzanforderung). Der Anschlussstutzen ist seitlich / hinten am Kasten angebracht. Mit federbelasteter Rückschlagklappe, verhindert Geruchs- und (Kalt) Rauchübertragung. Das Lüftungsgerät kann im Schutzbereich I eingebaut werden.
Leckluftrate: < 0,01 m³/h
Elektroanschluss: 230 VAC / 50 Hz
Nennleistung: 6 / 11 / 23 W bei 30 (40) / 60 /100 m³/h
Eigengeräusch LA: 26 / 30 / 33 / 39 dB(A) bei 30 / 40 / 60 / 100 m³/h
Abmessungen (L x B x T): 242 x 242 x 100 mm
Anschlussstutzen: NW80
190€   202€   **207**€   221€   235€   [St]   ⏱ 2,00 h/St   075.000.044

37   **KWL-Lüftungsgerät, Wand, 100m³/h mit WRG**   KG **431**
Dezentrales Lüftungsgerät mit Wärmerückgewinnung zur kontrollierten Be- und Entlüftung von Wohngebäuden, zur Innenmontage, für Zu-und Abluft, mit Außen- und Fortluftbetrieb. EC-Ventilatoren mit mind. drei Ventilatorstufen, Wärmerückgewinnung mit Wärmetauscher, mit Bedieneinheit am Gerät, mit Ab- und Außenluftfilter, hängende Außenwandmontage, einschl. Befestigungsmaterial und Montageset zur Außenwanddurchführung und Wetterschutzgittereinheit für Außenluftansaugung und Fortluftausblas.
Ausführung: **Aufputzmontage / Unterputzmontage**
Luftvolumenstrom: bis 100 m³/h
Wärmerückgewinnungsgrad: mind. 85%
Spannungsversorgung: 1~/N/PE 230 V 50Hz
Ausführung gem. nachfolgender Einzelbeschreibung: .....
–€   1.616€   **1.796**€   2.047€   –€   [St]   ⏱ 1,35 h/St   075.000.045

A 4   **KWL-Lüftungsgerät, Wohngebäude, mit WRG**   Beschreibung für Pos. **38-40**
Zentrales Lüftungsgerät mit Wärmerückgewinnung zur kontrollierten Be- und Entlüftung von Wohngebäuden, zur Innenmontage, für Zu- und Abluft, mit Außen- und Fortluftbetrieb. EC-Ventilatoren mit mind. drei Ventilatorstufen, Wärmerückgewinnung mit Wärmetauscher, mit Bedieneinheit am Gerät, mit Ab- und Außenluftfilter, einschl. Befestigungsmaterial und Montageset zur Außenwanddurchführung und Wetterschutzgittereinheit für Außenluftansaugung und Fortluftausblas, einschl. 4 Geräteschalldämpfern.

38   **KWL-Lüftungsgerät, Wohngebäude, 200m³/h mit WRG**   KG **431**
Wie Ausführungsbeschreibung A 4
Montageart: **wandhängend / deckenhängend / stehend**
Luftvolumenstrom: bis 200 m³/h
Wärmerückgewinnungsgrad: mind. 85%
Spannungsversorgung: 1~/N/PE 230 V 50 Hz
Ausführung gem. nachfolgender Einzelbeschreibung: .....
–€   3.615€   **4.017**€   4.580€   –€   [St]   ⏱ 1,40 h/St   075.000.046

LB 075 Raumlufttechnische Anlagen

Kosten:
Stand 1.Quartal 2021
Bundesdurchschnitt

Nr.	Kurztext / Langtext				[Einheit]	Ausf.-Dauer	Kostengruppe Positionsnummer
▶	▷ ø netto € ◁ ◀						

39 KWL-Lüftungsgerät, Wohngebäude, 350m³/h mit WRG — KG **431**

Wie Ausführungsbeschreibung A 4
Montageart: **wandhängend / deckenhängend / stehend**
Luftvolumenstrom: bis 350 m³/h
Wärmerückgewinnungsgrad: mind. 85%
Spannungsversorgung: 1~/N/PE 230 V 50 Hz
Ausführung gem. nachfolgender Einzelbeschreibung: .....

–€   3.986€   **4.428€**   5.048€   –€   [St]   ⏱ 1,40 h/St   075.000.047

40 KWL-Lüftungsgerät, Wohngebäude, 500m³/h mit WRG — KG **431**

Wie Ausführungsbeschreibung A 4
Montageart: **wandhängend / deckenhängend / stehend**
Luftvolumenstrom: bis 500 m³/h
Wärmerückgewinnungsgrad: mind. 85%
Spannungsversorgung: 1~/N/PE 230 V 50 Hz
Ausführung gem. nachfolgender Einzelbeschreibung: .....

–€   5.194€   **5.771€**   6.579€   –€   [St]   ⏱ 1,50 h/St   075.000.048

A 5 VRF-Außengerät Heizen / Kühlen — Beschreibung für Pos. **41-43**

VFR-Außengerät für die Klimatisierung von Wohnräumen, Gehäuse und Rahmen aus verzinktem beschichteten Stahl, UV- und witterungsbeständig, mit Schalldämmung, mit Wärmetauscher, Axialventilator, Kompressor drehzahlgeregelt mit Invertertechnologie, Kältekreislauf mit Filtern, Sammler, Ölabscheider und mit Kältemittel vorgefüllt, einschl. komplett verdrahteter Steuerung mit MSR -und Sicherheitsbauteilen sowie Bedieneinheit, inkl. Montagematerial.
Montageart: **bodenstehend / an Wand / auf Dach**
Betriebsart: **Kühlen / Kühlen und Heizen**
Wärmetauscher: **Verdampfer / Verflüssiger aus Kupferrohr mit Aluminiumlamellen**
Luftvolumenstrom: .....m³/h
Schalldruckpegel in 1 m Abstand - Kühlen: ..... dB(A)
Schalldruckpegel in 1 m Abstand - Heizen: ..... dB(A)
Betriebsspannung: 230 / 400 V
Kältemittel: R410A / R32
Anschluss von Innengeräten max.: .....
Max. Rohrleitungslänge: ..... m
Max. Höhendifferenz: ...... m
Geräteabmessungen (T x B x H): ..... x ..... x ..... mm
Ausführung gem. Einzelbeschreibung: .....
Angeb. Fabrikat / Typ: .....

41 VRF-Außengerät, Heizen / Kühlen, 10kW — KG **434**

Wie Ausführungsbeschreibung A 5
Heizleistung: 10 kW
COP: .....
Kälteleistung: .....kW
EER: .....

–€   2.614€   **3.974€**   6.379€   –€   [St]   –   075.000.049

▶ min
▷ von
ø Mittel
◁ bis
◀ max

Nr.	Kurztext / Langtext							Kostengruppe	
▶	▷	ø netto €	◁	◀		[Einheit]	Ausf.-Dauer	Positionsnummer	

42 VRF-Außengerät, Heizen / Kühlen, 15kW — KG **434**
Wie Ausführungsbeschreibung A 5
Heizleistung: 15 kW
COP: .....
Kälteleistung: ..... kW
EER: .....
–€ 5.228€ **4.706€** 9.411€ –€ [St] – 075.000.050

43 VRF-Außengerät, Heizen / Kühlen, 20kW — KG **434**
Wie Ausführungsbeschreibung A 5
Heizleistung: 20 kW
COP: .....
Kälteleistung: ..... kW
EER: .....
–€ 7.320€ **9.411€** 11.502€ –€ [St] – 075.000.051

A 6 VRF-Innenwandgerät, Heizen / Kühlen — Beschreibung für Pos. **44-46**
VRF-Innengerät für die Klimatisierung von Wohnräumen, Kältesystem mit Schutzgas gefüllt, mit Wärmetauscher, Luftansaugung mit Filter und Luftausblas mit motorbetriebenen Luftleitlamellen, Kondensatwanne, Ventilator mit Querstromgebläse, einschl. komplett verdrahteter Steuerung mit allen notwendigen MSR- und Sicherheitsbauteilen sowie mit Fernbedieneinheit, inkl. Montagematerial.
Betriebsart: Kühlen / Kühlen und Heizen
Wärmetauscher: Verdampfer / Verflüssiger aus Kupferrohr mit Aluminiumlamellen
Luftvolumenstrom von-bis: ..... m³/h
Luftansaugung: **vorne / unten / oben**
Luftfilter: .....
Luftausblas: **vorne / unten / oben**
Schalldruckpegel von-bis: ..... dB(A)
Betriebsspannung: 230 V / 400 V / über Außengerät
Kältemittel: R410A / R32
Gehäuse: Kunststoff
Geräteabmessungen (T x B x H): ..... x ..... x ..... mm
Farbe: .....
Ausführung gem. Einzelbeschreibung: .....
Angeb. Fabrikat / Typ: .....

44 VRF-Innenwandgerät, Heizen / Kühlen, 2,5kW — KG **434**
Wie Ausführungsbeschreibung A 6
Heizleistung: 2,5 kW
SCOP: .....
Kälteleistung: ..... kW
SEER: .....
–€ 837€ **1.150€** 1.464€ –€ [St] – 075.000.052

LB 075 Raumlufttechnische Anlagen

Kosten: Stand 1.Quartal 2021 Bundesdurchschnitt

Nr.	Kurztext / Langtext				[Einheit]	Ausf.-Dauer	Kostengruppe Positionsnummer
▶	▷	ø netto €	◁	◀			

45 **VRF-Innenwandgerät, Heizen / Kühlen, 3,5kW** — KG **434**
Wie Ausführungsbeschreibung A 6
Heizleistung: 3,5 kW
SCOP: .....
Kälteleistung: ..... kW
SEER: .....

–€ 941€ **1.307**€ 1.673€ –€ [St] – 075.000.053

46 **VRF-Innenwandgerät, Heizen / Kühlen, 5,0kW** — KG **434**
Wie Ausführungsbeschreibung A 6
Heizleistung: 5,0 kW
SCOP: .....
Kälteleistung: ..... kW
SEER: .....

–€ 1.150€ **1.569**€ 1.987€ –€ [St] – 075.000.054

47 **VRF-Verteilereinheit, Innengerät** — KG **434**
VRF-Verteilereinheit als Multi-Split-Regeleinheit, zum Einbau im Gebäudeinneren.
Abmessungen (B x T x H): ..... x ..... x ..... mm
Geräteanzahl: .....
Leistung: .....
Ausführung gem. Einzelbeschreibung: .....
Angeb. Fabrikat / Typ: .....

–€ 732€ **1.046**€ 1.359€ –€ [St] – 075.000.055

▶ min
▷ von
ø Mittel
◁ bis
◀ max

Nr.	**Kurztext** / Langtext					Kostengruppe	
▶	▷	**ø netto €**	◁	◀	[Einheit]	Ausf.-Dauer	Positionsnummer

48 Zubehörmontage, VRF-Anlage KG **434**

Montage von Zubehör der VRF-Anlage mit Leitungen und Leitungsabzweigungen. Die Kühlleitungen aus nahtlos gezogenem Kupferrohr in Kühlschrankqualität unter Schutzgas gelötet, mit Kälteschellen auf C-Profilen montiert, evakuiert und mit Kältemittel gefüllt. Die Flüssigkeits- und die Gasleitung sind mit diffusionsdichter und bezügl. Brandschutz zugelassenen Dämmung von min. 13mm Wanddicke umschlossen und mit den Kälteschellen verklebt. Die gesamte Verrohrung ist nach den derzeitig gültigen Regeln für das Kälteanlagenbauhandwerk zu erstellen.
Einbauort: .....
Bei den folgenden Massen handelt es sich um ca. Angaben:
Flüssigkeitsleitung Ø 10 mm: ..... m
Flüssigkeitsleitung Ø 6 mm: ..... m
Gasleitung Ø 10 mm ..... m
Gasleitung Ø 16 mm ..... m
Leitungs-Isolierung Ø 10 mm ..... m
Leitungs-Isolierung Ø 16 mm: ..... m
Leitungs-Isolierung Ø 6 mm: ..... m
Anzahl Brandschutzdurchführung Ø 10 mm: .....
Anzahl Brandschutzdurchführung Ø 16 mm: .....
Anzahl Brandschutzdurchführung Ø 6 mm: .....
Leitungs-Isolierung mit Blechmantel, wetterbeständig
Außen Ø 10 mm: ..... m
Außen Ø 16 mm: ..... m
Außen Ø 6 mm: ..... m
Bus Kabel LIYCY 2 x 1,5 mm^2: ..... m
Zusätzliche Kältemittelnachfüllmenge:..... kg

–€	941 €	**1.359** €	1.882 €	–€	[psch]	–	075.000.056

040
041
042
044
045
047
053
054
058
061
069
075

D Freianlagen

Titel des Leistungsbereichs	LB-Nr.
Landschaftsbauarbeiten	003
Landschaftsbauarbeiten - Pflanzen	004
Straßen, Wege, Plätze	080

LB 003 Landschaftsbauarbeiten

Kosten: Stand 1. Quartal 2021, Bundesdurchschnitt

Preise €

Nr.	Positionen	Einheit	▶ min	▷ von ø brutto € / ø netto €	ø Mittel	◁ bis	◀ max
1	Baugelände abräumen	m²	4	7	**7**	8	12
			3	6	**6**	7	10
2	Baugelände abräumen, entsorgen	t	113	140	**156**	166	188
			95	117	**131**	140	158
3	Betonfundamente aufnehmen, entsorgen	m³	137	171	**185**	210	224
			115	143	**156**	176	189
4	Betondecke abbrechen, entsorgen	t	56	68	**69**	78	95
			47	57	**58**	66	80
5	Bauzaun, inkl. Tore	m	7	9	**10**	11	15
			6	8	**8**	9	12
6	Stammschutz, Brettermantel, bis 60cm	St	45	52	**54**	55	60
			37	43	**45**	46	50
7	Zaun Viereck-Drahtgeflecht abbrechen bis 2,0m, entsorgen	m	11	12	**13**	14	16
			9	10	**11**	12	13
8	Behelfsmäßige Straße, Baustraße, Natursteinmaterial, Liefermaterial	m²	13	16	**17**	19	22
			11	13	**14**	16	18
9	Behelfsmäßige Straße, Baustraße RCL-Schotter, Liefermaterial	m²	15	18	**20**	21	24
			12	15	**17**	18	20
10	Strauch herausnehmen, einschlagen, 60-100cm	St	14	17	**17**	18	21
			12	14	**14**	15	17
11	Strauch herausnehmen, einschlagen, 100-150cm	St	18	24	**28**	29	34
			15	20	**23**	25	29
12	Baum herausnehmen, einschlagen	St	95	120	**133**	137	172
			79	100	**112**	115	145
13	Baum fällen, Durchmesser bis 15cm, entsorgen	St	33	48	**56**	61	79
			27	41	**47**	51	66
14	Baum fällen, Durchmesser bis 50cm, entsorgen	St	90	133	**158**	179	233
			76	112	**132**	150	196
15	Baum fällen, Durchmesser über 50cm, entsorgen	St	168	219	**234**	251	284
			142	184	**197**	211	239
16	Wurzelstock fräsen, einarbeiten	St	64	91	**94**	108	137
			54	77	**79**	91	115
17	Grasnarbe abschälen	m²	2	3	**3**	3	4
			2	2	**2**	3	3
18	Baugelände roden	St	18	22	**23**	24	27
			15	18	**19**	20	23
19	Baugelände roden	m²	6	8	**8**	10	12
			5	6	**7**	8	10
20	Organische Stoffe aufnehmen, entsorgen	m³	14	16	**17**	18	22
			12	13	**14**	15	18
21	Oberboden abtragen, lagern	m³	12	16	**17**	19	24
			10	13	**14**	16	20
22	Oberboden lösen, lagern	m³	4	7	**8**	9	11
			4	6	**7**	7	9

▶ min ▷ von ø Mittel ◁ bis ◀ max

© BKI Baukosteninformationszentrum; Erläuterungen zu den Tabellen siehe Seite 44
Mustertexte geprüft: Deutsche Gesellschaft für Garten- und Landschaftskultur e.V.

Kostenstand: 1. Quartal 2021, Bundesdurchschnitt

Landschaftsbauarbeiten — Preise €

Nr.	Positionen	Einheit	▶	▷	ø brutto € / ø netto €	◁	◀
23	Oberboden liefern, andecken	m³	21	30	**33**	36	43
			18	25	**28**	30	36
24	Oberboden auftragen, lagernd	m³	6	8	**10**	11	15
			5	7	**8**	10	12
25	Oberboden liefern und einbauen, Gruppe 2-4	m³	24	28	**30**	35	42
			20	23	**25**	29	35
26	Oberboden liefern und einbauen, bis 30cm	m³	29	34	**36**	40	50
			24	28	**31**	34	42
27	Überschüssigen Boden laden, entsorgen	m³	12	15	**17**	19	23
			10	13	**14**	16	19
28	Bodenmaterial entsorgen, GK 1	m³	18	20	**22**	23	24
			15	17	**18**	19	20
29	Auffüllmaterial liefern, einbauen	m³	21	28	**31**	34	41
			18	24	**26**	28	34
30	Füllboden liefern, einbauen	m³	15	19	**21**	22	26
			13	16	**17**	19	22
31	Gründungssohle verdichten	m²	0,8	1,4	**1,8**	2,4	3,6
			0,6	1,2	**1,5**	2,0	3,0
32	Aufwuchs entfernen	m²	1	1	**2**	2	4
			0,9	1,3	**1,4**	2,0	3,0
33	Rohrgrabenaushub, GK1, Tiefe bis 1,0m, lagern	m³	23	28	**30**	33	40
			20	24	**25**	28	33
34	Rohrgrabenaushub, GK1, Tiefe bis 1,5m, lagern	m³	25	32	**37**	42	57
			21	27	**31**	36	48
35	Rohrgrabenaushub, GK1, Tiefe bis 3,0m, lagern	m³	37	44	**47**	52	63
			31	37	**40**	44	53
36	Streifenfundamentaushub, bis 1,25m, lagern, GK1	m³	24	36	**41**	41	48
			20	31	**34**	35	40
37	Streifenfundamentaushub, bis 1,25m, entsorgen, GK1	m³	29	38	**41**	47	55
			24	32	**34**	40	46
38	Baugrubensohle verfüllen	m³	12	14	**14**	15	18
			10	12	**12**	13	15
39	Handaushub, Zulage	m³	46	57	**65**	69	78
			39	48	**54**	58	66
40	Pflanzgrube für Kleingehölz 20x20x20	St	3	4	**4**	5	5
			3	3	**4**	4	5
41	Pflanzgrube für Kleingehölz 30x30x30	St	3	3	**3**	4	4
			2	3	**3**	3	4
42	Pflanzgrube für Rankgehölz 50x50x50	St	9	11	**11**	12	13
			8	9	**10**	10	11
43	Pflanzgrube für Solitärbaum 80x80x80	St	17	20	**21**	23	27
			14	17	**18**	19	23
44	Pflanzgrube für Solitärbaum 150x150x80	St	27	39	**45**	49	56
			23	33	**38**	41	47
45	Pflanzgrube für Solitärbaum 300x300x100	St	69	97	**102**	118	142
			58	82	**86**	99	120
46	Pflanzgraben für Hecke herstellen	m	8	9	**9**	10	11
			6	8	**8**	9	10

© **BKI** Baukosteninformationszentrum; Erläuterungen zu den Tabellen siehe Seite 44
Mustertexte geprüft: Deutsche Gesellschaft für Garten- und Landschaftskultur e.V.

LB 003 Landschaftsbauarbeiten

Landschaftsbauarbeiten — Preise €

Nr.	Positionen	Einheit	▶ min	▷ von	ø brutto € / ø netto €	◁ bis	◀ max
47	Vegetationsfläche, organische Düngung	m²	0,4 / 0,3	0,6 / 0,5	**0,6** / **0,5**	0,8 / 0,7	1,1 / 0,9
48	Bodenverbesserung, Komposterde	m²	1 / 1	2 / 2	**2** / **2**	3 / 2	4 / 3
49	Bodenverbesserung, Kiessand	m²	2 / 1	2 / 1	**2** / **2**	2 / 2	2 / 2
50	Bodenverbesserung, Rindenhumus	m²	1 / 1,0	2 / 1,5	**2** / **1,8**	2 / 2,1	3 / 2,7
51	Pflanzgrube verfüllen, Oberboden-Gemisch	St	17 / 15	20 / 17	**22** / **18**	25 / 21	30 / 25
52	Pflanzgrube verfüllen, Baumsubstrat	St	42 / 35	49 / 42	**52** / **44**	54 / 45	57 / 48
53	Vegetationsflächen lockern, aufreißen	m²	0,5 / 0,4	0,6 / 0,5	**0,7** / **0,6**	0,8 / 0,6	1,0 / 0,8
54	Vegetationsflächen lockern, fräsen	m²	0,6 / 0,5	0,8 / 0,7	**0,9** / **0,8**	1,1 / 0,9	1,5 / 1,3
55	Tiefenlockerung, Boden	m²	0,4 / 0,3	0,5 / 0,4	**0,5** / **0,5**	0,6 / 0,5	0,7 / 0,6
56	Feinplanum, Rasenfläche	m²	0,9 / 0,7	1,4 / 1,2	**1,6** / **1,3**	2,0 / 1,7	3,0 / 2,5
57	Mulchsubstrat liefern, einbauen	m²	4 / 3	5 / 4	**5** / **5**	7 / 6	9 / 8
58	Maschendrahtzaun, 1,00m	m	30 / 25	37 / 31	**42** / **35**	49 / 41	60 / 51
59	Maschendrahtzaun, 1,50m	m	37 / 31	54 / 46	**59** / **50**	72 / 61	92 / 77
60	Maschendrahtzaun, 2,00m	m	48 / 40	70 / 59	**77** / **64**	82 / 69	113 / 95
61	Stabgitterzaun, 0,80m	m	36 / 30	60 / 50	**64** / **54**	68 / 57	96 / 81
62	Stabgitterzaun, 1,40m	m	47 / 40	64 / 54	**75** / **63**	94 / 79	124 / 104
63	Stabgitterzaun, 2,00m	m	62 / 52	75 / 63	**89** / **75**	103 / 87	142 / 119
64	Drehflügeltor, einflüglig, lichte Weite 1,1m, H 1,2m	St	916 / 770	1.097 / 922	**1.130** / **950**	1.163 / 977	1.344 / 1.129
65	Drehflügeltor, einflüglig, lichte Weite 1,5m, H 1,2m	St	917 / 770	1.390 / 1.168	**1.493** / **1.254**	2.178 / 1.830	2.921 / 2.455
66	Drehflügeltor, zweiflüglig, lichte Weite 2,5m, H 1,2m	St	1.984 / 1.667	2.374 / 1.995	**2.406** / **2.021**	2.458 / 2.065	2.848 / 2.393
67	Drehflügeltor, zweiflüglig, lichte Weite 4,0m, H 1,2m	St	1.702 / 1.430	2.048 / 1.721	**2.277** / **1.913**	2.517 / 2.115	2.863 / 2.406
68	Abwasserleitung, PVC-Rohre, DN100	m	22 / 18	25 / 21	**26** / **22**	28 / 24	32 / 27
69	Abwasserleitung, PVC-Rohre, DN150	m	33 / 28	37 / 31	**39** / **33**	42 / 35	50 / 42
70	Abwasserleitung, PVC-Rohre, DN250	m	40 / 34	53 / 44	**59** / **49**	73 / 61	93 / 78

Kosten: Stand 1.Quartal 2021 Bundesdurchschnitt

▶ min
▷ von
ø Mittel
◁ bis
◀ max

© BKI Baukosteninformationszentrum; Erläuterungen zu den Tabellen siehe Seite 44
Mustertexte geprüft: Deutsche Gesellschaft für Garten- und Landschaftskultur e.V.

Kostenstand: 1.Quartal 2021, Bundesdurchschnitt

Landschaftsbauarbeiten — Preise €

Nr.	Positionen	Einheit	▶	▷	ø brutto € / ø netto €	◁	◀
71	Formstück, PVC-Rohrbogen, DN100	St	12	14	**15**	17	20
			10	12	**13**	14	17
72	Formstück, PVC-Rohrbogen, DN250	St	24	29	**31**	35	38
			20	25	**26**	29	32
73	Abwasserkanal, Steinzeugrohre, DN100	m	32	39	**41**	44	50
			27	33	**34**	37	42
74	Abwasserkanal, Steinzeugrohre, DN150	m	37	48	**51**	57	70
			31	40	**43**	48	59
75	Abwasserkanal, Steinzeugrohre, DN300	m	76	92	**96**	101	113
			64	77	**80**	85	95
76	Höhenausgleich, Schachtabdeckung, bis 30cm	St	48	73	**83**	92	111
			41	61	**70**	77	93
77	Schachtabdeckung, Klasse A, Guss	St	137	200	**215**	220	253
			115	168	**180**	185	213
78	Schachtabdeckung, Klasse B, Guss	St	176	220	**233**	270	357
			148	185	**196**	227	300
79	Schachtabdeckung, Klasse D, Guss	St	230	299	**326**	389	500
			193	251	**274**	327	420
80	Kontrollschacht, Stahlbeton, DN1.000	St	1.308	1.396	**1.447**	1.498	1.646
			1.099	1.173	**1.216**	1.259	1.383
81	Schachthals, DN1.000/625, 35cm, Betonfertigteil	St	118	192	**228**	244	336
			99	161	**191**	205	282
82	Schachthals, DN1.000/650, 60cm, Betonfertigteil	St	146	205	**239**	293	400
			123	172	**201**	246	336
83	Schachtring, Beton, DN1.000, 25cm	St	77	106	**111**	124	152
			65	89	**93**	105	127
84	Schachtring, Beton, DN1.000, 50cm	St	94	115	**120**	133	157
			79	96	**101**	112	132
85	Straßenablauf, Beton, C250	St	293	358	**394**	409	455
			246	301	**331**	344	382
86	Hofablauf, Beton	St	212	268	**285**	293	335
			178	226	**239**	246	281
87	Hofablauf, Beton, Geruchsverschluss	St	229	271	**290**	314	359
			192	228	**244**	263	302
88	Hofablauf, Beton, Gusszarge, Geruchsverschluss	St	244	288	**317**	333	366
			205	242	**266**	280	308
89	Hofablauf, PVC, Geruchsverschluss	St	286	332	**355**	401	456
			240	279	**298**	337	383
90	Fassadenschlitzrinne, SW 3mm	m	183	222	**234**	257	317
			154	186	**197**	216	266
91	Fassaden-Flachrinne, DN100	m	116	153	**167**	178	205
			97	129	**140**	149	172
92	Entwässerungsrinne, Polymerbeton	St	263	302	**318**	381	478
			221	254	**268**	320	402
93	Entwässerungsrinne, Kl. A, Beton/Gussabdeckung	m	73	100	**112**	128	162
			62	84	**94**	108	136
94	Entwässerungsrinne, Kl. B, Beton/Gussabdeckung	m	105	114	**117**	124	135
			89	95	**98**	105	113

© **BKI** Baukosteninformationszentrum; Erläuterungen zu den Tabellen siehe Seite 44
Mustertexte geprüft: Deutsche Gesellschaft für Garten- und Landschaftskultur e.V.

Kostenstand: 1.Quartal 2021, Bundesdurchschnitt

LB 003 Landschaftsbauarbeiten

Landschaftsbauarbeiten — Preise €

Kosten:
Stand 1.Quartal 2021
Bundesdurchschnitt

Nr.	Positionen	Einheit	▶ min	▷ von	ø Mittel brutto € / netto €	◁ bis	◀ max
95	Entwässerungsrinne, Kl. C, Beton/Gussabdeckung	m	145 / 122	169 / 142	**183** / **154**	197 / 166	225 / 189
96	Entwässerungsrinne, Fassade/Terrasse	m	93 / 78	121 / 102	**130** / **109**	146 / 123	185 / 155
97	Entwässerungsrinne, rollstuhlbefahrbar, Klasse A, DN100	m	107 / 90	142 / 119	**152** / **128**	174 / 146	186 / 156
98	Abdeckung, Entwässerungsrinne, Guss, D400	St	83 / 69	110 / 93	**127** / **107**	140 / 117	163 / 137
99	Abdeckung, Entwässerungsrinne, Schlitzaufsatz	m	78 / 65	101 / 85	**114** / **96**	126 / 106	151 / 127
100	Sinkkasten, Anschluss zweiseitig	St	173 / 145	227 / 191	**258** / **217**	270 / 227	299 / 251
101	Ablaufkasten, Polymerbeton	St	209 / 176	241 / 202	**254** / **213**	263 / 221	305 / 256
102	Ablaufkasten, Klasse A, DN100	St	166 / 140	208 / 175	**222** / **186**	262 / 220	275 / 231
103	Regenwasserzisterne	St	2.661 / 2.236	3.473 / 2.918	**3.805** / **3.197**	4.191 / 3.522	5.059 / 4.252
104	Regenwasserkanal, PVC-U-Rohre, DN100	m	16 / 14	22 / 19	**25** / **21**	27 / 22	31 / 26
105	Regenwasserkanal, PVC-U-Rohre, DN150	m	24 / 20	28 / 24	**32** / **27**	34 / 28	37 / 31
106	Regenwasserkanal, PVC-U-Rohre, DN200	m	25 / 21	31 / 26	**34** / **29**	40 / 34	48 / 40
107	Versickerungsmulden herstellen	m²	3 / 2	5 / 4	**6** / **5**	9 / 8	14 / 12
108	Filtervlies, Rigolen	m²	2 / 2	3 / 3	**3** / **3**	4 / 3	5 / 4
109	Kiesbett herstellen, 0/2	m³	36 / 30	44 / 37	**46** / **38**	47 / 39	53 / 44
110	Kiesbett herstellen, 16/32	m³	42 / 35	52 / 43	**56** / **47**	62 / 52	74 / 62
111	Dränleitung, PVC-Vollsickerrohr, DN100	m	14 / 12	20 / 17	**21** / **18**	25 / 21	31 / 26
112	Formstück, Dränleitung, PVC, Abzweig	St	24 / 20	29 / 24	**32** / **27**	36 / 30	43 / 36
113	Formstück, Dränleitung, PVC, Bogen	St	9 / 8	14 / 11	**16** / **13**	18 / 15	24 / 20
114	Bewässerungseinrichtung, Hochstämme	St	56 / 47	77 / 65	**84** / **70**	92 / 78	125 / 105
115	Stahltor, einflüglig, beschichtet	St	945 / 794	1.254 / 1.054	**1.270** / **1.067**	1.429 / 1.201	1.705 / 1.433
116	Stahltor, zweiflüglig, beschichtet	St	1.025 / 861	1.272 / 1.069	**1.415** / **1.189**	1.614 / 1.356	1.862 / 1.564
117	Zaunpfosten, Stahlrohr	St	38 / 32	49 / 41	**53** / **44**	58 / 49	71 / 60

▶ min
▷ von
ø Mittel
◁ bis
◀ max

Landschaftsbauarbeiten — Preise €

Nr.	Positionen	Einheit	▶	▷	ø brutto € ø netto €	◁	◀
118	Amphibienleitwand, mobil, Überkletterungsschutz, PE-Folie, H 42cm	m	–	6	**6**	7	–
			–	5	**5**	6	–
119	Amphibienleitwand, stationär, Überkletterungsschutz, Polymerbeton, H 42cm	m	–	8	**9**	10	–
			–	7	**8**	8	–
120	Amphibienleitwand, stationär, Überkletterungsschutz, Beton, H 62cm	m	–	20	**22**	25	–
			–	17	**18**	21	–
121	Amphibienstopprinne, Beton-U-Profil,	St	27	36	**40**	44	48
			23	31	**34**	37	40
122	Abdeckung für Amphibienstopprinne, Stahlgitterroste	St	–	21	**23**	26	–
			–	18	**19**	22	–
123	Amphibienkleintiertunnel, Beton, Querdurchlass	St	–	64	**68**	78	–
			–	54	**57**	66	–
124	Fanggefäß, Amphibien, Kunststoff, 10 Liter	St	4	5	**5**	6	7
			3	4	**5**	5	6
125	Holzzaun, Kiefer/Sandsteinpfosten	m	131	180	**208**	215	247
			110	151	**175**	180	208
126	Eckausbildung, Holzzaun	St	44	61	**72**	74	101
			37	51	**60**	62	85
127	Einzelfundamente, Zaunpfosten	St	374	470	**507**	541	612
			314	395	**426**	454	515
128	Poller, Beton	St	186	328	**345**	366	520
			156	276	**290**	307	437
129	Poller, Aluminium	St	237	423	**429**	437	623
			200	355	**360**	367	523
130	Poller, Stahl, beschichtet	St	288	377	**417**	467	585
			242	316	**350**	393	492
131	Poller, Naturstein	St	210	437	**474**	521	932
			176	367	**398**	438	783
132	Planum Gewässer	m²	4	7	**8**	12	16
			3	6	**6**	10	14
133	Gewässerabdichtung, Teichfolie	m²	20	26	**30**	32	41
			17	22	**25**	27	34
134	Sauberkeitsschicht, Teich	m²	3	5	**5**	6	7
			2	4	**4**	5	6
135	Wurzelanker im Teich	m²	–	26	**28**	30	–
			–	22	**23**	25	–
136	Befestigung, Gewässerabdichtungsbahn Uferbereich	m	12	15	**17**	17	20
			10	13	**14**	15	17
137	Teichrand herstellen	m²	9	11	**12**	13	14
			8	9	**10**	11	12
138	Dachfläche reinigen	m²	1	2	**2**	2	2
			1	1	**1**	2	2
139	Durchwurzelungsschutzschicht, PVC-P 0,8mm	m²	17	19	**19**	21	22
			14	16	**16**	17	19

003
004
080

© **BKI** Baukosteninformationszentrum; Erläuterungen zu den Tabellen siehe Seite 44
Mustertexte geprüft: Deutsche Gesellschaft für Garten- und Landschaftskultur e.V.

Kostenstand: 1.Quartal 2021, Bundesdurchschnitt

LB 003 Landschaftsbauarbeiten

Landschaftsbauarbeiten — Preise €

Kosten: Stand 1.Quartal 2021 Bundesdurchschnitt

Legende:
- ▶ min
- ▷ von
- ø Mittel
- ◁ bis
- ◀ max

Nr.	Positionen	Einheit	▶ min	▷ von	ø brutto € / ø netto €	◁ bis	◀ max
140	Dachbegrünung, Trenn-, Schutz- u. Speichervlies, 300	m²	3 / 3	4 / 3	**4** / **4**	5 / 4	6 / 5
141	Dachbegrünung, Trenn-, Schutz- u. Speichervlies, 500	m²	5 / 4	5 / 5	**6** / **5**	6 / 5	7 / 6
142	Dränageelement, PE-Platte, 40mm, Dachbegrünung	m²	15 / 12	17 / 14	**18** / **15**	18 / 15	20 / 17
143	Flächendränage, begehbare Flachdächer, HDPE	m²	64 / 54	86 / 72	**93** / **78**	105 / 88	113 / 95
144	Filtervlies, Dränageabdeckung, 100g/m²	m²	3 / 2	4 / 3	**4** / **4**	5 / 4	6 / 5
145	Filtermatte, Dachbegrünung	m²	2 / 1	2 / 2	**2** / **2**	3 / 2	3 / 3
146	Kontrollschacht, extensive Dachbegrünung, Höhe bis 20cm	St	76 / 64	84 / 71	**88** / **74**	94 / 79	107 / 90
147	Kontrollschacht, intensive Dachbegrünung, Höhe bis 40cm	St	172 / 145	181 / 152	**184** / **154**	188 / 158	202 / 169
148	Sicherheitsstreifen, Kies, Dachbegrünung	m²	8 / 7	11 / 9	**12** / **10**	13 / 11	15 / 13
149	Kiesfangleiste, L-Profil, Dachbegrünung	m	17 / 14	24 / 20	**26** / **22**	29 / 25	36 / 30
150	Einschichtsubstrat, extensive Dachbegrünung	m²	18 / 15	21 / 18	**22** / **19**	25 / 21	30 / 25
151	Mehrschichtsubstrat, extensive Dachbegrünung	m²	23 / 19	26 / 22	**27** / **23**	28 / 24	31 / 26
152	Begrünungssubstrat, Natur-Bims, Dachbegrünung	m²	9 / 7	12 / 10	**14** / **11**	15 / 12	16 / 14
153	Mehrschichtsubstrat, intensive Dachbegrünung	m²	21 / 18	26 / 22	**27** / **23**	29 / 24	33 / 28
154	Nassansaat, extensive Dachbegrünung, Saatgutmischung	m²	3 / 3	5 / 4	**6** / **5**	8 / 6	10 / 9
155	Trockenansaat, extensive Dachbegrünung, Saatgutmischung	m²	3 / 2	4 / 4	**5** / **4**	6 / 5	7 / 6
156	Düngung, Dachbegrünung, extensiv	m²	0,3 / 0,3	0,5 / 0,5	**0,7** / **0,6**	0,7 / 0,6	0,8 / 0,7
157	Wässern, Dachbegrünung, extensiv	m²	0,5 / 0,4	0,6 / 0,5	**0,6** / **0,5**	0,7 / 0,6	0,8 / 0,7
158	Stelzlager, Unterbau, Plattenbeläge, Dachbegrünung, H 25-40mm	St	5 / 4	6 / 5	**7** / **6**	7 / 6	8 / 7
159	Stelzlager, Unterbau, Plattenbeläge, Dachbegrünung, H 35-70mm	St	5 / 5	7 / 6	**8** / **7**	9 / 7	9 / 8

© BKI Baukosteninformationszentrum; Erläuterungen zu den Tabellen siehe Seite 44
Mustertexte geprüft: Deutsche Gesellschaft für Garten- und Landschaftskultur e.V.
Kostenstand: 1.Quartal 2021, Bundesdurchschnitt

Landschaftsbauarbeiten — Preise €

Nr.	Positionen	Einheit	▶	▷	ø brutto € / ø netto €	◁	◀
160	Stelzlager, Unterbau, Plattenbeläge, Dachbegrünung, H 145-225mm	St	8	10	**11**	12	13
			7	8	**9**	10	11
161	Stelzlager, Aufstockelement, höhenverstellbar, H 80mm	St	4	6	**6**	7	7
			4	5	**5**	6	6
162	Plattenlager, Betonplatten, höhenverstellbar, H 10mm	St	4	5	**6**	6	7
			4	4	**5**	5	6
163	Sekurant, Anseilsicherung, Stahl verzinkt	St	170	206	**224**	233	277
			143	173	**188**	196	233
164	Fertigstellungspflege, extensive Dachbegrünung	m²	2	3	**3**	4	7
			1	2	**3**	4	6
165	Trenn-, Schutz- und Speichervlies	m²	2	2	**2**	3	3
			2	2	**2**	2	3
166	Spielsand, Körnung 0/2	t	27	34	**37**	54	73
			23	29	**31**	45	62
167	Spielsand auswechseln, bis 40cm	m³	11	15	**17**	20	25
			9	13	**15**	17	21
168	Einfassung, Sandkasten	m²	44	54	**57**	68	81
			37	45	**48**	57	68
169	Wegeeinfassung, Naturstein	m	25	31	**34**	39	49
			21	26	**29**	33	41
170	Fallschutz auskoffern	m²	2	4	**5**	6	8
			2	3	**4**	5	7
171	Fallschutz, Kies	m²	22	26	**28**	33	38
			19	22	**24**	28	32
172	Fallschutzbelag, Gummigranulatplatten	m²	67	96	**103**	112	135
			56	81	**86**	94	114
173	Schall-Sichtschutzwand, Stahlbeton, 2,0m	St	325	431	**477**	524	616
			274	362	**401**	440	518
174	Ballfangzaun, Gittermatten	m	241	305	**312**	335	393
			203	256	**262**	282	330
175	Sichtschutzzaun aus Holzelementen Höhe 1,0m	m	90	113	**122**	137	145
			76	95	**102**	115	122
176	Sichtschutzzaun aus Holzelementen Höhe 2,0m	m	141	171	**178**	180	210
			119	143	**149**	151	176
177	Fahrradständer, Stahlrohrkonstruktion	St	464	507	**529**	561	627
			390	426	**445**	472	527
178	Abfallbehälter, Stahlblech	St	498	705	**791**	836	963
			418	592	**664**	703	809
179	Hinweisschild, Aluminium	St	181	227	**237**	249	292
			153	191	**199**	209	246
180	Baumschutzgitter, Metall	St	717	862	**911**	941	1.034
			603	724	**766**	791	869
181	Rankhilfe, Edelstahlseil	m	8	17	**22**	25	37
			7	15	**18**	21	31

© **BKI** Baukosteninformationszentrum; Erläuterungen zu den Tabellen siehe Seite 44
Mustertexte geprüft: Deutsche Gesellschaft für Garten- und Landschaftskultur e.V.

Kostenstand: 1.Quartal 2021, Bundesdurchschnitt

LB 003 Landschaftsbauarbeiten

Landschaftsbauarbeiten — Preise €

Nr.	Positionen	Einheit	▶	▷ ø brutto € / ø netto €	◁	◀
182	Baumscheibe, Grauguss	St	1.293 / 1.087	2.055 / 1.726	**2.179** / **1.831**	2.357 / 1.981	2.695 / 2.264
183	Stundensatz, Facharbeiter/-in	h	49 / 41	57 / 48	**62** / **52**	63 / 53	69 / 58
184	Stundensatz, Helfer/-in	h	42 / 36	46 / 39	**47** / **40**	49 / 41	53 / 45

Kosten: Stand 1.Quartal 2021 Bundesdurchschnitt

▶ min
▷ von
ø Mittel
◁ bis
◀ max

Nr.	Kurztext / Langtext				[Einheit]	Ausf.-Dauer	Kostengruppe / Positionsnummer
▶	▷	ø netto €	◁	◀			

1 Baugelände abräumen — KG **214**
Baugelände abräumen, von Steinen, Mauerresten, Zäunen, Schutt und Unrat, anfallende Stoffe trennen, laden, fördern und lagern.

| 3€ | 6€ | **6€** | 7€ | 10€ | [m²] | ⏱ 0,05 h/m² | 003.000.001 |

2 Baugelände abräumen, entsorgen — KG **594**
Baugelände von unbelasteten Steinen, Schutt und Unrat abräumen. Räumgut entsorgen.
Maschineneinsatz: **ja / nein**

| 95€ | 117€ | **131€** | 140€ | 158€ | [t] | ⏱ 2,90 h/t | 003.000.080 |

3 Betonfundamente aufnehmen, entsorgen — KG **594**
Betonfundament jeder Art einschl. Unterbeton und Rückenstütze aufnehmen, abfahren und entsorgen.
Abmessung (L x B x H): ..... x ..... x ..... cm

| 115€ | 143€ | **156€** | 176€ | 189€ | [m³] | ⏱ 1,85 h/m³ | 003.000.311 |

4 Betondecke abbrechen, entsorgen — KG **594**
Betondecke unbewehrt, abbrechen. Anfallende Stoffe sind zu entsorgen.
Aufbruchtiefe: bis 15 cm

| 47€ | 57€ | **58€** | 66€ | 80€ | [t] | ⏱ 0,80 h/t | 003.000.003 |

5 Bauzaun, inkl. Tore — KG **591**
Bauzaun als Schutzzaun inkl. Tore aufstellen, vorhalten und beseitigen.
Zaunhöhe: ..... m
Material: Baustahlgewebe
Vorhaltedauer: ..... Wochen

| 6€ | 8€ | **8€** | 9€ | 12€ | [m] | ⏱ 0,18 h/m | 003.000.073 |

6 Stammschutz, Brettermantel, bis 60cm — KG **211**
Stammschutz durch Ummantelung herstellen.
Stammdurchmesser: über 40 bis 60 cm
Material: Brettermantel inkl. Polsterung
Dicke der Lattung: mind. 24 mm
Höhe: mind. 2,00 m

| 37€ | 43€ | **45€** | 46€ | 50€ | [St] | ⏱ 1,00 h/St | 003.000.288 |

Nr.	Kurztext / Langtext					Kostengruppe		
▶	▷	ø netto €	◁	◀	[Einheit]	Ausf.-Dauer	Positionsnummer

7   **Zaun Viereck-Drahtgeflecht abbrechen bis 2,0m, entsorgen**   KG **594**

Zaun einschl. Stahlpfosten und Fundamente abbrechen, abfahren und entsorgen.
Material: Zaun Viereck-Drahtgeflecht, kunststoffummantelt
Zaunhöhe: bis 2,00 m
Zaunlänge: ..... m

| 9 € | 10 € | **11 €** | 12 € | 13 € | [m] | ⏱ 0,25 h/m | 003.000.196 |

8   **Behelfsmäßige Straße, Baustraße, Natursteinmaterial, Liefermaterial**   KG **591**

Baustraße Natursteinmaterial wie folgt herstellen:
- Höhe- und Lagerecht einmessen
- Planum profilgerecht herstellen und verdichten Ev = 45% einschl. Verdichtungsnachweis
- Material liefern und auf verdichtetem Planum einbauen und verdichten einschl. Nachweis DPr 100%
- während der Bauzeit Kiesoberfläche nach Erfordernis ergänzen und verdichten
- Fertighöhe Straße höhen- und fluchtgerecht gem. Absteckplan

Kein Recyclingmaterial
Frostschutzschicht: Mineralgemisch aus Hartgestein
Körnung: 0/32
Schichtdicke: 20 cm
Tragschicht: Kies-Schotter
Breite: ..... m

| 11 € | 13 € | **14 €** | 16 € | 18 € | [m²] | ⏱ 0,12 h/m² | 003.000.186 |

9   **Behelfsmäßige Straße, Baustraße RCL-Schotter, Liefermaterial**   KG **391**

Behelfsmäßige Baustraße mit Recyclingmaterial (RCL-Schotter) herstellen und nach Beendigung der Baumaßnahme rückbauen und ordnungsgemäß entsorgen.
- Höhen- und Lagerecht einmessen
- Planum profilgerecht herstellen und verdichten Ev = 45% einschl. Verdichtungsnachweis
- Material liefern und auf verdichtetem Planum einbauen und verdichten einschl. Nachweis DPr 100%

Schichtdicke: 30 cm
Breite: ..... m

| 12 € | 15 € | **17 €** | 18 € | 20 € | [m²] | ⏱ 0,12 h/m² | 003.000.187 |

10   **Strauch herausnehmen, einschlagen, 60-100cm**   KG **573**

Strauch herausnehmen, mit Ballen, transportieren und bis zur Wiedereinpflanzung einschlagen.
Bewuchshöhe: über 50 bis 100 cm

| 12 € | 14 € | **14 €** | 15 € | 17 € | [St] | ⏱ 0,30 h/St | 003.000.274 |

11   **Strauch herausnehmen, einschlagen, 100-150cm**   KG **573**

Strauch herausnehmen, mit Ballen, transportieren und bis zur Wiedereinpflanzung einschlagen.
Bewuchshöhe: über 100 bis 150 cm

| 15 € | 20 € | **23 €** | 25 € | 29 € | [St] | ⏱ 0,60 h/St | 003.000.275 |

12   **Baum herausnehmen, einschlagen**   KG **573**

Baum herausnehmen, mit Ballen, transportieren und bis zur Wiedereinpflanzung einschlagen.
Stammumfang: über 18 bis 20 cm
Kronenbreite: bis 200 cm

| 79 € | 100 € | **112 €** | 115 € | 145 € | [St] | ⏱ 2,55 h/St | 003.000.276 |

003
004
080

© **BKI** Baukosteninformationszentrum; Erläuterungen zu den Tabellen siehe Seite 44
Mustertexte geprüft: Deutsche Gesellschaft für Garten- und Landschaftskultur e.V.

Kostenstand: 1.Quartal 2021, Bundesdurchschnitt

LB 003 Landschaftsbauarbeiten

Kosten:
Stand 1.Quartal 2021
Bundesdurchschnitt

▶ min
▷ von
ø Mittel
◁ bis
◀ max

Nr.	Kurztext / Langtext						[Einheit]	Ausf.-Dauer	Kostengruppe Positionsnummer
▶		ø netto €	◁	◀					

13 Baum fällen, Durchmesser bis 15cm, entsorgen — KG 214
Baum fällen.
Baumart: .....
Stammdurchmesser: bis 15 cm
Baumhöhe: ..... m
Baum: **frei fallend / stückweise abnehmen**
Maschineneinsatz: **ja / nein**

| 27€ | 41€ | **47€** | 51€ | 66€ | [St] | ⏱ 1,60 h/St | 003.000.074 |

14 Baum fällen, Durchmesser bis 50cm, entsorgen — KG 214
Baum fällen.
Baumart: .....
Stammdurchmesser: bis 50 cm
Baumhöhe: ..... m
Baum: **frei fallend / stückweise abnehmen**
Maschineneinsatz: **ja / nein**

| 76€ | 112€ | **132€** | 150€ | 196€ | [St] | ⏱ 3,20 h/St | 003.000.076 |

15 Baum fällen, Durchmesser über 50cm, entsorgen — KG 214
Baum fällen.
Baumart: .....
Stammdurchmesser: über 50 cm
Baumhöhe: ..... m
Baum: **frei fallend / stückweise abnehmen**
Maschineneinsatz: **ja / nein**

| 142€ | 184€ | **197€** | 211€ | 239€ | [St] | ⏱ 3,80 h/St | 003.000.077 |

16 Wurzelstock fräsen, einarbeiten — KG 214
Wurzelstock roden, fräsen und Material in Boden einarbeiten.
Baumart: .....
Rodungstiefe. ..... cm
Durchmesser: ..... cm
Einbauort: Baustelle

| 54€ | 77€ | **79€** | 91€ | 115€ | [St] | ⏱ 1,00 h/St | 003.000.079 |

17 Grasnarbe abschälen — KG 214
Grasnarbe zerkleinern, seitlich zur Abfuhr geordnet lagern.
Abrechnung in der Abwicklung.
Schichtdicke: über 3 bis 5 cm
Bodengruppen DIN 18915: .....
Maschineneinsatz: **ja / nein**

| 2€ | 2€ | **2€** | 3€ | 3€ | [m²] | ⏱ 0,04 h/m² | 003.000.004 |

18 Baugelände roden — KG 214
Baugelände roden. Räumgut abfahren.
Auf dem Gelände vorhanden: Busch-, Hecken- und Baumbestand über 10 cm Stammdurchmesser (gemessen in 1 m Stammhöhe)

| 15€ | 18€ | **19€** | 20€ | 23€ | [St] | ⏱ 0,30 h/St | 003.000.078 |

Nr.	Kurztext / Langtext							Kostengruppe
▶	▷	ø netto €	◁	◀		[Einheit]	Ausf.-Dauer	Positionsnummer

19 Baugelände roden — KG 214
Baugelände roden, Räumgut abfahren.
Auf dem Gelände vorhanden: Busch-, Hecken- und Baumbestand bis 10 cm Stammdurchmesser (gemessen in 1 m Stammhöhe).

5€	6€	**7€**	8€	10€	[m²]	⏱ 0,10 h/m²	003.000.271

20 Organische Stoffe aufnehmen, entsorgen — KG 214
Organische Stoffe aller Art aufnehmen und entsorgen.
Wuchshöhe: bis 70 cm

12€	13€	**14€**	15€	18€	[m³]	⏱ 0,16 h/m³	080.000.027

21 Oberboden abtragen, lagern — KG 511
Oberboden, profilgerecht abtragen, laden, fördern und Bodengruppen getrennt lagern.
Bodenzuordnung lt.: **Aufstellung / Bericht / gemeinsamer Feststellung**
Bodengruppe DIN 18196: .....
Gesamtabtragstiefe: bis 30 cm
Förderweg: bis ..... km
Mengenermittlung nach Aufmaß an der Entnahmestelle.

10€	13€	**14€**	16€	20€	[m³]	⏱ 0,15 h/m³	003.000.199

22 Oberboden lösen, lagern — KG 511
Oberboden, profilgerecht abtragen, laden, fördern und geordnet lagern, eine Bodengruppe.
Bodengruppe DIN 18196: .....
Abtragsdicke: bis 10 cm
Förderweg bis: 15 km
Mengenermittlung nach Aufmaß an der Entnahmestelle.

4€	6€	**7€**	7€	9€	[m³]	⏱ 0,10 h/m³	003.000.198

23 Oberboden liefern, andecken — KG 571
Oberboden, liefern, profilgerecht auftragen, eine Bodengruppe.
Bodengruppe DIN 18196: .....
Einbauort: .....
Auftragsdicke: .....

18€	25€	**28€**	30€	36€	[m³]	⏱ 0,19 h/m³	003.000.291

24 Oberboden auftragen, lagernd — KG 571
Oberboden, zwischengelagert, laden, fördern, profilgerecht auftragen, eine Bodengruppe.
Bodengruppe DIN 18196: .....
Auftragsdicke: .....
Förderweg: bis 0,5 km

5€	7€	**8€**	10€	12€	[m³]	⏱ 0,10 h/m³	003.000.094

003
004
080

LB 003 Landschaftsbauarbeiten

Kosten:
Stand 1.Quartal 2021
Bundesdurchschnitt

Nr.	Kurztext / Langtext						Kostengruppe
▶	▷	ø netto €	◁	◀	[Einheit]	Ausf.-Dauer	Positionsnummer

25 Oberboden liefern und einbauen, Gruppe 2-4 KG **571**
Oberboden liefern und profilgerecht einbauen, eine Bodengruppe.
Bodengruppe DIN 18196: .....
Auftragsdicke: bis ..... cm
Ebenflächigkeit unter der 4-m Latte: +/-3 cm
Abrechnung nach Lieferschein

| 20€ | 23€ | **25€** | 29€ | 35€ | [m³] | ⏱ 0,12 h/m³ | 003.000.190 |

26 Oberboden liefern und einbauen, bis 30cm KG **571**
Oberboden, liefern, profilgerecht auftragen, eine Bodengruppe.
Bodengruppe DIN 18196: .....
Auftragsdicke: über 20 bis 30 cm

| 24€ | 28€ | **31€** | 34€ | 42€ | [m³] | ⏱ 0,19 h/m³ | 003.000.188 |

27 Überschüssigen Boden laden, entsorgen KG **511**
Überschüssigen Aushub, bauseits gelagert, laden, abfahren und auf zugelassenen Lagerstätte nach Wahl des Auftragnehmers lagenweise einarbeiten.
Bodengruppe DIN 18196: .....
Aushub: nicht schadstoffbelastet
Zuordnung: Z 0
Verwertungsanlage (Bezeichnung/Ort/Fahrweg) .....
Lagergebühren werden vom AN übernommen
Abrechnung: **nach Verdrängung / auf Nachweisrapport / Wiegescheine der Deponie**

| 10€ | 13€ | **14€** | 16€ | 19€ | [m³] | ⏱ 0,15 h/m³ | 080.000.028 |

28 Bodenmaterial entsorgen, GK 1 KG **511**
Unterboden profilgerecht abtragen, laden, abfahren und einer Wiederverwertung zuführen.
Abrechnung nach Abtragsprofilen.
Unterboden: unbelastet
Homogenbereich 1, Baumaßnahme der Geotechnischen Kategorie 1 DIN 4020.
Homogenbereich 1 oben: ..... m
Homogenbereich 1 unten: 0,25 m
Bodengruppen DIN 18196: .....
Massenanteile der Steine DIN EN ISO 14688-1: über ..... % bis ..... %
Massenanteile der Blöcke DIN EN ISO 14688-1: über ..... % bis ..... %
Konsistenz DIN EN ISO 14688-1: .....
Lagerungsdichte: .....
Abtragsdicke: bis 0,25 m
Förderweg: bis ..... m

| 15€ | 17€ | **18€** | 19€ | 20€ | [m³] | ⏱ 0,20 h/m³ | 003.000.155 |

29 Auffüllmaterial liefern, einbauen KG **511**
Auffüllmaterial liefern und profilgerecht einbauen und verdichten.
Material: grobkörniger Boden

| 18€ | 24€ | **26€** | 28€ | 34€ | [m³] | ⏱ 0,16 h/m³ | 003.000.084 |

▶ min
▷ von
ø Mittel
◁ bis
◀ max

Nr.	Kurztext / Langtext							Kostengruppe
▶	▷	**ø netto €**	◁	◀	[Einheit]	Ausf.-Dauer	Positionsnummer

30 Füllboden liefern, einbauen — KG **311**

Erdwälle mit zu lieferndem Füllboden herstellen. Material verdichtungsfähig, unbelastet und für Bepflanzung geeignet. Grobplanie und Gefällemodellierung.
Böschungen: bis 60 °
Böschungshöhe: bis 3,00 m

| 13€ | 16€ | **17€** | 19€ | 22€ | [m³] | 0,12 h/m³ | 003.000.154 |

31 Gründungssohle verdichten — KG **311**

Gründungssohle verdichten, in Baugruben.
Verdichtungsgrad: mind. DPr 0,95
Verformungsmodul: mind. EV2 45 Mpa

| 0,6€ | 1,2€ | **1,5€** | 2,0€ | 3,0€ | [m²] | 0,02 h/m² | 003.000.092 |

32 Aufwuchs entfernen — KG **214**

Aufwuchs, Gräser und Kräuter mähen und Schnittgut entsorgen.
Wuchshöhe: bis 70 cm

| 0,9€ | 1,3€ | **1,4€** | 2,0€ | 3,0€ | [m²] | 0,02 h/m² | 003.000.005 |

A 1 Rohrgrabenaushub, GK1, lagern — Beschreibung für Pos. **33-35**

Boden der Gräben, profilgerecht lösen, seitlich lagern. Arbeiten mit Gerät. Baumaßnahme der Geotechnischen Kategorie 1 DIN 4020.

33 Rohrgrabenaushub, GK1, Tiefe bis 1,0m, lagern — KG **311**

Wie Ausführungsbeschreibung A 1
Aushubtiefe: bis 1,00 m
Grabenbreite: 30 bis 40 cm
Förderweg: bis ..... m
Baumaßnahme der Geotechnischen Kategorie 1 DIN 4020
Homogenbereich 1, mit einer Bodengruppe
Bodengruppen DIN 18196: .....
Homogenbereich 1 oben: 0 m
Homogenbereich 1 unten: 1,00 m

| 20€ | 24€ | **25€** | 28€ | 33€ | [m³] | 0,30 h/m³ | 003.000.157 |

34 Rohrgrabenaushub, GK1, Tiefe bis 1,5m, lagern — KG **311**

Wie Ausführungsbeschreibung A 1
Aushubtiefe: bis 1,50 m
Grabenbreite: 30 bis 100 cm
Förderweg: bis ..... m
Baumaßnahme der Geotechnischen Kategorie 1 DIN 4020
Homogenbereich 1, mit einer Bodengruppe
Bodengruppen DIN 18196: .....
Homogenbereich 1 oben: 0 m
Homogenbereich 1 unten: 1,50 m

| 21€ | 27€ | **31€** | 36€ | 48€ | [m³] | 0,32 h/m³ | 003.000.272 |

003
004
080

© **BKI** Baukosteninformationszentrum; Erläuterungen zu den Tabellen siehe Seite 44
Mustertexte geprüft: Deutsche Gesellschaft für Garten- und Landschaftskultur e.V.

Kostenstand: 1.Quartal 2021, Bundesdurchschnitt

LB 003 Landschaftsbauarbeiten

Kosten:
Stand 1.Quartal 2021
Bundesdurchschnitt

▶ min
▷ von
ø Mittel
◁ bis
◀ max

Nr.	Kurztext / Langtext						[Einheit]	Ausf.-Dauer	Kostengruppe Positionsnummer
▶	▷	ø netto €	◁	◀					

35 Rohrgrabenaushub, GK1, Tiefe bis 3,0m, lagern — KG **311**

Wie Ausführungsbeschreibung A 1
Aushubtiefe: bis 3,00 m
Grabenbreite: 30 bis 100 cm
Förderweg: bis ..... m
Baumaßnahme der Geotechnischen Kategorie 1 DIN 4020
Homogenbereich 1, mit einer Bodengruppe
Bodengruppen DIN 18196: .....
Homogenbereich 1 oben: 0 m
Homogenbereich 1 unten: 3,00 m

| 31€ | 37€ | **40€** | 44€ | 53€ | | [m³] | ⏱ 0,35 h/m³ | 003.000.201 |

36 Streifenfundamentaushub, bis 1,25m, lagern, GK1 — KG **522**

Aushub Streifenfundament, lösen, laden, fördern und für Wiedereinbau auf der Baustelle lagern, Arbeiten mit dem Gerät. Fundamentsohle durch Handschachtung planieren.
Aushubtiefe: bis 1,25 m
Grabenbreite: ..... cm
Förderweg: bis ..... m
Baumaßnahme der Geotechnischen Kategorie 1 DIN 4020
Homogenbereich 1, mit einer Bodengruppe
Bodengruppen DIN 18196: .....
Homogenbereich 1 oben: 0 m
Homogenbereich 1 unten: bis 1,25 m
Massenanteile der Steine DIN EN ISO 14688-1: über ..... % bis ..... %
Massenanteile der Blöcke DIN EN ISO 14688-1: über ..... % bis ..... %
Konsistenz DIN EN ISO 14688-1: von ..... bis .....
Lagerungsdichte: von ..... bis .....
Mengenermittlung nach Aufmaß an der Entnahmestelle.

| 20€ | 31€ | **34€** | 35€ | 40€ | | [m³] | ⏱ 0,35 h/m³ | 003.000.286 |

37 Streifenfundamentaushub, bis 1,25m, entsorgen, GK1 — KG **522**

Aushub für Streifenfundament, lösen, fördern, laden, Aushub mit LKW des AN zur Verwertungsanlage abfahren.
Aushubtiefe: bis 1,25 m
Grabenbreite: ..... cm
Förderweg: bis ..... m
Baumaßnahme der Geotechnischen Kategorie 1 DIN 4020
Homogenbereich 1, mit einer Bodengruppe
Bodengruppen DIN 18196: .....
Homogenbereich 1 oben: 0 m
Homogenbereich 1 unten: bis 1,25 m
Massenanteile der Steine DIN EN ISO 14688-1: über ..... % bis ..... %
Massenanteile der Blöcke DIN EN ISO 14688-1: über ..... % bis ..... %
Konsistenz DIN EN ISO 14688-1: von ..... bis .....
Lagerungsdichte: von ..... bis .....
Abrechnung: **nach Verdrängung / auf Nachweisrapport / Wiegescheine der Deponie**

| 24€ | 32€ | **34€** | 40€ | 46€ | | [m³] | ⏱ 0,35 h/m³ | 003.000.287 |

Nr.	Kurztext / Langtext						Kostengruppe
▶	▷	**ø netto €**	◁	◀	[Einheit]	Ausf.-Dauer	Positionsnummer

38 Baugrubensohle verfüllen — KG **311**

Zwischengelagerten Boden laden, fördern, einbauen und verdichten. Zuordnungsklasse Z0 bis Z2. Boden lagert innerhalb der Baustelle. Der Transport und das Abkippen hat getrennt nach Ordnungsklassen zu erfolgen. Transportweg ca. 500m.

| 10€ | 12€ | **12€** | 13€ | 15€ | [m³] | ⏱ 0,22 h/m³ | 003.000.185 |

39 Handaushub, Zulage — KG **511**

Handaushub als Zulage für Erd- und Oberbauarbeiten in Rohrgräben.
Tiefe: ..... cm
Breite: ..... cm
Bodengruppen DIN 18915: .....

| 39€ | 48€ | **54€** | 58€ | 66€ | [m³] | ⏱ 0,95 h/m³ | 003.000.028 |

40 Pflanzgrube für Kleingehölz 20x20x20 — KG **571**

Pflanzgrube für Kleingehölz ausheben und verdrängten Boden zu Gießrändern aufhäufeln oder seitlich einplanieren. Grubensohle bis zur Pflanzung sauber halten.
Grubensohle lockern: Tiefe bis 10 cm
Größe: 20 x 20 x 20 cm
Bodengruppen DIN 18915: .....

| 3€ | 3€ | **4€** | 4€ | 5€ | [St] | ⏱ 0,20 h/St | 003.000.207 |

41 Pflanzgrube für Kleingehölz 30x30x30 — KG **571**

Pflanzgrube für Kleingehölz ausheben und verdrängten Boden zu Gießrändern aufhäufeln oder seitlich einplanieren. Grubensohle bis zur Pflanzung sauber halten.
Grubensohle lockern: Tiefe bis 10 cm
Größe: 30 x 30 x 30 cm
Bodengruppen DIN 18915: .....

| 2€ | 3€ | **3€** | 3€ | 4€ | [St] | ⏱ 0,20 h/St | 003.000.208 |

42 Pflanzgrube für Rankgehölz 50x50x50 — KG **571**

Pflanzgrube für Kleingehölz ausheben und verdrängten Boden zu Gießrändern aufhäufeln oder seitlich einplanieren. Grubensohle bis zur Pflanzung sauber halten.
Grubensohle lockern: Tiefe bis 20 cm
Größe: 50 x 50 x 50 cm
Bodengruppen DIN 18915: .....

| 8€ | 9€ | **10€** | 10€ | 11€ | [St] | ⏱ 0,22 h/St | 003.000.209 |

A 2 Pflanzgrube Solitär — Beschreibung für Pos. **43-45**

Pflanzgrube ausheben, Aushub seitlich planieren.

43 Pflanzgrube für Solitärbaum 80x80x80 — KG **571**

Wie Ausführungsbeschreibung A 2
Sohle: 20 cm tief lockern
Größe: 80 x 80 x 80 cm
Bodengruppen DIN 18915: .....

| 14€ | 17€ | **18€** | 19€ | 23€ | [St] | ⏱ 0,28 h/St | 003.000.292 |

LB 003 Landschaftsbauarbeiten

Kosten:
Stand 1.Quartal 2021
Bundesdurchschnitt

▶ min
▷ von
ø Mittel
◁ bis
◀ max

Nr.	Kurztext / Langtext					Kostengruppe		
▶	▷	ø netto €	◁	◀	[Einheit]	Ausf.-Dauer	Positionsnummer	

44 Pflanzgrube für Solitärbaum 150x150x80 KG **571**
Wie Ausführungsbeschreibung A 2
Sohle: 20 cm tief lockern
Größe: 150 x 150 x 80 cm
Bodengruppen DIN 18915: .....
| 23€ | 33€ | **38€** | 41€ | 47€ | [St] | ⏱ 0,50 h/St | 003.000.162 |

45 Pflanzgrube für Solitärbaum 300x300x100 KG **571**
Wie Ausführungsbeschreibung A 2
Sohle: 20 cm tief lockern
Größe: 300 x 300 x 100 cm
Bodengruppen DIN 18915: .....
| 58€ | 82€ | **86€** | 99€ | 120€ | [St] | ⏱ 1,20 h/St | 003.000.268 |

46 Pflanzgraben für Hecke herstellen KG **571**
Pflanzgraben ausheben, Aushub seitlich planieren, Sohle lockern.
Größe (B x T): 50 x 50 cm
Bodengruppen DIN 18915: .....
| 6€ | 8€ | **8€** | 9€ | 10€ | [m] | ⏱ 0,20 h/m | 003.000.211 |

47 Vegetationsfläche, organische Düngung KG **571**
Grunddüngung der Vegetationsfläche, organischer Dünger aufbringen und einarbeiten.
Material: .....
Menge: 60 g/m²
Angeb. Fabrikat: .....
| 0,3€ | 0,5€ | **0,5€** | 0,7€ | 0,9€ | [m²] | ⏱ 0,02 h/m² | 003.000.008 |

48 Bodenverbesserung, Komposterde KG **571**
Bodenverbesserung der Vegetationsfläche gleichmäßig aufbringen und einarbeiten.
Material: Komposterde
Einzelkorn: bis 5 cm
Menge: ..... l/m²
Arbeitstiefe: 5 cm
Bodengruppen DIN 18915: .....
| 1€ | 2€ | **2€** | 2€ | 3€ | [m²] | ⏱ 0,01 h/m² | 003.000.009 |

49 Bodenverbesserung, Kiessand KG **571**
Bodenverbesserung der Vegetationsfläche, Material gleichmäßig aufbringen und einarbeiten.
Material: Kiessand
Körnung: 0/4
Menge: 20 kg/m²
Arbeitstiefe: 5 cm
Bodengruppen DIN 18915: .....
| 1€ | 1€ | **2€** | 2€ | 2€ | [m²] | ⏱ 0,05 h/m² | 003.000.010 |

Nr.	Kurztext / Langtext							Kostengruppe
▶	▷	ø netto €	◁	◀	[Einheit]	Ausf.-Dauer	Positionsnummer

50 Bodenverbesserung, Rindenhumus — KG 571
Bodenverbesserung der Vegetationsfläche, Material gleichmäßig aufbringen und einarbeiten.
Material: Rindenhumus gütegesichert
Menge: ..... l/m²
Arbeitstiefe: 5 cm
Bodengruppen DIN 18915: .....

| 1,0€ | 1,5€ | **1,8€** | 2,1€ | 2,7€ | [m²] | ⏱ 0,05 h/m² | 003.000.011 |

51 Pflanzgrube verfüllen, Oberboden-Gemisch — KG 571
Pflanzgrube mit Oberbodengemisch verfüllen.
Material: 60% Oberboden, 30% Sand, 10% Kompost, gütegesichert
Pflanzgrube: 100 x 100 cm
Schichtdicke: 80 cm

| 15€ | 17€ | **18€** | 21€ | 25€ | [St] | ⏱ 0,07 h/St | 003.000.012 |

52 Pflanzgrube verfüllen, Baumsubstrat — KG 571
Pflanzgrube der Bäume mit Baumsubstrat verfüllen.
Substrat: Humus-Basis Mischung
Körnung: 0/16
Schichtdicke: 30 cm
Angeb. Fabrikat: .....

| 35€ | 42€ | **44€** | 45€ | 48€ | [St] | ⏱ 0,07 h/St | 003.000.016 |

53 Vegetationsflächen lockern, aufreißen — KG 571
Vegetationstragschicht kreuzweise lockern durch aufreißen. Steine, Unrat ab Durchmesser 5cm und schwer verrottbare Pflanzenteile ablesen, Unkraut ausgraben. Anfallende Stoffe entsorgen.
Tiefe: 30 cm
Bodengruppen DIN 18915: .....

| 0,4€ | 0,5€ | **0,6€** | 0,6€ | 0,8€ | [m²] | ⏱ 0,01 h/m² | 003.000.019 |

54 Vegetationsflächen lockern, fräsen — KG 571
Vegetationsflächen kreuzweise lockern durch Fräsen. Steine, Unrat ab Durchmesser 5cm, schwer verrottbare Pflanzenteile ablesen und Unkraut ausgraben. Anfallende Stoffe sind zu entsorgen.
Tiefe: bis 15 cm
Bodengruppen DIN 18915: .....

| 0,5€ | 0,7€ | **0,8€** | 0,9€ | 1,3€ | [m²] | ⏱ 0,01 h/m² | 003.000.018 |

55 Tiefenlockerung, Boden — KG 571
Vegetationsflächen kreuzweise lockern durch grubben. Steine, Unrat ab Durchmesser 5cm und schwer verrottbare Pflanzenteile ablesen, Unkraut ausgraben. Anfallende Stoffe sind zu entsorgen.
Tiefe: 25 cm
Bodengruppen DIN 18915: .....

| 0,3€ | 0,4€ | **0,5€** | 0,5€ | 0,6€ | [m²] | ⏱ 0,01 h/m² | 003.000.015 |

003
004
080

LB 003
Landschaftsbauarbeiten

Kosten:
Stand 1.Quartal 2021
Bundesdurchschnitt

▶ min
▷ von
ø Mittel
◁ bis
◀ max

Nr.	Kurztext / Langtext						[Einheit]	Ausf.-Dauer	Kostengruppe Positionsnummer
▶	▷	ø netto €	◁	◀					

56 Feinplanum, Rasenfläche KG **574**
Feinplanum für Rasenfläche. Steine von mehr als 5cm Durchmesser und schwer verrottbare Pflanzenteile ablesen, anfallende Stoffe zur Abfuhr auf Haufen setzen.
Bodengruppen DIN 18915: .....
Ebenheit: zulässige Abweichung bei 4,00 m 3,0m

| 0,7€ | 1,2€ | **1,3**€ | 1,7€ | 2,5€ | [m²] | ⏱ 0,03 h/m² | 003.000.014 |

57 Mulchsubstrat liefern, einbauen KG **573**
Mulchschicht nachbessern, ganzflächig, auf Baumscheibe gleichmäßig aufbringen.
Material: Rindenmulch, gütegesichert
Körnung 0/20
Schichtdicke: mind. 8 cm

| 3€ | 4€ | **5**€ | 6€ | 8€ | [m²] | ⏱ 0,04 h/m² | 003.000.017 |

A 3 Maschendrahtzaun Beschreibung für Pos. **58-60**
Maschendrahtzaun aus kunststoffummanteltem Viereckdrahtgeflecht mit Rundrohrpfosten, Abdeckkappen, End- und Eckstreben. Leistung einschl. Fundament- und Verspannarbeiten, einschl. Erdarbeiten.
(Beschreibung der Homogenbereiche nach Unterlagen des AG)

58 Maschendrahtzaun, 1,00m KG **541**
Wie Ausführungsbeschreibung A 3
Anzahl Eckstreben: ..... St
Anzahl Endstreben: 4 St
Betonfundamente: C12/15
Fundamentmaße (a x b x c): ..... x ..... x ..... cm
Zaunhöhe: 1,00 m
Pfostendurchmesser: 60 mm
Farbe: grün
Maschenweite: ..... mm
Pfostenabstand: 2,50 m

| 25€ | 31€ | **35**€ | 41€ | 51€ | [m] | ⏱ 0,20 h/m | 003.000.170 |

59 Maschendrahtzaun, 1,50m KG **541**
Wie Ausführungsbeschreibung A 3
Anzahl Eckstreben: ..... St
Anzahl Endstreben: 4 St
Betonfundamente: C12/15
Fundamentmaße (a x b x c): ..... x ..... x ..... cm
Zaunhöhe: 1,50 m
Pfostendurchmesser: 60 mm
Farbe: grün
Maschenweite: ..... mm
Pfostenabstand: 2,50 m

| 31€ | 46€ | **50**€ | 61€ | 77€ | [m] | ⏱ 0,22 h/m | 003.000.172 |

Nr.	Kurztext / Langtext				[Einheit]	Ausf.-Dauer	Kostengruppe Positionsnummer
▶	▷ ø netto €	◁	◀				

60 Maschendrahtzaun, 2,00m KG **541**
Wie Ausführungsbeschreibung A 3
Anzahl Eckstreben: ..... St
Anzahl Endstreben: 4 St
Betonfundamente: C12/15
Fundamentmaße (a x b x c): ..... x ..... x ..... cm
Zaunhöhe: 2,00 m
Pfostendurchmesser: 60 mm
Farbe: grün
Maschenweite: ..... mm
Pfostenabstand: 2,50 m

| 40€ | 59€ | **64€** | 69€ | 95€ | [m] | ⏱ 0,30 h/m | 003.000.174 |

A 4 Stabgitterzaun, Beschreibung für Pos. **61-63**
Stabgitterzaun aus Doppelstabmatte und waagrechten Doppelstäben, an den Kreuzpunkten im Rechteckverbund doppelt verschweißt. Pfosten aus feuerverzinktem, profiliertem Stahlblech mit PVC-U Abdeckkappen. Leistung inkl. Erd- und Fundamentarbeiten. (Beschreibung der Homogenbereiche nach Unterlagen des AG)

61 Stabgitterzaun, 0,80m KG **541**
Wie Ausführungsbeschreibung A 4
Fundamentmaße (a x b x c): ..... x ..... x ..... cm
Zaunhöhe: 0,80 m
Feldlänge: 2,50 m
Pfostenquerschnitt: 60 x 40 x 2 mm
Füllung: senkrecht 6 mm, waagrecht 8 mm
Maschenweite: 50 x 200 mm
Oberfläche: verzinkt
Angeb. Fabrikat: .....

| 30€ | 50€ | **54€** | 57€ | 81€ | [m] | ⏱ 0,30 h/m | 003.000.177 |

62 Stabgitterzaun, 1,40m KG **541**
Wie Ausführungsbeschreibung A 4
Fundamentmaße (a x b x c): ..... x ..... x ..... cm
Zaunhöhe: 1,40 m
Feldlänge: 2,50 m
Pfostenquerschnitt: 60 x 40 x 2 mm
Füllung: senkrecht 6 mm, waagrecht 8 mm
Maschenweite: 50 x 200 mm
Oberfläche: verzinkt
Angeb. Fabrikat: .....

| 40€ | 54€ | **63€** | 79€ | 104€ | [m] | ⏱ 0,34 h/m | 003.000.180 |

LB 003 Landschaftsbauarbeiten

Kosten:
Stand 1.Quartal 2021
Bundesdurchschnitt

▶ min
▷ von
ø Mittel
◁ bis
◀ max

Nr.	Kurztext / Langtext					[Einheit]	Ausf.-Dauer	Kostengruppe Positionsnummer
▶	▷	ø netto €	◁	◀				

63 Stabgitterzaun, 2,00m — KG **541**
Wie Ausführungsbeschreibung A 4
Fundamentmaße (a x b x c): ..... x ..... x ..... cm
Zaunhöhe: 2,00 m
Feldlänge: 2,50 m
Pfostenquerschnitt: 60 x 40 x 2 mm
Füllung: senkrecht 6 mm, waagrecht 8 mm
Maschenweite: 50 x 200 mm
Oberfläche: verzinkt
Angeb. Fabrikat: .....

| 52€ | 63€ | **75€** | 87€ | 119€ | [m] | ⏱ 0,38 h/m | 003.000.183 |

64 Drehflügeltor, einflüglig, lichte Weite 1,1m, H 1,2m — KG **541**
Drehflügeltor für Stabgitterzaun, 1-flüglig, feuerverzinkt, mit Drückergarnitur, beidseitig fest, aus nichtrostendem Stahl, gebürstet.
Lichte Weite: 1,10 m
Höhe 1,20 m
Gesamtpfostenlänge: 1,70 m
Pulverbeschichtung: Farbe RAL nach Wahl des AG
Betonfundamente: C20/25

| 770€ | 922€ | **950€** | 977€ | 1.129€ | [St] | ⏱ 1,50 h/St | 003.000.296 |

65 Drehflügeltor, einflüglig, lichte Weite 1,5m, H 1,2m — KG **541**
Drehflügeltor für Stabgitterzaun, 1-flüglig, feuerverzinkt, mit Drückergarnitur, beidseitig fest, aus nichtrostendem Stahl, gebürstet.
Lichte Weite:1,50 m
Höhe: 1,20 m
Gesamtpfostenlänge: 1,70 m
Pulverbeschichtung: Farbe RAL nach Wahl des AG
Betonfundamente: C20/25

| 770€ | 1.168€ | **1.254€** | 1.830€ | 2.455€ | [St] | ⏱ 1,50 h/St | 003.000.298 |

66 Drehflügeltor, zweiflüglig, lichte Weite 2,5m, H 1,2m — KG **541**
Drehflügeltor für Stabgitterzaun, 2-flüglig, feuerverzinkt, mit Drückergarnitur, beidseitig fest, aus nichtrostendem Stahl, gebürstet.
Lichte Weite: 2,50 m
Höhe: 1,20 m
Gesamtpfostenlänge: 1,70 m
Pulverbeschichtung: Farbe RAL nach Wahl des AG
Betonfundamente: C20/25

| 1.667€ | 1.995€ | **2.021€** | 2.065€ | 2.393€ | [St] | ⏱ 1,50 h/St | 003.000.299 |

Nr.	**Kurztext** / Langtext							Kostengruppe
▶	▷	**ø netto €**	◁	◀	[Einheit]	Ausf.-Dauer	Positionsnummer

| 67 | **Drehflügeltor, zweiflüglig, lichte Weite 4,0m, H 1,2m** | | | | | | | KG **541** |

Drehflügeltor für Stabgitterzaun, 2-flüglig, feuerverzinkt, mit Drückergarnitur, beidseitig fest, aus nichtrostendem Stahl, gebürstet.
Lichte Weite 4,00 m
Höhe 1,20 m
Gesamtpfostenlänge: 1,70 m
Pulverbeschichtung: Farbe RAL nach Wahl des AG
Betonfundamente: C20/25

| 1.430€ | 1.721€ | **1.913**€ | 2.115€ | 2.406€ | [St] | ⏱ 1,50 h/St | 003.000.301 |

003
004
080

| A 5 | **Abwasserleitung, PVC-Rohre** | | | | | Beschreibung für Pos. **68-70** |

Abwasserkanal aus PVC-U-Rohren einschl. Bettung Typ1.

| 68 | **Abwasserleitung, PVC-Rohre, DN100** | | | | | | | KG **551** |

Wie Ausführungsbeschreibung A 5
Nenngröße: DN100
Grabentiefe: ..... m
Bettungsschicht unten: Dicke 15 cm, gebrochene Stoffe
Bettungsschicht oben: Sand
Steifigkeitsklasse: SN ..... kN/m²
Angeb. Fabrikat: .....

| 18€ | 21€ | **22**€ | 24€ | 27€ | [m] | ⏱ 0,25 h/m | 003.000.030 |

| 69 | **Abwasserleitung, PVC-Rohre, DN150** | | | | | | | KG **551** |

Wie Ausführungsbeschreibung A 5
Nenngröße: DN150
Grabentiefe: ..... m
Bettungsschicht unten: Dicke 15 cm, gebrochene Stoffe
Bettungsschicht oben: Sand
Steifigkeitsklasse: SN ..... kN/m²
Angeb. Fabrikat: .....

| 28€ | 31€ | **33**€ | 35€ | 42€ | [m] | ⏱ 0,28 h/m | 003.000.032 |

| 70 | **Abwasserleitung, PVC-Rohre, DN250** | | | | | | | KG **551** |

Wie Ausführungsbeschreibung A 5
Nenngröße: DN250
Grabentiefe: ..... m
Bettungsschicht unten: Dicke 15 cm, gebrochene Stoffe
Bettungsschicht oben: Sand
Steifigkeitsklasse: SN ..... kN/m²
Angeb. Fabrikat: .....

| 34€ | 44€ | **49**€ | 61€ | 78€ | [m] | ⏱ 0,38 h/m | 003.000.034 |

LB 003 Landschaftsbauarbeiten

Nr.	Kurztext / Langtext					[Einheit]	Ausf.-Dauer	Kostengruppe Positionsnummer
▶	▷	ø netto €	◁	◀				

A 6 — Formstück, PVC-Rohrbogen
Beschreibung für Pos. 71-72

Formstück aus PVC-U-Rohren mit Steckmuffe und Dichtungsmittel.
Formteil: Bogen

71 Formstück, PVC-Rohrbogen, DN100 — KG **551**
Wie Ausführungsbeschreibung A 6
Nennweite: DN100
Bogenwinkel: ..... °
Steifigkeitsklasse: SN ..... kN/m²
Angeb. Fabrikat: .....

| 10€ | 12€ | **13€** | 14€ | 17€ | [St] | ⏱ 0,23 h/St | 003.000.097 |

72 Formstück, PVC-Rohrbogen, DN250 — KG **551**
Wie Ausführungsbeschreibung A 6
Nennweite: DN250
Bogenwinkel: ..... °
Steifigkeitsklasse: SN ..... kN/m²
Angeb. Fabrikat: .....

| 20€ | 25€ | **26€** | 29€ | 32€ | [St] | ⏱ 0,33 h/St | 003.000.206 |

A 7 — Abwasserkanal, Steinzeugrohre
Beschreibung für Pos. 73-75

Abwasserkanal aus Steinzeugrohren, Rohrverbindung mit Steckmuffe L nach Verbindungssystem F, inkl. Formstücke. Verlegung in vorhandenen Graben.

73 Abwasserkanal, Steinzeugrohre, DN100 — KG **551**
Wie Ausführungsbeschreibung A 7
Nenngröße: DN100
Scheiteldruckkraft: .....
Grabentiefe: ..... m
Angeb. Fabrikat: .....

| 27€ | 33€ | **34€** | 37€ | 42€ | [m] | ⏱ 0,30 h/m | 003.000.041 |

74 Abwasserkanal, Steinzeugrohre, DN150 — KG **551**
Wie Ausführungsbeschreibung A 7
Nenngröße: DN150
Scheiteldruckkraft: .....
Grabentiefe: ..... m
Angeb. Fabrikat: .....

| 31€ | 40€ | **43€** | 48€ | 59€ | [m] | ⏱ 0,40 h/m | 003.000.042 |

75 Abwasserkanal, Steinzeugrohre, DN300 — KG **551**
Wie Ausführungsbeschreibung A 7
Nenngröße: DN300
Scheiteldruckkraft: .....
Grabentiefe: ..... m
Angeb. Fabrikat: .....

| 64€ | 77€ | **80€** | 85€ | 95€ | [m] | ⏱ 0,80 h/m | 003.000.043 |

Kosten: Stand 1. Quartal 2021 Bundesdurchschnitt

▶ min
▷ von
ø Mittel
◁ bis
◀ max

Nr.	**Kurztext** / Langtext						Kostengruppe	
▶	▷	**ø netto €**	◁	◀	[Einheit]	Ausf.-Dauer	Positionsnummer	

76 Höhenausgleich, Schachtabdeckung, bis 30cm KG **551**
Höhenanpassung der Schachtabdeckung des Dränkontrollschachts. Leistung einschl. Anpassungsarbeiten und Entsorgung des verdrängten Bodens.
Höhenausgleich: bis 30 cm

| 41€ | 61€ | **70**€ | 77€ | 93€ | [St] | 1,10 h/St | 003.000.035 |

77 Schachtabdeckung, Klasse A, Guss KG **551**
Schachtabdeckung für Fußgänger und Radfahrer Gusseisen mit Betonfüllung und Lüftungsöffnungen, höhengerecht versetzen.
Belastungsklasse: A 15
Durchmesser: 800 mm
Abdeckung: rund
Angeb. Fabrikat: .....

| 115€ | 168€ | **180**€ | 185€ | 213€ | [St] | 1,10 h/St | 003.000.053 |

78 Schachtabdeckung, Klasse B, Guss KG **551**
Schachtabdeckung für Fußgängerverkehr und Parkflächen. Gusseisen mit Betonfüllung und Lüftungsöffnungen, höhengerecht versetzen.
Belastungsklasse: B125
Durchmesser: 800 mm
Abdeckung: rund
Angeb. Fabrikat: .....

| 148€ | 185€ | **196**€ | 227€ | 300€ | [St] | 1,20 h/St | 003.000.054 |

79 Schachtabdeckung, Klasse D, Guss KG **551**
Schachtabdeckung, befahrbar, Gusseisen mit Betonfüllung und Lüftungsöffnungen, höhengerecht versetzen.
Belastungsklasse: D
Durchmesser: 800 mm
Abdeckung: rund
Angeb. Fabrikat: .....

| 193€ | 251€ | **274**€ | 327€ | 420€ | [St] | 1,40 h/St | 003.000.055 |

80 Kontrollschacht, Stahlbeton, DN1.000 KG **551**
Kontrollschacht mit Fertigteilen aus Stahlbeton einschl. Schachtsohle, Steigrohr und Schachtabdeckung in vorhandene Baugrube.
Durchmesser: DN1.000
Schachttiefe: ..... m
Steigmaß: ..... mm
Angebot. Fabrikat: .....

| 1.099€ | 1.173€ | **1.216**€ | 1.259€ | 1.383€ | [St] | 1,20 h/St | 003.000.056 |

LB 003 Landschaftsbauarbeiten

Kosten:
Stand 1.Quartal 2021
Bundesdurchschnitt

▶ min
▷ von
ø Mittel
◁ bis
◀ max

Nr.	Kurztext / Langtext ▶ ▷ ø netto € ◁ ◀	[Einheit]	Ausf.-Dauer	Kostengruppe Positionsnummer
81	**Schachthals, DN1.000/625, 35cm, Betonfertigteil**			**KG 551**
	Schachthals aus Betonfertigteil mit Muffe und Lippengleitdichtung, inkl. Steigbügel. Bauhöhe: 35 cm Durchmesser: DN1.000/625 Steigbügel: Edelstahl, PE-ummantelt Form: A Steigmaß: 250 mm Angeb. Fabrikat:			
	99€ 161€ **191€** 205€ 282€	[St]	⏱ 1,80 h/St	003.000.213
82	**Schachthals, DN1.000/650, 60cm, Betonfertigteil**			**KG 551**
	Schachthals aus Betonfertigteil mit Muffe und Lippengleitdichtung, inkl. Steigbügel. Bauhöhe: 0,60 m Durchmesser: DN1.000/650 Steigbügel: Edelstahl, PE-ummantelt Form: A Steigmaß: 250 mm Angeb. Fabrikat:			
	123€ 172€ **201€** 246€ 336€	[St]	⏱ 1,90 h/St	003.000.214
83	**Schachtring, Beton, DN1.000, 25cm**			**KG 551**
	Schachterhöhung aus Betonfertigteil mit Falz, inkl. Steigeisen. Bauhöhe: 25 cm Durchmesser: DN1.000 Steigbügel Form: ..... Steigmaß: 250 mm Angeb. Fabrikat:			
	65€ 89€ **93€** 105€ 127€	[St]	⏱ 0,65 h/St	003.000.051
84	**Schachtring, Beton, DN1.000, 50cm**			**KG 551**
	Schachterhöhung aus Betonfertigteil mit Falz, inkl. Steigeisen. Bauhöhe: 50 cm Durchmesser: DN1.000 Form: ..... Steigmaß: 250 mm Angeb. Fabrikat:			
	79€ 96€ **101€** 112€ 132€	[St]	⏱ 0,70 h/St	003.000.052
85	**Straßenablauf, Beton, C250**			**KG 551**
	Straßenablauf aus Beton mit Auflagering, Schaft, Ablaufunterteil mit Steckmuffe L, Eimer verzinkt. Leistung einschl. Anschlussarbeiten. Nennweite: DN150 Belastungsklasse: C250 Abmessungen: 500 x 500 mm Angeb. Fabrikat:			
	246€ 301€ **331€** 344€ 382€	[St]	⏱ 1,80 h/St	003.000.036

Nr.	Kurztext / Langtext							Kostengruppe
▶	▷	ø netto €	◁	◀	[Einheit]	Ausf.-Dauer	Positionsnummer

86 Hofablauf, Beton — KG 551
Hofablauf aus Beton ohne Geruchsverschluss und mit Schaft mit Trockennocken, Auflagering, Aufsatz mit Rahmen und Rost, Eimer verzinkt. Leistung einschl. Anschlussarbeiten.
Nennweite: DN150
Durchmesser: 30 cm
Belastungsklasse: B150
Angeb. Fabrikat: .....

| 178€ | 226€ | **239€** | 246€ | 281€ | [St] | ⏱ 1,90 h/St | 003.000.037 |

87 Hofablauf, Beton, Geruchsverschluss — KG 551
Hofablauf aus Beton mit Geruchsverschluss und Schaft mit Trockennocken, Auflagering, Aufsatz mit Rahmen und Rost, Eimer verzinkt. Leistung einschl. Anschlussarbeiten.
Nennweite: DN150
Durchmesser: 30 cm
Belastungsklasse: B150
Angeb. Fabrikat: .....

| 192€ | 228€ | **244€** | 263€ | 302€ | [St] | ⏱ 1,92 h/St | 003.000.038 |

88 Hofablauf, Beton, Gusszarge, Geruchsverschluss — KG 551
Hofablauf aus Beton mit Geruchsverschluss und Gusszarge, einliegendem Maschenrost Stahl verzinkt, PP-Eimer. Leistung einschl. Anschlussarbeiten.
Nennweite: DN150
Durchmesser: 30 cm
Rostabmessung: 31 x 17 cm
Belastungsklasse: .....
Angeb. Fabrikat: .....

| 205€ | 242€ | **266€** | 280€ | 308€ | [St] | ⏱ 2,00 h/St | 003.000.039 |

89 Hofablauf, PVC, Geruchsverschluss — KG 551
Hofablauf aus PVC mit Geruchsverschluss und Rückstaueinrichtung und Eimer. Leistung einschl. Anschlussarbeiten.
Nennweite: DN150
Durchmesser: ..... cm
Belastungsklasse: .....
Angeb. Fabrikat: .....

| 240€ | 279€ | **298€** | 337€ | 383€ | [St] | ⏱ 1,00 h/St | 003.000.040 |

90 Fassadenschlitzrinne, SW 3mm — KG 551
Schlitzrinne zur Entwässerung vor Fassaden.
Unterteil: **perforiertem / geschlossenem**
Bauhöhe: 170 mm
Schlitzweite: 20 mm
Belastungsklasse: .....
Bettungsdicke: ..... cm
Angeb. Fabrikat: .....

| 154€ | 186€ | **197€** | 216€ | 266€ | [m] | ⏱ 0,42 h/m | 003.000.044 |

LB 003 Landschaftsbauarbeiten

Nr.	Kurztext / Langtext				[Einheit]	Ausf.-Dauer	Kostengruppe Positionsnummer
▶	▷	ø netto €	◁	◀			

91 Fassaden-Flachrinne, DN100 — KG **551**

Flachrinne zur Entwässerung vor Fassaden mit Maschenrostabdeckung verzinkt, inkl. Formstücke und Anschlussarbeiten. Rinne mit bituminösen Abdichtung auf der Bodenplatte.
Nennweite: DN100
Belastungsklasse: A 15
Bauhöhe: 150 mm
Baulänge: 1,00 m
Bettungsdicke: ..... cm
Schlitzweite: ..... mm
Angeb. Fabrikat: .....

| 97€ | 129€ | **140€** | 149€ | 172€ | [m] | ⏱ 0,42 h/m | 003.000.046 |

92 Entwässerungsrinne, Polymerbeton — KG **551**

Entwässerungsrinne im Außenbereich aus Polymerbeton mit Kantenschutz aus verzinktem Stahl, schraubloser Arretierung, Rinnensohle mit 0,5% Eigengefälle und Gitterrostabdeckung.
Belastungsklasse: .....
Nenngröße: .....
Baulänge: ..... cm
Bauhöhe: ..... cm
Bettungsdicke: ..... cm
Abgang: .....
Angeb. Fabrikat: .....

| 221€ | 254€ | **268€** | 320€ | 402€ | [St] | ⏱ 0,46 h/St | 003.000.045 |

93 Entwässerungsrinne, Kl. A, Beton/Gussabdeckung — KG **551**

Entwässerungsrinne im Außenbereich als Kastenrinne aus Betonfertigteilen, Brückenklasse 60, mit Abdeckung aus Gusseisen, Rinnensohle mit 0,3 bis 0,5% Eigengefälle. Rinnenversetzung in Beton C8/10 mit beidseitiger Rückenstütze.
Belastungsklasse: A
Nenngröße: .....
Baulänge: ..... cm
Bauhöhe: ..... cm
Bettungsdicke: 10 cm
Rückenstütze: 15 cm
Angeb. Fabrikat: .....

| 62€ | 84€ | **94€** | 108€ | 136€ | [m] | ⏱ 0,46 h/m | 003.000.047 |

94 Entwässerungsrinne, Kl. B, Beton/Gussabdeckung — KG **551**

Entwässerungsrinne im Außenbereich als Kastenrinne aus Betonfertigteil, Brückenklasse 60, mit Abdeckung aus Gusseisen, Rinnensohle mit 0,3 bis 0,5% Eigengefälle inkl. Formstücke. Rinnenversetzung in Beton C8/10 mit beidseitiger Rückenstütze.
Belastungsklasse: B
Nenngröße: .....
Baulänge: ..... cm
Bauhöhe: ..... cm
Bettungsdicke: 10 cm
Rückenstütze: 15 cm
Angeb. Fabrikat: .....

| 89€ | 95€ | **98€** | 105€ | 113€ | [m] | ⏱ 0,46 h/m | 003.000.048 |

Kosten: Stand 1.Quartal 2021 Bundesdurchschnitt

▶ min
▷ von
ø Mittel
◁ bis
◀ max

Nr.	Kurztext / Langtext							Kostengruppe	
▶	▷	**ø netto €**	◁	◀		[Einheit]	Ausf.-Dauer	Positionsnummer	

| 95 | Entwässerungsrinne, Kl. C, Beton/Gussabdeckung | | | | | | | KG **551** |

Entwässerungsrinne im Außenbereich als Kastenrinne aus Betonfertigteile, Brückenklasse 60, mit Abdeckung aus Gusseisen, Rinnensohle mit 0,3 bis 0,5% Eigengefälle einschl. Formstücke. Rinnenversetzung in Beton C8/10 mit beidseitiger Rückenstütze.
Klasse: C
Nenngröße: ..... cm
Baulänge: ..... cm
Bauhöhe: ..... cm
Bettungsdicke: 10 cm
Rückenstütze: 15 cm
Angeb. Fabrikat: .....

| 122 € | 142 € | **154 €** | 166 € | 189 € | | [m] | 0,46 h/m | 003.000.049 |

| 96 | Entwässerungsrinne, Fassade/Terrasse | | | | | | | KG **363** |

Entwässerungsrinne mit rollstuhlbefahrbarer Abdeckung und beidseitig integrierter Kiesleiste.
Material: .....
Nennweite: .....
Belastungsklasse: .....
Bauhöhe: ..... cm
Baulänge: ..... m
Abdeckung: .....
Schlitzweite: ..... mm
Angeb. Fabrikat: .....

| 78 € | 102 € | **109 €** | 123 € | 155 € | | [m] | 0,48 h/m | 003.000.070 |

| 97 | Entwässerungsrinne, rollstuhlbefahrbar, Klasse A, DN100 | | | | | | | KG **551** |

Entwässerungsrinne für Niederschlagswasser vor rollstuhlbefahrbaren Hauszugängen.
Belastungsklasse: A
Nenngröße: 100
Mindesttiefe: 150 mm
Bettung: C12/15
OK Rinnenabdeckung 2 cm unter OKFF

| 90 € | 119 € | **128 €** | 146 € | 156 € | | [m] | 0,45 h/m | 003.000.270 |

| 98 | Abdeckung, Entwässerungsrinne, Guss, D400 | | | | | | | KG **551** |

Abdeckung für Entwässerungsrinne aus Gusseisen, nach DIN 32984 für Bodenindikatoren im öffentlichen Raum, schraublos arretiert. Passend zu System.
Nennweite: DN200
Klasse: A15 bis D400
Profilstruktur: **Leitstreifen / Aufmerksamkeitsfeld**
Angeb. Fabrikat: .....

| 69 € | 93 € | **107 €** | 117 € | 137 € | | [St] | 0,18 h/St | 003.000.273 |

LB 003 Landschaftsbauarbeiten

Kosten:
Stand 1.Quartal 2021
Bundesdurchschnitt

Nr.	Kurztext / Langtext					[Einheit]	Ausf.-Dauer	Kostengruppe Positionsnummer
▶	▷	ø netto €	◁	◀				

99 Abdeckung, Entwässerungsrinne, Schlitzaufsatz KG **551**
Abdeckung für Entwässerungsrinne aus Stahlguss, schraublos arretiert.
Nennweite: .....
Klasse: .....
Ausführung: als Schlitzaufsatz
Schlitzbreite: .....
Angeb. Fabrikat: .....

| 65€ | 85€ | **96€** | 106€ | 127€ | [m] | ⏱ 0,15 h/m | 003.000.278 |

100 Sinkkasten, Anschluss zweiseitig KG **551**
Sinkkasten für Regenwasser, mit zweiseitigem Anschluss an Entwässerungsrinne.
Nennweite: .....
Belastungsklasse: .....
Angeb. Fabrikat: .....

| 145€ | 191€ | **217€** | 227€ | 251€ | [St] | ⏱ 0,42 h/St | 003.000.058 |

101 Ablaufkasten, Polymerbeton KG **551**
Ablaufkasten aus Polymerbeton mit Kantenschutz, Lippenlabyrinthdichtung und Schlammeimer.
Nennweite: **DN100 / DN150**
Belastungsklasse: .....
Angeb. Fabrikat: .....

| 176€ | 202€ | **213€** | 221€ | 256€ | [St] | ⏱ 0,45 h/St | 003.000.057 |

102 Ablaufkasten, Klasse A, DN100 KG **551**
Ablaufkasten zu Entwässerungsrinne für Fußgänger- und Radfahrerverkehr, inkl. Anschluss an Abwasserleitung an KG-Rohr DN100
Belastungsklasse: A
Nenngröße: 100
Mindesttiefe: 150 mm
Bettung: C12/15

| 140€ | 175€ | **186€** | 220€ | 231€ | [St] | ⏱ 0,40 h/St | 003.000.269 |

103 Regenwasserzisterne KG **552**
Regenwasserspeicher für Erdeinbau in vorbereitete Baugrube, inkl. Konus, Schachtabdeckung, aller Auslauf- und Zulaufmuffen.
Material: .....
Abmessung (L x B x H): ..... x ..... x ..... m
Volumen: ..... m³
Einbautiefe: ..... m

| 2.236€ | 2.918€ | **3.197€** | 3.522€ | 4.252€ | [St] | ⏱ 1,80 h/St | 003.000.142 |

▶ min
▷ von
ø Mittel
◁ bis
◀ max

Nr.	Kurztext / Langtext							Kostengruppe
▶	▷	ø netto €	◁	◀	[Einheit]	Ausf.-Dauer	Positionsnummer	

A 8 Regenwasserkanal, PVC-U-Rohre
Beschreibung für Pos. **104-106**

Regenwasserkanal aus PVC-U Rohren mit Formstücken in vorhandenen Graben, einschl. Anschluss- und Dichtungsarbeiten.

104 Regenwasserkanal, PVC-U-Rohre, DN100 — KG **551**
Wie Ausführungsbeschreibung A 8
Nenngröße: DN100
Steifigkeitsklasse: .....
Grabentiefe: ..... m
Überdeckungshöhe: ..... cm
Angeb. Fabrikat: .....

14€	19€	**21€**	22€	26€	[m]	⏱ 0,35 h/m	003.000.144

003
004
080

105 Regenwasserkanal, PVC-U-Rohre, DN150 — KG **551**
Wie Ausführungsbeschreibung A 8
Nenngröße: DN150
Steifigkeitsklasse: .....
Grabentiefe: ..... m
Überdeckungshöhe: ..... cm
Angeb. Fabrikat: .....

20€	24€	**27€**	28€	31€	[m]	⏱ 0,46 h/m	003.000.145

106 Regenwasserkanal, PVC-U-Rohre, DN200 — KG **551**
Wie Ausführungsbeschreibung A 8
Nenngröße: DN200
Steifigkeitsklasse: .....
Grabentiefe: ..... m
Überdeckungshöhe: ..... cm
Angeb. Fabrikat: .....

21€	26€	**29€**	34€	40€	[m]	⏱ 0,48 h/m	003.000.212

107 Versickerungsmulden herstellen — KG **551**
Versickerungsmulde herstellen, der Erdaushub für Geländemodelierung ist mit einzurechnen. Überschüssigen Aushub und sonstige Stoffe abfahren und entsorgen, einschl. Entsorgungsnachweis

2€	4€	**5€**	8€	12€	[m²]	⏱ 0,10 h/m²	003.000.059

108 Filtervlies, Rigolen — KG **363**
Filterschicht mit Vlies zwischen Dränschicht und Intensivsubstrat.
Material: 100% PP-Endloser, normal entflammbar GRK 2
Flächengewicht: 105 g/m²
Höchstzugkraft: 7,5 KN/m
Angeb. Fabrikat: .....

2€	3€	**3€**	3€	4€	[m²]	⏱ 0,03 h/m²	003.000.060

LB 003 Landschaftsbauarbeiten

Kosten: Stand 1.Quartal 2021 Bundesdurchschnitt

▶ min
▷ von
ø Mittel
◁ bis
◀ max

Nr.	Kurztext / Langtext					[Einheit]	Ausf.-Dauer	Kostengruppe Positionsnummer
▶	▷	ø netto €	◁	◀				

109 Kiesbett herstellen, 0/2 — KG 531

Kiesbett herstellen, inkl. Verdichten.
Einbaustärke: .....
Körnung: 0/2
Abweichung der Sollhöhe: +/-2 cm
Verdichtungsgrad: DPr **97%** / **103%**

| 30€ | 37€ | **38€** | 39€ | 44€ | [m³] | ⏱ 1,00 h/m³ | 003.000.165 |

110 Kiesbett herstellen, 16/32 — KG 531

Kiesbett mit gewaschenem Rollkies herstellen, inkl. Verdichten.
Einbaustärke: .....
Körnung: 16/32
Abweichung der Sollhöhe: +/- 2 cm
Verdichtungsgrad: DPr **97%** / **103%**

| 35€ | 43€ | **47€** | 52€ | 62€ | [m³] | ⏱ 1,10 h/m³ | 003.000.061 |

111 Dränleitung, PVC-Vollsickerrohr, DN100 — KG 551

Dränleitung aus PVC-Vollsickerrohren mit Steckmuffen und Formstücken, einschl. Filtervlies und Sickerpackung aus Kies, sowie Grabarbeiten.
Nenngröße: DN100
Schlitzbreite: .....
Grabentiefe: .....
Sickerpackung: Rollkies
Körnung: .....
Angeb. Fabrikat: .....

| 12€ | 17€ | **18€** | 21€ | 26€ | [m] | ⏱ 0,15 h/m | 003.000.062 |

112 Formstück, Dränleitung, PVC, Abzweig — KG 551

Form- und Verbindungsstücke für Dränleitung, aus PVC-Vollsickerrohre mit Steckmuffe.
Formteil: Abzweig 45°
Durchmesser: DN.....
Rohrtyp: .....
Angeb. Fabrikat: .....

| 20€ | 24€ | **27€** | 30€ | 36€ | [St] | ⏱ 0,25 h/St | 003.000.282 |

113 Formstück, Dränleitung, PVC, Bogen — KG 551

Form- und Verbindungsstücke für Dränleitung, aus PVC-Vollsickerrohren, mit Steckmuffe.
Formteil: Bogen.....°
Durchmesser: DN.....
Rohrtyp: .....
Angeb. Fabrikat: .....

| 8€ | 11€ | **13€** | 15€ | 20€ | [St] | ⏱ 0,20 h/St | 003.000.283 |

Nr.	Kurztext / Langtext					Kostengruppe	
▶	▷	ø netto €	◁	◀	[Einheit]	Ausf.-Dauer	Positionsnummer

114 Bewässerungseinrichtung, Hochstämme — KG 573

Bewässerungseinrichtung für Hochstamm mit Wasserverteilung aus Dränageleitung, T-Stück und Endkappe aus Metall, sowie Kiesabdeckung.
Bewässerungsring: 1,00 m
Dränleitung: DN80
Siebkies: 8/16 mm
Schichtdicke: 10 cm
Einbautiefe: 30 cm

| 47 € | 65 € | 70 € | 78 € | 105 € | [St] | ⏱ 0,80 h/St | 003.000.141 |

115 Stahltor, einflüglig, beschichtet — KG 541

Einflügliges Stahltor mit Torsäulen und waagrechten Querstreben aus Rohrprofilen, verzinkt und beschichtet, mit Torfeststellung. Leistung einschl. Abdeckung sowie Grund- und Ankerplatte zum einbetonieren. Lieferung und Montage als komplette Leistung.
Torbreite: 1,50 m
Torhöhe: 1,20 m
Torsäulen: Quadratprofile
Abmessung: 180 x 180 x 5 mm
Torrahmen: Rechteckprofile
Abmessung: 80 x 40 x 3 mm
Torbeschlag: Knauf, Rundrosetten
Material: .....
Scharniere: angeschraubt
Beschichtung: Pulverlack
Farbe: .....

| 794 € | 1.054 € | 1.067 € | 1.201 € | 1.433 € | [St] | ⏱ 5,20 h/St | 003.000.116 |

116 Stahltor, zweiflüglig, beschichtet — KG 541

Zweiflügliges Stahltor mit Gang- und Standflügel, Torsäulen und waagrechten Querstreben aus Rohrprofilen, verzinkt und beschichtet, mit Torfeststellung. Kantriegel mit Bodenverankerung nur bei geöffnetem Gangflügel zu betätigen. Leistung einschl. Abdeckung sowie Grund- und Ankerplatte zum einbetonieren. Lieferung und Montage als komplette Leistung.
Torbreite: 5,00 m
Torhöhe: 1,60 m
Teilung: mittig
Gangflügel: links
Torsäulen: Quadratprofile
Abmessung: 200 x 200 x 5 mm
Torrahmen: Rechteckprofile
Abmessung: 80 x 40 x 3 mm
Torbeschlag: Knauf, Rundrosetten
Material: .....
Türbänder: verstellbar, M 20
Beschichtung: Pulverlack
Farbe: .....

| 861 € | 1.069 € | 1.189 € | 1.356 € | 1.564 € | [St] | ⏱ 7,40 h/St | 003.000.117 |

LB 003 Landschaftsbauarbeiten

Kosten:
Stand 1.Quartal 2021
Bundesdurchschnitt

▶ min
▷ von
ø Mittel
◁ bis
◀ max

Nr.	Kurztext / Langtext					[Einheit]	Ausf.-Dauer	Kostengruppe Positionsnummer
	▶	▷	ø netto €	◁	◀			
117	**Zaunpfosten, Stahlrohr**							KG **541**
	Zaunpfosten aus Stahlrohr, feuerverzinkt und zinkphosphatiert, mit schwarzer Kunststoffkappe. Durchmesser: 40 mm Länge: 200 cm Fundamenttiefe: 50 cm							
	32€	41€	**44€**	49€	60€	[St]	0,30 h/St	003.000.118
118	**Amphibienleitwand, mobil, Überkletterungsschutz, PE-Folie, H 42cm**							KG **549**
	Mobile Amphibienleitwand aus PE-Folie mit Überkletterungsschutz, inkl. Haltepfosten. Befestigung: feuerverzinktem Doppelstab-Stützpfosten PE-Folie: UV-beständig, blickdicht, reißfest und formstabil Lichte Bauhöhe: 42 cm Länge: 100 cm							
	–€	5€	**5€**	6€	–€	[m]	0,17 h/m	003.000.312
119	**Amphibienleitwand, stationär, Überkletterungsschutz, Polymerbeton, H 42cm**							KG **549**
	Stationäre Amphibienleitwand aus Polymerbeton mit Überkletterungsschutz, inkl. Haltepfosten. Befestigung: feuerverzinktem Doppelstab-Stützpfosten Lichte Bauhöhe: 42 cm Länge: 100 cm							
	–€	7€	**8€**	8€	–€	[m]	0,17 h/m	003.000.313
120	**Amphibienleitwand, stationär, Überkletterungsschutz, Beton, H 62cm**							KG **549**
	Stationäre Amphibienleitwand aus Beton mit Überkletterungsschutz, inkl. Haltepfosten. Betongüte: C35/35 Lichte Bauhöhe: 62 cm Länge: 242 cm							
	–€	17€	**18€**	21€	–€	[m]	0,25 h/m	003.000.314
121	**Amphibienstopprinne, Beton-U-Profil,**							KG **549**
	Amphibienstopprinne für Leitwand, Oberkante des Betonkörpers mit Stahlblech verblendet. Material: Stahlbetonelement als U-Profil, massiv Betongüte: ..... bewehrt Betondeckung: 4 cm stark, betongrau, schalungsglatt Maße:							
	23€	31€	**34€**	37€	40€	[St]	0,08 h/St	003.000.315
122	**Abdeckung für Amphibienstopprinne, Stahlgitterroste**							KG **549**
	Abdeckung für Amphibienstopprinne aus Stahlgitterrost für Beton-U-Profile Verbindung mit dem Betonelement. Abmessung außen: ..... Lichte Abmessung:							
	–€	18€	**19€**	22€	–€	[St]	0,08 h/St	003.000.316

Nr.	Kurztext / Langtext							Kostengruppe
▶	▷	**ø netto €**	◁	◀	[Einheit]	Ausf.-Dauer	Positionsnummer

123 Amphibienkleintiertunnel, Beton, Querdurchlass — KG **549**
Amphibienkleintiertunnel aus Beton als Querdurchlass unter Radweg, Bankett, Straße.
Betongüte/Brückenklasse C35/45.
Belastungsklasse: SLW 60
Baulänge: 250 cm
Höhe: 50 cm

| –€ | 54€ | **57**€ | 66€ | –€ | [St] | ⏱ 0,58 h/St | 003.000.317 |

124 Fanggefäß, Amphibien, Kunststoff, 10 Liter — KG **549**
Fanggefäß für Amphibienschutz aus Kunststoff.
Bauausführung: rund
Volumen: mind. 10 Liter
Einbauart: oberflächengleich

| 3€ | 4€ | **5**€ | 5€ | 6€ | [St] | ⏱ 0,08 h/St | 003.000.318 |

125 Holzzaun, Kiefer/Sandsteinpfosten — KG **541**
Holzzaun mit Senkrechtlattung, Zaunpfosten aus Sandsäulen, einschl. Briefkastenanlage. Alle Holzteile aus Kiefer, kesseldruckimprägniert, gehobelt, Farbe braun. Verbindung der Holzteile durch Schrauben. Kopf der Latten abgeschrägt.
Zaunfeldlänge: 2,00 m, mit ca. 20 Latten
Lattenlänge: 120 cm
Lattenquerschnitt: 4 x 6 cm
Sandsäule Querschnitt: 15 x 10 cm
Briefkastenanlage (H x B): 59 x 73 cm

| 110€ | 151€ | **175**€ | 180€ | 208€ | [m] | ⏱ 1,20 h/m | 003.000.121 |

126 Eckausbildung, Holzzaun — KG **541**
Eckausbildung für Holzzaun, inkl. aller erforderlichen Materialien und Leistungen.

| 37€ | 51€ | **60**€ | 62€ | 85€ | [St] | ⏱ 0,60 h/St | 003.000.122 |

127 Einzelfundamente, Zaunpfosten — KG **541**
Einzelfundamenten für Zaunpfosten einschl. Aushub und Schalung. Überschüssiger Boden ist zu entsorgen.
Beton: C20/25
Fundamentmaße: B x T 30 x 80 cm

| 314€ | 395€ | **426**€ | 454€ | 515€ | [St] | ⏱ 1,00 h/St | 003.000.119 |

128 Poller, Beton — KG **561**
Absperrpfosten aus Beton, Einbau in befestigter Fläche, einschl. Erd- und Fundamentarbeiten.
(Beschreibung der Homogenbereiche nach Unterlagen des AG.)
Fundament: .....
Höhe über OK-Gelände: 0,90-1,00 m
Pfosten: 40 x 40 cm
Angeb. Fabrikat: .....

| 156€ | 276€ | **290**€ | 307€ | 437€ | [St] | ⏱ 1,00 h/St | 003.000.125 |

003
004
080

LB 003 Landschaftsbauarbeiten

Kosten:
Stand 1.Quartal 2021
Bundesdurchschnitt

▶ min
▷ von
ø Mittel
◁ bis
◀ max

Nr. ▶	Kurztext / Langtext ▷ ø netto € ◁ ◀	[Einheit]	Ausf.-Dauer	Kostengruppe Positionsnummer

129 Poller, Aluminium — KG 561
Absperrpfosten rund aus Aluminium ortsfest einbetoniert / umklappbar mit Feuerwehrdreikant, einschl. Erd- und Fundamentarbeiten. (Beschreibung der Homogenbereiche nach Unterlagen des AG.)
Fundament: ..... cm
Höhe über OK-Gelände: ..... m
Durchmesser: ..... cm
Oberfläche nach RAL: 9006
Angeb. Fabrikat: .....

| 200€ | 355€ | **360€** | 367€ | 523€ | [St] | ⏱ 0,45 h/St | 003.000.126 |

130 Poller, Stahl, beschichtet — KG 561
Absperrpfosten Aluminium mit Sicherheitsschloss zum Herausnehmen des Pfosten inkl. Bodenhülse, Erd- und Fundamentarbeiten. (Beschreibung der Homogenbereiche nach Unterlagen des AG.)
Pfosten: ..... cm
Höhe über OK-Gelände: 0,90-1,00 m
Fundament: ..... cm
Oberfläche: weiß beschichtet mit rotem Folienring
Angeb. Fabrikat: .....

| 242€ | 316€ | **350€** | 393€ | 492€ | [St] | ⏱ 0,40 h/St | 003.000.127 |

131 Poller, Naturstein — KG 561
Absperrpfosten Granit, grau, Kanten gesägt, leicht gefast einschl. Erd- und Fundamentarbeiten. (Beschreibung der Homogenbereiche nach Unterlagen des AG.)
Fundament: 30 x 35 x 35 cm
Höhe über OK-Gelände: ..... m
Pfosten: 35 x 35 x 40 cm
Oberfläche: Geflammt
Angeb. Fabrikat: .....

| 176€ | 367€ | **398€** | 438€ | 783€ | [St] | ⏱ 0,60 h/St | 003.000.128 |

132 Planum Gewässer — KG 580
Planum für Gewässer, Teich, einschl. verdichten und ausgleichen von Unebenheiten. Steine und Fremdkörper ab 5cm absammeln, anfallende Stoffe zur Abfuhr lagern. Eine Bodengruppe.
Bodengruppen DIN 18915: .....
Auf-und Abtrag: +/-5 cm
Sollhöhe: Zulässige Abweichung +/-3 cm

| 3€ | 6€ | **6€** | 10€ | 14€ | [m²] | ⏱ 0,04 h/m² | 003.000.242 |

133 Gewässerabdichtung, Teichfolie — KG 580
Gewässerabdichtung aus Dichtungsbahnen für Teich.
Dichtungsbahn: EDPM- Kautschuk, bitumenverträglich
Dicke: ..... mm
Angeb. Fabrikat: .....

| 17€ | 22€ | **25€** | 27€ | 34€ | [m²] | ⏱ 0,04 h/m² | 003.000.261 |

Nr.	Kurztext / Langtext						Kostengruppe
▶	▷	ø netto €	◁	◀	[Einheit]	Ausf.-Dauer	Positionsnummer

134 Sauberkeitsschicht, Teich — KG 580
Sauberkeitsschicht für Dichtungsbahnen für Teich auf vorbereitetem Planum aus Sand.
Körnung: 0/2
Dicke: 5 cm

| 2€ | 4€ | **4€** | 5€ | 6€ | [m²] | ⏱ 0,02 h/m² | 003.000.244 |

135 Wurzelanker im Teich — KG 580
Wurzelanker / Verwurzelungsgewebe im Teich, Übergangsbereich zwischen Luft und Wasser.
Material: ....
Flächengröße: .....
Einbauort: .....
Angeb. Fabrikat: .....

| –€ | 22€ | **23€** | 25€ | –€ | [m²] | ⏱ 0,15 h/m² | 003.000.248 |

136 Befestigung, Gewässerabdichtungsbahn Uferbereich — KG 580
Befestigung der Gewässerabdichtungsbahn, im Uferbereich von Teichen.
Grabenbreite: 40 cm
Tiefe: 20 cm
Grabenfüllung: Kies
Körnung: 8/16

| 10€ | 13€ | **14€** | 15€ | 17€ | [m] | ⏱ 0,07 h/m | 003.000.251 |

137 Teichrand herstellen — KG 580
Teichrandstreifen mit gewaschenem Rundkies auf vorbereitete Schutzlage.
Breite: ..... cm
Dicke: ..... cm
Körnung: 16/32

| 8€ | 9€ | **10€** | 11€ | 12€ | [m²] | ⏱ 0,05 h/m² | 003.000.253 |

138 Dachfläche reinigen — KG 363
Reinigung des Untergrundes der Dachfläche von grober Verschmutzung. Stoffe sammeln und seitlich lagern. Abfall nicht gefährlich und nicht schadstoffbelastet.
Dicke: bis 2 cm

| 1€ | 1€ | **1€** | 2€ | 2€ | [m²] | ⏱ 0,02 h/m² | 003.000.263 |

139 Durchwurzelungsschutzschicht, PVC-P 0,8mm — KG 363
Durchwurzelungsschutzschicht aus Kunststoffbahnen, als zusätzliche Lage auf der Dachabdichtung, lose verlegen.
Material: Polyvinylchlorid (PVC-P) bitumenverträglich
Dicke: 0,8 mm

| 14€ | 16€ | **16€** | 17€ | 19€ | [m²] | ⏱ 0,15 h/m² | 003.000.264 |

003
004
080

LB 003 Landschaftsbauarbeiten

Kosten:
Stand 1.Quartal 2021
Bundesdurchschnitt

▶ min
▷ von
ø Mittel
◁ bis
◀ max

Nr.	Kurztext / Langtext					Kostengruppe	
▶	▷	ø netto €	◁	◀	[Einheit]	Ausf.-Dauer	Positionsnummer

140 Dachbegrünung, Trenn-, Schutz- und Speichervlies, 300 — KG 363

Schutzlage als Schutz der Dachabdichtung vor mechanischer Beanspruchung und zur Wasserspeicherung lose verlegen.
Material: Chemiefaser
Dicke: 3 cm
Gewicht: 300 g/m²
Lagen: .....
Festigkeitsklasse: .....
Angeb. Fabrikat: .....

| 3€ | 3€ | **4€** | 4€ | 5€ | [m²] | ⊙ 0,04 h/m² | 003.000.219 |

141 Dachbegrünung, Trenn-, Schutz- und Speichervlies, 500 — KG 363

Schutzlage als Schutz der Dachabdichtung vor mechanischer Beanspruchung und zur Wasserspeicherung lose verlegen.
Material: Chemiefaser
Dicke: ..... cm
Gewicht: 500 g/m²
Lagen: .....
Festigkeitsklasse: .....
Angeb. Fabrikat: .....

| 4€ | 5€ | **5€** | 5€ | 6€ | [m²] | ⊙ 0,04 h/m² | 003.000.234 |

142 Dränageelement, PE-Platte, 40mm, Dachbegrünung — KG 363

Dränschicht für Dachbegrünung aus Kunststoffprofilplatten.
Einsatzbereich: Extensivbegrünung
Material: PE-Kunststoff
Plattendicke: 40 mm
Füllmaterial: .....
Druckfestigkeit max.: ..... kg/m²
Füllvolumen: ..... l/m²
Farbe: .....
Angeb. Fabrikat: .....

| 12€ | 14€ | **15€** | 15€ | 17€ | [m²] | ⊙ 0,12 h/m² | 003.000.260 |

143 Flächendränage, begehbare Flachdächer, HDPE — KG 363

Dränagematte als Flächendränage unter Gehbelagsfläche auf Dachbegrünung liefern und einbauen.
Material: Hart-Polyethylen (HDPE)
Material Filterschicht: Polypropylen PP
Gewicht Filterschicht: ca. 135 g/m²
Druckfestigkeit (bei 18% Stauchung): 400 kN/m²
Gesamtnenndicke: ca.10 mm
Gesamtgewicht: 750 g/m²

| 54€ | 72€ | **78€** | 88€ | 95€ | [m²] | ⊙ 0,11 h/m² | 003.000.302 |

Nr.	Kurztext / Langtext							Kostengruppe
▶	▷	ø netto €	◁	◀	[Einheit]	Ausf.-Dauer	Positionsnummer

144 Filtervlies, Dränageabdeckung, 100g/m² — KG **363**

Filtervlies als Dränageabdeckung auf Dränschicht verlegen und an den Ränder hochführen.
Material: Kunststoffvlies
Gewicht: 100 g/m²
Überlappung: ..... cm
Angeb. Fabrikat: .....

| 2€ | 3€ | **4€** | 4€ | 5€ | [m²] | ⏱ 0,08 h/m² | 003.000.233 |

145 Filtermatte, Dachbegrünung — KG **363**

Filterschicht mit mechanisch befestigter Filtermatte zwischen Dränschicht und Intensivsubstrat.
Material: 100% PP-Endlosfaser, normal entflammbar GRK 2
Flächengewicht: 105 g/m²
Höchstzugkraft: 7,5 KN/m
Angeb. Fabrikat: .....

| 1€ | 2€ | **2€** | 2€ | 3€ | [m²] | ⏱ 0,03 h/m² | 003.000.067 |

146 Kontrollschacht, extensive Dachbegrünung, Höhe bis 20cm — KG **363**

Kontrollschacht für Dachflächen geeignet für Extensivbegrünung für Dachablauf inkl. Bodenplatte und Deckel, aufstockbar.
Material: Kunststoff
Schachthöhe: bis 20 cm
Durchmesser: 30 cm
Angeb. Fabrikat: .....

| 64€ | 71€ | **74€** | 79€ | 90€ | [St] | ⏱ 0,55 h/St | 003.000.236 |

147 Kontrollschacht, intensive Dachbegrünung, Höhe bis 40cm — KG **363**

Kontrollschacht für Dachflächen geeignet für Intensivbegrünung für Dachablauf inkl. Bodenplatte und Deckel, aufstockbar in 10cm Stufe.
Material: Kunststoff
Schachthöhe: bis 40 cm
Durchmesser: 30 cm
Angeb. Fabrikat: .....

| 145€ | 152€ | **154€** | 158€ | 169€ | [St] | ⏱ 0,65 h/St | 003.000.237 |

148 Sicherheitsstreifen, Kies, Dachbegrünung — KG **363**

Sicherheitsstreifen aus gewaschenem Rundkies, im Bereich von Aufkantungen, An- und Abschlussbereiche von Einbauten.
Schüttdicke: 5 cm
Streifenbreite: 30 cm
Körnung: 16/32

| 7€ | 9€ | **10€** | 11€ | 13€ | [m²] | ⏱ 0,16 h/m² | 003.000.220 |

003
004
080

LB 003 Landschaftsbauarbeiten

Kosten:
Stand 1.Quartal 2021
Bundesdurchschnitt

Nr.	Kurztext / Langtext						Kostengruppe
▶	▷	ø netto €	◁	◀	[Einheit]	Ausf.-Dauer	Positionsnummer

149 Kiesfangleiste, L-Profil, Dachbegrünung — KG 363
Kiesleiste für Dachbegrünung als Winkelprofil, gelocht.
Material: Aluminium
Kantungen: .....
Dicke: bis 2 mm
Höhe: .....
Dachneigung: bis 5°
Angeb. Fabrikat: .....

| 14€ | 20€ | **22€** | 25€ | 30€ | [m] | ⏱ 0,04 h/m | 003.000.239 |

150 Einschichtsubstrat, extensive Dachbegrünung — KG 363
Vegetationstragschicht für einschichtige Dachbegrünung als Vegetationssubstrat für Extensivbegrünung.
Schichtdicke: 8 cm
Anteil Organische Substanz bei Trockensubstanz: 0%
Gewicht wassergesättigt: max. 800 kg/m³
Angeb. Fabrikat: .....

| 15€ | 18€ | **19€** | 21€ | 25€ | [m²] | ⏱ 0,09 h/m² | 003.000.241 |

151 Mehrschichtsubstrat, extensive Dachbegrünung — KG 363
Vegetationstragschicht für mehrschichtige Dachbegrünung als Vegetationssubstrat für Intensivbegrünung.
Schichtdicke: 10 cm
Anteil Organische Substanz bei Trockensubstanz: 0%
Gewicht wassergesättigt: max. 800 kg/m³
Angeb. Fabrikat: .....

| 19€ | 22€ | **23€** | 24€ | 26€ | [m²] | ⏱ 0,15 h/m² | 003.000.226 |

152 Begrünungssubstrat, Natur-Bims, Dachbegrünung — KG 363
Begrünungssubstrat für extensive Dachbegrünung, liefern und auf die fertig verdichtete Schichthöhe einbauen.
Schichtdicke: .....
Material: Natur-Bims, bzw. Leicht-Lava
Gewicht trocken ca. 538 kg/m³
Gewicht wassergesättigt ca. 1.252 kg/m³

| 7€ | 10€ | **11€** | 12€ | 14€ | [m²] | ⏱ 0,07 h/m² | 003.000.309 |

153 Mehrschichtsubstrat, intensive Dachbegrünung — KG 363
Intensivsubstrat als Vegetationstragschicht für mehrschichtige Dachbegrünung, strukturstabilisiert für breites Pflanzenspektrum lose einbauen. Die Eigenschaften haben die Anforderungen der FLL-Richtlinien an Vegetationssubstrate für Intensivbegrünungen und Vorgaben der Düngemittelverordnung zu entsprechen.
Material: .....
Schichtdicke: 10 cm
Anteil Organische Substanz bei Trockensubstanz: 0%
Gewicht wassergesättigt: max. 800 kg/m³
Angeb. Fabrikat: .....

| 18€ | 22€ | **23€** | 24€ | 28€ | [m²] | ⏱ 0,18 h/m² | 003.000.224 |

▶ min
▷ von
ø Mittel
◁ bis
◀ max

Nr.	Kurztext / Langtext						Kostengruppe
▶	▷	ø netto €	◁	◀	[Einheit]	Ausf.-Dauer	Positionsnummer

154 Nassansaat, extensive Dachbegrünung, Saatgutmischung — KG **363**

Ansaat der Dachbegrünung im Anspritzverfahren mit wässriger Kleberlösung aus Zellulose auf vorbereiteter Vegetationsfläche herstellen. Saatgutmischung bestehend aus Sedum-Sprossen und Kräuter in Sorten für extensive Dachbegrünung.
Sedumsprossen: ..... g/m²
Kräutersamen: ..... g/m²
Angeb. Fabrikat: .....

| 3€ | 4€ | **5€** | 6€ | 9€ | [m²] | ⏱ 0,08 h/m² | 003.000.222 |

155 Trockenansaat, extensive Dachbegrünung, Saatgutmischung — KG **363**

Ansaat der Dachbegrünung im Trockensaatverfahren mit Sedum-Sprossen in Sorten, inkl. Düngung und durchdringendes Wässern.
Saatgutmenge: ca. 50-80 g/m²
Düngung: ca. 30 g/m²
Angeb. Fabrikat: .....

| 2€ | 4€ | **4€** | 5€ | 6€ | [m²] | ⏱ 0,04 h/m² | 003.000.218 |

156 Düngung, Dachbegrünung, extensiv — KG **363**

Düngen der extensiven Dachbegrünung mit mineralischen Dünger.
Bewuchs: Moos Sedum
Menge je Arbeitsgang: 50 g/m²
Angeb. Fabrikat: .....

| 0,3€ | 0,5€ | **0,6€** | 0,6€ | 0,7€ | [m²] | ⏱ 0,02 h/m² | 003.000.256 |

157 Wässern, Dachbegrünung, extensiv — KG **363**

Wässern der Dachbegrünung, extensiv, Wasser kann den vorh. Zapfstellen unentgeltlich entnommen werden, die Kosten für das Wasser trägt der AG.
Arbeitsgang: 10 l/m², ein Arbeitsgang

| 0,4€ | 0,5€ | **0,5€** | 0,6€ | 0,7€ | [m²] | ⏱ 0,02 h/m² | 003.000.257 |

158 Stelzlager, Unterbau, Plattenbeläge, Dachbegrünung, H 25-40mm — KG **363**

Stelzlager höhenverstellbar, als Unterbau für Plattenbeläge liefern und fachgerecht einbauen.
Material: Polypropylen
Möglicher Gefälleausgleich: bis 8%
Höhe: 25 bis 40 mm

| 4€ | 5€ | **6€** | 6€ | 7€ | [St] | ⏱ 0,10 h/St | 003.000.310 |

159 Stelzlager, Unterbau, Plattenbeläge, Dachbegrünung, H 35-70mm — KG **363**

Stelzlager höhenverstellbar, als Unterbau für Plattenbeläge liefern und fachgerecht einbauen.
Material: Polypropylen
Möglicher Gefälleausgleich: bis 8%
Höhe: 35 bis 70 mm

| 5€ | 6€ | **7€** | 7€ | 8€ | [St] | ⏱ 0,10 h/St | 003.000.304 |

003
004
080

LB 003 Landschaftsbauarbeiten

Kosten:
Stand 1.Quartal 2021
Bundesdurchschnitt

Nr.	Kurztext / Langtext					Kostengruppe
▶	▷ ø netto € ◁ ◀				[Einheit] Ausf.-Dauer	Positionsnummer

160 Stelzlager, Unterbau, Plattenbeläge, Dachbegrünung, H 145-225mm — KG **363**
Stelzlager höhenverstellbar, als Unterbau für Plattenbeläge liefern und fachgerecht einbauen.
Material: Polypropylen
Möglicher Gefälleausgleich: bis 8%
Höhe: 145 bis 225 mm

| 7€ | 8€ | 9€ | 10€ | 11€ | [St] | 0,10 h/St | 003.000.306 |

161 Stelzlager, Aufstockelement, höhenverstellbar, H 80mm — KG **363**
Stelzlager zum Aufstocken, höhenverstellbar, liefern und fachgerecht einbauen.
Material: Polypropylen
Höhe: 80 mm

| 4€ | 5€ | 5€ | 6€ | 6€ | [St] | 0,08 h/St | 003.000.307 |

162 Plattenlager, Betonplatten, höhenverstellbar, H 10mm — KG **363**
Plattenlager für die höhenausgleichende Verlegung von Betonplatten einschl. aller Materialien liefern.
Durchmesser: 120 mm
Auflagenhöhe: 10 mm
Fugenstärke: 4 mm
Fugenhöhe: 18 mm

| 4€ | 4€ | 5€ | 5€ | 6€ | [St] | 0,08 h/St | 003.000.308 |

163 Sekurant, Anseilsicherung, Stahl verzinkt — KG **363**
Anschlagskonstruktion für Anseilsicherung als Stütze für Flachdach. Durchdringungsfrei herstellen, mit Auflast zu befestigen.
Material: Stahl verzinkt
Höhe über Befestigungsfläche: über 24 bis 35 cm
Typ: E - Einzelanschlagpunkt
Dachneigung: bis 5°
Angeb. Fabrikat: .....

| 143€ | 173€ | 188€ | 196€ | 233€ | [St] | 1,20 h/St | 003.000.258 |

164 Fertigstellungspflege, extensive Dachbegrünung — KG **363**
Fertigstellungspflege gem. der FLL - Dachbegrünungsrichtlinie für extensive Dachbegrünung.
– unerwünschten Aufwuchs, Laub und Unrat entfernen
– Nachsaat und Ausbessern an Kahlstellen
– Nachpflanzung ausgefallener Pflanzen
– Nachfüllen von fehlendem Substrat
Anfallende Stoffe sind zu entsorgen
Anzahl Arbeitsgänge: 2x jährlich
Ausführungszeitpunkt: .....
Dachneigung: .....
Begrünungsverfahren: .....

| 1€ | 2€ | 3€ | 4€ | 6€ | [m²] | 0,03 h/m² | 003.000.255 |

▶ min
▷ von
ø Mittel
◁ bis
◀ max

Nr.	Kurztext / Langtext							Kostengruppe
▶	▷	ø netto €	◁	◀	[Einheit]	Ausf.-Dauer	Positionsnummer

165 Trenn-, Schutz- und Speichervlies — KG **363**
Trennlage zwischen Untergrund und Obermaterial.
Untergrund: .....
Tragschicht: .....
Vlies: .....
Funktion: .....
Angeb. Fabrikat: .....

| 2€ | 2€ | **2€** | 2€ | 3€ | [m²] | ⏱ 0,03 h/m² | 003.000.066 |

166 Spielsand, Körnung 0/2 — KG **562**
Sandkastenfüllung aus gewaschenem und unbelastetem Sand einbauen.
Körnung: 0/2
Füllhöhe: 30 cm
Angeb. Fabrikat: .....

| 23€ | 29€ | **31€** | 45€ | 62€ | [t] | ⏱ 0,20 h/t | 003.000.100 |

167 Spielsand auswechseln, bis 40cm — KG **536**
Sandkastenfüllung durch güteüberprüftes Material austauschen. Aushub zur Abfuhr seitlich lagern und unbelasteten Sand liefern und einbringen.
Aushubtiefe: bis 40 cm
Füllhöhe: bis 40 cm

| 9€ | 13€ | **15€** | 17€ | 21€ | [m³] | ⏱ 0,20 h/m³ | 003.000.175 |

168 Einfassung, Sandkasten — KG **536**
Einfassung aus Pflastersteinen mit beidseitiger Rückenstütze aus Beton, höhengerecht und bündig versetzt.
Steinmaterial: .....
Pflastersteine (L x B x H): ..... x ..... x ..... m
Beton: C 12/15
Fundamentstärke: 20 cm

| 37€ | 45€ | **48€** | 57€ | 68€ | [m²] | ⏱ 0,50 h/m² | 003.000.101 |

169 Wegeeinfassung, Naturstein — KG **531**
Pflasterstreifen als Randeinfassung aus Naturstein in Beton mit beidseitiger Rückenstütze, höhengerecht und bündig versetzt.
Steinmaterial: .....
Steinabmessungen: 12 x 12 cm
Bettung: 20 cm
Rückenstütze: 10 cm
Beton: C 12/15
Angeb. Fabrikat: .....

| 21€ | 26€ | **29€** | 33€ | 41€ | [m] | ⏱ 0,30 h/m | 003.000.102 |

170 Fallschutz auskoffern — KG **536**
Oberboden im Fallschutzbereich profilgerecht lösen, laden und entsorgen, inkl. Deponiegebühr.
Aushubtiefe: ..... cm

| 2€ | 3€ | **4€** | 5€ | 7€ | [m²] | ⏱ 0,20 h/m² | 003.000.109 |

003
004
080

© BKI Baukosteninformationszentrum; Erläuterungen zu den Tabellen siehe Seite 44
Mustertexte geprüft: Deutsche Gesellschaft für Garten- und Landschaftskultur e.V.
Kostenstand: 1.Quartal 2021, Bundesdurchschnitt

LB 003 Landschaftsbauarbeiten

Kosten:
Stand 1.Quartal 2021
Bundesdurchschnitt

▶ min
▷ von
ø Mittel
◁ bis
◀ max

Nr.	Kurztext / Langtext					Kostengruppe
▶	▷	ø netto €	◁	◀	[Einheit] Ausf.-Dauer	Positionsnummer

171 Fallschutz, Kies KG **536**
Fallschutzbelag aus gewaschenem Rundkies liefern, profilgerecht auftragen und verdichten.
Schichtstärke: mind. 40 cm
Kies: 0/4 bis 2/6

| 19€ | 22€ | **24**€ | 28€ | 32€ | [m²] | 0,06 h/m² | 003.000.111 |

172 Fallschutzbelag, Gummigranulatplatten KG **536**
Fallschutzbelag DIN EN 1176-1 aus Platten, vollelastisch, auf vorhandene Tragschicht verlegen.
Platten: Gummigranulat, -fasern
Gesamtdicke mind. 10 mm, einschichtig
Tragschicht: Asphaltbeton
Fallhöhe:<= 60 cm

| 56€ | 81€ | **86**€ | 94€ | 114€ | [m²] | 0,80 h/m² | 003.000.280 |

173 Schall-Sichtschutzwand, Stahlbeton, 2,0m KG **542**
Schall-Sichtschutzwand aus Stahlbeton mit gerippter Porenbeton-Vorsatzschale, einschl. Pfosten, Sockelelement und Gründung.
Aufstellfläche: Erdwall
Höhe: ca. 2,00 m, über Gelände
Wandelemente: Stahlbeton
Dicke: 12 cm
Rückseite: strukturiert, vertikaler Besenstrich
Fahrbahnseite: schalungsglatt
Farbe: betongrau
Vorsatzschale: Porenbeton
Oberfläche: vertieft-gerippt
Farbe: erdbraun
Pfosten: Stahlbeton
Gründung: Köcherfundament
Befestigung: Pfahlachse .....
Achsabstand: 5,0 m

| 274€ | 362€ | **401**€ | 440€ | 518€ | [St] | 3,20 h/St | 003.000.114 |

174 Ballfangzaun, Gittermatten KG **542**
Ballfangzaun aus Gittermatten und Rechteckrohrpfosten mit Einklippteil aus Kunststoff, beschichtet mit Polyester-Pulver.
Zaunhöhe: 4,00 m
Maschenweite: 50 x 200 m

| 203€ | 256€ | **262**€ | 282€ | 330€ | [m] | 2,00 h/m | 003.000.120 |

175 Sichtschutzzaun aus Holzelementen Höhe 1,0m KG **542**
Sichtschutzzaun aus vorgefertigten Holzelementen in der Holzart Lärche liefern und an vorhandenen Pfosten 10x10cm montieren.
Holzart: Lärche
Höhe: 1,00 m
Einzelfeldlänge: 1,00 m
Lattung: beidseitig, Querschnitt 30 x 12 mm

| 76€ | 95€ | **102**€ | 115€ | 122€ | [m] | 2,00 h/m | 003.000.215 |

Nr.	**Kurztext** / Langtext							Kostengruppe
▶	▷	**ø netto €**	◁	◀	[Einheit]	Ausf.-Dauer	Positionsnummer

176   Sichtschutzzaun aus Holzelementen Höhe 2,0m   KG **542**
Sichtschutzzaun aus vorgefertigten Holzelementen liefern und an vorhandenen Pfosten 10x10cm montieren.
Holzart: Lärche
Höhe: 2,00 m
Einzelfeldlänge: 2,00 m
Lattung: beidseitig, Querschnitt 30 x 12 mm

| 119€ | 143€ | **149€** | 151€ | 176€ | [m] | ⏱ 2,50 h/m | 003.000.216 |

177   Fahrradständer, Stahlrohrkonstruktion   KG **561**
Fahrradständer als Einzelständer für Wandmontage in Stahlrohrkonstruktion, feuerverzinkt.
Abmessung: ..... cm
Oberfläche: .....
Angeb. Fabrikat: .....

| 390€ | 426€ | **445€** | 472€ | 527€ | [St] | ⏱ 0,36 h/St | 003.000.130 |

178   Abfallbehälter, Stahlblech   KG **561**
Abfallbehälter aus feuerverzinktem Stahl, Unterkonstruktion zum einbetonieren, einschl. Deckel, Erd- und Fundamentarbeiten. (Beschreibung der Homogenbereiche nach Unterlagen des AG.)
Fundament: ..... cm
Fassungsvermögen: l
Oberfläche nach RAL: .....
Angeb. Fabrikat: .....

| 418€ | 592€ | **664€** | 703€ | 809€ | [St] | ⏱ 0,20 h/St | 003.000.129 |

179   Hinweisschild, Aluminium   KG **561**
Hinweisschild für Spielplatz aus Aluminium mit Fünffarbdruck und Piktogrammen. Schild rechteckig beschnitten und gerundet, Rückseite mit Klarlack beschichtet, feuerverzinkten Stahlrohr und Halterung, einschl. Erd- und Fundamentarbeiten. (Beschreibung der Homogenbereiche nach Unterlagen des AG.)
Abmessung: 62 x 83 cm
Dicke: 2 mm
Höhe: 60 cm
Angeb. Fabrikat: .....

| 153€ | 191€ | **199€** | 209€ | 246€ | [St] | ⏱ 1,00 h/St | 003.000.136 |

180   Baumschutzgitter, Metall   KG **573**
Baumschutzgitter aus Stahl, feuerverzinkt, zweiteilig als Halbschalen, einschl. Verbindungsschrauben.
Abmessung: 183 x 64 cm
Farbe: anthrazit
Angeb. Fabrikat: .....

| 603€ | 724€ | **766€** | 791€ | 869€ | [St] | ⏱ 1,20 h/St | 003.000.134 |

181   Rankhilfe, Edelstahlseil   KG **573**
Rankseil als vertikale und horizontale Rankhilfe mit Klettersprossen im Abstand ca. 1,00m, Einbau in Teilstücken.
Material: Edelstahl
Durchmesser: 4 mm
Angeb. Fabrikat: .....

| 7€ | 15€ | **18€** | 21€ | 31€ | [m] | ⏱ 0,12 h/m | 003.000.133 |

003
004
080

© **BKI** Baukosteninformationszentrum; Erläuterungen zu den Tabellen siehe Seite 44
Mustertexte geprüft: Deutsche Gesellschaft für Garten- und Landschaftskultur e.V.

LB 003 Landschaftsbauarbeiten

Nr.	Kurztext / Langtext					[Einheit]	Kostengruppe Ausf.-Dauer	Positionsnummer
▶	▷	ø netto €	◁	◀				

182 Baumscheibe, Grauguss — KG 573

Baumscheibenabdeckung aus Guss, quadratisch, bestehend aus vier Segmenten.
Fläche A: 1,50 x 1,50 m
Gewicht: 43 kg
Farbe: .....
Angeb. Fabrikat: .....

| 1.087€ | 1.726€ | **1.831€** | 1.981€ | 2.264€ | [St] | 1,30 h/St | 003.000.293 |

183 Stundensatz, Facharbeiter/-in

Stundenlohnarbeiten für Vorarbeiterin, Vorarbeiter, Facharbeiterin, Facharbeiter und Gleichgestellte. Leistung nach besonderer Anordnung der Bauüberwachung. Anmeldung und Nachweis gem. VOB/B.

| 41€ | 48€ | **52€** | 53€ | 58€ | [h] | 1,00 h/h | 003.000.294 |

184 Stundensatz, Helfer/-in

Stundenlohnarbeiten für Werkerin, Werker, Helferin, Helfer und Gleichgestellte. Leistung nach besonderer Anordnung der Bauüberwachung. Anmeldung und Nachweis gem. VOB/B.

| 36€ | 39€ | **40€** | 41€ | 45€ | [h] | 1,00 h/h | 003.000.295 |

Kosten:
Stand 1.Quartal 2021
Bundesdurchschnitt

▶ min
▷ von
ø Mittel
◁ bis
◀ max

003
004
080

LB 004 Landschaftsbauarbeiten - Pflanzen

Landschaftsbauarbeiten; Pflanzen — Preise €

Kosten: Stand 1.Quartal 2021, Bundesdurchschnitt

Legende:
- ▶ min
- ▷ von
- ø Mittel
- ◁ bis
- ◀ max

Nr.	Positionen	Einheit	▶ min	▷ von	ø brutto € / ø netto €	◁ bis	◀ max
1	Baumverankerung, Baumpfahl	St	14 / 12	16 / 14	**17** / **14**	18 / 15	20 / 17
2	Baumverankerung, Unterflur	St	112 / 94	131 / 110	**138** / **116**	151 / 127	178 / 149
3	Pflanzenverankerung, Pfahl-Zweibock	St	35 / 29	44 / 37	**48** / **40**	59 / 50	75 / 63
4	Pflanzenverankerung, Pfahl-Dreibock	St	47 / 39	59 / 50	**64** / **54**	74 / 62	99 / 83
5	Verdunstungsschutz, Baumstamm	St	14 / 12	19 / 16	**21** / **18**	25 / 21	32 / 27
6	Hochstamm einschlagen	St	9 / 7	9 / 8	**10** / **8**	11 / 9	12 / 10
7	Strauchpflanze einschlagen	St	3 / 2	4 / 3	**4** / **3**	5 / 4	6 / 5
8	Solitärgehölz einschlagen	St	11 / 9	14 / 11	**14** / **12**	16 / 13	16 / 14
9	Solitärgehölz nach Einschlag pflanzen	St	21 / 17	24 / 20	**26** / **22**	28 / 24	30 / 25
10	Heckenpflanzen nach Einschlag pflanzen	St	3 / 3	5 / 4	**5** / **4**	5 / 5	7 / 6
11	Strauchpflanzen nach Einschlag pflanzen	St	3 / 3	5 / 4	**5** / **4**	6 / 5	10 / 8
12	Solitär/Hochstamm nach Einschlag pflanzen	St	15 / 13	18 / 15	**21** / **17**	23 / 20	26 / 22
13	Bodendecker und Stauden nach Einschlag pflanzen	m²	1,0 / 0,8	2,4 / 2,0	**3,2** / **2,7**	5,1 / 4,3	7,2 / 6,1
14	Heckenschnitt, Hainbuche	m	4 / 4	5 / 4	**6** / **5**	7 / 6	8 / 7
15	Pflanzflächen mulchen, Rindenmulch	m²	4 / 4	5 / 4	**6** / **5**	6 / 5	7 / 6
16	Pflanzflächen lockern, Baumscheiben	m²	0,6 / 0,5	1,0 / 0,8	**1,1** / **0,9**	1,6 / 1,3	2,5 / 2,1
17	Hochstamm/Solitär, liefern/pflanzen, 12-16cm	St	80 / 67	101 / 85	**109** / **92**	149 / 125	220 / 185
18	Großgehölz mit Ballen, pflanzen	St	49 / 42	78 / 66	**93** / **78**	110 / 92	135 / 114
19	Sträucher liefern/pflanzen, bis 80cm	St	2 / 2	6 / 5	**6** / **5**	8 / 7	13 / 11
20	Sträucher liefern/pflanzen, 100-150cm	St	6 / 5	9 / 7	**10** / **8**	11 / 9	13 / 11
21	Sträucher liefern/pflanzen, über 150cm	St	8 / 7	12 / 10	**14** / **12**	15 / 12	18 / 15
22	Blumenzwiebeln pflanzen	St	0,2 / 0,2	0,3 / 0,2	**0,3** / **0,3**	0,4 / 0,3	0,5 / 0,4
23	Vorratsdüngung 50g	m²	0,1 / 0,1	0,3 / 0,3	**0,4** / **0,3**	0,8 / 0,7	1,3 / 1,1
24	Rasenplanum	m²	1 / 1,0	2 / 1,9	**2** / **2,0**	3 / 2,1	3 / 2,8

© BKI Baukosteninformationszentrum; Erläuterungen zu den Tabellen siehe Seite 44
Mustertexte geprüft: Deutsche Gesellschaft für Garten- und Landschaftskultur e.V.

Kostenstand: 1.Quartal 2021, Bundesdurchschnitt

Landschaftsbauarbeiten; Pflanzen — Preise €

Nr.	Positionen	Einheit	▶	▷	ø brutto € ø netto €	◁	◀
25	Ansaat, Gebrauchsrasen	m²	0,3 0,3	0,5 0,5	**0,6** **0,5**	0,7 0,6	0,8 0,7
26	Ansaat, Spielrasen	m²	0,6 0,5	1,0 0,9	**1,2** **1,0**	1,7 1,4	2,8 2,4
27	Fertigrasen liefern, einbauen	m²	8 6	10 8	**11** **9**	12 10	13 11
28	Schotterrasen herstellen	m²	13 11	15 13	**15** **13**	17 14	19 16
29	Rasenfläche düngen	m²	0,1 0,1	0,3 0,3	**0,5** **0,4**	0,6 0,5	0,7 0,6
30	Rasenflächen Mähen	m²	1 1	2 2	**2** **2**	3 2	4 3
31	Heckenpflanze, Hainbuche bis 200cm	St	12 10	14 12	**15** **12**	17 14	20 17
32	Heckenpflanze, Eibe bis 200cm	St	77 65	99 83	**107** **90**	108 90	139 117
33	Heckenpflanze, Buchsbaum	St	3 3	5 5	**6** **5**	6 5	7 6
34	Heckenpflanze, Liguster bis 100cm	St	1 1	3 2	**3** **3**	4 4	6 5
35	Heckenpflanze, Liguster bis 200cm	St	2 2	4 4	**5** **4**	5 4	7 6
36	Heckenpflanze, Lorbeerkirsche bis 100cm	St	18 15	21 17	**22** **19**	23 20	25 21
37	Heckenpflanze, Lorbeerkirsche bis 200cm	St	49 41	58 49	**61** **52**	70 59	72 60
38	Heckenpflanze, Rot-Buche bis 100cm	St	– –	19 16	**21** **17**	25 21	– –
39	Heckenpflanze, Rot-Buche bis 200cm	St	26 22	35 29	**37** **31**	42 35	48 40
40	Heckenpflanze, Blut-Buche bis 100cm	St	– –	24 20	**25** **21**	30 25	– –
41	Heckenpflanze, Blut-Buche bis 200cm	St	28 23	37 31	**40** **33**	45 38	53 45
42	Heckenpflanze, Feld-Ahorn bis 100cm	St	9 8	14 12	**13** **11**	16 13	16 14
43	Heckenpflanze, Feld-Ahorn bis 200cm	St	14 12	19 16	**21** **17**	23 20	25 21
44	Solitär, Hainbuche	St	10 9	14 11	**14** **12**	17 14	21 18
45	Solitär, Säulen-Hainbuche	St	352 296	421 354	**454** **382**	494 415	553 465
46	Solitär, Rotblühende Rosskastanie, StU 16-18	St	209 176	288 242	**304** **255**	315 265	372 312
47	Solitär, Spitz-Ahorn	St	317 266	383 322	**405** **341**	430 361	515 432
48	Solitär, Kugel-Ahorn	St	304 256	385 323	**434** **364**	465 390	556 467

© **BKI** Baukosteninformationszentrum; Erläuterungen zu den Tabellen siehe Seite 44
Mustertexte geprüft: Deutsche Gesellschaft für Garten- und Landschaftskultur e.V.

Kostenstand: 1.Quartal 2021, Bundesdurchschnitt

LB 004 Landschaftsbauarbeiten - Pflanzen

Landschaftsbauarbeiten; Pflanzen

Preise €

Nr.	Positionen	Einheit	▶ min	▷ von ø netto €	ø brutto € ø Mittel	◁ bis	◀ max
49	Solitär, Feld-Ahorn	St	189	277	**333**	406	519
			159	233	**280**	341	436
50	Solitär, Vogelkirsche	St	266	299	**314**	322	372
			223	251	**264**	270	313
51	Solitär, Winterlinde	St	310	387	**426**	460	531
			261	326	**358**	387	446
52	Solitär, Wald-Kiefer	St	273	505	**536**	555	675
			229	424	**451**	466	567
53	Solitär, Sand-Birke	St	270	319	**330**	356	413
			227	268	**278**	299	347
54	Solitär, Hainbuche	St	196	266	**304**	379	485
			165	224	**255**	319	408
55	Solitär, Gemeine Esche	St	229	280	**289**	310	372
			193	236	**242**	261	313
56	Solitär, Vogelbeere	St	146	205	**237**	275	338
			122	172	**199**	231	284
57	Solitär, Schwedische Mehlbeere	St	187	214	**219**	226	254
			157	180	**184**	190	213
58	Solitär, Baum-Hasel	St	210	226	**304**	337	373
			176	190	**255**	283	314
59	Solitär, Blut-Hasel	St	60	89	**108**	128	160
			51	75	**90**	107	134
60	Solitär, Rotdorn in Sorten	St	197	265	**290**	333	452
			165	223	**243**	280	380
61	Solitär, Blutbuche, StU 20-25	St	419	500	**554**	641	733
			352	420	**466**	538	616
62	Solitär, Stieleiche StU 14-16	St	155	210	**255**	276	325
			130	176	**214**	232	273
63	Solitär, Trompetenbaum	St	581	761	**842**	923	1.011
			488	640	**708**	775	849
64	Solitär, Flachrohr Bambus	St	103	130	**139**	142	161
			87	109	**117**	119	135
65	Solitär, Platane	St	187	247	**286**	323	400
			157	207	**240**	272	336
66	Solitär, Schwarzerle	St	110	129	**142**	147	177
			92	108	**120**	123	149
67	Solitär, Fächerblattbaum	St	269	422	**486**	655	845
			226	354	**409**	550	710
68	Solitär, Blauglockenbaum	St	309	351	**359**	383	425
			260	295	**302**	322	357
69	Solitär, Tulpenbaum	St	301	375	**391**	425	479
			253	315	**329**	357	403
70	Solitär, Robinie	St	271	308	**332**	356	401
			227	258	**279**	299	337
71	Solitär, Magnolie	St	165	220	**235**	261	287
			138	185	**198**	220	241
72	Obstgehölze Apfel in Sorten	St	173	234	**256**	312	454
			145	197	**215**	262	382

Kosten: Stand 1. Quartal 2021 Bundesdurchschnitt

▶ min
▷ von
ø Mittel
◁ bis
◀ max

© BKI Baukosteninformationszentrum; Erläuterungen zu den Tabellen siehe Seite 44
Mustertexte geprüft: Deutsche Gesellschaft für Garten- und Landschaftskultur e.V.

Kostenstand: 1. Quartal 2021, Bundesdurchschnitt

Landschaftsbauarbeiten; Pflanzen — Preise €

Nr.	Positionen	Einheit	▶	▷ ø brutto € / ø netto €		◁	◀
73	Obstgehölze, Zier-Apfel `Evereste`	St	167	271	**339**	419	539
			140	228	**285**	352	453
74	Obstgehölze, Weidenblättrige Birne, StU 16-18	St	310	411	**437**	485	520
			261	345	**367**	407	437
75	Obstgehölze, Zwerg-Blut-Pflaume, 80-100	St	27	35	**36**	41	53
			23	30	**30**	34	45
76	Obstgehölze, Blut-Pflaume, StU 16-18	St	–	199	**212**	237	–
			–	167	**178**	199	–
77	Obstgehölze, Kultur-Pflaume, StU 16-18	St	–	412	**443**	510	–
			–	346	**372**	428	–
78	Obstgehölze, japanische Blütenkirsche, StU 12-14	St	270	315	**337**	357	385
			227	265	**283**	300	323
79	Obstgehölze, 175-200cm	St	44	59	**70**	79	95
			37	50	**59**	66	80
80	Obstgehölze, Walnussbaum	St	151	222	**251**	293	357
			127	186	**211**	247	300
81	Weidentunnel, Silber-Weide	St	2	4	**5**	6	8
			2	3	**4**	5	7
82	Strauch, Kupfer-Felsenbirne	St	33	40	**44**	46	61
			28	34	**37**	39	52
83	Strauch, Gewöhnliche Haselnuss	St	19	23	**25**	26	32
			16	20	**21**	22	27
84	Strauch, Rhododendron in Sorten	St	33	41	**44**	49	59
			28	35	**37**	41	50
85	Strauch, Hortensie in Sorten	St	10	13	**15**	18	24
			9	11	**13**	15	20
86	Strauch, Flieder in Sorten	St	31	50	**58**	62	82
			26	42	**49**	52	69
87	Strauch, Forsythie	St	16	19	**19**	20	26
			13	16	**16**	17	22
88	Strauch, Lavendel	St	1	2	**2**	2	3
			1	2	**2**	2	2
89	Strauch, Kornelkirsche	St	28	36	**39**	43	49
			23	30	**33**	36	41
90	Strauch, Europäische Eibe	St	60	85	**97**	113	139
			50	71	**81**	95	117
91	Strauch, Heckeneibe	St	27	58	**58**	78	107
			22	49	**49**	66	90
92	Strauch, Berberitze in Sorten	St	14	17	**19**	20	24
			11	15	**16**	16	20
93	Strauch, Zwergmispel in Sorten	St	2	3	**3**	4	6
			2	2	**3**	3	5
94	Strauch, Immergrüne Heckenkirsche	St	2	2	**3**	4	6
			1	2	**2**	3	5
95	Strauch, Rote Heckenkirsche	St	2	4	**5**	6	10
			2	4	**4**	5	9
96	Strauch, Rote Johannisbeere in Sorten	St	3	4	**4**	4	7
			2	3	**4**	4	6

© **BKI** Baukosteninformationszentrum; Erläuterungen zu den Tabellen siehe Seite 44
Mustertexte geprüft: Deutsche Gesellschaft für Garten- und Landschaftskultur e.V.

Kostenstand: 1.Quartal 2021, Bundesdurchschnitt

LB 004 Landschaftsbauarbeiten - Pflanzen

Landschaftsbauarbeiten; Pflanzen — Preise €

Nr.	Positionen	Einheit	▶ min	▷ von	ø brutto € / ø netto €	◁ bis	◀ max
97	Strauch, Heckenrose	St	1	2	3	3	4
			1	2	2	3	4
98	Staude, wilde Rosen in Sorten	St	4	4	4	5	6
			3	4	4	4	5
99	Staude, Kleines Immergrün	St	2	2	2	2	3
			1	2	2	2	2
100	Staude, Frauenmantel	St	2	2	2	2	3
			1	2	2	2	2
101	Staude, Sommer-Salbei	St	2	3	3	3	3
			2	2	2	2	3
102	Staude, Kastanienblättriges Schaublatt	St	2	3	3	4	5
			2	3	3	3	4
103	Staude, Balkan-Storchenschnabel	St	1	2	2	2	3
			1	2	2	2	2
104	Staude, Weißer Blut-Storchenschnabel	St	1	2	2	2	3
			1	2	2	2	2
105	Staude, Pracht-Storchenschnabel	St	1	2	3	3	4
			1	2	3	3	3
106	Staude, Schwefel-Elfenblume	St	2	3	3	3	4
			2	2	2	3	3
107	Ziergräser in Sorten	St	1	2	3	3	4
			1	2	2	3	3
108	Gras, Feinhalm-Chinaschilf	St	4	5	5	5	6
			3	4	4	4	5
109	Gras, Blau-Schwingel	St	2	2	2	2	3
			2	2	2	2	2
110	Gras, Rasenschmiele-Goldschleier	St	0,7	1,4	1,8	2,1	2,5
			0,6	1,2	1,5	1,7	2,1
111	Gras, Schnee-Marbel	St	1	2	2	2	3
			1	2	2	2	2
112	Gras, Wald-Marbel	St	1	2	2	3	4
			1	2	2	3	3
113	Gras, Japan-Berggras	St	3	3	3	4	4
			2	3	3	3	3
114	Farn, Königsfarn	St	5	6	7	8	9
			4	5	6	6	8
115	Kletterpflanze, Wilder Wein	St	5	8	9	10	13
			4	7	7	8	11
116	Kletterpflanze, Berg-Waldrebe	St	6	7	7	7	7
			5	6	6	6	6
117	Kletterpflanze, Immergrünes Geißblatt	St	6	7	7	7	7
			5	5	6	6	6
118	Kletterpflanze, Efeu	St	3	5	5	5	7
			2	4	4	4	6
119	Wasserpflanzen liefern	St	2	4	4	6	10
			2	3	3	5	8
120	Wasserpflanze, Teich-Simse	St	2	2	3	3	3
			2	2	2	2	2

Kosten: Stand 1.Quartal 2021 Bundesdurchschnitt

▶ min
▷ von
ø Mittel
◁ bis
◀ max

Landschaftsbauarbeiten; Pflanzen — Preise €

Nr.	Positionen	Einheit	▶	▷	ø brutto € / ø netto €	◁	◀
121	Wasserpflanze, Sumpfdotterblume	St	2 / 2	3 / 2	**3** / **2**	3 / 3	4 / 3
122	Wasserpflanze, Zwergbinse	St	2 / 2	3 / 2	**3** / **2**	3 / 2	3 / 2
123	Fertigstellungspflege Stauden, Bodendecker	m²	0,4 / 0,3	1,2 / 1,0	**1,3** / **1,1**	1,6 / 1,4	2,4 / 2,0
124	Fertigstellungspflege, Sträucher	St	40 / 34	56 / 47	**66** / **55**	69 / 58	81 / 68
125	Fertigstellungspflege, Hecken bis 2,00m	m	7 / 6	9 / 7	**9** / **8**	10 / 9	12 / 10
126	Fertigstellungspflege, Baum	St	18 / 15	30 / 25	**42** / **36**	53 / 45	60 / 51
127	Pflanzflächen wässern	m²	0,3 / 0,3	1,0 / 0,8	**1,3** / **1,1**	1,7 / 1,4	2,6 / 2,2
128	Wässern der Hecke	m²	2 / 1	3 / 2	**3** / **3**	4 / 3	5 / 4
129	Wässern der Rasenfläche	m²	0,2 / 0,2	0,5 / 0,4	**0,6** / **0,5**	0,7 / 0,6	1,0 / 0,8
130	Vegetationsmatte, liefern/verlegen	m²	28 / 23	37 / 31	**39** / **33**	44 / 37	58 / 49

Nr.	**Kurztext** / Langtext					Kostengruppe
▶	▷	**ø netto €**	◁	◀	[Einheit]	Ausf.-Dauer Positionsnummer

1   Baumverankerung, Baumpfahl KG **573**
Pflanzenverankerung mit Baumpfahl, schräg, weißgeschält.
Pfahllänge: 150 cm
Zopfdicke: 6/8 cm
Bindegut: Kokosstrick

12€	14€	**14**€	15€	17€	[St]	⏱ 0,50 h/St 004.000.183

2   Baumverankerung, Unterflur KG **573**
Unterflur-Baumverankerung mit Stahlanker mit Gurtschlaufen und Spanngurten aus Polyestergewebe.
Breite: 60 mm
Angeb. Fabrikat: .....

94€	110€	**116**€	127€	149€	[St]	⏱ 1,20 h/St 004.000.182

3   Pflanzenverankerung, Pfahl-Zweibock KG **573**
Pflanzenverankerung, zwei senkrechten Baumpfählen, weißgeschält, Zopf und Bindegurt.
Pfahllänge: 300 cm
Zopfdicke: 6-8 cm
Bindegut: Kokosstrick
Angeb. Fabrikat: .....

29€	37€	**40**€	50€	63€	[St]	⏱ 0,80 h/St 004.000.184

© **BKI** Baukosteninformationszentrum; Erläuterungen zu den Tabellen siehe Seite 44
Mustertexte geprüft: Deutsche Gesellschaft für Garten- und Landschaftskultur e.V.
Kostenstand: 1.Quartal 2021, Bundesdurchschnitt

LB 004 Landschaftsbauarbeiten - Pflanzen

Kosten:
Stand 1.Quartal 2021
Bundesdurchschnitt

▶ min
▷ von
ø Mittel
◁ bis
◀ max

Nr.	Kurztext / Langtext							Kostengruppe
▶	▷	ø netto €	◁	◀		[Einheit]	Ausf.-Dauer	Positionsnummer

4 — Pflanzenverankerung, Pfahl-Dreibock — KG 573

Pflanzenverankerung, Pfahl-Dreibock, Rahmen aus Halbrundhölzern, Pfähle weißgeschält, Zopf und Bindegurt. Die drei Baumpfähle sind oben im Dreieck zu versteifen.
Pfahllänge: 300 cm
Zopfdicke: 6-8 cm
Bindegut: Kokosstrick
Angeb. Fabrikat: .....

| 39€ | 50€ | **54€** | 62€ | 83€ | [St] | ⏱ 1,00 h/St | 004.000.185 |

5 — Verdunstungsschutz, Baumstamm — KG 573

Verdunstungs- und Stammschutz durch Schilfbandage, umwickelt mit Kokosstricken.
Stammdurchmesser: über 15-20 cm
Stammhöhe: bis 2,00 m
Bandage: Schilfrohrmatten
Angeb. Fabrikat: .....

| 12€ | 16€ | **18€** | 21€ | 27€ | [St] | ⏱ 0,50 h/St | 004.000.186 |

6 — Hochstamm einschlagen — KG 573

Hochstamm auf der Baustelle gem. Angaben des AG bis zur Verwendung in vorbereiteter Fläche einschlagen. Pflanzenlieferung wird gesondert vergütet.
Stammumfang: bis 12 cm
Bodengruppen DIN 18915: .....

| 7€ | 8€ | **8€** | 9€ | 10€ | [St] | ⏱ 1,15 h/St | 004.000.187 |

7 — Strauchpflanze einschlagen — KG 573

Strauchpflanze auf der Baustelle gem. Angaben des AG bis zur Verwendung in vorbereiteter Fläche einschlagen. Pflanzenlieferung wird gesondert vergütet.
Bodengruppen DIN 18915: .....

| 2€ | 3€ | **3€** | 4€ | 5€ | [St] | ⏱ 0,30 h/St | 004.000.188 |

8 — Solitärgehölz einschlagen — KG 573

Hochstamm auf der Baustelle gem. Angaben des AG bis zur Verwendung in vorbereiteter Fläche einschlagen. Pflanzenlieferung wird gesondert vergütet.
Höhe: bis 100 cm
Breite: bis 100 cm
Bodengruppen DIN 18915: .....

| 9€ | 11€ | **12€** | 13€ | 14€ | [St] | ⏱ 1,50 h/St | 004.000.189 |

9 — Solitärgehölz nach Einschlag pflanzen — KG 573

Solitärgehölz bauseits lagernd, aus Einschlagort entnehmen und gem. Pflanzplan in vorbereitete Pflanzgrube pflanzen, Pflanzgrube wieder verfüllen.
Höhe: bis 100 cm
Breite: bis 100 cm
Bodengruppen DIN 18915: .....

| 17€ | 20€ | **22€** | 24€ | 25€ | [St] | ⏱ 1,00 h/St | 004.000.190 |

Nr.	Kurztext / Langtext							Kostengruppe
▶	▷	ø netto €	◁	◀	[Einheit]	Ausf.-Dauer	Positionsnummer

10 Heckenpflanzen nach Einschlag pflanzen KG **573**

Heckenpflanzen bauseits lagernd, aus Einschlagort entnehmen und gem. Pflanzplan in vorbereiteten Pflanzgraben pflanzen. Die Pflanzgrube ist mit seitlich lagerndem Boden zu verfüllen. Ein Gießrand ist herzustellen. Anwässern nach Bedarf.
Gehölzart: .....
Breite: bis 100 cm
Bodengruppen DIN 18915: .....

| 3€ | 4€ | **4€** | 5€ | 6€ | [St] | ⏱ 0,10 h/St | 004.000.191 |

11 Strauchpflanzen nach Einschlag pflanzen KG **573**

Strauch bauseits lagernd, aus Einschlagort entnehmen und gem. Pflanzplan in vorbereitete Pflanzgrube pflanzen, Pflanzgrube wieder verfüllen.
Höhe: bis 70 cm
Bodengruppen DIN 18915: .....
Pflanzlieferung wird gesondert vergütet

| 3€ | 4€ | **4€** | 5€ | 8€ | [St] | ⏱ 1,00 h/St | 004.000.192 |

12 Solitär/Hochstamm nach Einschlag pflanzen KG **573**

Solitärgehölz bauseits lagernd, aus Einschlagort entnehmen und gem. Pflanzplan in vorbereitete Pflanzgrube pflanzen, Pflanzgrube wieder verfüllen.
Höhe: bis 100 cm
Breite: über 100 bis 200 cm
Bodengruppen DIN 18915: .....
Pflanzlieferung wird gesondert vergütet

| 13€ | 15€ | **17€** | 20€ | 22€ | [St] | ⏱ 1,10 h/St | 004.000.193 |

13 Bodendecker und Stauden nach Einschlag pflanzen KG **573**

Bodendecker und Kleingehölze bauseits lagernd, aus Einschlagort entnehmen und in vorbereitete Pflanzgrube pflanzen, Pflanzgrube verfüllen.
Bodengruppen DIN 18915: .....
Pflanzlieferung wird gesondert vergütet

| 0,8€ | 2,0€ | **2,7€** | 4,3€ | 6,1€ | [m²] | ⏱ 0,30 h/m² | 004.000.194 |

14 Heckenschnitt, Hainbuche KG **573**

Hecke schneiden. Schnittgut auf der Baustelle lagern.
Höhe vor dem Schnitt: über 1,00 bis 1,50 m
Breite vor dem Schnitt: über 0,50 m
geforderte Schnitthöhe: bis 0,5 m
geforderte Schnittbreite: bis 0,5 m
Abrechnung nach Schnittfläche, Schnitt 2-seitig und oben, einschl. Köpfe.

| 4€ | 4€ | **5€** | 6€ | 7€ | [m] | ⏱ 0,10 h/m | 004.000.195 |

15 Pflanzflächen mulchen, Rindenmulch KG **573**

Mulchen der Pflanzfläche mit gütegesichertem Rindenmulch.
Mulchdicke: über 10-15 cm
Körnung: .....

| 4€ | 4€ | **5€** | 5€ | 6€ | [m²] | ⏱ 0,10 h/m² | 004.000.196 |

003
004
080

LB 004 Landschaftsbauarbeiten - Pflanzen

Kosten:
Stand 1.Quartal 2021
Bundesdurchschnitt

Nr.	Kurztext / Langtext				[Einheit]	Ausf.-Dauer	Kostengruppe Positionsnummer
▶	▷	ø netto €	◁	◀			

16 Pflanzflächen lockern, Baumscheiben — KG 573

Lockern der Pflanzfläche, unerwünschten Aufwuchs abtrennen, auf Gehölzflächen, Bearbeitungstiefe 2cm, Steine ab 5cm Durchmesser von der Fläche entfernen, anfallende Stoffe zum Mulchen der Fläche verwenden. Arbeitsgänge: 6 St

| 0,5€ | 0,8€ | **0,9€** | 1,3€ | 2,1€ | [m²] | ⏱ 0,07 h/m² | 004.000.197 |

17 Hochstamm/Solitär, liefern/pflanzen, 12-16cm — KG 573

Hochstamm in Solitärqualität mit Drahtballen, pflanzen in herzustellendes Pflanzloch. Lieferung der Pflanzen wird gesondert vergütet.
Gehölzeart: .....
Stammumfang: 12-16 cm
Bodengruppe: .....

| 67€ | 85€ | **92€** | 125€ | 185€ | [St] | ⏱ 1,90 h/St | 004.000.200 |

18 Großgehölz mit Ballen, pflanzen — KG 573

Großgehölz mit Ballen in Baumgrubensubstrat pflanzen. Leistung inkl. ausheben und wiederverfüllen der Pflanzgrube sowie Herstellen der Baumscheibe mit Gießrand. Der überschüssige Boden ist im Baustellenbereich einbauen.
Gehölzeart: .....
Pflanzqualität: mit Ballen
Stammhöhe: 125-150 cm
Bodengruppe: .....
Angeb. Baumsubstrat: .....

| 42€ | 66€ | **78€** | 92€ | 114€ | [St] | ⏱ 1,90 h/St | 004.000.202 |

19 Sträucher liefern/pflanzen, bis 80cm — KG 573

Strauch in herzustellende und wieder zu verfüllende Pflanzgrube pflanzen. Lieferung der Pflanze wird gesondert vergütet.
Strauchart: .....
Pflanzqualität: .....
Strauchhöhe: bis 90 cm
Bodengruppen DIN 18915: .....

| 2€ | 5€ | **5€** | 7€ | 11€ | [St] | ⏱ 0,10 h/St | 004.000.203 |

20 Sträucher liefern/pflanzen, 100-150cm — KG 573

Strauch in herzustellende und wieder zu verfüllende Pflanzgrube pflanzen, einschl. Pflanzschnitt.
Strauchart: .....
Pflanzqualität: .....
Strauchhöhe: 100-150 cm
Pflanzgrube: doppelte Ballengröße
Bodengruppen DIN 18915: .....

| 5€ | 7€ | **8€** | 9€ | 11€ | [St] | ⏱ 0,18 h/St | 004.000.205 |

▶ min
▷ von
ø Mittel
◁ bis
◀ max

Nr.	Kurztext / Langtext					Kostengruppe	
▶	▷	ø netto €	◁	◀	[Einheit]	Ausf.-Dauer	Positionsnummer

21 Sträucher liefern/pflanzen, über 150cm KG **573**
Strauch pflanzen in herzustellende und wieder zu verfüllende Pflanzgrube, einschl. Pflanzschnitt.
Strauchart: .....
Pflanzqualität: .....
Strauchhöhe: über 150 cm
Pflanzgrube: doppelte Ballengröße
Bodengruppen DIN 18915: .....

| 7€ | 10€ | **12**€ | 12€ | 15€ | [St] | ⏱ 0,20 h/St | 004.000.206 |

22 Blumenzwiebeln pflanzen KG **573**
Blumenzwiebel, Knolle nach Planung in vorbereitete Pflanzfläche pflanzen. Pflanzlieferung wird gesondert vergütet.
Bodengruppen DIN 18915: .....

| 0,2€ | 0,2€ | **0,3**€ | 0,3€ | 0,4€ | [St] | ⏱ 0,01 h/St | 004.000.213 |

23 Vorratsdüngung 50g KG **573**
Düngung der Pflanzfläche, mit organisch-mineralischem Dünger mit Langzeitwirkung aufbringen und einarbeiten.
Menge: 50 g/m²

| 0,1€ | 0,3€ | **0,3**€ | 0,7€ | 1,1€ | [m²] | ⏱ 0,01 h/m² | 004.000.214 |

24 Rasenplanum KG **574**
Feinplanum für Rasenfläche, Anschlüsse an Kanten, Wege- und Platzbeläge oberflächengleich, Steine von mehr als 5 cm Durchmesser und schwer verrottbare Pflanzenteile ablesen, anfallende Stoffe zur Abfuhr Seitlich lagern.
Bodengruppen DIN 18915: .....
Zulässige Abweichung der Ebenheit bei 4 m 3 cm / bei 2 m 2 cm

| 1€ | 1,9€ | **2,0**€ | 2,1€ | 2,8€ | [m²] | ⏱ 0,02 h/m² | 004.000.215 |

25 Ansaat, Gebrauchsrasen KG **574**
Rasenansaat mit Regel-Saatgutmischung als Gebrauchsrasen in zwei Arbeitsgängen.
RSM-Mischung: 2.2
Saatgutmenge: 25 g/m²
Angeb. Fabrikat: .....

| 0,3€ | 0,5€ | **0,5**€ | 0,6€ | 0,7€ | [m²] | ⏱ 0,01 h/m² | 004.000.216 |

26 Ansaat, Spielrasen KG **574**
Rasenansaat mit Regel-Saatgutmischung als Spielrasen in zwei Arbeitsgängen.
RSM-Mischung: 2.3
Saatgutmenge: 25 g/m²
Angeb. Fabrikat: .....

| 0,5€ | 0,9€ | **1,0**€ | 1,4€ | 2,4€ | [m²] | ⏱ 0,01 h/m² | 004.000.217 |

LB 004 Landschaftsbauarbeiten - Pflanzen

Kosten:
Stand 1.Quartal 2021
Bundesdurchschnitt

▶ min
▷ von
ø Mittel
◁ bis
◀ max

Nr.	Kurztext / Langtext							Kostengruppe
▶	▷	ø netto €	◁	◀		[Einheit]	Ausf.-Dauer	Positionsnummer
27	**Fertigrasen liefern, einbauen**							KG **574**
	Fertigrasen als Gebrauchsrasen verlegen, mit Regel-Saatgutmischung. Saatgutmischung nach Angaben des Herstellers Dicke: ..... cm Sollhöhe: zulässige Abweichung +/-3 cm Bodengruppen DIN 18915:							
6€	8€	9€	10€	11€		[m²]	⏱ 0,25 h/m²	004.000.218
28	**Schotterrasen herstellen**							KG **574**
	Schotterrasen mit Regel-Saatgutmischung als Gebrauchsrasen auf vorhandener Frostschutzschicht herstellen. Gemisch aus 30% Oberboden, 70% Schotter. Schotter: 16/45 Bodengruppen DIN 18915: ..... Dicke: 10 cm RSM-Mischung: ..... Saatgutmenge: 30 g/m² Angeb. Fabrikat:							
11€	13€	13€	14€	16€		[m²]	⏱ 0,15 h/m²	004.000.219
29	**Rasenfläche düngen**							KG **574**
	Düngung der Rasenfläche, mineralischer Dünger, ausbringen und einarbeiten Menge: ..... g/m² Angeb. Fabrikat:							
0,1€	0,3€	0,4€	0,5€	0,6€		[m²]	⏱ 0,01 h/m²	004.000.220
30	**Rasenflächen Mähen**							KG **574**
	Rasenfläche Mähen, Gebrauchsrasen, ein Schnitt, Schnittgut in Behälter AN laden, Behältergröße bis 0,05m³, auf der Baustelle bereitstellen. Der Schnittzeitpunkt ist mit der Bauleitung abzustimmen. Wuchshöhe: 6 bis 10 cm Schnitthöhe: 4 cm							
1,0€	2€	2€	2€	3€		[m²]	⏱ 0,01 h/m²	004.000.221
31	**Heckenpflanze, Hainbuche bis 200cm**							KG **573**
	Hainbuche - Carpinus betulus liefern und einpflanzen. Pflanzqualität: Heckenpflanze, 2x verpflanzt mit Ballen Höhe: bis 200 cm Bodengruppen DIN 18915:							
10€	12€	12€	14€	17€		[St]	⏱ 0,18 h/St	004.000.223
32	**Heckenpflanze, Eibe bis 200cm**							KG **573**
	Gewöhnliche Eibe - Taxus baccata liefern und einpflanzen. Pflanzqualität: Heckenpflanze, 5x verpflanzt mit Drahtballen Höhe: bis 200 cm Bodengruppen DIN 18915:							
65€	83€	90€	90€	117€		[St]	⏱ 0,18 h/St	004.000.225

Nr.	Kurztext / Langtext							Kostengruppe
▶	▷	ø netto €	◁	◀	[Einheit]		Ausf.-Dauer	Positionsnummer

33 Heckenpflanze, Buchsbaum — KG 573
Buchsbaum - Buxus sempervierens liefern und einpflanzen.
Pflanzqualität: Heckenpflanze, 2x verpflanzt im Container
Höhe: 20-25 cm
Bodengruppen DIN 18915: .....

| 3€ | 5€ | **5€** | 5€ | 6€ | [St] | ⏱ 0,17 h/St | 004.000.226 |

34 Heckenpflanze, Liguster bis 100cm — KG 573
Liguster - Ligustrum vulgare liefern und einpflanzen.
Pflanzqualität: Heckenpflanze, verpflanzter Strauch 6 Triebe ohne Ballen
Höhe: bis 100 cm
Bodengruppen DIN 18915: .....

| 1€ | 2€ | **3€** | 4€ | 5€ | [St] | ⏱ 0,17 h/St | 004.000.227 |

35 Heckenpflanze, Liguster bis 200cm — KG 573
Liguster - Ligustrum vulgare liefern und einpflanzen.
Pflanzqualität: Heckenpflanze, verpflanzter Strauch 8 Triebe ohne Ballen
Höhe: bis 200 cm
Bodengruppen DIN 18915: .....

| 2€ | 4€ | **4€** | 4€ | 6€ | [St] | ⏱ 0,18 h/St | 004.000.228 |

36 Heckenpflanze, Lorbeerkirsche bis 100cm — KG 573
Kirschlorbeer - Prunus laurocerrasus liefern und einpflanzen.
Pflanzqualität: Heckenpflanze, 2x verpflanzt ohne Ballen mit 5-7 Trieben
Höhe: bis 100 cm
Bodengruppen DIN 18915: .....

| 15€ | 17€ | **19€** | 20€ | 21€ | [St] | ⏱ 0,17 h/St | 004.000.229 |

37 Heckenpflanze, Lorbeerkirsche bis 200cm — KG 573
Kirschlorbeer - Prunus laurocerrasus liefern und einpflanzen.
Pflanzqualität: Heckenpflanze, 2x verpflanzt ohne Ballen mit 8 Trieben
Höhe: bis 200 cm
Bodengruppen DIN 18915: .....

| 41€ | 49€ | **52€** | 59€ | 60€ | [St] | ⏱ 0,18 h/St | 004.000.230 |

38 Heckenpflanze, Rot-Buche bis 100cm — KG 573
Rot-Buche - Fagus sylvatica liefern und einpflanzen.
Pflanzqualität: Heckenpflanze, 2x verpflanzt mit Ballen geschnitten
Höhe: 80-100 cm
Bodengruppen DIN 18915: .....

| –€ | 16€ | **17€** | 21€ | –€ | [St] | ⏱ 0,17 h/St | 004.000.231 |

39 Heckenpflanze, Rot-Buche bis 200cm — KG 573
Rot-Buche - Fagus sylvatica liefern und einpflanzen.
Pflanzqualität: Heckenpflanze, 3x verpflanzt mit Ballen geschnitten
Höhe: 175-200 cm
Bodengruppen DIN 18915: .....

| 22€ | 29€ | **31€** | 35€ | 40€ | [St] | ⏱ 0,18 h/St | 004.000.232 |

LB 004 Landschaftsbauarbeiten - Pflanzen

Kosten: Stand 1.Quartal 2021 Bundesdurchschnitt

▶ min
▷ von
ø Mittel
◁ bis
◀ max

Nr.	Kurztext / Langtext							Kostengruppe	
▶	▷	**ø netto €**	◁	◀		[Einheit]	Ausf.-Dauer	Positionsnummer	

40	Heckenpflanze, Blut-Buche bis 100cm							KG **573**
Blut-Buche - Fagus sylvatica purpurea liefern und einpflanzen. Pflanzqualität: Heckenpflanze, 2x verpflanzt mit Ballen geschnitten Höhe: 80-100 cm Bodengruppen DIN 18915:								
–€	20€	**21€**	25€	–€		[St]	⏱ 0,17 h/St	004.000.233

41	Heckenpflanze, Blut-Buche bis 200cm							KG **573**
Blut-Buche - Fagus sylvatica purpurea liefern und einpflanzen. Pflanzqualität: Heckenpflanze, 3x verpflanzt mit Ballen geschnitten Höhe: 175-200 cm Bodengruppen DIN 18915:								
23€	31€	**33€**	38€	45€		[St]	⏱ 0,18 h/St	004.000.234

42	Heckenpflanze, Feld-Ahorn bis 100cm							KG **573**
Feld-Ahorn - Acer campestre liefern und einpflanzen. Pflanzqualität: Heckenpflanze, 2x verpflanzt mit Ballen geschnitten Höhe: 100-125 cm Bodengruppen DIN 18915:								
8€	12€	**11€**	13€	14€		[St]	⏱ 0,17 h/St	004.000.235

43	Heckenpflanze, Feld-Ahorn bis 200cm							KG **573**
Feld-Ahorn - Acer campestre liefern und einpflanzen. Pflanzqualität: Heckenpflanze, 2x verpflanzt mit Ballen geschnitten Höhe: 175-200 cm Bodengruppen DIN 18915:								
12€	16€	**17€**	20€	21€		[St]	⏱ 0,18 h/St	004.000.236

44	Solitär, Hainbuche							KG **573**
Hainbuche - Carpinus betulus liefern und einpflanzen. Pflanzqualität: Heckenpflanze, 2x verpflanzt mit Ballen Höhe: bis 100 cm Bodengruppen DIN 18915:								
9€	11€	**12€**	14€	18€		[St]	⏱ 0,17 h/St	004.000.222

45	Solitär, Säulen-Hainbuche							KG **573**
Solitär als Hochstamm, 3x verpflanzt, mit Drahtballen, liefern und pflanzen. Botanischer Name: Carpinus betulus Fastigiata (Säulen Hainbuche) Stammumfang: 10-12 cm								
296€	354€	**382€**	415€	465€		[St]	⏱ 2,60 h/St	004.000.237

46	Solitär, Rotblühende Rosskastanie, StU 16-18							KG **573**
Solitär, 3x verpflanzt, mit Drahtballen, liefern und pflanzen. Botanischer Name: Aesculus carnea (Rotblühende Rosskastanie) Stammumfang: 16-18 cm								
176€	242€	**255€**	265€	312€		[St]	⏱ 2,00 h/St	004.000.238

Nr.	Kurztext / Langtext					Kostengruppe	
▶	▷	ø netto €	◁	◀	[Einheit]	Ausf.-Dauer	Positionsnummer
47	Solitär, Spitz-Ahorn					KG 573	
	Solitär als Hochstamm, 3x verpflanzt, mit Drahtballen, liefern und pflanzen. Botanischer Name: Acer platanoides (Spitzahorn) Stammumfang: 18-20 cm						
266€	322€	**341€**	361€	432€	[St]	2,60 h/St	004.000.241
48	Solitär, Kugel-Ahorn					KG 573	
	Solitär als Hochstamm, 3x verpflanzt, mit Drahtballen, liefern und pflanzen. Botanischer Name: Acer platanoides 'Globosum' (Kugel - Ahorn) Stammumfang: 14-16 cm						
256€	323€	**364€**	390€	467€	[St]	2,60 h/St	004.000.242
49	Solitär, Feld-Ahorn					KG 573	
	Solitär als Hochstamm, 3x verpflanzt, mit Drahtballen, liefern und pflanzen. Botanischer Name: Acer campestre (Feld-Ahorn) Stammumfang: 16-18 cm						
159€	233€	**280€**	341€	436€	[St]	2,60 h/St	004.000.243
50	Solitär, Vogelkirsche					KG 573	
	Solitär als Hochstamm, 3x verpflanzt, mit Drahtballen, liefern und pflanzen. Botanischer Name: Prunus avium (Vogelkirsche) Stammumfang: 16-18 cm						
223€	251€	**264€**	270€	313€	[St]	3,40 h/St	004.000.244
51	Solitär, Winterlinde					KG 573	
	Solitär als Hochstamm, 4x verpflanzt, mit Drahtballen liefern und pflanzen. Botanischer Name: Tilia cordata (Winterlinde) Stammumfang: 25-30 cm Höhe: 400-500 cm Breite: 200-300 cm						
261€	326€	**358€**	387€	446€	[St]	3,40 h/St	004.000.245
52	Solitär, Wald-Kiefer					KG 573	
	Solitär als Hochstamm, 4x verpflanzt, mit Drahtballen, liefern und pflanzen. Botanischer Name: Pinus sylvetris (Wald-Kiefer) Stammumfang: 25-18 cm Höhe: 125-150 cm						
229€	424€	**451€**	466€	567€	[St]	2,60 h/St	004.000.246
53	Solitär, Sand-Birke					KG 573	
	Solitär als Hochstamm, 3x verpflanzt, liefern und pflanzen. Botanischer Name: Betula pendula (Hänge Birke) Stammumfang: 16-18 cm						
227€	268€	**278€**	299€	347€	[St]	3,00 h/St	004.000.247

LB 004 Landschaftsbauarbeiten - Pflanzen

Kosten:
Stand 1.Quartal 2021
Bundesdurchschnitt

Nr.	Kurztext / Langtext					[Einheit]	Ausf.-Dauer	Kostengruppe Positionsnummer
▶	▷	ø netto €	◁	◀				
54	**Solitär, Hainbuche**							KG **573**
	Solitär als Hochstamm, 3x verpflanzt, liefern und pflanzen.							
	Botanischer Name: Carpinus betulus (Hainbuche)							
	Stammumfang: 16-18 cm							
	165€	224€	**255**€	319€	408€	[St]	⏱ 3,00 h/St	004.000.248
55	**Solitär, Gemeine Esche**							KG **573**
	Solitär als Hochstamm, 3x verpflanzt, mit Drahtballen, liefern und pflanzen.							
	Botanischer Name: Fraxinus excelsior (Gemeine Esche)							
	Stammumfang: 16-18 cm							
	193€	236€	**242**€	261€	313€	[St]	⏱ 2,00 h/St	004.000.249
56	**Solitär, Vogelbeere**							KG **573**
	Solitär als Hochstamm, 3x verpflanzt, mit Drahtballen, liefern und pflanzen.							
	Botanischer Name: Sorbus aucuparia (Vogelbeere)							
	Stammumfang: 16-18 cm							
	122€	172€	**199**€	231€	284€	[St]	⏱ 2,00 h/St	004.000.250
57	**Solitär, Schwedische Mehlbeere**							KG **573**
	Solitär als Hochstamm, 3x verpflanzt, mit Drahtballen, liefern und pflanzen.							
	Botanischer Name: Sorbus intermedia (Mehlbeere)							
	Stammumfang: 14-16 cm							
	157€	180€	**184**€	190€	213€	[St]	⏱ 2,00 h/St	004.000.252
58	**Solitär, Baum-Hasel**							KG **573**
	Solitär als Hochstamm, 3x verpflanzt, mit Drahtballen, liefern und pflanzen.							
	Botanischer Name: Corylus colurna (Baumhasel)							
	Stammumfang: 16-18 cm							
	176€	190€	**255**€	283€	314€	[St]	⏱ 2,00 h/St	004.000.253
59	**Solitär, Blut-Hasel**							KG **573**
	Solitär, 3x verpflanzt, mit Ballen, liefern und pflanzen.							
	Botanischer Name: Corylus maxima (Blut-Hasel)							
	Höhe: 125-150 cm							
	51€	75€	**90**€	107€	134€	[St]	⏱ 2,00 h/St	004.000.254
60	**Solitär, Rotdorn in Sorten**							KG **573**
	Solitär als Hochstamm, 4x verpflanzt, mit Drahtballen, liefern und pflanzen.							
	Botanischer Name: Crataegus laevigata (Rotdorn)							
	Höhe: 125-150 cm							
	165€	223€	**243**€	280€	380€	[St]	⏱ 3,40 h/St	004.000.255
61	**Solitär, Blut-Buche, StU 20-25**							KG **573**
	Solitär als Hochstamm, 4x verpflanzt, mit Drahtballen, liefern und pflanzen.							
	Botanischer Name: Fagus sylvatica (Blut-Buche)							
	Stammumfang: 20-25 cm							
	352€	420€	**466**€	538€	616€	[St]	⏱ 3,00 h/St	004.000.256

▶ min
▷ von
ø Mittel
◁ bis
◀ max

Nr.	Kurztext / Langtext					Kostengruppe	
▶	▷	ø netto €	◁	◀	[Einheit]	Ausf.-Dauer	Positionsnummer

62 Solitär, Stiel-Eiche StU 14-16 — KG 573
Solitär als Hochstamm, 3x verpflanzt, mit Drahtballen, liefern und pflanzen.
Botanischer Name: Quercus robur (Stiel-Eiche)
Stammumfang: 14-16 cm

| 130€ | 176€ | **214**€ | 232€ | 273€ | [St] | ⏱ 2,60 h/St | 004.000.257 |

63 Solitär, Trompetenbaum — KG 573
Solitär als Hochstamm, 5x verpflanzt, mit Drahtballen, liefern und pflanzen.
Botanischer Name: Catalpa bignoniodes (Trompetenbaum)
Stammumfang: 30-35 cm
Höhe: 400-500 cm

| 488€ | 640€ | **708**€ | 775€ | 849€ | [St] | ⏱ 3,60 h/St | 004.000.259 |

64 Solitär, Flachrohr Bambus — KG 573
Solitär als Hochstamm, 3x verpflanzt, Container ....., liefern und pflanzen.
Botanischer Name: Phyllostachys bissetii (Bambus)
Höhe: 100-150 cm

| 87€ | 109€ | **117**€ | 119€ | 135€ | [St] | ⏱ 2,10 h/St | 004.000.260 |

65 Solitär, Platane — KG 573
Solitär als Hochstamm, 3x verpflanzt, mit Drahtballen, liefern und pflanzen.
Botanischer Name: Platanus x acerifolia (Platane)
Höhe: 100-150 cm

| 157€ | 207€ | **240**€ | 272€ | 336€ | [St] | ⏱ 2,60 h/St | 004.000.261 |

66 Solitär, Schwarzerle — KG 573
Solitär als Hochstamm, 3x verpflanzt, mit Drahtballen, liefern und pflanzen.
Botanischer Name: Alnus glutinosa (Schwarzerle)
Stammumfang: 16-18 cm

| 92€ | 108€ | **120**€ | 123€ | 149€ | [St] | ⏱ 2,00 h/St | 004.000.262 |

67 Solitär, Fächerblattbaum — KG 573
Solitär als Hochstamm, 3x verpflanzt, mit Drahtballen, liefern und pflanzen.
Botanischer Name: Ginkgo biloba (Fächerblattbaum)
Stammumfang: 20-25 cm

| 226€ | 354€ | **409**€ | 550€ | 710€ | [St] | ⏱ 3,00 h/St | 004.000.263 |

68 Solitär, Blauglockenbaum — KG 573
Solitär als Hochstamm, 3x verpflanzt, mit Drahtballen, liefern und pflanzen.
Botanischer Name: Paulownia tomentosa (Blauglockenbaum)
Stammumfang: 18-20 cm

| 260€ | 295€ | **302**€ | 322€ | 357€ | [St] | ⏱ 2,60 h/St | 004.000.264 |

69 Solitär, Tulpenbaum — KG 573
Solitär als Hochstamm, 3x verpflanzt, mit Drahtballen, liefern und pflanzen.
Botanischer Name: Liriodendron tulipifera (Tulpenbaum)
Stammumfang: 14-16 cm

| 253€ | 315€ | **329**€ | 357€ | 403€ | [St] | ⏱ 3,00 h/St | 004.000.265 |

© **BKI** Baukosteninformationszentrum; Erläuterungen zu den Tabellen siehe Seite 44
Mustertexte geprüft: Deutsche Gesellschaft für Garten- und Landschaftskultur e.V.

Kostenstand: 1.Quartal 2021, Bundesdurchschnitt

LB 004 Landschaftsbauarbeiten - Pflanzen

Kosten:
Stand 1.Quartal 2021
Bundesdurchschnitt

Nr.	Kurztext / Langtext				[Einheit]	Ausf.-Dauer	Kostengruppe Positionsnummer
▶	▷ ø netto €	◁	◀				

70 Solitär, Robinie — KG 573
Solitär als Hochstamm, 3x verpflanzt, mit Drahtballen, liefern und pflanzen.
Botanischer Name: Robinia pseudoacacia (Robinie)
Stammumfang: 16-18 cm

| 227€ | 258€ | **279€** | 299€ | 337€ | [St] | ⏱ 2,60 h/St | 004.000.268 |

71 Solitär, Magnolie — KG 573
Solitär als Hochstamm, 3x verpflanzt, mit Drahtballen, liefern und pflanzen.
Botanischer Name: Magnolia (Magnolie)
Stammumfang: 16-18 cm

| 138€ | 185€ | **198€** | 220€ | 241€ | [St] | ⏱ 2,60 h/St | 004.000.269 |

72 Obstgehölze Apfel in Sorten — KG 573
Obstgehölze in Sorten als Hochstamm, 3x verpflanzt, mit Drahtballen liefern und pflanzen.
Stammumfang: 16-18 cm

| 145€ | 197€ | **215€** | 262€ | 382€ | [St] | ⏱ 2,30 h/St | 004.000.270 |

73 Obstgehölze, Zier-Apfel `Evereste` — KG 573
Obstgehölze als Hochstamm, 3x verpflanzt, mit Drahtballen liefern und pflanzen.
Botanischer Name: Malus Evereste (Zier-Apfel)
Stammumfang: 16-18 cm

| 140€ | 228€ | **285€** | 352€ | 453€ | [St] | ⏱ 2,30 h/St | 004.000.271 |

74 Obstgehölze, Weidenblättrige Birne, StU 16-18 — KG 573
Obstgehölze als Hochstamm, 3x verpflanzt, mit Drahtballen liefern und pflanzen.
Botanischer Name: Pyrus salicifolia (Weidenblättrige Birne)
Stammumfang: 16-18 cm
Substrateigenschaften: .....

| 261€ | 345€ | **367€** | 407€ | 437€ | [St] | ⏱ 2,30 h/St | 004.000.274 |

75 Obstgehölze, Zwerg-Blut-Pflaume, 80-100 — KG 573
Obstgehölze als Hochstamm, 3x verpflanzt, mit Ballen liefern und pflanzen.
Botanischer Name: Prunus cistena (Zwerg-Blut-Pflaume)
Höhe: 80-100 cm

| 23€ | 30€ | **30€** | 34€ | 45€ | [St] | ⏱ 1,45 h/St | 004.000.275 |

76 Obstgehölze, Blut-Pflaume, StU 16-18 — KG 573
Obstgehölze als Hochstamm, 3x verpflanzt, mit Ballen liefern und pflanzen.
Botanischer Name: Prunus cistena (Blut-Pflaume)
Stammumfang: 16-18 cm

| –€ | 167€ | **178€** | 199€ | –€ | [St] | ⏱ 1,80 h/St | 004.000.276 |

77 Obstgehölze, Kultur-Pflaume, StU 16-18 — KG 573
Obstgehölze als Hochstamm, 3x verpflanzt, mit Drahtballen liefern und pflanzen.
Botanischer Name: Prunus domestica (Kultur-Pflaume)
Stammumfang: 16-18 cm

| –€ | 346€ | **372€** | 428€ | –€ | [St] | ⏱ 1,80 h/St | 004.000.277 |

▶ min
▷ von
ø Mittel
◁ bis
◀ max

Nr.	Kurztext / Langtext							Kostengruppe
▶	▷	ø netto €	◁	◀	[Einheit]	Ausf.-Dauer	Positionsnummer

78 Obstgehölze, japanische Blütenkirsche, StU 12-14 — KG 573
Obstgehölze als Hochstamm, 4x verpflanzt, mit Drahtballen liefern und pflanzen.
Botanischer Name: Prunus serrulata (Japanisch Blütenkirsche)
Stammumfang: 12-14 cm

| 227€ | 265€ | **283**€ | 300€ | 323€ | [St] | 1,80 h/St | 004.000.278 |

79 Obstgehölze, 175-200cm — KG 573
Obstgehölze als Hochstamm, 5x verpflanzt, mit Drahtballen liefern und pflanzen.
Botanischer Name: .....
Kronenansatz über Gelände: mind. 1,00 m
Stammhöhe: 175-200 cm
Stammumfang: 10-20 cm

| 37€ | 50€ | **59**€ | 66€ | 80€ | [St] | 1,30 h/St | 004.000.279 |

80 Obstgehölze, Walnuss-Baum — KG 574
Solitär als Hochstamm, 3x verpflanzt, mit Drahtballen, liefern und pflanzen.
Botanischer Name: Juglans regia (Walnuss-Baum)
Stammumfang: 14-16 cm

| 127€ | 186€ | **211**€ | 247€ | 300€ | [St] | 2,60 h/St | 004.000.280 |

81 Weidentunnel, Silber-Weide — KG 573
Silber-Weide - Salix alba liefern und pflanzen. Pflanzruten als Weidentunnel mit einander verflechten.
Material: geeignet für Einbau als Weidentunnel
Qualität: zweijährig, schlank und gleichmäßig biegsam
Äste: Länge ca. 3,00 m

| 2€ | 3€ | **4**€ | 5€ | 7€ | [St] | 0,08 h/St | 004.000.282 |

82 Strauch, Kupfer-Felsenbirne — KG 573
Strauch, 3x verpflanzt, mit Drahtballen liefern und pflanzen.
Botanischer Name: Amelanchier lamarckii (Kupfer-Felsenbirne)
Höhe: 100-150 cm

| 28€ | 34€ | **37**€ | 39€ | 52€ | [St] | 0,95 h/St | 004.000.283 |

83 Strauch, Gewöhnliche Haselnuss — KG 573
Strauch, 3x verpflanzt, mit Ballen, liefern und pflanzen.
Botanischer Name: Corylus avellana (Gewöhnliche Haselnuss)
Höhe: 125-150 cm

| 16€ | 20€ | **21**€ | 22€ | 27€ | [St] | 0,95 h/St | 004.000.285 |

84 Strauch, Rhododendron in Sorten — KG 573
Strauch im Container 3 Liter, liefern und pflanzen.
Botanischer Name: Rhododendron albrechti (Rhododendron albrechtii)
Höhe: 40-50 cm

| 28€ | 35€ | **37**€ | 41€ | 50€ | [St] | 0,25 h/St | 004.000.286 |

LB 004 Landschaftsbauarbeiten - Pflanzen

Kosten:
Stand 1.Quartal 2021
Bundesdurchschnitt

Nr.	Kurztext / Langtext				[Einheit]	Ausf.-Dauer	Kostengruppe Positionsnummer
▶	▷	ø netto €	◁	◀			
85	**Strauch, Hortensie in Sorten**						KG **573**
	Strauch, 2x verpflanzt, im Container 3 Liter, liefern und pflanzen.						
	Botanischer Name: Hydrangea (Hortensie)						
	Höhe: 40-60 cm						
9€	11€	**13€**	15€	20€	[St]	0,20 h/St	004.000.287
86	**Strauch, Flieder in Sorten**						KG **573**
	Strauch, 2x verpflanzt, im Container 3 Liter, liefern und pflanzen.						
	Botanischer Name: Syringa vulgaris (Gemeiner Flieder)						
	Höhe: 125-150 cm						
26€	42€	**49€**	52€	69€	[St]	0,28 h/St	004.000.288
87	**Strauch, Forsythie**						KG **573**
	Strauch als Solitär, 3x verpflanzt, mit drahtballen, liefern und pflanzen.						
	Botanischer Name: Forsythia intermedia (Forsythie, Goldglöckchen)						
	Höhe 125-150 cm						
13€	16€	**16€**	17€	22€	[St]	0,28 h/St	004.000.289
88	**Strauch, Lavendel**						KG **573**
	Strauch im Container 2 Liter, liefern und pflanzen.						
	Botanischer Name: Lavandula angustifolia (Lavendel)						
	Höhe:						
1,1€	2€	**2€**	2€	2€	[St]	0,05 h/St	004.000.290
89	**Strauch, Kornelkirsche**						KG **573**
	Strauch, 2x verpflanzt, im Container ..... Liter, liefern und pflanzen.						
	Botanischer Name: Cornus mas (Kornelkirsche)						
	Höhe: 150-175 cm						
23€	30€	**33€**	36€	41€	[St]	0,25 h/St	004.000.291
90	**Strauch, Europäische Eibe**						KG **573**
	Strauch, 4x verpflanzt, mit Drahtballen, liefern und pflanzen.						
	Botanischer Name: Taxus baccata (Gewöhnliche Eibe)						
	Höhe: 80-90 cm						
50€	71€	**81€**	95€	117€	[St]	0,30 h/St	004.000.294
91	**Strauch, Heckeneibe**						KG **573**
	Strauch, 4x verpflanzt, mit Drahtballen, liefern und pflanzen.						
	Botanischer Name: Taxus media (Heckeneibe)						
	Höhe: 80-100 cm						
22€	49€	**49€**	66€	90€	[St]	0,28 h/St	004.000.295
92	**Strauch, Berberitze in Sorten**						KG **573**
	Strauch, 2x verpflanzt, mit Ballen, liefern und pflanzen.						
	Botanischer Name: Berberis candidula (Berberitze)						
	Höhe: 40-50 cm						
11€	15€	**16€**	16€	20€	[St]	0,25 h/St	004.000.296

▶ min
▷ von
ø Mittel
◁ bis
◀ max

Nr.	Kurztext / Langtext				[Einheit]	Ausf.-Dauer	Kostengruppe Positionsnummer
▶	▷	ø netto €	◁	◀			

93 Strauch, Zwergmispel in Sorten — KG 573
Strauch, 2x verpflanzt, im Container ..... Liter, liefern und pflanzen.
Botanischer Name: Cotoneaster dammeri (Zwergmispel)
Höhe: 40-60 cm

| 2€ | 2€ | **3€** | 3€ | 5€ | [St] | ⏱ 0,04 h/St | 004.000.297 |

94 Strauch, Immergrüne Heckenkirsche — KG 573
Strauch, 2x verpflanzt, im Container ..... Liter, liefern und pflanzen.
Botanischer Name: Lonicera nitida (Immergrüne Heckenkirsche)
Höhe: 40-60 cm

| 1€ | 2€ | **2€** | 3€ | 5€ | [St] | ⏱ 0,04 h/St | 004.000.298 |

95 Strauch, Rote Heckenkirsche — KG 573
Strauch, 2x verpflanzt, im Container 3 Liter, liefern und pflanzen.
Botanischer Name: Lonicera xylosteum (Rote Heckenkirsche)
Höhe: 100-150 cm

| 2€ | 4€ | **4€** | 5€ | 9€ | [St] | ⏱ 0,08 h/St | 004.000.299 |

96 Strauch, Rote Johannisbeere in Sorten — KG 573
Strauch, verpflanzt, 3 Triebe ohne Ballen, liefern und pflanzen.
Botanischer Name: Ribes rubrum (Rote Johannisbeere)
Höhe: 30-40 cm

| 2€ | 3€ | **4€** | 4€ | 6€ | [St] | ⏱ 0,05 h/St | 004.000.300 |

97 Strauch, Heckenrose — KG 573
Strauch, verpflanzt, 4 Triebe ohne Ballen, liefern und pflanzen.
Botanischer Name: Rosa canina (Heckenrose)
Höhe: 60-100 cm

| 1€ | 2€ | **2€** | 3€ | 4€ | [St] | ⏱ 0,08 h/St | 004.000.302 |

98 Staude, wilde Rosen in Sorten — KG 573
Staude, verpflanzt, 4 Triebe ohne Ballen, liefern und pflanzen.
Botanischer Name: Rosa glauca (Hechtrose)
Höhe: 60-100 cm

| 3€ | 4€ | **4€** | 4€ | 5€ | [St] | ⏱ 0,08 h/St | 004.000.303 |

99 Staude, Kleines Immergrün — KG 573
Staude im Container 2 Liter, liefern und pflanzen.
Botanischer Name: Vinca minor (Kleinblättriges Immergrün)

| 1€ | 2€ | **2€** | 2€ | 2€ | [St] | ⏱ 0,04 h/St | 004.000.304 |

100 Staude, Frauenmantel — KG 573
Staude mit Topfballen, liefern und pflanzen.
Botanischer Name: Alchemilla mollis (Frauenmantel)
Topfgröße: P 1,0

| 1€ | 2€ | **2€** | 2€ | 2€ | [St] | ⏱ 0,04 h/St | 004.000.305 |

LB 004 Landschaftsbauarbeiten - Pflanzen

Kosten: Stand 1. Quartal 2021 Bundesdurchschnitt

Nr.	Kurztext / Langtext				[Einheit]	Ausf.-Dauer	Kostengruppe Positionsnummer
▶	▷	ø netto €	◁	◀			

101 Staude, Sommer-Salbei — KG 573
Staude mit Topfballen, liefern und pflanzen.
Botanischer Name: Salvia nemorosa (Sommer-Salbei)
Topfgröße: P 0,5

| 2€ | 2€ | **2€** | 2€ | 3€ | [St] | ⏱ 0,04 h/St | 004.000.306 |

102 Staude, Kastanienblättriges Schaublatt — KG 573
Staude mit Topfballen, liefern und pflanzen.
Botanischer Name: Rodgersia aesculifolia (Kastanienblättriges Schaublatt)
Topfgröße: P 0,75

| 2€ | 3€ | **3€** | 3€ | 4€ | [St] | ⏱ 0,04 h/St | 004.000.308 |

103 Staude, Balkan-Storchenschnabel — KG 573
Staude mit Topfballen, liefern und pflanzen.
Botanischer Name: Geranium macororrhizum (Balkan-Storchenschnabel)
Topfgröße: P 1,0

| 1€ | 2€ | **2€** | 2€ | 2€ | [St] | ⏱ 0,04 h/St | 004.000.309 |

104 Staude, Weißer Blut-Storchenschnabel — KG 573
Staude mit Topfballen, liefern und pflanzen.
Botanischer Name: Geranium sanguineum (Weißer Blut-Storchenschnabel)
Topfgröße: P 1,0

| 1€ | 2€ | **2€** | 2€ | 2€ | [St] | ⏱ 0,04 h/St | 004.000.310 |

105 Staude, Pracht-Storchenschnabel — KG 573
Staude mit Topfballen, liefern und pflanzen.
Botanischer Name: Geranium x magnificum (Pracht-Storchenschnabel)
Topfgröße: P 1,0

| 1€ | 2€ | **3€** | 3€ | 3€ | [St] | ⏱ 0,04 h/St | 004.000.311 |

106 Staude, Schwefel-Elfenblume — KG 573
Staude mit Topfballen, liefern und pflanzen.
Botanischer Name: Epimedium versicolor (Schwefel-Elfenblume)
Topfgröße: P 1,0

| 2€ | 2€ | **2€** | 3€ | 3€ | [St] | ⏱ 0,04 h/St | 004.000.312 |

107 Ziergräser in Sorten — KG 573
Ziergräser in verschiedenen Sorten liefern und pflanzen.
Pflanzqualität: mit Topfballen
Topfgröße: P 1,0

| 1€ | 2€ | **2€** | 3€ | 3€ | [St] | ⏱ 0,04 h/St | 004.000.313 |

108 Gras, Feinhalm-Chinaschilf — KG 573
Ziergras mit Topfballen, liefern und pflanzen.
Botanischer Name: Miscanthus sinensis (Feinhalm-Chinaschilf)
Topfgröße: P 1,0

| 3€ | 4€ | **4€** | 4€ | 5€ | [St] | ⏱ 0,04 h/St | 004.000.314 |

▶ min
▷ von
ø Mittel
◁ bis
◀ max

Nr.	Kurztext / Langtext							Kostengruppe
▶	▷	**ø netto €**	◁	◀	[Einheit]	Ausf.-Dauer	Positionsnummer

109 Gras, Blau-Schwingel — KG **573**
Ziergras mit Topfballen, liefern und pflanzen.
Botanischer Name: Festuca glauca (Blau-Schwingel)
Topfgröße: P 1,0

| 2€ | 2€ | **2€** | 2€ | 2€ | [St] | ⏱ 0,04 h/St | 004.000.315 |

110 Gras, Rasenschmiele-Goldschleier — KG **573**
Ziergras mit Topfballen, liefern und pflanzen.
Botanischer Name: Deschampsia cespitosa (Rasenschmiele-Goldschleier)
Topfgröße: P 1,0

| 0,6€ | 1,2€ | **1,5€** | 1,7€ | 2,1€ | [St] | ⏱ 0,04 h/St | 004.000.316 |

111 Gras, Schnee-Marbel — KG **573**
Ziergras mit Topfballen, liefern und pflanzen.
Botanischer Name: Luzula nivea (Schnee-Marbel)
Topfgröße: P 1,0

| 1€ | 2€ | **2€** | 2€ | 2€ | [St] | ⏱ 0,04 h/St | 004.000.318 |

112 Gras, Wald-Marbel — KG **573**
Ziergras mit Topfballen, liefern und pflanzen.
Botanischer Name: Luzula sylvatica (Wald-Marbel)
Topfgröße: P 1,0

| 1,1€ | 2€ | **2€** | 3€ | 3€ | [St] | ⏱ 0,04 h/St | 004.000.319 |

113 Gras, Japan-Berggras — KG **573**
Ziergras mit Topfballen, liefern und pflanzen.
Botanischer Name: Hakonechloa macra (Japan Berggras)
Topfgröße: P 1,0

| 2€ | 3€ | **3€** | 3€ | 3€ | [St] | ⏱ 0,04 h/St | 004.000.320 |

114 Farn, Königsfarn — KG **573**
Farn mit Topfballen, liefern und pflanzen.
Botanischer Name: Osmunda regalis (Königsfarn)
Topfgröße: .....
Höhe: 60 cm

| 4€ | 5€ | **6€** | 6€ | 8€ | [St] | ⏱ 0,05 h/St | 004.000.321 |

115 Kletterpflanze, Wilder Wein — KG **573**
Kletterpflanze, 2x verpflanzt, mit Topfballen, liefern und pflanzen.
Botanischer Name: Parthenocissus quinquefolia (Wilder Wein)
Topfgröße: P .....
Höhe: 60-80 cm

| 4€ | 7€ | **7€** | 8€ | 11€ | [St] | ⏱ 0,12 h/St | 004.000.322 |

© **BKI** Baukosteninformationszentrum; Erläuterungen zu den Tabellen siehe Seite 44
Mustertexte geprüft: Deutsche Gesellschaft für Garten- und Landschaftskultur e.V.

Kostenstand: 1.Quartal 2021, Bundesdurchschnitt

LB 004 Landschaftsbauarbeiten - Pflanzen

Kosten: Stand 1.Quartal 2021 Bundesdurchschnitt

Nr.	Kurztext / Langtext				[Einheit]	Ausf.-Dauer	Kostengruppe Positionsnummer
▶	▷ ø netto € ◁ ◀						
116	**Kletterpflanze, Berg-Waldrebe**						KG **573**
	Kletterpflanze, 2x verpflanzt, im Container ..... Liter, liefern und pflanzen.						
	Botanischer Name: Clematis Alba (Berg-Waldrebe)						
	Topfgröße: P						
	Höhe: 60-100 cm						
	5€ 6€ **6€** 6€ 6€				[St]	⏱ 0,12 h/St	004.000.323
117	**Kletterpflanze, Immergrünes Geißblatt**						KG **573**
	Kletterpflanze, 2x verpflanzt, im Container ..... Liter, liefern und pflanzen.						
	Botanischer Name: Lonicera henryi (Henrys-Geißblatt)						
	Höhe: 60-100 cm						
	5€ 5€ **6€** 6€ 6€				[St]	⏱ 0,12 h/St	004.000.324
118	**Kletterpflanze, Efeu**						KG **573**
	Kletterpflanze mit Topfballen, liefern und pflanzen.						
	Botanischer Name: Hedera Helix (Efeu)						
	Topfgröße: P 1,0						
	Höhe: 80-100 cm						
	2€ 4€ **4€** 4€ 6€				[St]	⏱ 0,12 h/St	004.000.325
119	**Wasserpflanzen liefern**						KG **583**
	Wasserpflanzen mit Topfballen, in verschiedenen Sorten liefern und pflanzen						
	Topfgröße: P						
	2€ 3€ **3€** 5€ 8€				[St]	⏱ 0,04 h/St	004.000.327
120	**Wasserpflanze, Teich-Simse**						KG **583**
	Wasserpflanzen mit Topfballen, liefern und pflanzen.						
	Botanischer Name: Scirpus lacustris (Teiche-Simse)						
	Topfgröße: P 0,5						
	2€ 2€ **2€** 2€ 2€				[St]	⏱ 0,06 h/St	004.000.328
121	**Wasserpflanze, Sumpfdotterblume**						KG **583**
	Wasserpflanzen mit Topfballen, liefern und pflanzen.						
	Botanischer Name: Caltha palustris (Sumpfdotterblume)						
	Topfgröße: P 0,5						
	2€ 2€ **2€** 3€ 3€				[St]	⏱ 0,06 h/St	004.000.330
122	**Wasserpflanze, Zwergbinse**						KG **583**
	Wasserpflanzen mit Topfballen, liefern und pflanzen.						
	Botanischer Name: Juncus ensifolius (Zwergbinse)						
	Topfgröße: P 0,5						
	2€ 2€ **2€** 2€ 2€				[St]	⏱ 0,06 h/St	004.000.331

▶ min
▷ von
ø Mittel
◁ bis
◀ max

Nr.	Kurztext / Langtext					Kostengruppe	
▶	▷	**ø netto €**	◁	◀	[Einheit]	Ausf.-Dauer	Positionsnummer

123 Fertigstellungspflege Stauden, Bodendecker KG **573**

Fertigstellungspflege Stauden und Bodendecker:
- Pflanzfläche lockern, hierbei sind die Besonderheiten des Bewuchs zu beachten
- unerwünschter Aufwuchs ist abzutrennen und zu entfernen
- Steine Durchmesser größer 5 cm und Unrat aus gelockerten Flächen sind abzulesen
- trockene oder beschädigte Pflanzenteile abschneiden und entfernen
- Pflanzenschnitt entsprechen den Besonderheiten der betreffenden Pflanzenart durchführen

Die Leistung umfasst 3 Arbeitsgänge im Jahr, Fertigstellungspflege für 1 Jahr nach erfolgter Pflanzung. Abrechnung in der Horizontalprojektion.

| 0,3€ | 1,0€ | **1,1€** | 1,4€ | 2,0€ | [m²] | ⏱ 0,03 h/m² | 004.000.333 |

124 Fertigstellungspflege, Sträucher KG **573**

Entwicklungspflege Sträucher:
- die Leistung beginnt nach der Abnahmen und geht über die Dauer von zwei Vegetationsperioden
- die erforderlichen Teilleistungen sind ohne Anordnung nach den Erfordernissen rechtzeitig auszuführen
- die Teilleistung ist mit der Bauleitung abzustimmen und dem AG vor Beginn anzuzeigen

Die Leistung umfasst mind. 5 Pflegegänge pro Vegetationsperiode. Abrechnung nach Stundenzettel.

| 34€ | 47€ | **55€** | 58€ | 68€ | [St] | ⏱ 1,20 h/St | 004.000.334 |

125 Fertigstellungspflege, Hecken bis 2,00m KG **573**

Fertigstellungspflege Hecke:
- Pflanzfläche lockern, hierbei sind die Besonderheiten des Bewuchs zu beachten
- Steine Durchmesser größer 5cm und Unrat aus gelockerter Fläche sind abzulesen
- beidseitiger Heckenschnitt entsprechend den Besonderheiten der betreffenden Pflanzenart durchführen, Schnittgut entsorgen

Schnitthöhe: bis ca. 2,00 m
Obere und untere Schnittbreite: 0,50-1,00 m
geforderte Höhe: ..... m
Die Leistung umfasst 1 Arbeitsgang.

| 6€ | 7€ | **8€** | 9€ | 10€ | [m] | ⏱ 0,18 h/m | 004.000.335 |

126 Fertigstellungspflege, Baum KG **573**

Fertigstellungspflege Baum:
- Pflanzfläche, Pflanzscheiben lockern, hierbei sind die Besonderheiten des Bewuchs zu beachten
- unerwünschter Aufwuchs ist abzutrennen und zu entfernen
- Steine Durchmesser größer 5 cm und Unrat aus gelockerten Flächen sind abzulesen
- Verankerungen sind zu überprüfen und gegebenenfalls nachzubessern
- trockene oder beschädigte Pflanzenteile abschneiden und entfernen
- Pflanzenschnitt entsprechender den Besonderheiten der betreffenden Pflanzenart durchführen
- Wunden an Gehölze behandeln

Die Leistung umfasst 3 Arbeitsgänge im Jahr, Fertigstellungspflege für 1 Jahr nach erfolgter Pflanzung. Abrechnung in der Horizontalprojektion.

| 15€ | 25€ | **36€** | 45€ | 51€ | [St] | ⏱ 0,95 h/St | 004.000.336 |

LB 004 Landschaftsbauarbeiten - Pflanzen

Kosten: Stand 1.Quartal 2021 Bundesdurchschnitt

Nr.	Kurztext / Langtext				[Einheit]	Ausf.-Dauer	Kostengruppe Positionsnummer
▶	▷ ø netto €	◁	◀				

127 Pflanzflächen wässern — KG 573
Wässern der Pflanzfläche mit Wasser aus bauseits vorhandenen Zapfstellen. Die Anzahl der Arbeitsgänge ist abhängig von den natürlichen Niederschlägen und mit AG abzustimmen.
Menge je Arbeitsgang: 25 l/m²
Entfernung der Zapfstellen: ..... m

| 0,3€ | 0,8€ | **1,1€** | 1,4€ | 2,2€ | [m²] | ⏱ 0,02 h/m² | 004.000.337 |

128 Wässern der Hecke — KG 573
Wässern der Hecken, Wasser kann aus bauseits vorhandenen Zapfstellen unentgeltlich entnommen werden.
Arbeitsgänge: ..... St
Menge je Arbeitsgang: 10 l/m²
Vergütung je Arbeitsgang

| 1€ | 2€ | **3€** | 3€ | 4€ | [m²] | ⏱ 0,05 h/m² | 004.000.339 |

129 Wässern der Rasenfläche — KG 573
Wässern der Rasenfläche, Gebrauchsrasen, Wasser kann aus bauseits vorhandenen Zapfstellen unentgeltlich entnommen werden.
Arbeitsgänge: 10 St
Wassermenge je Arbeitsgang: ca. 25 l/m²
Vergütung je Arbeitsgang

| 0,2€ | 0,4€ | **0,5€** | 0,6€ | 0,8€ | [m²] | ⏱ 0,02 h/m² | 004.000.342 |

130 Vegetationsmatte, liefern/verlegen — KG 363
Vegetationsmatte vorkultiviert, auf vorbereitete Fläche verlegen und durchdringend Bewässern.
Vegetationstyp: Sedum-Kräuter-Gräser

| 23€ | 31€ | **33€** | 37€ | 49€ | [m²] | ⏱ 0,16 h/m² | 004.000.343 |

▶ min
▷ von
ø Mittel
◁ bis
◀ max

003
004
080

LB 080 Straßen, Wege, Plätze

Kosten: Stand 1. Quartal 2021 Bundesdurchschnitt

▶ min
▷ von
ø Mittel
◁ bis
◀ max

Preise €

Nr.	Positionen	Einheit	▶	▷ ø brutto € ø netto €		◁	◀
1	Asphaltbelag aufbrechen, entsorgen	m²	19	22	**23**	23	28
			16	18	**19**	20	24
2	Abbruch, unbewehrte Betonteile	m³	60	76	**89**	99	117
			50	64	**74**	83	98
3	Abbruch Mauerwerk, Ziegel	m³	62	89	**95**	105	127
			52	75	**80**	88	107
4	Betonplatten, abbrechen, entsorgen	m²	4	5	**6**	7	9
			3	4	**5**	6	8
5	Betonbordstein aufnehmen, entsorgen	m	6	8	**10**	10	12
			5	7	**8**	9	10
6	Pflasterbelag, Naturstein aufnehmen, lagern	rnm2	4	6	**7**	9	12
			3	5	**6**	7	10
7	Betonpflaster aufnehmen, lagern	m²	7	10	**11**	12	15
			6	8	**10**	10	13
8	Treppen/Bordsteine/Kantensteine aufnehmen, entsorgen	m	5	7	**8**	10	14
			4	6	**7**	8	12
9	Schotter entsorgen	m³	18	22	**24**	26	29
			15	18	**20**	22	24
10	Schotter aufnehmen, lagern	m²	4	6	**7**	7	10
			3	5	**6**	6	9
11	Betonfundament	m²	215	239	**240**	247	264
			181	201	**201**	208	222
12	Betonfundament für Beleuchtung	St	171	223	**235**	253	285
			144	187	**197**	213	239
13	Planum herstellen	m²	0,7	0,8	**0,9**	1,0	1,4
			0,6	0,7	**0,8**	0,9	1,2
14	Untergrund verdichten, Wegeflächen	m²	0,5	0,8	**1,0**	1,3	1,9
			0,4	0,7	**0,9**	1,1	1,6
15	Untergrund verdichten, Fundamente	m²	0,9	1,3	**1,3**	1,5	1,7
			0,8	1,1	**1,1**	1,2	1,4
16	Frostschutzschicht, Schotter 0/16, bis 30cm	m²	9,9	13	**14**	17	21
			8,3	11	**12**	14	18
17	Frostschutzschicht, Schotter 0/32, bis 30cm	m²	11	14	**15**	16	22
			9,0	12	**13**	14	18
18	Frostschutzschicht, Schotter 0/45, bis 30cm	m²	12	15	**17**	18	22
			10	13	**14**	15	18
19	Frostschutzschicht, RCL 0/56, bis 30cm	m²	8	11	**12**	14	17
			7	9	**10**	12	14
20	Frostschutzschicht, Kies 0/16, bis 30cm	m²	9,6	12	**13**	14	16
			8,1	10	**11**	12	14
21	Frostschutzschicht, Kies 0/32, bis 30cm	m²	10	13	**14**	15	18
			8,6	11	**11**	13	15
22	Frostschutzschicht, Kies 0/45, bis 30cm	m²	12	15	**17**	18	20
			10	13	**14**	15	17
23	Tragschicht, Schotter 0/16, bis 30cm	m²	10	12	**12**	13	15
			8,7	9,7	**10**	11	13

© **BKI** Baukosteninformationszentrum; Erläuterungen zu den Tabellen siehe Seite 44
Mustertexte geprüft: Deutsche Gesellschaft für Garten- und Landschaftskultur e.V.

Kostenstand: 1.Quartal 2021, Bundesdurchschnitt

Straßen, Wege, Plätze — Preise €

Nr.	Positionen	Einheit	▶	▷	ø brutto € ø netto €	◁	◀
24	Tragschicht, Schotter 0/32, bis 30cm	m²	11	13	**15**	15	17
			9,2	11	**12**	13	15
25	Tragschicht, Schotter 0/45, bis 30cm	m²	13	15	**17**	20	27
			11	13	**14**	17	23
26	Tragschicht, Kies 0/16, bis 30cm	m²	10	11	**12**	12	14
			8,5	9,6	**9,8**	10	12
27	Tragschicht, Kies 0/45, bis 30cm	m²	11	14	**15**	16	18
			9,2	12	**13**	13	16
28	Tragschicht aus RCL-Schotter 0/32, bis 30cm	m²	9,5	11	**11**	12	13
			8,0	9,0	**9,4**	10	11
29	Tragschicht aus RCL-Schotter 0/45, bis 30cm	m²	8,9	10,0	**10**	12	13
			7,5	8,4	**8,8**	9,7	11
30	Tragschicht aus RCL-Schotter 0/56, bis 30cm	m²	9,6	12	**13**	15	18
			8,0	9,7	**11**	13	15
31	Rasentragschicht 0/8	m²	6,8	8,7	**9,9**	12	14
			5,8	7,3	**8,3**	9,9	12
32	Rasentragschicht 0/16	m²	9,5	11	**9,9**	14	16
			8,0	8,9	**8,3**	12	14
33	Rasentragschicht 0/32	m²	9,9	12	**13**	15	18
			8,3	10	**11**	12	15
34	Rasentragschicht 0/45	m²	13	18	**21**	23	29
			11	15	**18**	20	24
35	Schotterrasendeckschicht, 20cm	m²	11	15	**16**	21	30
			9	12	**14**	18	25
36	Asphalttragschicht, 10cm	m²	17	21	**23**	25	30
			15	18	**19**	21	26
37	Wassergebundene Decke	m²	10	13	**15**	18	23
			8	11	**13**	16	19
38	Pflasterdecke, Beton mit Sickerfugen	m²	26	34	**37**	42	49
			22	29	**31**	35	41
39	Versickerungsfähiges Pflaster, Beton, 15x15cm	m²	28	37	**39**	45	49
			23	31	**33**	38	41
40	Versickerungsfähiges Pflaster, Beton, 30x15cm	m²	30	38	**41**	46	53
			25	32	**34**	39	44
41	Versickerungsfähiges Pflaster, Doppel-T-Verbundstein, 20x16,5cm	m²	18	24	**26**	29	32
			15	20	**22**	25	27
42	Haufenporiges Pflaster, Beton, 12,5x12,5cm	m²	16	21	**23**	26	28
			13	18	**19**	21	23
43	Haufenporiges Pflaster, Beton, 25x12,5cm	m²	19	25	**27**	30	33
			16	21	**23**	25	28
44	Pflaster Beton, begrünbarer Fuge, 20x20cm	m²	22	29	**31**	33	38
			18	24	**26**	28	32
45	Rasenfugenstein, Beton, 20x15cm	m²	19	25	**28**	31	34
			16	21	**23**	26	29
46	Rasenfugenstein, Beton, 20x20cm	m²	19	27	**29**	32	36
			16	22	**24**	27	30

© **BKI** Baukosteninformationszentrum; Erläuterungen zu den Tabellen siehe Seite 44
Mustertexte geprüft: Deutsche Gesellschaft für Garten- und Landschaftskultur e.V.

Kostenstand: 1.Quartal 2021, Bundesdurchschnitt

LB 080 Straßen, Wege, Plätze

Kosten: Stand 1. Quartal 2021, Bundesdurchschnitt

Legende:
- ▶ min
- ▷ von
- ø Mittel
- ◁ bis
- ◀ max

Nr.	Positionen	Einheit	▶	▷ ø brutto € ø netto €		◁	◀
47	Betonplatte, Beton, 40x40cm, mit extra großer Rasenfuge	m²	18	24	**26**	29	33
			15	20	**22**	25	28
48	Natursteinpflaster, begrünbarer Fuge, polygonal	m²	41	55	**59**	64	71
			34	46	**49**	54	60
49	Rasengitterplatte, Beton, 19,5x19,5 cm	m²	17	23	**25**	27	30
			14	19	**21**	23	25
50	Fugenverfüllung Rasenfuge Betonpflasterstein	m³	54	74	**79**	90	97
			46	62	**66**	76	82
51	Rasengitterplatte, Beton, Steinformat Raute, 40x40cm	m²	20	26	**28**	32	35
			17	22	**24**	27	29
52	Rasenwabenplatte, Kunststoff, 50x50 cm	m²	20	27	**29**	32	35
			17	22	**25**	27	30
53	Füllung zur Begrünung des Rasengitters, Quarzsand, 5cm	m³	45	59	**66**	74	81
			38	50	**55**	62	68
54	Füllung zur Begrünung des Rasengitters, Splitt, 5cm	m³	78	103	**112**	120	132
			65	87	**95**	101	111
55	Pflasterdecke, Granit, 8x8cm	m²	77	96	**109**	122	143
			64	81	**91**	102	120
56	Pflasterdecke, Granit 9x9cm	m²	83	103	**110**	119	140
			70	87	**92**	100	118
57	Pflasterdecke, Granit, 10x10cm	m²	87	106	**111**	112	131
			73	89	**93**	94	110
58	Pflasterdecke, Granit, 11x11cm	m²	99	139	**145**	159	188
			83	117	**122**	134	158
59	Pflasterklinkerbelag	m²	50	79	**94**	99	116
			42	67	**79**	83	98
60	Pflasterzeile, Granit gebraucht, einzeilig	m	29	33	**34**	35	38
			24	28	**28**	29	32
61	Pflasterzeile, Granit, dreizeilig	m	45	52	**55**	59	72
			38	44	**46**	50	60
62	Pflasterzeile, Großsteinpflaster, Granit	m	29	34	**37**	41	45
			25	29	**31**	35	37
63	Plattenbelag, Granit, 60x60cm	m²	73	85	**91**	98	117
			61	72	**76**	82	98
64	Plattenbelag, Basalt, 60x60cm	m²	129	162	**184**	201	209
			108	136	**155**	169	175
65	Plattenbelag, Travertin, 60x60cm	m²	106	119	**132**	135	168
			89	100	**111**	113	141
66	Plattenbelag, Sandstein, 60x60cm	m²	117	133	**144**	151	164
			98	112	**121**	127	138
67	Pflasterdecke, Betonpflaster	m²	29	34	**36**	39	44
			25	28	**30**	32	37
68	Betonplattenbelag, 40x40cm	m²	35	52	**57**	66	85
			30	43	**48**	56	72

© BKI Baukosteninformationszentrum; Erläuterungen zu den Tabellen siehe Seite 44
Mustertexte geprüft: Deutsche Gesellschaft für Garten- und Landschaftskultur e.V.

Straßen, Wege, Plätze — Preise €

Nr.	Positionen	Einheit	▶	▷	ø brutto € / ø netto €	◁	◀
69	Betonplattenbelag, großformatig	m²	60	68	**72**	79	88
			50	57	**61**	66	74
70	Terrassenbelag aus Beton, 40x40x4cm	m²	17	23	**25**	29	31
			14	19	**21**	25	26
71	Terrassenbelag aus Beton, 50x 25x8cm	m²	68	94	**101**	119	124
			57	79	**85**	100	104
72	Terrassenbelag aus Beton, 60x30x8cm	m²	54	74	**80**	93	98
			45	62	**67**	78	83
73	Terrassenbelag aus Beton, 60x60x8cm	m²	34	47	**50**	59	61
			28	39	**42**	50	52
74	Traufe, Betonplatten	m	8	9	**10**	12	14
			7	8	**8**	10	12
75	Holzbelag Lärche	m²	150	173	**177**	209	258
			126	145	**149**	175	217
76	Belag aus Holzpaneele 60x60cm	m²	–	134	**142**	156	–
			–	113	**119**	131	–
77	Belag aus Holzpaneele 120x60cm	m²	–	121	**130**	140	–
			–	101	**109**	118	–
78	Rippenplatten, 30x30x8, Rippenabstand 50x6, o. Fase, anthrazit	m²	92	122	**136**	156	163
			78	103	**114**	131	137
79	Rippenplatte, 20x10x8, mit Fase, anthrazit	m	79	106	**115**	133	141
			67	89	**97**	112	119
80	Noppenplatten, 30x30x8, 32 Noppen, mit Fase, Kegel, anthrazit	m²	90	118	**132**	154	161
			75	100	**111**	129	135
81	Noppenplatten, 20x10x8, 8 Noppen, mit Fase, Kegel, weiß	m²	72	92	**100**	113	184
			60	77	**84**	95	155
82	Noppenplatten, 30x30x8, 32 Noppen, mit Fase, Kugel, weiß	m²	88	106	**126**	148	151
			74	89	**106**	124	127
83	Leitstreifen, Betonsteinpflaster	m	–	346	**402**	475	–
			–	291	**338**	399	–
84	Pflastersteine schneiden, Beton	m	10	15	**16**	18	22
			8	12	**14**	15	19
85	Plattenbelag schneiden, Beton	m	14	17	**18**	20	24
			12	14	**15**	17	20
86	Blockstufe, Beton, 17x28x100cm	m	96	122	**134**	150	185
			80	102	**113**	126	155
87	Blockstufe, Beton, 15x35x100cm	St	93	140	**169**	182	235
			78	118	**142**	153	198
88	Blockstufe, Naturstein, Länge 100cm	m	135	159	**171**	182	195
			114	134	**144**	153	164
89	Blockstufe, Kontraststreifen Beton, 20x40x120cm	m	172	183	**190**	197	215
			144	154	**159**	165	181
90	Blockstufe, Kontraststreifen PVC, 20x40x120cm	m	–	148	**161**	182	–
			–	124	**135**	153	–

© **BKI** Baukosteninformationszentrum; Erläuterungen zu den Tabellen siehe Seite 44
Mustertexte geprüft: Deutsche Gesellschaft für Garten- und Landschaftskultur e.V.

Kostenstand: 1.Quartal 2021, Bundesdurchschnitt

LB 080 Straßen, Wege, Plätze

Straßen, Wege, Plätze — Preise €

Kosten: Stand 1.Quartal 2021 Bundesdurchschnitt

▶ min
▷ von
ø Mittel
◁ bis
◀ max

Nr.	Positionen	Einheit	▶	▷ ø brutto € / ø netto €		◁	◀
91	Winkelstufe, Beton, 17x28x100cm	m	132	158	**180**	188	215
			111	133	**151**	158	180
92	Winkelstufe, Kontraststreifen Beton, 20x36x120cm	m	111	148	**159**	181	197
			94	124	**134**	152	166
93	Winkelstufe, Kontraststreifen PVC, 20x36x120cm	m	102	129	**138**	152	169
			86	108	**116**	128	142
94	Legestufe, Kontraststreifen Beton, 8x40x120cm	m	123	161	**174**	194	215
			104	136	**146**	163	181
95	Legestufe, Kontraststreifen PVC, 8x40x120cm	m	108	141	**152**	168	187
			91	119	**127**	141	157
96	L-Stufe, Kontraststreifen Beton, 15x38x80cm	m	104	130	**140**	154	171
			87	110	**118**	130	144
97	Bordstein, Naturstein 15x25, L=100	m	37	43	**46**	50	53
			31	36	**39**	42	45
98	Bordstein, Naturstein 18x25, L=100	m	40	47	**49**	55	59
			34	39	**42**	46	49
99	Bordstein, Naturstein 30x25, L=100	m	44	52	**55**	61	64
			37	43	**47**	51	54
100	Bordstein, Beton, 12x15x25cm, L=50cm	m	23	26	**32**	33	35
			19	22	**27**	28	29
101	Bordstein, Beton, 12x15x30cm, L=50cm	m	23	29	**33**	37	42
			20	24	**28**	31	36
102	Bordstein, Beton, 12x18x30cm, L=50cm	m	26	32	**35**	39	46
			22	27	**30**	33	39
103	Bordstein, Beton, 12x18x30cm, L=100cm	m	26	35	**39**	42	53
			22	29	**33**	36	44
104	Bordstein, Beton, 8x25cm, L=50cm	m	22	25	**27**	31	33
			19	21	**23**	26	28
105	Bordstein, Beton, 8x25cm, L=100cm	m	22	27	**29**	32	39
			19	23	**25**	27	32
106	Bordstein, Beton, 10x25cm, L=50cm, Form C	m	23	24	**25**	27	29
			19	20	**21**	22	25
107	Bordstein, Beton, 10x25cm, L=100cm, Form C	m	26	27	**28**	29	32
			22	23	**23**	24	27
108	Bordstein, Beton, 8x20cm	m	24	26	**27**	29	35
			20	21	**22**	24	30
109	Rasenbordstein, Kantstein, Beton	m	21	28	**29**	31	38
			18	23	**24**	26	32
110	Weg-/Beeteinfassung, Aluminium, gerade	m	24	34	**43**	49	59
			20	29	**36**	41	50
111	Weg-/Beeteinfassung, Aluminium, Bogen	m	67	87	**93**	104	115
			56	73	**78**	88	96
112	Weg-/Beeteinfassung, Aluminium, Stoßverbinder	St	58	75	**80**	90	95
			49	63	**67**	75	80
113	Weg-/Beeteinfassung, Aluminium, Eckverbinder, Außenecke 90°	St	37	41	**42**	45	49
			31	35	**36**	38	41

© BKI Baukosteninformationszentrum; Erläuterungen zu den Tabellen siehe Seite 44
Mustertexte geprüft: Deutsche Gesellschaft für Garten- und Landschaftskultur e.V.

Straßen, Wege, Plätze — Preise €

Nr.	Positionen	Einheit	▶	▷	ø brutto € ø netto €	◁	◀
114	Weg-/Beeteinfassung, Aluminium, Erdnagel	St	17	23	**25**	27	29
			14	19	**21**	22	25
115	Weg-/Beeteinfassung, Cortenstahl, gerade	m	39	46	**53**	63	77
			33	39	**45**	53	65
116	Weg-/Beeteinfassung, Cortenstahl, Profilverbinder	St	69	90	**98**	109	118
			58	76	**82**	91	99
117	Weg-/Beeteinfassung, Cortenstahl, Eckverbinder, Außenecke 90°	St	40	54	**58**	64	71
			34	46	**49**	54	60
118	Weg-/Beeteinfassung, Cortenstahl, Beton- und Erdanker	St	13	16	**17**	19	21
			11	13	**15**	16	18
119	Weg-/Beeteinfassung, 15x22cm, l=50cm	m	59	69	**79**	88	96
			50	58	**66**	74	81
120	Weg-/Beeteinfassung, 15x22cm, l=100cm	m	83	97	**106**	121	130
			69	82	**89**	101	109
121	Tastbordstein, Beton, 25x20cm, l=100cm	m	72	96	**105**	123	128
			61	80	**88**	103	108
122	Übergangsbordstein, Beton, dreiteilig, 12x15x30, l=50cm	m	63	84	**89**	99	108
			53	71	**74**	83	91
123	Übergangsbordstein, Beton, dreiteilig, 12x15x30, l=100cm	m	88	104	**117**	133	139
			74	87	**98**	112	117
124	Gabionen, 50x50x50cm	St	–	108	**118**	132	–
			–	91	**99**	111	–
125	Gabionen, 150x50x50cm	St	–	215	**222**	253	–
			–	181	**186**	213	–
126	Gabionen, 100x100x100cm	St	–	370	**398**	462	–
			–	311	**335**	388	–
127	Gabionen, 150x100x100cm	St	–	482	**519**	602	–
			–	405	**436**	506	–
128	Gabionen, 200x50x50cm	St	–	273	**294**	341	–
			–	230	**247**	287	–
129	Gabionen, 200x100x100cm	St	–	676	**719**	791	–
			–	568	**604**	665	–
130	Gabionen, 300x50x50cm	St	–	368	**387**	434	–
			–	309	**326**	365	–
131	Trockenmauer als Stützwand - Bruchsteinmauerwerk	m	–	307	**323**	359	–
			–	258	**272**	302	–
132	Trockenmauer als freistehende Mauer- Granitblöcke - Findlinge	m	–	250	**263**	298	–
			–	210	**221**	250	–
133	Natursteinmauerwerk als Quadermauerwerk	m	142	212	**245**	291	382
			119	178	**206**	245	321
134	Natursteinmauerwerk als Außenwand	m	150	185	**201**	219	254
			126	155	**169**	184	213

© **BKI** Baukosteninformationszentrum; Erläuterungen zu den Tabellen siehe Seite 44
Mustertexte geprüft: Deutsche Gesellschaft für Garten- und Landschaftskultur e.V.

Kostenstand: 1.Quartal 2021, Bundesdurchschnitt

LB 080 Straßen, Wege, Plätze

Kosten: Stand 1. Quartal 2021 Bundesdurchschnitt

Nr.	Positionen	Einheit	▶	▷ ø brutto € / ø netto €	◁	◀
135	Lastplattendruckversuch	St	164 / 138	197 / 165	**208** / **175**	239 / 201	319 / 268

Nr.	Kurztext / Langtext					Kostengruppe
▶	▷ ø netto € ◁ ◀	[Einheit]	Ausf.-Dauer	Positionsnummer

1   Asphaltbelag aufbrechen, entsorgen   KG **594**
Asphaltbelag streifenförmig aufbrechen, einschl. Unterbau aus Kies-Schotter-Gemisch. Anfallende Stoffe laden, abfahren und fachgerecht entsorgen, einschl. Deponiegebühr.
Material: unbelastetes Bitumen
Asphalt Dicke: bis 15 cm
Breite: 70-100 cm
Unterbau Dicke: ..... cm

| 16€ | 18€ | **19€** | 20€ | 24€ | [m²] | ⏱ 0,16 h/m² | 080.000.305 |

2   Abbruch, unbewehrte Betonteile   KG **594**
Maschineller Abbruch von unbewehrten Betonteilen. Stoffe sortenrein getrennt sammeln und ohne Zerkleinerung auf LKW laden.
Material: unbelastetes Mauerwerk
Abbruchtiefe: ..... cm

| 50€ | 64€ | **74€** | 83€ | 98€ | [m³] | ⏱ 0,90 h/m³ | 080.000.304 |

3   Abbruch Mauerwerk, Ziegel   KG **594**
Maschineller Abbruch von Mauerwerk aus Mauersteinen aller Fertigungsklassen als unbelastetes Mauerwerk aller Art. Aufgenommene Stoffe sortenrein getrennt sammeln, ohne Zerkleinerung auf LKW laden. Die Entsorgung wird gesondert vergütet.
Arbeitshöhe bis ..... m
Abbruchtiefe bis ..... m
EWC-Code 170102 Ziegel
EWC-Code 170107 Gemischter Bauschutt

| 52€ | 75€ | **80€** | 88€ | 107€ | [m³] | ⏱ 0,92 h/m³ | 080.000.303 |

4   Betonplatten, abbrechen, entsorgen   KG **594**
Abbruch Plattenbelag als Randeinfassung inkl. Bettung.
Plattenbelag: Betonplatten
Maße: 50 x 50 x 5 cm
Bettung: Kiessand
Bettungsdicke: 10 cm
Geräteeinsatz möglich: .....
Abfall: nicht gefährlich, nicht schadstoffbelastet, Z0

| 3€ | 4€ | **5€** | 6€ | 8€ | [m²] | ⏱ 0,10 h/m² | 080.000.306 |

▶ min
▷ von
ø Mittel
◁ bis
◀ max

Nr.	Kurztext / Langtext						Kostengruppe
▶	▷	ø netto €	◁	◀	[Einheit]	Ausf.-Dauer	Positionsnummer

5 Betonbordstein aufnehmen, entsorgen — KG 594
Abbruch Bordsteine mit beidseitiger Rückenstütze inkl. Fundament aufnehmen, aufgenommen Stoffe laden und entsorgen.
Geräteeinsatz möglich.
Bordstein: Betonbordstein
Form: HB 15 x 30
Fundamentbeton: C12/15
Bettungsdicke: 30 cm
Abfall: nicht gefährlich, nicht schadstoffbelastet, Z0

| 5€ | 7€ | **8€** | 9€ | 10€ | [m] | ⏱ 0,18 h/m | 080.000.307 |

6 Pflasterbelag, Naturstein aufnehmen, lagern — KG 594
Pflasterbelag Naturstein einschl. Bettung aufnehmen, reinigen und zur Wiederverwendung seitlich lagern.
Nicht wiederverwendbare Stoffe auf LKW des AN laden und entsorgen.
Pflasterbelag: ......
Plattendicke: 80 mm
Bettung: Kiessand
Bettungsdicke: 4 mm
Abfall: nicht gefährlich, nicht schadstoffbelastet, Z0

| 3€ | 5€ | **6€** | 7€ | 10€ | [rnm2] | ⏱ 0,12 h/rnm2 | 080.000.308 |

7 Betonpflaster aufnehmen, lagern — KG 594
Pflasterbelag einschl. Bettung aufnehmen, reinigen und zur Wiederverwendung seitlich lagern.
Nicht wiederverwendbare Stoffe auf LKW des AN laden und entsorgen.
Pflasterbelag: Betonpflastersteine
Plattendicke: 80 mm
Bettung: Kiessand
Bettungsdicke: 4 mm
Abfall: nicht gefährlich, nicht schadstoffbelastet, Z0

| 6€ | 8€ | **10€** | 10€ | 13€ | [m²] | ⏱ 0,12 h/m² | 080.000.309 |

8 Treppen/Bordsteine/Kantensteine aufnehmen, entsorgen — KG 594
Betonfertigteile einschl. Fundamente aufnehmen und Stoffe sortenrein laden und entsorgen.
Fertigteile: **Treppen / Bordsteine / Einfassungen / Kantensteine**
Fundamenttiefe: bis 30 cm

| 4€ | 6€ | **7€** | 8€ | 12€ | [m] | ⏱ 0,10 h/m | 080.000.310 |

9 Schotter entsorgen — KG 594
Schottertragschicht und Frostschutzschicht, zwischengelagert laden und Entsorgen.
Dicke: bis 40 cm

| 15€ | 18€ | **20€** | 22€ | 24€ | [m³] | ⏱ 0,20 h/m³ | 080.000.311 |

10 Schotter aufnehmen, lagern — KG 594
Schottertragschicht aufnehmen und laden. Die Oberfläche ist durch Abkratzen zu säubern. Position ohne Abfuhr und Entsorgung.
Stärker: bis 30 cm
Körnung: 0/56

| 3€ | 5€ | **6€** | 6€ | 9€ | [m²] | ⏱ 0,08 h/m² | 080.000.312 |

LB 080 Straßen, Wege, Plätze

Kosten:
Stand 1.Quartal 2021
Bundesdurchschnitt

Nr.	Kurztext / Langtext					Kostengruppe		
▶	▷	ø netto €	◁	◀	[Einheit]		Ausf.-Dauer	Positionsnummer
11	**Betonfundament**							**KG 561**
Einzelfundament, Ortbeton unbewehrt. Beton: C12/15 Fundamentlänge: ..... cm Fundamenttiefe: bis 0,80 cm Fundamentbreite: 30 cm								
181 €	201 €	**201 €**	208 €	222 €	[m²]		⏱ 3,10 h/m²	080.000.314
12	**Betonfundament für Beleuchtung**							**KG 561**
Fundament für Pollerleuchten einschl. Erdaushub. Fundament in PVC-Rohrstück herstellen und zuvor Passstücke für Kabel freihalten. Kabel seitlich durchführen. Ausführung- und Dimensionierung nach Angaben des Leuchtenherstellers. OK des Rohrs ist die Geländehöhe gem. Planung. Überstehende PVC-Rohre sind zu kürzen.								
144 €	187 €	**197 €**	213 €	239 €	[St]		⏱ 3,20 h/St	080.000.315
13	**Planum herstellen**							**KG 530**
Planum für befestigte Fläche herstellen. Arbeiten mit Gerät Sollhöhe: Zulässige Abweichung +/-2 cm Verformungsmodul: mind. EV2 45 Mpa								
0,6 €	0,7 €	**0,8 €**	0,9 €	1,2 €	[m²]		⏱ 0,02 h/m²	080.000.316
14	**Untergrund verdichten, Wegeflächen**							**KG 530**
Untergrund für Wegeflächen verdichten, inkl. Ausgleich von Unebenheiten. Verformungsmodul: mind. EV2 45 Mpa Verdichtungsgrad: mind. DPr 0,92 bis 0,95 Sollhöhe: Zulässige Abweichung +/-2 cm								
0,4 €	0,7 €	**0,9 €**	1,1 €	1,6 €	[m²]		⏱ 0,02 h/m²	080.000.317
15	**Untergrund verdichten, Fundamente**							**KG 530**
Gründungssohle verdichten, Fundamente inkl. Ausgleich von Unebenheiten. Verformungsmodul: ..... Verdichtungsgrad: DPr 97% Sollhöhe: Zulässige Abweichung +/-2 cm								
0,8 €	1,1 €	**1,1 €**	1,2 €	1,4 €	[m²]		⏱ 0,04 h/m²	080.000.318
A 1	**Frostschutzschicht, Schotter**					Beschreibung für Pos. **16-18**		
Frostschutzschicht aus Schotter, einschl. profilgerecht verdichten. Schichtdicke: bis 30 cm								
16	**Frostschutzschicht, Schotter 0/16, bis 30cm**							**KG 530**
Wie Ausführungsbeschreibung A 1 Einbauort: ..... Körnung: 0/16 Verdichtungsgrad: ..... DPr								
8 €	11 €	**12 €**	14 €	18 €	[m²]		⏱ 0,14 h/m²	080.000.319

▶ min
▷ von
ø Mittel
◁ bis
◀ max

Nr.	Kurztext / Langtext					Kostengruppe		
▶	▷	**ø netto €**	◁	◀	[Einheit]	Ausf.-Dauer	Positionsnummer	

17	**Frostschutzschicht, Schotter 0/32, bis 30cm**							KG **530**

Wie Ausführungsbeschreibung A 1
Einbauort: .....
Körnung: 0/32
Verdichtungsgrad: ..... DPr

9€	12€	**13€**	14€	18€	[m²]	⏱ 0,14 h/m²	080.000.320

18	**Frostschutzschicht, Schotter 0/45, bis 30cm**							KG **530**

Wie Ausführungsbeschreibung A 1
Einbauort: .....
Körnung: 0/45
Verdichtungsgrad: ..... DPr

10€	13€	**14€**	15€	18€	[m²]	⏱ 0,14 h/m²	080.000.321

19	**Frostschutzschicht, RCL 0/56, bis 30cm**							KG **530**

Frostschutzschicht aus Recyclingmaterial herstellen, einschl. profilgerecht verdichten.
Einbauort: Fahr- und Stellflächen
Schichtdicke: bis 30 cm
Körnung: 0/56
Verdichtungsgrad: DPr 1

7€	9€	**10€**	12€	14€	[m²]	⏱ 0,14 h/m²	080.000.322

A 2	**Frostschutzschicht, Kies**						Beschreibung für Pos. **20-22**

Frostschutzschicht aus Kies herstellen und profilgerecht verdichten.
Schichtdicke: bis 30 cm

20	**Frostschutzschicht, Kies 0/16, bis 30cm**							KG **530**

Wie Ausführungsbeschreibung A 2
Einbauort: .....
Körnung: 0/16
Sieblinie: .....
Verdichtungsgrad: ..... DPr

8€	10€	**11€**	12€	14€	[m²]	⏱ 0,14 h/m²	080.000.323

21	**Frostschutzschicht, Kies 0/32, bis 30cm**							KG **530**

Wie Ausführungsbeschreibung A 2
Einbauort: .....
Körnung: 0/32
Verdichtungsgrad: ..... DPr

9€	11€	**11€**	13€	15€	[m²]	⏱ 0,14 h/m²	080.000.324

22	**Frostschutzschicht, Kies 0/45, bis 30cm**							KG **530**

Wie Ausführungsbeschreibung A 2
Einbauort: .....
Körnung: 0/45
Verdichtungsgrad: ..... DPr

10€	13€	**14€**	15€	17€	[m²]	⏱ 0,14 h/m²	080.000.325

LB 080 Straßen, Wege, Plätze

Kosten:
Stand 1.Quartal 2021
Bundesdurchschnitt

▶ min
▷ von
ø Mittel
◁ bis
◀ max

Nr.	Kurztext / Langtext						[Einheit]	Ausf.-Dauer	Kostengruppe Positionsnummer
▶	▷	ø netto €	◁	◀					

A 3 Tragschicht, Schotter Beschreibung für Pos. **23-25**

Tragschicht aus Schotter gem. ZTV-SoB-STB mit Verdichtungsgrad mind. DPr 95% herstellen. Nachweis der Frostbeständigkeit ist vorzulegen. Verwendung von Recyclingmaterial ist nicht zulässig.

23 Tragschicht, Schotter 0/16, bis 30cm KG **530**
Wie Ausführungsbeschreibung A 3
Einbauort: .....
Belastungsklasse RStO 12: .....
Schichtdicke: bis 30 cm
Körnung: 0/16
Sieblinie: .....
Sollhöhe: Zulässige Abweichung +/-2,0 cm

| 9€ | 10€ | **10€** | 11€ | 13€ | [m²] | ⏱ 0,12 h/m² | 080.000.326 |

24 Tragschicht, Schotter 0/32, bis 30cm KG **530**
Wie Ausführungsbeschreibung A 3
Einbauort: .....
Belastungsklasse RStO 12: .....
Schichtdicke: bis 30 cm
Körnung: 0/32
Sieblinie: .....
Sollhöhe: Zulässige Abweichung +/-2,0 cm

| 9€ | 11€ | **12€** | 13€ | 15€ | [m²] | ⏱ 0,12 h/m² | 080.000.327 |

25 Tragschicht, Schotter 0/45, bis 30cm KG **530**
Wie Ausführungsbeschreibung A 3
Einbauort: .....
Belastungsklasse RStO 12: .....
Schichtdicke: bis 30 cm
Körnung: 0/45
Sieblinie: .....
Sollhöhe: Zulässige Abweichung +/-2,0 cm

| 11€ | 13€ | **14€** | 17€ | 23€ | [m²] | ⏱ 0,12 h/m² | 080.000.328 |

A 4 Tragschicht, Kies Beschreibung für Pos. **26-27**

Tragschicht aus Kies mit Verdichtungsgrad mind. 1DPr herstellen. Nachweis der Frostbeständigkeit ist vorzulegen.

26 Tragschicht, Kies 0/16, bis 30cm KG **530**
Wie Ausführungsbeschreibung A 4
Einbauort: .....
Belastungsklasse RStO 12: .....
Schichtdicke: bis 30 cm
Körnung: 0/16
Sieblinie: .....
Sollhöhe: Zulässige Abweichung +/-2,0 cm

| 9€ | 10€ | **10€** | 10€ | 12€ | [m²] | ⏱ 0,12 h/m² | 080.000.329 |

Nr.	Kurztext / Langtext							Kostengruppe
▶	▷	ø netto €	◁	◀	[Einheit]	Ausf.-Dauer	Positionsnummer	

27 Tragschicht, Kies 0/45, bis 30cm — KG 530
Wie Ausführungsbeschreibung A 4
Einbauort: .....
Belastungsklasse RStO 12: .....
Schichtdicke: bis 30 cm
Körnung: 0/45
Sieblinie: .....
Sollhöhe: Zulässige Abweichung +/-2,0 cm

| 9€ | 12€ | **13€** | 13€ | 16€ | [m²] | ⏱ 0,12 h/m² | 080.000.330 |

A 5 Tragschicht aus RCL-Schotter — Beschreibung für Pos. 28-30
Tragschicht aus Recyclingschotter (RCL-Schotter) nach ZTV SoB-StB herstellen.

28 Tragschicht aus RCL-Schotter 0/32, bis 30cm — KG 530
Wie Ausführungsbeschreibung A 5
Material: Recycling-Baustoff
Belastungsklasse RSTO12. .....
Einbauort: .....
Verformungsmodul: mind. EV2 100 MPa
Verdichtungsgrad: mind. DPr 1
Schichtdicke: bis 30 cm
Sollhöhe: Zulässige Abweichung +/-2,0 cm

| 8€ | 9€ | **9€** | 10€ | 11€ | [m²] | ⏱ 0,12 h/m² | 080.000.170 |

29 Tragschicht aus RCL-Schotter 0/45, bis 30cm — KG 530
Wie Ausführungsbeschreibung A 5
Material: Recycling-Baustoff
Belastungsklasse RSTO12. .....
Einbauort: .....
Verformungsmodul: mind. EV2 100 MPa
Verdichtungsgrad: mind. DPr 1
Schichtdicke: bis 30 cm
Körnung: 0/45
Sollhöhe: Zulässige Abweichung +/-2,0 cm

| 8€ | 8€ | **9€** | 10€ | 11€ | [m²] | ⏱ 0,12 h/m² | 080.000.171 |

30 Tragschicht aus RCL-Schotter 0/56, bis 30cm — KG 530
Wie Ausführungsbeschreibung A 5
Material: Recycling-Baustoff
Belastungsklasse RSTO12. .....
Einbauort: .....
Verformungsmodul: mind. EV2 100 MPa
Verdichtungsgrad: mind. DPr 1
Schichtdicke: bis 30 cm
Körnung: 0/32
Sollhöhe: Zulässige Abweichung +/-2,0 cm

| 8€ | 10€ | **11€** | 13€ | 15€ | [m²] | ⏱ 0,12 h/m² | 080.000.172 |

LB 080 Straßen, Wege, Plätze

Kosten:
Stand 1. Quartal 2021
Bundesdurchschnitt

▶ min
▷ von
ø Mittel
◁ bis
◀ max

Nr.	Kurztext / Langtext					Kostengruppe		
▶	▷	ø netto €	◁	◀	[Einheit]	Ausf.-Dauer	Positionsnummer	

A 6 — Rasentragschicht
Beschreibung für Pos. **31-34**

Tragschicht für Schotterrasenfläche
Material: Kies-Oberbodengemisch
Bodengruppe DIN 18915: ….
Tragfähigkeit: 45 MN/m²
Ebenflächigkeit unter der 4-m Latte: +/-2 cm

31 — Rasentragschicht 0/8 — KG **530**
Wie Ausführungsbeschreibung A 6
Körnung: 0/8
Schichtdicke: 20 cm

▶	▷	ø	◁	◀	[Einheit]	Ausf.-Dauer	Positionsnummer
6€	7€	**8€**	10€	12€	[m²]	⏱ 0,12 h/m²	080.000.177

32 — Rasentragschicht 0/16 — KG **530**
Wie Ausführungsbeschreibung A 6
Körnung: 0/16
Schichtdicke: 20 cm

8€	9€	**8€**	12€	14€	[m²]	⏱ 0,12 h/m²	080.000.178

33 — Rasentragschicht 0/32 — KG **530**
Wie Ausführungsbeschreibung A 6
Körnung: 0/32
Schichtdicke: 20 cm

8€	10€	**11€**	12€	15€	[m²]	⏱ 0,12 h/m²	080.000.173

34 — Rasentragschicht 0/45 — KG **530**
Wie Ausführungsbeschreibung A 6
Körnung: 0/45
Schichtdicke: 20 cm

11€	15€	**18€**	20€	24€	[m²]	⏱ 0,12 h/m²	080.000.174

35 — Schotterrasendeckschicht, 20cm — KG **574**
Schotterrasen aus Schotter-Humus-Gemisch, einschl. Abwalzen und Einsanden nach Einsaat.
Schotter: …..
Bodengruppen DIN 18915: …..
Dicke: 20 cm
Angeb. Fabrikat: …..

9€	12€	**14€**	18€	25€	[m²]	⏱ 0,13 h/m²	080.000.351

36 — Asphalttragschicht, 10cm — KG **530**
Asphalttragschicht herstellen, einschl. verdichten.
Mischgutart: AC 32 T S
Bindemittel: 50/70 TL Bitumen-StB
Mineralstoff: Basalt-Edelsplitte
Einbauort: …..
Einbaudicke: 10 cm verdichtet verdichteter Zustand
Verdichtungsgrad: ….. DPr

15€	18€	**19€**	21€	26€	[m²]	⏱ 0,10 h/m²	080.000.331

Nr.	Kurztext / Langtext							Kostengruppe
▶	▷	ø netto €	◁	◀	[Einheit]	Ausf.-Dauer	Positionsnummer

37 Wassergebundene Decke — KG **531**

Wassergebundene Deckschicht auf bauseitiger Tragschicht mit Zugabe von Wasser bis zur vollständigen Bindung.
Oberschicht: Sanddeckschicht
Körnung: 0/8
Schichtdicke: bis 8 cm
Gefälle: max. 3%
Angeb. Fabrikat: .....

| 8€ | 11€ | **13€** | 16€ | 19€ | [m²] | ⏱ 0,13 h/m² | 080.000.350 |

38 Pflasterdecke, Beton mit Sickerfugen — KG **534**

Pflasterdecke aus Betonpflastersteinen mit Sickerfugen, ungebundene Bauweise, Fugen mit Splitt Gemisch der Körnung 1 bis 3mm vollständig verfüllen und abrütteln.
Einbauort: .....
Plattenformat (L x B): ..... x ..... cm
Plattendicke: .....
Farbe: .....
Bettung: Brechsand-Splitt-Gemisch
Körnung: 0/5
Bettungsdicke: 30-50 mm
Verlegeart: .....
Fugenbreite: .....
Angeb. Fabrikat. .....

| 22€ | 29€ | **31€** | 35€ | 41€ | [m²] | ⏱ 0,20 h/m² | 080.000.179 |

A 7 Versicherungsfähiges Pflaster, Beton — Beschreibung für Pos. **39-40**

Versicherungsfähiges Pflaster einschl. Bettung und einsanden.
Verlegung im Halbsteinverband.

39 Versicherungsfähiges Pflaster, Beton, 15x15cm — KG **530**

Wie Ausführungsbeschreibung A 7
Steinformat: 15 x 15 cm
Dicke: 8 cm
Farben: grau
Bettung: 3-5 cm Splitt 2/5 mm im verdichteter Zustand
Einbauort: .....

| 23€ | 31€ | **33€** | 38€ | 41€ | [m²] | ⏱ 0,42 h/m² | 080.000.376 |

40 Versicherungsfähiges Pflaster, Beton, 30x15cm — KG **530**

Wie Ausführungsbeschreibung A 7
Steinformat: 30 x 15 cm
Dicke: 8 cm
Farben: grau
Bettung: 3-5 cm Splitt 2/5 mm im verdichteter Zustand
Einbauort: .....

| 25€ | 32€ | **34€** | 39€ | 44€ | [m²] | ⏱ 0,42 h/m² | 080.000.377 |

**LB 080
Straßen,
Wege,
Plätze**

Kosten:
Stand 1.Quartal 2021
Bundesdurchschnitt

▶ min
▷ von
ø Mittel
◁ bis
◀ max

Nr.	Kurztext / Langtext					[Einheit]	Ausf.-Dauer	Kostengruppe Positionsnummer
▶	▷	**ø netto €**	◁	◀				
41	**Versickerungsfähiges Pflaster, Doppel-T-Verbundstein, 20x16,5cm**							KG **532**
Versickerungsfähiges haufporiges Pflaster einschl. Bettung und einsanden. Verlegung im Halbsteinverband. Steinformat: Doppel-T-Verbundstein. Steinformat: 20 x 16,5 cm Dicke: 8 cm Farben: grau Bettung: 3-5 cm Splitt 2/5 mm im verdichteter Zustand Einbauort:								
15€	20€	**22€**	25€	27€		[m²]	⏱ 0,42 h/m²	080.000.378
42	**Haufenporiges Pflaster, Beton, 12,5x12,5cm**							KG **530**
Versickerungsfähiges haufporiges Pflaster einschl. Bettung und einsanden. Verlegung im Halbsteinverband. Steinformat: 12,5 x 12,5 cm Farben: grau Bettung: 3-5 cm Splitt 2/5 mm im verdichteter Zustand Einbauort:								
13€	18€	**19€**	21€	23€		[m²]	⏱ 0,50 h/m²	080.000.381
43	**Haufenporiges Pflaster, Beton, 25x12,5cm**							KG **530**
Versickerungsfähiges haufporiges Pflaster einschl. Bettung und einsanden. Verlegung im Halbsteinverband. Steinformat: 25 x 12,5 cm Dicke: 8 cm Farben: grau Bettung: 3-5 cm Splitt 2/5 mm im verdichteter Zustand Einbauort:								
16€	21€	**23€**	25€	28€		[m²]	⏱ 0,42 h/m²	080.000.380
44	**Pflaster Beton, begrünbarer Fuge, 20x20cm**							KG **530**
Pflasterstein aus Beton mit begrünbarer 3 cm Fuge. Verlegung im Halbsteinverband. Steinformat: 20 x 20 cm Dicke: 8 cm Farben: grau Bettung: 3-5 cm Splitt 2/5 mm im verdichteter Zustand Einbauort:								
18€	24€	**26€**	28€	32€		[m²]	⏱ 0,33 h/m²	080.000.382
45	**Rasenfugenstein, Beton, 20x15cm**							KG **530**
Pflasterstein aus Beton, mit angeformten Abstandhaltern für 30 mm. Verlegung im Halbsteinverband. Steinformat: 20 x 15 cm Dicke: 8 cm Farben: grau Bettung: 3-5 cm Splitt 2/5 mm im verdichteter Zustand Einbauort: …								
16€	21€	**23€**	26€	29€		[m²]	⏱ 0,33 h/m²	080.000.384

Nr.	Kurztext / Langtext					Kostengruppe		
▶	▷	ø netto €	◁	◀	[Einheit]	Ausf.-Dauer	Positionsnummer

46 Rasenfugenstein, Beton, 20x20cm KG **530**
Pflasterstein aus Beton, mit angeformten Abstandhaltern für 30 mm. Verlegung im Halbsteinverband.
Steinformat: 20 x 20 cm
Dicke: 8 cm
Farben: grau
Bettung: 3-5 cm Splitt 2/5 mm im verdichteter Zustand
Einbauort: …

| 16€ | 22€ | **24**€ | 27€ | 30€ | [m²] | ⏱ 0,33 h/m² | 080.000.385 |

47 Betonplatte, Beton, 40x40cm, mit extra großer Rasenfuge KG **530**
Betonplatte mit extra großer Rasenfuge. Verlegung im Halbsteinverband, mit Abstandhaltern.
Steinformat: 40 x 40 cm
Dicke: 7 cm
Farben: grau
Bettung: 3-5 cm Splitt 0/5 mm im verdichteter Zustand
Begrünte Fuge mindestens 5 cm
Einbauort: …

| 15€ | 20€ | **22**€ | 25€ | 28€ | [m²] | ⏱ 0,25 h/m² | 080.000.391 |

48 Natursteinpflaster, begrünbarer Fuge, polygonal KG **530**
Pflasterstein aus Naturstein mit begrünbarer Fuge.
Steinformat: polygonal
Dicke: 6 cm
Naturstein: Granit
Farben: sandgrau
Bettung: 5 cm Splitt 2/5 mm im verdichteter Zustand
Begrünte Fuge mindestens 5 cm
Einbauort: …

| 34€ | 46€ | **49**€ | 54€ | 60€ | [m²] | ⏱ 0,50 h/m² | 080.000.386 |

49 Rasengitterplatte, Beton, 19,5x19,5 cm KG **530**
Rasengitterplatte aus Beton, mit mindestens 40% begrünbarer Fläche.
Rastermaß: 19,5 x 19,5 cm
Dicke: 8 cm
Farben: grau
Bettung: 3-5 cm Splitt 2/5 mm im verdichteter Zustand
Einbauort: …

| 14€ | 19€ | **21**€ | 23€ | 25€ | [m²] | ⏱ 0,25 h/m² | 080.000.388 |

50 Fugenverfüllung Rasenfuge Betonpflasterstein KG **530**
Rasenfugen mit Vegetationstragschicht für begrünbare Beläge.
Ansaat: RSM 5.1 Parkplatzrasen.

| 46€ | 62€ | **66**€ | 76€ | 82€ | [m³] | ⏱ 0,17 h/m³ | 080.000.387 |

LB 080 Straßen, Wege, Plätze

Kosten:
Stand 1.Quartal 2021
Bundesdurchschnitt

▶ min
▷ von
ø Mittel
◁ bis
◀ max

Nr.	Kurztext / Langtext						Kostengruppe	
▶	▷	ø netto €	◁	◀		[Einheit]	Ausf.-Dauer	Positionsnummer

51 Rasengitterplatte, Beton, Steinformat Raute, 40x40 cm KG **530**
Rasengitterplatte aus Beton, mit mindestens 40% begrünbarer Fläche.
Rastermaß: Steinformat: 40 x 40 cm
Dicke: 8 cm
Steinformat: Raute
Farben: grau
Bettung: 3-5 cm Splitt 2/5 mm im verdichteter Zustand
Einbauort: …

| 17€ | 22€ | **24€** | 27€ | 29€ | [m²] | ⏱ 0,25 h/m² | 080.000.389 |

52 Rasenwabenplatte, Kunststoff, 50x50 cm KG **534**
Verbund-Gitterplatte aus Kunststoff für Verkehrsfläche.
Rastermaß: 50 x 50 cm
Dicke: 4 cm
Farben: anthrazit
Bettung: 3-5 cm Splitt 2/5 mm im verdichteter Zustand
Einbauort: …

| 17€ | 22€ | **25€** | 27€ | 30€ | [m²] | ⏱ 0,25 h/m² | 080.000.390 |

53 Füllung zur Begrünung des Rasengitters, Quarzsand, 5cm KG **530**
Füllung zur Begrünung der Gitterplatte.
Gemisch: 60% Quarzsand, 40% Humus
Einsaat: Sportrasen-Samen, inkl. Düngesubstrat
Einbaustärke: ca. 5 cm

| 38€ | 50€ | **55€** | 62€ | 68€ | [m³] | ⏱ 0,17 h/m³ | 080.000.392 |

54 Füllung zur Begrünung des Rasengitters, Splitt, 5cm KG **530**
Füllung zur Begrünung der Gitterplatte.
Gemisch: 60% Splitt 0/6, 40% Humus
Einsaat: Sportrasen-Samen, inkl. Düngesubstrat
Einbaustärke: ca. 5 cm

| 65€ | 87€ | **95€** | 101€ | 111€ | [m³] | ⏱ 0,25 h/m³ | 080.000.393 |

A 8 Pflasterdecke, Granit Beschreibung für Pos. **55-58**
Pflasterdecke für Fußgängerflächen mit Natursteinenpflaster, im Mörtelbett verlegen, Fugen mit Pflaster-fugenmörtel.
Pflastermaterial: Granit

55 Pflasterdecke, Granit, 8x8cm KG **531**
Wie Ausführungsbeschreibung A 8
Plattenformat (L x B x H): 8 x 8 x 8 cm
Abweichung Nenndicke: …..
Frostbeständigkeitsklasse: …..
Farbe: …..
Verlegeart: im Verband
Bettungsdicke: ….. cm
Angeb. Fabrikat: …..

| 64€ | 81€ | **91€** | 102€ | 120€ | [m²] | ⏱ 1,20 h/m² | 080.000.337 |

Nr.	Kurztext / Langtext							Kostengruppe
▶	▷	ø netto €	◁	◀	[Einheit]	Ausf.-Dauer	Positionsnummer

56 Pflasterdecke, Granit 9x9cm — KG **531**
Wie Ausführungsbeschreibung A 8
Plattenformat (L x B x H): 9 x 9 x 9 cm
Abweichung Nenndicke: .....
Frostbeständigkeitsklasse: .....
Farbe: .....
Verlegeart: im Verband
Bettungsdicke: ..... cm
Angeb. Fabrikat: .....

| 70€ | 87€ | **92€** | 100€ | 118€ | [m²] | ⏱ 1,15 h/m² | 080.000.338 |

57 Pflasterdecke, Granit, 10x10cm — KG **531**
Wie Ausführungsbeschreibung A 8
Plattenformat (L x B x H): 10 x 10 x 10 cm
Abweichung Nenndicke: .....
Frostbeständigkeitsklasse: .....
Farbe: .....
Verlegeart: im Verband
Bettungsdicke: ..... cm
Angeb. Fabrikat: .....

| 73€ | 89€ | **93€** | 94€ | 110€ | [m²] | ⏱ 1,10 h/m² | 080.000.339 |

58 Pflasterdecke, Granit, 11x11cm — KG **531**
Wie Ausführungsbeschreibung A 8
Plattenformat (L x B x H): 11 x 11 x 11 cm
Abweichung Nenndicke: .....
Frostbeständigkeitsklasse: .....
Farbe: .....
Verlegeart: im Verband
Bettungsdicke: ..... cm
Angeb. Fabrikat: .....

| 83€ | 117€ | **122€** | 134€ | 158€ | [m²] | ⏱ 0,95 h/m² | 080.000.340 |

59 Pflasterklinkerbelag — KG **533**
Plattenbelag aus Pflasterklinker DIN 18503, ungebunden, Gefälle verlegen, inkl. Bettung und Fugen einschlämmen.
Plattenmaße (L x B x T): ..... x ..... x ..... mm
Kanten: gefast
Form: .....
Bettungsdicke: 10-15 cm
Bettungsmaterial: Brechsand-Splitt-Gemisch
Körnung: 0/5
Einbauort: .....

| 42€ | 67€ | **79€** | 83€ | 98€ | [m²] | ⏱ 0,75 h/m² | 080.000.227 |

LB 080 Straßen, Wege, Plätze

Nr.	Kurztext / Langtext					Kostengruppe		
▶	▷	ø netto €	◁	◀	[Einheit]	Ausf.-Dauer	Positionsnummer	

60	**Pflasterzeile, Granit gebraucht, einzeilig**						KG **530**

Randeinfassung einzeilig mit Natursteinpflaster auf Betonfundament C 12/15 herstellen und Fugen mit Pflasterfugenmörtel.
Pflastermaterial: Granit, gebraucht
Pflasterformat (L x B x H): ..... x ..... x ..... cm
Abweichung Nenndicke: .....
Frostbeständigkeitsklasse: .....
Farbe: .....
Bettungsdicke: ..... cm
Angeb. Stein: .....

24€	28€	**28**€	29€	32€	[m]	⏱ 0,30 h/m	080.000.342

61	**Pflasterzeile, Granit, dreizeilig**						KG **530**

Randeinfassung dreizeilig mit Natursteinpflaster im Mörtelbett verlegen und Fugen mit Pflasterfugenmörtel.
Pflastermaterial: Granit
Pflasterformat (L x B x H): ..... x ..... x ..... cm
Abweichung Nenndicke: .....
Frostbeständigkeitsklasse: .....
Farbe: .....
Bettungsdicke: ..... cm
Angeb. Stein: .....

38€	44€	**46**€	50€	60€	[m]	⏱ 0,40 h/m	080.000.344

62	**Pflasterzeile, Großsteinpflaster, Granit**						KG **530**

Randeinfassung einzeilig mit Natursteinpflaster im Mörtelbett und Fugen mit Pflasterfugenmörtel.
Pflastermaterial: Granit
Plattenformat (L x B x H): 15 x 17 x 17 cm
Abweichung Nenndicke: .....
Frostbeständigkeitsklasse: .....
Farbe: .....
Bettungsdicke: ..... cm
Fugenbreite: .....
Angeb. Stein: .....

25€	29€	**31**€	35€	37€	[m]	⏱ 0,42 h/m	080.000.366

Kosten: Stand 1.Quartal 2021 Bundesdurchschnitt

▶ min
▷ von
ø Mittel
◁ bis
◀ max

Nr.	Kurztext / Langtext							Kostengruppe
▶	▷	**ø netto €**	◁	◀		[Einheit]	Ausf.-Dauer	Positionsnummer

63 Plattenbelag, Granit, 60x60cm — KG **533**

Plattenbelag aus Naturstein barrierefrei DIN 18040/3 in ungebundener Bauweise in Brechsand-Splitt-Gemisch verlegen, Fugen mit Bettungsstoff einschlämmen.
Plattenmaterial: Granit
Plattenformat (L x B): bis 60 x 60 cm
Plattendicke: 5 cm
Bruchlastklasse: .....
Oberfläche: .....
Farbe: .....
Kanten: abgeschrägt
Bettung: Körnung 0/2
Bettungsdicke: 3 bis 5 cm
Verlegeart: parallele Reihen
Angeb. Stein: .....
Steinbruch des angebotenen Materials: .....

| 61€ | 72€ | **76€** | 82€ | 98€ | | [m²] | ⏱ 0,80 h/m² | 080.000.219 |

64 Plattenbelag, Basalt, 60x60cm — KG **533**

Plattenbelag aus Naturstein barrierefrei DIN 18040/3 in ungebundener Bauweise in Brechsand-Splitt-Gemisch verlegen, Fugen mit Bettungsstoff einschlämmen.
Plattenmaterial: Basalt
Plattenformat (L x B): bis 60 x 60 cm
Plattendicke: 5 cm
Bruchlastklasse: .....
Oberfläche: .....
Farbe: .....
Kanten: abgeschrägt
Bettung: Körnung 0/2
Bettungsdicke: 3 bis 5 cm
Verlegeart: parallele Reihen
Angeb. Stein: .....
Steinbruch des angebotenen Materials: .....

| 108€ | 136€ | **155€** | 169€ | 175€ | | [m²] | ⏱ 0,80 h/m² | 080.000.220 |

003
004
080

LB 080 Straßen, Wege, Plätze

Kosten:
Stand 1.Quartal 2021
Bundesdurchschnitt

▶ min
▷ von
ø Mittel
◁ bis
◀ max

Nr.	Kurztext / Langtext					[Einheit]	Ausf.-Dauer	Kostengruppe Positionsnummer
	▶	▷	ø netto €	◁	◀			

65 Plattenbelag, Travertin, 60x60cm — KG **533**

Plattenbelag aus Naturstein barrierefrei DIN 18040/3 in ungebundener Bauweise in Brechsand-Splitt-Gemisch verlegen, Fugen mit Bettungsstoff einschlämmen.
Plattenmaterial: Travertin
Plattenformat (L x B): bis 60 x 60 cm
Plattendicke: 5 cm
Bruchlastklasse: .....
Oberfläche: .....
Farbe: .....
Kanten: abgeschrägt
Bettung: Körnung 0/2
Bettungsdicke: 3 bis 5 cm
Verlegeart: parallele Reihen
Angeb. Stein: .....
Steinbruch des angebotenen Materials: .....

| 89€ | 100€ | **111€** | 113€ | 141€ | [m²] | ⏱ 0,80 h/m² | 080.000.222 |

66 Plattenbelag, Sandstein, 60x60cm — KG **533**

Plattenbelag aus Naturstein barrierefrei DIN 18040/3 in ungebundener Bauweise in Brechsand-Splitt-Gemisch verlegen, Fugen mit Bettungsstoff einschlämmen.
Plattenmaterial: Sandstein
Plattenformat (L x B): bis 60 x 60 cm
Plattendicke: 5 cm
Bruchlastklasse: .....
Oberfläche: .....
Farbe: .....
Kanten: abgeschrägt
Bettung: Körnung 0/2
Bettungsdicke: 3 bis 5 cm
Verlegeart: parallele Reihen
Angeb. Stein: .....
Steinbruch des angebotenen Materials: .....

| 98€ | 112€ | **121€** | 127€ | 138€ | [m²] | ⏱ 0,80 h/m² | 080.000.223 |

67 Pflasterdecke, Betonpflaster — KG **530**

Pflasterdecke aus Betonpflastersteinen, ungebundene Bauweise, mit Bettung aus Sand und Fugen verfüllen
Einbauort: .....
Plattenformat (L x B): ..... cm
Plattendicke: ..... cm
Kantenausbildung: .....
Verlegeart: .....
Bettungsdicke: ..... cm
Körnung: 0/2

| 25€ | 28€ | **30€** | 32€ | 37€ | [m²] | ⏱ 0,45 h/m² | 080.000.335 |

Nr.	**Kurztext** / Langtext						Kostengruppe	
▶	▷	ø netto €	◁	◀	[Einheit]	Ausf.-Dauer	Positionsnummer	

68   Betonplattenbelag, 40x40cm   KG **530**

Plattenbelag aus Betonplatten ungebunden im Sandbett verlegen, einschl. Abrütteln.
Einbauort: .....
Plattenformat (L x B): 40 x 40 cm
Plattendicke: ..... cm
Kantenausbildung: .....
Oberfläche: .....
Farbe: .....
Verlegeart: .....
Bettungsdicke: ..... cm
Körnung: 0/2 wenn Sand dann 0/2
Rasenfuge: 20 mm
Angeb. Fabrikat. .....

| 30€ | 43€ | **48**€ | 56€ | 72€ | [m²] | ⏱ 0,40 h/m² | 080.000.332 |

003
004
080

69   Betonplattenbelag, großformatig   KG **530**

Plattenbelag aus Betonplatten ungebunden Bauweise, mit Bettung aus Brechsand-Splitt-Gemisch verlegen und Fugen verfüllen.
Einbauort: .....
Plattenformat (L x B): 40 x 40 cm
Plattendicke: 8 cm
Kantenausbildung: .....
Oberfläche: .....
Farbe: .....
Verlegeart: .....
Bettungsdicke: ..... cm
Körnung: 0/5
Angeb. Fabrikat. .....a

| 50€ | 57€ | **61**€ | 66€ | 74€ | [m²] | ⏱ 0,50 h/m² | 080.000.333 |

70   Terrassenbelag aus Beton, 40x40x4cm   KG **533**

Bodenbelag aus Betonwerksteinplatten im Außenbereich, in ungebundener Bauweise im Sandbett verlegen, Fugen verfüllen.
Einbauort: Terrasse
Gefälle: .....
Plattenmaße (L x B): 40 x 40 cm
Plattendicke: 8 cm
Oberfläche: .....
Verlegeart: Quadratverband
Fugenbreite: 3 mm
Fugenfüllung: Sand
Bettungsdicke: 40 mm
Witterungsbeständigkeitsklasse: 1

| 14€ | 19€ | **21**€ | 25€ | 26€ | [m²] | ⏱ 0,40 h/m² | 080.000.395 |

LB 080 Straßen, Wege, Plätze

Nr.	Kurztext / Langtext						Kostengruppe		
▶	▷	ø netto €	◁	◀		[Einheit]	Ausf.-Dauer	Positionsnummer	

A 9 — Terrassenbelag aus Beton — Beschreibung für Pos. **71-73**

Bodenbelag aus Betonwerksteinplatten im Außenbereich, in ungebundener Bauweise im Sandbett verlegen, Fugen verfüllen.
Einbauort: Terrasse
Verlegeart: Rechteckverband
Fugenbreite: 3 mm
Fugenfüllung: Sand
Bettungsdicke: 40 mm
Witterungsbeständigkeitsklasse: 1

71 — Terrassenbelag aus Beton, 50x 25x8cm — KG **533**
Wie Ausführungsbeschreibung A 9
Gefälle: .....
Oberfläche: .....
Plattenmaße (L x B): 50 x 25 cm
Plattendicke: 8 cm

▶	▷	ø	◁	◀		[Einheit]	Ausf.-Dauer	Positionsnummer
57€	79€	**85€**	100€	104€		[m²]	0,50 h/m²	080.000.397

72 — Terrassenbelag aus Beton, 60x30x8cm — KG **533**
Wie Ausführungsbeschreibung A 9
Gefälle: .....
Oberfläche: .....
Plattenmaße (L x B): 60 x 30 cm
Plattendicke: 8 cm

45€	62€	**67€**	78€	83€	[m²]	0,50 h/m²	080.000.399

73 — Terrassenbelag aus Beton, 60x60x8cm — KG **533**
Wie Ausführungsbeschreibung A 9
Gefälle: .....
Oberfläche: .....
Plattenmaße (L x B): 60 x 60 cm
Plattendicke: 8 cm

28€	39€	**42€**	50€	52€	[m²]	0,70 h/m²	080.000.400

74 — Traufe, Betonplatten — KG **530**
Plattenbelag aus Betonplatten als Traufe, ungebunden Bauweise, mit Bettung aus Brechsand-Splitt-Gemisch verlegen und Fugen verfüllen.
Einbauort: am Gebäude
Plattenformat (L x B): ..... x ..... cm
Plattendicke: 7 cm
Kantenausbildung: .....
Oberfläche: .....
Farbe: .....
Verlegeart: .....
Bettungsdicke: 3 bis 5 cm
Körnung: 0/5

7€	8€	**8€**	10€	12€	[m]	0,10 h/m	080.000.334

Kosten: Stand 1.Quartal 2021 Bundesdurchschnitt

▶ min
▷ von
ø Mittel
◁ bis
◀ max

Nr.	Kurztext / Langtext					Kostengruppe		
▶	▷	ø netto €	◁	◀	[Einheit]	Ausf.-Dauer	Positionsnummer	

75 Holzbelag Lärche KG **533**
Terrassenbelag aus Nadelholz ohne chemischen Holzschutz, inkl. Unterkonstruktion, Befestigungen und Verbindungen, ohne Lieferung.
Holzart: Lärche
Maße (L x B): ..... x ..... cm
Holzdicke: ..... mm
Oberfläche: .....
Fugenbreite: .....

| 126€ | 145€ | **149**€ | 175€ | 217€ | [m²] | ⏱ 1,30 h/m² | 080.000.345 |

76 Belag aus Holzpaneele 60x60cm KG **533**
Holzart: Kiefer
Fugenbreite zu Wänden: 15-20 mm
Ausführung in: 1-2% Gefälle in Wasserfließrichtung verlegen
Bretter Dicke: 26 mm
Bretter Breite: 95 mm
Maße: 60 x 60 cm

| –€ | 113€ | **119**€ | 131€ | –€ | [m²] | ⏱ 0,20 h/m² | 080.000.187 |

77 Belag aus Holzpaneele 120x60cm KG **533**
Holzart: Kiefer
Fugenbreite zu Wänden: 15-20 mm
Ausführung in: 1-2% Gefälle in Wasserfließrichtung verlegen
Bretter Dicke: 26 mm
Bretter Breite: 95 mm
Maße: 120 x 60 cm

| –€ | 101€ | **109**€ | 118€ | –€ | [m²] | ⏱ 0,25 h/m² | 080.000.188 |

78 Rippenplatten, 30x30x8, Rippenabstand 50x6, o. Fase, anthrazit KG **531**
Blindenleitsystem taktile Rippenplatten aus Beton als Bodenindikator zur behindertengerechten Führung im Bereich der Überquerungsstellen im Außenbereich.
Format: 30 x 30 cm
Steinstärke: 8 cm
Farbe: anthrazit
Oberfläche: trapezförmige Rippen, Höhe 4-5 mm
Rippenabstand: 50 x 6, 6 Rippen im Abstand 50 mm, ohne Fase
Verband: Halbsteinverband ohne Kreuzfugen

| 78€ | 103€ | **114**€ | 131€ | 137€ | [m²] | ⏱ 0,10 h/m² | 080.000.246 |

LB 080 Straßen, Wege, Plätze

Kosten: Stand 1.Quartal 2021 Bundesdurchschnitt

Nr.	Kurztext / Langtext	[Einheit]	Ausf.-Dauer	Kostengruppe Positionsnummer
▶	▷ ø netto € ◁ ◀			

79 — Rippenplatte, 20x10x8, mit Fase, anthrazit — KG 531

Blindenleitsystem taktile Rippenplatte aus Beton als Bodenindikator zur behindertengerechten Führung im Bereich der Überquerungsstellen im Außenbereich.
Format: 20 x 10 cm
Steinstärke: 8 cm
Farbe: anthrazit
Oberfläche: trapezförmige Rippen, Höhe 4-5 mm
Rippenabstand: 2 Rippen im Abstand 50 mm, mit Fase
Verlegeart: einreihig

| 67€ | 89€ | **97€** | 112€ | 119€ | [m] | 0,10 h/m | 080.000.251 |

80 — Noppenplatten, 30x30x8, 32 Noppen, mit Fase, Kegel, anthrazit — KG 531

Blindenleitsystem taktile Noppenplatten aus Beton als Bodenindikator zur behindertengerechten Führung im Bereich der Überquerungsstellen im Außenbereich.
Format: 30 x 30 cm
Steinstärke: 8 cm
Farbe: anthrazit
Oberfläche: 32 Noppen diagonal, mit Fasen, Kegelstumpf
Verband: Halbsteinverband ohne Kreuzfugen

| 75€ | 100€ | **111€** | 129€ | 135€ | [m²] | 0,10 h/m² | 080.000.253 |

81 — Noppenplatten, 20x10x8, 8 Noppen, mit Fase, Kegel, weiß — KG 531

Blindenleitsystem taktile Noppenplatten aus Beton als Bodenindikator zur behindertengerechten Führung im Bereich der Überquerungsstellen im Außenbereich.
Format: 20 x 10 cm
Steinstärke: 8 cm
Farbe: Weißbeton
Oberfläche: 8 Noppen diagonal, mit Fasen, Kegelstumpf
Verband: Halbsteinverband ohne Kreuzfugen

| 60€ | 77€ | **84€** | 95€ | 155€ | [m²] | 0,10 h/m² | 080.000.256 |

82 — Noppenplatten, 30x30x8, 32 Noppen, mit Fase, Kugel, weiß — KG 531

Blindenleitsystem taktile Noppenplatten aus Beton als Bodenindikator zur behindertengerechten Führung im Bereich der Überquerungsstellen im Außenbereich.
Format: 30 x 30 cm
Steinstärke: 8 cm
Farbe: Weißbeton
Oberfläche: 32 Noppen diagonal, mit Fasen, Kugelkalotte
Verband: Halbsteinverband ohne Kreuzfugen

| 74€ | 89€ | **106€** | 124€ | 127€ | [m²] | 0,10 h/m² | 080.000.254 |

▶ min
▷ von
ø Mittel
◁ bis
◀ max

Nr.	Kurztext / Langtext							Kostengruppe
▶	▷	ø netto €	◁	◀	[Einheit]	Ausf.-Dauer	Positionsnummer	

83 — Leitstreifen, Betonsteinpflaster — KG 531

Rechteckpflaster aus Beton mit Minifaser als Leitstreifen gem. DIN 32984:2011-10 in Beton mit einseitiger Rückenstütze versetzen.
Farbe: Grau
Maße (L x B x D): 10 x 20 x 8 cm
Beton: C12/17
Einbauhöhe: +3 cm

▶	▷	ø netto €	◁	◀	[Einheit]	Ausf.-Dauer	Positionsnummer
–€	291€	**338€**	399€	–€	[m]	⧗ 0,65 h/m	080.000.296

84 — Pflastersteine schneiden, Beton — KG 530

Schnittkanten herstellen, Pflastersteinbelag aus Beton. Arbeiten mit diamantbesetzten Trennscheiben.
Pflasterformat (L x B): ..... x ..... cm
Steindicke: ..... cm
Entsorgung Schnittgut
Abrechnung nach Aufmaß

| 8€ | 12€ | **14€** | 15€ | 19€ | [m] | ⧗ 0,17 h/m | 080.000.346 |

85 — Plattenbelag schneiden, Beton — KG 530

Schneiden von Plattenbelägen aus Betonplatten, einschl. Schnittgut entsorgen. Arbeiten mit Nassschneidegerät.
Steindicke: ..... cm
Abrechnung nach Aufmaß

| 12€ | 14€ | **15€** | 17€ | 20€ | [m] | ⧗ 0,17 h/m | 080.000.347 |

A 10 — Blockstufe, Beton, Betonbettung — Beschreibung für Pos. 86-87

Blockstufe als Betonfertigteil in Bettung aus Beton verlegen.
Fundamentdicke: mind: 20 cm

86 — Blockstufe, Beton, 17x28x100cm — KG 544

Wie Ausführungsbeschreibung A 10
Festigkeitsklasse: C30/37
Stufenlänge: 100 cm
Stufenhöhe: 17 cm
Stufenbreite: 28 cm
Farbe: .....
Sichtflächen: Sichtbeton
Kantenausbildung: gefast
Fundamentbeton: C12/15
Angeb. Fabrikat: .....

| 80€ | 102€ | **113€** | 126€ | 155€ | [m] | ⧗ 0,75 h/m | 080.000.212 |

LB 080 Straßen, Wege, Plätze

Kosten:
Stand 1.Quartal 2021
Bundesdurchschnitt

Nr.	Kurztext / Langtext					[Einheit]	Ausf.-Dauer	Kostengruppe Positionsnummer
	▶	▷	ø netto €	◁	◀			

87 Blockstufe, Beton, 15x35x100cm KG **544**
Wie Ausführungsbeschreibung A 10
Festigkeitsklasse: C20/25
Stufenlänge: 100 cm
Stufenhöhe: 15 cm
Stufenbreite: 35 cm
Farbe: .....
Sichtflächen: sandgestrahlt
Kantenausbildung: gefast
Fundamentbeton: .....
Angeb. Fabrikat: .....

| 78€ | 118€ | **142**€ | 153€ | 198€ | [St] | ⏱ 0,75 h/St | 080.000.349 |

88 Blockstufe, Naturstein, Länge 100cm KG **544**
Blockstufe aus Naturstein in Bettung aus Beton setzen. Vorderseite und zwei Köpfe gestockt.
Gesteinsart: .....
Stufenlänge: 100 cm
Höhe: .....
Breite: .....
Kantenausbildung: gefast
Oberfläche:
Fundamentbeton: C12/15
Bettungsdicke: 20 cm
Rückenstütze: 15 cm
Angeb. Fabrikat: .....

| 114€ | 134€ | **144**€ | 153€ | 164€ | [m] | ⏱ 0,80 h/m | 080.000.216 |

89 Blockstufe, Kontraststreifen Beton, 20x40x120cm KG **544**
Blockstufe mit Kontraststreifen als Betonfertigteil. Kontraststreifen aus Beton in der Länge der Stufe.
Einbauort: auf bauseitigem Fundament
Festigkeitsklasse: C20/25
Stufengröße (H x B x L): 20 x 40 x 100 cm
Kontraststreifengröße (H x B): **8 x 5 / 5 x 5** cm
Farbe: grau
Oberfläche: .....
Kantenausbildung: gefast
Fundament: Dicke mind. 20 cm
Angeb. Fabrikat: .....

| 144€ | 154€ | **159**€ | 165€ | 181€ | [m] | ⏱ 0,60 h/m | 080.000.234 |

▶ min
▷ von
ø Mittel
◁ bis
◀ max

Nr.	Kurztext / Langtext							Kostengruppe
▶	▷	ø netto €	◁	◀	[Einheit]	Ausf.-Dauer	Positionsnummer	

90 **Blockstufe, Kontraststreifen PVC, 20x40x120cm** KG **544**

Blockstufe mit Kontraststreifen aus PVC als Betonfertigteil, Kontraststreifen aus PVC in der Länge der Stufe.
Einbauort: auf bauseitigem Fundament
Festigkeitsklasse: C20/25
Stufengröße (H x B x): 20 x 40 x 100 cm
Kontraststreifengröße (H x B): 4,3 x 2,2 cm
Farbe: grau
Oberfläche: .....
Kantenausbildung: gefast
Fundament: Dicke mind. 20 cm
Angeb. Fabrikat: .....

| –€ | 124€ | **135**€ | 153€ | –€ | [m] | ⏱ 0,60 h/m | 080.000.224 |

91 **Winkelstufe, Beton, 17x28x100cm** KG **544**

Winkelstufe als Betonfertigteil in Bettung aus Beton verlegen. Trittfläche, Vorderseite und zwei Köpfe Sichtbeton.
Festigkeitsklasse: C 30/37
Stufenlänge: 100 cm
Stufenhöhe: 17 cm
Stufenbreite: 28 cm
Kante: gefast
Farbe: .....
Fundamentbeton: C 12/15
Bettungsdicke: 20 cm
Angeb. Fabrikat: .....

| 111€ | 133€ | **151**€ | 158€ | 180€ | [m] | ⏱ 0,95 h/m | 080.000.214 |

92 **Winkelstufe, Kontraststreifen Beton, 20x36x120cm** KG **544**

Winkelstufe mit Kontraststreifen als Betonfertigteil Kontraststreifen aus Beton in der Länge der Stufe.
Einbauort: auf bauseitigem Fundament
Festigkeitsklasse: C20/25
Stufengröße (H x B x L): 20 x 36 x 120 cm
Kontraststreifengröße (H x B): **8 x 5 / 5 x 5** cm
Farbe: grau
Oberfläche: ....
Kantenausbildung: gefast
Fundament: Dicke mind. 20 cm
Angeb. Fabrikat: .....

| 94€ | 124€ | **134**€ | 152€ | 166€ | [m] | ⏱ 0,60 h/m | 080.000.236 |

LB 080 Straßen, Wege, Plätze

Nr.	Kurztext / Langtext				[Einheit]	Ausf.-Dauer	Kostengruppe Positionsnummer
▶	▷	ø netto €	◁	◀			

93 Winkelstufe, Kontraststreifen PVC, 20x36x120cm KG **544**

Winkelstufe mit Kontraststreifen aus PVC als Betonfertigteil, Kontraststreifen aus Beton in der Länge der Stufe.
Einbauort: auf bauseitigem Fundament
Festigkeitsklasse: C20/25
Stufengröße (H x B x L): 20 x 36 x 120 cm
Kontraststreifengröße (H x B): 4,3 x 2,2 cm
Farbe: grau
Oberfläche: .....
Kantenausbildung: gefast
Fundament: Dicke mind. 20 cm
Angeb. Fabrikat: .....

| 86€ | 108€ | **116**€ | 128€ | 142€ | [m] | ⏱ 0,60 h/m | 080.000.237 |

94 Legestufe, Kontraststreifen Beton, 8x40x120cm KG **544**

Legestufe mit Kontraststreifen als Betonfertigteil, Kontraststreifen aus Beton in der Länge der Stufe.
Einbauort: auf bauseitigem Fundament
Festigkeitsklasse: C20/25
Stufengröße (H x B x L): 8 x 40 x 120 cm
Kontraststreifengröße (H x B): **8 x 5 / 5 x 5** cm
Farbe: grau
Oberfläche: ....
Kantenausbildung: gefast
Fundament: Dicke mind. 20 cm
Angeb. Fabrikat: .....

| 104€ | 136€ | **146**€ | 163€ | 181€ | [m] | ⏱ 0,60 h/m | 080.000.238 |

95 Legestufe, Kontraststreifen PVC, 8x40x120cm KG **544**

Legestufe mit Kontraststreifen aus PVC als Betonfertigteil, Kontraststreifen aus Beton in der Länge der Stufe.
Einbauort: auf bauseitigem Fundament
Festigkeitsklasse: C20/25
Stufengröße (H x B x L): 8 x 40 x 120 cm
Kontraststreifengröße (H x B): 4,3 x 2,2 cm
Farbe: grau
Oberfläche: ....
Kantenausbildung: gefast
Fundament: Dicke mind. 20 cm
Angeb. Fabrikat: .....

| 91€ | 119€ | **127**€ | 141€ | 157€ | [m] | ⏱ 0,60 h/m | 080.000.239 |

Kosten:
Stand 1.Quartal 2021
Bundesdurchschnitt

▶ min
▷ von
ø Mittel
◁ bis
◀ max

Nr.	**Kurztext** / Langtext							Kostengruppe
▶	▷	**ø netto €**	◁	◀		[Einheit]	Ausf.-Dauer	Positionsnummer

96   L-Stufe, Kontraststreifen Beton,15x38x80cm   KG **544**

L-Stufe mit Kontraststreifen als Betonfertigteil Kontraststreifen aus Beton in der Länge der Stufe.
Einbauort: auf bauseitigem Fundament
Festigkeitsklasse: C20/25
Stufengröße (H x B x L): 15 x 38 x 80 cm
Kontraststreifengröße (H x B): **8 x 5 / 5 x 5** cm
Farbe: grau
Oberfläche: ….
Kantenausbildung: gefast
Fundament: Dicke mind. 20 cm
Angeb. Fabrikat: …..

| 87€ | 110€ | **118€** | 130€ | 144€ | | [m] | ⏱ 0,50 h/m | 080.000.240 |

003
004
080

A 11   Bordstein, Naturstein   Beschreibung für Pos. **97-99**

Bordsteinen aus Naturstein einschl. Rückenstütze rückseitig bis 5 cm unter OK Bord hochgezogen. Bewegungsfugen von Fundamentsohle bis OK Bordstein durchgehend, gefüllt. Die Stoßfugen und Bewegungsfugen nach Angaben des Herstellers einbauen.
Gesteinsart: Granit

97   Bordstein, Naturstein 15x25, L=100   KG **530**

Wie Ausführungsbeschreibung A 11
Form: …..
Maße (L x B x H): 100 x 15 x 25 cm
Witterungs-Widerstandsfähigkeit: …..
Oberflächenstruktur: …..
Fundamentbeton: C15
Bettungsdicke: 20 cm
Rückenstütze Breite: ….. cm

| 31€ | 36€ | **39€** | 42€ | 45€ | | [m] | ⏱ 0,30 h/m | 080.000.180 |

98   Bordstein, Naturstein 18x25, L=100   KG **530**

Wie Ausführungsbeschreibung A 11
Form: …..
Maße (L x B x H): 100 x 18 x 25 cm
Witterungs-Widerstandsfähigkeit: …..
Oberflächenstruktur: …..
Fundamentbeton: C25/30
Bettungsdicke: 20 cm
Rückenstütze Breite: ….. cm

| 34€ | 39€ | **42€** | 46€ | 49€ | | [m] | ⏱ 0,30 h/m | 080.000.182 |

LB 080 Straßen, Wege, Plätze

Nr.	Kurztext / Langtext					Kostengruppe
▶	▷ ø **netto €** ◁ ◀				[Einheit]	Ausf.-Dauer Positionsnummer

99 **Bordstein, Naturstein 30x25, L=100** — KG **530**
Wie Ausführungsbeschreibung A 11
Form: .....
Maße (L x B x H): 100 x 30 x 25 cm
Witterungs-Widerstandsfähigkeit: .....
Oberflächenstruktur: .....
Fundamentbeton: C25/30
Bettungsdicke: 20 cm
Rückenstütze Breite: ..... cm

| 37€ | 43€ | **47€** | 51€ | 54€ | [m] | ⏱ 0,30 h/m | 080.000.184 |

A 12 **Bordstein, Beton** — Beschreibung für Pos. **100-103**
Randeinfassung mit Hochbordsteinen aus Beton mit Rückenstütze aus Beton und Unterbeton. Leistung einschl. Passstücke herstellen und Bewegungsfugen einbauen, inkl. schließen mit dauerelastischen Fugenband.

100 **Bordstein, Beton, 12x15x25cm, L=50cm** — KG **530**
Wie Ausführungsbeschreibung A 12
Form: HB 15/25
Bordsteinlänge: 50 cm
Witterungs-Widerstandsfähigkeit: .....
Oberflächenstruktur: .....
Kantenausbildung
Farbe: naturgrau
Fundamentbeton: .....
Bettungsdicke: 15 cm
Rückenstütze Breite: 15 cm

| 19€ | 22€ | **27€** | 28€ | 29€ | [m] | ⏱ 0,28 h/m | 080.000.356 |

101 **Bordstein, Beton, 12x15x30cm, L=50cm** — KG **530**
Wie Ausführungsbeschreibung A 12
Form: HB 15/30
Bordsteinlänge: 50 cm
Witterungs-Widerstandsfähigkeit: .....
Oberflächenstruktur: .....
Kantenausbildung
Farbe: naturgrau
Fundamentbeton: .....
Bettungsdicke: 15 cm
Rückenstütze Breite: 15 cm

| 20€ | 24€ | **28€** | 31€ | 36€ | [m] | ⏱ 0,28 h/m | 080.000.353 |

Kosten:
Stand 1.Quartal 2021
Bundesdurchschnitt

▶ min
▷ von
ø Mittel
◁ bis
◀ max

Nr.	**Kurztext** / Langtext						Kostengruppe	
▶	▷	**ø netto €**	◁	◀	[Einheit]	Ausf.-Dauer	Positionsnummer	

102   **Bordstein, Beton, 12x18x30cm, L=50cm**   KG **530**

Wie Ausführungsbeschreibung A 12
Form: HB 18/30
Bordsteinlänge: 50 cm
Witterungs-Widerstandsfähigkeit: .....
Oberflächenstruktur: .....
Kantenausbildung
Farbe: naturgrau
Fundamentbeton: .....
Bettungsdicke: 20 cm
Rückenstütze Breite: 15 cm

| 22€ | 27€ | **30€** | 33€ | 39€ | [m] | ⏱ 0,28 h/m | 080.000.355 |

103   **Bordstein, Beton, 12x18x30cm, L=100cm**   KG **530**

Wie Ausführungsbeschreibung A 12
Form: HB 18/30
Bordsteinlänge: 100 cm
Witterungs-Widerstandsfähigkeit: .....
Oberflächenstruktur: .....
Kantenausbildung
Farbe: naturgrau
Fundamentbeton: .....
Bettungsdicke: 20 cm
Rückenstütze Breite: 15 cm

| 22€ | 29€ | **33€** | 36€ | 44€ | [m] | ⏱ 0,30 h/m | 080.000.362 |

A 13   **Bordstein, Beton, Form C**   Beschreibung für Pos. **104-107**

Bordstein aus Beton als Randeinfassung für Wege-, Pflanzflächen- und Rasenflächen in Betonbettung mit beidseitiger Rückenstütze setzen. Die Stoß-, und Bewegungsfugen mit Fugeneinlage aus dauerelastischem Fugenband.

104   **Bordstein, Beton, 8x25cm, L=50cm**   KG **530**

Wie Ausführungsbeschreibung A 13
Form: TB 8/25
Bordsteinlänge: 50 cm
Witterungs-Widerstandsfähigkeit: .....
Oberflächenstruktur: .....
Kantenausbildung: beidseitig gefast
Farbe: grau
Fundamentbeton: ..... cm
Bettungsdicke: ..... cm
Rückenstütze Dicke: ..... cm
Fugenbreite: ..... mm

| 19€ | 21€ | **23€** | 26€ | 28€ | [m] | ⏱ 0,30 h/m | 080.000.357 |

LB 080 Straßen, Wege, Plätze

Kosten:
Stand 1.Quartal 2021
Bundesdurchschnitt

Nr.	Kurztext / Langtext				[Einheit]	Ausf.-Dauer	Kostengruppe Positionsnummer
▶	▷	ø netto €	◁	◀			

105	Bordstein, Beton, 8x25cm, L=100cm						KG **530**
Wie Ausführungsbeschreibung A 13							
Form: TB 8/25							
Bordsteinlänge: 100 cm							
Witterungs-Widerstandsfähigkeit:							
Oberflächenstruktur:							
Kantenausbildung: beidseitig gefast							
Farbe: grau							
Fundamentbeton: ..... cm							
Bettungsdicke: ..... cm							
Rückenstütze Dicke: ..... cm							
Fugenbreite: ..... mm							
19€	23€	**25€**	27€	32€	[m]	⏱ 0,32 h/m	080.000.358

106	Bordstein, Beton, 10x25cm, L=50cm, Form C						KG **530**
Wie Ausführungsbeschreibung A 13							
Form: TB 8/25							
Bordsteinlänge: 50 cm							
Witterungs-Widerstandsfähigkeit:							
Oberflächenstruktur:							
Kantenausbildung: beidseitig gefast							
Farbe: grau							
Fundamentbeton: ..... cm							
Bettungsdicke: ..... cm							
Rückenstütze Dicke: ..... cm							
Fugenbreite: ..... mm							
19€	20€	**21€**	22€	25€	[m]	⏱ 0,30 h/m	080.000.359

107	Bordstein, Beton, 10x25cm, L=100cm, Form C						KG **530**
Wie Ausführungsbeschreibung A 13							
Form: TB 10/25							
Bordsteinlänge: 100 cm							
Witterungs-Widerstandsfähigkeit:							
Oberflächenstruktur:							
Kantenausbildung: beidseitig gefast							
Farbe: grau							
Fundamentbeton: ..... cm							
Bettungsdicke: ..... cm							
Rückenstütze Dicke: ..... cm							
Fugenbreite: ..... mm							
22€	23€	**23€**	24€	27€	[m]	⏱ 0,32 h/m	080.000.360

▶ min
▷ von
ø Mittel
◁ bis
◀ max

Nr.	Kurztext / Langtext					Kostengruppe	
▶	▷	ø netto €	◁	◀	[Einheit]	Ausf.-Dauer	Positionsnummer

108 Bordstein, Beton, 8x20cm — KG 530

Bordstein aus Beton als Randeinfassung für Wege-, Pflanzflächen- und Rasenflächen in Betonbettung mit beidseitiger Rückenstütze setzen. Passstücke herstellen und Fugen mit Kompriband schließen.
Form: TB 8/20
Bordsteinlänge: ..... cm
Witterungs-Widerstandsfähigkeit: .....
Oberflächenstruktur: .....
Kantenausbildung: beidseitig gefast
Farbe: grau
Fundamentbeton: ..... cm
Bettungsdicke: ..... cm
Rückenstütze Dicke: ..... cm
Fugenbreite: ..... mm

| 20€ | 21€ | **22€** | 24€ | 30€ | [m] | ⊙ 0,30 h/m | 080.000.361 |

109 Rasenbordstein, Kantstein, Beton — KG 530

Randeinfassung mit Bordsteinen aus Beton mit beidseitiger Rückenstütze aus Beton und Betonbettung. Leistung einschl. Passstücke herstellen und Fugenverschluss.
Steinformat: 10 x 25 cm
Kantenausbildung: einseitig abgerundet / gefast
Fundamentdicke: 10-12 cm
Rückenstütze: beidseitig
Menge: ab 10,00 m

| 18€ | 23€ | **24€** | 26€ | 32€ | [m] | ⊙ 0,32 h/m | 080.000.364 |

110 Weg-/Beeteinfassung, Aluminium, gerade — KG 530

Wege- und Beeteinfassung aus Aluminium als gerades Profil liefern und unter Beachtung der Einbauhinweise des Herstellers verlegen. Abgestumpfte Oberkante und keilförmige Unterkante.
Profilhöhe: 100 mm
Profillänge: 2.500 mm

| 20€ | 29€ | **36€** | 41€ | 50€ | [m] | ⊙ 0,10 h/m | 080.000.367 |

111 Weg-/Beeteinfassung, Aluminium, Bogen — KG 530

Wege- und Beeteinfassung aus Aluminium als Bogenprofil liefern und unter Beachtung der Einbauhinweise des Herstellers verlegen. Abgestumpfte Oberkante und keilförmige Unterkante.
Profilhöhe: 100 mm
Profillänge: im Durchmesser ca. 500 mm

| 56€ | 73€ | **78€** | 88€ | 96€ | [m] | ⊙ 0,07 h/m | 080.000.368 |

112 Weg-/Beeteinfassung, Aluminium, Stoßverbinder — KG 530

Alu-Stoßverbinder als Verbinder der Wege- und Beeteinfassung liefern und unter Beachtung der Einbauhinweise des Herstellers verwenden.
Profilhöhe: 90 mm
Profillänge: 100 mm

| 49€ | 63€ | **67€** | 75€ | 80€ | [St] | ⊙ 0,05 h/St | 080.000.369 |

LB 080 Straßen, Wege, Plätze

Kosten:
Stand 1.Quartal 2021
Bundesdurchschnitt

▶ min
▷ von
ø Mittel
◁ bis
◀ max

Nr.	Kurztext / Langtext					[Einheit]	Ausf.-Dauer	Kostengruppe Positionsnummer
▶	▷	ø netto €	◁	◀				

113 Weg-/Beeteinfassung, Aluminium, Eckverbinder, Außenecke 90° — KG 530
Eckverbinder für Außenecke 90° aus Aluminium als Verbinder der Wege- und Beeteinfassung liefern und unter Beachtung der Einbauhinweise des Herstellers verwenden.
Profilhöhe: 90 mm
Profillänge: je Schenkel 75 mm

| 31€ | 35€ | **36€** | 38€ | 41€ | [St] | ⏱ 0,05 h/St | 080.000.370 |

114 Weg-/Beeteinfassung, Aluminium, Erdnagel — KG 530
Alu-Erdnagel aus Aluminium als Verbinder der Wege- und Beeteinfassung mit Lochstanzung liefern und unter Beachtung der Einbauhinweise des Herstellers verwenden. Gerundet, Oberkante mit Arretiernase, Unterkante spitz zulaufend.
Länge: 300 mm

| 14€ | 19€ | **21€** | 22€ | 25€ | [St] | ⏱ 0,01 h/St | 080.000.371 |

115 Weg-/Beeteinfassung, Cortenstahl, gerade — KG 530
Wege- und Beeteinfassung aus Cortenstahl liefern und unter Beachtung der Einbauhinweise des Herstellers verlegen. Biegefähiges, gerades Profil mit Vierkantlöchern.
Profilhöhe: 105 mm
Profillänge: 2.400 mm
Profilstärke: 3 mm

| 33€ | 39€ | **45€** | 53€ | 65€ | [m] | ⏱ 0,10 h/m | 080.000.372 |

116 Weg-/Beeteinfassung, Cortenstahl, Profilverbinder — KG 530
Verbinder aus Cortenstahl für Profilverbindungen liefern und unter Beachtung der Einbauhinweise des Herstellers verwenden. Profil mit Anker-/Verbindungsschraublöchern.
Profilhöhe: 60 mm
Profillänge: 140 mm
Profilstärke: 3 mm

| 58€ | 76€ | **82€** | 91€ | 99€ | [St] | ⏱ 0,07 h/St | 080.000.373 |

117 Weg-/Beeteinfassung, Cortenstahl, Eckverbinder, Außenecke 90° — KG 530
Eckverbinder für Außenecke 90 aus Cortenstahl für Profilverbindungen liefern und unter Beachtung der Einbauhinweise des Herstellers verwenden. Profil mit Anker-/Verbindungsschraublöchern.
Profilhöhe: 105 mm
Profillänge: je Schenkel 300 mm
Profilstärke: 3 mm

| 34€ | 46€ | **49€** | 54€ | 60€ | [St] | ⏱ 0,05 h/St | 080.000.374 |

118 Weg-/Beeteinfassung, Cortenstahl, Beton- und Erdanker — KG 530
Beton- und Erdanker als Verbinder der Wege- und Beeteinfassung liefern und unter Beachtung der Einbauhinweise des Herstellers verwenden.
Profilhöhe: 60 mm
Profillänge: 300 mm
Profilstärke: 5 mm

| 11€ | 13€ | **15€** | 16€ | 18€ | [St] | ⏱ 0,01 h/St | 080.000.375 |

Nr.	Kurztext / Langtext						Kostengruppe	
▶	▷	ø netto €	◁	◀	[Einheit]	Ausf.-Dauer	Positionsnummer	

119 Weg-/Beeteinfassung, 15x22cm, l=50cm — KG **530**

Bordsteinen aus Beton als Rollstuhl-Überfahrstein
Witterungswiderstand Klasse: D
Festigkeit Klasse: U
Abriebwiderstand Klasse: I
Gleit / Rutschwiderstand: SRT = 55
Fundament aus Beton C20/25
Format: 15 x 22 x 50 cm, mit 1 cm Fase
Radius: ...
Farbe: Weißbeton

| 50€ | 58€ | **66**€ | 74€ | 81€ | [m] | ⏱ 0,28 h/m | 080.000.242 |

120 Weg-/Beeteinfassung, 15x22cm, l=100cm — KG **530**

Bordsteinen aus Beton als Rollstuhl-Überfahrstein
Witterungswiderstand Klasse: D
Festigkeit Klasse: U
Abriebwiderstand Klasse: I
Gleit / Rutschwiderstand: SRT = 55
Fundament aus Beton C20/25
Format: 15 x 22 x 100 cm, mit 1 cm Fase
Radius: ...
Farbe: Weißbeton

| 69€ | 82€ | **89**€ | 101€ | 109€ | [m] | ⏱ 0,30 h/m | 080.000.241 |

121 Tastbordstein, Beton, 25x20cm, l=100cm — KG **530**

Sehbehindertengerechter Bordstein mit Aussparung bzw. der Anpassung an Straßenabläufe.
Fundament aus Beton C20/25
Format: 25 x 20 x 100 cm
Farbe: Weißbeton

| 61€ | 80€ | **88**€ | 103€ | 108€ | [m] | ⏱ 0,32 h/m | 080.000.243 |

122 Übergangsbordstein, Beton, dreiteilig, 12x15x30, l=50cm — KG **530**

Bordstein als dreiteiliger Übergang zwischen Nullabsenkung und Hochbord, einschl. der Aussparung bzw. der Anpassung an Straßenabläufe.
Fundament aus Beton C20/25
Dreiteiliger Übergang bestehend aus:
Übergangsstein 1 mit 6 cm Einbauhöhe auf Übergangsstein 2 mit Einbauhöhe 3 cm auf Schrägstein mit Nullabsenkung
Format: 12 x 15 x 30
Länge je Stein: 50 cm
Farbe: Weißbeton

| 53€ | 71€ | **74**€ | 83€ | 91€ | [m] | ⏱ 0,35 h/m | 080.000.245 |

LB 080 Straßen, Wege, Plätze

Kosten:
Stand 1.Quartal 2021
Bundesdurchschnitt

▶ min
▷ von
ø Mittel
◁ bis
◀ max

Nr.	Kurztext / Langtext						Kostengruppe		
▶	▷	ø netto €	◁	◀		[Einheit]	Ausf.-Dauer	Positionsnummer	

123   Übergangsbordstein, Beton, dreiteilig, 12x15x30, l=100cm   KG **530**

Bordstein als dreiteiliger Übergang zwischen Nullabsenkung und Hochbord, einschl. der Aussparung bzw. der Anpassung an Straßenabläufe.
Fundament aus Beton C20/25
Dreiteiliger Übergang bestehend aus:
Übergangsstein 1 mit 6 cm Einbauhöhe auf Übergangsstein 2 mit Einbauhöhe 3 cm auf Schrägstein mit Nullabsenkung
Format: 12 x 15 x 30
Länge je Stein: 100 cm
Farbe: Weißbeton

| 74€ | 87€ | 98€ | 112€ | 117€ | [m] | ⏱ 0,38 h/m | 080.000.244 |

A 14   Gabionen   Beschreibung für Pos. **124-130**

Gabionen aus witterungs- und mechanisch beständigem Füllmaterial liefern und einbauen. Gabionen sind aus elektrisch punktgeschweißten Gittermatten hergestellt. Die Einzelteile werden vor Ort ausgelegt und mit Spiralschließen zu einem kompletten Behälter zusammengefügt. Alle Komponenten sind verzinkt.

124   Gabionen, 50x50x50cm   KG **543**

Wie Ausführungsbeschreibung A 14
Gabionenbehälter: 50 x 50 x 50 cm
Stahldrahtstärke: 3,5 mm
Maschenweite: 10 x 10 cm
Befüllung: mit frostbeständigem Gestein mit einer Größe größer der Maschenweite. Gabionen, händisch füllen, dichte lagenweise Packungen
Einbauort: .....

| –€ | 91€ | 99€ | 111€ | –€ | [St] | ⏱ 2,00 h/St | 080.000.189 |

125   Gabionen, 150x50x50cm   KG **543**

Wie Ausführungsbeschreibung A 14
Gabionenbehälter: 150 x 50 x 50 cm
Stahldrahtstärke: 3,5 mm
Maschenweite: 10 x 10 cm
Befüllung: mit frostbeständigem Gestein mit einer Größe größer der Maschenweite. Gabionen, händisch füllen, dichte lagenweise Packungen
Einbauort: .....

| –€ | 181€ | 186€ | 213€ | –€ | [St] | ⏱ 2,00 h/St | 080.000.193 |

126   Gabionen, 100x100x100cm   KG **543**

Wie Ausführungsbeschreibung A 14
Gabionenbehälter: 100 x 100 x 100 cm
Stahldrahtstärke: 3,5 mm
Maschenweite: 10 x 10 cm
Befüllung: mit frostbeständigem Gestein mit einer Größe größer der Maschenweite. Gabionen, händisch füllen, dichte lagenweise Packungen
Einbauort: .....

| –€ | 311€ | 335€ | 388€ | –€ | [St] | ⏱ 2,00 h/St | 080.000.192 |

Nr.	Kurztext / Langtext					Kostengruppe		
▶	▷	**ø netto €**	◁	◀	[Einheit]	Ausf.-Dauer	Positionsnummer

127 Gabionen, 150x100x100cm — KG **543**
Wie Ausführungsbeschreibung A 14
Gabionenbehälter: 150 x 100 x 100 cm
Stahldrahtstärke: 3,5 mm
Maschenweite: 10 x 10 cm
Befüllung: mit frostbeständigem Gestein mit einer Größe größer der Maschenweite. Gabionen, händisch füllen, dichte lagenweise Packungen
Einbauort: .....

| –€ | 405€ | **436€** | 506€ | –€ | [St] | ⏱ 2,00 h/St | 080.000.195 |

128 Gabionen, 200x50x50cm — KG **543**
Wie Ausführungsbeschreibung A 14
Gabionenbehälter: 200 x 50 x 50 cm
Stahldrahtstärke: 3,5 mm
Maschenweite: 10 x 10 cm
Befüllung: mit frostbeständigem Gestein mit einer Größe größer der Maschenweite. Gabionen, händisch füllen, dichte lagenweise Packungen
Einbauort: .....

| –€ | 230€ | **247€** | 287€ | –€ | [St] | ⏱ 2,00 h/St | 080.000.196 |

129 Gabionen, 200x100x100cm — KG **543**
Wie Ausführungsbeschreibung A 14
Gabionenbehälter: 200 x 100 x 100 cm
Stahldrahtstärke: 3,5 mm
Maschenweite: 10 x 10 cm
Befüllung: mit frostbeständigem Gestein mit einer Größe größer der Maschenweite. Gabionen, händisch füllen, dichte lagenweise Packungen
Einbauort: .....

| –€ | 568€ | **604€** | 665€ | –€ | [St] | ⏱ 2,00 h/St | 080.000.198 |

130 Gabionen, 300x50x50cm — KG **543**
Wie Ausführungsbeschreibung A 14
Gabionenbehälter: 300 x 50 x 50 cm
Stahldrahtstärke: 3,5 mm
Maschenweite: 10 x 10 cm
Befüllung: mit frostbeständigem Gestein mit einer Größe größer der Maschenweite. Gabionen, händisch füllen, dichte lagenweise Packungen
Einbauort: .....

| –€ | 309€ | **326€** | 365€ | –€ | [St] | ⏱ 2,00 h/St | 080.000.199 |

© **BKI** Baukosteninformationszentrum; Erläuterungen zu den Tabellen siehe Seite 44
Mustertexte geprüft: Deutsche Gesellschaft für Garten- und Landschaftskultur e.V.

Kostenstand: 1.Quartal 2021, Bundesdurchschnitt

LB 080 Straßen, Wege, Plätze

Kosten:
Stand 1.Quartal 2021
Bundesdurchschnitt

Nr.	Kurztext / Langtext					Kostengruppe		
▶	▷	ø netto €	◁	◀	[Einheit]	Ausf.-Dauer	Positionsnummer	

131 Trockenmauer als Stützwand - Bruchsteinmauerwerk KG **543**

Trockenmauer als Stützwand in unregelmäßig und lagerhaften Bruchsteinmauerwerk herstellen. Die Sichtflächen sollen unbearbeitet sein. Aufbau der Mauer, so dass keine Stoßfuge über 2 Schichten geht.
Steinhöhe: 2 bis 20 cm
Steinlänge: mind. 1,5 bis 2-fache der Höhe
Mauerwerksdicke an der Krone: über 50 cm
Mauerwerkshöhe: 2,50 m
Gründung, Dimensionierung und Dossierung nach statischem Erfordernis
Gesteinsart: …..

–€   258€   **272€**   302€   –€   [m]   ⏱ 5,00 h/m   080.000.202

132 Trockenmauer als freistehende Mauer- Granitblöcke - Findlinge KG **543**

Trockenmauer als freistehende Wand, 2-häuptig mit Findlingen. Die Sichtflächen sollen unbearbeitet sein.
Steindurchmesser bis 60 cm
Steinlänge mindestens 1,5 bis 2-fache der Höhe
Mauerwerksdicke an der Krone über 50 cm
Mauerwerkshöhe: 1,00 Meter
Gründung, Dimensionierung und Dossierung nach statischem Erfordernis
Gesteinsart: …..

–€   210€   **221€**   250€   –€   [m]   ⏱ 5,00 h/m   080.000.204

133 Natursteinmauerwerk als Quadermauerwerk KG **543**

Natursteinmauerwerk als Quadermauerwerk Außenwand herstellen. Einseitig sichtbar. Sichtflächen spaltgrau. Mauermörtel MG III, Fugen sind zu glätten.
Mauerwerksdicke mind. 30 cm
Mauerwerkshöhe: bis 3,00 m
Gründung, Dimensionierung und Dossierung nach statischem Erfordernis
Gesteinsart: …..

119€   178€   **206€**   245€   321€   [m]   ⏱ 4,00 h/m   080.000.186

134 Natursteinmauerwerk als Außenwand KG **543**

Natursteinmauerwerk als Natursteinmauerwerk Außenwand herstellen. Einseitig sichtbar. Sichtflächen spaltgrau. Mauermörtel MG III, Fugen sind zu glätten.
Mauerwerksdicke mind. 50 cm
Mauerwerkshöhe: bis 2,00 m
Gründung, Dimensionierung und Dossierung nach statischem Erfordernis
Gesteinsart: …..

126€   155€   **169€**   184€   213€   [m]   ⏱ 4,00 h/m   080.000.205

135 Lastplattendruckversuch KG **533**

Lastplattendruckversuch zum Nachweis der geforderten Verdichtung des Bodens. Durchführung und Auswertung sowie Gerätestellung erfolgt durch ein neutrales Prüflabor nach Wahl des Auftragnehmers. Abrechnung je Versuch, inkl. aller Geräte, Honorare und Nebenkosten.

138€   165€   **175€**   201€   268€   [St]   ⏱ 2,90 h/St   080.000.365

▶ min
▷ von
ø Mittel
◁ bis
◀ max

E
Barrierefreies Bauen

Positionsverweise Barrierefreies Bauen

Kosten: Stand 1. Quartal 2021, Bundesdurchschnitt

▶ min
▷ von
ø Mittel
◁ bis
◀ max

Barrierefreies Bauen — Preise €

Nr.	Positionen	Einheit	▶	▷ ø brutto € / ø netto €		◁	◀
1	Öffnungen, Mauerwerk bis 24cm, 1,01/2,13	St	22	41	**45**	56	75
	LB 012, Pos. 37, Seite 179		19	34	**38**	47	63
2	Wandöffnung, Mauerwerk bis 2,50m²	m²	6	9	**10**	14	19
	LB 012, Pos. 38, Seite 179		5	8	**8**	12	16
3	Öffnung überdecken, Ziegelsturz	m	12	21	**25**	32	45
	LB 012, Pos. 47, Seite 182		10	17	**21**	27	37
4	Öffnung überdecken, KS-Sturz, 17,5cm	m	11	26	**33**	47	71
	LB 012, Pos. 48, Seite 182		9	22	**27**	40	60
5	Öffnung überdecken, Betonsturz, 24cm	m	20	55	**65**	79	105
	LB 012, Pos. 49, Seite 182		17	47	**55**	66	88
6	Maueranschlussschiene, 28/15	m	7,5	16	**19**	22	29
	LB 012, Pos. 63, Seite 185		6,3	13	**16**	18	24
7	Maueranschlussschiene, 38/17	m	16	23	**26**	32	43
	LB 012, Pos. 64, Seite 185		14	19	**22**	27	37
8	Außenbelag, Betonwerksteinplatten, einschichtig	m²	55	76	**85**	92	113
	LB 014, Pos. 3, Seite 237		47	64	**72**	78	95
9	Außenbelag, Betonwerkstein, auf Splitt, einschichtig	m²	–	75	**91**	117	–
	LB 014, Pos. 4, Seite 237		–	63	**76**	98	–
10	Außenbelag, Naturstein, Pflaster	m²	89	130	**152**	158	183
	LB 014, Pos. 5, Seite 237		75	109	**127**	133	154
11	Innenbelag, Terrazzoplatten	m²	108	124	**131**	146	166
	LB 014, Pos. 7, Seite 238		90	104	**110**	123	139
12	Innenbelag, Betonwerkstein	m²	84	100	**105**	117	148
	LB 014, Pos. 8, Seite 238		71	84	**88**	98	124
13	Innenbelag, Naturwerkstein, Granit	m²	131	171	**182**	212	259
	LB 014, Pos. 9, Seite 239		110	143	**153**	178	218
14	Innenbelag, Naturwerkstein, Marmor	m²	91	113	**124**	129	151
	LB 014, Pos. 10, Seite 239		76	95	**104**	108	127
15	Innenbelag, Naturwerkstein, Kalkstein	m²	98	117	**134**	139	153
	LB 014, Pos. 11, Seite 240		82	99	**112**	116	128
16	Innenbelag, Naturwerkstein, Solnhofer Kalkstein	m²	118	145	**166**	168	181
	LB 024, Pos. 12, Seite 240		99	121	**140**	141	152
17	Innenbelag, Naturwerkstein, Schiefer	m²	85	100	**110**	114	129
	LB 014, Pos. 13, Seite 241		71	84	**93**	95	108
18	Innenbelag, Naturwerkstein, Travertin	m²	112	144	**167**	198	213
	LB 014, Pos. 14, Seite 241		94	121	**141**	166	179
19	Innenbelag, Naturwerkstein, Kalkstein, R10	m²	133	150	**157**	178	206
	LB 014, Pos. 15, Seite 242		112	126	**132**	150	173
20	Blockstufe, Naturwerkstein	m	137	207	**237**	298	404
	LB 014, Pos. 24, Seite 244		115	174	**200**	250	339
21	Blockstufe, Betonwerkstein	m	89	133	**151**	202	315
	LB 014, Pos. 25, Seite 244		75	112	**127**	170	265
22	Treppe, Naturwerkstein, Winkelstufe, 1,00m	St	102	150	**163**	192	247
	LB 014, Pos. 26, Seite 244		86	126	**137**	161	207
23	Treppenbelag, Naturwerkstein, Tritt-/Setzstufe	m	118	145	**155**	187	254
	LB 014, Pos. 27, Seite 245		99	122	**130**	157	214
24	Stufengleitschutzprofil, Treppe	m	11	18	**21**	28	39
	LB 014, Pos. 28, Seite 245		10	15	**17**	23	33

© BKI Baukosteninformationszentrum

Barrierefreies Bauen — Preise €

Nr.	Positionen	Einheit	▶	▷ ø brutto € ø netto €		◁	◀
25	Rillenfräsung, Stufenkante	m	25	29	**34**	42	47
	LB 014, Pos. 29, Seite 245		21	24	**28**	35	40
26	Aufmerksamkeitsstreifen, Stufenkante	m	–	39	**44**	56	–
	LB 014, Pos. 30, Seite 245		–	33	**37**	47	–
27	Oberfläche, laserstrukturiert, Mehrpreis	m²	–	28	**34**	44	–
	LB 014, Pos. 42, Seite 248		–	24	**28**	37	–
28	Leitsystem, innen, Rippenfliesen, Edelstahl, 3 Rippen	m	–	121	**142**	177	–
	LB 014, Pos. 47, Seite 249		–	101	**119**	149	–
29	Leitsystem, innen, Rippenfliesen, Edelstahl, 7 Rippen	m	–	150	**177**	221	–
	LB 014, Pos. 48, Seite 249		–	126	**148**	185	–
30	Kontraststreifen, Noppenfliesen, Edelstahl, 300mm	m	–	47	**56**	70	–
	LB 014, Pos. 49, Seite 250		–	40	**47**	58	–
31	Kontraststreifen, Noppenfliesen, Edelstahl, 600mm	m	–	43	**50**	63	–
	LB 014, Pos. 50, Seite 250		–	36	**42**	53	–
32	Leitsystem, Rippenfliese/Begleitstreifen, Edelstahl, 200mm	m	–	154	**181**	226	–
	LB 014, Pos. 51, Seite 250		–	129	**152**	190	–
33	Leitsystem, Rippenfliese/Begleitstreifen, Edelstahl, 400mm	m	–	191	**225**	281	–
	LB 014, Pos. 52, Seite 250		–	161	**189**	237	–
34	Edelstahlrippen, 16mm, Streifen, dreireihig	m	–	161	**189**	236	–
	LB 014, Pos. 53, Seite 251		–	135	**159**	199	–
35	Edelstahlrippen, 35mm, Streifen, dreireihig	m	–	178	**210**	262	–
	LB 014, Pos. 54, Seite 251		–	150	**176**	220	–
36	Kunststoffrippen, 16mm, Streifen, dreireihig	m	–	47	**54**	67	–
	LB 014, Pos. 55, Seite 251		–	40	**46**	56	–
37	Kunststoffrippen, 35mm, Streifen, dreireihig	m	–	56	**64**	79	–
	LB 014, Pos. 56, Seite 251		–	47	**54**	66	–
38	Aufmerksamkeitsfeld, 600/600, Noppen, Edelstahl	St	–	449	**523**	653	–
	LB 014, Pos. 57, Seite 251		–	378	**439**	549	–
39	Aufmerksamkeitsfeld, 900/900, Noppen, Edelstahl	St	–	954	**1.109**	1.387	–
	LB 014, Pos. 58, Seite 252		–	802	**932**	1.165	–
40	Aufmerksamkeitsfeld, 600/600, Noppen, Kunststoff	St	–	210	**245**	306	–
	LB 014, Pos. 59, Seite 252		–	177	**206**	257	–
41	Aufmerksamkeitsfeld, 900/900, Noppen, Kunststoff	St	–	386	**449**	561	–
	LB 014, Pos. 60, Seite 252		–	324	**377**	472	–
42	Verbundabdichtung, Wand	m²	7	13	**16**	18	24
	LB 024, Pos. 5, Seite 399		6	11	**13**	15	20
43	Verbundabdichtung, Boden	m²	8	14	**17**	19	26
	LB 024, Pos. 6, Seite 399		7	12	**14**	16	22
44	Bodenfliesen, 10x10cm	m²	58	83	**96**	108	133
	LB 024, Pos. 30, Seite 406		49	70	**80**	90	112
45	Bodenfliesen, 20x20cm	m²	53	66	**72**	83	105
	LB 024, Pos. 31, Seite 406		45	55	**60**	70	88
46	Bodenfliesen, 30x30cm	m²	40	63	**68**	79	101
	LB 024, Pos. 32, Seite 406		33	53	**57**	66	85
47	Bodenfliesen, 30x60cm	m²	47	55	**62**	71	76
	LB 024, Pos. 33, Seite 407		40	46	**52**	60	64

Positionsverweise Barrierefreies Bauen

Kosten: Stand 1. Quartal 2021, Bundesdurchschnitt

Nr.	Positionen	Einheit	▶ min	▷ von	ø Mittel (ø brutto € / ø netto €)	◁ bis	◀ max
48	Bodenfliesen, 20x20cm, strukturiert	m²	60	71	**80**	92	98
	LB 024, Pos. 34, Seite 407		51	60	**67**	77	82
49	Bodenfliesen, 30x30cm, strukturiert	m²	59	66	**76**	85	94
	LB 024, Pos. 35, Seite 407		50	55	**64**	71	79
50	Bodenfliesen, 30x30cm, R11	m²	73	86	**90**	94	103
	LB 024, Pos. 36, Seite 408		62	72	**75**	79	87
51	Bodenfliesen, Großküche, 20x20cm, R12	m²	50	61	**70**	78	86
	LB 024, Pos. 37, Seite 408		42	51	**59**	66	72
52	Bodenfliesen, Großküche, 30x30cm, R12	m²	70	88	**95**	103	122
	LB 024, Pos. 38, Seite 408		59	74	**80**	87	103
53	Treppenbelag, Tritt- und Setzstufe	m	94	116	**123**	133	158
	LB 024, Pos. 39, Seite 409		79	97	**103**	112	133
54	Bodenfliesen, Bla-Feinsteinzeug, bis 20x20cm	m²	53	65	**68**	82	105
	LB 024, Pos. 41, Seite 409		45	54	**57**	69	88
55	Begleitstreifen, Kontraststreifen, Steinzeug, innen	m	–	54	**64**	80	–
	LB 024, Pos. 44, Seite 410		–	46	**54**	67	–
56	Aufmerksamkeitsfeld, Noppenfliesen, Steinzeug, innen	St	–	187	**220**	275	–
	LB 024, Pos. 45, Seite 411		–	157	**185**	231	–
57	Leitsystem, Rippenfliesen, Steinzeug, innen	m	–	69	**81**	101	–
	LB 024, Pos. 53, Seite 413		–	58	**68**	85	–
58	Innentür, zweiflüglig, Röhrenspan	St	1.351	1.892	**2.102**	2.526	3.253
	LB 027, Pos. 10, Seite 461		1.135	1.590	**1.767**	2.122	2.734
59	Türblatt, Vollspan, zweiflüglig	St	795	1.007	**1.138**	1.204	1.533
	LB 027, Pos. 17, Seite 463		668	846	**957**	1.012	1.288
60	Holz-Umfassungszarge, innen, 1.000x2.000/2.125	St	329	425	**475**	494	627
	LB 027, Pos. 26, Seite 467		277	357	**399**	415	527
61	Handlauf-Profil, Holz	m	27	47	**55**	70	109
	LB 027, Pos. 60, Seite 479		23	39	**46**	59	92
62	Geländer, gerade, Rundstabholz	m	231	356	**391**	463	643
	LB 027, Pos. 61, Seite 479		194	299	**328**	389	541
63	Drückergarnitur, Wohnungstür, Metall	St	41	181	**228**	296	433
	LB 029, Pos. 3, Seite 498		35	152	**192**	248	364
64	Drückergarnitur, Wohnungstür, Stahl-Nylon	St	33	49	**59**	66	86
	LB 029, Pos. 4, Seite 499		27	41	**49**	56	72
65	Drückergarnitur, Objekttür, Aluminium	St	31	64	**76**	94	136
	LB 029, Pos. 5, Seite 499		26	54	**64**	79	114
66	Drückergarnitur, niro	St	71	189	**227**	285	437
	LB 029, Pos. 6, Seite 499		60	159	**191**	240	367
67	Drückergarnitur, Objekttür, niro, barrierefrei	St	–	312	**359**	430	–
	LB 029, Pos. 7, Seite 500		–	262	**301**	362	–
68	Drückergarnitur, Objekttür, niro, Ellenbogenbetätigung	St	–	348	**400**	480	–
	LB 029, Pos. 8, Seite 500		–	293	**336**	404	–
69	Bad-/WC-Garnitur, Objektbereich, Aluminium	St	32	74	**90**	117	165
	LB 029, Pos. 10, Seite 501		27	62	**76**	98	138
70	Bad-/WC-Garnitur, Objektbereich, Edelstahl	St	52	116	**160**	207	286
	LB 029, Pos. 11, Seite 501		44	98	**135**	174	240

▶ min
▷ von
ø Mittel
◁ bis
◀ max

Barrierefreies Bauen — Preise €

Nr.	Positionen	Einheit	▶	▷ ø brutto € / ø netto €		◁	◀
71	Stoßgriff, Tür, Aluminium	St	84	236	**266**	400	747
	LB 029, Pos. 12, Seite 501		71	198	**223**	336	628
72	Obentürschließer, einflüglige Tür	St	127	247	**297**	408	691
	LB 029, Pos. 13, Seite 502		107	207	**250**	343	581
73	Obentürschließer, zweiflüglige Tür	St	411	613	**629**	713	1.006
	LB 029, Pos. 14, Seite 502		346	515	**529**	600	845
74	Obentürschließer Innentür	St	306	383	**425**	477	532
	LB 027, Pos. 15, Seite 502		257	322	**358**	400	447
75	Türantrieb, kraftbetätigte Tür, einflüglig	St	3.233	4.362	**4.814**	5.624	6.953
	LB 029, Pos. 17, Seite 503		2.717	3.665	**4.045**	4.726	5.843
76	Türantrieb, kraftbetätigte Tür, zweiflüglig	St	2.951	4.290	**5.190**	5.631	7.270
	LB 029, Pos. 18, Seite 503		2.480	3.605	**4.361**	4.732	6.109
77	Elektrischer Türantrieb	St	2.149	2.567	**2.985**	3.254	3.732
	LB 027, Pos. 19, Seite 503		1.806	2.158	**2.509**	2.735	3.136
78	Sensorleiste, Türblatt	St	473	568	**617**	715	880
	LB 029, Pos. 20, Seite 503		397	477	**518**	601	739
79	Fingerschutz, Türkante	St	91	138	**184**	200	232
	LB 029, Pos. 21, Seite 504		76	116	**154**	168	195
80	Türöffner elektrisch	St	64	83	**89**	100	132
	LB 029, Pos. 22, Seite 504		54	70	**75**	84	111
81	Fluchttürsicherung, elektrische Verriegelung	St	652	995	**1.082**	1.285	1.745
	LB 029, Pos. 23, Seite 504		548	836	**909**	1.080	1.467
82	Türspion, Aluminium	St	11	20	**25**	28	36
	LB 029, Pos. 26, Seite 506		10	17	**21**	24	31
83	Absenkdichtung, Tür	St	65	102	**113**	129	173
	LB 029, Pos. 39, Seite 508		54	85	**95**	109	145
84	WC-Schild, taktil, Kunststoff	St	–	39	**44**	56	–
	LB 029, Pos. 41, Seite 509		–	33	**37**	47	–
85	Handlauf, Stahl, gebogen	m	111	137	**158**	174	197
	LB 031, Pos. 6, Seite 523		93	115	**132**	146	166
86	Handlauf, Stahl, Wandhalterung	St	37	57	**65**	85	115
	LB 031, Pos. 7, Seite 523		31	48	**55**	71	97
87	Handlauf, Enden	St	15	23	**27**	28	39
	LB 031, Pos. 8, Seite 524		12	19	**23**	23	33
88	Handlauf, Bogenstück	St	18	36	**49**	60	78
	LB 031, Pos. 9, Seite 524		15	30	**41**	50	66
89	Handlauf, Ecken/Gehrungen	St	14	34	**42**	55	89
	LB 031, Pos. 10, Seite 524		12	29	**35**	46	75
90	Brüstungs-/Treppengeländer, Flachstahlfüllung	m	225	363	**412**	480	662
	LB 031, Pos. 13, Seite 525		189	305	**346**	404	556
91	Brüstungs-/Treppengeländer, Lochblechfüllung	m	259	329	**357**	430	556
	LB 031, Pos. 14, Seite 526		218	277	**300**	362	467
92	Bodenablauf, Gully, bodengleiche Dusche	St	593	651	**723**	867	998
	LB 044, Pos. 57, Seite 732		498	547	**607**	729	838
93	Bodenablauf, Rinne, bodengleiche Dusche	St	761	812	**1.015**	1.218	1.400
	LB 044, Pos. 58, Seite 732		640	682	**853**	1.023	1.177
94	Barrierefreier Waschtisch	St	253	287	**338**	456	625
	LB 045, Pos. 4, Seite 737		213	241	**284**	383	525

Positionsverweise Barrierefreies Bauen

Barrierefreies Bauen — Preise €

Kosten: Stand 1.Quartal 2021 Bundesdurchschnitt

Legende:
- ▶ min
- ▷ von
- ø Mittel
- ◁ bis
- ◀ max

Nr.	Positionen	Einheit	▶	▷ ø brutto € / ø netto €		◁	◀
95	Raumsparsiphon, Waschtisch, unterfahrbar	St	110	122	**141**	169	211
	LB 045, Pos. 5, Seite 737		92	103	**118**	142	177
96	Spiegel, hochkant, für Waschtisch	St	63	72	**84**	110	135
	LB 045, Pos. 8, Seite 737		53	60	**71**	92	114
97	Einhandmischer, Badewanne	St	65	204	**286**	436	595
	LB 045, Pos. 10, Seite 738		55	172	**241**	366	500
98	Thermostatarmatur, Badewanne	St	334	445	**556**	751	1.084
	LB 045, Pos. 11, Seite 738		280	374	**467**	631	911
99	WC, barrierefrei	St	699	835	**971**	1.165	1.457
	LB 045, Pos. 13, Seite 738		588	702	**816**	979	1.224
100	Notruf, behindertengerechtes WC	St	450	631	**758**	888	1.063
	LB 045, Pos. 15, Seite 739		378	530	**637**	746	893
101	Einhebelarmatur, Dusche	St	171	440	**458**	567	788
	LB 045, Pos. 23, Seite 740		143	370	**385**	476	662
102	Einhandmischer, Spültisch	St	39	199	**264**	366	562
	LB 045, Pos. 32, Seite 742		33	167	**222**	308	472
103	Installationselement, barrierefreies WC	St	631	777	**971**	1.165	1.360
	LB 045, Pos. 34, Seite 742		530	653	**816**	979	1.143
104	Installationselement, Hygiene-Spül-WC	St	686	844	**1.056**	1.267	1.478
	LB 045, Pos. 35, Seite 743		577	710	**887**	1.064	1.242
105	Installationselement, Hygiene-Spül-WC	St	276	335	**394**	473	544
	LB 045, Pos. 36, Seite 743		232	282	**331**	397	457
106	Installationselement, barrierefreier Waschtisch	St	355	441	**507**	608	694
	LB 045, Pos. 38, Seite 743		298	370	**426**	511	583
107	Installationselement, barrierefreier Waschtisch, höhenverstellbar	St	243	275	**324**	382	437
	LB 045, Pos. 39, Seite 744		204	231	**272**	321	367
108	Wandablauf, bodengleiche Dusche	St	549	622	**732**	864	951
	LB 045, Pos. 40, Seite 744		461	523	**615**	726	800
109	Installationselement, Stützgriff	St	165	215	**253**	304	347
	LB 045, Pos. 41, Seite 744		138	181	**213**	255	292
110	Unterkonstruktion Stützgriff/Sitz	St	73	96	**113**	135	154
	LB 045, Pos. 42, Seite 744		62	80	**95**	114	130
111	Haltegriff, Edelstahl, 600mm	St	77	111	**120**	153	197
	LB 045, Pos. 43, Seite 745		65	93	**101**	129	166
112	Haltegriff, Kunststoff, 300mm	St	80	115	**141**	167	232
	LB 045, Pos. 44, Seite 745		67	97	**118**	141	195
113	Duschhandlauf, Edelstahl, 600mm	St	–	408	**542**	690	–
	LB 045, Pos. 45, Seite 745		–	343	**455**	580	–
114	Haltegriffkombination, BW-Duschbereich	St	352	450	**563**	676	1.182
	LB 045, Pos. 46, Seite 745		296	378	**473**	568	994
115	Duschsitz, klappbar	St	439	540	**676**	811	926
	LB 045, Pos. 47, Seite 746		369	454	**568**	681	778
116	WC-Rückenstütze	St	225	360	**450**	540	676
	LB 045, Pos. 48, Seite 746		189	303	**378**	454	568
117	Stützgriff, fest, WC	St	345	405	**507**	608	684
	LB 045, Pos. 49, Seite 746		290	341	**426**	511	575

Barrierefreies Bauen — Preise €

Nr.	Positionen	Einheit	▶	▷ ø brutto € / ø netto €		◁	◀
118	Stützgriff, fest, WC mit Spülauslösung	St	519	583	**633**	697	792
	LB 045, Pos. 50, Seite 746		436	490	**532**	585	665
119	Stützgriff, klappbar, WC	St	393	484	**605**	726	829
	LB 045, Pos. 51, Seite 747		331	407	**509**	610	697
120	Stützgriff, fest, Waschtisch	St	274	338	**422**	507	578
	LB 045, Pos. 52, Seite 747		231	284	**355**	426	486
121	Stützgriff, klappbar, Waschtisch	St	394	448	**493**	537	591
	LB 045, Pos. 53, Seite 747		331	377	**414**	451	497
122	Personenaufzug bis 630kg, behindertengerecht, Typ 2	St	42.267	48.278	**51.330**	55.130	61.539
	LB 069, Pos. 2, Seite 786		35.518	40.570	**43.135**	46.327	51.713
123	Personenaufzug bis 1.275kg, behindertengerecht, Typ 3	St	52.899	71.897	**82.475**	93.080	113.063
	LB 069, Pos. 3, Seite 787		44.453	60.418	**69.307**	78.219	95.011
124	Fassaden-Flachrinne, DN100	m	116	153	**167**	178	205
	LB 003, Pos. 91, Seite 836		97	129	**140**	149	172
125	Entwässerungsrinne, Polymerbeton	St	263	302	**318**	381	478
	LB 003, Pos. 92, Seite 836		221	254	**268**	320	402
126	Entwässerungsrinne, Kl. A, Beton/Gussabdeckung	m	73	100	**112**	128	162
	LB 003, Pos. 93, Seite 836		62	84	**94**	108	136
127	Entwässerungsrinne, Kl. B, Beton/Gussabdeckung	m	105	114	**117**	124	135
	LB 003, Pos. 94, Seite 836		89	95	**98**	105	113
128	Entwässerungsrinne, rollstuhlbefahrbar, DN100	m	107	142	**152**	174	186
	LB 003, Pos. 97, Seite 837		90	119	**128**	146	156
129	Abdeckung, Entwässerungsrinne, Guss, D400	St	83	110	**127**	140	163
	LB 003, Pos. 98, Seite 837		69	93	**107**	117	137
130	Ablaufkasten, Klasse A, DN100	St	166	208	**222**	262	275
	LB 003, Pos. 102, Seite 838		140	175	**186**	220	231
131	Plattenbelag, Granit, 60x60cm	m²	73	85	**91**	98	117
	LB 080, Pos. 63, Seite 901		61	72	**76**	82	98
132	Plattenbelag, Basalt, 60x60cm	m²	129	162	**184**	201	209
	LB 080, Pos. 64, Seite 901		108	136	**155**	169	175
133	Plattenbelag, Travertin, 60x60cm	m²	106	119	**132**	135	168
	LB 080, Pos. 65, Seite 902		89	100	**111**	113	141
134	Plattenbelag, Sandstein, 60x60cm	m²	117	133	**144**	151	164
	LB 080, Pos. 66, Seite 902		98	112	**121**	127	138
135	Pflasterdecke, Betonpflaster	m²	29	34	**36**	39	44
	LB 080, Pos. 67, Seite 902		25	28	**30**	32	37
136	Betonplattenbelag, 40x40cm	m²	35	52	**57**	66	85
	LB 080, Pos. 68, Seite 903		30	43	**48**	56	72
137	Betonplattenbelag, großformatig	m²	60	68	**72**	79	88
	LB 080, Pos. 69, Seite 903		50	57	**61**	66	74
138	Rippenplatten, 30x30x8, Rippenabstand 50x6, o. Fase, anthrazit	m²	92	122	**136**	156	163
	LB 080, Pos. 78, Seite 905		78	103	**114**	131	137
139	Rippenplatte, 20x10x8, mit Fase, anthrazit	m	79	106	**115**	133	141
	LB 080, Pos. 79, Seite 906		67	89	**97**	112	119
140	Noppenplatten, 30x30x8, 32 Noppen, mit Fase, Kegel, anthrazit	m²	90	118	**132**	154	161
	LB 080, Pos. 80, Seite 906		75	100	**111**	129	135

Positionsverweise Barrierefreies Bauen

Barrierefreies Bauen — Preise €

Nr.	Positionen	Einheit	▶ min	▷ von ø brutto € / ø netto €	ø Mittel	◁ bis	◀ max
141	Noppenplatten, 20x10x8, 8 Noppen, mit Fase, Kegel, weiß	m²	72	92	**100**	113	184
	LB 080, Pos. 81, Seite 906		60	77	**84**	95	155
142	Noppenplatten, 30x30x8, 32 Noppen, mit Fase, Kugel, weiß	m²	88	106	**126**	148	151
	LB 080, Pos. 82, Seite 906		74	89	**106**	124	127
143	Leitstreifen, Betonsteinpflaster	m	–	346	**402**	475	–
	LB 080, Pos. 83, Seite 907		–	291	**338**	399	–
144	Blockstufe, Kontraststreifen Beton, 20x40x120cm	m	172	183	**190**	197	215
	LB 080, Pos. 89, Seite 908		144	154	**159**	165	181
145	Blockstufe, Kontraststreifen PVC, 20x40x120cm	m	–	148	**161**	182	–
	LB 080, Pos. 90, Seite 909		–	124	**135**	153	–
146	Winkelstufe, Kontraststreifen Beton, 20x36x120cm	m	111	148	**159**	181	197
	LB 080, Pos. 92, Seite 909		94	124	**134**	152	166
147	Winkelstufe, Kontraststreifen PVC, 20x36x120cm	m	102	129	**138**	152	169
	LB 080, Pos. 93, Seite 910		86	108	**116**	128	142
148	Legestufe, Kontraststreifen Beton, 8x40x120cm	m	123	161	**174**	194	215
	LB 080, Pos. 94, Seite 910		104	136	**146**	163	181
149	Legestufe, Kontraststreifen PVC, 8x40x120cm	m	108	141	**152**	168	187
	LB 080, Pos. 95, Seite 910		91	119	**127**	141	157
150	L-Stufe, Kontraststreifen Beton, 15x38x80cm	m	104	130	**140**	154	171
	LB 080, Pos. 96, Seite 911		87	110	**118**	130	144

Kosten:
Stand 1.Quartal 2021
Bundesdurchschnitt

▶ min
▷ von
ø Mittel
◁ bis
◀ max

F
Brandschutz

Positionsverweise Brandschutz

Kosten: Stand 1.Quartal 2021 Bundesdurchschnitt

▶ min
▷ von
ø Mittel
◁ bis
◀ max

Brandschutz — Preise €

Nr.	Positionen	Einheit	▶	▷ ø brutto € / ø netto €		◁	◀
1	Deckenanschluss gleitend, mit Brandschutz	m	26	41	**42**	48	62
	LB 012, Pos. 60, Seite 185		22	34	**35**	40	52
2	Dachfenster/Dachausstieg, Holz	St	192	347	**447**	550	976
	LB 020, Pos. 75, Seite 324		162	291	**376**	462	820
3	Sicherheitsdachhaken, verzinkt	St	13	18	**20**	22	27
	LB 022, Pos. 84, Seite 373		11	15	**17**	18	23
4	Sicherheitstritt, Standziegel	St	64	83	**91**	97	114
	LB 022, Pos. 85, Seite 373		54	70	**77**	81	96
5	WDVS, Brandbarriere, 200mm	m	6	10	**12**	13	17
	LB 023, Pos. 48, Seite 389		5	8	**10**	11	14
6	Fluchttürsicherung, elektrische Verriegelung	St	652	995	**1.082**	1.285	1.745
	LB 029, Pos. 23, Seite 504		548	836	**909**	1.080	1.467
7	Stahltür, Rauchschutz, zweiflüglig	St	3.091	6.055	**6.905**	7.848	10.689
	LB 031, Pos. 25, Seite 532		2.597	5.088	**5.803**	6.595	8.982
8	Stahltür, Brandschutz, EI2 90, zweiflüglig	St	3.703	4.706	**5.202**	5.803	7.210
	LB 031, Pos. 31, Seite 537		3.112	3.955	**4.371**	4.877	6.059
9	Stahltür, Brandschutz, EI2 30, zweiflüglig	St	1.764	2.939	**3.389**	5.111	8.778
	LB 031, Pos. 32, Seite 538		1.483	2.469	**2.847**	4.295	7.377
10	Rohrrahmentür, Glasfüllung, EI2 30-S200C5, zweiflüglig, mehrteilig,	St	6.011	8.839	**9.939**	11.529	14.716
	LB 031, Pos. 33, Seite 540		5.051	7.428	**8.352**	9.689	12.366
11	Brandschutzverglasung, Innenwände	m²	175	380	**416**	452	568
	LB 032, Pos. 16, Seite 559		147	319	**350**	380	477
12	Brandschutzglas, E30 Fenster	m²	412	431	**474**	531	654
	LB 032, Pos. 17, Seite 559		346	362	**398**	446	549
13	Brandschutzbeschichtung, R30, Stahlbauteile	m²	25	54	**64**	81	111
	LB 034, Pos. 48, Seite 585		21	46	**53**	68	93
14	Decklack, Brandschutzbeschichtungen, Stahlteile	m²	8	11	**13**	16	19
	LB 034, Pos. 49, Seite 585		7	9	**11**	13	16
15	Brandschutzbeschichtung Rund-/Profilstahl	m	20	36	**42**	44	68
	LB 034, Pos. 50, Seite 585		17	31	**35**	37	57
16	Fassadendämmung, Brandbarriere	m²	21	25	**27**	31	36
	LB 038, Pos. 8, Seite 619		18	21	**22**	26	30
17	Unterdecke, abgehängt, Gipsplatte/Gipsfaserplatte, zweilagig, EI90	m²	–	100	**126**	165	–
	LB 039, Pos. 10, Seite 635		–	84	**106**	139	–
18	Unterdecke, abgehängt, Gipsplatten 2x20 mm, EI90	m²	–	98	**106**	121	–
	LB 039, Pos. 11, Seite 635		–	82	**89**	102	–
19	Unterdecke, abgehängt, F90A/EI90, selbsttragend	m²	87	121	**137**	166	231
	LB 039, Pos. 13, Seite 636		73	102	**116**	140	194
20	Montagewand, Holz-UK, 100mm, Gipsplatten, zweilagig, MW 40mm, EI30	m²	68	79	**85**	98	113
	LB 039, Pos. 26, Seite 639		57	66	**72**	82	95
21	Montagewand, Metall-UK, 150mm, Gipsplatten zweilagig, MW 40mm, EI30	m²	57	72	**77**	90	121
	LB 039, Pos. 28, Seite 640		48	60	**65**	75	101

© BKI Baukosteninformationszentrum

Brandschutz — Preise €

Nr.	Positionen	Einheit	▶	▷ ø brutto € ø netto €		◁	◀
22	Montagewand, Metall-UK, 100mm, Gipsplatten DF zweilagig, MW 50mm, EI90	m²	61	77	**85**	98	135
	LB 039, Pos. 29, Seite 641		52	65	**71**	83	114
23	Montagewand, Gipsplatten, Brandwand, 100mm	m²	–	147	**163**	193	–
	LB 039, Pos. 32, Seite 642		–	124	**137**	162	–
24	Revisionsöffnung/-klappe, eckig, Brandschutz EI90	St	255	359	**395**	457	618
	LB 039, Pos. 48, Seite 647		214	302	**332**	384	520
25	Schachtwand, Gipsplatten, EI 90	m²	53	62	**69**	79	96
	LB 039, Pos. 55, Seite 649		44	52	**58**	67	80
26	Gipsplatten-Bekleidung, EI90, auf Unterkonstruktion	m²	74	91	**99**	114	150
	LB 039, Pos. 61, Seite 651		62	76	**83**	96	126
27	Löschwasserleitung, verzinktes Rohr, DN50	m	51	54	**56**	58	62
	LB 042, Pos. 15, Seite 714		43	46	**47**	49	52
28	Löschwasserleitung, verzinktes Rohr, DN100	m	–	83	**93**	100	–
	LB 042, Pos. 16, Seite 714		–	69	**78**	84	–
29	Brandschutzklappen, RLT, eckig	St	234	525	**671**	731	921
	LB 075, Pos. 26, Seite 800		197	441	**564**	615	774
30	Brandschutzklappen, RLT, rund, Küche	St	511	4.160	**5.987**	7.955	11.531
	LB 075, Pos. 27, Seite 800		429	3.496	**5.031**	6.685	9.690

Anhang

Regionalfaktoren

Regionalfaktoren Deutschland

Diese Faktoren geben Aufschluss darüber, inwieweit die Baukosten in einer bestimmten Region Deutschlands teurer oder günstiger liegen als im Bundesdurchschnitt. Sie können dazu verwendet werden, die BKI Baukosten an das besondere Baupreisniveau einer Region anzupassen.

Hinweis: Alle Angaben wurden durch Untersuchungen des BKI weitgehend verifiziert. Dennoch können Abweichungen zu den angegebenen Werten entstehen. In Grenznähe zu einem Land-/Stadtkreis mit anderen Baupreisfaktoren sollte dessen Baupreisniveau mit berücksichtigt werden, da die Übergänge zwischen den Land-/Stadtkreisen fließend sind. Die Besonderheiten des Einzelfalls können ebenfalls zu Abweichungen führen.

Für die größeren Inseln Deutschlands wurden separate Regionalfaktoren ermittelt. Dazu wurde der zugehörige Landkreis in Festland und Inseln unterteilt. Alle Inseln eines Landkreises erhalten durch dieses Verfahren den gleichen Regionalfaktor. Der Regionalfaktor des Festlandes erhält keine Inseln mehr und ist daher gegenüber früheren Ausgaben verringert.

Land- / Stadtkreis / Insel	Bundeskorrekturfaktor
Aachen, Städteregion, Stadt	0,936
Ahrweiler	0,986
Aichach-Friedberg	1,099
Alb-Donau-Kreis	1,023
Altenburger Land	0,891
Altenkirchen	0,961
Altmarkkreis Salzwedel	0,839
Altötting	0,990
Alzey-Worms	1,002
Amberg, Stadt	1,056
Amberg-Sulzbach	1,059
Ammerland	0,837
Amrum, Insel	1,391
Anhalt-Bitterfeld	0,724
Ansbach	1,027
Ansbach, Stadt	1,119
Aschaffenburg	1,109
Aschaffenburg, Stadt	1,076
Augsburg	1,065
Augsburg, Stadt	1,118
Aurich, Festlandanteil	0,772
Aurich, Inselanteil	1,297
Bad Dürkheim	1,007
Bad Kissingen	1,063
Bad Kreuznach	1,029
Bad Tölz-Wolfratshausen	1,184
Baden-Baden, Stadt	1,081
Baltrum, Insel	1,297
Bamberg	1,031
Bamberg, Stadt	1,042
Barnim	0,857
Bautzen	0,878
Bayreuth	1,044
Bayreuth, Stadt	1,020
Berchtesgadener Land	1,062
Bergstraße	1,036
Berlin, Stadt	1,107
Bernkastel-Wittlich	1,024
Biberach	1,019
Bielefeld, Stadt	0,906
Birkenfeld	0,996
Bochum, Stadt	0,884
Bodenseekreis	0,978
Bonn, Stadt	0,960
Borken	0,915
Borkum, Insel	1,030
Bottrop, Stadt	0,896
Brandenburg an der Havel, Stadt	0,910
Braunschweig, Stadt	0,884
Breisgau-Hochschwarzwald	1,094
Bremen, Stadt	1,008
Bremerhaven, Stadt	0,957
Burgenlandkreis	0,836
Böblingen	1,091
Börde	0,845
Calw	1,034
Celle	0,843
Cham	0,868
Chemnitz, Stadt	0,842
Cloppenburg	0,753
Coburg	1,014
Coburg, Stadt	1,071
Cochem-Zell	1,030
Coesfeld	0,894
Cottbus, Stadt	0,816
Cuxhaven	0,852
Dachau	1,226
Dahme-Spreewald	0,913
Darmstadt, Stadt	1,059

Darmstadt-Dieburg	1,012
Deggendorf	0,999
Delmenhorst, Stadt	0,760
Dessau-Roßlau, Stadt	0,898
Diepholz	0,830
Dillingen a.d.Donau	1,037
Dingolfing-Landau	0,956
Dithmarschen	0,959
Donau-Ries	1,008
Donnersbergkreis	0,997
Dortmund, Stadt	0,784
Dresden, Stadt	0,930
Duisburg, Stadt	0,940
Düren	0,955
Düsseldorf, Stadt	1,024
Ebersberg	1,231
Eichsfeld	0,856
Eichstätt	1,037
Eifelkreis Bitburg-Prüm	1,016
Eisenach, Stadt	0,920
Elbe-Elster	0,847
Emden, Stadt	0,720
Emmendingen	1,085
Emsland	0,814
Ennepe-Ruhr-Kreis	0,913
Enzkreis	1,057
Erding	1,079
Erfurt, Stadt	0,850
Erlangen, Stadt	1,237
Erlangen-Höchstadt	1,004
Erzgebirgskreis	0,930
Essen, Stadt	0,927
Esslingen	1,001
Euskirchen	0,924
Fehmarn, Insel	1,189
Flensburg, Stadt	0,865
Forchheim	1,066
Frankenthal (Pfalz), Stadt	0,973
Frankfurt (Oder), Stadt	0,785
Frankfurt am Main, Stadt	1,029
Freiburg im Breisgau, Stadt	1,134
Freising	1,093
Freudenstadt	1,046
Freyung-Grafenau	0,997
Friesland, Festlandanteil	0,885
Friesland, Inselanteil	1,685
Fulda	0,985
Föhr, Insel	1,391
Fürstenfeldbruck	1,198
Fürth	1,074
Fürth, Stadt	1,003
Garmisch-Partenkirchen	1,193
Gelsenkirchen, Stadt	0,870
Gera, Stadt	0,888
Germersheim	0,998
Gießen	0,966
Gifhorn	0,880
Goslar	0,872
Gotha	0,857
Grafschaft Bentheim	0,820
Greiz	0,935
Groß-Gerau	1,004
Göppingen	1,020
Görlitz	0,865
Göttingen	0,883
Günzburg	1,092
Gütersloh	0,898
Hagen, Stadt	0,882
Halle (Saale), Stadt	0,835
Hamburg, Stadt	1,127
Hameln-Pyrmont	0,781
Hamm, Stadt	0,863
Hannover, Region	0,900
Harburg	1,069
Harz	0,800
Havelland	0,989
Haßberge	1,078
Heidekreis	0,831
Heidelberg, Stadt	1,004
Heidenheim	1,025
Heilbronn	1,008
Heilbronn, Stadt	0,956
Heinsberg	0,969
Helgoland, Insel	1,947
Helmstedt	0,869
Herford	0,880
Herne, Stadt	0,902
Hersfeld-Rotenburg	0,987
Herzogtum Lauenburg	0,958
Hiddensee, Insel	1,091
Hildburghausen	0,893
Hildesheim	0,843
Hochsauerlandkreis	0,932
Hochtaunuskreis	1,050
Hof	1,153
Hof, Stadt	1,058
Hohenlohekreis	1,033
Holzminden	0,830
Höxter	0,910
Ilm-Kreis	0,836
Ingolstadt, Stadt	1,110

Jena, Stadt	0,914
Jerichower Land	0,776
Juist, Insel	1,297
Kaiserslautern	0,973
Kaiserslautern, Stadt	0,918
Karlsruhe	1,018
Karlsruhe, Stadt	1,161
Kassel	0,989
Kassel, Stadt	0,996
Kaufbeuren, Stadt	1,013
Kelheim	1,026
Kempten (Allgäu), Stadt	1,025
Kiel, Stadt	1,018
Kitzingen	1,085
Kleve	0,927
Koblenz, Stadt	1,009
Konstanz	1,045
Krefeld, Stadt	0,912
Kronach	1,156
Kulmbach	1,095
Kusel	0,939
Kyffhäuserkreis	0,898
Köln, Stadt	0,954
Lahn-Dill-Kreis	0,980
Landau in der Pfalz, Stadt	0,953
Landsberg am Lech	1,149
Landshut	0,976
Landshut, Stadt	1,147
Langeoog, Insel	1,407
Leer, Festlandanteil	0,730
Leer, Inselanteil	1,030
Leipzig	0,933
Leipzig, Stadt	0,800
Leverkusen, Stadt	0,953
Lichtenfels	1,054
Limburg-Weilburg	0,985
Lindau (Bodensee)	1,027
Lippe	0,899
Ludwigsburg	1,050
Ludwigshafen am Rhein, Stadt	0,992
Ludwigslust-Parchim	0,916
Lörrach	1,035
Lübeck, Stadt	0,974
Lüchow-Dannenberg	0,832
Lüneburg	0,903
Magdeburg, Stadt	0,816
Main-Kinzig-Kreis	0,989
Main-Spessart	1,043
Main-Tauber-Kreis	1,039
Main-Taunus-Kreis	0,962

Mainz, Stadt	1,020
Mainz-Bingen	1,041
Mannheim, Stadt	0,961
Mansfeld-Südharz	0,839
Marburg-Biedenkopf	0,988
Mayen-Koblenz	0,986
Mecklenburgische Seenplatte	0,906
Meißen	0,905
Memmingen, Stadt	1,022
Merzig-Wadern	1,018
Mettmann	0,886
Miesbach	1,273
Miltenberg	1,105
Minden-Lübbecke	0,878
Mittelsachsen	0,867
Märkisch-Oderland	0,892
Märkischer Kreis	0,952
Mönchengladbach, Stadt	0,913
Mühldorf a.Inn	1,070
Mülheim an der Ruhr, Stadt	0,900
München	1,254
München, Stadt	1,558
Münster, Stadt	0,880
Neckar-Odenwald-Kreis	1,061
Neu-Ulm	1,058
Neuburg-Schrobenhausen	1,064
Neumarkt i.d.OPf.	1,015
Neumünster, Stadt	0,873
Neunkirchen	1,004
Neustadt a.d.Aisch-Bad Windsheim	1,109
Neustadt a.d.Waldnaab	1,035
Neustadt an der Weinstraße, Stadt	1,010
Neuwied	0,957
Nienburg (Weser)	0,644
Norderney, Insel	1,297
Nordfriesland, Festlandanteil	1,041
Nordfriesland, Inselanteil	1,391
Nordhausen	0,852
Nordsachsen	0,891
Nordwest-Mecklenburg, Festlandanteil	0,920
Nordwest-Mecklenburg, Inselanteil	1,170
Northeim	0,916
Nürnberg, Stadt	1,010
Nürnberger Land	1,042
Oberallgäu	1,037
Oberbergischer Kreis	0,924
Oberhausen, Stadt	0,875
Oberhavel	0,924
Oberspreewald-Lausitz	0,837
Odenwaldkreis	1,016
Oder-Spree	0,897

Offenbach	0,972
Offenbach am Main, Stadt	0,967
Oldenburg	0,852
Oldenburg, Stadt	0,870
Olpe	1,040
Ortenaukreis	1,054
Osnabrück	0,827
Osnabrück, Stadt	0,805
Ostalbkreis	1,035
Ostallgäu	1,063
Osterholz	0,844
Ostholstein, Festlandanteil	0,939
Ostholstein, Inselanteil	1,189
Ostprignitz-Ruppin	0,892
Paderborn	0,901
Passau	0,956
Passau, Stadt	1,039
Peine	0,863
Pellworm, Insel	1,391
Pfaffenhofen a.d.Ilm	1,093
Pforzheim, Stadt	1,017
Pinneberg, Festlandanteil	0,947
Pinneberg, Inselanteil	1,947
Pirmasens, Stadt	0,961
Plön	0,967
Poel, Insel	1,170
Potsdam, Stadt	0,970
Potsdam-Mittelmark	0,979
Prignitz	0,759
Rastatt	0,992
Ravensburg	1,027
Recklinghausen	0,885
Regen	1,005
Regensburg	1,024
Regensburg, Stadt	1,069
Rems-Murr-Kreis	1,058
Remscheid, Stadt	0,917
Rendsburg-Eckernförde	0,915
Reutlingen	1,044
Rhein-Erft-Kreis	0,909
Rhein-Hunsrück-Kreis	0,995
Rhein-Kreis Neuss	0,902
Rhein-Lahn-Kreis	1,030
Rhein-Neckar-Kreis	1,010
Rhein-Pfalz-Kreis	1,008
Rhein-Sieg-Kreis	0,956
Rheingau-Taunus-Kreis	1,077
Rheinisch-Bergischer Kreis	0,945
Rhön-Grabfeld	1,043
Rosenheim	1,178
Rosenheim, Stadt	1,142
Rostock	0,974
Rostock, Stadt	1,000
Rotenburg (Wümme)	0,781
Roth	1,067
Rottal-Inn	0,989
Rottweil	0,985
Rügen, Insel	1,091
Saale-Holzland-Kreis	0,910
Saale-Orla-Kreis	0,824
Saalekreis	0,833
Saalfeld-Rudolstadt	0,940
Saarbrücken, Regionalverband	0,963
Saarlouis	0,994
Saarpfalz-Kreis	0,971
Salzgitter, Stadt	0,814
Salzlandkreis	0,780
Schaumburg	0,892
Schleswig-Flensburg	0,866
Schmalkalden-Meiningen	0,945
Schwabach, Stadt	1,084
Schwalm-Eder-Kreis	0,996
Schwandorf	1,007
Schwarzwald-Baar-Kreis	1,001
Schweinfurt	1,116
Schweinfurt, Stadt	1,020
Schwerin, Stadt	1,024
Schwäbisch Hall	1,008
Segeberg	1,003
Siegen-Wittgenstein	1,003
Sigmaringen	1,016
Soest	0,912
Solingen, Stadt	0,909
Sonneberg	0,966
Speyer, Stadt	1,060
Spiekeroog, Insel	1,407
Spree-Neiße	0,825
St. Wendel	1,007
Stade	0,894
Starnberg	1,266
Steinburg	0,902
Steinfurt	0,890
Stendal	0,728
Stormarn	0,982
Straubing, Stadt	1,188
Straubing-Bogen	1,045
Stuttgart, Stadt	1,120
Suhl, Stadt	1,035
Sylt, Insel	1,391
Sächsische Schweiz-Osterzgebirge	0,975
Sömmerda	0,905
Südliche Weinstraße	1,003
Südwestpfalz	0,955

Teltow-Fläming	0,938
Tirschenreuth	0,999
Traunstein	1,106
Trier, Stadt	1,104
Trier-Saarburg	1,062
Tuttlingen	1,021
Tübingen	1,039
Uckermark	0,853
Uelzen	0,843
Ulm, Stadt	1,072
Unna	0,878
Unstrut-Hainich-Kreis	0,855
Unterallgäu	1,009
Usedom, Insel	1,093
Vechta	0,853
Verden	0,853
Viersen	0,952
Vogelsbergkreis	0,999
Vogtlandkreis	0,898
Vorpommern-Greifswald, Festlandanteil	0,843
Vorpommern-Greifswald, Inselanteil	1,093
Vorpommern-Rügen, Festlandanteil	0,841
Vorpommern-Rügen, Inselanteil	1,091
Vulkaneifel	1,002
Waldeck-Frankenberg	0,977
Waldshut	1,067
Wangerooge, Insel	1,685
Warendorf	0,891
Wartburgkreis	0,907
Weiden i.d.OPf., Stadt	1,026
Weilheim-Schongau	1,160
Weimar, Stadt	1,003
Weimarer Land	0,918
Weißenburg-Gunzenhausen	1,099
Werra-Meißner-Kreis	0,936
Wesel	0,895
Wesermarsch	0,843
Westerwaldkreis	0,995
Wetteraukreis	0,991
Wiesbaden, Stadt	1,031
Wilhelmshaven, Stadt	0,820
Wittenberg	0,816
Wittmund, Festlandanteil	0,777
Wittmund, Inselanteil	1,407
Wolfenbüttel	0,893
Wolfsburg, Stadt	0,920
Worms, Stadt	0,938
Wunsiedel i.Fichtelgebirge	1,084
Wuppertal, Stadt	0,889
Würzburg	1,062

Würzburg, Stadt	1,261
Zingst, Insel	1,091
Zollernalbkreis	1,045
Zweibrücken, Stadt	0,996
Zwickau	0,940

Anhang

Stichwortverzeichnis Positionen

A

Abbruch Mauerwerk, Ziegel 888
Abbruch, unbewehrte Betonteile 888
Abbund und Aufstellen 261
Abbund, Bauschnittholz/Konstruktionsvollholz 261
Abdeckung für Amphibienstopprinne 842
Abdeckung, Duschrinne, Edelstahl 732
Abdeckung, Entwässerungsrinne 837, 838
Abdichtung, Fensteranschluss 454
Abdichtungsanschluss verkleben 268
Abdichtungsanschluss 269, 301, 340
Abfallbehälter, Stahlblech 853
Abflussleitung, PP-Rohre schallgedämmt 730
Abgasanlage, Edelstahl 665
Ablaufkasten, Klasse A, DN100 838
Ablaufkasten, Polymerbeton 838
Abluftventilator, Einbaugerät 795
Abschlussprofil, Außenputz, verzinkter Stahl 393
Abschlussprofil, innen 381, 382
Absenkdichtung, Tür 508
Absetzbecken, Wasserhaltung 130
Absperreinrichtung, Kanal, Gusseisen 150
Absperrklappen 679, 680
Absperr-Schrägsitzventil 715, 716
Absperrventil, Guss 687
Absperrvorrichtung, K90 794
Absturzsicherung, Seitenschutz 82
Abstützung, freistehendes Gerüst 99
Abwasser-Abzweig, PP, gedämmt 731
Abwasserkanal duktiles Gussrohr 146
Abwasserkanal PE-HD-Rohre 147, 148
Abwasserkanal, PP-Rohre 147
Abwasserkanal, PVC-U 143, 144
Abwasserkanal, Steinzeug 142
Abwasserkanal, Steinzeugrohre 140, 142, 832
Abwasserleitung, Betonrohre 139
Abwasserleitung, duktiles Gussrohr 146
Abwasserleitung, Guss 724, 725, 726
Abwasserleitung, HT-Rohr 726, 727
Abwasserleitung, PE-HD-Rohre 147, 148
Abwasserleitung, PE-Rohr 728, 729
Abwasserleitung, PVC-Rohre 831
Abwasserlkanal, Steinzeugrohre 140
Abwasser-Rohrbogen, PP, gedämmt 730, 731
Abzweigstück, Luftleitung 799
Akustikvlies-Abdeckung, schwarz 475
Aluminiumprofile, Stahlkonstruktion 546
Amphibienkleintiertunnel, Beton, Querdurchlass 843
Amphibienleitwand 842
Amphibienstopprinne, Beton-U-Profil 842
Anbauleuchte, LED, Feuchtraum 776
Anbindeleitung, PE-X, Fußbodenheizung 708
Ankerschiene 230

Ansaat 865
Anschlagschiene, Tür 467, 468
Anschluss Flachdachdichtung an Lichtkuppel 344
Anschluss, Abwasser, Kanalnetz 139
Anschluss, Dampfsperre/-bremse, Klebeband 311
Anschluss, Dränleitung/Schacht 160
Anschluss, gleitend, Montagewand 645
Anschluss, Montagewand, Dachschräge 644
Anschlussdichtung, Tür 467
Anschlüsse Blechdach 369
Anschluß, Bodenplatte, luftdicht 258
Anschnitt, schräg, Mineralplatte 632
Arbeitsräume verfüllen, verdichten 118
Asphalt schneiden 136
Asphaltbelag aufbrechen, entsorgen 888
Asphalttragschicht 894
Attika-/Dachrand-UK, Holzbohle, Holzschutz 361
Attikaabdeckung 363, 626
Attikaabschluss, gedämmt, zweilagige Abdichtung 335
Attikaanschluss, Kunststoffbahn, einlagig 339
Attika-UK, Mehrschichtplatte 362
Auf-/Umstellen Geräteeinheit 123
Aufbruch, Gehwegfläche 136
Auffüllmaterial liefern, einbauen 822
Auflagering, Fertigteil 151
Auflagerwinkel, Gitterroste, Stahl, außen 546
Aufmerksamkeitsfeld 251, 252, 411
Aufmerksamkeitsstreifen, Stufenkante 245
Aufsetzkranz, eckig, Lichtkuppel, Kunststoff, gedämmt 343
Aufsparrendämmung 270, 308, 309
Aufstockelement, bauseitigen Dachablauf 342
Aufwuchs entfernen 823
Aufzugsanlage reinigen 570
Aufzugsunterfahrt, Ortbeton 205
Ausdehnungsgefäß 677
Ausgleichschicht, Mineralstoff, Trockenestrich 654
Ausgleichsputz, 380
Ausgussbecken, Stahl 741
Aushub lagernd, entsorgen 116
Aushub, Dränarbeiten, GK1, lagern/verfüllen 158
Aushub, Drängraben, GK1, lagern 157
Aushub, Rohrgraben, schwerer Fels 138
Aushub, Schlitzgraben/Suchgraben 108
Ausklinkung, Plattenbelag 247
Ausmauerung, Sparren 194
Ausschnitt, Schalterdose, Holzplatte 275
Aussparung schließen 180, 181
Aussparung schließen, Mauerwerksfläche 180
Aussparung, Betonbauteile 210
Aussparung, Langfeldleuchte, Unterdecke 637
Aussparung, Mattenrahmen 426
Aussparung, Parkett 494
Aussteifungsverband, diagonal 279

Außenbekleidung, Sperrholz, Feuchtebereich 264
Außenbelag, Betonwerkstein, auf Splitt, einschichtig 237
Außenbelag, Betonwerksteinplatten, einschichtig 237
Außenbelag, Naturstein, Pflaster 237
Außenecke Dachrinne, Titanzink 354
Außenecke, Aluprofil 626
Außenputz, zweilagig 393
Außenwand, Betonsteine, tragend 188
Außenwand, Holzrahmen, OSB, WF 273
Außenwand, Holzstegträger, OSB, WF 274
Außenwand, KS L-R, tragend 188
Außenwand, LHLz, tragend 186, 187
Außenwand, Ortbeton 207, 208
Außenwandbekleidung, Glattblech, beschichtet 544
Außenwandbekleidung, Wellblech, MW, UK 544
Außenwanddämmung WF, WDVS 270
Außenwanddämmung, Holzfaserplatte 270
Außenwanddurchlass 802, 803
Außenwanddurchlass, mit Filter/Schalldämpfer 802
Autokran 89

B

Bad-/WC-Garnitur 501
Badewanne, Stahl 170 737
Badewannenträger einfliesen 412
Badheizkörper, Stahl beschichtet 688
Balkenschichtholz, Nadelholz 259
Balkonabdichtung, zweilagig 339
Balkonanschluss, Wärmedämmelement 231
Balkonplatte, Ortbeton, 214
Ballfangzaun, Gittermatten 852
Barrierefreier Waschtisch 737
Bauaufzug 89, 90
Baugelände abräumen 818
Baugelände roden 820, 821
Baugrube sichern, Folienabdeckung 112
Baugrubenaushub 109, 110, 111, 112
Baugrubensohle verfüllen 825
Baum fällen 820
Baum herausnehmen, einschlagen 819
Baumscheibe, Grauguss 854
Baumschutz, Brettermantel 80
Baumschutzgitter, Metall 853
Baumverankerung 861
Baureinigung 565, 570
Bauschild 93
Bauschnittholz 259
Baustelle einrichten, Geräteeinheit/Kolonne 124
Baustellenbeleuchtung 87
Baustraße 84
Baustrom, Zuleitung 86
Baustromanschluss 86
Baustromverteiler 86
Bauteilanschluss, Dichtungsband, vorkomprimiert 268
Bauteile abkleben 574
Bautreppe, zweiläufig 91
Bautrocknung, Kondensationstrockner 91
Bautür 92
Bauwasseranschluss 85, 86
Bauzaun umsetzen 82
Bauzaun vorhalten 82
Bauzaun 81, 82, 818
Bauzaunbeleuchtung, öffentlicher Raum 82
Be- und Entlüftungsgerät 794, 795
Befestigung, Gewässerabdichtungsbahn Uferbereich 845
Begleitstreifen, Kontraststreifen, Steinzeug, innen 410
Begrünungssubstrat, Natur-Bims, Dachbegrünung 848
Behelfsmäßige Straße, Baustraße 819
Beiputzen, Tür-/Türzarge 384
Bekleidung Dachschräge 638
Bekleidung, Zementplatte, Feuchtraum, Holz-UK 639
Bekleidung, Gipsplatten, einlagig, Holz-UK 638
Bekleidung, Gipsplatten, zweilagig, Holz-UK 638
Bekleidung, Laibung, Holzbrett 267
Belag aus Holzpaneele 905
Belegreifheizen, Fußbodenheizung 709
Beschriftung, geklebt 586
Betonbordstein aufnehmen, entsorgen 889
Betondecke abbrechen, entsorgen 818
Betonfundament 818, 890
Betonpflaster aufnehmen, lagern 889
Betonplatte, Beton, mit extra großer Rasenfuge 897
Betonplatten, abbrechen, entsorgen 888
Betonplattenbelag 903
Betonschneidearbeiten 212
Betonstabstahl 228
Betonstahlmatten 228
Betonwerksteinbeläge fluatieren 236
Betrieb Saugpumpe 129
Betrieb Tauchpumpe 129
Bettenaufzug 789
Bewässerungseinrichtung, Hochstämme 841
Bewegungsfuge, Decke, drückendes Wasser, 300
Bewegungsfuge, drückendes Wasser, Los-Festflansch 301
Bewegungsfuge, elastische Dichtmasse 426
Bewegungsfuge, Metallprofil 426
Bewegungsfuge, Typ I, Schleppstreifen, Bitumenbahn 333
Bewegungsfuge, drückendes Wasser, Kunststoffbahn 300
Bewegungsfuge, drückendes Wasser, Kupferband 300
Bewegungsfugen, Fliesenbelag, Profil 414
Bewehrung, Gitterträger 228
Bewehrungs-/Rückbiegeanschluss 230, 231
Bewehrungsstoß 228
Bewehrungszubehör, Abstandshalter 228
Bidet, Keramik 741
Blecheinfassung Schornstein 366

Blechkehle 360
Blindboden, Nadelholz 485
Blitzschutzdurchführung, Formteil 343
Blockstufe, Beton 219, 244, 907, 908
Blockstufe, Kontraststreifen 908, 909
Blockstufe, Naturstein 908
Blockstufe, Naturwerkstein 244
Blumenzwiebeln pflanzen 865
Boden abdecken, Platten 574
Boden abdecken, Vlies 574
Boden kugelstrahlen 591
Bodenabdichtung, Bodenfeuchte 294, 295, 418
Bodenablauf 150, 722, 732
Bodenaustausch, Liefermaterial 117
Bodenbelag anarbeiten, Stützen 606
Bodenbelag reinigen 565, 566
Bodenbelag, Kautschuk 601, 602
Bodenbelag, Laminat 603
Bodenbelag, Naturkorkparkett 602
Bodenbelag, PVC 599, 600
Bodenbelag, PVC, Schaumstoff 600
Bodenbeläge verlegen 604
Bodenbeschichtung, Beton, Acryl 581
Bodenbeschichtung, Beton, Epoxid 581
Bodendecker und Stauden nach Einschlag pflanzen 863
Bodenfliesen 406, 407, 408
Bodenfliesen, BIa-Feinsteinzeug 409
Bodenfliesen, BIIa/BIIb-Steinzeug, glasiert 410
Bodenfliesen, Großküche, R12 408
Bodenfliesen, strukturiert 407
Bodenmaterial entsorgen, GK 1 822
Bodenplatte, Orbeton 205
Bodenplatte, WU-Beton 205
Bodenprofil, Bewegungsfugen, Plattenbelag 243
Bodentreppe, EI30 470
Bodentreppe, gedämmt 469
Bodentürschließer, einflüglige Tür 502
Bodenverbesserung, Kiessand 826
Bodenverbesserung, Komposterde 826
Bodenverbesserung, Liefermaterial 117
Bodenverbesserung, Rindenhumus 827
Bohle, S13TS K, Nadelholz 267
Bohrloch herstellen 124
Bohrloch verfüllen 124
Bohrung, Plattenbelag 246
Bohrungen, Stahl 286
Bordstein, Beton 912, 913, 914, 915
Bordstein, Naturstein 911, 912
Bordüre, Fliesen 405
Brandschutzabschottung, R90 752, 753
Brandschutzbeschichtung 585
Brandschutzglas, E30 Fenster 559
Brandschutzklappen, RLT, eckig 800

Brandschutzverglasung, Innenwände 559
Brettschichtholz, GL24h, Nadelholz 260
Briefkasten, Stahlblech, Wand 551
Briefkastenanlage, freistehend 551
Brunnenanlage 676, 677
Brunnenschacht, Grundwasserabsenkung 129
Brüstung, VSG-Ganzglas/Edelstahl 527
Brüstungs-/Treppengeländer 525, 526
Brüstungsgeländer, Fenstertür 524
Brüstungsmauerwerk 178
Büro-Trennwand, Tragprofile/Paneele 472

C

Container, Bauleitung 87, 88

D

Dachabdichtung, untere Lage 333
Dachabdichtung, obere Lage 334
Dachabdichtung, Polymerbitumen-Schweißbahnen 334
Dachabdichtung, Befestigung, Schienen 338
Dachabdichtung, Kunststoffbahn, EPDM, einlagig 337
Dachabdichtung, Kunststoffbahn, EVA, einlagig 337
Dachabdichtung, Kunststoffbahn, FPO, einlagig 336
Dachabdichtung, Kunststoffbahn, PIB, einlagig 336
Dachabdichtung, Kunststoffbahn, PVC, einlagig 336
Dachbegrünung, Trenn-, Schutz- u. Speichervlies 846
Dachdeckung, Bandblech, Aluminium 369
Dachdeckung, Betondachsteine 317
Dachdeckung, Biberschwanzziegel 316
Dachdeckung, Bitumenschindeln 319
Dachdeckung, Dachsteine, eben 317
Dachdeckung, Doppelmuldenfalzziegel 315
Dachdeckung, Doppelstehfalz, Titanzink 369
Dachdeckung, Faserzement, Deutsche Deckung 318
Dachdeckung, Faserzement, Doppeldeckung 318
Dachdeckung, Faserzement, Wellplatte 317
Dachdeckung, Flachdachziegel 316
Dachdeckung, Glattziegel 316
Dachdeckung, Hohlfalzziegel 315
Dachdeckung, Holzschindeln 318
Dachdeckung, Schiefer 319
Dachentwässerung DN80 723
Dachfanggerüst Erweiterung, Arbeitsgerüst 101
Dachfanggerüst, Gebrauchsüberlassung 101
Dachfenster /-oberlicht einfassen 367
Dachfenster/Dachausstieg, Holz 324
Dachfläche reinigen 845
Dachflächenfenster, gedämmt, Holz, lasur 324
Dachleiter, Aluminium 373
Dachrinne 351, 352
Dachschalung, Holzspanplatte P5 263, 313
Dachschalung, Holzspanplatte P7 314
Dachschalung, Kehle, Raupund 265

Dachschalung, Nadelholz 263, 313
Dachschalung, Rauspund 263
Dachschalung, Traufe, gehobelt 266
Dämmstein, KS-Mauerwerk 170
Dämmstein, Mauerwerk 169
Dämmung, Außenwand WH, MW 035 269
Dämmung, Deckenrand, Mehrschichtplatte 215
Dämmung, Deckenrand, PS 215
Dämmung, Kellerdecke 394
Dampfbremsbahn, PE-Folie 268
Dampfbremse, sd 2,3m 311
Dampfsperrbahn, Alu-Verbund-Folie 268
Dampfsperre hochführen, aufgehende Bauteile 329
Dampfsperre, Alu-Verbundfolie 330
Dampfsperre, sd-variabel 268
Dampfsperre, Trockenbau 652
Dampfsperre, V60S4 Al01, auf Beton 329
Dauergerüstanker, Fassade 627
Decke reinigen, Gipsfaser / Gipsplatten, beschichtet 566
Decke reinigen, Metalldecke 566
Decke, Ortbeton, C25/30 214
Deckel, Rollladenkasten 511
Deckenabschluss, Flachstahl 545
Deckenanschluss gleitend 185
Deckenanschluss, Mauerwerkswand 184
Deckenanschlussfuge feuerhemmend 184
Deckenbekleidung Gipsplatte, einlagig, Federschiene 634
Deckendurchbruch schließen 225, 226
Deckenranddämmung, Mehrschichtleichtbauplatte 190
Deckenrandschale, Mineralwolledämmung 184
Deckenschalung, OSB/3 265
Deckenschalung, Sperrholzplatte 265
Deckenschlitz, Beton 225
Decklack, Brandschutzbeschichtungen, Stahlteile 585
Dehnfugenprofil, Aluminium 607
Deponiegebühr, gemischter Bauschutt 93
Dichtheitsprüfung, Grundleitung 148
Dichtmanschette, Bodeneinlauf 400
Dichtmanschette, Rohre 400
Dichtsatz, Rohrdurchführung 303
Dichtung, Schachtdeckung 161
Dichtungsanschluss, Anschweißflansch 291
Dichtungsanschluss, Klemm-/Klebeflansch 291
Dielenboden, Laubholz 486
Dielenbodenbelag 486, 487
Doppelabzweig, SML 730
Doppelboden, Plattenbelag/Unterkonstruktion 653
Doppel-Schließzylinder 507
Drahtanker, Hintermauerung/Tragschale 190
Drallauslass, Decke 799
Dränageelement, PE-Platte, Dachbegrünung 846
Dränleitung spülen, Hochdruckgerät 163
Dränleitung, PVC-U 159

Dränleitung, PVC-Vollsickerrohr, DN100 840
Dränschicht, EPS-Polystyrolplatte/Vlies 302
Drehflügeltor, einflüglig 830
Drehflügeltor, zweiflüglig 830
Dreifach-Schukosteckdose 768, 769
Dreiwegeventil 680
Drosselklappe 801
Drückergarnitur 498, 499, 500
Druckleitung, Schmutzwasserhebeanlage 729
Druckrohrleitung 129
Düngung, Dachbegrünung, extensiv 849
Durchführung andichten, Anschweißflansch 342
Durchgangselement, Antenne, Formziegel 322
Durchgangselement, Dunstrohr, Kunststoff 322
Durchgangselement, Solarleitung 322
Durchgangsziegel, Dunstrohr 322
Durchwurzelungsschutzschicht, PVC-P 845
Duschabtrennung, Glas 559
Duschabtrennung, Kunststoff 740
Duschhandlauf, Edelstahl 745
Duschrinne, Edelstahl 732
Duschsitz, klappbar 746
Duschwanne, Stahl 739, 740
Duschwannenträger einfliesen 412

E

Ebenheit, Mehrpreis Q3 383
Eckausbildung Dachrinne 354
Eckausbildung Holzschindelbekleidung 323
Eckausbildung, Holzzaun 843
Eckausbildung, vorgefertigt, Sockelleiste 493
Ecken, Kantenprofil, Montagewand 645
Eckprofil, Aluminium 381
Eckprofil, Kunststoff 381
Eckprofil, nichtrostender Stahl 381
Eckprofil, verzinkt 381
Eckschutzschiene 401, 402
Eckventil 715
Edelstahlrippen 250, 251
Einbaudownlight, LED 778
Einbauküche, melaminharzbeschichtet 477
Einbauleuchte, LED 777
Einbauschrank reinigen 569
Einblasdämmung, Zellulosefaser 309
Einfassung, Sandkasten 851
Einhandmischer 738, 741, 742
Einhebelarmatur, Dusche 740
Einhebel-Mischbatterie, Standmontage 737
Einregulierung/Inbetriebnahme, Fußbodenheizung 709
Einsatzelement, Fenster, PR-Fassade 453
Einsatzelement, Paneel, PR-Fassade 453
Einsatzelement, Türe, PR-Fassade 452
Einschichtsubstrat, extensive Dachbegrünung 848

Einschubtreppe 278
Einzelfenster reinigen 569
Einzelfundamentaushub 113
Einzelfundamente, Zaunpfosten 843
Elastische Verfugung, Fliesen 414
Elastoplastische Verfugung, Fliesen, Acryl 414
Elektrischer Türantrieb 503
Elektrogerätedose 224
Elektroinstallationsrohr 759, 760
Elektroleerrohr, flexibel 224
Elektromotor, Rollladen 513
Elementdecke, inkl. Aufbeton 219, 220
Elementwand, inkl. Wandbeton 220
Enthärtungsanlage 717
Entwässerungsrinne, Abdeckung Guss 154
Entwässerungsrinne, Beton 153
Entwässerungsrinne, Fassade/Terrasse 837
Entwässerungsrinne, Beton/Gussabdeckung 836, 837
Entwässerungsrinne, Beton 153, 154
Entwässerungsrinne, Polymerbeton 836
Entwässerungsrinne, rollstuhlbefahrbar, Klasse A, DN100 837
Erdaushub, Schacht, Verbau 138, 139
Erdgas-BHKW-Anlage 668, 669
Erdsondenanlage, Wärmepumpe 677
Erstbeschichtung, Dispersion, Außenputz, Laibung 580
Erstbeschichtung, Dispersion, Sichtmauerwerk, innen 579
Erstbeschichtung, Dispersionsfarbe, Außenputz 580
Erstbeschichtung, Dispersions-Silikatfarbe 577, 578
Erstbeschichtung, Glasfasertapete, Dispersion 577
Erstbeschichtung, Heizungsrohrleitung 584
Erstbeschichtung, Holzbauteil, außen, deckend 583
Erstbeschichtung, Holzfenster, deckend 582
Erstbeschichtung, Holzprofil 581
Erstbeschichtung, innen, Dispersion 576, 577
Erstbeschichtung, Kalkfarbe, innen 579
Erstbeschichtung, Lasur 582
Erstbeschichtung, Lüftungsrohr, Stahl 584
Erstbeschichtung, Metallgeländer, außen 583
Erstbeschichtung, Raufasertapete, Dispersion 577
Erstbeschichtung, Silikatfarbe 578, 579
Erstbeschichtung, Silikonharz 580
Erstbeschichtung, Stahlblech 584
Erstbeschichtung, Stahlflächen, außen 583
Erstbeschichtung, Stahlprofil, außen 583
Erstbeschichtung, Stahlzarge 585
Erstpflege, Bodenbelag 608
Erstpflege, Parkettbelag 495
Erstreinigung, Bodenbelag 248
Estrich abstellen 418
Estrich glätten, maschinell 425
Estrich 422, 423, 424, 425
Estrichabschluss, Winkelstahl 545
Etagen-/Sockelknie, Regenfallrohr 357

F

Fahrgerüst, LK 3 100
Fahrradständer, Stahlrohrkonstruktion 853
Fallarmmarkise, Acrylgarngewebe 514
Fallrohr, Aluminium, bis DN100 356
Fallrohr 355
Fallrohrabzweig 356
Fallrohrbogen 356
Fallrohrklappe, Fallrohr, Titanzink/Kupfer 357
Fallrohrschelle, WDVS 357
Fallschutz auskoffern 851
Fallschutz, Kies 852
Fallschutzbelag, Gummigranulatplatten 852
Fanggefäß, Amphibien, Kunststoff, 10 l 843
Farn, Königsfarn 877
Fasen, Holzbauteil 262
Fassade reinigen, Hochdruckreiniger 566
Fassadenbekleidung, Aluminiumverbundplatten 624
Fassadenbekleidung, Bandblech 371
Fassadenbekleidung, Faserzement 622, 623
Fassadenbekleidung, Harzkompositplatten 621
Fassadenbekleidung, Holz 620, 621
Fassadenbekleidung, HPL-Platte 620
Fassadenbekleidung, Metall 623, 624
Fassadenbekleidung, Schindeln 625
Fassadenbekleidung, Ziegelplatten 625
Fassadenbekleidung,, Bandblechscharen, Kupfer 371
Fassadendämmung, Brandbarriere 619
Fassadendämmung, Mineralwolle, kaschiert 618
Fassadendämmung, kaschiert 618, 619
Fassaden-Flachrinne 836
Fassadengerüst 97, 98, 99
Fassadenplatte, Fertigteil 223
Fassadenrinne, Stahlblech 366
Fassadenschlitzrinne 835
FD-Dunstrohreinfassung 342
Fehlerstromschutzschalter 773
Fehlerstromschutzschalter 773
Feinplanum herstellen 121
Feinplanum, Rasenfläche 828
Fensteranschluss, Putzprofil 393
Fensterbank 248, 249, 454, 468, 625
Fenstergriff 498
Fensterladen, Holz, zweiteilig 517
Fensteröffnung, Montagewand 646
Fertigparkett 488, 489
Fertigrasen liefern, einbauen 866
Fertigstellungspflege 850, 879
Feuchtemessung 398
Filter, Vlies, Dränkörper 163
Filter-/Dränageschicht, Vlies/Noppenbahn, Wand 162
Filtermatte, Dachbegrünung 847
Filterschicht, Filtermatten, Wand 162

Filterschicht, Kiessand, Wand 163
Filtervlies, Dränageabdeckung, 100g/m2 847
Filtervlies, Erdplanum/Frostschutz 158
Filtervlies, Rigolen 839
Fingerschutz, Türkante 504
First, Firststein 320, 321
Firstanschluss, Ziegeldeckung, Formziegel 320
Firstanschlussblech, Titanzink, gekantet 363
Firsthaube, mehrfach gekantet 364
Flachdachablauf, mit Kiesfang 341, 342
Flächendränage, begehbare Flachdächer, HDPE 846
Flach-Solarkollektoranlage, thermisch 670
Fliesen anarbeiten, Stützen 415
Fliesen, AI/AII-Klinker, frostsicher 412
Fliesen, AI/AII-Spaltplatte, frostsicher 411
Fliesen, BIII-Steingut, glasiert 411
Fluchttürsicherung, elektrische Verriegelung 504
Flüssigabdichtung, PMMA 340
Flüssigabdichtung, PU-Harz/Vlies 340
Formstück, Abzweig, Guss 724, 725, 726
Formstück, Bogen, Guss 724, 725, 726
Formstück, Dränleitung 159, 160, 840
Formstück, duktiles Gussrohr 146, 147
Formstück, HT Doppelabzweig 728
Formstück, HT Übergangsrohr 728
Formstück, HT-Abzweig 727, 728
Formstück, HT-Bogen 727, 728
Formstück, PE-Abzweig 728, 729
Formstück, PE-Bogen 728, 729
Formstück, PE-Putzstück 729
Formstück, PVC-Rohrbogen 832
Formstück, PVC-U, Abzweig KGEA 144
Formstück, PVC-U, Bogen 145
Formstück, PVC-U, Abzweig 144, 145
Formstück, Steinzeugrohr 140, 141
Formstücke, verzinkt, Luftleitung 797
Formteile, Kunststoff, Lüftungskanäle 797
Fries, Plattenbelag 247
Frostschutzschicht, Kies 891
Frostschutzschicht, Schotter 890, 891
Fugenabdichtung elastisch, Silikon 586
Fugenabdichtung, Bodenplatte, Feuchte 299
Fugenabdichtung, elastisch, Silikon 244
Fugenabdichtung, plastoplastisch, Acryl 586
Fugenabdichtung, Silikon 333
Fugenabdichtung, drückendes Wasser, Schweißbahn 299
Fugenabdichtung, Wand, Feuchte 298, 299
Fugenband 206, 207
Fugenverfüllung Rasenfuge Betonpflasterstein 897
Füll- und Entleerventil 716
Füllboden liefern, einbauen 823
Füllset, Heizung 681
Füllung zur Begrünung des Rasengitters, Quarzsand 898
Füllung zur Begrünung des Rasengitters, Splitt 898
Fundament, Hinterfüllung 114
Fundament, Ortbeton 204
Fundamentaushub 112,0 113
Fundamenterder, Stahlband 224
Funktionsheizen, Fußbodenheizung 709
Fußabstreifer, Kokosfasermatte 606
Fußabstreifer, Reinstreifen 606
Fußbodeneinschub, Nadelholz, 24mm, auf Auflager 266
Fußbodenheizung 708
Fußgängerschutz, Gehwege 81
Fußgängertunnel, Gebrauchsüberlassung 102
Fußgängertunnel, Gerüst 102
Fußplatte, Stahlblech 285

G

Gabionen 918, 919
Ganzglastürblatt 559
Ganzglas-Türblatt, innen 464
Garagen-Schwingtor, hand-/kraftbetätigt 543
Garderobenleiste 476
Garderobenschrank 476
Gas-Brennwertkessel 661, 662
Gas-Brennwerttherme 660, 661
Gaubendeckung, Doppelstehfalz 368
Gebäudetrennfugen 189, 190
Gefällebeton 222
Gehrungsschnitt, Fliesen 412
Geländer reinigen 569
Geländer, gerade, Rundstabholz 479
Geländerausfachung, Stahlseil, nichtrostend 526
Geländerverglasung, VSG-Glas 561
Gelenkarmmarkise, Terrassenmarkise 515
Generalhaupt-, Generalschlüssel 508
Gerätedose, Brandschutz, uP 768
Gerätedose, uP, luftdicht 768
Geräteeinbaukanal 764, 765
Gerätehülsenabdeckung, mit Rahmen/Deckel 591
Geräteraum-Schwingtor, Metall/Holz 475
Gerüstankerlöcher schließen 395
Gerüstbekleidung, Gebrauchsüberlassung 104
Gerüstbekleidung, PE-Folie 103
Gerüstbekleidung, Staubschutznetz/Schutzgewebe 103
Gerüsttreppe, Treppenturm, zweiläufig 101
Gerüstverbreiterung 100, 101
Gerüstverbreiterung, Gebrauchsüberlassung 101
Gewässerabdichtung, Teichfolie 844
Gewindestange, M12, verzinkt 280
Gipskalkputz, Innenwand, einlagig, Q3, gefilzt 382
Gipsplatten-/Gipsfaser-Bekleidung 650, 651
Gipsplatten-Bekleidung, Installationsdurchführung 655
Gipsplatten-Bekleidung, EI90, auf Unterkonstruktion 651
Gipsputz B1, innen, Q2, geglättet, längenorientiert 384

Gipsputz, Decken, einlagig, geglättet 386
Gipsputz, Innenwand 383
Gitterrinne, Stahl 546, 758
Gitterroste, verzinkt, rutschhemmend, verankert 286
Glasfasergewebe, Dispersion 615
Glasfasergewebe, fein 613, 614
Glasfasergewebe, grob 614
Glasfasergewebe, lineare Bauteile 614
Glasflächen reinigen, Fassadenelemente 567
Glasschotter, unter Bodenplatte, 30cm 203
Glattstrich, Leibungen/Brüstungen 183
Gleitfolie, Wandaufleger 221
Gleitschicht, PE-Folie, zweilagig 204
Graben-Normverbau, senkrecht 123
Grabenverbau, Dielen, senkrecht 123
Grabenverbau, Kanaldielen, senkrecht 123
Graffiti-Schutz, Wand 581
Gras 876, 877
Grasnarbe abschälen 820
Gratdeckung, Schiefer 321
Grateindeckung, Ziegel 321
Grenzstein sichern 85
Grobkiesstreifen, Sockelbereich 163
Großgehölz mit Ballen, pflanzen 864
Grundbeschichtung, Gipsplatten/Gipsfaserplatten 611
Grundierung, Betonflächen, innen 575
Grundierung, Gipsplatten 575
Grundleitung, PVC-U 724
Gründungssohle verdichten 823
Gründungssohle verdichten, Baugrube 117
Gruppen-, Hauptschlüssel 508
Gussrammpfähle, Mantelverpressung 124

H

Haftbrücke, Betonfläche, für Gipsputze 379
Haftbrücke, Betonfläche, für Kalk-/Kalkzementputz 379
Haftbrücke, Fliesenbelag 399
Halb-Schließzylinder 507
Haltegriff, Edelstahl 745
Haltegriff, Kunststoff 745
Haltegriffkombination, BW-Duschbereich 745
Handaushub 138, 157, 825
Handlauf, außen 522, 523
Handlauf, Bogenstück 524
Handlauf, Ecken/Gehrungen 524
Handlauf, Enden 524
Handlauf, nichtrostend, Rundrohr 523
Handlauf, Rohrprofil, feuerverzinkt 282
Handlauf, Stahl 523
Handlauf, Stahl, Wandhalterung 523
Handlaufbeschriftung, taktil, Alu, Profilschrift 509
Handläufe reinigen 568
Handlauf-Profil, Holz 479

Handwaschbecken, Keramik 736
Haufenporiges Pflaster, Beton 896
Hausbriefkasten, Aufputz 508
Hauseinführung, DN25 711
Hauseinführung/Wanddurchführung, Medien 225
Haustürelement, Holz 429, 430
Haustürelement, Holz, Passivhaus, einflüglig 434
Haustürelement, Kunststoff 431, 433
Haustürelement, Passivhaus, zweiflüglig 435
Hauswasserstation, Druckminderer/Wasserfilter 711
Hebeanlage 723
Heckenpflanze 863, 866, 867, 868
Heckenschnitt, Hainbuche 863
Heizestrich 423, 424
Heizkörper ausbauen/wiedermontieren 704
Heizkörper reinigen 568
Heizkörperverschraubung, DN15 704
Heizkreisverteiler, Fußbodenheizung, 5 Heizkreise 705
Heizöltank 665
Heizungs-Not-Ausschalter 767
Heizungspufferspeicher 670, 671
Heizungsverteiler, Vorlaufverteiler/Rücklaufsammler 666
Heizungsverteiler, Wandmontage 681
Hilfsüberfahrt, Baustellenverkehr 84
Hilfsüberfahrt, Stahlplatte 84
Hindernisse beseitigen, Gräben 116
Hinweisschild, Aluminium 853
Hobeln, Bauschnittholz 262
Hochstamm einschlagen 862
Hochstamm/Solitär, liefern/pflanzen 864
Hofablauf, Beton 835
Hofablauf, Polymerbeton 149
Hofablauf, PVC, Geruchsverschluss 835
Höhenausgleich, Schachtabdeckung 833
Höhenfestpunkt, Einschlagbolzen 93
Hohlkehle, Schlämme 295
Holz, Schichtstoff 567
Holz-/Abdeckleisten, Fichte 469
Holz/Pellet-Heizkessel 666, 667
Holz-Alu-Fenster 440, 441
Holz-Alu-Fenstertür, zweiflüglig 442
Holzbelag Lärche 905
Holzfenster, einflüglig 437, 438
Holzfenster, mehrteilig 439, 446
Holzimprägnierung, holzverfärbende Pilze 582
Holzpflaster 491
Holzschutz, farblos 262
Holzstegträger, Nadelholz, inkl. Abbinden 261
Holzstütze, BSH, GL24h, Nadelholz 260
Holz-Umfassungszarge, innen 467
Holzzaun, Kiefer/Sandsteinpfosten 843

I

Imprägnierung, Gipsplatte 652
Imprägnierung, Sichtbetonwand, außen 580
Innenbekleidung, Furnierschichtholzplatte 265
Innenbekleidung, Massivholzplatte 265
Innenbekleidung, OSB 264
Innenbekleidung, Sperrholz, Trockenbereich 265
Innenbelag, Betonwerkstein 238
Innenbelag, Naturwerkstein 239, 240, 241, 242
Innenbelag, Terrazzoplatten 238
Innenecke Dachrinne, Kupfer 355
Innenecken, Verbundabdichtung, Dichtband 400
Innentür, EI2 30-SaC5, einflüglig 460
Innentür, rauchdicht, S200-C5 459
Innentür, Röhrenspan, einflüglig 461
Innentür, zweiflüglig, Röhrenspan 461
Innentürblatt, einflüglig, Röhrenspan, HPL 462
Innentürblatt, einflüglig, Vollspan 463
Innenwand, Gipswandbauplatte, nichttragend 177, 178
Innenwand, Gipswandbauplatte, Mauerwerk 644
Innenwand, HLz-Planstein 171, 172
Innenwand, Holzständer, Bekleidung, MW 274
Innenwand, Holzständer, OSB-Bekleidung, MW 275
Innenwand, KS L 172
Innenwand, KS Planstein 173, 174
Innenwand, KS Rasterelement 174
Innenwand, KS Sichtmauerwerk 173, 175
Innenwand, Mauerziegel 170, 171
Innenwand, Ortbeton 207
Innenwand, Porenbeton, nichttragend 175, 176
Innenwand, Poren-Planelement, nichttragend 177
Innenwandbekleidung, Dekorspanplatte 471
Innenwandbekleidung, Sperrholz 470, 471
Insektenschutzgitter, Traufe 314
Installationselement, barrierefreier Waschtisch 743, 744
Installationselement, barrierefreies WC 742
Installationselement, Hygiene-Spül-WC 743
Installationselement, Stützgriff 744
Installationselement, Urinal 741
Installationselement, Waschtisch 743
Installationselement, WC 742
Installationskleinverteiler 772, 773
Installationsleitung, NYM-J 761, 762, 763, 764
Installationsleitung, J-Y(St)Y 780, 781, 782
Installationsschalter, Aus-/Wechselschalter, aP 768
Installationsschalter, Taster, aP 767
Installationsschlitz schließen, spachteln 379
Isolierverglasung, Pfosten-Riegel-Fassade 556

J

Jalousie/Raffstore/Lamellen, außen, elektrisch 513

K

Kabelbrücke, Strom-/Wasserleitung 84, 104
Kabelgraben ausheben 115, 116
Kabelgraben verfüllen, Liefermaterial Sand 0/2 119
Kabelrinne, Stahl 759
Kabelschutzrohr, Kunststoff 119
Kalk-Gipsputz, Decken, einlagig, Q3, geglättet 385
Kalkzementputz, Innenwand, einlagig, Q3, abgezogen 382
Kamineinrüstung, Dachgerüst, LK4 101
Kanalprüfung, Kamera 155
Kanalreinigung, Hochdruckspülgerät 154
Kanten bearbeiten, Plattenbelag 247
Kantholz, Nadelholz S10TS, scharfkantig 313
Kanthölzer, Nadelholz, scharfkantig, gehobelt 266
Kappenventil, Ausdehnungsgefäß 704
Kehlblech 360
Kehle eingebunden, Biberschwanz 320
Kehlsockel, Fliesenbelag 405
Kellerfenster, einflüglig 223
Kellerlichtschacht, Betonfertigteil 222
Kellerlichtschacht, Kunststoffelement 222
Kellertrennwandsystem, verzinkte Metalllamellen 550
Kernbohrung, Stahlschnitte, 16-28mm 211
Kernbohrung, Stb-Decke 211
Kerndämmung, Mineralwolle, Außenwand 189
Kerndämmung, MW 040 189
Kerndämmung, Natursteinbekleidung 246
Kies 16/32, frei Baustelle, liefern 118
Kiesbett herstellen 840
Kiesfangleiste, Lochblech 359
Kiesfangleiste, L-Profil, Dachbegrünung 848
Kiesfilter, Flächendränage 159
Kiesschüttung, Dach 344
Klebeanker 228
Kleineisenteile, Baustahl S235JR 229
Kleineisenteile, nicht rostender Stahl 230
Kleingüteraufzug mit Traggerüst 790
Kleintierschutz 349, 350
Kletterpflanze 877, 878
Kompaktdämmhülse, Rohrleitung 749
Kompaktheizkörper, Stahl 692-701
Konsole, Ortbeton, Sichtbeton 212
Konstruktionsvollholz, KVH-SI, Nadelholz 259
Konterlattung, Dach 311
Konterlattung, Nadelholz 271
Kontraststreifen, Noppenfliesen, Edelstahl 250
Kontrollschacht komplett 152
Kontrollschacht, Dachbegrünung 847
Kontrollschacht, Stahlbeton 833
Kopfbolzenleiste, Durchstanzbewehrung 229
Korkunterlage, Linoleum 597
Körperschalldämmung 754
Kranaufstandsfläche herstellen 89

Krannutzung 89
Kugelhahn 714, 715
Kulissenschalldämpfer, rechteckig, Stahlblech, verzinkt 795
Kulissenschalldämpfer, rund, Stahlblech, verzinkt 795
Kunststofffenster, einflüglig 443, 445
Kunststofffenster, mehrteilig 444, 445
Kunststoffrippen, dreireihig 251
KWL-Lüftungsgerät 803, 804

L

Lagerplatz einrichten und räumen 85
Laibung beimauern, Sichtmauerwerk 183
Laibung, Dachfenster, Gipsverbundplatte 652
Laibung, Fenster 651, 652
Laibung, innen 382, 383
Laibungsbekleidung, Fenster/Tür 626
Lamparkett 490, 491
Lastplattendruckversuch 117, 920
Lasttrennschalter 775
Lattenverschlag, Nadelholz 276
Laubfangkorb 357
Laufbrücke, Holz 92
Laufsteg - Zugang Gebäude 81
Legestufe, Kontraststreifen
Lehmputz, Innenwand 384
Leitergang, Gebrauchsüberlassung 102
Leitergang, Gerüst 102
Leitstreifen, Betonsteinpflaster 907
Leitsystem, innen, Rippenfliesen, Edelstahl 249
Leitsystem, Rippenfliesen, Edelstahl 249, 250
Leitsystem, Rippenfliesen, Steinzeug 413
Leitung, Edelstahlrohr 713, 714
Leitung, Kupferrohr 712, 713, 717, 718
Leitung, Metallverbundrohr 712
Leitungen/Fundamente verfüllen, Lagermaterial 119
Leitungsanschluss, Schacht 151
Leitungseinfassung, Flachdach, Klemmanschluss 343
Leitungsführungskanal PVC 760
Leitungsschutzschalter 6 kA 774
Leuchten-Einbaugehäuse/-Eingießtopf 224
Lichtkuppel, RWA, reckig, Acrylglas, Aufsetzkranz 343
Linoleumbahnen verschweißen 599
Linoleumbelag 598
Löschwasserleitung, verzinktes Rohr
L-Stufe, Kontraststreifen Beton,15x38x80cm 911
Luftdichtheitsschicht, Dampfbremse 310
Lufteitung, Spiralfalzrohre verzinkt 797, 798
Lüfterelement, Dachziegel 322
Luftleitung, Alurohre, flexibel 798
Luftleitung, feuerbeständig L30/L90 797
Luftleitung, rechteckig 796
Lüftungsgerät 802, 803
Lüftungsgitter 507, 799

Lüftungskanal Mineral alukaschiert 751
Lüftungsprofil, Fenster 506

M

Manometer, Rohrfeder 686
Markierung, Kunststofffolie 586
Markierung, Messstellen 426
Markise ausstellbar, Textil, bis 2,50m2 514
Maschendrahtzaun 828, 829
Maschinenfundament, Ortbeton, Schalung, bis 3,0m2 221
Massivholzdecke, Brettstapel, gehobelt 276, 277
Mattenrahmen, Edelstahl 413
Mauerabdeckung, Naturstein, außen 248
Maueranker, beim Aufmauern einlegen 186
Maueranschlussschiene 185
Mauerpfeiler, rechteckig, freitragend 189
Mauerwerk abgleichen 193
Mauerwerk abgleichen 193
Mauerwerk verzahnen 186
Mauerwerksanschluss stumpf 185
Mehrschicht-/Fertigparkett, geölt 488
Mehrschichtdämmplatte, in Schalung 227
Mehrschichtplatte WW-C, EPS, Decke 394, 395
Mehrschichtsubstrat, Dachbegrünung 848
Membran-Sicherheitsventil 705, 716
Messeinrichtung, Wassermenge 130
Messung, Feuchte, Estrich 426
Messung, Feuchte, Fußbodenheizung 709
Messung, Lärmpegel, Dokumentation 123
Metall-Glas-Fenster 447, 448
Metall-Glas-Fenstertür, einflüglig 449
Metall-Kassettendecke, abgehängt 633
Metall-Paneeldecke, abgehängt 633
Metall-Türelement, einflüglig 436
Meterriss 93
Mineralischer Oberputz, Dispersions-Silikat, WDVS 391
Mineralwolledämmung, zwischen Sparren 652
Monatgewand, freies Wandende 645
Montagewand, Gipsplatten, Brandwand, 100mm 642
Montagewand, Holz-UK, Gipsplatten 639
Montagewand, Metall-UK, Gipsplatten 640, 641, 643, 644
Montagewand, Metall-UK, Zementplatten 641, 642
Montagewand, Sockelunterschnitt 645
Montagewand, T-Anschluss 645
Montagewand, Verstärkung UK 647
Mosaikparkett 489, 490
Muffenkugelhahn, Guss 705
Mulchsubstrat liefern, einbauen 828

N

Nagelabdichtung, Konterlattung 312
Nageldichtband, Konterlattung 272
Nassansaat, extensive Dachbegrünung 849

Natursteinmauerwerk 920
Natursteinpflaster, begrünbarer Fuge, polygonal 897
Neutralisationsanlage, Brennwertgeräte 666
Nivelierschwelle, Holzwände 272
Noppen/EPS-Systemträger, Fußbodenheizung 707
Noppenplatten, 906
Noppen-Systemträger 707
Notruf, behindertengerechtes WC 739
Notüberlauf, Attika, Freispiegel 341
Notüberlauf, Flachdach 358

O

Obentürschließer 502
Oberboden abtragen, entsorgen 109
Oberboden abtragen, lagern 821
Oberboden auftragen, lagernd 821
Oberboden liefern und einbauen 822
Oberboden liefern, andecken 821
Oberboden lösen, lagern 821
Oberfläche, laserstrukturiert, Mehrpreis 248
Oberflächenschutz, OS5b, aufgehende Bauteile 581
Oberflächenschutz, OS8, Deckversiegelung 587
Oberschrank, Küche 478
Obstgehölze 872, 873
Öffnung überdecken 182, 183
Öffnungen schließen, Mauerwerk 179
Öffnungen, Mauerwerk 179
Öffnungen/Ausschnitte, Unterdecke 637
Öl-Brennwertkessel 664, 665
Öl-Brennworttherme 663
Organische Stoffe aufnehmen, entsorgen 821
Organischer Oberputz, Silikonharz, WDVS 391
Ortbeton, Stütze, C25/30, innen 213
Ortgang, Biberschwanzdeckung, Formziegel 319
Ortgang, Blechdach 370, 371
Ortgang, Dachsteindeckung, Formziegel 320
Ortgang, Schiefer 320
Ortgang, Ziegeldeckung, Formziegel 319
Ortgangblech 360, 361
Ortgangbrett, Windbrett, gehobelt 314

P

Papierhandtuchspender, Wandmontage 742
Parkettbelag anarbeiten 493
Pellet-Fördersystem 667, 668
Pendelleuchte, LED 777, 778
Perimeterdämmung, CG 293
Perimeterdämmung, XPS 226, 291, 292
Personenaufzug 785, 786, 787, 788
Pflanzenverankerung 861, 862
Pflanzflächen lockern, Baumscheiben 864
Pflanzflächen mulchen, Rindenmulch 863
Pflanzflächen wässern 880

Pflanzgraben für Hecke herstellen 826
Pflanzgrube für Kleingehölz 825
Pflanzgrube für Rankgehölz 825
Pflanzgrube für Solitärbaum 825, 826
Pflanzgrube verfüllen 827
Pflaster Beton, begrünbarer Fuge 896
Pflasterbelag, Naturstein aufnehmen, lagern 889
Pflasterdecke, Beton mit Sickerfugen 895
Pflasterdecke, Betonpflaster 902
Pflasterdecke, Granit 898, 899
Pflasterklinkerbelag 899
Pflastersteine schneiden, Beton 907
Pflasterzeile, Granit 900
Pflasterzeile, Großesteinpflaster, Granit 900
Pfosten-Riegel-Fassade 450, 451
Photovoltaik 770, 771
PKW-Stellplatzmarkierung, Farbe 586
Planum Gewässer 844
Planum herstellen 890
Planum, Baugrube 117
Planum, Wege/Fahrstraßen, verdichten 117
Plattenbelag schneiden, Beton 907
Plattenbelag, Basalt 901
Plattenbelag, Granit 901
Plattenbelag, Sandstein 902
Plattenbelag, Travertin 902
Plattenlager, Betonplatten, höhenverstellbar 850
Poller 843, 844
Potentialausgleichsschiene, Stahl, verzinkt 765
Prägetapete, Wand 615
Prallwandbekleidung, ballwurfsicher 474
Prallwand-Unterkonstruktion 473
Profilbauverglasung 560
Profilblindzylinder 507
Profilieren, Balkenkopf 262
Profilstahl-Konstruktion, feuerverzinkt 283, 284
Profilzylinderverlängerung 507
Pultdachabschluss, Abschlussziegel 321
Pultdachanschluss, Metallblech Z333 321
Pumpensumpf, Betonfertigteil 128
Putzarmierung, Glasfasergewebe, innen, Teilbereich 380
Putzbänder, Faschen, Putzdekor 385
Putzstück, Guss 724, 725, 726
Putzsystem, Decke, schallabsorbierend 385
Putzträger verzinkt, Fachwerk 380
Putzträger, Metallgittergewebe 380
PVC-Bahnen verschweißen 601

Q

Querschnittsabdichtung, G200DD, Mauerwerk 293
Querschnittsabdichtung, Mauerwerk 168, 169

R

Radiavektor, Profilrohr 702, 703, 704
RAL-Anschluss, Fenster 455
Ramm- / Bohr- / Rüttelergebnisse, Dokumentation 123
Randabschluss, Korkstreifen, Dehnfuge 492
Randanschluss Holzschindelbekleidung 323
Randdämmstreifen, PE-Schaum 422
Randdämmstreifen, Polystyrol 422
Randplatte, Naturwerkstein, innen 242, 243
Randschalung, Bodenplatte 205
Randschalung, Deckenplatte 215
Randstreifen abschneiden 414, 492, 590
Rankhilfe, Edelstahlseil 853
Rasenbordstein, Kantstein, Beton 915
Rasenfläche düngen 866
Rasenflächen Mähen 866
Rasenfugenstein, Beton 896, 897
Rasengitterplatte, Beton, Steinformat Raute 898
Rasenplanum 865
Rasentragschicht 894
Rasenwabenplatte, Kunststoff 898
Raufasertapete 612, 613
Raumgerüst 100
Raumsparsifon, Waschtisch, unterfahrbar 737
Regenwasserkanal, PVC-U-Rohre 839
Regenwasserspeicher, Stahlbeton 153
Regenwasserzisterne 838
Reinigen grobe Verschmutzung 91
Reinigungsrohr, Putzstück 150
Revisionsklappe 646, 647
Revisionsöffnung, Doppelboden 653
Revisionsöffnung/-klappe, eckig, Brandschutz EI90 647
Revisionstür 400
Revisionstür 400
Riegelschloss 508
Rieselschutz, Glasfaser 271
Rillenfräsung, Stufenkante 245
Ringanker, U-Schale 193, 194
Rinnenendstück 354
Rinnenstutzen 352
Rinnenwinkel außen, Dachrinne, Kupfer 354
Rinnenwinkel innen, Dachrinne, Titanzink 355
Rippenplatte, mit Fase, anthrazit 906
Rippenplatten, o. Fase, anthrazit 905
Rohrbelüfter 723
Rohrbogen, Luftleitung 799
Rohrdämmung, MW/Blech 751
Rohrdämmung, MW-alukaschiert 750
Rohrdurchführung anarbeiten, Bodenbelag 606
Rohrdurchführung, Faserzementrohr 302
Rohrdurchführung, Kunststoff 224
Rohrdurchführung, Los-/Festflansch, Faserzementrohr 301
Röhrenheizkörper, Stahl 691
Rohrgraben/Arbeitsraum verfüllen 118
Rohrgraben/Fundamente verfüllen, Liefermaterial 119
Rohrgrabenaushub, GK1 136, 137, 823, 824
Rohrleitung, C-Stahlrohr 689
Rohrleitung, Kupfer 688
Rohrleitung, Mehrschichtrohr, Fußbodenheizung 690
Rohrleitung, PE-X, Fußbodenheizung 690
Rohrleitung, Stahlrohr 689, 690
Rohrleitung, Verbundrohr, Fußbodenheizung 690
Rohrrahmen-Stahltür, Brandschutz, EI2 90 535
Rohrrahmentür, EI2 30-S200C5, zweiflüglig, mehrteilig, 540
Rollgitteranlage, elektrisch 518, 541
Rollladen, Führungsschiene, Gurtwickler 512
Rollladen-/Raffstorekasten 511
Rolltor, Leichtmetall, außen 541
Rolltoranlage, elektrisch 518
Rückschlagventil 680
Rückstaudoppelverschluss, Kunststoff 150
Rundschnittbogen, Plattenbelag 247
Rundstahl, Zugstab, verzinkt 284

S

Sanitärcontainer 88
Sanitärcontainer vorhalten 89
Sauberkeitsschicht, Beton 204
Sauberkeitsschicht, Sand 204
Sauberkeitsschicht, Teich 845
Sauberlaufsystem, Rahmen 413, 414
Saugleitung 130
Saugpumpe 129
Schacht, gemauert, Formteile 181
Schachtabdeckung anpassen 152
Schachtabdeckung, Alu, mit Arretierung 161
Schachtabdeckung, Guss 161, 833
Schachtabdeckung 152
Schachthals, Betonfertigteil 834
Schachthals, Kontrollschacht 151
Schachtring, Beton 150, 151, 834
Schachtsohle, ausformen/Gerinne einbringen 150
Schachtverlängerung, PP, DN315 161
Schachtwand, Gipsplatten, EI 90 649
Schachtwand, Kalksandsteine 181
Schachtwand, Kalksandsteine, Brandwand 182
Schalldämpfer, flach, runder Anschluss 796
Schall-Sichtschutzwand, Stahlbeton 852
Schalung, Aufzugsschacht 208
Schalung, Decken, glatt 214
Schalung, Dreieckleiste 209
Schalung, Fundament, rau 204
Schalung, Fundament, verloren 205
Schalung, glatt, Treppenpodest 217
Schalung, Ringbalken/Überzug/Attika, glatt 216
Schalung, Spanplatten 471

Schalung, Stütze, rechteckig 213
Schalung, Stütze, rund, glatt 213
Schalung, Treppenlauf 217
Schalung, Unterzug/Sturz 212
Schalung, Wand 208, 209
Schaumglasdämmung, Bodenplatte 227
Scheinfugen schneiden, schließen 425
Scherentreppe, Aluminium 279
Schiebeladen, 2-teilig, Metall/Holz, manuell 516
Schiebetürelement, innen, einflüglig 464
Schlämmputz, außen, einlagig, Kalkzementmörtel 392
Schlitze herstellen, Mauerwerk 183
Schlitze schließen, Mauerwerk 184
Schlussbeschichtung, grundierter Röhrenheizkörper 584
Schlussbeschichtung, Holzfenster 582
Schlüssel, Buntbart 508
Schlüsselschrank, wandhängend 508
Schmutzfänger, Guss, DN40 686
Schmutzfangkorb, Schachtabdeckung 152
Schmutzwasseranschluss herstellen 86
Schneefanggitter 372
Schneefangrohr 372
Schnellentlüfter (Schwimmerentlüfter) 686
Schornstein, Formstein 194, 195
Schornsteinbekleidung, Winkel-/Stehfalzdeckung 367
Schornstein-Blechbekleidung 367
Schornsteinkopf, Mauerwerk 195
Schornsteinkopfabdeckung, Faserzement 195
Schornsteinverwahrung, Kupfer 366
Schornsteinverwahrung, Titanzink 367
Schotter aufnehmen, lagern 889
Schotter entsorgen 889
Schotterrasen herstellen 866
Schotterrasendeckschicht, 20cm 894
Schrägschnitt, Platten/Bekleidungen 262
Schrägschnitt, Sparren 262
Schrägschnitte, Plattenbelag 247
Schukosteckdose, 16A, 250V 769, 770
Schuttabwurfschacht 93, 94
Schüttung, Sand, in Decken 277
Schüttung, Splitt, in Decken 277
Schutzabdeckung 379
Schutzabdeckung, Boden 611
Schutzabdeckung, Boden, Holzplatten 90
Schutzabdeckung, Bodenbelag, Hartfaserplatte 608
Schutzabdeckung, Folie 258
Schutzabdeckung, Inneneinrichtung 611
Schutzabdeckung, Kunststofffolie 608
Schutzabdeckung, Platten/Folie 495
Schutzdach, Gebrauchsüberlassung 103
Schutzdach, Gerüst 103
Schutzgitter, Fenster 525
Schutzlage, Dachabdichtung 99

Schutzmatte, Gummigranulat, Dachdichtung 344
Schutzummantelung, Fußbodenheizrohr 708
Schutzwand, Folienbespannung 92
Schutzwand, Holz beplankt 92
Seifenspender, Wandmontage 741
Seitenschutz, Arbeitsgerüst 102
Seitenteil, Holz, verglast, Haustür 436
Seitenteil, Kunststoff, verglast, Haustür 436
Seitenzulauf zum Schacht 151
Sektional-/Falttor, Leichtmetall, Hallentor, gedämmt 542
Sekurant, Anseilsicherung, Stahl verzinkt 850
Sensorleiste, Türblatt 503
Sicherheitsdachhaken, verzinkt 373
Sicherheitsglas, Mehrpreis, PR-Fassade 453
Sicherheitsstreifen, Kies, Dachbegrünung 847
Sicherheitstritt, Standziegel 373
Sicherheitsverglasung, ESG-Glas 561
Sichern von Leitungen/Kabeln 108
Sicherungssockel D02, 3pol. 775
Sichtschutzfolie, geklebt 562
Sichtschutzzaun aus Holzelementen 852, 853
Sickerpackung, Dränleitung 161
Sickerschacht, Betonfertigteilringe, B125 162
Sickerschicht, Kies 162
Sickerschicht, Kunststoffnoppenbahn/Vlies 302
Sickerschicht, Perimeterplatte, vlieskaschiert 163
Sickerschicht, poröse Sickersteine 302
Sinkkasten, Anschluss zweiseitig 838
Sinterschicht abschleifen 484
Sinterschicht abschleifen, Boden 425
Sinterschicht abschleifen, Calciumsulfatestrich 590
Sockel, Naturwerkstein, magmatisches Gestein 242
Sockelausbildung, Aluminiumprofil 608
Sockelausbildung, Holzleiste 607
Sockelausbildung, Lino-/Kautschuk 608
Sockelausbildung, PVC 608
Sockelausbildung, Sporthalle 607
Sockelausbildung, textiler Belag 607
Sockelfliesen, Fliesenbelag 405
Sockelfliesenbeläge, Treppen 409
Sockelleiste 493
Sockelleistenkanal 765
Sockelputz, zweilagig, Kalkzementmörtel CS III 392
Solitär 868, 869, 870, 871, 872
Solitär/Hochstamm nach Einschlag pflanzen 863
Solitärgehölz einschlagen 862
Solitärgehölz nach Einschlag pflanzen 862
Sonnenschutz reinigen 570
Sonnenschutz-Wetterstation 517
Spachtelung, Gipsplatten, erhöhte Qualität Q3 654
Spachtelung, Q3, ganzflächig 575
Spachtelung, Q4, Innenputz 575
Sparverblendung WDVS, Klinkerriemchen 191

Speicher-Wassererwärmer mit Solar 678
Spiegel 737
Spielfeldmarkierung 591
Spielsand auswechseln 851
Spielsand, Körnung 0/2 851
Spindeltreppe, Stahl, innen, Trittroste 549
Sportboden, Nutzschicht, Linoleum 591
Sportboden, rutschhemmende Beschichtung, PUR 591
Sporthallentür, zweiflüglig 475
Spülschacht PP, DN315 161
Stabdübel, nicht rostender Stahl 280
Stabgitterzaun 829, 830
Stabparkett 487
Stahleckzarge, innen 465, 466
Stahlkonstruktion, Baustahl S235JR(AR) 229
Stahlkonstruktion, Profilstahl S235JR 229
Stahlrahmen, Rolltor, grundiert 540
Stahlstütze, Rundrohrprofil 285
Stahlteile feuerverzinken 230
Stahltor, einflüglig, beschichtet 841
Stahltor, zweiflüglig, beschichtet 841
Stahltreppe, gerade, einläufig, innen, Trittbleche 547
Stahltreppe, gerade, mehrläufig, innen, Trittbleche 548
Stahltür, Brandschutz 533, 535, 537, 538
Stahltür, einflüglig 528
Stahltür, Rauchschutz 530, 532
Stahltür, zweiflüglig 529
Stahl-Umfassungszarge 527, 528
Stahl-Umfassungszarge, innen 466
Stammschutz, Brettermantel 818
Standfläche herstellen, Hilfsgründung 99
Standgerüst, innen LK3 99
Standrohr, /Kupfer 358
Standrohr, duktiles Gussrohr/Grauguss 148
Standrohr, Guss/SML 358
Standrohrkappe, Fallrohr, Titanzink 357
Statische Berechnung, Fassadengerüst 104
Staude 875, 876
Stb-Fertigteil, Balkonbrüstung 221
Stb-Fertigteil, Balkonplatte 221
Stb-Fertigteil, Treppe, einläufig 218, 219
Stb-Fertigteil, Treppenpodest 218
Stb-Fertigteilsturz 216
Steigeisen, Form A / B, Stb-Schacht 151
Steigleiter, Seitenholm, Rückenschutz 550
Steigleiter, Stahl, verzinkt, bis 5,00m 549
Stellbrett, zwischen Sparren 267
Stelzlager, Aufstockelement, höhenverstellbar 850
Stelzlager, Kunststoff 238
Stelzlager, Plattenbeläge, Dachbegrünung 849, 850
Stillstand Geräteeinheit, inkl. Personal 127
Stoßfuge schließen, Fertigteil-Decke 575
Stoßgriff, Tür, Aluminium 501

Strangregulierventil, Guss, DN15 685
Straßenablauf 149, 834
Strauch herausnehmen, einschlagen, 819
Strauch 873, 874, 875
Sträucher liefern/pflanzen 864, 865
Strauchpflanze einschlagen 862, 863
Streichputz, innen 579
Streifenfundamentaushub 114, 824
Stromaggregat 130
Stuckprofil, innen 385
Stufenbelag 492
Stufengleitschutzprofil, Treppe 245
Stütze, Stahlbeton C25/30, außen 213
Stützgriff, fest 746, 747
Stützgriff, klappbar 747

T

Tacker/EPS-Systemträger, Fußbodenheizung 707
Tastbordstein, Beton 917
Tastschalter 765
Tastschalter, Aus-/Wechselschalter 765, 766
Tastschalter, Kreuzschalter, uP 766
Tastschalter, Serienschalter, uP 766
Tastschalter, Taster, Kontrolllicht, uP 766
Tauchpumpe, Fördermenge bis 10m3/h 129
Technikraum reinigen 570
Teeküche reinigen 569
Teeküche, melaminharzbeschichtet 478
Teichrand herstellen 845
Tellerventil, Zu-/Abluft 800
Terrassenbelag aus Beton 903, 904
Textiler Belag 592, 593, 594, 595, 596, 597
Thermostatarmatur, Badewanne 738
Thermostatventil, Guss 704
Tiefenlockerung, Boden 827
Tonziegel, Reserve 322
Tor, Bauzaun 83
Träger einbinden, Beton 124
Traglattung, Biberschwanzdeckung 312
Traglattung, Dachziegel/Betondachstein 312
Traglattung, Nadelholz 271
Traglatung, Dachziegel/Betondachstein 311
Tragschicht 120
Tragschicht aus RCL-Schotter 893
Tragschicht, kapillarbrechend 158
Tragschicht, Kies 120, 892, 893
Tragschicht, Schotter 892
Tragschicht, Schotter 203, 892
Tragständer/Traverse, wandhängende Lasten 647
Trapezblechdach, Dachausschnitt 286
Trapezblechdach, Randverstärkung, Übergangsblech 286
Trapezblechdach, Stahlblech 285
Trauf-/Ortgangblech, Verbundblech, Z 500 361

Trauf-/Ortgangschalung, N+F, gehobelt 314
Traufblech 350
Traufblech, Aluminium, Z 333 350
Traufblech, Eckausbildung 351
Traufblech, Kupfer, Z 333 350
Traufblech, Titanzink, Z 333 350
Traufblech/Traufstreifen 359
Traufbohle, konisch 267
Traufbohle, Nadelholz 314
Traufe, Betonplatten 904
Traufe, Blechdach 370
Traufstreifen, Kupfer, Z 333 359
Traufstreifen, Titanzink, Z 333 359
Trenn-, Schutz-, Speichervlies 851
Trennlage / Ausgleichsschicht, PE-Folie 329
Trennlage, Baumwollfilz 485
Trennlage, Bitumenbahn 258
Trennlage, Blechflächen, V13 368
Trennlage, Dämmung, Estrich 422
Trennlage, Dämmung, Gussasphalt 422
Trennlage, Filtervlies 118
Trennlage, Kunststoffbahn, Gespinstlage 368
Trennlage, PE-Folie 203, 293, 344
Trennlage/untere Lage 329
Trennschiene 243, 401, 494, 606
Trennschiene, nichtrostender Stahl 243, 401, 606
Trennschnitt, Wand/Deckenübergang 385
Trennwand, Spannplatten/HPL, Rahmen 472
Trennwandanlage, HPL-Kompaktplatten 473
Trennwandanlage, Spanplatten/Melamin 473
Trennwanddämmung, MW, schallbrückenfrei 227
Treppe, Naturwerkstein, Winkelstufe, 1,00m 244
Treppen/Bordsteine/Kantensteine aufnehmen, entsorgen 889
Treppen/Podeste reinigen 565
Treppenbelag, Naturwerkstein, Tritt-/Setzstufe 245
Treppenbelag, Tritt- und Setzstufe 409
Treppenkante, Aluminiumprofil 605
Treppenkante, Kunststoffprofil 605
Treppenkante, Messingprofil 605
Treppenlauf, Ortbeton 217
Treppenpodest, Ortbeton 217
Treppenstufe, elastischer Bodenbelag 604
Treppenstufe, Holz 479
Treppenstufe, Laminat 604
Treppenstufe, textiler Belag 604
Trinkwarmwasserbereiter, Durchflussprinzip 671
Trinkwarmwasserspeicher 678
Trittschalldämmelement, Fertigteiltreppen 231
Trittschalldämmung EPS 419
Trittschalldämmung MW 418, 419
Trittschalldämmung, Randstreifen, MW 248
Trittstufe, Gitterrost, Außenbereich 547
Trockenansaat, Dachbegrünung, Saatgutmischung 849

Trockenestrich, GF-Platten, einlagig 653
Trockenmauer als freistehende Mauer - Granitblöcke 920
Trockenmauer als Stützwand - Bruchsteinmauerwerk 920
Trockenmauerwerk, Naturwerksteine 246
Trockenputz, Gipsbauplatte A/H2 650
Trockenputz, Gipsverbundplatte 650
Trockenschüttung 418
Tür, Bauzaun 83
Türantrieb, kraftbetätigte Tür 503
Türblatt, einflüglig, Röhrenspan, HPL 462
Türblatt, einflüglig, Vollspan 463
Türblatt, Vollspan, zweiflüglig 463
Türdrückergarnitur, provisorisch 500
Türen reinigen 568
Türöffner elektrisch 504
Türöffnung schließen, Mauerwerk 180
Türöffnung, Holz-Innenwand 275
Türöffnung, Montagewand 645
Türspion, Aluminium 506
Türstopper, Bodenmontage 506
Türstopper, Wandmontage 506
Türzargen, Aluminium beschichtet 646
Türzargen, Umfassungszarge, einbauen 646

U

Überbrückung, Gebrauchsüberlassung 102
Überbrückung, Gerüst 102
Übergang, Dämmkeil, EPS-Hartschaum 332
Übergang, PE/PVC/Steinzeug auf Guss 142
Übergang, PVC-U auf Steinzeug/Beton 145
Übergangs-/Fußgängerbrücke 81
Übergangsbordstein, Beton, dreiteilig 917, 918
Übergangsprofil, Aluminium 607
Übergangsprofil/Abdeckschiene 494
Übergangsprofil/Abdeckschiene, Aluminium 494
Übergangsprofil/Abdeckschiene, nichtrostender Stahl 494
Übergangsstück, Steinzeug 141
Überhangblech, Metalldach 364
Überhangblech, Titanzink-/Kupferblech 364
Überschüssigen Boden laden, entsorgen 822
Überströmventil, Guss 685
Überzug/Attika, Ortbeton 215
Umlenkungsbogen, Heizleitung 706
Ummantelung, Anbindeleitung 709
Ummantelung, Rohrleitung, Beton 119, 139
Umwälzpumpen 678, 679
Unterboden reinigen 236
Unterboden, Holzspanplatte 485
Unterdach, Behelfsdeckung, Bitumenbahn V13 309
Unterdeckbahn, hinterlüftetes Dach 269
Unterdecke, abgehängt, F90A/EI90, selbsttragend 636
Unterdecke, abgehängt, Gips-Lochplatten 634
Unterdecke, abgehängt, Gipsplatte/Gipsfaserplatte 635

Unterdecke, abgehängt, Gipsplatten 635
Unterdecke, abgehängt, Gipsplatten, einlagig 634
Unterdecke, abgehängt, Mineralplatte 632
Unterdecke, abgehängt, Zementplatten, Feuchtraum 636
Unterdeckplatte UDP-A, WF 309, 310
Unterdeckung, Holzfaserplatten 269
Unterdeckung, unbelüftetes Dach, diffusionsoffen 310
Unterdeckung 269
Untergrund prüfen, Haftzugfestigkeit 399, 484
Untergrund prüfen, Oberflächenzugfestigkeit 590
Untergrund reinigen 290, 484, 575, 590
Untergrund reinigen, Boden 412
Untergrund verdichten, Fundamente 890
Untergrund verdichten, Wegeflächen 890
Untergrund vorstreichen, Haftgrund 484
Untergrundreinigung, Estricharbeiten 417
Unterkonstruktion Stützgriff/Sitz 744
Unterkonstruktion, Aluminium, VHF 618
Unterkonstruktion, Federschienen, Unterdecke 636
Unterkonstruktion, Holz, zweilagig 617
Unterkonstruktion, Holzbohlen 333
Unterkonstruktion, Holzlattung 617
Unterkonstruktion, Innenwandbekleidung 470
Unterkonstruktion, Kantholz 332
Unterkonstruktion, Rauspund 618
Unterkonstruktion, Trennwand 472
Unterlage, Korkschrotpappe 485
Unterlage, Rippenpappe 485
Unterputzprofil, nichtrostender Stahl, innen 381
Unterputzprofil, verzinkt, innen 381
Unterschrank, Küche 478
Unterspannung, belüftes Dach, Folie 310
Unterzug, rechteckig, Ortbeton, Schalung 216
Unterzug/Sturz, Stahlbeton 212
Urinal, Keramik 741
Urinaltrennwand, Schichtstoff-Verbundelemente 654

V

Vegetationsfläche, organische Düngung 826
Vegetationsflächen lockern, aufreißen 827
Vegetationsflächen lockern, fräsen 827
Vegetationsmatte, liefern/verlegen 880
Verankerung, Profilanker, Schwelle 280
Verbau, Spundwand, Stahlprofile 126
Verbau, Trägerbohlwand, rückverankert 126
Verbauausfachung, Holzbohlen 125
Verbauausfachung, Spritzbeton 125
Verbauträger, Stahlprofile 124
Verbauträger-/Bohrköpfe kappen 125
Verbindungs-/Abzweigdose, aP 767
Verbindungs-/Abzweigkasten, aP 767
Verblendmauerwerk, Abfangung Einzelkonsole 191
Verblendmauerwerk, Abfangung, Winkelkonsole 190

Verblendmauerwerk, Betonsteine 192
Verblendmauerwerk, Dehnfuge, Dichtstoff 192
Verblendmauerwerk, Granit/Basalt, außen 246
Verblendmauerwerk, Kalksandsteine 192
Verblendmauerwerk, Klinkerriemchen 393
Verblendmauerwerk, Öffnungen 192
Verblendmauerwerk, Rollschicht 193
Verblendmauerwerk, VMz 191
Verblendung, Deckensprung, Unterdecke 637
Verbundabdichtung, Boden 399
Verbundabdichtung, Boden, Reaktionsharz 399
Verbundabdichtung, Wand 399
Verbundblech, gekantet, bis 500mm 359
Verdunkelung, innen 515
Verdunstungsschutz, Baumstamm 862
Verfugung, Acryl, überstreichbar 615
Verfugung, Acryl-Dichtstoff überstreichbar 654
Verfugung, elastisch 469
Verfugung, elastisch, Silikon 494, 607
Verglasung Aufzug 790
Verglasung, Einfachglas 555
Verglasung, Einscheibensicherheitsglas 555
Verglasung, ESG-Glas 555, 556
Verglasung, Floatglas 555
Verglasung, Verbundsicherheitsglas 556
Verglasung, VSG-Glas 556
Verkehrseinrichtung, Verkehrszeichen 85
Verkehrsregelung, Lichtsignalanlage 85
Verkehrssicherung, Baustelle 85
Verklammerung, Dachdeckung 323
Verkofferung/Bekleidung, Rohrleitungen 650
Verpressanker, Trägerbohlwand 125
Verpressung, Injektionsschlauch 207
Versickerungsfähiges Pflaster, Beton 895
Versickerungsfähiges Pflaster, Doppel-T-Verbundstein 896
Versickerungsmulden herstellen 839
Verstärkung, Unterkonstruktion, Unterdecke 636
Verteiler Heizungswasser 705
Verteilerschrank, Fußbodenheizung 706
Verzinken, Stahlprofile 287
Vollholzparkett beschichten 491
Vollholzparkett schleifen 491
Vollholzparkett, Hochkantlamellen 489
Voranstrich, Abdichtung, Betonbodenplatte 290
Voranstrich, Bodenbelag 591
Voranstrich, Dampfsperre 328
Voranstrich, Fliesenbelag 399
Voranstrich, Wandabdichtung 296
Vorbaurollladen, Führungsschiene, Gurtwickler 512
Vordach, Trägerprofile/VSG 545
Vordachverglasung, Sicherheitsglas 561
Vordeckung, unter Stehfalzdeckung 309
Vorratsdüngung 50g 865

Vorsatzschale, Feuchträume 648
Vorsatzschale, GK/GF 648, 649
VRF-Außengerät Heizen / Kühlen 804, 805
VRF-Innenwandgerät, Heizen / Kühlen 805, 806
VRF-Verteilereinheit, Innengerät 806

W
Walzbleianschluss, Blechstreifen 367
Wandabdichtung, Bodenfeuchte, PMBC 296
Wandabdichtung, Bodenfeuchte, Schlämme, flexibel 296
Wandabdichtung, drückendes Wasser 297, 298
Wandabdichtung, nicht drückendes Wasser 296, 297
Wandablauf, bodengleiche Dusche 744
Wandanschluss Ziegel / Dachstein 322
Wandanschluss, Abdichtung, Balkon, zweilagig 339
Wandanschluss, Bitumen-Dichtbahn 291
Wandanschluss, Dachabdichtung, Aluminiumprofil 341
Wandanschluss, Decke, Mineralplatte 632
Wandanschluss, Dickbeschichtung 291
Wandanschluss, gedämmt, zweilagige Abdichtung 335
Wandanschluss, gedämmt, Kunststoffbahn, einlagig 338
Wandanschluss, Metalldach 365
Wandanschluss, Nocken, Titanzink 366
Wandanschluss, Schattennutprofil, Unterdecke 637
Wandanschluss, Verbundblech 365
Wandanschlussblech, Kupfer 365
Wandanschlussblech, Titanzink 365
Wandaussparung schließen 225
Wandbekleidung Holzschindel 323
Wandbelag reinigen, Fliesen 567
Wandbelag reinigen, Hartbeläge 567
Wandbelag, Glasmosaik 404
Wandbelag, Mittelmosaik 404
Wandflächen reinigen, beschichtet 567
Wandfliesen 402, 403, 404
Wandfliesen, BIIa/BIIb-Steinzeug, glasiert 410
Wandfliesen, uni, eben 403
Wandöffnung 179
Wandschalung, Fenster 210
Wandschalung, Stirnfläche 210
Wandschalung, Türe 209, 210
Wangentreppe, Holz, gerade 277
Wangentreppe, Holz, halbgewendelt 278
Wärmedämmung DAA 330, 331, 332
Wärmedämmung DUK 332
Wärmedämmung, Estrich CG 421
Wärmedämmung, Estrich EPB 422
Wärmedämmung, Estrich EPS 419, 420
Wärmedämmung, Estrich PUR 421
Wärmedämmung, Rohrleitung 749
Wärmedämmung, Schrägsitzventil 754, 755
Wärmedämmung, zwischen Holz-UK 653
Wärmepumpe 672, 673, 674, 675

Warmwasser-Heizregister 800
Warmwasser-Zirkulationspumpe, DN20 716
Warnband, Leitungsgraben 120
Wartung Personenaufzug 791
Waschtisch, Keramik 736
Waschtisch/Duschwanne reinigen 568
Wasserfangkasten 353
Wassergebundene Decke 895
Wasserhaltung 130
Wässern der Hecke 880
Wässern der Rasenfläche 880
Wässern, Dachbegrünung, extensiv 849
Wasserpflanze 878
Wasserpflanzen liefern 878
Wasserspeier 353
WC, barrierefrei 738
WC, wandhängend 738
WC-Bürste 739
WC-Kabine 88
WC-Rückenstütze 746
WC-Schamwand Urinale 473
WC-Schild, taktil, Kunststoff 509
WC-Schüssel/Urinal reinigen 568
WC-Sitz 739
WC-Spülkasten, mit Betätigungsplatte 738
WC-Toilettenpapierhalter 739
WC-Trennwandanlage, HPL-Kompaktplatten 654
WDVS, Armierungsputz, Glasfasereinlage 390
WDVS, Brandbarriere 389
WDVS, Dübelung, Wärmedämmung 390
WDVS, Eckausbildung, Profil 390
WDVS, EPS, Silikat-Reibeputz 387
WDVS, Fensteranschluss 391
WDVS, Kompriband BG1 391
WDVS, Leibungsausbildung 391
WDVS, Montagequader, Druckplatte 389
WDVS, MW 035, Silikat-Reibeputz 387
WDVS, MW, Silikat-Reibeputz 386
WDVS, Sockeldämmung, XPS 390
WDVS, Sockelprofil 390
WDVS, Wärmedämmung, EPS 035 388
WDVS, Wärmedämmung, Mineralwolle 388, 389
WDVS-komplett, MW 035, Silikat-Reibeputz 386
Wechsel, Kamindurchgang 279
Weg-/Beeteinfassung 915, 916, 917
Wegeeinfassung, Naturstein 851
Weidentunnel, Silber-Weide 873
Weitspannträger, Unterdecke 637
Wetterschutzdach 103
Wetterschutzgitter, Außenluft-/Fortluft 796
Wickelfalzrohr, Reduzierstück, DN100/80 801
Winddichtung, Polyestervlies 619
Windrispenband 279

Windwächter-Anlage, Sonnenschutz 517
Winkelstufe, Beton 909
Winkelstufe, Kontraststreifen 909, 910
Winkelverbinder/Knaggen 280
Witterungsschutz, Fensteröffnung 93
Wohndachfenster 272
Wurzelanker im Teich 845
Wurzelstock fräsen, einarbeiten 820

Z

Zählerschrank, uP, Multimediafeld 773
Zahnleiste, Nadelholz, gehobelt 315
Zaun Viereck-Drahtgeflecht abbrechen, entsorgen 819
Zaunpfosten, Stahlrohr 842
Zeigerthermometer, Bimetall 686
Zementestrich anschleifen 484
Ziegel beidecken, Dachdeckung 323
Ziegel-Elementdecke, ZST 1,0 - 22,5 196
Ziergräser in Sorten 876
Zirkulations-Regulierventil 716
Zirkulations-Regulierventil 716
Zubehörmontage, VRF-Anlage 807
Zugdraht für Kabelschutzrohr 120
Zweifach-Isolierverglasung 557, 558
Zweifach-Schukosteckdose 769
Zwischensparrendämmung, MW 266, 267, 307, 308
Zwischensparrendämmung, WF 308